系统辨识理论及应用

李言俊　余瑞星　张　科　李　泽　编著

高等教育出版社·北京

内容简介

本书主要介绍系统辨识的基本原理和常用基本方法。 全书共18章，主要为绪论、系统辨识常用输入信号、线性系统的经典辨识方法、动态系统的典范表达式、最小二乘法辨识、极大似然法辨识、时变参数辨识方法、多输入-多输出系统的辨识、其他一些辨识方法、随机时序列模型的建立、系统结构辨识、闭环系统辨识、集员辨识方法、期望极大化辨识方法、神经网络辨识方法、子空间辨识法、模糊逻辑辨识法、系统辨识在航天工程中的应用。

本书可供高等学校自动控制类、航空航天类、兵器科学与技术等专业研究生和本科高年级学生作为教材，也可供工程技术人员参考。

图书在版编目(CIP)数据

系统辨识理论及应用/李言俊等编著. --北京：高等教育出版社,2021.9

ISBN 978-7-04-055795-4

Ⅰ.①系… Ⅱ.①李… Ⅲ.①系统辨识-高等学校-教材 Ⅳ.①N945.14

中国版本图书馆CIP数据核字(2021)第037238号

Xitong Bianshi Lilun ji Yingyong

策划编辑 许怀辂　责任编辑 许怀辂　封面设计 张 志　版式设计 杨 树
插图绘制 黄云燕　责任校对 陈 杨　责任印制 刁 毅

出版发行 高等教育出版社
社　　址 北京市西城区德外大街4号
邮政编码 100120
印　　刷 肥城新华印刷有限公司
开　　本 850mm×1168mm 1/16
印　　张 28
字　　数 770千字
购书热线 010-58581118
咨询电话 400-810-0598
网　　址 http://www.hep.edu.cn
http://www.hep.com.cn
网上订购 http://www.hepmall.com.cn
http://www.hepmall.com
http://www.hepmall.cn
版　　次 2021年9月第1版
印　　次 2021年9月第1次印刷
定　　价 67.00元

物 料 号 55795-00

前 言

系统辨识、状态估计和控制理论是现代控制理论中相互渗透的三个领域。系统辨识和状态估计离不开控制理论的支持，控制理论的应用又几乎不能没有系统辨识和状态估计技术。

系统辨识主要研究如何确定系统数学模型及其参数的问题，是一门应用范围很广的学科，它的理论正在日趋成熟，其实际应用已遍及许多领域，在航空、航天、船舶海洋工程、工程控制、生物学、医学、环境污染、水文学及社会经济等方面的应用越来越广泛。

本书主要阐述系统辨识的基本原理及应用。全书共分 18 章，第 1 章至第 4 章为绪论、系统辨识常用输入信号、线性系统的经典辨识方法和动态系统的典范表达式，主要回顾和介绍了一些与系统辨识有关的基础知识。第 5 章至第 12 章为最小二乘法辨识、极大似然法辨识、时变参数辨识方法、多输入–多输出系统的辨识、其他一些辨识方法、随机时序列模型的建立、系统结构辨识和闭环系统辨识等，介绍了系统辨识常用基本方法，是系统辨识的主要基本内容。第 13 章和第 17 章分别介绍了近十几年所出现的一些新的非线性系统辨识方法，包括集员辨识方法、期望极大化辨识方法、神经网络辨识方法、子空间辨识法、模糊逻辑辨识法。第 18 章介绍了系统辨识在航天工程中的应用，主要是系统辨识在飞行器参数辨识和导弹导引头噪声建模中的应用。

本书第 1 章至第 12 章由西北工业大学李言俊教授编写，第 13 章和第 14 章由西北工业大学余瑞星副教授编写，第 15 章至第 17 章由西京学院李泽博士编写，第 18 章由西北工业大学张科教授编写。李言俊负责全书统稿工作，余瑞星承担了所有参考文献的查找和整理、插图的绘制，以及全书文字的校核和杂项工作。

本书的出版得到了西北工业大学教务处和高等教育出版社的大力支持和帮助，在此表示衷心的感谢。

书中可能存在缺点和不妥之处，敬请读者批评指正。

编　者

2021 年 1 月

目 录

第1章 绪论 1

1.1 系统数学模型的分类及建模方法 2
- 1.1.1 模型的含义 2
- 1.1.2 模型的表现形式 2
- 1.1.3 数学模型的分类 2
- 1.1.4 建立数学模型的基本方法 3
- 1.1.5 建模时所需遵循的基本原则 4

1.2 辨识的定义、内容和步骤 4
- 1.2.1 辨识的定义 4
- 1.2.2 辨识的内容和步骤 4

1.3 辨识中常用的误差准则 5
- 1.3.1 输出误差准则 5
- 1.3.2 输入误差准则 6
- 1.3.3 广义误差准则 6

1.4 系统辨识的分类 6
- 1.4.1 离线辨识 7
- 1.4.2 在线辨识 7

习题 7

第2章 系统辨识常用输入信号 8

2.1 系统辨识输入信号选择准则 8

2.2 白噪声及产生方法 9
- 2.2.1 白噪声过程 9
- 2.2.2 白噪声序列 11
- 2.2.3 白噪声序列的产生方法 11

2.3 伪随机二位式序列——M 序列的产生及性质 13
- 2.3.1 伪随机噪声 13
- 2.3.2 M 序列的产生方法 16
- 2.3.3 M 序列的性质 17
- 2.3.4 二电平 M 序列的自相关函数 17
- 2.3.5 二电平 M 序列的功率谱密度 21

习题 23

第3章 线性系统的经典辨识方法 24

3.1 用频率响应法辨识线性系统的传递函数 25
- 3.1.1 频率特性的测取方法 25
- 3.1.2 由系统频率特性求传递函数 26
- 3.1.3 由系统的对数频率特性求传递函数 30

3.2 用 M 序列辨识线性系统的脉冲响应 37

3.3 由脉冲响应求传递函数 42
- 3.3.1 连续系统的传递函数 $G(s)$ 42
- 3.3.2 离散系统传递函数——脉冲传递函数 $G(z^{-1})$ 44

习题 46

第4章 动态系统的典范表达式 47

4.1 节省原理 47

4.2 线性系统的差分方程和状态方程表示法 50
- 4.2.1 线性定常系统的差分方程表示法 50
- 4.2.2 线性系统的状态方程表示法 51

4.3 确定性典范状态方程 51
- 4.3.1 可控型典范状态方程Ⅰ 52

4.3.2 可控型典范状态方程Ⅱ 52
4.3.3 可观测典范状态方程Ⅰ 52
4.3.4 可观测典范状态方程Ⅱ 52
4.3.5 多输入-多输出系统可观测型典范状态方程Ⅰ 53
4.3.6 多输入-多输出系统可观测型典范状态方程Ⅱ 53
4.4 确定性典范差分方程 55
4.5 随机性典范状态方程 57
4.6 随机性典范差分方程 58
4.7 预测误差方程 59
习题 60

第5章 最小二乘法辨识 61

5.1 最小二乘法 61
5.1.1 最小二乘估计算法 63
5.1.2 最小二乘估计中的输入信号问题 64
5.1.3 最小二乘估计的概率性质 66
5.2 一种不需矩阵求逆的最小二乘法 71
5.3 递推最小二乘法 73
5.4 辅助变量法 75
5.5 递推辅助变量法 78
5.6 广义最小二乘法 79
5.7 一种交替的广义最小二乘法求解技术（夏氏法） 83
5.8 增广矩阵法 86
5.9 多阶段最小二乘法 87
5.9.1 第1种算法 87
5.9.2 第2种算法 90
5.9.3 第3种算法 92
5.10 快速多阶段最小二乘法 95
习题 100

第6章 极大似然法辨识 102

6.1 极大似然参数辨识方法 102
6.1.1 极大似然原理 102
6.1.2 系统参数的极大似然估计 104
6.2 递推极大似然法 110
6.2.1 近似的递推极大似然法 111
6.2.2 按牛顿-拉弗森法导出极大似然法递推公式 115
6.3 参数估计的可达精度 119
习题 121

第7章 时变参数辨识方法 123

7.1 遗忘因子法、矩形窗法和卡尔曼滤波法 123
7.1.1 遗忘因子法 123
7.1.2 矩形窗法 124
7.1.3 卡尔曼滤波法 125
7.2 一种自动调整遗忘因子的时变参数辨识方法 125
7.3 用折线段近似时变参数的辨识方法 127
习题 130

第8章 多输入-多输出系统的辨识 131

8.1 多输入-多输出系统的最小二乘辨识 131
8.2 多输入-多输出系统的极大似然法辨识——松弛算法 133
8.3 利用方波脉冲函数辨识线性时变系统状态方程 136
8.3.1 状态方程的方波脉冲级数展开 137
8.3.2 矩阵 $A(t)$ 的辨识 139
8.3.3 矩阵 $B(t)$ 的辨识 140
8.4 利用分段多重切比雪夫多项式进行多输入-多输出线性时变系统辨识 143
8.4.1 分段多重切比雪夫多项式系（PMCP）的定义及其主要性质 143
8.4.2 多输入-多输出线性时变系统参数辨识的 PMCP 方法 146
习题 149

第9章 其他一些辨识方法

其他一些辨识方法 150

9.1 一种简单的递推算法——随机逼近法 150
9.1.1 随机逼近法基本原理 151
9.1.2 随机逼近参数估计方法 153
9.1.3 随机牛顿法 155
9.2 两类不同概念的递推最小二乘辨识方法 156
9.2.1 随观测方程个数递推的最小二乘估计 156
9.2.2 随未知参数个数变化的递推最小二乘估计 158
9.2.3 利用递推最小二乘法导出 EMBET 公式 159
9.3 辨识博克斯-詹金斯模型的递推广义增广最小二乘法 161
9.4 辨识博克斯-詹金斯模型参数的新息修正最小二乘法 162
9.4.1 最小二乘法的增参数递推公式 163
9.4.2 CAR(p)模型的辨识 164
9.4.3 偏差的消除及 MA 阶次的确定 164
习题 166

第10章 随机时序列模型的建立

随机时序列模型的建立 167

10.1 回归模型 167
10.1.1 一阶线性回归模型 168
10.1.2 多项式回归模型 169
10.2 平稳时序列的自回归模型 170
10.3 平稳时序列的移动平均模型 172
10.4 平稳时序列的自回归移动平均模型 174
10.5 非平稳时序列模型 174
习题 175

第11章 系统结构辨识

系统结构辨识 177

11.1 模型阶的确定 177
11.1.1 按残差方差定阶 177
11.1.2 确定阶的 Akaike 信息准则(AIC) 178
11.1.3 按残差白色定阶 181
11.1.4 零点-极点消去检验 182
11.1.5 利用行列式比法定阶 182
11.1.6 利用汉克尔(Hankel)矩阵定阶 183
11.2 模型的阶和参数同时辨识的非递推算法 184
11.3 同时获得模型阶次和参数的递推辨识算法 187
11.4 多变量 CARMA 模型的结构辨识 190
11.4.1 递推最小二乘法参数估计 190
11.4.2 子模型阶的确定 191
11.4.3 简练参数模型、子阶和时滞的确定 192
习题 194

第12章 闭环系统辨识

闭环系统辨识 195

12.1 闭环系统判别方法 195
12.1.1 谱因子分解法 196
12.1.2 似然比检验法 197
12.2 闭环系统的可辨识性概念 199
12.3 单输入-单输出闭环系统的辨识 201
12.3.1 直接辨识 201
12.3.2 间接辨识 205
12.4 多输入-多输出闭环系统的辨识 207
12.4.1 自回归模型辨识法 207
12.4.2 更换反馈矩阵辨识法 208
习题 210

第13章 集员辨识方法

集员辨识方法 211

13.1 集员辨识方法综述 211
13.1.1 集员辨识概述 211
13.1.2 数学描述 212
13.1.3 集员辨识的发展及主要算法 213
13.1.4 值得进一步研究的问题 214
13.2 Fogel 外界椭球算法 215
13.2.1 外界椭球算法递推公式 215
13.2.2 收敛性证明 216
13.2.3 系统的不稳定性对收敛性的影响 219
13.2.4 数字仿真结果 220

13.3 FH 最优外界椭球算法 223
13.3.1 问题的提出 223
13.3.2 递推辨识算法 224
13.3.3 FH 最小椭球容积算法 225
13.3.4 FH 最小椭球迹算法 225
13.3.5 收敛性证明 227
13.3.6 仿真结果 230
13.4 优化椭球广义半径的 DH 外界椭球算法 232
13.4.1 递推算法的推导 232
13.4.2 收敛性证明 237
13.4.3 持续激励问题 240
13.5 一种线性时不变系统的集员辨识区间算法 243
13.5.1 问题的提出 244
13.5.2 参数可行集的区间算法 244
13.5.3 参数可行集递推公式 245
13.5.4 算法收敛性 245
13.6 MB 盒子外界算法 246
13.6.1 问题的数学描述 248
13.6.2 最小不确定性区间修正估计器 249
13.6.3 不确定性区间计算 251
13.6.4 数字仿真算例 253
习题 254

第14章
期望极大化辨识方法 255

14.1 期望极大化辨识方法概述 255
14.1.1 EM 算法的基本概念 255
14.1.2 EM 算法预备知识 256
14.1.3 EM 算法 259
14.1.4 GEM 算法 261
14.1.5 指数族的 EM 算法 262
14.2 混合模型的 EM 算法 264
14.2.1 一个简单的一元混合语言模型 264
14.2.2 极大似然估计 264
14.2.3 不完全数据与完全数据的对比 265
14.2.4 似然函数的下界 265
14.2.5 EM 算法的一般步骤 266
14.3 EM 算法的收敛性定理 267
14.3.1 EM 算法的简单回顾 267
14.3.2 EM 算法的收敛性定理 268
14.4 线性定常系统的期望极大化参数辨识方法 275
14.4.1 EM 算法的迭代公式推导 276
14.4.2 EM 辨识算法步骤 279
14.5 噪声期望极大化算法 281
14.5.1 EM 算法的不完全数据模型：混合模型和缺失伽马模型 281
14.5.2 噪声在 EM 算法中的益处 282
14.5.3 噪声 EM 定理 283
习题 289

第15章
神经网络辨识方法 291

15.1 神经网络简介 291
15.1.1 神经网络的发展概况 291
15.1.2 神经网络的结构及类型 291
15.2 基于神经网络的线性系统辨识 292
15.2.1 基于单层神经网络的线性系统辨识 292
15.2.2 基于单层 Adaline 网络的线性系统辨识方法 293
15.3 BP 算法在神经网络中的应用 294
15.3.1 BP 网络简介 294
15.3.2 BP 网络数学原理 295
15.4 线性时变系统的神经网络辨识 297
15.4.1 网络结构与逼近能力分析 297
15.4.2 学习算法 299
15.4.3 仿真结果 300
15.5 非线性系统的神经网络辨识 302
15.5.1 联想记忆神经网络 302
15.5.2 学习算法及收敛性分析 303
15.6 利用延迟神经网络的非线性系统辨识 305
15.6.1 预备知识 305
15.6.2 非线性系统的神经网络辨识 306
15.7 基于神经网络的非线性系统协同自适应辨识 308
15.7.1 预备知识 309
15.7.2 分布式协同自适应辨识 310
15.8 非线性动态系统的维纳神经网络辨识法 314
15.8.1 非线性问题描述 314
15.8.2 维纳神经网络及其训练算法 315
15.8.3 数值仿真与分析 317

15.8.4 结论 318

15.9 基于差分进化小波神经网络的多维非线性系统辨识方法 318

15.9.1 小波神经网络 319

15.9.2 差分进化算法 319

15.9.3 差分进化算法优化小波神经网络 320

15.9.4 仿真实验结果分析 321

习题 322

第16章 子空间辨识法

325

16.1 离散时间系统的子空间辨识 326

16.1.1 离散时间系统的数学描述 326

16.1.2 $p=1$ 时的离散子空间辨识 327

16.1.3 过高估计 M 情况下的子空间辨识法 328

16.1.4 渐近性分析 330

16.2 基于主成分分析的递推子空间辨识法 334

16.2.1 问题描述及所采用的一些符号 335

16.2.2 基于随机逼近-主成分分析的递推子空间辨识法 335

16.2.3 系统矩阵 A,B,C,D 的估计 340

16.3 闭环线性时不变系统的直接子空间模型辨识 343

16.3.1 问题的提出 343

16.3.2 预备知识 343

16.3.3 两阶段法与 PI-MOESP 法的综合 344

16.3.4 闭环系统直接子空间辨识法 347

16.4 子空间辨识最小二乘法 348

16.4.1 问题的提出及相关预备知识 348

16.4.2 一种不依赖奇异值分解的子空间辨识法 352

16.4.3 小结 355

16.5 基于高阶累积量的闭环子空间辨识法 355

16.5.1 模型及问题的描述 356

16.5.2 子空间辨识法的简要回顾及符号表示 356

16.5.3 基于累积量的闭环子空间辨识法 357

16.5.4 基于累积量的闭环子空间辨识法的具体步骤 359

16.5.5 数字仿真结果 360

16.6 分数阶系统时域子空间辨识 361

16.6.1 问题描述 361

16.6.2 分数阶系统辨识 362

16.6.3 数值计算算例 366

习题 367

第17章 模糊逻辑辨识法

369

17.1 模糊逻辑系统辨识法概述 369

17.1.1 模糊逻辑系统的基本概念 370

17.1.2 模糊逻辑系统的描述 370

17.1.3 常见的两种模糊系统模型 371

17.1.4 模糊逻辑系统的结构辨识 372

17.2 基于 T-S 模型的自组织模糊辨识法 377

17.2.1 参数辨识 378

17.2.2 结构辨识准则 378

17.2.3 具体辨识步骤 379

17.3 一类非线性离散时间系统的模糊辨识 380

17.3.1 问题描述 380

17.3.2 模糊辨识器设计 381

17.4 一类非线性系统的变结构模糊逻辑辨识 382

17.4.1 问题描述 383

17.4.2 自适应模糊辨识回顾 383

17.4.3 变结构模糊逻辑辨识器（VSFI） 384

17.4.4 基于输入输出可测的变结构模糊辨识器 385

17.4.5 仿真算例 387

17.5 递推动态模糊逻辑系统及非线性系统辨识 390

17.5.1 递推动态模糊逻辑系统及万能近似特性 391

17.5.2 非线性系统的 RDFLS 辨识 393

17.5.3 结束语 397

17.6 非线性系统的在线模糊聚类神经网络辨识方法 398

17.6.1 用于非线性辨识的模糊神经网络 398

17.6.2 结构辨识 399

17.6.3 参数辨识 400

17.6.4 辨识算法具体步骤 405

17.6.5 仿真算例 406

习题 407

第18章 系统辨识在航天工程中的应用

系统辨识在航天工程中的应用 409

18.1 系统辨识在飞行器参数辨识中的应用 409
18.1.1 引言 409
18.1.2 气动力参数辨识 409
18.1.3 气动热参数辨识 410
18.1.4 结构动力学参数辨识 410
18.1.5 液体晃动模态参数辨识 411
18.1.6 惯性仪表误差系数辨识 411
18.2 战术导弹的气动参数辨识 412
18.2.1 飞航导弹气动力参数辨识 412
18.2.2 飞航导弹动力学数学模型 413
18.2.3 参数辨识基本方程 415
18.2.4 辨识精度分析 419
18.2.5 闭环的辨识仿真算例 420
18.3 空空导弹导引头噪声模型的极大似然法辨识 422
18.3.1 空空导弹导引头噪声模型的描述 423
18.3.2 极大似然法辨识空空导弹噪声模型参数 425
18.3.3 导引头目标视线角速度噪声模型参数辨识 427
18.3.4 目标接近速度噪声模型辨识 428
18.3.5 噪声模型校验 429
18.3.6 极大似然法辨识算例 429
18.4 时间序列法的导引头系统输出噪声建模 430
18.4.1 方案设计 430
18.4.2 噪声模型的建立 431
18.4.3 噪声模型的参数辨识 433
18.4.4 时间序列法辨识算例 434

参考文献 436

1

第1章 绪　论

系统辨识、状态估计和控制理论是现代控制论中相互渗透的三个领域。系统辨识和状态估计离不开控制理论的支持,控制理论的应用又不能没有系统辨识和状态估计技术。但是,控制理论的实际应用不能脱离被控对象的数学模型。当我们在其他课程中讨论线性系统理论、最优控制理论和最优滤波理论时,都是假定系统的数学模型已知。有些控制系统的数学模型,例如飞机和导弹运动的数学模型,一般可根据力学原理较准确地推导出来。虽然飞机和导弹的数学模型可以较容易地用理论分析方法推导出来,但其模型参数随着飞行高度和飞行速度而变。为了实现自适应控制,在飞机和导弹的飞行过程中,要不断估计其模型参数。有些控制对象,如化学生产过程等,由于其复杂性,很难用理论分析方法推导出其数学模型,只能知道数学模型的一般形式及部分参数,有时甚至连数学模型的一般形式也不知道。因此怎样确定系统的数学模型及参数的问题,就是所谓系统辨识问题。

系统辨识是一门应用范围很广的学科,它的理论正在日趋成熟,其实际应用已遍及许多领域。目前不仅工程控制对象需要建立数学模型,而且在其他领域,如生物学、生态学、医学、天文学、大气科学以及社会经济学等领域也常常需要建立数学模型,并根据数学模型确定最优控制决策。对于上述各领域,由于系统比较复杂,人们对其结构和支配其运动的机理往往了解不多,甚至很不了解,因此不可能用理论分析方法得到数学模型,只能利用观测数据来确定数学模型,所以系统辨识受到了人们的重视。目前,系统辨识理论的研究越来越深入,在航空宇航科学与技术、船舶与海洋工程、控制科学与工程、生物学、基础医学、环境科学与工程、水利工程及应用经济学等方面的应用越来越广泛。

由于系统辨识是根据系统的试验数据来确定系统的数学模型,所以必须存在实际系统。因此,系统辨识是为已经存在的系统建立数学模型。但是在我们设计系统时,若不存在实际系统是无法用辨识的方法来确定数学模型。在这种情况下,需要依靠理论分析的方法来建立数学模型,即使是很粗略的数学模型,也是很需要的。根据用理论分析方法所建立的数学模型,在计算机上进行模拟计算,可得到许多有用的结果,为设计系统提供依据。因此,我们在讨论系统辨识的时候,不能否定理论方法建立数学模型的重要性。

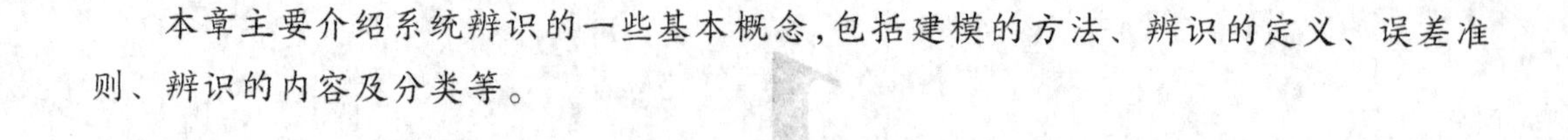
本章主要介绍系统辨识的一些基本概念，包括建模的方法、辨识的定义、误差准则、辨识的内容及分类等。

1.1　系统数学模型的分类及建模方法

1.1.1　模型的含义

所谓模型就是把关于实际系统的本质的部分信息简缩成有用的描述形式。它可以用来描述系统的运动规律，是系统的一种客观写照或缩影，是分析系统和预报、控制系统行为特性的有力工具。但是，实际系统到底哪些部分是本质的，哪些部分是非本质的，这要取决于所研究的问题。例如，在研究导弹飞行过程中的动态特性时，我们常常忽略导弹系统中的高频环节和非线性因素的影响，而将整个系统简化为一个二阶或三阶系统；而在推导制导律时，为了使制导律便于工程实现，又有可能将导弹看作为一个质点。可见，因模型使用的目的不同而其所反映的内容也将不同。

对实际系统而言，模型一般不可能考虑到所有因素。从这种意义上来说，所谓模型则是根据使用目的对实际系统所作的一种近似的描述。当然，如果要求模型越精确，模型就会变得越复杂。相反，如果适当降低模型的精度要求，只考虑主要因素而忽略次要因素，模型就可以简单一些。因而在建立实际系统的模型时，存在着精确性和复杂性的矛盾，找出这两者的折中解决办法往往是建立实际系统模型的关键。

1.1.2　模型的表现形式

模型通常有如下表现形式。

(1) 直觉模型。它指系统的特性以非解析形式直接储存在人脑中，靠人的直觉控制系统的变化。例如，司机对汽车的驾驶，指挥员对战斗的指挥，依靠的就是这类直觉模型。

(2) 物理模型。它是根据相似原理把实际系统加以缩小的复制品，或是实际系统的一种物理模拟。例如，风洞、水洞模型，传热学模型，电力系统动态模拟等，均是物理模型。

(3) 图表模型。它以图形或表格的形式来表现系统的特性，如阶跃响应、脉冲响应和频率特性等，也称非参数模型。

(4) 数学模型。它用数学结构的形式来反映实际系统的行为特性。常用的有代数方程、微分方程、差分方程、状态方程、传递函数、非线性微分方程及分布参数方程等。这些数学模型又称为参数模型，当模型的阶和参数确定之后，则数学模型也就确定了。

1.1.3　数学模型的分类

数学模型的分类方法很多，常见的是按连续与离散、定常与时变、集中参数与分布参数来分类，这在线性系统等课程中已介绍得很多，此处不再重述。还可按线性与非线性、动态与静态、确定性与随机性、宏观与微观进行区分。

(1) 线性模型。线性模型用来描述线性系统。它的显著特点是满足叠加性和均匀性，即满足下列算子运算

$$(\alpha_1+\alpha_2)x=\alpha_1 x+\alpha_2 x$$

$$\alpha_1(\alpha_2 x)=\alpha_2(\alpha_1 x)$$

$$\alpha_1(x+y)=\alpha_1 x+\alpha_1 y$$

式中，x 和 y 为系统状态变量；α_1 和 α_2 分别为作用于 x 和 y 的算子。

(2) 非线性模型。非线性模型用来描述非线性系统，一般不满足叠加原理。

(3) 动态模型。动态模型用来描述系统处于过渡过程时的各状态变量之间的关系，一般为时间的函数。

(4) 静态模型。静态模型用来描述系统处于稳态时（各状态变量的各阶导数均为零）的各状态变量之间的关系，一般不是时间的函数。

(5) 确定性模型。由确定性模型所描述的系统，当状态确定之后，其输出响应是唯一确定的。

(6) 随机性模型。由随机性模型所描述的系统，当状态确定之后，其输出响应仍然是不确定的。

(7) 宏观模型。宏观模型用来研究事物的宏观现象，一般用联立方程或积分方程描述。

(8) 微观模型。微观模型用来研究事物内部微小单元的运动规律，一般用微分方程或差分方程描述。

另外，在讨论线性和非线性问题时，需要注意以下两点区别。

(1) 系统线性与关于参数空间线性的区别：如果模型的输出关于输入变量是线性的，称之为系统线性；如果模型的输出关于参数空间是线性的，称之为关于参数空间线性。例如，对于模型 $y=a+bx+cx^2$ 来说，输出 y 关于输入 x 是非线性的，但关于参数 a,b,c 却是线性的，即模型是系统非线性的，但却是关于参数空间线性的。

(2) 本质线性与本质非线性的区别：如果模型经过适当的数学变换可将本来是非线性的模型转变成线性模型，则原来的模型称作本质线性，否则原来的模型称作本质非线性。

1.1.4 建立数学模型的基本方法

建立数学模型常采用理论分析和测试两种基本方法。

(1) 理论分析法。

理论分析法又称机理分析法或理论建模。这种方法主要是通过分析系统的运动规律，运用一些已知的定律、定理和原理，例如力学原理、生物学定律、牛顿定律、能量平衡方程、传热传质原理等，利用数学方法进行推导，建立起系统的数学模型。

理论分析法只能用于较简单系统的建模，并且对系统的机理要有较清楚的了解。对于比较复杂的实际系统，这种建模方法有很大局限性。这是因为在理论建模时，对所研究的对象必须提出合理的简化假定，否则会使问题过于复杂化。但是，要使这些简化假设都符合实际情况，往往是相当困难的。

(2) 测试法。

系统的输入输出信号一般总是可以测量的。由于系统的动态特性必然表现于这些输入输出数据中，故可以利用输入输出数据所提供的信息来建立系统的数学模型。这种建模方法就是系统辨识。

与理论分析法相比，测试法的优点是不需深入了解系统的机理，不足之处是必须设计一个合理的试验以获取所需的最大信息量，而设计合理的试验则往往是困难的。因而在具体建模时，常常将理论建模

和辨识建模两种方法结合起来使用，机理已知部分采用理论建模方法，机理未知部分采用辨识建模方法。

1.1.5 建模时所需遵循的基本原则

（1）建模的目的要明确，不同的建模目的可采用不同的建模方法。

（2）模型的物理概念要明确。

（3）系统具有可辨识性，即模型结构合理，输入信号持续激励，数据量充足。

（4）符合简练原则，即被辨识模型参数的个数要尽量少。

1.2 辨识的定义、内容和步骤

1.2.1 辨识的定义

很多学者都曾给辨识下过定义，下面介绍几个比较典型适用的定义。

（1）L.A.Zadeh 定义（1962 年）：辨识就是在输入和输出数据的基础上，从一组给定的模型类中，确定一个与所测系统等价的模型。

（2）P.Eykhoff 定义（1974 年）：辨识问题可以归结为用一个模型来表示客观系统（或将要构造的系统）本质特征的一种演算，并用这个模型把对客观系统的理解表示成有用的形式。

V.Strejc 对该定义所做的解释是："这个辨识定义强调了一个非常重要的概念，最终模型只应表示动态系统的本质特征，并且把它表示成适当的形式。这就意味着，并不期望获得一个实际物理系统的确切的数学描述，所要的只是一个适合于应用的模型。"

（3）L.Ljung 定义（1978 年）：辨识有三个要素——数据、模型类和准则。辨识就是按照一个准则在一组模型类中选择一个与数据拟合得最好的模型。

1.2.2 辨识的内容和步骤

由上述定义可以看出，辨识就是利用所观测到的输入输出数据（往往含有噪声），根据所选择的原则，从一类模型中确定一个与所测系统拟合最好的模型。下面介绍辨识的步骤和方法。

（1）明确辨识目的。明确模型应用的最终目的十分重要，因为它将决定模型的类型、精度要求及所采用的辨识方法。

（2）掌握先验知识。在进行系统辨识之前，要尽可能多掌握一些系统的先验知识，如系统的非线性程度、时变或非时变、比例或积分特性、时间常数、过渡过程时间、截止频率、时滞特性、静态放大倍数、噪声特性、工作环境条件等，这些先验知识对于预选系统数学模型种类和辨识试验设计将起指导性的作用。

（3）利用先验知识。选定和预测被辨识系统数学模型种类，确定验前假定模型。

（4）试验设计。选择试验信号、采样间隔、数据长度等，记录输入输出数据。如果系统是连续运行的，并且不允许加入试验信号，则只好用正常的运行数据进行辨识。

(5) 数据预处理。输入输出数据中常含有直流成分或低频成分,用任何辨识方法都难以消除它们对辨识精度的影响。数据中的高频成分对辨识也有不利影响。因此,对输入输出数据可进行零均值化和剔除高频成分的预处理。处理得好,能显著提高辨识精度。零均值化可采用差分法和平均法等方法,剔除高频成分可采用低通滤波器。

(6) 模型结构辨识:在假定模型结构的前提下,利用辨识方法确定模型结构参数,如差分方程中的阶次 n 和纯迟延 d 等。

(7) 模型参数辨识。在模型结构确定之后,选择估计方法,根据测量数据估计模型中的未知参数。

(8) 模型检验。验证所确定的模型是否恰当地表示了被辨识的系统。

如果所确定的系统模型合适,则辨识到此结束。否则,就必须改变系统的验前模型结构,并且重复执行第(4)步至第(8)步,直到获得一个满意的模型为止。

1.3 辨识中常用的误差准则

辨识时所选用的误差准则是辨识问题中的三个要素之一,是用来衡量模型接近实际系统的标准。因此误差准则也称为等价准则、损失函数、准则函数、误差准则函数等。它通常被表示为误差的泛函,记作

$$J(\boldsymbol{\theta}) = \sum_{k=1}^{N} f(\varepsilon(k)) \tag{1.3.1}$$

式中,$\boldsymbol{\theta}$ 是系统参数向量,$f(\cdot)$ 是 $\varepsilon(k)$ 的函数,$\varepsilon(k)$ 是定义在区间 $[1,N]$ 上的误差函数。$\varepsilon(k)$ 应广义地理解为模型与实际系统的误差,它可以是输出误差或输入误差,也可以是广义误差。选择不同的误差准则可导出不同的辨识算法,应用最多的是平方函数,即

$$f(\varepsilon(k)) = \varepsilon^2(k) \tag{1.3.2}$$

1.3.1 输出误差准则

当实际系统的输出和模型的输出分别为 $y(k)$ 和 $y_m(k)$ 时,则

$$\varepsilon(k) = y(k) - y_m(k) \tag{1.3.3}$$

称为输出误差。如果扰动是作用在系统输出端的白噪声,则理所当然地选择这种误差准则。但是,输出误差 $\varepsilon(k)$ 通常是模型参数的非线性函数,因而在这种误差准则意义下,辨识问题将归结成复杂的非线性最优化问题。例如,若模型取脉冲传递函数形式

$$G(q^{-1}) = \frac{B(q^{-1})}{A(q^{-1})} \tag{1.3.4}$$

其中

$$A(q^{-1}) = 1 + a_1 q^{-1} + \cdots + a_n q^{-n}$$

$$B(q^{-1}) = b_1 q^{-1} + b_2 q^{-2} + \cdots + b_m q^{-m}$$

则输出误差为

$$\varepsilon(k) = y(k) - \frac{B(q^{-1})}{A(q^{-1})} u(k) \tag{1.3.5}$$

且误差准则函数为

$$J(\boldsymbol{\theta})=\sum_{k=1}^{N}\left[y(k)-\frac{B(q^{-1})}{A(q^{-1})}u(k)\right]^2 \tag{1.3.6}$$

显然,误差准则函数 $J(\boldsymbol{\theta})$ 关于模型参数空间是非线性的。由于确定这种情况的最优解时,需要用梯度法、牛顿法或共轭梯度法等迭代的最优算法,因而使得辨识算法变得比较复杂。

1.3.2 输入误差准则

定义输入误差为

$$\varepsilon(k)=u(k)-u_m(k)=u(k)-S^{-1}[y_m(k)] \tag{1.3.7}$$

式中,$u_m(k)$表示产生输出 $y_m(k)$ 的模型输入,符号 S^{-1}表示模型是可逆的,也就是说,总可以找到一个产生给定输出的唯一输入。如果扰动是作用在系统输入端的白噪声,可选用这种误差准则。由于输入误差 $\varepsilon(k)$ 也是模型参数的非线性函数,辨识算法也是比较复杂的。因而这种误差仅具有理论意义,实际中几乎不用。

1.3.3 广义误差准则

在更一般的情况下,误差可以定义为

$$\varepsilon(k)=S_2^{-1}[y(k)]-S_1[u(k)] \tag{1.3.8}$$

其中,S_1,S_2^{-1} 称为广义模型,且模型 S_2 是可逆的,这种误差称为广义误差。在广义误差中,最常用的是方程式误差。例如,当模型结构采用差分方程时,式(1.3.8)中的 S_1 和 S_2^{-1} 分别为

$$S_1: B(q^{-1})=b_1q^{-1}+b_2q^{-2}+\cdots+b_mq^{-m}$$
$$S_2^{-1}: A(q^{-1})=1+a_1q^{-1}+\cdots+a_nq^{-n}$$

则方程式误差为

$$\varepsilon(k)=A(q^{-1})y(k)-B(q^{-1})u(k) \tag{1.3.9}$$

并且误差准则函数为

$$J(\boldsymbol{\theta})=\sum_{k=1}^{N}[A(q^{-1})y(k)-B(q^{-1})u(k)]^2 \tag{1.3.10}$$

显然,误差准则函数 $J(\boldsymbol{\theta})$ 关于模型参数空间是线性的,求它的最优解比较简单,因而许多辨识算法都采用这种误差准则。

1.4 系统辨识的分类

系统辨识的分类方法很多,根据描述系统数学模型的不同可分为线性系统和非线性系统辨识、集中参数系统与分布参数系统辨识;根据系统结构的不同可分为开环系统与闭环系统辨识;根据参数估计方法的不同可分为离线辨识和在线辨识等。另外还有经典辨识方法与近代辨识方法、系统结构辨识与系统参数辨识等分类。由于离线辨识与在线辨识是系统辨识中常用的两个基本概念,本节将对这两个基本概念加以释,其余的一些概念将在后面的有关章节中介绍。

1.4.1 离线辨识

如果系统的模型结构已经选好，阶数也已确定，获得全部记录数据之后，用最小二乘法、极大似然法或其他估计方法，对数据进行集中处理后，得到模型参数的估值。这种辨识方法称之为离线辨识。

离线辨识的优点是参数估值的精度比较高，缺点是需要存储大量数据，要求计算机有较大的存储量，辨识时运算量也比较大。

1.4.2 在线辨识

在线辨识时，系统的模型结构和阶数也是事先确定好的。获得一部分输入和输出记录数据后，用最小二乘法、极大似然法或其他估计方法进行处理，得到模型参数的粗略估值。在获得新的输入和输出记录数据后，用递推算法对原来粗略的参数估值进行修正，得到参数的新估值。所以在线辨识要用到递推最小二乘法、递推极大似然法或其他递推算法。

在线辨识的优点是所要求的计算机存储量较小，辨识计算时运算量较小，适合于进行实时控制，缺点是参数估计的精度略差。为了实现自适应控制，必须采用在线辨识，要求在很短的时间内把参数辨识出来，参数估计所需时间只占 1 个采样周期的一小部分。

下面各章中将主要讨论线性系统的经典辨识方法、动态系统的典范表达式、离线辨识和在线辨识算法、闭环系统辨识、系统结构和阶的确定，以及系统辨识在一些工程问题中的应用等内容。

习题

1.1 阐述系统模型的分类及各类模型间的关系，并尝试用形象的方法建立各模型间的关系图。

1.2 关于线性模型有系统线性和关于参数空间线性、本质线性和本质非线性之分，举例说明之。

1.3 请根据辨识的定义来阐述辨识的基本原理。

1.4 辨识问题中的三个要素是什么？为什么说它们是辨识中的重要因素？

1.5 辨识中最常用的误差准则是什么？在自动控制领域中你还了解何种误差准则，它们之间有何异同？

1.6 请结合一个实际控制对象来阐述辨识的步骤。

1.7 在自动控制理论中经常要求系统是因果系统，在系统辨识中是否仍然要求系统是因果系统？

2

第2章 系统辨识常用输入信号

如果系统的模型结构选择正确,辨识的精度将直接通过费希尔(Fisher)信息矩阵依赖于输入信息,关于这一问题后面还将阐述。因此合理选用辨识的输入信号是保证能否获得好的辨识结果的关键之一,本章将介绍系统辨识时输入信号选择的准则及一些常用的输入信号。

2.1 系统辨识输入信号选择准则

为了使系统是可辨识的,输入信号必须满足一定的条件,其最低要求是在辨识时间内系统必须被输入信号持续激励。也就是说,在试验期间输入信号必须充分激励系统的所有模态。这就引出持续激励输入信号的要求:输入信号必须具有较好的“优良性”,即输入信号的选择应使给定问题的辨识模型精度最高。这就引出了最优输入信号设计问题。例如,当采用极大似然法进行系统辨识时,如果辨识方法使得模型参数的估计值是渐近有效的,则度量精度的模型参数误差的协方差阵近似等于费希尔信息矩阵的逆,即达到克拉默-拉奥(Cramer-Rao)不等式下界(详见6.3节)。因此,最优输入信号就是使费希尔信息矩阵的逆达到最小的一个标量函数。这个标量函数可以作为评价模型精度的度量函数,记作

$$J = \Phi(\boldsymbol{M}_{\theta}^{-1}) \tag{2.1.1}$$

其中,$\boldsymbol{M}_{\theta}$ 是费希尔信息矩阵

$$\boldsymbol{M}_{\theta} = E_{y|\theta}\left\{\left[\frac{\partial \ln L}{\partial \theta}\right]\left[\frac{\partial \ln L}{\partial \theta}\right]^{\mathrm{T}}\right\} \tag{2.1.2}$$

y 表示系统输出观测数据$\{y(k),k=1,2,\cdots,N\}$的集合,L 为所选取的似然函数,Φ 是某种标量函数,常选用的形式有

$$J = \mathrm{tr}(\boldsymbol{M}_{\theta}^{-1}),J = \det(\boldsymbol{M}_{\theta}^{-1}),J = \mathrm{tr}(\boldsymbol{W}\boldsymbol{M}_{\theta}^{-1})$$

式中 $\boldsymbol{W}$ 为非负矩阵。根据所选用的标量函数形式可求出不同的最优输入信号。其中 $J=\mathrm{tr}(\boldsymbol{M}_{\theta}^{-1})$ 又称为A-最优准则,$J=\det(\boldsymbol{M}_{\theta}^{-1})$ 又称为D-最优准则。

对D-最优准则有如下结论(Goodwin and Payne,1977):如果模型结构是正确的,且参数估计值 $\hat{\theta}$ 是

无偏最小方差估计,则参数估计值 $\hat{\theta}$ 的精度通过费希尔信息矩阵 $\boldsymbol{M}_\theta$ 依赖于输入信号 $u(k)$。

当输入信号的功率约束条件为

$$\frac{1}{N}\sum_{k=1}^{N}u^2(k-i)=1,\quad i=1,2,\cdots,n \tag{2.1.3}$$

式中,n 是模型阶次,N 为数据长度。那么使 D-最优准则达到最小值,即

$$J_D=-\ln\det(\boldsymbol{M}_\theta)=\min \tag{2.1.4}$$

的输入信号称为 D-最优输入信号。

如果系统的输出数据序列是独立同分布的高斯随机序列,则 D-最优输入信号是具有脉冲式自相关函数的信号,即

$$\frac{1}{N}\sum_{k=1}^{N}u(k-i)u(k-j)=\begin{cases}1, & i=j\\0, & i\neq j\end{cases} \tag{2.1.5}$$

当 N 很大时,白噪声或 M 序列可近似满足这一要求;当 N 不大时,并非对所有的 N 都能找到这种输入信号。

在具体工程应用中,选择输入信号时还应考虑以下因素:

(1) 输入信号的功率或幅度不宜过大,以免使系统工作在非线性区,但也不应过小,以致使信噪比太小,直接影响辨识精度;

(2) 输入信号对系统的“净扰动”要小,即应使正、负向扰动机会几乎均等;

(3) 工程上要便于实现,成本低。

2.2 白噪声及产生方法

2.2.1 白噪声过程

白噪声过程是一种最简单的随机过程。严格来讲,它是一种均值为 0、谱密度为非 0 常数的平稳随机过程,或者是由一系列不相关的随机变量组成的一种理想化随机过程。白噪声过程没有“记忆性”,即 t 时刻的数值与 t 时刻以前的过去值无关,也不影响 t 时刻以后的值。

白噪声过程定义:如果随机过程 $w(t)$ 的均值为零、自相关函数为

$$R_w(t)=\sigma^2\delta(t) \tag{2.2.1}$$

式中,$\delta(t)$ 为狄拉克(Dirac)分布函数,即

$$\delta(t)=\begin{cases}\infty, & \tau=0\\0, & \tau\neq 0\end{cases} \tag{2.2.2}$$

且

$$\int_{-\infty}^{\infty}\delta(t)\,\mathrm{d}t=1 \tag{2.2.3}$$

则称该随机过程为白噪声过程。

由于 $\delta(t)$ 的傅里叶变换为 1,可知白噪声过程 $w(t)$ 的平均功率谱密度为常数 σ^2,即

$$S_w(\omega)=\sigma^2,\quad -\infty<\omega<+\infty \tag{2.2.4}$$

上式表明,白噪声过程的功率在 $-\infty$ 至 $+\infty$ 的全频段内均匀分布。基于这一特点,人们借用光学中的“白

色光”一词,称这种噪声为“白噪声”。

严格符合上述定义的白噪声过程,其方差和平均功率为∞,而且它在任意 2 个瞬间的取值,不管这 2 个瞬间相距多么近,都是互不相关的。可见,严格符合这个定义的白噪声只是一种理论上的理想状态,在物理上是不可能实现的,然而白噪声的概念却具有重要的实际意义。在实际应用中,如果 $R_w(t)$ 接近 δ 函数,如图 2.1(b)所示,其中 $R_w(t)$ 从 $t=0$ 时的有限值 σ^2 迅速下降,到 $|t|>t_0$ 以后近似为 0,且 t_0 远小于有关过程的时间常数,则对于该过程而言,可近似认为 $w(t)$ 是白噪声。在频域上,这相当于在有关过程的有用频带内,$w(t)$ 的平均功率接近于均匀分布。例如在图 2.2 中有

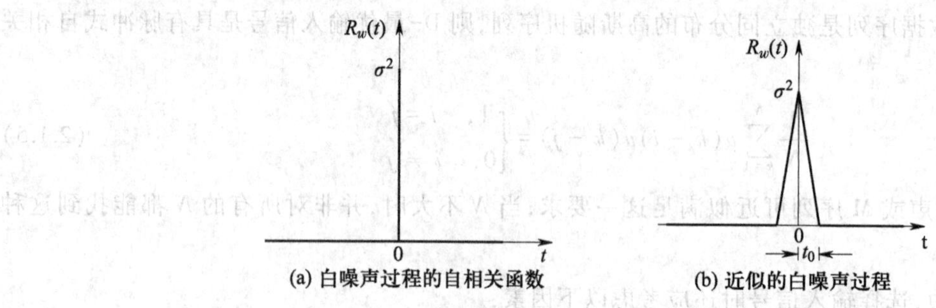

图 2.1　白噪声过程与近似白噪声过程的自相关函数

$$S_w(\omega)=\begin{cases}\sigma^2, & |\omega|\leqslant\omega_0\\ 0, & |\omega|>\omega_0\end{cases}\tag{2.2.5}$$

式中,ω_0 为一给定频率,它远大于有关过程的截止频率。具有这种平均功率谱密度的白噪声过程称为低通白噪声过程,它的自相关函数为

$$\begin{aligned}R_w(t)&=\frac{1}{2\pi}\int_{-\infty}^{\infty}S_w(\omega)\cos\omega t\,\mathrm{d}\omega\\&=\frac{1}{2\pi}\int_{-\omega_0}^{\omega_0}\sigma^2\cos\omega t\,\mathrm{d}\omega=\frac{\sigma^2\omega_0}{\pi}\frac{\sin\omega_0 t}{\omega_0 t}\end{aligned}\tag{2.2.6}$$

如图 2.2 所示。

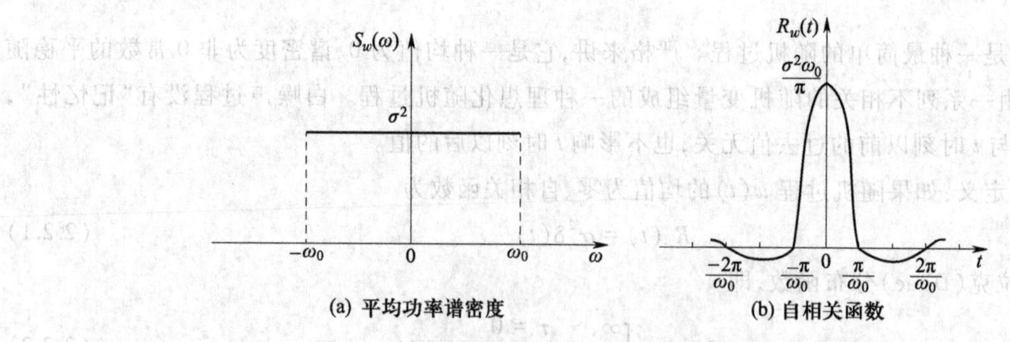

图 2.2　低通白噪声过程的平均功率谱密度和自相关函数

在上述的讨论中并未涉及白噪声的概率密度问题。服从于正态分布的白噪声过程称为正态(高斯)分布白噪声。

以上关于标量白噪声过程的概念可直接推广到向量白噪声。如果一个 n 维向量随机过程 $\boldsymbol{W}(t)$ 满足

$$E\{\boldsymbol{W}(t)\}=0$$

$$\mathrm{Cov}\{\boldsymbol{W}(t),\boldsymbol{W}(t+\tau)\}=E\{\boldsymbol{W}(t)\boldsymbol{W}^{\mathrm{T}}(t+\tau)\}=Q\delta(\tau)$$

式中，$\boldsymbol{Q}$ 是正定常数矩阵，$\delta(\tau)$ 是狄拉克函数，则 $\boldsymbol{W}(t)$ 称为向量白噪声过程。

2.2.2 白噪声序列

从试验的角度来讲，连续的白噪声不容易产生，而离散的白噪声较容易产生。白噪声序列就是白噪声过程的一种离散形式。如果随机序列 $\{w(k)\}$ 均值为 0，并且是两两不相关的，对应的自相关函数为

$$R_w(l) = \sigma^2 \delta_l, \quad l = 0, \pm 2, \cdots \tag{2.2.7}$$

式中，δ_l 为克罗内克（kronecker）δ 符号，即

$$\delta_l = \begin{cases} 1, & l = 0 \\ 0, & l \neq 0 \end{cases} \tag{2.2.8}$$

则称这种随机序列 $\{w(k)\}$ 为白噪声序列。

根据离散傅里叶变换可知白噪声序列的平均功率谱密度为常数 σ^2，即

$$S_w(\omega) = \sum_{l=-\infty}^{\infty} R_w(l) \mathrm{e}^{-\mathrm{j}\omega l} = \sigma^2 \tag{2.2.9}$$

对于向量白噪声序列 $\{\boldsymbol{W}(k)\}$ 有

$$E\{\boldsymbol{W}(k)\} = 0$$

$$\mathrm{Cov}\{\boldsymbol{W}(k), \boldsymbol{W}(k+l)\} = E\{\boldsymbol{W}(k)\boldsymbol{W}^{\mathrm{T}}(k+l)\} = \boldsymbol{R}\delta_l$$

其中，$\boldsymbol{R}$ 为正定常数矩阵，δ_l 为克罗内克 δ 符号。

2.2.3 白噪声序列的产生方法

如何在计算机上产生统计上比较理想的各种不同分布的白噪声序列，是系统辨识仿真研究中的一个重要问题。目前，已有大量的成熟计算方法和应用程序可供查询或调用，一些成套的计算机软件中也常可查到这类程序，因此此处不再详述，只介绍一些最常用方法的基本原理。

在具有连续分布的随机数中，(0,1) 均匀分布的随机数是最简单、最基本的一种随机数，有了 (0,1) 均匀分布的随机数，便可以产生其他任意分布的随机数。正态分布随机数又是最常见的一种随机数，因为根据概率论中的大数定律，当样本数据足够大时，许多其他分布的随机序列常可近似看作正态分布随机序列。下面主要介绍 (0,1) 均匀分布和正态分布随机数的产生方法。

(1) (0,1) 均匀分布随机数的产生

在计算机上产生 (0,1) 均匀分布随机数的方法很多，其中最简单、最方便的是数学方法。用数学方法产生 (0,1) 均匀分布的随机数，本质上说就是实现递推运算

$$\xi_{i+1} = f(\xi_i, \xi_{i-1}, \cdots, \xi_1) \tag{2.2.10}$$

每一个 (0,1) 均匀分布的随机数总是前面各时刻随机数的函数。但是，由于计算机的字长有限，严格说来，无论式 (2.2.10) 中的函数取何种形式都不可能产生真正的连续 (0,1) 均匀分布随机数。因此，通常用数学方法产生的 (0,1) 均匀分布随机数叫作伪随机数。用数学方法产生伪随机数具有速度快、占用内存小等优点，如果式 (2.2.10) 中的函数形式选择适当，所产生的伪随机数可以有比较好的统计性质。产生伪随机数的数学方法很多，其中最常用的是乘同余法和混合同余法。

① 乘同余法

这种方法先用递推同余式产生正整数序列 $\{x_i\}$，即

$$x_i = Ax_{i-1}(\mathrm{mod}M), \ i = 1, 2, \cdots \tag{2.2.11}$$

式中，M 为 2 的方幂，即 $M=2^k$，k 为大于 2 的整数，$A\equiv 3(\mathrm{mod}8)$ 或 $A\equiv 5(\mathrm{mod}8)$，且 A 不能太小，初值 x_0 取正奇数，例如取 $x_0=1$。

再令

$$\xi_i=\frac{x_i}{M},\ i=1,2,\cdots \tag{2.2.12}$$

则$\{\xi_i\}$是伪随机数序列，循环周期可达 2^{k-2}。

② 混合同余法

混合同余法产生伪随机数的递推同余式为

$$x_i\equiv Ax_{i-1}+c\ (\mathrm{mod}M) \tag{2.2.13}$$

式中，$M=2^k$，k 为大于 2 的整数；$A\equiv 1(\mathrm{mod}4)$，即 $A=2^n+1$，n 为满足关系式 $2\leqslant n\leqslant 34$ 的整数；c 为正整数，初值 x_0 为非负整数。令

$$\xi_i=\frac{x_i}{M} \tag{2.2.14}$$

则$\{\xi_i\}$是循环周期为 2^k 的伪随机数序列。

（2）正态分布随机数的产生

由(0,1)均匀分布的随机数可以产生其他任意分布的随机数。下面介绍两种实用的产生正态分布随机数的方法。

① 统计近似抽样法：设$\{\xi_i\}$是(0,1)均匀分布随机数序列，则有

$$\mu_\xi=E\{\xi_i\}=\int_0^1\xi_i p(\xi_i)\,\mathrm{d}\xi_i=\frac{1}{2} \tag{2.2.15}$$

$$\sigma_\xi^2=\mathrm{Var}\{\xi_i\}=\int_0^1(\xi_i-\mu_\xi)^2 p(\xi_i)\,\mathrm{d}\xi_i=\frac{1}{12} \tag{2.2.16}$$

根据中心极限定理，当 $N\to\infty$ 时，则有

$$x=\frac{\sum_{i=1}^{N}\xi_i-N\mu_\xi}{\sqrt{N\sigma_\xi^2}}=\frac{\sum_{i=1}^{N}\xi_i-\frac{N}{2}}{\sqrt{\frac{N}{12}}}\sim N(0,\,1) \tag{2.2.17}$$

如果 $\eta\sim N(\mu_\eta,\sigma_\eta^2)$ 是所要产生的正态分布随机变量，经标准化处理，则有

$$\frac{\eta-\mu_\eta}{\sqrt{\sigma_\eta^2}}\sim N(0,1) \tag{2.2.18}$$

比较式(2.2.17)和式(2.2.18)，则有

$$\frac{\eta-\mu_\eta}{\sqrt{\sigma_\eta^2}}=\frac{\sum_{i=1}^{N}\xi_i-\frac{N}{2}}{\sqrt{\frac{N}{12}}} \tag{2.2.19}$$

$$\eta=\mu_\eta+\sigma_\eta\frac{\sum_{i=1}^{N}\xi_i-\frac{N}{2}}{\sqrt{\frac{N}{12}}} \tag{2.2.20}$$

式中，ξ_i 为(0,1)均匀分布随机数，η 为 $N(\mu_\eta,\sigma_\eta^2)$ 正态分布随机数。当 $N=12$ 时，η 的统计特性就比较理想，这时式(2.2.20)可简化为

$$\eta = \mu_\eta + \sigma_\eta\left(\sum_{i=1}^{12}\xi_i - 6\right) \tag{2.2.21}$$

② 变换抽样法：设 ξ_1 和 ξ_2 是两个互相独立的(0,1)均匀分布随机变量，则

$$\begin{cases}\eta_1 = (-2\ln\xi_1)^{\frac{1}{2}}\cos 2\pi\xi_2 \\ \eta_2 = (-2\ln\xi_1)^{\frac{1}{2}}\sin 2\pi\xi_2\end{cases} \tag{2.2.22}$$

是相互独立、服从 $N(0,1)$ 分布的随机变量。

2.3 伪随机二位式序列——M序列的产生及性质

在进行系统辨识时，选用白噪声作为辨识输入信号可以保证获得较好的辨识效果，但在工程上难以实现。M序列是一种很好的辨识输入信号，它具有近似白噪声的性质，不仅可以保证有较好的辨识效果，而且工程上又易于实现。

M序列是伪随机二位式序列的一种形式。在介绍M序列之前，先介绍一下伪随机噪声的概念。

2.3.1 伪随机噪声

由下面的例子将可看到，用白噪声作为输入信号来求系统的脉冲响应需要很长时间。为了克服这一缺点，我们可对白噪声的一个样本函数 $w(t)$ 截取 $[0,T]$ 时间内一段，对其他时间段 $[T,2T]$，$[2T,3T]$，…，以周期 T 延拓下去，这样获得的函数如图2.3(a)所示，仍用 $w(t)$ 表示。于是 $w(t)$ 是周期 T 的函数，在 $[0,T]$ 时间内是白噪声，在此时间之外是重复的白噪声，显然它的自相关函数 $R_w(\tau)=E[w(t)w(t+\tau)]$ 的周期也为 T。由于在 $[0,T]$ 时间内自相关函数 $R_w(\tau)$ 就是白噪声的自相关函数，它具有周期性，如图2.3(b)所示，则称 $w(t)$ 为伪随机噪声。

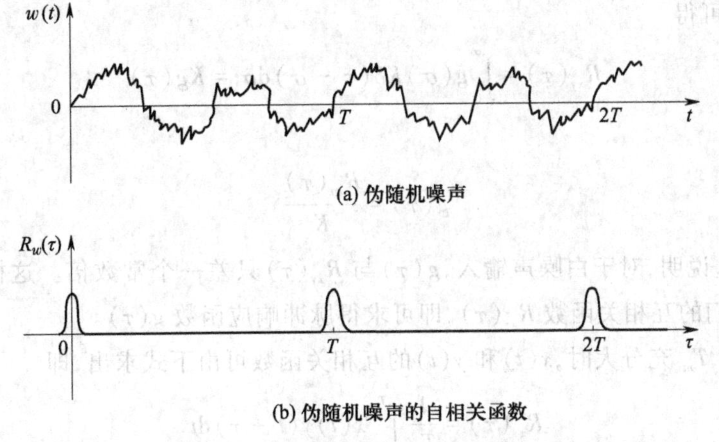

图2.3 伪随机噪声及自相关函数图

用伪随机噪声作为输入信号辨识系统有很大的好处，由下面的例子可以看到，用伪随机噪声作为输入信号来求系统的脉冲响应时，自相关函数和互相关函数的计算都比采用白噪声时简单。

一个单输入-单输出线性定常系统的动态特性可用它的脉冲响应函数 $g(\tau)$ 来描述，如图2.4所示。设系统的输入为 $x(t)$，输出为 $y(t)$，则 $y(t)$ 可表示为

$$y(t)=\int_0^{\infty} g(\sigma)x(t-\sigma)\mathrm{d}\sigma \tag{2.3.1}$$

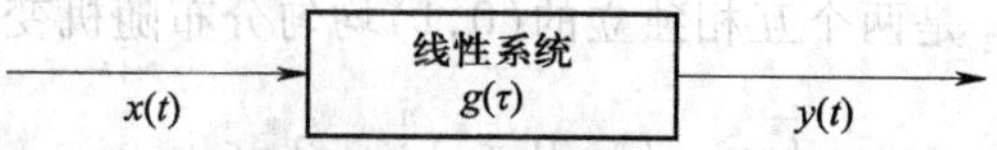

x(t)　线性系统 g(τ)　y(t)

图 2.4　线性系统图

设 $x(t)$ 是均值为零的平稳随机过程，则 $y(t)$ 也是均值为零的平稳随机过程。对于时刻 t_2，系统的输出可记为

$$y(t_2)=\int_0^{\infty} g(\sigma)x(t_2-\sigma)\mathrm{d}\sigma \tag{2.3.2}$$

以 $x(t_1)$ 乘上式等号两边得

$$x(t_1)y(t_2)=\int_0^{\infty} g(\sigma)x(t_1)x(t_2-\sigma)\mathrm{d}\sigma \tag{2.3.3}$$

对上式等号两边取数学期望得

$$E[x(t_1)y(t_2)]=\int_0^{\infty} g(\sigma)E[x(t_1)x(t_2-\sigma)]\,\mathrm{d}\sigma$$

$$E[x(t_1)y(t_2)]=R_{xy}(t_2-t_1)$$

$$E[x(t_1)x(t_2-\sigma)]=R_x(t_2-t_1-\sigma)$$

设 $t_2-t_1=\tau$，则

$$R_{xy}(\tau)=\int_0^{\infty} g(\sigma)R_x(\tau-\sigma)\mathrm{d}\sigma \tag{2.3.4}$$

上式就是著名的维纳-霍夫积分方程。这个方程给出了自相关函数 $R_x(\tau)$、输入 $x(t)$ 与输出 $y(t)$ 的互相关函数 $R_{xy}(\tau)$ 和脉冲响应函数 $g(\tau)$ 之间的关系。如果知道 $R_x(\tau)$ 和 $R_{xy}(\tau)$，可确定脉冲响应函数 $g(\tau)$，这是一个解积分方程的问题。一般说来，这个积分方程是很难解的。如果输入是白噪声，则可容易求出脉冲响应函数 $g(\tau)$。这时 $x(t)$ 的自相关函数为

$$R_x(\tau)=K\delta(\tau),\quad R_x(\tau-\sigma)=K\delta(\tau-\sigma)$$

根据维纳-霍夫方程可得

$$R_{xy}(\tau)=\int_0^{\infty} g(\sigma)K\delta(\tau-\sigma)\mathrm{d}\sigma=Kg(\tau) \tag{2.3.5}$$

或者

$$g(\tau)=\frac{R_{xy}(\tau)}{K} \tag{2.3.6}$$

式中 K 为一常数。这说明，对于白噪声输入，$g(\tau)$ 与 $R_{xy}(\tau)$ 只差一个常数倍。这样，只要记录 $x(t)$ 与 $y(t)$ 的值，并计算它们的互相关函数 $R_{xy}(\tau)$，即可求得脉冲响应函数 $g(\tau)$。

当观测时间长度 T_m 充分大时，$x(t)$ 和 $y(t)$ 的互相关函数可由下式求出，即

$$R_{xy}(\tau)=\frac{1}{T_m}\int_0^{T_m} x(t)y(t+\tau)\mathrm{d}t \tag{2.3.7}$$

如果对 $x(t)$ 和 $y(t)$ 进行等间隔采样，可得序列 x_i 和 y_i 分别为

$$x_i=x(t_i),\quad y_i=y(t_i),\quad i=1,2,\cdots,N-1$$

设采样周期为 Δ，则

$$\begin{cases} x_{i+\tau} = x(t_i + \tau\Delta) \\ y_{i+\tau} = y(t_i + \tau\Delta) \\ R_x(\tau) = \dfrac{1}{N}\sum\limits_{i=0}^{N-1} x_i x_{i+\tau} \\ R_{xy}(\tau) = \dfrac{1}{N}\sum\limits_{i=0}^{N-1} x_i y_{i+\tau} \end{cases} \tag{2.3.8}$$

式中,τ 表示两个数值间的采样周期个数,$\tau=0,1,2,\cdots$,而前面连续公式中的 τ 是两个数值间的时间间隔。

如果在系统正常运行时进行测试,则系统的输入由正常输入 $\bar{x}(t)$ 和白噪声 $x(t)$ 两部分组成,输出由 $\bar{y}(t)$ 和 $y(t)$ 组成,其中 $\bar{y}(t)$ 为由 $\bar{x}(t)$ 引起的输出,$y(t)$ 为由 $x(t)$ 引起的输出,并且

$$\bar{y}(t) = \int_0^\infty g(\sigma)\bar{x}(t-\sigma)\,\mathrm{d}\sigma \tag{2.3.9}$$

系统辨识模拟方块图如图 2.5 所示。由于 $x(t)$ 和 $\bar{x}(t)$ 不相关,故 $x(t-\tau)$ 和 $\bar{y}(t)$ 不相关,积分器输出为 $Kg(\tau)$。

上述辨识系统脉冲响应的方法称之为相关法。相关法的优点是不要求系统严格地处于稳定状态,输入的白噪声对系统的正常工作影响不大,对系统模型不要求验前知识。缺点是噪声的非平稳性会影响辨识精度,用白噪声作为输入信号时要求较长的观测时间等。

如果采用周期为 T 的伪随机噪声作为输入则可使自相关函数和互相关函数的计算变得简单。

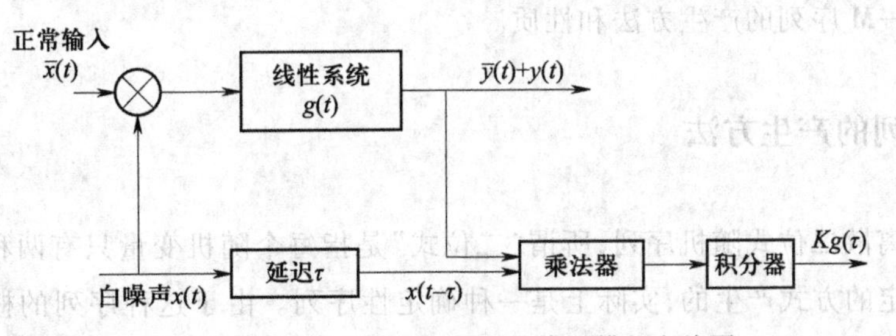

图 2.5 具有正常输入时的系统辨识模拟方块图

例 2.1 试证明:若采用周期为 T 的伪随机噪声作为输入,则可使自相关函数计算简单,并且脉冲响应函数与互相关函数只相差一个常数倍数。

证明 设 $x(t)$ 为周期为 T 的伪随机噪声,则有

$$\begin{aligned} R_x(\tau) &= \lim_{T_1\to\infty}\frac{1}{T_1}\int_0^{T_1} x(t)x(t+\tau)\,\mathrm{d}t = \lim_{nT\to\infty}\frac{1}{nT}\int_0^{nT} x(t)x(t+\tau)\,\mathrm{d}t \\ &= \lim_{nT\to\infty}\frac{n}{nT}\int_0^{T} x(t)x(t+\tau)\,\mathrm{d}t = \frac{1}{T}\int_0^{T} x(t)x(t+\tau)\,\mathrm{d}t \end{aligned} \tag{2.3.10}$$

$$\begin{aligned} R_{xy}(\tau) &= \int_0^\infty g(\sigma)R_x(\tau-\sigma)\,\mathrm{d}\sigma = \int_0^\infty g(\sigma)\left[\frac{1}{T}\int_0^T x(t)x(t+\tau-\sigma)\,\mathrm{d}t\right]\mathrm{d}\sigma \\ &= \frac{1}{T}\int_0^T\left[\int_0^\infty g(\sigma)x(t+\tau-\sigma)\,\mathrm{d}\sigma\right]x(t)\,\mathrm{d}t \end{aligned} \tag{2.3.11}$$

由于

$$\int_0^\infty g(\sigma)x(t+\tau-\sigma)\,\mathrm{d}\sigma = y(t+\tau)$$

故

$$R_{xy}(\tau)=\frac{1}{T}\int_0^T x(t)y(t+\tau)\mathrm{d}t \tag{2.3.12}$$

上式表明，计算互相关函数时，只要计算一个周期的积分即可，因而使自相关函数计算简单。对于 $\tau<T$ 有

$$\begin{aligned}
R_{xy}(\tau)&=\int_0^\infty g(\sigma)R_x(\tau-\sigma)\mathrm{d}\sigma\\
&=\int_0^T g(\sigma)R_x(\tau-\sigma)\mathrm{d}\sigma+\int_T^{2T} g(\sigma)R_x(\tau-\sigma)\mathrm{d}\sigma+\int_{2T}^{3T} g(\sigma)R_x(\tau-\sigma)\mathrm{d}\sigma+\cdots\\
&=\int_0^T g(\sigma)K\delta(\tau-\sigma)\mathrm{d}\sigma+\int_T^{2T} g(\sigma)K\delta(\tau-\sigma)\mathrm{d}\sigma+\\
&\quad\int_{2T}^{3T} g(\sigma)K\delta(\tau-\sigma)\mathrm{d}\sigma+\cdots\\
&=Kg(\tau)+Kg(T+\tau)+Kg(2T+\tau)+\cdots
\end{aligned} \tag{2.3.13}$$

适当选择 T，使脉冲响应函数还在 $\tau<T$ 时就已经衰减至零，则 $g(T+\tau)=0, g(2T+\tau)=0,\cdots$，于是有 $R_{xy}(\tau)=Kg(\tau)$，或写为

$$g(\tau)=\frac{R_{xy}(\tau)}{K} \tag{2.3.14}$$

可见，脉冲响应函数 $g(\tau)$ 与互相关函数只相差一个常数倍数。证毕。

从上面的例子可以看出，用伪随机噪声辨识系统好处很多，下面介绍在经典系统辨识中广泛应用的一种伪随机序列——M 序列的产生方法和性质。

2.3.2　M 序列的产生方法

M 序列是一种离散二位式随机序列，所谓“二位式”是指每个随机变量只有两种状态。离散二位式随机序列是按照确定的方式产生的，实际上是一种确定性序列。由于这种序列的概率性质与离散二位式白噪声序列相似，且为周期性序列，故属于二位式伪随机序列。

可用多级线性反馈移位寄存器产生 M 序列。每级移位寄存器由双稳态触发器和门电路所组成，称为一位，分别以 **0** 和 **1** 来表示两种状态。当移位脉冲来到时，每位的内容（**0** 或 **1**）移到下一位，最后一位（即 n 位）移出的内容即为输出。为了保持连续工作，将最后两级寄存器的内容经过适当的逻辑运算后反馈到第一级寄存器去作为输入。例如，周期为 15 的伪随机序列可以由如图 2.6 所示的 4 级移位寄存器产生，它由 4 个两状态移位寄存器构成。一个移位脉冲来到后，第一级寄存器的内容（**0** 或 **1**）送到第二级寄存器，第二级寄存器的内容送到第三级寄存器，第三级寄存器的内容送到第四级寄存器，而第三级和第四级寄存器的内容作模 2 相加（又称为半加或按位加，即 **1+0=1，0+1=1，1+1=0，0+0=0**）反馈到第一级寄存器。产生伪随机序列时要求寄存器的起始状态不全为零，因为全零初始状态将导致各级寄存器的输出永远是零。如果寄存器的初始内容都是 **1**，第一个移位脉冲来到后，四级寄存器的内容变为 **0111**，一个周期的变化规律为

1111（初态）→**0111**→**0011**→**0001**→**1000**→**0100**→**0010**→**1001**→**1100**→**0110**→**1011**→**0101**→**1010**→**1101**→**1110**→**1111**

一个周期结束后，产生了 15 种不同的状态。任一级寄存器的输出都可以取作为伪随机序列。如果取第四级寄存器的输出作为伪随机序列，则这个周期为 15 的伪随机序列为 **111100010011010**。

如果一个多级移位寄存器的输出序列的周期达到最大周期，这个序列称为最大长度二位式序列或

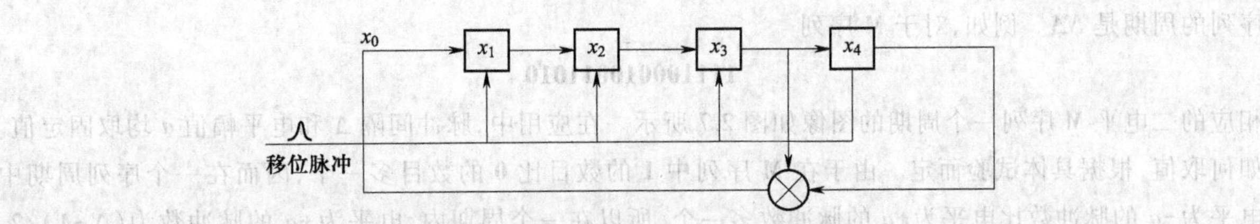

图 2.6 周期为 15 的伪随机序列产生器

M 序列。如果输出序列的周期比最大周期小,就不是 M 序列。n 级移位寄存器产生的序列的最大周期为 $N=2^n-1$。

2.3.3 M 序列的性质

(1) 由 n 级移位寄存器产生的周期为 $N=2^n-1$ 的 M 序列,在一个循环周期内,**0** 出现的次数为 $\frac{N-1}{2}$, **1** 出现的次数为 $\frac{N+1}{2}$。**0** 的个数总比 **1** 的个数少一个。当 N 较大时,**0** 和 **1** 的出现几乎是等概率的,近似为 $\frac{1}{2}$。对于周期为 15 的 M 序列 **111100010011010**,可以看到,**0** 的个数为 7,**1** 的个数为 8,几乎各占一半。

(2) M 序列中,状态 **0** 或 **1** 连续出现的段称为游程,一个游程中 **0** 或 **1** 的个数称为游程长度。由 n 级移位寄存器产生的 M 序列的游程总数等于 2^{n-1},其中 **0** 的游程和 **1** 的游程各占一半,并且长度为 1 的游程占总数的 $\frac{1}{2}$,有 2^{n-2} 个;长度为 2 的游程占 $\frac{1}{4}$,有 2^{n-3} 个;长度为 3 的游程占 $\frac{1}{8}$,有 2^{n-4} 个。依此类推,长度为 $i(1\leqslant i\leqslant n-2)$ 的游程占 $\frac{1}{2^i}$,有 2^{n-i-1} 个,但长度为 $(n-1)$ 的游程只有一个,为 **0** 的游程。长度为 n 的游程也只有一个,为 **1** 的游程。对于上述周期为 15 的 M 序列,共有 8 个游程,其中 **0** 的游程和 **1** 的游程各有 4 个。长度为 1 的游程有 4 个,长度为 2 的游程有 2 个。长度为 3 的游程只有一个,为 **0** 的游程。长度为 4 的游程也只有一个,为 **1** 的游程。

(3) 所有 M 序列均具有移位可加性,即两个彼此移位等价的相异 M 序列,按位模 2 相加所得到的和序列仍为 M 序列,并与原 M 序列等价。例如,周期为 15 的一个 M 序列为

$$\cdots\mathbf{1111000100110101111}\cdots$$

与其延迟 13bit 的 M 序列为

$$\cdots\mathbf{1100010011010111100}\cdots$$

则按位模 2 相加所得的和序列为

$$\cdots\mathbf{0011010111100010011}\cdots$$

仍为 M 序列,只是比原 M 序列延迟了 7bit。可见,它们总是移位等价的。

2.3.4 二电平 M 序列的自相关函数

由于 M 序列对时间是离散的,而输入需要对时间连续,所以在实际应用中,总把状态为 **0** 和 **1** 的 M 序列变换成幅度为 $+a$ 和 $-a$ 的二电平序列,其中 **0** 对应高电平 $+a$,**1** 对应低电平 $-a$,通常取电压为电平,a 表示幅值。这种对时间连续的序列称之为二电平 M 序列。设每个基本电平延迟时间为 Δ,二电平 M

序列的周期是 $N\Delta$。例如，对于 M 序列

111100010011010

相应的二电平 M 序列一个周期的图像如图 2.7 所示。在应用中，脉冲间隔 Δ 和电平幅值 a 均取固定值。如何取值，根据具体试验而定。由于在 M 序列中 **1** 的数目比 **0** 的数目多一个，因而在一个序列周期中电平为 $-a$ 的脉冲数比电平为 $+a$ 的脉冲数多一个，所以在一个周期内，电平为 $+a$ 的脉冲数为 $(N-1)/2$，电平为 $-a$ 的脉冲数为 $(N+1)/2$。

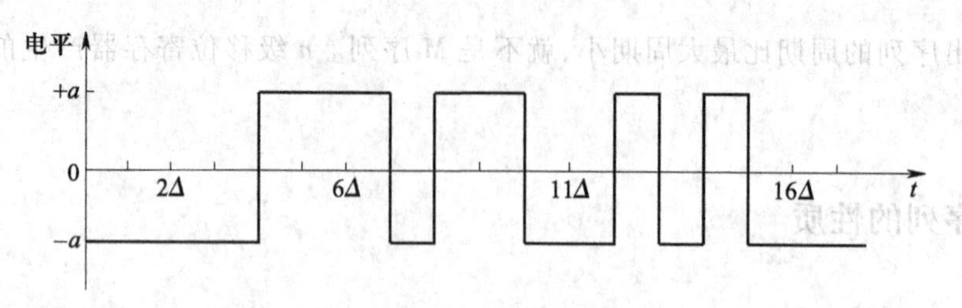

图 2.7　长度为 15 的二电平 M 序列

一个周期序列的数学期望（直流电平）为

$$m_x = \frac{N-1}{2}\frac{a\Delta}{N\Delta} - \frac{N+1}{2}\frac{a\Delta}{N\Delta} = -\frac{a}{N} \tag{2.3.15}$$

现在来计算自相关函数 $R_x(\tau)$，分三种不同情况来讨论。

(1) $\tau=0$

在这种情况下，$x(t)$ 和 $x(t+\tau)$ 为同一瞬时的实现值，它们不可能异号，可能同时为 $+a$，也可能同时为 $-a$，而其乘积只能是 a^2，于是

$$R_x(\tau) = \frac{N\Delta a^2}{N\Delta} = a^2 \tag{2.3.16}$$

(2) $|\tau|>\Delta$

在这种情况下，$x(t)$ 与 $x(t+\tau)$ 可能同号，也可能异号。如果 $x(t)$ 为正，$x(t)$ 为正的概率为 $(N-1)/2N$，则 $x(t+\tau)$ 为正的概率为 $(N-3)/2N$，为负的概率为 $(N+1)/2N$。如果 $x(t)$ 为负，$x(t)$ 为负的概率为 $(N+1)/2N$，则 $x(t+\tau)$ 为正的概率为 $(N-1)/2N$，为负的概率为 $(N-1)/2N$。则自相关函数为

$$\begin{aligned} R_x(\tau) &= \frac{N-1}{2N}\left(\frac{N-3}{2N}a^2 - \frac{N+1}{2N}a^2\right) + \frac{N+1}{2N}\left(\frac{N-1}{2N}a^2 - \frac{N-1}{2N}a^2\right) \\ &= \frac{a^2}{4N^2}[(N-1)(N-3)-(N-1)(N+1)] = \frac{a^2}{4N^2}(-4N+4) \\ &= -\frac{a^2}{N} + \frac{a^2}{N^2} \end{aligned} \tag{2.3.17}$$

当 N 很大时，则有

$$R_x(\tau) \approx -\frac{a^2}{N} \tag{2.3.18}$$

(3) $0 < |\tau| < \Delta$

在这种情况下，$R_x(\tau)$ 的计算可以从图 2.8 得到帮助。图 2.8(a) 是二电平 M 序列信号的一个现实 $x(t)$，t 是选定的时间间隔，$0<|\tau|<\Delta$。图 2.8(b) 中 $x(t+\tau)$ 是 $x(t)$ 曲线向左移 τ 后的信号。图2.8(c) 是 $x(t)$ 和 $x(t+\tau)$ 的乘积。从图 2.8(c) 可看出，在一个节拍中，即在 Δ 时间内，开始的 $(\Delta-\tau)$ 这一段时间中，$x(t)$ 和 $x(t+\tau)$ 总是同号，这时乘积 $x(t)x(t+\tau)$ 总是 a^2，而在每个节拍剩下的时间内，$x(t+\tau)$ 与 $x(t)$

可能同号,也可能异号。

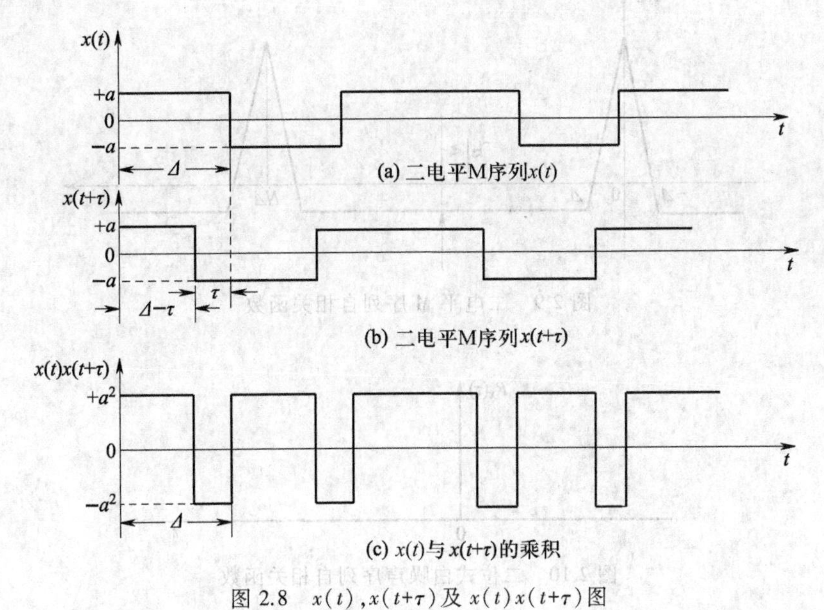

图 2.8 $x(t)$,$x(t+\tau)$及$x(t)x(t+\tau)$图

如果在时间τ内$x(t)$为正,$x(t)$为正的概率为$(N-1)/2N$,则$x(t+\tau)$为正的概率为$(N-3)/2N$,为负的概率为$(N+1)/2N$。如果在时间τ内$x(t)$为负,$x(t)$为负的概率为$(N+1)/2N$,则$x(t+\tau)$为正的概率为$(N-1)/2N$,为负的概率为$(N-1)/2N$。于是有

$$R_x(\tau)=\frac{\Delta-|\tau|}{\Delta}a^2+\frac{|\tau|a^2}{\Delta}\left[\frac{N-1}{2N}\frac{N-3}{2N}-\frac{N-1}{2N}\frac{N+1}{2N}+\frac{N+1}{2N}\frac{N-1}{2N}-\frac{N+1}{2N}\frac{N-1}{2N}\right]$$

$$=\frac{\Delta-|\tau|}{\Delta}a^2-\frac{|\tau|a^2}{N\Delta}+\frac{|\tau|a^2}{N^2\Delta} \tag{2.3.19}$$

当N很大时,则有

$$R_x(\tau)\approx a^2\left(1-\frac{N+1}{N}\frac{|\tau|}{\Delta}\right) \tag{2.3.20}$$

综合上述三种情况,可得二电平 M 序列的自相关函数

$$R_x(\tau)=\begin{cases}a^2\left(1-\dfrac{N+1}{N}\dfrac{|\tau|}{\Delta}\right), & -\Delta<\tau<\Delta\\ -\dfrac{a^2}{N}, & \Delta\leqslant\tau\leqslant(N-1)\Delta\end{cases} \tag{2.3.21}$$

$R_x(\tau)$的图形如图 2.9 所示。如果$+a=1$, $-a=-1$,则可得 M 序列的自相关函数

$$R_x(\tau)=\begin{cases}1, & \tau=0\\ -\dfrac{1}{N}, & 0<\tau<N-1\end{cases} \tag{2.3.22}$$

二电平 M 序列的自相关函数$R_x(\tau)$是周期性变化的,周期为$N\Delta$。当二位式白噪声序列的两种状态取 1 和−1 时,则自相关函数为

$$R_x(\tau)=E[x(i)x(i+\tau)]=\begin{cases}1, & \tau=0\\ 0, & \tau=1,2,\cdots\end{cases} \tag{2.3.23}$$

其图形如图 2.10 所示。可见,二电平 M 序列的自相关函数与二位式白噪声序列的自相关函数的形状是不相同的,但可把二电平 M 序列近似地看作二位式白噪声序列。

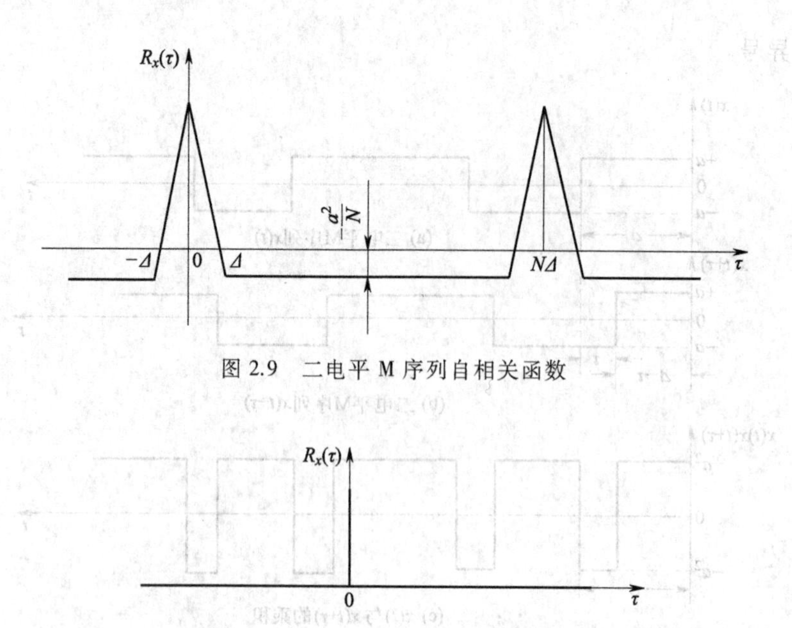

图 2.9　二电平 M 序列自相关函数

图 2.10　二位式白噪声序列自相关函数

二电平 M 序列的自相关函数可分成两部分,一部分是周期为 $N\Delta$ 的周期性三角形脉冲,它的一个周期的表达式为

$$R_x^{(1)}(\tau)=\begin{cases} a^2\left(1+\dfrac{1}{N}\right)\left(1-\dfrac{|\tau|}{\Delta}\right), & -\Delta<\tau<\Delta \\ 0, & \Delta\leqslant\tau<(N-1)\Delta \end{cases} \tag{2.3.24}$$

第二部分为直流分量

$$R_x^{(2)}(\tau)=-\frac{a^2}{N} \tag{2.3.25}$$

如图 2.11 所示。

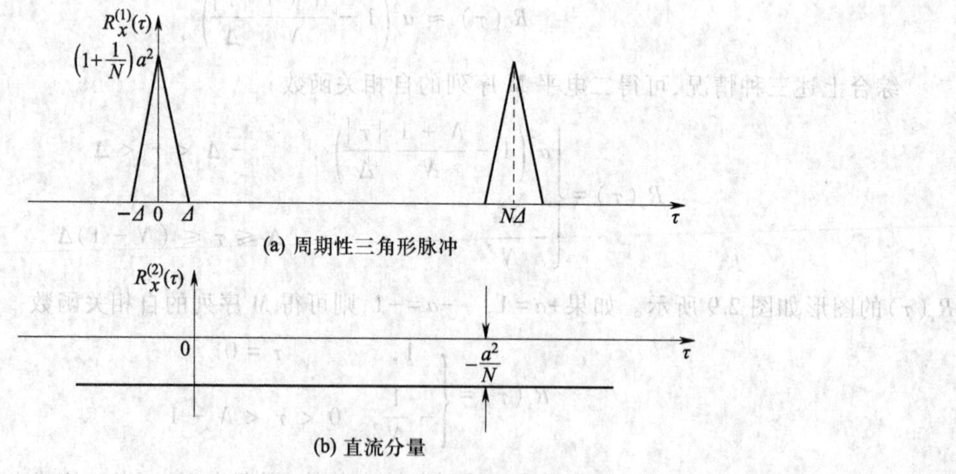

图 2.11　二电平 M 序列自相关函数的分解

周期性三角形脉冲部分虽然与理想的脉冲函数是有区别的,但是当 Δ 很小时,可以看成强度为 $\left(1+\dfrac{1}{N}\right)a^2$ 的脉冲函数,即

$$R_x(\tau)=\left(1+\frac{1}{N}\right)a^2\Delta\delta(\tau)-\frac{a^2}{N} \tag{2.3.26}$$

2.3.5 二电平 M 序列的功率谱密度

二电平 M 序列的功率谱密度是一个离散的线条频谱。由于 $R_x(\tau)$ 的重复周期是 $T=N\Delta$，并且是有界的，故可将其表示为复数形式的傅里叶级数，即

$$R_x(\tau)=\sum_{r=-\infty}^{\infty}c_r e^{jr\omega_0\tau} \tag{2.3.27}$$

式中基波角频率 $\omega_0=\dfrac{2\pi}{T}$，

$$c_r=\frac{1}{T}\int_{-\frac{T}{2}}^{\frac{T}{2}}R_x(\tau)e^{-jr\omega_0\tau}d\tau \tag{2.3.28}$$

按照维纳-欣钦（Wiener-Khintchine）定理，随机函数 $x(t)$ 的功率谱密度 $S_x(\omega)$ 是自相关函数 $R_x(\tau)$ 的傅里叶变换，即

$$S_x(\omega)=\int_{-\infty}^{\infty}R_x(\tau)e^{-j\omega\tau}d\tau \tag{2.3.29}$$

而自相关函数 $R_x(\tau)$ 是 $S_x(\omega)$ 的傅里叶反变换，即

$$R_x(\tau)=\frac{1}{2\pi}\int_{-\infty}^{\infty}S_x(\omega)e^{j\omega\tau}d\omega \tag{2.3.30}$$

由式(2.3.27)和式(2.3.29)可得二电平 M 序列的功率谱密度

$$S_x(\omega)=\int_{-\infty}^{\infty}R_x(\tau)e^{-j\omega\tau}d\tau=\int_{-\infty}^{\infty}\left(\sum_{r=-\infty}^{\infty}c_r e^{jr\omega_0\tau}\right)e^{-j\omega\tau}d\tau=$$

$$\int_{-\infty}^{\infty}\left(\sum_{r=-\infty}^{\infty}c_r e^{-j(\omega-r\omega_0)\tau}\right)d\tau \tag{2.3.31}$$

因为 $R_x(\tau)$ 的傅里叶级数是均匀收敛的，其积分与求和可以交换，故

$$S_x(\omega)=\sum_{r=-\infty}^{\infty}c_r\int_{-\infty}^{\infty}e^{-j(\omega-r\omega_0)\tau}d\tau \tag{2.3.32}$$

根据 δ 函数的定义可知，$\delta(\omega-r\omega_0)$ 的傅里叶反变换为

$$\frac{1}{2\pi}\int_{-\infty}^{\infty}\delta(\omega-r\omega_0)e^{j\omega\tau}d\omega=\frac{1}{2\pi}e^{jr\omega_0\tau} \tag{2.3.33}$$

则 $\dfrac{1}{2\pi}e^{jr\omega_0\tau}$ 的傅里叶变换为

$$\int_{-\infty}^{\infty}\frac{1}{2\pi}e^{jr\omega_0\tau}e^{-j\omega\tau}d\tau=\frac{1}{2\pi}\int_{-\infty}^{\infty}e^{-j(\omega-r\omega_0)\tau}d\tau=\delta(\omega-r\omega_0) \tag{2.3.34}$$

因而 $e^{jr\omega_0\tau}$ 的傅里叶变换为

$$\int_{-\infty}^{\infty}e^{jr\omega_0\tau}e^{-j\omega\tau}d\tau=\int_{-\infty}^{\infty}e^{-j(\omega-r\omega_0)\tau}d\tau=2\pi\delta(\omega-r\omega_0) \tag{2.3.35}$$

于是有

$$S_x(\omega)=\sum_{r=-\infty}^{\infty}2\pi c_r\delta(\omega-r\omega_0)=\sum_{r=-\infty}^{\infty}\left[\frac{2\pi}{T}\int_{-\frac{T}{2}}^{\frac{T}{2}}R_x(\tau)e^{-jr\omega_0\tau}d\tau\right]\delta(\omega-r\omega_0) \tag{2.3.36}$$

考虑到当 $\omega\neq r\omega_0$ 时 $\delta(\omega-r\omega_0)=0$，则上式可写为

$$S_x(\omega)=\frac{2\pi}{T}\int_{-\frac{T}{2}}^{\frac{T}{2}}R_x(\tau)\mathrm{e}^{-\mathrm{j}\omega\tau}\mathrm{d}\tau\sum_{r=-\infty}^{\infty}\delta(\omega-r\omega_0) \tag{2.3.37}$$

注意到 $R_x(\tau)$ 是 τ 的偶函数,则

$$\int_{-\frac{T}{2}}^{\frac{T}{2}}R_x(\tau)\mathrm{e}^{-\mathrm{j}\omega\tau}\mathrm{d}\tau=2\int_0^{\frac{T}{2}}R_x(\tau)\cos(\omega\tau)\mathrm{d}\tau \tag{2.3.38}$$

将 $R_x(\tau)$ 代入上式,可得

$$\begin{aligned}\int_{-\frac{T}{2}}^{\frac{T}{2}}R_x(\tau)\mathrm{e}^{-\mathrm{j}\omega\tau}\mathrm{d}\tau&=2\int_0^{\Delta}a^2\left[1-\frac{(N+1)\tau}{N\Delta}\right]\cos(\omega\tau)\mathrm{d}\tau+2\int_{\Delta}^{N\Delta}\left(-\frac{a^2}{N}\right)\cos(\omega\tau)\mathrm{d}\tau\\&=2a^2\left\{\frac{1}{\omega}\sin(\omega\Delta)-\frac{N+1}{\omega^2N\Delta}[\cos(\omega\Delta)-1+\omega\Delta\sin(\omega\Delta)]-\frac{1}{N\omega}\left[\sin\frac{\omega N\Delta}{2}-\sin(\omega\Delta)\right]\right\}\\&=2a^2\left\{\frac{N+1}{N\Delta\omega^2}[1-\cos(\omega\Delta)]-\frac{1}{N\omega}\sin\frac{\omega N\Delta}{2}\right\}\\&=a^2\Delta\left[\frac{N+1}{N}\left(\frac{\sin\frac{\omega\Delta}{2}}{\frac{\omega\Delta}{2}}\right)^2-\frac{\sin\frac{\omega N\Delta}{2}}{\frac{\omega N\Delta}{2}}\right]\end{aligned} \tag{2.3.39}$$

将式(2.3.39)代入式(2.3.37)得

$$S_x(\omega)=\frac{2\pi a^2\Delta}{T}\left[\frac{N+1}{N}\left(\frac{\sin\frac{\omega\Delta}{2}}{\frac{\omega\Delta}{2}}\right)^2-\frac{\sin\frac{\omega N\Delta}{2}}{\frac{\omega N\Delta}{2}}\right]\sum_{r=-\infty}^{\infty}\delta(\omega-r\omega_0) \tag{2.3.40}$$

由于基波频率 $\omega_0=\frac{2\pi}{T}=\frac{2\pi}{N\Delta}$,并且频谱只在 $\omega=r\omega_0(r=-\infty,\cdots,-1,0,1,\cdots,\infty)$ 上取值,注意到

$$\lim_{\alpha\to0}\frac{\sin a}{a}=1$$

当 $\omega\geqslant\omega_0$ 时,$\frac{\omega N\Delta}{2}=\frac{r2\pi}{N\Delta}\frac{N\Delta}{2}=r\pi(r=1,2,\cdots)$,则 $\dfrac{\sin\frac{\omega N\Delta}{2}}{\frac{\omega N\Delta}{2}}=0$,最后可得

$$S_x(\omega)=\frac{2\pi a^2}{N^2}\delta(\omega)+\frac{2\pi a^2(N+1)}{N^2}\left(\frac{\sin\frac{\omega\Delta}{2}}{\frac{\omega\Delta}{2}}\right)^2\sum_{r=-\infty}^{\infty}\delta(\omega-r\omega_0)\Big|_{r\neq0} \tag{2.3.41}$$

功率谱密度 $S_x(\omega)$ 关于纵坐标是对称的,作出 $\omega\geqslant0$ 部分的 $S_x(\omega)$ 谱线图($N=15$)如图 2.12 所示。

当 $S_x(\omega)=0.707\,\frac{2\pi a^2(N+1)}{N^2}$ 时,必有

$$\left(\frac{\sin\frac{r\omega_0\Delta}{2}}{\frac{r\omega_0\Delta}{2}}\right)^2=\left(\frac{\sin\frac{r\pi}{\Delta}}{\frac{r\pi}{\Delta}}\right)^2=0.707$$

由此可求出 r 的近似值为 $r\approx\frac{N}{3}$,因而 M 序列的频带宽度为

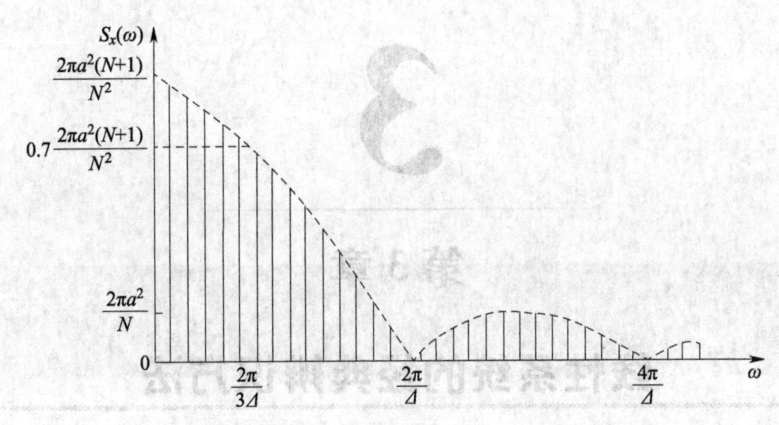

图 2.12　二电平 M 序列的谱线图($N=15$)

$$\omega_m = r\omega_0 \approx \frac{N}{3}\frac{2\pi}{N\Delta} = \frac{2\pi}{3\Delta} = 2\pi f_m \tag{2.3.42}$$

$$f_m \approx \frac{1}{3\Delta} = \frac{1}{3}f_0$$

式中 $f_0 = \frac{1}{\Delta}$ 是时钟脉冲的频率。

习　题

2.1　做出白噪声过程和 M 序列的自相关函数及平均功率谱密度图形。

2.2　低通白噪声过程是一种什么样的白噪声过程？它与真正的白噪声过程有何不同？用计算机能否产生真正的白噪声过程？

2.3　二位式白噪声序列是一种什么样的序列，它的概率性质与 M 序列有何异同？

2.4　取 $A=179, M=2^{35}, x_0=11$，请在计算机上用乘同余法和混合同余法产生 100 个服从 (0,1) 均匀分布的随机数(参数自由选定)。

2.5　请在计算机上用两种不同方法产生 100 个服从正态分布的随机数。

2.6　用伪随机序列作为系统辨识时的测试信号有何优缺点？M 序列是否属于伪随机序列？

3

第3章 线性系统的经典辨识方法

根据自动控制原理中的知识可知，如果在系统的输入端分别加入阶跃信号、正弦信号或脉冲信号，则在输出端分别可得到阶跃响应、频率响应或脉冲响应。由于单位脉冲信号不容易产生，辨识中常用与白噪声特性相近的M序列作为测试信号，再用相关法处理，可很方便地得到系统的脉冲响应。用这些方法得到的阶跃响应、频率响应和脉冲响应都是非参数模型，可从这些非参数模型得到参数模型。辨识中常用的参数模型为传递函数或差分方程。用单位阶跃信号、正弦信号和M序列辨识系统的方法都称为经典辨识方法。

在自动控制中，单位阶跃信号和正弦信号虽然用得较多，但对系统辨识来说，它们都有各自的缺点。

用单位阶跃信号作测试信号时，在系统的输入端叠加了一个恒值输入，从而破坏了系统的正常运行。如果叠加的信号太小，又不能获得具有一定精度的有用数据。另外，这种辨识方法对试验环境的要求也比较严格，在单位阶跃输入瞬间，系统必须保持严格稳定，在信号输入以后，又不允许受到其他干扰，这些条件对过渡过程较长的系统很难保证。所以在系统辨识中较少应用频率响应和单位阶跃响应，但单位阶跃响应在一些控制系统的测试中经常被采用，例如在某些导弹自动驾驶仪的性能测试中就明确规定了“在单位阶跃作用下的系统输出不能超过两个半振荡”。

用正弦信号测试系统频率特性的主要缺点是试验手续比较复杂，必须有专用设备，不便于在数控系统上做试验。但这种方法在20世纪60~70年代用得较多，例如丹麦和日本的一些公司就生产了大量的专用测试仪器，国内外均研制了一些相应的系统辨识软件。

在经典辨识方法中，用得最多的是脉冲响应，主要是因为脉冲响应容易获得，而且不影响系统正常工作。脉冲响应的定义是：如果在系统的输入端输入单位脉冲信号，则在输出端可得脉冲响应。单位脉冲试验信号的物理含义是在充分短的时间里对系统输入一个充分大的信号，这种信号近似于一个理想的脉冲函数。为了使试验结果准确，必须积累足够大的能量，在瞬间激发系统，这种做法对许多实际系统是难以实现的，所以在辨识中一般不用这种方法获取脉冲响应。而用M序列作为输入信号，再用相关法处理测试结果，可很方便地得到系统的脉冲响应，因此脉冲响应法得到了广泛的应用。

由于单位阶跃响应法在系统辨识中应用较少,本章只介绍经典辨识方法中的频率响应法和用 M 序列作为试验信号的脉冲响应法。

3.1 用频率响应法辨识线性系统的传递函数

在自动控制原理课程中我们获悉,对于稳定的线性定常系统,由谐波输入产生的输出稳态分量仍然是与输入同频率的谐波函数,而幅值和相位的变化是频率 ω 的函数,且与系统的数学模型相关。为此,定义谐波输入下,输出响应中与输入同频率的谐波分量与谐波输入的幅值之比 $A(\omega)$ 为幅频特性,相位差 $\varphi(\omega)$ 为相频特性,二者合称为系统的频率特性。频率特性是描述动态系统的非参数模型,上述频率特性的定义可以适用于稳定系统,也可适用于不稳定系统。

对于不稳定系统,由于其输出响应稳态分量中含有由系统传递函数的不稳定极点产生的呈发散或振荡的分量,所以不稳定系统的频率特性不能利用实验方法确定。

稳定系统的频率特性可以利用实验方法确定,从系统的频率特性进而可得到系统的传递函数。这种利用系统的频率特性去辨识线性系统的方法称之为频率响应法。本节将讨论频率特性的测取方法以及从频率特性得到系统传递函数的方法。

3.1.1 频率特性的测取方法

频率特性的测取方法按照待测系统输入端所加入的信号进行分类,可分为正弦波法和矩形波法。由于在频率特性的测试设备中多数采用正弦波法,矩形波法用得较少,在此我们只介绍正弦波法。

正弦波法包含单一频率正弦波法和组合频率正弦波法两种方法,其中单一频率正弦波法测试比较简单,是用得较多的一种方法,在 20 世纪 60~70 年代的测试仪器中,多数采用的是这一方法。

1. 单一频率正弦波法

在待测系统输入端加上某个频率的正弦信号,记录输出到达稳态后的振荡波形。对于稳定的线性系统得到的输出是一个与输入同频率的幅值与相位发生变化的正弦波。根据输出与输入波形的幅值比和相位差,可得到线性系统的频率特性。使用正弦波法需测出系统的频宽,当不断增加输入正弦信号频率至 ω_{max} 时,系统输出幅值将趋近于零。

单一频率正弦波法对响应过程缓慢的系统进行测试时非常费时,在这种情况下,可利用线性系统符合叠加原理的特点,采用组合正弦信号进行测试。

2. 组合频率正弦波法

在被测系统的输入端加入频率、幅值均已知的组合正弦波,然后在稳态下测取输出组合波,利用傅里叶变换对输出组合波进行分解。

对输出波形 $y(t)$ 的一个周期进行傅里叶级数展开,可得

$$y(t)=A_0+\sum_{n=1}^{\infty}(A_n\cos n\omega t+B_n\sin n\omega t) \tag{3.1.1}$$

其中

$$\omega=2\pi/T,T\text{ 为基波周期;}$$

$$\begin{cases} A_0 = \dfrac{1}{T}\displaystyle\int_0^T y(t)\,\mathrm{d}t \\ A_n = \dfrac{2}{T}\displaystyle\int_0^T y(t)\cos n\omega t\mathrm{d}t \qquad (n=1,2,\cdots) \\ B_n = \dfrac{2}{T}\displaystyle\int_0^T y(t)\sin n\omega t\mathrm{d}t \qquad (n=1,2,\cdots) \end{cases} \tag{3.1.2}$$

若得到的是采样信号,它在一个周期 T 内的采样点数为 N 时,离散傅里叶变换的计算公式为

$$\omega = 2\pi/(N\Delta T)\,,\ \Delta T = T/N$$

$$\begin{cases} A_0 = \dfrac{1}{N}\displaystyle\sum_{i=1}^{N} y(i) \\ A_n = \dfrac{2}{N}\displaystyle\sum_{i=1}^{N} y(i)\cos\left(\dfrac{2n\pi}{N}i\right) \\ B_n = \dfrac{2}{N}\displaystyle\sum_{i=1}^{N} y(i)\sin\left(\dfrac{2n\pi}{N}i\right) \end{cases} \tag{3.1.3}$$

式中 i 表示第 i 个采样点,即 $t=i\Delta T$。注意 ΔT 的选择需满足采样定理要求,在已知最高谐波次数为 $n_{\max}$ 后,要求 $N>2n_{\max}$。在求出 A_n 和 B_n 后可计算出各谐波幅值 r_n 与相位 φ_n,即

$$\begin{cases} r_n = \sqrt{A_n^2 + B_n^2} \\ \varphi_n = \arctan(B_n/A_n) \end{cases} \tag{3.1.4}$$

这样,一次测试便可以获得 n 个不同频率所对应的幅值和相位。

3.1.2 由系统频率特性求传递函数

进行系统的频率响应实验时需要首先选择信号源输出正弦信号的幅值,以使系统处于非饱和状态。在一定频率范围内,改变输入正弦信号的频率,记录各频率点处的系统输出信号波形,由稳态段的输入输出信号的幅值比和相位差绘制出相应的系统频率特性实验曲线,然后利用实验曲线上的点和相应的计算公式确定系统传递函数的参数。

由于这种方法比较复杂,对系统参数的辨识精度不高,在系统参数的辨识中很少使用这种方法。这里所介绍的方法只适用于一些典型的一阶或二阶环节。

典型的一阶或二阶环节可分为最小相位环节和非最小相位环节两大类。最小相位环节包含以下七种:

(1) 比例环节 $K(K>0)$;

(2) 积分环节 $1/s$;

(3) 微分环节 s;

(4) 惯性环节 $K/(Ts+1)$, $K>0, T>0$;

(5) 一阶微分环节 $Ts+1, T>0$;

(6) 振荡环节 $K/(T^2\omega^2+2\xi Ts+1)$, $K>0$, $T>0$, $0\leqslant\xi<1$;

(7) 二阶微分环节 $T^2\omega^2+2\xi Ts+1, T>0,\ 0\leqslant\xi<1$。

非最小相位环节有下列五种:

(1) 比例环节 $K(K<0)$;

(2) 惯性环节 $K/(-Ts+1)$, $K>0, T>0$;

(3) 一阶微分环节$-Ts+1, T>0$;

(4) 振荡环节$K/(T^2\omega^2-2\xi Ts+1)$, $K>0$, $T>0$, $0\leqslant\xi<1$;

(5) 二阶微分环节$T^2\omega^2-2\xi Ts+1, T>0$, $0\leqslant\xi<1$。

由于最小环节中的比例环节、积分环节、微分环节和一阶微分环节及非最小环节中的比例环节和一阶微分环节的渐近频率特性曲线都是直线,参数的求取方法比较简单,这里不再进行介绍。又由于最小环节中的惯性环节、振荡环节和二阶微分环节的频率特性曲线与非最小环节中的惯性环节、振荡环节和二阶微分环节的频率特性曲线均依实轴为对称,所以本小节仅介绍最小相位环节中的惯性环节、振荡环节和二阶微分环节的参数辨识方法,非最小相位环节中的惯性环节、振荡环节和二阶微分环节的参数可用类似方法求取。为简单起见,下面在叙述中将最小相位环节中的惯性环节、振荡环节和二阶微分环节一律简称为惯性环节、振荡环节和二阶微分环节,在需要阐述非最小相位环节中的惯性环节、振荡环节和二阶微分环节时,前面加上"非最小相位"以示区别。

1. 惯性环节

若某一系统的幅相频率特性实验曲线近似为一半圆,如图 3.1 所示,则该系统可用惯性环节来近似,其传递函数为$G(s)=\dfrac{K}{Ts+1}, K>0, T>0$。令$s=\mathrm{j}\omega$,得到系统的频率特性表达式为

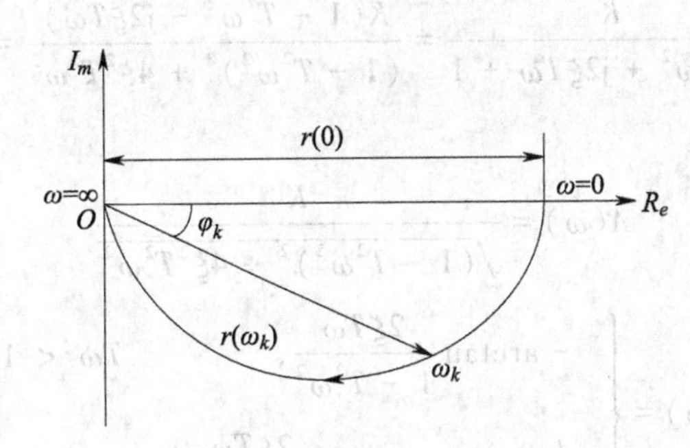

图 3.1 系统幅相频率特性实验曲线 1

$$G(\mathrm{j}\omega)=\frac{K}{\mathrm{j}T\omega+1}=\frac{K}{\sqrt{1+T^2\omega^2}}\mathrm{e}^{-\mathrm{j}\arctan T\omega}=A(\omega)\mathrm{e}^{\mathrm{j}\varphi(\omega)} \tag{3.1.5}$$

式中

$$A(\omega)=\frac{K}{\sqrt{1+T^2\omega^2}}, \varphi(\omega)=-\arctan T\omega \tag{3.1.6}$$

当$\omega=0$时,可得

$$K=G(\mathrm{j}0)=A(0) \tag{3.1.7}$$

再取频率特性实验曲线上一点$\omega=\omega_k$,得其相位为φ_k,则由式(3.1.6)得

$$\tan\varphi_k=-T\omega_k \tag{3.1.8}$$

即

$$T=-\frac{\tan\varphi_k}{\omega_k} \tag{3.1.9}$$

于是由图 3.1 所示实验曲线及式(3.1.7)和式(3.1.9)确定了系统传递函数的参数K和T。为精确起见,可多取几个ω_k来计算参数T,取其平均值,即

$$T=-\sum_{i=1}^{n}\frac{\tan\varphi_{k_i}}{\omega_{k_i}} \tag{3.1.10}$$

2. 振荡环节

若某一系统的幅相频率特性实验曲线如图3.2所示，其幅相频率特性曲线分布在第三和第四两个象限内，则系统可用振荡环节来近似，其传递函数为

$$G(s)=\frac{K}{T^2s^2+2\xi Ts+1},K>0,T>0 \tag{3.1.11}$$

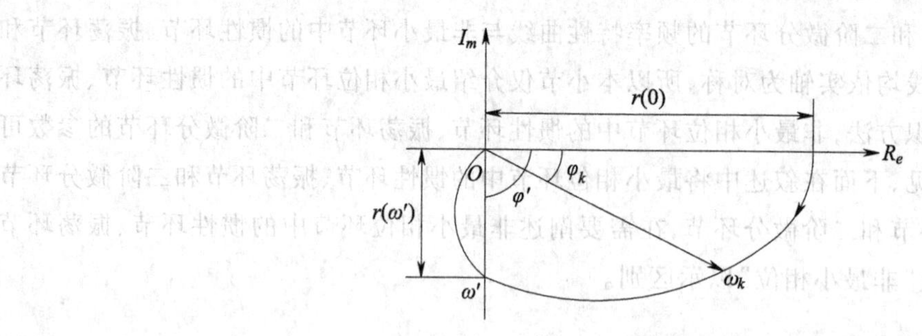

图3.2 系统幅相频率特性实验曲线2

令 $s=\mathrm{j}\omega$，由式(3.1.11)可得系统的幅相频率特性表达式为

$$G(\mathrm{j}\omega)=\frac{K}{-T^2\omega^2+\mathrm{j}2\xi T\omega+1}=\frac{K(1-T^2\omega^2-\mathrm{j}2\xi T\omega)}{(1-T^2\omega^2)^2+4\xi^2T^2\omega^2}=A(\omega)\mathrm{e}^{\mathrm{j}\varphi(\omega)} \tag{3.1.12}$$

其中

$$A(\omega)=\frac{K}{\sqrt{(1-T^2\omega^2)^2+4\xi^2T^2\omega^2}} \tag{3.1.13}$$

$$\varphi(\omega)=\begin{cases}-\arctan\dfrac{2\xi T\omega}{1-T^2\omega^2}, & T\omega<1\\ -\left(180^\circ-\arctan\dfrac{2\xi T\omega}{T^2\omega^2-1}\right), & T\omega>1\end{cases} \tag{3.1.14}$$

由式(3.1.13)可知

$$K=A(0) \tag{3.1.15}$$

由于 $T=1/\omega_\mathrm{n}$，$T\omega=\omega/\omega_\mathrm{n}$，$\omega_\mathrm{n}$ 为系统的自然频率，则式(3.1.14)又可写为

$$\varphi(\omega)=\begin{cases}-\arctan\dfrac{2\xi\dfrac{\omega}{\omega_\mathrm{n}}}{1-\dfrac{\omega^2}{\omega_\mathrm{n}^2}}, & \omega/\omega_\mathrm{n}<1\\ -\left(180^\circ-\arctan\dfrac{2\xi\dfrac{\omega}{\omega_\mathrm{n}}}{\dfrac{\omega^2}{\omega_\mathrm{n}^2}-1}\right), & \omega/\omega_\mathrm{n}>1\end{cases} \tag{3.1.16}$$

当 $\omega/\omega_\mathrm{n}=1$，即 $T\omega=1$，$\omega=\omega_\mathrm{n}$ 时，$\varphi(\omega_\mathrm{n})=-90^\circ$，由式(3.1.13)得

$$A(\omega_\mathrm{n})=\frac{K}{2\xi} \tag{3.1.17}$$

$A(\omega_\mathrm{n})$ 即为系统幅相频率特性实验曲线与虚轴负方向交点的矢径长度，可由图3.2直接获取，阻尼系数 ξ 可由式(3.1.17)直接求得。

令 $\omega=\omega_k<\omega_\mathrm{n}$，由式(3.1.13)可求得 $\omega=\omega_k$ 时的幅值 $A(\omega_k)$ 为

$$A(\omega_k)=\frac{K}{\sqrt{(2\xi T\omega_k)^2+(1-T^2\omega_k^2)^2}}=\frac{A(0)}{2\xi T\omega_k\sqrt{1+\left(\dfrac{1-T^2\omega_k^2}{2\xi T\omega_k}\right)^2}}$$

$$=\frac{A(0)}{2\xi T\omega_k\sqrt{1+\dfrac{1}{\tan^2\varphi_k}}} \tag{3.1.18}$$

由式(3.1.18)得

$$T=\frac{A(0)}{2\xi\omega_k A(\omega_k)\sqrt{1+\cot^2\varphi_k}} \tag{3.1.19}$$

式中的 $A(0)$，ω_k，φ_k 及 $A(\omega_k)$ 均可由图 3.2 所给出的系统频率特性实验曲线得到，因此可按式(3.1.15)、式(3.1.17)和式(3.1.19)求得 K,ξ 和 T。为了提高 T 的准确度，可多选取几个 ω_k 来计算参数 T，然后求取其平均值。

3. 二阶微分环节

若某一系统的幅相频率特性实验曲线如图 3.3 所示，其幅相频率特性曲线类似于分布在第一和第二两个象限的半抛物线，则系统可用二阶微分环节来近似，其传递函数为

$$G(s)=T^2s^2+2\xi Ts+1,\ T>0 \tag{3.1.20}$$

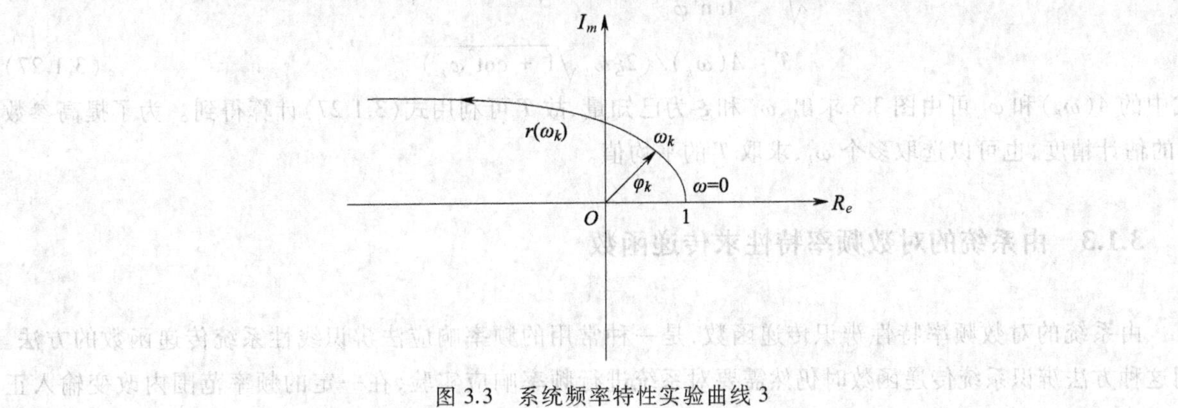

图 3.3　系统频率特性实验曲线 3

令 $s=\mathrm{j}\omega$，得到系统的频率特性表达式为

$$G(\mathrm{j}\omega)=1-T^2\omega^2+\mathrm{j}2\xi T\omega=A(\omega)\mathrm{e}^{\mathrm{j}\varphi(\omega)} \tag{3.1.21}$$

式中

$$A(\omega)=\sqrt{(1-T^2\omega^2)^2+4(\xi T\omega)^2} \tag{3.1.22}$$

$$\varphi(\omega)=\begin{cases}\arctan\dfrac{2\xi T\omega}{1-T^2\omega^2}, & T\omega<1\\[2ex] 180^\circ-\arctan\dfrac{2\xi T\omega}{T^2\omega^2-1}, & T\omega>1\end{cases} \tag{3.1.23}$$

由于 $T=1/\omega_\mathrm{n}$，则式(3.1.23)又可写为

$$\varphi(\omega)=\begin{cases}\arctan\dfrac{2\xi\dfrac{\omega}{\omega_n}}{1-\dfrac{\omega^2}{\omega_n^2}}, & \omega/\omega_n<1\\ 180^\circ-\arctan\dfrac{2\xi\dfrac{\omega}{\omega_n}}{\dfrac{\omega^2}{\omega_n^2}-1}, & \omega/\omega_n>1\end{cases} \tag{3.1.24}$$

当 $\omega/\omega_n=1$，即 $\omega=\omega_n$，$T\omega=1$ 时，$\varphi(\omega_n)=90^\circ$，由式(3.1.22)得

$$A(\omega_n)=2\xi \tag{3.1.25}$$

$A(\omega_n)$即为系统频率特性实验曲线与虚轴正方向交点的矢径长度，可由图 3.3 直接获取，阻尼系数 ξ 可由式(3.1.25)直接求得。

令 $\omega=\omega_k<\omega_n$，由式(3.1.22)可求得 $\omega=\omega_k$ 时的幅值 $A(\omega_k)$ 为

$$\begin{aligned}A(\omega_k)&=\sqrt{(1-T^2\omega_k^2)^2+4(\xi T\omega_k)^2}=2\xi T\omega_k\sqrt{1+\left(\frac{1-T^2\omega_k^2}{2\xi T\omega_k}\right)^2}\\&=2\xi T\omega_k\sqrt{1+\frac{1}{\tan^2\varphi_k}}=2\xi T\omega_k\sqrt{1+\cot^2\varphi_k}\end{aligned} \tag{3.1.26}$$

$$T=A(\omega_k)/(2\xi\omega_k\sqrt{1+\cot^2\varphi_k}) \tag{3.1.27}$$

式中的 $A(\omega_k)$和 φ_k 可由图 3.3 求出，ω_k 和 ξ 为已知量，故 T 可利用式(3.1.27)计算得到。为了提高参数 T 的估计精度，也可以选取多个 ω_k，求取 T 的平均值。

3.1.3 由系统的对数频率特性求传递函数

由系统的对数频率特性辨识传递函数，是一种常用的频率响应法辨识线性系统传递函数的方法。用这种方法辨识系统传递函数时仍然需要对系统进行频率响应实验，在一定的频率范围内改变输入正弦信号的频率，记录各频率点处系统输出信号的幅值和相位，然后利用系统稳态段输入输出信号的幅值比和相位差绘制系统的对数频率特性曲线，最后根据所绘制的对数频率特性曲线确定系统的传递函数。

1. 用惯性环节近似系统传递函数

若某一系统的对数频率特性实验曲线如图 3.4(a)、(b)所示，则可用惯性环节或带滞后的惯性环节来近似，其传递函数表达式分别为

$$G(s)=\frac{K}{Ts+1}, K>0, T>0 \tag{3.1.28}$$

$$G(s)=\frac{K}{Ts+1}e^{-\tau s}, K>0, T>0 \tag{3.1.29}$$

则传递函数的增益 K 由对数幅频特性实验曲线中的水平线高度 b 确定，即

$$K=10^{\frac{b}{20}} \tag{3.1.30}$$

T 由对数幅频特性转折频率 ω_c 决定，其关系式为

$$T=1/\omega_c \tag{3.1.31}$$

系统是否存在滞后取决于对数相频特性。图 3.4(b)中的虚线为按 $\varphi'=\cot T\omega$ 画出的对数相频特性曲线。如系统的对数相频特性实验曲线接近虚线则无滞后，如有距离时，则存在滞后 τ。为提高 τ 的计算

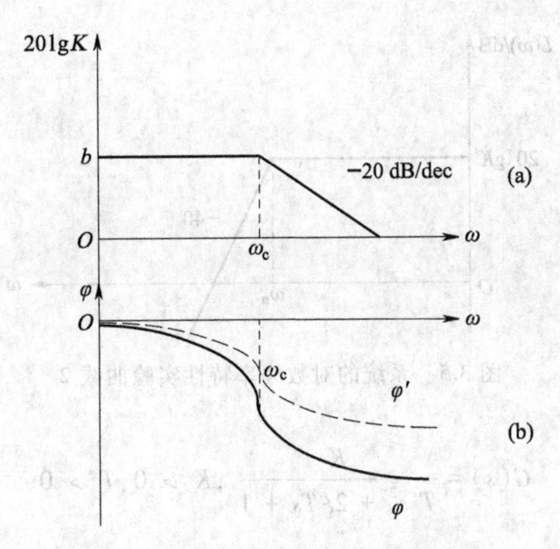

图 3.4 系统的对数频率特性实验曲线 1

精度,在计算 τ 时,可取若干个点 $\omega_1,\omega_2,\cdots,\omega_n$ 来求取 τ 的平均值,即

$$\tau=\frac{1}{n}\sum_{i=1}^{n}\frac{\varphi_i-\varphi'_i}{\omega_i} \tag{3.1.32}$$

由于非最小相位惯性环节的对数幅频特性与惯性环节相同,则其对数幅频特性渐近曲线亦相同。又由于一阶微分环节和非最小相位一阶微分环节的对数幅频特性相同,且与惯性环节的对数幅频特性互为倒数,故一阶微分环节和非最小相位一阶微分环节的对数幅频特性渐近曲线与 $K=1$ 时惯性环节的对数幅频特性渐近曲线以 0dB 水平线为对称。因此,在确定这些一阶系统的传递函数时,除了利用系统的对数幅频特性渐近曲线外,还需要根据系统的相频特性曲线判定系统的类别。一阶环节的相位变化情况如表 3.1 所示。

表 3.1 交接频率点处斜率的变化表

典型环节类别	典型环节传递函数	交接频率	斜率变化	相位变化
一阶环节 ($T>0$)	$\dfrac{1}{1+Ts}$	$\dfrac{1}{T}$	− 20dB/dec①	0° ~ − 90°
	$\dfrac{1}{1-Ts}$			0° ~ 90°
	$1+Ts$		20dB/dec	0° ~ 90°
	$1-Ts$			0° ~ − 90°
二阶环节 ($\omega_n>0,1>\xi\geqslant 0$)	$1/\left(\dfrac{s^2}{\omega_n^2}+2\xi\dfrac{s}{\omega_n}+1\right)$	ω_n	−40dB/dec	0°~−180°
	$1/\left(\dfrac{s^2}{\omega_n^2}-2\xi\dfrac{s}{\omega_n}+1\right)$			0°~180°
	$\dfrac{s^2}{\omega_n^2}+2\xi\dfrac{s}{\omega_n}+1$		40dB/dec	0°~180°
	$\dfrac{s^2}{\omega_n^2}-2\xi\dfrac{s}{\omega_n}+1$			0°~−180°

2. 用振荡环节近似系统传递函数

若某一系统的对数频率特性实验曲线如图 3.5 所示,则可用振荡环节来近似,其传递函数表达式为

① dec:十倍频程。

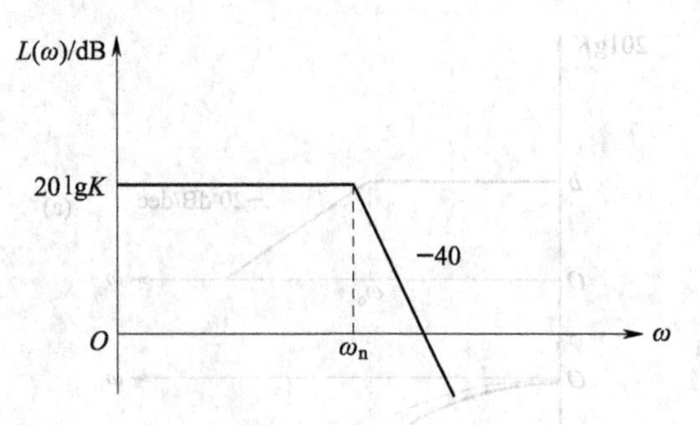

图 3.5 系统的对数频率特性实验曲线 2

$$G(s)=\frac{K}{T^2s^2+2\xi Ts+1},K>0,T>0 \tag{3.1.33}$$

则其对数幅频特性为

$$L(\omega)=20\lg K-20\lg\sqrt{(1-T^2\omega^2)^2+4\xi^2(T\omega)^2} \tag{3.1.34}$$

或写为

$$L(\omega)=20\lg K-20\lg\sqrt{\left(1-\frac{\omega^2}{\omega_n^2}\right)^2+4\xi^2\frac{\omega^2}{\omega_n^2}} \tag{3.1.35}$$

式中 $\omega_n=1/T$ 为系统的自然频率。

由式(3.1.35)可知,当 $\omega<<\omega_n$ 时,$L(\omega)=20\lg K=b$,故低频渐近线为 b(dB/dec)水平线,传递函数的增益 K 由对数幅频特性实验曲线中的水平线高度 b 确定,即

$$K=10^{\frac{b}{20}} \tag{3.1.36}$$

当 $\omega>>\omega_n$ 时,$L(\omega)=20\lg K-40\lg\frac{\omega}{\omega_n}$,高频渐近线为过$(\omega_n,b)$点、斜率为$-40$dB/dec 的直线。由此可知,根据系统的对数幅频特性实验曲线所画出的低频渐近线和高频渐近线的交点所对应的 ω 即是 ω_n,取 ω_n 的倒数便得到系统参数 T。

由式(3.1.33)可知系统的幅频特性为

$$A(\omega)=\frac{K}{\sqrt{\left(1-\frac{\omega^2}{\omega_n^2}\right)^2+4\xi^2\frac{\omega^2}{\omega_n^2}}} \tag{3.1.37}$$

求 $A(\omega)$ 对 ω 的导数,并令其等于 0,可得

$$\frac{\mathrm{d}A(\omega)}{\mathrm{d}\omega}=\frac{-K\left(-\frac{2\omega}{\omega_n^2}\left(1-\frac{\omega^2}{\omega_n^2}\right)+4\xi^2\frac{\omega}{\omega_n^2}\right)}{\left[\left(1-\frac{\omega^2}{\omega_n^2}\right)^2+4\xi^2\frac{\omega^2}{\omega_n^2}\right]^{\frac{3}{2}}}=0 \tag{3.1.38}$$

由式(3.1.38)可得谐振频率

$$\omega_r=\omega_n\sqrt{1-2\xi^2},0<\xi\leqslant\sqrt{2}/2 \tag{3.1.39}$$

因而有

$$\xi=\frac{1}{2}\sqrt{1-\frac{\omega_r^2}{\omega_n^2}} \tag{3.1.40}$$

式中 ω_r 和 ω_n 皆可由系统的对数幅频特性实验曲线确定,故阻尼系数 ξ 可利用式(3.1.40)进行计算。一般情况下,ω_r 与 ω_n 比较靠近,利用作图法寻找 ω_r 往往存在较大误差,导致 ξ 的计算也具有较大误差。

在这种情况下,可以利用在作图中较易得到的谐振峰值来计算 ξ。

将 ω_r 代入式(3.1.37),可求得谐振峰值为

$$M_r = A(\omega_r) = \frac{K}{2\xi\sqrt{1-\xi^2}}, 0 < \xi \leqslant \sqrt{2}/2 \tag{3.1.41}$$

所以可以利用谐振峰值根据式(3.1.41)求取阻尼系数 ξ。

至此,振荡环节的所有参数均被确定,该系统辨识完毕。

由于非最小相位振荡环节与振荡环节的对数幅频特性相同,相频特性符号相反,故其对数幅频特性渐近曲线相同,对数相频特性曲线以 0°线对称。又由于二阶微分环节和非最小相位二阶微分环节的对数幅频特性相同,且与 $K=1$ 时振荡环节的对数幅频特性互为倒数,故二阶微分环节和非最小相位二阶微分环节的对数幅频特性渐近曲线,与 $K=1$ 时振荡环节的对数幅频特性渐近曲线以 0dB 水平线对称。二阶微分环节和非最小相位二阶微分环节的相频特性符号相反,二者的对数相频特性曲线以 0°线对称。因此,在确定这些二阶系统的传递函数时,除了利用系统的对数幅频特性渐近曲线外,还需要根据系统的相频特性曲线判定系统的类别。二阶环节的相位变化情况如表 3.1 所示。

非最小相位振荡环节、二阶微分环节和非最小相位二阶微分环节的参数的确定可参考振荡环节。

在实际应用中,用惯性环节和振荡环节描述的系统有很多,但单独用非最小相位惯性环节、一阶微分环节、非最小相位一阶微分环节、非最小相位振荡环节、二阶微分环节、非最小相位二阶微分环节描述的系统却很少,这些环节往往作为多环节系统的部分环节出现。下面介绍用多环节近似系统传递函数时的系统辨识方法。

3. 用多环节近似系统传递函数

用多环节近似系统传递函数时辨识系统参数的具体步骤如下。

(1) 绘制对数幅频特性渐近曲线。

从低频段起,将实验所得对数幅频特性曲线用斜率为 0dB/dec,±20dB/dec,±40dB/dec 等直线分段近似,获得对数幅频特性渐近曲线。

(2) 确定交接频率及斜率变化值。

系统的对数幅频特性渐近曲线为分段折线,相邻两段折线的交点所对应频率即是交接频率。每两个相邻交接频率之间的折线为直线,在每个交接频率点处,折线的斜率发生变化,变化规律取决于交接频率所对应的典型环节的种类,如表 3.1 所示。

由于一阶环节或二阶环节的对数幅频特性渐近曲线在交接频率前为 0dB/dec,在交接频率处斜率发生变化,故在 $\omega<\omega_{\min}$ 频段内,系统对数幅频特性渐近曲线的斜率取决于积分或微分环节 K/s^i 的频率特性环节 K/ω^i,因而直线斜率为 $-20i$dB/dec,其中 $i=1,2,\cdots$ 时为积分环节,$i=-1,-2,\cdots$ 时为微分环节。

当系统的多个环节具有相同的转折频率时,该转折频率点处折线斜率的变化应为各个环节对应的斜率变化值的代数和。

(3) 确定系统传递函数的结构形式。

以斜率 $K=-20i$dB/dec 的低频渐近线为起始直线,按交接频率由小到大根据折线斜率的变化,可以逐个确定系统各个环节的种类。将所有环节的传递函数组合在一起,就构成了系统的传递函数。

(4) 由给定条件确定传递函数的参数。

系统对数幅频特性低频渐近线的方程为

$$L_d(\omega) = 20\lg\frac{K}{\omega^i} = 20\lg K - 20i\lg\omega \tag{3.1.42}$$

由 $\omega=1$ 处的 $L_{\mathrm{d}}(\omega)$ 可以求出 K，即 $K=10^{\frac{L_{\mathrm{d}}(1)}{20}}$。

确定转折频率的方法有两种：一是由系统对数频率特性渐近曲线图直接确定转折频率，二是利用半对数坐标系中的直线方程来求取转折频率。前一种方法所确定的转折频率的精度稍差一些，而后一种方法所确定的转折频率精度较高。

半对数坐标系中的直线方程为

$$k=\frac{L_{a}(\omega_{a})-L_{a}(\omega_{b})}{\lg\omega_{a}-\lg\omega_{b}} \tag{3.1.43}$$

式中 $(\omega_{a},L_{a}(\omega_{a}))$ 和 $(\omega_{b},L_{a}(\omega_{b}))$ 为直线上的两点，k(dB/dec)为直线斜率。

选取 ω_{a} 为直线上的已知点，ω_{b} 为转折频率点，利用式(3.1.43)可以较准确地确定转折频率。

在选取 ω_{a} 点时，尽可能选取对数幅频特性曲线与频率轴的交点（假如存在交点）作为 ω_{a}，因这时 $L_{\mathrm{d}}(\omega_{a})=0$，会使计算简单一些。

若在某一转折频率 ω_{1} 处，折线斜率变化为-20dB/dec，可以确定为一阶环节。一阶环节的转折频率 $\omega_{1}=1/T$，由转折频率 ω_{1} 可直接求得 T。

若在另一转折频率 ω_{2} 处，折线斜率变化为-40dB/dec，可以对应振荡环节或重惯性环节。若对数幅频特性曲线在 ω_{2} 附近存在谐振现象，则应为振荡环节，其转折频率 ω_{2} 即是自然频率 ω_{n}。

对于振荡环节的阻尼系数 ξ，既可以用谐振频率根据式(3.1.40)进行计算，也可以利用谐振峰值根据式(3.1.41)进行计算。如果振荡环节存在谐振峰值，则 $0<\xi\leqslant\sqrt{2}/2$。当 $\xi>\sqrt{2}/2$ 时，振荡环节为过阻尼，不存在谐振峰值。

当各环节的所有参数确定之后，便完成了系统辨识的全部工作。

例 3.1 若某一系统的对数频率特性实验曲线如图 3.6 中的曲线所示，从低频开始，将图中实验所得的对数幅频特性曲线用斜率为 0dB/dec，±20dB/dec，±40dB/dec 等直线分段近似，获得对数幅频特性的渐近线如图 3.6 中的折线所示，试确定系统的传递函数。

解 (1)确定系统积分或微分环节的个数。

由于系统对数幅频特性渐近曲线的低频渐近线的斜率为 $-20i$dB/dec，其中 i 为积分或微分环节的个数，i 为正时表示积分，为负时表示微分。由图 3.6 可知系统的低频对数幅频特性渐近线斜率为 20dB/dec，故 $i=-1$，系统含有一个微分环节。

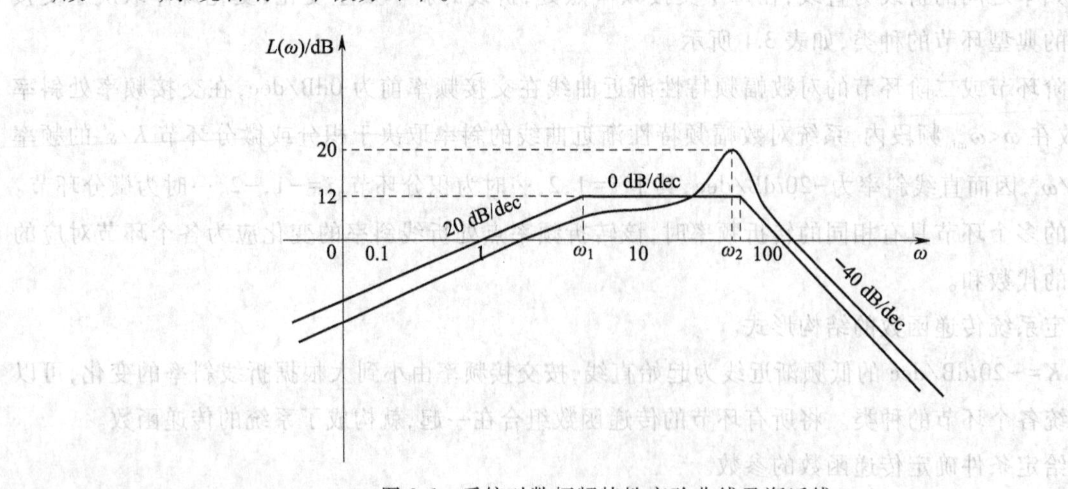

图 3.6 系统对数幅频特性实验曲线及渐近线

(2) 确定系统传递函数的结构形式。

由于系统的对数幅频特性渐近曲线为分段折线，其各转折点对应的频率为系统所含一阶环节或二阶环节的转折频率，每个交接频率处斜率的变化取决于环节的种类。由图3.6可见系统共有2个转折频率：一是在 $\omega=\omega_1$ 处，斜率变化为 -20dB/dec，对应惯性环节；二是在 $\omega=\omega_2$ 处，斜率变化为 -40dB/dec，可以对应振荡环节，也可以对应两个惯性环节的串联。由图3.6中的对数幅频特性曲线可知系统在 $\omega=\omega_2$ 附近存在振荡现象，故应为振荡环节。系统传递函数的结构形式为

$$G(s)=\frac{Ks}{\left(1+\frac{s}{\omega_1}\right)\left(\frac{s^2}{\omega_2^2}+2\xi\frac{s}{\omega_2}+1\right)},K>0$$

其中参数 ω_1,ω_2,ξ 和 K 待定。

(3) 由给定条件确定传递函数的参数。

系统低频渐近线的方程为

$$L_{\mathrm{d}}(\omega)=20\lg\frac{K}{\omega^i}=20\lg K-20i\lg\omega$$

本例中 $i=1$，选取 $\omega=1$，由图3.6知 $L_{\mathrm{d}}(\omega)=0$，故 $K=1$。

根据直线方程式(3.1.43)有

$$L_a(\omega_a)-L_a(\omega_b)=k(\lg\omega_a-\lg\omega_b)$$

选取 $\omega_a=1,\omega_b=\omega_1$，由图3.6知 $L_a(1)=0,L_a(\omega_1)=12,k=20$，可求得

$$\omega_1=10^{\frac{L_a(\omega_1)}{k}}=10^{\frac{12}{20}}=3.98$$

对于振荡环节选取 $\omega_a=100,\omega_b=\omega_2$，由图3.6知 $L_a(\omega_a)=0,L_a(\omega_2)=12,k=-40$，可求得

$$\omega_2=10^{\left(\frac{L_a(\omega_2)}{k}+\lg\omega_a\right)}=10^{\left(-\frac{12}{40}+\lg 100\right)}=50.1$$

由式(3.1.41)可知，在谐振频率 ω_{r} 处，振荡环节的谐振峰值与阻尼系数满足关系式

$$20\lg M_{\mathrm{r}}=20\lg\frac{1}{2\xi\sqrt{1-\xi^2}},0<\xi\leqslant\sqrt{2}/2$$

根据叠加原理，由图3.6可知本例中 $20\lg M_{\mathrm{r}}=20-12=8(\mathrm{dB})$，故有

$$4\xi^4-4\xi^2+10^{-\frac{8}{10}}=0$$

解得

$$\xi_1=0.203,\xi_2=0.979$$

由于 $0<\xi\leqslant\sqrt{2}/2$，故应选 $\xi=0.203$。于是，系统的传递函数为

$$G(s)=\frac{s}{\left(1+\frac{s}{3.98}\right)\left(\frac{s^2}{50.1^2}+0.406\frac{s}{50.1}+1\right)}=\frac{9989.84s}{(s+3.98)(s^2+20.34s+2510.01)}$$

例3.2 若某一系统的对数频率特性实验曲线的渐近线如图3.7中的所示，假定其中的微分环节为非最小相位一阶微分环节，试确定系统的传递函数。

解 (1)确定系统积分或微分环节的个数。

由于系统对数幅频特性渐近曲线的低频渐近线的斜率为 $-20i\text{dB/dec}$，其中 i 为积分或微分环节的个数，i 为正时表示积分，为负时表示微分。由图3.7可知系统的低频对数幅频特性渐近线斜率为 -40dB/dec，故 $i=2$，系统含有2个积分环节。

(2) 确定系统传递函数的结构形式。

由于系统的对数幅频特性渐近曲线为分段折线，其各转折点对应的频率为系统所含一阶环节或二

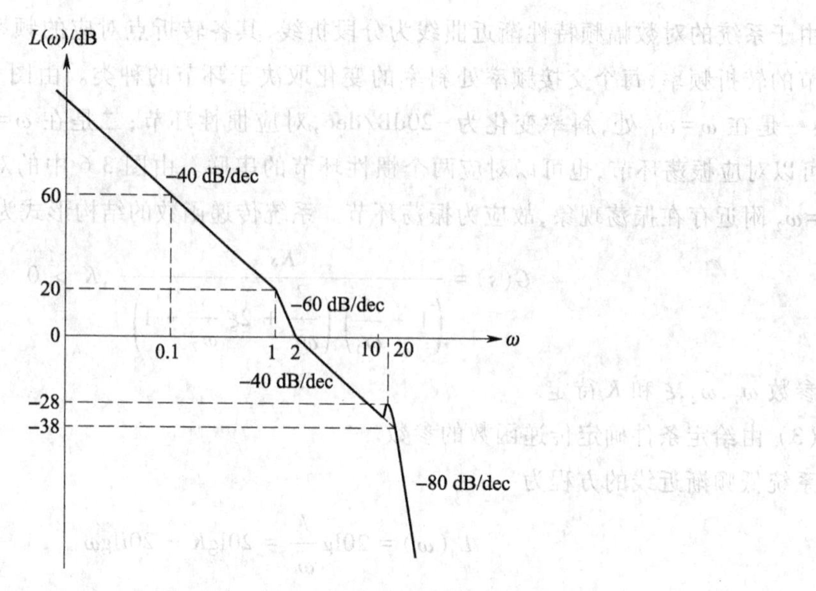

图 3.7　系统对数频率特性实验曲线的渐近线

阶环节的交接频率,每个交接频率处斜率的变化取决于环节的种类。由图 3.7 可见系统共有 3 个交接频率:一是在 $\omega=\omega_1$ 处,斜率由-40dB/dec 变化为-60dB/dec,对应一个惯性环节;二是在 $\omega=\omega_2$ 处,斜率由-60dB/dec 变化为-40dB/dec,对应一个一阶微分环节,由假定知这是一个非最小相位一阶微分环节;三是在 $\omega=\omega_3$ 处,斜率由-40dB/dec 变化为-80dB/dec,对应一个振荡环节,也可以重惯性环节。由图 3.7 中的对数幅频特性曲线可知系统在 $\omega=\omega_3=20$ 附近存在振荡现象,故应为振荡环节。系统传递函数的结构形式为

$$G(s)=\frac{K\left(1-\dfrac{s}{\omega_2}\right)}{s^2\left(1+\dfrac{s}{\omega_1}\right)\left(\dfrac{s^2}{\omega_3^2}+2\xi\dfrac{s}{\omega_3}+1\right)},K>0$$

其中参数 $\omega_1,\omega_2,\omega_3,\xi$ 和 K 待定。

(3) 由给定条件确定传递函数的参数。

系统低频渐近线的方程为

$$L_{\mathrm{d}}(\omega)=20\lg\frac{K}{\omega^i}=20\lg K-20i\lg\omega$$

本例中 $i=2$,选取 $\omega=0.1$,由图 3.7 知 $L_{\mathrm{d}}(\omega)=60$,故 $K=10$。

对于参数 ω_1,ω_2 和 ω_3,可以由图 3.7 直接确定 $\omega_1=1$,$\omega_2=2$,$\omega_3=20$,也可以利用直线方程式(3.1.43)进行计算。

根据直线方程式(3.1.43)有

$$L_a(\omega_a)-L_a(\omega_b)=k(\lg\omega_a-\lg\omega_b)$$

对于惯性环节,选取 $\omega_a=0.1$,$\omega_b=\omega_1$,由图 3.7 知 $L_a(0.1)=60$,$L_a(\omega_1)=20$,$k=-40$,可求得

$$\omega_1=10^{\lg 0.1-\frac{L_a(0.1)-L_a(\omega_1)}{k}}=10^0=1$$

对于非最小相位一阶微分环节,选取 $\omega_a=1$,$\omega_b=\omega_2$,由图 3.7 知 $L_a(\omega_a)=20$,$L_a(\omega_2)=1.04$,$k=-60$,可求得

$$\omega_2 = 10^{\left(\frac{L_a(\omega_2)-L_a(\omega_a)}{k}+\lg\omega_a\right)} = 10^{\left(\frac{18.96}{60}+\lg 1\right)} = 10^{0.316} = 2$$

可以看到,如果系统的幅频特性渐近曲线做得好的话,用作图法和直线方程求得的交接频率相同。对于振荡环节,直接由图 3.7 确定交接频率 $\omega_3=20$,并且 $L_a(\omega_3)=-38$,存在谐振峰值 M_r 在图 3.7 中对应-20(dB),根据叠加原理有

$$20\lg M_r = -28-(-38) = 10$$

由式(3.1.41)可知,在谐振频率 ω_r 处,振荡环节的谐振峰值与阻尼系数满足关系式

$$20\lg M_r = 20\lg\frac{1}{2\xi\sqrt{1-\xi^2}}, 0<\xi\leqslant\sqrt{2}/2$$

故有

$$4\xi^4-4\xi^2+10^{-\frac{1}{2}}=0$$

解得

$$\xi_1=0.294, \xi_2=0.956$$

由于 $0<\xi\leqslant\sqrt{2}/2$,故应选 $\xi=0.294$。于是,系统的传递函数为

$$G(s)=\frac{10\left(1-\frac{s}{2}\right)}{s^2(s+1)\left(\frac{s^2}{400}+0.588\frac{s}{20}+1\right)}=\frac{2000(2-s)}{s^2(s+1)(s^2+11.76s+400)}$$

该系统辨识完毕。

3.2 用 M 序列辨识线性系统的脉冲响应

在 2.3 节中,曾介绍过用白噪声作为输入信号确定系统脉冲响应的方法,这种方法称为相关法。所谓相关法,就是根据维纳-霍夫方程,利用输入信号的自相关函数和输入与输出的互相关函数确定系统脉冲响应的方法。在 2.3 节可以看到,采用白噪声作为试验信号,利用相关法可以很容易地确定系统的脉冲响应。由于理想的白噪声难以获取,从 2.3 节的讨论又可看出,采用周期性的伪随机信号作为输入信号可以使计算变得简单,所以用 M 序列辨识系统脉冲响应是用得最广泛的一种方法。

利用 M 序列,由维纳-霍夫方程可得

$$R_{xy}(\tau)=\int_0^{\infty}g(\sigma)R_x(\tau-\sigma)\mathrm{d}\sigma=\int_0^{N\Delta}g(\sigma)R_x(\tau-\sigma)\mathrm{d}\sigma$$

$$=\int_0^{N\Delta}\left[\frac{N+1}{N}a^2\Delta\delta(\tau-\sigma)-\frac{a^2}{N}\right]g(\sigma)\mathrm{d}\sigma$$

即

$$R_{xy}(\tau)=\frac{N+1}{N}a^2\Delta g(\tau)-\frac{a^2}{N}\int_0^{N\Delta}g(\sigma)\mathrm{d}\sigma \tag{3.2.1}$$

由上式可见,输入二电平 M 序列时,输入与输出的互相关函数 $R_{xy}(\tau)$ 与脉冲响应函数 $g(\tau)$ 不是相差常数倍。式(3.2.1)右边第二项不随 τ 而变,记为常值

$$A=\frac{a^2}{N}\int_0^{N\Delta}g(\sigma)\mathrm{d}\sigma \tag{3.2.2}$$

则式(3.2.1)又可写为

$$R_{xy}(\tau)=\frac{N+1}{N}a^2\Delta g(\tau)-A \tag{3.2.3}$$

如图 3.8 所示,用作图的方法可以求得 A 和 $g(\tau)$。

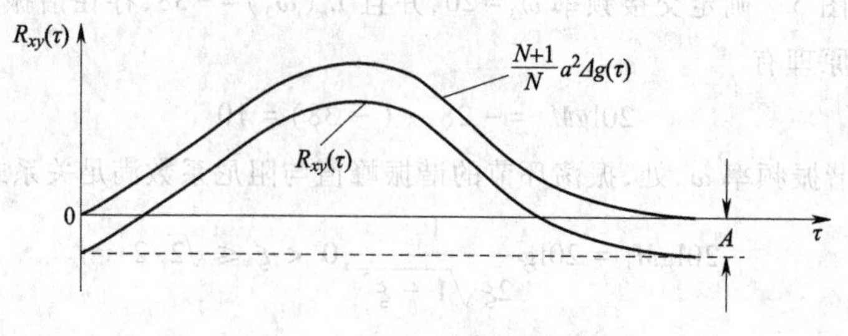

图 3.8　互相关函数 $R_{xy}(\tau)$ 图形

当 τ 很大时,因 $g(\tau)\to 0$,则 $R_{xy}(\tau)\to -A$。如果由测试计算已画出互相关函数 $R_{xy}(\tau)$ 的图形,只要向上移动 A 距离,就得到 $\frac{N+1}{N}a^2\Delta g(\tau)$ 的图形。还可用计算方法求得 $g(\tau)$。对式(3.2.1)两端进行积分可得

$$\begin{aligned}\int_0^{N\Delta}R_{xy}(\tau)\,\mathrm{d}\tau&=\frac{N+1}{N}a^2\Delta\int_0^{N\Delta}g(\tau)\,\mathrm{d}\tau-\frac{a^2}{N}\int_0^{N\Delta}g(\tau)\,\mathrm{d}\tau\\&=\frac{1}{N}a^2\Delta\int_0^{N\Delta}g(\tau)\,\mathrm{d}\tau\end{aligned} \tag{3.2.4}$$

即

$$\frac{a^2}{N}\int_0^{N\Delta}g(\tau)\,\mathrm{d}\tau=\frac{1}{\Delta}\int_0^{N\Delta}R_{xy}(\tau)\,\mathrm{d}\tau \tag{3.2.5}$$

$$R_{xy}(\tau)=\frac{N+1}{N}a^2\Delta g(\tau)-\frac{1}{\Delta}\int_0^{N\Delta}R_{xy}(\tau)\,\mathrm{d}\tau \tag{3.2.6}$$

解出 $g(\tau)$

$$g(\tau)=\frac{N}{N+1}\frac{1}{a^2\Delta}\left[R_{xy}(\tau)+\frac{1}{\Delta}\int_0^{N\Delta}R_{xy}(\tau)\,\mathrm{d}\tau\right] \tag{3.2.7}$$

或写成

$$g(\tau)=\frac{N}{N+1}\frac{1}{a^2\Delta}R_{xy}(\tau)+g_0 \tag{3.2.8}$$

式中

$$g_0=\frac{N}{N+1}\frac{1}{a^2\Delta^2}\int_0^{N\Delta}R_{xy}(\tau)\,\mathrm{d}\tau \tag{3.2.9}$$

上述积分可用近似方法计算,例如

$$\int_0^{N\Delta}R_{xy}(\tau)\,\mathrm{d}\tau\approx\Delta\sum_{i=1}^{N-1}R_{xy}(i\Delta) \tag{3.2.10}$$

在线性系统中输入二电平 M 序列时,输入与输出的互相关函数 $R_{xy}(\tau)$ 怎样计算呢?假设系统的采样周期与 M 序列的时钟脉冲间隔 Δ 相同,τ 为 Δ 的整数倍,则有

$$\begin{aligned}R_{xy}(\tau)&=\frac{1}{T}\int_0^T x(t)y(t+\tau)\,\mathrm{d}t=\frac{1}{N\Delta}\int_0^T x(t)y(t+\tau)\,\mathrm{d}t=\\&\frac{1}{N\Delta}\left[\int_0^{\Delta}x(t)y(t+\tau)\,\mathrm{d}t+\int_{\Delta}^{2\Delta}x(t)y(t+\tau)\,\mathrm{d}t+\cdots+\right.\\&\left.\int_{(N-1)\Delta}^{N\Delta}x(t)y(t+\tau)\,\mathrm{d}t\right]\end{aligned} \tag{3.2.11}$$

$$R_{xy}(\tau)=\frac{1}{N}\sum_{i=0}^{N-1}x(i\Delta)y(i\Delta+\tau) \tag{3.2.12}$$

其中τ取$0,\Delta,2\Delta,\cdots,(N-1)\Delta$。需要注意,上式中输出量的坐标不仅在$(0,T)$范围内,而且经常要进入下一个周期$(T,2T)$,例如$\tau=(N-1)\Delta$时,$t$取$(N-1)\Delta,\cdots,(2N-2)\Delta$,因此需要两个周期的二电平M序列。而输出也要用到从$y(0)$至$y((2N-1)\Delta)$的值,才能计算$R_{xy}(\tau)$。计算$R_{xy}(\tau)$时,可按式(3.2.12)计算,也可把$x(i\Delta)$改写成

$$x(i\Delta)=a\,\mathrm{sgn}[x(i\Delta)] \tag{3.2.13}$$

式中sgn表示符号函数,于是

$$R_{xy}(\tau)=\frac{a}{N}\sum_{i=0}^{N-1}\mathrm{sgn}[x(i\Delta)]\,y(i\Delta+\tau) \tag{3.2.14}$$

如不计$\frac{a}{N}$,求和式的计算相当于一个“门”,当$x(i\Delta)$的符号为正时,将$y(i\Delta+\tau)$放到正的地方进行累加,当$x(i\Delta)$为负时,将$y(i\Delta+\tau)$放到负的地方进行累加。对每个τ值,把N个$y(i\Delta+\tau)$分别在正负两个地方累加,最后两者相减,乘$\frac{a}{N}$,就可得到$R_{xy}(\tau)$。

为了提高计算互相关函数的准确度,可以多输入几个二电平M序列,利用较多的输出值计算互相关函数。一般说来,输入$r+1$个周期二电平M序列,记录$r+1$个周期输出的采样值,则

$$R_{xy}(\tau)=\frac{1}{rN}\sum_{i=0}^{rN-1}x(i\Delta)y(i\Delta+\tau) \tag{3.2.15}$$

按照上面的算法,对应于不同的τ值,每次只能计算出脉冲响应$g(\tau)$的一个离散值。要想获得$g(\tau)$的N个离散值,则需要计算N次。下面推导能够一次计算$g(\tau)$的N个离散值的计算公式。

由连续的维纳-霍夫方程

$$R_{xy}(\tau)=\int_0^{\infty}g(\sigma)R_x(\tau-\sigma)\,\mathrm{d}\sigma \tag{3.2.16}$$

可得离散的维纳-霍夫方程

$$R_{xy}(\tau)=R_{xy}(\mu\Delta)=\sum_{k=0}^{N-1}\Delta g(k\Delta)R_x(\mu\Delta-k\Delta) \tag{3.2.17}$$

式中$\tau=\mu\Delta$。为了书写方便,用μ表示$\mu\Delta$,k表示$k\Delta$,则式(3.2.17)可写为

$$R_{xy}(\mu)=\sum_{k=0}^{N-1}\Delta g(k)R_x(\mu-k) \tag{3.2.18}$$

设

$$\left\{\begin{aligned}\boldsymbol{g}&=\begin{bmatrix}g(0)\\g(1)\\\vdots\\g(N-1)\end{bmatrix}\\\boldsymbol{R}_{xy}&=\begin{bmatrix}R_{xy}(0)\\R_{xy}(1)\\\vdots\\R_{xy}(N-1)\end{bmatrix}\end{aligned}\right. \tag{3.2.19}$$

$$
\boldsymbol{R}=\begin{bmatrix} R_x(0) & R_x(-1) & \cdots & R_x(-N+1) \\ R_x(1) & R_x(0) & \cdots & R_x(-N+2) \\ \vdots & \vdots & & \vdots \\ R_x(N-1) & R_x(N-2) & \cdots & R_x(0) \end{bmatrix} \tag{3.2.20}
$$

则根据式(3.2.18)可得

$$
\begin{cases} \boldsymbol{R}_{xy}=\boldsymbol{Rg}\Delta \\ \boldsymbol{g}=\dfrac{1}{\Delta}\boldsymbol{R}^{-1}\boldsymbol{R}_{xy} \end{cases} \tag{3.2.21}
$$

在一般情况下,求逆阵很麻烦,但对于M序列来说,计算 $\boldsymbol{R}^{-1}$ 比较容易。由于 τ 值为 $0,\Delta,2\Delta,\cdots$,根据式(2.3.21)可得二电平M序列的自相关函数为

$$
R_x(k)=\begin{cases} a^2, & k=0 \\ -\dfrac{a^2}{N}, & 1\leqslant k\leqslant N-1 \end{cases} \tag{3.2.22}
$$

由式(3.2.22)和式(3.2.20)可得

$$
\boldsymbol{R}=a^2\begin{bmatrix} 1 & -\dfrac{1}{N} & \cdots & -\dfrac{1}{N} \\ -\dfrac{1}{N} & 1 & \cdots & -\dfrac{1}{N} \\ \vdots & \vdots & & \vdots \\ -\dfrac{1}{N} & -\dfrac{1}{N} & \cdots & 1 \end{bmatrix} \tag{3.2.23}
$$

这是一个 N 阶方阵,容易验证其逆阵为

$$
\boldsymbol{R}^{-1}=\frac{N}{a^2(N+1)}\begin{bmatrix} 2 & 1 & \cdots & 1 \\ 1 & 2 & \cdots & 1 \\ \vdots & \vdots & & \vdots \\ 1 & 1 & \cdots & 2 \end{bmatrix} \tag{3.2.24}
$$

把式(3.2.24)代入式(3.2.21)可得

$$
\boldsymbol{g}=\frac{N}{a^2(N+1)\Delta}\begin{bmatrix} 2 & 1 & \cdots & 1 \\ 1 & 2 & \cdots & 1 \\ \vdots & \vdots & & \vdots \\ 1 & 1 & \cdots & 2 \end{bmatrix}\boldsymbol{R}_{xy} \tag{3.2.25}
$$

$R_{xy}(\mu)$ 可以表示为

$$
R_{xy}(\mu)=\frac{1}{rN}[x(-\mu)\quad x(1-\mu)\quad \cdots\quad x(rN-1-\mu)]\begin{bmatrix} y(0) \\ y(1) \\ \vdots \\ y(rN-1) \end{bmatrix} \tag{3.2.26}
$$

式中 $\mu=0,1,\cdots,N-1$。设

$$\begin{cases} \boldsymbol{y} = \begin{bmatrix} y(0) \\ y(1) \\ \vdots \\ y(rN-1) \end{bmatrix} \\ \boldsymbol{R}_{xy} = \begin{bmatrix} R_{xy}(0) \\ R_{xy}(1) \\ \vdots \\ R_{xy}(N-1) \end{bmatrix} \\ \boldsymbol{X} = \begin{bmatrix} x(0) & x(1) & \cdots & x(rN-1) \\ x(-1) & x(0) & \cdots & x(rN-2) \\ \vdots & \vdots & & \vdots \\ x(-N+1) & x(-N+2) & \cdots & x(rN-N) \end{bmatrix} \end{cases} \tag{3.2.27}$$

则根据式(3.2.26)可得

$$\boldsymbol{R}_{xy} = \frac{1}{rN}\boldsymbol{XY} \tag{3.2.28}$$

于是有

$$\boldsymbol{g} = \frac{1}{a^2 r(N+1)\Delta}\begin{bmatrix} 2 & 1 & \cdots & 1 \\ 1 & 2 & \cdots & 1 \\ \vdots & \vdots & & \vdots \\ 1 & 1 & \cdots & 2 \end{bmatrix}\boldsymbol{XY} \tag{3.2.29}$$

用 M 序列做试验时,利用式(3.2.29)在计算机上离线计算,一次可求出系统脉冲响应的 N 个离散值 $g(0), g(1), \cdots, g(N-1)$。这种算法的缺点是数据的存储量大。为了减少数据的存储量,可采用递推算法。

设进行了 m 次观测,$m \geqslant \mu$。由 m 次观测值得到的 $R_{xy}(\mu)$ 用 $R_{xy}(\mu, m)$ 来表示,则有

$$R_{xy}(\mu, m) = \frac{1}{m+1}\sum_{k=0}^{m} y(k)x(k-\mu) =$$

$$\frac{1}{m+1}\left[\sum_{k=0}^{m-1} y(k)x(k-\mu) + y(m)x(m-\mu)\right] =$$

$$\frac{1}{m+1}\left[mR_{xy}(\mu, m-1) + y(m)x(m-\mu)\right] =$$

$$\frac{1}{m+1}\left[(m+1)R_{xy}(\mu, m-1) - R_{xy}(\mu, m-1) + y(m)x(m-\mu)\right] =$$

$$R_{xy}(\mu, m-1) + \frac{1}{m+1}\left[y(m)x(m-\mu) - R_{xy}(\mu, m-1)\right] \tag{3.2.30}$$

上式为互相关函数的递推公式,可根据过去所求得的 $R_{xy}(\mu, m-1)$ 及新的观测数据 $y(m)$ 和 $x(m-\mu)$,按式(3.2.30)递推地计算出 $R_{xy}(\mu, m)$。由式(3.2.25)可得

$$\boldsymbol{g}_m = \frac{N}{a^2(N+1)\Delta}\begin{bmatrix} 2 & 1 & \cdots & 1 \\ 1 & 2 & \cdots & 1 \\ \vdots & \vdots & & \vdots \\ 1 & 1 & \cdots & 2 \end{bmatrix}\begin{bmatrix} R_{xy}(0, m) \\ R_{xy}(1, m) \\ \vdots \\ R_{xy}(N-1, m) \end{bmatrix} \tag{3.2.31}$$

考虑到式(3.2.30),则有

$$\boldsymbol{g}_m=\frac{N}{a^2(N+1)\Delta}\begin{bmatrix}2&1&\cdots&1\\1&2&\cdots&1\\\vdots&\vdots&&\vdots\\1&1&\cdots&2\end{bmatrix}\left\{\begin{bmatrix}R_{xy}(0,m-1)\\R_{xy}(1,m-1)\\\vdots\\R_{xy}(N-1,m-1)\end{bmatrix}+\right.$$

$$\left.\frac{1}{m+1}\left(y(m)\begin{bmatrix}x(m)\\x(m-1)\\\vdots\\x(m-N+1)\end{bmatrix}-\begin{bmatrix}R_{xy}(0,m-1)\\R_{xy}(1,m-1)\\\vdots\\R_{xy}(N-1,m-1)\end{bmatrix}\right)\right\}\tag{3.2.32}$$

$$\boldsymbol{g}_m=\boldsymbol{g}_{m-1}+\frac{1}{m+1}\left\{\frac{N}{a^2(N+1)\Delta}\begin{bmatrix}2&1&\cdots&1\\1&2&\cdots&1\\\vdots&\vdots&&\vdots\\1&1&\cdots&2\end{bmatrix}y(m)\begin{bmatrix}x(m)\\x(m-1)\\\vdots\\x(m-N+1)\end{bmatrix}-\boldsymbol{g}_{m-1}\right\}\tag{3.2.33}$$

按递推公式(3.2.33),可从 $\boldsymbol{g}_{m-1}$ 及新的观测数据得到 $\boldsymbol{g}_m$,随着观测数据的增加,$\boldsymbol{g}_m$ 的精度不断提高。所以可利用式(3.2.33)对脉冲响应进行在线辨识。

3.3　由脉冲响应求传递函数

利用脉冲响应可以求连续系统的传递函数和离散系统的脉冲传递函数。

3.3.1　连续系统的传递函数 $G(s)$

任何一个单输入-单输出系统都可以用差分方程来表示。若系统的输入为 $\delta(t)$ 函数,则输出为脉冲响应函数 $g(t)$,$g(t)$的变化趋势如图 3.9 所示。

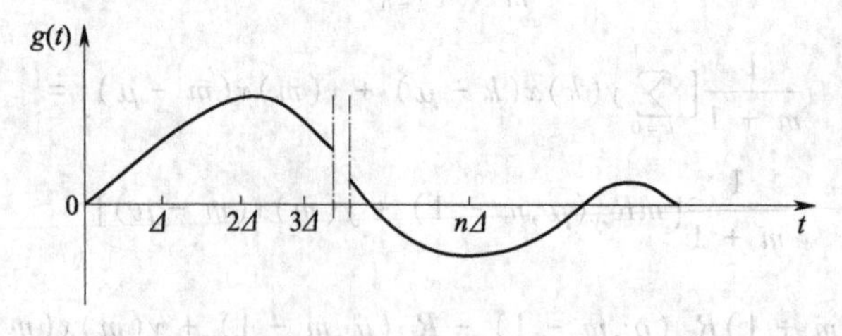

图 3.9　$g(t)$曲线图

因为 $\delta(t)$ 函数只作用于 $t=0$ 时刻,而在其他时刻系统的输入为零,故系统的输出是从 $t=0$ 开始的脉冲响应函数 $g(t)$。如果采样间隔为 Δ,并设系统可用 n 阶差分方程表示,则有

$$g(t_0)+a_1g(t_0+\Delta)+\cdots+a_ng(t_0+n\Delta)=0\tag{3.3.1}$$

式中 $a_1,a_2,\cdots,a_n$ 为待定的 n 个常数。

根据式(3.3.1),将时间依次延迟 Δ,可写出 n 个方程

$$a_1g(t_0+\Delta)+a_2g(t_0+2\Delta)+\cdots+a_ng(t_0+n\Delta)=-g(t_0)$$

$$a_1g(t_0+2\Delta)+a_2g(t_0+3\Delta)+\cdots+a_ng(t_0+(n+1)\Delta)=-g(t_0+\Delta)$$

$$\vdots$$

$$a_1 g(t_0 + n\Delta) + a_2 g(t_0 + (n+1)\Delta) + \cdots + a_n g(t_0 + 2n\Delta) = -g(t_0 + (n-1)\Delta)$$

联立求解上述 n 个方程,可得差分方程的 n 个系数 $a_1, a_2, \cdots, a_n$。

任何一个线性定常系统,如果其传递函数 $G(s)$ 的特征方程的根为 $s_1, s_2, \cdots, s_n$,则其传递函数可表示为

$$G(s) = \frac{c_1}{s - s_1} + \frac{c_2}{s - s_2} + \cdots + \frac{c_n}{s - s_n} \tag{3.3.2}$$

式中 $s_1, s_2, \cdots, s_n$ 和 $c_1, c_2, \cdots, c_n$ 为待求的 $2n$ 个未知数。对式(3.3.2)求拉普拉斯反变换,可得系统的脉冲响应函数

$$g(t) = c_1 e^{s_1 t} + c_2 e^{s_2 t} + \cdots + c_n e^{s_n t} \tag{3.3.3}$$

则 $t+\Delta, t+2\Delta, \cdots, t+n\Delta$ 时刻的脉冲响应函数为

$$\begin{cases} g(t+\Delta) = c_1 e^{s_1(t+\Delta)} + c_2 e^{s_2(t+\Delta)} + \cdots + c_n e^{s_n(t+\Delta)} \\ g(t+2\Delta) = c_1 e^{s_1(t+2\Delta)} + c_2 e^{s_2(t+2\Delta)} + \cdots + c_n e^{s_n(t+2\Delta)} \\ \vdots \\ g(t+n\Delta) = c_1 e^{s_1(t+n\Delta)} + c_2 e^{s_2(t+n\Delta)} + \cdots + c_n e^{s_n(t+n\Delta)} \end{cases} \tag{3.3.4}$$

将式(3.3.1)中的 t_0 换成 t,并将式(3.3.3)和式(3.3.4)代入其中,可得

$$c_1 e^{s_1 t}[1 + a_1 e^{s_1\Delta} + \cdots + a_n (e^{s_1\Delta})^n] + c_2 e^{s_2 t}[1 + a_1 e^{s_2\Delta} + \cdots + a_n (e^{s_2\Delta})^n] + \cdots + c_n e^{s_n t}[1 + a_1 e^{s_n\Delta} + \cdots + a_n (e^{s_n\Delta})^n] = 0 \tag{3.3.5}$$

欲使式(3.3.5)成立,应令各方括号内之值为零,即

$$1 + a_1 e^{s_i\Delta} + \cdots + a_n (e^{s_i\Delta})^n = 0, i = 1, 2, \cdots, n \tag{3.3.6}$$

令 $e^{s_i\Delta} = x$,则式(3.3.6)可以写为

$$1 + a_1 x + \cdots + a_n x^n = 0 \tag{3.3.7}$$

解式(3.3.7),可得 x 的 n 个解 $x_1, x_2, \cdots, x_n$。设

$$e^{s_1\Delta} = x_1, e^{s_2\Delta} = x_2, \cdots, e^{s_n\Delta} = x_n \tag{3.3.8}$$

则有

$$s_1 = \frac{\ln x_1}{\Delta}, s_2 = \frac{\ln x_2}{\Delta}, \cdots, s_n = \frac{\ln x_n}{\Delta} \tag{3.3.9}$$

至此,已将 $s_1, s_2, \cdots, s_n$ 求出,下面求 $c_1, c_2, \cdots, c_n$。根据式(3.3.3)、式(3.3.4)和式(3.3.8),可得

$$\begin{cases} g(0) = c_1 + c_2 + \cdots + c_n \\ g(\Delta) = c_1 x_1 + c_2 x_2 + \cdots + c_n x_n \\ g(2\Delta) = c_1 x_1^2 + c_2 x_2^2 + \cdots + c_n x_n^2 \\ \vdots \\ g[(n-1)\Delta] = c_1 x_1^{n-1} + c_2 x_2^{n-1} + \cdots + c_n x_n^{n-1} \end{cases} \tag{3.3.10}$$

解上述方程组可得 $c_1, c_2, \cdots, c_n$。把求得的 $s_1, s_2, \cdots, s_n$ 和 $c_1, c_2, \cdots, c_n$ 代入所假定的传递函数式(3.3.2),即得所求的传递函数 $G(s)$。

例 3.3 设原系统具有二阶传递函数

$$G(s) = \frac{0.35}{(s + 0.5)(s + 0.7)}$$

其脉冲响应为

$$g(t)=1.75(e^{-0.5t}-e^{-0.7t})$$

设采样间隔$\Delta=1s$,$g(t)$的前4个值如表3.2所列,试用辨识方法求系统传递函数。

表3.2 采样间隔$\Delta=1s$时的$g(t)$值

t/s	0.0	1.0	2.0	3.0
$g(t)$	0.0	0.1924	0.2122	0.1762

解 根据已知条件可得

$$0.1924a_1+0.2122a_2=0$$
$$0.2122a_1+0.1762a_2=-0.1924$$

解之得

$$a_1=-3.66889, a_2=3.3265$$

由式(3.3.7)得

$$1-3.66889x+3.3265x^2=0$$

解之得

$$x_1=0.60811,\ x_2=0.49488$$

相应的系统极点为

$$s_1=\ln(0.60811)=-0.49748$$
$$s_2=\ln(0.49488)=-0.70340$$

因此脉冲响应可写成

$$g(k\Delta)=c_1e^{-0.49748k\Delta}+c_2e^{-0.70340k\Delta}$$

令$k=0,1$,可得方程组

$$c_1+c_2=0$$
$$0.60811c_1+0.49488c_2=0.1924$$

解之得

$$c_1=1.6994,\quad c_2=-1.6994$$

因而所求的传递函数为

$$\hat{G}(s)=\frac{1.6994}{s+0.49748}-\frac{1.6994}{s+0.70340}=\frac{0.34987}{(s+0.49748)(s+0.70340)}$$

所求得的传递函数与真实的传递函数非常接近。

3.3.2 离散系统传递函数——脉冲传递函数$G(z^{-1})$

设系统脉冲传递函数形式为

$$G(z^{-1})=\frac{b_0+b_1z^{-1}+\cdots+b_nz^{-n}}{1+a_1z^{-1}+\cdots+a_nz^{-n}} \tag{3.3.11}$$

根据脉冲传递函数的定义可得

$$G(z^{-1})=g(0)+g(1)z^{-1}+g(2)z^{-2}+\cdots \tag{3.3.12}$$

式中$g(i)=g(i\Delta)$,$i=0,1,2,\cdots$,Δ为采样间隔。因而有

$$\frac{b_0+b_1z^{-1}+\cdots+b_nz^{-n}}{1+a_1z^{-1}+\cdots+a_nz^{-n}}=g(0)+g(1)z^{-1}+g(2)z^{-2}+\cdots \tag{3.3.13}$$

用上式左边的分母分别乘其等号两边得

$$
\begin{aligned}
&b_0 + b_1 z^{-1} + b_2 z^{-2} + \cdots + b_n z^{n} = g(0) + [g(1) + a_1 g(0)] z^{-1} + \cdots + \\
&\left[g(n) + \sum_{i=1}^{n-1} a_i g(n-i)\right] z^{-n} + \cdots + \left[g(n+1) + \sum_{i=1}^{n} a_i g(n+1-i)\right] z^{-(n+1)} + \cdots + \\
&\left[g(2n) + \sum_{i=1}^{n} a_i g(2n-i)\right] z^{-2n} + \cdots
\end{aligned}
\tag{3.3.14}
$$

令上式等号两边 z^{-1} 同次项的系数相等，当 z^{-1} 的次数从 0 到 n 时可得向量-矩阵方程

$$
\begin{bmatrix} b_0 \\ b_1 \\ b_2 \\ \vdots \\ b_n \end{bmatrix} = \begin{bmatrix} 1 & 0 & 0 & \cdots & 0 & 0 \\ a_1 & 1 & 0 & \cdots & 0 & 0 \\ a_2 & a_1 & 1 & \cdots & 0 & 0 \\ \vdots & \vdots & \vdots & & \vdots & \vdots \\ a_n & a_{n-1} & a_{n-2} & \cdots & a_1 & 1 \end{bmatrix} \begin{bmatrix} g(0) \\ g(1) \\ g(2) \\ \vdots \\ g(n) \end{bmatrix}
\tag{3.3.15}
$$

当 z^{-1} 的次数从 $n+1$ 到 $2n$ 时可得

$$
\begin{bmatrix} g(1) & g(2) & \cdots & g(n) \\ g(2) & g(3) & \cdots & g(n+1) \\ \vdots & \vdots & & \vdots \\ g(n) & g(n+1) & \cdots & g(2n-1) \end{bmatrix} \begin{bmatrix} a_n \\ a_{n-1} \\ \vdots \\ a_1 \end{bmatrix} = \begin{bmatrix} -g(n+1) \\ -g(n+2) \\ \vdots \\ -g(2n) \end{bmatrix}
\tag{3.3.16}
$$

上式等号左边的矩阵称为汉克尔矩阵。因为式(3.3.16)中汉克尔矩阵的秩为 n，故方程有解，可求得脉冲传递函数中分母的各未知系数 $a_1, a_2, \cdots, a_n$。把求得的 $a_1, a_2, \cdots, a_n$ 代入式(3.3.15)，可求得脉冲传递函数分子中的各未知数 $b_0, b_1, \cdots, b_n$。如果求得的脉冲响应序列 $g(i)$ 不是很准确，则可用更多的 $g(i)$ 序列，用最小二乘法来求 $a_1, a_2, \cdots, a_n$。

例 3.4 设采样间隔 $\Delta = 0.05$s，系统的脉冲响应 $g(i)$ 如表 3.3 所示，求系统的脉冲传递函数。

表 3.3 系统脉冲响应

t/s	0	0.05	0.10	0.15	0.20	0.25	0.30
i	0	1	2	3	4	5	6
$g(i)$	0	7.157039	9.491077	8.563839	5.930506	2.845972	0.144611

解 设系统的脉冲传递函数形式为

$$
G(z^{-1}) = \frac{b_0 + b_1 z^{-1} + b_2 z^{-2} + b_3 z^{-3}}{1 + a_1 z^{-1} + a_2 z^{-2} + a_3 z^{-3}}
$$

将 $g(1), g(2), \cdots, g(6)$ 代入式(3.3.16)得

$$
\begin{bmatrix} 7.157039 & 9.491077 & 8.563839 \\ 9.491077 & 8.563839 & 5.930506 \\ 8.563839 & 5.930506 & 2.845972 \end{bmatrix} \begin{bmatrix} a_3 \\ a_2 \\ a_1 \end{bmatrix} = \begin{bmatrix} -5.930506 \\ -2.845972 \\ -0.144611 \end{bmatrix}
$$

解上式得

$$
a_1 = -2.232576,\ a_2 = 1.764088,\ a_3 = -0.496585
$$

将 $g(0)$ 至 $g(3)$ 及 a_1, a_2, a_3 代入式(3.3.15)并解之，可得

$$
b_0 = 0,\ b_1 = 7.157309,\ b_2 = -6.487547,\ b_3 = 0
$$

于是得脉冲传递函数

$$G(z^{-1})=\frac{7.157309z^{-1}-6.487547z^{-2}}{1-2.232576z^{-1}+1.764088z^{-2}-0.496585z^{-3}}$$

习 题

3.1 试阐述用频率特性实验曲线确定非最小相位惯性环节、一阶微分环节、振荡环节及二阶微分环节参数的基本方法和步骤。

3.2 已知系统的传递函数为

$$G(s)=\frac{18(s+1)}{s(s+2)(s^2+3s+9)}$$

先根据传递函数计算出系统的幅频特性和相频特性作为实验值，绘出系统的对数频率特性曲线，然后利用该曲线对系统进行参数辨识，并分析参数辨识精度。

3.3 叙述用相关法求系统脉冲响应的基本原理。

3.4 已知一个三阶系统的脉冲响应如表3.4所示，采样间隔$\Delta=0.2$s，求系统的传递函数$G(s)$。

表3.4 三阶系统脉冲响应

k	0	1	2	3	4	5
$g(k)$	0	0.196	0.443	0.624	0.748	0.831

3.5 已知一个三阶系统的脉冲响应如表3.5所示，采样间隔$\Delta=0.1$s，求系统的脉冲传递函数$G(z^{-1})$。

表3.5 三阶系统脉冲响应

k	0	1	2	3	4	5	6	7	8	9	10
$g(k)$	10	6.989	4.711	3.136	2.137	1.559	1.252	1.096	1.009	0.938	0.860

3.6 已知系统传递函数为

$$G(s)=\frac{s^2+5s+6}{s^3+8s^2+19s+12}$$

试用M序列作为输入信号，用计算机仿真其输出并取得测量值，进而确定系统的脉冲响应函数和传递函数。（此习题为第2章和第3章的综合大作业习题）。

3.7 已知系统传递函数如习题3.2所示，试用M序列作为输入信号，用计算机仿真其输出并取得测量值，进而确定系统的脉冲响应函数和传递函数，并与题3.2的辨识结果进行比较（此习题和习题3.2联合为第3章的综合大作业习题）。

4

第4章 动态系统的典范表达式

在系统辨识中能利用的信息是系统的输入量和输出量,因此必须给出系统输出与输入之间的关系表达式,被估计的系统参数都包含在这一表达式中。经典控制理论中常用的描述系统输入与输出关系的参数模型有传递函数和差分方程。传递函数和差分方程中的系数是需要估计的参数。传递函数和差分方程中的阶次,也是待估计的参数,称之为结构参数。一般系统的结构参数可根据已有的理论推导或试验结果大致确定下来,有些系统的结构参数则需要用系统辨识方法进行估计。

在现代控制理论中,用状态方程和输出方程来描述系统,还必须从状态方程中找出系统输出与输入之间的表达式。对于同一个系统,由于状态变量选择不同,可有不同的状态方程,有的状态方程包含的未知参数多一些,有的少一些。根据节省原理可知,在可辨识的模型结构中,未知参数较少的模型结构将给出较好的模型精度。同时,未知参数越少,进行参数估计时运算量越小。因此,为了进行参数估计,所选择的状态方程和差分方程中的未知参数应尽可能地少,这就提出了典范状态方程和典范差分方程的问题。典范方程与非典范方程相比,典范方程可用较少的或最少的参数数目表征系统的动态特性,所以在辨识中要采用典范方程,使被估参数数目最少。

本章先介绍建模时常用的节省原理,然后介绍单输入-单输出和多输入-多输出系统的典范方程,其中包括确定性典范状态方程和差分方程,以及随机性典范状态方程和差分方程。

4.1 节省原理

很长时间以来,人们在建模时就利用了节省原理。节省原理亦称简练原则,简单地说,就是在两个可辨识的模型结构中,较简单的模型结构,也就是参数数量较少的模型结构,将给出较好的模型精度。也就是说,对于一个合适的模型表达式,应当采用尽可能少的参数。

表面看来,节省原理似乎十分简单,以致使许多人错误地认为无论采用何种模型精度判据均可以利用节省原理。其实不然,利用节省原理有其重要条件。

设 $y(k)$ 和 $u(k)$ 分别为离散动态随机系统 S 在时刻 t_k 的输出和输入,并假定系统 S 由下列普通的新息表达式表示,即

$$\mathrm{S}:\ y(k)=e(k)+E[y(k) \mid y(k-1),u(k-1),\cdots] \tag{4.1.1}$$

式中预测误差(或新息)$\{e(k)\}$满足方程

$$\mathrm{E}:\ [e(k) \mid e(k-1),e(k-2),\cdots]=0 \tag{4.1.2}$$

假定系统 S 是渐近稳定的,并且假定如果存在反馈的话,则是由输出进行无源反馈。

为了进行辨识,引入 S 的模型 $M(\hat{\boldsymbol{\theta}}_m)$

$$M(\hat{\boldsymbol{\theta}}_m):\ y(k)=g_m[y(k-1),u(k-1),\cdots,\hat{\boldsymbol{\theta}}_m]+\in_m(k,\hat{\boldsymbol{\theta}}_m) \tag{4.1.3}$$

式中 $\in_m(k,\hat{\boldsymbol{\theta}}_m)$ 为残差,$\hat{\boldsymbol{\theta}}_m$ 为描述模型的有限维参数向量。

假定预测函数 $g_m(\cdot,\hat{\boldsymbol{\theta}}_m)$ 对于属于参数集 D_m 的所有 $\hat{\boldsymbol{\theta}}_m$ 都是可微的。当 $\hat{\boldsymbol{\theta}}_m$ 在 D_m 上变化时,式(4.1.3)表示一个模型集或模型结构。现用 M 表示模型结构,并且假定是可辨识的。这就意味着在 D_m 中存在着唯一的参数向量 $\boldsymbol{\theta}_m^*$ 使得

$$\in_m(k,\boldsymbol{\theta}_m^*)=e(k) \tag{4.1.4}$$

模型 $M(\hat{\boldsymbol{\theta}}_m)$ 的精度可用不同的方法表示。例如,可用参数估计的协方差矩阵作为模型精度的量度。为了进行比较,常采用标量精度量度。所采用的标量可微函数 $V_m(\hat{\boldsymbol{\theta}}_m)$ 应该能够相对于其意图表示出模型 $M(\hat{\boldsymbol{\theta}}_m)$ 的适度。例如,$V_m(\hat{\boldsymbol{\theta}}_m)$ 可以是预测误差$\{\in_m(k,\hat{\boldsymbol{\theta}}_m)\}$的函数,也可以定义为给定输入信号下的输出误差的方差等。显然,任何一个有意义的有效函数 $V_m(\hat{\boldsymbol{\theta}}_m)$ 应当满足方程

$$V_m(\boldsymbol{\theta}_m^*)=\inf_{\hat{\boldsymbol{\theta}}_m\in D_m} V_m(\hat{\boldsymbol{\theta}}_m) \tag{4.1.5}$$

注意到 $V_m(\hat{\boldsymbol{\theta}}_m)$ 表示模型 $M(\hat{\boldsymbol{\theta}}_m)$ 的适度,而大家感兴趣的是结构 M 适度的量度,因而引入

$$E[V_m(\hat{\boldsymbol{\theta}}_m)] \tag{4.1.6}$$

式中 $E[\cdot]$ 是相对于 $\hat{\boldsymbol{\theta}}_m$ 求均值。一般地,要计算出式(4.1.6)的精度判据是不容易的。然而,当所采用的估计方法是一致估计时,容易得出式(4.1.6)的渐近有效近似式。比较简单的一种方法是将式(4.1.6)展开为泰勒(Taylor)级数

$$V_m(\hat{\boldsymbol{\theta}}_m)=V_m(\boldsymbol{\theta}_m^*)+\dot{V}_m(\boldsymbol{\theta}_m^*)(\hat{\boldsymbol{\theta}}_m-\boldsymbol{\theta}_m^*)+\frac{1}{2}(\hat{\boldsymbol{\theta}}_m-\boldsymbol{\theta}_m^*)^{\mathrm{T}}\ddot{V}_m(\boldsymbol{\theta}_m^*)(\hat{\boldsymbol{\theta}}_m-\boldsymbol{\theta}_m^*)+O(\|\hat{\boldsymbol{\theta}}_m-\boldsymbol{\theta}_m^*\|^2) \tag{4.1.7}$$

根据式(4.1.5)知,式(4.1.7)等号右边第 2 项为零。当所采集数据的数目充分大时,由于 $\hat{\boldsymbol{\theta}}_m$ 是一致性估计,与第 3 项相比,等号右边最后 1 项可忽略不计。设 $\boldsymbol{P}_m$ 表示估计误差$\sqrt{N(\hat{\boldsymbol{\theta}}_m-\boldsymbol{\theta}_m^*)}$的渐近协方差阵,其中 N 为参数数目,则对于充分大的 N 值,由式(4.1.7)可得

$$E[V_m(\hat{\boldsymbol{\theta}}_m)]\approx V_m(\boldsymbol{\theta}_m^*)+\frac{1}{2N}\mathrm{tr}\ddot{V}_m(\boldsymbol{\theta}_m^*)\boldsymbol{P}_m \tag{4.1.8}$$

因此,当研究不同的模型结构时,可以取表达式

$$\boldsymbol{W}_m=\frac{1}{2}\mathrm{tr}\ddot{V}_m(\boldsymbol{\theta}_m^*)\boldsymbol{P}_m \tag{4.1.9}$$

作为建模精度的量度。$\boldsymbol{W}_m$ 的值较小,说明模型的结构比较合适。下面叙述关于节省模型的一些问题。

设 $M_i(i=1,2)$ 是适合于

$$S \in M_1 \in M_2 \tag{4.1.10}$$

的 2 个模型集。一个模型结构可以被认为是由式(4.1.10)定义的一个参数集,并且式(4.1.10)表明,较小的模型结构 M_1 可以从较大的模型结构 M_2 中得到(例如令 M_2 中的某些参数为零)。这些适合于式(4.1.10)的模型结构 M_1 和 M_2 被称为是同体系的。

假定估计方法可使相应的协方差阵 $\boldsymbol{P}_m$ 由下式给出

$$\boldsymbol{P}_m = \left\{E\left[\frac{\partial \in_m^{\mathrm{T}}(k,\hat{\boldsymbol{\theta}})}{\partial\hat{\boldsymbol{\theta}}}\boldsymbol{\Lambda}^{-1}\frac{\partial \in_m(k,\hat{\boldsymbol{\theta}})}{\partial\hat{\boldsymbol{\theta}}}\right]\right\}_{\hat{\boldsymbol{\theta}}=\boldsymbol{\theta}_m^*}^{-1} \tag{4.1.11}$$

式中 $\boldsymbol{\Lambda}=E[\boldsymbol{e}(k)\boldsymbol{e}^{\mathrm{T}}(k)]$。例如,利用预测误差法就可以得到上述协方差阵。

可以证明,对于任何精度判据 $V_m(g)$ 均有

$$W_{m1} \leqslant W_{m2} \tag{4.1.12}$$

如果令式(4.1.11)中的 $\boldsymbol{P}_m$ 等于克拉默-拉奥下界($\boldsymbol{P}_{\text{C-R}}$)(关于克拉默-拉奥下界的问题将在 6.3 节中叙述),则式(4.1.12)中的结果仍然是成立的。对于高斯分布的数据来说,由于式(4.1.11)中的协方差阵等于 $\boldsymbol{P}_{\text{C-R}}$,显然式(4.1.12)成立。但是,对于其他分布的数据,由于式(4.1.11)中的 $\boldsymbol{P}_m$ 在一般情况下与 $\boldsymbol{P}_{\text{C-R}}$ 不同,因而式(4.1.11)所包含的范围更广。也就是说,式(4.1.12)中的结果对于下列 2 种情况都是成立的:

(1) 所采用的估计方法是渐近有效的,即 $\boldsymbol{P}_m=\boldsymbol{P}_{\text{C-R}}$;

(2) 所采用的估计方法的协方差阵可由式(4.1.11)给出,例如采用预测误差法(PEM)。

上述节省原理的适用范围是相当广泛的,它适合于式(4.1.3)所示的一大类模型以及式(4.1.6)所示多种模型适度判据,而所受的条件约束又是最少的。

上述节省原理的应用受 2 个条件的约束:

(1) 所比较的系统必须是同体系的,即满足式(4.1.10);

(2) 所采用的估计方法必须是有效的,即协方差阵可以用式(4.1.11)表示。

上述 2 个条件的约束只有在附加一定的假设条件之后才能放松,否则节省原理则不适用。这些附加条件为:

(1) 所用辨识方法的参数估计协方差阵可由式(4.1.11)给出;

(2) 隐含在 $\boldsymbol{P}_m$ 和 $V_m(\cdot)$ 中的试验条件是等价的,并且有效函数由

$$V_m(\hat{\boldsymbol{\theta}}_m) = \det\{E[\in_m(k,\hat{\boldsymbol{\theta}}_m) \in_m^{\mathrm{T}}(k,\hat{\boldsymbol{\theta}}_m)]\} \tag{4.1.13}$$

给出。

在这种情况下可以证明 $\ddot{V}_m(\boldsymbol{\theta}_m^*)=2|\boldsymbol{\Lambda}|\boldsymbol{P}_m^{-1}$,其中 $\boldsymbol{P}_m$ 由式(4.1.11)给出,因而在这种情况下有

$$W_m = |\boldsymbol{\Lambda}|\dim\hat{\boldsymbol{\theta}}_m \tag{4.1.14}$$

当上述的两个约束条件不满足时,则不能保证节省原理总是成立,这一点可用反例加以证明,受篇幅限制,此处不再详述。

4.2　线性系统的差分方程和状态方程表示法

4.2.1　线性定常系统的差分方程表示法

(1) 单输入-单输出系统。

线性定常单输入-单输出系统可用下列 n 阶差分方程表示为

$$y(k)+a_1y(k-1)+\cdots+a_ny(k-n)=b_0u(k)+b_1u(k-1)+\cdots+b_nu(k-n) \tag{4.2.1}$$

或写成

$$y(k)+\sum_{i=1}^{n}a_iy(k-i)=\sum_{i=0}^{n}b_iu(k-i) \tag{4.2.2}$$

式中 k 是整数,表示时刻 t_k;$a_i(i=1,2,\cdots,n)$ 和 $b_i(i=0,1,\cdots,n)$ 都是常系数。为了简化式(4.2.1)和式(4.2.2)的表示法,引入单位时延算子 z^{-1},其定义为

$$z^{-1}y(k)=y(k-1) \tag{4.2.3}$$

设多项式

$$1+a_1z^{-1}+\cdots+a_nz^{-n}=a(z^{-1}) \tag{4.2.4}$$

$$b_0+b_1z^{-1}+\cdots+b_nz^{-n}=b(z^{-1}) \tag{4.2.5}$$

则方程式(4.2.1)或式(4.2.2)可表示为

$$a(z^{-1})y(k)=b(z^{-1})u(k) \tag{4.2.6}$$

上式就是在系统辨识中经常采用的基本方程。在单输入-单输出系统的方程中,需要辨识的参数数目为 $N=2n+1$。

(2) 多输入-多输出系统。

设系统有 r 个输入和 m 个输出,定义向量

$$\boldsymbol{u}(k)=\begin{bmatrix}u_1(k)\\u_2(k)\\\vdots\\u_r(k)\end{bmatrix},\quad \boldsymbol{y}(k)=\begin{bmatrix}y_1(k)\\y_2(k)\\\vdots\\y_m(k)\end{bmatrix}$$

为系统的输入和输出向量,则系统可用差分方程表示为

$$\boldsymbol{y}(k)+\sum_{i=1}^{n}\boldsymbol{A}_i\boldsymbol{y}(k-i)=\sum_{i=0}^{n}\boldsymbol{B}_i\boldsymbol{u}(k-i) \tag{4.2.7}$$

式中 $\boldsymbol{A}_i$ 为 $m\times m$ 矩阵,$\boldsymbol{B}_i$ 为 $m\times r$ 矩阵。引入单位时延算子 z^{-1},则式(4.2.7)可表示为

$$\boldsymbol{A}(z^{-1})\boldsymbol{y}(k)=\boldsymbol{B}(z^{-1})\boldsymbol{u}(k) \tag{4.2.8}$$

其中

$$\boldsymbol{A}(z^{-1})=1+\boldsymbol{A}_1z^{-1}+\cdots+\boldsymbol{A}_nz^{-n} \tag{4.2.9}$$

$$\boldsymbol{B}(z^{-1})=\boldsymbol{B}_0+\boldsymbol{B}_1z^{-1}+\cdots+\boldsymbol{B}_nz^{-n} \tag{4.2.10}$$

式(4.2.7)或式(4.2.8)需要辨识的参数数目为

$$N=n\times m\times m+(n+1)\times m\times r=nm^2+(n+1)mr \tag{4.2.11}$$

在后面将会看到,若采用典范差分方程,需要辨识的参数数目将比上述数目少得多。

4.2.2 线性系统的状态方程表示法

一个线性定常确定性离散系统的状态方程为

$$x(k) = Ax(k) + Bu(k) \tag{4.2.12}$$

$$y(k) = Cx(k) + Du(k) \tag{4.2.13}$$

式中 $\boldsymbol{x}(k)$ 为 n 维状态向量,$\boldsymbol{u}(k)$ 为 r 维输入向量或控制向量,$\boldsymbol{y}(k)$ 为 m 维输出向量或观测向量;系统矩阵 $\boldsymbol{A}$ 为 $n\times n$ 矩阵,输入矩阵或控制矩阵 $\boldsymbol{B}$ 为 $n\times r$ 矩阵,观测矩阵或输出矩阵 $\boldsymbol{C}$ 为 $m\times n$ 矩阵,输入-输出矩阵 $\boldsymbol{D}$ 为 $m\times r$ 矩阵。通常,系统方程式(4.2.12)和式(4.2.13)用 $S(\boldsymbol{A},\boldsymbol{B},\boldsymbol{C},\boldsymbol{D})$ 来表示。系统需要辨识的参数数目为

$$N = n^2 + nr + mn + mr = (n + m)(n + r) \tag{4.2.14}$$

在后面将会看到,如果用典范状态方程描述系统,需要辨识的参数数目将减少许多。

4.3 确定性典范状态方程

根据线性系统理论,如果系统 $S(\boldsymbol{A},\boldsymbol{B},\boldsymbol{C},\boldsymbol{D})$ 是完全可控和完全可观测的,并且 $m<n$,则可将系统 $S(\boldsymbol{A},\boldsymbol{B},\boldsymbol{C},\boldsymbol{D})$ 的状态变量经过非奇异线性变换 $\boldsymbol{T}$ 映射到一个新的坐标系中去。在这个新坐标系中,此系统可用 $\bar{S}(\bar{\boldsymbol{A}},\bar{\boldsymbol{B}},\bar{\boldsymbol{C}},\bar{\boldsymbol{D}})$ 来表示。二者之间的关系为

$$\begin{cases} \bar{\boldsymbol{A}} = \boldsymbol{TAT}^{-1} \\ \bar{\boldsymbol{B}} = \boldsymbol{TB} \\ \bar{\boldsymbol{C}} = \boldsymbol{CT}^{-1} \\ \bar{\boldsymbol{D}} = \boldsymbol{D} \end{cases} \tag{4.3.1}$$

系统 $S(\boldsymbol{A},\boldsymbol{B},\boldsymbol{C},\boldsymbol{D})$ 与 $\bar{S}(\bar{\boldsymbol{A}},\bar{\boldsymbol{B}},\bar{\boldsymbol{C}},\bar{\boldsymbol{D}})$ 是代数等价的。

两个代数等价的系统称为同构系统。即它们的结构相同,也就是系统矩阵的阶相同。因为 $\boldsymbol{T}$ 是非奇异矩阵,由相似变换 $\bar{\boldsymbol{A}}=\boldsymbol{TAT}^{-1}$ 可知,$\mathrm{rank}\bar{\boldsymbol{A}}=\mathrm{rank}\boldsymbol{A}=n$。如果原系统 S 是最小实现,则 $\bar{S}$ 也是最小实现。两个代数等价的系统,其脉冲传递函数必然等价,反之则不一定成立。如果原系统 S 是完全可控和完全可观测的,其系统矩阵 $\boldsymbol{A}$ 的阶 n 是最小的,但与其脉冲传递函数等价的系统 S^* 的矩阵 $\boldsymbol{A}^*$ 的阶 n^* 不一定是最小的,即可能 $n^*\geqslant n$。根据线性系统理论,脉冲传递函数所描述的是系统完全可控和完全可观测部分。之所以 S^* 系统矩阵 $\boldsymbol{A}^*$ 的阶数高,是因为其中引入了不可控部分或不可观测部分,或者同时引入了这两部分,但 S 与 S^* 的外部特性是相同的,即在相同的输入下,输出是相同的。两个代数等价的系统具有等价的输入-输出关系。

下面讨论确定性系统的典范状态方程。典范状态方程也称规范型状态方程或标准型状态方程。典范状态方程可分为可控型典范状态方程和可观测型典范状态方程两大类。

对于系统 $S(\boldsymbol{A},\boldsymbol{B},\boldsymbol{C},\boldsymbol{D})$ 来说,系统完全可控的充分必要条件是系统的可控矩阵

$$\boldsymbol{P}_c = [\boldsymbol{B} \quad \boldsymbol{AB} \quad \cdots \quad \boldsymbol{A}^{n-1}\boldsymbol{B}] \tag{4.3.2}$$

的秩等于 n,即 $\mathrm{rank}\boldsymbol{P}_c=n$。系统完全可观测的充分必要条件是系统的可观测矩阵

$$\boldsymbol{P}_o = [\boldsymbol{C}^{\mathrm{T}} \quad \boldsymbol{A}^{\mathrm{T}}\boldsymbol{C}^{\mathrm{T}} \quad \cdots \quad (\boldsymbol{A}^{\mathrm{T}})^{n-1}\boldsymbol{C}^{\mathrm{T}}] \tag{4.3.3}$$

的秩等于 n，即 $\mathrm{rank}\boldsymbol{P}_{\mathrm{o}}=n$。如果系统是完全可控和完全可观测的，则可适当选择变换矩阵 $\boldsymbol{T}$，将非典范型状态方程化为典范状态方程。

对于单输入-单输出系统，常用的典范状态方程有下述几种。

4.3.1　可控型典范状态方程 Ⅰ

变换矩阵取 $\boldsymbol{T}=\boldsymbol{P}_{\mathrm{c}}\boldsymbol{L}$，其中 $\boldsymbol{P}_{\mathrm{c}}$ 为可控矩阵，而

$$\boldsymbol{L}=\begin{bmatrix} a_{n-1} & a_{n-2} & \cdots a_1 & 1 \\ a_{n-2} & a_{n-3} & \cdots 1 & \\ \vdots & \vdots & \iddots & \\ a_1 & 1 & & \\ 1 & & & \end{bmatrix} \tag{4.3.4}$$

则可控型典范状态方程 Ⅰ 的系统矩阵 $\overline{\boldsymbol{A}}_{\mathrm{c1}}$、输入矩阵 $\overline{\boldsymbol{b}}_{\mathrm{c1}}$ 和观测矩阵 $\overline{\boldsymbol{c}}_{\mathrm{c1}}$ 分别为

$$\begin{gathered}\overline{\boldsymbol{A}}_{\mathrm{c1}}=\left[\begin{array}{c:ccc} \mathbf{0} & & \boldsymbol{I}_{n-1} & \\ \hdashline -a_n & -a_{n-1} & \cdots & -a_1 \end{array}\right],\ \overline{\boldsymbol{b}}_{\mathrm{c1}}=[0 \quad \cdots \quad 0 \quad 1]^{\mathrm{T}} \\ \overline{\boldsymbol{c}}_{\mathrm{c1}}=[\bar{c}_{11} \quad \bar{c}_{21} \quad \cdots \quad \bar{c}_{n1}]\end{gathered} \tag{4.3.5}$$

4.3.2　可控型典范状态方程 Ⅱ

变换矩阵取 $\boldsymbol{T}=\boldsymbol{P}_{\mathrm{c}}$，则可控型典范状态方程 Ⅱ 的系统矩阵 $\overline{\boldsymbol{A}}_{\mathrm{c2}}$、输入矩阵 $\overline{\boldsymbol{b}}_{\mathrm{c2}}$ 和观测矩阵 $\overline{\boldsymbol{c}}_{\mathrm{c2}}$ 分别为

$$\begin{gathered}\overline{\boldsymbol{A}}_{\mathrm{c2}}=\left[\begin{array}{c:c} \mathbf{0} & -a_n \\ \hdashline & -a_{n-1} \\ \boldsymbol{I}_{n-1} & \vdots \\ & -a_1 \end{array}\right],\quad \overline{\boldsymbol{b}}_{\mathrm{c2}}=[1 \quad 0 \quad \cdots \quad 0]^{\mathrm{T}} \\ \overline{\boldsymbol{c}}_{\mathrm{c2}}=[\bar{c}_{12} \quad \bar{c}_{22} \quad \cdots \quad \bar{c}_{n2}]\end{gathered} \tag{4.3.6}$$

4.3.3　可观测典范状态方程 Ⅰ

变换矩阵取 $\boldsymbol{T}=\boldsymbol{P}_{\mathrm{o}}$，其中 $\boldsymbol{P}_{\mathrm{o}}$ 为可观测矩阵，则可观测典范状态方程 Ⅰ 的系统矩阵 $\overline{\boldsymbol{A}}_{\mathrm{o1}}$、输入矩阵 $\overline{\boldsymbol{b}}_{\mathrm{o1}}$ 和观测矩阵 $\overline{\boldsymbol{c}}_{\mathrm{o1}}$ 分别为

$$\begin{gathered}\overline{\boldsymbol{A}}_{\mathrm{o1}}=\left[\begin{array}{c:ccc} \mathbf{0} & & \boldsymbol{I}_{n-1} & \\ \hdashline -a_n & -a_{n-1} & \cdots & -a_1 \end{array}\right],\quad \overline{\boldsymbol{b}}_{\mathrm{o1}}=[\bar{b}_{11} \quad \bar{b}_{21} \quad \cdots \quad \bar{b}_{n1}]^{\mathrm{T}} \\ \overline{\boldsymbol{c}}_{\mathrm{o1}}=[1 \quad 0 \quad \cdots \quad 0]\end{gathered} \tag{4.3.7}$$

4.3.4　可观测典范状态方程 Ⅱ

变换矩阵取 $\boldsymbol{T}=\boldsymbol{L}\boldsymbol{P}_{\mathrm{o}}$，则可观测典范状态方程 Ⅱ 的系统矩阵 $\overline{\boldsymbol{A}}_{\mathrm{o2}}$、输入矩阵 $\overline{\boldsymbol{b}}_{\mathrm{o2}}$ 和观测矩阵 $\overline{\boldsymbol{c}}_{\mathrm{o2}}$ 分别为

$$\overline{\boldsymbol{A}}_{o2}=\left[\begin{array}{c:c}\boldsymbol{0} & -a_n \\ \hdashline & -a_{n-1} \\ \boldsymbol{I}_{n-1} & \vdots \\ & -a_1\end{array}\right],\quad \overline{\boldsymbol{b}}_{o2}=[\overline{b}_{12}\quad \overline{b}_{22}\quad \cdots\quad \overline{b}_{n2}]^{\mathrm{T}}$$

$$\overline{\boldsymbol{c}}_{o2}=[0\quad \cdots\quad 0\quad 1] \tag{4.3.8}$$

以上各典范状态方程系数矩阵中的元素 $a_1,a_2,\cdots,a_n$ 均为原状态方程系统矩阵 $\boldsymbol{A}$ 的特征多项式的系数,即

$$\det|s\boldsymbol{I}-\boldsymbol{A}|=s^n+a_1s^{n-1}+\cdots+a_{n-1}s+a_n \tag{4.3.9}$$

可以看到,典范状态方程所含的参数数目远少于非典范状态方程。对于单输入-单输出系统来说,非典范状态方程的参数可达 n^2+2n 个,而典范状态方程的参数仅为 $2n$ 个。

多输入-多输出系统的变换比较复杂,这里仅给出多输入-多输出系统可观测型典范状态方程的两种形式。

4.3.5　多输入-多输出系统可观测型典范状态方程Ⅰ

多输入-多输出系统可观测型典范状态方程Ⅰ的系统矩阵 $\overline{\boldsymbol{A}}_{o1}$、输入矩阵 $\overline{\boldsymbol{B}}_{o1}$、观测矩阵 $\overline{\boldsymbol{C}}_{o1}$ 和输入-输出矩阵 $\overline{\boldsymbol{D}}_{o1}$ 分别为

$$\overline{\boldsymbol{A}}_{o1}=\left[\begin{array}{ccc:ccc:c:ccc}
0 & & & 0 & \cdots & 0 & & 0 & \cdots & 0 \\
\vdots & \boldsymbol{I}_{V_1-1} & & \vdots & & \vdots & \cdots & \vdots & & \vdots \\
0 & & & 0 & \cdots & 0 & & 0 & \cdots & 0 \\
* & \cdots & * & * & \cdots & * & & * & \cdots & * \\
\hdashline
 & \vdots & & & \vdots & & & & \vdots & \\
\hdashline
0 & \cdots & 0 & 0 & \cdots & 0 & & 0 & & \\
\vdots & & \vdots & \vdots & & \vdots & \cdots & \vdots & \boldsymbol{I}_{V_m-1} & \\
0 & \cdots & 0 & 0 & \cdots & 0 & & 0 & & \\
* & \cdots & * & * & \cdots & * & & * & \cdots & *
\end{array}\right]$$

$$|\quad \leftarrow V_1\rightarrow \quad|\quad \leftarrow V_2\rightarrow \quad|\ \cdots\ |\quad \leftarrow V_m\rightarrow \quad|$$

$$\overline{\boldsymbol{C}}_{o1}=\left[\begin{array}{cccc:cccc:c:cccc}
1 & 0 & \cdots & 0 & 0 & 0 & \cdots & 0 & \cdots & 0 & 0 & \cdots & 0 \\
0 & 0 & \cdots & 0 & 1 & 0 & \cdots & 0 & \cdots & 0 & 0 & \cdots & 0 \\
\vdots & \vdots & & \vdots & \vdots & \vdots & & \vdots & & \vdots & \vdots & & \vdots \\
0 & 0 & \cdots & 0 & 0 & 0 & \cdots & 0 & \cdots & 1 & 0 & \cdots & 0
\end{array}\right]$$

$$|\quad \leftarrow V_1\rightarrow \quad|\quad \leftarrow V_2\rightarrow \quad|\ \cdots\ |\quad \leftarrow V_m\rightarrow \quad|$$

$$\overline{\boldsymbol{B}}_{o1}=\boldsymbol{T}_{o1}\boldsymbol{B},\quad \overline{\boldsymbol{D}}_{o1}=\boldsymbol{D} \tag{4.3.10}$$

式中的 $\boldsymbol{T}_{o1}$ 将在下面给出。

4.3.6　多输入-多输出系统可观测型典范状态方程Ⅱ

这种典范状态方程的系统矩阵 $\overline{\boldsymbol{A}}_{o2}$、输入矩阵 $\overline{\boldsymbol{B}}_{o2}$、观测矩阵 $\overline{\boldsymbol{C}}_{o2}$ 和输入-输出矩阵 $\overline{\boldsymbol{D}}_{o2}$ 分别为

$$
\bar{\boldsymbol{A}}_{o2}=\left[\begin{array}{ccc|ccc|c|ccc}
0 & \cdots & 0 & & & & & & & \\
\vdots & & \vdots & & & & & & & \\
0 & \cdots & 0 & & & & & & & \\
* & \cdots & * & & & & & & & \\
\hline
0 & \cdots & 0 & 0 & \cdots & 0 & & & & \\
\vdots & & \vdots & \vdots & & \vdots & & & & \\
0 & \cdots & 0 & 0 & \cdots & 0 & & & & \\
* & \cdots & * & * & \cdots & * & & & & \\
\hline
 & \vdots & & & \vdots & & & & & \\
\hline
0 & \cdots & 0 & 0 & \cdots & 0 & & 0 & \cdots & 0 \\
\vdots & & \vdots & \vdots & & \vdots & & \vdots & & \vdots \\
0 & \cdots & 0 & 0 & \cdots & 0 & \cdots & 0 & \cdots & 0 \\
* & \cdots & * & * & \cdots & * & & * & \cdots & *
\end{array}\right]
$$

$$
\qquad\quad |\quad \leftarrow\lambda_1\rightarrow \quad|\quad \leftarrow\lambda_2\rightarrow \quad|\ \cdots\ |\quad \leftarrow\lambda_m\rightarrow \quad|
$$

$$
\bar{\boldsymbol{C}}_{o2}=\left[\begin{array}{cccc|cccc|c|cccc}
1 & 0 & \cdots & 0 & 0 & 0 & \cdots & 0 & \cdots & 0 & 0 & \cdots & 0 \\
0 & 0 & \cdots & 0 & 1 & 0 & \cdots & 0 & \cdots & 0 & 0 & \cdots & 0 \\
\vdots & \vdots & & \vdots & \vdots & \vdots & & \vdots & & \vdots & \vdots & & \vdots \\
0 & 0 & \cdots & 0 & 0 & 0 & \cdots & 0 & \cdots & 1 & 0 & \cdots & 0
\end{array}\right]
$$

$$
\qquad\quad |\quad \leftarrow\lambda_1\rightarrow \quad|\quad \leftarrow\lambda_2\rightarrow \quad|\ \cdots\ |\quad \leftarrow\lambda_m\rightarrow \quad|
$$

$$
\bar{\boldsymbol{B}}_{o2}=\boldsymbol{T}_{o2}\boldsymbol{B},\quad \bar{\boldsymbol{D}}_{o2}=\boldsymbol{D} \tag{4.3.11}
$$

式中的 $\boldsymbol{T}_{o2}$ 将在下面给出。在式(4.3.10)和式(4.3.11)中,符号“ * ”表示参数。

设

$$
\boldsymbol{P}=\begin{bmatrix} \boldsymbol{C} \\ \boldsymbol{CA} \\ \vdots \\ \boldsymbol{CA}^{n-1} \end{bmatrix},\quad \boldsymbol{C}=\begin{bmatrix} \boldsymbol{c}_1^{\mathrm{T}} \\ \boldsymbol{c}_2^{\mathrm{T}} \\ \vdots \\ \boldsymbol{c}_m^{\mathrm{T}} \end{bmatrix} \tag{4.3.12}
$$

式中 $\boldsymbol{c}_i^{\mathrm{T}}(i=1,2,\cdots,m)$ 是矩阵 $\boldsymbol{C}$ 的第 i 个行向量。

由于假定系统是完全可观测的,矩阵 $\boldsymbol{P}$ 的秩为 n,因此从 $\boldsymbol{P}$ 阵的 nm 行中一定能找出 n 个线性无关行。现在把 $\boldsymbol{P}$ 阵的 nm 行排列如下:

$$
\boldsymbol{c}_1^{\mathrm{T}},\ \boldsymbol{c}_2^{\mathrm{T}},\ \cdots,\ \boldsymbol{c}_m^{\mathrm{T}},\boldsymbol{c}_1^{\mathrm{T}}\boldsymbol{A},\ \boldsymbol{c}_2^{\mathrm{T}}\boldsymbol{A},\ \cdots,\ \boldsymbol{c}_m^{\mathrm{T}}\boldsymbol{A},\cdots,\boldsymbol{c}_1^{\mathrm{T}}\boldsymbol{A}^{n-1},\ \boldsymbol{c}_2^{\mathrm{T}}\boldsymbol{A}^{n-1},\ \cdots\ \boldsymbol{c}_m^{\mathrm{T}}\boldsymbol{A}^{n-1}
$$

按照从左到右的顺序,从上面的排列中寻找矩阵 $\boldsymbol{P}$ 的线性无关行,把找到的 n 个线性无关行重新排列,就能构成满秩的 n 阶方阵

$$
\boldsymbol{T}_{o1}=\begin{bmatrix}\boldsymbol{c}_1^{\mathrm{T}}\\ \vdots\\ \boldsymbol{c}_{V_1}^{\mathrm{T}}\\ \boldsymbol{c}_1^{\mathrm{T}}\boldsymbol{A}\\ \vdots\\ \boldsymbol{c}_{V_2}^{\mathrm{T}}\boldsymbol{A}\\ \vdots\\ \boldsymbol{c}_1^{\mathrm{T}}\boldsymbol{A}^{n-1}\\ \vdots\\ \boldsymbol{c}_{V_m}^{\mathrm{T}}\boldsymbol{A}^{n-1}\end{bmatrix} \tag{4.3.13}
$$

式中 $V_1+V_2+\cdots+V_m=n$。

如果按照从左至右的顺序从排列

$$
\boldsymbol{c}_1^{\mathrm{T}},\quad \boldsymbol{c}_1^{\mathrm{T}}\boldsymbol{A},\quad \cdots,\quad \boldsymbol{c}_1^{\mathrm{T}}\boldsymbol{A}^{n-1},\boldsymbol{c}_2^{\mathrm{T}},\quad \boldsymbol{c}_2^{\mathrm{T}}\boldsymbol{A}\cdots,\quad \boldsymbol{c}_2^{\mathrm{T}}\boldsymbol{A}^{n-1},\cdots,\boldsymbol{c}_m^{\mathrm{T}},\quad \boldsymbol{c}_m^{\mathrm{T}}\boldsymbol{A},\quad \cdots,\quad \boldsymbol{c}_m^{\mathrm{T}}\boldsymbol{A}^{n-1}
$$

中寻找 $\boldsymbol{P}$ 的线性无关行,则可构成满秩的 n 阶方阵

$$
\boldsymbol{T}_{o2}=\begin{bmatrix}\boldsymbol{c}_1^{\mathrm{T}}\\ \boldsymbol{c}_1^{\mathrm{T}}\boldsymbol{A}\\ \vdots\\ \boldsymbol{c}_1^{\mathrm{T}}\boldsymbol{A}^{\lambda_1-1}\\ \boldsymbol{c}_2^{\mathrm{T}}\\ \vdots\\ \boldsymbol{c}_2^{\mathrm{T}}\boldsymbol{A}^{\lambda_2-1}\\ \vdots\\ \boldsymbol{c}_m^{\mathrm{T}}\\ \vdots\\ \boldsymbol{c}_m^{\mathrm{T}}\boldsymbol{A}^{\lambda_m-1}\end{bmatrix} \tag{4.3.14}
$$

式中 $\lambda_1+\lambda_2+\cdots+\lambda_m=n$。

典范状态方程Ⅰ需要辨识的参数数目为 $N_1=n(m+r)+mr$,典范状态方程Ⅱ需要辨识的参数数目为 $N_2=n(m+r)+mr-[\lambda_2+2\lambda_3+\cdots+(m-1)\lambda_m]$,而非典范状态方程需要辨识的参数数目为 $N=nm^2+(n+1)mr$。很明显,使用典范状态方程所需辨识的参数数目比使用非典范状态方程要少得多,特别是当 n 和 m 很大时,典范状态方程的这一优点更为突出。

4.4 确定性典范差分方程

设线性定常确定性离散系统的状态方程为

$$
\boldsymbol{x}(k+1)=\boldsymbol{A}\boldsymbol{x}(k)+\boldsymbol{B}\boldsymbol{u}(k) \tag{4.4.1}
$$

$$y(k)=Cx(k)+Du(k) \tag{4.4.2}$$

式中 $x(k)$ 为 n 维状态向量,$u(k)$ 为 r 维输入向量,$y(k)$ 为 m 维输出向量;A 为 $n\times n$ 矩阵,B 为 $n\times r$ 矩阵,C 为 $m\times n$ 矩阵,D 为 $m\times r$ 矩阵。

为了获得在输入-输出关系等价条件下式(4.4.1)和式(4.4.2)的典范差分方程,需要先把式(4.4.1)和式(4.4.2)变换成扩展状态方程,然后再将扩展状态方程转换成典范差分方程。

如果状态方程 $S(A,B,C,D)$ 是完全可测的,则在脉冲传递函数阵等价的条件下,能把 $S(A,B,C,D)$ 扩展为状态方程 $\bar{S}(\bar{A},\bar{B},\bar{C},\bar{D})$,即

$$z(k+1)=\bar{A}z(k)+\bar{B}u(k) \tag{4.4.3}$$

$$y(k)=\bar{C}z(k)+\bar{D}u(k) \tag{4.4.4}$$

式中 z 为 nm 维状态向量,且

$$\bar{A}=\begin{bmatrix} 0_m & I_m & 0_m & \cdots & 0_m \\ 0_m & 0_m & I_m & \cdots & 0_m \\ \vdots & \vdots & \vdots & & \vdots \\ 0_m & 0_m & 0_m & \cdots & I_m \\ -a_nI_m & -a_{n-1}I_m & -a_{n-2}I_m & \cdots & -a_1I_m \end{bmatrix}$$

$$\bar{B}=\begin{bmatrix} CB \\ CAB \\ \vdots \\ CA^{n-1}B \end{bmatrix},\quad \bar{C}=[I_m \quad 0_m \quad \cdots \quad 0_m],\ \bar{D}=D \tag{4.4.5}$$

式中 I_m 和 0_m 分别为 m 阶单位矩阵和零矩阵,$a_1,a_2,\cdots,a_n$ 为矩阵 A 的特征多项式的系数,即

$$|\lambda I_n-A|=a_n+a_{n-1}\lambda+\cdots+a_1\lambda^{n-1}+\lambda^n \tag{4.4.6}$$

由于 z 的维数相对于 x 的维数扩展了 m 倍,故称式(4.4.3)和式(4.4.4)为扩展状态方程。

根据扩展状态方程 $\bar{S}(\bar{A},\bar{B},\bar{C},\bar{D})$ 可写出典范差分方程

$$\begin{aligned} &y(k)+a_1y(k-1)+\cdots+a_ny(k-n) \\ &=B_0u(k)+B_1u(k-1)+\cdots+B_nu(k-n) \end{aligned} \tag{4.4.7}$$

式中

$$\begin{bmatrix} B_0 \\ B_1 \\ B_2 \\ \vdots \\ B_n \end{bmatrix}=\begin{bmatrix} I_m & 0_m & \cdots & 0_m & 0_m \\ a_1I_m & I_m & \cdots & 0_m & 0_m \\ a_2I_m & a_1I_m & \cdots & 0_m & 0_m \\ \vdots & \vdots & & \vdots & \vdots \\ a_nI_m & a_{n-1}I_m & \cdots & a_1I_m & I_m \end{bmatrix}\begin{bmatrix} D \\ CB \\ CAB \\ \vdots \\ CA^{n-1}B \end{bmatrix} \tag{4.4.8}$$

当 $D=0$ 时,$B_0=0$,则有

$$\begin{aligned} &y(k)+a_1y(k-1)+\cdots+a_ny(k-n) \\ &=\bar{B}_1u(k-1)+\bar{B}_2u(k-2)+\cdots+\bar{B}_nu(k-n) \end{aligned} \tag{4.4.9}$$

式中的 $\bar{B}_i(i=1,2,\cdots,n)$ 按下式确定,即

$$\begin{bmatrix} \overline{B}_0 \\ \overline{B}_1 \\ \overline{B}_2 \\ \vdots \\ \overline{B}_n \end{bmatrix} = \begin{bmatrix} I_m & 0_m & \cdots & 0_m & 0_m \\ a_1 I_m & I_m & \cdots & 0_m & 0_m \\ a_2 I_m & a_1 I_m & \cdots & 0_m & 0_m \\ \vdots & \vdots & & \vdots & \vdots \\ a_n I_m & a_{n-1} I_m & \cdots & a_1 I_m & I_m \end{bmatrix} \begin{bmatrix} CB \\ CAB \\ CA^2B \\ \vdots \\ CA^{n-1}B \end{bmatrix}$$

$$= \begin{bmatrix} I_m & 0_m & \cdots & 0_m & 0_m \\ a_1 I_m & I_m & \cdots & 0_m & 0_m \\ a_2 I_m & a_1 I_m & \cdots & 0_m & 0_m \\ \vdots & \vdots & & \vdots & \vdots \\ a_n I_m & a_{n-1} I_m & \cdots & a_1 I_m & I_m \end{bmatrix} \overline{B} \tag{4.4.10}$$

通常描述多变量系统的差分方程为

$$y(k) + A_1 y(k-1) + \cdots + A_n y(k-n) = B_0 u(k) + B_1 u(k-1) + \cdots + B_n u(k-n) \tag{4.4.11}$$

需要辨识的参数数目为 $N_1 = nm^2 + (n+1)mr$，而对于典范差分方程式(4.4.7)，需要辨识的参数数目为 $N_2 = n + (n+1)mr$，二者相差 $N = N_1 - N_2 = n(m^2 - 1)$。显然，采用典范差分方程作为系统辨识模型可使辨识的参数数目大为减少。

4.5 随机性典范状态方程

一个受到随机干扰的系统，可用下列状态方程和观测方程来描述，即

$$x(k+1) = Ax(k) + Bu(k) + w(k) \tag{4.5.1}$$

$$y(k) = Cx(k) + Du(k) + v(k) \tag{4.5.2}$$

式中 $x(k)$ 为 n 维状态向量，$u(k)$ 为 r 维输入向量，$y(k)$ 为 m 维观测向量，A, B, C, D 为具有相应维数的矩阵。设 $w(k)$ 和 $v(k)$ 都是均值为零的高斯白噪声序列，其协方差阵为

$$\begin{cases} E[w(k)w^{\mathrm{T}}(j)] = Q\delta_{kj} \\ E[v(k)v^{\mathrm{T}}(j)] = R\delta_{kj} \end{cases} \tag{4.5.3}$$

式中 δ_{kj} 是克罗内克 δ 函数，即

$$\delta_{kj} = \begin{cases} 1, & k = j \\ 0, & k \neq j \end{cases} \tag{4.5.4}$$

在式(4.5.1)和式(4.5.2)中，需要辨识的参数是矩阵 A, B, C, D, Q 和 R 的元素。要在一组观测数据序列中辨识两个不同噪声的协方差阵 Q 和 R，在一般情况下是困难的。为了解决这一问题，可以将式(4.5.1)和式(4.5.2)用只有一个等值噪声的新息状态方程 $S(A, B, C, D, K)$ 表示，即

$$\hat{z}(k+1|k) = A\hat{z}(k|k-1) + Bu(k) + K\varepsilon(k) \tag{4.5.5}$$

$$y(k) = C\hat{z}(k|k-1) + Du(k) + \varepsilon(k) \tag{4.5.6}$$

式中 $\hat{z}(k+1|k)$ 是 $x(k+1)$ 的线性最小方差预测估计，$\varepsilon(k)$ 是新息序列，K 是稳态增益矩阵。

如果新息状态方程 $S(A, B, C, D, K)$ 满足可观测条件，则在代数等价的条件下，能变换成下列 2 种

可观测型典范随机状态方程。

(1) $S(\boldsymbol{A}_{o1},\boldsymbol{B}_{o1},\boldsymbol{C}_{o1},\boldsymbol{D}_{o1},\boldsymbol{K}_{o1})$型

$$\hat{\boldsymbol{z}}_1(k+1|k)=\boldsymbol{A}_{o1}\hat{\boldsymbol{z}}_1(k|k-1)+\boldsymbol{B}_{o1}\boldsymbol{u}(k)+\boldsymbol{K}_{o1}\boldsymbol{\varepsilon}(k) \tag{4.5.7}$$

$$\boldsymbol{y}(k)=\boldsymbol{C}_{o1}\hat{\boldsymbol{z}}_1(k|k-1)+\boldsymbol{D}_{o1}\boldsymbol{u}(k)+\boldsymbol{\varepsilon}(k) \tag{4.5.8}$$

$$\boldsymbol{K}_{o1}=\boldsymbol{T}_{o1}\boldsymbol{K} \tag{4.5.9}$$

(2) $S(\boldsymbol{A}_{o2},\boldsymbol{B}_{o2},\boldsymbol{C}_{o2},\boldsymbol{D}_{o2},\boldsymbol{K}_{o2})$型

$$\hat{\boldsymbol{z}}_2(k+1|k)=\boldsymbol{A}_{o2}\hat{\boldsymbol{z}}_2(k|k-1)+\boldsymbol{B}_{o2}\boldsymbol{u}(k)+\boldsymbol{K}_{o2}\boldsymbol{\varepsilon}(k) \tag{4.5.10}$$

$$\boldsymbol{y}(k)=\boldsymbol{C}_{o2}\hat{\boldsymbol{z}}_2(k|k-1)+\boldsymbol{D}_{o2}\boldsymbol{u}(k)+\boldsymbol{\varepsilon}(k) \tag{4.5.11}$$

$$\boldsymbol{K}_{o2}=\boldsymbol{T}_{o2}\boldsymbol{K} \tag{4.5.12}$$

式中 $\boldsymbol{A}_{o1},\boldsymbol{B}_{o1},\boldsymbol{C}_{o1},\boldsymbol{D}_{o1},\boldsymbol{A}_{o2},\boldsymbol{B}_{o2},\boldsymbol{C}_{o2},\boldsymbol{D}_{o2},\boldsymbol{T}_{o1},\boldsymbol{T}_{o2}$的定义均与 4.3 节中相应矩阵的定义相同。

4.6　随机性典范差分方程

在上一节中已给出随机系统的新息状态方程

$$\hat{\boldsymbol{z}}(k+1|k)=\boldsymbol{A}\hat{\boldsymbol{z}}(k|k-1)+\boldsymbol{B}\boldsymbol{u}(k)+\boldsymbol{K}\boldsymbol{\varepsilon}(k) \tag{4.6.1}$$

$$\boldsymbol{y}(k)=\boldsymbol{C}\hat{\boldsymbol{z}}(k|k-1)+\boldsymbol{D}\boldsymbol{u}(k)+\boldsymbol{\varepsilon}(k) \tag{4.6.2}$$

将 $\boldsymbol{y}(k)$表示成

$$\boldsymbol{y}(k)=\boldsymbol{y}_1(k)+\boldsymbol{y}_2(k) \tag{4.6.3}$$

则 $\boldsymbol{y}_1(k)$和 $\boldsymbol{y}_2(k)$分别满足下列两组方程:

$$\boldsymbol{x}_1(k+1)=\boldsymbol{A}\boldsymbol{x}_1(k)+\boldsymbol{B}\boldsymbol{u}(k)+\boldsymbol{K}\boldsymbol{\varepsilon}(k) \tag{4.6.4a}$$

$$\boldsymbol{y}_1(k)=\boldsymbol{C}\boldsymbol{x}_1(k)+\boldsymbol{D}\boldsymbol{u}(k) \tag{4.6.4b}$$

$$\hat{\boldsymbol{x}}_2(k+1|k)=\boldsymbol{A}\hat{\boldsymbol{x}}_2(k|k-1)+\boldsymbol{B}\boldsymbol{u}(k)+\boldsymbol{K}\boldsymbol{\varepsilon}(k) \tag{4.6.5a}$$

$$\boldsymbol{y}_2(k)=\boldsymbol{C}\hat{\boldsymbol{x}}_2(k|k-1)+\boldsymbol{\varepsilon}(k) \tag{4.6.5b}$$

如果式(4.6.4)和式(4.6.5)都是完全可观测的,根据 4.4 节的论述,可得这 2 组方程的输入-输出随机典范差分方程分别为

$$\boldsymbol{y}_1(k)+a_1\boldsymbol{y}_1(k-1)+\cdots+a_n\boldsymbol{y}_1(k-n)=\boldsymbol{B}_0\boldsymbol{u}(k)+\boldsymbol{B}_1\boldsymbol{u}(k-1)+\cdots+\boldsymbol{B}_n\boldsymbol{u}(k-n) \tag{4.6.6}$$

$$\boldsymbol{y}_2(k)+a_1\boldsymbol{y}_2(k-1)+\cdots+a_n\boldsymbol{y}_2(k-n)=\boldsymbol{\varepsilon}(k)+\boldsymbol{\Gamma}_1\boldsymbol{\varepsilon}(k)+\cdots+\boldsymbol{\Gamma}_n\boldsymbol{\varepsilon}(k-n) \tag{4.6.7}$$

式中 $a_i(i=1,2,\cdots,n)$为矩阵 $\boldsymbol{A}$ 的特征多项式的系数,矩阵 $\boldsymbol{B}_i(i=1,2,\cdots,n)$如 4.4 节中的式(4.4.8)所示,矩阵 $\boldsymbol{\Gamma}_i(i=1,2,\cdots,n)$可用下式求出,即

$$\begin{bmatrix}\boldsymbol{\Gamma}_1\\ \boldsymbol{\Gamma}_2\\ \boldsymbol{\Gamma}_3\\ \vdots\\ \boldsymbol{\Gamma}_n\end{bmatrix}=\begin{bmatrix}a_1\boldsymbol{I}_m & \boldsymbol{I}_m & \boldsymbol{0}_m & \cdots & \boldsymbol{0}_m\\ a_2\boldsymbol{I}_m & a_1\boldsymbol{I}_m & \boldsymbol{I}_m & \cdots & \boldsymbol{0}_m\\ a_3\boldsymbol{I}_m & a_2\boldsymbol{I}_m & a_1\boldsymbol{I}_m & \cdots & \boldsymbol{0}_m\\ \vdots & \vdots & \vdots & & \vdots\\ a_n\boldsymbol{I}_m & a_{n-1}\boldsymbol{I}_m & a_{n-2}\boldsymbol{I}_m & \cdots & \boldsymbol{I}_m\end{bmatrix}\begin{bmatrix}\boldsymbol{I}_m\\ \boldsymbol{CK}\\ \boldsymbol{CAK}\\ \vdots\\ \boldsymbol{CA}^{n-1}\boldsymbol{K}\end{bmatrix} \tag{4.6.8}$$

将式(4.6.6)和式(4.6.7)相加,考虑到式(4.6.3),可得

$$\boldsymbol{y}(k)+a_1\boldsymbol{y}(k-1)+\cdots+a_n\boldsymbol{y}(k-n)=\boldsymbol{B}_0\boldsymbol{u}(k)+\boldsymbol{B}_1\boldsymbol{u}(k-1)+\cdots+$$

$$\boldsymbol{B}_n\boldsymbol{u}(k-n)+\boldsymbol{\varepsilon}(k)+\boldsymbol{\Gamma}_1\boldsymbol{\varepsilon}(k-1)+\cdots+\boldsymbol{\Gamma}_n\boldsymbol{\varepsilon}(k-n) \tag{4.6.9}$$

如果引进时延算子 z^{-1},则式(4.6.9)可写成

$$a(z^{-1})\boldsymbol{y}(k)=\boldsymbol{B}(z^{-1})\boldsymbol{u}(k)+\boldsymbol{\Gamma}(z^{-1})\boldsymbol{\varepsilon}(k) \tag{4.6.10}$$

式中

$$\begin{cases}a(z^{-1})=1+\sum\limits_{i=1}^{n}a_iz^{-1}\\ \boldsymbol{B}(z^{-1})=\sum\limits_{i=0}^{n}\boldsymbol{B}_iz^{-1}\\ \boldsymbol{\Gamma}(z^{-1})=1+\sum\limits_{i=1}^{n}\boldsymbol{\Gamma}_iz^{-1}\end{cases} \tag{4.6.11}$$

在许多情况下,可把式(4.6.10)写成

$$a(z^{-1})\boldsymbol{y}(k)=\boldsymbol{B}(z^{-1})\boldsymbol{u}(k)+\boldsymbol{\xi}(k) \tag{4.6.12}$$

随机序列 $\boldsymbol{\xi}(k)$ 可概括为环境对系统的总随机干扰,虽然假定新息序列 $\boldsymbol{\varepsilon}(k)$ 是均值为零的白噪声序列,但一般说来 $\boldsymbol{\xi}(k)$ 已不再是白噪声序列,而是有色噪声序列。

4.7 预测误差方程

现在讨论线性系统的更为一般的数学表达式,这种表达式称为预测误差方程,具有如下的形式

$$\boldsymbol{y}(k)=f[\boldsymbol{y}(k-1),\boldsymbol{u}(k),k]+\boldsymbol{\varepsilon}(k) \tag{4.7.1}$$

式中 $\boldsymbol{y}(k-1)$ 表示集合 $\{\boldsymbol{y}(k-1),\boldsymbol{y}(k-2),\cdots\}$,$\boldsymbol{u}(k)$ 表示集合 $\{\boldsymbol{u}(k),\boldsymbol{u}(k-1),\cdots\}$,$\boldsymbol{\varepsilon}(k)$ 表示具有零均值的新息序列。

将预测误差方程作为系统的数学模型,便于用极大似然法来估计参数。下面讨论如何把随机典范差分方程转换成预测误差方程的问题。

设随机典范差分方程为

$$a(z^{-1})\boldsymbol{y}(k)=\boldsymbol{B}(z^{-1})\boldsymbol{u}(k)+\boldsymbol{\Gamma}(z^{-1})\boldsymbol{\varepsilon}(k) \tag{4.7.2}$$

或写成

$$\boldsymbol{y}(k)=\boldsymbol{H}_1(z^{-1})\boldsymbol{u}(k)+\boldsymbol{H}_2(z^{-1})\boldsymbol{\varepsilon}(k) \tag{4.7.3}$$

式中

$$\begin{cases}\boldsymbol{H}_1(z^{-1})=\boldsymbol{B}(z^{-1})/a(z^{-1})\\ \boldsymbol{H}_2(z^{-1})=\boldsymbol{\Gamma}(z^{-1})/a(z^{-1})\end{cases} \tag{4.7.4}$$

多项式 $a(z^{-1})$,$\boldsymbol{B}(z^{-1})$ 和 $\boldsymbol{\Gamma}(z^{-1})$ 如式(4.6.11)所示。当系统完全可控和完全可观测时,$a(z^{-1})$ 是稳定多项式,$\boldsymbol{H}_1(z^{-1})$ 和 $\boldsymbol{H}_2(z^{-1})$ 是稳定的有理脉冲传递函数矩阵。从 $a(z^{-1})$ 和 $\boldsymbol{\Gamma}(z^{-1})$ 的表达式(4.6.11)可以看出

$$\lim_{z\to\infty}\boldsymbol{H}_2(z^{-1})=1 \tag{4.7.5}$$

根据 $\boldsymbol{H}_2(z^{-1})$ 的上述性质,可把式(4.7.3)写成

$$\begin{aligned}\boldsymbol{H}_2^{-1}(z^{-1})\boldsymbol{H}_1(z^{-1})\boldsymbol{u}(k)+\boldsymbol{\varepsilon}(k)&=\boldsymbol{H}_2^{-1}(z^{-1})\boldsymbol{y}(k)\\ &=\boldsymbol{y}(k)-[\boldsymbol{I}-\boldsymbol{H}_2^{-1}(z^{-1})]\,\boldsymbol{y}(k)\\ &=\boldsymbol{y}(k)-z[\boldsymbol{I}-\boldsymbol{H}_2^{-1}(z^{-1})]\,\boldsymbol{y}(k-1)\end{aligned} \tag{4.7.6}$$

或

$$\boldsymbol{y}(k)=\boldsymbol{L}_1(z^{-1})\boldsymbol{y}(k-1)+\boldsymbol{L}_2(z^{-1})\boldsymbol{u}(k)+\boldsymbol{\varepsilon}(k) \tag{4.7.7}$$

式中 $\boldsymbol{L}_1(z^{-1})$ 和 $\boldsymbol{L}_2(z^{-1})$ 为脉冲传递函数矩阵

$$\begin{cases}\boldsymbol{L}_1(z^{-1})=z[\boldsymbol{I}-\boldsymbol{H}_2^{-1}(z^{-1})]\\ \boldsymbol{L}_2(z^{-1})=\boldsymbol{H}_2^{-1}(z^{-1})\boldsymbol{H}_1(z^{-1})\end{cases} \tag{4.7.8}$$

将式(4.7.7)与式(4.7.1)相比较可知式(4.7.7)为预测误差方程。

习　题

4.1　什么是节省原理？节省原理应用时的约束条件是什么？

4.2　已知离散时间系统状态方程为

$$\boldsymbol{x}(k+1)=\begin{bmatrix}0.1 & -0.1 & 1\\ 0 & 0.2 & -1\\ -1 & 1 & 0.3\end{bmatrix}\boldsymbol{x}(k)+\begin{bmatrix}0\\1\\1\end{bmatrix}\boldsymbol{u}(k)$$

$$\boldsymbol{u}(k)=[1\quad 0\quad 0]\,\boldsymbol{x}(k)$$

求在输入-输出关系等价下的典范差分方程，并检验它们的脉冲传递函数是否等价。

4.3　已知离散时间系统状态方程为

$$\boldsymbol{x}(k+1)=\begin{bmatrix}0.1 & 0 & -1\\ 0 & 0.1 & -1\\ -1 & 1 & -0.2\end{bmatrix}\boldsymbol{x}(k)+\begin{bmatrix}1\\0\\1\end{bmatrix}\boldsymbol{u}(k)+\begin{bmatrix}1\\1\\0\end{bmatrix}\boldsymbol{w}(k)$$

$$\boldsymbol{y}(k)=[1\quad 1\quad 0]\,\boldsymbol{x}(k)+\boldsymbol{v}(k)$$

求在输入输出等价下的典范差分方程。

5

第5章 最小二乘法辨识

从本章开始,我们将介绍常用的一些近代系统辨识方法。在研究系统辨识问题时,将把待辨识的系统看作"黑箱",只考虑系统的输入-输出特性,而不强调系统的内部机理。

现在讨论以单输入-单输出系统的差分方程作为模型的系统辨识问题。差分方程模型的辨识问题包括阶的确定和参数估计两个方面。本章只讨论参数估计问题,即假定差分方程的阶是已知的,差分方程阶的确定方法将在后面讨论。

在系统辨识中用得最广泛的估计方法是最小二乘法和极大似然法。本章主要讨论最小二乘法,以及以最小二乘法为基础的辅助变量法、广义最小二乘法、增广矩阵法和多阶段最小二乘法等估计方法。

5.1 最小二乘法

设单输入-单输出线性定常系统的差分方程为

$$x(k)+a_1x(k-1)+\cdots+a_nx(k-n)=b_0u(k)+\cdots+b_nu(k-n),k=1,2,3,\cdots \tag{5.1.1}$$

式中 $u(k)$ 为输入信号,$x(k)$ 为理论上的输出值。$x(k)$ 只有通过观测才能得到,在观测过程中往往附加有随机干扰。$x(k)$ 的观测值 $y(k)$ 可表示为

$$y(k)=x(k)+n(k) \tag{5.1.2}$$

式中 $n(k)$ 为随机干扰。由式(5.1.2)得

$$x(k)=y(k)-n(k) \tag{5.1.3}$$

将式(5.1.3)代入式(5.1.1)得

$$\begin{aligned}&y(k)+a_1y(k-1)+\cdots+a_ny(k-n)\\&=b_0u(k)+b_1u(k-1)+\cdots+b_nu(k-n)+n(k)+\sum_{i=1}^{n}a_in(k-i)\end{aligned} \tag{5.1.4}$$

我们可能不知道 $n(k)$ 的统计特性,在这种情况下,往往把 $n(k)$ 看作均值为零的白噪声。设

$$\xi(k)=n(k)+\sum_{i=1}^{n}a_i n(k-i) \tag{5.1.5}$$

则式(5.1.4)可写成

$$y(k)=-a_1y(k-1)-a_2y(k-2)-\cdots-a_ny(k-n)+b_0u(k)+b_1u(k-1)+\cdots+b_nu(k-n)+\xi(k) \tag{5.1.6}$$

在测量 $u(k)$ 时也有测量误差，系统内部也可能有噪声，我们应当考虑它们的影响。假定 $\xi(k)$ 不只包含 $x(k)$ 的测量误差，而且还包含了 $u(k)$ 的测量误差和系统内部噪声。假定 $\xi(k)$ 是不相关随机序列，实际上 $\xi(k)$ 是相关随机序列。

现分别测出 $n+N$ 个输出输入值 $y(1),y(2),\cdots,y(n+N),u(1),u(2),\cdots,u(n+N)$，则可写出 N 个方程，即

$$\begin{aligned}
y(n+1)&=-a_1y(n)-a_2y(n-1)-\cdots-a_ny(1)+b_0u(n+1)+b_1u(n)+\cdots+b_nu(1)+\xi(n+1)\\
y(n+2)&=-a_1y(n+1)-a_2y(n)-\cdots-a_ny(2)+b_0u(n+2)+b_1u(n+1)+\cdots+b_nu(2)+\xi(n+2)\\
&\vdots\\
y(n+N)&=-a_1y(n+N-1)-a_2y(n+N-2)-\cdots-a_ny(N)+b_0u(n+N)+b_1u(n+N-1)+\cdots\\
&\quad+b_nu(N)+\xi(n+N)
\end{aligned}$$

上述 N 个方程可写成向量-矩阵形式

$$\begin{bmatrix} y(n+1)\\ y(n+2)\\ \vdots\\ y(n+N)\end{bmatrix}=\begin{bmatrix} -y(n) & \cdots & -y(1) & u(n+1) & \cdots & u(1)\\ -y(n+1) & \cdots & -y(2) & u(n+2) & \cdots & u(2)\\ \vdots & & \vdots & \vdots & & \vdots\\ -y(n+N-1) & \cdots & -y(N) & u(n+N) & \cdots & u(N)\end{bmatrix}\begin{bmatrix} a_1\\ \vdots\\ a_n\\ b_0\\ \vdots\\ b_n\end{bmatrix}+\begin{bmatrix} \xi(n+1)\\ \xi(n+2)\\ \vdots\\ \xi(n+N)\end{bmatrix} \tag{5.1.7}$$

设

$$\boldsymbol{y}=\begin{bmatrix} y(n+1)\\ y(n+2)\\ \vdots\\ y(n+N)\end{bmatrix},\quad \boldsymbol{\theta}=\begin{bmatrix} a_1\\ \vdots\\ a_n\\ b_0\\ \vdots\\ b_n\end{bmatrix},\quad \boldsymbol{\xi}=\begin{bmatrix} \xi(n+1)\\ \xi(n+2)\\ \vdots\\ \xi(n+N)\end{bmatrix}$$

$$\boldsymbol{\Phi}=\begin{bmatrix} -y(n) & \cdots & -y(1) & u(n+1) & \cdots & u(1)\\ -y(n+1) & \cdots & -y(2) & u(n+2) & \cdots & u(2)\\ \vdots & & \vdots & \vdots & & \vdots\\ -y(n+N-1) & \cdots & -y(N) & u(n+N) & \cdots & u(N)\end{bmatrix}$$

则式(5.1.7)可写为

$$\boldsymbol{y}=\boldsymbol{\Phi\theta}+\boldsymbol{\xi} \tag{5.1.8}$$

式中 $\boldsymbol{y}$ 为 N 维输出向量，$\boldsymbol{\xi}$ 为 N 维噪声向量，$\boldsymbol{\theta}$ 为 $(2n+1)$ 维参数向量，$\boldsymbol{\Phi}$ 为 $N\times(2n+1)$ 测量矩阵。因此式(5.1.8)是一个含有 $(2n+1)$ 个未知参数，由 N 个方程组成的联立方程组。如果 $N<2n+1$，方程数少于未知数数目，则方程组的解是不定的，不能唯一地确定参数向量。如果 $N=2n+1$，方程数正好与未知数数目相等，当噪声 $\boldsymbol{\xi}=\boldsymbol{0}$ 时，就能准确解出

$$\boldsymbol{\theta}=\boldsymbol{\Phi}^{-1}\boldsymbol{y} \tag{5.1.9}$$

如果噪声 $\boldsymbol{\xi}\neq\boldsymbol{0}$,则

$$\boldsymbol{\theta}=\boldsymbol{\Phi}^{-1}\boldsymbol{y}-\boldsymbol{\Phi}^{-1}\boldsymbol{\xi} \tag{5.1.10}$$

从上式可以看出噪声 $\boldsymbol{\xi}$ 对参数估计有影响,为了尽量减小噪声 $\boldsymbol{\xi}$ 对 $\boldsymbol{\theta}$ 估值的影响,应取 $N>(2n+1)$,即方程数目大于未知数数目。在这种情况下,不能用解方程的办法来求 $\boldsymbol{\theta}$,而要采用数理统计的办法,以便减小噪声对 $\boldsymbol{\theta}$ 估值的影响。在给定输出向量 $\boldsymbol{y}$ 和测量矩阵 $\boldsymbol{\Phi}$ 的条件下求系统参数 $\boldsymbol{\theta}$ 的估值,这就是系统辨识问题。可用最小二乘法或极大似然法来求 $\boldsymbol{\theta}$ 的估值,在这里先讨论最小二乘法估计。

5.1.1 最小二乘估计算法

设 $\hat{\boldsymbol{\theta}}$ 表示 $\boldsymbol{\theta}$ 的最优估值,$\hat{\boldsymbol{y}}$ 表示 $\boldsymbol{y}$ 的最优估值,则有

$$\hat{\boldsymbol{y}}=\boldsymbol{\Phi}\hat{\boldsymbol{\theta}} \tag{5.1.11}$$

式中

$$\hat{\boldsymbol{y}}=\begin{bmatrix}\hat{y}(n+1)\\ \hat{y}(n+2)\\ \vdots\\ \hat{y}(n+N)\end{bmatrix},\quad \hat{\boldsymbol{\theta}}=\begin{bmatrix}\hat{a}_1\\ \vdots\\ \hat{a}_n\\ \hat{b}_0\\ \vdots\\ \hat{b}_n\end{bmatrix}$$

写出式(5.1.11)的某一行,则有

$$\begin{aligned}\hat{y}(k)&=-\hat{a}_1y(k-1)-\hat{a}_2y(k-2)-\cdots-\hat{a}_ny(k-n)+\hat{b}_0u(k)+\cdots+\hat{b}_nu(k-n)\\&=-\sum_{i=1}^{n}\hat{a}_iy(k-i)+\sum_{i=0}^{n}\hat{b}_iu(k-i),\ k=n+1,n+2,\cdots,n+N\end{aligned} \tag{5.1.12}$$

设 $e(k)$ 表示 $y(k)$ 与 $\hat{y}(k)$ 之差,即

$$\begin{aligned}e(k)&=y(k)-\hat{y}(k)=y(k)-\left[-\sum_{i=1}^{n}\hat{a}_iy(k-i)+\sum_{i=0}^{n}\hat{b}_iu(k-i)\right]\\&=(1+\hat{a}_1z^{-1}+\cdots+\hat{a}_nz^{-n})y(k)-(\hat{b}_0+\hat{b}_1z^{-1}+\cdots+\hat{b}_nz^{-n})u(k)\\&=\hat{a}(z^{-1})y(k)-\hat{b}(z^{-1})u(k),\ k=n+1,n+2,\cdots,n+N\end{aligned} \tag{5.1.13}$$

式中

$$\hat{a}(z^{-1})=1+\hat{a}_1z^{-1}+\cdots+\hat{a}_nz^{-n}$$

$$\hat{b}(z^{-1})=\hat{b}_0+\hat{b}_1z^{-1}+\cdots+\hat{b}_nz^{-n}$$

$e(k)$ 称为残差。把 $k=n+1,n+2,\cdots,n+N$ 分别代入式(5.1.13)可得残差 $e(n+1),e(n+2),\cdots,e(n+N)$。设

$$\boldsymbol{e}=[e(n+1)\quad e(n+2)\quad\cdots\quad e(n+N)]^{\mathrm{T}}$$

则有

$$\boldsymbol{e}=\boldsymbol{y}-\hat{\boldsymbol{y}}=\boldsymbol{y}-\boldsymbol{\Phi}\hat{\boldsymbol{\theta}} \tag{5.1.14}$$

最小二乘估计要求残差的平方和为最小，即按照指标函数

$$J = \boldsymbol{e}^{\mathrm{T}}\boldsymbol{e} = (\boldsymbol{y} - \boldsymbol{\Phi}\hat{\boldsymbol{\theta}})^{\mathrm{T}}(\boldsymbol{y} - \boldsymbol{\Phi}\hat{\boldsymbol{\theta}}) \tag{5.1.15}$$

为最小来确定估值 $\hat{\boldsymbol{\theta}}$。求 J 对 $\hat{\boldsymbol{\theta}}$ 的偏导数并令其等于 $\mathbf{0}$ 可得

$$\frac{\partial J}{\partial \hat{\boldsymbol{\theta}}} = -2\boldsymbol{\Phi}^{\mathrm{T}}(\boldsymbol{y} - \boldsymbol{\Phi}\hat{\boldsymbol{\theta}}) = \mathbf{0} \tag{5.1.16}$$

$$\boldsymbol{\Phi}^{\mathrm{T}}\boldsymbol{\Phi}\hat{\boldsymbol{\theta}} = \boldsymbol{\Phi}^{\mathrm{T}}\boldsymbol{y} \tag{5.1.17}$$

由上式可得 $\boldsymbol{\theta}$ 的最小二乘估计

$$\hat{\boldsymbol{\theta}} = (\boldsymbol{\Phi}^{\mathrm{T}}\boldsymbol{\Phi})^{-1}\boldsymbol{\Phi}^{\mathrm{T}}\boldsymbol{y} \tag{5.1.18}$$

J 为极小值的充分条件是

$$\frac{\partial^2 J}{\partial \hat{\boldsymbol{\theta}}^2} = \boldsymbol{\Phi}^{\mathrm{T}}\boldsymbol{\Phi} > 0 \tag{5.1.19}$$

即矩阵($\boldsymbol{\Phi}^{\mathrm{T}}\boldsymbol{\Phi}$)为正定矩阵，或者说矩阵($\boldsymbol{\Phi}^{\mathrm{T}}\boldsymbol{\Phi}$)是非奇异的。

5.1.2　最小二乘估计中的输入信号问题

当矩阵($\boldsymbol{\Phi}^{T}\boldsymbol{\Phi}$)的逆矩阵存在时，式(5.1.18)才有解。一般说来，如果 $u(k)$ 是随机序列或伪随机二位式序列，则矩阵($\boldsymbol{\Phi}^{\mathrm{T}}\boldsymbol{\Phi}$)是非奇异的，即($\boldsymbol{\Phi}^{\mathrm{T}}\boldsymbol{\Phi}$)$^{-1}$存在，式(5.1.18)有解。现在我们从矩阵($\boldsymbol{\Phi}^{\mathrm{T}}\boldsymbol{\Phi}$)必须是正定这一要求出发来讨论对 $u(k)$ 的要求。在这里为了方便起见，假定 $u(k)$ 是均值为零的随机过程。

$$\boldsymbol{\Phi}^{\mathrm{T}}\boldsymbol{\Phi} = \begin{bmatrix} -y(n) & -y(n+1) & \cdots & -y(n+N-1) \\ \vdots & \vdots & & \\ -y(1) & -y(2) & \cdots & -y(N) \\ \hline u(n+1) & u(n+2) & \cdots & u(n+N) \\ \vdots & \vdots & & \vdots \\ u(1) & u(2) & \cdots & u(N) \end{bmatrix} \times$$

$$\left[\begin{array}{ccc|ccc} -y(n) & \cdots & -y(1) & u(n+1) & \cdots & u(1) \\ -y(n+1) & \cdots & -y(2) & u(n+2) & \cdots & u(2) \\ \vdots & & \vdots & \vdots & & \vdots \\ -y(n+N-1) & \cdots & -y(N) & u(n+N) & \cdots & u(N) \end{array}\right]$$

$$= \sum_{k=n}^{n+N-1}\begin{bmatrix} \boldsymbol{\Phi}_{yy} & \boldsymbol{\Phi}_{yu} \\ \boldsymbol{\Phi}_{uy} & \boldsymbol{\Phi}_{uu} \end{bmatrix} \tag{5.1.20}$$

式中

$$\boldsymbol{\Phi}_{yy} = \begin{bmatrix} y^2(k) & y(k)y(k-1) & \cdots & y(k)y(k-n+1) \\ y(k-1)y(k) & y^2(k-1) & \cdots & y(k-1)y(k-n+1) \\ \vdots & \vdots & & \vdots \\ y(k-n+1)y(k) & y(k-n+1)y(k-1) & \cdots & y^2(k-n+1) \end{bmatrix}$$

$$\boldsymbol{\Phi}_{yu} = \begin{bmatrix} -y(k)u(k+1) & -y(k)u(k) & \cdots & -y(k)u(k-n+1) \\ -y(k-1)u(k+1) & -y(k-1)u(k) & \cdots & -y(k-1)u(k-n+1) \\ \vdots & \vdots & & \vdots \\ -y(k-n+1)u(k+1) & -y(k-n+1)u(k) & \cdots & -y(k-n+1)u(k-n+1) \end{bmatrix}$$

$$
\boldsymbol{\Phi}_{uy}=\begin{bmatrix}-y(k)u(k+1) & -y(k-1)u(k+1) & \cdots & -y(k-n+1)u(k+1)\\ -y(k)u(k) & -y(k-1)u(k) & \cdots & -y(k-n+1)u(k)\\ \vdots & \vdots & & \vdots\\ -y(k)u(k-n+1) & -y(k-1)u(k-n+1) & \cdots & -y(k-n+1)u(k-n+1)\end{bmatrix}
$$

$$
\boldsymbol{\Phi}_{uu}=\begin{bmatrix}u^2(k+1) & u(k+1)u(k) & \cdots & u(k+1)u(k-n+1)\\ u(k)u(k+1) & u^2(k) & \cdots & u(k)u(k-n+1)\\ \vdots & \vdots & & \vdots\\ u(k-n+1)u(k+1) & u(k-n+1)u(k) & \cdots & u^2(k-n+1)\end{bmatrix}
$$

当 N 足够大时有

$$
\frac{1}{N}\boldsymbol{\Phi}^{\mathrm{T}}\boldsymbol{\Phi}\xrightarrow{\text{概率 1}}\begin{bmatrix}\boldsymbol{R}_{yy} & \boldsymbol{R}_{uy}\\ \boldsymbol{R}_{yu} & \boldsymbol{R}_{uu}\end{bmatrix}=\boldsymbol{R} \tag{5.1.21}
$$

式中

$$
\boldsymbol{R}_{yy}=\begin{bmatrix}R_{yy}(0) & R_{yy}(1) & \cdots & R_{yy}(n-1)\\ R_{yy}(1) & R_{yy}(0) & \cdots & R_{yy}(n-2)\\ \vdots & \vdots & & \vdots\\ R_{yy}(n-1) & R_{yy}(n-2) & \cdots & R_{yy}(0)\end{bmatrix}
$$

$$
\boldsymbol{R}_{uu}=\begin{bmatrix}R_{uu}(0) & R_{uu}(1) & \cdots & R_{uu}(n)\\ R_{uu}(1) & R_{uu}(0) & \cdots & R_{uu}(n-1)\\ \vdots & \vdots & & \vdots\\ R_{uu}(n) & R_{uu}(n-1) & \cdots & R_{uu}(0)\end{bmatrix}
$$

$$
\boldsymbol{R}_{uy}=\boldsymbol{R}_{yu}^{\mathrm{T}}=\begin{bmatrix}-R_{uy}(-1) & -R_{uy}(0) & \cdots & -R_{uy}(n-1)\\ -R_{uy}(-2) & -R_{uy}(-1) & \cdots & -R_{uy}(n-2)\\ \vdots & \vdots & & \vdots\\ -R_{uy}(-n) & -R_{uy}(-n+1) & \cdots & -R_{uy}(0)\end{bmatrix}
$$

根据西尔维斯特(Sylvester)判别法,一个 $n\times n$ 实对称矩阵 $\boldsymbol{A}$ 为正定的充分条件是

$$
a_{11}>0,\quad \begin{vmatrix}a_{11} & a_{12}\\ a_{21} & a_{22}\end{vmatrix}>0,\cdots,\det\boldsymbol{A}=\begin{vmatrix}a_{11} & a_{12} & \cdots & a_{1n}\\ a_{21} & a_{22} & \cdots & a_{2n}\\ \vdots & \vdots & & \vdots\\ a_{n1} & a_{n2} & \cdots & a_{nn}\end{vmatrix}>0
$$

我们可从矩阵($\boldsymbol{\Phi}^{\mathrm{T}}\boldsymbol{\Phi}$)(即 $\boldsymbol{R}$)的正定性要求来提出对 $u(k)$ 的要求。如果从矩阵 $\boldsymbol{R}$ 的右下角开始检验($\boldsymbol{\Phi}^{\mathrm{T}}\boldsymbol{\Phi}$)的正定性,则首先要求 $\boldsymbol{R}_{uu}$ 是实对称矩阵,并且各阶主子式的行列式为正,即

$$
R_{uu}(0)>0,\quad \begin{vmatrix}R_{uu}(0) & R_{uu}(1)\\ R_{uu}(1) & R_{uu}(0)\end{vmatrix}>0,\cdots,\det\boldsymbol{R}_{uu}>0 \tag{5.1.22}
$$

当 N 足够大时,矩阵 $\boldsymbol{R}_{uu}$ 才是实对称的,即其元素满足 $R_{uu}(\mu)=R_{uu}(-\mu)$。由此便能引出矩阵($\boldsymbol{\Phi}^{\mathrm{T}}\boldsymbol{\Phi}$)为正定的必要条件是 $u(k)$ 为持续激励信号。如果序列$\{u(k)\}$的$(n+1)$阶方阵 $\boldsymbol{R}_{uu}$ 是正定的,则称$\{u(k)\}$为$(n+1)$阶持续激励信号。

下列随机信号都能满足 $\boldsymbol{R}_{uu}$ 为正定的要求。

（1）有色随机信号

如果当 $n \to \infty$ 时有

$$R_{uu}(0) > R_{uu}(1) > R_{uu}(2) > \cdots > R_{uu}(n+1) \tag{5.1.23}$$

则可保证 $\boldsymbol{R}_{uu}$ 是正定的。

（2）伪随机二位式噪声

$$\begin{cases} R_{uu}(0) = a^2 \\ R_{uu}(1) = R_{uu}(2) = \cdots = R_{uu}(n) = \dfrac{1}{N_p} \end{cases} \tag{5.1.24}$$

式中 N_p 是伪随机二位式序列长度，当 N_p 足够大时，可保证 $\boldsymbol{R}_{uu}$ 是正定的。

（3）白噪声序列

$$R_{uu}(0) \neq 0,\quad R_{uu}(1) = R_{uu}(2) = \cdots = R_{uu}(n) = 0, n \to \infty$$

显然白噪声序列可保证 $\boldsymbol{R}_{uu}$ 是正定的。

因此，随机序列或伪随机二位式序列都可以作为测试信号 $u(k)$。

5.1.3　最小二乘估计的概率性质

下面讨论最小二乘估计的概率性质——估计的无偏性、一致性和有效性问题。

(1)无偏性

由于输出值 $\boldsymbol{y}$ 是随机的，所以 $\hat{\boldsymbol{\theta}}$ 是随机的，但要注意到 $\boldsymbol{\theta}$ 不是随机值。如果

$$E\{\hat{\boldsymbol{\theta}}\} = E\{\boldsymbol{\theta}\} = \boldsymbol{\theta} \tag{5.1.25}$$

则称 $\hat{\boldsymbol{\theta}}$ 是 $\boldsymbol{\theta}$ 的无偏估计。

如果式(5.1.6)中的 $\xi(k)$ 是不相关随机序列且其均值为零(实际上 $\xi(k)$ 往往是相关随机序列，对这种情况将在后面专门讨论)，并假定序列 $\xi(k)$ 与 $u(k)$ 不相关。当 $\xi(k)$ 为不相关随机序列时，$y(k)$ 只与 $\xi(k)$ 及以前的 $\xi(k-1), \xi(k-2), \cdots$ 有关，而与 $\xi(k+1)$ 及以后的 $\xi(k+2), \xi(k+3), \cdots$ 无关。从下列关系式也可看出 $\boldsymbol{\Phi}$ 与 $\boldsymbol{\xi}$ 不相关且相互独立。

$$\boldsymbol{\Phi}^{\mathrm{T}}\boldsymbol{\xi} = \begin{bmatrix} -y(n) & -y(n+1) & \cdots & -y(n+N-1) \\ \vdots & \vdots & & \vdots \\ -y(1) & -y(2) & \cdots & -y(N) \\ u(n+1) & u(n+2) & \cdots & u(n+N) \\ \vdots & \vdots & & \vdots \\ u(1) & u(2) & \cdots & u(N) \end{bmatrix} \begin{bmatrix} \xi(n+1) \\ \xi(n+2) \\ \vdots \\ \xi(n+N) \end{bmatrix} \tag{5.1.26}$$

由于 $\boldsymbol{\Phi}$ 与 $\boldsymbol{\xi}$ 相互独立，则式(5.1.18)给出的 $\hat{\boldsymbol{\theta}}$ 是 $\boldsymbol{\theta}$ 的无偏估计。把式(5.1.8)代入式(5.1.18)得

$$\hat{\boldsymbol{\theta}} = (\boldsymbol{\Phi}^{\mathrm{T}}\boldsymbol{\Phi})^{-1}\boldsymbol{\Phi}^{\mathrm{T}}(\boldsymbol{\Phi}\boldsymbol{\theta} + \boldsymbol{\xi}) = \boldsymbol{\theta} + (\boldsymbol{\Phi}^{\mathrm{T}}\boldsymbol{\Phi})^{-1}\boldsymbol{\Phi}^{\mathrm{T}}\boldsymbol{\xi} \tag{5.1.27}$$

对上式等号两边取数学期望得

$$E\{\hat{\boldsymbol{\theta}}\} = E\{\boldsymbol{\theta}\} + E\{(\boldsymbol{\Phi}^{\mathrm{T}}\boldsymbol{\Phi})^{-1}\boldsymbol{\Phi}^{\mathrm{T}}\boldsymbol{\xi}\} = \boldsymbol{\theta} + E\{(\boldsymbol{\Phi}^{\mathrm{T}}\boldsymbol{\Phi})^{-1}\boldsymbol{\Phi}^{\mathrm{T}}\}E\{\boldsymbol{\xi}\} = \boldsymbol{\theta} \tag{5.1.28}$$

上式表明，$\hat{\boldsymbol{\theta}}$ 是 $\boldsymbol{\theta}$ 的无偏估计。

（2）一致性

如果估计值具有一致性，表明估计值将以概率 1 收敛于真值。

由式(5.1.27)得估计误差为

$$\tilde{\boldsymbol{\theta}} = \boldsymbol{\theta} - \hat{\boldsymbol{\theta}} = -(\boldsymbol{\Phi}^{\mathrm{T}}\boldsymbol{\Phi})^{-1}\boldsymbol{\Phi}^{\mathrm{T}}\boldsymbol{\xi} \tag{5.1.29}$$

前面已假定 $\xi(k)$ 是不相关随机序列，设

$$E\{\boldsymbol{\xi}\boldsymbol{\xi}^{\mathrm{T}}\} = \sigma^2 \boldsymbol{I}_N \tag{5.1.30}$$

式中 $\boldsymbol{I}_N$ 为 $N\times N$ 单位阵，则估计误差 $\tilde{\boldsymbol{\theta}}$ 的方差阵为

$$\mathrm{Var}\,\tilde{\boldsymbol{\theta}} = E\{\tilde{\boldsymbol{\theta}}\tilde{\boldsymbol{\theta}}^{\mathrm{T}}\} = E\{(\boldsymbol{\Phi}^{\mathrm{T}}\boldsymbol{\Phi})^{-1}\boldsymbol{\Phi}^{\mathrm{T}}(\boldsymbol{\xi}\boldsymbol{\xi}^{\mathrm{T}})\boldsymbol{\Phi}(\boldsymbol{\Phi}^{\mathrm{T}}\boldsymbol{\Phi})^{-\mathrm{T}}\} \tag{5.1.31}$$

由于当 $\xi(k)$ 为不相关随机序列时，$\boldsymbol{\Phi}$ 与 $\boldsymbol{\xi}$ 相互独立，因而有

$$\mathrm{Var}\,\tilde{\boldsymbol{\theta}} = E\{(\boldsymbol{\Phi}^{\mathrm{T}}\boldsymbol{\Phi})^{-1}\boldsymbol{\Phi}^{\mathrm{T}}\sigma^2\boldsymbol{I}_N\boldsymbol{\Phi}(\boldsymbol{\Phi}^{\mathrm{T}}\boldsymbol{\Phi})^{-\mathrm{T}}\} = \sigma^2 E\{(\boldsymbol{\Phi}^{\mathrm{T}}\boldsymbol{\Phi})^{-1}\} \tag{5.1.32}$$

上式可以写为

$$\mathrm{Var}\,\tilde{\boldsymbol{\theta}} = \frac{\sigma^2}{N}E\left\{\left(\frac{1}{N}\boldsymbol{\Phi}^{\mathrm{T}}\boldsymbol{\Phi}\right)^{-1}\right\} \tag{5.1.33}$$

考虑到式(5.1.21)可得

$$\lim_{N\to\infty}\mathrm{Var}\,\tilde{\boldsymbol{\theta}} = \lim_{N\to\infty}\frac{\sigma^2}{N}\boldsymbol{R}^{-1} = \boldsymbol{0}, \quad \text{w.p.1} \tag{5.1.34}$$

符号“w.p.1”为英文“with probability 1”(以概率 1)的缩写。

式(5.1.34)表明，当 $N\to\infty$ 时，$\hat{\boldsymbol{\theta}}$ 以概率 1 趋近于 $\boldsymbol{\theta}$。因此当 $\xi(k)$ 为不相关随机序列时，最小二乘估计具有无偏性和一致性。如果系统的参数估值具有这种特性，就称系统具有可辨识性。

现举例说明最小二乘法的估计精度。

例 5.1 设单输入-单输出系统的差分方程为

$$y(k) = -a_1 y(k-1) - a_2 y(k-2) + b_1 u(k-1) + b_2 u(k-2) + \xi(k)$$

设 $u(k)$ 是幅值为 1 的伪随机二位式序列，噪声 $\xi(k)$ 是一个方差 σ^2 可调的正态分布 $N(0,\sigma^2)$ 随机序列。求噪声均方差 σ 取不同值时，系统参数的最小二乘估值。

解 从方程中可看到 $b_0=0$，因此

$$\boldsymbol{\theta} = [a_1 \quad a_2 \quad b_1 \quad b_2]^{\mathrm{T}}$$

真实的 $\boldsymbol{\theta}$ 为

$$\boldsymbol{\theta} = [-1.5 \quad 0.7 \quad 1.0 \quad 0.5]^{\mathrm{T}}$$

取观测数据长度 $N=100$，当噪声均方差 σ 取不同值时，系统参数的最小二乘估值 $\hat{\boldsymbol{\theta}}$ 如表 5.1 所示。

表 5.1 系统参数的最小二乘估值 $\hat{\boldsymbol{\theta}}$ 表

σ	$\hat{a}_1$	$\hat{a}_2$	$\hat{b}_1$	$\hat{b}_2$
0.0	−1.50±0.00	0.70±0.00	1.00±0.00	0.50±0.00
0.1	−1.50±0.01	0.69±0.01	0.99±0.01	0.49±0.02
0.5	−1.48±0.04	0.67±0.08	0.96±0.06	0.48±0.07
1.0	−1.47±0.06	0.66±0.06	0.95±0.12	0.46±0.14
5.0	−1.48±0.07	0.74±0.08	0.98±0.61	0.41±0.61
参数真值	−1.50	0.70	1.00	0.50

计算结果表明，当不存在噪声时，可以获得精确的估值 $\hat{\boldsymbol{\theta}}$。估值 $\hat{\boldsymbol{\theta}}$ 的均方差随着噪声均方差 σ 的增大而增大。

在上面我们要求 $\xi(k)$ 是均值为零的不相关随机序列，并要求 $\{\xi(k)\}$ 与 $\{u(k)\}$ 无关，则 $\boldsymbol{\xi}$ 与 $\boldsymbol{\Phi}$ 相互独立。这是最小二乘估计为无偏估计的充分条件，但不是必要条件，必要条件为

$$E\{(\boldsymbol{\Phi}^{\mathrm{T}}\boldsymbol{\Phi})^{-1}\boldsymbol{\Phi}^{\mathrm{T}}\boldsymbol{\xi}\}=\mathbf{0} \tag{5.1.35}$$

根据这一条件，可引出后面要讨论的辅助变量法。

在实际问题中，$\xi(k)$ 往往是相关随机序列，可用一个简单例子来说明这一问题。

例 5.2　设系统的差分方程为

$$x(k)=-ax(k-1)+bu(k-1)$$
$$y(k)=x(k)+n(k)$$

式中 $n(k)$ 为白噪声序列，设其均值为零，且

$$E[n^2(k)]=\sigma^2(k)$$

由系统差分方程可写出

$$x(k-1)=y(k-1)-n(k-1)$$
$$x(k)=y(k)-n(k)$$
$$x(k+1)=y(k+1)-n(k+1)$$

则有

$$\begin{aligned}y(k)&=x(k)+n(k)=-ax(k-1)+bu(k-1)+n(k)\\&=-a[y(k-1)-n(k-1)]+bu(k-1)+n(k)\\&=-ay(k-1)+bu(k-1)+n(k)+an(k-1)\\&=-ay(k-1)+bu(k-1)+\xi(k)\end{aligned} \tag{5.1.36}$$

式中

$$\xi(k)=n(k)+an(k-1)$$
$$\xi(k+1)=n(k+1)+an(k)$$

虽然 $n(k+1)$ 与 $n(k)$ 不相关，但 $\xi(k+1)$ 与 $\xi(k)$ 是相关的，其相关函数为

$$E\{\xi(k+1)\xi(k)\}=R_{\xi}(1)=E\{[n(k+1)+an(k)][n(k)+an(k-1)]\}=aE\{n^2(k)\}=a\sigma^2(k)$$

本例中，$y(k)$ 与 $\xi(k+1)$ 是相关的，即

$$\begin{aligned}E\{y(k)\xi(k+1)\}=E\{&[-ay(k-1)+bu(k-1)+n(k)+an(k-1)]\times\\&[n(k+1)+an(k)]\}=aE\{n^2(k)\}=a\sigma^2(k)\end{aligned}$$

由于 $y(k)$ 与 $\xi(k+1)$ 相关，由式(5.1.26)可看出，$\boldsymbol{\Phi}$ 与 $\boldsymbol{\xi}$ 相关。在这种情况下，最小二乘估计不是无偏估计，而是有偏估计。下面来求 a 和 b 的最小二乘估计，看估计是否有偏。

$$\begin{bmatrix}y(n+1)\\y(n+2)\\\vdots\\y(n+N)\end{bmatrix}=\begin{bmatrix}-y(n)&u(n)\\-y(n+1)&u(n+1)\\\vdots&\vdots\\-y(n+N-1)&u(n+N-1)\end{bmatrix}\begin{bmatrix}a\\b\end{bmatrix}+\begin{bmatrix}\xi(n+1)\\\xi(n+2)\\\vdots\\\xi(n+N)\end{bmatrix} \tag{5.1.37}$$

$$\begin{bmatrix}\hat{a}\\\hat{b}\end{bmatrix}=\left\{\begin{bmatrix}-y(n)&-y(n+1)&\cdots&-y(n+N-1)\\u(n)&u(n+1)&\cdots&u(n+N-1)\end{bmatrix}\begin{bmatrix}-y(n)&u(n)\\-y(n+1)&u(n+1)\\\vdots&\vdots\\-y(n+N-1)&u(n+N-1)\end{bmatrix}\right\}^{-1}\times$$
$$\begin{bmatrix}-y(n)&-y(n+1)&\cdots&-y(n+N-1)\\u(n)&u(n+1)&\cdots&u(n+N-1)\end{bmatrix}\begin{bmatrix}y(n+1)\\y(n+2)\\\vdots\\y(n+N)\end{bmatrix}$$

$$= \begin{bmatrix} \sum_{i=0}^{N-1} y^2(n+i) & -\sum_{i=0}^{N-1} y(n+i)u(n+i) \\ -\sum_{i=0}^{N-1} y(n+i)u(n+i) & \sum_{i=0}^{N-1} u^2(n+i) \end{bmatrix}^{-1} \begin{bmatrix} -\sum_{i=0}^{N-1} y(n+i)y(n+i+1) \\ \sum_{i=0}^{N-1} u(n+i)y(n+i+1) \end{bmatrix}$$

$$= \begin{bmatrix} \frac{1}{N}\sum_{i=0}^{N-1} y^2(n+i) & -\frac{1}{N}\sum_{i=0}^{N-1} y(n+i)u(n+i) \\ -\frac{1}{N}\sum_{i=0}^{N-1} y(n+i)u(n+i) & \frac{1}{N}\sum_{i=0}^{N-1} u^2(n+i) \end{bmatrix}^{-1} \begin{bmatrix} -\frac{1}{N}\sum_{i=0}^{N-1} y(n+i)y(n+i+1) \\ \frac{1}{N}\sum_{i=0}^{N-1} u(n+i)y(n+i+1) \end{bmatrix}$$

$$\xrightarrow{\text{w.p.1}} \begin{bmatrix} R_{yy}(0) & -R_{uy}(0) \\ -R_{uy}(0) & R_{uu}(0) \end{bmatrix}^{-1} \begin{bmatrix} -R_{yy}(1) \\ R_{uy}(1) \end{bmatrix} \tag{5.1.38}$$

因此

$$\begin{bmatrix} \hat{a} \\ \hat{b} \end{bmatrix} \xrightarrow{\text{w.p.1}} \frac{1}{\Delta} \begin{bmatrix} R_{uu}(0) & R_{uy}(0) \\ R_{uy}(0) & R_{yy}(0) \end{bmatrix} \begin{bmatrix} -R_{yy}(1) \\ R_{uy}(1) \end{bmatrix} \tag{5.1.39}$$

式中

$$\Delta = R_{yy}(0)R_{uu}(0) - R_{uy}^2(0) \tag{5.1.40}$$

下面来求 $R_{yy}(1)$ 和 $R_{uy}(1)$。由式(5.1.36)得

$$y(k+1) = -ay(k) + bu(k) + \xi(k+1) \tag{5.1.41}$$

以 $y(k)$ 乘上式等号两边得

$$y(k)y(k+1) = -ay^2(k) + by(k)u(k) + y(k)\xi(k+1)$$

对上式等号两边取数学期望,并考虑到

$$\begin{aligned} E\{y(k)\xi(k+1)\} &= E\{[-ay(k-1) + bu(k-1) + \xi(k)]\xi(k+1)\} \\ &= E\{\xi(k)\xi(k+1)\} = R_{\xi\xi}(1) = a\sigma^2(k) \end{aligned} \tag{5.1.42}$$

可得

$$R_{yy}(1) = -aR_{yy}(0) + bR_{uy}(0) + R_{\xi\xi}(1) \tag{5.1.43}$$

再用 $u(k)$ 乘式(5.1.41)等号两边得

$$y(k+1)u(k) = -ay(k)u(k) + bu^2(k) + \xi(k+1)u(k)$$

对上式等号两边取数学期望,并考虑到 $E\{\xi(k+1)u(k)\}=0$,可得

$$R_{uy}(1) = -aR_{uy}(0) + bR_{uu}(0) \tag{5.1.44}$$

将式(5.1.43)和式(5.1.44)代入式(5.1.39)得

$$\begin{aligned} \begin{bmatrix} \hat{a} \\ \hat{b} \end{bmatrix} &\xrightarrow{\text{w.p.1}} \frac{1}{\Delta} \begin{bmatrix} R_{uu}(0) & R_{uy}(0) \\ R_{uy}(0) & R_{yy}(0) \end{bmatrix} \begin{bmatrix} aR_{yy}(0) - bR_{uy}(0) - R_{\xi\xi}(1) \\ -aR_{uy}(0) + bR_{uu}(0) \end{bmatrix} \\ &= \frac{1}{R_{yy}(0)R_{uu}(0) - R_{uy}^2(0)} \begin{bmatrix} a[R_{yy}(0)R_{uu}(0) - R_{uy}^2(0)] - R_{uu}(0)R_{\xi\xi}(1) \\ b[R_{yy}(0)R_{uu}(0) - R_{uy}^2(0)] - R_{uy}(0)R_{\xi\xi}(1) \end{bmatrix} \end{aligned} \tag{5.1.45}$$

因此

$$\hat{\boldsymbol{\theta}} = \begin{bmatrix} \hat{a} \\ \hat{b} \end{bmatrix} \xrightarrow{\text{w.p.1}} \begin{bmatrix} a \\ b \end{bmatrix} - \frac{1}{\Delta} \begin{bmatrix} R_{uu}(0)R_{\xi\xi}(1) \\ R_{uy}(0)R_{\xi\xi}(1) \end{bmatrix} \tag{5.1.46}$$

从上面的例子可以看出,当 $\xi(k)$ 为相关随机序列时,$\hat{\boldsymbol{\theta}}$ 是有偏估计。下面给出一个具体的数值

例子。

例 5.3　设真实系统的差分方程为

$$y(k+1)=-0.5y(k)+1.0u(k)+n(k+1)+0.5n(k)$$

式中 $n(k)$ 是服从 $N(0,1)$ 分布的独立高斯随机变量，试求系统参数的最小二乘估值。

解　从 500 对输入-输出数据可得到系统参数的最小二乘估值

$$\hat{a}=-0.643\pm0.029,\quad \hat{b}=1.018\pm0.062$$

而 a,b 的真值为

$$a=-0.5,\quad b=1.0$$

可看到 $a-\hat{a}=0.143$，几乎等于 $\sigma_{\hat{a}}=0.029$ 的 5 倍，这样的估计具有相当大的偏差。

在实际应用中，$\xi(k)$ 往往是相关随机序列，最小二乘法不是无偏估计。为了克服这一缺点，人们又提出了辅助变量法和广义最小二乘法等方法，这些方法都是对普通最小二乘法进行修正，以便得到无偏估计。

(3) 有效性

有效性是估计值的另一个重要概率性质，它意味着估计误差的方差将达到最小值。

定理 5.1　如果式(5.1.8)中的 $\boldsymbol{\xi}$ 是均值为零且服从正态分布的白噪声向量，则最小二乘参数估计值 $\hat{\boldsymbol{\theta}}$ 为有效估计值，即参数估计误差的方差达到克拉默-拉奥不等式的下界，即

$$\mathrm{Var}\,\tilde{\boldsymbol{\theta}}=\sigma^2E\{(\boldsymbol{\Phi}^{\mathrm{T}}\boldsymbol{\Phi})^{-1}\}=\boldsymbol{M}^{-1}\tag{5.1.47}$$

其中 $\boldsymbol{M}$ 为费希尔矩阵，且

$$\boldsymbol{M}=E\left\{\left[\frac{\partial\ln p(\boldsymbol{y}|\hat{\boldsymbol{\theta}})}{\partial\hat{\boldsymbol{\theta}}}\right]^{\mathrm{T}}\left[\frac{\partial\ln p(\boldsymbol{y}|\hat{\boldsymbol{\theta}})}{\partial\hat{\boldsymbol{\theta}}}\right]\right\}\tag{5.1.48}$$

证明　根据式(5.1.8)和式(5.1.14)有

$$\boldsymbol{\xi}=\boldsymbol{y}-\boldsymbol{\Phi}\hat{\boldsymbol{\theta}}\tag{5.1.49}$$

$$\boldsymbol{e}=\boldsymbol{y}-\boldsymbol{\Phi}\hat{\boldsymbol{\theta}}\tag{5.1.50}$$

其中

$$\boldsymbol{\xi}\sim N(\boldsymbol{0},\sigma^2\boldsymbol{I})\tag{5.1.51}$$

由式(5.1.34)知，当 $N\to\infty$ 时，$\hat{\boldsymbol{\theta}}\xrightarrow{\text{w.p.1}}\boldsymbol{\theta}$。故根据式(5.1.49)和式(5.1.50)可知 $\boldsymbol{e}\xrightarrow{\text{a.s.}}\boldsymbol{\xi}$，式中符号"a.s."为英文"almost sure"(几乎肯定)的缩写。因而有

$$\boldsymbol{e}\sim N(\boldsymbol{0},\sigma^2\boldsymbol{I})\tag{5.1.52}$$

$$\boldsymbol{y}\sim N(E(\boldsymbol{\Phi}^{\mathrm{T}}\boldsymbol{\theta}),\sigma^2\boldsymbol{I})\tag{5.1.53}$$

即

$$p(\boldsymbol{y}|\hat{\boldsymbol{\theta}})=(2\pi\sigma^2)^{-\frac{N}{2}}\exp\left\{-\frac{1}{2\sigma^2}[\boldsymbol{y}-E(\boldsymbol{\Phi}^{\mathrm{T}}\hat{\boldsymbol{\theta}})]^{\mathrm{T}}[\boldsymbol{y}-E(\boldsymbol{\Phi}^{\mathrm{T}}\hat{\boldsymbol{\theta}})]\right\}\tag{5.1.54}$$

由上式可得

$$\frac{\partial\ln p(\boldsymbol{y}|\hat{\boldsymbol{\theta}})}{\partial\hat{\boldsymbol{\theta}}}=\frac{1}{\sigma^2}[\boldsymbol{y}-E(\boldsymbol{\Phi}^{\mathrm{T}}\hat{\boldsymbol{\theta}})]^{\mathrm{T}}E(\boldsymbol{\Phi})\tag{5.1.55}$$

因而有

$$\boldsymbol{M}=E\left\{\frac{1}{\sigma^4}E(\boldsymbol{\Phi}^{\mathrm{T}})[\boldsymbol{y}-E(\boldsymbol{\Phi}^{\mathrm{T}}\hat{\boldsymbol{\theta}})][\boldsymbol{y}-E(\boldsymbol{\Phi}^{\mathrm{T}}\hat{\boldsymbol{\theta}})]^{\mathrm{T}}E(\boldsymbol{\Phi})\right\}$$

$$=\frac{1}{\sigma^2}E\{\boldsymbol{\Phi}^{\mathrm{T}}\boldsymbol{\Phi}\} \tag{5.1.56}$$

与式(5.1.32)相比较,可知式(5.1.47)成立。

(4) 渐近正态性

定理 5.2 如果式(5.1.8)中的 $\boldsymbol{\xi}$ 是均值为 $\mathbf{0}$ 且服从正态分布的白噪声向量,则最小二乘参数估计值 $\hat{\boldsymbol{\theta}}$ 服从正态分布,即

$$\hat{\boldsymbol{\theta}} \sim N(\boldsymbol{\theta},\sigma^2 E\{(\boldsymbol{\Phi}^{\mathrm{T}}\boldsymbol{\Phi})^{-1}\}) \tag{5.1.57}$$

证明 由 $\boldsymbol{y}=\boldsymbol{\Phi}^{\mathrm{T}}\boldsymbol{\theta}+\boldsymbol{\xi}$ 及 $\boldsymbol{\xi}\sim N(\mathbf{0},\sigma^2\boldsymbol{I})$ 可得

$$\boldsymbol{y} \sim N(E(\boldsymbol{\Phi}^{\mathrm{T}}\boldsymbol{\theta}),\sigma^2\boldsymbol{I}) \tag{5.1.58}$$

由式(5.1.18)知

$$\hat{\boldsymbol{\theta}}=(\boldsymbol{\Phi}^{\mathrm{T}}\boldsymbol{\Phi})^{-1}\boldsymbol{\Phi}^{\mathrm{T}}\boldsymbol{y} \triangleq \boldsymbol{L}\boldsymbol{y} \tag{5.1.59}$$

其中 $\boldsymbol{L}=(\boldsymbol{\Phi}^{\mathrm{T}}\boldsymbol{\Phi})^{-1}\boldsymbol{\Phi}^{\mathrm{T}}$。可见 $\hat{\boldsymbol{\theta}}$ 是 $\boldsymbol{y}$ 的线性函数,则有

$$\hat{\boldsymbol{\theta}} \sim N(E(\boldsymbol{L})E(\boldsymbol{\Phi}^{\mathrm{T}}\boldsymbol{\theta}),E(\boldsymbol{L}\sigma^2\boldsymbol{L}^{\mathrm{T}})) \tag{5.1.60}$$

将 $\boldsymbol{L}=(\boldsymbol{\Phi}^{\mathrm{T}}\boldsymbol{\Phi})^{-1}\boldsymbol{\Phi}^{\mathrm{T}}$ 代入上式可得式(5.1.57)。证毕。

5.2 一种不需矩阵求逆的最小二乘法

设系统的差分方程模型为

$$y(k)+a_1y(k-1)+\cdots+a_ny(k-n)=b_0u(k)+b_1u(k-1)+\cdots+b_nu(k-n)+\xi(k) \tag{5.2.1}$$

令

$$\boldsymbol{\theta}=[b_0 \quad -a_1 \quad b_1 \quad \cdots \quad -a_n \quad b_n]^{\mathrm{T}} \tag{5.2.2}$$

$$\boldsymbol{\psi}^{\mathrm{T}}(k)=[u(k) \quad y(k-1) \quad u(k-1) \quad \cdots \quad y(k-n) \quad u(k-n)] \tag{5.2.3}$$

则式(5.2.1)可以写为

$$y(k)=\boldsymbol{\psi}^{\mathrm{T}}(k)\boldsymbol{\theta}+\xi(k), \quad k=1,2,\cdots,N \tag{5.2.4}$$

取

$$\boldsymbol{y}=\begin{bmatrix} y(1) \\ y(2) \\ \vdots \\ y(N) \end{bmatrix}, \quad \boldsymbol{\xi}=\begin{bmatrix} \xi(1) \\ \xi(2) \\ \vdots \\ \xi(N) \end{bmatrix}$$

$$\boldsymbol{\Phi}=\begin{bmatrix} \boldsymbol{\psi}_1^{\mathrm{T}} \\ \boldsymbol{\psi}_2^{\mathrm{T}} \\ \vdots \\ \boldsymbol{\psi}_N^{\mathrm{T}} \end{bmatrix}=\begin{bmatrix} u(1) & y(0) & u(0) & \cdots & y(1-n) & u(1-n) \\ u(2) & y(1) & u(1) & \cdots & y(2-n) & u(2-n) \\ \vdots & \vdots & \vdots & & \vdots & \vdots \\ u(N) & y(N-1) & u(N-1) & \cdots & y(N-n) & u(N-n) \end{bmatrix}$$

则有

$$\boldsymbol{y}=\boldsymbol{\Phi}\boldsymbol{\theta}+\boldsymbol{\xi} \tag{5.2.5}$$

系统的最小二乘辨识结果为

$$\hat{\boldsymbol{\theta}} = (\boldsymbol{\Phi}^{\mathrm{T}}\boldsymbol{\Phi})^{-1}\boldsymbol{\Phi}^{\mathrm{T}}\boldsymbol{y} \tag{5.2.6}$$

上式中矩阵($\boldsymbol{\Phi}^{\mathrm{T}}\boldsymbol{\Phi}$)的维数越大,所包含的信息量就越多,系统参数估计的精度就越高。为了获得满意的辨识结果,矩阵($\boldsymbol{\Phi}^{\mathrm{T}}\boldsymbol{\Phi}$)的维数常常取得相当大。这样,在用式(5.2.6)计算系统参数的估计值 $\hat{\boldsymbol{\theta}}$ 时,矩阵求逆的计算量很大。本节介绍一种算法来代替矩阵求逆,在不降低辨识精度的前提下,该算法可以使辨识速度有较大提高。具体算法如下:

首先设系统阶次为0,则($\boldsymbol{\Phi}_0^{\mathrm{T}}\boldsymbol{\Phi}_0$)和 $\boldsymbol{\Phi}_0^{\mathrm{T}}\boldsymbol{y}$ 均为常数,

$$\boldsymbol{\Phi}_0^{\mathrm{T}}\boldsymbol{\Phi}_0 = \sum_{i=1}^{N} u^2(i), \quad \boldsymbol{\Phi}_0^{\mathrm{T}}\boldsymbol{y} = \sum_{i=1}^{N} u(i)y(i) \tag{5.2.7}$$

由式(5.2.6)可得

$$\hat{\boldsymbol{\theta}}_0 = \sum_{i=1}^{N} u(i)y(i) \Big/ \sum_{i=1}^{N} u^2(i) \tag{5.2.8}$$

设

$$\boldsymbol{X}_0 = (\boldsymbol{\Phi}_0^{\mathrm{T}}\boldsymbol{\Phi}_0)^{-1} = 1 \Big/ \sum_{i=1}^{N} u^2(i) \tag{5.2.9}$$

若系统阶次为 n 时已经求出 $\boldsymbol{X}_n = (\boldsymbol{\Phi}_n^{\mathrm{T}}\boldsymbol{\Phi}_n)^{-1}$,系统阶次为 $n+1$ 时有

$$\boldsymbol{\Phi}'_{n+1} = [\boldsymbol{\Phi}_n \quad \boldsymbol{\psi}_{2n+1}] \tag{5.2.10}$$

式中

$$\boldsymbol{\psi}_{2n+1} = [y(1-n) \quad y(2-n) \quad \cdots \quad y(N-n)]^{\mathrm{T}} \tag{5.2.11}$$

则有

$$(\boldsymbol{\Phi}'_{n+1})^{\mathrm{T}}\boldsymbol{\Phi}'_{n+1} = \begin{bmatrix} \boldsymbol{\Phi}_n^{\mathrm{T}} \\ \boldsymbol{\psi}_{2n+1}^{\mathrm{T}} \end{bmatrix} [\boldsymbol{\Phi}_n \quad \boldsymbol{\psi}_{2n+1}] = \begin{bmatrix} \boldsymbol{\Phi}_n^{\mathrm{T}}\boldsymbol{\Phi}_n & \boldsymbol{\Phi}_n^{\mathrm{T}}\boldsymbol{\psi}_{2n+1} \\ \boldsymbol{\psi}_{2n+1}^{\mathrm{T}}\boldsymbol{\Phi}_n & \boldsymbol{\psi}_{2n+1}^{\mathrm{T}}\boldsymbol{\psi}_{2n+1} \end{bmatrix} \tag{5.2.12}$$

式中 $\boldsymbol{\Phi}_n^{\mathrm{T}}\boldsymbol{\psi}_{2n+1}$ 为列向量,$\boldsymbol{\psi}_{2n+1}^{\mathrm{T}}\boldsymbol{\psi}_{2n+1} = \sum_{i=1}^{N} y^2(i-n)$ 为一标量。由分块矩阵求逆公式可得

$$[(\boldsymbol{\Phi}'_{n+1})^{\mathrm{T}}\boldsymbol{\Phi}'_{n+1}]^{-1} = \begin{bmatrix} \boldsymbol{B}_{11} & \boldsymbol{B}_{12} \\ \boldsymbol{B}_{21} & \boldsymbol{B}_{22} \end{bmatrix} \tag{5.2.13}$$

式中

$$\begin{cases} \boldsymbol{B}_{22} = 1/(\boldsymbol{\psi}_{2n+1}^{\mathrm{T}}\boldsymbol{\psi}_{2n+1} - \boldsymbol{\psi}_{2n+1}^{\mathrm{T}}\boldsymbol{\Phi}_n\boldsymbol{X}_n\boldsymbol{\Phi}_n^{\mathrm{T}}\boldsymbol{\psi}_{2n+1}) \\ \boldsymbol{B}_{12} = \boldsymbol{B}_{21}^{\mathrm{T}} = -\boldsymbol{X}_n\boldsymbol{\Phi}_n^{\mathrm{T}}\boldsymbol{\psi}_{2n+1}\boldsymbol{B}_{22} \\ \boldsymbol{B}_{11} = \boldsymbol{X}_n - \boldsymbol{B}_{12}\boldsymbol{\psi}_{2n+1}^{\mathrm{T}}\boldsymbol{\Phi}_n\boldsymbol{X}_n^{\mathrm{T}} \end{cases} \tag{5.2.14}$$

设

$$\boldsymbol{\psi}_{2n+2} = [u(1-n) \quad u(2-n) \quad \cdots \quad u(N-n)]^{\mathrm{T}} \tag{5.2.15}$$

则

$$\boldsymbol{\Phi}_{n+1} = [\boldsymbol{\Phi}'_{n+1} \quad \boldsymbol{\psi}_{2n+2}] \tag{5.2.16}$$

这时,仿照上述方法容易求出 $\boldsymbol{X}_{n+1} = (\boldsymbol{\Phi}_{n+1}^{\mathrm{T}}\boldsymbol{\Phi}_{n+1})^{-1}$,同时

$$\boldsymbol{\Phi}_{n+1}^{\mathrm{T}}\boldsymbol{y} = \begin{bmatrix} \boldsymbol{\Phi}_n^{\mathrm{T}}\boldsymbol{y} \\ \boldsymbol{\psi}_{2n+1}\boldsymbol{y} \\ \boldsymbol{\psi}_{2n+2}\boldsymbol{y} \end{bmatrix} = \begin{bmatrix} \boldsymbol{\Phi}_n^{\mathrm{T}}\boldsymbol{y} \\ \sum_{i=1}^{N} y(i-n)y(i) \\ \sum_{i=1}^{N} u(i-n)y(i) \end{bmatrix} \tag{5.2.17}$$

这样,就可以按照式(5.2.6)辨识出阶次为 $n+1$ 时系统的参数。由于这一过程只涉及矩阵相乘和矩阵与向量相乘等运算,所以计算量较小,而矩阵求逆的精度不变。所以说,本节算法在不失辨识精度的前提下提高了辨识速度,这一算法尤其适用于阶次未知情况下的系统辨识。

5.3 递推最小二乘法

为了实现实时控制,必须采用递推算法,这种辨识方法主要用于在线辨识。

设已获得的观测数据长度为 N,将式(5.1.8)中的 $\boldsymbol{y}$ 和 $\boldsymbol{\xi}$ 分别用 $\boldsymbol{y}_N$, $\boldsymbol{\Phi}_N$, $\bar{\boldsymbol{\xi}}_N$ 来代替,即

$$\boldsymbol{y}_N = \boldsymbol{\Phi}_N\boldsymbol{\theta} + \bar{\boldsymbol{\xi}}_N \tag{5.3.1}$$

用 $\hat{\boldsymbol{\theta}}_N$ 表示 $\boldsymbol{\theta}$ 的最小二乘估计,则

$$\hat{\boldsymbol{\theta}}_N = (\boldsymbol{\Phi}_N^{\mathrm{T}}\boldsymbol{\Phi}_N)^{-1}\boldsymbol{\Phi}_N^{\mathrm{T}}\boldsymbol{y}_N \tag{5.3.2}$$

估计误差为

$$\tilde{\boldsymbol{\theta}}_N = \boldsymbol{\theta} - \hat{\boldsymbol{\theta}}_N = -(\boldsymbol{\Phi}_N^{\mathrm{T}}\boldsymbol{\Phi}_N)^{-1}\boldsymbol{\Phi}_N^{\mathrm{T}}\boldsymbol{\xi}_N \tag{5.3.3}$$

估计误差的方差阵为

$$\mathrm{Var}\ \tilde{\boldsymbol{\theta}} = \sigma^2(\boldsymbol{\Phi}_N^{\mathrm{T}}\boldsymbol{\Phi}_N)^{-1} = \sigma^2\boldsymbol{P}_N \tag{5.3.4}$$

式中

$$\boldsymbol{P}_N = (\boldsymbol{\Phi}_N^{\mathrm{T}}\boldsymbol{\Phi}_N)^{-1} \tag{5.3.5}$$

于是有

$$\hat{\boldsymbol{\theta}}_N = \boldsymbol{P}_N\boldsymbol{\Phi}_N^{\mathrm{T}}\boldsymbol{y}_N \tag{5.3.6}$$

如果再获得一组新的观测值 $u(n+N+1)$ 和 $y(n+N+1)$,则又增加一个方程

$$y_{N+1} = \boldsymbol{\psi}_{N+1}^{\mathrm{T}}\boldsymbol{\theta} + \xi_{N+1} \tag{5.3.7}$$

式中

$$y_{N+1} = y(n+N+1), \qquad \xi_{N+1} = \xi(n+N+1)$$

$$\boldsymbol{\psi}_{N+1}^{\mathrm{T}} = [-y(n+N) \quad \cdots \quad -y(N+1) \quad u(n+N+1) \quad \cdots \quad u(N+1)]$$

将式(5.3.1)和式(5.3.7)合并,并写成分块矩阵形式,可得

$$\begin{bmatrix} \boldsymbol{y}_N \\ \cdots \\ y_{N+1} \end{bmatrix} = \begin{bmatrix} \boldsymbol{\Phi}_N \\ \cdots \\ \boldsymbol{\psi}_{N+1}^{\mathrm{T}} \end{bmatrix}\boldsymbol{\theta} + \begin{bmatrix} \bar{\boldsymbol{\xi}} \\ \cdots \\ \xi_{N+1} \end{bmatrix} \tag{5.3.8}$$

根据上式可得到新的参数估值

$$\hat{\boldsymbol{\theta}}_{N+1} = \left\{\begin{bmatrix} \boldsymbol{\Phi}_N \\ \cdots \\ \boldsymbol{\psi}_{N+1}^{\mathrm{T}} \end{bmatrix}^{\mathrm{T}}\begin{bmatrix} \boldsymbol{\Phi}_N \\ \cdots \\ \boldsymbol{\psi}_{N+1}^{\mathrm{T}} \end{bmatrix}\right\}^{-1}\begin{bmatrix} \boldsymbol{\Phi}_N \\ \cdots \\ \boldsymbol{\psi}_{N+1}^{\mathrm{T}} \end{bmatrix}^{\mathrm{T}}\begin{bmatrix} \boldsymbol{y}_N \\ \cdots \\ y_{N+1} \end{bmatrix}$$

$$= \boldsymbol{P}_{N+1}\begin{bmatrix} \boldsymbol{\Phi}_N \\ \cdots \\ \boldsymbol{\psi}_{N+1}^{\mathrm{T}} \end{bmatrix}^{\mathrm{T}}\begin{bmatrix} \boldsymbol{y}_N \\ \cdots \\ y_{N+1} \end{bmatrix} = \boldsymbol{P}_{N+1}(\boldsymbol{\Phi}_N^{\mathrm{T}}\boldsymbol{y}_N + \boldsymbol{\psi}_{N+1}y_{N+1}) \tag{5.3.9}$$

式中

$$P_{N+1}=\left\{\begin{bmatrix}\boldsymbol{\Phi}_N\\ \cdots\\ \boldsymbol{\psi}_{N+1}^{\mathrm{T}}\end{bmatrix}^{\mathrm{T}}\begin{bmatrix}\boldsymbol{\Phi}_N\\ \cdots\\ \boldsymbol{\psi}_{N+1}^{\mathrm{T}}\end{bmatrix}\right\}^{-1}=(\boldsymbol{\Phi}_N^{\mathrm{T}}\boldsymbol{\Phi}_N+\boldsymbol{\psi}_{N+1}\boldsymbol{\psi}_{N+1}^{\mathrm{T}})^{-1}$$

$$=(\boldsymbol{P}_N^{-1}+\boldsymbol{\psi}_{N+1}\boldsymbol{\psi}_{N+1}^{\mathrm{T}})^{-1} \tag{5.3.10}$$

应用矩阵求逆引理,可得 $\boldsymbol{P}_{N+1}$ 与 $\boldsymbol{P}_N$ 的递推关系式。下面先介绍矩阵求逆引理。

矩阵求逆引理 设 $\boldsymbol{A}$ 为 $n\times n$ 矩阵,$\boldsymbol{B}$ 和 $\boldsymbol{C}$ 为 $n\times m$ 矩阵,并且 $\boldsymbol{A}$,$(\boldsymbol{A}+\boldsymbol{B}\boldsymbol{C}^{\mathrm{T}})$ 和 $(\boldsymbol{I}+\boldsymbol{C}^{\mathrm{T}}\boldsymbol{A}^{-1}\boldsymbol{B})$ 都是非奇异矩阵,则有矩阵恒等式

$$(\boldsymbol{A}+\boldsymbol{B}\boldsymbol{C}^{\mathrm{T}})^{-1}=\boldsymbol{A}^{-1}-\boldsymbol{A}^{-1}\boldsymbol{B}(\boldsymbol{I}+\boldsymbol{C}^{\mathrm{T}}\boldsymbol{A}^{-1}\boldsymbol{B})^{-1}\boldsymbol{C}^{\mathrm{T}}\boldsymbol{A}^{-1} \tag{5.3.11}$$

设 $\boldsymbol{A}^{-1}=\boldsymbol{P}_N$, $\boldsymbol{B}=\boldsymbol{\psi}_{N+1}$, $\boldsymbol{C}^{\mathrm{T}}=\boldsymbol{\psi}_{N+1}^{\mathrm{T}}$,根据式(5.3.11)则有

$$(\boldsymbol{P}_N^{-1}+\boldsymbol{\psi}_{N+1}\boldsymbol{\psi}_{N+1}^{\mathrm{T}})^{-1}=\boldsymbol{P}_N-\boldsymbol{P}_N\boldsymbol{\psi}_{N+1}(\boldsymbol{I}+\boldsymbol{\psi}_{N+1}^{\mathrm{T}}\boldsymbol{P}_N\boldsymbol{\psi}_{N+1})^{-1}\boldsymbol{\psi}_{N+1}^{\mathrm{T}}\boldsymbol{P}_N \tag{5.3.12}$$

于是得到 $\boldsymbol{P}_{N+1}$ 和 $\boldsymbol{P}_N$ 的递推关系式

$$\boldsymbol{P}_{N+1}=\boldsymbol{P}_N-\boldsymbol{P}_N\boldsymbol{\psi}_{N+1}(\boldsymbol{I}+\boldsymbol{\psi}_{N+1}^{\mathrm{T}}\boldsymbol{P}_N\boldsymbol{\psi}_{N+1})^{-1}\boldsymbol{\psi}_{N+1}^{\mathrm{T}}\boldsymbol{P}_N \tag{5.3.13}$$

由于 $\boldsymbol{\psi}_{N+1}^{\mathrm{T}}\boldsymbol{P}_N\boldsymbol{\psi}_{N+1}$ 为标量,因而上式可写为

$$\boldsymbol{P}_{N+1}=\boldsymbol{P}_N-\boldsymbol{P}_N\boldsymbol{\psi}_{N+1}(1+\boldsymbol{\psi}_{N+1}^{\mathrm{T}}\boldsymbol{P}_N\boldsymbol{\psi}_{N+1})^{-1}\boldsymbol{\psi}_{N+1}^{\mathrm{T}}\boldsymbol{P}_N \tag{5.3.14}$$

从上面的推导可以看到,在进行系统参数的估计时,本来需要求 $(2n+1)\times(2n+1)$ 矩阵 $(\boldsymbol{P}_N^{-1}+\boldsymbol{\psi}_{N+1}\boldsymbol{\psi}^{\mathrm{T}}{}_{N+1})$ 的逆阵,运算相当复杂。应用矩阵求逆引理之后,把求 $(2n+1)\times(2n+1)$ 矩阵的逆阵转变为求标量 $(1+\boldsymbol{\psi}_{n+1}^{\mathrm{T}}\boldsymbol{P}_N\boldsymbol{\psi}_{n+1})$ 的倒数,大幅度地减少了计算工作量。同时又得到了 $\boldsymbol{P}_{N+1}$ 与 $\boldsymbol{P}_N$ 之间的较简单的递推关系式。

由式(5.3.9)和式(5.3.2)得

$$\hat{\boldsymbol{\theta}}_{N+1}=\boldsymbol{P}_{N+1}(\boldsymbol{\Phi}_N^{\mathrm{T}}\boldsymbol{y}_N+\boldsymbol{\psi}_{N+1}y_{N+1})=\boldsymbol{P}_{N+1}[(\boldsymbol{\Phi}_N^{\mathrm{T}}\boldsymbol{\Phi}_N(\boldsymbol{\Phi}_N^{\mathrm{T}}\boldsymbol{\Phi}_N)^{-1}\boldsymbol{\Phi}_N^{\mathrm{T}}\boldsymbol{y}_N+\boldsymbol{\psi}_{N+1}y_{N+1}]$$

$$=\boldsymbol{P}_{N+1}(\boldsymbol{P}_N^{-1}\hat{\boldsymbol{\theta}}_N+\boldsymbol{\psi}_{N+1}y_{N+1}) \tag{5.3.15}$$

将式(5.3.14)代入上式得

$$\begin{aligned}\hat{\boldsymbol{\theta}}_{N+1}&=[\boldsymbol{P}_N-\boldsymbol{P}_N\boldsymbol{\psi}_{N+1}(1+\boldsymbol{\psi}_{N+1}^{\mathrm{T}}\boldsymbol{P}_N\boldsymbol{\psi}_{N+1})^{-1}\boldsymbol{\psi}_{N+1}^{\mathrm{T}}\boldsymbol{P}_N](\boldsymbol{P}_N^{-1}\hat{\boldsymbol{\theta}}_N+\boldsymbol{\psi}_{N+1}y_{N+1})\\&=\hat{\boldsymbol{\theta}}_N-\boldsymbol{P}_N\boldsymbol{\psi}_{N+1}(1+\boldsymbol{\psi}_{N+1}^{\mathrm{T}}\boldsymbol{P}_N\boldsymbol{\psi}_{N+1})^{-1}\boldsymbol{\psi}_{N+1}^{\mathrm{T}}\hat{\boldsymbol{\theta}}_N+\boldsymbol{P}_N\boldsymbol{\psi}_{N+1}y_{N+1}-\\&\quad\boldsymbol{P}_N\boldsymbol{\psi}_{N+1}(1+\boldsymbol{\psi}_{N+1}^{\mathrm{T}}\boldsymbol{P}_N\boldsymbol{\psi}_{N+1})^{-1}\boldsymbol{\psi}_{N+1}^{\mathrm{T}}\boldsymbol{P}_N\boldsymbol{\psi}_{N+1}y_{N+1}\end{aligned} \tag{5.3.16}$$

上式的最后两项为

$$\begin{aligned}&\boldsymbol{P}_N\boldsymbol{\psi}_{N+1}y_{N+1}-\boldsymbol{P}_N\boldsymbol{\psi}_{N+1}(1+\boldsymbol{\psi}_{N+1}^{\mathrm{T}}\boldsymbol{P}_N\boldsymbol{\psi}_{N+1})^{-1}\boldsymbol{\psi}_{N+1}^{\mathrm{T}}\boldsymbol{P}_N\boldsymbol{\psi}_{N+1}y_{N+1}\\&=\boldsymbol{P}_N\boldsymbol{\psi}_{N+1}(1+\boldsymbol{\psi}_{N+1}^{\mathrm{T}}\boldsymbol{P}_N\boldsymbol{\psi}_{N+1})^{-1}(1+\boldsymbol{\psi}_{N+1}^{\mathrm{T}}\boldsymbol{P}_N\boldsymbol{\psi}_{N+1})y_{N+1}-\\&\quad\boldsymbol{P}_N\boldsymbol{\psi}_{N+1}(1+\boldsymbol{\psi}_{N+1}^{\mathrm{T}}\boldsymbol{P}_N\boldsymbol{\psi}_{N+1})^{-1}\boldsymbol{\psi}_{N+1}^{\mathrm{T}}\boldsymbol{P}_N\boldsymbol{\psi}_{N+1}y_{N+1}\\&=\boldsymbol{P}_N\boldsymbol{\psi}_{N+1}(1+\boldsymbol{\psi}_{N+1}^{\mathrm{T}}\boldsymbol{P}_N\boldsymbol{\psi}_{N+1})^{-1}y_{N+1}\end{aligned} \tag{5.3.17}$$

则式(5.3.16)又可写为

$$\hat{\boldsymbol{\theta}}_{N+1}=\hat{\boldsymbol{\theta}}_N+\boldsymbol{P}_N\boldsymbol{\psi}_{N+1}(1+\boldsymbol{\psi}_{N+1}^{\mathrm{T}}\boldsymbol{P}_N\boldsymbol{\psi}_{N+1})^{-1}(y_{N+1}-\boldsymbol{\psi}_{N+1}^{\mathrm{T}}\hat{\boldsymbol{\theta}}_N) \tag{5.3.18}$$

由式(5.3.14)和式(5.3.18)可得递推最小二乘法辨识公式

$$\hat{\boldsymbol{\theta}}_{N+1}=\hat{\boldsymbol{\theta}}_N+\boldsymbol{K}_{N+1}(y_{N+1}-\boldsymbol{\psi}_{N+1}^{\mathrm{T}}\hat{\boldsymbol{\theta}}_N) \tag{5.3.19}$$

$$\boldsymbol{K}_{N+1}=\boldsymbol{P}_N\boldsymbol{\psi}_{N+1}(1+\boldsymbol{\psi}_{N+1}^{\mathrm{T}}\boldsymbol{P}_N\boldsymbol{\psi}_{N+1})^{-1} \tag{5.3.20}$$

$$\boldsymbol{P}_{N+1}=\boldsymbol{P}_N-\boldsymbol{P}_N\boldsymbol{\psi}_{N+1}(1+\boldsymbol{\psi}_{N+1}^{\mathrm{T}}\boldsymbol{P}_N\boldsymbol{\psi}_{N+1})^{-1}\boldsymbol{\psi}_{N+1}^{\mathrm{T}}\boldsymbol{P}_N \tag{5.3.21}$$

为了进行递推计算，需要给出 $\boldsymbol{P}_N$ 和 $\hat{\boldsymbol{\theta}}_N$ 的初值 $\boldsymbol{P}_0$ 和 $\hat{\boldsymbol{\theta}}_0$，有两种给出初值的办法。

(1) 设 $N_0(N_0>n)$ 为 N 的初始值，则根据式(5.3.2)和式(5.3.5)可算出初值

$$\boldsymbol{P}_{N0}=(\boldsymbol{\Phi}_{N0}^{\mathrm{T}}\boldsymbol{\Phi}_{N0})^{-1},\qquad \hat{\boldsymbol{\theta}}_{N0}=\boldsymbol{P}_{N0}\boldsymbol{\Phi}_{N0}^{\mathrm{T}}\boldsymbol{y}_{N0}$$

(2) 假定 $\hat{\boldsymbol{\theta}}_0=\boldsymbol{0}$，$\boldsymbol{P}_0=c^2\boldsymbol{I}$，$c$ 是充分大的常数，$\boldsymbol{I}$ 为 $n\times n$ 单位矩阵，则经若干次递推之后能得到较好的参数估计。现证明如下：

在得到第 1 次观测数据之后，根据

$$\boldsymbol{P}_{N+1}=(\boldsymbol{P}_N^{-1}+\boldsymbol{\psi}_{N+1}\boldsymbol{\psi}_{N+1}^{\mathrm{T}})^{-1}$$

$$\hat{\boldsymbol{\theta}}_N=\boldsymbol{P}_N\boldsymbol{\Phi}_N^{\mathrm{T}}\boldsymbol{y}_N$$

$$\boldsymbol{P}_1=\left(\frac{\boldsymbol{I}}{c^2}+\boldsymbol{\psi}_1\boldsymbol{\psi}_1^{\mathrm{T}}\right)^{-1},\quad \hat{\boldsymbol{\theta}}_1=\boldsymbol{P}_1\boldsymbol{\psi}_1^{\mathrm{T}}y_1=\boldsymbol{P}_1[\boldsymbol{\Phi}_0^{\mathrm{T}}\quad \boldsymbol{\psi}_1]\begin{bmatrix}0\\ y_1\end{bmatrix}=\boldsymbol{P}_1\boldsymbol{\psi}_1y_1$$

得到第 2 次观测数据之后可得

$$\boldsymbol{P}_2=\left(\frac{\boldsymbol{I}}{c^2}+\boldsymbol{\psi}_1\boldsymbol{\psi}_1^{\mathrm{T}}+\boldsymbol{\psi}_2\boldsymbol{\psi}_2^{\mathrm{T}}\right)^{-1},\quad \hat{\boldsymbol{\theta}}_2=\boldsymbol{P}_2(\boldsymbol{\psi}_1y_1+\boldsymbol{\psi}_2y_2)$$

得到第 N 次观测数据之后可得

$$\boldsymbol{P}_N=\left(\frac{\boldsymbol{I}}{c^2}+\boldsymbol{\psi}_1\boldsymbol{\psi}_1^{\mathrm{T}}+\boldsymbol{\psi}_2\boldsymbol{\psi}_2^{\mathrm{T}}+\cdots+\boldsymbol{\psi}_N\boldsymbol{\psi}_N^{\mathrm{T}}\right)^{-1}$$

$$\hat{\boldsymbol{\theta}}_N=\boldsymbol{P}_N(\boldsymbol{\psi}_1y_1+\boldsymbol{\psi}_2y_2+\cdots+\boldsymbol{\psi}_Ny_N)$$

当 c 很大时，则有

$$\begin{aligned}\lim_{c\to\infty}\boldsymbol{P}_N&=\lim_{c\to\infty}\left(\frac{\boldsymbol{I}}{c^2}+\boldsymbol{\psi}_1\boldsymbol{\psi}_1^{\mathrm{T}}+\boldsymbol{\psi}_2\boldsymbol{\psi}_2^{\mathrm{T}}+\cdots+\boldsymbol{\psi}_N\boldsymbol{\psi}_N^{\mathrm{T}}\right)^{-1}\\&=(\boldsymbol{\psi}_1\boldsymbol{\psi}_1^{\mathrm{T}}+\boldsymbol{\psi}_2\boldsymbol{\psi}_2^{\mathrm{T}}+\cdots+\boldsymbol{\psi}_N\boldsymbol{\psi}_N^{\mathrm{T}})^{-1}=(\boldsymbol{\Phi}_N^{\mathrm{T}}\boldsymbol{\Phi}_N)^{-1}\end{aligned}$$

$$\lim_{c\to\infty}\hat{\boldsymbol{\theta}}_N=(\boldsymbol{\Phi}_N^{\mathrm{T}}\boldsymbol{\Phi}_N)^{-1}\boldsymbol{\Phi}_N^{\mathrm{T}}\boldsymbol{y}_N$$

上述二式表明，当 c 充分大时，递推最小二乘法的解与非递推最小二乘法的解相同。

5.4 辅助变量法

现在开始讨论如何克服最小二乘法的有偏估计问题。对于原辨识方程

$$\boldsymbol{y}=\boldsymbol{\Phi}\boldsymbol{\theta}+\boldsymbol{\xi}\tag{5.4.1}$$

当 $\xi(k)$ 是不相关随机序列时，用最小二乘法可以得到参数向量 $\boldsymbol{\theta}$ 的一致性无偏估计。但是，在实际应用中 $\xi(k)$ 往往是相关随机序列。

假定存在着一个 $(2n+1)\times N$ 的矩阵 $\boldsymbol{Z}$（与 $\boldsymbol{\Phi}$ 同维数）满足约束条件

$$\lim_{N\to\infty}\frac{1}{N}\boldsymbol{Z}^{\mathrm{T}}\boldsymbol{\xi}=E\{\boldsymbol{Z}^{\mathrm{T}}\boldsymbol{\xi}\}=\boldsymbol{0},\quad \lim_{N\to\infty}\frac{1}{N}\boldsymbol{Z}^{\mathrm{T}}\boldsymbol{\Phi}=E\{\boldsymbol{Z}^{\mathrm{T}}\boldsymbol{\Phi}\}=\boldsymbol{Q}\tag{5.4.2}$$

式中 $\boldsymbol{Q}$ 是非奇异的。用 $\boldsymbol{Z}^{\mathrm{T}}$ 左乘式(5.4.1)等号两边得

$$\boldsymbol{Z}^{\mathrm{T}}\boldsymbol{y}=\boldsymbol{Z}^{\mathrm{T}}\boldsymbol{\Phi}\boldsymbol{\theta}+\boldsymbol{Z}^{\mathrm{T}}\boldsymbol{\xi}\tag{5.4.3}$$

由上式可得

$$\boldsymbol{\theta}=(\boldsymbol{Z}^{\mathrm{T}}\boldsymbol{\Phi})^{-1}\boldsymbol{Z}^{\mathrm{T}}\boldsymbol{y}-(\boldsymbol{Z}^{\mathrm{T}}\boldsymbol{\Phi})^{-1}\boldsymbol{Z}^{\mathrm{T}}\boldsymbol{\xi}\tag{5.4.4}$$

如果取

$$\hat{\boldsymbol{\theta}}_{\mathrm{IV}}=(\boldsymbol{Z}^{\mathrm{T}}\boldsymbol{\Phi})^{-1}\boldsymbol{Z}^{\mathrm{T}}\boldsymbol{y} \tag{5.4.5}$$

作为 $\boldsymbol{\theta}$ 的估值,则称估值 $\hat{\boldsymbol{\theta}}_{\mathrm{IV}}$ 为辅助变量估值,矩阵 $\boldsymbol{Z}$ 称为辅助变量矩阵,$\boldsymbol{Z}$ 中的元素称为辅助变量。

由式(5.4.5)可以看到,$\hat{\boldsymbol{\theta}}_{\mathrm{IV}}$ 与最小二乘法估值 $\hat{\boldsymbol{\theta}}$ 的计算公式(5.1.18)具有相同的形式,因此计算比较简单。

根据式(5.4.4)和式(5.4.5)可得

$$\hat{\boldsymbol{\theta}}_{\mathrm{IV}}=\boldsymbol{\theta}+(\boldsymbol{Z}^{\mathrm{T}}\boldsymbol{\Phi})^{-1}\boldsymbol{Z}^{\mathrm{T}}\boldsymbol{\xi} \tag{5.4.6}$$

当 N 很大时,对上式等号两边取极限

$$\lim_{N\to\infty}\hat{\boldsymbol{\theta}}_{\mathrm{IV}}=\boldsymbol{\theta}+\lim_{N\to\infty}\left(\frac{1}{N}\boldsymbol{Z}^{\mathrm{T}}\boldsymbol{\Phi}\right)^{-1}\cdot\lim_{N\to\infty}\left(\frac{1}{N}\boldsymbol{Z}^{\mathrm{T}}\boldsymbol{\xi}\right) \tag{5.4.7}$$

根据式(5.4.2)所假定的约束条件,可得

$$\lim_{N\to\infty}\hat{\boldsymbol{\theta}}_{\mathrm{IV}}=\boldsymbol{\theta} \tag{5.4.8}$$

因此辅助变量法估计是无偏估计。

剩下的问题是如何选择辅助变量,即如何确定辅助变量矩阵 $\boldsymbol{Z}$ 的各个元素。选择辅助变量的基本原则是式(5.4.2)所给出的两个条件必须得到满足。这可以简单地理解为所选择的辅助变量应与 $\xi(k)$ 不相关,但与 $u(k)$ 和 $\boldsymbol{\Phi}$ 中的 $y(k)$ 强烈相关。$\boldsymbol{Z}$ 可有各种不同的选择方法,现介绍几种常用的选择方法。

(1) 递推辅助变量参数估计法

辅助变量取作 $\hat{y}(k)\quad(k=1,2,\cdots,n+N-1)$, $\hat{y}(k)$ 是辅助模型

$$\hat{\boldsymbol{y}}=\boldsymbol{Z}\hat{\boldsymbol{\theta}} \tag{5.4.9}$$

的输出向量 $\hat{\boldsymbol{y}}$ 的元素,辅助变量矩阵 $\boldsymbol{Z}$ 为

$$\boldsymbol{Z}=\begin{bmatrix}\hat{\boldsymbol{\psi}}_1^{\mathrm{T}}\\ \hat{\boldsymbol{\psi}}_2^{\mathrm{T}}\\ \vdots\\ \hat{\boldsymbol{\psi}}_N^{\mathrm{T}}\end{bmatrix}=\begin{bmatrix}-\hat{y}(n) & \cdots & -\hat{y}(1) & u(n+1) & \cdots & u(1)\\ -\hat{y}(n+1) & \cdots & -\hat{y}(2) & u(n+2) & \cdots & u(2)\\ \vdots & & \vdots & \vdots & & \vdots\\ -\hat{y}(n+N-1) & \cdots & -\hat{y}(N) & u(n+N) & \cdots & u(N)\end{bmatrix} \tag{5.4.10}$$

令

$$\boldsymbol{\Phi}=\begin{bmatrix}\boldsymbol{\psi}_1^{\mathrm{T}}\\ \boldsymbol{\psi}_2^{\mathrm{T}}\\ \vdots\\ \boldsymbol{\psi}_N^{\mathrm{T}}\end{bmatrix}=\begin{bmatrix}-y(n) & \cdots & -y(1) & u(n+1) & \cdots & u(1)\\ -y(n+1) & \cdots & -y(2) & u(n+2) & \cdots & u(2)\\ \vdots & & \vdots & \vdots & & \vdots\\ -y(n+N-1) & \cdots & -y(N) & u(n+N) & \cdots & u(N)\end{bmatrix} \tag{5.4.11}$$

则

$$\frac{1}{N}\boldsymbol{Z}^{\mathrm{T}}\boldsymbol{\Phi}=\frac{1}{N}\sum_{k=1}^{N}\hat{\boldsymbol{\psi}}_k\boldsymbol{\psi}_k^{\mathrm{T}}\xrightarrow[N\to\infty]{\text{w.p.1}}E\{\hat{\boldsymbol{\psi}}_k\boldsymbol{\psi}_k^{\mathrm{T}}\} \tag{5.4.12}$$

$$\frac{1}{N}\boldsymbol{Z}^{\mathrm{T}}\boldsymbol{\xi}=\frac{1}{N}\sum_{k=1}^{N}\hat{\boldsymbol{\psi}}_k\xi(n+k)\xrightarrow[N\to\infty]{\text{w.p.1}}E\{\hat{\boldsymbol{\psi}}_k\xi(n+k)\} \tag{5.4.13}$$

当 $u(k)$ 是持续激励信号时,必有 $E\{\hat{\boldsymbol{\psi}}_k\boldsymbol{\psi}_k^{\mathrm{T}}\}$ 是非奇异阵。又因为 $\hat{y}(k)$ 只与 $u(k)$ 有关,即 $\hat{\boldsymbol{\psi}}_k$ 必与噪声无关,故有 $E\{\hat{\boldsymbol{\psi}}_k\xi(n+k)\}=\boldsymbol{0}$,因而满足式(5.4.2)所给出的两个约束条件。

但是,式(5.4.9)中的参数向量 $\hat{\boldsymbol{\theta}}$ 的元素正是我们要辨识的参数,而这些参数尚未确定,又如何应用式(5.4.9)来确定辅助变量 $\hat{y}(k)$ 呢? 可先用最小二乘法求出粗略的 $\hat{\boldsymbol{\theta}}$,再将 $\hat{\boldsymbol{\theta}}$ 代入式(5.4.9),可得 $\hat{y}(k)$。得到 $\hat{y}(k)$ 后再根据式(5.4.10)构造辅助变量矩阵 $\mathbf{Z}$,利用式(5.4.5)求取 $\boldsymbol{\theta}$ 的辅助变量估值 $\hat{\boldsymbol{\theta}}_{\mathrm{IV}}$,然后再将 $\hat{\boldsymbol{\theta}}_{\mathrm{IV}}$ 代入式(5.4.9) 再次求得 $\hat{y}(k)$。如此循环递推估计辅助变量参数,直到取得满意的辨识结果为止。

(2) 自适应滤波法

这种方法所选择的辅助变量 $\hat{y}(k)$ 和辅助变量矩阵 $\mathbf{Z}$ 的形式与上一种方法完全相同,只是辅助模型中参数向量 $\hat{\boldsymbol{\theta}}$ 的估计方法与上一种方法有所不同。取

$$\hat{\boldsymbol{\theta}}(k)=(1-\alpha)\hat{\boldsymbol{\theta}}(k-1)+\alpha\hat{\boldsymbol{\theta}}(k-d) \tag{5.4.14}$$

式中 α 取 0.01~0.1,d 取 0~10,$\hat{\boldsymbol{\theta}}(k)$ 为 k 时刻所得到的参数向量估计值。当 $u(k)$ 是持续激励信号时,所选的辅助变量可以满足式(5.4.2)所给出的两个约束条件。

(3) 纯滞后

辅助变量选为纯滞后环节时,则将式(5.4.9)和式(5.4.10)中的 $\hat{y}(k)$ 取作

$$\hat{y}(k)=u(k-n_b) \tag{5.4.15}$$

式中 n_b 为多项式

$$b(z^{-1})=b_0+b_1z^{-1}+\cdots+b_{n_b}z^{-n_b} \tag{5.4.16}$$

的阶次,在本章的讨论中我们取 $n_b=n$,则辅助变量矩阵为

$$\mathbf{Z}=\begin{bmatrix}\hat{\boldsymbol{\psi}}_1^{\mathrm{T}}\\ \hat{\boldsymbol{\psi}}_2^{\mathrm{T}}\\ \vdots\\ \hat{\boldsymbol{\psi}}_N^{\mathrm{T}}\end{bmatrix}=\begin{bmatrix}-u(0) & \cdots & -u(1-n) & u(n+1) & \cdots & u(1)\\ -u(1) & \cdots & -u(2-n) & u(n+2) & \cdots & u(2)\\ \vdots & & & \vdots & & \vdots\\ -u(N-1) & \cdots & -u(N-n) & u(n+N) & \cdots & u(N)\end{bmatrix} \tag{5.4.17}$$

显然,只要输入信号 $u(k)$ 是持续激励的且与噪声 $\xi(k)$ 无关,则辅助变量可满足式(5.4.2)所给出的两个约束条件。

(4) 塔利(Tally)原理

如果噪声 $\xi(k)$ 可看作模型

$$\xi(k)=c(z^{-1})n(k) \tag{5.4.18}$$

的输出,其中 $n(k)$ 是均值为零的不相关随机噪声,并且

$$c(z^{-1})=1+c_1z^{-1}+\cdots+c_{n_c}z^{-n_c} \tag{5.4.19}$$

则辅助变量取作

$$\hat{y}(k)=y(k-n_c) \tag{5.4.20}$$

相应的辅助变量矩阵为

$$Z=\begin{bmatrix}\hat{\boldsymbol{\psi}}_1^{\mathrm{T}}\\ \hat{\boldsymbol{\psi}}_2^{\mathrm{T}}\\ \vdots\\ \hat{\boldsymbol{\psi}}_N^{\mathrm{T}}\end{bmatrix}=\begin{bmatrix}-y(n-n_c) & \cdots & -y(1-n_c) & u(n+1) & \cdots & u(1)\\ -y(n-n_c+1) & \cdots & -y(2-n_c) & u(n+2) & \cdots & u(2)\\ \vdots & & \vdots & \vdots & & \vdots\\ -y(n-n_c+N-1) & \cdots & -y(N-n_c) & u(n+N) & \cdots & u(N)\end{bmatrix} \tag{5.4.21}$$

显然，若 $u(k)$ 是持续激励的，则式(5.4.2)中的约束条件

$$\lim_{N\to\infty}\frac{1}{N}\boldsymbol{Z}^{\mathrm{T}}\boldsymbol{\Phi}=E\{\boldsymbol{Z}^{\mathrm{T}}\boldsymbol{\Phi}\}=\boldsymbol{Q} \tag{5.4.22}$$

即可满足。又由于辅助信号 $u(k)$ 与噪声 $\xi(k)$ 无关，故有

$$E\{u(k-i)\xi(k)\}=0,\quad i=0,1,\cdots,n \tag{5.4.23}$$

以及

$$\begin{aligned}E\{y(k-n_c-i)\xi(k)\}&=E\{y(k-n_c-i)c(z^{-1})n(k)\}\\&=E\{y(k-n_c-i)n(k)\}+c_1E\{y(k-n_c-i)n(k-1)\}+\cdots+\\&\quad c_{n_c}E\{y(k-n_c-i)n(k-n_c)\}=0,i=1,2,\cdots,n\end{aligned} \tag{5.4.24}$$

因而

$$E\{\hat{\boldsymbol{\psi}}_k^{\mathrm{T}}\xi(n+k)\}=\boldsymbol{0} \tag{5.4.25}$$

式(5.4.2)中的约束条件

$$\lim_{N\to\infty}\frac{1}{N}\boldsymbol{Z}^{\mathrm{T}}\boldsymbol{\xi}=E\{\boldsymbol{Z}^{\mathrm{T}}\boldsymbol{\xi}\}=\boldsymbol{0}$$

亦可满足。

5.5　递推辅助变量法

在上一节的讨论中我们知道，基于输出值 $y(1),y(2),\cdots,y(n+N)$ 和输入值 $u(1),u(2),\cdots,u(n+N)$ 及辅助变量 $\hat{y}(1),\hat{y}(2),\cdots,\hat{y}(n+N)$ 可得到 $\boldsymbol{\theta}$ 的辅助变量法估计

$$\hat{\boldsymbol{\theta}}_N=(\boldsymbol{Z}_N^{\mathrm{T}}\boldsymbol{\Phi}_N)^{-1}\boldsymbol{Z}_N^{\mathrm{T}}\boldsymbol{Y}_N \tag{5.5.1}$$

为了建立递推关系，我们继续给出新的输入量、输出量和辅助变量 $u(n+N+1),y(n+N+1)$ 及 $\hat{y}(n+N+1)$，并且设

$$y_{N+1}=y(n+N+1),\quad \boldsymbol{P}_N=(\boldsymbol{Z}_N^{\mathrm{T}}\boldsymbol{\Phi}_N)^{-1}$$

$$\boldsymbol{\psi}_{N+1}^{\mathrm{T}}=[-y(n+N)\quad\cdots\quad -y(N+1)\quad u(n+N+1)\quad\cdots\quad u(N+1)]$$

$$\boldsymbol{z}_{N+1}^{\mathrm{T}}=[-\hat{y}(n+N)\quad\cdots\quad -\hat{y}(N+1)\quad u(n+N+1)\quad\cdots\quad u(N+1)]$$

则有

$$\boldsymbol{P}_{N+1}=\left\{\begin{bmatrix}\boldsymbol{Z}_N\\ \boldsymbol{z}_{N+1}^{\mathrm{T}}\end{bmatrix}^{\mathrm{T}}\begin{bmatrix}\boldsymbol{\Phi}_N\\ \boldsymbol{\psi}_{N+1}^{\mathrm{T}}\end{bmatrix}\right\}^{-1}=(\boldsymbol{P}_N^{-1}+\boldsymbol{z}_{N+1}\boldsymbol{\psi}_{N+1}^{\mathrm{T}})^{-1} \tag{5.5.2}$$

按 5.3 节递推最小二乘法公式的推导方法可得递推辅助变量法计算公式

$$\hat{\boldsymbol{\theta}}_{N+1}=\hat{\boldsymbol{\theta}}_N+\boldsymbol{K}_{N+1}(y_{N+1}-\boldsymbol{\psi}_{N+1}^{\mathrm{T}}\hat{\boldsymbol{\theta}}_N) \tag{5.5.3}$$

$$\boldsymbol{P}_{N+1}=\boldsymbol{P}_N-\boldsymbol{K}_{N+1}\boldsymbol{\psi}_{N+1}^{\mathrm{T}}\boldsymbol{P}_N \tag{5.5.4}$$

$$\boldsymbol{K}_{N+1}=\boldsymbol{P}_N\boldsymbol{z}_{N+1}(1+\boldsymbol{\psi}_{N+1}^{\mathrm{T}}\boldsymbol{P}_N\boldsymbol{z}_{N+1})^{-1} \tag{5.5.5}$$

初始条件可选为 $\hat{\boldsymbol{\theta}}_0=\boldsymbol{0},\boldsymbol{P}_0=c^2\boldsymbol{I}$，$c$ 是充分大的数，$\boldsymbol{I}$ 为 $(2n+1)\times(2n+1)$ 单位矩阵。

递推辅助变量法的缺点是对初始值 $\boldsymbol{P}_0$ 的选取比较敏感，最好在前 50~100 个采样点用递推最小二乘法，然后转换到辅助变量法。

5.6 广义最小二乘法

本节中我们讨论能克服最小二乘法有偏估计的另一种方法——广义最小二乘法。这种方法计算比较复杂，但效果也比较好。

设系统的差分方程为

$$a(z^{-1})y(k)=b(z^{-1})u(k)+\xi(k) \tag{5.6.1}$$

式中

$$a(z^{-1})=1+a_1z^{-1}+\cdots+a_nz^{-n}$$
$$b(z^{-1})=b_0+b_1z^{-1}+\cdots+b_nz^{-n}$$

如果知道有色噪声序列 $\xi(k)$ 的相关性，可以把随机序列 $\xi(k)$ 表示成白噪声通过线性系统后所得的结果。设线性系统的输入为白噪声 $\varepsilon(k)$，输出为有色噪声 $\xi(k)$，这种线性系统通常称为形成滤波器。设形成滤波器的差分方程为

$$\bar{c}(z^{-1})\xi(k)=\bar{d}(z^{-1})\varepsilon(k) \tag{5.6.2}$$

式中 $\varepsilon(k)$ 是均值为零的白噪声序列，$\bar{c}(z^{-1})$ 和 $\bar{d}(z^{-1})$ 是 z^{-1} 的多项式。$\xi(k)$ 可表示为

$$\frac{\bar{c}(z^{-1})}{\bar{d}(z^{-1})}\xi(k)=f(z^{-1})\xi(k)=\varepsilon(k) \tag{5.6.3}$$

或

$$\xi(k)=\frac{1}{f(z^{-1})}\varepsilon(k) \tag{5.6.4}$$

式中 $f(z^{-1})$ 是 z^{-1} 的多项式，即

$$f(z^{-1})=1+f_1z^{-1}+\cdots+f_mz^{-m} \tag{5.6.5}$$

把上式代入式(5.6.3)得

$$(1+f_1z^{-1}+\cdots+f_mz^{-m})\xi(k)=\varepsilon(k) \tag{5.6.6}$$

或

$$\xi(k)=-f_1\xi(k-1)-\cdots-f_m\xi(k-m)+\varepsilon(k),k=n,n+1,\cdots,n+N \tag{5.6.7}$$

可把上述方程看作输入为零的差分方程，并且根据方程(5.6.7)可写出 N 个方程，即

$$\begin{aligned}\xi(n+1)&=-f_1\xi(n)-\cdots-f_m\xi(n+1-m)+\varepsilon(n+1)\\ \xi(n+2)&=-f_1\xi(n+1)-\cdots-f_m\xi(n+2-m)+\varepsilon(n+2)\\ &\vdots\\ \xi(n+N)&=-f_1\xi(n+N-1)-\cdots-f_m\xi(n+N-m)+\varepsilon(n+N)\end{aligned}$$

把上述 N 个方程可写成向量-矩阵形式

$$\boldsymbol{\xi}=\boldsymbol{\Omega f}+\boldsymbol{\varepsilon} \tag{5.6.8}$$

其中

$$\boldsymbol{\xi}=\begin{bmatrix}\xi(n+1)\\ \xi(n+2)\\ \vdots\\ \xi(n+N)\end{bmatrix},\quad \boldsymbol{f}=\begin{bmatrix}f_1\\ f_2\\ \vdots\\ f_m\end{bmatrix},\quad \boldsymbol{\varepsilon}=\begin{bmatrix}\varepsilon(n+1)\\ \varepsilon(n+2)\\ \vdots\\ \varepsilon(n+N)\end{bmatrix} \tag{5.6.9}$$

$$\boldsymbol{\Omega}=\begin{bmatrix}-\xi(n) & -\xi(n-1) & \cdots & -\xi(n+1-m)\\ -\xi(n+1) & -\xi(n) & \cdots & -\xi(n+2-m)\\ \vdots & \vdots & & \vdots\\ -\xi(n+N-1) & -\xi(n+N-2) & \cdots & -\xi(n+N-m)\end{bmatrix} \tag{5.6.10}$$

应用最小二乘法可求出$\boldsymbol{f}$的估值为

$$\hat{\boldsymbol{f}}=(\boldsymbol{\Omega}^{\mathrm{T}}\boldsymbol{\Omega})^{-1}\boldsymbol{\Omega}^{\mathrm{T}}\boldsymbol{\xi} \tag{5.6.11}$$

由于式(5.6.11)中向量$\boldsymbol{\xi}$和矩阵$\boldsymbol{\Omega}$的元素$\xi(k)$是无法直接测量的,在辨识参数向量$\boldsymbol{f}$时只能用残差$e(k)$代替$\xi(k)$,残差$e(k)$满足方程

$$e(k)=\hat{a}(z^{-1})y(k)-\hat{b}(z^{-1})u(k) \tag{5.6.12}$$

把式(5.6.4)代入式(5.6.1)得

$$a(z^{-1})y(k)=b(z^{-1})u(k)+\frac{1}{f(z^{-1})}\varepsilon(k) \tag{5.6.13}$$

上式可写为

$$a(z^{-1})f(z^{-1})y(k)=b(z^{-1})f(z^{-1})u(k)+\varepsilon(k) \tag{5.6.14}$$

令

$$f(z^{-1})y(k)=y(k)+f_1y(k-1)+\cdots+f_my(k-m)=\bar{y}(k) \tag{5.6.15}$$

$$f(z^{-1})u(k)=u(k)+f_1u(k-1)+\cdots+f_mu(k-m)=\bar{u}(k) \tag{5.6.16}$$

则有

$$a(z^{-1})\bar{y}(k)=b(z^{-1})\bar{u}(k)+\varepsilon(k) \tag{5.6.17}$$

即

$$\bar{y}(k)=-a_1\bar{y}(k-1)-\cdots-a_n\bar{y}(k-n)+b_0\bar{u}(k)+\cdots+b_n\bar{u}(k-n)+\varepsilon(k) \tag{5.6.18}$$

在式(5.6.17)或式(5.6.18)中,$\varepsilon(k)$为不相关随机序列,故可用最小二乘法得到参数$a_1,a_2,\cdots,a_n$,$b_0,b_1,\cdots,b_n$的一致无偏估计。但是,由于进行参数估计时又需要将这些未知量作为已知量去进行计算,只有采用迭代方法求解,因此广义最小二乘法是建立在最小二乘法基础上的一种迭代算法。

广义最小二乘法的计算步骤如下。

(1) 应用得到的输入和输出数据$u(k)$和$y(k)$($k=1,2,\cdots,n+N$)按模型

$$a(z^{-1})y(k)=b(z^{-1})u(k)+\xi(k)$$

求出$\boldsymbol{\theta}$的最小二乘法估计

$$\hat{\boldsymbol{\theta}}^{(1)}=\begin{bmatrix}\hat{a}_1^{(1)} & \cdots & \hat{a}_n^{(1)} & \hat{b}_0^{(1)} & \cdots & \hat{b}_n^{(1)}\end{bmatrix}^{\mathrm{T}}$$

(2) 计算残差$e^{(1)}(k)$

$$e^{(1)}(k)=\hat{a}^{(1)}(z^{-1})y(k)-\hat{b}^{(1)}(z^{-1})u(k)$$

或

$$e^{(1)}(k)=y(k)+\hat{a}_1^{(1)}y(k-1)+\cdots+\hat{a}_n^{(1)}y(k-n)-$$
$$\hat{b}_0^{(1)}u(k)-\cdots-\hat{b}_n^{(1)}u(k-n),k=n,n+1,\cdots,n+N$$

(3) 用残差$e^{(1)}(k)$代替$\xi(k)$,利用式(5.6.11)计算$\boldsymbol{f}$的估值

$$\hat{\boldsymbol{f}}^{(1)}=[\boldsymbol{\Omega}^{(1)\mathrm{T}}\boldsymbol{\Omega}^{(1)}]^{-1}\boldsymbol{\Omega}^{(1)\mathrm{T}}\boldsymbol{e}^{(1)}$$

式中

$$\hat{\boldsymbol{f}}^{(1)}=\begin{bmatrix}\hat{f}_1^{(1)}\\ \hat{f}_2^{(1)}\\ \vdots\\ \hat{f}_m^{(1)}\end{bmatrix},\quad \boldsymbol{e}^{(1)}=\begin{bmatrix}e^{(1)}(n+1)\\ e^{(1)}(n+2)\\ \vdots\\ e^{(1)}(n+N)\end{bmatrix}$$

$$\boldsymbol{\Omega}^{(1)}=\begin{bmatrix}-e^{(1)}(n) & -e^{(1)}(n-1) & \cdots & -e^{(1)}(n-m+1)\\ -e^{(1)}(n+1) & -e^{(1)}(n) & \cdots & -e^{(1)}(n-m+2)\\ \vdots & \vdots & & \vdots\\ -e^{(1)}(n+N-1) & -e^{(1)}(n+N-2) & \cdots & -e^{(1)}(n-m+N)\end{bmatrix}$$

在实际计算时,即使$f(z^{-1})$的阶数选得低一些,也能得到较好的结果。

(4) 计算$\bar{y}^{(1)}(k)$和$\bar{u}^{(1)}(k)$

$$\bar{y}^{(1)}(k)=y(k)+\hat{f}_1^{(1)}y(k-1)+\cdots+\hat{f}_m^{(1)}y(k-m)$$

$$\bar{u}^{(1)}(k)=u(k)+\hat{f}_1^{(1)}u(k-1)+\cdots+\hat{f}_m^{(1)}u(k-m)$$

(5) 应用得到的$\bar{y}^{(1)}(k)$和$\bar{u}^{(1)}(k)$,按模型

$$a(z^{-1})\bar{y}^{(1)}(k)=b(z^{-1})\bar{u}^{(1)}(k)+\varepsilon(k)$$

用最小二乘法重新估计$\boldsymbol{\theta}$,得到$\boldsymbol{\theta}$的第2次估值$\hat{\boldsymbol{\theta}}^{(2)}$。然后按步骤(2)计算残差$e^{(2)}(k)$,按步骤(3)重新估计$\boldsymbol{f}$,得到估值$\hat{\boldsymbol{f}}^{(2)}$。再按步骤(4)计算$\bar{y}^{(2)}(k)$和$\bar{u}^{(2)}(k)$,按步骤(5)求$\boldsymbol{\theta}$的第3次估值$\hat{\boldsymbol{\theta}}^{(3)}$。重复上述循环步骤,直到$\boldsymbol{\theta}$的估值$\hat{\boldsymbol{\theta}}^{(i)}$收敛为止。上述循环的收敛性可用下式判断

$$\lim_{i\to\infty}\hat{f}^{(i)}(z^{-1})=1 \tag{5.6.19}$$

即当i比较大时,如果$\hat{f}^{(i)}(z^{-1})$近似为1,则意味着已把残差$e(k)$白噪声化了,数据不需要继续滤波了,这时得到的估值与上一循环相同。这就是说,经过i次循环,计算结果就收敛了,估值$\hat{\boldsymbol{\theta}}^{(i)}$就是参数向量$\boldsymbol{\theta}$的一个良好估计。

广义最小二乘法的优点是估计的效果比较好,缺点是计算比较麻烦。另外,对于循环的收敛性还没有给出证明,并非总是收敛于最优估值上。这一方法在实际中得到了较好的利用。

例 5.4 设单输入-单输出系统

$$y(k)=-a_1y(k-1)-a_2y(k-2)+b_1u(k-1)+\xi(k)$$

的真值$\boldsymbol{\theta}=[a_1\quad a_2\quad b_1]^{\mathrm{T}}=[-0.5\quad 0.5\quad 1.0]^{\mathrm{T}}$,输入$u(k)$是具有零均值和单位方差的独立高斯随机变量序列。$\xi(k)$的形成滤波器模型为

$$f(z^{-1})\xi(k)=(1.0+0.85z^{-1})\xi(k)=\varepsilon(k)$$

则$f_0=1.0$, $f_1=0.85$。选取较大的f_1是为了使残差强烈相关。$\varepsilon(k)$是具有方差$\sigma^2=0.64$的零均值白噪声过程。试用广义最小二乘法辨识参数向量$\boldsymbol{\theta}$。

解 为了辨识参数向量$\boldsymbol{\theta}$,利用$N=300$的输入和输出数据,用广义最小二乘法进行迭代计算,每次迭代计算都算出残差的方差$\hat{\sigma}^2=\boldsymbol{e}^{\mathrm{T}}\boldsymbol{e}/N$,计算结果如图5.1所示。图中折线表明,本例在5次迭代后收敛。第一次计算用最小二乘法,$\hat{\sigma}^2=1.6$,这表明最小二乘法估计是有偏的。

广义最小二乘法是一种迭代方法。求差分方程式(5.6.14)的参数估计是一个求非线性最小值的问

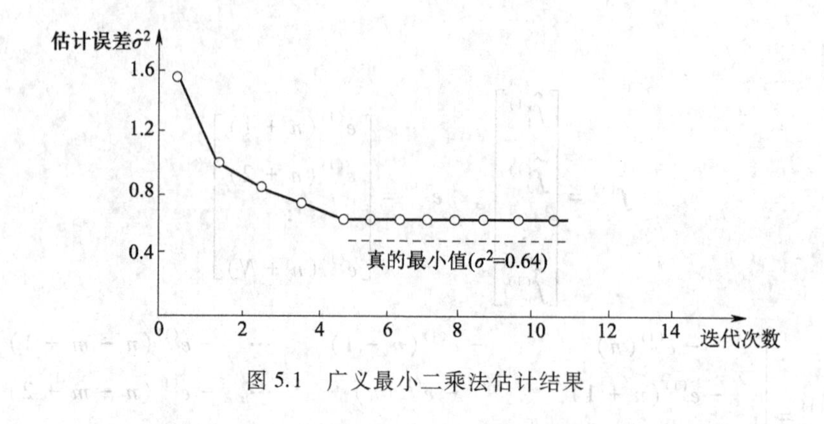

图 5.1 广义最小二乘法估计结果

题,因而不一定总能保证算法对最优解的收敛性。这种形式的典型问题是在最小二乘指标函数 J 中可能存在一个以上的局部极小值。为了获得较好的计算结果,参数估计的初值应尽量选得接近最优参数估值。在没有验前信息的情况下,最小二乘估值被认为是最好的初始条件。J 的峰值受到系统中噪声水平的强烈影响。当信噪比足够大时,J 具有唯一的最小值,该算法往往收敛于真实参数值。当信噪比不够大时,J 可能是多峰的,该算法的估计结果往往取决于所选取的参数初值。

广义最小二乘法的收敛是比较缓慢的,为了得到准确的参数估值,往往需要进行多次迭代计算。

为了进行在线辨识,可采用递推广义最小二乘法。

广义最小二乘法的递推计算过程可分为两部分:

(1) 按递推最小二乘法随着 N 的增大不断计算 $\hat{\boldsymbol{\theta}}_N$ 和 $\hat{\boldsymbol{f}}_N$;

(2) 在递推过程中,$\hat{\boldsymbol{\theta}}_N$ 和 $\hat{\boldsymbol{f}}_N$ 是变化的,因而过滤信号 $\bar{u}(k)$, $\bar{y}(k)$ 和残差 $e(k)$ 也在变化,所以要不断计算 $\bar{u}(k)$, $\bar{y}(k)$ 和 $e(k)$。

由式(5.6.17)或式(5.6.18)可给出

$$\bar{\boldsymbol{y}}_N = \bar{\boldsymbol{\Phi}}_N \boldsymbol{\theta}_N + \boldsymbol{\varepsilon}_N \tag{5.6.20}$$

其中

$$\bar{\boldsymbol{y}}_N = [\bar{y}(n+1) \quad \bar{y}(n+2) \quad \cdots \quad \bar{y}(n+N)]^{\mathrm{T}}$$

$$\boldsymbol{\theta}_N = [a_1 \quad \cdots \quad a_n \quad b_0 \quad \cdots \quad b_n]^{\mathrm{T}}$$

$$\bar{\boldsymbol{\Phi}}_N = \begin{bmatrix} -\bar{y}(n) & \cdots & -\bar{y}(1) & \bar{u}(n+1) & \cdots & \bar{u}(1) \\ -\bar{y}(n+1) & \cdots & -\bar{y}(2) & \bar{u}(n+2) & \cdots & \bar{u}(2) \\ \vdots & & \vdots & \vdots & & \vdots \\ -\bar{y}(n+N-1) & \cdots & -\bar{y}(N) & \bar{u}(n+N) & \cdots & \bar{u}(N) \end{bmatrix}$$

参照递推最小二乘法公式,可得

$$\hat{\boldsymbol{\theta}}_{N+1} = \hat{\boldsymbol{\theta}}_N + \boldsymbol{K}_{N+1}^{(1)}(\bar{y}_{N+1} - \bar{\boldsymbol{\psi}}_{N+1}^{\mathrm{T}} \hat{\boldsymbol{\theta}}_N) \tag{5.6.21}$$

$$\boldsymbol{P}_{N+1}^{(1)} = \boldsymbol{P}_N^{(1)} - \boldsymbol{K}_{N+1}^{(1)} \bar{\boldsymbol{\psi}}_{N+1}^{\mathrm{T}} \boldsymbol{P}_N^{(1)} \tag{5.6.22}$$

$$\boldsymbol{K}_{N+1}^{(1)} = \boldsymbol{P}_N^{(1)} \bar{\boldsymbol{\psi}}_{N+1} (1 + \bar{\boldsymbol{\psi}}_{N+1}^{\mathrm{T}} \boldsymbol{P}_N^{(1)} \bar{\boldsymbol{\psi}}_{N+1})^{-1} \tag{5.6.23}$$

$$\boldsymbol{P}_N^{(1)} = (\bar{\boldsymbol{\Phi}}_N^{\mathrm{T}} \bar{\boldsymbol{\Phi}}_N)^{-1} \tag{5.6.24}$$

$$\hat{\boldsymbol{f}}_{N+1}=\hat{\boldsymbol{f}}_N+\boldsymbol{K}_{N+1}^{(2)}(e_{N+1}-\boldsymbol{\omega}_{N+1}^{\mathrm{T}}\hat{\boldsymbol{f}}_N) \tag{5.6.25}$$

$$\boldsymbol{P}_{N+1}^{(2)}=\boldsymbol{P}_N^{(2)}-\boldsymbol{K}_{N+1}^{(2)}\boldsymbol{\omega}_{N+1}^{\mathrm{T}}\boldsymbol{P}_N^{(2)} \tag{5.6.26}$$

$$\boldsymbol{K}_{N+1}^{(2)}=\boldsymbol{P}_N^{(2)}\boldsymbol{\omega}_{N+1}(1+\boldsymbol{\omega}_{N+1}^{\mathrm{T}}\boldsymbol{P}_N^{(2)}\boldsymbol{\omega}_{N+1})^{-1} \tag{5.6.27}$$

$$\boldsymbol{P}_N^{(2)}=(\boldsymbol{\Omega}_N^{\mathrm{T}}\boldsymbol{\Omega}_N)^{-1} \tag{5.6.28}$$

式中

$$\bar{y}_{N+1}=\bar{y}(n+N+1)$$

$$e(k)=\hat{a}(z^{-1})y(k)-\hat{b}(z^{-1})u(k)$$

$$\boldsymbol{\omega}_{N+1}^{\mathrm{T}}=[-e(n+N)\cdots-e(n+N-m+1)]$$

$$e_{N+1}=e(n+N+1)$$

$$\boldsymbol{\Omega}_N=\begin{bmatrix}-e(n) & -e(n-1) & \cdots & -e(n-m+1)\\ -e(n+1) & -e(n) & \cdots & -e(n-m+2)\\ \vdots & \vdots & & \vdots\\ -e(n+N-1) & -e(n+N-2) & \cdots & -e(n-m+N)\end{bmatrix}$$

$$\bar{\boldsymbol{\psi}}_{N+1}^{\mathrm{T}}=[-\bar{y}(n+N)\quad\cdots\quad-\bar{y}(N+1)\quad\bar{u}(n+N+1)\quad\cdots\quad\bar{u}(N+1)]$$

其中

$$\bar{y}(k)=\hat{f}(z^{-1})y(k)$$

$$\bar{u}(k)=\hat{f}(z^{-1})u(k)$$

$\hat{f}(z^{-1})$,$\hat{a}(z^{-1})$和$\hat{b}(z^{-1})$表示这些多项式中的系数用相应的估值来代替。

递推广义最小二乘法有较好的计算效果。对于最小二乘法,递推计算与离线计算结果完全一样,而对广义最小二乘法,递推计算与离线计算结果不完全一样。

5.7 一种交替的广义最小二乘法求解技术(夏氏法)

这种方法是夏天长(T.C.Hsia)提出来的,又称夏氏法。上一节所讨论的广义最小二乘法的特点在于系统的输入和输出信号反复过滤。这一节所介绍的夏氏法是一种交替的广义最小二乘法求解技术,它不需要数据反复过滤,因而计算效率较高。这种方法可消去最小二乘估计中的偏差,而且由这种方法所导出的计算方法也比较简单。

根据式(5.1.8)和式(5.6.8)有

$$\boldsymbol{y}=\boldsymbol{\Phi\theta}+\boldsymbol{\xi},\quad\boldsymbol{\xi}=\boldsymbol{\Omega f}+\boldsymbol{\varepsilon} \tag{5.7.1}$$

因而有

$$\boldsymbol{y}=\boldsymbol{\Phi\theta}+\boldsymbol{\Omega f}+\boldsymbol{\varepsilon}=[\boldsymbol{\Phi}\quad\boldsymbol{\Omega}]\begin{bmatrix}\boldsymbol{\theta}\\ \boldsymbol{f}\end{bmatrix}+\boldsymbol{\varepsilon} \tag{5.7.2}$$

应用最小二乘法可得参数估值

$$\begin{bmatrix}\hat{\boldsymbol{\theta}}\\ \hat{\boldsymbol{f}}\end{bmatrix}=\left\{\begin{bmatrix}\boldsymbol{\Phi}^{\mathrm{T}}\\ \boldsymbol{\Omega}^{\mathrm{T}}\end{bmatrix}[\boldsymbol{\Phi}\quad\boldsymbol{\Omega}]\right\}^{-1}\begin{bmatrix}\boldsymbol{\Phi}^{\mathrm{T}}\\ \boldsymbol{\Omega}^{\mathrm{T}}\end{bmatrix}\boldsymbol{y}=\begin{bmatrix}\boldsymbol{\Phi}^{\mathrm{T}}\boldsymbol{\Phi} & \boldsymbol{\Phi}^{\mathrm{T}}\boldsymbol{\Omega}\\ \boldsymbol{\Omega}^{\mathrm{T}}\boldsymbol{\Phi} & \boldsymbol{\Omega}^{\mathrm{T}}\boldsymbol{\Omega}\end{bmatrix}^{-1}\begin{bmatrix}\boldsymbol{\Phi}^{\mathrm{T}}\boldsymbol{y}\\ \boldsymbol{\Omega}^{\mathrm{T}}\boldsymbol{y}\end{bmatrix} \tag{5.7.3}$$

下面求式(5.7.3)中的逆阵。对于分块矩阵有如下的求逆恒等式。

设 $\boldsymbol{R}$ 是一个 $n\times n$ 非奇异分块矩阵,且

$$\boldsymbol{R}=\begin{bmatrix}\boldsymbol{E} & \boldsymbol{F}\\ \boldsymbol{G} & \boldsymbol{H}\end{bmatrix} \tag{5.7.4}$$

其中 $\boldsymbol{E}$ 为 $n_1\times n_1$ 矩阵,$\boldsymbol{F}$ 为 $n_1\times n_2$ 矩阵,$\boldsymbol{G}$ 为 $n_2\times n_1$ 矩阵,$\boldsymbol{H}$ 为 $n_2\times n_2$ 矩阵, $n_1+n_2=n$,并假定 $\boldsymbol{E}$ 和 $\boldsymbol{D}=\boldsymbol{H}-\boldsymbol{G}\boldsymbol{E}^{-1}\boldsymbol{F}$ 是非奇异的,则有

$$\boldsymbol{R}^{-1}=\begin{bmatrix}\boldsymbol{E}^{-1}(\boldsymbol{I}+\boldsymbol{F}\boldsymbol{D}^{-1}\boldsymbol{G}\boldsymbol{E}^{-1}) & -\boldsymbol{E}^{-1}\boldsymbol{F}\boldsymbol{D}^{-1}\\ -\boldsymbol{D}^{-1}\boldsymbol{G}\boldsymbol{E}^{-1} & \boldsymbol{D}^{-1}\end{bmatrix} \tag{5.7.5}$$

令

$$\boldsymbol{E}=\boldsymbol{\Phi}^{\mathrm{T}}\boldsymbol{\Phi},\quad \boldsymbol{F}=\boldsymbol{\Phi}^{\mathrm{T}}\boldsymbol{\Omega},\quad \boldsymbol{G}=\boldsymbol{\Omega}^{\mathrm{T}}\boldsymbol{\Phi},\quad \boldsymbol{H}=\boldsymbol{\Omega}^{\mathrm{T}}\boldsymbol{\Omega}$$

则有

$$\boldsymbol{D}=\boldsymbol{\Omega}^{\mathrm{T}}\boldsymbol{\Omega}-\boldsymbol{\Omega}^{\mathrm{T}}\boldsymbol{\Phi}(\boldsymbol{\Phi}^{\mathrm{T}}\boldsymbol{\Phi})^{-1}\boldsymbol{\Phi}^{\mathrm{T}}\boldsymbol{\Omega}=\boldsymbol{\Omega}^{\mathrm{T}}[\boldsymbol{I}-\boldsymbol{\Phi}(\boldsymbol{\Phi}^{\mathrm{T}}\boldsymbol{\Phi})^{-1}\boldsymbol{\Phi}^{\mathrm{T}}]\boldsymbol{\Omega}=\boldsymbol{\Omega}^{\mathrm{T}}\boldsymbol{M}\boldsymbol{\Omega} \tag{5.7.6}$$

其中

$$\boldsymbol{M}=\boldsymbol{I}-\boldsymbol{\Phi}(\boldsymbol{\Phi}^{\mathrm{T}}\boldsymbol{\Phi})^{-1}\boldsymbol{\Phi}^{\mathrm{T}} \tag{5.7.7}$$

因而利用式(5.7.5)可得

$$\begin{bmatrix}\hat{\boldsymbol{\theta}}\\ \hat{\boldsymbol{f}}\end{bmatrix}=\begin{bmatrix}(\boldsymbol{\Phi}^{\mathrm{T}}\boldsymbol{\Phi})^{-1}[\boldsymbol{I}+\boldsymbol{\Phi}^{\mathrm{T}}\boldsymbol{\Omega}\boldsymbol{D}^{-1}\boldsymbol{\Omega}^{\mathrm{T}}\boldsymbol{\Phi}(\boldsymbol{\Phi}^{\mathrm{T}}\boldsymbol{\Phi})^{-1}] & -(\boldsymbol{\Phi}^{\mathrm{T}}\boldsymbol{\Phi})^{-1}\boldsymbol{\Phi}^{\mathrm{T}}\boldsymbol{\Omega}\boldsymbol{D}^{-1}\\ -\boldsymbol{D}^{-1}\boldsymbol{\Omega}^{\mathrm{T}}\boldsymbol{\Phi}(\boldsymbol{\Phi}^{\mathrm{T}}\boldsymbol{\Phi})^{-1} & \boldsymbol{D}^{-1}\end{bmatrix}\begin{bmatrix}\boldsymbol{\Phi}^{\mathrm{T}}\boldsymbol{y}\\ \boldsymbol{\Omega}^{\mathrm{T}}\boldsymbol{y}\end{bmatrix} \tag{5.7.8}$$

由上式可得

$$\begin{aligned}\hat{\boldsymbol{\theta}}&=(\boldsymbol{\Phi}^{\mathrm{T}}\boldsymbol{\Phi})^{-1}\boldsymbol{\Phi}^{\mathrm{T}}\boldsymbol{y}+(\boldsymbol{\Phi}^{\mathrm{T}}\boldsymbol{\Phi})^{-1}\boldsymbol{\Phi}^{\mathrm{T}}\boldsymbol{\Omega}\boldsymbol{D}^{-1}\boldsymbol{\Omega}^{\mathrm{T}}\boldsymbol{\Phi}(\boldsymbol{\Phi}^{\mathrm{T}}\boldsymbol{\Phi})^{-1}\boldsymbol{\Phi}^{\mathrm{T}}\boldsymbol{y}-\\ &\quad(\boldsymbol{\Phi}^{\mathrm{T}}\boldsymbol{\Phi})^{-1}\boldsymbol{\Phi}^{\mathrm{T}}\boldsymbol{\Omega}\boldsymbol{D}^{-1}\boldsymbol{\Omega}^{\mathrm{T}}\boldsymbol{y}=\\ &(\boldsymbol{\Phi}^{\mathrm{T}}\boldsymbol{\Phi})^{-1}\boldsymbol{\Phi}^{\mathrm{T}}\boldsymbol{y}-(\boldsymbol{\Phi}^{\mathrm{T}}\boldsymbol{\Phi})^{-1}\boldsymbol{\Phi}^{\mathrm{T}}\boldsymbol{\Omega}\boldsymbol{D}^{-1}\boldsymbol{\Omega}^{\mathrm{T}}[\boldsymbol{I}-\boldsymbol{\Phi}(\boldsymbol{\Phi}^{\mathrm{T}}\boldsymbol{\Phi})^{-1}\boldsymbol{\Phi}^{\mathrm{T}}]\boldsymbol{y}\\ &=(\boldsymbol{\Phi}^{\mathrm{T}}\boldsymbol{\Phi})^{-1}\boldsymbol{\Phi}^{\mathrm{T}}\boldsymbol{y}-(\boldsymbol{\Phi}^{\mathrm{T}}\boldsymbol{\Phi})^{-1}\boldsymbol{\Phi}^{\mathrm{T}}\boldsymbol{\Omega}\boldsymbol{D}^{-1}\boldsymbol{\Omega}^{\mathrm{T}}\boldsymbol{M}\boldsymbol{y}\end{aligned} \tag{5.7.9}$$

$$\begin{aligned}\hat{\boldsymbol{f}}&=(-\boldsymbol{D}^{-1}\boldsymbol{\Omega}^{\mathrm{T}}\boldsymbol{\Phi}(\boldsymbol{\Phi}^{\mathrm{T}}\boldsymbol{\Phi})^{-1}\boldsymbol{\Phi}^{\mathrm{T}}\boldsymbol{y}+\boldsymbol{D}^{-1}\boldsymbol{\Omega}^{\mathrm{T}}\boldsymbol{y}\\ &=\boldsymbol{D}^{-1}\boldsymbol{\Omega}^{\mathrm{T}}[\boldsymbol{I}-\boldsymbol{\Phi}(\boldsymbol{\Phi}^{\mathrm{T}}\boldsymbol{\Phi})^{-1}\boldsymbol{\Phi}^{\mathrm{T}}]\boldsymbol{y}=\boldsymbol{D}^{-1}\boldsymbol{\Omega}^{\mathrm{T}}\boldsymbol{M}\boldsymbol{y}\end{aligned} \tag{5.7.10}$$

将式(5.7.10)代入式(5.7.9)得

$$\hat{\boldsymbol{\theta}}=(\boldsymbol{\Phi}^{\mathrm{T}}\boldsymbol{\Phi})^{-1}\boldsymbol{\Phi}^{\mathrm{T}}\boldsymbol{y}-(\boldsymbol{\Phi}^{\mathrm{T}}\boldsymbol{\Phi})^{-1}\boldsymbol{\Phi}^{\mathrm{T}}\boldsymbol{\Omega}\hat{\boldsymbol{f}} \tag{5.7.11}$$

上式中的第一项是 $\boldsymbol{\theta}$ 的最小二乘估计 $\hat{\boldsymbol{\theta}}_{\mathrm{LS}}$,第二项是偏差项 $\hat{\boldsymbol{\theta}}_{\mathrm{B}}$,即

$$\hat{\boldsymbol{\theta}}=\hat{\boldsymbol{\theta}}_{\mathrm{LS}}-\hat{\boldsymbol{\theta}}_{\mathrm{B}} \tag{5.7.12}$$

这就表明,如果从最小二乘估值中减去偏差项就可得到一致估值 $\hat{\boldsymbol{\theta}}$,所以必须准确计算 $\hat{\boldsymbol{\theta}}_{\mathrm{B}}$。

为了准确计算 $\hat{\boldsymbol{\theta}}_{\mathrm{B}}$,可采用迭代方法,其迭代计算步骤如下。

(1) 假定 $\hat{\boldsymbol{f}}=\boldsymbol{0}$,计算最小二乘估值 $\hat{\boldsymbol{\theta}}_{\mathrm{LS}}$

$$\hat{\boldsymbol{\theta}}_{\mathrm{LS}}=(\boldsymbol{\Phi}^{\mathrm{T}}\boldsymbol{\Phi})^{-1}\boldsymbol{\Phi}^{\mathrm{T}}\boldsymbol{y}$$

注意到 $\boldsymbol{\Gamma}=(\boldsymbol{\Phi}^{\mathrm{T}}\boldsymbol{\Phi})^{-1}\boldsymbol{\Phi}^{\mathrm{T}}$ 和 $\boldsymbol{M}=\boldsymbol{I}-\boldsymbol{\Phi}(\boldsymbol{\Phi}^{\mathrm{T}}\boldsymbol{\Phi})^{-1}\boldsymbol{\Phi}^{\mathrm{T}}$ 在整个计算过程中是不变量,只需要计算一次。

(2) 计算残差

$$\boldsymbol{e}=\boldsymbol{y}-\boldsymbol{\Phi}\hat{\boldsymbol{\theta}}$$

然后利用残差构造 $\boldsymbol{\Omega}$ 并计算 $\boldsymbol{D}=\boldsymbol{\Omega}^{\mathrm{T}}\boldsymbol{M}\boldsymbol{\Omega}$ 和 $\boldsymbol{D}^{-1}$。在第一次计算残差 $\boldsymbol{e}$ 时可取 $\hat{\boldsymbol{\theta}}=\hat{\boldsymbol{\theta}}_{\mathrm{LS}}$。

(3) 计算 $\hat{\boldsymbol{f}}$ 和 $\hat{\boldsymbol{\theta}}_{\mathrm{B}}=\boldsymbol{\Gamma}\boldsymbol{\Omega}\hat{\boldsymbol{f}}$,然后修改 $\hat{\boldsymbol{\theta}}$

$$\hat{\boldsymbol{\theta}} = \hat{\boldsymbol{\theta}}_{\mathrm{LS}} - \hat{\boldsymbol{\theta}}_{\mathrm{B}}$$

（4）返回到步骤（2），并重复上述计算过程，一直到 $\hat{\boldsymbol{\theta}}_{\mathrm{B}}$ 基本上保持不变为止。

上述算法常称为夏氏偏差修正法。

可以看出，上述迭代算法本质上是一种逐次改善偏差项精度的算法。这种算法可推广到多变量系统的辨识，而广义最小二乘法在多变量系统的辨识中可能会由于数据反复过滤而失败。在广义最小二乘法中，每次迭代有两个矩阵求逆，另加数据滤波。而在夏氏偏差修正法中，每次迭代只有一个矩阵求逆，并且不需要数据滤波，但要计算矩阵 $\boldsymbol{M}$ 和 $\boldsymbol{D}$。为了避免计算 $\boldsymbol{M}$ 和 $\boldsymbol{D}$，可采用 $\hat{\boldsymbol{f}}$ 的近似算法。

若在式（5.7.1）中用近似的 $\hat{\boldsymbol{\theta}}$ 代替 $\boldsymbol{\theta}$，则有

$$\boldsymbol{\xi} = \boldsymbol{y} - \boldsymbol{\Phi}\hat{\boldsymbol{\theta}} = \boldsymbol{\Omega}\boldsymbol{f} + \boldsymbol{\varepsilon} \tag{5.7.13}$$

求上式中 $\boldsymbol{f}$ 的最小二乘估计

$$\hat{\boldsymbol{f}} = (\boldsymbol{\Omega}^{\mathrm{T}}\boldsymbol{\Omega})^{-1}\boldsymbol{\Omega}^{\mathrm{T}}\boldsymbol{\xi} = (\boldsymbol{\Omega}^{\mathrm{T}}\boldsymbol{\Omega})^{-1}\boldsymbol{\Omega}^{\mathrm{T}}(\boldsymbol{y} - \boldsymbol{\Phi}\hat{\boldsymbol{\theta}}) \tag{5.7.14}$$

于是有

$$\hat{\boldsymbol{\theta}} = \hat{\boldsymbol{\theta}}_{\mathrm{LS}} - \boldsymbol{\Gamma}\boldsymbol{\Omega}\hat{\boldsymbol{f}} \tag{5.7.15}$$

$$\hat{\boldsymbol{f}} = (\boldsymbol{\Omega}^{\mathrm{T}}\boldsymbol{\Omega})^{-1}\boldsymbol{\Omega}^{\mathrm{T}}\boldsymbol{e} \tag{5.7.16}$$

这种算法称之为夏氏改良法。因此夏氏法可分为夏氏偏差修正法和夏氏改良法两种算法。

例 5.5　用上一节已研究过的例题来说明夏氏法的效果，仍设

$$y(k) = -a_1 y(k-1) - a_2 y(k-2) + b_1 u(k-1) + \xi(k)$$

的真值 $\boldsymbol{\theta} = [a_1 \quad a_2 \quad b_1]^{\mathrm{T}} = [-0.5 \quad 0.5 \quad 1.0]^{\mathrm{T}}$，并且

$$f(z^{-1})\xi(k) = (1.0 + 0.85z^{-1})\xi(k) = \varepsilon(k)$$

即 $f_0 = 1.0$，　$f_1 = 0.85$，其余的假设也完全相同。在同样数据条件下，比较广义最小二乘法、夏氏偏差修正法和夏氏改良法的系统参数辨识结果。

解　三种方法的辨识结果如图 5.2 所示。从图中可以看到，夏氏偏差修正法特性曲线开始急剧升高，使收敛显著变慢。夏氏改良法大大改进了收敛速率，虽仍比不上广义最小二乘法，但三种算法几乎都在第 8 次迭代后收敛于同一值。

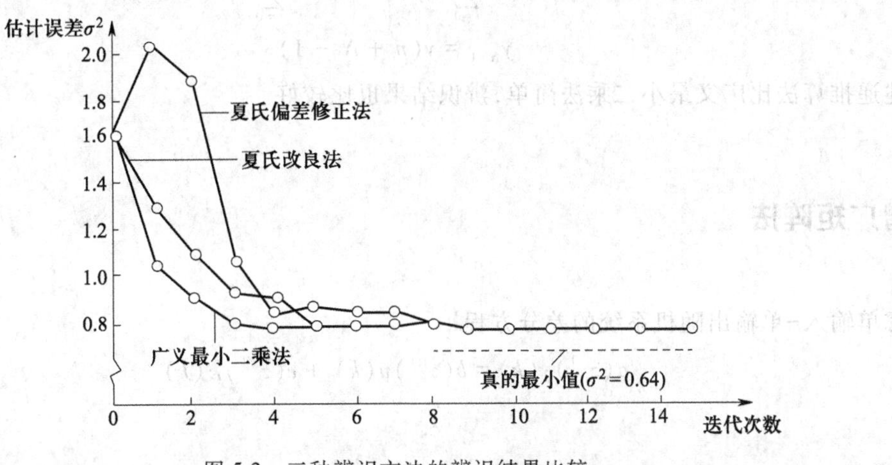

图 5.2　三种辨识方法的辨识结果比较

表 5.2 给出了夏氏偏差修正法和夏氏改良法的计算时间和数据存储量与广义最小二乘法相应项的

比较,比较时以广义最小二乘法的计算时间和数据存储量作为100%。从表中可以看出,夏氏法确实比广义最小二乘法效率高。

表5.2 三种辨识方法比较

	夏氏偏差修正法		夏氏改良法		广义最小二乘法	
数据长度	300	500	300	500	300	500
每次迭代计算时间	75%	67%	37%	33%	100%	100%
实际存储量	99%	99%	90%	90%	100%	100%

下面讨论夏氏法的递推算法。

设

$$\begin{cases} \boldsymbol{\psi} = [\boldsymbol{\Phi} \quad \boldsymbol{\Omega}] \\ \boldsymbol{\beta} = \begin{bmatrix} \boldsymbol{\theta} \\ \boldsymbol{f} \end{bmatrix} \end{cases} \tag{5.7.17}$$

由式(5.7.2)可得

$$\boldsymbol{y} = \boldsymbol{\psi\beta} + \boldsymbol{\varepsilon} \tag{5.7.18}$$

$\boldsymbol{\beta}$ 的最小二乘法估计为

$$\hat{\boldsymbol{\beta}} = (\boldsymbol{\psi}^{\mathrm{T}}\boldsymbol{\psi})^{-1}\boldsymbol{\psi}^{\mathrm{T}}\boldsymbol{y} \tag{5.7.19}$$

递推算法为

$$\hat{\boldsymbol{\beta}}_{N+1} = \hat{\boldsymbol{\beta}}_{N} + \boldsymbol{r}_{N+1}(\boldsymbol{y}_{N+1} - \boldsymbol{\psi}_{N+1}^{\mathrm{T}}\hat{\boldsymbol{\beta}}_{N}) \tag{5.7.20}$$

$$\boldsymbol{P}_{N+1} = \boldsymbol{P}_{N} - \boldsymbol{r}_{N+1}\boldsymbol{\psi}_{N+1}^{\mathrm{T}}\boldsymbol{P}_{N} \tag{5.7.21}$$

$$\boldsymbol{r}_{N+1} = \boldsymbol{P}_{N}\boldsymbol{\psi}_{N+1}(1 + \boldsymbol{\psi}_{N+1}^{\mathrm{T}}\boldsymbol{P}_{N}\boldsymbol{\psi}_{N+1})^{-1} \tag{5.7.22}$$

式中

$$\boldsymbol{\psi}_{N+1}^{\mathrm{T}} = [-y(n+N) \quad \cdots \quad -y(N+1) \quad u(n+N+1) \quad \cdots \quad u(N+1) \\ -e(n+N) \quad \cdots \quad -e(n+N+1-m)]$$

$$e(k) = y(k) - \sum_{i=1}^{n}\hat{a}_i y(k-i) - \sum_{i=0}^{n}\hat{b}_i u(k-i)$$

$$y_{N+1} = y(n+N-1)$$

上述递推算法比广义最小二乘法简单,辨识结果也比较好。

5.8 增广矩阵法

考虑单输入-单输出随机系统的差分方程

$$a(z^{-1})y(k) = b(z^{-1})u(k) + c(z^{-1})\varepsilon(k) \tag{5.8.1}$$

式中

$$a(z^{-1}) = 1 + \sum_{i=1}^{n}a_i z^{-i}, \quad b(z^{-1}) = \sum_{i=0}^{n}b_i z^{-i}, \; c(z^{-1}) = 1 + \sum_{i=1}^{n}c_i z^{-i}$$

$\varepsilon(k)$是新息序列,具有白噪声特性。

我们先扩充被估参数的维数,再用最小二乘法估计系统参数。设

$$\boldsymbol{\theta}^{\mathrm{T}} = [a_1 \quad \cdots \quad a_n \quad b_0 \quad \cdots \quad b_n \quad c_1 \quad \cdots \quad c_n]$$

$$\boldsymbol{\psi}_N^{\mathrm{T}} = [-y(n+N-1) \quad \cdots \quad -y(N) \quad u(n+N) \quad \cdots \quad u(N) \quad \varepsilon(n+N-1) \quad \cdots \quad \varepsilon(N)]$$

则有

$$y(n+N) = \boldsymbol{\psi}_N^{\mathrm{T}}\boldsymbol{\theta} + \varepsilon(n+N) \tag{5.8.2}$$

$$\varepsilon(n+N) = y(n+N) - \boldsymbol{\psi}_N^{\mathrm{T}}\boldsymbol{\theta} \tag{5.8.3}$$

上述方程结构适宜于用递推最小二乘法计算，但 $\varepsilon(k)$ 是未知的。为了克服这一困难，用 $\hat{\boldsymbol{\psi}}_N$ 代替 $\boldsymbol{\psi}_N$。$\hat{\boldsymbol{\psi}}_N$ 定义为

$$\hat{\boldsymbol{\psi}}_N^{\mathrm{T}} = [-y(n+N-1) \quad \cdots \quad -y(N) \quad u(n+N) \quad \cdots \quad u(N) \quad \hat{\varepsilon}(n+N-1) \quad \cdots \quad \hat{\varepsilon}(N)]$$

其中

$$\hat{\varepsilon}(n+N) = y(n+N) - \boldsymbol{\psi}_N^{\mathrm{T}}\hat{\boldsymbol{\theta}}_{N-1} \tag{5.8.4}$$

按照递推最小二乘法公式的推导方法，可得增广矩阵法的递推方程

$$\hat{\boldsymbol{\theta}}_{N+1} = \hat{\boldsymbol{\theta}}_N + \boldsymbol{K}_{N+1}(y_{N+1} - \hat{\boldsymbol{\psi}}_{N+1}^{\mathrm{T}}\hat{\boldsymbol{\theta}}_N) \tag{5.8.5}$$

$$\boldsymbol{P}_{N+1} = \boldsymbol{P}_N - \boldsymbol{K}_{N+1}\hat{\boldsymbol{\psi}}_{N+1}^{\mathrm{T}}\boldsymbol{P}_N \tag{5.8.6}$$

$$\boldsymbol{K}_{N+1} = \boldsymbol{P}_N\hat{\boldsymbol{\psi}}_{N+1}(1 + \hat{\boldsymbol{\psi}}_{N+1}^{\mathrm{T}}\boldsymbol{P}_N\hat{\boldsymbol{\psi}}_{N+1})^{-1} \tag{5.8.7}$$

式中

$$y_{N+1} = y(n+N+1)$$

在上述算法中，由于矩阵 $\boldsymbol{P}_N$ 的维数与最小二乘法中 $\boldsymbol{P}_N$ 的维数相比扩大了，因而称为增广矩阵法。这种算法在实际中获得了广泛应用，收敛情况也比较好。

5.9 多阶段最小二乘法

前面几节讨论了广义最小二乘法、辅助变量法和增广矩阵法。广义最小二乘法的计算精度高，但计算量大。辅助变量法的计算较简单，但计算精度较低。增广矩阵法能保证精度和收敛，但计算量也比较大。本节介绍另一种解决相关残差问题的最小二乘法——多阶段最小二乘法。这种方法把复杂的辨识问题分成三个阶段来处理，而且每个阶段只用到简单的最小二乘法，省去了广义最小二乘法的迭代过程，简化了计算，并且可以得到参数的一致性无偏估计，计算精度比辅助变量法高。但是，这种方法也存在着与广义最小二乘法相类似的收敛问题。

常用的多阶段最小二乘法有三种算法，而其中的两种算法是紧密联系的。

5.9.1 第 1 种算法

这一算法的三个阶段分别是确定原系统脉冲响应序列、估计系统参数和估计噪声模型参数。

(1) 确定原系统脉冲响应序列

设系统的差分方程为

$$a(z^{-1})y(k) = b(z^{-1})u(k) + \xi(k) \tag{5.9.1}$$

式中

$$a(z^{-1}) = 1 + a_1 z^{-1} + \cdots + a_n z^{-n}$$

$$b(z^{-1}) = b_0 + b_1 z^{-1} + \cdots + b_n z^{-n}$$

$\xi(k)$为有色噪声,可表示为

$$\xi(k) = \frac{1}{f(z^{-1})}\varepsilon(k) \tag{5.9.2}$$

其中 $\xi(k)$为白噪声序列。

前已述及,$\xi(k)$是由系统输入量的测量误差、输出量的测量误差和系统内部噪声所引起的。如果把 $\xi(k)$归结为由输出量测量误差 $v(k)$所引起的,如图 5.3 所示,则可求出 $\xi(k)$和 $v(k)$之间的关系式。

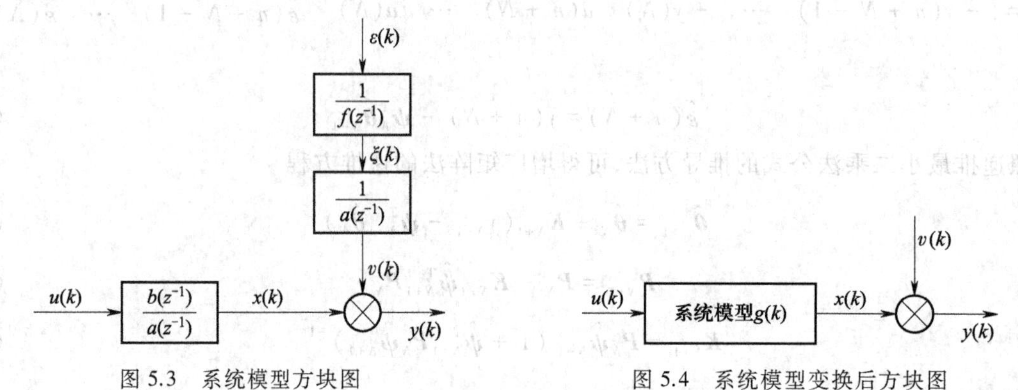

图 5.3　系统模型方块图　　　　图 5.4　系统模型变换后方块图

在式(5.1.4)中,用 $v(k)$代替 $n(k)$可得

$$a(z^{-1})y(k) = b(z^{-1})u(k) + a(z^{-1})v(k) \tag{5.9.3}$$

或把式(5.9.3)写成

$$a(z^{-1})y(k) = b(z^{-1})u(k) + \xi(k) \tag{5.9.4}$$

$$\xi(k) = a(z^{-1})v(k) \tag{5.9.5}$$

则有

$$y(k) = \frac{b(z^{-1})}{a(z^{-1})}u(k) + v(k) \tag{5.9.6}$$

设 $g(k)$为$\dfrac{b(z^{-1})}{a(z^{-1})}$的脉冲响应序列,并且令

$$x(k) = \frac{b(z^{-1})}{a(z^{-1})}u(k) \tag{5.9.7}$$

则

$$y(k) = x(k) + v(k) \tag{5.9.8}$$

$\xi(k)$与 $\varepsilon(k)$及 $v(k)$与 $\xi(k)$的系统模型方块图如图 5.3 所示,系统模型变换后方块图如图 5.4 所示。$v(k)$可能是白噪声,也可能是有色噪声。不管 $v(k)$是否自相关,我们总能得到系统脉冲响应序列 $g(k)$的一致性无偏最小二乘估计。

假定系统是稳定的,可用有限序列来逼近脉冲响应序列 $g(k)$。设有限序列的 $k=0,1,\cdots,p$,而 p 应足够大,$p>2n+1$。根据自动控制原理中所介绍的系统输入和输出间的关系式可得离散形式的卷积公式

$$x(k) = \sum_{i=0}^{p} g(i)u(k-i) \tag{5.9.9}$$

$$y(k) = \sum_{i=0}^{p} g(i)u(k-i) + v(k) \tag{5.9.10}$$

设 $v(k)$ 为零均值随机噪声，白色的或有色的都可以，并且 $v(k)$ 与 $u(k)$ 不相关。给定数据长度为 $N+p$ 的输入-输出数据点集，则可写出向量-矩阵方程

$$\boldsymbol{y}=\boldsymbol{U}\boldsymbol{g}+\boldsymbol{v} \tag{5.9.11}$$

式中

$$\boldsymbol{y}=\left[y(p)\quad y(p+1)\quad\cdots\quad y(p+N)\right]^{\mathrm{T}}$$

$$\boldsymbol{v}=\left[v(p)\quad v(p+1)\quad\cdots\quad v(p+N)\right]^{\mathrm{T}}$$

$$\boldsymbol{g}=\left[g(0)\quad g(1)\quad\cdots\quad g(p)\right]^{\mathrm{T}}$$

$$\boldsymbol{U}=\begin{bmatrix} u(p) & u(p-1) & \cdots & u(0) \\ u(p+1) & u(p) & \cdots & u(1) \\ \vdots & \vdots & & \vdots \\ u(p+N) & u(p+N-1) & \cdots & u(N) \end{bmatrix}$$

应用最小二乘法，可求出 $\boldsymbol{g}$ 的最小二乘估计

$$\hat{\boldsymbol{g}}=(\boldsymbol{U}^{\mathrm{T}}\boldsymbol{U})^{-1}\boldsymbol{U}^{\mathrm{T}}\boldsymbol{y} \tag{5.9.12}$$

因为 $u(k)$ 与 $v(k)$ 不相关，故 $\boldsymbol{U}$ 与 $\boldsymbol{v}$ 不相关。由于 $\boldsymbol{v}$ 的均值为零，根据 5.1 节的讨论可知 $\hat{g}$ 为一致性估计，当 $N\to\infty$ 时，$\hat{\boldsymbol{g}}$ 以概率 1 趋近于 $\boldsymbol{g}$。因为一般情况下 $v(k)$ 是自相关的，所以 $\hat{\boldsymbol{g}}$ 不一定有极小方差。一般说来，p 选得大，估计精度高，但计算量大，所以要择取适当的 p，既要满足精度要求，又要计算量小。如果 $u(k)$ 是伪随机二位式序列，则 $\hat{\boldsymbol{g}}$ 的计算可以简化。

（2）估计系统参数

首先，我们用 $u(k)$ 和 $\hat{g}$ 来构成系统真实输出 $x(k)$ 的估值 $\hat{x}(k)$，即

$$\hat{x}(k)=\sum_{i=0}^{p}\hat{g}(i)u(k-i) \tag{5.9.13}$$

然后利用准确系统模型

$$a(z^{-1})x(k)=b(z^{-1})u(k) \tag{5.9.14}$$

来估计 $a(z^{-1})$ 和 $b(z^{-1})$ 中的各未知参数。

把 $\hat{x}(k)$ 代入式(5.9.14)得

$$a(z^{-1})\hat{x}(k)=b(z^{-1})u(k)+\eta(k) \tag{5.9.15}$$

式中 $\eta(k)$ 是用 $\hat{x}(k)$ 代替式(5.9.14)中的 $x(k)$ 后所引起的实效误差。给出数据长度为 $n+N$ 的输入-输出数据点集，可写出向量-矩阵方程

$$\hat{\boldsymbol{x}}=\hat{\boldsymbol{\Phi}}\boldsymbol{\theta}+\boldsymbol{\eta} \tag{5.9.16}$$

其中

$$\boldsymbol{\theta}=\left[a_1\quad\cdots\quad a_n\quad b_0\quad\cdots\quad b_n\right]^{\mathrm{T}}$$

$$\hat{\boldsymbol{x}}=\begin{bmatrix}\hat{x}(n+1)\\ \hat{x}(n+2)\\ \vdots\\ \hat{x}(n+N)\end{bmatrix},\quad \boldsymbol{\eta}=\begin{bmatrix}\eta(n+1)\\ \eta(n+2)\\ \vdots\\ \eta(n+N)\end{bmatrix}$$

$$\hat{\boldsymbol{\Phi}}=\begin{bmatrix} -\hat{x}(n) & \cdots & -\hat{x}(1) & u(n+1) & \cdots & u(1) \\ -\hat{x}(n+1) & \cdots & -\hat{x}(2) & u(n+2) & \cdots & u(2) \\ \vdots & & \vdots & \vdots & & \vdots \\ -\hat{x}(n+N-1) & \cdots & -x(N) & u(n+N) & \cdots & u(N) \end{bmatrix}$$

应用最小二乘法,可得 $\boldsymbol{\theta}$ 的估值

$$\hat{\boldsymbol{\theta}}=(\hat{\boldsymbol{\Phi}}^{\mathrm{T}}\hat{\boldsymbol{\Phi}})^{-1}\hat{\boldsymbol{\Phi}}^{\mathrm{T}}\hat{\boldsymbol{x}} \tag{5.9.17}$$

当 $N\to\infty$ 时,$\hat{\boldsymbol{g}},\hat{\boldsymbol{x}}$ 和 $\boldsymbol{\eta}$ 分别以概率 1 趋近于 $\boldsymbol{g},\boldsymbol{x}$ 和 0,因而 $\hat{\boldsymbol{\theta}}$ 以概率 1 趋近于 $\boldsymbol{\theta}$,所以 $\hat{\boldsymbol{\theta}}$ 是一致性无偏估计。

(3) 估计噪声模型参数

设噪声模型为

$$f(z^{-1})\xi(k)=\varepsilon(k) \tag{5.9.18}$$

利用已得到的估值 $\hat{\boldsymbol{\theta}}$ 计算残差 $\hat{e}(k)$

$$\hat{e}(k)=y(k)+\sum_{i=1}^{n}\hat{a}_i y(k-i)-\sum_{i=1}^{n}\hat{b}_i u(k-i) \tag{5.9.19}$$

以 $\hat{e}(k)$ 代替式(5.9.18)中的 $\xi(k)$,得

$$f(z^{-1})\hat{e}(k)=\varepsilon(k)+\zeta(k) \tag{5.9.20}$$

式中 $\zeta(k)$ 是由于在模型中用 $\hat{e}(k)$ 代替 $\xi(k)$ 所产生的实效误差。由式(5.9.20)可得噪声模型参数 $\boldsymbol{f}$ 的最小二乘估计

$$\hat{\boldsymbol{f}}=(\hat{\boldsymbol{\Omega}}^{\mathrm{T}}\hat{\boldsymbol{\Omega}})^{-1}\hat{\boldsymbol{\Omega}}^{\mathrm{T}}\hat{\boldsymbol{e}} \tag{5.9.21}$$

式

$$\hat{\boldsymbol{f}}=\begin{bmatrix}\hat{f}_1\\ \hat{f}_2\\ \vdots\\ \hat{f}_m\end{bmatrix},\quad \hat{\boldsymbol{e}}=\begin{bmatrix}\hat{e}(m+1)\\ \hat{e}(m+2)\\ \vdots\\ \hat{e}(m+N)\end{bmatrix}$$

$$\hat{\boldsymbol{\Omega}}=\begin{bmatrix}-\hat{e}(m) & -\hat{e}(m-1) & \cdots & -\hat{e}(1)\\ -\hat{e}(m+1) & -\hat{e}(m) & \cdots & -e(2)\\ \vdots & \vdots & & \vdots\\ -\hat{e}(m+N-1) & -\hat{e}(m+N-2) & \cdots & -\hat{e}(N)\end{bmatrix}$$

由于当 $N\to\infty$ 时,$\hat{\boldsymbol{\theta}}\to\boldsymbol{\theta}$,　$\hat{\boldsymbol{e}}\to\boldsymbol{\xi}$,　$\boldsymbol{\zeta}\to\boldsymbol{0}$,因而 $\hat{\boldsymbol{f}}\to\boldsymbol{f}$,　$\hat{\boldsymbol{f}}$ 为一致性无偏估计。

上述 3 个阶段对有色噪声系统的辨识问题提供了完整的解答。如果需要递推计算,可根据前面几节所介绍的递推公式推导方法导出相应的递推公式,在此不再重复。

5.9.2　第 2 种算法

这一算法的第 1 阶段“确定系统模型脉冲响应序列”和第 3 阶段“辨识噪声模型参数”都与第 1 种算法相同,只有第 2 阶段“估计系统参数”与第 1 种算法不同。

根据脉冲响应序列的定义可知,一个在 $t=0$ 时刻用克罗内克 δ 函数激励的系统响应就是脉冲响应序列,因此有以下的输入-输出序列,即

$$\{u(k)\}=\{1,\quad 0,\quad 0,\quad \cdots\} \tag{5.9.22}$$

$$\{\hat{x}(k)\}=\{\hat{g}(k)\}=\{\hat{g}(0),\quad \hat{g}(1),\quad \cdots,\quad \hat{g}(p)\} \tag{5.9.23}$$

把$\{\hat{x}(k)\}$代入

$$a(z^{-1})x(k)=b(z^{-1})u(k) \tag{5.9.24}$$

可得

$$\begin{aligned}\hat{g}(k)=&-a_1\hat{g}(k-1)-a_2\hat{g}(k-2)-\cdots-a_n\hat{g}(k-n)+b_0u(k)+\\&b_1u(k-1)+\cdots+b_nu(k-n)+\eta(k)\end{aligned} \tag{5.9.25}$$

即

$$\begin{aligned}&\hat{g}(0)=b_0+\eta(0)\\&\hat{g}(1)=-a_1\hat{g}(0)+b_1+\eta(1)\\&\qquad\vdots\\&\hat{g}(n)=-a_1\hat{g}(n-1)-a_2\hat{g}(n-2)-\cdots-a_n\hat{g}(0)+b_n+\eta(n)\\&\hat{g}(n+1)=-a_1\hat{g}(n)-a_2\hat{g}(n-1)-\cdots-a_n\hat{g}(1)+\eta(n+1)\\&\qquad\vdots\\&\hat{g}(p)=-a_1\hat{g}(p-1)-a_2\hat{g}(p-2)-\cdots-a_n\hat{g}(p-n)+\eta(p)\end{aligned}$$

上述方程组可写成向量-矩阵形式

$$\begin{bmatrix}\hat{g}(0)\\\hat{g}(1)\\\vdots\\\hat{g}(n)\\\hat{g}(n+1)\\\vdots\\\hat{g}(p)\end{bmatrix}=\begin{bmatrix}0&0&\cdots&0&1&0&\cdots&0&0\\-\hat{g}(0)&0&\cdots&0&0&1&\cdots&0&0\\\vdots&\vdots&&\vdots&\vdots&\vdots&&\vdots&\vdots\\-\hat{g}(n-1)&-\hat{g}(n-2)&\cdots&-\hat{g}(0)&0&0&\cdots&0&1\\-\hat{g}(n)&-\hat{g}(n-1)&\cdots&-\hat{g}(1)&0&0&\cdots&0&0\\\vdots&\vdots&&\vdots&\vdots&\vdots&&\vdots&\vdots\\-\hat{g}(p-1)&-\hat{g}(p-2)&\cdots&-\hat{g}(p-n)&0&0&\cdots&0&0\end{bmatrix}\begin{bmatrix}a_1\\a_2\\\vdots\\a_n\\b_0\\\vdots\\b_n\end{bmatrix}+\begin{bmatrix}\eta(0)\\\eta(1)\\\vdots\\\eta(n)\\\eta(n+1)\\\vdots\\\eta(p)\end{bmatrix} \tag{5.9.26}$$

将上式写成

$$\hat{\boldsymbol{g}}=\hat{\boldsymbol{G}}\boldsymbol{\theta}+\boldsymbol{\eta} \tag{5.9.27}$$

式中$\boldsymbol{\eta}$是由于在式(5.9.24)中用$\hat{g}(k)$代替$x(k)$后所引起的实效误差。由式(5.9.26)可得$\boldsymbol{\theta}$的最小二乘估计

$$\hat{\boldsymbol{\theta}}=(\hat{\boldsymbol{G}}^{\mathrm{T}}\hat{\boldsymbol{G}})^{-1}\hat{\boldsymbol{G}}^{\mathrm{T}}\hat{\boldsymbol{g}} \tag{5.9.28}$$

为了求估值$\hat{\boldsymbol{\theta}}$,要求$p\geqslant 2n+1$,如果$p$太大,则需要耗费大量时间计算$\hat{\boldsymbol{g}}$,因此$p$也不宜过大。由于这种限制,所以估计量的精度反而不如第一种算法。当$N\to\infty$时,$\hat{\boldsymbol{g}}\to\boldsymbol{g}$, $\hat{\boldsymbol{\theta}}\to\boldsymbol{\theta}$,所以$\hat{\boldsymbol{\theta}}$仍为一致性无偏估计。

5.9.3　第 3 种算法

这种算法的三个阶段都与前面两种算法不同,它不是计算系统模型的脉冲响应序列,而是采用一个扩大的差分方程,在拟合系统的输入-输出数据时,把残差变成不相关,应用最小二乘法辨识这一扩大系统,然后在第 2 和第 3 阶段再估计原系统参数和噪声模型参数。

把式(5.9.2)代入式(5.9.1)得

$$a(z^{-1})f(z^{-1})y(k)=b(z^{-1})f(z^{-1})u(k)+\varepsilon(k) \tag{5.9.29}$$

或

$$c(z^{-1})y(k)=d(z^{-1})u(k)+\varepsilon(k) \tag{5.9.30}$$

式中

$$c(z^{-1})=a(z^{-1})f(z^{-1}),\quad d(z^{-1})=b(z^{-1})f(z^{-1}) \tag{5.9.31}$$

式(5.9.31)为辅助模型,是扩大系统,其阶数为 $m+n$,噪声 $\varepsilon(k)$ 是白噪声。

(1) 估计辅助模型的参数

设

$$c(z^{-1})=1+c_1z^{-1}+\cdots+c_{m+n}z^{-(m+n)}$$
$$d(z^{-1})=d_0+d_1z^{-1}+\cdots+d_{m+n}z^{-(m+n)}$$

定义参数向量

$$\boldsymbol{\alpha}^{\mathrm{T}}=[c_1\quad c_2\quad \cdots\quad c_{m+n}\quad d_0\quad d_1\quad \cdots\quad d_{m+n}]$$

用最小二乘法估计式(5.9.30)的参数 $\boldsymbol{\alpha}$,则有

$$\hat{\boldsymbol{\alpha}}=(\boldsymbol{\Phi}^{\mathrm{T}}\boldsymbol{\Phi})^{-1}\boldsymbol{\Phi}^{\mathrm{T}}\boldsymbol{y} \tag{5.9.32}$$

式中

$$\boldsymbol{y}=[y(m+n+1)\quad y(m+n+2)\quad \cdots\quad y(m+n+N)]^{\mathrm{T}}$$

$$\boldsymbol{\Phi}=\begin{bmatrix}-y(m+n) & \cdots & -y(1) & u(m+n+1) & \cdots & u(1)\\ -y(m+n+1) & \cdots & -y(2) & u(m+n+2) & \cdots & u(2)\\ \vdots & & \vdots & \vdots & & \vdots\\ -y(m+n+N-1) & \cdots & -y(N) & u(m+n+N) & \cdots & u(N)\end{bmatrix}$$

(2) 估计系统模型参数

由式(5.9.31)可得

$$b(z^{-1})c(z^{-1})=a(z^{-1})d(z^{-1}) \tag{5.9.33}$$

由于参数 $\boldsymbol{\alpha}$,即式(5.9.33)中的 $c(z^{-1})$ 和 $d(z^{-1})$ 已经利用式(5.9.32)估计出来,把估值 $\hat{c}(z^{-1})$ 和 $\hat{d}(z^{-1})$ 代入式(5.9.33),则式中的只有参数 $\boldsymbol{\theta}$,即 $a(z^{-1})$ 和 $b(z^{-1})$ 未知。现在要估计 $\boldsymbol{\theta}$,为此将式(5.9.33)乘开,并使等号两边 z^{-1} 的同次幂系数相等,由此产生 $2n+m+1$ 个包含 $a(z^{-1})$ 和 $b(z^{-1})$ 参数的线性方程。把这一组方程写成向量-矩阵形式得

$$\boldsymbol{g}(\hat{\boldsymbol{c}},\hat{\boldsymbol{d}})=\boldsymbol{G}(\hat{\boldsymbol{c}},\hat{\boldsymbol{d}})\boldsymbol{\theta}+\boldsymbol{\eta} \tag{5.9.34}$$

式中 $\boldsymbol{g}(\hat{\boldsymbol{c}},\hat{\boldsymbol{d}})$ 为 $(2n+m+1)$ 维向量,$\boldsymbol{G}(\hat{\boldsymbol{c}},\hat{\boldsymbol{d}})$ 为 $(2n+m+1)\times(2n+1)$ 矩阵,$\boldsymbol{\eta}$ 为 $(2n+m+1)$ 维随机误差向量。求出 $\boldsymbol{\theta}$ 的最小二乘估计

$$\hat{\boldsymbol{\theta}}=(\boldsymbol{G}^{\mathrm{T}}\boldsymbol{G})^{-1}\boldsymbol{G}^{\mathrm{T}}\boldsymbol{g} \tag{5.9.35}$$

当 $N\to\infty$ 时，$\hat{\boldsymbol{\alpha}}\to\boldsymbol{\alpha}$，故 $\hat{\boldsymbol{\theta}}\to\boldsymbol{\theta}$，$\hat{\boldsymbol{\theta}}$ 为一致性无偏估计。

(3) 估计噪声模型参数

可按第 1 种算法的第 3 阶段来求 $\boldsymbol{f}$ 的估值 $\hat{\boldsymbol{f}}$，但这里我们采用另一种方法。令式(5.9.31)中的多项式 $c(z^{-1})$ 和 $d(z^{-1})$ 的系数构成的向量为 $\boldsymbol{\alpha}$，即 $\boldsymbol{\alpha}=[c_1\quad c_2\quad\cdots\quad c_{m+n}\quad d_0\quad d_1\quad\cdots\quad d_{m+n}]^{\mathrm{T}}$，多项式 $a(z^{-1})$ 和 $b(z^{-1})$ 的系数构成的向量为 $\boldsymbol{\theta}$，即 $\boldsymbol{\theta}=[a_1\quad\cdots\quad a_n\quad b_0\quad\cdots\quad b_n]^{\mathrm{T}}$，把式(5.9.31)中的 $\boldsymbol{\alpha}$ 和 $\boldsymbol{\theta}$ 用 $\hat{\boldsymbol{\alpha}}$ 和 $\hat{\boldsymbol{\theta}}$ 代替，令等式两边 z^{-1} 同次幂的系数相等，可得参数 $\boldsymbol{f}$ 的 $2(m+n)+1$ 个线性方程，可建立向量-矩阵方程

$$\boldsymbol{r}(\hat{\boldsymbol{\alpha}},\hat{\boldsymbol{\theta}})=\boldsymbol{R}(\hat{\boldsymbol{\alpha}},\hat{\boldsymbol{\theta}})\boldsymbol{f}+\boldsymbol{\xi}\tag{5.9.36}$$

$\boldsymbol{f}$ 的最小二乘估计为

$$\hat{\boldsymbol{f}}=(\boldsymbol{R}^{\mathrm{T}}\boldsymbol{R})^{-1}\boldsymbol{R}^{\mathrm{T}}\boldsymbol{r}\tag{5.9.37}$$

因为 $\hat{\boldsymbol{\theta}}$ 是一致性无偏估计，所以 $\hat{\boldsymbol{f}}$ 是一致性无偏估计。

前 2 种算法采用原系统脉冲响应序列，造成解高阶(p 比较大)最小二乘估计问题。第 3 种算法显然克服了这种困难，因而便于参数估计。由式(5.9.30)可看到，如果用阶数足够高的模型拟合输入-输出数据，就能得到白噪声残差，但在这个模型的传递函数中有公因子，除去公因子，就能得到实际系统的传递函数。

为了说明如何在第 3 种算法的第 2 阶段和第 3 阶段建立最小二乘法的方程，现举一简单例子。

例 5.6 设

$$\begin{cases}a(z^{-1})=1+a_1z^{-1}\\ b(z^{-1})=b_0\\ f(z^{-1})=1+f_1z^{-1}\end{cases}\tag{5.9.38}$$

试建立第 3 种算法的第 2 阶段和第 3 阶段最小二乘法方程。

解 由式(5.9.38)可得

$$\begin{aligned}c(z^{-1})&=a(z^{-1})f(z^{-1})=1+(a_1+f_1)z^{-1}+a_1f_1z^{-2}\\&=1+c_1z^{-1}+c_2z^{-2}\end{aligned}\tag{5.9.39}$$

$$d(z^{-1})=b(z^{-1})f(z^{-1})=b_0+b_0f_1z^{-1}=d_0+d_1z^{-1}\tag{5.9.40}$$

$$a(z^{-1})d(z^{-1})=d_0+(a_1d_0+d_1)z^{-1}+a_1d_1z^{-2}\tag{5.9.41}$$

$$b(z^{-1})c(z^{-1})=b_0+b_0c_1z^{-1}+b_0c_2z^{-2}\tag{5.9.42}$$

由式(5.9.41)和式(5.9.42)可列出第 2 阶段中的式(5.9.34)，即

$$\begin{bmatrix}\hat{d}_0\\ \hat{d}_1\\ 0\end{bmatrix}=\begin{bmatrix}0&1\\-\hat{d}_0&\hat{c}_1\\-\hat{d}_1&\hat{c}_2\end{bmatrix}\begin{bmatrix}a_1\\ b_0\end{bmatrix}+\begin{bmatrix}\eta_1\\ \eta_2\\ \eta_3\end{bmatrix}\tag{5.9.43}$$

再利用式(5.9.39)和式(5.9.40)中可列出第 3 阶段的式(5.9.36)，即

$$\begin{bmatrix}\hat{c}_1-\hat{a}_1\\ \hat{c}_2\\ \hat{d}_1\end{bmatrix}=\begin{bmatrix}1\\ \hat{a}_1\\ \hat{b}_0\end{bmatrix}[f_1]+\begin{bmatrix}\zeta_1\\ \zeta_2\\ \zeta_3\end{bmatrix}\tag{5.9.44}$$

例 5.7　用多阶段最小二乘法的 3 种算法和广义最小二乘法计算下列三阶系统

$$a(z^{-1}) = 1 + a_1z^{-1} + a_2z^{-2} + a_3z^{-3}$$

$$b(z^{-1}) = b_1z^{-1} + b_2z^{-2}$$

$$f(z^{-1}) = 1 + f_1z^{-1} + f_2z^{-2}$$

上述各参数的真值为 $a_1=0.90, a_2=0.15, a_3=0.02, b_1=0.70, b_2=-1.50, f_1=1.00, f_2=0.41$。按下述条件进行计算：

（1）输出 $u(k)$ 和 $v(k)$ 都是零均值独立高斯随机变量，输出端信噪比 $\sigma_x^2/\sigma_v^2=1.18$；

（2）$k=10$ 以后截断脉冲响应序列。

解　选取数据长度 $N=300$，计算结果如表 5.3 所示。

从表 5.3 和表 5.4 中的计算结果可以看出，多阶段最小二乘法比广义最小二乘法的计算时间少，广义最小二乘法的均方误差比多阶段最小二乘法小。在多阶段最小二乘法中，第 3 种算法的计算时间最少，但精度最高。

表 5.3　多阶段最小二乘法的计算结果表

参数估值	多阶段最小二乘法		真实参数值
	第一种算法	第二种算法	
$\hat{a}_1$	0.90470±0.00121	0.91232±0.00131	0.90
$\hat{a}_2$	0.16998±0.00498	0.17103±0.00520	0.15
$\hat{a}_3$	0.00080±0.00414	0.00198±0.00469	0.02
$\hat{b}_1$	0.72162±0.00545	0.71897±0.00332	0.70
$\hat{b}_2$	−1.48753±0.00396	−1.48488 ±0.00339	−1.50
$\hat{f}_1$	未算	未算	1.00
$\hat{f}_2$	未算	未算	0.41
计算时间	110.4 s	88.8 s	

表 5.4　广义最小二乘法的计算结果表

参数估值	多阶段最小二乘法第三种算法	广义最小二乘法	真实参数值
$\hat{a}_1$	0.89584±0.00118	0.89277±0.00162	0.90
$\hat{a}_2$	0.17619±0.00255	0.17893±0.00250	0.15
$\hat{a}_3$	0.02480±0.00167	0.01958±0.00155	0.02
$\hat{b}_1$	0.70056±0.00233	0.70047 ±0.00262	0.70
$\hat{b}_2$	−1.48000±0.00307	−1.48706±0.00322	−1.50
$\hat{f}_1$	0.99389±0.00662	1.00690±0.00755	1.00
$\hat{f}_2$	0.38777±0.00472	0.37925±0.00662	0.41
计算时间	67.2 s	165.6 s	

5.10 快速多阶段最小二乘法

设系统差分方程为

$$a(z^{-1})x(k)=b(z^{-1})u(k) \tag{5.10.1}$$

$$y(k)=x(k)+\xi(k) \tag{5.10.2}$$

其中 $u(k)$ 和 $y(k)$ 分别为系统的输入和输出测量信号，$\xi(k)$ 为随机噪声，$a(z^{-1})$，$b(z^{-1})$ 分别为

$$a(z^{-1})=1+a_1z^{-1}+\cdots+a_nz^{-n} \tag{5.10.3}$$

$$b(z^{-1})=b_1z^{-1}+\cdots+b_nz^{-n} \tag{5.10.4}$$

设系统是稳定的，n 为已知，输入 $u(k)$ 为持续激励信号。

引入相关噪声白化滤波器

$$f(z^{-1})=1+f_1z^{-1}+\cdots+f_mz^{-m} \tag{5.10.5}$$

使

$$a(z^{-1})f(z^{-1})\xi(k)=\varepsilon(k) \tag{5.10.6}$$

其中 $\varepsilon(k)$ 为白色残差。由式(5.10.1)、式(5.10.2)和式(5.10.6)可得辅助模型(或称扩大模型)

$$c(z^{-1})y(k)=d(z^{-1})u(k)+\varepsilon(k) \tag{5.10.7}$$

其中

$$c(z^{-1})=a(z^{-1})f(z^{-1})=1+c_1z^{-1}+\cdots+c_{m+n}z^{-(m+n)} \tag{5.10.8}$$

$$d(z^{-1})=b(z^{-1})f(z^{-1})=d_1z^{-1}+\cdots+d_{m+n}z^{-(m+n)} \tag{5.10.9}$$

辅助模型参数的最小二乘无偏估计为

$$\hat{\boldsymbol{\alpha}}=(\boldsymbol{\Phi}^{\mathrm{T}}\boldsymbol{\Phi})^{-1}\boldsymbol{\Phi}^{\mathrm{T}}\boldsymbol{y} \tag{5.10.10}$$

式中

$$\hat{\boldsymbol{\alpha}}=[\hat{c}_1 \quad \cdots \quad \hat{c}_{m+n} \quad \hat{d}_1 \quad \cdots \quad \hat{d}_{m+n}]^{\mathrm{T}}$$

$$\boldsymbol{y}=[y(m+n+1) \quad y(m+n+2) \quad \cdots \quad y(N)]^{\mathrm{T}}$$

$$\boldsymbol{\Phi}=\begin{bmatrix} -y(m+n) & \cdots & -y(1) & u(m+n) & \cdots & u(1) \\ -y(m+n+1) & \cdots & -y(2) & u(m+n+1) & \cdots & u(2) \\ \vdots & & \vdots & \vdots & & \vdots \\ -y(N-1) & \cdots & -y(N-m-n) & u(N-1) & \cdots & u(N-m-n) \end{bmatrix}$$

N 为观测数据长度。

式(5.10.10)可改写为

$$\hat{\boldsymbol{\alpha}}=\boldsymbol{R}^{-1}\boldsymbol{Q} \tag{5.10.11}$$

式中

$$\begin{cases} \boldsymbol{R}=\dfrac{1}{N-m-n}\boldsymbol{\Phi}^{\mathrm{T}}\boldsymbol{\Phi} \\ \boldsymbol{Q}=\dfrac{1}{N-m-n}\boldsymbol{\Phi}^{\mathrm{T}}\boldsymbol{y} \end{cases} \tag{5.10.12}$$

注意到互相关和自相关函数的性质，矩阵 $\boldsymbol{R}$ 和 $\boldsymbol{Q}$ 可用相关函数表示成

$$\boldsymbol{R}=\begin{bmatrix} \boldsymbol{R}_{yy} & -\boldsymbol{R}_{uy} \\ -\boldsymbol{R}_{uy}^{\mathrm{T}} & \boldsymbol{R}_{uu} \end{bmatrix} \tag{5.10.13}$$

其中

$$
\boldsymbol{R}_{yy}=\begin{bmatrix} r_{yy}(0) & r_{yy}(1) & \cdots & r_{yy}(m+n-1) \\ r_{yy}(1) & r_{yy}(0) & \cdots & r_{yy}(m+n-2) \\ \vdots & \vdots & & \vdots \\ r_{yy}(m+n-1) & r_{yy}(m+n-2) & \cdots & r_{yy}(0) \end{bmatrix} \tag{5.10.14}
$$

$$
\boldsymbol{R}_{uy}=\begin{bmatrix} r_{uy}(0) & r_{uy}(1) & \cdots & r_{uy}(m+n-1) \\ r_{yu}(1) & r_{uy}(0) & \cdots & r_{uy}(m+n-2) \\ \vdots & \vdots & & \vdots \\ r_{yu}(m+n-1) & r_{yu}(m+n-2) & \cdots & r_{uy}(0) \end{bmatrix} \tag{5.10.15}
$$

$$
\boldsymbol{R}_{uu}=\begin{bmatrix} r_{uu}(0) & r_{uu}(1) & \cdots & r_{uu}(m+n-1) \\ r_{uu}(1) & r_{uu}(0) & \cdots & r_{uu}(m+n-2) \\ \vdots & \vdots & & \vdots \\ r_{uu}(m+n-1) & r_{uu}(m+n-2) & \cdots & r_{uu}(0) \end{bmatrix} \tag{5.10.16}
$$

当输入为周期性二位式 M 序列时，$\boldsymbol{R}_{uu}^{-1}$可表示成

$$
\boldsymbol{R}_{uu}^{-1}=\frac{N_p}{a^2(N_p+1)(N_p+1-p)}\begin{bmatrix} N_p-p+2 & 1 & \cdots & 1 \\ 1 & N_p-p+2 & \cdots & 1 \\ \vdots & \vdots & & \vdots \\ 1 & 1 & \cdots & N_p-p+2 \end{bmatrix} \tag{5.10.17}
$$

其中 a 和 N_p 分别为 M 序列的幅值和周期长度，$p=m+n$。

利用分块矩阵求逆定理可得

$$
\boldsymbol{R}^{-1}=\begin{bmatrix} \boldsymbol{R}_1 & \boldsymbol{R}_2 \\ \boldsymbol{R}_2^{\mathrm{T}} & \boldsymbol{R}_3 \end{bmatrix} \tag{5.10.18}
$$

令

$$
\begin{cases} \boldsymbol{\Omega}=\boldsymbol{R}_{uu}^{-1} \\ \boldsymbol{W}=\boldsymbol{R}_{uy}\boldsymbol{\Omega} \end{cases} \tag{5.10.19}
$$

则

$$
\begin{cases} \boldsymbol{R}_1=(\boldsymbol{R}_{yy}-\boldsymbol{W}\boldsymbol{R}_{uy}^{\mathrm{T}})^{-1} \\ \boldsymbol{R}_2=\boldsymbol{R}_1\boldsymbol{W} \\ \boldsymbol{R}_3=\boldsymbol{\Omega}+\boldsymbol{W}^{\mathrm{T}}\boldsymbol{R}_2 \end{cases} \tag{5.10.20}
$$

取

$$
\begin{cases} \eta_1=\dfrac{1}{a^2(N_p+1)(N_p+1-m-n)} \\ \eta_2=\dfrac{N_p}{a^2(N_p+1)} \end{cases} \tag{5.10.21}
$$

并且令

$$
\begin{aligned}
r_1&=r_{uy}(0)+r_{uy}(1)+\cdots+r_{uy}(m+n-1) \\
r_2&=r_{yu}(1)+r_1-r_{uy}(m+n-1) \\
&\ \ \vdots \\
r_{m+n}&=r_{yu}(m+n-1)+r_m-r_{uy}(1)
\end{aligned}
$$

然后,用 η_1 和 η_2 分别乘 r_i,$r_{uy}(i)$和 $r_{yu}(i)$,即

$$\begin{cases} \bar{r}_i = \eta_1 r_i, & i = 1,2,\cdots,m+n \\ \bar{r}_{uy}(i) = \eta_2 r_{uy}(i), & i = 0,1,\cdots,m+n-1 \\ \bar{r}_{yu(i)} = \eta_2 r_{yu}(i), & i = 0,1,\cdots,m+n-1 \end{cases} \tag{5.10.22}$$

则 $\boldsymbol{W}$ 阵的算法可简化为

$$\boldsymbol{W} = \begin{bmatrix} \bar{r}_1 + \bar{r}_{uy}(0) & \bar{r}_1 + \bar{r}_{uy}(1) & \cdots & \bar{r}_1 + \bar{r}_{uy}(m+n-1) \\ \bar{r}_2 + \bar{r}_{yu}(1) & \bar{r}_2 + \bar{r}_{uy}(0) & \cdots & \bar{r}_2 + \bar{r}_{uy}(m+n-2) \\ \vdots & \vdots & & \vdots \\ \bar{r}_{m+n} + \bar{r}_{yu}(m+n-1) & \bar{r}_{m+n} + \bar{r}_{yu}(m+n-2) & \cdots & \bar{r}_{m+n} + \bar{r}_{uy}(0) \end{bmatrix} \tag{5.10.23}$$

于是,在求辅助模型参数估计时,所需计算的逆阵是$(\boldsymbol{R}_{yy}-\boldsymbol{W}\boldsymbol{R}_{uy}^{\mathrm{T}})^{-1}$,其维数为多阶段最小二乘法所需求逆阵维数的一半,即 $m+n$。由于运用相关函数,算式中避免了使用矩阵 $\boldsymbol{\Phi}$,因而节省了大量存储量。

下面讨论快速多阶段量小二乘法的系统参数估计算法,以求进一步减少计算量。根据式(5.10.8)和式(5.10.9)可得

$$\frac{d(z^{-1})}{c(z^{-1})} = \frac{b(z^{-1})f(z^{-1})}{a(z^{-1})f(z^{-1})} = \frac{b(z^{-1})}{a(z^{-1})} \tag{5.10.24}$$

及

$$b(z^{-1})c(z^{-1}) = a(z^{-1})d(z^{-1}) \tag{5.10.25}$$

即

$$\begin{aligned} & [b_1 z^{-1} + b_2 z^{-2} + \cdots + b_n z^{-n}][1 + c_1 z^{-1} + \cdots + c_{m+n} z^{-(m+n)}] \\ = & [1 + a_1 z^{-1} + \cdots + a_n z^{-n}][d_1 z^{-1} + d_2 z^{-2} + \cdots + d_{m+n} z^{-(m+n)}] \end{aligned} \tag{5.10.26}$$

因而有

$$b_1 z^{-1} + (b_1 c_1 + b_2) z^{-2} + \cdots + b_n c_{m+n} z^{-(m+n)} = d_1 z^{-1} + (a_1 d_1 + d_2) z^{-2} + \cdots + a_n d_{m+n} z^{-(m+n)} \tag{5.10.27}$$

令上式等号两边 z^{-1} 的同次幂相等,可得

$$\begin{aligned} d_1 &= b_1 \\ d_2 &= -a_1 d_1 + b_1 c_1 + b_2 \\ d_3 &= -a_1 d_2 - a_2 d_1 + b_1 c_2 + b_2 c_1 + b_3 \\ &\vdots \\ d_{m+n} &= -a_1 d_{m+n-1} - \cdots - a_n d_m + b_1 c_{m+n-1} + \cdots + b_n c_m \\ 0 &= -a_1 d_{m+n} - \cdots - a_n d_{m+1} + b_1 c_{m+n} + \cdots + b_n c_{m+1} \\ &\vdots \\ 0 &= -a_n d_{m+n} + b_n c_{m+n} \end{aligned}$$

上述方程组可写成向量-矩阵形式

$$\boldsymbol{g} = \boldsymbol{G}\boldsymbol{\theta} \tag{5.10.28}$$

其中

$$\boldsymbol{g} = [d_1 \quad d_2 \quad \cdots \quad d_{m+n} \quad 0 \quad \cdots \quad 0]^{\mathrm{T}}$$

$$\boldsymbol{\theta}=\begin{bmatrix}a_1 & a_2 & \cdots & a_n & b_1 & b_2 & \cdots & b_n\end{bmatrix}^{\mathrm{T}}$$

$$\boldsymbol{G}=\begin{bmatrix}0 & 0 & \cdots & 0 & 1 & 0 & \cdots & 0\\ -d_1 & 0 & \cdots & 0 & c_1 & 1 & \cdots & 0\\ -d_2 & -d_1 & \cdots & 0 & c_2 & c_1 & \cdots & 0\\ \vdots & \vdots & & \vdots & \vdots & \vdots & & \vdots\\ -d_n & -d_{n-1} & \cdots & -d_1 & c_n & c_{n-1} & \cdots & c_1\\ \vdots & \vdots & & \vdots & \vdots & \vdots & & \vdots\\ -d_{m+n} & -d_{m+n-1} & \cdots & -d_{m+1} & c_{m+n} & c_{m+n-1} & \cdots & c_{m+1}\\ 0 & -d_{m+n} & \cdots & -d_{m+2} & 0 & c_{m+n} & \cdots & c_{m+2}\\ \vdots & \vdots & & \vdots & \vdots & \vdots & & \vdots\\ 0 & 0 & \cdots & -d_{m+n} & 0 & 0 & \cdots & c_{m+n}\end{bmatrix}$$

由式(5.10.28)可得系统参数 $\boldsymbol{\theta}$ 的最小二乘估计

$$\hat{\boldsymbol{\theta}}=(\boldsymbol{G}^{\mathrm{T}}\boldsymbol{G})^{-1}\boldsymbol{G}^{\mathrm{T}}\boldsymbol{g} \tag{5.10.29}$$

如果令

$$\begin{cases}E_i=c_i+\sum\limits_{j=1}^{m+n-i}c_jc_{j+i}, & i=0,1,\cdots,n-1;c_0=1\\ F_i=\sum\limits_{j=1}^{m+n-i}d_jd_{j+i}, & i=0,1,\cdots,n\\ S_i=d_i+\sum\limits_{j=1}^{m+n-i}c_jd_{j+i}, & i=1,2,\cdots,n\\ T_i=\sum\limits_{j=1}^{m+n-i}d_jc_{j+i}, & i=0,1,\cdots,n-1\end{cases} \tag{5.10.30}$$

则式(5.10.29)可写成

$$\hat{\boldsymbol{\theta}}=\boldsymbol{X}^{-1}\boldsymbol{Z} \tag{5.10.31}$$

式中

$$\boldsymbol{X}=\begin{bmatrix}\boldsymbol{X}_1 & -\boldsymbol{X}_2\\ -\boldsymbol{X}_2^{\mathrm{T}} & \boldsymbol{X}_3\end{bmatrix} \tag{5.10.32}$$

$$\boldsymbol{Z}=\begin{bmatrix}-F_1 & -F_2 & \cdots & -F_n & S_1 & S_2 & \cdots & S_n\end{bmatrix}^{\mathrm{T}} \tag{5.10.33}$$

其中

$$\begin{cases}\boldsymbol{X}_1=\begin{bmatrix}F_0 & F_1 & \cdots & F_{n-1}\\ F_1 & F_0 & \cdots & F_{n-2}\\ \vdots & \vdots & & \vdots\\ F_{n-1} & F_{n-2} & \cdots & F_0\end{bmatrix}\\ \boldsymbol{X}_2=\begin{bmatrix}T_0 & S_1 & \cdots & S_{n-1}\\ T_1 & T_0 & \cdots & S_{n-2}\\ \vdots & \vdots & & \vdots\\ T_{n-1} & T_{n-2} & \cdots & T_0\end{bmatrix}\\ \boldsymbol{X}_3=\begin{bmatrix}E_0 & E_1 & \cdots & E_{n-1}\\ E_1 & E_0 & \cdots & E_{n-2}\\ \vdots & \vdots & & \vdots\\ E_{n-1} & E_{n-2} & \cdots & E_0\end{bmatrix}\end{cases} \tag{5.10.34}$$

并且

$$X^{-1} = \begin{bmatrix} P_1 & P_2 \\ P_2^{\mathrm{T}} & P_3 \end{bmatrix} \tag{5.10.35}$$

式中

$$\begin{cases} P_1 = (X_1 - X_2 X_3^{-1} X_2^{\mathrm{T}})^{-1} \\ P_2 = P_1 X_2 X_3^{-1} \\ P_3 = X_3^{-1} + X_2 X_3^{-1} P_2 \end{cases} \tag{5.10.36}$$

用快速多阶段最小二乘法辨识系统参数的步骤归纳如下：

(1) 计算相关函数 $r_{yy}(i)$,$r_{uy}(i)$,$r_{yu}(i)$和 $r_{uu}(i)$；

(2) 利用式(5.10.14)、式(5.10.15)、式(5.10.16)及式(5.10.12)构成矩阵 $\boldsymbol{R}_{yy}$,$\boldsymbol{R}_{uy}$,$\boldsymbol{R}_{uu}$及 $\boldsymbol{Q}$；

(3) 由式(5.10.21)、式(5.10.22)和式(5.10.23)计算矩阵 $\boldsymbol{W}$,然后由式(5.10.18)和式(5.10.20)计算 $\boldsymbol{R}^{-1}$；

(4) 由式(5.10.11)求取辅助模型参数的最小二乘估计 $\hat{\boldsymbol{\alpha}}$；

(5) 将估计量 $\hat{c}_i$,$\hat{d}_i$ 代入式(5.10.30),计算 E_i,F_i,S_i 和 T_i,然后根据式(5.10.33)、式(5.10.35)和式(5.10.36)计算 $\boldsymbol{X}^{-1}$；

(6) 利用式(5.10.31)和式(5.10.33)计算系统参数估值 $\hat{\boldsymbol{\theta}}$。

可以证明,快速多阶段最小二乘参数估计是一致性的。表 5.5 为几种辨识算法的离线及递推计算时间比较表。

表 5.5 几种辨识算法的计算时间比较表

实现方式 / 算法 / 计算时间(s) / 仿真对象	离线算法(N=450)			递推算法(递推 100 步)		
	快速多阶段最小二乘法	多阶段最小二乘法	最小二乘法	快速多阶段最小二乘法	多阶段最小二乘法	最小二乘法
一阶系统	44	150	52	30	105	39
二阶系统	69	281	146	41	203	101
三阶系统	95	462	272	52	336	199

例 5.8 对于典型二阶振荡系统

$$(1.0 - 1.5z^{-1} + 0.7z^{-2})y(k) = (1.0z^{-1} + 0.5z^{-2})u(k) + \xi(k)$$
$$(1.0 + 0.5z^{-1})\xi(k) = \varepsilon(k)$$

使在不同噪信比和不同观测数据长度下采用快速多阶段最小二乘法,多阶段最小二乘法和最小二乘法三种不同辨识算法进行参数估计。

解 在不同噪信比和不同观测数据长度下采用快速多阶段最小二乘法,多阶段最小二乘法和最小二乘法三种不同辨识算法进行参数估计时的相对误差曲线分别如图 5.5 和图 5.6 所示。可以看出,快速多阶段最小二乘法在运算速度和估计精度方面均优于多阶段最小二乘法和最小二乘法。

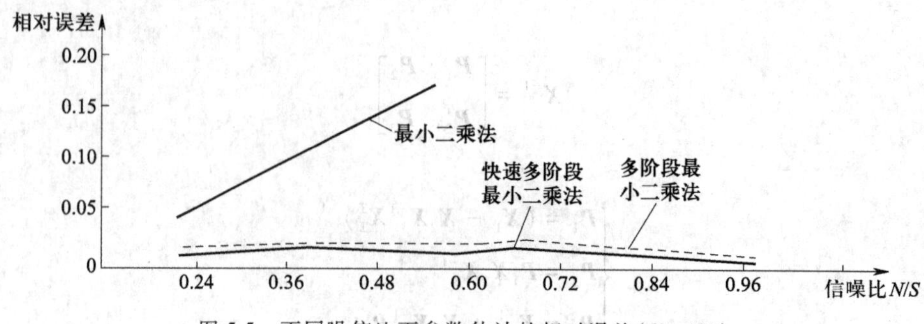

图 5.5 不同噪信比下参数估计的相对误差($N=450$)

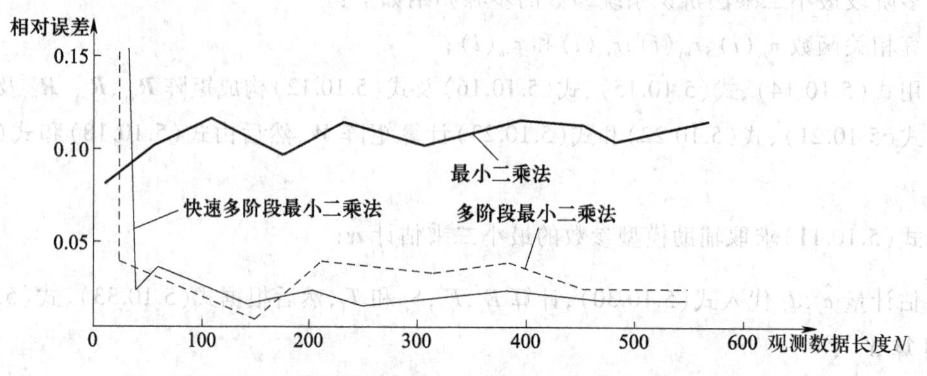

图 5.6 不同观测数据长度下参数的相对误差($N/S=0.47$)

习 题

5.1 设

$$\boldsymbol{P}_N = (\boldsymbol{Z}_N^{\mathrm{T}} \boldsymbol{\Phi}_N)^{-1}$$

$$\boldsymbol{\psi}_{N+1}^{\mathrm{T}} = [-y(n+N) \cdots -y(N+1) \quad u(n+N-1) \cdots u(N+1)]$$

$$\boldsymbol{z}_{N+1}^{\mathrm{T}} = [-\hat{y}(n+N) \quad \cdots \quad -\hat{y}(N+1) \quad u(n+N-1) \quad \cdots \quad u(N+1)]$$

按递推最小二乘法公式的推导方法,详细推导递推辅助变量法的计算公式。

5.2 考虑如图 5.7 所示仿真对象

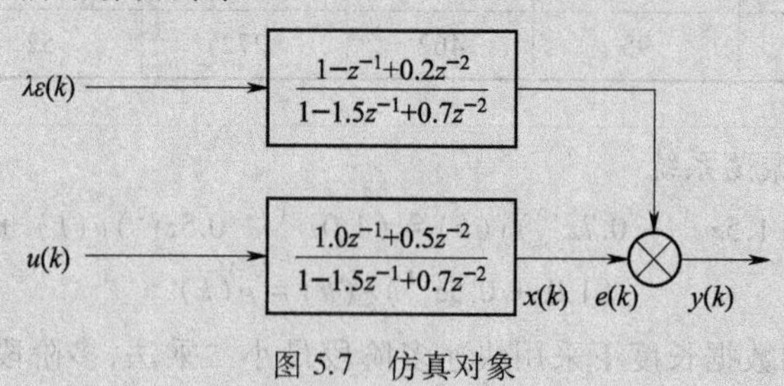

图 5.7 仿真对象

图中,$\varepsilon(k)$为服从$N(0,1)$分布的不相关随机噪声。调整 λ 值,使数据的噪信比为 23%,模型结构选用的形式为

$$y(k) + a_1 y(k-1) + a_2 y(k-2) = b_1 u(k-1) + b_2 u(k-2) + \varepsilon(k) + c_1 \varepsilon(k-1) + c_2 \varepsilon(k-2)$$

数据长度 $N=300$ 或 $N=500$,初始条件 $\hat{\boldsymbol{\theta}}(0)=0.001\boldsymbol{I}_{6\times1}$,$\boldsymbol{P}(0)=10^6\boldsymbol{I}$,其中 $\boldsymbol{I}_{6\times1}$ 为所有元素均为 1 的列向量。利用递推增广矩阵法和递推最小二乘法进行参数辨识,并分析比较所获得的辨识结果。

5.3 设单输入-单输出系统的差分方程为

$$y(k)=-a_1y(k-1)-a_2y(k-2)+b_1u(k-1)+b_2u(k-2)+\xi(k)$$

$$\xi(k)=\varepsilon(k)+a_1\varepsilon(k-1)+a_2\varepsilon(k-2)$$

取真实值 $\boldsymbol{\theta}^{\mathrm{T}}=[a_1\quad a_2\quad b_1\quad b_2]=[1.642\quad 0.715\quad 0.39\quad 0.35]$,输入数据如表 5.6 所示。

表 5.6 输入数据表

k	$u(k)$	k	$u(k)$	k	$u(k)$
1	1.147	11	−0.958	21	0.485
2	0.201	12	0.810	22	1.633
3	−0.787	13	−0.044	23	0.043
4	−1.589	14	0.947	24	1.326
5	−1.052	15	−1.474	25	1.706
6	0.866	16	−0.719	26	−0.340
7	1.152	17	−0.086	27	0.890
8	1.573	18	−1.099	28	1.144
9	0.626	19	1.450	29	1.177
10	0.433	20	1.151	30	−0.390

用 $\boldsymbol{\theta}$ 的真实值利用差分方程求出 $y(k)$ 作为测量值,$\varepsilon(k)$ 为均值为零、方差为 0.1 和 0.5 的不相关随机序列。

(1) 用最小二乘法估计参数 $\boldsymbol{\theta}^{\mathrm{T}}=[a_1\quad a_2\quad b_1\quad b_2]$;

(2) 用递推最小二乘法估计参数 $\boldsymbol{\theta}$;

(3) 用辅助变量法估计参数 $\boldsymbol{\theta}$;

(4) 设 $\xi(k)+f_1\xi(k)=\varepsilon(k)$,用广义最小二乘法估计参数 $\boldsymbol{\theta}$;

(5) 用增广矩阵法估计参数 $\boldsymbol{\theta}$;

(6) 用夏氏法估计参数 $\boldsymbol{\theta}$。

详细分析和比较所获得的参数辨识结果,并说明上述参数辨识方法的优缺点。

6

第 6 章

极大似然法辨识

极大似然法是一种由费希尔发展起来的能给出无偏估计的有效方法,可用来处理残差序列$\{e(k)\}$相关的情况,因此得到了广泛应用。

极大似然法的基本思路与最小二乘法完全不同,它需要构造一个以观测值和未知参数为自变量的似然函数,并通过极大化这个似然函数来获得模型的参数估值。因此,极大似然法通常要求具有能够写出输出量条件概率密度函数的先验知识。这种辨识方法的计算量较大,但其参数估计量具有良好的渐近性质。

6.1 极大似然参数辨识方法

极大似然参数估计方法是以观测值的出现概率为最大作为准则的,这是一种很普遍的参数估计方法,在系统辨识中有着广泛的应用。

6.1.1 极大似然原理

设有离散随机过程$\{V_k\}$与未知参数$\boldsymbol{\theta}$有关,假定已知概率分布密度$f(V_k|\boldsymbol{\theta})$。如果我们得到$n$个独立的观测值$V_1,V_2,\cdots,V_n$,则可得分布密度$f(V_1|\boldsymbol{\theta}),f(V_2|\boldsymbol{\theta}),\cdots,f(V_n|\boldsymbol{\theta})$。要求根据这些观测值来估计未知参数$\boldsymbol{\theta}$,估计的准则是观测值$\{V_k\}$的出现概率为最大。为此,定义一个似然函数

$$L(V_1,V_2,\cdots,V_n|\boldsymbol{\theta})=f(V_1|\boldsymbol{\theta})f(V_2|\boldsymbol{\theta})\cdots f(V_n|\boldsymbol{\theta}) \tag{6.1.1}$$

上式的右边是n个概率密度函数的连乘,似然函数L是$\boldsymbol{\theta}$的函数。如果L达到极大值,$\{V_k\}$的出现概率为最大。因此,极大似然法的实质就是求出使L达到极大值的$\boldsymbol{\theta}$的估值$\hat{\boldsymbol{\theta}}$。为了便于求$\hat{\boldsymbol{\theta}}$,对式(6.1.1)等号两边取对数,则把连乘变为连加,即

$$\ln L=\sum_{i=1}^{n}\ln f(V_i|\boldsymbol{\theta}) \tag{6.1.2}$$

由于对数函数是单调增函数,当L取极大值时,$\ln L$也同时取极大值。求式(6.1.2)对$\boldsymbol{\theta}$的偏导数,

令偏导数等于零,可得

$$\frac{\partial \ln L}{\partial \boldsymbol{\theta}} = \mathbf{0} \tag{6.1.3}$$

解上式可得 $\boldsymbol{\theta}$ 的极大似然估计 $\hat{\boldsymbol{\theta}}_{\mathrm{ML}}$。

例 6.1 已知独立同分布的随机过程 $\{x(t)\}$,在参数 θ 条件下随机变量 x 的概率密度为 $p(x|\theta)=\theta^2 x e^{-\theta x}$, $\theta>0$,求参数 θ 的极大似然估计。

解 设 $\boldsymbol{x}_N=[x(1) \quad x(2) \quad \cdots \quad x(N)]^{\mathrm{T}}$ 表示由随机变量 x 的 N 个观测值组成的向量,则随机变量 x 在参数 θ 条件下的似然函数为

$$L(\boldsymbol{x}_N|\theta) = \prod_{k=1}^{N} p(x(k)|\theta) = \theta^{2N}\prod_{k=1}^{N} x(k)\exp\left[-\theta\sum_{k=1}^{N} x(k)\right]$$

对上式等号两边取对数,可得

$$\ln L(\boldsymbol{x}_N|\theta) = 2N\ln\theta + \sum_{k=1}^{N}\ln x(k) - \theta\sum_{k=1}^{N} x(k)$$

求上式对 θ 的偏导数,并且令偏导数等于零,可得

$$\frac{\partial \ln L(\boldsymbol{x}_N|\theta)}{\partial\theta} = \frac{2N}{\theta} - \sum_{k=1}^{N} x(k) = 0$$

因而可得参数 θ 的极大似然估计

$$\hat{\theta}_{\mathrm{ML}} = \frac{2N}{\sum\limits_{k=1}^{N} x(k)}$$

又由于

$$\left.\frac{\partial^2 \ln L(\boldsymbol{x}_N|\theta)}{\partial\theta^2}\right|_{\hat{\theta}_{\mathrm{ML}}} = -\frac{2N}{\hat{\theta}_{\mathrm{ML}}^2} < 0$$

故 $\hat{\theta}_{\mathrm{ML}}$ 使似然函数达到了最大值。因此 $\hat{\theta}_{\mathrm{ML}}$ 是参数 θ 的极大似然估计。

例 6.2 设$\{x(k)\}$是独立同分布随机序列,其概率密度为

$$p(x|a) = \begin{cases} \dfrac{4x^2}{\sqrt{\pi}\,a^3}e^{-\frac{x^2}{a^2}}, & x>0 \\ 0, & x\leqslant 0 \end{cases}$$

其中 $a>0$ 为待估参数,求 a 的极大似然估计。

解 设 $\boldsymbol{x}_N=[x(1) \quad x(2) \quad \cdots \quad x(N)]^{\mathrm{T}}$ 表示由随机序列 $\{x(k)\}$ 的 N 个观测值组成的向量,根据题意可得随机变量 x 在参数 a 条件下的似然函数

$$L(\boldsymbol{x}_N|a) = \prod_{k=1}^{N} p(x(k)|a) = \left(\frac{4}{\sqrt{\pi}}\right)^N a^{-3N}\prod_{k=1}^{N} x^2(k)\exp\left[-\frac{1}{a^2}\sum_{k=1}^{N} x^2(k)\right]$$

对上式等号两边取对数,有

$$\ln L(\boldsymbol{x}_N|a) = N\ln\frac{4}{\sqrt{\pi}} - 3N\ln a + \ln\prod_{k=1}^{N} x^2(k) - \frac{1}{a^2}\sum_{k=1}^{N} x^2(k)$$

求上式对 a 的偏导数并令其等于零,可得

$$\frac{\partial \ln L(\boldsymbol{x}_N|a)}{\partial a} = -\frac{3N}{a} + \frac{2}{a^3}\sum_{k=1}^{N} x^2(k) = 0$$

因而可得 a 的极大似然估计

$$\hat{a}_{\mathrm{ML}}=\sqrt{\frac{2}{3N}\sum_{k=1}^{N}x^{2}(k)}$$

考虑到 x 是独立同分布随机变量,则有

$$E\{\hat{a}_{\mathrm{ML}}\}=\sqrt{\frac{2}{3N}\sum_{k=1}^{N}E\{x^{2}(k)\}}=\sqrt{\frac{2}{3N}\sum_{k=1}^{N}E\{x^{2}\}}=\sqrt{\frac{2}{3}E\{x^{2}\}}$$

其中

$$E\{x^{2}\}=\int_{0}^{\infty}x^{2}p(x|a)\,\mathrm{d}x=\int_{0}^{\infty}\frac{4x^{4}}{\sqrt{\pi}\,a^{3}}\exp\left(-\frac{x^{2}}{a^{2}}\right)\mathrm{d}x=\frac{3}{2}a^{2}$$

故有

$$E\{\hat{a}_{\mathrm{ML}}\}=a$$

可见 $\hat{a}_{\mathrm{ML}}$是无偏估计。又由于

$$\lim_{N\to\infty}\hat{a}_{\mathrm{ML}}\xrightarrow{\text{a.s.}}\sqrt{\frac{2}{3}E\{x^{2}\}}=a$$

因而 $\hat{a}_{\mathrm{ML}}$又是一致性估计。

上述的例子说明,如果随机变量观测值的概率密度函数已知,可以很容易地求出参数的极大似然估计。一般说来,极大似然估计量都具有良好的渐近性质和无偏性。但需要指出的是,渐近性质是极大似然估计量的普遍特性,而无偏性却不是所有极大似然估计量都具备的性质。例如,对于例 6.1 来说,考虑到全概率为 1,则有

$$\int_{-\infty}^{\infty}\theta^{2N}\prod_{k=1}^{N}x(k)\exp\left[-\theta\sum_{k=1}^{N}x(k)\right]\mathrm{d}x=1$$

上式两边同除以 θ^{2N},并在积分区间$-\infty$至 θ_0 上对 θ 进行积分,可得

$$\int_{-\infty}^{\theta_0}\frac{1}{\sum_{k=1}^{N}x(k)}\prod_{k=1}^{N}x(k)\exp\left[-\theta\sum_{k=1}^{N}x(k)\right]\mathrm{d}x=\frac{\theta_0^{-(2N-1)}}{2N-1}$$

将上式等号两边同乘以 $2N\theta_0^{2N}$,并考虑到 $\hat{\theta}_{\mathrm{ML}}=\dfrac{2N}{\sum_{k=1}^{N}x(k)}$,则有

$$\int_{-\infty}^{\theta_0}\hat{\theta}_{\mathrm{ML}}p(\boldsymbol{x}_N|\theta_0)\,\mathrm{d}x=\frac{2N\theta_0}{2N-1}$$

即

$$E\{\hat{\theta}_{\mathrm{ML}}\}=\theta_0+\frac{\theta_0}{2N-1}\neq\theta_0(\text{真值})$$

但

$$\lim_{N\to\infty}E\{\hat{\theta}_{\mathrm{ML}}\}=\theta_0$$

故 $\hat{\theta}_{\mathrm{ML}}$只是渐近无偏估计量,而不是无偏估计量。

6.1.2　系统参数的极大似然估计

设系统的差分方程为

$$y(k)=-\sum_{i=1}^{n}a_iy(k-i)+\sum_{i=0}^{n}b_iu(k-i)+\xi(k)\tag{6.1.4}$$

或写为

$$a(z^{-1})y(k)=b(z^{-1})u(k)+\xi(k) \tag{6.1.5}$$

其中

$$a(z^{-1})=1+a_1z^{-1}+\cdots+a_nz^{-n}$$
$$b(z^{-1})=b_0+b_1z^{-1}+\cdots+b_nz^{-n}$$

由式(6.1.4)或式(6.1.5)可建立向量-矩阵方程

$$\boldsymbol{y}_N=\boldsymbol{\Phi}_N\boldsymbol{\theta}+\boldsymbol{\xi}_N \tag{6.1.6}$$

其中

$$\boldsymbol{y}_N=\begin{bmatrix}y(n+1)\\y(n+2)\\\vdots\\y(n+N)\end{bmatrix},\quad \boldsymbol{\xi}_N=\begin{bmatrix}\xi(n+1)\\\xi(n+2)\\\vdots\\\xi(n+N)\end{bmatrix},\quad \boldsymbol{\theta}=\begin{bmatrix}a_1\\\vdots\\a_n\\b_0\\\vdots\\b_n\end{bmatrix}$$

$$\boldsymbol{\Phi}_N=\begin{bmatrix}-y(n) & \cdots & -y(1) & u(n+1) & \cdots & u(1)\\-y(n+1) & \cdots & -y(2) & u(n+2) & \cdots & u(2)\\\vdots & & \vdots & \vdots & & \vdots\\-y(n+N-1) & \cdots & -y(N) & u(n+N) & \cdots & u(N)\end{bmatrix}$$

假定$\{\xi(k)\}$是均值为零的高斯分布不相关随机序列，且与$\{u(k)\}$不相关。由式(6.1.6)可得

$$\boldsymbol{\xi}_N=\boldsymbol{y}_N-\boldsymbol{\Phi}_N\boldsymbol{\theta} \tag{6.1.7}$$

系统的残差为

$$e(k)=\hat{a}(z^{-1})y(k)-\hat{b}(z^{-1})u(k) \tag{6.1.8}$$

由式(6.1.8)可建立向量-矩阵方程

$$\boldsymbol{e}_N=\boldsymbol{y}_N-\boldsymbol{\Phi}_N\hat{\boldsymbol{\theta}} \tag{6.1.9}$$

式中

$$\boldsymbol{e}_N=\begin{bmatrix}e(n+1)\\e(n+2)\\\vdots\\e(n+N)\end{bmatrix}$$

设$\boldsymbol{e}_N$服从高斯分布，$\{e(k)\}$具有相同的方差σ^2，则可得似然函数

$$L(\boldsymbol{e}_N|\hat{\boldsymbol{\theta}})=L(\boldsymbol{y}_N|\hat{\boldsymbol{\theta}})=\frac{1}{(2\pi\sigma^2)^{\frac{N}{2}}}\exp\left[-\frac{(\boldsymbol{y}_N-\boldsymbol{\Phi}_N\hat{\boldsymbol{\theta}})^{\mathrm{T}}(\boldsymbol{y}_N-\boldsymbol{\Phi}_N\hat{\boldsymbol{\theta}})}{2\sigma^2}\right] \tag{6.1.10}$$

对上式等号两边取对数得

$$\ln L(\boldsymbol{y}_N|\hat{\boldsymbol{\theta}})=-\frac{N}{2}\ln 2\pi-\frac{1}{2}\ln\sigma^2-\frac{(\boldsymbol{y}_N-\boldsymbol{\Phi}_N\hat{\boldsymbol{\theta}})^{\mathrm{T}}(\boldsymbol{y}_N-\boldsymbol{\Phi}_N\hat{\boldsymbol{\theta}})}{2\sigma^2} \tag{6.1.11}$$

求$\ln L(\boldsymbol{y}_N|\hat{\boldsymbol{\theta}})$对未知参数$\hat{\boldsymbol{\theta}}$和$\sigma^2$的偏导数且令其等于零，可得

$$\frac{\partial\ln L(\boldsymbol{y}_N|\hat{\boldsymbol{\theta}})}{\partial\hat{\theta}}=\frac{1}{\sigma^2}(\boldsymbol{\Phi}_N^{\mathrm{T}}\boldsymbol{y}_N-\boldsymbol{\Phi}_N^{\mathrm{T}}\boldsymbol{\Phi}_N\boldsymbol{\theta})=\mathbf{0} \tag{6.1.12}$$

$$\frac{\partial \ln L(\boldsymbol{y}_N|\hat{\boldsymbol{\theta}})}{\partial \sigma^2}=-\frac{N}{2\sigma^2}+\frac{(\boldsymbol{y}_N-\boldsymbol{\Phi}_N\hat{\boldsymbol{\theta}})^{\mathrm{T}}(\boldsymbol{y}_N-\boldsymbol{\Phi}_N\hat{\boldsymbol{\theta}})}{2\sigma^4}=0 \tag{6.1.13}$$

式(6.1.12)和式(6.1.13)互不关联,解式(6.1.12),可得 $\boldsymbol{\theta}$ 的极大似然估计

$$\hat{\boldsymbol{\theta}}_{\mathrm{ML}}=(\boldsymbol{\Phi}_N^{\mathrm{T}}\boldsymbol{\Phi}_N)^{-1}\boldsymbol{\Phi}_N^{\mathrm{T}}\boldsymbol{y}_N \tag{6.1.14}$$

由式(6.1.13)可得

$$\sigma^2=\frac{1}{N}(\boldsymbol{y}_N-\boldsymbol{\Phi}_N\hat{\boldsymbol{\theta}})^{\mathrm{T}}(\boldsymbol{y}_N-\boldsymbol{\Phi}_N\hat{\boldsymbol{\theta}})=\frac{1}{N}\sum_{k=n+1}^{n+N}e^2(k) \tag{6.1.15}$$

从式(6.1.14)可以看出,对于$\{\xi(k)\}$为高斯白噪声序列这一特殊情况,极大似然估计与普通最小二乘估计完全相同。

在实际工程问题中,$\{\xi(k)\}$往往不是白噪声序列,而是相关噪声序列。下面讨论在残差相关情况下的极大似然辨识问题。

式(6.1.5)可写成

$$a(z^{-1})y(k)=b(z^{-1})u(k)+c(z^{-1})\varepsilon(k) \tag{6.1.16}$$

式中

$$c(z^{-1})\varepsilon(k)=\xi(k) \tag{6.1.17}$$

$$c(z^{-1})=1+c_1z^{-1}+\cdots+c_nz^{-n} \tag{6.1.18}$$

$\varepsilon(k)$是均值为零的高斯分布白噪声序列。多项式 $a(z^{-1})$, $b(z^{-1})$ 和 $c(z^{-1})$ 中的系数 $a_1,\cdots,a_n,b_0,\cdots,b_n,c_1,\cdots,c_n$ 和序列$\{\varepsilon(k)\}$的均方差 $\boldsymbol{\sigma}$ 都是未知参数。

设待估参数

$$\boldsymbol{\theta}=[a_1\quad\cdots\quad a_n\quad b_0\quad\cdots\quad b_n\quad c_1\quad\cdots\quad c_n]^{\mathrm{T}} \tag{6.1.19}$$

并设 $y(k)$ 的预测值为

$$\begin{aligned}\hat{y}(k)=&-\hat{a}_1y(k-1)-\cdots-\hat{a}_ny(k-n)+\hat{b}_0u(k)+\cdots+\hat{b}_nu(k-n)+\\&\hat{c}_1e(k-1)+\cdots+\hat{c}_ne(k-n)\end{aligned} \tag{6.1.20}$$

式中 $e(k-i)$为预测误差,$\hat{a}_i$、$\hat{b}_i$ 和 $\hat{c}_i$ 为 a_i、b_i和 c_i 的估值。预测误差可表示为

$$\begin{aligned}e(k)&=y(k)-\hat{y}(k)=y(k)-\left[-\sum_{i=1}^{n}\hat{a}_iy(k-i)+\sum_{i=0}^{n}\hat{b}_iu(k-i)+\sum_{i=1}^{n}\hat{c}_ie(k-i)\right]\\&=(1+\hat{a}_1z^{-1}+\cdots+\hat{a}_nz^{-n})y(k)-(\hat{b}_0+\hat{b}_1z^{-1}+\cdots+\hat{b}_nz^{-n})u(k)-(\hat{c}_1z^{-1}+\hat{c}_2z^{-2}+\cdots+\hat{c}_nz^{-n})e(k)\end{aligned} \tag{6.1.21}$$

或

$$\begin{aligned}(1+\hat{c}_1z^{-1}+\cdots+\hat{c}_nz^{-n})e(k)=&(1+\hat{a}_1z^{-1}+\cdots+\hat{a}_nz^{-n})y(k)-\\&(\hat{b}_0+\hat{b}_1z^{-1}+\cdots+\hat{b}_nz^{-n})u(k)\end{aligned} \tag{6.1.22}$$

因此预测误差 $e(k)$满足关系式

$$\hat{c}(z^{-1})e(k)=\hat{a}(z^{-1})y(k)-\hat{b}(z^{-1})u(k) \tag{6.1.23}$$

式中

$$\hat{a}(z^{-1})=1+\hat{a}_1z^{-1}+\cdots+\hat{a}_nz^{-n}$$

$$\hat{b}(z^{-1})=\hat{b}_0+\hat{b}_1z^{-1}+\cdots+\hat{b}_nz^{-n}$$

$$\hat{c}(z^{-1})=1+\hat{c}_1z^{-1}+\cdots+\hat{c}_nz^{-n}$$

假定预测误差 $e(k)$ 服从均值为零的高斯分布,并设序列 $\{e(k)\}$ 具有相同的方差 σ^2。因为 $\{e(k)\}$ 与 $\hat{c}(z^{-1})$, $\hat{a}(z^{-1})$ 和 $\hat{b}(z^{-1})$ 有关,所以 σ^2 是被估参数 $\boldsymbol{\theta}$ 的函数。为了书写方便,把式(6.1.23)写成

$$c(z^{-1})e(k)=a(z^{-1})y(k)-b(z^{-1})u(k) \tag{6.1.24}$$

$$\begin{aligned}e(k)=&y(k)+a_1y(k-1)+\cdots+a_ny(k-n)-b_0u(k)-b_1u(k-1)-\cdots-b_nu(k-n)-\\&c_1e(k-1)-\cdots-c_ne(k-n),k=n+1,n+2,\cdots\end{aligned} \tag{6.1.25}$$

或写成

$$e(k)=y(k)+\sum_{i=1}^{n}a_iy(k-i)-\sum_{i=0}^{n}b_iu(k-i)-\sum_{i=1}^{n}c_ie(k-i) \tag{6.1.26}$$

令 $k=n+1,n+2,\cdots,n+N$,可得 $e(k)$ 的 N 个方程式,把这 N 个方程式写成向量-矩阵形式

$$\boldsymbol{e}_N=\boldsymbol{y}_N-\boldsymbol{\Phi}_N\boldsymbol{\theta} \tag{6.1.27}$$

式中

$$\boldsymbol{\theta}=\begin{bmatrix}a_1 & \cdots & a_n & b_0 & \cdots & b_n & c_1 & \cdots & c_n\end{bmatrix}^{\mathrm{T}}$$

$$\boldsymbol{y}_N=\begin{bmatrix}y(n+1)\\y(n+2)\\\vdots\\y(n+N)\end{bmatrix},\quad \boldsymbol{e}_N=\begin{bmatrix}e(n+1)\\e(n+2)\\\vdots\\e(n+N)\end{bmatrix}$$

$$\boldsymbol{\Phi}_N=\left[\begin{array}{ccc:ccc:ccc}-y(n) & \cdots & -y(1) & u(n+1) & \cdots & u(1) & e(n) & \cdots & e(1)\\-y(n+1) & \cdots & -y(2) & u(n+2) & \cdots & u(2) & e(n+1) & \cdots & e(2)\\\vdots & & \vdots & \vdots & & \vdots & \vdots & & \vdots\\-y(n+N-1) & \cdots & -y(N) & u(n+N) & \cdots & u(N) & e(n+N-1) & \cdots & e(N)\end{array}\right]$$

因已假定 $\{e(k)\}$ 是零均值高斯噪声序列,所以极大似然函数为

$$L(\boldsymbol{y}_N|\boldsymbol{\theta},\sigma)=\frac{1}{(2\pi\sigma^2)^{\frac{N}{2}}}\exp\left(-\frac{1}{2\sigma^2}\boldsymbol{e}_N^{\mathrm{T}}\boldsymbol{e}_N\right) \tag{6.1.28}$$

或

$$L(\boldsymbol{y}_N|\boldsymbol{\theta},\sigma)=\frac{1}{(2\pi\sigma^2)^{\frac{N}{2}}}\exp\left[-\frac{(\boldsymbol{y}_N-\boldsymbol{\Phi}_N\boldsymbol{\theta})^{\mathrm{T}}(\boldsymbol{y}_N-\boldsymbol{\Phi}_N\boldsymbol{\theta})}{2\sigma^2}\right] \tag{6.1.29}$$

对式(6.1.28)等号两边取对数得

$$\ln L(\boldsymbol{y}_N|\boldsymbol{\theta},\sigma)=-\frac{N}{2}\ln2\pi-\frac{N}{2}\ln\sigma^2-\frac{1}{2\sigma^2}\boldsymbol{e}_N^{\mathrm{T}}\boldsymbol{e}_N \tag{6.1.30}$$

或写为

$$\ln L(\boldsymbol{y}_N|\boldsymbol{\theta},\sigma)=-\frac{N}{2}\ln2\pi-\frac{N}{2}\ln\sigma^2-\frac{1}{2\sigma^2}\sum_{k=n+1}^{n+N}e^2(k) \tag{6.1.31}$$

求 $\ln L(\boldsymbol{y}_N|\boldsymbol{\theta},\sigma)$ 对 σ^2 的偏导数,令其等于零,可得

$$\frac{\partial\ln L(\boldsymbol{y}_N|\boldsymbol{\theta},\sigma)}{\partial\sigma^2}=-\frac{N}{2\sigma^2}+\frac{1}{2\sigma^4}\sum_{k=n+1}^{n+N}e^2(k)=0 \tag{6.1.32}$$

则

$$\hat{\sigma}^2=\frac{1}{N}\sum_{k=n+1}^{n+N}e^2(k)=\frac{2}{N}\frac{1}{2}\sum_{k=n+1}^{n+N}e^2(k)=\frac{2}{N}J \tag{6.1.33}$$

其中

$$J = \frac{1}{2}\sum_{k=n+1}^{n+N} e^2(k) \tag{6.1.34}$$

我们总是希望 σ^2 越小越好,因此希望

$$\hat{\sigma}^2 = \frac{2}{N}\min J \tag{6.1.35}$$

因为式(6.1.24)可理解为预测模型,而 $e(k)$ 可看作预测误差。因此使式(6.1.34)最小就是使预测误差的平方之和为最小,即使对概率密度不作任何假设,这样的准则也是有意义的。因此可按 J 最小来求 $a_1,\cdots,a_n,b_0,\cdots,b_n,c_1,\cdots,c_n$ 的估值。

由于 $e(k)$ 是参数 $a_1,\cdots,a_n,b_0,\cdots,b_n,c_1,\cdots,c_n$ 的线性函数,因此 J 是这些参数的二次型函数。求使 $L(\boldsymbol{y}_N|\boldsymbol{\theta},\sigma)$ 最大的 $\hat{\boldsymbol{\theta}}$,等价于在式(6.1.24)的约束条件下求 $\hat{\boldsymbol{\theta}}$ 使 J 为最小。由于 J 对于 c_i 是非线性的,因而求 J 的极小值问题并不好解,只能用迭代方法求解。求 J 极小值的常用迭代算法有拉格朗日(Lagrangian)乘子法和牛顿-拉弗森(Newton-Raphson)法。这里我们只介绍牛顿-拉弗森法。整个迭代计算步骤如下:

(1) 选定初始的 $\hat{\boldsymbol{\theta}}_0$ 值

对于 $\hat{\boldsymbol{\theta}}_0$ 中的 $a_1,\cdots,a_n,b_0,\cdots,b_n$ 可按模型

$$e(k) = \hat{a}(z^{-1})y(k) - \hat{b}(z^{-1})u(k) \tag{6.1.36}$$

用最小二乘法来求,而对于 $\hat{\boldsymbol{\theta}}_0$ 中的 $\hat{c}_1,\cdots,\hat{c}_n$ 可先假定一些值。

(2) 计算预测误差

$$e(k) = y(k) - \hat{y}(k) \tag{6.1.37}$$

给出

$$J = \frac{1}{2}\sum_{k=n+1}^{n+N} e^2(k)$$

并计算

$$\hat{\sigma}^2 = \frac{1}{N}\sum_{k=n+1}^{n+N} e^2(k) \tag{6.1.38}$$

(3) 计算 J 的梯度 $\dfrac{\partial J}{\partial \boldsymbol{\theta}}$ 和黑塞矩阵(Hessian matrix) $\dfrac{\partial^2 J}{\partial \boldsymbol{\theta}^2}$

$$\frac{\partial J}{\partial \boldsymbol{\theta}} = \sum_{k=n+1}^{n+N} e(k)\frac{\partial e(k)}{\partial \boldsymbol{\theta}} \tag{6.1.39}$$

式中

$$\frac{\partial e(k)}{\partial \boldsymbol{\theta}} = \left[\frac{\partial e(k)}{\partial a_1}\ \cdots\ \frac{\partial e(k)}{\partial a_n}\ \frac{\partial e(k)}{\partial b_0}\ \cdots\ \frac{\partial e(k)}{\partial b_n}\ \frac{\partial e(k)}{\partial c_1}\ \cdots\ \frac{\partial e(k)}{\partial c_n}\right]^{\mathrm{T}}$$

$$\frac{\partial e(k)}{\partial a_i} = y(k-i) - \sum_{j=1}^{n} c_j \frac{\partial e(k-j)}{\partial a_i} \tag{6.1.40}$$

$$\frac{\partial e(k)}{\partial b_i} = -u(k-i) - \sum_{j=1}^{n} c_j \frac{\partial e(k-j)}{\partial b_i} \tag{6.1.41}$$

$$\frac{\partial e(k)}{\partial c_i} = -e(k-i) - \sum_{j=1}^{n} c_j \frac{\partial e(k-j)}{\partial c_i} \tag{6.1.42}$$

式(6.1.40)、式(6.1.41)和式(6.1.42)又可写为

$$c(z^{-1})\frac{\partial e(k)}{\partial a_i}=y(k-i) \tag{6.1.43}$$

$$c(z^{-1})\frac{\partial e(k)}{\partial b_i}=-u(k-i) \tag{6.1.44}$$

$$c(z^{-1})\frac{\partial e(k)}{\partial c_i}=-e(k-i) \tag{6.1.45}$$

由上述三式分别可得

$$\frac{\partial e(k)}{\partial a_i}=\frac{\partial e(k-i+j)}{\partial a_j}=\frac{\partial e(k-i+1)}{\partial a_1} \tag{6.1.46}$$

$$\frac{\partial e(k)}{\partial b_i}=\frac{\partial e(k-i+j)}{\partial b_j}=\frac{\partial e(k-i)}{\partial b_0} \tag{6.1.47}$$

$$\frac{\partial e(k)}{\partial c_i}=\frac{\partial e(k-i+j)}{\partial c_j}=\frac{\partial e(k-i+1)}{\partial c_1} \tag{6.1.48}$$

式(6.1.40)、式(6.1.41)和式(6.1.42)均为差分方程,这些差分方程的初始条件为零,可通过求解这些差分方程,分别求出 $e(k)$ 关于 $a_1,\cdots,a_n,b_0,\cdots,b_n,c_1,\cdots,c_n$ 的全部偏导数,而这些偏导数分别为 $\{y(k)\}$,$\{u(k)\}$ 和 $\{e(k)\}$ 的线性函数。下面求 J 关于 $\boldsymbol{\theta}$ 的二阶偏导数

$$\frac{\partial^2 J}{\partial \boldsymbol{\theta}^2}=\sum_{k=n+1}^{n+N}\frac{\partial e(k)}{\partial \boldsymbol{\theta}}\left[\frac{\partial e(k)}{\partial \boldsymbol{\theta}}\right]^{\mathrm{T}}+\sum_{k=n+1}^{n+N}e(k)\frac{\partial^2 e(k)}{\partial \boldsymbol{\theta}^2} \tag{6.1.49}$$

当 $\hat{\boldsymbol{\theta}}$ 接近于真值 $\boldsymbol{\theta}$ 时,$e(k)$ 接近于零。在这种情况下,式(6.1.49)等号右边第二项接近于零,$\frac{\partial^2 J}{\partial \boldsymbol{\theta}^2}$可近似表示为

$$\frac{\partial^2 J}{\partial \boldsymbol{\theta}^2}=\sum_{k=n+1}^{n+N}\frac{\partial e(k)}{\partial \boldsymbol{\theta}}\left[\frac{\partial e(k)}{\partial \boldsymbol{\theta}}\right]^{\mathrm{T}} \tag{6.1.50}$$

则利用式(6.1.50)计算$\frac{\partial^2 J}{\partial \boldsymbol{\theta}^2}$比较简单。

(4) 按牛顿-拉弗森法计算 $\boldsymbol{\theta}$ 的新估值 $\hat{\boldsymbol{\theta}}_1$

$$\hat{\boldsymbol{\theta}}_1=\hat{\boldsymbol{\theta}}_0-\left[\left(\frac{\partial^2 J}{\partial \boldsymbol{\theta}^2}\right)^{-1}\frac{\partial J}{\partial \boldsymbol{\theta}}\right]_{\hat{\boldsymbol{\theta}}_0} \tag{6.1.51}$$

重复(2)~(4)的计算步骤,经过 r 次迭代计算之后可得 $\hat{\boldsymbol{\theta}}_r$,进一步迭代计算可得

$$\hat{\boldsymbol{\theta}}_{r+1}=\hat{\boldsymbol{\theta}}_r-\left[\left(\frac{\partial^2 J}{\partial \boldsymbol{\theta}^2}\right)^{-1}\frac{\partial J}{\partial \boldsymbol{\theta}}\right]_{\hat{\boldsymbol{\theta}}_r} \tag{6.1.52}$$

如果

$$\frac{\hat{\sigma}_{r+1}^2-\hat{\sigma}_r^2}{\hat{\sigma}_r^2}<10^{-4} \tag{6.1.53}$$

则可停止计算,否则继续迭代计算。

式(6.1.53)表明,当残差方差的计算误差小于 0.01%时就停止计算。这一方法即使在噪声比较大的情况下也能得到较好的估值 $\hat{\boldsymbol{\theta}}$。

例 6.3 已知对象的差分方程为

$$y(k)-1.5y(k-1)+0.7y(k-2)=u(k-1)+0.5u(k-2)+\varepsilon(k)-\varepsilon(k-1)+0.2\varepsilon(k-2)$$

其中 $\varepsilon(k)$ 是均值为零、方差为 σ^2 服从正态分布的不相关随机噪声,输入信号 $u(k)$ 采用伪随机码。试用极大似然法辨识对象参数。

解　数据长度取 $N=240$,先用普通最小二乘法获得参数估计初值,再用牛顿-拉弗森法进行迭代计算,各次迭代计算结果如表 6.1 所示,最后辨识结果如表 6.2 所示。辨识结果表明,即使在噪声比较大的情况下,极大似然法也能给出较好的参数估计值。

表 6.1　各次迭代计算结果($\sigma=7.2$)

估计参数	$\hat{a}_1$	$\hat{a}_2$	$\hat{b}_1$	$\hat{b}_2$	$\hat{c}_1$	$\hat{c}_2$	$J_k(\theta)$
真值 / 迭代次数	-1.5	0.7	1.0	0.5	-1.0	0.2	
0	-0.669223	0.067462	1.793699	1.215727	0.0	0.0	7696.58
1	-1.611282	0.691069	1.939274	-1.258858	-0.953107	0.036294	7162.93
2	-1.551279	0.691890	1.370642	-0.282776	-0.992611	0.108536	6891.57
3	-1.588040	0.720158	1.389544	-0.396304	-1.038508	0.134742	6882.01
4	-1.583258	0.720690	1.332628	-0.294744	-1.035053	0.142406	6880.34
5	-1.585877	0.721886	1.337403	-0.313218	-1.038635	0.142974	6880.12
6	-1.585872	0.721896	1.337638	-0.313263	-1.038668	0.143086	6880.12
7	-1.585874	0.721897	1.337638	-0.313265	-1.038671	0.143088	

表 6.2　最后辨识结果

估计参数	$\hat{a}_1$	$\hat{a}_2$	$\hat{b}_1$	$\hat{b}_2$	$\hat{c}_1$	$\hat{c}_2$	σ
真值 / σ	-1.5	0.7	1.0	0.5	-1.0	0.2	
0.4	-1.1512 ±0.008	0.705 ±0.005	1.025 ±0.04	0.413 ±0.05	-0.978 ±0.06	0.158 ±0.06	0.419 ±0.019
1.8	-1.544 ±0.03	0.720 ±0.02	1.161 ±0.16	0.076 ±0.2	-1.015 ±0.07	0.151 ±0.07	1.880 ±0.08
7.2	-1.586 ±0.06	0.722 ±0.06	1.338 ±0.6	-0.316 ±0.6	-1.039 ±0.10	0.143 ±0.07	7.572 ±0.3

6.2　递推极大似然法

为了在线辨识需要给出递推极大似然法计算公式。下面按近似方法和牛顿-拉弗森法分别给出递推公式。

6.2.1 近似的递推极大似然法

设系统的模型为

$$a(z^{-1})y(k) = b(z^{-1})u(k) + c(z^{-1})\varepsilon(k) \tag{6.2.1}$$

其中

$$a(z^{-1}) = 1 + a_1 z^{-1} + \cdots + a_n z^{-n}$$
$$b(z^{-1}) = b_0 + b_1 z^{-1} + \cdots + b_n z^{-n}$$
$$c(z^{-1}) = 1 + c_1 z^{-1} + \cdots + c_n z^{-n}$$

$\varepsilon(k)$为预测误差。由式(6.2.1)得

$$\varepsilon(k) = c^{-1}(z^{-1})[a(z^{-1})y(k) - b(z^{-1})u(k)] \tag{6.2.2}$$

很明显,$\varepsilon(k)$是模型参数 $a_1,\cdots,a_n,b_0,\cdots,b_n$ 和 $c_1,\cdots,c_n$ 的函数,所以预测误差 $\varepsilon(k)$可用 $\varepsilon(k,\boldsymbol{\theta})$来表示,即

$$\varepsilon(k,\boldsymbol{\theta}) = c^{-1}(z^{-1})[a(z^{-1})y(k) - b(z^{-1})u(k)] \tag{6.2.3}$$

取指标函数为

$$J_N(\boldsymbol{\theta}) = \sum_{k=n+1}^{n+N} \varepsilon^2(k,\boldsymbol{\theta}) \tag{6.2.4}$$

其中

$$\boldsymbol{\theta} = [a_1 \quad \cdots \quad a_n \quad b_0 \quad \cdots \quad b_n \quad c_1 \quad \cdots \quad c_n]^{\mathrm{T}}$$

按 J 最小来确定 $\boldsymbol{\theta}$ 的估值 $\hat{\boldsymbol{\theta}}$。

如果 $\varepsilon(k,\boldsymbol{\theta})$是 $\boldsymbol{\theta}$ 的线性函数,则可用最小二乘法来求 $\hat{\boldsymbol{\theta}}$ 的递推公式,但这里 $\varepsilon(k,\boldsymbol{\theta})$是 $\boldsymbol{\theta}$ 的非线性函数。我们用 $\boldsymbol{\theta}$ 的二次型函数来逼近 $J_N(\boldsymbol{\theta})$,从而导出一个近似的极大似然法递推公式。应用泰勒级数把 $\varepsilon(k,\boldsymbol{\theta})$在估值 $\hat{\boldsymbol{\theta}}$ 的周围展开得

$$\varepsilon(k,\boldsymbol{\theta}) \approx \varepsilon(k,\hat{\boldsymbol{\theta}}) + \left[\frac{\partial \varepsilon(k,\boldsymbol{\theta})}{\partial \boldsymbol{\theta}}\right]^{\mathrm{T}}\Bigg|_{\hat{\boldsymbol{\theta}}} (\boldsymbol{\theta} - \hat{\boldsymbol{\theta}}) \tag{6.2.5}$$

式中

$$\varepsilon(k,\hat{\boldsymbol{\theta}}) = e(k,\hat{\boldsymbol{\theta}})$$

$$e(k,\hat{\boldsymbol{\theta}}) = \hat{c}^{-1}(z^{-1})[\hat{a}(z^{-1})y(k) - \hat{b}(z^{-1})u(k)] \tag{6.2.6}$$

$$\left[\frac{\partial \varepsilon(k,\boldsymbol{\theta})}{\partial \boldsymbol{\theta}}\right]_{\hat{\boldsymbol{\theta}}} = \left[\frac{\partial e(k,\hat{\boldsymbol{\theta}})}{\partial \hat{\boldsymbol{\theta}}}\right]^{\mathrm{T}} \tag{6.2.7}$$

参照式(6.1.40)、式(6.1.41)和式(6.1.42)可得$\dfrac{\partial e(k,\hat{\boldsymbol{\theta}})}{\partial \hat{\boldsymbol{\theta}}}$的各分量

$$\frac{\partial e(k,\hat{\boldsymbol{\theta}})}{\partial \hat{a}_i} = y(k-i) - \sum_{j=1}^{n} \hat{c}_j \frac{\partial e(k-j,\hat{\boldsymbol{\theta}})}{\partial \hat{a}_i} = y_F(k-i) \tag{6.2.8}$$

$$\frac{\partial e(k,\hat{\boldsymbol{\theta}})}{\partial \hat{b}_i} = -u(k-i) - \sum_{j=1}^{n} \hat{c}_j \frac{\partial e(k-j,\hat{\boldsymbol{\theta}})}{\partial \hat{b}_i} = u_F(k-i) \tag{6.2.9}$$

$$\frac{\partial e(k,\hat{\boldsymbol{\theta}})}{\partial \hat{c}_i} = -e(k-i) - \sum_{j=1}^{n} \hat{c}_j \frac{\partial e(k-j,\hat{\boldsymbol{\theta}})}{\partial \hat{c}_i} = e_F(k-i) \tag{6.2.10}$$

令 $\bar{\boldsymbol{y}}_k$,$\bar{\boldsymbol{U}}_k$ 和 $\bar{\boldsymbol{e}}_k$ 分别定义为

$$\bar{\boldsymbol{y}}_k = \begin{bmatrix} y_F(k-1) \\ y_F(k-2) \\ \vdots \\ y_F(k-n) \end{bmatrix},\quad \bar{\boldsymbol{U}}_k = \begin{bmatrix} u_F(k-1) \\ u_F(k-2) \\ \vdots \\ u_F(k-n) \end{bmatrix},\quad \bar{\boldsymbol{e}}_k = \begin{bmatrix} e_F(k-1) \\ e_F(k-2) \\ \vdots \\ e_F(k-n) \end{bmatrix}$$

则

$$\frac{\partial e(k,\hat{\boldsymbol{\theta}})}{\partial \hat{\boldsymbol{\theta}}} = \begin{bmatrix} \bar{\boldsymbol{y}}_k \\ \bar{\boldsymbol{U}}_k \\ \bar{\boldsymbol{e}}_k \end{bmatrix} \tag{6.2.11}$$

从式(6.2.8)、式(6.2.9)和式(6.2.10)可以看出,只要将输入 $u(k)$、输出 $y(k)$ 和 $e(k)$ 进行简单的移位和滤波就能得到$\frac{\partial e(k)}{\partial \hat{\boldsymbol{\theta}}}$。下面我们用二次型函数来逼近 $J_N(\boldsymbol{\theta})$,即假定存在 $\hat{\boldsymbol{\theta}}_N$,$\boldsymbol{P}_N$ 和余项 β_N,使

$$J_N(\boldsymbol{\theta}) = \sum_{k=n+1}^{n+N} \varepsilon^2(k,\boldsymbol{\theta}) = (\boldsymbol{\theta} - \hat{\boldsymbol{\theta}}_N)^{\mathrm{T}} \boldsymbol{P}_N^{-1} (\boldsymbol{\theta} - \hat{\boldsymbol{\theta}}_N) + \beta_N \tag{6.2.12}$$

我们利用式(6.2.5)和式(6.2.12)来推导递推算法。由式(6.2.5)和式(6.2.12)可得

$$J_{N+1}(\boldsymbol{\theta}) = \sum_{k=n+1}^{n+N+1} \varepsilon^2(k,\boldsymbol{\theta}) = (\boldsymbol{\theta} - \hat{\boldsymbol{\theta}}_N)^{\mathrm{T}} \boldsymbol{P}_N^{-1} (\boldsymbol{\theta} - \hat{\boldsymbol{\theta}}_N) + \beta_N + [e_{N+1} + \boldsymbol{\psi}_{N+1}^{\mathrm{T}} (\boldsymbol{\theta} - \hat{\boldsymbol{\theta}}_N)]^2 \tag{6.2.13}$$

式中

$$\begin{cases} e_{N+1} = e(n+N+1) \\ \boldsymbol{\psi}_{N+1} = \dfrac{\partial e_{N+1}}{\partial \hat{\boldsymbol{\theta}}} \end{cases} \tag{6.2.14}$$

设

$$\boldsymbol{\theta} - \hat{\boldsymbol{\theta}}_N = \Delta$$

则式(6.2.13)可写成

$$J_{N+1}(\boldsymbol{\theta}) = \Delta^{\mathrm{T}} (\boldsymbol{P}_N^{-1} + \boldsymbol{\psi}_{N+1} \boldsymbol{\psi}_{N+1}^{\mathrm{T}}) \Delta + 2 e_{N+1} \boldsymbol{\psi}_{N+1}^{\mathrm{T}} \Delta + e_{N+1}^2 + \beta_N \tag{6.2.15}$$

对上式配完全平方得

$$J_{N+1}(\boldsymbol{\theta}) = (\Delta + \boldsymbol{r}_{N+1})^{\mathrm{T}} \boldsymbol{P}_{N+1}^{-1} (\Delta + \boldsymbol{r}_{N+1}) + \beta_{N+1} \tag{6.2.16}$$

式中

$$\boldsymbol{P}_{N+1}^{-1} = \boldsymbol{P}_N^{-1} + \boldsymbol{\psi}_{N+1} \boldsymbol{\psi}_{N+1}^{\mathrm{T}} \tag{6.2.17}$$

$$\boldsymbol{r}_{N+1} = \boldsymbol{P}_{N+1} \boldsymbol{\psi}_{N+1} e_{N+1} \tag{6.2.18}$$

$$\beta_{N+1} = e_{N+1}^2 + \beta_N - e_{N+1} \boldsymbol{\psi}_{N+1}^{\mathrm{T}} \boldsymbol{P}_{N+1} \boldsymbol{\psi}_{N+1} e_{N+1}$$

在式(6.2.16)中 β_{N+1} 为已知值,当

$$\Delta + \boldsymbol{r}_{N+1} = \boldsymbol{0}$$

即

$$\Delta = \boldsymbol{\theta} - \hat{\boldsymbol{\theta}}_N = -\boldsymbol{r}_{N+1}$$

时,$J_{N+1}(\boldsymbol{\theta})$ 为极小。所以 $\boldsymbol{\theta}$ 的新估值 $\hat{\boldsymbol{\theta}}_{N+1}$ 为

$$\hat{\boldsymbol{\theta}}_{N+1}=\hat{\boldsymbol{\theta}}_N-\boldsymbol{r}_{N+1} \tag{6.2.19}$$

下面来求 $\boldsymbol{r}_{N+1}$。对式(6.2.17)应用矩阵求逆引理得

$$\boldsymbol{P}_{N+1}=\boldsymbol{P}_N\left[\boldsymbol{I}-\frac{\boldsymbol{\psi}_{N+1}\boldsymbol{\psi}_{N+1}^{\mathrm{T}}\boldsymbol{P}_N}{1+\boldsymbol{\psi}_{N+1}^{\mathrm{T}}\boldsymbol{P}_N\boldsymbol{\psi}_{N+1}}\right] \tag{6.2.20}$$

或写为

$$\boldsymbol{P}_{N+1}=\boldsymbol{P}_N-\boldsymbol{P}_N\boldsymbol{\psi}_{N+1}\left(1+\boldsymbol{\psi}_{N+1}^{\mathrm{T}}\boldsymbol{P}_N\boldsymbol{\psi}_{N+1}\right)^{-1}\boldsymbol{\psi}_{N+1}^{\mathrm{T}}\boldsymbol{P}_N \tag{6.2.21}$$

利用式(6.2.18)和式(6.2.20)可得

$$\boldsymbol{r}_{N+1}=\boldsymbol{P}_{N+1}\boldsymbol{\psi}_{N+1}e_{N+1}=\boldsymbol{P}_N\left[\boldsymbol{I}-\frac{\boldsymbol{\psi}_{N+1}\boldsymbol{\psi}_{N+1}^{\mathrm{T}}\boldsymbol{P}_N}{1+\boldsymbol{\psi}_{N+1}^{\mathrm{T}}\boldsymbol{P}_N\boldsymbol{\psi}_{N+1}}\right]\boldsymbol{\psi}_{N+1}e_{N+1}=\frac{\boldsymbol{P}_N\boldsymbol{\psi}_{N+1}}{1+\boldsymbol{\psi}_{N+1}^{\mathrm{T}}\boldsymbol{P}_N\boldsymbol{\psi}_{N+1}}e_{N+1} \tag{6.2.22}$$

将上式代入式(6.2.19)得

$$\hat{\boldsymbol{\theta}}_{N+1}=\hat{\boldsymbol{\theta}}_N-\boldsymbol{P}_N\boldsymbol{\psi}_{N+1}\left(1+\boldsymbol{\psi}_{N+1}^{\mathrm{T}}\boldsymbol{P}_N\boldsymbol{\psi}_{N+1}\right)^{-1}e_{N+1} \tag{6.2.23}$$

式中

$$e_{N+1}=y(n+N+1)-\boldsymbol{\varphi}^{\mathrm{T}}\hat{\boldsymbol{\theta}}_N$$

$$\boldsymbol{\varphi}^{\mathrm{T}}=\left[y(n+N)\quad\cdots\quad y(N+1)\quad -u(n+N+1)\quad\cdots\quad -u(N+1)\quad -e(n+N)\quad\cdots\quad -e(N+1)\right]$$

下面求 $\boldsymbol{\psi}_{N+1}$ 和 $\boldsymbol{\psi}_N$ 的递推关系式。

$$\boldsymbol{\psi}_{N+1}=\frac{\partial e_{N+1}}{\partial\hat{\boldsymbol{\theta}}}=\frac{\partial e(n+N+1)}{\partial\hat{\boldsymbol{\theta}}}=\begin{bmatrix}\dfrac{\partial e(n+N+1)}{\partial\hat{a}_1}\\ \vdots\\ \dfrac{\partial e(n+N+1)}{\partial\hat{a}_n}\\ \dfrac{\partial e(n+N+1)}{\partial\hat{b}_0}\\ \vdots\\ \dfrac{\partial e(n+N+1)}{\partial\hat{b}_n}\\ \dfrac{\partial e(n+N+1)}{\partial\hat{c}_1}\\ \vdots\\ \dfrac{\partial e(n+N+1)}{\partial\hat{c}_n}\end{bmatrix} \tag{6.2.24}$$

$$
\boldsymbol{\psi}_N = \begin{bmatrix} \dfrac{\partial e(n+N)}{\partial \hat{a}_1} \\ \vdots \\ \dfrac{\partial e(n+N)}{\partial \hat{a}_n} \\ \dfrac{\partial e(n+N)}{\partial \hat{b}_0} \\ \vdots \\ \dfrac{\partial e(n+N)}{\partial \hat{b}_n} \\ \dfrac{\partial e(n+N)}{\partial \hat{c}_1} \\ \vdots \\ \dfrac{\partial e(n+N)}{\partial \hat{c}_n} \end{bmatrix} \tag{6.2.25}
$$

由式(6.1.40)可得 $\boldsymbol{\psi}_{N+1}$的第 1 行

$$
\frac{\partial e(n+N+1)}{\partial \hat{a}_1} = y(n+N) - \hat{c}_1 \frac{\partial e(n+N)}{\partial \hat{a}_1} - \hat{c}_2 \frac{\partial e(n+N-1)}{\partial \hat{a}_1} - \cdots - \hat{c}_n \frac{\partial e(N+1)}{\partial \hat{a}_1}
$$

根据式(6.1.46)可得

$$
\frac{\partial e(n+N-1)}{\partial \hat{a}_1} = \frac{\partial e(n+N)}{\partial \hat{a}_2}, \quad \cdots, \quad \frac{\partial e(N+1)}{\partial \hat{a}_1} = \frac{\partial e(n+N)}{\partial \hat{a}_n}
$$

则

$$
\frac{\partial e(n+N-1)}{\partial \hat{a}_1} = y(n+N) - \hat{c}_1 \frac{\partial e(n+N)}{\partial \hat{a}_1} - \hat{c}_2 \frac{\partial e(n+N)}{\partial \hat{a}_2} - \cdots - \hat{c}_n \frac{\partial e(n+N)}{\partial \hat{a}_n} \tag{6.2.26}
$$

计算 $\boldsymbol{\psi}_{N+1}$的第 2 行

$$
\frac{\partial e(n+N+1)}{\partial \hat{a}_2} = y(n+N-1) - \hat{c}_1 \frac{\partial e(n+N)}{\partial \hat{a}_2} - \hat{c}_2 \frac{\partial e(n+N-1)}{\partial \hat{a}_2} - \cdots - \hat{c}_n \frac{\partial e(N+1)}{\partial \hat{a}_2}
$$

根据式(6.1.46)可得

$$
\frac{\partial e(n+N)}{\partial \hat{a}_2} = \frac{\partial e(n+N-1)}{\partial \hat{a}_1}, \cdots, \frac{\partial e(N+1)}{\partial \hat{a}_2} = \frac{\partial e(N)}{\partial \hat{a}_1}
$$

则

$$
\frac{\partial e(n+N+1)}{\partial \hat{a}_2} = y(n+N-1) - \hat{c}_1 \frac{\partial e(n+N-1)}{\partial \hat{a}_1} - \cdots - \hat{c}_n \frac{\partial e(N)}{\partial \hat{a}_1} = \frac{\partial e(n+N)}{\partial \hat{a}_1} \tag{6.2.27}
$$

同理可得 $\boldsymbol{\psi}_{N+1}$的其他各行。$\boldsymbol{\psi}_{N+1}$与 $\boldsymbol{\psi}_N$ 的递推关系为

$$\boldsymbol{\psi}_{N+1}=\begin{bmatrix} \begin{matrix}-\hat{c}_1 & \cdots & -\hat{c}_n\\ 1 & \cdots & 0\\ & \ddots & \vdots\\ & 1 & 0\end{matrix} & & \\ & \begin{matrix}-\hat{c}_1 & \cdots & -\hat{c}_n & 0\\ 1 & \cdots & 0 & 0\\ & \ddots & \vdots & \vdots\\ & 1 & 0 & 0\end{matrix} & \\ & & \begin{matrix}-\hat{c}_1 & \cdots & -\hat{c}_n\\ 1 & \cdots & 0\\ & \ddots & \vdots\\ & 1 & 0\end{matrix}\end{bmatrix}\boldsymbol{\psi}_N+\begin{bmatrix} y(n+N)\\ 0\\ \vdots\\ 0\\ -u(n+N+1)\\ 0\\ \vdots\\ 0\\ -e(n+N)\\ 0\\ \vdots\\ 0\end{bmatrix} \tag{6.2.28}$$

递推方程式(6.2.21)、式(6.2.23)和式(6.2.28)为一组极大似然法的递推公式。这个算法比增广矩阵法的收敛性好，是一个比较好的辨识方法。可以证明，这个方法以概率 1 收敛到估计准则的一个局部极小值。

例 6.4 设有二阶线性系统

$$(1-1.5z^{-1}+0.7z^{-2})y(k)=(z^{-1}+0.5z^{-2})u(k)+(1-z^{-1}-0.2z^{-2})\varepsilon(k)$$

式中$\{u(k)\}$和$\{\varepsilon(k)\}$都是独立同分布的高斯序列，它们的均值分别为 1 和 0。试比较递推广义最小二乘法、递推极大似然法和离线极大似然法对系统参数的辨识结果。

解 在采样数据个数 $N=500$ 和 $\sigma=0.4$ 的条件下，利用递推极大似然法、递推广义最小二乘法和离线的极大似然法对系统参数进行辨识的结果如表 6.3 所示。这三种辨识方法的结果比较表明递推极大似然法具有中等的性能。

表 6.3 三种辨识方法的结果比较

参数	真值	递推广义最小二乘法	递推极大似然法	离线极大似然法
a_1	-1.5	-1.489	-1.498	-1.5
a_2	0.7	0.691	0.699	0.700
b_1	1.0	1.036	1.091	1.020
b_2	0.5	0.468	0.495	0.470
c_1	-1.0			-1.010
c_2	0.2			0.200
σ	0.4			0.400

6.2.2 按牛顿-拉弗森法导出极大似然法递推公式

设系统的差分方程为

$$a(z^{-1})y(k)=b(z^{-1})u(k)+\frac{1}{d(z^{-1})}\varepsilon(k) \tag{6.2.29}$$

式中

$$a(z^{-1})=1+a_1z^{-1}+\cdots+a_nz^{-n}$$
$$b(z^{-1})=b_0+b_1z^{-1}+\cdots+b_nz^{-n}$$
$$d(z^{-1})=1+d_1z^{-1}+\cdots+d_nz^{-n}$$

$a(z^{-1})$，$b(z^{-1})$和 $d(z^{-1})$中的参数 $a_1,\cdots,a_n,b_0,\cdots,b_n,d_1,\cdots,d_n$ 为待估参数。参数向量为

$$\boldsymbol{a}=\begin{bmatrix}a_1\\a_2\\\vdots\\a_n\end{bmatrix},\quad \boldsymbol{b}=\begin{bmatrix}b_0\\b_1\\\vdots\\b_n\end{bmatrix},\quad \boldsymbol{d}=\begin{bmatrix}d_1\\d_2\\\vdots\\d_n\end{bmatrix},\quad \boldsymbol{\theta}=\begin{bmatrix}\boldsymbol{a}\\\boldsymbol{b}\\\boldsymbol{d}\end{bmatrix} \tag{6.2.30}$$

由式(6.2.29)可得

$$\varepsilon(k)=d(z^{-1})[a(z^{-1})y(k)-b(z^{-1})u(k)] \tag{6.2.31}$$

$\varepsilon(k)$对于不同参数的偏导数为

$$\begin{aligned}\frac{\partial\varepsilon(k)}{\partial a_j}&=d(z^{-1})y(k-j)=y(k-j)+d_1y(k-j-1)+\cdots+\\&\quad d_ny(k-j-n)=y_{k-j}^{\mathrm{F}},\quad j=1,2,\cdots,n\end{aligned} \tag{6.2.32}$$

$$\begin{aligned}\frac{\partial\varepsilon(k)}{\partial b_j}&=-d(z^{-1})u(k-j)=-[u(k-j)+d_1u(k-j-1)+\cdots+\\&\quad d_nu(k-j-n)]=-u_{k-j}^{\mathrm{F}},\quad j=0,1,\cdots,n\end{aligned} \tag{6.2.33}$$

$$\begin{aligned}\frac{\partial\varepsilon(k)}{\partial d_j}&=a(z^{-1})y(k-j)-b(z^{-1})u(k-j)\\&=y(k-j)+a_1y(k-j-1)+\cdots+a_ny(k-j-n)-\\&\quad b_0u(k-j)-b_1u(k-j-1)-\cdots-b_nu(k-j-n)\\&=-\mu_{k-j},\quad j=1,2,\cdots,n\end{aligned} \tag{6.2.34}$$

式中

$$y_k^{\mathrm{F}}=d(z^{-1})y(k) \tag{6.2.35}$$
$$u_k^{\mathrm{F}}=d(z^{-1})u(k) \tag{6.2.36}$$
$$\mu_k=b(z^{-1})u(k)-a(z^{-1})y(k) \tag{6.2.37}$$

在式(6.2.32)、式(6.2.33)和式(6.2.34)中的偏导数可通过 $y(k)$和 $u(k)$的简单移位得到。$\varepsilon(k)$的一阶偏导数向量为

$$\frac{\partial\varepsilon(k)}{\partial\boldsymbol{\theta}}=\begin{bmatrix}\bar{\boldsymbol{y}}^{\mathrm{F}}_{(n)}\\-\bar{\boldsymbol{u}}^{\mathrm{F}}_{(n+1)}\\-\bar{\boldsymbol{\mu}}_{(n)}\end{bmatrix} \tag{6.2.38}$$

其中

$$\bar{\boldsymbol{y}}^{\mathrm{F}}_{(n)}=\begin{bmatrix}y_{k-1}^{\mathrm{F}}\\y_{k-2}^{\mathrm{F}}\\\vdots\\y_{k-n}^{\mathrm{F}}\end{bmatrix},\quad \bar{\boldsymbol{u}}^{\mathrm{F}}_{(n+1)}=\begin{bmatrix}u_{k}^{\mathrm{F}}\\u_{k-1}^{\mathrm{F}}\\\vdots\\u_{k-n}^{\mathrm{F}}\end{bmatrix},\quad \bar{\boldsymbol{\mu}}_{(n)}=\begin{bmatrix}\mu_{k-1}\\\mu_{k-2}\\\vdots\\\mu_{k-n}\end{bmatrix} \tag{6.2.39}$$

$\boldsymbol{\varepsilon}(k)$的二阶偏导数矩阵为

$$\frac{\partial^2 \boldsymbol{\varepsilon}(k)}{\partial \boldsymbol{\theta}^2}=\begin{bmatrix}\frac{\partial^2 \boldsymbol{\varepsilon}(k)}{\partial \boldsymbol{a}^2} & \frac{\partial^2 \boldsymbol{\varepsilon}(k)}{\partial \boldsymbol{a}\partial \boldsymbol{b}} & \frac{\partial^2 \boldsymbol{\varepsilon}(k)}{\partial \boldsymbol{a}\partial \boldsymbol{d}} \\ \frac{\partial^2 \boldsymbol{\varepsilon}(k)}{\partial \boldsymbol{b}\partial \boldsymbol{a}} & \frac{\partial^2 \boldsymbol{\varepsilon}(k)}{\partial \boldsymbol{b}^2} & \frac{\partial^2 \boldsymbol{\varepsilon}(k)}{\partial \boldsymbol{b}\partial \boldsymbol{d}} \\ \frac{\partial^2 \boldsymbol{\varepsilon}(k)}{\partial \boldsymbol{d}\partial \boldsymbol{a}} & \frac{\partial^2 \boldsymbol{\varepsilon}(k)}{\partial \boldsymbol{d}\partial \boldsymbol{b}} & \frac{\partial^2 \boldsymbol{\varepsilon}(k)}{\partial \boldsymbol{d}^2}\end{bmatrix} \tag{6.2.40}$$

不为零的二阶偏导数为

$$\frac{\partial^2 \boldsymbol{\varepsilon}(k)}{\partial a_j \partial d_m}=\frac{\partial^2 \boldsymbol{\varepsilon}(k)}{\partial d_m \partial a_j}=y(k-j-m) \tag{6.2.41}$$

$$\frac{\partial^2 \boldsymbol{\varepsilon}(k)}{\partial b_j \partial d_m}=\frac{\partial^2 \boldsymbol{\varepsilon}(k)}{\partial d_m \partial b_j}=-u(k-j-m) \tag{6.2.42}$$

其余的二阶偏导数全为零。所以在式(6.2.40)中,只有分块矩阵$\frac{\partial^2 \boldsymbol{\varepsilon}(k)}{\partial \boldsymbol{a}\partial \boldsymbol{d}}$,$\frac{\partial^2 \boldsymbol{\varepsilon}(k)}{\partial \boldsymbol{b}\partial \boldsymbol{d}}$,$\frac{\partial^2 \boldsymbol{\varepsilon}(k)}{\partial \boldsymbol{d}\partial \boldsymbol{a}}$,$\frac{\partial^2 \boldsymbol{\varepsilon}(k)}{\partial \boldsymbol{d}\partial \boldsymbol{b}}$不为零,其余的分块矩阵都为 **0**。因此

$$\frac{\partial^2 \boldsymbol{\varepsilon}(k)}{\partial \boldsymbol{\theta}^2}=\begin{bmatrix}\mathbf{0} & \mathbf{0} & \frac{\partial^2 \boldsymbol{\varepsilon}(k)}{\partial \boldsymbol{a}\partial \boldsymbol{d}} \\ \mathbf{0} & \mathbf{0} & \frac{\partial^2 \boldsymbol{\varepsilon}(k)}{\partial \boldsymbol{b}\partial \boldsymbol{d}} \\ \frac{\partial^2 \boldsymbol{\varepsilon}(k)}{\partial \boldsymbol{d}\partial \boldsymbol{a}} & \frac{\partial^2 \boldsymbol{\varepsilon}(k)}{\partial \boldsymbol{d}\partial \boldsymbol{b}} & \mathbf{0}\end{bmatrix} \tag{6.2.43}$$

式中

$$\frac{\partial^2 \boldsymbol{\varepsilon}(k)}{\partial \boldsymbol{a}\partial \boldsymbol{d}}=\begin{bmatrix}\frac{\partial^2 \boldsymbol{\varepsilon}(k)}{\partial a_1 \partial d_1} & \frac{\partial^2 \boldsymbol{\varepsilon}(k)}{\partial a_1 \partial d_2} & \cdots & \frac{\partial^2 \boldsymbol{\varepsilon}(k)}{\partial a_1 \partial d_n} \\ \frac{\partial^2 \boldsymbol{\varepsilon}(k)}{\partial a_2 \partial d_1} & \frac{\partial^2 \boldsymbol{\varepsilon}(k)}{\partial a_2 \partial d_2} & \cdots & \frac{\partial^2 \boldsymbol{\varepsilon}(k)}{\partial a_2 \partial d_n} \\ \vdots & \vdots & & \vdots \\ \frac{\partial^2 \boldsymbol{\varepsilon}(k)}{\partial a_n \partial d_1} & \frac{\partial^2 \boldsymbol{\varepsilon}(k)}{\partial a_n \partial d_2} & \cdots & \frac{\partial^2 \boldsymbol{\varepsilon}(k)}{\partial a_n \partial d_n}\end{bmatrix} \tag{6.2.44}$$

$$\frac{\partial^2 \boldsymbol{\varepsilon}(k)}{\partial \boldsymbol{b}\partial \boldsymbol{d}}=\begin{bmatrix}\frac{\partial^2 \boldsymbol{\varepsilon}(k)}{\partial b_0 \partial d_1} & \frac{\partial^2 \boldsymbol{\varepsilon}(k)}{\partial b_0 \partial d_2} & \cdots & \frac{\partial^2 \boldsymbol{\varepsilon}(k)}{\partial b_0 \partial d_n} \\ \frac{\partial^2 \boldsymbol{\varepsilon}(k)}{\partial b_1 \partial d_1} & \frac{\partial^2 \boldsymbol{\varepsilon}(k)}{\partial b_1 \partial d_2} & \cdots & \frac{\partial^2 \boldsymbol{\varepsilon}(k)}{\partial b_1 \partial d_n} \\ \vdots & \vdots & & \vdots \\ \frac{\partial^2 \boldsymbol{\varepsilon}(k)}{\partial b_n \partial d_1} & \frac{\partial^2 \boldsymbol{\varepsilon}(k)}{\partial b_n \partial d_2} & \cdots & \frac{\partial^2 \boldsymbol{\varepsilon}(k)}{\partial b_n \partial d_n}\end{bmatrix} \tag{6.2.45}$$

$\frac{\partial^2 \boldsymbol{\varepsilon}(k)}{\partial \boldsymbol{a}\partial \boldsymbol{d}}$为 $n\times n$ 矩阵,$\frac{\partial^2 \boldsymbol{\varepsilon}(k)}{\partial \boldsymbol{b}\partial \boldsymbol{d}}$为$(n+1)\times n$ 矩阵,并且

$$\frac{\partial^2 \boldsymbol{\varepsilon}(k)}{\partial \boldsymbol{d}\partial \boldsymbol{a}}=\left[\frac{\partial^2 \boldsymbol{\varepsilon}(k)}{\partial \boldsymbol{a}\partial \boldsymbol{d}}\right]^{\mathrm{T}},\quad \frac{\partial^2 \boldsymbol{\varepsilon}(k)}{\partial \boldsymbol{d}\partial \boldsymbol{b}}=\left[\frac{\partial^2 \boldsymbol{\varepsilon}(k)}{\partial \boldsymbol{b}\partial \boldsymbol{d}}\right]^{\mathrm{T}} \tag{6.2.46}$$

选取估计准则为

$$J=\frac{1}{2}\sum_{k=n+1}^{n+N}e(k,\boldsymbol{\theta}) \tag{6.2.47}$$

按 J 最小来估计参数 $\boldsymbol{\theta}$。J 关于 $\boldsymbol{\theta}$ 的梯度为

$$\left.\frac{\partial J}{\partial\boldsymbol{\theta}}\right|_{\hat{\boldsymbol{\theta}}}=\left[\sum_{k=n+1}^{n+N}e(k,\boldsymbol{\theta})\frac{\partial e(k,\boldsymbol{\theta})}{\partial\boldsymbol{\theta}}\right]_{\hat{\boldsymbol{\theta}}}=\sum_{k=n+1}^{n+N}e(k,\hat{\boldsymbol{\theta}})\frac{\partial e(k,\hat{\boldsymbol{\theta}})}{\partial\hat{\boldsymbol{\theta}}} \tag{6.2.48}$$

式中

$$e(k,\hat{\boldsymbol{\theta}})=\hat{d}(z^{-1})[\hat{a}(z^{-1})y(k)-\hat{b}(z^{-1})u(k)] \tag{6.2.49}$$

J 关于 $\boldsymbol{\theta}$ 的黑赛矩阵为

$$\left.\frac{\partial^2 J}{\partial\boldsymbol{\theta}^2}\right|_{\hat{\boldsymbol{\theta}}}=\sum_{k=n+1}^{n+N}\left[\frac{\partial e(k,\hat{\boldsymbol{\theta}})}{\partial\hat{\boldsymbol{\theta}}}\right]\left[\frac{\partial e(k,\hat{\boldsymbol{\theta}})}{\partial\hat{\boldsymbol{\theta}}}\right]^{\mathrm{T}}+\sum_{k=n+1}^{n+N}e(k,\hat{\boldsymbol{\theta}})\frac{\partial^2 e(k,\hat{\boldsymbol{\theta}})}{\partial\hat{\boldsymbol{\theta}}^2} \tag{6.2.50}$$

令

$$\left.\frac{\partial J}{\partial\boldsymbol{\theta}}\right|_{\hat{\boldsymbol{\theta}}}=\boldsymbol{q}(k,N,\hat{\boldsymbol{\theta}}_{k+1}) \tag{6.2.51}$$

$$\left.\frac{\partial^2 J}{\partial\boldsymbol{\theta}^2}\right|_{\hat{\boldsymbol{\theta}}}=\boldsymbol{R}(k,N,\hat{\boldsymbol{\theta}}_{k-1}) \tag{6.2.52}$$

应用牛顿-拉弗森公式,可得递推公式

$$\hat{\boldsymbol{\theta}}_k=\hat{\boldsymbol{\theta}}_{k-1}-\boldsymbol{R}^{-1}(k,N,\hat{\boldsymbol{\theta}}_{k-1})\boldsymbol{q}(k,N,\hat{\boldsymbol{\theta}}_{k-1}) \tag{6.2.53}$$

为了书写方便,将上式改写为

$$\hat{\boldsymbol{\theta}}_k=\hat{\boldsymbol{\theta}}_{k-1}-\boldsymbol{R}^{-1}(k,k-1,N)\boldsymbol{q}(k,k-1,N) \tag{6.2.54}$$

为了进行递推计算,下面给出 $\boldsymbol{q}$ 和 $\boldsymbol{R}$ 的递推公式。把 $\left.\frac{\partial J}{\partial\boldsymbol{\theta}}\right|_{\hat{\boldsymbol{\theta}}}$ 表示成

$$\left.\frac{\partial J}{\partial\boldsymbol{\theta}}\right|_{\hat{\boldsymbol{\theta}}}=\sum_{k=n+1}^{n+N-1}e(k,\hat{\boldsymbol{\theta}})\frac{\partial e(k,\hat{\boldsymbol{\theta}})}{\partial\hat{\boldsymbol{\theta}}}+e(n+N,\hat{\boldsymbol{\theta}})\frac{\partial e(n+N,\hat{\boldsymbol{\theta}})}{\partial\hat{\boldsymbol{\theta}}}$$

根据上式可得递推公式

$$\boldsymbol{q}(k,k-1,N)=\boldsymbol{q}(k-1,k-2,N-1)+e(n+N,\hat{\boldsymbol{\theta}})\frac{\partial e(n+N,\hat{\boldsymbol{\theta}})}{\partial\hat{\boldsymbol{\theta}}} \tag{6.2.55}$$

把 $\left.\frac{\partial^2 J}{\partial\boldsymbol{\theta}^2}\right|_{\hat{\boldsymbol{\theta}}}$ 表示为

$$\begin{aligned}\left.\frac{\partial^2 J}{\partial\boldsymbol{\theta}^2}\right|_{\hat{\boldsymbol{\theta}}}=&\sum_{k=n+1}^{n+N-1}\left[\frac{\partial e(k,\hat{\boldsymbol{\theta}})}{\partial\hat{\boldsymbol{\theta}}}\right]\left[\frac{\partial e(k,\hat{\boldsymbol{\theta}})}{\partial\hat{\boldsymbol{\theta}}}\right]^{\mathrm{T}}+\left[\frac{\partial e(n+N,\hat{\boldsymbol{\theta}})}{\partial\hat{\boldsymbol{\theta}}}\right]\left[\frac{\partial e(n+N,\hat{\boldsymbol{\theta}})}{\partial\hat{\boldsymbol{\theta}}}\right]^{\mathrm{T}}+\\&\sum_{k=n+1}^{n+N-1}e(k,\hat{\boldsymbol{\theta}})\frac{\partial^2 e(k,\hat{\boldsymbol{\theta}})}{\partial\hat{\boldsymbol{\theta}}^2}+e(n+N,\hat{\boldsymbol{\theta}})\frac{\partial e^2(n+N,\hat{\boldsymbol{\theta}})}{\partial\hat{\boldsymbol{\theta}}^2}\end{aligned} \tag{6.2.56}$$

根据上式可得递推公式

$$\boldsymbol{R}(k,k-1,N)=\boldsymbol{R}(k-1,k-2,N-1)+\left[\frac{\partial e(n+N,\hat{\boldsymbol{\theta}}_{k-1})}{\partial\hat{\boldsymbol{\theta}}_{k-1}}\right]\left[\frac{\partial e(n+N,\hat{\boldsymbol{\theta}}_{k-1})}{\partial\hat{\boldsymbol{\theta}}_{k-1}}\right]^{\mathrm{T}}+$$

$$e(n+N,\hat{\boldsymbol{\theta}}_{k-1})\frac{\partial^2 e(n+N,\hat{\boldsymbol{\theta}}_{k-1})}{\partial\hat{\boldsymbol{\theta}}_{k-1}^2} \tag{6.2.57}$$

例 6.5 设有二阶线性系统

$$(1-1.5z^{-1}+0.7z^{-2})y(k)=(z^{-1}+0.5z^{-2})u(k)+\frac{1}{1-z^{-1}+0.2z^{-2}}\varepsilon(k)$$

式中$\{u(k)\}$和$\{\varepsilon(k)\}$是均值分别为 1 和 0 的独立同分布高斯序列,试比较递推广义最小二乘法和递推极大似然法对系统参数的辨识结果。

解 在 $N=500$ 和 $\sigma=0.4,1.8$ 及 7.2 的情况下,参数的递推广义最小二乘法和递推极大似然法估计结果如表 6.4 所示。从表 6.4 可以看出,在高噪声时,递推极大似然法的估计精度高一些。

表 6.4 递推广义最小二乘法与递推极大似然法估计结果

参数	真值	$\sigma=0.4$		$\sigma=1.8$		$\sigma=7.2$	
		递推广义最小二乘法	递推极大似然法	递推广义最小二乘法	递推极大似然法	递推广义最小二乘法	递推极大似然法
a_1	-1.5	-1.500	-1.517	-1.025	-1.761	-1.010	-1.831
a_2	0.7	0.677	0.702	0.269	0.876	0.308	0.932
b_1	1.0	1.026	1.040	0.073	1.199	0.910	1.551
b_2	0.5	0.507	0.510	0.742	0.432	0.407	0.294
c_1	-1.0	-1.024	-0.948	-0.511	-0.716	-0.700	-0.666
c_2	0.2	0.253	0.167	-0.174	0.238	0.038	0.287
σ			0.428		1.982		8.014

6.3 参数估计的可达精度

任何估计方法的参数估计精度都是有限的。对于一个无偏估计来说,估计误差的方差不会小于某个极限值,这个极限值称为估计的可达精度。

先讨论一个简单例子。设 b 为待估参数,其观测方程为

$$y(i)=b+n(i) \tag{6.3.1}$$

式中 $n(i)$为白噪声序列,$E[n(i)]=0,E[n^2(i)]=\sigma^2$。用极大似然法估计 b,似然函数为

$$L(\boldsymbol{y}|b)=\sum_{i=1}^{k}p[y(i)|b]=\frac{1}{(\sqrt{2\pi})^k\sigma^k}\prod_{i=1}^{k}\exp\left\{-\frac{1}{2}\left[\frac{y(i)-b}{\sigma}\right]^2\right\} \tag{6.3.2}$$

对上式取对数

$$\ln L(\boldsymbol{y}|b)=c-\frac{1}{2\sigma^2}\sum_{i=1}^{k}[y(i)-b]^2 \tag{6.3.3}$$

式中

$$c=-k\ln(\sqrt{2\pi}\sigma) \tag{6.3.4}$$

求式(6.3.3)对 b 的微分并令其等于零可得

$$\left[\frac{\partial}{\partial b}\ln L(\boldsymbol{y}|b)\right]_{b=\hat{b}}=\frac{1}{\sigma^{2}}\sum_{i=1}^{k}[y(i)-\hat{b}]=0 \tag{6.3.5}$$

$$\hat{b}=\frac{1}{k}\sum_{i=1}^{k}y(i) \tag{6.3.6}$$

下面讨论估值 $\hat{b}$ 的可达精度。由于似然函数 $L(\boldsymbol{y}|b)$ 是随机变量 $y(1),y(2),\cdots,y(k)$ 的联合概率密度，因而有

$$\int_{k}L(\boldsymbol{y}|b)\,\mathrm{d}y(1)\cdots\mathrm{d}y(k)=\int_{k}L(\boldsymbol{y}|b)\,\mathrm{d}^{k}\boldsymbol{y}=1 \tag{6.3.7}$$

求上式对 b 的微分可得

$$\int_{k}\frac{\partial L}{\partial b}\mathrm{d}^{k}\boldsymbol{y}=0 \tag{6.3.8}$$

此式可改写为

$$\int_{k}\frac{1}{L}\frac{\partial L}{\partial b}L\mathrm{d}^{k}\boldsymbol{y}=\int_{k}\frac{\partial\ln L}{\partial b}L\mathrm{d}^{k}\boldsymbol{y}=0 \tag{6.3.9}$$

将上式对 b 微分得

$$\int_{k}\left[\left(\frac{\partial\ln L}{\partial b}\right)^{2}+\frac{\partial^{2}\ln L}{\partial b^{2}}\right]L\mathrm{d}^{k}\boldsymbol{y}=0 \tag{6.3.10}$$

由此可知

$$E\left[\left(\frac{\partial\ln L}{\partial b}\right)^{2}+\frac{\partial^{2}\ln L}{\partial b^{2}}\right]=0 \tag{6.3.11}$$

$$E\left[\left(\frac{\partial\ln L}{\partial b}\right)^{2}\right]=-E\left[\frac{\partial^{2}\ln L}{\partial b^{2}}\right] \tag{6.3.12}$$

将 $\hat{b}=\hat{b}(\boldsymbol{y})$ 看成对 b 的估计，并设 b 为无偏估计，即

$$E(\hat{b})=\int_{k}\hat{b}L\mathrm{d}^{k}\boldsymbol{y}=b \tag{6.3.13}$$

求上式对 b 的微分，可得

$$\int_{k}\hat{b}\frac{\partial L}{\partial b}\mathrm{d}^{k}\boldsymbol{y}=\int_{k}\hat{b}\frac{\partial\ln L}{\partial b}L\mathrm{d}^{k}\boldsymbol{y}=1 \tag{6.3.14}$$

根据式(6.3.9)和式(6.3.14)则有

$$\int_{k}(\hat{b}-b)\frac{\partial\ln L}{\partial b}L\mathrm{d}^{k}\boldsymbol{y}=\int_{k}\hat{b}\frac{\partial\ln L}{\partial b}L\mathrm{d}^{k}\boldsymbol{y}-b\int_{k}\frac{\partial\ln L}{\partial b}L\mathrm{d}^{k}\boldsymbol{y}=1-0=1 \tag{6.3.15}$$

应用柯西-施瓦茨(Cauchy-Schwarz)不等式

$$\left[\int a^{2}f(x)\,\mathrm{d}x\right]\left[\int b^{2}f(x)\,\mathrm{d}x\right]\geqslant\int abf(x)\,\mathrm{d}x,f(x)\geqslant 0 \tag{6.3.16}$$

可得

$$\left[\int_{k}(\hat{b}-b)^{2}L\mathrm{d}^{k}\boldsymbol{y}\right]\left[\int\left(\frac{\partial\ln L}{\partial b}\right)^{2}L\mathrm{d}^{k}\boldsymbol{y}\right]\geqslant\int_{k}(\hat{b}-b)\frac{\partial\ln L}{\partial b}L\mathrm{d}^{k}\boldsymbol{y}=1 \tag{6.3.17}$$

根据方差的定义有

$$\int_{k}(\hat{b}-b)^{2}L\mathrm{d}^{k}\boldsymbol{y}=E[(\hat{b}-b)^{2}]=\mathrm{Var}\hat{b} \tag{6.3.18}$$

根据式(6.3.17)可得

$$\mathrm{Var}\hat{b} \geqslant \frac{1}{\int_k \left(\frac{\partial \ln L}{\partial b}\right)^2 L\mathrm{d}^k \boldsymbol{y}} = \left\{E\left[\left(\frac{\partial \ln L}{\partial b}\right)^2\right]\right\}^{-1} \tag{6.3.19}$$

式(6.3.19)称之为克拉默-拉奥不等式。在无偏估计情况下,估计误差的方差大于或等于 $\left\{E\left[\left(\frac{\partial \ln L}{\partial b}\right)^2\right]\right\}^{-1}$,即$\left\{E\left[\left(\frac{\partial \ln L}{\partial b}\right)^2\right]\right\}^{-1}$为估计的精度极限,估计误差的方差不可能小于该值。

对于参数向量 $\boldsymbol{\theta}$,如果 $\boldsymbol{g}(\boldsymbol{y})$ 为其无偏估计,即 $\hat{\boldsymbol{\theta}}=\boldsymbol{g}(\boldsymbol{y})$,则 $\boldsymbol{g}(\boldsymbol{y})$ 的协方差满足克拉默-拉奥不等式

$$\mathrm{Cov}\boldsymbol{g}(\boldsymbol{y}) \geqslant \boldsymbol{M}_{\boldsymbol{\theta}}^{-1} \tag{6.3.20}$$

其中

$$\mathrm{Cov}\boldsymbol{g}(\boldsymbol{y}) = E_{\mathrm{y}|\theta}\{[\boldsymbol{g}(\boldsymbol{y}) - \boldsymbol{\theta}][\boldsymbol{g}(\boldsymbol{y}) - \boldsymbol{\theta}]^{\mathrm{T}}\} \tag{6.3.21}$$

表示任一无偏估计的协方差。$\boldsymbol{M}_{\boldsymbol{\theta}}$ 为

$$\boldsymbol{M}_{\boldsymbol{\theta}} = E_{\mathrm{y}|\theta}\left\{\left[\frac{\partial \ln L}{\partial \boldsymbol{\theta}}\right]\left[\frac{\partial \ln L}{\partial \boldsymbol{\theta}}\right]^{\mathrm{T}}\right\} \tag{6.3.22}$$

$\boldsymbol{M}_\theta$ 称为费希尔矩阵。参数向量 $\boldsymbol{\theta}$ 的任一无偏估计的协方差阵不能小于 $\boldsymbol{M}_{\boldsymbol{\theta}}^{-1}$,此为 $\hat{\boldsymbol{\theta}}$ 的可达精度。

习　题

6.1　证明下述递推关系式成立。

$$\begin{bmatrix} \frac{\partial e(n+N+1)}{\partial \hat{b}_0} \\ \frac{\partial e(n+N+1)}{\partial \hat{b}_1} \\ \vdots \\ \frac{\partial e(n+N+1)}{\partial \hat{b}_n} \end{bmatrix} = \begin{bmatrix} -\hat{c}_1 & \cdots & -\hat{c}_{n-1} & -\hat{c}_n & 0 \\ 1 & \cdots & 0 & 0 & 0 \\ \vdots & & \vdots & \vdots & \vdots \\ 0 & \cdots & 1 & 0 & 0 \end{bmatrix} \begin{bmatrix} \frac{\partial e(n+N)}{\partial \hat{b}_0} \\ \frac{\partial e(n+N)}{\partial \hat{b}_1} \\ \vdots \\ \frac{\partial e(n+N)}{\partial \hat{b}_n} \end{bmatrix} + \begin{bmatrix} -u(n+N+1) \\ 0 \\ \vdots \\ 0 \end{bmatrix}$$

6.2　已知一个独立同分布的随机过程$\{y(k)\}$在参数 θ 条件下的随机变量 y 的概率密度为

$$p(y|\theta) = \theta^3 x^2 \mathrm{e}^{-\theta^2 x}, \quad \theta > 0$$

求参数 θ 的极大似然估计量。

6.3　考虑仿真对象

$$y(k) + 1.642y(k-1) + 0.715y(k-2) = 0.39u(k-1) + 0.35u(k-2) + \varepsilon(k) - \varepsilon(k-1) + 0.2\varepsilon(k-2)$$

其中 $\varepsilon(k)$ 是均值为零、方差为 1 的正态分布不相关随机噪声,输入信号 $u(k)$ 采用幅值为 1 的伪随机码。对递推极大似然法进行系统参数辨识仿真,并对所获得的辨识结果进行分析。

*6.4　证明极大似然估计量的一致性,又称相容性定理:设 $\hat{\boldsymbol{\theta}}_{\mathrm{ML}}$ 是由 N 个独立同分布随机

变量 y 的样本 $y(1),y(2),\cdots,y(N)$ 得到的参数 $\boldsymbol{\theta}$ 的极大似然估计量,则当 $N\to\infty$ 时,$\hat{\boldsymbol{\theta}}_{\mathrm{ML}}$ 几乎必然收敛于参数真值 $\boldsymbol{\theta}$,即 $\hat{\boldsymbol{\theta}}_{\mathrm{ML}}\xrightarrow[N\to\infty]{\text{a.s.}}\boldsymbol{\theta}$。

*6.5　证明极大似然估计量的渐近正态性定理:

设 $\hat{\boldsymbol{\theta}}_{\mathrm{ML}}$ 是由 N 个独立同分布随机变量 y 的样本 $y(1),y(2),\cdots,y(N)$ 得到的参数 $\boldsymbol{\theta}$ 的极大似然估计量,则当 $N\to\infty$ 时,$\hat{\boldsymbol{\theta}}_{\mathrm{ML}}$ 的分布收敛于正态分布,即

$$\sqrt{N}(\hat{\boldsymbol{\theta}}_{\mathrm{ML}}-\boldsymbol{\theta})\to\boldsymbol{\beta}\sim N(0,\bar{\boldsymbol{M}}_{\boldsymbol{\theta}}^{-1})$$

其中 $\bar{\boldsymbol{M}}_{\boldsymbol{\theta}}$ 表示在参数 $\boldsymbol{\theta}$ 条件下的平均费希尔信息矩阵,定义为

$$\bar{\boldsymbol{M}}_{\boldsymbol{\theta}}\triangleq E\left\{\left[\frac{\partial\ln p(y|\boldsymbol{\theta})}{\partial\boldsymbol{\theta}}\right]^{\mathrm{T}}\left[\frac{\partial\ln p(y|\boldsymbol{\theta})}{\partial\boldsymbol{\theta}}\right]\right\}=\frac{1}{N}\boldsymbol{M}_{\boldsymbol{\theta}}$$

$$\boldsymbol{M}_{\boldsymbol{\theta}}\triangleq E\left\{\left[\frac{\partial\ln p(\boldsymbol{y}_N|\boldsymbol{\theta})}{\partial\boldsymbol{\theta}}\right]^{\mathrm{T}}\left[\frac{\partial\ln p(\boldsymbol{y}_N|\boldsymbol{\theta})}{\partial\boldsymbol{\theta}}\right]\right\}$$

$$\boldsymbol{y}_N=[y(1)\quad y(2)\quad\cdots\quad y(N)]^{\mathrm{T}}$$

式中 $p(y|\boldsymbol{\theta})$ 表示随机变量 y 在 $\boldsymbol{\theta}$ 条件下的概率密度函数,$p(\boldsymbol{y}_N|\boldsymbol{\theta})$ 表示随机向量 $\boldsymbol{y}_N$ 在 $\boldsymbol{\theta}$ 条件下的联合概率密度函数。(“*”表示难度较大的水平测试题)

7

第7章 时变参数辨识方法

前面各章中的递推算法适用于常参数的估计,如果用来估计随时间而变的参数,就会产生很大的误差。这是因为当参数随时间变化时,如果采用前面各章中的递推算法,新数据就会被老数据所淹没,而反映不出参数随时间变化的特性。因此,对于时变参数系统来说,其参数辨识方法应特别注意突出新数据,在算法中使新数据比老数据起更大的作用。

7.1 遗忘因子法、矩形窗法和卡尔曼滤波法

7.1.1 遗忘因子法

遗忘因子法又称衰减记忆法或指数窗法,其基本思想是对老数据加上遗忘因子,以减小老数据的影响,增强新数据的作用。

选取参数估计的指标函数

$$J_{N+1}(\boldsymbol{\theta}) = \alpha J_N(\boldsymbol{\theta}) + (y_{N+1} - \boldsymbol{\varphi}_{N+1}^{\mathrm{T}}\boldsymbol{\theta})^2 \tag{7.1.1}$$

式中 $0<\alpha<1$,称为遗忘因子,亦称衰减因子或加权因子。当 $\alpha=1$ 时,给出普通最小二乘法递推公式。对于 $0<\alpha<1$,可得遗忘因子最小二乘法的递推公式。

$$\hat{\boldsymbol{\theta}}_{N+1} = \hat{\boldsymbol{\theta}}_N + \boldsymbol{K}_{N+1}(y_{N+1} - \boldsymbol{\varphi}_{N+1}^{\mathrm{T}}\hat{\boldsymbol{\theta}}_N) \tag{7.1.2}$$

$$\boldsymbol{K}_{N+1} = \boldsymbol{P}_N\boldsymbol{\varphi}_{N+1}(\alpha + \boldsymbol{\varphi}_{N+1}^{\mathrm{T}}\boldsymbol{P}_N\boldsymbol{\varphi}_{N+1})^{-1} \tag{7.1.3}$$

$$\boldsymbol{P}_{N+1} = \frac{\boldsymbol{P}_N}{\alpha} - \frac{\boldsymbol{P}_N}{\alpha}\boldsymbol{\varphi}_{N+1}(\alpha + \boldsymbol{\varphi}_{N+1}^{\mathrm{T}}\boldsymbol{P}_N\boldsymbol{\varphi}_{N+1})^{-1}\boldsymbol{\varphi}_{N+1}^{\mathrm{T}}\boldsymbol{P}_N \tag{7.1.4}$$

式中其余所有符号的定义均与第5章相同。

证明 用数学归纳法。假定 $J_N(\boldsymbol{\theta})$ 可表示成二次型函数

$$J_N(\boldsymbol{\theta}) = (\boldsymbol{\theta} - \hat{\boldsymbol{\theta}}_N)^{\mathrm{T}}\boldsymbol{P}_N^{-1}(\boldsymbol{\theta} - \hat{\boldsymbol{\theta}}_N) + \beta_N \tag{7.1.5}$$

则有

$$J_{N+1}(\boldsymbol{\theta}) = \alpha(\boldsymbol{\theta} - \hat{\boldsymbol{\theta}}_N)^{\mathrm{T}}\boldsymbol{P}_N^{-1}(\boldsymbol{\theta} - \hat{\boldsymbol{\theta}}_N) + (y_{N+1} - \boldsymbol{\varphi}_{N+1}^{\mathrm{T}}\boldsymbol{\theta})^2 + \alpha\beta_N \tag{7.1.6}$$

把有关项集合在一起得

$$J_{N+1}(\boldsymbol{\theta}) = \boldsymbol{\theta}^{\mathrm{T}}(\alpha\boldsymbol{P}_N^{-1} + \boldsymbol{\varphi}_{N+1}\boldsymbol{\varphi}_{N+1}^{\mathrm{T}})\boldsymbol{\theta} - 2(\hat{\boldsymbol{\theta}}_N^{\mathrm{T}}\alpha\boldsymbol{P}_N^{-1} + y_{N+1}\boldsymbol{\varphi}_{N+1}^{\mathrm{T}})\boldsymbol{\theta} + \hat{\boldsymbol{\theta}}_N^{\mathrm{T}}\alpha\boldsymbol{P}_N^{-1}\hat{\boldsymbol{\theta}}_N + y_{N+1}^2 + \alpha\beta_N \tag{7.1.7}$$

配完全平方得

$$J_{N+1}(\boldsymbol{\theta}) = (\boldsymbol{\theta} - \hat{\boldsymbol{\theta}}_{N+1})^{\mathrm{T}}\boldsymbol{P}_{N+1}^{-1}(\boldsymbol{\theta} - \hat{\boldsymbol{\theta}}_{N+1}) + \beta_{N+1} \tag{7.1.8}$$

其中

$$\boldsymbol{P}_{N+1}^{-1} = \alpha\boldsymbol{P}_N^{-1} + \boldsymbol{\varphi}_{N+1}\boldsymbol{\varphi}_{N+1}^{\mathrm{T}} \tag{7.1.9}$$

$$\hat{\boldsymbol{\theta}}_{N+1} = \boldsymbol{P}_{N+1}(\alpha\boldsymbol{P}_N^{-1}\hat{\boldsymbol{\theta}}_N + \boldsymbol{\varphi}_{N+1}y_{N+1}) \tag{7.1.10}$$

对式(7.1.9)应用矩阵求逆引理,可得式(7.1.4)。将式(7.1.4)代入式(7.1.10),可得式(7.1.2)和式(7.1.3)。

下面讨论初值的确定问题。

$$J_0(\boldsymbol{\theta}) = (\boldsymbol{\theta} - \hat{\boldsymbol{\theta}}_0)^{\mathrm{T}}\boldsymbol{P}_0^{-1}(\boldsymbol{\theta} - \hat{\boldsymbol{\theta}}_0) + \beta_0 \tag{7.1.11}$$

如果定义 J_0 是某些初始数据误差的平方和,即

$$J_0(\boldsymbol{\theta}) = (\boldsymbol{y}_0 - \boldsymbol{\Phi}_0\boldsymbol{\theta})^{\mathrm{T}}(\boldsymbol{y}_0 - \boldsymbol{\Phi}_0\boldsymbol{\theta}) = (\boldsymbol{\theta} - \hat{\boldsymbol{\theta}}_0)^{\mathrm{T}}(\boldsymbol{\Phi}_0^{\mathrm{T}}\boldsymbol{\Phi}_0)(\boldsymbol{\theta} - \hat{\boldsymbol{\theta}}_0) + (\boldsymbol{y}_0 - \boldsymbol{\Phi}_0\hat{\boldsymbol{\theta}}_0)^{\mathrm{T}}(\boldsymbol{y}_0 - \boldsymbol{\Phi}_0\hat{\boldsymbol{\theta}}_0) \tag{7.1.12}$$

式中

$$\hat{\boldsymbol{\theta}}_0 = (\boldsymbol{\Phi}_0^{\mathrm{T}}\boldsymbol{\Phi}_0)^{-1}\boldsymbol{\Phi}_0^{\mathrm{T}}\boldsymbol{y}_0 \tag{7.1.13}$$

则选定

$$\begin{cases} \boldsymbol{P}_0 = (\boldsymbol{\Phi}_0^{\mathrm{T}}\boldsymbol{\Phi}_0)^{-1} \\ \beta_0 = (\boldsymbol{y}_0 - \boldsymbol{\Phi}_0\hat{\boldsymbol{\theta}}_0)^{\mathrm{T}}(\boldsymbol{y}_0 - \boldsymbol{\Phi}_0\hat{\boldsymbol{\theta}}_0) \end{cases} \tag{7.1.14}$$

上述各式中所有符号的定义均与第 5 章相同。$\boldsymbol{P}_0$ 也可选为 $\boldsymbol{P}_0 = c^2\boldsymbol{I}$,其中 c 是一个充分大的实数。但是,遗忘因子必须选择接近于 1 的正数,通常不少于 0.9。如果系统是线性的,应选 $0.95 \leqslant \alpha \leqslant 1$。从大量仿真结果来看,选取 $0.95 \leqslant \alpha \leqslant 0.98$ 比较好。

7.1.2　矩形窗法

矩形窗算法的本质是 k 时刻的估计只依据过去的有限个数据,在这些数据之前的全部老数据完全被剔除。

首先考虑 1 个固定长度 N 的矩形窗。每当一个新数据点增加进来,一个老数据点则被剔除出去,这样就保持了数据点的数目总等于 N。考虑 $k=i+N$ 时刻的情况,我们所接受的最后一个观测值是 y_{i+N},于是最小二乘法的递推公式为

$$\boldsymbol{P}_{i+N,i} = \boldsymbol{P}_{i+N-1,i} - \boldsymbol{P}_{i+N-1,i}\boldsymbol{\varphi}_{i+N}(1 + \boldsymbol{\varphi}_{i+N}^{\mathrm{T}}\boldsymbol{P}_{i+N-1,i}\boldsymbol{\varphi}_{i+N})^{-1}\boldsymbol{\varphi}_{i+N}^{\mathrm{T}}\boldsymbol{P}_{i+N-1,i} \tag{7.1.15}$$

$$\hat{\boldsymbol{\theta}}_{i+N,i} = \hat{\boldsymbol{\theta}}_{i+N-1,i} + \boldsymbol{K}_{i+N,i}(y_{i+N} - \boldsymbol{\varphi}_{i+N}^{\mathrm{T}}\hat{\boldsymbol{\theta}}_{i+N-1,i}) \tag{7.1.16}$$

$$\boldsymbol{K}_{i+N,i} = \boldsymbol{P}_{i+N-1,i}\boldsymbol{\varphi}_{i+N}(1 + \boldsymbol{\varphi}_{i+N}^{\mathrm{T}}\boldsymbol{P}_{i+N-1,i}\boldsymbol{\varphi}_{i+N})^{-1} \tag{7.1.17}$$

其中 $\hat{\boldsymbol{\theta}}_{i+N,i}$ 表示基于 i 时刻到 $i+N$ 时刻的 $(N+1)$ 个观测值 $y_i, y_{i+1}, \cdots, y_{i+N}$ 所得到的 $\boldsymbol{\theta}$ 估计值。为了保持

数据窗的长度等于 N,现在剔除 i 时刻观测值 y_i,则有

$$\boldsymbol{P}_{i+N,i+1}=\boldsymbol{P}_{i+N,i}+\boldsymbol{P}_{i+N,i}\boldsymbol{\varphi}_i(1-\boldsymbol{\varphi}_i^{\mathrm{T}}\boldsymbol{P}_{i+N,i}\boldsymbol{\varphi}_i)^{-1}\boldsymbol{\varphi}_i^{\mathrm{T}}\boldsymbol{P}_{i+N,i} \tag{7.1.18}$$

$$\hat{\boldsymbol{\theta}}_{i+N,i+1}=\hat{\boldsymbol{\theta}}_{i+N,i}-\boldsymbol{K}_{i+N,i+1}(y_i-\boldsymbol{\varphi}_i^{\mathrm{T}}\hat{\boldsymbol{\theta}}_{i+N,i}) \tag{7.1.19}$$

$$\boldsymbol{K}_{i+N,i+1}=\boldsymbol{P}_{i+N,i}\boldsymbol{\varphi}_i(1-\boldsymbol{\varphi}_i^{\mathrm{T}}\boldsymbol{P}_{i+N,i}\boldsymbol{\varphi}_i)^{-1} \tag{7.1.20}$$

其中 $\hat{\boldsymbol{\theta}}_{i+N,i+1}$ 表示基于 $i+1$ 时刻到 $i+N$ 时刻间的 N 个观测值 $y_{i+1},y_{i+2},\cdots,y_N$ 所得到的 $\boldsymbol{\theta}$ 估计值。

7.1.3 卡尔曼滤波法

假定时变参数的变化模型可用下列随机差分方程表示

$$\boldsymbol{\theta}_{N+1}=\boldsymbol{F}_N\boldsymbol{\theta}_N+\boldsymbol{\omega}_N \tag{7.1.21}$$

观测方程为

$$\boldsymbol{y}_N=\boldsymbol{\varphi}_N^{\mathrm{T}}\boldsymbol{\theta}_N+\boldsymbol{v}_N \tag{7.1.22}$$

假定对于 $\forall N$,$\boldsymbol{F}_N$ 是已知的,$\boldsymbol{\omega}_N$ 和 $\boldsymbol{v}_N$ 都是均值为零的白噪声序列,并且 $\boldsymbol{\omega}_N$ 和 $\boldsymbol{v}_N$ 互不相关,其统计特性为

$$\begin{cases}E\{\boldsymbol{\omega}_n\}=\boldsymbol{0}\\E\{\boldsymbol{v}_N\}=\boldsymbol{0}\\E\{\boldsymbol{\omega}_N\boldsymbol{\omega}_M^{\mathrm{T}}\}=\boldsymbol{Q}_N\delta_{NM}\\E\{\boldsymbol{v}_N\boldsymbol{v}_M^{\mathrm{T}}\}=\boldsymbol{R}_N\delta_{NM}\end{cases} \tag{7.1.23}$$

则可直接用卡尔曼滤波方法来估计 $\boldsymbol{\theta}$,其递推计算公式为

$$\hat{\boldsymbol{\theta}}_{N+1}=\boldsymbol{F}_N\hat{\boldsymbol{\theta}}_N+\boldsymbol{K}_{N+1}(\boldsymbol{y}_{N+1}-\boldsymbol{\varphi}_{N+1}^{\mathrm{T}}\hat{\boldsymbol{\theta}}_N) \tag{7.1.24}$$

$$\boldsymbol{K}_{N+1}=\boldsymbol{F}_N\boldsymbol{P}_N\boldsymbol{\varphi}_{N+1}(\boldsymbol{R}_{N+1}+\boldsymbol{\varphi}_{N+1}^{\mathrm{T}}\boldsymbol{P}_N\boldsymbol{\varphi}_{N+1})^{-1} \tag{7.1.25}$$

$$\boldsymbol{P}_{N+1}=\boldsymbol{F}_N\boldsymbol{P}_N\boldsymbol{F}_N^{\mathrm{T}}+\boldsymbol{Q}_N-\boldsymbol{F}_N\boldsymbol{P}_N\boldsymbol{\varphi}_{N+1}(\boldsymbol{R}_{N+1}+\boldsymbol{\varphi}_{N+1}^{\mathrm{T}}\boldsymbol{P}_N\boldsymbol{\varphi}_{N+1})^{-1}\boldsymbol{\varphi}_{N+1}^{\mathrm{T}}\boldsymbol{P}_N\boldsymbol{F}_N^{\mathrm{T}} \tag{7.1.26}$$

这种方法的缺点是要求较准确地知道时变参数的变化模型和噪声的统计特性,这在很多情况下是难以做到的,因而使这种方法的应用受到了很大限制。

上述三种方法仅适合于慢时变参数系统,对于快速时变参数系统,其参数辨识精度往往达不到工程应用要求。

7.2 一种自动调整遗忘因子的时变参数辨识方法

在上一节的遗忘因子法中采用了定常遗忘因子以减弱老数据的影响,而这种定常遗忘因子只能用于慢时变系统。但是,在实际工程问题中,常有一些时变系统的动态特性不是总按照基本相同的规律变化,而是有时变化很快,有时变化很慢,有时还有可能发生突变。对于这类系统,若选用定常遗忘因子,就无法得到满意的效果。其原因很清楚:若根据参数的快变化选择较小的遗忘因子,则在参数变化慢时从数据中得到的信息就少,将导致参数估计误差呈指数增大,对干扰非常敏感;若根据参数的慢变化选择较大的遗忘因子,能记忆很老的数据,则会对参数的快速变化反应不灵敏。所以,对于动态特性变化较大的系统,应随着动态特性的变化自动调整遗忘因子。当系统参数变化快时,自动选择较小的遗忘因子,以提高辨识灵敏度。在参数变化较慢时,自动选择较大的遗忘因子,增加记忆长度,使辨识精度提

高。本节将介绍根据这种指导思想所产生的一种自动调整遗忘因子的辨识方法。

设由时变 ARMAX 模型描述的对象为

$$y(k+1)=a_1(k)y(k)+\cdots+a_n(k)y(k-n+1)+b_1(k)u(k)+\cdots+b_m(k)u(k-m+1)+\varepsilon(k) \tag{7.2.1}$$

式中 $y(\cdot)$ 和 $u(\cdot)$ 分别为对象的输出和控制变量，$a_i,b_j(i=1,2,\cdots,n;j=1,2,\cdots,m)$ 为系统的未知时变参数，$\{\varepsilon(k)\}$ 是均值为零的独立同分布随机干扰序列，符号 k 表示时刻 $k\Delta$，Δ 为采样周期。假设对象阶数 n,m 已知，并且控制多项式是稳定的。

式(7.2.1)可近似表示为

$$y(k+1)=(a_{10}+k_1a_{11})y(k)+\cdots+(a_{n0}+k_1a_{n1})y(k-n+1)+(b_{10}+k_1b_{11})u(k)+\cdots+(b_{m0}+k_1b_{m1})u(k-m+1)+\varepsilon(k) \tag{7.2.2}$$

式中 k_1 的选择方法将在后面给出。

设

$$\hat{\boldsymbol{\theta}}(k)=[\hat{\boldsymbol{\theta}}_1^{\mathrm{T}}(k)\quad \hat{\boldsymbol{\theta}}_2^{\mathrm{T}}(k)]^{\mathrm{T}} \tag{7.2.3}$$

$$\hat{\boldsymbol{\theta}}_1^{\mathrm{T}}(k)=[\hat{a}_{10}\quad\cdots\quad\hat{a}_{n0}\quad\hat{b}_{10}\quad\cdots\quad\hat{b}_{m0}] \tag{7.2.4}$$

$$\hat{\boldsymbol{\theta}}_2^{\mathrm{T}}(k)=[\hat{a}_{11}\quad\cdots\quad\hat{a}_{n1}\quad\hat{b}_{11}\quad\cdots\quad\hat{b}_{m1}] \tag{7.2.5}$$

$$\boldsymbol{\varphi}^{\mathrm{T}}(k)=[\boldsymbol{\varphi}_1^{\mathrm{T}}(k)\quad k_1\boldsymbol{\varphi}_1^{\mathrm{T}}(k)] \tag{7.2.6}$$

$$\boldsymbol{\varphi}_1^{\mathrm{T}}(k)=[y(k)\quad\cdots\quad y(k-n+1)\quad u(k)\quad\cdots\quad u(k-m+1)] \tag{7.2.7}$$

自动选择遗忘因子的递推最小二乘辨识算法为

$$e(k)=y(k)-\boldsymbol{\varphi}^{\mathrm{T}}(k-1)\hat{\boldsymbol{\theta}}(k-1) \tag{7.2.8}$$

$$\hat{\boldsymbol{\theta}}(k)=\hat{\boldsymbol{\theta}}(k-1)+\frac{\boldsymbol{P}(k-2)\boldsymbol{\varphi}(k-1)e(k)}{f(k)+\boldsymbol{\varphi}^{\mathrm{T}}(k-1)\boldsymbol{P}(k-2)\boldsymbol{\varphi}(k-1)} \tag{7.2.9}$$

$$\boldsymbol{P}(k-1)=\frac{1}{f(k)}\left[\boldsymbol{P}(k-2)-\frac{\boldsymbol{P}(k-2)\boldsymbol{\varphi}(k-1)\boldsymbol{\varphi}^{\mathrm{T}}(k-1)\boldsymbol{P}(k-2)}{f(k)+\boldsymbol{\varphi}^{\mathrm{T}}(k-1)\boldsymbol{P}(k-2)\boldsymbol{\varphi}(k-1)}\right] \tag{7.2.10}$$

$$f(k)=1-\left[1-\frac{\boldsymbol{\varphi}^{\mathrm{T}}(k-l-1)\boldsymbol{P}(k-1)\boldsymbol{\varphi}(k-l-1)}{1+\boldsymbol{\varphi}^{\mathrm{T}}(k-l-1)\boldsymbol{P}(k-1)\boldsymbol{\varphi}(k-l-1)}\right]\frac{e^2(k)}{R} \tag{7.2.11}$$

式中 l 为由设计者选择的遗忘步长，R 为设计参数，可选为常数，也可根据需要选为按一定规律变化的量，但需满足关系式 $0<f(k)<1$。为防止意外干扰使 $f(k)$ 变化过大，对 $f(k)$ 应加以限制，当 $f(k)\geqslant f_{\max}$ 时，令 $f(k)=f_{\max}$；当 $f(k)<f_{\min}$ 时，令 $f(k)=f_{\min}$。

在计算开始时刻，选取 $k=k_1=1$，$\boldsymbol{P}(-1)=c^2\boldsymbol{I}$，$\boldsymbol{I}$ 为 $2(m+n)\times2(m+n)$ 单位矩阵，c 为充分大的常数。在计算过程中，若 $k_0T<k<(k_0+1)T$，$k_0=0,1,2,\cdots$，T 为正整数，是设计者所选择的协方差重置周期，则取 $k_1=k-k_0T$；当 $k=k_0T$ 时，先用式(7.2.8)至式(7.2.11)计算 $\hat{\boldsymbol{\theta}}(k)$ 和 $\boldsymbol{P}(k-1)$，然后用下述公式进行重置

$$k_1=0 \tag{7.2.12}$$

$$\hat{\boldsymbol{\theta}}(k_0T)=\begin{bmatrix}\boldsymbol{I}_1 & T\boldsymbol{I}_1\\ \boldsymbol{0} & \boldsymbol{I}_1\end{bmatrix}\hat{\boldsymbol{\theta}}(k_0T^-) \tag{7.2.13}$$

$$\boldsymbol{P}(k_0T-1)=\begin{bmatrix}\boldsymbol{I}_1 & T\boldsymbol{I}_1\\ \boldsymbol{0} & \boldsymbol{I}_1\end{bmatrix}=\boldsymbol{P}(k_0T^--1)\begin{bmatrix}\boldsymbol{I}_1 & \boldsymbol{0}\\ T\boldsymbol{I}_1 & \boldsymbol{I}_1\end{bmatrix} \tag{7.2.14}$$

式中 k_0T^- 表示在重置前的邻近时刻，$\boldsymbol{I}_1$ 和 $\boldsymbol{0}$ 分别为 $(n+m)\times(n+m)$ 单位矩阵和零矩阵。

系统参数的估计值用下式计算

$$\hat{a}_i(k)=\hat{a}_{i0}(k)+k_1\hat{a}_{i1}(k), i=1,2,\cdots,n \tag{7.2.15}$$

$$\hat{b}_j(k)=\hat{b}_{j0}(k)+k_1\hat{b}_{j1}(k), j=1,2,\cdots,m \tag{7.2.16}$$

例 7.1　设系统差分方程为

$$y(k)=a(k)y(k)+b(k)u(k) \tag{7.2.17}$$

式中 $b(k)$ 为慢时变参数，仿真时取 $b(k)=1$，$a(k)$ 为方波变化。图 7.1(a) 和 (b) 分别表示了采用固定遗忘因子和自动调整遗忘因子两种辨识算法的仿真曲线。由图中曲线可以看出，这种采用自动调整遗忘因子的辨识算法优于采用固定遗忘因子的辨识算法。

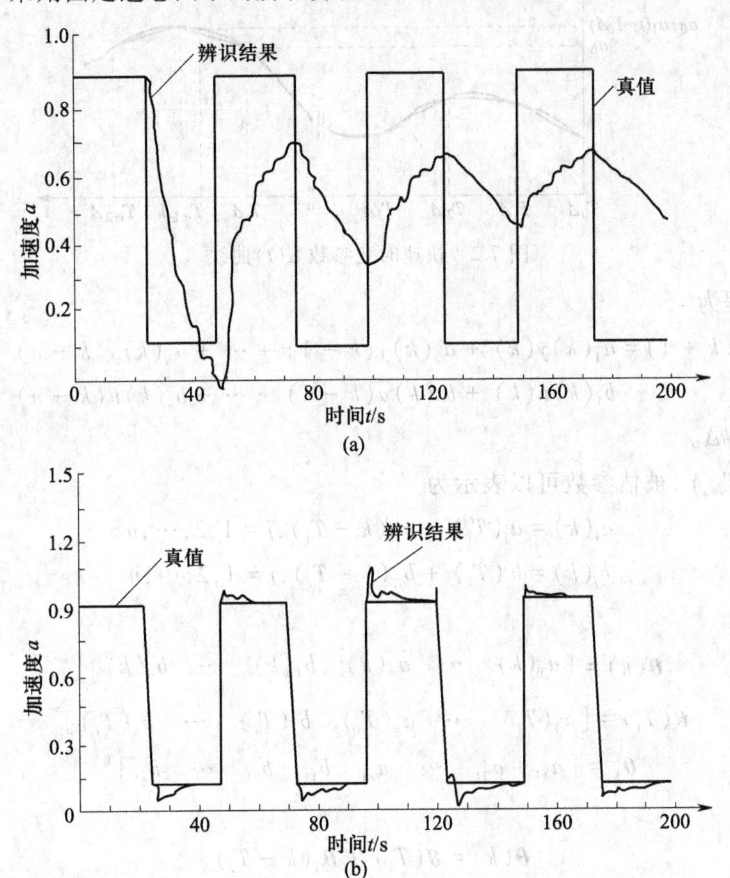

(a) 采用固定遗忘因子时的参数辨识结果　(b) 采用自动调整遗忘因子时的参数辨识结果

图 7.1　两种辨识算法辨识结果对比曲线

7.3　用折线段近似时变参数的辨识方法

本节所介绍的辨识方法是根据用折线段近似时变参数的最小二乘法原理导出的一种计算比较简单、辨识精度又较高的快速时变参数辨识方法，它不仅适用于连续快速时变系统，而且也适用于参数变化存在第二类间断点时的参数辨识。

这种辨识方法的基本思想是任意的连续快速时变参数 $\alpha(t)$ 都可以用许多折线段来逼近，如图 7.2 所示，图中 Δ 为采样周期。可以看到，段数越多，折线越接近原曲线 $\alpha(t)$。

设 $T_i\Delta$ 和 $T_{i+1}\Delta(i=0,1,2,\cdots)$ 为折线段端点所对应的时刻，对某一时刻 $t\in[T_i\Delta, T_{i+1}\Delta)$，参数 $\alpha(t)$ 可近似表示为

$$\alpha(t)=\alpha_0+\alpha_1(t-T_i\Delta) \tag{7.3.1}$$

式中 α_1 为折线段的斜率。这样，就把辨识时变参数的问题转化为辨识常参数问题，但被辨识参数的数目增大了一倍。为了减少被辨识参数数目，可将 $\alpha(t)$ 近似表示为

$$\alpha(t)=\alpha(T_i\Delta)+\alpha_1(t-T_i\Delta),\quad t\in[T_i\Delta,T_{i+1}\Delta) \tag{7.3.2}$$

这样，只需估计 α_1。

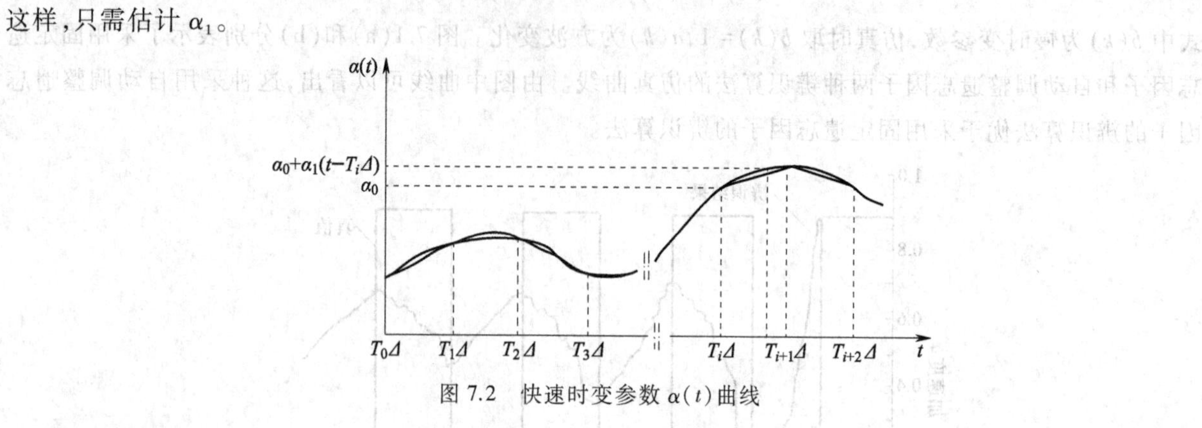

图 7.2 快速时变参数 $\alpha(t)$ 曲线

设系统差分方程为

$$y(k+1)=a_1(k)y(k)+a_2(k)y(k-1)+\cdots+a_n(k)y(k-n)+ \\ b_1(k)u(k)+b_2(k)u(k-1)+\cdots+b_n(k)u(k-n) \tag{7.3.3}$$

式中 k 表示时刻 $t_k=k\Delta$。

对于 $\forall k\in[T_i,T_{i+1})$，被估参数可以表示为

$$a_j(k)=a_j(T_i)+a_{j1}(k-T_i),j=1,2,\cdots,n \tag{7.3.4}$$

$$b_j(k)=b_j(T_i)+b_{j1}(k-T_i),j=1,2,\cdots,n \tag{7.3.5}$$

设参数向量

$$\boldsymbol{\theta}(k)=[a_1(k)\quad\cdots\quad a_n(k)\quad b_1(k)\quad\cdots\quad b_n(k)]^{\mathrm{T}} \tag{7.3.6}$$

$$\boldsymbol{\theta}(T_i)=[a_1(T_i)\quad\cdots\quad a_n(T_i)\quad b_1(T_i)\quad\cdots\quad b_n(T_i)]^{\mathrm{T}} \tag{7.3.7}$$

$$\boldsymbol{\theta}_1=[a_{11}\quad a_{21}\quad\cdots\quad a_{n1}\quad b_{11}\quad b_{21}\quad\cdots\quad b_{n1}]^{\mathrm{T}} \tag{7.3.8}$$

则有

$$\boldsymbol{\theta}(k)=\boldsymbol{\theta}(T_i)+\boldsymbol{\theta}_1(k-T_i) \tag{7.3.9}$$

定义

$$\boldsymbol{\varphi}^{\mathrm{T}}(k-1)=[y(k)\quad\cdots\quad y(k-n)\quad u(k)\quad\cdots\quad u(k-n)] \tag{7.3.10}$$

则式(7.3.3)可以表示为

$$y(k+1)=\boldsymbol{\varphi}^{\mathrm{T}}(k+1)[\boldsymbol{\theta}(T_i)+\boldsymbol{\theta}_1(k-T_i)] \tag{7.3.11}$$

以及

$$\frac{y(k+1)-\boldsymbol{\varphi}^{\mathrm{T}}(k+1)\boldsymbol{\theta}(T_i)}{k-T_i}=\boldsymbol{\varphi}^{\mathrm{T}}(k+1)\boldsymbol{\theta}_1 \tag{7.3.12}$$

用估值 $\hat{\boldsymbol{\theta}}(T_i)$ 和 $\hat{\boldsymbol{\theta}}_1(k)$ 代替上式中的 $\boldsymbol{\theta}(T_i)$ 和 $\boldsymbol{\theta}_1$ 可得

$$e(k+1)=\frac{y(k+1)-\boldsymbol{\varphi}^{\mathrm{T}}(k+1)\hat{\boldsymbol{\theta}}(T_1)}{k-T_1}-\boldsymbol{\varphi}^{\mathrm{T}}(k+1)\hat{\boldsymbol{\theta}}_1(k) \tag{7.3.13}$$

按 $e(k+1)$ 平方和最小，根据普通最小二乘法递推公式可得辨识算法公式

$$\hat{\boldsymbol{\theta}}_1(k+1)=\hat{\boldsymbol{\theta}}_1(k)+\boldsymbol{K}(k+1)\left[\frac{y(k+1)-\boldsymbol{\varphi}^{\mathrm{T}}(k+1)\hat{\boldsymbol{\theta}}(T_i)}{k-T_i}-\boldsymbol{\varphi}^{\mathrm{T}}(k+1)\hat{\boldsymbol{\theta}}_1(k)\right] \tag{7.3.14}$$

$$\boldsymbol{K}(k+1)=\boldsymbol{P}(k)\boldsymbol{\varphi}(k+1)\left[1+\boldsymbol{\varphi}^{\mathrm{T}}(k+1)\boldsymbol{P}(k)\boldsymbol{\varphi}(k+1)\right]^{-1} \tag{7.3.15}$$

$$\boldsymbol{P}(k)=\boldsymbol{P}(k-1)-\boldsymbol{P}(k-1)\boldsymbol{\varphi}(k)\left[1+\boldsymbol{\varphi}^{\mathrm{T}}(k+1)\boldsymbol{P}(k)\boldsymbol{\varphi}(k+1)\right]^{-1}\boldsymbol{\varphi}^{\mathrm{T}}(k)\boldsymbol{P}(k-1) \tag{7.3.16}$$

$$\hat{\boldsymbol{\theta}}(k)=\hat{\boldsymbol{\theta}}(T_i)+\hat{\boldsymbol{\theta}}_1(k)(k-T_i) \tag{7.3.17}$$

为避免当 $k\to\infty$ 时协方差阵 $\boldsymbol{P}(k)\to\boldsymbol{0}$,可采用协方差重置法,即令

$$\boldsymbol{P}(T_i)=c^2\boldsymbol{I},\quad i=0,1,2,\cdots \tag{7.3.18}$$

式中 c 为由设计者选择的足够大的常数。

第一段曲线参数辨识所需初始条件 $\hat{\boldsymbol{\theta}}(T_0)$ 和 $\hat{\boldsymbol{\theta}}_1(T_0)$ 可用粗略的估计方法求得,以后各段曲线参数辨识的初始条件可采用前一段最后给出的 $\hat{\boldsymbol{\theta}}$ 和 $\hat{\boldsymbol{\theta}}_1$ 值。本方法计算量比普通递推最小二乘法稍大一些,但估计精度却高得多。

关于分段间隔大小的选择由参数变化的快慢而定,希望各段折线尽量逼近原来的曲线。如果被估参数的数目为 $2n$,则在每个分段内的采样点数 N 应大于 $2n$。

例 7.2 某型地空导弹控制系统简化差分方程为

$$y(k)=a_1(k)y(k-1)+a_2(k)y(k-2)+b_1(k)u(k-1)+b_2(k)u(k-2) \tag{7.3.19}$$

试用本节辨识方法与普通递推最小二乘法辨识系统参数。

解 图 7.3 表示出了针对某型地空导弹控制系统本节辨识方法与普通递推最小二乘法参数辨识结果的对比曲线,图中仅给出了 $a_1(k)$ 和 $a_2(k)$ 曲线。

例 7.3 已知时变系统差分方程为

$$y(k+1)=a(k+1)y(k)+b(k+1)u(k)+\xi(k+1) \tag{7.3.20}$$

式中 $\xi(k)$ 是均值为零、方差为 0.3 的白噪声随机序列。试用本节辨识方法辨识系统参数。

解 图 7.4 表示出了参数 $a(t)$ 正弦变化,参数 $b(t)$ 为斜坡上升并存在第二类间断点时,用本节中的辨识方法所得到的辨识结果曲线。

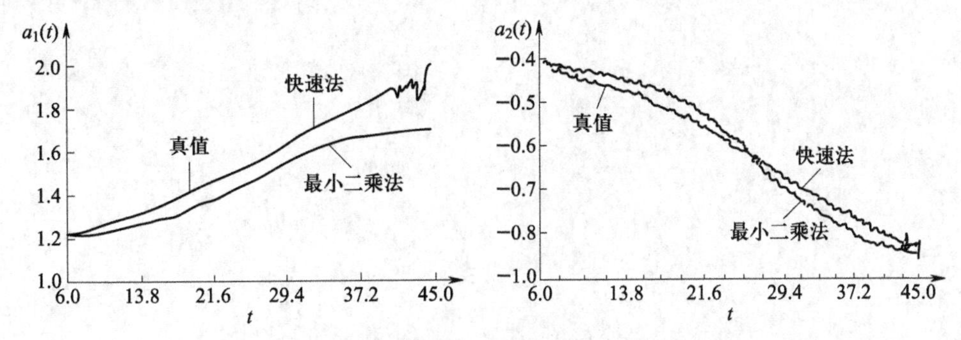

图 7.3 某型地空导弹控制系统参数辨识结果对比曲线

(快速法为本节辨识方法)

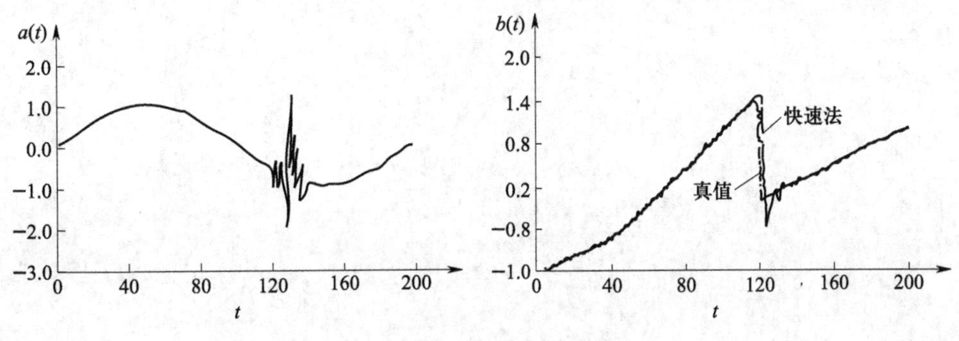

图 7.4 例 7.3 辨识结果曲线

习　题

7.1　什么是第一类间断点和第二类间断点？用系统辨识方法能否确定系统存在第一类间断点？

7.2　在7.3节中采用的是用折线段近似时变参数的方法，请分析7.2节中是采用什么方法来近似时变参数的。如果采用切线段来近似时变参数，近似公式是何种形式？

7.3　在7.1节中的矩形窗方法辨识慢时变参数时采用的是固定采样周期，如果采用自适应采样周期，在参数变化快时使采样周期变小，参数变化慢时使采样周期变大，或者使矩形窗的数据长度 N 自适应变化，是否会使辨识结果更好？如果沿这一思路，还可以导出一些新的辨识算法。请用时变参数系统作为例子，来验证这一思路是否可行。

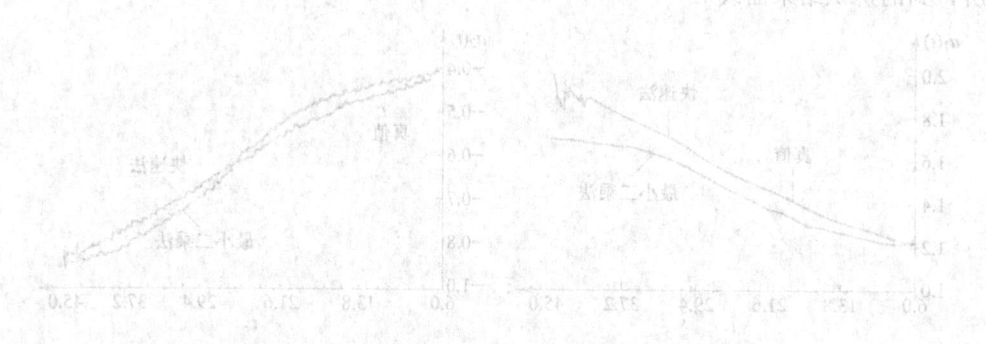

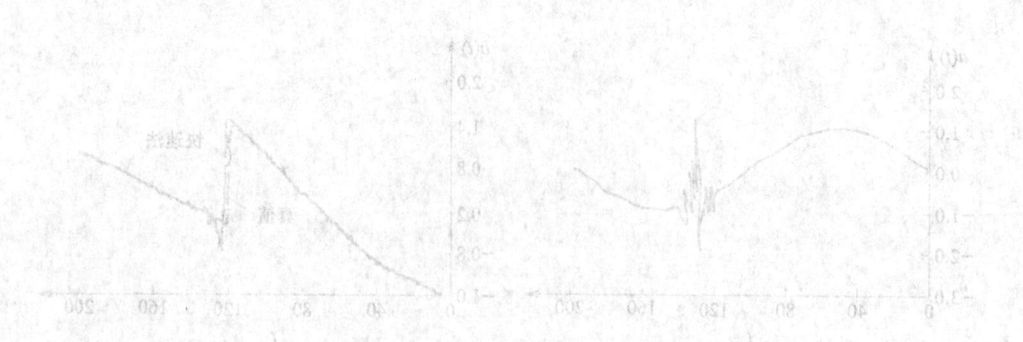

8

第8章

多输入-多输出系统的辨识

在第4章、第5章和第6章中，我们讨论了单输入-单输出系统差分方程的辨识问题，现在我们讨论多输入-多输出系统的辨识问题。在第4章中，我们已讨论过一个多输入-多输出系统可用典范差分方程来表示，下面讨论多输入-多输出系统典范差分方程的辨识问题，同时还将讨论用状态方程所表示的线性时变多输入-多输出系统的辨识问题。

8.1 多输入-多输出系统的最小二乘辨识

一个多输入-多输出系统的典范差分方程可以表示为

$$\boldsymbol{y}(k)+a_1\boldsymbol{y}(k-1)+\cdots+a_n\boldsymbol{y}(k-n)=\boldsymbol{B}_0\boldsymbol{u}(k)+\boldsymbol{B}_1\boldsymbol{u}(k-1)+\cdots+\boldsymbol{B}_n\boldsymbol{u}(k-n)+\boldsymbol{\xi}(k) \tag{8.1.1}$$

式中，$\boldsymbol{y}(k)$为m维输出向量，$\boldsymbol{u}(k)$为r维输入向量，$\boldsymbol{\xi}(k)$为m维噪声向量。$a_1,a_2,\cdots,a_n$为待辨识的标量参数，$\boldsymbol{B}_0,\boldsymbol{B}_1,\cdots,\boldsymbol{B}_n$为待辨识的$m\times r$矩阵。即

$$\boldsymbol{y}(k)=\begin{bmatrix}y_1(k)\\y_2(k)\\\vdots\\y_m(k)\end{bmatrix},\quad \boldsymbol{u}(k)=\begin{bmatrix}u_1(k)\\u_2(k)\\\vdots\\u_r(k)\end{bmatrix},\quad \boldsymbol{\xi}(k)=\begin{bmatrix}\xi_1(k)\\\xi_2(k)\\\vdots\\\xi_m(k)\end{bmatrix}$$

$$\boldsymbol{B}_i=\begin{bmatrix}b_{1i1}&b_{1i2}&\cdots&b_{1ir}\\b_{2i1}&b_{2i2}&\cdots&b_{2ir}\\\vdots&\vdots&&\vdots\\b_{mi1}&b_{mi2}&\cdots&b_{mir}\end{bmatrix},\quad i=0,1,\cdots,n$$

式(8.1.1)可以写成

$$a(z^{-1})\boldsymbol{y}(k)=\boldsymbol{B}(z^{-1})\boldsymbol{u}(k)+\boldsymbol{\xi}(k) \tag{8.1.2}$$

式中

$$a(z^{-1}) = 1 + a_1 z^{-1} + \cdots + a_n z^{-n} = 1 + \sum_{i=1}^{n} a_i z^{-i} \tag{8.1.3}$$

$$\boldsymbol{B}(z^{-1}) = \boldsymbol{B}_0 + \boldsymbol{B}_1 z^{-1} + \cdots + \boldsymbol{B}_n z^{-n} = \sum_{i=0}^{n} \boldsymbol{B}_i z^{-i} \tag{8.1.4}$$

需要辨识的参数数目为 $n+(n+1)mr$ 个。

下面先讨论$\{\boldsymbol{\xi}(k)\}$为零均值、同分布的不相关随机向量序列的最小二乘估计。

如果把 $\boldsymbol{B}(z^{-1})$ 中的参数同时进行辨识，则计算量很大。下面我们把 $\boldsymbol{B}(z^{-1})$ 中的参数一行一行地进行辨识。式(8.1.2)中的 $a_i\boldsymbol{y}(k-i)$ 和 $\boldsymbol{B}_i\boldsymbol{u}(k-i)$ 可以写为

$$a_i\boldsymbol{y}(k-i) = a_i\begin{bmatrix} y_1(k-i) \\ y_2(k-i) \\ \vdots \\ y_m(k-i) \end{bmatrix}$$

$$\boldsymbol{B}_i\boldsymbol{u}(k-i) = \begin{bmatrix} b_{1i1} & b_{1i2} & \cdots & b_{1ir} \\ b_{2i1} & b_{2i2} & \cdots & b_{2ir} \\ \vdots & \vdots & & \vdots \\ b_{mi1} & b_{mi2} & \cdots & b_{mir} \end{bmatrix}\begin{bmatrix} u_1(k-i) \\ u_2(k-i) \\ \vdots \\ u_r(k-i) \end{bmatrix}$$

因此式(8.1.2)中的第 j 行可写成

$$\begin{aligned} y_j(k) + a_1 y_j(k-1) + \cdots + a_n y_j(k-n) = {} & b_{j01}u_1(k) + b_{j02}u_2(k) + \cdots + b_{j0r}u_r(k) + b_{j11}u_1(k-1) + \\ & b_{j12}u_2(k-1) + \cdots + b_{j1r}u_r(k-1) + \cdots + b_{jn1}u_1(k-n) + \\ & b_{jn2}u_2(k-n) + \cdots + b_{jnr}u_r(k-n) + \xi_j(k) \end{aligned} \tag{8.1.5}$$

将式(8.1.5)改写为

$$\begin{aligned} y_j(k) = {} & -a_1 y_j(k-1) - a_2 y_j(k-2) - \cdots - a_n y_j(k-n) + b_{j01}u_1(k) + \\ & b_{j02}u_2(k) + \cdots + b_{j0r}u_r(k) + b_{j11}u_1(k-1) + b_{j12}u_2(k-1) + \cdots + \\ & b_{j1r}u_r(k-1) + \cdots + b_{jn1}u_1(k-n) + b_{jn2}u_2(k-n) + \cdots + \\ & b_{jnr}u_r(k-n) + \xi_j(k) \end{aligned} \tag{8.1.6}$$

把 $k=n+1 \sim n+N$ 代入式(8.1.6)，可得 N 个方程。令

$$\boldsymbol{y}_j = \begin{bmatrix} y_j(n+1) \\ y_j(n+2) \\ \vdots \\ y_j(n+N) \end{bmatrix}, \quad \boldsymbol{\xi}_j = \begin{bmatrix} \xi_j(n+1) \\ \xi_j(n+2) \\ \vdots \\ \xi_j(n+N) \end{bmatrix}$$

$$\boldsymbol{u}(k-i) = \begin{bmatrix} u_1(k-i) \\ u_2(k-i) \\ \vdots \\ u_r(k-i) \end{bmatrix}, \quad i = 1,2,\cdots,n$$

$$\boldsymbol{\theta}_j^{\mathrm{T}} = [a_1 \quad \cdots \quad a_n \quad b_{j01} \quad \cdots \quad b_{j0r} \quad b_{j11} \quad \cdots \quad b_{j1r} \quad \cdots \quad b_{jn1} \quad \cdots \quad b_{jnr}]$$

$$\boldsymbol{H}_j = \begin{bmatrix} -y_j(n) & \cdots & -y_j(1) & \boldsymbol{u}^{\mathrm{T}}(n+1) & \cdots & \boldsymbol{u}^{\mathrm{T}}(1) \\ -y_j(n+1) & \cdots & -y_j(2) & \boldsymbol{u}^{\mathrm{T}}(n+2) & \cdots & \boldsymbol{u}^{\mathrm{T}}(2) \\ \vdots & & & \vdots & & \vdots \\ -y_j(n+N-1) & \cdots & -y_j(N) & \boldsymbol{u}^{\mathrm{T}}(n+N) & \cdots & \boldsymbol{u}^{\mathrm{T}}(N) \end{bmatrix}$$

则式(8.1.6)可写为向量-矩阵形式

$$\boldsymbol{y}_j = \boldsymbol{H}_j\boldsymbol{\theta}_j + \boldsymbol{\xi}_j \tag{8.1.7}$$

由于已假定$\{\boldsymbol{\xi}(k)\}$为零均值不相关随机序列,用最小二乘法可得$\boldsymbol{\theta}_j$的一致性和无偏性估计,即

$$\hat{\boldsymbol{\theta}}_j = (\boldsymbol{H}_j^{\mathrm{T}}\boldsymbol{H}_j)^{-1}\boldsymbol{H}_j^{\mathrm{T}}\boldsymbol{y}_j \tag{8.1.8}$$

按式(8.1.8),令$j=1,2,\cdots,j-1,j+1,\cdots,m$,可得其他各行的参数估计值$\hat{\boldsymbol{\theta}}_1,\hat{\boldsymbol{\theta}}_2,\cdots,\hat{\boldsymbol{\theta}}_{j-1},\hat{\boldsymbol{\theta}}_{j+1},\cdots,\hat{\boldsymbol{\theta}}_m$。在求其他各行的参数时,$a_1,a_2,\cdots,a_n$不必再估计,因为$\hat{\boldsymbol{\theta}}_j$中已给出估计值$\hat{a}_1,\hat{a}_2,\cdots,\hat{a}_n$,只要把这些已知值代入式(8.1.6),可减小估计其他各行参数时的计算量。

为了在线辨识的需要,下面给出递推算法。上面根据N次观测得到$\hat{\boldsymbol{\theta}}_j$,现把$\hat{\boldsymbol{\theta}}_j,\boldsymbol{y}_j,\boldsymbol{H}_j$和$\boldsymbol{\xi}_j$改写为$\hat{\boldsymbol{\theta}}_{jN},\boldsymbol{y}_{jN},\boldsymbol{H}_{jN}$和$\boldsymbol{\xi}_{jN}$,则

$$\hat{\boldsymbol{\theta}}_{jN} = (\boldsymbol{H}_{jN}^{\mathrm{T}}\boldsymbol{H}_{jN})^{-1}\boldsymbol{H}_{jN}^{\mathrm{T}}\boldsymbol{y}_{jN} \tag{8.1.9}$$

如再获得新的观测值$y_j(n+N+1)$和$\boldsymbol{u}(n+N+1)$,则又增加了一个方程

$$y_{j(N+1)} = \boldsymbol{h}_{j(N+1)}^{\mathrm{T}}\boldsymbol{\theta}_j + \xi_{j(N+1)} \tag{8.1.10}$$

式中

$$y_{j(N+1)} = y_j(n+N+1),\ \xi_{j(N+1)} = \xi_j(n+N+1)$$

$$\boldsymbol{h}_{j(N+1)}^{\mathrm{T}} = [-y_j(n+N) \quad \cdots \quad y_j(N+1) \quad \boldsymbol{u}^{\mathrm{T}}(n+N+1) \quad \cdots \quad \boldsymbol{u}^{\mathrm{T}}(N+1)]$$

则可得递推计算公式

$$\hat{\boldsymbol{\theta}}_{j(N+1)} = \hat{\boldsymbol{\theta}}_{jN} + \boldsymbol{K}_{j(N+1)}[y_{j(N+1)} - \boldsymbol{h}_{j(N+1)}^{\mathrm{T}}\hat{\boldsymbol{\theta}}_{jN}] \tag{8.1.11}$$

$$\boldsymbol{K}_{j(N+1)} = \boldsymbol{P}_{jN}\boldsymbol{h}_{j(N+1)}[1 + \boldsymbol{h}_{j(N+1)}^{\mathrm{T}}\boldsymbol{P}_{jN}\boldsymbol{h}_{j(N+1)}]^{-1} \tag{8.1.12}$$

$$\boldsymbol{P}_{j(N+1)} = \boldsymbol{P}_{jN} - \boldsymbol{P}_{jN}\boldsymbol{h}_{j(N+1)}[1 + \boldsymbol{h}_{j(N+1)}^{\mathrm{T}}\boldsymbol{P}_{jN}\boldsymbol{h}_{j(N+1)}]^{-1}\boldsymbol{h}_{j(N+1)}\boldsymbol{P}_{jN} \tag{8.1.13}$$

$$\boldsymbol{P}_{jN} = (\boldsymbol{H}_{jN}^{\mathrm{T}}\boldsymbol{H}_{jN})^{-1} \tag{8.1.14}$$

如果$\{\boldsymbol{\xi}(k)\}$是相关随机向量,则可用广义最小二乘法等辨识方法一行一行地进行参数辨识,也可用极大似然法中的松弛算法进行辨识。

8.2 多输入-多输出系统的极大似然法辨识——松弛算法

设多输入-多输出系统的差分方程为

$$a(z^{-1})\boldsymbol{y}(k) = \boldsymbol{B}(z^{-1})\boldsymbol{u}(k) + \boldsymbol{\xi}(k) \tag{8.2.1}$$

式中各符号的定义及维数与式(8.1.2)完全相同。假定$\{\boldsymbol{\xi}(k)\}$是相关随机向量序列,可用形成滤波器模型表示为

$$c(z^{-1})\boldsymbol{\xi}(k) = \boldsymbol{\varepsilon}(k) \tag{8.2.2}$$

式中$\{\boldsymbol{\varepsilon}(k)\}$是独立的高斯随机向量序列,具有零均值和相同的协方差矩阵$\boldsymbol{R}$,并且

$$c(z^{-1}) = 1 + \sum_{i=1}^{q} c_i z^{-i} \tag{8.2.3}$$

采用模型

$$\hat{a}(z^{-1})\boldsymbol{y}(k) = \hat{\boldsymbol{B}}(z^{-1})\boldsymbol{u}(k) + \boldsymbol{e}(k) \tag{8.2.4}$$

进行参数辨识,其中

$$\hat{a}(z^{-1}) = 1 + \sum_{i=1}^{n} \hat{a}_i z^{-i} \tag{8.2.5}$$

$$\hat{\boldsymbol{B}}(z^{-1}) = \hat{\boldsymbol{B}}_0 + \sum_{i=1}^{n} \hat{\boldsymbol{B}}_i z^{-i} \tag{8.2.6}$$

$$\boldsymbol{e}(k) = \hat{a}(z^{-1})\boldsymbol{y}(k) - \hat{\boldsymbol{B}}(z^{-1})\boldsymbol{u}(k) \tag{8.2.7}$$

设

$$\hat{c}(z^{-1})\boldsymbol{e}(k) = \hat{\boldsymbol{\varepsilon}}(k) \tag{8.2.8}$$

其中$\{\hat{\boldsymbol{\varepsilon}}(k)\}$仍是独立高斯随机向量序列,具有零均值和相同的协方差矩阵$\hat{\boldsymbol{R}}$。由于$\boldsymbol{y}(k)$为m维向量,则选取似然函数为

$$\begin{aligned} L(\boldsymbol{y}|\boldsymbol{u},\boldsymbol{\theta}) &= \prod_{k=n+1}^{n+N} [(2\pi)^m \det \hat{\boldsymbol{R}}]^{-\frac{1}{2}} \exp\left[-\frac{1}{2}\hat{\boldsymbol{\varepsilon}}^{\mathrm{T}}(k)\hat{\boldsymbol{R}}^{-1}\hat{\boldsymbol{\varepsilon}}(k)\right] \\ &= [(2\pi)^m \det \hat{\boldsymbol{R}}]^{-\frac{N}{2}} \exp\left[-\frac{1}{2}\sum_{k=n+1}^{n+N} \hat{\boldsymbol{\varepsilon}}^{\mathrm{T}}(k)\hat{\boldsymbol{R}}^{-1}\hat{\boldsymbol{\varepsilon}}(k)\right] \end{aligned} \tag{8.2.9}$$

似然函数L的对数为

$$J = \ln L = -\frac{mN}{2}\ln(2\pi) - \frac{N}{2}\ln(\det \hat{\boldsymbol{R}}) - \frac{1}{2}\sum_{k=n+1}^{n+N} \hat{\boldsymbol{\varepsilon}}^{\mathrm{T}}(k)\hat{\boldsymbol{R}}^{-1}\hat{\boldsymbol{\varepsilon}}(k) \tag{8.2.10}$$

很明显,J不是多项式$\hat{a}(z^{-1})$,$\hat{\boldsymbol{B}}(z^{-1})$,$\hat{c}(z^{-1})$中的参数和$\hat{\boldsymbol{R}}$的二次型函数,因而求$\boldsymbol{\theta}$的估计值很困难。下面要用松弛算法来求估计值$\hat{\boldsymbol{\theta}}$。用这一方法时,先假定$\hat{c}(z^{-1})$中的参数和$\hat{\boldsymbol{R}}$的值是已知的,因而$J$就是$\hat{a}(z^{-1})$和$\hat{\boldsymbol{B}}(z^{-1})$中参数的二次型函数。由式(8.2.7)和式(8.2.8)可得

$$\begin{aligned} \hat{\boldsymbol{\varepsilon}}(k) &= \hat{c}(z^{-1})\boldsymbol{e}(k) = \hat{c}(z^{-1})[\hat{a}(z^{-1})\boldsymbol{y}(k) - \hat{\boldsymbol{B}}(z^{-1})\boldsymbol{u}(k)] \\ &= \hat{a}(z^{-1})\hat{c}(z^{-1})\boldsymbol{y}(k) - \hat{c}(z^{-1})\hat{\boldsymbol{B}}(z^{-1})\boldsymbol{u}(k) \end{aligned} \tag{8.2.11}$$

设

$$\hat{c}(z^{-1})\boldsymbol{y}(k) = \bar{\boldsymbol{y}}(k) \tag{8.2.12}$$

$$\hat{a}(z^{-1})\hat{c}(z^{-1})\boldsymbol{y}(k) = \bar{\boldsymbol{y}}(k) + \hat{a}_1\bar{\boldsymbol{y}}(k-1) + \cdots + \hat{a}_n\bar{\boldsymbol{y}}(k-n) \tag{8.2.13}$$

$$\begin{aligned} \hat{c}(z^{-1})\hat{\boldsymbol{B}}(z^{-1})\boldsymbol{u}(k) &= \hat{c}(z^{-1})\hat{\boldsymbol{B}}_0\boldsymbol{u}(k) + \hat{c}(z^{-1})\hat{\boldsymbol{B}}_1\boldsymbol{u}(k-1) + \cdots + \hat{c}(z^{-1})\hat{\boldsymbol{B}}_n\boldsymbol{u}(k-n) \\ &= \hat{c}(z^{-1})[\hat{\boldsymbol{b}}_{10}u_1(k) + \hat{\boldsymbol{b}}_{20}u_2(k) + \cdots + \hat{\boldsymbol{b}}_{r0}u_r(k)] + \\ &\quad \hat{c}(z^{-1})[\hat{\boldsymbol{b}}_{11}u_1(k-1) + \hat{\boldsymbol{b}}_{21}u_2(k-1) + \cdots + \hat{\boldsymbol{b}}_{r1}u_r(k-1)] + \cdots + \\ &\quad \hat{c}(z^{-1})[\hat{\boldsymbol{b}}_{1n}u_1(k-n) + \hat{\boldsymbol{b}}_{2n}u_2(k-n) + \cdots + \hat{\boldsymbol{b}}_{rn}u(k-n)] \end{aligned} \tag{8.2.14}$$

式中$\hat{\boldsymbol{b}}_{ji}$表示$\boldsymbol{B}_i$的第$j$列元素,$u_i$表示向量$\boldsymbol{u}$的第$i$个分量。所以式(8.2.11)可以表示为

$$\hat{\boldsymbol{\varepsilon}}(k) = \bar{\boldsymbol{y}}(k) - \boldsymbol{\psi}(k)\hat{\boldsymbol{\beta}} \tag{8.2.15}$$

其中

$$\hat{\boldsymbol{\beta}} = \begin{bmatrix} \hat{a}_1 & \cdots & \hat{a}_n & \hat{\boldsymbol{b}}_{10}^{\mathrm{T}} & \cdots & \hat{\boldsymbol{b}}_{r0}^{\mathrm{T}} & \hat{\boldsymbol{b}}_{11}^{\mathrm{T}} & \cdots & \hat{\boldsymbol{b}}_{r1}^{\mathrm{T}} & \cdots & \hat{\boldsymbol{b}}_{1n}^{\mathrm{T}} & \cdots & \boldsymbol{b}_{rn}^{\mathrm{T}} \end{bmatrix}^{\mathrm{T}} \tag{8.2.16}$$

$$\begin{aligned} \boldsymbol{\psi}(k) = [&-\bar{\boldsymbol{y}}(k-1) \quad \cdots \quad -\bar{\boldsymbol{y}}(k-n) \quad \hat{c}(z^{-1})u_1(k) \quad \cdots \quad \hat{c}(z^{-1})u_r(k) \\ &\hat{c}(z^{-1})u_1(k-1) \quad \cdots \quad \hat{c}(z^{-1})u_r(k-1) \quad \cdots \quad \hat{c}(z^{-1})u_1(k-n) \quad \cdots \\ &\hat{c}(z^{-1})u_r(k-n)], \quad k = n+1, n+2, \cdots, n+N \end{aligned} \tag{8.2.17}$$

把式(8.2.15)代入式(8.2.10)得

$$J = -\frac{mN}{2}\ln(2\pi) - \frac{N}{2}\ln(\det\hat{\boldsymbol{R}}) - \frac{1}{2}\sum_{k=n+1}^{n+N}[\bar{\boldsymbol{y}}(k) - \boldsymbol{\psi}(k)\hat{\boldsymbol{\beta}}]^{\mathrm{T}}\hat{\boldsymbol{R}}^{-1}[\bar{\boldsymbol{y}}(k) - \boldsymbol{\psi}(k)\hat{\boldsymbol{\beta}}] \tag{8.2.18}$$

求 J 关于 $\hat{\boldsymbol{\beta}}$ 的偏导数,令偏导数等于 $\mathbf{0}$,可得

$$\frac{\partial J}{\partial\hat{\boldsymbol{\beta}}} = \sum_{k=n+1}^{n+N}\boldsymbol{\psi}^{\mathrm{T}}(k)\hat{\boldsymbol{R}}^{-1}\boldsymbol{y}(k) - \sum_{k=n+1}^{n+N}\boldsymbol{\psi}^{\mathrm{T}}(k)\hat{\boldsymbol{R}}^{-1}\boldsymbol{\psi}(k)\hat{\boldsymbol{\beta}} = \mathbf{0} \tag{8.2.19}$$

因而可得

$$\begin{aligned}\hat{\boldsymbol{\beta}} &= \left[\sum_{k=n+1}^{n+N}\boldsymbol{\psi}^{\mathrm{T}}(k)\hat{\boldsymbol{R}}^{-1}\boldsymbol{\psi}(k)\right]^{-1}\left[\sum_{k=n+1}^{n+N}\boldsymbol{\psi}^{\mathrm{T}}(k)\hat{\boldsymbol{R}}^{-1}\bar{\boldsymbol{y}}(k)\right]\\ &= \left[\frac{1}{N}\sum_{k=n+1}^{n+N}\boldsymbol{\psi}^{\mathrm{T}}(k)\hat{\boldsymbol{R}}^{-1}\boldsymbol{\psi}(k)\right]^{-1}\left[\frac{1}{N}\sum_{k=n+1}^{n+N}\boldsymbol{\psi}^{\mathrm{T}}(k)\hat{\boldsymbol{R}}^{-1}\bar{\boldsymbol{y}}(k)\right]\end{aligned} \tag{8.2.20}$$

如果 $\hat{a}(z^{-1})$ 和 $\hat{\boldsymbol{B}}(z^{-1})$ 中的参数已知,可求出残差 $\boldsymbol{e}(k)$。$\hat{\boldsymbol{\varepsilon}}(k)$ 可表示成 $\hat{c}(z^{-1})$ 的线性函数

$$\hat{\boldsymbol{\varepsilon}}(k) = \boldsymbol{e}(k) - \hat{\boldsymbol{c}}\boldsymbol{E}_k \tag{8.2.21}$$

式中

$$\hat{\boldsymbol{c}} = [c_1 \quad c_2 \quad \cdots \quad c_q] \tag{8.2.22}$$

$$\boldsymbol{E}_k = [-\boldsymbol{e}^{\mathrm{T}}(k-1) \quad -\boldsymbol{e}^{\mathrm{T}}(k-2) \quad \cdots \quad -\boldsymbol{e}^{\mathrm{T}}(k-q)]^{\mathrm{T}} \tag{8.2.23}$$

根据

$$J_{\varepsilon} = \sum_{k=n+1}^{n+N}\hat{\boldsymbol{\varepsilon}}^{\mathrm{T}}(k)\hat{\boldsymbol{\varepsilon}}(k) = \sum_{k=n+1}^{n+N}[\boldsymbol{e}(k) - \hat{\boldsymbol{c}}\boldsymbol{E}_k]^{\mathrm{T}}[\boldsymbol{e}(k) - \hat{\boldsymbol{c}}\boldsymbol{E}_k] \tag{8.2.24}$$

为最小来确定 $\hat{\boldsymbol{c}}$,即

$$\hat{\boldsymbol{c}} = \left[\frac{1}{N}\sum_{k=n+1}^{n+N}\boldsymbol{e}(k)\boldsymbol{E}_k^{\mathrm{T}}\right]\left[\frac{1}{N}\sum_{k=n+1}^{n+N}\boldsymbol{E}_k\boldsymbol{E}_k^{\mathrm{T}}\right]^{-1} \tag{8.2.25}$$

同时可得

$$\hat{\boldsymbol{R}} = \frac{1}{N}\sum_{k=n+1}^{n+N}[\boldsymbol{e}(k) - \hat{\boldsymbol{c}}\boldsymbol{E}_k]^{\mathrm{T}}[\boldsymbol{e}(k) - \hat{\boldsymbol{c}}\boldsymbol{E}_k] \tag{8.2.26}$$

综上所述,可得松弛算法计算步骤如下:

(1) 选取初值,设 $\hat{\boldsymbol{R}}=\boldsymbol{I}$,$\hat{c}(z^{-1})=1$;

(2) 用式(8.2.20)计算 $\hat{\boldsymbol{\beta}}$,可得 $\hat{a}(z^{-1})$ 和 $\boldsymbol{B}(z^{-1})$ 中的参数;

(3) 先用式(8.2.7)和式(8.2.23)计算 $\boldsymbol{e}(k)$ 和构造 $\boldsymbol{E}_k$,再用式(8.2.25)计算 $\hat{\boldsymbol{c}}$;

(4) 用式(8.2.26)计算 $\hat{\boldsymbol{R}}$。

按步骤(2)(3)(4)迭代计算,如果第 $k+1$ 次迭代计算的结果与第 k 次迭代计算的结果非常接近,则迭代已收敛,即可停止计算,否则转到步骤(2),重复进行计算,直到收敛为止。上述算法可看成广义最小二乘法在高斯情况下的推广。这个算法的优点是计算简单,在实际应用中效果也比较好。

例 8.1 设双输入-双输出系统方程为

$$\begin{bmatrix}y_1(k)\\y_2(k)\end{bmatrix} = -a_1\begin{bmatrix}y_1(k-1)\\y_2(k-1)\end{bmatrix} - a_2\begin{bmatrix}y_1(k-2)\\y_2(k-2)\end{bmatrix} + \begin{bmatrix}b_{111} & b_{112}\\b_{211} & b_{212}\end{bmatrix}u(k-1) + \begin{bmatrix}b_{121} & b_{122}\\b_{221} & b_{222}\end{bmatrix}\begin{bmatrix}u_1(k-2)\\u_2(k-2)\end{bmatrix} + \begin{bmatrix}\xi_1(k)\\\xi_2(k)\end{bmatrix} \tag{8.2.27}$$

$$\begin{bmatrix}\xi_1(k)\\\xi_2(k)\end{bmatrix} + \begin{bmatrix}c_{11} & c_{12}\\c_{21} & c_{22}\end{bmatrix}\begin{bmatrix}\xi_1(k-1)\\\xi_2(k-1)\end{bmatrix} = \begin{bmatrix}\varepsilon_1(k)\\\varepsilon_2(k)\end{bmatrix} \tag{8.2.28}$$

式中$[\varepsilon_1(k) \quad \varepsilon_2(k)]^{\mathrm{T}}$是独立同分布高斯随机向量序列,具有零均值和协方差矩阵$\boldsymbol{R}$。

设输入信号为伪随机二位式序列,数据个数为 500,输出信噪比为 1.18。参数辨识结果如表 8.1 所示,参数$\hat{a}_1$的收敛性如图 8.1 所示。

表 8.1　例 8.1 参数辨识结果

参数	模拟中使用的参数值	最小二乘估计（第一次迭代）	松弛算法估计（第九次迭代）
a_1	-1.3	-1.663±0.003	-1.301±0.012
a_2	0.6	0.721±0.013	0.619±0.020
b_{111}	0.8	0.788±0.045	0.779±0.034
b_{112}	0.3	0.328±0.045	0.309±0.034
b_{211}	0.2	0.220±0.045	0.201±0.040
b_{212}	0.4	0.451±0.045	0.430±0.033
b_{121}	0.3	0.019±0.047	0.331±0.026
b_{122}	0.3	0.291±0.045	0.355±0.032
b_{221}	0.3	0.250±0.045	0.319±0.043
b_{222}	0.3	0.451±0.045	0.350±0.042
c_{11}	0.6	0.385	0.583
c_{12}	0.3	0.183	0.320
c_{21}	0.4	0.265	0.483
c_{22}	0.6	0.329	0.536
R_{11}	1.0	1.309	0.902
R_{12}	0.5	0.652	0.521

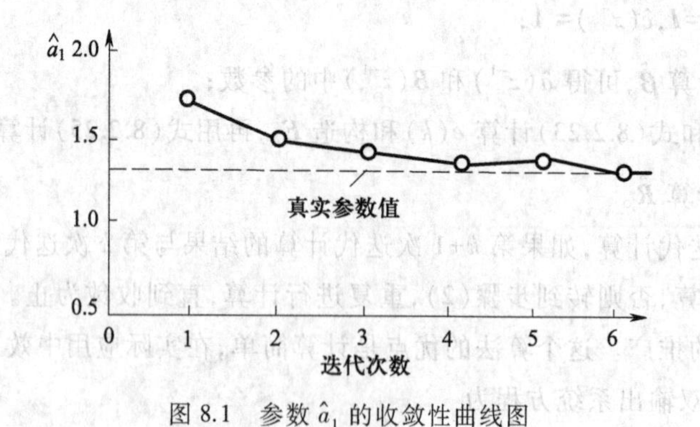

图 8.1　参数$\hat{a}_1$的收敛性曲线图

8.3　利用方波脉冲函数辨识线性时变系统状态方程

利用方波脉冲函数辨识线性时变系统,可以导出一组简明的递推计算公式,推导简单,计算省力,在一定条件下计算结果又令人相当满意。

这种方法是将系统状态方程中的状态向量、状态矩阵、输入向量和输入矩阵等在一个选定时间区间内分别展开为方波脉冲级数，通过选择 n 个线性独立的初始状态向量和 r 个线性独立的输入向量，分别辨识出时变系统状态方程中的参数矩阵 $\boldsymbol{A}(t)$ 和 $\boldsymbol{B}(t)$ 在选定区间内的分段恒定矩阵解。在导出计算方波脉冲级数中的系数矩阵 $\boldsymbol{A}_i$ 和 $\boldsymbol{B}_i$ 的递推公式后，辨识可以不受预先选定时间区间的限制，而是可以延续到任意需要的时刻 t。

8.3.1 状态方程的方波脉冲级数展开

一个在单位区间[0,1)或实际区间[0,T)绝对可积的函数 $f(t)$ 可以展开为一组方波脉冲级数

$$f(t) \approx f_1\phi_1(t)+f_2\phi_2(t)+\cdots+f_m\phi_m(t)=\sum_{i=1}^{m} f_i\phi_i(t) \tag{8.3.1}$$

式中，$\phi_i(t)$ 为第 i 项方波脉冲函数，其定义为

$$\phi_i(t) \triangleq \begin{cases} 1, & (i-1)h \leqslant t < ih, i=1,2,\cdots,m \\ 0, & \text{其他子区间} \end{cases} \tag{8.3.2}$$

而 $h=\dfrac{1}{m}$，称为步长，m 为[0,1)内均匀分段子区间数；f_i 为第 i 项方波脉冲系数，并且

$$f_i \approx \frac{1}{h}\int_0^1 f(t)\phi_i(t)\,\mathrm{d}t=\frac{1}{h}\int_{(i-1)h}^{ih} f(t)\,\mathrm{d}t \tag{8.3.3}$$

对于足够光滑的 $f(t)$，当 h 取得足够小，或当 $f(t)$ 由数据或图像给出时，取其一级近似，则有

$$f_i \approx \frac{1}{2}[f((i-1)h)+f(ih)] \tag{8.3.4}$$

其中 $f((i-1)h)$ 和 $f(ih)$ 分别为第(i-1)和第 i 步点上的函数值。

下面讨论线性时变系统的方波脉冲级数展开问题。

设待辨识的线性时变系统的状态方程为

$$\dot{\boldsymbol{x}}(t)=\boldsymbol{A}(t)\boldsymbol{x}(t)+\boldsymbol{B}(t)\boldsymbol{u}(t), \quad \boldsymbol{x}(0)=\boldsymbol{x}_0 \tag{8.3.5}$$

式中，$\boldsymbol{x}(t)\in R^{n\times 1}$ 为状态向量，$\boldsymbol{A}(t)\in R^{n\times n}$，$\boldsymbol{B}(t)\in R^{n\times r}$ 均为时变系数矩阵；$\boldsymbol{u}(t)\in R^{r\times 1}$ 为输入函数向量。

式(8.3.5)所示系统的辨识问题，就是在已知 $\boldsymbol{x}(t)$，$\boldsymbol{x}(0)$ 和 $\boldsymbol{u}(t)$ 的情况下，确定时变矩阵 $\boldsymbol{A}(t)$ 和 $\boldsymbol{B}(t)$。

现在，将式(8.3.5)中的 $\boldsymbol{x}(t)$，$\boldsymbol{A}(t)$，$\boldsymbol{u}(t)$，$\boldsymbol{B}(t)$ 和 $\boldsymbol{x}_0$ 分别展开为方波脉冲级数，且设 $m\geqslant n$，则有

$$\boldsymbol{x}(t)=\begin{bmatrix} x_1(t) \\ x_2(t) \\ \vdots \\ x_n(t) \end{bmatrix} \approx \begin{bmatrix} x_{11} & x_{12} & \cdots & x_{1m} \\ x_{21} & x_{22} & \cdots & x_{2m} \\ \vdots & \vdots & & \vdots \\ x_{n1} & x_{n2} & \cdots & x_{nm} \end{bmatrix} \begin{bmatrix} \phi_1(t) \\ \phi_2(t) \\ \vdots \\ \phi_m(t) \end{bmatrix} \tag{8.3.6}$$

$$\boldsymbol{x}_0=\begin{bmatrix} x_{10} \\ x_{20} \\ \vdots \\ x_{n0} \end{bmatrix} = \begin{bmatrix} x_{10} & x_{10} & \cdots & x_{10} \\ x_{20} & x_{20} & \cdots & x_{20} \\ \vdots & \vdots & & \vdots \\ x_{n0} & x_{n0} & \cdots & x_{n0} \end{bmatrix} \begin{bmatrix} \phi_1(t) \\ \phi_2(t) \\ \vdots \\ \phi_m(t) \end{bmatrix} \tag{8.3.7}$$

$$\boldsymbol{u}(t)=\begin{bmatrix}u_1(t)\\u_2(t)\\\vdots\\u_r(t)\end{bmatrix}\approx\begin{bmatrix}u_{11}&u_{12}&\cdots&u_{1m}\\u_{21}&u_{22}&\cdots&u_{2m}\\\vdots&\vdots&&\vdots\\u_{r1}&u_{r2}&\cdots&u_{rm}\end{bmatrix}\begin{bmatrix}\phi_1(t)\\\phi_2(t)\\\vdots\\\phi_m(t)\end{bmatrix}\tag{8.3.8}$$

或写成

$$\boldsymbol{x}(t)\approx\boldsymbol{x}_{\cdot 1}\phi_1(t)+\boldsymbol{x}_{\cdot 2}\phi_2(t)+\cdots+\boldsymbol{x}_{\cdot m}\phi_m(t)=\sum_{i=1}^{m}\boldsymbol{x}_{\cdot i}\phi_i(t)\tag{8.3.9}$$

$$\boldsymbol{x}_0=\boldsymbol{x}_0\phi_1(t)+\boldsymbol{x}_0\phi_2(t)+\cdots+\boldsymbol{x}_0\phi_m(t)=\sum_{i=1}^{m}\boldsymbol{x}_0\phi_i(t)\tag{8.3.10}$$

$$\boldsymbol{u}(t)\approx\boldsymbol{u}_{\cdot 1}\phi_1(t)+\boldsymbol{u}_{\cdot 2}\phi_2(t)+\cdots+\boldsymbol{u}_{\cdot m}\phi_m(t)=\sum_{i=1}^{m}\boldsymbol{u}_{\cdot i}\phi_i(t)\tag{8.3.11}$$

式中列向量 $\boldsymbol{x}_{\cdot i}$,$\boldsymbol{x}_0$ 和 $\boldsymbol{u}_{\cdot i}$ 分别定义为

$$\begin{cases}\boldsymbol{x}_{\cdot i}\triangleq\begin{bmatrix}x_{1i}&x_{2i}&\cdots&x_{ni}\end{bmatrix}^{\mathrm{T}}\\\boldsymbol{x}_0\triangleq\begin{bmatrix}x_{10}&x_{20}&\cdots&x_{n0}\end{bmatrix}^{\mathrm{T}}\\\boldsymbol{u}_{\cdot i}\triangleq\begin{bmatrix}u_{1i}&u_{2i}&\cdots&u_{ri}\end{bmatrix}^{\mathrm{T}}\end{cases}\tag{8.3.12}$$

同理可将 $\boldsymbol{A}(t)$ 和 $\boldsymbol{B}(t)$ 分别展开成方波脉冲级数

$$\boldsymbol{A}(t)\approx\boldsymbol{A}_1\phi_1(t)+\boldsymbol{A}_2\phi_2(t)+\cdots+\boldsymbol{A}_m\phi_m(t)=\sum_{i=1}^{m}\boldsymbol{A}_i\phi_i(t)\tag{8.3.13}$$

$$\boldsymbol{B}(t)\approx\boldsymbol{B}_1\phi_1(t)+\boldsymbol{B}_2\phi_2(t)+\cdots+\boldsymbol{B}_m\phi_m(t)=\sum_{i=1}^{m}\boldsymbol{B}_i\phi_i(t)\tag{8.3.14}$$

式中

$$\begin{cases}\boldsymbol{A}(t)\triangleq\begin{bmatrix}a_{11}(t)&a_{12}(t)&\cdots&a_{1n}(t)\\a_{21}(t)&a_{22}(t)&\cdots&a_{2n}(t)\\\vdots&\vdots&&\vdots\\a_{n1}(t)&a_{n2}(t)&\cdots&a_{nn}(t)\end{bmatrix}\\\boldsymbol{A}_i\triangleq\begin{bmatrix}a_{11}(i)&a_{12}(i)&\cdots&a_{1n}(i)\\a_{21}(i)&a_{22}(i)&\cdots&a_{2n}(i)\\\vdots&\vdots&&\vdots\\a_{n1}(i)&a_{n2}(i)&\cdots&a_{nn}(i)\end{bmatrix}\\\boldsymbol{B}(t)\triangleq\begin{bmatrix}b_{11}(t)&b_{12}(t)&\cdots&b_{1r}(t)\\b_{21}(t)&b_{22}(t)&\cdots&b_{2r}(t)\\\vdots&\vdots&&\vdots\\b_{n1}(t)&b_{n2}(t)&\cdots&b_{nr}(t)\end{bmatrix}\\\boldsymbol{B}_i\triangleq\begin{bmatrix}b_{11}(i)&b_{12}(i)&\cdots&b_{1r}(i)\\b_{21}(i)&b_{22}(i)&\cdots&b_{2r}(i)\\\vdots&\vdots&&\vdots\\b_{n1}(i)&b_{n2}(i)&\cdots&b_{nr}(i)\end{bmatrix}\end{cases}\tag{8.3.15}$$

其中 $i=1,2,\cdots,m$。

8.3.2 矩阵 $A(t)$ 的辨识

令 $\boldsymbol{u}(t)=\boldsymbol{0}$，则由式(8.3.5)可得

$$\dot{\boldsymbol{x}}(t)=\boldsymbol{A}(t)\boldsymbol{x}(t),\quad \boldsymbol{x}(0)=\boldsymbol{x}_0 \tag{8.3.16}$$

将上式中的状态方程等号两边进行积分得到

$$\boldsymbol{x}(t)-\boldsymbol{x}(0)=\int_0^t \boldsymbol{A}(\tau)\boldsymbol{x}(\tau)\mathrm{d}\tau \tag{8.3.17}$$

将有关的方波脉冲函数展开式代入上式，并考虑到方波脉冲函数的不相关性，即

$$\phi_i(t)\phi_j(t)=\begin{cases}\phi_i(t), & i=j\\ 0, & i\neq j\end{cases} \tag{8.3.18}$$

则式(8.3.17)变为

$$\sum_{i=1}^{m}(\boldsymbol{x}_{\cdot i}-\boldsymbol{x}_0)\phi_i(t)=\sum_{i=1}^{m}\int_0^t \boldsymbol{A}_i\boldsymbol{x}_{\cdot i}\phi_i(\tau)\mathrm{d}\tau \tag{8.3.19}$$

由于

$$\int_0^t \phi_i(\tau)\mathrm{d}\tau \approx h\begin{bmatrix}0 & \cdots & 0 & \underset{\substack{\uparrow\\ i}}{\frac{1}{2}} & 1 & \cdots\end{bmatrix}\begin{bmatrix}\phi_1(t)\\ \phi_2(t)\\ \vdots\\ \phi_m(t)\end{bmatrix} \tag{8.3.20}$$

因而有

$$\sum_{i=1}^{m}(\boldsymbol{x}_{\cdot i}-\boldsymbol{x}_0)\phi_i(t)=h\sum_{i=1}^{m}\left(\frac{1}{2}\boldsymbol{A}_i\boldsymbol{x}_{\cdot i}+\sum_{j=1}^{i-1}\boldsymbol{A}_j\boldsymbol{x}_{\cdot j}\right)\phi_i(t) \tag{8.3.21}$$

由于上述方程对 $t\in[0,1)$ 内的任何 t 值均成立，所以令等号两边对应系数相等，可得

$$\boldsymbol{x}_{\cdot i}-\boldsymbol{x}_0=h\left[\frac{1}{2}\boldsymbol{A}_i\boldsymbol{x}_{\cdot i}+\sum_{j=1}^{i-1}\boldsymbol{A}_j\boldsymbol{x}_{\cdot j}\right],\quad i=1,2,\cdots \tag{8.3.22}$$

展开后得

$$\begin{cases}\boldsymbol{x}_{\cdot 1}-\boldsymbol{x}_0=\dfrac{h}{2}\boldsymbol{A}_1\boldsymbol{x}_{\cdot 1}\\ \boldsymbol{x}_{\cdot 2}-\boldsymbol{x}_0=h\left(\dfrac{1}{2}\boldsymbol{A}_2\boldsymbol{x}_{\cdot 2}+\boldsymbol{A}_1\boldsymbol{x}_{\cdot 1}\right)\\ \boldsymbol{x}_{\cdot 3}-\boldsymbol{x}_0=h\left(\dfrac{1}{2}\boldsymbol{A}_3\boldsymbol{x}_{\cdot 3}+\boldsymbol{A}_2\boldsymbol{x}_{\cdot 2}+\boldsymbol{A}_1\boldsymbol{x}_{\cdot 1}\right)\\ \qquad\vdots\end{cases} \tag{8.3.23}$$

式中 $\boldsymbol{x}_{\cdot i}$ 和 $\boldsymbol{x}_0$ 是已知的。$\boldsymbol{A}(t)$ 的辨识就在于通过式(8.3.22)或式(8.3.23)解出 $\{\boldsymbol{A}_i, i=1,2,\cdots\}$。

由于 $\boldsymbol{x}_{\cdot i}$ 和 $\boldsymbol{x}_0$ 都是 n 维列向量，而 $\boldsymbol{A}_i$ 是 $n\times n$ 矩阵，由 n 个独立方程不可能解出 $n\times n$ 个未知量。由广义逆矩阵理论知，满秩的列向量 $\boldsymbol{x}_{\cdot i}$ 的穆尔-彭罗斯(Moore-Penrose)广义逆不仅存在而且唯一(关于“穆尔-彭罗斯广义逆”的定义及主要性质可参看 16.1 节的相关内容)。现以式(8.3.23)第一式为例，则有

$$\boldsymbol{A}_1=\frac{2}{h}(\boldsymbol{x}_{\cdot 1}-\boldsymbol{x}_0)\boldsymbol{x}_{\cdot 1}^{+} \tag{8.3.24}$$

式中

$$\boldsymbol{x}_{\cdot 1}^{+}=(\boldsymbol{x}_{\cdot 1}^{\mathrm{T}}\boldsymbol{x}_{\cdot 1})^{-1}\boldsymbol{x}_{\cdot 1}^{\mathrm{T}} \tag{8.3.25}$$

称为 $\boldsymbol{x}_{\cdot 1}$ 的穆尔-彭罗斯广义逆,不仅存在而且是唯一的。但是,由式(8.3.24)所求出的解 $\boldsymbol{A}_1$,将是令人不能接受的。因此,在辨识中我们不采用广义逆矩阵理论,而是另找途径去建立 $(n\times n)$ 个线性独立的方程构成方程组。

为了能由方程

$$\frac{h}{2}\boldsymbol{A}_1\boldsymbol{x}_{\cdot 1}=\boldsymbol{x}_{\cdot 1}-\boldsymbol{x}_0 \tag{8.3.26}$$

解出 $\boldsymbol{A}_1$,我们选择 n 个线性独立的初始状态向量,对每个不同的初始状态向量可以求出 m 个子区间内不同的状态响应,即

$$\begin{cases}\boldsymbol{x}_0^{(1)}: \dfrac{h}{2}\boldsymbol{A}_1\boldsymbol{x}_{\cdot 1}^{(1)}=\boldsymbol{x}_{\cdot 1}^{(1)}-\boldsymbol{x}_0^{(1)}\\ \boldsymbol{x}_0^{(2)}: \dfrac{h}{2}\boldsymbol{A}_1\boldsymbol{x}_{\cdot 1}^{(2)}=\boldsymbol{x}_{\cdot 1}^{(2)}-\boldsymbol{x}_0^{(2)}\\ \qquad\vdots\\ \boldsymbol{x}_0^{(n)}: \dfrac{h}{2}\boldsymbol{A}_1\boldsymbol{x}_{\cdot 1}^{(n)}=\boldsymbol{x}_{\cdot 1}^{(n)}-\boldsymbol{x}_0^{(n)}\end{cases} \tag{8.3.27}$$

故有

$$\frac{h}{2}\boldsymbol{A}_1[\boldsymbol{x}_{\cdot 1}^{(1)}\quad \boldsymbol{x}_{\cdot 1}^{(2)}\quad \cdots\quad \boldsymbol{x}_{\cdot 1}^{(n)}]=[\boldsymbol{x}_{\cdot 1}^{(1)}-\boldsymbol{x}_0^{(1)}\quad \boldsymbol{x}_{\cdot 1}^{(2)}-\boldsymbol{x}_0^{(2)}\quad \cdots\quad \boldsymbol{x}_{\cdot 1}^{(n)}-\boldsymbol{x}_0^{(n)}] \tag{8.3.28}$$

或

$$\frac{h}{2}\boldsymbol{A}_1\boldsymbol{X}_{\cdot 1}=\boldsymbol{X}_{\cdot 1}-\boldsymbol{X}_0 \tag{8.3.29}$$

式中

$$\boldsymbol{X}_{\cdot 1}=[\boldsymbol{x}_{\cdot 1}^{(1)}\quad \boldsymbol{x}_{\cdot 1}^{(2)}\quad \cdots\quad \boldsymbol{x}_{\cdot 1}^{(n)}]\in R^{n\times n} \tag{8.3.30}$$

$$\boldsymbol{X}_0=[\boldsymbol{x}_0^{(1)}\quad \boldsymbol{x}_0^{(2)}\quad \cdots\quad \boldsymbol{x}_0^{(n)}]\in R^{n\times n} \tag{8.3.31}$$

由于 $\boldsymbol{X}_0$ 为 $(n\times n)$ 满秩矩阵,所以 $\boldsymbol{X}_{\cdot 1}$ 也是 $(n\times n)$ 满秩矩阵,由式(8.3.29)可以解出 $\boldsymbol{A}_1$

$$\boldsymbol{A}_1=\frac{2}{h}(\boldsymbol{X}_{\cdot 1}-\boldsymbol{X}_0)\boldsymbol{X}_{\cdot 1}^{-1} \tag{8.3.32}$$

同理,当 $\boldsymbol{X}_0$ 为满秩矩阵时,可得 $\{\boldsymbol{X}_{\cdot i}, i=1,2,\cdots\}$,$\boldsymbol{X}_{\cdot i}$ 也是满秩的 $(n\times n)$ 矩阵。由于

$$\frac{h}{2}\boldsymbol{A}_i\boldsymbol{X}_{\cdot i}=(\boldsymbol{X}_{\cdot i}-\boldsymbol{X}_0)-h\sum_{j=1}^{i-1}\boldsymbol{A}_j\boldsymbol{X}_{\cdot j} \tag{8.3.33}$$

因而可得一组辨识 $\{\boldsymbol{A}_i,\ i=1,2,\cdots\}$ 的递推公式

$$\begin{cases}\boldsymbol{A}_1=\dfrac{2}{h}(\boldsymbol{X}_{\cdot 1}-\boldsymbol{X}_0)\boldsymbol{X}_{\cdot 1}^{-1}\\ \boldsymbol{X}_{i+1}=\left[\dfrac{2}{h}(\boldsymbol{X}_{\cdot(i+1)}-\boldsymbol{X}_{\cdot i})-\boldsymbol{A}_i\boldsymbol{X}_{\cdot i}\right]\boldsymbol{X}_{\cdot(i+1)}^{-1}\end{cases} \tag{8.3.34}$$

可见,确保 rank$\{\boldsymbol{A}_i,\ i=1,2,\cdots\}=n$ 是 $\boldsymbol{A}(t)$ 可辨识的条件。

8.3.3　矩阵 $\boldsymbol{B}(t)$ 的辨识

根据上述推导,设 $\boldsymbol{u}(t)\neq\boldsymbol{0}$,可得下列一组方程

$$
\begin{cases}
\boldsymbol{x}_{\cdot 1}-\boldsymbol{x}_0=\dfrac{h}{2}(\boldsymbol{A}_1\boldsymbol{x}_{\cdot 1}+\boldsymbol{B}_1\boldsymbol{u}_{\cdot 1})\\
\boldsymbol{x}_{\cdot 2}-\boldsymbol{x}_0=\dfrac{h}{2}(\boldsymbol{A}_2\boldsymbol{x}_{\cdot 2}+\boldsymbol{B}_2\boldsymbol{u}_{\cdot 2})+h(\boldsymbol{A}_1\boldsymbol{x}_{\cdot 1}+\boldsymbol{B}_1\boldsymbol{u}_{\cdot 1})\\
\qquad\vdots\\
\boldsymbol{x}_{\cdot i}-\boldsymbol{x}_0=\dfrac{h}{2}(\boldsymbol{A}_i\boldsymbol{x}_{\cdot i}+\boldsymbol{B}_i\boldsymbol{u}_{\cdot i})+h\sum_{j=1}^{i-1}(\boldsymbol{A}_j\boldsymbol{x}_{\cdot j}+\boldsymbol{B}_j\boldsymbol{u}_{\cdot j})\\
\qquad\vdots
\end{cases}
\tag{8.3.35}
$$

式中$\{\boldsymbol{A}_i,\quad i=1,2,\cdots,m\}$已由式(8.3.34)求出，现求解$\{\boldsymbol{B}_i,\quad i=1,2,\cdots,m\}$。同理，由式(8.3.35)不能直接解出$\boldsymbol{B}_i$，因而选定一组特定的初始状态$\boldsymbol{x}_0=[x_{10}\quad x_{20}\quad\cdots\quad x_{n0}]^{\mathrm{T}}$或直接令$\boldsymbol{x}_0=0$，选择$r$个线性独立的输入向量，分别将它们展开为方波脉冲级数，可得r组$\{\boldsymbol{u}_{\cdot i},i=1,2,\cdots\}$。在$r$个输入向量的激励下，又可得到$r$组、每组$m$个$n$维的状态响应向量。现讨论式(8.3.35)中的第一个子式，有

$$
\begin{cases}
\boldsymbol{u}^{(1)}:\ \boldsymbol{x}_{\cdot 1}^{(1)}-\boldsymbol{x}_0=\dfrac{h}{2}(\boldsymbol{A}_1\boldsymbol{x}_{\cdot 1}^{(1)}+\boldsymbol{B}_1\boldsymbol{u}_{\cdot 1}^{(1)})\\
\boldsymbol{u}^{(2)}:\ \boldsymbol{x}_{\cdot 1}^{(2)}-\boldsymbol{x}_0=\dfrac{h}{2}(\boldsymbol{A}_1\boldsymbol{x}_{\cdot 1}^{(2)}+\boldsymbol{B}_1\boldsymbol{u}_{\cdot 1}^{(2)})\\
\qquad\vdots\\
\boldsymbol{u}^{(r)}:\ \boldsymbol{x}_{\cdot 1}^{(r)}-\boldsymbol{x}_0=\dfrac{h}{2}(\boldsymbol{A}_1\boldsymbol{x}_{\cdot 1}^{(r)}+\boldsymbol{B}_1\boldsymbol{u}_{\cdot 1}^{(r)})
\end{cases}
\tag{8.3.36}
$$

或写为

$$
\overline{\boldsymbol{X}}_{\cdot 1}-\overline{\boldsymbol{X}}_0=\frac{h}{2}(\boldsymbol{A}_1\overline{\boldsymbol{X}}_{\cdot 1}+\boldsymbol{B}_1\boldsymbol{U}_{\cdot 1})\tag{8.3.37}
$$

式中

$$
\overline{\boldsymbol{X}}_{\cdot 1}\triangleq[\boldsymbol{x}_{\cdot 1}^{(1)}\quad \boldsymbol{x}_{\cdot 1}^{(2)}\quad\cdots\quad \boldsymbol{x}_{\cdot 1}^{(r)}]\in R^{n\times r}\tag{8.3.38}
$$

$$
\overline{\boldsymbol{X}}_0\triangleq[\boldsymbol{x}_0\quad \boldsymbol{x}_0\quad\cdots\quad \boldsymbol{x}_0]\in R^{n\times r}\tag{8.3.39}
$$

$$
\boldsymbol{U}_{\cdot 1}\triangleq[\boldsymbol{u}_{\cdot 1}^{(1)}\quad \boldsymbol{u}_{\cdot 1}^{(2)}\quad\cdots\quad \boldsymbol{u}_{\cdot 1}^{(r)}]\in R^{r\times r}\tag{8.3.40}
$$

均为已知。由式(8.3.37)解出

$$
\boldsymbol{B}_1=\left[\frac{2}{h}(\overline{\boldsymbol{X}}_{\cdot 1}-\overline{\boldsymbol{X}}_0)-\boldsymbol{A}_1\boldsymbol{U}_{\cdot 1}\right]\boldsymbol{U}_{\cdot 1}^{-1}\tag{8.3.41}
$$

同理，由式(8.3.35)中的第i式，当$i=i+1$时得

$$
\boldsymbol{B}_{i+1}=\left[\frac{2}{h}(\overline{\boldsymbol{X}}_{\cdot(i+1)}-\overline{\boldsymbol{X}}_{\cdot i})-\boldsymbol{A}_{i+1}\overline{\boldsymbol{X}}_{\cdot(i+1)}-(\boldsymbol{A}_i\overline{\boldsymbol{X}}_{\cdot i}+\boldsymbol{B}_i\boldsymbol{U}_{\cdot i})\right]\boldsymbol{U}_{\cdot(i+1)}^{-1},i=1,2,\cdots\tag{8.3.42}
$$

式(8.3.41)和式(8.3.42)则是一组辨识矩阵$\boldsymbol{B}(t)$的递推计算公式。同理可见，确保$\operatorname{rank}\{\boldsymbol{U}_{\cdot i},i=1,2,\cdots\}=r$是$\boldsymbol{B}(t)$可辨识的条件。

例 8.2 已知线性时变系统的状态方程为

$$
\begin{bmatrix}\dot{x}_1(t)\\ \dot{x}_2(t)\\ \dot{x}_3(t)\end{bmatrix}=\boldsymbol{A}(t)\begin{bmatrix}x_1(t)\\ x_2(t)\\ x_2(t)\end{bmatrix}\tag{8.3.43}
$$

试辨识其系数矩阵$\boldsymbol{A}(t)$。

解　由于本题在于证明算法的可行性和有效性，所以在无法对系统进行实测的情况下预先给出 $\boldsymbol{A}(t)$，在选定初始状态向量的情况下利用给定的 $\boldsymbol{A}(t)$ 计算出状态响应的分段恒定矩阵值作为测量值，再进一步对 $\boldsymbol{A}(t)$ 进行辨识，将辨识结果与实际的 $\boldsymbol{A}(t)$ 值相比较，即可看出辨识方法的辨识效果。

设矩阵 $\boldsymbol{A}(t)$ 的解析形式为

$$\boldsymbol{A}(t)=\begin{bmatrix} \sin t & \cos t+\sin t & 0 \\ 0 & \sin t & \cos t+\sin t \\ -6(\cos t+\sin t) & -11(\cos t+\sin t) & -6\sin t-5\cos t \end{bmatrix}$$

取 $h=\dfrac{\pi}{40}\approx\dfrac{3.14159}{40}$，又由于 $n=3$，故选定三个线性独立的初始状态向量

$$\boldsymbol{x}_0^{(1)}=\begin{bmatrix}1\\2\\3\end{bmatrix},\quad \boldsymbol{x}_0^{(2)}=\begin{bmatrix}1\\0\\-1\end{bmatrix},\quad \boldsymbol{x}_0^{(3)}=\begin{bmatrix}-1\\1\\2\end{bmatrix}$$

即

$$\boldsymbol{X}_0=\begin{bmatrix}1 & 1 & -1\\ 2 & 0 & 1\\ 3 & -1 & 2\end{bmatrix}$$

对应三个不同的初始状态向量，其状态响应的分段恒定矩阵值 $\{\boldsymbol{X}_{\cdot i}, i=1,2,\cdots\}$ 分别为

$$\boldsymbol{X}_{\cdot 1}=\begin{bmatrix}1.085762 & 0.9998974 & -0.958286\\ 2.062521 & -0.040290 & 1.059333\\ 1.455572 & -0.9866846 & 1.415295\end{bmatrix}$$

$$\boldsymbol{X}_{\cdot 2}=\begin{bmatrix}1.2683010 & 0.9990845 & -0.8708084\\ 2.0853780 & -0.1219438 & 1.1416550\\ -1.1303540 & -0.9357652 & 0.4063993\end{bmatrix}$$

$$\vdots$$

$$\boldsymbol{X}_{\cdot 6}=\begin{bmatrix}2.0228450 & 0.9736644 & -0.5014080\\ 0.9043894 & -0.4199221 & 0.9761631\\ -4.1491220 & -0.4503240 & -1.2139120\end{bmatrix}$$

$$\vdots$$

利用式(8.3.34)解出

$$\boldsymbol{A}_1=\begin{bmatrix}0.0392046 & 1.038228 & -0.0000172\\ 0.0000486 & 0.0391827 & 1.0382700\\ -6.230484 & -11.419900 & -6.191253\end{bmatrix}$$

$$\boldsymbol{A}_2=\begin{bmatrix}0.1174631 & 1.1103430 & 0.0000448\\ -0.0000477 & 0.1175011 & 1.1102600\\ -6.6588590 & -12.2122300 & -6.5413050\end{bmatrix}$$

$$\vdots$$

$$\boldsymbol{A}_6=\begin{bmatrix}0.4194489 & 1.3280330 & 0.0007954\\ -0.0021973 & 0.4152222 & 1.324684\\ -7.9353170 & -14.556440 & -7.5219340\end{bmatrix}$$

$$\vdots$$

实际上，$h=\dfrac{3.14159}{40}$时，将$\boldsymbol{A}(t)$展开为方波脉冲级数

$$\boldsymbol{A}(t) \approx \boldsymbol{A}_{1t}\phi_1(t) + \boldsymbol{A}_{2t}\phi_2(t) + \cdots + \boldsymbol{A}_{mt}\phi_m(t) + \cdots$$

式中$\boldsymbol{A}_{it}$表示解析值，则其解析值为

$$\boldsymbol{A}_1 = \begin{bmatrix} 0.0392501 & 1.0382210 & 0.0000000 \\ 0.0000000 & 0.0392501 & 1.0382210 \\ -6.2293280 & -11.420340 & -6.1900790 \end{bmatrix}$$

$$\vdots$$

$$\boldsymbol{A}_6 = \begin{bmatrix} 0.4185522 & 1.3264610 & 0.0000000 \\ 0.0000000 & 0.4185522 & 1.3264610 \\ -7.9587700 & -14.5910700 & -7.5402190 \end{bmatrix}$$

将式(8.3.34)计算得出的$\boldsymbol{A}_i$值与实际值(解析值)$\boldsymbol{A}_{it}$相比较可以看到，计算所得的结果与实际值比较接近，说明辨识结果是令人满意的。

8.4 利用分段多重切比雪夫多项式进行多输入-多输出线性时变系统辨识

将正交函数系统应用于控制领域的研究吸引了不少研究者。有些文献利用块脉冲函数系(BPF)进行系统的状态分析、参数估计和最优控制方面的研究。还有一些文献利用移位切比雪夫多项式(shifted Chebyshev polynomials，SCP)研究系统控制问题。这两方面均取得了很大进展。但是，用SCP处理较复杂的系统或者逼近具有跃变的函数，尚存在一些缺点，主要是：(1) 采用SCP求解动态系统，一般来说精度不高；(2) 采用SCP研究系统辨识算法，在具有相同多项式系和相同阶次条件下，辨识精度随着时间终值的增加而降低，这就与具体应用中的实际观察相矛盾，因为在实际应用中，随着时间终值增加，所获得的有关系统特性的信息量增加，辨识精度也会提高；(3) 逼近分段连续函数时误差较大，尤其在利用参数辨识中广泛使用的伪随机信号作为激励信号时更为明显；(4) 采用SCP所得的大多数算法没有时间意义上的递推功能，仅适用于时间终点固定的场合。

本节介绍分段多重切比雪夫多项式系(piecewise multiple Chebyshev polynomials，PMCP)，这种正交函数系可以克服一般连续正交多项式系的上述缺点，拓宽正交函数系在控制领域中的应用范围。下面将给出其定义，研究其性质，并利用此多项式系解决线性时变连续系统模型的参数辨识问题，导出具有递推功能的参数估计算法。

8.4.1 分段多重切比雪夫多项式系(PMCP)的定义及主要性质

切比雪夫多项式系$\{\widetilde{T}_j(x):j=0,1,2,\cdots\}$定义如下：

$$\widetilde{T}_j(x) = \cos(j\arccos x),\ x \in [-1,\ 1],\ j = 0,1,2,\cdots \tag{8.4.1}$$

令

$$x = 2(\bar{t}_i - t)/\Delta_i \tag{8.4.2}$$

其中

$$\Delta_i = t_i - t_{i-1},\ t_i > t_{i-1};\quad \bar{t}_i = (t_{i-1} + t_i)/2$$

则得定义在区间$[t_{i-1},t_i]$上的移位切比雪夫多项式系$\{T_{ij}(t);j=0,1,2,\cdots\}$

$$T_{ij}(t)=\cos[j\arccos(2(\bar{t}_i-t)/\Delta_i)],\quad t\in[t_{i-1},t_i],j=0,1,2,\cdots \tag{8.4.3}$$

定义(分段多重切比雪夫多项式系) 作区间$[0,t_f](t_f<\infty)$的划分,将$[0,t_f]$分成N个子区间,即

$$[0,t_f]=[t_0,t_1]\cup[t_1,t_2]\cup\cdots\cup[t_{N-2},t_{N-1}]\cup[t_{N-1},t_N] \tag{8.4.4}$$

其中$t_0=0,t_N=t_f$。令

$$\Delta_i=t_i-t_{i-1},\quad \bar{t}_i=(t_{i-1}+t_i)/2 \tag{8.4.5}$$

函数$\bar{T}_{ij}(t)(t\in[0,t_f],i=0,1,2,\cdots,N;j=0,1,2,\cdots)$定义为

$$\bar{T}_{ij}(t)=\begin{cases}\cos[j\arccos(2(\bar{t}_i-t)/\Delta_i)],t\in[t_{i-1},t_i],i=1,2,\cdots,N-1\\ \cos[j\arccos(2(\bar{t}_N-t)/\Delta_N)],t\in[t_{N-1},t_N],j=0,1,2,\cdots\\ 0,\text{其余}\end{cases} \tag{8.4.6}$$

则称$\{\bar{T}_{ij}(t):i=1,2,\cdots,N;j=0,1,2,\cdots\}$为分段多重切比雪夫多项式系。

分段多重切比雪夫多项式系具有下述基本性质和运算法则。

性质1 $\{\bar{T}_{ij}(t):i=1,2,\cdots,N;j=0,1,2,\cdots\}$以权函数

$$\bar{W}(t)=2[1-4(\bar{t}_i-t)^2/\Delta_i^2]^{-\frac{1}{2}}/\Delta_i,\quad t\in\bigcup_{i=1}^{N}[t_{i-1},t_i] \tag{8.4.7}$$

加权正交,即

$$\int_0^{t_f}\bar{W}(t)\bar{T}_{ij}(t)\bar{T}_{kl}(t)\,\mathrm{d}t=\begin{cases}\pi,& i=k,j=l=0\\ \dfrac{\pi}{2},& i=k,j=l=1,2,\cdots\\ 0,& \text{其他}\end{cases} \tag{8.4.8}$$

性质2 代数递推关系

$$\bar{T}_{i,j+1}(t)=[4(\bar{t}_i-t)/\Delta_i]\bar{T}_{ij}(t)-\bar{T}_{i,j-1}(t) \tag{8.4.9}$$

性质3 微分递推关系

$$\bar{T}_{ij}(t)=\frac{\Delta_i}{4(j-1)}\dot{\bar{T}}_{i,j-1}(t)-\frac{\Delta_i}{4(j+1)}\dot{\bar{T}}_{i,j+1}(t) \tag{8.4.10}$$

性质4 多项式系$\{\bar{T}_{ij}(t):i=1,2,\cdots,N;j=0,1,\cdots\}$为完备正交函数系。

性质5 若$f(t)\in L^2[0,t_f,\bar{W}(t)]$,且

$$L^2[0,t_f,\bar{W}(t)]=\left\{f(t):\|f(t)\|_{L^2}=\left[\int_0^{t_f}\bar{W}(t)f^2(t)\,\mathrm{d}t\right]^{\frac{1}{2}}<\infty\right\} \tag{8.4.11}$$

则在$[0,t_f]$上,$f(t)$可展开为广义傅里叶级数

$$f(t)\approx\sum_{i=1}^{N}\sum_{j=0}^{\infty}\bar{f}_{ij}\bar{T}_{ij}(t) \tag{8.4.12}$$

$$\bar{f}_{ij}=\frac{1}{\bar{r}_{ij}}\int_0^{t_f}\bar{W}(t)f(t)\bar{T}_{ij}(t)\,\mathrm{d}t \tag{8.4.13}$$

$$\bar{r}_{ij}=\int_0^{t_f}\bar{W}(t)\bar{T}_{ij}^2(t)\,\mathrm{d}t=\begin{cases}\pi,& j=0\\ \dfrac{\pi}{2},& j=1,2,\cdots\end{cases} \tag{8.4.14}$$

式(8.4.12)右端的级数是在式(8.4.11)范数意义下,对L^2空间中函数$f(t)$的最佳逼近。

定理 令

$$f_{NN}(t)=\sum_{i=1}^{N}\sum_{j=0}^{M-1}\bar{f}_{ij}\bar{T}_{ij}(t)=\sum_{i=1}^{N}f_{M}^{i}(t)=\hat{\boldsymbol{F}}^{\mathrm{T}}\overline{\boldsymbol{T}}(t) \tag{8.4.15}$$

$$\hat{\boldsymbol{F}}=[\bar{f}_{10}\quad \bar{f}_{11}\quad \cdots\quad \bar{f}_{1,M-1}\quad \cdots\quad \bar{f}_{N0}\quad \bar{f}_{N1}\quad \cdots\quad \bar{f}_{N,M-1}]^{\mathrm{T}} \tag{8.4.16}$$

$$\overline{\boldsymbol{T}}(t)=[\overline{\boldsymbol{T}}_{1}^{\mathrm{T}}(t)\quad \overline{\boldsymbol{T}}_{2}^{\mathrm{T}}(t)\quad \cdots\quad \overline{\boldsymbol{T}}_{N}^{\mathrm{T}}(t)] \tag{8.4.17}$$

$$\overline{\boldsymbol{T}}_{i}(t)=[\bar{T}_{i0}(t)\quad \bar{T}_{i1}(t)\quad \cdots\quad \bar{T}_{i,N-1}(t)],\quad i=1,2,\cdots,N \tag{8.4.18}$$

式中 N,M 为正整数,则有

$$\lim_{M\to\infty}\|f_{NN}(t)-f(t)\|_{L^2}=0 \tag{8.4.19}$$

$$E(\bar{f}_{ij})=\min\int_{0}^{t_f}\overline{W}(t)\left[f(t)-\sum_{i=1}^{N}\sum_{j=0}^{M-1}a_{ij}\bar{T}_{ij}(t)\right]^{2}\mathrm{d}t \tag{8.4.20}$$

性质 6 不相关性

$$\overline{\boldsymbol{T}}_{i}(t)\overline{\boldsymbol{T}}_{j}^{\mathrm{T}}(t)=\boldsymbol{0},\quad i\neq j \tag{8.4.21}$$

式中 $\boldsymbol{0}$ 为 $M\times M$ 零矩阵。

性质 5 表明,分段多重切比雪夫多项式系可以作为 L^2 函数空间中的基函数,对于任意函数 $f(t)\in L^2[0,t_f,\overline{W}(t)]$,可以以分段多重切比雪夫多项式系为基底展开,进行任意精度的函数逼近运算。

运算法则 1 积分运算

$$\int_{0}^{t}\overline{\boldsymbol{T}}(s)\,\mathrm{d}s\approx\boldsymbol{R}\overline{\boldsymbol{T}}(t) \tag{8.4.22}$$

$$\boldsymbol{R}=\begin{bmatrix}\boldsymbol{P}_1 & \boldsymbol{Q}_1 & \boldsymbol{Q}_1 & \cdots & \boldsymbol{Q}_1 & \boldsymbol{Q}_1\\ & \boldsymbol{P}_2 & \boldsymbol{Q}_2 & \cdots & \boldsymbol{Q}_2 & \boldsymbol{Q}_2\\ & & \boldsymbol{P}_3 & \cdots & \boldsymbol{Q}_3 & \boldsymbol{Q}_3\\ & & & \ddots & \vdots & \vdots\\ & & & & \boldsymbol{P}_{N-1} & \boldsymbol{Q}_{N-1}\\ & & & & & \boldsymbol{P}_N\end{bmatrix} \tag{8.4.23}$$

$$\boldsymbol{P}_i=\boldsymbol{\Delta}_i\begin{bmatrix}\frac{1}{2} & -\frac{1}{2} & 0 & 0 & \cdots & 0 & 0 & 0\\ -\frac{1}{8} & 0 & -\frac{1}{8} & 0 & \cdots & 0 & 0 & 0\\ -\frac{1}{6} & \frac{1}{4} & 0 & -\frac{1}{12} & \cdots & 0 & 0 & 0\\ \vdots & & & & & \vdots & & \vdots\\ \frac{-1}{2(M-1)(M-3)} & 0 & 0 & 0 & \cdots & \frac{1}{4(M-3)} & 0 & \frac{1}{4(M-1)}\\ \frac{-1}{2M(M-2)} & 0 & 0 & 0 & \cdots & 0 & \frac{1}{4(M-2)} & 0\end{bmatrix}_{M\times M} \tag{8.4.24}$$

$$\boldsymbol{Q}_i=\boldsymbol{\Delta}_i\,[\hat{\boldsymbol{c}}\quad \boldsymbol{0}]_{M\times M} \tag{8.4.25}$$

$$\hat{\boldsymbol{c}}=\left[1\quad 0\quad -\frac{1}{3}\quad 0\quad -\frac{1}{15}\quad 0\quad \cdots\quad \frac{(-1)^{M-1}-1}{2M(M-2)}\right]^{\mathrm{T}} \tag{8.4.26}$$

运算法则 2　乘积运算。令

$$\hat{\boldsymbol{F}} = [f_{10} \quad f_{11} \quad \cdots \quad f_{1,M-1} \quad \cdots \quad f_{N0} \quad f_{N1} \quad \cdots \quad f_{N,M-1}]^{\mathrm{T}} \tag{8.4.27}$$

则有

$$\overline{\boldsymbol{T}}(t)\overline{\boldsymbol{T}}^{\mathrm{T}}(t)\hat{\boldsymbol{F}} = \tilde{\boldsymbol{F}}\overline{\boldsymbol{T}}(t) \tag{8.4.28}$$

其中

$$\tilde{\boldsymbol{F}} = \mathrm{Block}[\mathrm{diag}(\tilde{\boldsymbol{F}}_1, \tilde{\boldsymbol{F}}_2, \cdots, \tilde{\boldsymbol{F}}_N)] \tag{8.4.29}$$

$$\tilde{\boldsymbol{F}}_k = \begin{bmatrix} f_{k0} & f_{k1} & f_{k2} & \cdots & f_{k,M-1} \\ \frac{1}{2}f_{k1} & f_{k0} + \frac{1}{2}f_{k2} & \frac{1}{2}f_{k1} + \frac{1}{2}f_{k3} & \cdots & \frac{1}{2}f_{k,M-2} \\ \frac{1}{2}f_{k2} & \frac{1}{2}f_{k1} + \frac{1}{2}f_{k3} & f_{k2} + \frac{1}{2}f_{k4} & \cdots & \frac{1}{2}f_{k,M-3} \\ \vdots & \vdots & \vdots & & \vdots \\ \frac{1}{2}f_{k,M-1} & \frac{1}{2}f_{k,M-2} & \frac{1}{2}f_{k,M-3} & \cdots & f_{k0} \end{bmatrix}_{M \times M} \tag{8.4.30}$$

运算法则 3　元素乘积运算

$$t\overline{\boldsymbol{T}}(t) \approx \boldsymbol{H}\overline{\boldsymbol{T}}(t) \tag{8.4.31}$$

$$\boldsymbol{H} = \mathrm{Block}[\mathrm{diag}(\boldsymbol{H}_1, \boldsymbol{H}_2, \cdots, \boldsymbol{H}_N)] \tag{8.4.32}$$

$$\boldsymbol{H}_i = \frac{\Delta_i}{4}\begin{bmatrix} a_i & -2 & & & \\ -1 & a_i & -1 & & \\ & -1 & \ddots & \ddots & \\ & & \ddots & \ddots & -1 \\ & & & -1 & a_i \end{bmatrix} \tag{8.4.33}$$

$$a_i = \frac{\bar{t}_i}{4}\Delta_i \tag{8.4.34}$$

式(8.4.22)中，$\boldsymbol{R}$ 称为积分运算矩阵；式(8.4.28)中，$\tilde{\boldsymbol{F}}$ 称为乘积运算矩阵；式(8.4.31)中，$\boldsymbol{H}$ 称为元素乘积运算矩阵。

8.4.2　多输入-多输出线性时变系统参数辨识的 PMCP 方法

考虑多输入-多输出线性时变系统

$$\dot{\boldsymbol{x}}(t) = \boldsymbol{A}(t)\boldsymbol{x}(t) + \boldsymbol{B}(t)\boldsymbol{u}(t), \quad \boldsymbol{x}(0) = \boldsymbol{0} \tag{8.4.35a}$$

$$\boldsymbol{y}(t) = \boldsymbol{x}(t) + \boldsymbol{v}(t) \tag{8.4.35b}$$

式中，$\boldsymbol{x}(t) \in R^{n\times1}$，$\boldsymbol{u}(t) \in R^{r\times1}$ 分别为系统的状态和输入；$\boldsymbol{y}(t) \in R^{n\times1}$ 为输出，即状态的量测值；$\boldsymbol{v}(t)$ 为量测噪声，设其为白噪声；$\boldsymbol{A}(t)$，$\boldsymbol{B}(t)$ 分别为 $n\times n$ 和 $n\times r$ 维参数矩阵。

设在采样时刻 t_j 获得了输入 $\boldsymbol{u}(t)$ 和输出 $\boldsymbol{y}(t)$ 的观测值 $\{\boldsymbol{u}(t_j), j=1,2,\cdots,l\}$ 和 $\{\boldsymbol{y}(t_j), j=1,2,\cdots,l\}$，要求根据观测数据确定时变参数 $\boldsymbol{A}(t)$ 和 $\boldsymbol{B}(t)$。

选取合适的正整数 p,q,将 $\boldsymbol{A}(t)$ 和 $\boldsymbol{B}(t)$ 用泰勒展开式描述为

$$\boldsymbol{A}(t) \approx \sum_{k=0}^{p-1} \boldsymbol{A}_k t^k, \qquad \boldsymbol{B}(t) \approx \sum_{k=0}^{q-1} \boldsymbol{B}_k t^k \tag{8.4.36}$$

则原系统可近似表示为

$$\dot{\boldsymbol{x}}(t) = \sum_{k=0}^{p-1} \boldsymbol{A}_k t^k \boldsymbol{x}(t) + \sum_{k=0}^{q-1} \boldsymbol{B}_k t^k \boldsymbol{u}(t), \quad \boldsymbol{x}(0) = \boldsymbol{0} \tag{8.4.37a}$$

$$\boldsymbol{y}(t) = \boldsymbol{x}(t) + \boldsymbol{v}(t) \tag{8.4.37b}$$

取正整数 N,M,将 $\boldsymbol{x}(t)$,$\boldsymbol{u}(t)$ 和 $\boldsymbol{x}(0)$ 按 PMCP 展开为

$$\boldsymbol{x}(t) \approx \sum_{i=1}^{N} \sum_{j=0}^{M-1} \overline{\boldsymbol{X}}_{ij} \overline{\boldsymbol{T}}_{ij}(t) = \sum_{i=1}^{N} \overline{\boldsymbol{X}}_i \overline{\boldsymbol{T}}_i(t) = \overline{\boldsymbol{X}}\,\overline{\boldsymbol{T}}(t) \tag{8.4.38}$$

$$\boldsymbol{u}(t) \approx \sum_{i=1}^{N} \sum_{j=0}^{M-1} \overline{\boldsymbol{U}}_{ij} \overline{\boldsymbol{T}}_{ij}(t) = \sum_{i=1}^{N} \overline{\boldsymbol{U}}_i \overline{\boldsymbol{T}}_i(t) = \overline{\boldsymbol{U}}\,\overline{\boldsymbol{T}}(t) \tag{8.4.39}$$

$$\boldsymbol{x}(0) \approx \overline{\boldsymbol{C}}\,\overline{\boldsymbol{T}}(t), \quad \overline{\boldsymbol{C}} = [\bar{\boldsymbol{c}}_1 \quad \bar{\boldsymbol{c}}_2 \quad \cdots \quad \bar{\boldsymbol{c}}_N], \quad \bar{\boldsymbol{c}}_i = [\boldsymbol{x}(0) \quad \boldsymbol{0} \quad \cdots \quad \boldsymbol{0}], \quad i = 1,2,\cdots,N \tag{8.4.40}$$

对式(8.4.37a)等式两端积分,可得

$$\boldsymbol{x}(t) - \boldsymbol{x}(0) = \int_0^t \Big[\sum_{i=0}^{p-1} \boldsymbol{A}_i \tau^i \boldsymbol{x}(\tau) + \sum_{i=1}^{q-1} \boldsymbol{B}_i \tau^i \boldsymbol{u}(\tau) \Big] \mathrm{d}\tau \tag{8.4.41}$$

将式(8.4.38)~式(8.4.40)代入式(8.4.41),再应用运算法则 1 和运算法则 3,并注意到等式对任何意时刻 $t \in [0,t_f]$ 均成立,则有

$$\overline{\boldsymbol{X}} - \overline{\boldsymbol{C}} = \sum_{i=0}^{p-1} \boldsymbol{A}_i \overline{\boldsymbol{X}} \boldsymbol{H}^i \boldsymbol{R} + \sum_{i=0}^{q-1} \boldsymbol{B}_i \overline{\boldsymbol{U}} \boldsymbol{H}^i \boldsymbol{R} \tag{8.4.42}$$

式中 $\boldsymbol{R}$ 和 $\boldsymbol{H}$ 分别如式(8.4.23)和式(8.4.32)所示。

令

$$\boldsymbol{\theta} = [\boldsymbol{A}_0 \quad \boldsymbol{A}_1 \quad \cdots \quad \boldsymbol{A}_{p-1} \quad \boldsymbol{B}_0 \quad \boldsymbol{B}_1 \quad \cdots \quad \boldsymbol{B}_{q-1}] \tag{8.4.43}$$

$$\boldsymbol{Z}^{\mathrm{T}} = \big[(\overline{\boldsymbol{X}}\boldsymbol{R})^{\mathrm{T}} \quad (\overline{\boldsymbol{X}}\boldsymbol{H}\boldsymbol{R})^{\mathrm{T}} \quad \cdots \quad (\overline{\boldsymbol{X}}\boldsymbol{H}^{p-1}\boldsymbol{R})^{\mathrm{T}} \quad (\overline{\boldsymbol{U}}\boldsymbol{R})^{\mathrm{T}} \quad (\overline{\boldsymbol{U}}\boldsymbol{H}\boldsymbol{R})^{\mathrm{T}} \quad \cdots \quad (\overline{\boldsymbol{U}}\boldsymbol{H}^{q-1}\boldsymbol{R})^{\mathrm{T}} \big] \tag{8.4.44}$$

$$\boldsymbol{W} = \overline{\boldsymbol{X}} - \overline{\boldsymbol{C}} \tag{8.4.45}$$

则式(8.4.42)可以表示为

$$\boldsymbol{W} = \boldsymbol{\theta}\boldsymbol{Z} \tag{8.4.46}$$

在式(8.4.46)所示矩阵方程中,未知参数个数为 $n\times(np+rq)$ 个,方程总数为 nNM 个,若使方程有解,则需满足 $NM \geqslant np+rq$。

在式(8.4.42)~式(8.4.45)中,$\overline{\boldsymbol{X}}$ 的估计量可通过下述途径获得。

将量测方程式(8.4.37b)表示为

$$\boldsymbol{y}_j(t) = \hat{\boldsymbol{x}}_j^{\mathrm{T}} \overline{\boldsymbol{T}}(t) + \boldsymbol{v}_j(t) \tag{8.4.47}$$

式中 $\hat{\boldsymbol{x}}_j$ 为 $\boldsymbol{x}_j(t)$ 的 PMCP 展开式系数向量,即

$$\hat{\boldsymbol{x}}_j^{\mathrm{T}} = [\bar{x}_{10}^j \quad \bar{x}_{11}^j \quad \cdots \quad \bar{x}_{1,M-1}^j \quad \cdots \quad \bar{x}_{N0}^j \quad \bar{x}_{N1}^j \quad \cdots \quad \bar{x}_{N,M-1}^j] \tag{8.4.48}$$

则其估计值为

$$\hat{\boldsymbol{x}}_j = (\boldsymbol{\Phi}^{\mathrm{T}}\boldsymbol{\Phi})^{-1}\boldsymbol{\Phi}^{\mathrm{T}}\boldsymbol{Y}_j \tag{8.4.49}$$

式中

$$\boldsymbol{\Phi} = [\overline{\boldsymbol{T}}(t_1) \quad \overline{\boldsymbol{T}}(t_2) \quad \cdots \quad \overline{\boldsymbol{T}}(t_l)]^{\mathrm{T}} \tag{8.4.50}$$

$$\boldsymbol{Y}_j = [\boldsymbol{y}_j(t_1) \quad \boldsymbol{y}_j(t_2) \quad \cdots \quad \boldsymbol{y}_j(t_l)]^{\mathrm{T}} \tag{8.4.51}$$

在实际估算中,当噪声不大时,可令 $\boldsymbol{x}(t_i)=\boldsymbol{y}(t_i)$,然后按高斯求积法求取 $\overline{\boldsymbol{X}}$,计算简便且不会造成过大的误差。

求解方程式(8.4.46)可得

$$\hat{\boldsymbol{\theta}}^{\mathrm{T}}=(\boldsymbol{Z}\boldsymbol{Z}^{\mathrm{T}})^{-1}\boldsymbol{Z}\boldsymbol{W}^{\mathrm{T}} \tag{8.4.52}$$

令

$$\boldsymbol{P}(k)=(\overline{\boldsymbol{Z}}_k\boldsymbol{Z}_k^{\mathrm{T}})^{-1} \tag{8.4.53}$$

式中

$$\overline{\boldsymbol{Z}}_k=[\bar{z}_1\quad \bar{z}_2\quad \cdots\quad \bar{z}_k]$$

则可推导出如下的参数辨识递推算法。

(1) 选取合适的正整数 N,M 和 p,q。

(2) 令 $k=0$, $\hat{\boldsymbol{\theta}}_0^{\mathrm{T}}=\boldsymbol{0}$, $\boldsymbol{P}(0)=C^2\boldsymbol{I}_M$, C^2 为一相当大的数,$\boldsymbol{I}_M$ 为 $M\times M$ 单位阵。

(3) 计算 $\overline{\boldsymbol{X}}_k,\overline{\boldsymbol{U}}_k$,构造矩阵

$$\begin{cases}\boldsymbol{Z}_{k+1}=\begin{bmatrix}\overline{\boldsymbol{X}}_{k+1}\\ \overline{\boldsymbol{X}}_{k+1}\boldsymbol{H}_{k+1}^{1}\\ \vdots\\ \overline{\boldsymbol{X}}_{k+1}\boldsymbol{H}_{k+1}^{p-1}\\ \overline{\boldsymbol{U}}_{k+1}\\ \overline{\boldsymbol{U}}_{k+1}\boldsymbol{H}_{k+1}^{1}\\ \vdots\\ \overline{\boldsymbol{U}}_{k+1}\boldsymbol{H}_{k+1}^{q-1}\end{bmatrix}\boldsymbol{P}_{k+1}+\boldsymbol{V}_{k+1}\\ \boldsymbol{V}_{k+1}=\boldsymbol{V}_k+\begin{bmatrix}\overline{\boldsymbol{X}}_{k}\\ \overline{\boldsymbol{X}}_{k}\boldsymbol{H}_{k}^{1}\\ \vdots\\ \overline{\boldsymbol{X}}_{k}\boldsymbol{H}_{k}^{p-1}\\ \overline{\boldsymbol{U}}_{k}\\ \overline{\boldsymbol{U}}_{k}\boldsymbol{H}_{k}^{1}\\ \vdots\\ \overline{\boldsymbol{U}}_{k}\boldsymbol{H}_{k}^{q-1}\end{bmatrix}\end{cases} \tag{8.4.54}$$

$$\boldsymbol{W}_{k+1}=\overline{\boldsymbol{X}}_{k+1}-\overline{\boldsymbol{C}}_{k+1} \tag{8.4.55}$$

(4) 计算

$$\boldsymbol{K}(k+1)=\boldsymbol{P}(k)\boldsymbol{Z}_{k+1}[1+\boldsymbol{Z}_{k+1}^{\mathrm{T}}\boldsymbol{P}(k)\boldsymbol{Z}_{k+1}]^{-1} \tag{8.4.56}$$

$$\boldsymbol{P}(k+1)=\boldsymbol{P}(k)-\boldsymbol{K}(k+1)\boldsymbol{Z}_{k+1}^{\mathrm{T}}\boldsymbol{P}(k) \tag{8.4.57}$$

$$\hat{\boldsymbol{\theta}}_{k+1}^{\mathrm{T}}=\hat{\boldsymbol{\theta}}_k^{\mathrm{T}}+\boldsymbol{K}(k+1)(\boldsymbol{W}_{k+1}^{\mathrm{T}}-\boldsymbol{Z}_{k+1}^{\mathrm{T}}\hat{\boldsymbol{\theta}}_k^{\mathrm{T}}) \tag{8.4.58}$$

(5) 判别是否 $k\leqslant N-1$,若是则转(3),否则计算结束。

例 8.3 设一阶时变线性系统为

$$\dot{x}(t)=(a_0+a_1t+a_2t^2)x(t)+b_0u(t), \quad x(0)=3$$

输入信号 $u(t)$ 为伪随机信号，取不同的 N、M，用上述算法辨识的结果如表 8.2 所示。

表 8.2 例 8.3 参数辨识结果

参　数	a_0	a_1	a_2	b_0
$N=16, M=3, T=114$	1.003510	1.993735	−1.997593	0.997696
$N=16, M=4, T=232$	1.001779	1.996711	−1.998662	0.998375
真　值	1.000000	2.000000	−2.000000	1.000000

例 8.4 设二阶线性时变系统为

$$\dot{\boldsymbol{x}}(t)=(\boldsymbol{A}_0+\boldsymbol{A}_1t)\boldsymbol{x}(t)+(\boldsymbol{B}_0+\boldsymbol{B}_1t)\boldsymbol{u}(t), \quad \boldsymbol{x}(0)=\begin{bmatrix}-1\\4\end{bmatrix}$$

输入信号 $\boldsymbol{u}(t)$ 为伪随机信号，辨识结果如表 8.3 所示。

表 8.3 例 8.4 参数辨识结果

参　数	$A_0(1,1)$	$A_0(1,2)$	$A_0(2,1)$	$A_0(2,2)$	$B_0(1,1)$	$B_0(2,1)$
$N=15, M=3, T=199$	0.996162	0.499960	1.015501	1.504352	1.000602	−0.017580
$N=16, M=4, T=386$	0.999025	0.499613	0.998820	1.495187	1.004457	0.039403
真　值	1.000000	0.500000	1.000000	1.500000	1.000000	0.000000
参　数	$A_1(1,1)$	$A_1(1,2)$	$A_1(2,1)$	$A_1(2,2)$	$B_1(1,1)$	$B_1(2,1)$
$N=15, M=3, T=199$	−1.996110	−0.000351	0.008985	−2.003985	−0.000549	−1.994783
$N=16, M=4, T=386$	−1.999576	0.000309	0.007588	−1.998853	−0.001368	−2.012489
真　值	−2.000000	0.000000	0.000000	−2.000000	0.000000	−2.000000

习　题

8.1 请将例 8.1 所示双输入−双输出系统用广义最小二乘法进行系统参数辨识，并与例 8.1 中的辨识结果进行比较和分析。

8.2 设一阶时变线性系统为

$$\dot{x}(t)=(3.0+5.0t-2.0t^2)x(t)+2.0u(t), \quad x(0)=4.0$$

自选输入信号 $u(t)$。用方波脉冲函数法和分段多重切比雪夫多项式（PMCP）法进行系统参数辨识，并分析和比较两种方法的辨识结果。

8.3 用方波脉冲函数法对例 8.4 所示线性时变系统进行参数辨识，并与例 8.4 中的辨识结果进行比较和分析。

8.4 利用 PMCP 法能否对例 8.2 所示线性时变系统状态方程的系数矩阵 $\boldsymbol{A}(t)$ 和 $\boldsymbol{B}(t)$ 进行辨识？如果你认为可以辨识，请推导辨识公式并给出辨识结果；如果你认为不能辨识，也请说明理由。

9

第9章 其他一些辨识方法

除了前面几章所介绍的辨识方法之外,还有一些常用的辨识方法难以归类于前面几章所介绍的各类方法之中,故将其单独列出,以便读者在学习或研究时作为参考。

9.1 一种简单的递推算法——随机逼近法

当用递推最小二乘法求参数估值时,需要计算 $\boldsymbol{K}_{N+1}$。为了计算 $\boldsymbol{K}_{N+1}$,需要计算 $\boldsymbol{P}_N$,因此计算比较复杂。能不能用一种不需计算 $\boldsymbol{K}_{N+1}$ 而又能求出 $\hat{\theta}_N$ 的递推公式?随机逼近法就是这样的一种递推算法。下面先介绍随机逼近法的基本原理,再介绍用随机逼近法估计差分方程参数 θ 的递推算法。

先考虑一个简单的例子。

例 9.1 设

$$z_i = y + v_i, \quad i = 1,2,\cdots,n \tag{9.1.1}$$

其中

$$E\{v_i\} = 0, \quad E\{v_i^2\} < \infty$$

现在根据 n 个观测值 $z_i(i=1,2,\cdots,n)$ 来估计 y,可得

$$\hat{y}_n = \frac{1}{n}\sum_{i=1}^{n} z_i \tag{9.1.2}$$

根据强大数定理有

$$\lim_{n\to\infty}\frac{1}{n}\sum_{i=1}^{n} z_i = y \tag{9.1.3}$$

由于

$$\hat{y}_{n+1} = \frac{1}{n+1}\sum_{i=1}^{n+1} z_i = \frac{1}{n+1}\sum_{i=1}^{n} z_i + \frac{1}{n+1}z_{n+1} = \frac{n}{n+1}\hat{y}_n + \frac{1}{n+1}z_{n+1} \tag{9.1.4}$$

于是可得递推算法

$$\hat{y}_{n+1} = \hat{y}_n + \frac{1}{n+1}(Z_{n+1} - \hat{y}_n) \tag{9.1.5}$$

式(9.1.5)中的右边第二项为校正项，其系数为$\frac{1}{n+1}$，并且满足条件

$$\begin{cases}\frac{1}{n}>0\\ \lim\limits_{n\to\infty}\frac{1}{n}=0\\ \lim\limits_{n\to\infty}\sum\limits_{k=1}^{n}\frac{1}{k}=\infty\\ \lim\limits_{n\to\infty}\sum\limits_{k=1}^{n}\frac{1}{k^2}<\infty\end{cases}\tag{9.1.6}$$

如果校正项的系数取为其他形式，只要满足式(9.1.6)所给出的条件，所给出的递推算法也是收敛的。

上述简单例子所给出的递推算法就是一种随机逼近法。

9.1.1　随机逼近法基本原理

考虑系统模型

$$y(k)=\boldsymbol{\psi}^{\mathrm{T}}(k)\boldsymbol{\theta}+e(k)\tag{9.1.7}$$

的参数辨识问题，其中$e(k)$是均值为零的噪声。

选取准则函数

$$J(\boldsymbol{\theta})=\frac{1}{2}E\{e^2(k)\}=\frac{1}{2}E\{[y(k)-\boldsymbol{\psi}^{\mathrm{T}}(k)\boldsymbol{\theta}]^2\}\tag{9.1.8}$$

求参数$\boldsymbol{\theta}$的估计值使$J(\boldsymbol{\theta})=\min$。在$\{e(k)\}$是均值为零的独立随机序列的情况下，只要求$J(\boldsymbol{\theta})$的一阶负梯度并令其为零，即

$$\left[-\frac{\partial J(\boldsymbol{\theta})}{\partial\boldsymbol{\theta}}\right]^{\mathrm{T}}=E\{\boldsymbol{\psi}(k)[y(k)-\boldsymbol{\psi}^{\mathrm{T}}(k)\boldsymbol{\theta}]\}=\mathbf{0}\tag{9.1.9}$$

就可求出使$J(\boldsymbol{\theta})=\min$的参数估计值$\hat{\boldsymbol{\theta}}$。但是，在不知道$e(k)$统计性质的情况下，式(9.1.9)是无法求解的。如果式(9.1.9)中的数学期望用平均值来近似，即将式(9.1.9)近似写成

$$\frac{1}{N}\sum_{k=1}^{N}\boldsymbol{\psi}(k)[y(k)-\boldsymbol{\psi}^{\mathrm{T}}(k)\hat{\boldsymbol{\theta}}]=\mathbf{0}\tag{9.1.10}$$

则有

$$\hat{\boldsymbol{\theta}}=\left[\sum_{k=1}^{N}\boldsymbol{\psi}(k)\boldsymbol{\psi}^{\mathrm{T}}(k)\right]^{-1}\left[\sum_{k=1}^{N}\boldsymbol{\psi}(k)y(k)\right]\tag{9.1.11}$$

可见，这种近似使问题退化为最小二乘问题，式(9.1.11)即是最小二乘解。下面研究式(9.1.9)的随机逼近法解。

设x是标量，$y(x)$是对应的随机变量，$p(y|x)$是x条件下y的概率密度函数，则随机变量y关于x的条件数学期望为

$$E\{y|x\}=\int y\mathrm{d}p(y|x)\tag{9.1.12}$$

记作

$$\psi(x)\triangleq E\{y|x\}\tag{9.1.13}$$

它是x的函数，称为回归函数。

对于给定的 α,设方程

$$\psi(x)=E\{y|x\}=\alpha \tag{9.1.14}$$

具有唯一解。当 $\psi(x)$ 函数的形式和条件概率密度都不知道时,求方程式(9.1.14)的解析解是困难的,可用随机逼近法求解。所谓的随机逼近法就是利用变量 $x_1,x_2,\cdots$ 及对应的随机变量 $y(x_1),y(x_2),\cdots$,通过迭代计算,逐步逼近方程式(9.1.14)的解。常用的迭代算法有 Robbins-Monro 算法和 Kiefer-Wolfowitz 算法。

1. Robbins-Monro 算法

求解式(9.1.14)的 Robbins-Monro 算法为

$$x(k+1)=x(k)+\rho(k)[\alpha-y(x(k))] \tag{9.1.15}$$

其中,$y(x(k))$ 是对应于 $x(k)$ 的 y 值,$\rho(k)$ 称为收敛因子。如果收敛因子 $\rho(k)$ 满足条件

$$\begin{cases}\rho(k)>0\\ \lim\limits_{k\to\infty}\rho(k)=0\\ \sum\limits_{k=1}^{\infty}\rho(k)=\infty\\ \sum\limits_{k=1}^{\infty}\rho^2(k)<\infty\end{cases} \tag{9.1.16}$$

则 $x(k)$ 在均方意义下收敛于方程(9.1.14)的解。满足式(9.1.16)条件的最简单的收敛因子有 $\rho(k)=\dfrac{1}{k}$(如例 9.1)和 $\rho(k)=\dfrac{b}{k+a}$。

Wolfowitz 还进一步证实,若满足下列条件:

(1) $\int_{-\infty}^{\infty}[y-\psi(x)]^2\mathrm{d}p(y|x)<\infty$;

(2) $|\psi(x)|\leqslant c+d|x|,\quad -\infty<x<\infty$;

(3) 当 $x<x_0$ 时,$\psi(x)<\alpha$;当 $x>x_0$ 时,$\psi(x)>\alpha$;

(4) 对满足关系式 $0<\delta_1<\delta_2<\infty$ 的任意 δ_1 和 δ_2,存在

$$\inf_{\delta_1\leqslant|x-x_0|\leqslant\delta_2}|\psi(x)-a|>0$$

则 Robbins-Monro 算法以概率 1 收敛于真值解 x_0,即

$$\mathrm{prob}\{\lim_{k\to\infty}x(k)=x_0\}=1 \tag{9.1.17}$$

2. Kiefer-Wolfowitz 算法

Robbins-Monro 算法的出发点是求方程式(9.1.14)的根,后来 Kiefer 和 Wolfowitz 用它来确定回归函数 $\psi(x)$ 的极值。如果回归函数 $\psi(x)$ 存在极值,则 $\psi(x)$ 取极值处的 x 使得 $\dfrac{\mathrm{d}\psi(x)}{\mathrm{d}x}=0$。根据 Robbins-Monro 算法,Kiefer 和 Wolfowitz 给出了求回归函数 $\psi(x)$ 极值的迭代算法

$$x(k+1)=x(k)-\rho(k)\left.\frac{\mathrm{d}y}{\mathrm{d}x}\right|_{x(k)} \tag{9.1.18}$$

如果式中收敛因子 $\rho(k)$ 满足 Robbins-Monro 算法的条件,则 Kiefer-Wolfowitz 算法是收敛的,即 $x(k)$ 的收敛值将使 $\psi(x(k))$ 达到极值。

Kiefer-Wolfowitz 算法可直接推广到多维的情况。考虑标量函数 $J(\boldsymbol{\theta})$ 的极值问题。如果 $\boldsymbol{\theta}$ 在 $\hat{\boldsymbol{\theta}}$ 点上

使 $J(\hat{\boldsymbol{\theta}})$ 取得极值,则求 $\hat{\boldsymbol{\theta}}$ 的迭代算法为

$$\hat{\boldsymbol{\theta}}(k+1)=\hat{\boldsymbol{\theta}}(k)-\rho(k)\left.\frac{\partial J(\boldsymbol{\theta})}{\partial\boldsymbol{\theta}}\right|_{\theta(k)} \tag{9.1.19}$$

如果收敛因子 $\rho(k)$ 满足式(9.1.16)所示条件,则 $\hat{\boldsymbol{\theta}}(k)$ 在均方意义下收敛于真值 $\boldsymbol{\theta}_0$,即

$$\lim_{k\to\infty}E\{[\hat{\boldsymbol{\theta}}(k)-\boldsymbol{\theta}_0]^{\mathrm{T}}[\hat{\boldsymbol{\theta}}(k)-\boldsymbol{\theta}_0]\}=0 \tag{9.1.20}$$

Kiefer-Wolfowitz 算法是随机逼近法的基础。

9.1.2 随机逼近参数估计方法

考虑模型式(9.1.7)的参数辨识问题。设准则函数

$$J(\boldsymbol{\theta})=E\{h(\boldsymbol{\theta},\boldsymbol{\Omega}^k)\} \tag{9.1.21}$$

其中 $h(\cdot)$ 为某一标量函数,Ω^k 表示 k 时刻之前的输入输出数据集合。显然,准则函数的一阶负梯度为

$$\left[-\frac{\partial J(\boldsymbol{\theta})}{\partial\boldsymbol{\theta}}\right]^{\mathrm{T}}=\left[E\left\{-\frac{\partial}{\partial\boldsymbol{\theta}}h(\boldsymbol{\theta},\boldsymbol{\Omega}^k)\right\}\right]^{\mathrm{T}}\triangleq E\{\boldsymbol{q}(\boldsymbol{\theta},\boldsymbol{\Omega}^k)\} \tag{9.1.22}$$

模型式(9.1.7)的参数辨识问题可归结为求如下方程的解,即

$$E\{\boldsymbol{q}(\boldsymbol{\theta},\boldsymbol{\Omega}^k)\}=\boldsymbol{0} \tag{9.1.23}$$

根据随机逼近原理,有

$$\hat{\boldsymbol{\theta}}(k)=\hat{\boldsymbol{\theta}}(k-1)+\rho(k)\boldsymbol{q}(\hat{\boldsymbol{\theta}}(k-1),\boldsymbol{\Omega}^k) \tag{9.1.24}$$

其中 $\rho(k)$ 为收敛因子,必须满足式(9.1.16)的条件。如果 $J(\boldsymbol{\theta})$ 具体取式(9.1.8)作为准则函数,则式(9.1.24)可写成

$$\hat{\boldsymbol{\theta}}(k)=\hat{\boldsymbol{\theta}}(k-1)+\rho(k)\boldsymbol{\psi}(k)[y(k)-\boldsymbol{\psi}^{\mathrm{T}}(k)\hat{\boldsymbol{\theta}}(k-1)] \tag{9.1.25}$$

该式即是利用随机逼近法对模型式(9.1.7)进行参数辨识的基本公式。

下面具体讨论差分方程的参数辨识问题。

设系统的差分方程为

$$a(z^{-1})y(k)=b(z^{-1})u(k)+\varepsilon(k) \tag{9.1.26}$$

其中

$$a(z^{-1})=1+a_1z^{-1}+\cdots+a_nz^{-n} \tag{9.1.27}$$

$$b(z^{-1})=b_1z^{-1}+b_2z^{-2}+\cdots+b_mz^{-m} \tag{9.1.28}$$

$\varepsilon(k)$ 是均值为 0、方差为 σ_ε^2 的不相关噪声;输入输出数据对应的测量值为

$$\begin{cases}x(k)=u(k)+s(k)\\z(k)=y(k)+v(k)\end{cases} \tag{9.1.29}$$

式中 $s(k)$ 和 $v(k)$ 分别是均值为 0、方差为 σ_s^2 和 σ_v^2 的不相关随机噪声,且 $\varepsilon(k)$,$s(k)$,$v(k)$ 和 $u(k)$ 在统计上两两互不相关。

式(9.1.26)可写为

$$z(k)=\boldsymbol{\psi}^{\mathrm{T}}(k)\boldsymbol{\theta}+e(k) \tag{9.1.30}$$

其中

$$\begin{cases} \boldsymbol{\psi}^{\mathrm{T}}(k) = [-z(k-1) \quad \cdots \quad -z(k-n) \quad x(k-1) \quad \cdots \quad x(k-m)] \\ \boldsymbol{\theta} = [a_1 \quad \cdots \quad a_n \quad b_1 \quad \cdots \quad b_m]^{\mathrm{T}} \\ e(k) = a(z^{-1})v(k) - b(z^{-1})s(k) + \varepsilon(k) \end{cases} \tag{9.2.31}$$

显然,噪声 $e(k)$ 具有如下特性:

$$\begin{cases} E\{e(k)\} = 0 \\ E\{e(i)e(j)\} = \begin{cases} 有限值, & |i-j| \leqslant n^* \\ 0, & |i-j| > n^* \end{cases} \\ E\{\boldsymbol{\psi}(k)e(k)\} \neq \boldsymbol{0} \end{cases} \tag{9.1.32}$$

式中 $n^* = \max(n,m)$。

取准则函数为

$$J(\boldsymbol{\theta}) = \frac{1}{2}E\{[z(k+n^*) - \boldsymbol{\psi}^{\mathrm{T}}(k+n^*)\boldsymbol{\theta}]^2\} \tag{9.1.33}$$

利用随机逼近原理,可得求参数 $\boldsymbol{\theta}$ 估计值的随机逼近算法①

$$\begin{aligned} \hat{\boldsymbol{\theta}}(k+n^*) = \hat{\boldsymbol{\theta}}(k-1) + \rho(l)\boldsymbol{\psi}(k+n^*)[z(k+n^*) - \\ \boldsymbol{\psi}^{\mathrm{T}}(k+n^*)\hat{\boldsymbol{\theta}}(k-1)], k = 1, n^*+2, 2n^*+3, \cdots \end{aligned} \tag{9.1.34}$$

为了避免误差累积,算法中所采用的数据必须是互不相关的,或者说数据中所含的噪声 $e(k)$ 必须是统计独立的。根据式(9.1.32),如果每隔(n^*+1)时刻递推计算一次,则可满足 $e(k)$ 统计独立这一要求。收敛因子 $\rho(l)$ 必须满足式(9.1.16)的条件,自变量 l 可取 $l=k-1$ 或 $l=(k-1)/(n+1)$。一般说来,$\rho(l)$ 随着 k 的增加要有足够的下降速度,但 $\rho(l)$ 又不能下降太快,否则被处理的数据总量太少。

利用式(9.1.34)所获得参数估计值是有偏的,因为根据式(9.1.9),由准则函数(9.1.33)可得

$$\begin{aligned} \hat{\boldsymbol{\theta}} = \{\mathrm{E}[\boldsymbol{\psi}(k+n^*)\boldsymbol{\psi}^{\mathrm{T}}(k+n^*)]\}^{-1}\mathrm{E}[\boldsymbol{\psi}(k+n^*)z(k+n^*)] = \\ \boldsymbol{\theta}_0 + \{E[\boldsymbol{\psi}(k+n^*)\boldsymbol{\psi}^{\mathrm{T}}(k+n^*)]\}^{-1}E[\boldsymbol{\psi}(k+n^*)e(k+n^*)] \neq \boldsymbol{0} \end{aligned} \tag{9.1.35}$$

其中

$$E[\boldsymbol{\psi}(k+n^*)e(k+n^*)] = -\begin{bmatrix} \sigma_v^2\boldsymbol{I}_n & \boldsymbol{0} \\ \boldsymbol{0} & \sigma_s^2\boldsymbol{I}_m \end{bmatrix}\boldsymbol{\theta}_0 \tag{9.1.36}$$

可见,式(9.1.34)所示算法是有偏估计。相良节夫等人将式(9.1.36)所给出的偏差项引入算法,给出了一种修正的随机逼近算法

$$\begin{aligned} \hat{\boldsymbol{\theta}}(k+n^*) = \hat{\boldsymbol{\theta}}(k-1) + \rho(l)\Bigg\{\boldsymbol{\psi}(k+n^*)[z(k+n^*) - \boldsymbol{\psi}^{\mathrm{T}}(k+n^*)\hat{\boldsymbol{\theta}}(k-1)] + \\ \begin{bmatrix} \sigma_v^2\boldsymbol{I}_n & \boldsymbol{0} \\ \boldsymbol{0} & \sigma_s^2\boldsymbol{I}_m \end{bmatrix}\hat{\boldsymbol{\theta}}(k-1)\Bigg\}, k = 1, n+2, 2n+3, \cdots \end{aligned} \tag{9.1.37}$$

并且证明了该算法在均方意义下是一致收敛的,即

$$\lim_{k\to\infty} E\{[\boldsymbol{\theta}_0 - \hat{\boldsymbol{\theta}}(k+n^*)]^{\mathrm{T}}[\boldsymbol{\theta}_0 - \hat{\boldsymbol{\theta}}(k+n^*)]\} = 0 \tag{9.1.38}$$

例 9.2 已知系统差分方程为

$$y(k) = -0.18y(k-1) + 0.784y(k-2) - 0.656y(k-3) + \varepsilon(k)$$
$$z(k) = y(k) + v(k)$$

① Isermann, 1974。

其中 $\varepsilon(k)$ 和 $v(k)$ 分别是均值为零、方差为 1 和 0.25 的不相关随机噪声。采用式(9.1.34)和式(9.1.37)所得到的参数估计值误差曲线如图 9.1 所示。图中曲线 1 为用式(9.1.34)所示随机逼近法所得到的辨识结果,曲线 2 是用式(9.1.37)所给出的修正的随机逼近算法所得到的辨识结果,纵坐标 $\tilde{\varepsilon}^2(\boldsymbol{\theta})=\|\boldsymbol{\theta}_0-\hat{\boldsymbol{\theta}}(k)\|^2/\|\boldsymbol{\theta}_0-\hat{\boldsymbol{\theta}}(0)\|^2$。从图中曲线可以看到,修正的随机逼近法的辨识结果明显优于原随机逼近法。

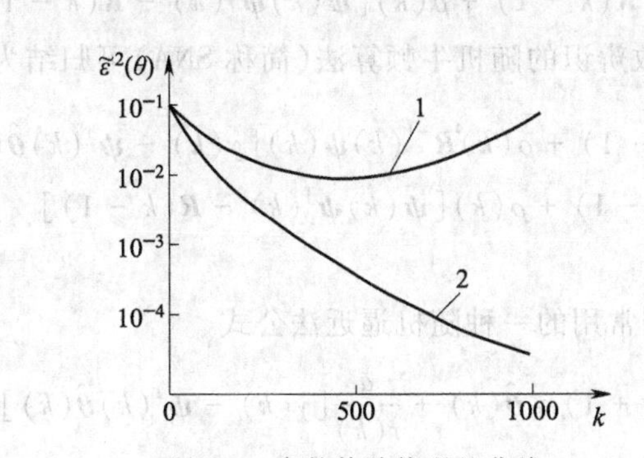

图 9.1 参数估计值误差曲线

1:用式(9.1.34)所示随机逼近法所得到的辨识结果

2:用式(9.1.37)所给出的修正的随机逼近法所得到的辨识结果

9.1.3 随机牛顿法

上面所讨论的随机逼近法实质上就是沿着准则函数的一阶负梯度方向去搜索极小值点,其递推公式可以写为

$$\hat{\boldsymbol{\theta}}(k)=\hat{\boldsymbol{\theta}}(k-1)-\rho\left.\frac{\partial J(\boldsymbol{\theta})}{\partial \boldsymbol{\theta}}\right|_{\hat{\boldsymbol{\theta}}(k-1)} \tag{9.1.39}$$

但是,当搜索点接近极小值点时,这种算法的收敛速度变得很慢,要获得较高的辨识精度,辨识时间很长。为了加快收敛速度,可采用牛顿算法

$$\hat{\boldsymbol{\theta}}(k)=\hat{\boldsymbol{\theta}}(k-1)-\left[\frac{\partial^2 J(\boldsymbol{\theta})}{\partial \boldsymbol{\theta}^2}\right]^{-1}\left.\frac{\partial J(\boldsymbol{\theta})}{\partial \boldsymbol{\theta}}\right|_{\hat{\boldsymbol{\theta}}(k-1)} \tag{9.1.40}$$

式中 $\frac{\partial^2 J(\boldsymbol{\theta})}{\partial \boldsymbol{\theta}^2}$ 为准则函数 $J(\boldsymbol{\theta})$ 关于 $\boldsymbol{\theta}$ 的二阶偏导数,通常称为黑塞矩阵。黑塞矩阵是对称阵,在递推计算过程中必须保证它的正定性。

一般说来,对于确定性准则函数,式(9.1.40)给出的牛顿算法具有较快的收敛速度和较好的辨识精度,但对于如式(9.1.21)所示准则函数是回归函数的情况,牛顿算法基本上不适用,并且黑塞矩阵也难以求得。在这种情况下,可采用随机牛顿算法

$$\hat{\boldsymbol{\theta}}(k)=\hat{\boldsymbol{\theta}}(k-1)+\rho(k)\boldsymbol{R}^{-1}(k)\boldsymbol{q}(\boldsymbol{\theta},\boldsymbol{\Omega}^k)\big|_{\hat{\boldsymbol{\theta}}(k-1)} \tag{9.1.41}$$

其中,$\boldsymbol{q}(\boldsymbol{\theta},\boldsymbol{\Omega}^k)$ 的定义如式(9.1.22),$\boldsymbol{R}(k)$ 是黑塞矩阵在 $\hat{\boldsymbol{\theta}}(k-1)$ 点上的近似形式,在特定的准则函数下,它可以再次用随机逼近法来确定。下面用随机牛顿法来讨论模型式(9.1.7)的参数辨识问题,其准则函数取式(9.1.8)。根据式(9.1.22),有

$$\boldsymbol{q}(\boldsymbol{\theta},\boldsymbol{\Omega}^k)=\boldsymbol{\psi}(k)\left[y(k)-\boldsymbol{\psi}^{\mathrm{T}}(k)\boldsymbol{\theta}\right] \tag{9.1.42}$$

且黑塞矩阵为

$$\frac{\partial^2 J(\boldsymbol{\theta})}{\partial \boldsymbol{\theta}^2} = E\{\boldsymbol{\psi}(k)\boldsymbol{\psi}^{\mathrm{T}}(k)\} \tag{9.1.43}$$

显然,黑塞矩阵是回归函数,其准确表达式难以确定。设 $\boldsymbol{R}(k)$ 是黑塞矩阵在 k 时刻的估计值,则有

$$E\{\boldsymbol{\psi}(k)\boldsymbol{\psi}^{\mathrm{T}}(k) - \boldsymbol{R}(k)\} = \mathbf{0} \tag{9.1.44}$$

根据式(9.1.15),可得 $\boldsymbol{R}(k)$ 的随机逼近算法

$$\boldsymbol{R}(k) = \boldsymbol{R}(k-1) + \rho(k)[\boldsymbol{\psi}(k)\boldsymbol{\psi}^{\mathrm{T}}(k) - \boldsymbol{R}(k-1)] \tag{9.1.45}$$

于是式(9.1.7)所示系统模型参数辨识的随机牛顿算法(简称 SNA)可归结为

$$\begin{cases}\hat{\boldsymbol{\theta}}(k) = \hat{\boldsymbol{\theta}}(k-1) + \rho(k)\boldsymbol{R}^{-1}(k)\boldsymbol{\psi}(k)[y(k) - \boldsymbol{\psi}^{\mathrm{T}}(k)\hat{\boldsymbol{\theta}}(k-1)] \\ \boldsymbol{R}(k) = \boldsymbol{R}(k-1) + \rho(k)[\boldsymbol{\psi}(k)\boldsymbol{\psi}^{\mathrm{T}}(k) - \boldsymbol{R}(k-1)]\end{cases} \tag{9.1.46}$$

式中 $\rho(k)$ 为收敛因子。

在一些参考文献中还可看到常用的一种随机逼近法公式

$$\begin{cases}\hat{\boldsymbol{\theta}}(k+1) = \hat{\boldsymbol{\theta}}(k) + \dfrac{a}{r(k)}[y(k) - \boldsymbol{\psi}^{\mathrm{T}}(k)\hat{\boldsymbol{\theta}}(k)] \\ r(k) = r(k-1) + \boldsymbol{\psi}^{\mathrm{T}}(k)\boldsymbol{\psi}(k)\end{cases} \tag{9.1.47}$$

式中 $a>0$ 为设计常数,选择不同的 a 值则有不同的收敛速度。

9.2 两类不同概念的递推最小二乘辨识方法

本节将介绍两类不同概念的递推最小二乘辨识方法。一类方法是随着观测方程个数递推,另一类方法是随着方程参数的个数递推。利用后一类递推方法可以导出在外弹道测量数据处理中常用的"最佳弹道误差模型估计"(error model best estimation of trajectory,EMBET)方法的计算公式。

9.2.1 随观测方程个数递推的最小二乘估计

假设一组观测值与未知参数具有线性关系,其关系式由向量-矩阵方程表示为

$$\boldsymbol{y}_m = \boldsymbol{\Phi}_m\boldsymbol{\theta} + \boldsymbol{\varepsilon}_m \tag{9.2.1}$$

其中,$\boldsymbol{y}_m$ 是由 m 个观测值组成的列向量;$\boldsymbol{\theta}$ 是 n 个待估计的参数 $\theta_1,\theta_2,\cdots,\theta_n$ 组成的向量;$\boldsymbol{\Phi}_m$ 是元素为 $\{\varphi_{ij}\}$ 的 $m\times n$ 阶已知系数矩阵;$\boldsymbol{\varepsilon}_m$ 是 m 个观测值所对应的随机误差 $\varepsilon_1,\varepsilon_2,\cdots,\varepsilon_m$ 组成的列向量。

若记随机误差向量 $\boldsymbol{\varepsilon}_m$ 的协方差阵 $E\{\boldsymbol{\varepsilon}_m\boldsymbol{\varepsilon}_m^{\mathrm{T}}\} = \boldsymbol{R}_m$,并假设 $E\{\boldsymbol{\varepsilon}_m\} = \mathbf{0}$,$\det \boldsymbol{R}_m \neq 0$,当观测值个数 m 大于未知参数个数 n 时,有 $\operatorname{rank} \boldsymbol{\Phi}_m = n$。由最小二乘估计原理可得到未知参数向量 $\boldsymbol{\theta}$ 的最佳线性无偏估计

$$\hat{\boldsymbol{\theta}}_m = (\boldsymbol{\Phi}_m^{\mathrm{T}}\boldsymbol{R}_m^{-1}\boldsymbol{\Phi}_m)^{-1}\boldsymbol{\Phi}_m^{\mathrm{T}}\boldsymbol{R}_m^{-1}\boldsymbol{y}_m \tag{9.2.2}$$

估计值 $\hat{\boldsymbol{\theta}}_m$ 的误差协方差阵为

$$\boldsymbol{P}_m = (\boldsymbol{\Phi}_m^{\mathrm{T}}\boldsymbol{R}_m^{-1}\boldsymbol{\Phi}_m)^{-1} \tag{9.2.3}$$

式(9.2.2)即是马尔可夫估计。若 $\boldsymbol{R}_m = \sigma^2\boldsymbol{I}_m$,其中 $\boldsymbol{I}_m$ 是 $m\times m$ 单位阵,即观测误差是等方差不相关时,式(9.2.2)和式(9.2.3)退化为高斯估计,也就是第 5 章中所介绍的普通最小二乘法。

如果方程式(9.2.1)又增加了 l 个观测值,则将式(9.2.1)改写成

$$\boldsymbol{y}_{m+l} = \boldsymbol{\Phi}_{m+l}\boldsymbol{\theta} + \boldsymbol{\varepsilon}_{m+l} \tag{9.2.4}$$

式中

$$\boldsymbol{y}_{m+l}=\begin{bmatrix}\boldsymbol{y}_m\\ \hdashline \boldsymbol{y}_l\end{bmatrix}=\begin{bmatrix}y_1\\ \vdots\\ y_m\\ \hdashline y_{m+1}\\ \vdots\\ y_{m+l}\end{bmatrix},\quad \boldsymbol{\varepsilon}_{m+l}=\begin{bmatrix}\boldsymbol{\varepsilon}_m\\ \hdashline \boldsymbol{\varepsilon}_l\end{bmatrix}=\begin{bmatrix}\varepsilon_1\\ \vdots\\ \varepsilon_m\\ \hdashline \varepsilon_{m+1}\\ \vdots\\ \varepsilon_{m+l}\end{bmatrix},$$

$$\boldsymbol{\Phi}_{m+l}=\begin{bmatrix}\boldsymbol{\Phi}_m\\ \hdashline \boldsymbol{\Phi}_l\end{bmatrix}=\begin{bmatrix}\varphi_{11} & \cdots & \varphi_{1n}\\ \vdots & & \vdots\\ \varphi_{m1} & \cdots & \varphi_{mn}\\ \hdashline \varphi_{m+1,1} & \cdots & \varphi_{m+1,n}\\ \vdots & & \vdots\\ \varphi_{m+l,1} & \cdots & \varphi_{m+l,n}\end{bmatrix}$$

假设随机误差向量 $\boldsymbol{\varepsilon}_{m+l}$ 具有下列性质：

(1) $E\{\boldsymbol{\varepsilon}_{m+l}\}=\boldsymbol{0}$;

(2) $E\{\boldsymbol{\varepsilon}_{m+l}\boldsymbol{\varepsilon}_{m+l}^{\mathrm{T}}\}=\begin{bmatrix}E\{\boldsymbol{\varepsilon}_m\boldsymbol{\varepsilon}_m^{\mathrm{T}}\} & \boldsymbol{0}\\ \boldsymbol{0} & E\{\boldsymbol{\varepsilon}_l\boldsymbol{\varepsilon}_l^{\mathrm{T}}\}\end{bmatrix}=\begin{bmatrix}\boldsymbol{R}_m & \boldsymbol{0}\\ \boldsymbol{0} & \boldsymbol{R}_l\end{bmatrix}=\boldsymbol{R}_{m+l}$;

(3) rank $\boldsymbol{R}_{m+l}=m+l$，即 $\boldsymbol{R}_{m+l}$ 满秩。

显然，所增加的 l 个观测值的误差向量与前面 m 个观测值的误差向量互不相关。

为了减少旧信息的存储和避免重复计算，由 $m+l$ 个观测值对未知参数向量 $\boldsymbol{\theta}$ 的最小二乘估计可用递推最小二乘估计得到，其计算公式为

$$\hat{\boldsymbol{\theta}}_{m+l}=\hat{\boldsymbol{\theta}}_m+\boldsymbol{P}_{m+l}\boldsymbol{\Phi}_l^{\mathrm{T}}\boldsymbol{R}_l^{-1}(\boldsymbol{y}_l-\boldsymbol{\Phi}_l\hat{\boldsymbol{\theta}}_m) \tag{9.2.5}$$

误差协方差阵为

$$\boldsymbol{P}_{m+l}=(\boldsymbol{P}_m^{-1}+\boldsymbol{\Phi}_l^{\mathrm{T}}\boldsymbol{R}_l^{-1}\boldsymbol{\Phi}_l)^{-1} \tag{9.2.6}$$

或

$$\boldsymbol{P}_{m+l}=\boldsymbol{P}_m-\boldsymbol{P}_m\boldsymbol{\Phi}_l^{\mathrm{T}}(\boldsymbol{R}_l+\boldsymbol{\Phi}_l\boldsymbol{P}_m\boldsymbol{\Phi}_l^{\mathrm{T}})^{-1}\boldsymbol{\Phi}_l\boldsymbol{P}_m \tag{9.2.7}$$

由式(9.2.5)、式(9.2.6)或式(9.2.7)与由式(9.2.1)式(9.2.2)所得到的 $\hat{\boldsymbol{\theta}}_{m+l}$ 和 $\boldsymbol{P}_{m+l}$ 是完全一致的。同样有观测值从 $m+l$ 个减少到 m 个时的逆变换递推公式

$$\boldsymbol{P}_m=(\boldsymbol{P}_{m+l}^{-1}-\boldsymbol{\Phi}_l^{\mathrm{T}}\boldsymbol{R}_l^{-1}\boldsymbol{\Phi}_l)^{-1} \tag{9.2.8}$$

或

$$\boldsymbol{P}_m=\boldsymbol{P}_{m+l}+\boldsymbol{P}_{m+l}\boldsymbol{\Phi}_l^{\mathrm{T}}(\boldsymbol{R}_l-\boldsymbol{\Phi}_l\boldsymbol{P}_{m+l}\boldsymbol{\Phi}_l^{\mathrm{T}})^{-1}\boldsymbol{\Phi}_l\boldsymbol{P}_{m+l} \tag{9.2.9}$$

以及

$$\hat{\boldsymbol{\theta}}_m=\hat{\boldsymbol{\theta}}_{m+l}-\boldsymbol{P}_m\boldsymbol{\Phi}_l^{\mathrm{T}}\boldsymbol{R}_l^{-1}(\boldsymbol{y}_l-\boldsymbol{\Phi}_l\boldsymbol{P}_{m+l}) \tag{9.2.10}$$

上述正逆变换的最小二乘估计递推公式便是随观测方程个数变化的递推最小二乘估计。

利用类似的方法及分块矩阵求逆原理还可导出式(9.2.4)在 l 个观测值的误差向量与前面 m 个观测值的误差向量相关情况下的参数向量 $\boldsymbol{\theta}$ 的递推最小二乘估计，此问题作为习题留给读者，此处不再详述。

9.2.2　随未知参数个数变化的递推最小二乘估计

此小节介绍观测方程个数不变而未知参数个数增加或减小时的参数最小二乘估计的递推公式。

如果式(9.2.1)增加 l 个未知参数,则可将式(9.2.1)改写为

$$\boldsymbol{y}=\boldsymbol{\Phi}_n\boldsymbol{\theta}_n+\boldsymbol{\Phi}_l\boldsymbol{\theta}_l+\boldsymbol{\varepsilon} \tag{9.2.11}$$

式中

$$\boldsymbol{y}=\begin{bmatrix} y_1\\ y_2\\ \vdots\\ y_m \end{bmatrix},\quad \boldsymbol{\varepsilon}=\begin{bmatrix} \varepsilon_1\\ \varepsilon_2\\ \vdots\\ \varepsilon_m \end{bmatrix},\quad \boldsymbol{\theta}_{n+l}=\begin{bmatrix} \boldsymbol{\theta}_n\\ \hline \boldsymbol{\theta}_l \end{bmatrix}=\begin{bmatrix} \theta_1\\ \vdots\\ \theta_n\\ \hline \theta_{n+1}\\ \vdots\\ \theta_{n+l} \end{bmatrix}$$

$$\boldsymbol{\Phi}_{n+l}=[\boldsymbol{\Phi}_n \mid \boldsymbol{\Phi}_l]=\left[\begin{array}{ccc|ccc} \varphi_{11} & \cdots & \varphi_{1n} & \varphi_{1,n+1} & \cdots & \varphi_{1,n+l}\\ \vdots & & \vdots & \vdots & & \vdots\\ \varphi_{m1} & \cdots & \varphi_{mn} & \varphi_{m,n+1} & \cdots & \varphi_{m,n+l} \end{array}\right]$$

并且假设:

(1) $E\{\boldsymbol{\varepsilon}\}=\boldsymbol{0}$, $E\{\boldsymbol{\varepsilon}\quad\boldsymbol{\varepsilon}^{\mathrm{T}}\}=\boldsymbol{R}$,且 $\det\boldsymbol{R}\neq 0$;

(2) $m\geqslant n+l$, $\operatorname{rank}\boldsymbol{\Phi}_{n+l}=\operatorname{rank}[\boldsymbol{\Phi}_n\quad\boldsymbol{\Phi}_l]=n+l$。

现在利用最小二乘法进行参数估计,第 1 次仅估计未知参数向量 $\boldsymbol{\theta}_n$,然后由 $\boldsymbol{\theta}_n$ 的估计表达式递推到未知参数向量 $\boldsymbol{\theta}_n$ 和 $\boldsymbol{\theta}_l$ 合成的参数估计 $\hat{\boldsymbol{\theta}}_{n+l}$。若记第 1 次、第 2 次参数估计分别为

$$\begin{cases} \hat{\boldsymbol{\theta}}^{(1)}=\hat{\boldsymbol{\theta}}_n^{(1)}\\ \hat{\boldsymbol{\theta}}^{(2)}=\begin{bmatrix} \hat{\boldsymbol{\theta}}_n^{(2)}\\ \hat{\boldsymbol{\theta}}_l^{(2)} \end{bmatrix} \end{cases} \tag{9.2.12}$$

根据最小二乘估计表达式(9.2.3)和式(9.2.2)可分别得到

$$\boldsymbol{P}_n=(\boldsymbol{\Phi}_n^{\mathrm{T}}\boldsymbol{R}^{-1}\boldsymbol{\Phi}_n)^{-1} \tag{9.2.13}$$

和

$$\hat{\boldsymbol{\theta}}^{(1)}=(\boldsymbol{\Phi}_n^{\mathrm{T}}\boldsymbol{R}^{-1}\boldsymbol{\Phi}_n)^{-1}\boldsymbol{\Phi}_n^{\mathrm{T}}\boldsymbol{R}^{-1}\boldsymbol{y}=\boldsymbol{P}_n\boldsymbol{\Phi}_n^{\mathrm{T}}\boldsymbol{R}^{-1}\boldsymbol{y} \tag{9.2.14}$$

以及

$$\boldsymbol{P}_{n+l}=\left\{\begin{bmatrix} \boldsymbol{\Phi}_n^{\mathrm{T}}\\ \boldsymbol{\Phi}_l^{\mathrm{T}} \end{bmatrix}\boldsymbol{R}^{-1}[\boldsymbol{\Phi}_n\quad\boldsymbol{\Phi}_l]\right\}^{-1} \tag{9.2.15}$$

$$\hat{\boldsymbol{\theta}}^{(2)}=\boldsymbol{P}_{n+l}\begin{bmatrix} \boldsymbol{\Phi}_n^{\mathrm{T}}\\ \boldsymbol{\Phi}_l^{\mathrm{T}} \end{bmatrix}\boldsymbol{R}^{-1}\boldsymbol{y} \tag{9.2.16}$$

现在要导出式(9.2.15)和式(9.2.16)的递推形式。式(9.2.15)可写为

$$\boldsymbol{P}_{n+l}=\begin{bmatrix} \boldsymbol{P}_{n+l}^{(11)} & \boldsymbol{P}_{n+l}^{(12)}\\ \boldsymbol{P}_{n+l}^{(21)} & \boldsymbol{P}_{n+l}^{(22)} \end{bmatrix}=\begin{bmatrix} \boldsymbol{\Phi}_n^{\mathrm{T}}\boldsymbol{R}^{-1}\boldsymbol{\Phi}_n & \boldsymbol{\Phi}_n^{\mathrm{T}}\boldsymbol{R}^{-1}\boldsymbol{\Phi}_l\\ \boldsymbol{\Phi}_l^{\mathrm{T}}\boldsymbol{R}^{-1}\boldsymbol{\Phi}_n & \boldsymbol{\Phi}_l^{\mathrm{T}}\boldsymbol{R}^{-1}\boldsymbol{\Phi}_l \end{bmatrix}^{-1} \tag{9.2.17}$$

根据分块矩阵求逆定理有关系式

$$\begin{bmatrix} A_{11} & A_{12} \\ A_{21} & A_{22} \end{bmatrix}^{-1} = \begin{bmatrix} A_{11}^{-1} + A_{11}^{-1}A_{12}(A_{22} - A_{21}A_{11}^{-1}A_{12})^{-1}A_{21}A_{11}^{-1} & -A_{11}^{-1}A_{12}(A_{22} - A_{21}A_{11}^{-1}A_{12})^{-1} \\ -(A_{22} - A_{21}A_{11}^{-1}A_{12})^{-1}A_{21}A_{11}^{-1} & (A_{22} - A_{21}A_{11}^{-1}A_{12})^{-1} \end{bmatrix} \tag{9.2.18}$$

令

$$A_{11} = \boldsymbol{\Phi}_n^{\mathrm{T}} R^{-1} \boldsymbol{\Phi}_n, \quad A_{12} = \boldsymbol{\Phi}_n^{\mathrm{T}} R^{-1} \boldsymbol{\Phi}_l, \quad A_{21} = \boldsymbol{\Phi}_l^{\mathrm{T}} R^{-1} \boldsymbol{\Phi}_n, \quad A_{22} = \boldsymbol{\Phi}_l^{\mathrm{T}} R^{-1} \boldsymbol{\Phi}_l$$

并考虑到 $\boldsymbol{\theta}_n^{(1)} = \boldsymbol{\theta}^{(1)}$, $P_n = (\boldsymbol{\Phi}_n^{\mathrm{T}} R^{-1} \boldsymbol{\Phi}_n)^{-1} = A_{11}^{-1}$,根据式(9.2.18)可得

$$P_{n+l}^{(22)} = (\boldsymbol{\Phi}_l^{\mathrm{T}} R^{-1} \boldsymbol{\Phi}_l - \boldsymbol{\Phi}_l^{\mathrm{T}} R^{-1} \boldsymbol{\Phi}_n P_n \boldsymbol{\Phi}_n^{\mathrm{T}} R^{-1} \boldsymbol{\Phi}_l)^{-1} \tag{9.2.19}$$

$$P_{n+l}^{(11)} = P_n + P_n \boldsymbol{\Phi}_n^{\mathrm{T}} R^{-1} \boldsymbol{\Phi}_l P_{n+l}^{(22)} \boldsymbol{\Phi}_l^{\mathrm{T}} R^{-1} \boldsymbol{\Phi}_n P_n \tag{9.2.20}$$

$$P_{n+l}^{(12)} = -P_n \boldsymbol{\Phi}_n^{\mathrm{T}} R^{-1} \boldsymbol{\Phi}_l P_{n+l}^{(22)} \tag{9.2.21}$$

$$P_{n+l}^{(21)} = -P_{n+l}^{(22)} \boldsymbol{\Phi}_l^{\mathrm{T}} R^{-1} \boldsymbol{\Phi}_n P_n \tag{9.2.22}$$

式(9.2.16)又可写为

$$\hat{\boldsymbol{\theta}}^{(2)} = \begin{bmatrix} \hat{\boldsymbol{\theta}}_n^{(2)} \\ \hat{\boldsymbol{\theta}}_l^{(2)} \end{bmatrix} = \begin{bmatrix} P_{n+l}^{(11)} & P_{n+l}^{(12)} \\ P_{n+l}^{(21)} & P_{n+l}^{(22)} \end{bmatrix} \begin{bmatrix} \boldsymbol{\Phi}_n^{\mathrm{T}} \\ \boldsymbol{\Phi}_l^{\mathrm{T}} \end{bmatrix} R^{-1} \boldsymbol{y} \tag{9.2.23}$$

因而有

$$\begin{aligned} \hat{\boldsymbol{\theta}}_n^{(2)} &= (P_{n+l}^{(11)} \boldsymbol{\Phi}_n^{\mathrm{T}} + P_{n+l}^{(12)} \boldsymbol{\Phi}_l^{\mathrm{T}}) R^{-1} \boldsymbol{y} \\ &= (P_{n+l}^{(11)} \boldsymbol{\Phi}_n^{\mathrm{T}} - P_n \boldsymbol{\Phi}_n^{\mathrm{T}} R^{-1} \boldsymbol{\Phi}_l P_{n+l}^{(22)} \boldsymbol{\Phi}_l^{\mathrm{T}}) R^{-1} \boldsymbol{y} \end{aligned} \tag{9.2.24}$$

$$\begin{aligned} \hat{\boldsymbol{\theta}}_l^{(2)} &= (P_{n+l}^{(21)} \boldsymbol{\Phi}_n^{\mathrm{T}} + P_{n+l}^{(22)} \boldsymbol{\Phi}_l^{\mathrm{T}}) R^{-1} \boldsymbol{y} \\ &= -P_{n+l}^{(22)} \boldsymbol{\Phi}_l^{\mathrm{T}} R^{-1} \boldsymbol{\Phi}_n P_n \boldsymbol{\Phi}_n^{\mathrm{T}} R^{-1} \boldsymbol{y} + P_{n+l}^{(22)} \boldsymbol{\Phi}_l^{\mathrm{T}} R^{-1} \boldsymbol{y} \end{aligned} \tag{9.2.25}$$

将式(9.2.14)代入式(9.2.25)可得

$$\begin{aligned} \hat{\boldsymbol{\theta}}_l^{(2)} &= -P_{n+l}^{(22)} \boldsymbol{\Phi}_l^{\mathrm{T}} R^{-1} \boldsymbol{\Phi}_n \boldsymbol{\theta}_n^{(1)} + P_{n+l}^{(22)} \boldsymbol{\Phi}_l^{\mathrm{T}} R^{-1} \boldsymbol{y} \\ &= P_{n+l}^{(22)} \boldsymbol{\Phi}_l^{\mathrm{T}} R^{-1} (\boldsymbol{y} - \boldsymbol{\Phi}_n \boldsymbol{\theta}_n^{(1)}) \end{aligned} \tag{9.2.26}$$

式(9.2.19)、式(9.2.20)、式(9.2.24)和式(9.2.26)便是未知数个数增加时的递推最小二乘估计,它同样存在逆变换,在此略去,感兴趣的读者可作为习题进行推导。

9.2.3 利用递推最小二乘法导出 EMBET 公式

利用随参数变化的递推最小二乘法可以导出在外测数据处理中用 EMBET 方法估算弹道参数和外测误差模型的误差系数的表达式。

假设有 k 个时刻的观测方程

$$\boldsymbol{y}_i = C_i \boldsymbol{x}_i + \boldsymbol{\xi}_i, \quad i = 1, 2, \cdots, k \tag{9.2.27}$$

其中,$\boldsymbol{y}_i$ 是第 i 时刻的 q 维观测向量;C_i 是($q\times n$)阶的已知系数矩阵,且 $q>n$,C_i 的秩为 n;$\boldsymbol{x}_i$ 是待估计的第 i 时刻的 n 维状态向量;$\boldsymbol{\xi}_i$ 是第 i 时刻的 q 维观测误差向量。

在外测中,视观测误差由随机误差和系统误差组成。观测误差可表示为

$$\boldsymbol{\xi}_i = F_i \boldsymbol{z} + \boldsymbol{\varepsilon}_i, \quad i = 1, 2, \cdots k \tag{9.2.28}$$

式中 $\boldsymbol{z}$ 是 l 维未知的误差系数向量,F_i 是($q\times l$)阶的已知系数矩阵,$\boldsymbol{\varepsilon}_i$ 是 q 维观测误差的随机误差向量,且满足

(1) $E\{\boldsymbol{\varepsilon}_i\}=\boldsymbol{0},\quad i=1,2,\cdots,k$;

(2) $E\{\boldsymbol{\varepsilon}_i\boldsymbol{\varepsilon}_j^{\mathrm{T}}\}=\boldsymbol{R}_i\delta_{ij}=\begin{cases}\boldsymbol{R}_i, i=j, \text{且} |\boldsymbol{R}_i|\neq 0\\ \boldsymbol{0}, i\neq j; i,j=1,2,\cdots,k\end{cases}$

若将式(9.2.28)代入式(9.2.27),并联立 k 组方程,则有

$$\boldsymbol{y}=\boldsymbol{C}\boldsymbol{x}+\boldsymbol{F}\boldsymbol{z}+\boldsymbol{\varepsilon} \tag{9.2.29}$$

其中

$$\boldsymbol{y}=\begin{bmatrix}\boldsymbol{y}_1\\ \boldsymbol{y}_2\\ \vdots\\ \boldsymbol{y}_k\end{bmatrix},\quad \boldsymbol{C}=\begin{bmatrix}\boldsymbol{C}_1 & & & \\ & \boldsymbol{C}_2 & & \\ & & \ddots & \\ & & & \boldsymbol{C}_k\end{bmatrix},\quad \boldsymbol{x}=\begin{bmatrix}\boldsymbol{x}_1\\ \boldsymbol{x}_2\\ \vdots\\ \boldsymbol{x}_k\end{bmatrix},\quad \boldsymbol{F}=\begin{bmatrix}\boldsymbol{F}_1\\ \boldsymbol{F}_2\\ \vdots\\ \boldsymbol{F}_k\end{bmatrix},\quad \boldsymbol{\varepsilon}=\begin{bmatrix}\boldsymbol{\varepsilon}_1\\ \boldsymbol{\varepsilon}_2\\ \vdots\\ \boldsymbol{\varepsilon}_k\end{bmatrix} \tag{9.2.30}$$

当 $kq>kn+l$ 和 $\operatorname{rank}[\boldsymbol{C}\quad \boldsymbol{F}]=kn+l$ 时,利用最小二乘估计同时解得 k 组状态向量 $\boldsymbol{x}_i$ 和误差系数向量 z 的估计值,这就是 EMBET 方法,其结果如下:

误差协方差矩阵和误差系数向量的估计分别为

$$\boldsymbol{P}_{\hat{z}}=\left\{\sum_{i=1}^{k}\left[\boldsymbol{F}_i^{\mathrm{T}}\boldsymbol{R}_i^{-1}\boldsymbol{F}_i-\boldsymbol{F}_i^{\mathrm{T}}\boldsymbol{R}_i^{-1}\boldsymbol{C}_i(\boldsymbol{C}_i^{\mathrm{T}}\boldsymbol{R}_i^{-1}\boldsymbol{C}_i)^{-1}\boldsymbol{C}_i^{\mathrm{T}}\boldsymbol{R}_i^{-1}\boldsymbol{F}_i\right]\right\}^{-1} \tag{9.2.31}$$

$$\hat{z}=\boldsymbol{P}_{\hat{z}}\sum_{i=1}^{k}\left[\boldsymbol{F}_i^{\mathrm{T}}\boldsymbol{R}_i^{-1}-\boldsymbol{F}_i^{\mathrm{T}}\boldsymbol{R}_i^{-1}\boldsymbol{C}_i(\boldsymbol{C}_i^{\mathrm{T}}\boldsymbol{R}_i^{-1}\boldsymbol{C}_i)^{-1}\boldsymbol{C}_i^{\mathrm{T}}\boldsymbol{R}_i^{-1}\right]\boldsymbol{y}_i \tag{9.2.32}$$

而第 i 时刻误差协方差矩阵和状态向量的估计分别为

$$\begin{cases}\boldsymbol{P}_{\hat{x}_i}=(\boldsymbol{C}_i^{\mathrm{T}}\boldsymbol{R}_i^{-1}\boldsymbol{C}_i)^{-1}+(\boldsymbol{C}_i^{\mathrm{T}}\boldsymbol{R}_i^{-1}\boldsymbol{C}_i)^{-1}\boldsymbol{C}_i^{\mathrm{T}}\boldsymbol{R}_i^{-1}\boldsymbol{F}_i\boldsymbol{P}_{\hat{z}}\boldsymbol{F}_i^{\mathrm{T}}\boldsymbol{R}_i^{-1}\boldsymbol{C}_i(\boldsymbol{C}_i^{\mathrm{T}}\boldsymbol{R}_i^{-1}\boldsymbol{C}_i)^{-1}\\ \hat{\boldsymbol{x}}_i=(\boldsymbol{C}_i^{\mathrm{T}}\boldsymbol{R}_i^{-1}\boldsymbol{C}_i)^{-1}\boldsymbol{C}_i^{\mathrm{T}}\boldsymbol{R}_i^{-1}(\boldsymbol{y}_i-\boldsymbol{F}_i\hat{z}),\quad i=1,2,\cdots,k\end{cases} \tag{9.2.33}$$

应用随未知参数个数变化的递推最小二乘估计很容易得到式(9.2.31)、式(9.2.32)和式(9.2.33)。比较式(9.2.11)和式(9.2.29)有

$$\begin{cases}\boldsymbol{\Phi}_n=\boldsymbol{C}\\ \boldsymbol{\theta}_n=\boldsymbol{x}\\ \boldsymbol{\Phi}_l=\boldsymbol{F}\\ \boldsymbol{\theta}_l=z\end{cases} \tag{9.2.34}$$

首先对式(9.2.29)仅估计状态向量 $\boldsymbol{x}$,由式(9.2.13)和式(9.2.14)得

$$\boldsymbol{P}_{\hat{x}(1)}=(\boldsymbol{C}^{\mathrm{T}}\boldsymbol{R}^{-1}\boldsymbol{C})^{-1} \tag{9.2.35}$$

或

$$\boldsymbol{P}_{\hat{x}_i^{(1)}}=(\boldsymbol{C}_i^{\mathrm{T}}\boldsymbol{R}_i^{-1}\boldsymbol{C}_i)^{-1},\quad i=1,2,\cdots,k \tag{9.2.36}$$

及

$$\hat{\boldsymbol{x}}^{(1)}=\boldsymbol{P}_{\hat{x}(1)}\boldsymbol{C}^{\mathrm{T}}\boldsymbol{R}^{-1}\boldsymbol{Y} \tag{9.2.37}$$

或

$$\hat{\boldsymbol{x}}_i^{(1)}=\boldsymbol{P}_{\hat{x}_i^{(1)}}\boldsymbol{C}_i^{\mathrm{T}}\boldsymbol{R}_i^{-1}\boldsymbol{y}_i,\quad i=1,2,\cdots,k \tag{9.2.38}$$

式中

$$\boldsymbol{R}=E\{\boldsymbol{\varepsilon}\boldsymbol{\varepsilon}^{\mathrm{T}}\}=\begin{bmatrix}\boldsymbol{R}_1 & & & \\ & \boldsymbol{R}_2 & & \\ & & \ddots & \\ & & & \boldsymbol{R}_k\end{bmatrix}$$

将式(9.2.34)至式(9.2.38)代入式(9.2.19)、式(9.2.20)、式(9.2.24)和式(9.2.26)并经整理后可得到增加误差系数向量后的参数估计表达式

$$\begin{aligned}\boldsymbol{P}_{\hat{z}} &= (\boldsymbol{F}^{\mathrm{T}}\boldsymbol{R}^{-1}\boldsymbol{F} - \boldsymbol{F}^{\mathrm{T}}\boldsymbol{R}^{-1}\boldsymbol{C}\boldsymbol{P}_{\hat{x}(1)}\boldsymbol{C}^{\mathrm{T}}\boldsymbol{R}^{-1}\boldsymbol{F})^{-1} \\ &= \left\{\sum_{i=1}^{k}[\boldsymbol{F}_i^{\mathrm{T}}\boldsymbol{R}_i^{-1}\boldsymbol{F}_i - \boldsymbol{F}_i^{\mathrm{T}}\boldsymbol{R}_i^{-1}\boldsymbol{C}_i(\boldsymbol{C}_i^{\mathrm{T}}\boldsymbol{R}_i^{-1}\boldsymbol{C}_i)^{-1}\boldsymbol{C}_i^{\mathrm{T}}\boldsymbol{R}_i^{-1}\boldsymbol{F}_i]\right\}^{-1}\end{aligned} \tag{9.2.39}$$

$$\begin{aligned}\hat{\boldsymbol{z}} &= \boldsymbol{P}_{\hat{z}}\boldsymbol{F}^{\mathrm{T}}\boldsymbol{R}^{-1}[\boldsymbol{y} - \boldsymbol{C}(\boldsymbol{C}^{\mathrm{T}}\boldsymbol{R}^{-1}\boldsymbol{C})^{-1}\boldsymbol{C}^{\mathrm{T}}\boldsymbol{R}^{-1}\boldsymbol{y}] \\ &= \boldsymbol{P}_{\hat{z}}\sum_{i=1}^{k}[\boldsymbol{F}_i^{\mathrm{T}}\boldsymbol{R}_i^{-1} - \boldsymbol{F}_i^{\mathrm{T}}\boldsymbol{R}_i^{-1}\boldsymbol{C}_i(\boldsymbol{C}_i^{\mathrm{T}}\boldsymbol{R}_i^{-1}\boldsymbol{C}_i)^{-1}\boldsymbol{C}_i^{\mathrm{T}}\boldsymbol{R}_i^{-1}]\boldsymbol{y}_i\end{aligned} \tag{9.2.40}$$

及

$$\boldsymbol{P}_{\hat{x}(2)} = (\boldsymbol{C}^{\mathrm{T}}\boldsymbol{R}^{-1}\boldsymbol{C})^{-1} + (\boldsymbol{C}^{\mathrm{T}}\boldsymbol{R}^{-1}\boldsymbol{C})^{-1}\boldsymbol{C}^{\mathrm{T}}\boldsymbol{R}^{-1}\boldsymbol{F}\boldsymbol{P}_{\hat{z}}\boldsymbol{F}^{\mathrm{T}}\boldsymbol{R}^{-1}\boldsymbol{C}(\boldsymbol{C}^{\mathrm{T}}\boldsymbol{R}^{-1}\boldsymbol{C})^{-1} \tag{9.2.41}$$

即

$$\boldsymbol{P}_{\hat{x}_i(2)} = (\boldsymbol{C}_i^{\mathrm{T}}\boldsymbol{R}_i^{-1}\boldsymbol{C}_i)^{-1} + (\boldsymbol{C}_i^{\mathrm{T}}\boldsymbol{R}_i^{-1}\boldsymbol{C}_i)^{-1}\boldsymbol{C}_i^{\mathrm{T}}\boldsymbol{R}_i^{-1}\boldsymbol{F}_i\boldsymbol{P}_{\hat{z}}\boldsymbol{F}_i^{\mathrm{T}}\boldsymbol{R}_i^{-1}\boldsymbol{C}_i(\boldsymbol{C}_i^{\mathrm{T}}\boldsymbol{R}_i^{-1}\boldsymbol{C}_i)^{-1},\quad i=1,2,\cdots,k \tag{9.2.42}$$

$$\hat{\boldsymbol{x}}^{(2)} = [\boldsymbol{P}_{\hat{x}(2)}\boldsymbol{C}^{\mathrm{T}} - (\boldsymbol{C}^{\mathrm{T}}\boldsymbol{R}^{-1}\boldsymbol{C})^{-1}\boldsymbol{C}^{\mathrm{T}}\boldsymbol{R}^{-1}\boldsymbol{F}\boldsymbol{P}_{\hat{z}}\boldsymbol{F}^{\mathrm{T}}]\boldsymbol{R}^{-1}\boldsymbol{y} \tag{9.2.43}$$

将式(9.2.39)代入式(9.2.42)并根据式(9.2.38)可得

$$\begin{aligned}\hat{\boldsymbol{x}}^{(2)} &= [(\boldsymbol{C}^{\mathrm{T}}\boldsymbol{R}^{-1}\boldsymbol{C})^{-1} + (\boldsymbol{C}^{\mathrm{T}}\boldsymbol{R}^{-1}\boldsymbol{C})^{-1}\boldsymbol{C}^{\mathrm{T}}\boldsymbol{R}^{-1}\boldsymbol{F}\boldsymbol{P}_{\hat{z}}\boldsymbol{F}^{\mathrm{T}}\boldsymbol{R}^{-1}\boldsymbol{C}(\boldsymbol{C}^{\mathrm{T}}\boldsymbol{R}^{-1}\boldsymbol{C})^{-1}\boldsymbol{C}^{\mathrm{T}} - \\ &\quad (\boldsymbol{C}^{\mathrm{T}}\boldsymbol{R}^{-1}\boldsymbol{C})^{-1}\boldsymbol{C}^{\mathrm{T}}\boldsymbol{R}^{-1}\boldsymbol{F}\boldsymbol{P}_{\hat{z}}\boldsymbol{F}^{\mathrm{T}}]\boldsymbol{R}^{-1}\boldsymbol{y} \\ &= (\boldsymbol{C}^{\mathrm{T}}\boldsymbol{R}^{-1}\boldsymbol{C})^{-1}\boldsymbol{C}^{\mathrm{T}}\boldsymbol{R}^{-1}\boldsymbol{y} - (\boldsymbol{C}^{\mathrm{T}}\boldsymbol{R}^{-1}\boldsymbol{C})^{-1}\boldsymbol{C}^{\mathrm{T}}\boldsymbol{R}^{-1}\boldsymbol{F}\hat{\boldsymbol{z}}\end{aligned} \tag{9.2.44}$$

即

$$\begin{aligned}\boldsymbol{x}_i^{(2)} &= (\boldsymbol{C}_i^{\mathrm{T}}\boldsymbol{R}_i^{-1}\boldsymbol{C}_i)^{-1}\boldsymbol{C}_i^{\mathrm{T}}\boldsymbol{R}_i^{-1}\boldsymbol{y}_i - (\boldsymbol{C}_i^{\mathrm{T}}\boldsymbol{R}_i^{-1}\boldsymbol{C}_i)^{-1}\boldsymbol{C}_i^{\mathrm{T}}\boldsymbol{R}_i^{-1}\boldsymbol{C}_i\boldsymbol{F}_i\hat{z} \\ &= (\boldsymbol{C}_i^{\mathrm{T}}\boldsymbol{R}_i^{-1}\boldsymbol{C}_i)^{-1}\boldsymbol{C}_i^{\mathrm{T}}\boldsymbol{R}_i^{-1}(\boldsymbol{y}_i - \boldsymbol{F}_i\hat{z}),\quad i=1,2,\cdots,k\end{aligned} \tag{9.2.45}$$

式(9.2.39)、式(9.2.40)、式(9.2.42)、式(9.2.45)与式(9.2.31)、式(9.2.32)、式(9.2.33)结果完全一致,表明 EMBET 方法实质上是将仅对状态向量的最小二乘估计扩大成包含对误差系数向量的估计,由随未知参数个数变化的递推最小二乘法公式可以导出。

9.3 辨识博克斯-詹金斯模型的递推广义增广最小二乘法

实际系统有时可用博克斯-詹金斯(Box-Jenkins)模型描述,即

$$y(k) = \frac{b(z^{-1})}{a(z^{-1})}u(k) + \frac{g(z^{-1})}{f(z^{-1})}\varepsilon(k) \tag{9.3.1}$$

或

$$a(z^{-1})y(k) = b(z^{-1})u(k) + \frac{d(z^{-1})}{c(z^{-1})}\varepsilon(k) \tag{9.3.2}$$

式中

$$a(z^{-1}) = 1 + a_1z^{-1} + \cdots + a_{n_a}z^{-n_a}$$

$$b(z^{-1}) = b_0 + b_1z^{-1} + \cdots + b_{n_b}z^{-n_b}$$

$$c(z^{-1}) = 1 + c_1z^{-1} + \cdots + c_{n_c}z^{-n_c}$$

$$d(z^{-1}) = 1 + d_1z^{-1} + \cdots + d_{n_d}z^{-n_d}$$

其中 z^{-1} 为单位滞后算子,$u(k)$,$y(k)$ 和 $\varepsilon(k)$ 分别为系统的输入、含噪声的输出和不相关的零均值白

噪声。

对模型式(9.3.2)进行参数辨识时,假设 n_a, n_b, n_c 和 n_d 均已知。令

$$e(k)=\frac{d(z^{-1})}{c(z^{-1})}\varepsilon(k) \tag{9.3.3}$$

或

$$e(k)=-\sum_{i=1}^{n_c}c_ie(k-i)+\sum_{i=1}^{n_d}d_i\varepsilon(k-i)+\varepsilon(k) \tag{9.3.4}$$

将式(9.3.3)代入式(9.3.2)得

$$a(z^{-1})y(k)=b(z^{-1})u(k)+e(k) \tag{9.3.5}$$

或

$$y(k)=-\sum_{i=1}^{n_a}a_iy(k-i)+\sum_{i=0}^{n_b}b_iu(k-i)-\sum_{i=1}^{n_c}c_ie(k-i)+\sum_{i=1}^{n_d}d_i\varepsilon(k-i)+\varepsilon(k) \tag{9.3.6}$$

设

$$\boldsymbol{\theta}=[\boldsymbol{\theta}_1^{\mathrm{T}}\quad \boldsymbol{\theta}_e^{\mathrm{T}}]^{\mathrm{T}},\quad \boldsymbol{\varphi}(k)=[\boldsymbol{\varphi}_1^{\mathrm{T}}(k)\quad \boldsymbol{\varphi}_e^{\mathrm{T}}(k)]^{\mathrm{T}}$$

$$\boldsymbol{\theta}_1=[a_1\quad \cdots\quad a_{n_a}\quad b_0\quad \cdots\quad b_{n_b}]^{\mathrm{T}}$$

$$\boldsymbol{\theta}_e=[c_1\quad \cdots\quad c_{n_c}\quad d_1\quad \cdots\quad d_{n_d}]^{\mathrm{T}}$$

$$\boldsymbol{\varphi}_1(k)=[-y(k-1)\quad \cdots\quad -y(k-n_a)\quad u(k)\quad \cdots\quad u(k-n_b)]^{\mathrm{T}}$$

$$\boldsymbol{\varphi}_e(k)=[-e(k-1)\quad \cdots\quad -e(k-n_c)\quad \varepsilon(k-1)\quad \cdots\quad \varepsilon(k-n_d)]^{\mathrm{T}}$$

可将式(9.3.6)化为最小二乘格式

$$y(k)=\boldsymbol{\varphi}_1^{\mathrm{T}}(k)\boldsymbol{\theta}_1+e(k) \tag{9.3.7}$$

$$y(k)=\boldsymbol{\varphi}^{\mathrm{T}}(k)\boldsymbol{\theta}+\varepsilon(k) \tag{9.3.8}$$

由于式(9.3.8)中的 $\varepsilon(k)$ 是白噪声,所以利用最小二乘法可得到参数 $\boldsymbol{\theta}$ 的无偏估计。但是,数据向量 $\boldsymbol{\varphi}(k)$ 中包含不可测量的噪声 $e(k-1),\cdots,e(k-n_c),\varepsilon(k-1),\cdots,\varepsilon(k-n_d)$,只能用其相应的估计值代替。$\varepsilon(k)$ 可用新息或残差来代替,即

$$\hat{\varepsilon}(k)=y(k)-\boldsymbol{\varphi}^{\mathrm{T}}(k)\hat{\boldsymbol{\theta}}(k-1)\quad (新息) \tag{9.3.9}$$

$$\hat{\varepsilon}(k)=y(k)-\boldsymbol{\varphi}^{\mathrm{T}}(k)\hat{\boldsymbol{\theta}}(k)\quad (残差) \tag{9.3.10}$$

$e(k)$ 的估计值可利用式(9.3.7)计算得到

$$\hat{e}(k)=y(k)-\boldsymbol{\varphi}_1^{\mathrm{T}}(k)\hat{\boldsymbol{\theta}}_1(k) \tag{9.3.11}$$

仿照递推最小二乘法公式的推导方法,可导出递推广义增广最小二乘法公式

$$\hat{\boldsymbol{\theta}}(k)=\hat{\boldsymbol{\theta}}(k-1)+\boldsymbol{K}(k)[y(k)-\boldsymbol{\varphi}^{\mathrm{T}}(k)\hat{\boldsymbol{\theta}}(k-1)] \tag{9.3.12}$$

$$\boldsymbol{K}(k)=\boldsymbol{P}(k-1)\boldsymbol{\varphi}(k)[1+\boldsymbol{\varphi}^{\mathrm{T}}(k)\boldsymbol{P}(k-1)\boldsymbol{\varphi}(k)]^{-1} \tag{9.3.13}$$

$$\boldsymbol{P}(k)=\boldsymbol{P}(k-1)-\boldsymbol{K}(k)\boldsymbol{\varphi}^{\mathrm{T}}(k)\boldsymbol{P}(k-1) \tag{9.3.14}$$

选取初值为 $\hat{\boldsymbol{\theta}}_1(0)=\boldsymbol{\varepsilon}, 0\leqslant\varepsilon_i\ll1$,$\varepsilon_i$ 为向量 $\boldsymbol{\varepsilon}$ 的元素;$\hat{\boldsymbol{\theta}}_e(0)=\boldsymbol{0}$;$\boldsymbol{P}(0)=\mathrm{diag}[\boldsymbol{P}_1(0),\boldsymbol{P}_e(0)]$,$\boldsymbol{P}_1(0)=c^2\boldsymbol{I}$,$c^2\gg1$;$\boldsymbol{P}_e(0)=\alpha\boldsymbol{I}, 0<\alpha\leqslant1$。当 $n_c=0$ 时,递推广义增广最小二乘法(RGELS)就是递推增广最小二乘法(RELS)。当 $n_d=0$ 时,递推广义增广最小二乘法就是递推广义最小二乘法(RGLS)(非数据滤波)。

9.4 辨识博克斯-詹金斯模型参数的新息修正最小二乘法

设系统可用博克斯-詹金斯模型描述,即

$$y(k)=\frac{b(z^{-1})}{a(z^{-1})}u(k)+\frac{g(z^{-1})}{f(z^{-1})}\varepsilon(k) \tag{9.4.1}$$

式中

$$a(z^{-1})=1+a_1z^{-1}+\cdots+a_nz^{-n}$$
$$b(z^{-1})=b_1z^{-1}+b_2z^{-2}+\cdots+b_nz^{-n}$$
$$g(z^{-1})=1+g_1z^{-1}+\cdots+g_rz^{-r}$$
$$f(z^{-1})=1+f_1z^{-1}+\cdots+f_sz^{-s}$$

其中 z^{-1}为单位滞后算子,$\{y(k)\}$,$\{u(k)\}$和$\{\varepsilon(k)\}$分别为输入、输出和不相关的零均值白噪声序列。假设:

(1) $z^na(z^{-1})$的零点均在单位圆内;

(2) 噪声过程平稳可逆,即 $z^rg(z^{-1})$和 $z^sf(z^{-1})$的零点均在单位圆内;

(3) 输入信号$\{u(k)\}$与$\{\varepsilon(k)\}$不相关且是 p 阶持续激励的。

上述假设条件宽泛,几乎包括了所有噪声过程具有有理谱密度的平稳线性动态过程,但直接对式(9.4.1)进行参数辨识是困难的。由噪声过程平稳性的假设,可将式(9.4.1)近似地用一个受控自回归移动平均(CARMA)模型表示为

$$a(z^{-1})y(k)=b(z^{-1})u(k)+c(z^{-1})\varepsilon(k)+\varepsilon(k) \tag{9.4.2}$$

式中

$$1+c(z^{-1})=1+\sum_{i=1}^{m}c_iz^{-i} \tag{9.4.3}$$

是$\dfrac{a(z^{-1})g(z^{-1})}{f(z^{-1})}$的前 $m+1$ 项。当 $i\to\infty$时,$c_i\to0$,只要适当选取 m,式(9.4.2)可以满足任何精度要求。因此,式(9.4.1)的参数估计可以转化为一个自回归和受控部分结构已知而滑动平均部分阶次未知的CARMA 模型的参数估计问题。

9.4.1 最小二乘法的增参数递推公式

为避免重复求解基本最小二乘方程,本节将采用增参数递推最小二乘技术,通过对已有的 k 阶参数模型增加新参数,递推出 $k+1$ 阶参数模型的最小二乘估计。

考虑 $k+1$ 阶参数模型,其参数集

$$\boldsymbol{\theta}_{k+1}=[\theta_1\quad\theta_2\quad\cdots\quad\theta_k\ \vdots\ \theta_{k+1}]^{\mathrm T}=[\boldsymbol{\theta}_k^{\mathrm T}\ \vdots\ \theta_{k+1}] \tag{9.4.4}$$

相应的有

$$\boldsymbol{\Phi}_{k+1}=[\boldsymbol{x}_1\quad\boldsymbol{x}_2\quad\cdots\quad\boldsymbol{x}_k\ \vdots\ \boldsymbol{x}_{k+1}]=[\boldsymbol{\Phi}_k\ \vdots\ \boldsymbol{x}_{k+1}] \tag{9.4.5}$$

其中

$$\boldsymbol{x}_i=[x_i(1)\quad x_i(2)\quad\cdots\quad x_i(N)]^{\mathrm T} \tag{9.4.6}$$

假设已得到 k 阶参数模型的最小二乘估计 $\hat{\hat{\boldsymbol{\theta}}}_k$ 和 $\boldsymbol{P}_k=(\boldsymbol{\Phi}_k^{\mathrm T}\boldsymbol{\Phi}_k)^{-1}$,欲递推估计 $k+1$ 阶参数模型。由最小二乘估计公式

$$\hat{\boldsymbol{\theta}}=(\boldsymbol{\Phi}^{\mathrm T}\boldsymbol{\Phi}^{\mathrm T})^{-1}\boldsymbol{\Phi}^{\mathrm T}\boldsymbol{y} \tag{9.4.7}$$

和分块矩阵求逆公式(9.2.18)可得

$$\boldsymbol{P}_{k+1}=(\boldsymbol{\Phi}_k^{\mathrm{T}}\boldsymbol{\Phi}_k)^{-1}=\begin{bmatrix}\boldsymbol{P}_k+\boldsymbol{e}\boldsymbol{x}_{k+1}\boldsymbol{\Phi}_k\boldsymbol{P}_k & -\boldsymbol{e}\\ -\boldsymbol{e}^{\mathrm{T}} & b\end{bmatrix} \tag{9.4.8}$$

其中

$$\boldsymbol{e}=\boldsymbol{P}_k\boldsymbol{\Phi}_k^{\mathrm{T}}\boldsymbol{x}_{k+1}b,\quad b=1/(\boldsymbol{x}_{k+1}^{\mathrm{T}}\boldsymbol{x}_{k+1}-\boldsymbol{x}_{k+1}^{\mathrm{T}}\boldsymbol{\Phi}_k\boldsymbol{P}_k\boldsymbol{\Phi}_k^{\mathrm{T}}\boldsymbol{x}_{k+1})$$

以及

$$\hat{\hat{\boldsymbol{\theta}}}_k=-\hat{\hat{\boldsymbol{\theta}}}_k-\boldsymbol{e}\boldsymbol{x}_{k+1}^{\mathrm{T}}(\boldsymbol{y}-\boldsymbol{\Phi}_k\hat{\hat{\boldsymbol{\theta}}}_k) \tag{9.4.9}$$

$$\hat{\hat{\boldsymbol{\theta}}}_{k+1}=b\boldsymbol{x}_{k+1}^{\mathrm{T}}(\boldsymbol{y}-\boldsymbol{\Phi}_k\hat{\hat{\boldsymbol{\theta}}}_k) \tag{9.4.10}$$

式(9.4.8)、式(9.4.9)和式(9.4.10)构成了完整的递推算法。

9.4.2 CAR(p)模型的辨识

为了得到 CARMA 模型的参数估计,首先对一个 CAR(p)模型进行辨识。假设模型为

$$\sum_{i=0}^{p}\alpha_i z^{-i}y(k)=\sum_{i=1}^{p}\beta_i z^{-i}u(k)+\xi(k),\quad \alpha_0=1 \tag{9.4.11}$$

选取指标函数

$$J=\sum_{k=p}^{N+p}\left[\sum_{i=0}^{p}\hat{\alpha}_i z^{-i}y(k)-\sum_{i=1}^{p}\hat{\beta}_i z^{-i}u(k)\right]^2 \tag{9.4.12}$$

并且估计 $\hat{\alpha}_i$ 和 $\hat{\beta}_i$ 使 J 极小。

由于本算法采用增阶递推最小二乘算法,因而在拟合 CAR(p)模型的过程中得到的是 CARMA 模型式(9.4.2)的有偏最小二乘估计,即 CAR(n)的估计值。

因为已假设 $z^r g(z^{-1})$ 的零点均在单位圆内,所以只要阶次 p 足够高,CAR(p)模型式(9.4.11)将以足够的精度近似 CARMA 模型式(9.4.2)。由于噪声过程未知,事先给出既满足精度要求又不使计算量过大的 p 值是困难的,因此采用 F 检验定阶。下面给出增阶辨识 CAR 模型和确定 p 值的方法。

按增参数递推式(9.4.8)至式(9.4.10),从零参数模型开始,依 $\alpha_1,\beta_1,\cdots,\alpha_p,\beta_p$,顺序增加参数 α_i 或 $\beta_i(i=1,2,\cdots,p)$,相应的 $\boldsymbol{x}_{k+1}$ 为 $[y(m-i)\ \ \cdots\ \ y(m-i+N)]^{\mathrm{T}}$ 或 $[u(m-i)\ \ \cdots\ \ u(m-i+N)]^{\mathrm{T}}$,$m\geqslant p$,增阶递推估计 CAR 模型,同时计算统计量

$$F_i=\frac{A_{i-1}-A_i}{A_i}\cdot\frac{N-2i}{2} \tag{9.4.13}$$

其中 A_{i-1} 和 A_i 分别为 $i-1$ 阶和 i 阶 CAR 模型的残差平方和,N 为观测数据组数。

当 $i-1\geqslant p$ 时,统计量 F_i 服从$(N-2i,2)$的 F 分布,显著性水平 $\alpha=0.01$ 或 0.05,由 F 分布表可查得相应的 F 分布值 F_α。当 $F_i<F_\alpha$ 时,可以认为继续增大阶次不会使新息估值精度有显著提高,应结束增阶辨识。

按公式

$$\hat{\xi}(k)=\sum_{i=0}^{p}\alpha_i y(k-i)-\sum_{i=1}^{p}\beta_i u(k-i) \tag{9.4.14}$$

计算残差,$\{\hat{\xi}(k)\}$即是所需要的新息估值。

9.4.3 偏差的消除及 MA 阶次的确定

用 $\hat{\xi}(k-1),\hat{\xi}(k-2),\cdots,\hat{\xi}(k-m)$ 代替式(9.4.2)中的 $\varepsilon(k-1),\varepsilon(k-2),\cdots,\varepsilon(k-m)$,以 $c_1,c_2,\cdots,c_m$

顺序,按增参数递推式(9.4.8)至式(9.4.10)逐个增加 MA 参数,修正已得到的 CAR(n)模型,使指标函数

$$J=\sum_{k=n}^{n+N}\left[\sum_{i=0}^{n}\hat{a}_i z^{-i}y(k)-\sum_{i=0}^{n}\hat{b}_i z^{-i}u(k)-\sum_{i=0}^{m}c_i z^{-1}\hat{\xi}(k)\right]^2 \tag{9.4.15}$$

极小化。满足精度要求的 MA 阶次 m 则由 F 检验确定,即在逐个增加参数 c_j 时,计算统计量

$$F_j=\frac{V_{j-1}-V_j}{V_j}(N-2n-j) \tag{9.4.16}$$

式中 V_{j-1} 为 CARMA($n,n,j-1$)模型的残差平方和,V_j 为 CARMA(n,n,j)模型的残差平方和。

当 $j>m$ 时,F_j 服从 $F(1,N-2i-j)$ 分布,由 F 分布表查得给定显著性水平 α 的临界分布值 F_α。若 $F_j<F_\alpha$ 时,$j-1$ 即为合理的 MA 阶次 m,CARMA($n,n,j-1$)模型的参数估值就是式(9.4.2)模型参数的无偏估计。

例 9.3 已知用博克斯-詹金斯模型描述的系统为

$$y(k)=\frac{b(z^{-1})}{a(z^{-1})}u(k)+\frac{g(z^{-1})}{f(z^{-1})}\varepsilon(k) \tag{9.4.17}$$

式中

$$a(z^{-1})=1-2.851z^{-1}+2.717z^{-2}-0.865z^{-3}$$
$$b(z^{-1})=1+z^{-1}+z^{-2}+z^{-3}$$
$$g(z^{-1})=1+0.7z^{-1}+0.2z^{-2}$$
$$f(z^{-1})=c(z^{-1})a(z^{-1})$$

其中

$$c(z^{-1})=1+0.3z^{-1}+0.02z^{-2}$$

$\varepsilon(k)$是服从 $N(0,1)$分布的不相关随机噪声,输入信号 $u(k)$采用幅值为 1 的伪随机二进制序列,噪信比 $N/S=\sqrt{D[n(k)]/D[y(k)]}$,$D$ 为方差算子,$n(k)=\dfrac{g(z^{-1})}{f(z^{-1})}\varepsilon(k)$,观测数据长度 $L=500$,参数估计误差指标为

$$\delta=\sqrt{\sum_{i=1}^{N}(\hat{\theta}_i-\theta_i)^2\Big/\sum_{i=1}^{N}\theta_i^2},N=2n+1$$

θ_i 为参数真值,$\hat{\theta}_i$ 为 θ_i 的估计值,仿真计算结果如表 9.1 和表 9.2 所示,表中 RGELS 为上节所介绍递推广义增广最小二乘法,IMA 为本节所介绍的新息修正最小二乘法。

表 9.1 N/S=8.50%时的仿真计算结果

参数	a_1	a_2	a_3	b_0	b_1	b_2	b_3	δ
真值	−2.85100	2.71700	−0.86500	1.00000	1.00000	1.00000	1.00000	%
RGELS	−2.85721	2.72938	−0.87112	1.00363	1.00146	0.99563	0.98276	0.527
IMA	−2.85018	2.71511	−0.86338	0.99765	0.99449	0.98884	0.99043	0.357

表 9.2 N/S=51.00%时的仿真计算结果

参数	a_1	a_2	a_3	b_0	b_1	b_2	b_3	δ
真值	−2.85100	2.71700	−0.86500	1.00000	1.00000	1.00000	1.00000	%
RGELS	−2.87215	2.75928	−0.88629	1.00172	1.01849	1.00176	0.93375	1.915
IMA	−2.77121	2.55823	−0.78484	0.91990	1.05695	1.00045	1.03295	4.905

仿真结果表明,当噪信比较小时,IMA 估值优于 RGELS 估值;当噪信比较大时,RGELS 估值优于 IMA 估值。RGELS 算法只需一步最小二乘法就可完成,IMA 算法实际上是两步最小二乘法,所以 RGELS 算法的计算量近似为 IMA 的二分之一。精度要求不太高时,用 RGELS 方法进行辨识,可大大减小计算量。但是,RGELS 算法和 RGLS 算法一样,当噪信比较大或模型参数较多时,参数估值可能出现较大的误差,产生局部收敛点。

习　题

9.1　式(9.1.47)属于本节所介绍随机逼近法中的哪一种算法?请证明式(9.1.47)所给出算法的收敛性。

9.2　请导出式(9.2.4)在 l 个观测值的误差向量与前面 m 个观测值的误差向量相关情况下的参数向量 θ 的递推最小二乘估计公式。

9.3　请参考未知参数个数增加时的递推最小二乘估计公式推导过程来推导未知参数个数减少时的递推最小二乘估计公式。

9.4　试结合例 9.3 仿真结果分析和比较 RGELS 算法和 IMA 算法的优缺点,并定性分析产生这些缺点的原因。

10

第10章 随机时序列模型的建立

在前面几章中,我们讨论的系统都有输入 $u(k)$ 和输出 $y(k)$,根据输入和输出的观测值来辨识系统模型的参数。如果说输入 $u(k)$ 是"因",输出 $y(k)$ 是"果",则在上述系统中,因果关系是比较明确的。但对于大量的环境系统、社会系统和工程系统,因果关系不是很明确的。在这些系统中,其输出值或效果往往容易测量或观测,但其输入量或原因往往难以测量或观测。举例来说,一条河的流量是可以测量的,这就是输出值,但其输入值是不知道的,这是一种只有输出没有输入的系统。河流的年流量每年不同,是一种时间的序列,称为时序列。因为这种时序列具有随机性,所以又称为随机时序列。我们要想根据过去所记录的年流量资料来预测将来的年流量,以便对河水的利用、防洪和抗旱等作统筹安排,就需要建立河流年流量的数学模型,因此我们就遇到了随机时序列模型的建立问题。关于随机时序列模型还可以举出很多例子。例如,一个国家人口和国民经济增长率的预测,一个城市日平均温度和某一地区电力需求增长率的预测,等等。对于这类问题,我们要根据过去的记录数据建立数学模型,预测未来的值,为统筹安排提供依据。我们把观测到的数据称为时序列,又称为随机时序列,把所建立的数学模型称为随机时序列模型。我们希望所建立的数学模型精度比较高,参数又比较少。随机时序列模型有很多种,大致可分为:回归模型,自回归模型,移动平均模型和自回归移动平均模型。下面将分别介绍这些随机时序列模型的建立方法。

10.1 回归模型

我们用线性回归法,以估计误差的方差为最小,来建立回归模型(regressive model)并确定其参数。

10.1.1　一阶线性回归模型

设 $y(k)$ 为随机时序列,可用下列一阶线性回归模型来表示,即

$$y(k)=a+bk+\varepsilon(k),\quad k=1,2,\cdots,N \tag{10.1.1}$$

式中 $\{\varepsilon(k)\}$ 是均值为 0 的白噪声序列。设 $y(k)$ 的估值为

$$\hat{y}(k)=\hat{a}+\hat{b}k \tag{10.1.2}$$

估计误差为

$$e(k)=y(k)-\hat{y}(k) \tag{10.1.3}$$

要求估计误差的方差为最小,即要求

$$J=\frac{1}{N}\sum_{k=1}^{N}e^{2}(k)=\frac{1}{N}\sum_{k=1}^{N}\left[y(k)-\hat{a}-\hat{b}k\right]^{2} \tag{10.1.4}$$

为最小。分别求 J 关于 $\hat{a}$ 和 $\hat{b}$ 的偏导数并令其为零,可得

$$\frac{\partial J}{\partial \hat{a}}=-\frac{2}{N}\sum_{k=1}^{N}\left[y(k)-\hat{a}-\hat{b}k\right]=0 \tag{10.1.5}$$

$$\frac{\partial J}{\partial \hat{b}}=-\frac{2}{N}\sum_{k=1}^{N}\left[y(k)-\hat{a}-\hat{b}k\right]k=0 \tag{10.1.6}$$

由上述二式可得

$$\sum_{k=1}^{N}y(k)-N\hat{a}-\hat{b}\sum_{k=1}^{N}k=0 \tag{10.1.7}$$

$$\sum_{k=1}^{N}ky(k)-\hat{a}\sum_{k=1}^{N}k-\hat{b}\sum_{k=1}^{N}k^{2}=0 \tag{10.1.8}$$

设

$$\begin{cases}\bar{y}=\dfrac{1}{N}\displaystyle\sum_{k=1}^{N}y(k)\\ \bar{k}=\dfrac{1}{N}\displaystyle\sum_{k=1}^{N}k\end{cases} \tag{10.1.9}$$

则由式(10.1.7)得

$$\hat{a}=\bar{y}-\hat{b}\bar{k} \tag{10.1.10}$$

将式(10.1.10)代入式(10.1.8)可得

$$\hat{b}=\frac{\displaystyle\sum_{k=1}^{N}ky(k)-N\bar{k}\bar{y}}{\displaystyle\sum_{k=1}^{N}k^{2}-N\bar{k}^{2}} \tag{10.1.11}$$

因而有

$$\hat{a}=\bar{y}-\frac{\bar{k}\left[\displaystyle\sum_{k=1}^{N}ky(k)-N\bar{k}\bar{y}\right]}{\displaystyle\sum_{k=1}^{N}k^{2}-N\bar{k}^{2}} \tag{10.1.12}$$

$$J_{\min}=\frac{1}{N}\sum_{k=1}^{N}\left[y(k)-\hat{a}-\hat{b}k\right]^{2} \tag{10.1.13}$$

10.1.2 多项式回归模型

对多数时序列来说,一阶线性回归模型的精度较低,可用下列的多项式回归模型来表示,即

$$y(k)=a_0+a_1k+a_2k^2+\cdots+a_nk^n+\varepsilon(k) \tag{10.1.14}$$

式中 $a_0,a_1,\cdots,a_n$ 为待估参数;$\varepsilon(k)$是均值为 0 的白噪声序列。设 $y(k)$的预测值为

$$\hat{y}(k)=\hat{a}_0+\hat{a}_1k+\hat{a}_2k^2+\cdots+\hat{a}_nk^n \tag{10.1.15}$$

要求按指标函数

$$J=\frac{1}{N}\sum_{k=1}^{N}\left[y(k)-\hat{a}_0-\hat{a}_1k-\cdots-\hat{a}_nk^n\right]^2 \tag{10.1.16}$$

为最小,来确定 $\hat{a}_0,\hat{a}_1,\cdots,\hat{a}_n$。分别求 J 关于 $\hat{a}_0,\hat{a}_1,\cdots,\hat{a}_n$ 的偏导数并令其等于 0,可得

$$\begin{cases}\dfrac{\partial J}{\partial\hat{a}_0}=-\dfrac{2}{N}\displaystyle\sum_{k=1}^{N}\left[y(k)-\hat{a}_0-\hat{a}_1k-\cdots-\hat{a}_nk^n\right]=0\\ \dfrac{\partial J}{\partial\hat{a}_1}=-\dfrac{2}{N}\displaystyle\sum_{k=1}^{N}\left[y(k)-\hat{a}_0-\hat{a}_1k-\cdots-\hat{a}_nk^n\right]k=0\\ \qquad\vdots\\ \dfrac{\partial J}{\partial\hat{a}_n}=-\dfrac{2}{N}\displaystyle\sum_{k=1}^{N}\left[y(k)-\hat{a}_0-\hat{a}_1k-\cdots-\hat{a}_nk^n\right]k^n=0\end{cases} \tag{10.1.17}$$

令

$$\begin{cases}\overline{y}=\dfrac{1}{N}\displaystyle\sum_{k=1}^{N}y(k)\\ \overline{k^j}=\dfrac{1}{N}\displaystyle\sum_{k=1}^{N}k^j\\ \overline{k^jy}=\dfrac{1}{N}\displaystyle\sum_{k=1}^{N}k^jy(k)\end{cases} \tag{10.1.18}$$

式中 $j=1,2,\cdots,2n$,则由式(10.1.17)可得

$$\begin{cases}\hat{a}_0+\overline{k}\hat{a}_1+\overline{k^2}\hat{a}_2+\cdots+\overline{k^n}\hat{a}_n=\overline{y}\\ \overline{k}\hat{a}_0+\overline{k^2}\hat{a}_1+\overline{k^3}\hat{a}_2+\cdots+\overline{k^{n+1}}\hat{a}_n=\overline{ky}\\ \overline{k^2}\hat{a}_0+\overline{k^3}\hat{a}_1+\overline{k^4}\hat{a}_2+\cdots+\overline{k^{n+2}}\hat{a}_n=\overline{k^2y}\\ \qquad\vdots\\ \overline{k^n}\hat{a}_0+\overline{k^{n+1}}\hat{a}_1+\overline{k^{n+2}}\hat{a}_2+\cdots+\overline{k^{2n}}\hat{a}_n=\overline{k^ny}\end{cases} \tag{10.1.19}$$

式(10.1.19)可写成矩阵-向量形式

$$\begin{bmatrix}1 & \overline{k} & \overline{k^2} & \cdots & \overline{k^n}\\ \overline{k} & \overline{k^2} & \overline{k^3} & \cdots & \overline{k^{n+1}}\\ \overline{k^2} & \overline{k^3} & \overline{k^4} & \cdots & \overline{k^{n+2}}\\ \vdots & \vdots & \vdots & & \vdots\\ \overline{k^n} & \overline{k^{n+1}} & \overline{k^{n+2}} & \cdots & \overline{k^{2n}}\end{bmatrix}\begin{bmatrix}a_0\\ a_1\\ a_2\\ \vdots\\ a_n\end{bmatrix}=\begin{bmatrix}\overline{y}\\ \overline{ky}\\ \overline{k^2y}\\ \vdots\\ \overline{k^ny}\end{bmatrix} \tag{10.1.20}$$

解式(10.1.20)可确定 $\hat{a}_0,\hat{a}_1,\cdots,\hat{a}_n$ 以及

$$J_{\min}=\frac{1}{N}\sum_{k=1}^{N}\left[y(k)-\sum_{i=0}^{n}\hat{a}_i k^i\right]^2 \tag{10.1.21}$$

在实际问题中,n 一般不大于 5。

下面讨论平稳随机时序列模型的建立问题。

10.2　平稳时序列的自回归模型

在随机过程或概率论与数理统计课程中已经介绍过平稳时序列的基本概念,这里我们作一个简短的回顾。

如果对于任意的 $n(n=1,2,\cdots)$,$t_1,t_2,\cdots,t_n\in T$ 和任意的实数 h,当 $t_1+h,t_2+h,\cdots,t_n+h\in T$ 时,n 维随机变量$(x(t_1),x(t_2),\cdots,x(t_n))$和$(x(t_1+h),x(t_2+h),\cdots,x(t_n+h))$具有相同的分布函数,则称随机过程$\{x(t),t\in T\}$具有平稳性,并称此随机过程为平稳随机过程,或简称平稳过程。其中 T 为平稳随机过程的参数集,一般为$(-\infty,+\infty)$,$(0,\infty)$,$\{0,\pm1,\pm2,\cdots\}$或$\{0,1,2,\cdots\}$。当平稳随机过程的参数集 T 取为离散集$\{0,\pm1,\pm2,\cdots\}$或$\{0,1,2,\cdots\}$时,则该平稳随机过程称为平稳随机序列或平稳时间序列,也简称为平稳时序列。

本节研究平稳时序列自回归模型(autoregressive model,AR)的建立问题。

假定平稳时序列$\{y(k)\}$的平均值为 0,则平稳时序列$\{y(k)\}$可用下列自回归模型来表示,即

$$y(k)=a_1y(k-1)+a_2y(k-2)+\cdots+a_ny(k-n) \tag{10.2.1}$$

式中 $a_1,a_2,\cdots,a_n$ 为待估参数。$y(k)$的最优估值或预测值为

$$\hat{y}(k)=\hat{a}_1y(k-1)+\hat{a}_2y(k-2)+\cdots+\hat{a}_ny(k-n) \tag{10.2.2}$$

式(10.2.1)所示模型之所以称为自回归模型是由于随机变量 y 在 k 时刻的预测值可由随机变量 y 在 k 时刻之前的测量值的线性组合来表示,就像是 $y(k)$的预测值退回到 $y(k)$的过去值,因而有“自回归”之称。

如果平稳时序列$\{y(k)\}$的平均值不为零而为 $\bar{y}$,则在式(10.2.1)中,等号两边的每一个 $y(i)(i=0,1,2,\cdots)$必须减去数值 $\bar{y}$,则有

$$y(k)-\bar{y}=a_1[y(k-1)-\bar{y}]+a_2[y(k-2)-\bar{y}]+\cdots+a_n[y(k-n)-\bar{y}] \tag{10.2.3}$$

或写为

$$y(k)=a_1y(k-1)+a_2y(k-2)+\cdots+a_ny(k-n)+(1-a_1-a_2-\cdots-a_n)\bar{y} \tag{10.2.4}$$

设 $y(k)$的预测值为

$$\hat{y}(k)=\hat{a}_1y(k-1)+\hat{a}_2y(k-2)+\cdots+\hat{a}_ny(k-n)+(1-\hat{a}_1-\hat{a}_2-\cdots-\hat{a}_n)\bar{y} \tag{10.2.5}$$

或写为

$$\hat{y}(k)=\sum_{i=1}^{n}\hat{a}_iy(k-i)+\left(1-\sum_{i=1}^{n}\hat{a}_i\right)\bar{y} \tag{10.2.6}$$

则预测误差为

$$e(k)=y(k)-\hat{y}(k)=y(k)-\sum_{i=1}^{n}\hat{a}_iy(k-i)-\left(1-\sum_{i=1}^{n}\hat{a}_i\right)\bar{y} \tag{10.2.7}$$

预测误差的方差为

$$J=\frac{1}{N}\sum_{k=1}^{N}e^{2}(k)=\frac{1}{N}\sum_{k=1}^{N}\left[y(k)-\sum_{i=1}^{n}\hat{a}_{i}y(k-i)-\left(1-\sum_{i=1}^{n}\hat{a}_{i}\right)\bar{y}\right]^{2} \tag{10.2.8}$$

分别求 J 关于参数 $\hat{a}_1,\hat{a}_2,\cdots,\hat{a}_n$ 的偏导数并令其等于零,可得

$$\frac{\partial J}{\partial \hat{a}_j}=-\frac{2}{N}\sum_{k=1}^{N}\left[y(k)-\sum_{i=1}^{n}\hat{a}_{i}y(k-i)-\left(1-\sum_{i=1}^{n}\hat{a}_{i}\right)\bar{y}\right]\left[y(k-j)-\bar{y}\right]=0,\quad j=1,2,\cdots,n \tag{10.2.9}$$

因而有

$$\frac{1}{N}\sum_{k=1}^{N}\left\{\left[y(k)-\bar{y}\right]-\sum_{i=1}^{n}\hat{a}_{i}\left[y(k-i)-\bar{y}\right]\right\}\left[y(k-j)-\bar{y}\right]=0,j=1,2,\cdots,n \tag{10.2.10}$$

或写为

$$\frac{1}{N}\sum_{k=1}^{N}\left\{\left[y(k)-\bar{y}\right]\left[y(k-j)-\bar{y}\right]-\left[\sum_{i=1}^{n}\hat{a}_{i}(y(k-i)-\bar{y})\right]\left[y(k-j)-\bar{y}\right]\right\}=0,\quad j=1,2,\cdots,n \tag{10.2.11}$$

估计参数时,需要知道时序列$\{y(k)\}$的自相关系数。设

$$r_j=\frac{R_j}{R_0},\quad j=0,1,2,\cdots,n \tag{10.2.12}$$

其中

$$R_j=\lim_{N\to\infty}\frac{1}{N-j}\sum_{k=1}^{N-j}\left[y(k)-\bar{y}\right]\left[y(k-j)-\bar{y}\right] \tag{10.2.13}$$

由式(10.2.11)和式(10.2.13)可得

$$R_j-\hat{a}_1R_{j-1}-\hat{a}_2R_{j-2}-\cdots-\hat{a}_jR_0-\hat{a}_{j+1}R_1-\cdots-\hat{a}_nR_{n-j}=0,j=0,1,2,\cdots,n \tag{10.2.14}$$

用 R_0 除上式,可得用相关系数 r_j 表示的方程

$$\hat{a}_1r_{j-1}+\hat{a}_2r_{j-2}+\cdots+\hat{a}_j+\hat{a}_{j+1}r_1+\cdots+\hat{a}_nr_{n-j}=r_j \tag{10.2.15}$$

在上式中已考虑到

$$r_0=\frac{R_0}{R_0}=1 \tag{10.2.16}$$

令 $j=1,2,\cdots,n$,可得 n 个方程,即

$$\begin{aligned}
&\hat{a}_1+\hat{a}_2r_1+\hat{a}_3r_2+\cdots+\hat{a}_nr_{n-1}=r_1\\
&\hat{a}_1r_1+\hat{a}_2+\hat{a}_3r_1+\cdots+\hat{a}_nr_{n-2}=r_2\\
&\qquad\vdots\\
&\hat{a}_1r_{n-1}+\hat{a}_2r_{n-2}+\hat{a}_3r_{n-3}+\cdots+\hat{a}_n=r_n
\end{aligned}$$

把上述 n 个方程可成向量-矩阵形式

$$\begin{bmatrix}1&r_1&r_2&\cdots&r_{n-1}\\ r_1&1&r_1&\cdots&r_{n-2}\\ r_2&r_1&1&\cdots&r_{n-3}\\ \vdots&\vdots&\vdots&&\vdots\\ r_{n-1}&r_{n-2}&r_{n-3}&\cdots&1\end{bmatrix}\begin{bmatrix}\hat{a}_1\\ \hat{a}_2\\ \hat{a}_3\\ \vdots\\ \hat{a}_n\end{bmatrix}=\begin{bmatrix}r_1\\ r_2\\ r_3\\ \vdots\\ r_n\end{bmatrix} \tag{10.2.17}$$

解上式可得 $\hat{a}_1,\hat{a}_2,\cdots,\hat{a}_n$。

为了使模型稳定,要求方程

$$z^n-\hat{a}_1z^{n-1}-\hat{a}_2z^{n-2}-\cdots-\hat{a}_{n-1}z-\hat{a}_n=0 \tag{10.2.18}$$

的所有根均在 z 平面的单位圆内。

根据自回归模型 n 的数值不同,可分为一阶自回归模型(AR1),二阶自回归模型(AR2)及 n 阶自回归模型(ARn),一般 n 不大于 5。

10.3　平稳时序列的移动平均模型

设平稳时序列$\{y(k)\}$的平均值为 $\bar{y}$,则其移动平均模型(moving average model, MA)可用下式来表示,即

$$y(k)=\bar{y}+b_1e(k-1)+b_2e(k-2)+\cdots+b_ne(k-n) \tag{10.3.1}$$

式中$\{e(k)\}$是均值为零的白噪声序列,具有相同的方差。之所以把式(10.3.1)称为移动平均模型是因为 $y(k)$的数学模型是以平均值 $\bar{y}$ 为基础在序列$\{e(k)\}$上移动运算而得。将式(10.3.1)中的 $e(k)$用 $y(k)-\bar{y}(k)$来代替,可得 $y(k)$的预测值

$$\begin{aligned}\hat{y}(k)=\bar{y}&+\hat{b}_1[y(k-1)-\hat{y}(k-1)]+\hat{b}_2[y(k-2)-\hat{y}(k-2)]+\cdots+\\&\hat{b}_n[y(k-n)-\hat{y}(k-n)]\end{aligned} \tag{10.3.2}$$

当估值 $\hat{y}(k)$比较准确时,可把$\{y(k)-\hat{y}(k)\}$看作均值为零的白噪声序列,具有相同的方差 σ_e^2。由式(10.3.2)可得

$$\begin{aligned}y(k)-\hat{y}(k)=y(k)-\bar{y}&-\hat{b}_1[y(k-1)-\hat{y}(k-1)]-\\&\hat{b}_2[y(k-2)-\hat{y}(k-2)]-\cdots-\hat{b}_n[y(k-n)-\hat{y}(k-n)]\end{aligned} \tag{10.3.3}$$

上式又可写为

$$\begin{aligned}y(k)-\bar{y}=y(k)-\hat{y}(k)&+\hat{b}_1[y(k-1)-\hat{y}(k-1)]+\\&\hat{b}_2[y(k-2)-\hat{y}(k-2)]+\cdots+\hat{b}_n[y(k-n)-\hat{y}(k-n)]\end{aligned} \tag{10.3.4}$$

或

$$\begin{aligned}y(k-i)-\bar{y}=y(k-i)-\hat{y}(k-i)&+\hat{b}_1[y(k-i-1)-\hat{y}(k-i-1)]+\\&\hat{b}_2[y(k-i-2)-\hat{y}(k-i-2)]+\cdots+\\&\hat{b}_n[y(k-i-n)-\hat{y}(k-i-n)]\end{aligned} \tag{10.3.5}$$

由于$\{y(k)-\hat{y}(k)\}$是均值为零的白噪声序列,故

$$E\{[y(k)-\hat{y}(k)][y(j)-\hat{y}(j)]\}=\begin{cases}\sigma_e^2, & k=j\\0, & k\neq j\end{cases} \tag{10.3.6}$$

以式(10.3.5)等号两边分别乘以式(10.3.3)等号两边,对乘积取数学期望,考虑到式(10.3.6),可得

$$\begin{aligned}R_i&=\hat{b}_i\sigma_e^2+\hat{b}_{i+1}\hat{b}_1\sigma_e^2+\cdots+\hat{b}_{n-i}\hat{b}_n\sigma_e^2\\&=(\hat{b}_i+\hat{b}_{i+1}\hat{b}_1+\cdots+\hat{b}_{n-i}\hat{b}_n)\sigma_e^2, i=0,1,\cdots,n\end{aligned} \tag{10.3.7}$$

式中

$$R_i=E\{[y(k)-\bar{y}(k)][y(k-i)-\bar{y}]\} \tag{10.3.8}$$

当 $i=0$ 时,可得

$$R_0=\sigma_e^2+\hat{b}_1^2\sigma_e^2+\hat{b}_2^2\sigma_e^2+\cdots+\hat{b}_n^2\sigma_e^2=(1+\hat{b}_1^2+\cdots+\hat{b}_n^2)\sigma_e^2 \tag{10.3.9}$$

$$r_i=\frac{R_i}{R_0}=\frac{\hat{b}_i^2+\hat{b}_{i+1}\hat{b}_1+\hat{b}_{i+2}\hat{b}_2+\cdots+\hat{b}_{n-i}\hat{b}_n}{1+\hat{b}_1^2+\hat{b}_2^2+\cdots+\hat{b}_n^2},i=1,2,\cdots,n \tag{10.3.10}$$

由于 $i=1,2,\cdots,n$,故从式(10.3.10)可得 n 个非线性方程,解之可得 $\hat{b}_1,\hat{b}_2,\cdots,\hat{b}_n$。

为了使模型稳定,要求多项式

$$z^n+\hat{b}_1z^{n-1}+\hat{b}_2z^{n-2}+\cdots+\hat{b}_{n-1}z+\hat{b}_n=0 \tag{10.3.11}$$

的所有根均在 z 平面的单位圆内。

因 $R_0=\sigma_y^2$,其中 σ_y^2 为时序列$\{y(k)\}$的方差,故由式(10.3.9)可得 $y(k)$ 的预测误差方差

$$\sigma_e^2=\frac{\sigma_y^2}{1+\hat{b}_1^2+\hat{b}_2^2+\cdots+\hat{b}_n^2} \tag{10.3.12}$$

如果令 $n=1,2,\cdots$,可得一阶移动平均模型(MA1)、二阶移动平均模型(MA2)等。

(1) 一阶移动平均模型(MA1)

$$y(k)=\bar{y}+b_1e(k) \tag{10.3.13}$$

$y(k)$的预测值为

$$\hat{y}(k)=\bar{y}+\hat{b}_1[y(k-1)-\hat{y}(k-1)] \tag{10.3.14}$$

其中 $\hat{b}_1$ 满足关系式

$$\hat{b}_1^2=\frac{r_1}{1-r_1} \tag{10.3.15}$$

为了使模型稳定,取

$$\hat{b}_1=\sqrt{\frac{r_1}{1-r_1}} \tag{10.3.16}$$

$y(k)$的预测误差方差为

$$\sigma_e^2=\frac{\sigma_y^2}{1+\hat{b}_1^2}=(1-r_1)\sigma_y^2 \tag{10.3.17}$$

(2) 二阶移动平均模型(MA2)

$$y(k)=\bar{y}+b_1e(k-1)+b_2e(k-2) \tag{10.3.18}$$

$y(k)$的预测值为

$$\hat{y}(k)=\bar{y}+\hat{b}_1[y(k-1)-\hat{y}(k-1)]+\hat{b}_2[y(k-2)-\hat{y}(k-2)] \tag{10.3.19}$$

$\hat{b}_1$ 和 $\hat{b}_2$ 可从下列二式求得,即

$$\hat{b}_2^4+\left(2-\frac{1}{r_2}\right)\hat{b}_2^3+\left(2-\frac{2}{r_2}+\frac{r_1^2}{r_2^2}\right)\hat{b}_2^2+\left(2-\frac{1}{r_2}\right)\hat{b}_2+1=0 \tag{10.3.20}$$

$$\hat{b}_1=-\frac{r_1\hat{b}_2}{r_2(1+\hat{b}_2)} \tag{10.3.21}$$

$y(k)$的预测误差方差为

$$\sigma_e^2=\frac{\sigma_y^2}{1+\hat{b}_1^2+\hat{b}_2^2} \tag{10.3.22}$$

其他各阶移动平均模型可依此类推。

10.4　平稳时序列的自回归移动平均模型

把前面两节的自回归模型和移动平均模型相结合可得平稳时序列的自回归移动平均模型(autoregressive moving average model,ARMA)

$$y(k)=\bar{y}+a_1[y(k-1)-\bar{y}]+a_2[y(k-2)-\bar{y}]+\cdots+a_n[y(k-n)-\bar{y}]+ b_1e(k-1)+b_2e(k-2)+\cdots+b_ne(k-n) \tag{10.4.1}$$

式中$\{e(k)\}$是均值为 0 的白噪声序列,具有相同的方差。把 $e(k)$用 $y(k)-\hat{y}(k)$来代替,可得 $y(k)$的预测值

$$\hat{y}(k)=\bar{y}+\hat{a}_1[y(k-1)-\bar{y}]+\hat{a}_2[y(k-2)-\bar{y}]+\cdots+\hat{a}_n[y(k-n)-\bar{y}]+ \hat{b}_1[y(k)-\hat{y}(k)]+\hat{b}_2[y(k-1)-\hat{y}(k-1)]+\cdots+\hat{b}_n[y(k-n)-\hat{y}(k-n)] \tag{10.4.2}$$

当估值 $\hat{y}(k)$比较准确时,可把$\{y(k)-\hat{y}(k)\}$看作均值为 0 的白噪声序列,具有相同的方差 σ_e^2。可按式(10.2.17)和式(10.3.10)分别求出 $\hat{a}_i$ 和 $\hat{b}_i(i=1,2,\cdots,n)$。

一阶自回归一阶移动平均模型,即 ARMA(1,1)为

$$\hat{y}(k)=\bar{y}+\hat{a}_1[y(k-1)-\bar{y}]+\hat{b}_1[y(k-1)-\hat{y}(k-1)] \tag{10.4.3}$$

式中

$$\hat{a}_1=\frac{r_2}{r_1} \tag{10.4.4}$$

$$\hat{b}_1^2-\frac{1-2r_2+\hat{a}_1^2}{r_1-\hat{a}_1}\hat{b}_1+1=0 \tag{10.4.5}$$

$y(k)$的预测误差方差为

$$\sigma_e^2=\frac{(1-\hat{a}_1^2)\sigma_y^2}{1+2\hat{a}_1\hat{b}_1+\hat{b}_1^2} \tag{10.4.6}$$

10.5　非平稳时序列模型

很多随机时序列是非平稳的,在某些情况下,可认为这些非平稳随机时序列的差是平稳的。在这种情况下,可建立非平稳随机时序列的自回归积分移动平均模型(autoregressive integrated moving average model,ARIMA)。

一阶自回归-单重积分-一阶移动平均模型,即 ARIMA(1,1,1)可表示为

$$\hat{y}(k)-\hat{y}(k-1)=\hat{a}_1[y(k-1)-y(k-2)]+\hat{b}_1[y(k-1)-\hat{y}(k-1)] \tag{10.5.1}$$

经过整理可得

$$\hat{y}(k)=(\hat{a}_1+\hat{b}_1)y(k-1)-\hat{a}_1y(k-2)+(1-\hat{b}_1)\hat{y}(k-1) \tag{10.5.2}$$

$\hat{a}_1$ 和 $\hat{b}_1$ 可按 ARMA(1,1)模型的方法计算,但在计算时要将 ARMA(1,1)模型中的时序列值更换为时序列差值。

例 10.1 给出 1948 年至 1971 年美国的人口数据，试建立美国人口的数学模型。

各种模型的公式及误差如表 10.1 所示。所给出的人口数据及详细计算结果如表 10.2 表示。

表 10.1 各种模型的公式及误差

序号	模型类型	模型方程	平均误差	均方误差
1	线性回归	$\hat{y}(k)=144.813+6.287k$	0	0.985
2	ARMA(1,1)	$\hat{y}(k)=1.0125y(k-1)-0.1072\hat{y}(k-1)+0.0947\overline{y}$	2.17	6.55
3	ARIMA(1,1,0)	$\hat{y}(k)=2.007153y(k-1)-1.007153y(k-2)$	-0.038	0.020
4	ARIMA(2,1,0)	$\hat{y}(k)=2.056214y(k-1)-1.104927y(k-2)+0.0487126y(k-3)$	-0.038	0.020
5	ARIMA(1,1,1)	$\hat{y}(k)=1.05623y(k-1)-1.00785y(k-2)-0.048482\hat{y}(k-1)$	-0.038	0.020

表 10.2 美国人口数据及计算结果对照表(人口单位为百万)

年份	实际人口	线性回归	ARMA(1,1)	ARIMA(1,1,0)	年份	实际人口	线性回归	ARMA(1,1)	ARIMA(1,1,0)
1948	147.1	147.5	—	—	1960	180.8	179.7	178.1	180.7
1949	149.8	150.2	150.2	—	1961	183.7	182.4	180.8	183.6
1950	152.3	152.9	152.5	152.4	1962	186.5	185.1	183.5	186.7
1951	154.9	155.6	154.8	154.8	1963	189.2	187.8	186.1	189.3
1952	157.6	158.2	157.1	157.5	1964	191.9	190.5	188.5	191.9
1953	160.2	160.9	159.6	160.3	1965	194.3	193.2	191.0	194.6
1954	163.0	163.6	162.0	162.8	1966	196.6	195.9	193.1	196.7
1955	165.9	166.3	164.6	165.8	1967	198.7	198.5	195.2	198.9
1956	168.9	169.0	167.2	168.8	1968	200.7	201.5	197.1	200.8
1957	172.0	171.7	170.0	171.9	1969	202.7	203.9	199.0	202.7
1958	174.9	174.4	172.8	175.1	1970	204.9	206.6	200.8	204.7
1959	177.8	177.0	175.5	177.8	1971	207.0	209.3	202.8	207.1

习 题

10.1 本习题给出了线性回归模型的一个应用：如果两个变量 x,y 存在相互关系，其中 y 的值是难以测量的，而 x 的值却是容易测量的，则可以根据 x 的测量值利用 y 关于 x 的线性归模型去估计 y 的值。表 10.3 列出了 18 个 5~8 岁儿童的质量 x（容易测量）和体积 y（难以测量）。

求 y 关于 x 的线性回归模型

$$\hat{y} = \hat{a} + \hat{b}x$$

表 10.3　习题 10.1 数据表

序号	1	2	3	4	5	6	7	8	9
质量 x/kg	17.1	10.5	13.8	15.7	11.9	10.4	15.0	16.0	17.8
体积 y/dm^3	16.7	10.4	13.5	15.7	11.6	10.2	14.5	15.8	17.6
序号	10	11	12	13	14	15	16	17	18
质量 x/kg	15.8	15.1	12.1	18.4	17.1	16.7	16.5	15.1	15.1
体积 y/dm^3	15.2	14.8	11.9	18.3	16.7	16.6	15.9	15.1	14.5

10.2　利用表 10.2 中的数据建立二阶和三阶线性回归模型，并计算其平均误差和均方误差。

10.3　推导出一阶自回归模型（AR1）、二阶自回归模型（AR2）和 n 阶自回归模型（ARn）的预测误差方差的计算公式。

10.4　请验证下述公式是否正确：

（1）一阶自回归模型

$$y(k) = a_1 y(k-1) + (1-a_1)\bar{y}$$

$$\hat{a}_1 = r_1$$

$y(k)$ 的预测误差方差为

$$\sigma^2 = (1-\hat{a}_1^2)\sigma_y^2$$

（2）二阶自回归模型

$$y(k) = a_1 y(k-1) + a_2 y(k-2) + (1-a_1-a_2)\bar{y}$$

$$\hat{a}_1 = \frac{r_1 - (1-r_2)}{1-r_1^2}, \quad \hat{a}_2 = \frac{r_2 - r_1^2}{1-r_1^2}$$

为使模型稳定，要求

$$\hat{a}_1 + \hat{a}_2 < 1, \quad \hat{a}_2 - \hat{a}_1 < 1, \quad -1 < \hat{a}_2 < 1$$

$y(k)$ 的预测误差方差为

$$\sigma^2 = (1 - \hat{a}_1 r_1 - \hat{a}_2 r_2)\sigma_y^2$$

（3）对于 n 阶自回归模型，$y(k)$ 的预测误差方差为

$$\sigma^2 = (1 - \hat{a}_1 r_1 - \hat{a}_2 r_2 - \cdots - \hat{a}_n r_n)\sigma_y^2$$

上述公式中的 σ_y^2 为 $y(k)$ 的测量误差方差。

11

第 11 章

系统结构辨识

11.1 模型阶的确定

前面各章讨论差分方程参数的辨识方法时,我们都假定差分方程的阶是已知的。在一些实际问题中,模型的阶可按理论推导获得,而在另一些实际问题中,模型的阶却无法用理论推导方法确定,需要对模型的阶进行辨识。下面介绍几种常用的模型阶的确定方法。

11.1.1 按残差方差定阶

一种简单而有效的方法就是选定模型阶数 n 的不同值,按估计误差方差最小或 F 检验法来确定模型的阶。

(1) 按估计误差方差最小定阶

考虑系统模型

$$a(z^{-1})y(k)=b(z^{-1})u(k)+\varepsilon(k) \tag{11.1.1}$$

式中 $y(k)$ 为输出,$u(k)$ 为输入。设 $\varepsilon(k)$ 是均值为 0、方差为 σ^2 的白噪声序列。用最小二乘法求出 $\boldsymbol{\theta}$ 的估值。根据 5.1 节的结果有

$$\boldsymbol{y}=\boldsymbol{\Phi\theta}+\boldsymbol{e} \tag{11.1.2}$$

$$J_n=\sum_{k=n+1}^{n+N}\boldsymbol{e}^2(k) \tag{11.1.3}$$

$$\hat{\boldsymbol{\theta}}=(\boldsymbol{\Phi}^{\mathrm{T}}\boldsymbol{\Phi})^{-1}\boldsymbol{\Phi}^{\mathrm{T}}\boldsymbol{y} \tag{11.1.4}$$

残差为

$$\hat{e}(k)=\hat{a}(z^{-1})y(k)-\hat{b}(z^{-1})u(k) \tag{11.1.5}$$

$$J_n=\sum_{k=n+1}^{n+N}\hat{e}^2(k) \tag{11.1.6}$$

如果模型为

$$a(z^{-1})y(k)=b(z^{-1})u(k)+c(z^{-1})\varepsilon(k) \tag{11.1.7}$$

则残差为

$$\hat{e}(k)=\hat{a}(z^{-1})y(k)-\hat{b}(z^{-1})u(k)-\sum_{i=1}^{n}\hat{c}_i z^{-i}\hat{e}(k) \tag{11.1.8}$$

$$J_n=\sum_{k=n+1}^{n+N}\hat{e}^2(k) \tag{11.1.9}$$

如图 11.1 所示，对某一系统，当 $n=1,2,\cdots$ 时，J_n 随着 n 的增加而减小。如果 n_0 为正确的阶，则在 $n=n_0-1$ 时，J_n 出现最后一次陡峭的下降，n 再增大，则 J_n 保持不变或只有微小的变化。图 11.1 所示的例子，$n_0=3$。

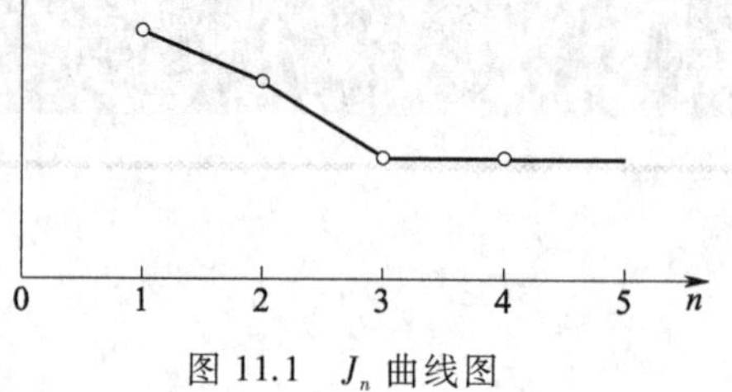

图 11.1　J_n 曲线图

(2) 确定模型阶的 F 检验法

由于 J_n 随着 n 的增加而减小，在阶数 n 的增大过程中，我们对那个使 J_n 显著减小的阶 n_{i+1} 感兴趣。为此，引入准则

$$t(n_i,n_{i+1})=\frac{J_i-J_{i+1}}{J_{i+1}}\cdot\frac{N-2n_{i+1}}{2(n_{i+1}-n_i)} \tag{11.1.10}$$

式中 J_i 表示具有 N 对输入和输出数据、有 $2n_i+1$ 个模型参数的系统估计误差的平方和。

某一系统计算结果如表 11.1 所示。

表 11.1　某一系统计算结果

n_i	1	2	3	4	5	6
J_i	592.65	469.64	447.25	426.40	418.73	416.56
t		50.94	9.67	9.43	3.15	0.99

计算时取 $n_{i+1}=n_i+1$，　$J_i=J_n$，　$J_{i+1}=J_{n+1}$。从表 11.1 可以看出，当 $n_i<3$ 时，t 的减小是显著的；当 $n_i>3$ 时，t 的减小是不显著的，所以该系统的阶数可选为 3。

由于统计量 t 是服从 F 分布的，对于式(11.1.10)所示统计量 t 则有

$$t(n_i,n_{i+1})\sim F(2n_{i+1}-2n_i,N-2n_{i+1}) \tag{11.1.11}$$

对于单输入-单输出系统模型，由于 $n_{i+1}=n_i+1$，所以统计量 t 可写成

$$t(n,n+1)=\frac{J_n-J_{n+1}}{J_{n+1}}.\frac{N-2n-2}{2}\sim F(2,N-2n-2) \tag{11.1.12}$$

若取风险水平为 α，查 F 分布表可得 $t_\alpha=F(2,N-2n-2)$，试选定模型阶次 n_0，如果

$$\begin{cases}t(n,n+1)>t_\alpha, & 当\ n<n_0\ 时\\ t(n,n+1)<t_\alpha, & 当\ n\geqslant n_0\ 时\end{cases} \tag{11.1.13}$$

则系统模型的阶次应取 $n_0=n+1$。

11.1.2　确定阶的 Akaike 信息准则(AIC)

与上述两个准则不同，Akaike 信息准则①是一个考虑了模型复杂性的准则。这个准则定义为

$$\mathrm{AIC}=-2\ln L+2p \tag{11.1.14}$$

其中 L 是模型的似然函数，p 是模型中的参数数目。当 AIC 为最小的那个模型就是最佳模型。这个准则是 Akaike 总结了时间序列统计建模的发展历史，在企图对一个复杂系统寻找近似模型的概率论的大

① AIC，Akaike information criterion，又称赤池信息准则，是由日本统计学家赤池泓次建立的准则。

量探索启示下,借助信息论而提出的一个合理的确定阶的准则。在一组可供选择的随机模型中,AIC 最小的那个模型是一个可取的模型。这个准则的优点就在于它是一个完全客观的准则,应用这个准则时,不要求建模人员主观地判断"陡峭的下降"。

(1) 白噪声情况下的 AIC 定阶公式

考虑系统模型

$$a(z^{-1})y(k)=b(z^{-1})u(k)+e(k) \tag{11.1.15}$$

其中

$$a(z^{-1})=1+a_1z^{-1}+\cdots+a_{n_a}z^{-n_a},b(z^{-1})=b_0+b_1z^{-1}+\cdots+b_{n_b}z^{-n_b}$$

假定 $e(k)$是均值为0、方差为 σ_e^2 并且服从正态分布的不相关随机噪声。根据前面几章的讨论和定义,由式(11.1.15)可写出关系式

$$\boldsymbol{y}=\boldsymbol{\Phi\theta}+\boldsymbol{e} \tag{11.1.16}$$

输出变量 $\boldsymbol{y}$ 在 $\boldsymbol{\theta}$ 条件下的似然函数为

$$L(\boldsymbol{y}\mid\boldsymbol{\theta})=(2\pi\sigma_e^2)^{-\frac{N}{2}}\exp\left\{-\frac{1}{2\sigma_e^2}(\boldsymbol{y}-\boldsymbol{\Phi\theta})^{\mathrm{T}}(\boldsymbol{y}-\boldsymbol{\Phi\theta})\right\} \tag{11.1.17}$$

对上式取对数可得

$$\ln L=-\frac{N}{2}\ln 2\pi-\frac{N}{2}\ln\sigma_e^2-\frac{1}{2\sigma_e^2}(\boldsymbol{y}-\boldsymbol{\Phi\theta})^{\mathrm{T}}(\boldsymbol{y}-\boldsymbol{\Phi\theta}) \tag{11.1.18}$$

求使 $\ln L$ 为最大的 $\boldsymbol{\theta}$ 估值 $\hat{\boldsymbol{\theta}}$。根据$\frac{\partial\ln L}{\partial\boldsymbol{\theta}}=\boldsymbol{0}$ 可得

$$\hat{\boldsymbol{\theta}}=(\boldsymbol{\Phi}^{\mathrm{T}}\boldsymbol{\Phi})^{-1}\boldsymbol{\Phi}^{\mathrm{T}}\boldsymbol{y} \tag{11.1.19}$$

与前述的最小二乘估计一致。按照$\frac{\partial\ln L}{\partial\sigma_e^2}=0$ 可得

$$\hat{\sigma}_e^2=\frac{1}{N}(\boldsymbol{y}-\boldsymbol{\Phi}\hat{\boldsymbol{\theta}})^{\mathrm{T}}(\boldsymbol{y}-\boldsymbol{\Phi}\hat{\boldsymbol{\theta}})=\frac{1}{N}\hat{\boldsymbol{e}}^{\mathrm{T}}\hat{\boldsymbol{e}} \tag{11.1.20}$$

因此有

$$\ln L=-\frac{N}{2}\ln 2\pi-\frac{N}{2}\ln\sigma_e^2-\frac{N\hat{\sigma}_e^2}{2\hat{\sigma}_e^2} \tag{11.1.21}$$

即

$$\ln L=-\frac{N}{2}\ln\sigma_e^2+c \tag{11.1.22}$$

式中 c 为一常数。

式(11.1.22)给出了 AIC 定义中的第一项。待估的参数为 $a_1,a_2,\cdots,a_{n_a},b_0,b_1,\cdots,b_{n_b}$ 及 σ_e^2,共有(n_a+n_b+2)个,即 $p=n_a+n_b+2$,因而有

$$\mathrm{AIC}=-2\ln L+2p=-2\left(-\frac{N}{2}\ln\sigma_e^2+c\right)+2(n_a+n_b+2) \tag{11.1.23}$$

即

$$\mathrm{AIC}=N\ln\hat{\sigma}_e^2+2(n_a+n_b+2)-2c \tag{11.1.24}$$

可去掉上式中的常数项,则

$$\mathrm{AIC}=N\ln\hat{\sigma}_e^2+2(n_a+n_b) \tag{11.1.25}$$

选取不同的阶数 n_a 和 n_b,按式(11.1.25)计算 AIC,可得最优阶数 n_a 和 n_b。在式(11.1.25)中加进

$2(n_a+n_b)$项,表示对不同(n_a+n_b)若 $\hat{\sigma}_e^2$ 相近时,则取(n_a+n_b)较小的模型。

例 11.1　设系统模型为

$$y(k)=1.8y(k-1)-1.3y(k-2)+0.4y(k-3)+1.1u(k-1)+0.288u(k-2)+e(k) \tag{11.1.26}$$

其中,$e(k)$是均值为 0、方差为 1 且服从正态分布的不相关随机噪声,输入信号 $u(k)$采用伪随机数,辨识模型采用的形式为

$$y(k)+\sum_{i=1}^{n_a}a_iy(k-i)=\sum_{i=1}^{n_b}b_iu(k-i)+e(k) \tag{11.1.27}$$

数据长度取 $N=1024$。为了避免非平稳过程的影响,去掉前 300 个数据,取 $\hat{n}_a=1,2,3,4$,$\hat{n}_b=1,2,3,4$,分别计算 $\mathrm{AIC}(\hat{n}_a,\hat{n}_b)$,即

$$\mathrm{AIC}(\hat{n}_a,\hat{n}_b)=N\ln\boldsymbol{\sigma}_e^2+2(\hat{n}_a+\hat{n}_b) \tag{11.1.28}$$

计算结果如表 11.2 所示。显然,应取 $\hat{n}_a=3$,$\hat{n}_b=2$,可见利用 AIC 确定的模型阶次与系统的真实阶次相同。

表 11.2　不同 $\hat{n}_a$ 和 $\hat{n}_b$ 所对应的 AIC

$\hat{n}_a$ \ $\hat{n}_b$	1	2	3	4
1	1022.94	341.766	97.353	23.380
2	280.046	51.085	30.393	16.800
3	25.864	14.070	15.599	17.649
4	15.931	15.108	16.218	

(2) 有色噪声情况下的 AIC 定阶公式

有色噪声情况下的系统模型可以表示为

$$a(z^{-1})y(k)=b(z^{-1})u(k)+c(z^{-1})\varepsilon(k) \tag{11.1.29}$$

其中

$$a(z^{-1})=1+a_1z^{-1}+\cdots+a_{n_a}z^{-n_a}$$
$$b(z^{-1})=b_0+b_1z^{-1}+\cdots+b_{n_b}z^{-n_b}$$
$$c(z^{-1})=1+c_1z^{-1}+\cdots+c_{n_c}z^{-n_c}$$

$\varepsilon(k)$是均值为 0、方差为 σ_ε^2 且服从正态分布的不相关随机噪声。

与前面的讨论相类似,可得

$$\ln L=-\frac{N}{2}\ln 2\pi-\frac{N}{2}\ln\sigma_\varepsilon^2-\frac{1}{2\sigma_\varepsilon^2}\sum_{k=1}^{N}\varepsilon^2(k) \tag{11.1.30}$$

$$\hat{\sigma}_\varepsilon^2=\frac{1}{N}\sum_{k=1}^{N}\hat{\varepsilon}^2(k) \tag{11.1.31}$$

式中

$$\hat{\varepsilon}(k)=y(k)+\sum_{i=1}^{\hat{n}_a}\hat{a}_iy(k-i)-\sum_{i=0}^{\hat{n}_b}\hat{b}_iu(k-i)-\sum_{i=1}^{\hat{n}_c}\hat{c}_i\hat{\varepsilon}(k-i) \tag{11.1.32}$$

因而有

$$\ln L = -\frac{N}{2}\ln \hat{\sigma}_{\varepsilon}^{2} + c \tag{11.1.33}$$

式中 c 为一常数。将式(11.1.33)代入式(11.1.14),考虑到 $p=n_a+n_b+n_c+2$,去掉常数项,则有

$$\text{AIC} = N\ln \hat{\sigma}_{\varepsilon}^{2} + 2(\hat{n}_a + \hat{n}_b + \hat{n}_c) \tag{11.1.34}$$

例 11.2 设系统模型为

$$a(z^{-1})y(k) = b(z^{-1})u(k) + c(z^{-1})\varepsilon(k) \tag{11.1.35}$$

其中

$$a(z^{-1}) = 1 - 2.851z^{-1} + 2.717z^{-2} - 0.865z^{-3}$$
$$b(z^{-1}) = z^{-1} + z^{-2} + z^{-3}$$
$$c(z^{-1}) = 1 + 0.7z^{-1} + 0.2z^{-2}$$

$\varepsilon(k)$服从正态分布 $N(0,1)$,$u(k)$为二位式伪随机序列,数据长度 $N=300$,假定模型阶次取 $\hat{n}_a=\hat{n}_b=\hat{n}_c=1,2,3,4$,利用极大似然法估计模型参数,AIC 的计算结果如表 11.3 所示。当 $\hat{n}_a=\hat{n}_b=\hat{n}_c=3$ 时,AIC 最小,其结果与所给系统模型相符合。

表 11.3 例 11.2 参数估计及 AIC 计算结果

$\hat{n}_a=\hat{n}_b=\hat{n}_c$	J	AIC	$\hat{a}_i$		$\hat{b}_i$		$\hat{c}_i$	
1	2.4×10^6	2910.10	$\hat{a}_1$	−0.995	$\hat{b}_1$	62.10	$\hat{c}_1$	1.00
2	1728	745.23	$\hat{a}_1$	−1.979	$\hat{b}_1$	4.90	$\hat{c}_1$	1.66
			$\hat{a}_2$	0.985	$\hat{b}_2$	4.37	$\hat{c}_2$	0.79
3	139.3	−4.20	$\hat{a}_1$	−2.851	$\hat{b}_1$	1.06	$\hat{c}_1$	0.72
			$\hat{a}_2$	2.717	$\hat{b}_2$	0.81	$\hat{c}_2$	0.20
			$\hat{a}_3$	−0.865	$\hat{b}_3$	1.05	$\hat{c}_3$	0.03
4	138.0	−1.01	$\hat{a}_1$	−2.278	$\hat{b}_1$	1.08	$\hat{c}_1$	1.31
			$\hat{a}_2$	1.080	$\hat{b}_2$	1.49	$\hat{c}_2$	0.65
			$\hat{a}_3$	0.697	$\hat{b}_3$	1.51	$\hat{c}_3$	0.21
			$\hat{a}_4$	−0.498	$\hat{b}_4$	0.47	$\hat{c}_4$	0.09
参数真实值			a_1	−2.851	b_1	1.0	c_1	0.7
			a_2	2.717	b_2	1.0	c_2	0.2
			a_3	−0.865	b_3	1.0	c_3	0.0

11.1.3 按残差白色定阶

如果模型的设计合适,则残差为白噪声,因此计算残差的估计值 $\hat{e}(k)$ 的自相关函数,检查其白色性,即可验证模型的估计是否合适。残差的自相关函数为

$$\hat{R}(i) = \frac{1}{N}\sum_{k=n+1}^{n+N} \hat{e}(k)\hat{e}(k+i) \tag{11.1.36}$$

$$\hat{R}(0)=\frac{1}{N}\sum_{k=n+1}^{n+N}\hat{e}^2(k) \tag{11.1.37}$$

把 $\hat{R}(i)$ 写成规格化

$$\hat{r}(i)=\hat{R}(i)/\hat{R}(0) \tag{11.1.38}$$

如图 11.2 所示某一系统取不同阶次时的 $\hat{r}(i)$ 曲线。从图中可看出该系统为 2 阶系统。

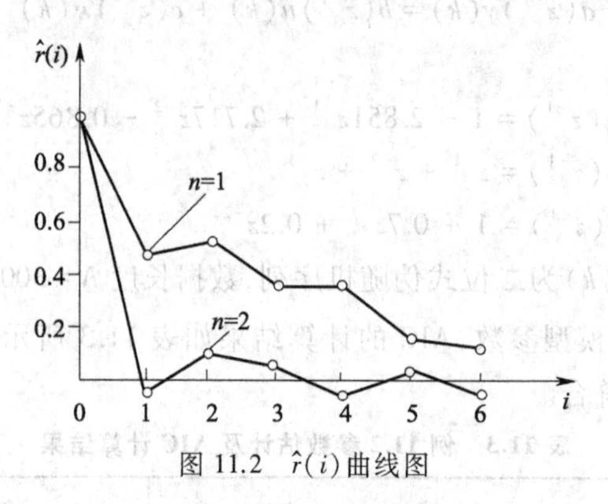

图 11.2　$\hat{r}(i)$ 曲线图

11.1.4　零点-极点消去检验

如果实际系统的阶数为 n_0，当系统模型的阶数 $n>n_0$ 时，将出现 $(n-n_0)$ 个附加的零极点对，这些零极点对至少是近似地能互相对消。对不同的模型阶数 n，通过计算多项式 $a(z^{-1})$ 和 $b(z^{-1})$ 的根，就可利用零极点对消作为阶的检验。

11.1.5　利用行列式比法定阶

考虑系统无观测噪声时的情况，这时系统的模型为

$$y(k)=-a_1y(k-1)-\cdots-a_ny(k-n)+b_0u(k)+\cdots+b_nu(k-n) \tag{11.1.39}$$

设

$$\boldsymbol{y}=[y(n+1)\quad y(n+2)\quad\cdots\quad y(n+N)]^{\mathrm{T}}$$

$$\boldsymbol{\theta}=[a_1\quad\cdots\quad a_n\quad b_0\quad\cdots\quad b_n]^{\mathrm{T}}$$

$$\boldsymbol{\Phi}=\begin{bmatrix}-y(n) & \cdots & -y(1) & u(n+1) & \cdots & u(1)\\ -y(n+1) & \cdots & -y(2) & u(n+2) & \cdots & u(2)\\ \vdots & & \vdots & \vdots & & \vdots\\ -y(n+N-1) & \cdots & -y(N) & u(n+N) & \cdots & u(N)\end{bmatrix}$$

则有

$$\boldsymbol{y}=\boldsymbol{\Phi\theta} \tag{11.1.40}$$

$$\hat{\boldsymbol{\theta}}=(\boldsymbol{\Phi}^{\mathrm{T}}\boldsymbol{\Phi})^{-1}\boldsymbol{\Phi}^{\mathrm{T}}\boldsymbol{y} \tag{11.1.41}$$

如果输入 $u(k)$ 满足可辨识条件（持续激励条件），则有

$$\operatorname{rank}\boldsymbol{\Phi}=\min[2n_0+1,2n+1] \tag{11.1.42}$$

式中 n_0 是系统真实的阶数。当 $n\leqslant n_0$ 时，$\boldsymbol{\Phi}$ 是满秩的；当 $n>n_0$ 时，$\boldsymbol{\Phi}$ 的秩等于 $2n_0+1$。这可解释如下，由式(11.1.39)可得

$$y(k)=-a_1y(k-1)-\cdots-a_{n_0}y(k-n_0)+b_0u(k)+\cdots+b_{n_0}u(k-n_0) \tag{11.1.43}$$

当 $n>n_0$ 时，矩阵 $\boldsymbol{\Phi}$ 的第 1 列元素是其他几列相应元素的线性组合，因而 $\boldsymbol{\Phi}$ 的秩只能为 $2n_0+1$。设 $\boldsymbol{Q}(n)=\dfrac{1}{N}\boldsymbol{\Phi}^{\mathrm{T}}\boldsymbol{\Phi}$，$\boldsymbol{Q}(n)$ 是非负的，则当 $n>n_0$ 时，$\det\boldsymbol{Q}(n)=0$；当 $n<n_0$ 时，$\det\boldsymbol{Q}(n)>0$。因而，用 $n=1,2,\cdots$ 依次研究 $\det\boldsymbol{Q}(n)$，求出最先使 $\det\boldsymbol{Q}(n)=0$ 的 n 值，$n-1$ 就是系统的阶数。为使此法便于应用，定义行列式比

$$R_{\mathrm{D}}(n)=\det\boldsymbol{Q}(n)/\det\boldsymbol{Q}(n+1) \tag{11.1.44}$$

式中 $n=1,2,\cdots$。若在 $n=n_0$ 时，$R_{\mathrm{D}}(n)\to\infty$，则可判定系统的阶数为 n_0。此方法称为行列式比法，其特点是不利用参数的估值，而是采用系统输入和输出的量测值，因而在开始估计参数之前就能确定系统的阶次。

当系统有噪声时，$\boldsymbol{\Phi}$ 几乎对所有 n 都是满秩的，$\det\boldsymbol{Q}(n)=0$ 不成立，用此法定阶就比较困难。

11.1.6 利用汉克尔（Hankel）矩阵定阶

给出系统的脉冲响应序列 $g_0,g_1,\cdots,g_N$，我们可从汉克尔矩阵的秩来确定系统的阶数。汉克尔矩阵定义为

$$\boldsymbol{H}(l,k)=\begin{bmatrix} g_k & g_{k+1} & \cdots & g_{k+l-1} \\ g_{k+1} & g_{k+2} & \cdots & g_{k+l} \\ \vdots & \vdots & & \vdots \\ g_{k+l-1} & g_{k+l} & \cdots & g_{k+2l-2} \end{bmatrix} \tag{11.1.45}$$

如果 $l>n$，则汉克尔矩阵的秩等于系统的阶 n。我们可对每个 k 值及不同的 l 值计算 $\boldsymbol{H}(l,k)$ 的行列式，当 $l=n+1$ 时，对于所有 k，$\boldsymbol{H}(l,k)$ 的行列式都等于 0。在实际中，由于存在噪声，这个行列式不会刚好等于 0，但会突然变小。为此，我们采用行列式比

$$D_l=\left|\frac{\boldsymbol{H}(l,k)\text{ 行列式的平均值}}{\boldsymbol{H}(l+1,k)\text{ 行列式的平均值}}\right| \tag{11.1.46}$$

作为指标，当 D_l 达到极大值时的 l 值就是系统的阶。

另一种方法是先求出脉冲响应序列的相关函数估值

$$\hat{R}_g(i)=\frac{1}{N-i+1}\sum_{k=0}^{N-i}g_kg_{k-i} \tag{11.1.47}$$

给出 $\hat{R}_g(i)$ 的规格化值，即相关系数值

$$\rho_i=\frac{\hat{R}_g(i)}{\hat{R}_g(0)},\quad i=1,2,\cdots \tag{11.1.48}$$

以 ρ_i 为元素构成汉克尔矩阵。当 $l=n+1$ 时，汉克尔矩阵的行列式也可能不会刚好等于 0，仍采用式(11.1.46)计算 D_l，当 D_l 达到极大值时的 l 值就是系统的阶。

例 11.3 已知系统的脉冲响应序列如表 11.4 所示，试利用汉克尔矩阵的秩来确定系统的阶数。

表 11.4　例 11.3 系统脉冲响应序列

k	g_k	k	g_k	k	g_k	k	g_k
0	1.0	13	0.21	26	0.15	39	0.12
1	0.8	14	0.20	27	0.15	40	0.12
2	0.65	15	0.19	28	0.15	41	0.11
3	0.54	16	0.19	29	0.14	42	0.11
4	0.46	17	0.18	30	0.14	43	0.11
5	0.39	18	0.18	31	0.14	44	0.11
6	0.35	19	0.18	32	0.13	45	0.10
7	0.31	20	0.17	33	0.13	46	0.10
8	0.28	21	0.17	34	0.13	47	0.10
9	0.26	22	0.17	35	0.13	48	0.10
10	0.24	23	0.16	36	0.12		
11	0.23	24	0.16	37	0.12		
12	0.22	25	0.15	38	0.12		

解　矩阵 $\boldsymbol{H}(2,k)$ 行列式的平均值 = 0.00087872

矩阵 $\boldsymbol{H}(3,k)$ 行列式的平均值 = -0.00029311

矩阵 $\boldsymbol{H}(4,k)$ 行列式的平均值 = -3.214×10^{-7}

矩阵 $\boldsymbol{H}(5,k)$ 行列式的平均值 = -5.709×10^{-9}

$$D_2 = 2.998,\quad D_3 = 913.1,\quad D_4 = 64.2$$

因此可确定系统的阶数为 3。

求出脉冲响应序列的相关系数值为

$$\rho_0 = 1,\qquad \rho_1 = 0.88052126,\quad \rho_2 = 0.79025506,$$
$$\rho_3 = 0.72231277,\quad \rho_4 = 0.67060564,\quad \rho_5 = 0.62999127,$$
$$\rho_6 = 0.60107303,\quad \rho_7 = 0.57697552,\qquad \cdots$$

以 ρ_i 为元素构造汉克尔矩阵并计算汉克尔矩阵的行列式

$$\det\left[\boldsymbol{H}(2,0)\right] = 0.014937371,\quad \det\left[\boldsymbol{H}(3,0)\right] = -0.00001282,$$
$$\det\left[\boldsymbol{H}(4,0)\right] = -0.000000058$$

$$D_2 = 1165.1615,\qquad D_3 = 221.03448$$

由行列式的值可知，系统模型的阶次可以定为 3 阶，也可定为 2 阶，因为 $\det\left[\boldsymbol{H}(3,0)\right]$ 已经很小。由行列式比值可知，系统的阶次可定为 2 阶。

由以上 2 种定阶方法的计算结果来看，这 2 种方法在定阶时是存在一定差异的。

11.2　模型的阶和参数同时辨识的非递推算法

设单输入-单输出线性定常系统的差分方程为

$$a(z^{-1})y(k)=b(z^{-1})u(k)+\varepsilon(k) \tag{11.2.1}$$

式中

$$a(z^{-1})=1+a_1z^{-1}+\cdots+a_nz^{-n}$$

$$b(z^{-1})=b_0+b_1z^{-1}+\cdots+b_nz^{-n}$$

$y(k)$,$u(k)$和$\varepsilon(k)$分别是系统在k时刻的输出、输入和噪声。系统阶次n和参数$a_i,b_j(i=1,2,\cdots,n;j=0,1,\cdots,n)$均为未知的待辨识参数。

设

$$\boldsymbol{y}_i=[y(i)\quad y(i+1)\quad\cdots\quad y(i+N)]^{\mathrm{T}},i=1,2,\cdots,n+1$$

$$\boldsymbol{u}_i=[u(i)\quad u(i+1)\quad\cdots\quad u(i+N-1)]^{\mathrm{T}},i=1,2,\cdots,n+1$$

$$\boldsymbol{\Phi}_n=[\boldsymbol{u}_1\quad\boldsymbol{y}_1\quad\boldsymbol{u}_2\quad\boldsymbol{y}_2\quad\cdots\quad\boldsymbol{u}_n\quad\boldsymbol{y}_n\quad\boldsymbol{u}_{n+1}]$$

$$\boldsymbol{\theta}_n=[b_n\quad -a_n\quad b_{n-1}\quad -a_{n-1}\quad\cdots\quad b_1\quad -a_1\quad b_0]^{\mathrm{T}}$$

$$\boldsymbol{\varepsilon}_n=[\varepsilon(n+1)\quad\varepsilon(n+2)\quad\cdots\quad\varepsilon(n+N)]^{\mathrm{T}}$$

式(11.2.1)的矩阵-向量形式为

$$\boldsymbol{y}_{n+1}=\boldsymbol{\Phi}_n\boldsymbol{\theta}_n+\boldsymbol{\varepsilon}_n \tag{11.2.2}$$

如果$\varepsilon(k)$为白噪声序列,则式(11.2.2)的最小二乘解为

$$\hat{\boldsymbol{\theta}}_n=(\boldsymbol{\Phi}_n^{\mathrm{T}}\boldsymbol{\Phi}_n)^{-1}\boldsymbol{\Phi}_n^{\mathrm{T}}\boldsymbol{y}_{n+1} \tag{11.2.3}$$

定义指标函数

$$J_n=\tilde{\boldsymbol{y}}_{n+1}^{\mathrm{T}}\tilde{\boldsymbol{y}}_{n+1}=\boldsymbol{y}_{n+1}^{\mathrm{T}}\boldsymbol{y}_{n+1}-\boldsymbol{y}_{n+1}^{\mathrm{T}}\boldsymbol{\Phi}_n(\boldsymbol{\Phi}_n^{\mathrm{T}}\boldsymbol{\Phi}_n)^{-1}\boldsymbol{\Phi}_n^{\mathrm{T}}\boldsymbol{y}_{n+1} \tag{11.2.4}$$

则当$\boldsymbol{\theta}_n$的估计值为$\hat{\boldsymbol{\theta}}_n$时指标函数$J_n$为最小。

现将符号改动一下,令

$$\boldsymbol{\varphi}(i-1)=[u(i-n)\quad y(i-n)\quad\cdots\quad u(i-1)\quad y(i-1)\quad u(i)]$$

$$\boldsymbol{\Phi}_n=[\boldsymbol{\varphi}^{\mathrm{T}}(n)\quad\boldsymbol{\varphi}^{\mathrm{T}}(n+1)\quad\cdots\quad\boldsymbol{\varphi}^{\mathrm{T}}(n+N-1)]^{\mathrm{T}}=[\boldsymbol{X}_{n-1}\quad\boldsymbol{u}_{n+1}]$$

$$\boldsymbol{X}_n=[\boldsymbol{\Phi}_n\ \vdots\ \boldsymbol{y}_{n+1}],\quad \boldsymbol{S}_n=\boldsymbol{X}_n^{\mathrm{T}}\boldsymbol{X}_n,\quad \boldsymbol{S}_{nu}=\boldsymbol{\Phi}_n^{\mathrm{T}}\boldsymbol{\Phi}_n$$

可得

$$\boldsymbol{S}_n=\begin{bmatrix}\boldsymbol{S}_{nu} & \boldsymbol{\Phi}_n^{\mathrm{T}}\boldsymbol{y}_{n+1}\\ \boldsymbol{y}_{n+1}^{\mathrm{T}}\boldsymbol{\Phi}_n & \boldsymbol{y}_{n+1}^{\mathrm{T}}\boldsymbol{y}_{n+1}\end{bmatrix} \tag{11.2.5}$$

$$\boldsymbol{S}_{nu}=\begin{bmatrix}\boldsymbol{S}_{n-1} & \boldsymbol{X}_{n-1}^{\mathrm{T}}\boldsymbol{u}_{n+1}\\ \boldsymbol{u}_{n+1}^{\mathrm{T}}\boldsymbol{X}_{n-1} & \boldsymbol{u}_{n+1}^{\mathrm{T}}\boldsymbol{u}_{n+1}\end{bmatrix} \tag{11.2.6}$$

矩阵$\boldsymbol{S}_n$称之为信息压缩矩阵,它含有$\boldsymbol{S}_{nu}$矩阵和$\boldsymbol{\Phi}_n^{\mathrm{T}}\boldsymbol{y}_{n+1}$向量,具有计算$n$阶及$n$阶以下各阶的参数和指标函数的全部信息,故称$\boldsymbol{S}_n$矩阵为信息压缩矩阵。

由式(11.2.3)和式(11.2.4)可得

$$\hat{\boldsymbol{\theta}}_n=\boldsymbol{S}_{nu}^{-1}\boldsymbol{\Phi}_n^{\mathrm{T}}\boldsymbol{y}_{n+1} \tag{11.2.7}$$

$$J_n=\boldsymbol{y}_{n+1}^{\mathrm{T}}\boldsymbol{y}_{n+1}-\boldsymbol{y}_{n+1}^{\mathrm{T}}\boldsymbol{\Phi}_n\boldsymbol{S}_{nu}^{-1}\boldsymbol{\Phi}_n^{\mathrm{T}}\boldsymbol{y}_{n+1} \tag{11.2.8}$$

如果$\boldsymbol{S}_n$矩阵可逆,其逆矩阵为

$$\boldsymbol{S}_n^{-1}=(\boldsymbol{X}_n^{\mathrm{T}}\boldsymbol{X}_n)^{-1}=\begin{bmatrix}\boldsymbol{S}_{nu} & \boldsymbol{\Phi}_n^{\mathrm{T}}\boldsymbol{y}_{n+1}\\ \boldsymbol{y}_{n+1}^{\mathrm{T}}\boldsymbol{\Phi}_n & \boldsymbol{y}_{n+1}^{\mathrm{T}}\boldsymbol{y}_{n+1}\end{bmatrix}^{-1} \tag{11.2.9}$$

利用分块矩阵求逆公式,由式(11.2.9)进一步可得

$$S_n^{-1}=\begin{bmatrix} S_{nu}^{-1} & \mathbf{0} \\ -J_n^{-1}\hat{\boldsymbol{\theta}}_n^{\mathrm{T}} & J_n^{-1} \end{bmatrix} \tag{11.2.10}$$

仿最小二乘定义做以下记号

$$\hat{\boldsymbol{\theta}}_{nu}=(\boldsymbol{X}_{n-1}^{\mathrm{T}}\boldsymbol{X}_{n-1})^{-1}\boldsymbol{X}_{n-1}^{\mathrm{T}}\boldsymbol{u}_{n+1},\qquad \tilde{\boldsymbol{u}}_{n+1}=\boldsymbol{u}_{n+1}-\boldsymbol{X}_{n-1}\hat{\theta}_{nu}$$

$$J_{nu}=\tilde{\boldsymbol{u}}_{n+1}^{\mathrm{T}}\tilde{\boldsymbol{u}}_{n+1}=\boldsymbol{u}_{n+1}^{\mathrm{T}}\boldsymbol{u}_{n+1}-\boldsymbol{u}_{n+1}^{\mathrm{T}}\boldsymbol{X}_{n-1}(\boldsymbol{X}_{n-1}^{\mathrm{T}}\boldsymbol{X}_{n-1})^{-1}\boldsymbol{X}_{n-1}^{\mathrm{T}}\boldsymbol{u}_{n+1}$$

经过初等变换，由式(11.2.5)可得

$$S_n=\begin{bmatrix} S_{nu} & \boldsymbol{\Phi}_n^{\mathrm{T}}\boldsymbol{y}_{n+1} \\ \mathbf{0} & J_n \end{bmatrix} \tag{11.2.11}$$

而 S_{nu} 由式(11.2.6)经过初等变换可得

$$S_{nu}=\begin{bmatrix} S_n & \boldsymbol{X}_{n-1}^{\mathrm{T}}\boldsymbol{y}_{n-1} \\ \mathbf{0} & J_{nu} \end{bmatrix} \tag{11.2.12}$$

将 S_{nu} 代入 S_n 的式中，然后又求 S_{n-1} 和 $S_{n-1,u}$，一直变换下去，最后可将 S_n 矩阵化为上三角矩阵

$$S_n=\begin{bmatrix} J_{ou} & \cdots & \cdots & \cdots & \cdots \\ & J_0 & & & \vdots \\ & & \ddots & & \vdots \\ & & & J_{nu} & \vdots \\ & & & & J_n \end{bmatrix} \tag{11.2.13}$$

这样，由 S_n 的对角线得到了 n 阶及 n 阶以下各阶的指标函数 $J_0,J_1,\cdots,J_n$，系统定阶问题得以解决，其中指标函数突然变小的阶次就是系统的阶次。另外，从理论上避免了矩阵求逆的病态问题，因为当 S_n 矩阵中的第 i 阶矩阵发生奇异时，则有 $J_i\approx 0$，所以由 S_n 的上三角矩阵可以判定其是否奇异。

与上面的变换相似，由式(11.2.10)可将 S_n^{-1} 化为下三角矩阵

$$S_n^{-1}=\begin{bmatrix} J_{0u} & & & & \\ -J_0^{-1}\hat{\boldsymbol{\theta}}_0^{\mathrm{T}} & J_0^{-1} & & & \\ \vdots & \vdots & \ddots & & \\ -J_{nu}^{-1}\hat{\boldsymbol{\theta}}_{nu} & \cdots & \cdots & J_{nu}^{-1} & \\ -J_n^{-1}\hat{\boldsymbol{\theta}}_n^{\mathrm{T}} & \cdots & \cdots & \cdots & J_n^{-1} \end{bmatrix} \tag{11.2.14}$$

由式(11.2.14)按行可解出各阶的参数估计值 $\hat{\boldsymbol{\theta}}_1,\hat{\boldsymbol{\theta}}_2,\cdots,\hat{\boldsymbol{\theta}}_n$ 和指标函数 $J_1,J_2,\cdots,J_n$。对应于给定的一批实验数据，其各阶参数估计值和指标函数是确定的，它们之间的关系可由式(11.2.14)一次给出。因此，系统定阶和参数辨识的计算量较小。

例 11.4　已知系统模型的差分方程为

$$y(k+1)=1.5y(k)-0.7y(k-1)+u(k)+0.5u(k-1)+\varepsilon(k)$$

$\varepsilon(k)$是均值为 0、方差为 0.2 的白噪声序列，数据长度 $N=400$，采用本节所介绍的一次性辨识算法的计算结果如表 11.5 所示。

表 11.5 例 11.4 计算结果

参数		$-a_1$	b_1	$-a_2$	b_2	$-a_3$	b_3	$-a_4$	b_4	J	
真实值		1.5	1	−0.7	0.5						
一阶	$\hat{\boldsymbol{\theta}}_1$	0.901	1.006							1131.5	J_1
二阶	$\hat{\boldsymbol{\theta}}_2$	1.508	1.017	−0.703	0.503					14.17	J_2
三阶	$\hat{\boldsymbol{\theta}}_3$	1.579	1.016	−0.807	0.430	0.047	−0.046			14.68	J_3
四阶	$\hat{\boldsymbol{\theta}}_4$	1.578	1.016	−0.785	0.431	0.016	−0.067	0.013	−0.014	14.68	J_4

由表 11.5 可知，$\boldsymbol{S}_n^{-1}$ 的下三角阵同时给出一至四阶参数估计值和指标函数，指标函数突然减小时的阶数为 2，所以判别定系统为二阶系统，和实际系统一致，而且二阶参数估计值和参数真实值很接近，说明本节所介绍的辨识方法是一种可行的有效方法。

11.3 同时获得模型阶次和参数的递推辨识算法

设单输入-单输出系统的差分方程为

$$\begin{aligned} y(k)+a_1y(k-1)+\cdots+a_ny(k-n)=b_1u(k-1)+\cdots+b_nu(k-n)+\\ \varepsilon(k)+d_1\varepsilon(k-1)+\cdots+d_n\varepsilon(k-n) \end{aligned} \tag{11.3.1}$$

式中 $u(k)$ 和 $y(k)$ 分别为系统的输入和输出量，$\varepsilon(k)$ 为零均值白噪声；系统阶次 n 和参数 $a_i,b_i,d_i(i=1,2,\cdots,n)$ 均为未知的待辨识参数。

设数据向量和参数向量分别为

$$\boldsymbol{h}_n^{\mathrm{T}}(k)=[-y(k-n)\quad \varepsilon(k-n)\quad u(k-n)\quad \cdots\quad -y(k-1)\quad \varepsilon(k-1)\quad u(k-1)] \tag{11.3.2}$$

$$\boldsymbol{\theta}_n(k)=[a_n\quad d_n\quad b_n\quad \cdots\quad a_1\quad d_1\quad b_1]^{\mathrm{T}} \tag{11.3.3}$$

则式(11.3.1)可以写为

$$y(k)=\boldsymbol{h}_n^{\mathrm{T}}(k)\boldsymbol{\theta}_n+\varepsilon(k) \tag{11.3.4}$$

在数据向量中加入当前的数据信息可得

$$\begin{cases} \boldsymbol{\Phi}_n(k)=\begin{bmatrix}\boldsymbol{h}_n(k)\\ -y(k)\end{bmatrix}\\ \boldsymbol{\psi}_n(k)=\begin{bmatrix}\boldsymbol{\Phi}_n(k)\\ \varepsilon(k)\end{bmatrix}\\ \boldsymbol{h}_n(k)=\begin{bmatrix}\boldsymbol{\psi}_{n-1}(k-1)\\ u(k-1)\end{bmatrix} \end{cases} \tag{11.3.5}$$

式(11.3.5)构成了数据向量的移位性质。令

$$\begin{cases} \boldsymbol{R}_n(k)=\sum\limits_{j=1}^{k}\boldsymbol{h}_n(j)\boldsymbol{h}_n^{\mathrm{T}}(j)\\ \boldsymbol{R}_{n-1}(k-1)=\sum\limits_{j=0}^{k-1}\boldsymbol{h}_{n-1}(j)\boldsymbol{h}_{n-1}^{\mathrm{T}}(j) \end{cases} \tag{11.3.6}$$

$$\begin{cases} \boldsymbol{S}_n(k)=\sum_{j=1}^{k}\boldsymbol{\Phi}_n(j)\boldsymbol{\Phi}_n^{\mathrm{T}}(j) \\ \boldsymbol{S}_{n-1}(k-1)=\sum_{j=0}^{k-1}\boldsymbol{\Phi}_{n-1}(j)\boldsymbol{\Phi}_{n-1}^{\mathrm{T}}(j) \end{cases} \tag{11.3.7}$$

$$\begin{cases} \boldsymbol{T}_n(k)=\sum_{j=1}^{k}\boldsymbol{\psi}_n(j)\boldsymbol{\psi}_n^{\mathrm{T}}(j) \\ \boldsymbol{T}_{n-1}(k-1)=\sum_{j=0}^{k-1}\boldsymbol{\psi}_{n-1}(j)\boldsymbol{\psi}_{n-1}^{\mathrm{T}}(j) \end{cases} \tag{11.3.8}$$

利用式(11.3.5),可以将式(11.3.7)分解为

$$\begin{aligned} \boldsymbol{S}_n(k) &= \begin{bmatrix} \sum_{j=1}^{k}\boldsymbol{h}_n(j)\boldsymbol{h}_n^{\mathrm{T}}(j) & -\sum_{j=1}^{k}\boldsymbol{h}_n(j)y(j) \\ -\sum_{j=1}^{k}\boldsymbol{h}_n^{\mathrm{T}}(j)y(j) & \sum_{j=1}^{k}y^2(j) \end{bmatrix} \\ &= \begin{bmatrix} \boldsymbol{I}_{3n} & \boldsymbol{0} \\ -\hat{\boldsymbol{\theta}}_n^{\mathrm{T}}(k) & 1 \end{bmatrix} \begin{bmatrix} \boldsymbol{R}_n(k) & \boldsymbol{0} \\ \boldsymbol{0} & J_n(k) \end{bmatrix} \begin{bmatrix} \boldsymbol{I}_{3n} & -\hat{\boldsymbol{\theta}}_n(k) \\ \boldsymbol{0} & 1 \end{bmatrix} \end{aligned} \tag{11.3.9}$$

式中

$$\hat{\boldsymbol{\theta}}_n(k)=\boldsymbol{R}_n^{-1}(k)\sum_{j=1}^{k}\boldsymbol{h}_n(j)y(j) \tag{11.3.10}$$

$$J_n(k)=\sum_{j=1}^{k}y^2(j)-\hat{\boldsymbol{\theta}}_n^{\mathrm{T}}(k)\boldsymbol{R}_n(k)\hat{\boldsymbol{\theta}}_n(k) \tag{11.3.11}$$

不难看出,$\hat{\boldsymbol{\theta}}_n(k)$恰为式(11.3.4)中参数向量$\boldsymbol{\theta}_n(k)$的增广最小二乘估计值,$J_n(k)$是对应的指标函数值。数据向量$\boldsymbol{h}_n(g)$中的不可测噪声变量$\varepsilon(g)$将用它的估计值$\hat{\varepsilon}(g)$代替。

同样,利用式(11.3.5)的移位性质,可将式(11.3.6)和式(11.3.8)分解为

$$\boldsymbol{R}_n(k)=\begin{bmatrix} \boldsymbol{I}_{3n-1} & \boldsymbol{0} \\ \hat{\boldsymbol{\theta}}_{(n-1)u}(k-1) & 1 \end{bmatrix} \begin{bmatrix} \boldsymbol{T}_{n-1}(k-1) & \boldsymbol{0} \\ \boldsymbol{0} & J_{(n-1)u}(k-1) \end{bmatrix} \begin{bmatrix} \boldsymbol{I}_{3n-1} & \hat{\boldsymbol{\theta}}_{(n-1)u}(k-1) \\ \boldsymbol{0} & 1 \end{bmatrix} \tag{11.3.12}$$

$$\boldsymbol{T}_n(k)=\begin{bmatrix} \boldsymbol{I}_{3n-2} & \boldsymbol{0} \\ \hat{\boldsymbol{\theta}}_{(n-1)\varepsilon}(k-1) & 1 \end{bmatrix} \begin{bmatrix} \boldsymbol{S}_{n-1}(k-1) & \boldsymbol{0} \\ \boldsymbol{0} & J_{(n-1)\varepsilon}(k-1) \end{bmatrix} \begin{bmatrix} \boldsymbol{I}_{3n-2} & \hat{\boldsymbol{\theta}}_{(n-1)\varepsilon}(k-1) \\ \boldsymbol{0} & 1 \end{bmatrix} \tag{11.3.13}$$

其中$\hat{\boldsymbol{\theta}}_{(n-1)u}(k-1)$,$\hat{\boldsymbol{\theta}}_{(n-1)\varepsilon}(k-1)$,$J_{(n-1)u}(k-1)$,$J_{(n-1)\varepsilon}(k-1)$的定义与式(11.3.10)和式(11.3.11)相似,这里并无明确的物理意义。

注意到式(11.3.9)、式(11.3.12)和式(11.3.13)间的递推关系,不断分解下去,并记$\boldsymbol{C}_n(k)=\boldsymbol{S}_n^{-1}(k)$为信息压缩阵,则有

$$\boldsymbol{C}_n(k)\triangleq\boldsymbol{S}_n^{-1}(k)\triangleq\boldsymbol{U}_n(k)\boldsymbol{D}_n(k)\boldsymbol{U}_n^{\mathrm{T}}(k) \tag{11.3.14}$$

$$
\boldsymbol{U}_n(k)=\begin{bmatrix}
1 & \hat{\boldsymbol{\theta}}_{0\varepsilon}(k-n) & & & & & & \\
 & 1 & \hat{\boldsymbol{\theta}}_{0u}(k-n) & & & & & \\
 & & 1 & \hat{\boldsymbol{\theta}}_{1}(k-n+1) & & & & \\
 & & & 1 & \ddots & & & \\
 & & & & \ddots & \hat{\boldsymbol{\theta}}_{(n-1)u}(k-1) & & \\
 & & & & & 1 & \hat{\boldsymbol{\theta}}_{n}(k) & \\
 & & & & & & 1 &
\end{bmatrix} \tag{11.3.15a}
$$

$$
\begin{aligned}
\boldsymbol{D}_n(k)=\operatorname{diag}[&J_0^{-1}(k-n),\quad J_{0\varepsilon}^{-1}(k-n+1),\quad J_{0u}^{-1}(k-n+1),\quad \cdots,\\
&J_{(n-1)\varepsilon}^{-1}(k-1),\quad J_{(n-1)u}^{-1}(k-1),\quad J_n^{-1}(k)]
\end{aligned} \tag{11.3.15b}
$$

可以看出，$\boldsymbol{C}_n(k)$中包含了各阶参数和指标函数的全部信息，根据各阶指标函数值可以方便地确定模型的阶次。同时，$\boldsymbol{D}_n(k)$的各元素还可用来监视$\boldsymbol{C}_n(k)$的正定性。

式(11.3.14)的UD分解形式可以通过对$\boldsymbol{U}_n(k)$和$\boldsymbol{D}_n(k)$递推使$\boldsymbol{C}_n(k)$得到更新。若数据向量$\boldsymbol{\Phi}_n(k)$中的不可测噪声变量$\varepsilon(\cdot)$用其对应的估计量$\hat{\varepsilon}(\cdot)$来代替，则最后可得到信息压缩阵的递推分解算法。

(1) $f(k)=\boldsymbol{U}_n^{\mathrm{T}}(k-1)\boldsymbol{\Phi}_n(k)$，　$\boldsymbol{g}(k)=\boldsymbol{D}_n(k-1)f(k)$。

(2) $\hat{\varepsilon}(k)=-f_N(k)/\beta_{n-1}(k)$。

(3) 令$\beta_0(k)=\lambda(k)$，$\lambda(k)$为遗忘因子，从$j=1$到$N=3n+1$计算步骤(4)至(6)。

(4) $\beta_j(k)=\beta_{j-1}(k)+f_j(k)g_{jj}(k)$；

$d_{jj}(k)=d_{jj}(k-1)\beta_{j-1}(k)/\beta_j(k)\lambda(k)$，其中$d_{jj}(k)$为$\boldsymbol{D}_n(k)$的元素；

$v_j=g_{jj}(k)$，　$\mu_j=-f_j(k)/\beta_{j-1}(k)$。

(5) 从$i=1$到$j-1$计算(6)，如$j=1$，跳回步骤(4)。

(6) $u_{ij}(k)=u_{ij}(k-1)+v_i\mu_j$；

$v_{i+1}=v_i+u_{ij}(k-1)v_j$。

至此，便得到了一种能同时进行阶次辨识和参数估计的递推辨识算法。由于运用了UD分解技术，该算法具有良好的数值计算品质。

例 11.5　已知系统差分方程为

$$
y(k)-0.9y(k-1)+0.2y(k-2)=u(k-1)+0.5u(k-2)+\varepsilon(k)+0.4\varepsilon(k-1)
$$

式中$u(k)$和$y(k)$分别为输入和输出变量，$\varepsilon(k)$是零均值白噪声。用5阶幅度为1.0的M序列作为输入激励信号，数据长度取1000，遗忘因子取为常数1.0，最大可能阶次取为4，利用本节算法对系统模型进行辨识，得到1至4阶各阶参数估计值如表11.6所示，不同噪信比下各阶指标函数与系统模型阶次的关系如表11.7所示。

利用各阶指标函数值，可以很方便地根据AIC准则或F检验法判断出系统模型的阶次应为2阶，与所给出的系统差分方程相符合。

表 11.6　各阶参数估计值(噪信比 $N/S=0.483$)

$\hat{n}$	$\hat{a}_1$	$\hat{b}_1$	$\hat{d}_1$	$\hat{a}_2$	$\hat{b}_2$	$\hat{d}_2$	$\hat{a}_3$	$\hat{b}_3$	$\hat{d}_3$	$\hat{a}_4$	$\hat{b}_4$	$\hat{d}_4$
4	-1.222	0.994	0.106	0.490	0.192	-0.136	-0.072	-0.188	-0.011	0.011	-0.010	-0.019
3	-1.219	0.994	0.107	0.482	0.194	-0.140	-0.055	-0.192	-0.001			
2	-0.885	0.995	0.442	0.191	0.531	0.022						
1	-0.821	0.998	0.543									
真值	-0.9	1.0	0.4	0.2	0.5							

表 11.7　不同噪信比下各阶指标函数值与系统模型阶次的关系

N/S	J_0	J_1	J_2	J_3	J_4
1.079	8485.9	1654.3	1112.5	1108.7	1108.7
0.763	6189.4	1060.0	556.1	554.2	554.1
0.483	4862.9	693.7	222.4	221.6	221.6
0.219	4180.3	484.5	49.21	49.05	48.68

11.4　多变量 CARMA 模型的结构辨识

多变量受控自回归滑动平均模型(CARMA)广泛应用于预报和控制领域,因此对这类模型的参数估计和结构辨识引起了广泛的兴趣。结构辨识包括模型的阶、子阶和时滞的确定。

设动态系统用多变量 CARMA 模型描述为

$$\boldsymbol{A}(z^{-1})\boldsymbol{y}(k)=\boldsymbol{B}(z^{-1})\boldsymbol{u}(k)+\boldsymbol{C}(z^{-1})\boldsymbol{\varepsilon}(k) \tag{11.4.1}$$

其中 $\boldsymbol{y}(k)$ 是 p 维输出向量,$\boldsymbol{u}(k)$ 是 r 维输入向量,$\boldsymbol{\varepsilon}(k)$ 是 p 维零均值高斯白噪声,并且

$$\boldsymbol{A}(z^{-1})=\boldsymbol{I}-\boldsymbol{A}_1z^{-1}-\cdots-\boldsymbol{A}_nz^{-n}$$

$$\boldsymbol{B}(z^{-1})=\boldsymbol{B}_0+\boldsymbol{B}_1z^{-1}+\cdots+\boldsymbol{B}_nz^{-n}$$

$$\boldsymbol{C}(z^{-1})=\boldsymbol{I}+\boldsymbol{C}_1z^{-1}+\cdots+\boldsymbol{C}_nz^{-n}$$

其中 $\boldsymbol{A}_i=(a_{ij}^i)$,$\boldsymbol{B}_i=(b_{ij}^i)$,$\boldsymbol{C}_i=(c_{ij}^i)$ 分别是元素为 a_{ij}^i,b_{ij}^i,c_{ij}^i 的 $p\times p$,$p\times r$,$p\times p$ 系数矩阵,$\boldsymbol{I}$ 是单位矩阵。

假设 $\det\boldsymbol{A}(z^{-1})$ 和 $\det\boldsymbol{C}(z^{-1})$ 的零点均在单位圆外,n 为模型的阶,且记式(11.4.1)为 CARMA(n)。可能有下述 4 种情形:

(1) 如果 $\boldsymbol{A}_n\neq\boldsymbol{0}$,或 $\boldsymbol{A}_n=\cdots=\boldsymbol{A}_{m+1}=\boldsymbol{0}$ 而 $\boldsymbol{A}_m\neq\boldsymbol{0}$,则 AR 子阶(自回归部分的阶)为 n 或 m;

(2) 如果 $\boldsymbol{C}_n\neq\boldsymbol{0}$,或 $\boldsymbol{C}_n=\cdots=\boldsymbol{C}_{l+1}=\boldsymbol{0}$,而 $\boldsymbol{C}_l\neq\boldsymbol{0}$,则 MA 子阶(滑动平均部分的阶)为 n 或 l;

(3) 如果 $\boldsymbol{B}_n\neq\boldsymbol{0}$,或 $\boldsymbol{B}_n=\cdots=\boldsymbol{B}_{s+1}=\boldsymbol{0}$,而 $\boldsymbol{B}_s\neq\boldsymbol{0}$,则 C 子阶(受控部分的阶)为 n 或 s;

(4) 如果 $\boldsymbol{B}_0=\boldsymbol{0}$,或 $\boldsymbol{B}_0=\cdots=\boldsymbol{B}_{d-1}=\boldsymbol{0}$,而 $\boldsymbol{B}_d\neq\boldsymbol{0}$,则模型的时滞为 0 或 d。

显然,情况(1)至(4)的判别归结为检验 CARMA(n)模型中某些参数矩阵是否为零矩阵的统计假设检验问题,这是本节方法的出发点。

11.4.1　递推最小二乘法参数估计

式(11.4.1)所示模型可改写成 p 个多输入-单输出子模型,即

$$y_i(k)=\boldsymbol{\varphi}^{\mathrm{T}}(k)\boldsymbol{\theta}_i+\varepsilon_i(k),\quad i=1,2,\cdots,p \tag{11.4.2}$$

式中

$$\boldsymbol{\theta}_i^{\mathrm{T}}=[a_{i1}^1\ \cdots\ a_{ip}^1\ \cdots\ b_{i1}^n\ \cdots\ b_{ir}^n\ c_{i1}^n\ \cdots\ c_{ip}^n]$$

$$\boldsymbol{\varphi}^{\mathrm{T}}(k)=[\boldsymbol{y}^{\mathrm{T}}(k-1)\ \cdots\ \boldsymbol{y}^{\mathrm{T}}(k-n)\ \boldsymbol{u}^{\mathrm{T}}(k)\ \cdots\ \boldsymbol{u}^{\mathrm{T}}(k-n)\ \boldsymbol{\varepsilon}^{\mathrm{T}}(k-1)\ \cdots\ \boldsymbol{\varepsilon}^{\mathrm{T}}(k-n)]$$

$$\boldsymbol{y}^{\mathrm{T}}(k-j)=[y_1(k-j)\ \ y_2(k-j)\ \ \cdots\ \ y_p(k-j)],j=1,2,\cdots,n$$

$$\boldsymbol{u}^{\mathrm{T}}(k-j)=[u_1(k-j)\ \ u_2(k-j)\ \ \cdots\ \ u_r(k-j)],j=0,1,2,\cdots,n$$

$$\boldsymbol{\varepsilon}^{\mathrm{T}}(k-j)=[\varepsilon_1(k-j)\ \ \varepsilon_2(k-j)\ \ \cdots\ \ \varepsilon_p(k-j)],j=1,2,\cdots,n$$

对 $y_i(k)$ 而言,它是带外生变量的自回归模型,含有 $2np+(n+1)r$ 个参数,记为 ARX(n)。因而辨识模型式(11.4.1)归结为辨识 p 个子模型 ARX(n)。

基于数据$\{\boldsymbol{u}(i),\boldsymbol{y}(i)\},i=1,2,\cdots,k,\boldsymbol{\theta}_i$ 的递推最小二乘估值为

$$\hat{\boldsymbol{\theta}}_i(k)=\hat{\boldsymbol{\theta}}_i(k-1)+\boldsymbol{K}_i(k)\hat{\varepsilon}_i(k) \tag{11.4.3}$$

$$\hat{\varepsilon}_i(k)=y_i(k)-\hat{\boldsymbol{\varphi}}^{\mathrm{T}}(k)\hat{\boldsymbol{\theta}}_i(k-1) \tag{11.4.4}$$

$$\hat{\boldsymbol{\varphi}}^{\mathrm{T}}(k)=\left[\boldsymbol{y}^{\mathrm{T}}(k-1)\ \cdots\ \boldsymbol{y}^{\mathrm{T}}(k-n)\ \boldsymbol{u}^{\mathrm{T}}(k)\ \cdots\ \boldsymbol{u}^{\mathrm{T}}(k-n)\ \hat{\boldsymbol{\varepsilon}}^{\mathrm{T}}(k-1)\ \cdots\ \hat{\boldsymbol{\varepsilon}}^{\mathrm{T}}(k-n)\right] \tag{11.4.5}$$

$$\hat{\boldsymbol{\varepsilon}}^{\mathrm{T}}(k-j)=\left[\hat{\varepsilon}_1(k-j)\ \ \hat{\varepsilon}_2(k-j)\ \ \cdots\ \ \hat{\varepsilon}_p(k-j)\right],j=1,2,\cdots,n \tag{11.4.6}$$

$$\boldsymbol{K}_i(k)=\boldsymbol{P}_i(k-1)\hat{\boldsymbol{\varphi}}(k)\left[\lambda+\hat{\boldsymbol{\varphi}}^{\mathrm{T}}(k)\boldsymbol{P}_i(k-1)\hat{\boldsymbol{\varphi}}(k)\right]^{-1} \tag{11.4.7}$$

$$\boldsymbol{P}_i(k)=\left[1-\boldsymbol{K}_i(k)\hat{\boldsymbol{\varphi}}^{\mathrm{T}}(k)\right]\boldsymbol{P}_i(k-1)/\lambda \tag{11.4.8}$$

式中,$i=1,2,\cdots,p,\lambda$ 为遗忘因子,$0<\lambda\leqslant 1$。初始值为 $\hat{\boldsymbol{\theta}}_i(0)=\boldsymbol{\theta}_{i0},\boldsymbol{P}_i(0)=\boldsymbol{P}_{i0},\hat{\boldsymbol{\varepsilon}}(j)=\boldsymbol{u}(j)=\boldsymbol{y}(j)=\boldsymbol{0},j=0,-1,\cdots,1-n$。

基于数据$\{\boldsymbol{u}(i),\boldsymbol{y}(i),i=1,2,\cdots,N\}$,残差平方和为

$$V_i(n)=\sum_{k=n+1}^{N}\hat{e}_i^2(k) \tag{11.4.9}$$

其中残差

$$\hat{e}_i(k)=y_i(k)-\hat{\boldsymbol{\varphi}}^{\mathrm{T}}(k)\hat{\boldsymbol{\theta}}(N),\quad i=1,2,\cdots,N$$

$\varepsilon_i(k)$ 的方差 σ_i^2 的采样估计值为

$$\hat{\sigma}_i^2=V_i(n)/(N-n) \tag{11.4.10}$$

11.4.2 子模型阶的确定

由式(11.4.2)所示的子模型 ARX(n)的阶可能比 n 小,因为其中某些参数可能为 0。基于 N 组数据$\{\boldsymbol{u}(i),\boldsymbol{y}(i),i=1,2,\cdots,N\}$,为了确定第 i 个子模型式(11.4.2)的真实阶 n_i,可由低阶到高阶相继拟合 ARX(n)模型,$n=1,2,\cdots$。对于合适的阶 n_i,当阶数再增加时,ARX(n_i)的残差平方和的变化是不显著的,可用 F 检验法判断模型阶变化时相应残差平方和变化的显著性。

对于 ARX(n)与 ARX($n+1$)而言,统计量

$$F_i=\frac{V_i(n)-V_i(n+1)}{V_i(n+1)}\cdot\frac{N-2(n+1)P-(n+2)r}{2P+r} \tag{11.4.11}$$

渐近于 $F(2P+r,N-2(n+1)P-(n+2)r)$ 分布。

取风险水平为 α(例如 $\alpha=0.01$ 或 $\alpha=0.05$),查 F 分布表得临界值 F_α,如果 $F_i<F_\alpha$,则 ARX(n)是合适的(F 检验不显著);如果 $F_i>F_\alpha$,则 ARX(n)是不合适的(F 检验显著)。

对于 $n=1,2,\cdots$,在每两个相邻模型之间用上述 F 检验,直到 ARX(n_i)模型是合适的为止。n_i 叫作第 i 个子模型的阶,也叫结构指数。为了求 n_i,仅需拟合(n_i+1)个 ARX(n),$n=1,2,\cdots,(n_i+1)$,这可用软件包自动完成。

11.4.3 简练参数模型、子阶和时滞的确定

为了得到简练参数模型,在得到的子模型 ARX(n_i)($i=1,2,\cdots,p$)中,必须删去某些实际上可以认为是 0 的参数,虽然它们的估值近似于 0 而不等于 0。子阶和时滞只有在删去这些不显著异于 0 的参数之后才能辨识出来。这归结为检验 ARX(n_i)模型中某些参数是否为 0 的统计问题。

对于子模型 ARX(n_i),在已知数据$\{\boldsymbol{u}(i),\boldsymbol{y}(i),i=1,2,\cdots,N\}$的条件下,$\boldsymbol{\theta}_i$ 的条件分布渐近于均值为 $\hat{\boldsymbol{\theta}}_i(N)$、协方差阵为 $\sigma_i^2\boldsymbol{P}_i(N)$ 的正态分布,其中 $\hat{\boldsymbol{\theta}}_i(N)$ 和 $\boldsymbol{P}_i(N)$ 用递推最小二乘法式(11.4.3)至式(11.4.8)计算,而 σ_i^2 的估值 $\hat{\sigma}_i^2$ 用式(11.4.10)计算。$\boldsymbol{\theta}_i$ 的第 j 个分量 θ_i^j 的条件分布也是渐近于均值为 $\hat{\theta}_i^j(N)$、方差为 $\sigma_i^2p_i^{jj}(N)$ 的正态分布,其中 $\hat{\theta}_i^j(N)$ 是 $\hat{\boldsymbol{\theta}}_i(N)$ 的第 j 个分量,$p_i^{jj}(N)$ 是 $\boldsymbol{P}_i(N)$ 的第(j,j)对角元素。于是 θ_i^j 的 95%置信区间为

$$\hat{\theta}_i^j(N)-1.96\hat{\sigma}_i\sqrt{p_i^{jj}(N)}<\theta_i^j<\hat{\theta}_i^j(N)+1.96\hat{\sigma}_i\sqrt{p_i^{jj}(N)} \tag{11.4.12}$$

式中 $j=1,2,\cdots,2np+(n+1)r$。式(11.4.12)也可写为

$$\theta_i^j=\hat{\theta}_i^j(N)\pm1.96\hat{\sigma}_i\sqrt{p_i^{jj}(N)} \tag{11.4.13}$$

显然,假如 $\hat{\theta}_i^j(N)$ 近似等于零,则 θ_i^j 的 95%置信区间将包含零点,这就产生了下述的简练参数模型及子阶和时滞的 F 检验判决方法:

(1) 在 ARX(n_i)模型中首先删去 95%置信区间包含零点的参数,然后用递推最小二乘法重建简练参数的 ARX(n_i)模型,它不包含所删去的参数,记为 $\mathrm{ARX}^-(n_i)$;

(2) 用 F 检验法判定所删去的参数是否不显著异于 0。注意统计量

$$F_i=\frac{V_i^-(n_i)-V_i(n_i)}{V_i(n_i)}\cdot\frac{N-2n_ip-(n_i+1)r}{M_i} \tag{11.4.14}$$

渐近于 $F(M_i,N-2n_ip-(n_i+1)r)$ 分布,其中 $V_i^-(n_i)$ 是简练参数模型 $\mathrm{ARX}^-(n_i)$ 的残差平方和,M_i 为所删去的参数个数。

取风险水平为 α,查 F 分布表得临界值 F_α。若 $F_i<F_\alpha$,则简练参数模型 $\mathrm{ARX}^-(n_i)$ 被接受(即所删去的参数都不显著异于 0)。若 $F_i\geqslant F_\alpha$,则应进一步分析。前者是最一般和常见的情形,后者是个别和特殊的情形,可能发生在数据组 N 较小和 σ_i^2 较大的情况下。

对于 $F_i\geqslant F_\alpha$ 这种个别情形,并不意味着删去的参数都不显著异于 0。由式(11.4.13)知,此时可能显著异于 0 的参数的 95%置信区间也包含零点,这是因为 σ_i^2 较大或 $p_i^{jj}(N)$ 较大(由 N 较小引起)将导致置信区间的扩大,从而把零点也扩大到置信区间中。在这种情况下,应进一步在这些删去的参数中保留那些显著异于 0 的参数,去掉不显著异于 0 的参数,而每个参数是否显著异于 0 可逐一用 F 检验法判别,进而得到简练参数模型 $\mathrm{ARX}^-(n_i)$。

(3) 合并所得的 p 个简练参数子模型 $\mathrm{ARX}^-(n_i)$($i=1,2,\cdots,p$),写成向量-矩阵形式,可得到简练参数的多变量 $\mathrm{CARMA}^-(n)$ 模型。显然,模型的阶为

$$n = \max(n_1, n_2, \cdots, n_p) \tag{11.4.15}$$

因为在子模型ARX⁻(n_i)中已删去了子模型 ARX(n_i)中不显著异于 0 的参数,因而在所得到的简练参数的多变量量CARMA⁻(n)模型中的某些系数矩阵可能为 **0** 矩阵,即可能出现前面所述的 4 种情形,由此立刻可确定模型的子阶和时滞。这样就同时得到了简练参数模型、模型的阶、子阶和时滞,实现了多变量 CARMA 模型完整的结构辨识。

例 11.6　设双输入-双输出一阶 CARMA(1)模型为

$$\boldsymbol{y}(k) = \boldsymbol{A}_1\boldsymbol{y}(k-1) + \boldsymbol{B}_1\boldsymbol{u}(k-1) + \boldsymbol{\varepsilon}(k) + \boldsymbol{C}_1\boldsymbol{\varepsilon}(k-1) \tag{11.4.16}$$

其中模型的阶和各子阶均为 1,时滞 $d=1$,且

$$\begin{cases} \boldsymbol{A}_1 = \begin{bmatrix} 0.5 & 0 \\ 1.3 & -0.4 \end{bmatrix} \\ \boldsymbol{B}_1 = \begin{bmatrix} 1 & -0.3 \\ 0 & 1.5 \end{bmatrix} \\ \boldsymbol{C}_1 = \begin{bmatrix} 0.6 & 1 \\ 0.2 & -0.5 \end{bmatrix} \end{cases} \tag{11.4.17}$$

$\boldsymbol{\varepsilon}(k)=[\varepsilon_1(k) \quad \varepsilon_2(k)]^{\mathrm{T}}$ 是零均值、方差阵为 diag(0.0729,0.00324)的高斯白噪声,输入 $\boldsymbol{u}(k)=[u_1(k) \quad u_2(k)]^{\mathrm{T}}$ 是零均值、方差阵为 diag(1,1)的独立于 $\boldsymbol{\varepsilon}(k)$ 的高斯白噪声。

记录式(11.4.16)所示模型的 100 组输入输出数据$\{\boldsymbol{u}(i), \boldsymbol{y}(i), i=1,2,\cdots,100\}$,用本节中的方法确定模型参数阵估值 $\hat{\boldsymbol{A}}_1$,$\hat{\boldsymbol{B}}_1$ 和 $\hat{\boldsymbol{C}}_1$ 及模型的阶、子阶和时滞。

解　首先建立全参数的 CARMA(1)模型,各参数矩阵的估值为

$$\begin{cases} \hat{\boldsymbol{A}}_1 = \begin{bmatrix} 0.451624 & \underline{2.702267 \times 10^{-4}} \\ 1.289323 & -0.397201 \end{bmatrix} \\ \hat{\boldsymbol{B}}_0 = \begin{bmatrix} \underline{-0.061099} & \underline{-0.019741} \\ \underline{-6.3616258 \times 10^{-3}} & \underline{-0.025763} \end{bmatrix} \\ \hat{\boldsymbol{B}}_1 = \begin{bmatrix} 0.930229 & -0.366100 \\ \underline{-0.043224} & 1.510582 \end{bmatrix} \\ \hat{\boldsymbol{C}}_1 = \begin{bmatrix} 0.382730 & \underline{-9.588089 \times 10^{-3}} \\ 0.156087 & -0.268142 \end{bmatrix} \end{cases} \tag{11.4.18}$$

每个子模型的残差平方和分别为

$$\begin{cases} V_1(1) = 9.011070 \\ V_2(1) = 4.926072 \end{cases} \tag{11.4.19}$$

然后建立全参数的 CARMA(2)模型,可得它的每个子模型的残差平方和分别为

$$\begin{cases} V_1(2) = 7.661304 \\ V_2(2) = 4.218527 \end{cases} \tag{11.4.20}$$

取风险水平 $\alpha=0.01$,对 $N=100$,查 F 分布表可得临界值 $F_\alpha=3.03$,而各模型的 F 值分别为

$$\begin{cases} F_1 = 2.554606 < F_\alpha \\ F_2 = 2.431990 < F_\alpha \end{cases} \tag{11.4.21}$$

因而对每个子模型拟合 ARX(1)模型是合适的,即合适的全参数(非简练参数)模型为 CARMA(1)。

在全参数的 CARMA(1)模型中,系数矩阵式(11.4.18)中下面画线的参数的 95%置信区间包含零

点。删去这些参数后,重新用递推最小二乘法建立简练参数子模型,可得各子模型残差平方和

$$\begin{cases} V_1^-(1) = 9.224483 \\ V_2^-(1) = 5.172495 \end{cases} \tag{11.4.22}$$

进一步用 F 检验法比较简练参数与全参数的子模型,取风险水平 $\alpha = 0.01$,对 $N = 100$,查 F 分布表得 $F_\alpha > 3.5$,由此可算出

$$\begin{cases} F_1 = 0.734185 < F_\alpha \\ F_2 = 1.550751 < F_\alpha \end{cases} \tag{11.4.23}$$

因此所建立的 2 个简练参数子模型为最终被接受的模型。把它们写成向量-矩阵形式就得到最终被接受的简练参数多变量 CARMA(1)模型

$$\boldsymbol{y}(k) = \hat{\boldsymbol{A}}_1 \boldsymbol{y}(k-1) + \hat{\boldsymbol{B}}_1 \boldsymbol{u}(k-1) + \boldsymbol{\varepsilon}(k) + \hat{\boldsymbol{C}}_1 \boldsymbol{\varepsilon}(k) \tag{11.4.24}$$

式中

$$\begin{cases} \hat{\boldsymbol{A}}_1 = \begin{bmatrix} 0.482953 & 0 \\ 1.292680 & -0.400296 \end{bmatrix} \\ \hat{\boldsymbol{B}}_1 = \begin{bmatrix} 0.966308 & -0.350084 \\ 0 & 1.492530 \end{bmatrix} \\ \hat{\boldsymbol{C}}_1 = \begin{bmatrix} 0.222468 & 0 \\ 0.111053 & -0.406390 \end{bmatrix} \end{cases} \tag{11.4.25}$$

由此立即得到模型的阶和各子阶均为 1 且时滞为 1。把式(11.4.25)中各参数阵的估值与式(11.4.17)中各参数阵的真实值相比较,可知递推最小二乘法有较好的收敛性。

用递推最小二乘法估计 CARMA 模型的参数时,通常 MA 部分 $\boldsymbol{C}(z^{-1})$ 的参数估值收敛速度很慢。本节限定数据组数 $N = 100$,为了不增加数据组数而又给出模型参数较好的估值,在此例中采用了循环递推增广最小二乘法,即以递推次数 $N = 100$ 为一个循环,前一个循环的最终参数估值作为后一个循环的参数初始值,第一个循环的参数初值取为 $\hat{\boldsymbol{\theta}}_i(0) = \boldsymbol{0}$,$\boldsymbol{P}_i(0) = 10^4 \boldsymbol{I}$,共进行 5 个循环(共递推 500 次),式(11.4.25)是最终的参数估值。计算结果表明,本节中的参数估计具有一致性。

习　题

11.1　分析例 11.3 中两种定阶方法的计算结果不完全一致的原因。

11.2　以例 11.1 中的系统模型为仿真对象,利用 11.1 节中的各种定阶方法确定系统模型的阶次,并比较各种定阶方法的优缺点。

11.3　推导 11.3 节中信息压缩阵的递推分解算法,并编制相应的软件。

12

第12章 闭环系统辨识

我们在前面讨论各种辨识方法时，都是假定辨识对象是在开环条件下工作的，因此前面各章所介绍的辨识方法适用于开环系统辨识。在许多实际问题中，辨识不一定都能在开环状态下进行。例如有的系统只能在闭环条件工作，如果断开反馈通道，系统就不稳定。有的系统可能是大系统的一部分，而在这个大系统中不允许或不可能断开反馈通道，例如经济系统和生物系统等，由于它们内部存在的反馈是客观的、无法解除的，因此它们的辨识只能在有反馈作用的状态下进行。所以闭环系统辨识是一个实际上经常遇到的问题。研究闭环系统辨识时有两个问题必须注意：一是当系统的反馈作用不明显或隐含时，必须首先判明系统是否存在反馈。如果将存在反馈作用的系统作为开环系统进行辨识，将存在很大的辨识误差，也可能导致不可辨识；二是开环辨识方法需要附加什么样的条件才能用于闭环辨识。例如，在前面研究最小二乘法时，我们假定输入信号与输出测量噪声不相关，但在闭环条件下这个假定是不可能成立的，因为输出测量噪声通过反馈必定与输入信号相关。

本章将介绍闭环系统判别方法、闭环系统的可辨识性概念和闭环系统辨识的方法。

12.1 闭环系统判别方法

有些闭环系统的反馈作用是明显的，可以直截了当地作出判断。例如自校正控制系统，要求在闭环控制条件下辨识控制对象的参数，根据参数估值形成自校正控制律，这类系统只能在闭环条件下工作。对于导弹和航天器及控制工程中的大多数控制系统来说，系统中是否存在反馈作用都是比较明显的。但对于经济系统、社会系统和生物系统等反馈作用隐含的系统，例如载人航天中所需要的人体出汗模型，生物导弹在人体中的作用机理模型等，就难以直接判断系统中是否存在反馈作用，只有经过计算，才能作出明确判断。下面介绍两种常用的闭环系统判别方法。

12.1.1　谱因子分解法

对于如图 12.1 所示的确定性系统，若不能直接确定输出 $y(t)$ 与输入 $u(t)$ 之间是否存在反馈，则可以通过对输入、输出数据的谱密度进行谱因子分解来确定。

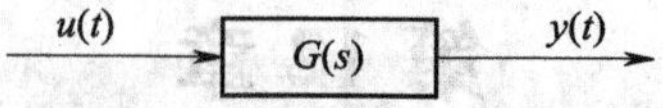

u(t) → G(s) → y(t)

图 12.1　系统方块图

设系统的输入、输出数据序列为 $\{u(k)\}$ 和 $\{y(k)\}$，$R_{uu}(i)$ 和 $R_{uy}(i)$ 为数据的相关函数，对应的 z 变换（实际上就是数据的离散谱密度）为 $S_{uu}(z)$ 和 $S_{uy}(z)$，当数据是平稳随机序列时，不管系统是否存在反馈，都有关系式

$$G(z)=S_{uy}(z)S_{uu}^{-1}(z) \tag{12.1.1}$$

其中 $G(z)$ 为系统前向通道的脉冲传递函数。

如果系统的输出与输入之间不存在反馈作用，或者说系统的输出是输入信号激励的结果，两者之间存在因果关系，则数据的离散谱密度一定可分解成

$$\begin{cases}S_{uu}(z)=D(z)D^*(z)\\ S_{uy}(z)=B(z)D^*(z)\end{cases} \tag{12.1.2}$$

其中 $D(z)$ 是 $S_{uu}(z)$ 的稳定可逆谱因子，$D^*(z)$ 是 $D(z)$ 的共轭形式。系统前向通道的脉冲传递函数又可表示为

$$G_+(z)=\left[S_{uy}(z)\left(D^*(z)\right)^{-1}\right]_+D(z^{-1}) \tag{12.1.3}$$

其中 $G_+(z)\triangleq\sum_{i=1}^{\infty}g_ix^{-i}$ 是 $G(z)=\sum_{i=-\infty}^{\infty}g_iz^{-i}$ 的因果截断，g_i 表示系统前向通道的脉冲响应函数。将式(12.1.2)分别代入式(12.1.1)和式(12.1.3)可得

$$G(z)=G_+(z)=B(z)D(z) \tag{12.1.4}$$

说明当系统不存在反馈作用，或者说输出与输入之间满足因果关系时，其前向通道的脉冲传递函数既可以表示成式(12.1.1)，也可以表示成式(12.1.3)。式(12.1.4)表明，当时间小于 0 时，没有反馈作用的系统脉冲响应等于 0。反之，如果系统输出与输入之间存在反馈作用，则系统前向通道的脉冲传递函数就只能表示成式(12.1.1)，而不能表示成式(12.1.3)。这说明当系统存在反馈作用时，即使时间小于 0，其脉冲响应也不会等于 0。根据这一原理，可制订出利用谱因子分解法判别系统是否存在反馈作用的步骤如下：

(1) 根据输入、输出数据 $\{u(k)\}$ 和 $\{y(k)\}$，计算相应的离散谱密度 $S_{uu}(z)$ 和 $S_{uy}(z)$，即

$$\begin{cases}S_{uu}(z)=\sum\limits_{i=-\infty}^{\infty}R_{uu}(i)z^{-i}\\ S_{uy}(z)=\sum\limits_{i=-\infty}^{\infty}R_{uy}(i)z^{-i}\end{cases} \tag{12.1.5}$$

其中 $R_{uu}(i)$ 和 $R_{uy}(i)$ 为数据的相关函数。

(2) 将 $S_{uu}(z)$ 化为有理函数形式。根据式(12.1.5)，由于 $R_{uu}(i)$ 是偶函数，故 $S_{uu}(z)$ 可写成

$$S_{uu}(z)=\sum_{i=0}^{\infty}r_iz^{-i}+\sum_{i=0}^{\infty}r_iz^{i} \tag{12.1.6}$$

式中 $r_0=\frac{1}{2}R_{uu}(0)$，$r_i=R_{uu}(i)$。上式又可化为

$$S_{uu}(z)=\frac{P(z^{-1})}{Q(z^{-1})}+\frac{P(z)}{Q(z)} \tag{12.1.7}$$

其中多项式函数 $P(z)$ 和 $Q(z)$ 的系数可利用汉克尔矩阵法，通过比较式(12.1.6)和式(12.1.7) z 的同次幂系数来确定。

(3) 如果系统不存在反馈作用，$S_{uu}(z)$ 和 $S_{uy}(z)$ 一定可分解为式(12.1.2)的形式，且 $B(z)$ 和 $D(z)$ 的所有极点都在 z 平面的单位圆内，否则系统必然存在反馈。其中 $B(z)$ 可用长除法求得，即

$$B(z)=S_{uy}(z)/D^{*}(z) \tag{12.1.8}$$

12.1.2 似然比检验法

当系统是否存在反馈作用而无法明确判断时，可将系统暂时描述为

$$y(k)=\frac{B(z^{-1})}{A(z^{-1})}u(k)+\frac{D(z^{-1})}{A(z^{-1})}\varepsilon(k) \tag{12.1.9}$$

$$u(k)=\frac{Q(z^{-1})}{P(z^{-1})}y(k)+\frac{E(z^{-1})}{P(z^{-1})}v(k) \tag{12.1.10}$$

其中 $u(k)$ 和 $y(k)$ 为系统的输入、输出变量，$\varepsilon(k)$ 和 $v(k)$ 为噪声变量，$A(z^{-1})$，$B(z^{-1})$，$D(z^{-1})$，$P(z^{-1})$，$Q(z^{-1})$，$E(z^{-1})$ 均为延迟算子 z^{-1} 的多项式函数。如果经过计算可确认 $Q(z^{-1})=0$，则可判定系统为开环系统，内部不存在反馈。

式(12.1.9)可写成

$$\begin{bmatrix} y(k) \\ u(k) \end{bmatrix}=\left[1-\frac{B(z^{-1})\,Q(z^{-1})}{A(z^{-1})\,P(z^{-1})}\right]^{-1}\begin{bmatrix} \dfrac{D(z^{-1})}{A(z^{-1})} & \dfrac{B(z^{-1})\,E(z^{-1})}{A(z^{-1})\,P(z^{-1})} \\ \dfrac{Q(z^{-1})\,D(z^{-1})}{P(z^{-1})\,A(z^{-1})} & \dfrac{E(z^{-1})}{P(z^{-1})} \end{bmatrix}\begin{bmatrix} \varepsilon(k) \\ v(k) \end{bmatrix}$$

$$\triangleq \begin{bmatrix} H_{11}(z^{-1}) & H_{12}(z^{-1}) \\ H_{21}(z^{-1}) & H_{22}(z^{-1}) \end{bmatrix}\begin{bmatrix} \varepsilon(k) \\ v(k) \end{bmatrix}\triangleq \boldsymbol{H}(z^{-1})\begin{bmatrix} \varepsilon(k) \\ v(k) \end{bmatrix} \tag{12.1.11}$$

如果系统存在反馈作用，则 $H_{21}(z^{-1})=\dfrac{Q(z^{-1})\,D(z^{-1})}{P(z^{-1})\,A(z^{-1})}$ 不会等于 0，否则 $H_{21}(z^{-1})$ 将为 0。这样就把判别系统是否存在反馈作用的问题转化为下述 2 个模型的选择问题，即

$$\begin{cases} \boldsymbol{H}_{\mathrm{o}}(z^{-1})=\begin{bmatrix} H_{11\mathrm{o}}(z^{-1}) & H_{12\mathrm{o}}(z^{-1}) \\ 0 & H_{22\mathrm{o}}(z^{-1}) \end{bmatrix} \\ \boldsymbol{H}_{\mathrm{c}}(z^{-1})=\begin{bmatrix} H_{11\mathrm{c}}(z^{-1}) & H_{12\mathrm{c}}(z^{-1}) \\ H_{21\mathrm{c}}(z^{-1}) & H_{22\mathrm{c}}(z^{-1}) \end{bmatrix} \end{cases} \tag{12.1.12}$$

脚标“o”和“c”分别表示系统是在开环假设或闭环假设下的模型结构。下面给出用似然比检验法判断系统模型结构是 $\boldsymbol{H}_{\mathrm{o}}(z^{-1})$ 还是 $\boldsymbol{H}_{\mathrm{c}}(z^{-1})$ 的步骤。

(1) 在 $\boldsymbol{H}_{\mathrm{o}}(z^{-1})$ 和 $\boldsymbol{H}_{\mathrm{c}}(z^{-1})$ 模型结构假设下，利用系统的输入输出数据，分别获得估计模型 $\hat{\boldsymbol{H}}_{\mathrm{o}}(z^{-1})$ 和 $\hat{\boldsymbol{H}}_{\mathrm{c}}(z^{-1})$。

(2) 定义似然比函数

$$\lambda = \frac{L(\hat{\boldsymbol{\theta}}_o)}{L(\hat{\boldsymbol{\theta}}_c)} \tag{12.1.13}$$

其中 $\hat{\boldsymbol{\theta}}_o$ 和 $\hat{\boldsymbol{\theta}}_c$ 表示模型结构分别为 $\boldsymbol{H}_o(z^{-1})$ 和 $\boldsymbol{H}_c(z^{-1})$ 时的参数估计值，$L(\cdot)$ 为似然函数。式(12.1.13)又等价于

$$\boldsymbol{\lambda} = \left[\frac{\sigma^2(\hat{\boldsymbol{\theta}}_o)}{\sigma^2(\hat{\boldsymbol{\theta}}_c)}\right]^{\frac{N}{2}} \tag{12.1.14}$$

式中 N 为数据长度，$\sigma^2(\hat{\boldsymbol{\theta}}_o)$ 和 $\sigma^2(\hat{\boldsymbol{\theta}}_c)$ 表示模型结构分别为 $\boldsymbol{H}_o(z^{-1})$ 和 $\boldsymbol{H}_c(z^{-1})$ 时的输出残差的方差。式(12.1.13)又可写为

$$\lambda = \left[1 + \frac{p_c - p_o}{N - p_c} t\right]^{\frac{N}{2}} \tag{12.1.15}$$

其中 p_o 和 p_c 代表模型结构分别为 $\boldsymbol{H}_o(z^{-1})$ 和 $\boldsymbol{H}_c(z^{-1})$ 时的参数个数，并且

$$t = \frac{\sigma^2(\hat{\boldsymbol{\theta}}_o) - \sigma^2(\hat{\boldsymbol{\theta}}_c)}{\sigma^2(\hat{\boldsymbol{\theta}}_c)} \cdot \frac{N - p_c}{p_c - p_0} \sim F(p_c - p_o, N - p_c) \tag{12.1.16}$$

当 N 充分大时，则有

$$-2\ln\lambda \sim \chi^2(p_c - p_o) \tag{12.1.17}$$

(3) 利用估计模型 $\hat{\boldsymbol{H}}_o(z^{-1})$ 和 $\hat{\boldsymbol{H}}_c(z^{-1})$ 计算相应的输出残差，并求出残差的方差

$$\begin{cases} \sigma^2(\hat{\boldsymbol{\theta}}_o) = \dfrac{1}{N}\sum\limits_{k=1}^{N} e_o^2(k) \\ \sigma^2(\hat{\boldsymbol{\theta}}_c) = \dfrac{1}{N}\sum\limits_{k=1}^{N} e_c^2(k) \end{cases} \tag{12.1.18}$$

其中 $e_o(k)$ 和 $e_c(k)$ 表示模型分别为 $\boldsymbol{H}_o(z^{-1})$ 和 $\boldsymbol{H}_c(z^{-1})$ 时的输出残差。

(4) 取风险水平为 α，由 F 分布表查得 $t_\alpha = F_\alpha(p_c - p_o, N - p_c)$，由式(12.1.16)知，若 $t \leqslant t_\alpha$，则接受模型结构为 $\boldsymbol{H}_o(z^{-1})$ 的假设，说明系统不存在反馈作用，否则应接受模型结构为 $\boldsymbol{H}_c(z^{-1})$ 的假设，说明系统存在反馈作用。由式(12.1.17)知也可以利用 χ^2 检验判断系统是否存在反馈作用。取风险水平 α，由 χ^2 分布表查得 $r_\alpha = \chi_\alpha^2(p_c - p_o)$，如果 $-2\ln\lambda \leqslant r_\alpha$，则接受模型结构为 $\boldsymbol{H}_o(z^{-1})$ 的假设，否则接受模型结构 $\boldsymbol{H}_c(z^{-1})$ 的假设。

例 12.1 已知系统模型

$$y(k) = \frac{0.7z^{-1}}{1 + 0.9z^{-1}} u(k) + \frac{1 + 0.4z^{-1}}{1 + 0.6z^{-1}} \varepsilon(k), \quad u(k) = v(k) \tag{12.1.19}$$

式中 $\varepsilon(k) \sim N(0,1)$，$v(k) \sim N(0, 0.25)$，且为互不相关的白噪声。试利用似然比检验法判断系统是否存在反馈。

解 显然

$$\boldsymbol{H}(z^{-1}) = \begin{bmatrix} \dfrac{1 + 0.4z^{-1}}{1 + 0.6z^{-1}} & \dfrac{0.7}{1 + 0.9z^{-1}} \\ 0 & 1 \end{bmatrix} \tag{12.1.20}$$

系统无反馈作用。假设模型结构为

$$\begin{cases} \boldsymbol{H}_o(z^{-1}) = \begin{bmatrix} \dfrac{1+b_1z^{-1}}{1+a_1z^{-1}} & \dfrac{b_2z^{-1}}{1+a_2z^{-1}} \\ 0 & 1 \end{bmatrix} \\ \boldsymbol{H}_c(z^{-1}) = \begin{bmatrix} \dfrac{1+b_3z^{-1}}{1+a_3z^{-1}} & \dfrac{b_4z^{-1}}{1+a_4z^{-1}} \\ cz^{-1} & 1 \end{bmatrix} \end{cases} \tag{12.1.21}$$

取数据长度 $N=200$，利用辨识方法获得估计模型为

$$\begin{cases} \hat{\boldsymbol{H}}_o(z^{-1}) = \begin{bmatrix} \dfrac{1+0.429z^{-1}}{1+0.610z^{-1}} & \dfrac{0.722z^{-1}}{1+0.913z^{-1}} \\ 0 & 1 \end{bmatrix} \\ \hat{\boldsymbol{H}}_c(z^{-1}) = \begin{bmatrix} \dfrac{1+0.414z^{-1}}{1+0.590z^{-1}} & \dfrac{0.723z^{-1}}{1+0.913z^{-1}} \\ -0.014z^{-1} & 1 \end{bmatrix} \end{cases} \tag{12.1.22}$$

然后求得 $\sigma^2((\hat{\boldsymbol{\theta}}_o)=0.541$，$\sigma^2(\hat{\boldsymbol{\theta}}_c)=0.544$，已知 $N=200$，$p_o=4$，$p_c=5$，选取 $\alpha=0.05$，查 F 分布表知 $t_\alpha=F_\alpha(1,195)=3.84$，由式(12.1.16) 求得 $t=1.065<t_\alpha$，应当接受模型为 $\boldsymbol{H}_o(z^{-1})$ 的假设，系统不存在反馈。若采用 χ^2 检验法，取风险水平 $\alpha=0.05$，查 χ^2 分布表知 $r_\alpha=\chi^2(1)=3.84$，由式(12.1.14)得 $-2\ln\lambda=0.48<r_\alpha$，故接受模型结构为 $\boldsymbol{H}_o(z^{-1})$ 的假设。两种检验方法得出的结论均与所给的系统模型一致。

12.2 闭环系统的可辨识性概念

有些闭环系统可以辨识，而有些闭环系统不可辨识，下面用一个简单例子来说明。

例 12.2 设一闭环系统的控制对象和控制器方程分别为

$$\begin{cases} y(k)=-ay(k-1)+bu(k-1)+\varepsilon(k) \\ u(k)=dy(k) \end{cases} \tag{12.2.1}$$

式中 a 和 b 为未知参数，d 为常数，$\{\varepsilon(k)\}$是均值为 0 的白噪声序列。现在看一下用最小二乘法能否估计出来未知参数 a 和 b。设

$$\begin{cases} \boldsymbol{y}=[y(1+1) \quad y(1+2) \quad \cdots \quad y(1+n)]^{\mathrm{T}} \\ \boldsymbol{\varepsilon}=[\varepsilon(1+1) \quad \varepsilon(1+2) \quad \cdots \quad \varepsilon(1+n)]^{\mathrm{T}} \\ \boldsymbol{\Phi}=\begin{bmatrix} -y(1) & -y(2) & \cdots & -y(N) \\ u(1) & u(2) & \cdots & u(N) \end{bmatrix}^{\mathrm{T}} \\ \boldsymbol{\theta}=[a \quad b]^{\mathrm{T}} \end{cases} \tag{12.2.2}$$

则有

$$\boldsymbol{y}=\boldsymbol{\Phi\theta}+\boldsymbol{\varepsilon} \tag{12.2.3}$$

$\boldsymbol{\theta}$ 的估值为

$$\hat{\boldsymbol{\theta}}=(\boldsymbol{\Phi}^{\mathrm{T}}\boldsymbol{\Phi})^{-1}\boldsymbol{\Phi}^{\mathrm{T}}\boldsymbol{y} \tag{12.2.4}$$

由于 $u(k)=dy(k)$，则

$$\boldsymbol{\Phi}=\begin{bmatrix} -y(1) & dy(1) \\ -y(2) & dy(2) \\ \vdots & \vdots \\ -y(N) & dy(N) \end{bmatrix} \tag{12.2.5}$$

$\boldsymbol{\Phi}$ 的两列元素线性相关,$(\boldsymbol{\Phi}^{\mathrm{T}}\boldsymbol{\Phi})$ 是奇异矩阵,用最小二乘法得不到参数 a 和 b 的估值,系统不可辨识。如果把控制器方程改为 $u(k)=dy(k-1)$,则

$$\boldsymbol{\Phi}=\begin{bmatrix} -y(1) & dy(0) \\ -y(2) & dy(1) \\ \vdots & \vdots \\ -y(N) & dy(N-1) \end{bmatrix} \tag{12.2.6}$$

$\boldsymbol{\Phi}$ 的两列元素线性独立,$(\boldsymbol{\Phi}^{\mathrm{T}}\boldsymbol{\Phi})$ 为非奇异矩阵,用最小二乘法可得到 a 和 b 的估值,因此系统成为可辨识的了。

从这一简单例子可以看出,闭环系统的可辨识性与控制器的结构和阶次有关。当采用最小二乘法时,究竟控制器需要满足什么条件时被控对象才是可辨识的,将在后面讨论。下面就一般情况阐述闭环系统的可辨识性概念。

设被辨识的闭环系统如图 12.2 所示。图中,$G(z^{-1})$ 为前向通道中控制对象的脉冲传递函数;$H(z^{-1})$ 为反馈通道中控制器的脉冲传递函数;$F_{\varepsilon}(z^{-1})$ 和 $F_{s}(z^{-1})$ 分别为前向通道噪声 $\varepsilon(k)$ 和反馈通道噪声 $s(k)$ 的滤波器;$r(k)$ 为给定的外输入信号,通常设之为 0。

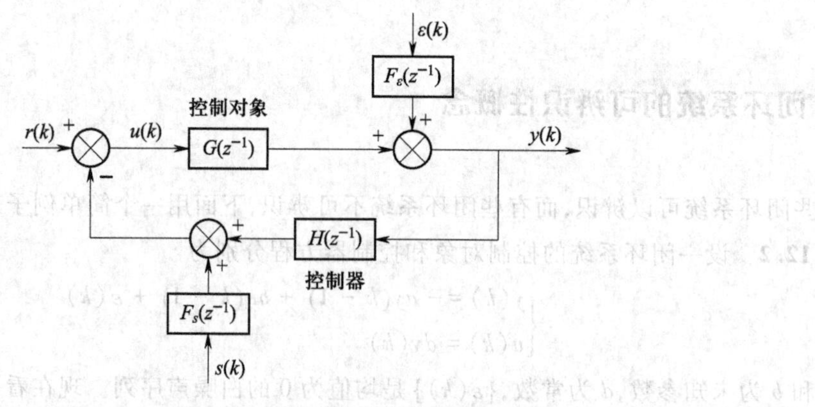

图 12.2　闭环系统方块图

设 $\boldsymbol{\theta}$ 为前向通道的参数向量,对不同的 $\boldsymbol{\theta}$ 构成一组模型类,记为 M。用 $\hat{\boldsymbol{\theta}}(N,S,M,F,L)$ 表示在模型类 M、辨识方法 F、实验条件 L 和数据长度 N 条件下,对系统 S 的辨识结果。令

$$D_{\mathrm{T}}(S,M)=\{\hat{\boldsymbol{\theta}}\,|\,\hat{G}(z^{-1})=G_0(z^{-1}),\hat{F}_{\varepsilon}(z^{-1})=F_{\varepsilon 0}(z^{-1})\ \ ,\text{a.s.}\} \tag{12.2.7}$$

式中"a.s."为英文"almost surely"(几乎可以肯定)的缩写。$D_{\mathrm{T}}(S,M)$ 表示使

$$\begin{cases} \hat{G}(z^{-1})=G_0(z^{-1})\ \ ,\text{a.s.} \\ \hat{F}_{\varepsilon}(z^{-1})=F_{\varepsilon 0}(z^{-1})\ \ ,\text{a.s.} \end{cases} \tag{12.2.8}$$

的所有参数估计值 $\hat{\boldsymbol{\theta}}$ 的集合,其中 $G_0(z^{-1})$ 和 $F_{\varepsilon 0}(z^{-1})$ 分别表示控制对象和前向通道噪声滤波器的真实模型。于是给出闭环可辨识性的下述定义。

定义 12.1　如果

$$\hat{\boldsymbol{\theta}}(N,S,M,F,L) \xrightarrow[N\to\infty]{\text{w.p.1}} D_{\mathrm{T}}(S,M) \tag{12.2.9}$$

$$\inf_{\hat{\boldsymbol{\theta}}\in D_{\mathrm{T}}(S,M)} \left|\hat{\boldsymbol{\theta}}(N,S,M,F,L)-\boldsymbol{\theta}_0\right| \xrightarrow[N\to\infty]{\text{w.p.1}} 0 \tag{12.2.10}$$

式中 $\boldsymbol{\theta}_0$ 为前向通道真实参数向量,"w.p.1"为英文"with probability 1"(以概率 1)的缩写,则称系统 S 在模型类 M、辨识方法 F 及实验条件 L 下是系统可辨识的,记作 SI(M,F,L),。

定义 12.2 如果系统 S 对一切使得 $D_{\mathrm{T}}(S,M)$ 非空的模型 M 都是 SI(M,F,L)的,则称系统 S 在辨识方法 F 和实验条件 L 下是强系统可辨识的,记作 SSI(F,L)。

定义 12.3 如果系统 S 是 SI(M,F,L)的,并且 $D_{\mathrm{T}}(S,M)$ 中仅含有 1 个元素,则称系统 S 在辨识方法 F 和实验条件 L 下是参数可辨识的,记作 PI(M,F,L)。

12.3 单输入-单输出闭环系统的辨识

12.3.1 直接辨识

设具有反馈的单输入-单输出离散系统如图 12.2 所示,要求在不断开反馈通道的前提下,辨识前向通道的传递函数。设前向通道和反馈通道都受到噪声干扰,并假定这 2 个噪声都是均值为 0 的白噪声且互不相关。设前向通道的差分方程为

$$y(k)=-\sum_{i=1}^{n_a} a_i y(k-i)+\sum_{i=q}^{n_b} b_i u(k-i)+\varepsilon(k) \tag{12.3.1}$$

式中 $u(k)$ 为控制量,$y(k)$ 为输出量,$\varepsilon(k)$ 是均值为 0 的白噪声序列,其分布为 $N(0,\sigma_\varepsilon^2)$。设 $r(k)=0$,反馈通道的差分方程为

$$u(k)=-\sum_{i=1}^{n_c} c_i u(k-i)+\sum_{j=p}^{n_d} d_i y(k-i)+s(k) \tag{12.3.2}$$

式中 $s(k)$ 是均值为 0 的白噪声序列,其分布为 $N(0,\sigma_s^2)$,$\varepsilon(k)$ 与 $s(k)$ 互不相关。p 和 q 分别是反馈通道和前向通道的滞后时间。

设前向通道的被估参数向量为

$$\boldsymbol{\theta}=\begin{bmatrix} a_1 & \cdots & a_{n_a} & b_q & \cdots & b_{n_b} \end{bmatrix}^{\mathrm{T}} \tag{12.3.3}$$

并设

$$\boldsymbol{\varphi}^{\mathrm{T}}(k)=[-y(k-1) \quad \cdots \quad -y(k-n_a) \quad u(k-q) \quad \cdots \quad u(k-n_b)] \tag{12.3.4}$$

则式(12.3.1)可写为

$$y(k)=\boldsymbol{\varphi}^{\mathrm{T}}(k)\boldsymbol{\theta}+\varepsilon(k) \tag{12.3.5}$$

设已得到 $u(k)$ 和 $y(k)$ 的 N 对观测值($N>n_a+n_b-q+1$),则有

$$\boldsymbol{y}=\boldsymbol{\Phi}\boldsymbol{\theta}+\boldsymbol{\varepsilon} \tag{12.3.6}$$

式中

$$\boldsymbol{y}=\begin{bmatrix} y(k) \\ y(k+1) \\ \vdots \\ y(k+N) \end{bmatrix},\quad \boldsymbol{\varepsilon}=\begin{bmatrix} \varepsilon(k) \\ \varepsilon(k+1) \\ \vdots \\ \varepsilon(k+N) \end{bmatrix}$$

$$\boldsymbol{\Phi}=\begin{bmatrix} -y(k-1) & \cdots & -y(k-n_a) & u(k-q) & \cdots & u(k-n_b) \\ -y(k) & \cdots & -y(k-n_a+1) & u(k-q+1) & \cdots & u(k-n_b+1) \\ \vdots & & \vdots & \vdots & & \vdots \\ -y(k+N-1) & \cdots & -y(k+N-n_a) & u(k+N-q) & \cdots & u(k+N-n_b) \end{bmatrix} \tag{12.3.7}$$

$\boldsymbol{\Phi}$ 为$(N+1)\times(n_a+n_b-q+1)$ 矩阵。矩阵的第 i 行为 $\boldsymbol{\varphi}^{\mathrm{T}}(k+i-1)$。

应用最小二乘法可得 $\boldsymbol{\theta}$ 的估值

$$\hat{\boldsymbol{\theta}}=(\boldsymbol{\Phi}^{\mathrm{T}}\boldsymbol{\Phi})^{-1}\boldsymbol{\Phi}^{\mathrm{T}}\boldsymbol{y} \tag{12.3.8}$$

现在来看一下在什么条件下 $\hat{\boldsymbol{\theta}}$ 是一致性和唯一性估计。首先讨论估计的一致性。

(1) 估计的一致性

对于开环系统来说,如果 $\varepsilon(k)$ 是白噪声序列,则估计是一致性的。但对于闭环系统来说,虽然$\varepsilon(k)$是白噪声序列,也不能保证估计是一致性的,还要考虑到 $u(k)$ 与 $y(k)$ 和 $\varepsilon(k)$ 之间的关系。$\boldsymbol{\theta}$ 的估计误差为

$$\tilde{\boldsymbol{\theta}}=\boldsymbol{\theta}-\hat{\boldsymbol{\theta}}=-(\boldsymbol{\Phi}^{\mathrm{T}}\boldsymbol{\Phi})^{-1}\boldsymbol{\Phi}^{\mathrm{T}}\boldsymbol{\varepsilon}=-\left(\frac{1}{N}\boldsymbol{\Phi}^{\mathrm{T}}\boldsymbol{\Phi}\right)^{-1}\left(\frac{1}{N}\boldsymbol{\Phi}^{\mathrm{T}}\boldsymbol{\varepsilon}\right) \tag{12.3.9}$$

假定$\lim\limits_{N\to\infty}\left(\frac{1}{N}\boldsymbol{\Phi}^{\mathrm{T}}\boldsymbol{\Phi}\right)^{-1}$存在,要求估计是一致性的,就是要求$\frac{1}{N}\boldsymbol{\Phi}^{\mathrm{T}}\boldsymbol{\varepsilon}$ 的数学期望和方差都为 $\mathbf{0}$。要求$\frac{1}{N}\boldsymbol{\Phi}^{\mathrm{T}}\boldsymbol{\varepsilon}$ 的数学期望为 $\mathbf{0}$ 即是要求

$$\lim_{N\to\infty}\left(\frac{1}{N}\boldsymbol{\Phi}^{\mathrm{T}}\boldsymbol{\varepsilon}\right)\xrightarrow{\text{w.p.1}}\mathbf{0} \tag{12.3.10}$$

$$\frac{1}{N}\boldsymbol{\Phi}^{\mathrm{T}}\boldsymbol{\varepsilon}=\frac{1}{N}\begin{bmatrix} -y(k-1) & -y(k) & \cdots & -y(k-1+N) \\ \vdots & \vdots & & \vdots \\ -y(k-n_a) & -y(k-n_a+1) & \cdots & -y(k-n_a+N) \\ u(k-q) & u(k-q+1) & \cdots & u(k-q+N) \\ \vdots & \vdots & & \vdots \\ u(k-n_b) & u(k-n_b+1) & \cdots & u(k-n_b+N) \end{bmatrix}\begin{bmatrix} \varepsilon(k) \\ \varepsilon(k+1) \\ \vdots \\ \vdots \\ \vdots \\ \varepsilon(k+N) \end{bmatrix}$$

$$=\begin{bmatrix} -\sum\limits_{i=0}^{N}y(k-1+i)\,\varepsilon(k+i) \\ \vdots \\ -\sum\limits_{i=0}^{N}y(k-n_a+i)\,\varepsilon(k+i) \\ \sum\limits_{i=0}^{N}u(k-q+i)\,\varepsilon(k+i) \\ \vdots \\ \sum\limits_{i=0}^{N}u(k-n_b+i)\,\varepsilon(k+i) \end{bmatrix} \tag{12.3.11}$$

因为已假定 $\varepsilon(k)$ 为不相关随机序列,$y(k)$ 只与 $\varepsilon(k)$ 及之前的 $\varepsilon(k-1)$,$\varepsilon(k-2)$,…有关,而与 $\varepsilon(k+1)$ 及之后的 $\varepsilon(k+2)$,$\varepsilon(k+3)$,…无关,所以在式(12.3.11)中,$\{y(k)\}$ 与 $\{\varepsilon(k)\}$ 无关。但 $\{u(k)\}$ 是 $\{y(k)\}$ 的函数,因而也是 $\{\varepsilon(k)\}$ 的函数,在什么情况下 $\{u(k)\}$ 与 $\{\varepsilon(k)\}$ 无关呢?由式(12.3.1)和

式(12.3.2)可以看出,只要 $p>0$ 或 $q>0$,即不存在瞬时反馈通道,例如 $p=1,q=0$,则 $u(k)$ 中含有 $y(k-1),y(k-2),\cdots,u(k)$ 与 $\varepsilon(k)$ 不相关。如果 $p=0,q=1$,则 $u(k-q)=u(k-1)$,$u(k-1)$ 中含有 $y(k-1)$,$y(k-2),\cdots,u(k-1)$ 与 $\varepsilon(k)$ 不相关。因此,只要 $p>0$ 或 $q>0$,则 $\{u(k-q)\}$ 与 $\{\varepsilon(k)\}$ 不相关,即

$$\lim_{N\to\infty}\frac{1}{N}\boldsymbol{\Phi}^{\mathrm{T}}\boldsymbol{\varepsilon}\xrightarrow{\text{w.p.1}}\mathbf{0} \tag{12.3.12}$$

因而 $\hat{\boldsymbol{\theta}}$ 为无偏估计。

为了满足一致性估计,当 $N\to\infty$ 时,$\frac{1}{N}\boldsymbol{\Phi}^{\mathrm{T}}\boldsymbol{\varepsilon}$ 的方差向量应为零向量,即 $\frac{1}{N}\boldsymbol{\Phi}^{\mathrm{T}}\boldsymbol{\varepsilon}$ 的第 j 行 $(1\leqslant j\leqslant n_a+n_b-q+1)$ 的方差 $\mathrm{Var}(\boldsymbol{h}_j)$ 应为 0。下面讨论在什么条件下 $\mathrm{Var}(\boldsymbol{h}_j)$ 为 0。由于 $\varepsilon(k)$ 和 $s(k)$ 都是均值为 0 且服从正态分布的白噪声序列,$\boldsymbol{h}_j$ 的方差可用 4 阶以下的矩来表示。为了计算 $\mathrm{Var}(\boldsymbol{h}_j)$,需要用到多个随机变量乘积的数学期望计算公式。对于均值为 0 且都服从正态分布的四个随机变量 x_1,x_2,x_3 和 x_4 来说,其乘积的数学期望计算公式为

$$E(x_1x_2x_3x_4)=R_{12}R_{34}+R_{13}R_{24}+R_{14}R_{23} \tag{12.3.13}$$

式中 R_{ij} 为 x_i 与 x_j 的互相关矩。

对于 $1\leqslant j\leqslant n_a$,利用式(12.3.13)可得

$$\begin{aligned}\mathrm{Var}(\boldsymbol{h}_j)&=\frac{1}{N^2}\sum_{i=0}^{N}\sum_{l=0}^{N}E\{y(k-j+i)\,\varepsilon(k+i)\,y(k-j+l)\,\varepsilon(k+l)\}\\&=\frac{1}{N^2}\sum_{i=0}^{N}\sum_{l=0}^{N}\{R_{y\varepsilon}^2(j)+R_{y\varepsilon}(j-i+l)\,R_{y\varepsilon}(j+i-l)+R_{yy}(i-l)\,R_{\varepsilon\varepsilon}(i-l)\}\\&=R_{y\varepsilon}^2(j)+\frac{1}{N^2}\sum_{i=0}^{N}\sum_{l=0}^{N}\{R_{y\varepsilon}(j-i+l)\,R_{y\varepsilon}(j+i-l)+R_{yy}(i-l)\,R_{\varepsilon\varepsilon}(i-l)\}\end{aligned} \tag{12.3.14}$$

在式(12.3.14)中,第 1 项 $R_{y\varepsilon}^2(j)$ 为 $y(k-j+i)$ 与 $\varepsilon(k+i)$ 的互相关函数的平方,因 $y(k-j+i)$ 与 $\varepsilon(k+i)$ 不相关,所以 $R_{y\varepsilon}^2(j)$ 等于零。在第 2 项中,令 $i-l=\xi$,则有

$$R_{y\varepsilon}(j-i+l)\,R_{y\varepsilon}(j+i-l)=R_{y\varepsilon}(j-\xi)\,R_{y\varepsilon}(j+\xi) \tag{12.3.15}$$

在上式中,不论 ξ 为何值,$j-\xi$ 和 $j+\xi$ 总有 1 个为正值,因而 $R_{y\varepsilon}(j-\xi)$ 和 $R_{y\varepsilon}(j+\xi)$ 总有 1 个为 0,所以第 2 项为零。第 3 项中的 $R_{\varepsilon\varepsilon}(i-l)$ 只有在 $i=l$ 时 $R_{\varepsilon\varepsilon}(0)=\sigma_\varepsilon^2$,在 $i\neq l$ 时,$R_{\varepsilon\varepsilon}(i-l)=0$。因此第 3 项为

$$\frac{1}{N^2}\sum_{i=1}^{N}\sum_{l=0}^{N}R_{yy}(i-l)R_{\varepsilon\varepsilon}(i-l)=\frac{1}{N^2}[NR_{yy}(0)\sigma_\varepsilon^2]=\frac{1}{N}R_{yy}(0)\sigma_\varepsilon^2 \tag{12.3.16}$$

由于闭环系统应该稳定,R_{yy} 是有限值,当 $N\to\infty$ 时,式(12.3.16)等于 0,即式(12.3.14)中的第 3 项为 0。因而对于 $1\leqslant j\leqslant n_a$,$\mathrm{Var}(\boldsymbol{h}_j)=0$。

对于 $n_a<j\leqslant n_a+n_b-q+1$,$u(k)$ 与 $\varepsilon(k)$ 之间也有同样的结果,$\mathrm{Var}(\boldsymbol{h}_j)=0$,故一致性成立 。

因此,在线性系统模型中,如果前项通道噪声 $\varepsilon(k)$ 为白噪声,在前项通道或反馈通道中若 $p>0$ 或 $q>0$,亦即在回路中至少有 1 拍以上的延迟,并且闭环系统是稳定的,则用最小二乘法可得到前向通道参数的一致性估计。

下面来讨论估计的唯一性。

(2) 估计的唯一性

为了使估计的唯一性成立,要求矩阵

$$\lim_{N\to\infty}\left(\frac{1}{N}\boldsymbol{\Phi}^{\mathrm{T}}\boldsymbol{\Phi}\right)\xrightarrow{\text{w.p.1}}\boldsymbol{R}_{\boldsymbol{\Phi}} \tag{12.3.17}$$

的逆存在,即 $\boldsymbol{R}_{\boldsymbol{\Phi}}^{-1}$ 存在。为了使逆阵 $\boldsymbol{R}_{\boldsymbol{\Phi}}^{-1}$ 存在,要求 $\boldsymbol{R}_{\boldsymbol{\Phi}}$ 为正定矩阵或者要求 $\boldsymbol{\Phi}$ 为满秩矩阵。

把式(12.3.1)和式(12.3.2)写成下列形式

$$y(k)=x(k)+\varepsilon(k) \tag{12.3.18}$$

$$u(k)=z(k)+s(k) \tag{12.3.19}$$

则 $\boldsymbol{R}_{\Phi}$ 可表示为

$$\boldsymbol{R}_{\Phi}=\left[\begin{array}{c|c}\boldsymbol{R}_{xx} & \boldsymbol{R}_{xz}\\ \hline \boldsymbol{R}_{zx} & \boldsymbol{R}_{zz}\end{array}\right]+\left[\begin{array}{c|c}\sigma_{\varepsilon}^{2}\boldsymbol{I} & \boldsymbol{0}\\ \hline \boldsymbol{0} & \sigma_{s}^{2}\boldsymbol{I}\end{array}\right] \tag{12.3.20}$$

式中 $\boldsymbol{R}_{xx},\boldsymbol{R}_{xz},\boldsymbol{R}_{zx},\boldsymbol{R}_{zz}$ 分别为 $(n_a\times n_a)$，$n_a\times(n_b-q+1)$，$(n_b-q+1)\times n_a$，$(n_b-q+1)\times(n_b-q+1)$ 矩阵。若在前向通道和反馈通道都有噪声，即 $\sigma_{\varepsilon}^{2}>0,\sigma_{s}^{2}>0$，由于式(12.3.20)等号右边第1个矩阵是非负矩阵，第2个矩阵是正定矩阵，因此 $\boldsymbol{R}_{\Phi}$ 为正定矩阵，$\boldsymbol{R}_{\Phi}^{-1}$ 存在，故满足唯一性估计。

下面考虑在反馈通道上没有噪声，即 $\sigma_{s}^{2}=0$ 时的情况。当 $\sigma_{s}^{2}=0$ 时有

$$\boldsymbol{R}_{\Phi}=\left[\begin{array}{c|c}\boldsymbol{R}_{xx} & \boldsymbol{R}_{xu}\\ \hline \boldsymbol{R}_{ux} & \boldsymbol{R}_{uu}\end{array}\right]+\left[\begin{array}{c|c}\sigma_{\varepsilon}^{2}\boldsymbol{I} & \boldsymbol{0}\\ \hline \boldsymbol{0} & \boldsymbol{0}\end{array}\right]=\left[\begin{array}{c|c}\boldsymbol{R}_{yy} & \boldsymbol{R}_{yu}\\ \hline \boldsymbol{R}_{uy} & \boldsymbol{R}_{uu}\end{array}\right] \tag{12.3.21}$$

为了判别 $\boldsymbol{R}_{\Phi}$ 是否正定，即判别 $\boldsymbol{R}_{\Phi}^{-1}$ 是否存在。只需判别 $\boldsymbol{\Phi}^{\mathrm{T}}\boldsymbol{\Phi}$ 是否满秩，若 $\boldsymbol{\Phi}^{\mathrm{T}}\boldsymbol{\Phi}$ 满秩，则 $\boldsymbol{R}_{\Phi}^{-1}$ 存在。由前面的研究可知

$$\boldsymbol{\Phi}=\begin{bmatrix}-y(k-1) & \cdots & -y(k-n_a) & u(k-q) & \cdots & u(k-n_b)\\ -y(k) & \cdots & -y(k-n_a+1) & u(k-q+1) & \cdots & u(k-n_b+1)\\ \vdots & & \vdots & \vdots & & \vdots\\ -y(k-1+N) & \cdots & -y(k-n_a+N) & u(k-q+N) & \cdots & u(k-n_b+N)\end{bmatrix} \tag{12.3.22}$$

另外，在式(12.3.2)中令 $s(k)=0$ 可得

$$\begin{aligned}u(k)=&-c_1u(k-1)-c_2u(k-2)-\cdots-c_{n_c}u(k-n_c)+\\&d_py(k-p)+\cdots+d_{n_d}y(k-n_d)\end{aligned} \tag{12.3.23}$$

由式(12.3.22)和式(12.3.23)来判别 $\boldsymbol{\Phi}^{\mathrm{T}}\boldsymbol{\Phi}$ 在什么条件下是满秩的。由式(12.3.23)可以看到，$u(k)$ 是 $u(k-1),u(k-2),\cdots,u(k-n_c),y(k-p),y(k-p-1),\cdots,y(k-n_d)$ 的线性函数，$u(k-q)$ 为 $u(k-q-1)$，$u(k-q-2),\cdots,u(k-q-n_c),y(k-q-p),y(k-q-p-1),\cdots,y(k-q-n_d)$ 的线性函数等。为了保证估计的一致性，这里已假定 $p>0$ 或 $q>0$。为了 $\boldsymbol{\Phi}^{\mathrm{T}}\boldsymbol{\Phi}$ 满秩，$\boldsymbol{\Phi}$ 的各列要线性独立。例如，为了使 $u(k-q)$ 与 $y(k-1),y(k-2),\cdots,y(k-n_a),u(k-q-1),\cdots,u(k-n_b)$ 线性独立，要求在矩阵 $\boldsymbol{\Phi}$ 中，从 $u(k-q-1)$ 至 $u(k-n_b)$ 的项数要小于式(12.3.23)中 u 的项数 n_c，即

$$(k-q-1)-(k-n_b)+1<n_c \tag{12.3.24}$$

或

$$n_c>n_b-q$$

或者要求矩阵 $\boldsymbol{\Phi}$ 中 $y(k-n_a)$ 项的 $(k-n_a)>(k-q-n_d)$，即

$$n_d>n_a-q \tag{12.3.25}$$

只要满足式(12.3.24)或式(12.3.25)所给出的条件，则 $\boldsymbol{\Phi}^{\mathrm{T}}\boldsymbol{\Phi}$ 为满秩，$\boldsymbol{R}_{\Phi}^{-1}$ 存在，估计是唯一的。

如果前项通道噪声 $\varepsilon(k)=0$，即 $\sigma_{\varepsilon}^{2}=0$，也可用同样方法进行讨论。在式(12.3.1)中令 $\varepsilon(k)=0$ 可得

$$y(k)=-a_1y(k-1)-\cdots-a_{n_a}y(k-n_a)+b_qu(k-q)+\cdots+b_{n_b}u(k-n_b) \tag{12.3.26}$$

从上式可以看出，只有 $y(k)=0$ 时，$y(k-1),\cdots,y(k-n_a),u(k-q),\cdots,u(k-n_b)$ 才是线性相关的。由于 $y(k)$ 是一个随机序列，不可能恒为0，因此上述数列不相关，即矩阵 $\boldsymbol{\Phi}$ 的列不相关，矩阵 $\boldsymbol{\Phi}^{\mathrm{T}}\boldsymbol{\Phi}$ 满秩，$\boldsymbol{R}_{\Phi}^{-1}$

存在,估计是唯一的。

对上面的讨论作一小结,可得出下面几点结论:

① 当 $\varepsilon(k)$ 和 $s(k)$ 都存在时,若 $p>0$ 或 $q>0$,则前向通道参数的最小二乘估计为一致性和唯一性估计;

② 当 $\varepsilon(k)$ 存在,$s(k)=0$ 时,若 $p>0$ 或 $q>0$,则前项通道参数的最小估计为一致性估计,当 $n_c>n_b-q$ 或 $n_d>n_a-q$ 时是唯一性估计;

③ 当 $\varepsilon(k)=0$ 时,前向通道参数的最小二乘估计为一致性和唯一性估计;

④ 当 $\varepsilon(k)$ 为有色噪声时,用最小二乘法得不到前向通道参数的一致性估计,可用辅助变量法、广义最小二乘法等得到一致性估计。当 $s(k)=0$ 时,如果 $n_c>n_b-q$ 或 $n_d>n_a-q$,则仍为唯一性估计。

从上面的讨论可以看到,如果存在反馈噪声 $s(k)$,则闭环系统的前向通道是可辨识的,因此在辨识中最好在反馈通道加一持续激励信号。如果加激励信号会影响闭环系统的正常工作,则应选取 $n_c>n_b-q$ 或 $n_d>n_a-q$,以确保闭环系统的可辨识性。

例 12.3 设闭环系统的前向通道方程为

$$y(k)=-1.4y(k-1)-0.45y(k-2)+u(k-1)+0.7u(k-2)+\varepsilon(k)$$

设 $\varepsilon(k)$ 和 $s(k)$ 的分布律为 $N(0,1)$,计算不同反馈时的最小二乘估计。

解 因 $q=1$,故估计是一致性的。经过 2000 次递推最小二乘法计算,得到表 12.1 所示结果。

表 12.1 例 12.3 闭环系统不同反馈时的最小二乘估计结果

	估值 / 参数真值 / 反馈通道	a_1	a_2	b_1	b_2
		-1.4	-0.45	1.0	0.7
1	$u(k)=0.33y(k)+0.033y(k-1)-0.4y(k-2)$ $s(k)\neq 0$	-1.4014	-0.4461	0.9857	0.7147
2	$u(k)=0.33y(k)+0.033y(k-1)-0.4y(k-2)$ $s(k)=0$	-1.4213	-0.4709	1.0288	0.7297
3	$u(k)=y(k)+0.2y(k-1)$ $s(k)\neq 0$	-1.4117	-0.4790	0.9982	0.7297
4	$u(k)=y(k)+0.2y(k-1)$ $s(k)=0$	0.1408	-0.1920	0.3214	0.6827

由表 12.1 可看到,在第 1 种情况下,$n_d=2>n_a-q=2-1$,并且 $s(k)\neq 0$,估计是一致性和唯一性的,得到了正确的估值;在第 2 种情况下,$n_d=2>n_a-q=2-1$,虽然 $s(k)=0$,估计仍有唯一性,得到了正确的估值;在第 3 种情况下,虽然不满足 $n_d>n_a-q$ 的条件,但由于 $s(k)\neq 0$,估计仍值唯一性,得到了正确的估值;在第 4 种情况下,条件 $n_d>n_a-q$ 不满足,且 $s(k)=0$,估计不具有唯一性,可收敛于不同的值,估计结果与真值相差很大。

12.3.2 间接辨识

设系统方块图如图 12.2 所示,令 $r(k)=0$,$s(k)=0$。前向通道和反馈通道方程如式(12.3.1)和式(12.3.2)所示,为了方便起见,令式(12.3.1)中的 $n_a=n$,$q=1$,$n_b=n$,式(12.3.2)中的 $n_c=m$,$p=0$,$n_d=m$,则有

$$a(z^{-1}) = 1 + a_1 z^{-1} + \cdots + a_n z^{-n} \tag{12.3.27}$$

$$b(z^{-1}) = b_1 z^{-1} + \cdots + b_n z^{-n} \tag{12.3.28}$$

$$c(z^{-1}) = 1 + c_1 z^{-1} + \cdots + c_m z^{-m} \tag{12.3.29}$$

$$d(z^{-1}) = d_0 + d_1 z^{-1} + \cdots + d_m z^{-m} \tag{12.3.30}$$

式中 $a_1,\cdots,a_n,b_1,\cdots,b_n$ 为待估计参数；$c_1,\cdots,c_m,d_0,\cdots,d_m$ 都是给定值。

系统从干扰 $\varepsilon(k)$ 到输出 $y(k)$ 的闭环传递函数为

$$\frac{y}{\varepsilon} = \frac{c(z^{-1})}{a(z^{-1})c(z^{-1}) + b(z^{-1})d(z^{-1})} = \frac{c(z^{-1})}{p(z^{-1})} \tag{12.3.31}$$

式中

$$p(z^{-1}) = a(z^{-1})c(z^{-1}) + b(z^{-1})d(z^{-1}) = 1 + p_1 z^{-1} + \cdots + p_{n+m} z^{-(n+m)} \tag{12.3.32}$$

为了使闭环系统可辨识，首先要求闭环系统稳定，因为只有闭环系统稳定，输出 $y(k)$ 才可能是平稳随机过程。以

$$p(z^{-1})y(k) = c(z^{-1})\varepsilon(k) \tag{12.3.33}$$

为数学模型，用最小二乘法或极大似然法可求得 $p(z^{-1})$ 的估计 $\hat{p}(z^{-1})$，根据 $\hat{p}(z^{-1})$ 可求出 $a(z^{-1})$ 和 $b(z^{-1})$ 中的参数。

把 $a(z^{-1})$，$b(z^{-1})$，$c(z^{-1})$ 和 $d(z^{-1})$ 代入 $p(z^{-1})$ 的表达式(12.3.32)，式中的 $p(z^{-1})$ 用 $\hat{p}(z^{-1})$ 代替，可得

$$\begin{aligned}(1 + a_1 z^{-1} + \cdots + a_n z^{-n})(1 + c_1 z^{-1} + \cdots + c_m z^{-m}) + (b_1 z^{-1} + \cdots b_n z^{-n})(d_0 + d_1 z^{-1} + \cdots + d_m z^{-m})\\ = 1 + \hat{p}_1 z^{-1} + \cdots + \hat{p}_{n+m} z^{-(n+m)}\end{aligned} \tag{12.3.34}$$

比较式(12.3.34)等号两边 z^{-1} 同次项的系数，可得方程组

$$\begin{cases} a_1 + b_1 d_0 = \hat{p}_1 - c_1 \\ a_1 c_1 + a_2 + b_1 d_1 + b_2 d_0 = \hat{p}_2 - c_2 \\ a_1 c_2 + a_2 c_1 + a_3 + b_1 d_2 + b_2 d_1 + b_3 d_0 = \hat{p}_3 - c_3 \\ \quad\vdots \\ a_1 c_{m-1} + \cdots + a_m + b_1 d_{m-1} + \cdots + b_m d_0 = \hat{p}_m - c_m \\ \quad\vdots \\ a_n c_m + b_n d_m = \hat{p}_{n+m} \end{cases} \tag{12.3.35}$$

上述方程组可写成向量-矩阵形式

$$\begin{bmatrix} 1 & & & & & d_0 & & & & \\ c_1 & 1 & & & & d_1 & d_0 & & & \\ \vdots & c_1 & 1 & & & \vdots & d_1 & d_0 & & \\ c_{m-1} & \vdots & c_1 & \ddots & & d_{m-1} & \vdots & d_1 & \ddots & \\ c_m & c_{m-1} & \vdots & \ddots & 1 & d_m & d_{m-1} & \vdots & \ddots & d_0 \\ & c_m & c_{m-1} & & c_1 & & d_m & d_{m-1} & & d_1 \\ & & c_m & \ddots & \vdots & & & d_m & \ddots & \vdots \\ & & & \ddots & c_{m-1} & & & & \ddots & d_{m-1} \\ & & & & c_m & & & & & d_m \end{bmatrix} \begin{bmatrix} a_1 \\ a_2 \\ \vdots \\ a_n \\ b_1 \\ b_2 \\ \vdots \\ b_n \end{bmatrix} = \begin{bmatrix} \hat{p}_1 - c_1 \\ \hat{p}_2 - c_2 \\ \vdots \\ \hat{p}_m - c_m \\ \hat{p}_{1+m} \\ \hat{p}_{2+m} \\ \vdots \\ \hat{p}_{n+m} \end{bmatrix} \tag{12.3.36}$$

令上述方程组的系数矩阵为 $\boldsymbol{S}$,参数向量为 $\boldsymbol{\theta}$,方程组右端向量为 $\hat{\boldsymbol{p}}$,则式(12.3.36)可写为

$$\boldsymbol{S}\boldsymbol{\theta}=\hat{\boldsymbol{p}} \tag{12.3.37}$$

当矩阵 $\boldsymbol{S}$ 的秩为 $2n$ 时,$\boldsymbol{\theta}$ 有唯一的最小二乘解

$$\hat{\boldsymbol{\theta}}=(\boldsymbol{S}^{\mathrm{T}}\boldsymbol{S})^{-1}\boldsymbol{S}^{\mathrm{T}}\hat{\boldsymbol{p}} \tag{12.3.38}$$

因此 $\boldsymbol{S}$ 的行数应等于或大于 $2n$,也就是要求多项式 $c(z^{-1})$ 和 $d(z^{-1})$ 的阶至少都应等于 n。由此可见,闭环系统的可辨识条件为:反馈通道中调节器的阶应至少等于 n。

按上述分析方法,可分析 $a(z^{-1})$,$b(z^{-1})$,$c(z^{-1})$ 和 $d(z^{-1})$ 有不同阶时的可辨识条件。

12.4 多输入-多输出闭环系统的辨识

由于开环多输入-多输出系统的辨识已很复杂,闭环多输入-多输出系统的辨识就更为复杂。从理论上来说,对闭环多输入-多输出系统有几种不同的辨识方法,例如自回归模型辨识方法、谱分解辨识方法、更换反馈矩阵辨识法等。在此仅讨论自回归模型辨识法和更换反馈矩阵辨识法,对于谱分解等其他辨识方法可参考有关资料,受篇幅限制此处不再讨论。下面先讨论自回归模型辨识法。

12.4.1 自回归模型辨识法

多输入-多输出闭环系统方块图如图 12.3 所示。前向通道和反馈通道都采用脉冲响应矩阵来描述,分别由有色噪声来驱动。

设前向通道的差分方程为

$$\boldsymbol{y}(k)=\sum_{s=1}^{M}\boldsymbol{G}_s u(k-s)+\boldsymbol{v}(k) \tag{12.4.1}$$

式中 $\boldsymbol{y}(k)$ 为 m 维输出向量

$$\boldsymbol{y}(k)=[y_1(k)\quad y_2(k)\quad\cdots\quad y_m(k)]^{\mathrm{T}} \tag{12.4.2}$$

$\boldsymbol{u}(k)$ 为 r 维控制向量

$$\boldsymbol{u}(k)=[u_1(k)\quad u_2(k)\quad\cdots\quad u_r(k)]^{\mathrm{T}} \tag{12.4.3}$$

噪声 $\boldsymbol{v}(k)$ 为 m 维向量

$$\boldsymbol{v}(k)=[v_1(k)\quad v_2(k)\quad\cdots\quad v_m(k)]^{\mathrm{T}} \tag{12.4.4}$$

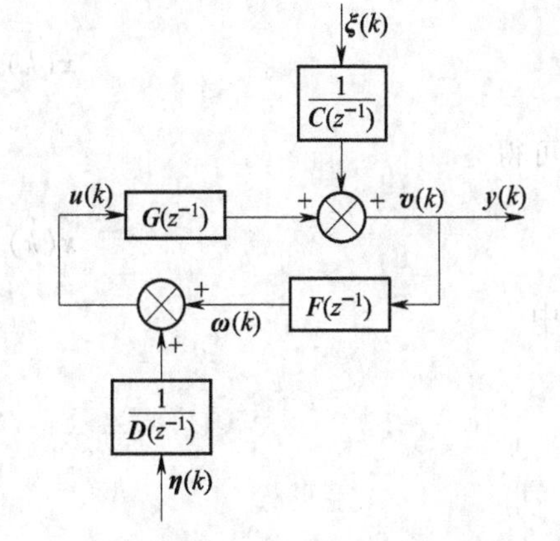

图 12.3 多输入-多输出闭环系统方块图

$\boldsymbol{G}_s$ 为 $m\times r$ 矩阵。$\boldsymbol{v}(k)$ 可用自回归(AR)模型来描述,即

$$\boldsymbol{v}(k)=\sum_{l=1}^{L}\boldsymbol{C}_l\boldsymbol{v}(k-l)+\boldsymbol{\xi}(k) \tag{12.4.5}$$

式中 $\boldsymbol{\xi}(k)$ 是 m 维正态分布白噪声向量,$\boldsymbol{C}_l$ 是 $m\times m$ 矩阵。

考虑到式(12.4.5),可把式(12.4.1)扩写成

$$\boldsymbol{y}(k)-\sum_{l=1}^{L}\boldsymbol{C}_l\boldsymbol{y}(k-l)=\sum_{S=1}^{M}\boldsymbol{G}_s\left[\boldsymbol{u}(k-s)-\sum_{l=1}^{L}\boldsymbol{C}_l\boldsymbol{u}(k-s-l)\right]+\boldsymbol{v}(k)-\sum_{l=1}^{L}\boldsymbol{C}_l\boldsymbol{v}(k-l) \tag{12.4.6}$$

把式(12.4.5)代入式(12.4.6),经过整理可得

$$\boldsymbol{y}(k)=\sum_{l=1}^{L}\boldsymbol{C}_l\boldsymbol{y}(k-l)+\sum_{s=1}^{M+L}\tilde{\boldsymbol{G}}_s\boldsymbol{u}(k-s)+\boldsymbol{\xi}(k) \tag{12.4.7}$$

当 $l>L$ 时,$\boldsymbol{C}_l=\boldsymbol{0}$;$\tilde{\boldsymbol{G}}_s$ 是 $m\times r$ 矩阵,并且

$$\begin{cases}\tilde{\boldsymbol{G}}_1=\boldsymbol{G}_1\\ \tilde{\boldsymbol{G}}_s=\boldsymbol{G}_s-\sum_{l=1}^{s-1}\boldsymbol{C}_l\boldsymbol{G}_{s-l},\quad s=2,3,\cdots,M+L\end{cases}\tag{12.4.8}$$

设反馈通道的差分方程为

$$\boldsymbol{u}(k)=\sum_{s=1}^{M}\boldsymbol{F}_s\boldsymbol{y}(k-s)+\boldsymbol{\omega}(k)\tag{12.4.9}$$

式中 $\boldsymbol{F}_s$ 为 $r\times m$ 矩阵，$\boldsymbol{\omega}(k)$ 为 r 维噪声。$\boldsymbol{\omega}(k)$ 可用自回归模型来描述，即

$$\boldsymbol{\omega}(k)=\sum_{l=1}^{L}\boldsymbol{D}_l\boldsymbol{\omega}(k-l)+\boldsymbol{\eta}(k)\tag{12.4.10}$$

式中 $\boldsymbol{\eta}(k)$ 为 r 维正态分布白噪声，$\boldsymbol{D}_l$ 为 $r\times r$ 矩阵。与式(12.4.7)的推导过程类似，可由式(12.4.9)和式(12.4.10)得

$$\boldsymbol{u}(k)=\sum_{l=1}^{L}\boldsymbol{D}_l\boldsymbol{u}(k-l)+\sum_{s=1}^{M+L}\tilde{\boldsymbol{F}}_s\boldsymbol{y}(k-s)+\boldsymbol{\eta}(k)\tag{12.4.11}$$

式中

$$\begin{cases}\tilde{\boldsymbol{F}}_1=\boldsymbol{F}_1\\ \tilde{\boldsymbol{F}}_s=\boldsymbol{F}_s-\sum_{l=1}^{s-1}\boldsymbol{D}_l\boldsymbol{F}_{s-l},\quad s=2,3,\cdots,M+L\end{cases}\tag{12.4.12}$$

自回归模型辨识法的实质是把不可观测的外部噪声 $\boldsymbol{\omega}(k)$ 和 $\boldsymbol{v}(k)$ 当成系统的输入，把 $\boldsymbol{u}(k)$ 和 $\boldsymbol{y}(k)$ 组成一个新的观测向量，把式(12.4.7)和式(12.4.12)合在一起组成自回归模型。设

$$\boldsymbol{x}(k)=\begin{bmatrix}\boldsymbol{y}(k)\\ \boldsymbol{u}(k)\end{bmatrix},\quad \boldsymbol{\varepsilon}(k)=\begin{bmatrix}\boldsymbol{\xi}(k)\\ \boldsymbol{\eta}(k)\end{bmatrix}$$

则可得

$$\boldsymbol{x}(k)=\sum_{s=1}^{L+M}\boldsymbol{A}(s)\boldsymbol{x}(k-s)+\boldsymbol{\varepsilon}(k)\tag{12.4.13}$$

式中

$$\boldsymbol{A}(s)=\left[\begin{array}{c:c}\boldsymbol{C}_s & \tilde{\boldsymbol{G}}_s\\ \hdashline \tilde{\boldsymbol{F}}_s & \boldsymbol{D}_s\end{array}\right]\tag{12.4.14}$$

当 $s>L$ 时，$\boldsymbol{C}_s=\boldsymbol{0}$，$\boldsymbol{D}_s=\boldsymbol{0}$。根据式(12.4.13)，可用最小二乘法求出 $\boldsymbol{A}(s)$。

由于多输入-多输出反馈系统的辨识很复杂，到目前为止，利用自回归模型辨识法时，还不能像单输入-单输出反馈系统那样给出可辨识条件。

下面讨论多次转换反馈通道传递函数矩阵的闭环辨识方法，用这种方法可给出多输入-多输出反馈系统的可辨识条件。

12.4.2　更换反馈矩阵辨识法

设系统方块图如图 12.4 所示。$\boldsymbol{F}(z^{-1})$ 为已知，$\boldsymbol{G}(z^{-1})$ 和 $\boldsymbol{C}(z^{-1})$ 的系数待求。$\boldsymbol{y}(k)$ 为 m 维向量，$\boldsymbol{u}(k)$ 为 r 维向量。

设 $\boldsymbol{F}(1),\boldsymbol{F}(2),\cdots,\boldsymbol{F}(l)$ 为不同的反馈通道传递函数矩阵,$\boldsymbol{M}$ 为从 $\boldsymbol{\varepsilon}(k)$ 到 $\boldsymbol{y}(k)$ 的闭环传递函数矩阵。当使用第 i 个反馈通道传递函数矩阵时,$\boldsymbol{F}=\boldsymbol{F}(i)$,这时的闭环传递函数矩阵记为 $\boldsymbol{M}(i)$,经过辨识,可得 $\boldsymbol{M}(i)$ 的估计 $\hat{\boldsymbol{M}}(i)$。闭环系统传递函数矩阵为

$$\boldsymbol{M}=[\boldsymbol{I}-\boldsymbol{G}\boldsymbol{F}]^{-1}\boldsymbol{C}^{-1} \tag{12.4.15}$$

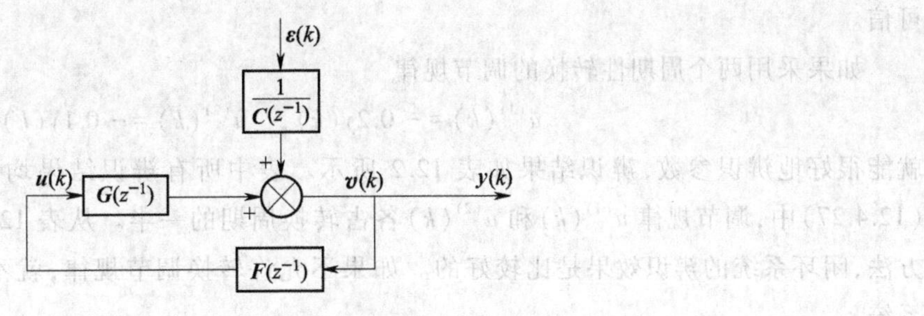

图 12.4 系统方块图

或

$$\boldsymbol{M}=[\boldsymbol{I}-\boldsymbol{G}\boldsymbol{F}(i)]^{-1}\boldsymbol{C}^{-1},\quad i=1,2,\cdots,l \tag{12.4.16}$$

为了研究闭环系统可辨识条件,把式(12.4.16)改写成

$$\boldsymbol{M}^{-1}(i)=\boldsymbol{C}[\boldsymbol{I}-\boldsymbol{G}\boldsymbol{F}(i)] \tag{12.4.17}$$

以及

$$[\boldsymbol{M}^{-1}(1)\quad \boldsymbol{M}^{-1}(1)\quad \cdots\quad \boldsymbol{M}^{-1}(l)]=[\boldsymbol{C}\quad \boldsymbol{C}\boldsymbol{G}]\begin{bmatrix}\boldsymbol{I} & \boldsymbol{I} & \cdots & \boldsymbol{I}\\ -\boldsymbol{F}(1) & -\boldsymbol{F}(2) & \cdots & -\boldsymbol{F}(l)\end{bmatrix} \tag{12.4.18}$$

为了能从式(12.4.18)解出 $\boldsymbol{C}$ 和 $\boldsymbol{C}\boldsymbol{G}$,即求出 $\boldsymbol{C}$ 和 $\boldsymbol{G}$,要求

$$\operatorname{rank}\begin{bmatrix}\boldsymbol{I} & \boldsymbol{I} & \cdots & \boldsymbol{I}\\ -\boldsymbol{F}(1) & -\boldsymbol{F}(2) & \cdots & -\boldsymbol{F}(l)\end{bmatrix}=r+m \tag{12.4.19}$$

式(12.4.19)即是闭环系统可辨识的充分条件。

为了使充分条件式(12.4.19)成立,式中矩阵的列 lm 应不小于其行数$(r+m)$。因此,反馈调节器 $\boldsymbol{F}(i)$ 的个数 l 应满足

$$l\geqslant 1+\frac{r}{m} \tag{12.4.20}$$

当输入 $\boldsymbol{u}(k)$ 和输出 $\boldsymbol{y}(k)$ 的维数相同时,$m=r$,则 $l=2$ 就可以了,这时式(12.4.19)所示条件简化为

$$\det\,[\boldsymbol{F}(1)-\boldsymbol{F}(2)]\neq 0 \tag{12.4.21}$$

如果选用两个对角线比例控制规律

$$\boldsymbol{F}(1)=\operatorname{diag}[k_1(1)\quad k_2(1)\quad \cdots\quad k_r(1)] \tag{12.4.22}$$

$$\boldsymbol{F}(2)=\operatorname{diag}[k_1(2)\quad k_2(2)\quad \cdots\quad k_r(2)] \tag{12.4.23}$$

且 $k_i(1)\neq k_i(2),i=1,2,\cdots,r$,则式(12.4.19)所示条件很容易得到满足。

例 12.4 设单输入-单输出系统为

$$y(k)-1.5y(k-1)+0.7y(k-2)=u(k-1)+0.5u(k-2)+\varepsilon(k) \tag{12.4.24}$$

式中$\{\varepsilon(k)\}$是 $N(0,1)$ 白噪声序列。选取参数辨识模型为

$$y(k)+\hat{a}_1y(k-1)+\hat{a}_2y(k-2)=\hat{b}_1u(k-1)+\hat{b}_2u(k-2)+\varepsilon(k) \tag{12.4.25}$$

试对比系统控制信号为 $u(k)=-0.2y(k)$ 及采用两个周期性转换的调节规律 $u^{(1)}(k)=-0.2y(k)$,$u^{(2)}(k)=-0.1y(k)$ 时的闭环系统辨识结果。

解　如果系统不加控制信号，即 $u(k)=0$，$y(k)$ 的方差为 8.854。如果系统的控制信号为

$$u(k)=-0.2y(k) \tag{12.4.26}$$

则 $y(k)$ 的方差为 5.807，这是最小方差。控制对象和调节器的阶不满足上一节中式（12.3.24）和式（12.3.25）所给出的条件，因此参数估计不是唯一的，估计结果如表 12.2 所示，显然其参数估计值不可信。

如果采用两个周期性转换的调节规律

$$u^{(1)}(k)=-0.2y(k),\quad u^{(2)}(k)=-0.1y(k) \tag{12.4.27}$$

就能很好地辨识参数，辨识结果如表 12.2 所示。表中所有辨识结果均利用了 2000 个采样数据。式（12.4.27）中，调节规律 $u^{(1)}(k)$ 和 $u^{(2)}(k)$ 各占转换周期的一半。从表 12.2 可以看出，采用转换规律的方法，闭环系统的辨识效果是比较好的。如果不允许转换调节规律，就不能利用这种方法来辨识闭环系统。

表 12.2　例 12.4 闭环系统辨识结果

参数	真值	按式（12.4.26）调节规律	按式（12.4.27）调节规律直接辨识	按式（12.4.27）调节规律间接辨识
a_1	−1.5	5.03	−1.508±0.044	−1.514±0.044
a_2	0.70	−6.06	0.713±0.044	0.718±0.044
b_1	1.00	−31.79	0.90±0.21	0.94±0.21
b_2	0.05	34.42	0.53±0.21	0.50±0.21

习　题

12.1　设闭环系统前向通道模型为

$$y(k)=-1.4y(k-1)-0.45y(k-2)+u(k-1)+0.7u(k-2)+\varepsilon(k)$$

式中 $\varepsilon(k)$ 是服从正态分布 $N(0,1)$ 的白噪声。取反馈控制信号为

（1）$u(k)=1.2y(k)$；

（2）$u(k)=y(k)+0.2y(k-1)$；

（3）$u(k)=0.33y(k)+0.033y(k-1)-0.4y(k-2)$。

在反馈通道噪声 $s(k)=0$ 和 $s(k)\neq 0$ 两种情况下，利用递推最小二乘法辨识闭环系统前向通道的模型参数。

12.2　对于例 12.3 所给出的系统前向通道方程和反馈控制规律，在相同条件下，利用间接辨识法计算不同反馈时的前向通道模型参数的最小二乘法估值，并与直接辨识法计算结果进行比较。

12.3　试从数学分析和物理概念两个不同角度分析采用周期性转换的调节规律可获得较好闭环系统辨识结果的机理。

13

第13章

集员辨识方法

13.1 集员辨识方法综述

13.1.1 集员辨识概述

集员辨识(set membership identification)是假设在噪声或噪声功率未知但有界(unknown but bounded,UBB)的情况下,利用数据提供的信息给参数或传递函数确定一个总是包含真参数或传递函数的成员集(例如椭球体、多面体、平行六边体等)。不同的实际应用对象,集员成员集定义也不同。例如,集员成员集可定义为公司职员的级别,可定义为电路中不同对象所对应的电流值,也可定义为系统故障所对应的系统参数集。集员成员集的具体内容直接关系集员辨识的成败。

集员辨识中系统噪声或观测噪声是非随机的,即假设噪声或噪声功率未知但有界,即满足 UBB 假设。集员辨识的结果不是一个标称值(点),而是一个集合(称为成员集)。在一定的条件下,随着样本容量增大,成员集所包含的范围逐渐缩小,当样本容量趋于无穷时,成员集最终收敛于系统的真实参数。在 UBB 假设成立时,真实参数或真实传递函数必属于成员集。集员辨识成员集的边界是确定性的,而不是概率性的,因此这称为硬界(hard bound)估计。

系统辨识就是通过测量系统在外作用下的系统响应数据,按照确定的辨识准则和建模目的,利用优化技术,寻求最能反映系统本质属性的数学模型。传统的辨识问题中模型结构通常事先给定,待确定的只是模型的参数,不直接考虑系统的不确定性,辨识的结果为某一法则下最优的单一模型。然而在实际应用中,从实际系统中所得观测数据总是存在某种程度的不确定性,将这些数据用于参数估计时,必须考虑不确定性对参数估计值的影响。当所估计的参数具有一定的物理意义或对实际系统的运行起着决定性作用的时候,不确定性影响的考虑就更为重要。对不确定性先验假设的不同,决定了参数估计算法的不同,同时也决定了对不确定性影响考虑的不同。目前使用最多的特征化数据不确定性的方法是假定数据受附加随机噪声的污染,而且噪声统计特性(如概率密度函数,简记为 pdf)已知或至少部分特性已知。另一种方法则是假定污染数据的噪声或噪声功率未知但有界。

与随机噪声假设相比,UBB 噪声假设有以下优点。

(1) UBB 噪声假设在许多场合比随机噪声假设更符合实际,如通过模数转换器或传感器进行测量引入的误差、机器数的舍入误差以及建模误差等都可看成具有有界误差形式。

(2) UBB 噪声假设所需的先验知识较少。它只要求不确定性的上、下界已知,而无须考虑在此界内的分布情况,因而在 UBB 噪声假设下的辨识算法——集员辨识算法比在随机噪声假设下的辨识算法更具鲁棒性。此外,由于未建模动态所引起的误差可以看作为 UBB 噪声,因此集员辨识算法可很方便地处理系统具有未建模动态的情况。

(3) 集员辨识算法可给出未建模动态的硬界描述,因而能满足鲁棒控制对模型知识的要求。

集员辨识算法的另一个特点是具有特殊的数据选择更新能力,若所量测到的新数据不包含能进一步缩减可行集的“新息”,就会丢弃该数据,即停止可行集的更新。而所谓的“新息”,也就是使可行集最小化的“最优”准则。基于不同的最优准则会产生不同的最优算法。因此,作为在有界噪声假设下的集员辨识算法,具有以下优点。

(1) 传统辨识方法对于系统的每次新量测数据都会进行参数或状态的递推更新,而集员辨识算法得益于特有的“新息”判断能力,递推更新次数较少,因而方法具有较高的计算效率。

(2) 集员辨识方法具有比传统估计方法更强的对参数时变系统的跟踪估计能力,以及较快的收敛速度。

(3) 工程实际中系统所受的噪声基本上都是有界的,并且无须已知噪声在此界内的任何统计特性,故基于噪声界假设的集员辨识方法比基于随机噪声假设的传统估计方法更符合工程实际。

(4) 系统建模时的不确定部分也可以归结到有界噪声里面,因而集员辨识方法可以较好地处理系统模型不精确的情况,即算法的鲁棒性更好,更适合于鲁棒控制对模型的要求。

由于集员辨识只需知道系统噪声的界,不需要对系统噪声的统计分布特征作假定,给系统辨识带来很大的方便。因此,集员辨识被认为是一种能与控制接轨的新型有效的系统辨识理论,已成为当前国际上系统辨识的重要发展方向和研究课题。

13.1.2　数学描述

集员辨识是在 UBB 噪声假设下进行的辨识。集员辨识算法所完成的工作是在参数空间中找到一个与量测数据和已知噪声界相容的可行解集(feasible solution set, FSS)。因而,集员辨识不同于传统的辨识,其结果不是参数空间内的一个标称值(点),而是参数空间的一个集合,且集合中的每一个成员均为可行解。在一定的条件下,随着样本容量增大,成员集所包含的范围逐渐缩小。当样本容量趋于无穷时,成员集最终收敛于系统的真实参数。

考虑单输入-单输出(SISO)线性回归模型

$$y_k = \boldsymbol{\varphi}_k^{\mathrm{T}}\boldsymbol{\theta} + w_k,\ k = 1,2,\cdots,N$$

其中

$$\boldsymbol{\theta} = [a_1 \quad a_2 \quad \cdots \quad a_{n_a} \quad b_0 \quad b_1 \quad \cdots \quad b_{n_b}]^{\mathrm{T}}$$

是待辨识的参数向量;$|w_k| \leqslant \varepsilon_k$ 是有界噪声,

$$\boldsymbol{\varphi}_k^{\mathrm{T}} = [-y_{k-1} \quad -y_{k-2} \quad \cdots \quad -y_{k-n_a} \quad u_k \quad u_{k-1} \quad \cdots \quad u_{k-n_b}]$$

是观测向量。

由模型和噪声表达式定义了 k 时刻数据所确定的参数空间 R^n 的一个子集 S_k,$S_k \triangleq \{\boldsymbol{\theta}:(y_k - \boldsymbol{\varphi}_k^{\mathrm{T}}\theta)^2 \leqslant \varepsilon_k^2;\boldsymbol{\theta} \in R^n\}$,$k=1,2,3,\cdots,N$,其中 $n=n_a+n_b+1$。如果真实参数 $\boldsymbol{\theta}^*$ 的先验信息是 $\boldsymbol{\theta}^* \in \Theta_0$,$\Theta_0$ 是参数

空间的有界集合,则 $\boldsymbol{\theta}^*$ 属于 Θ_0 与 S_k 的交集,即 $\boldsymbol{\theta}^* \in \Theta_N^0 = \Theta_0 \bigcap_{k=1}^{N} S_k$。

集员辨识的目的就是给出 Θ_N^0 的具体描述形式,常见的具体形式有椭球体、多面体等。由于 Θ_N^0 的描述极为复杂,通常寻求 Θ_N^0 的近似描述 Θ_N,如果存在一个有界集 Θ^*,使得 $\boldsymbol{\theta}^* \in \Theta^*$,且 $\lim_{N\to\infty}\Theta_N = \Theta^*$ 成立,则称该集员辨识算法是集收敛的。若满足 $\lim_{N\to\infty}\max_{\boldsymbol{\theta}\in\Theta_N}\|\boldsymbol{\theta}-\boldsymbol{\theta}^*\| = 0$,则称该集员辨识算法是点收敛的。

13.1.3 集员辨识的发展及主要算法

UBB 噪声假设首先出现在系统状态估计方面的文献中。集员辨识最早由 Fogel 于 1979 年提出。其后,Fogel 和 Huang 又对其作了进一步的改进。本文以参数线性模型为例,介绍集员辨识理论的主要发展历程。

参数线性系统集员辨识算法主要有三大类:椭球外界算法、参数不定区间估计(PIE)算法(或称盒子外界算法)和精确描述算法。

13.1.3.1 椭球外界算法

Fogel 在集员辨识研究中最早使用的是椭球外界算法。他在论文中讨论了所有观测数据噪声总能量为有界时系统的参数辨识问题,给出了简单的递推辨识算法并讨论了其收敛性。尽管算法极其简单,其运算量仅相当于递推最小二乘法的运算量,但由于噪声总能量约束这一条件太一般化,因而其算法在实际应用中并不理想。Fogel 和 Huang 给出了噪声瞬时有界约束(即每一个观测数据噪声分别有界)条件下的极小化椭球容积算法和极小化椭球迹算法两个递推外界椭球算法(简称为 FH 算法)。与 Fogel 算法相比,FH 算法稍显复杂,但有两个显著的优点:一是对噪声先验知识的假设更符合实际,二是在递推过程中可去掉不提供有效信息的冗余数据。袁震东等将 FH 算法推广到多输入 - 多输出(MIMO)系统参数的集员辨识,与最小二乘法相比,袁震东等所提出的方法具有两点优越性:(1) 具有更小的参数估计区间和更小包含真参数的椭球;(2) 具有识别冗余数据的能力,减少计算量。袁震东等还给出了双线性系统参数的集员估计递推形式,并讨论了其收敛性。为处理 FH 算法的复杂性,Deller 给出了一种脉动型(systolic) 结构的算法实现,从而有效地提高了运算速度。

Belforte 和 Bona 在 FH 算法的基础上给出了修正的 FH 算法(简称为 MFH 算法)。与 FH 算法相比,MFH 算法可获得容积更小的椭球。Pronzato 证明了 MFH 算法与具有平行切口的最小容积椭球——EPC 算法在数学上是等价的。Cheung 用几何方法推导了实际上与 EPC 算法等价的所谓最优容积椭球外界算法(OVE 算法),并给出了收敛性结论。

尽管 MFH、EPC 及 OVE 算法在递推意义上是容积最小的,但其结果椭球仍然相当宽松,而且取决于初始椭球的选择。为此,Milanese 和 Vicino 给出了非递推求解最小容积椭球的方法。该方法归结为求解一个适当描述的多项式优化问题,其所得结果是绝对的最小容积椭球,但计算相当复杂,即使预先规定了椭球的形状,其计算复杂性也无法降低。上述各种算法都是以椭球的某种几何测度最优化为指标来求解的,均能保证收敛性,但无任何几何意义上的最优特性。有文献指出,可以找到适当的输入信号,使得在相同的样本容量下,辨识得到的椭球在一定意义下最小。孙先仿等对 Vereshe 和 Norton 的方法进行了改正,给出了基于参数集员辨识的重复递推椭球外界算法的一种结构选择准则,即椭球轴信息阵行列式相对值最大化准则。文中假设过程噪声向量和观测向量的元素均匀分布,用椭球体的几何中心作为 k 时刻的点估计,基于不同的准则对噪声进行滤波取得了较好的效果。

13.1.3.2 PIE 或盒子外界算法

Milanese 和 Belforte 提出了集员辨识的一种批处理盒子外界算法(简称为 MB 算法)。如果待辨识的参数向量维数为 p,所得数据个数为 N,则 MB 算法将求解包含所有相容元素的盒子问题归结为求解 $2p$ 个线性规划(LP)问题,其中每个线性规划问题均有相同的 $2N$ 个线性不等式约束。当 N 较大时,求解具有 $2N$ 个约束的线性规划问题将要占用大量的运算时间,而在通常的情况下,这 $2N$ 个约束中仅有为数极少的几个约束在起作用。Belforte 和 Bona 采用 MFH 算法对这 $2N$ 个约束进行预处理,即将所对应的边界超平面与所得最优椭球不相切的约束予以除去。经过这样的预处理后,约束个数大为减少,运算速度大为改观。

MB 算法所给盒子是在参数空间中与坐标轴方向相一致的,在有些情况下这一盒子将很松。Norton 给出了求解与最优椭球轴向一致的最小容积盒子的线性规划算法,仿真表明其结果比坐标轴向一致的盒子更紧。Milanese 和 Vicino 给出了求解绝对最小容积盒子算法。这一算法也归结为求解一个适当描述的多项式优化问题,其计算复杂程度很高。Hussein 将 LP 问题变换成一组对偶线性规划(DLP)问题,提出了求解这组 DLP 问题的改进单纯型方法。该方法利用变量间的对偶关系,直接计算初始基本可行解,省去了初始基本可行解的搜索步骤。此外,在确定旋入和旋出变量时都采用了目标值最大减少规则,减少了旋转迭代次数。

13.1.3.3 精确描述算法

由于成员集的椭球外界描述或盒子外界描述通常包含大量的不相容元素,因而在实用中显得粗糙,人们试图研究出成员集的精确描述方法。目前,对成员集的精确描述算法均为递推算法,其主要差别在于对凸多面体描述方式的不同。Broman 和 Shensa 对凸多面体的描述是列举所有的 $j(j=0,1,\cdots,p-1)$ 维面。Mo 和 Norton 对凸多面体的描述是列举其全部顶点。而 Walter 和 Piet - Lahanier 则是通过扩维将凸多面体转化为凸多面锥体,并列举这一凸多面锥体的棱线来描述。

参数线性模型系统的集员辨识的椭球外界算法、盒子外界算法和精确描述算法各具优缺点。椭球外界算法通常是递推算法,有收敛性分析结论,其描述和运算的复杂性均较低,但所得结果近似度较差。盒子外界算法描述简单,近似程度一般比椭球外界算法好,但随着观测数据的增加以及精度要求的提高,其计算量迅速增加,且不适合实时辨识。精确描述算法所得结果为成员集的描述较椭球或盒子描述精确,但其描述和计算复杂性都很高,应用时需将复杂性限制在一定的范围之内。此外,盒子外界算法和精确描述算法大多没有收敛性分析的结果。

13.1.4 值得进一步研究的问题

近年来 Gevers 指出,系统辨识如何与鲁棒控制接轨是一个挑战性问题。目前集员辨识的研究日益增多,一些有效方法正在形成,但许多问题仍值得研究。例如以下的问题。

(1) 集员辨识的收敛性问题。目前这方面基本结果甚少。对于集员辨识的极限行为还不很清楚,特别是当 $w(t)$ 和 $v(t)$ 中含有某种动态时其极限行为值得研究。

(2) 集员辨识的模型证实问题。目前这方面尚未很好展开,这一问题不解决势必影响集员辨识的实际应用。

(3) 集员辨识与鲁棒控制在线结合成鲁棒自适应控制问题。目前鲁棒控制器设计计算太复杂,不适于在线进行。集员辨识与鲁棒控制组成闭环后将会产生什么影响等许多问题尚待研究。

本章将介绍集员辨识中的一些基本算法。

13.2 Fogel 外界椭球算法

集员估计最早于20世纪60年代已经形成并用于不确定性系统的状态估计,第一个把集员思想用于系统辨识的是 *E. Fogel*,于 1979 年提出了一种外界椭球(*outer bounding ellipsoid*,*OBE*) 算法。

13.2.1 外界椭球算法递推公式

考虑由差分方程描述的单输入 - 单输出(*SISO*) 线性系统

$$y_k = \boldsymbol{\varphi}_k^{\mathrm{T}}\boldsymbol{\theta}^* + w_k \tag{13.2.1}$$

其中

$$\boldsymbol{\theta}^* = [a_1 \quad a_2 \quad \cdots \quad a_{n_a} \quad b_0 \quad b_1 \quad \cdots \quad b_{n_b}]^{\mathrm{T}}$$

是未知的 n 维真实参数向量;

$$\boldsymbol{\varphi}_k^{\mathrm{T}} = [-y_{k-1} \quad -y_{k-2} \quad \cdots \quad -y_{k-n_a} \quad u_k \quad u_{k-1} \quad \cdots \quad u_{k-n_b}]$$

是可测的 n 维输入输出向量,其中 $n = n_a + n_b + 1$;w_k 是受到集员约束的不可测标量噪声信号。

在已有的参考文献中曾讨论过两种类型的集员约束。

(1) 瞬时约束:对于每一时刻 k,噪声向量 $\boldsymbol{w}_k$ 被限制于一个确定性椭球,即

$$\boldsymbol{w}_k^{\mathrm{T}}\boldsymbol{R}_k\boldsymbol{w}_k \leqslant 1,\ \boldsymbol{R}_k > \boldsymbol{0}$$

(2) 能量约束:噪声向量 $\boldsymbol{w}_k$ 的能量受到约束,即

$$\sum_{i=1}^{k}\boldsymbol{w}_i^{\mathrm{T}}\boldsymbol{Q}_i\boldsymbol{w}_i \leqslant 1 \tag{13.2.2}$$

已经证明,如果选择合适的加权矩阵 $\boldsymbol{Q}_k$,受到瞬时约束的序列$\{\boldsymbol{w}_k\}$ 的可能值的集合是受到能量约束的序列$\{\boldsymbol{w}_k\}$ 集合的子集。也就是说,能量约束的约束性将小于瞬时约束。因此,对于参数向量 $\boldsymbol{\theta}^*$ 利用能量约束所得到的集员要大于瞬时约束,对于系统参数辨识来说,采用瞬时约束更为有利。但不幸的是,即使对于线性状态估计问题,应用瞬时约束也无法进行计算,必须进行某些近似。于是,下面的讨论将局限于能量约束,并且为便于叙述,略去加权矩阵 $\boldsymbol{Q}_k$,将能量约束定义为

$$\sum_{i=1}^{k} w_i^2 \leqslant F(k) \tag{13.2.3}$$

式中 $F(k)$ 是 k 的单调增函数。

集员辨识就是根据观测序列$\{y_k, u_k\}$ 和 $F(k)$ 找出 $\boldsymbol{\theta}$ 所属的满足式(13.2.1) 和式(13.2.3) 的集合,这样的集合称为成员集。由式(13.2.1) 和式(13.2.3) 可知,这个成员集应该是由 k 时刻及之前的数据所确定的参数空间 R^n 的一个子集 Θ_k,并且

$$\boldsymbol{\theta} \in \Theta_k \triangleq \left\{\boldsymbol{\theta}: \sum_{i=1}^{k}(y_i - \boldsymbol{\varphi}_i^{\mathrm{T}}\boldsymbol{\theta})^2 \leqslant F(k), \boldsymbol{\theta} \in R^n\right\} \tag{13.2.4}$$

如果真实参数 $\boldsymbol{\theta}^*$ 的先验信息是 $\boldsymbol{\theta}^* \in \Theta_0$,$\Theta_0$ 是参数空间的有界集合,则 $\boldsymbol{\theta}^*$ 属于 Θ_0 与 $\Theta_1, \Theta_2, \cdots, \Theta_k$ 的交集,即 $\boldsymbol{\theta}^* \in \Theta_k^{\circ} = \Theta_0 \bigcap_{i=1}^{k} \Theta_i$。

集员辨识的目的就是给出 Θ_k° 的具体描述形式,常见的具体形式有椭球体、多面体等。由于 Θ_k° 的描述极为复杂,通常寻求 Θ_k° 的近似描述 Θ_k。如果存在一个有界集 Θ^*,使得 $\boldsymbol{\theta}^* \in \Theta^*$,且 $\lim\limits_{k\to\infty}\Theta_k = \Theta^*$ 成立,则

称该集员辨识算法是集收敛的。若满足$\lim\limits_{k\to\infty}\max\limits_{\theta\in\Theta_k}\|\boldsymbol{\theta}-\boldsymbol{\theta}^*\|=0$,则称该集员辨识算法是点收敛的。

Fogel算法所给出的Θ_k^o描述形式是具有外部边界的椭球体,故该算法称为Fogel外界椭球算法。

可以证明,Θ_k有下列等价形式

$$\Theta_k=\{\boldsymbol{\theta}:(\boldsymbol{\theta}-\boldsymbol{\theta}_c(k))^{\mathrm{T}}\boldsymbol{P}_k^{-1}(\boldsymbol{\theta}-\boldsymbol{\theta}_c(k))\leqslant G(k),\boldsymbol{\theta}\in R^n\}\tag{13.2.5}$$

式中

$$\begin{cases}\boldsymbol{P}_k^{-1}=\sum\limits_{i=1}^{k}\boldsymbol{\varphi}_i\boldsymbol{\varphi}_i^{\mathrm{T}}\\ \boldsymbol{\theta}_c(k)=\boldsymbol{P}_k\sum\limits_{i=1}^{k}\boldsymbol{\varphi}_iy_i\end{cases}\tag{13.2.6}$$

$$\begin{aligned}G(k)&=F(k)+\boldsymbol{\theta}_c^{\mathrm{T}}(k)\boldsymbol{P}_k^{-1}\boldsymbol{\theta}_c(k)-\sum_{i=1}^{k}y_i^2\\&=F(k)+\Big(\sum_{i=1}^{k}\boldsymbol{\varphi}_iy_i\Big)^{\mathrm{T}}\boldsymbol{P}_k^{-1}\Big(\sum_{i=1}^{k}\boldsymbol{\varphi}_iy_i\Big)-\sum_{i=1}^{k}y_i^2\end{aligned}\tag{13.2.7}$$

式中$\boldsymbol{P}_k^{-1}$是$n\times n$正定矩阵。

式(13.2.5)是参数空间中一个含有真实参数的椭球(若$\boldsymbol{P}_k^{-1}$正定),$\boldsymbol{\theta}_c(k)$是椭球的中心,它与$\boldsymbol{P}_k$,$G(k)$均可以递推计算出来,其递推计算公式为

$$\boldsymbol{\theta}_c(k)=\boldsymbol{\theta}_c(k-1)+\boldsymbol{P}_k\boldsymbol{\varphi}_k[y_k-\boldsymbol{\varphi}_k^{\mathrm{T}}\boldsymbol{\theta}_c(k-1)]\tag{13.2.8}$$

$$\boldsymbol{P}_k=\boldsymbol{P}_{k-1}-\boldsymbol{P}_{k-1}\boldsymbol{\varphi}_k\boldsymbol{\varphi}_k^{\mathrm{T}}\boldsymbol{P}_{k-1}/(1+\boldsymbol{\varphi}_k^{\mathrm{T}}\boldsymbol{P}_{k-1}\boldsymbol{\varphi}_k)\tag{13.2.9}$$

$$G(k)=G(k-1)+(F(k)-F(k-1))-\frac{(y_k-\boldsymbol{\varphi}_k^{\mathrm{T}}\boldsymbol{\theta}_c(k-1))^2}{1+\boldsymbol{\varphi}_k^{\mathrm{T}}\boldsymbol{P}_{k-1}\boldsymbol{\varphi}_k}\tag{13.2.10}$$

它们的初值分别为:$\boldsymbol{\theta}_c(0)=\boldsymbol{0}$,$G(0)=0$,$\boldsymbol{P}_0=c\boldsymbol{I}$,$c$是一个由设计者选择的正数,通常选取$c=10^4$。式(13.2.8)~式(13.2.10)是一组递推集员估计公式。从形式上看,计算$\boldsymbol{\theta}_c(k)$的公式与递推最小二乘估计公式完全一致,但其含义是不同的。

Fogel的开创性工作还包括在$\boldsymbol{w}_k$满足Fogel所定义的白色意义下,证明了当采样个数趋于无穷大时,式(13.2.5)所示椭球趋向于参数空间的一个点。

13.2.2 收敛性证明

由于根据式(13.2.4)和式(13.2.5)所定义的Θ_k可知,对于任意的时刻k,真实的参数向量$\boldsymbol{\theta}^*\in\Theta_k$,所以由式(13.2.8)~式(13.2.10)所描述算法的收敛性可以利用有界椭球进行定义。

定义13.1(收敛性) 如果椭球$\{\Theta_k\}$的集合满足关系式

$$\lim_{k\to\infty}\max_{\theta\in\Theta_k}\|\boldsymbol{\theta}-\boldsymbol{\theta}_c(k)\|=0\tag{13.2.11}$$

则称由式(13.2.8)~式(13.2.10)所描述的算法是收敛的。

引理13.1 满足定义13.1所定义的收敛性的必要和充分条件是

$$\lambda_{\min}(\boldsymbol{P}_k^{-1})>0\tag{13.2.12}$$

和

$$\lim_{k\to\infty}G(k)/\lambda_{\min}(\boldsymbol{P}_k^{-1})=0\tag{13.2.13}$$

证明 引理13.1中式(13.2.12)和式(13.2.13)所示条件的充分性是很明显的,式(13.2.13)表明当式(13.2.12)所示条件满足时,则有$\lim\limits_{k\to\infty}G(k)=0$,由式(13.2.5)可知这意味着$\lim\limits_{k\to\infty}\max\limits_{\theta\in\Theta_k}\|\boldsymbol{\theta}-$

$\boldsymbol{\theta}_c(k)\| = 0$,算法是收敛的。

用反证法证明条件的必要性。

假设不满足式(13.2.12)所示条件,则说明 $\boldsymbol{P}_k^{-1}$ 不是一个满秩的矩阵,意味着

$$\operatorname{rank}(\boldsymbol{P}_k^{-1}) = m < n$$

则 $\|\boldsymbol{P}_k^{-1}\| = 0$,对于任意大但有界的 $\|\boldsymbol{\theta} - \boldsymbol{\theta}_c(k)\|$,都可以满足式(13.2.5)所示椭球约束。这说明由椭球约束式(13.2.5)导出的递推算法式(13.2.8)~式(13.2.10)不可能使式(13.2.11)成立,即算法不可能是收敛的。这也就证明了式(13.2.12)所示条件的必要性。

根据矩阵的特征值理论,由式(13.2.5)所示椭球约束可得不等式

$$\|\boldsymbol{\theta} - \boldsymbol{\theta}_c(k)\|^2 \lambda_{\min}(\boldsymbol{P}_k^{-1}) \leqslant (\boldsymbol{\theta} - \boldsymbol{\theta}_c(k))^{\mathrm{T}} \boldsymbol{P}_k^{-1} (\boldsymbol{\theta} - \boldsymbol{\theta}_c(k)) \leqslant G(k) \tag{13.2.14}$$

若式(13.2.13)所示条件不满足,则 $\max\limits_{\boldsymbol{\theta} \in \Theta_k} \|\boldsymbol{\theta} - \boldsymbol{\theta}_c(k)\|$ 就不可能收敛至零,即算法不可能是收敛的。这证明了式(13.2.13)所示条件的必要性。证毕。

一般来说,由式(13.2.3)所定义的能量约束对于满足条件式(13.2.12)和式(13.2.13)是不充分的。在随机辨识参考文献中对噪声序列较合适的约束是假定噪声为具有二阶各态历经性的白色噪声。此外,仿真结果表明,这些条件的放松将会导致辨识算法的收敛是有偏的。因此,人们希望对噪声项施加较小的约束便可保证有界椭球的收敛。为此,Fogel 给出了"白色"噪声的定义。

定义 13.2(白色噪声)　若噪声序列 $\{w_k\}$ 满足关系式

$$\lim_{k \to \infty} g_k \sum_{i=1}^{k} w_i = 0 \tag{13.2.15}$$

$$\lim_{k \to \infty} g_k \sum_{i=1}^{k} w_i w_{i-j} = \mathrm{C}\delta(j),\ \forall j \tag{13.2.16}$$

则称噪声序列 $\{w_k\}$ 是白色的,其中 $g_k > 0$ 是 k 的单调增函数,$\delta(j)$ 是克罗内克脉冲函数,$\mathrm{C} > 0$ 为一常数。

为了方便,将式(13.2.15)和式(13.2.16)中的极限分别表示为

$$\sum_{i=1}^{k} w_i = 0(g_k^{-1}) \tag{13.2.17}$$

$$\sum_{i=1}^{k} w_i w_{i-j} = \begin{cases} \mathrm{o}(g_k^{-1}), & j \neq 0 \\ 0(g_k^{-1}), & j = 0 \end{cases} \tag{13.2.18}$$

对于白色噪声,由式(13.2.3)所定义的能量约束的上界 $F(k)$ 则可表示为

$$F(k) = \frac{1}{g_k}(\mathrm{C} + \boldsymbol{\varepsilon}_k) \tag{13.2.19}$$

其中 $\varepsilon_k > 0$ 为比 g_k 更快收敛至零的变量。

引理 13.2　当且仅当存在一个正的函数 g_k 使得

$$\lim_{k \to \infty} g_k \sum_{i=1}^{k} \boldsymbol{\varphi}_i w_i = \boldsymbol{0} \tag{13.2.20}$$

$$\lim_{k \to \infty} g_k \boldsymbol{p}_k^{-1} \geqslant \mathrm{C} > \boldsymbol{0} \tag{13.2.21}$$

才能保证当 $k \to \infty$ 时 $\boldsymbol{\theta}_c(k) \to \boldsymbol{\theta}^*$。

证明　将式(13.2.1)中的 y_k 代入式(13.2.6)并利用式(13.2.6)中 $\boldsymbol{p}_k^{-1}$ 的定义,可得

$$\boldsymbol{\theta}_c(k) = \boldsymbol{P}_k\Big(\sum_{i=1}^{k} \boldsymbol{\varphi}_i \boldsymbol{\varphi}_i^{\mathrm{T}} \boldsymbol{\theta}^* + \sum_{i=1}^{k} \boldsymbol{\varphi}_i w_i\Big) = \boldsymbol{\theta}^* + (g_k \boldsymbol{P}_k^{-1})^{-1}\Big(g_k \sum_{i=1}^{k} \boldsymbol{\varphi}_i w_i\Big) \tag{13.2.22}$$

则引理 13.2 立即可以从式(13.2.22)中导出。

引理 13.3　令式(13.2.1)所示系统的可测向量为

$$\boldsymbol{\varphi}_k^{\mathrm{T}}=[y_{k-1}\quad y_{k-2}\quad\cdots\quad y_{k-n}]$$

即系统的状态方程为自回归模型,若$\{w_i\}$是白色的并且系统是稳定的,则当$k\to\infty$时$\boldsymbol{\theta}_c(k)\to\boldsymbol{\theta}^*$。

证明　与式(13.2.1)所示系统相对应的状态方程为

$$\boldsymbol{\varphi}_k=\boldsymbol{A}\boldsymbol{\varphi}_{k-1}+\boldsymbol{b}w_{k-1}\tag{13.2.23}$$

其中

$$\boldsymbol{A}=\begin{bmatrix}0 & \\ \vdots & \boldsymbol{I}\\ 0 & \\ \hline & \boldsymbol{\theta}^{\mathrm{T}}\end{bmatrix},\boldsymbol{b}=\begin{bmatrix}0\\ \vdots\\ 0\\ 1\end{bmatrix}$$

因而有

$$\boldsymbol{\varphi}_k=\sum_{j=1}^{k}\boldsymbol{A}^{k-j}\boldsymbol{b}w_{j-1}\tag{13.2.24}$$

为书写方便,令$g_k=1/k$,将式(13.2.24)代入式(13.2.23)则有

$$\frac{1}{k}\sum_{i=1}^{k}\boldsymbol{\varphi}_i w_i=\frac{1}{k}\sum_{i=1}^{k}w_i\sum_{j=1}^{i}\boldsymbol{A}^{i-j}\boldsymbol{b}w_{j-1}=\frac{1}{k}\sum_{i=1}^{k}w_i\sum_{j=1}^{i}\boldsymbol{A}^{j-1}\boldsymbol{b}w_{i-j}=\sum_{j=1}^{k}\boldsymbol{A}^{j-1}\boldsymbol{b}\frac{1}{k}\sum_{i=j}^{i}w_iw_{i-j}\tag{13.2.25}$$

由白噪声假设知

$$\sum_{j=1}^{k}w_iw_{i-j}=\mathrm{o}(k)\tag{13.2.26}$$

则式(13.2.25)可以简化为

$$\frac{1}{k}\sum_{i=1}^{k}\boldsymbol{\varphi}_i w_i=\frac{1}{k}\mathrm{o}(k)\sum_{j=1}^{k}\boldsymbol{A}^{j-1}\boldsymbol{b}\tag{13.2.27}$$

由于假设系统是稳定的,则式(13.2.27)右边的和将收敛并满足式(13.2.20)要求。

遵循类似的步骤,可得关系式

$$\begin{aligned}\frac{1}{k}\boldsymbol{p}_k^{-1}&=\frac{1}{k}\sum_{i=1}^{k}\boldsymbol{\varphi}_i\boldsymbol{\varphi}_i^{\mathrm{T}}=\frac{1}{k}\sum_{i=1}^{k}\left(\sum_{j=1}^{i}\boldsymbol{A}^{j-1}\boldsymbol{b}w_{i-j}\right)\left(\sum_{l=1}^{i}\boldsymbol{A}^{l-1}\boldsymbol{b}w_{i-l}\right)^{\mathrm{T}}+\\&\sum_{j=1}^{k}\sum_{l=1}^{k}(\boldsymbol{A}^{j-1}\boldsymbol{b})(\boldsymbol{A}^{l-1}\boldsymbol{b})^{\mathrm{T}}\frac{1}{k}\sum_{i=\max(j,l)}^{k}w_{i-j}w_{i-l}\\&=\mathrm{o}(k)\sum_{j=1}^{k}\sum_{l=1}^{k}(\boldsymbol{A}^{j-1}\boldsymbol{b})(\boldsymbol{A}^{l-1}\boldsymbol{b})^{\mathrm{T}}+\mathrm{o}(k)\sum_{j=1}^{k}\sum_{\substack{l=1\\ l\neq j}}^{k}(\boldsymbol{A}^{j-1}\boldsymbol{b})(\boldsymbol{A}^{l-1}\boldsymbol{b})^{\mathrm{T}}\end{aligned}\tag{13.2.28}$$

由于假定系统是自回归模型并且是稳定的,这意味着$(\boldsymbol{A},\boldsymbol{b})$为可控对,式(13.2.28)中的矩阵是正定的。又由于假定系统是稳定的,说明$\mathrm{o}(k)$是不发散的,因而满足式(13.2.21)要求。证毕。

定理 13.1　若$\{w_k\}$是白色的并且$F(k)$如式(13.2.19)所示,有界椭球收敛至零的充分必要条件是$\boldsymbol{\theta}_c(k)$收敛至$\boldsymbol{\theta}^*$。

证明　假设$\boldsymbol{\theta}_c(k)$收敛至$\boldsymbol{\theta}^*$,则有

$$\begin{aligned}\lim_{k\to\infty}G(k)&=\lim_{k\to\infty}\left(\sum_{i=1}^{k}w_i^2+k\varepsilon_k-\sum_{i=1}^{k}y_i^2+\sum_{i=1}^{k}y_i\boldsymbol{\varphi}_i^{\mathrm{T}}\boldsymbol{\theta}^*\right)\\&=\lim_{k\to\infty}\left(k\varepsilon_k+\sum_{i=1}^{k}(w_i^2-y_i^2+y_i(y_i-w_i))\right)\\&=\lim_{k\to\infty}\left(k\varepsilon_k+\sum_{i=1}^{k}(w_i^2-y_iw_i)\right)\\&=\lim_{k\to\infty}\left(k\varepsilon_k+\sum_{i=1}^{k}(w_i^2-(\boldsymbol{\varphi}_i^{\mathrm{T}}\boldsymbol{\theta}^*+w_i)w_i)\right)\end{aligned}$$

$$= \lim_{k\to\infty}\left(k\varepsilon_k - \left(\sum_{i=1}^{k}\boldsymbol{\varphi}_i^{\mathrm{T}} w_i\right)\boldsymbol{\theta}^*\right)$$

$$= \lim_{k\to\infty}(k\varepsilon_k - o(k)\boldsymbol{\theta}^*)$$

由于 $\boldsymbol{p}_k^{-1} = \boldsymbol{0}(k)$,可立即得出定理中的结论。证毕。

推论 13.1 有界椭球收敛的充分条件是噪声序列 $\{w_k\}$ 是白色的并且 $F(k)$ 满足式(13.2.19)。

证明 该推论可由定理 13.1 和引理 13.2 的结果直接得出。

上述引理和定理的结论和证明都是基于自回归(AR)模型,如果附加一些条件便可推广至式(13.2.1)所描述的自回归移动平均(ARMA)模型。这些附加条件是要求输入序列 $\{u_i\}$ 满足关系式

$$\sum_{j=1}^{k} w_i u_{i-j} = o(k), \forall j \tag{13.2.29}$$

和

$$\sum_{j=1}^{k} u_i^2 = o(k) \tag{13.2.30}$$

系统的不稳定性对于辨识算法的收敛性是有影响的,在上述引理的叙述和证明中假定系统为稳定的目的是为了简化证明,在下一小节中将讨论系统的不稳定性对收敛性质的影响。

13.2.3 系统的不稳定性对收敛性的影响

设

$$\boldsymbol{\Phi}_k^{\mathrm{T}} = [\boldsymbol{\varphi}_1 \quad \boldsymbol{\varphi}_2 \quad \cdots \quad \boldsymbol{\varphi}_k]$$

$$\boldsymbol{y}_k^{\mathrm{T}} = [y_1 \quad y_2 \quad \cdots \quad y_k]$$

则有

$$\boldsymbol{\theta}_c(k) = \boldsymbol{P}_k\boldsymbol{\Phi}_k^{\mathrm{T}}\boldsymbol{y}_k \tag{13.2.31}$$

$$G(k) = F(k) - \boldsymbol{y}_k^{\mathrm{T}}(\boldsymbol{I} - \boldsymbol{\Phi}_k\boldsymbol{P}_k\boldsymbol{\Phi}_k^{\mathrm{T}})\boldsymbol{y}_k \tag{13.2.32}$$

其中

$$\boldsymbol{P}_k = (\boldsymbol{\Phi}_k^{\mathrm{T}}\boldsymbol{\Phi}_k)^{-1}$$

引理 13.4 $G(k)$ 的上界和下界由以下的关系式给出

$$F(k) - \boldsymbol{y}_k^{\mathrm{T}}\boldsymbol{y}_k \leqslant G(k) \leqslant F(k) \tag{13.2.33}$$

证明 由于$(\boldsymbol{I} - \boldsymbol{\Phi}_k\boldsymbol{P}_k\boldsymbol{\Phi}_k^{\mathrm{T}})$是幂等矩阵,可以导出

$$\sum_{j=m+1}^{k}\lambda_j \leqslant \boldsymbol{y}_k^{\mathrm{T}}(\boldsymbol{I} - \boldsymbol{\Phi}_k\boldsymbol{P}_k\boldsymbol{\Phi}_k^{\mathrm{T}})\boldsymbol{y}_k \leqslant \sum_{j=1}^{k-n}\lambda_j \tag{13.2.34}$$

其中 $\lambda_1 \geqslant \lambda_2 \geqslant \cdots \geqslant \lambda_k \geqslant 0$ 为 $\boldsymbol{y}_k\boldsymbol{y}_k^{\mathrm{T}}$ 的特征值,但是 $\lambda_1 = \boldsymbol{y}_k^{\mathrm{T}}\boldsymbol{y}_k, \lambda_2 = \lambda_3 = \cdots = \lambda_k = 0$,因而有

$$0 \leqslant \boldsymbol{y}_k^{\mathrm{T}}(\boldsymbol{I} - \boldsymbol{\Phi}_k\boldsymbol{P}_k\boldsymbol{\Phi}_k^{\mathrm{T}})\boldsymbol{y}_k \leqslant \boldsymbol{y}_k^{\mathrm{T}}\boldsymbol{y}_k \tag{13.2.35}$$

由式(13.2.32)和式(13.2.35)可直接得出式(13.2.33)。证毕。

定义 13.3 若矩阵 $\boldsymbol{P}$ 的 m 个特征值为零,则椭球 $\{(\boldsymbol{\varphi} - \boldsymbol{\varphi}_c)^{\mathrm{T}}\boldsymbol{P}^{-1}(\boldsymbol{\varphi} - \boldsymbol{\varphi}_c) \leqslant G\}$ 称为 m - 简并椭球,其中 $\boldsymbol{\varphi} \in R^n, \boldsymbol{P} > \boldsymbol{0}$ 为对称矩阵,$G > 0$。

设 $\boldsymbol{T}$ 是使矩阵 $\boldsymbol{P}$ 对角化的正交变换矩阵,即

$$\boldsymbol{T}^{\mathrm{T}}\boldsymbol{P}\boldsymbol{T}=\begin{bmatrix}0 & & & & & \\ & \ddots & & & & \\ & & 0 & & & \\ & & & \lambda_{m+1} & & \\ & & & & \ddots & \\ & & & & & \lambda_n\end{bmatrix},\lambda_i>0,\forall i>m \tag{13.2.36}$$

定义

$$\boldsymbol{T}(\boldsymbol{\varphi}-\boldsymbol{\varphi}_c)=\tilde{\boldsymbol{\varphi}}-\tilde{\boldsymbol{\varphi}}_c=\begin{bmatrix}\tilde{\boldsymbol{\varphi}}^1-\tilde{\boldsymbol{\varphi}}_c^1\\ \tilde{\boldsymbol{\varphi}}^2-\tilde{\boldsymbol{\varphi}}_c^2\end{bmatrix}\begin{matrix}\}m\\ \}n-m\end{matrix} \tag{13.2.37}$$

则 m - 简并椭球等价于

$$\begin{cases}\tilde{\boldsymbol{\varphi}}^1-\tilde{\boldsymbol{\varphi}}_c^1\\ (\tilde{\boldsymbol{\varphi}}^2-\tilde{\boldsymbol{\varphi}}_c^2)^{\mathrm{T}}\begin{bmatrix}\lambda_{m+1} & & \\ & \ddots & \\ & & \lambda_n\end{bmatrix}^{-1}(\tilde{\boldsymbol{\varphi}}^2-\tilde{\boldsymbol{\varphi}}_c^2)\leqslant G\end{cases} \tag{13.2.38}$$

应用引理 13.4 和定义 13.3 可得下面的结果。

定理 13.2　若被辨识自回归模型的 m 个特征值在单位圆外（m - 不稳定型）并且序列 $\{w_i\}$ 不是指数收敛的，则有界椭球收敛至一个 m - 简并椭球，而且在这一有界椭球内与任一 $\boldsymbol{\theta}$ 对应的系统 m 个极点将恒等于系统的 m 个不稳定极点。

证明　考虑如式（13.2.23）所示自回归模型的状态空间表达式。对式（13.2.23）进行类似的变换可得

$$\tilde{\boldsymbol{\varphi}}_k=\begin{bmatrix}\tilde{\boldsymbol{A}}_1 & 0\\ 0 & \tilde{\boldsymbol{A}}_2\end{bmatrix}\tilde{\boldsymbol{\varphi}}_{k-1}+\begin{bmatrix}\tilde{\boldsymbol{b}}_1\\ \tilde{\boldsymbol{b}}_2\end{bmatrix}w_{k-1} \tag{13.2.39}$$

其中 $m\times m$ 矩阵 $\tilde{\boldsymbol{A}}_1$ 和 $(n-m)\times(n-m)$ 矩阵 $\tilde{\boldsymbol{A}}_2$ 是式（13.2.23）中矩阵 $\boldsymbol{A}$ 的伴随形式，$|\lambda_i(\tilde{\boldsymbol{A}}_1)|>1$，$|\lambda_i(\tilde{\boldsymbol{A}}_2)|\leqslant 1$，$\tilde{\boldsymbol{b}}_1$ 和 $\tilde{\boldsymbol{b}}_2$ 是 $\boldsymbol{b}$ 的伴随形式。这样一种变换的存在是基于自回归模型的可控性。因此，由关系式

$$\boldsymbol{P}_k^{-1}=\sum_{i=1}^{k}\boldsymbol{\varphi}_i\boldsymbol{\varphi}_i^{\mathrm{T}}=\boldsymbol{T}^{\mathrm{T}}\Big(\sum_{i=1}^{k}\tilde{\boldsymbol{\varphi}}_i\tilde{\boldsymbol{\varphi}}_i^{\mathrm{T}}\Big)\boldsymbol{T} \tag{13.2.40}$$

可知，$\boldsymbol{P}_k^{-1}$ 的 m 个特征值是指数发散的。此外，由式（13.2.19）和引理 13.4 可知，$G(k)$ 并不比 k 发散得快，也就是说，当 $k\to\infty$ 时，有界椭球始终被限制在一个 m - 简并椭球内，因而可以导出定理中的结论。

需要指出的是，除了能量约束之外，在这里对噪声没有加以任何限制。因而，不管有界椭球是否收敛，定理中的结论都是适用的。

13.2.4　数字仿真结果

仿真时所选择的辨识对象为三阶自回归模型

$$y_k = \sum_{i=1}^{3} a_i y_{k-i} + w_k \tag{13.2.41}$$

仿真时选择不同的 a_i 值，使被辨识对象分别为稳定系统、不稳定系统。$\{w_k\}$ 被选择为独立同分布（均匀分布或高斯分布）随机过程，这种便可以根据 $\{w_k\}$ 的方差利用强大数定律去估计式(13.2.19)中的 $F(k)$。

例 13.1 辨识对象为稳定系统，其自回归模型为

$$y_k = -1.9y_{k-1} - 1.18y_{k-2} - 0.24y_{k-3} + w_k$$

其中 w_k 为高斯分布噪声，即 $w_k:N(0,1)$（正态分布），试用 Fogel 外界椭球法辨识系统参数。

解 选取 $F(k)=k$，由系统方程可求得其特征值为 $\lambda_1=-0.5$，$\lambda_2=-0.6$，$\lambda_3=-0.8$，辨识结果如表 13.1 所示，表中 θ_{c_1}，θ_{c_2} 和 θ_{c_3} 为估计值 $\boldsymbol{\theta}_c$ 的分量，$\hat{\lambda}_1$，$\hat{\lambda}_2$ 和 $\hat{\lambda}_3$ 分别为特征值 λ_1，λ_2 和 λ_3 的估计值，$G(k)/\lambda_{\min}$ 为 $G(k)/\lambda_{\min}(\boldsymbol{P}_k^{-1})$ 的简写，$G(k)/\lambda_{\max}$ 为 $G(k)/\lambda_{\max}(\boldsymbol{P}_k^{-1})$ 的简写，以下各例题表中的符号均与此相同，不再重述。

表 13.1 稳定系统辨识结果[$w_k:N(0,1)$，$F(k)=k$]

k	θ_{c_1}	θ_{c_2}	θ_{c_3}	$\hat{\lambda}_1$	$\hat{\lambda}_2$	$\hat{\lambda}_3$	$G(k)/\lambda_{\min}$	$G(k)/\lambda_{\max}$	$\frac{1}{k}\sum_{i=1}^{k} w_i^2$
104	-1.85	-1.076	-0.178	-0.028	-0.1785 ±j0.142		-0.645	-0.00116	1.155
204	-1.81	-1.024	-0.174	-0.313	-0.67	-0.83	-0.22	-4.0×10^{-4}	1.057
304	-1.88	-1.12	-0.208	-0.365	-0.746	-0.747	0.034	-0.5×10^{-5}	1.0086
404	-1.915	-1.194	-0.24	-0.473	-0.63	-0.813	0.14	2.08×10^{-4}	0.97
504	-1.94	-1.22	-0.246	-0.418	-0.565 ±j0.127		0.0876	1.27×10^{-4}	0.985
604	-1.95	-1.245	-0.257	-0.45	-0.565 ±j0.127		0.19	2.7×10^{-4}	0.966
704	-1.92	-1.2	-0.24	-0.426	-0.565 ±j0.127		0.145	2.2×10^{-4}	0.973
804	-1.93	-1.2	-0.25	-0.504	-0.565 ±j0.127		0.18	2.95×10^{-4}	0.965
904	-1.93	1.24	-0.269	-0.565 ±j0.127		-0.8	0.116	1.9×10^{-4}	0.98
1000	-1.92	1.2	-0.256	-0.56 ±j0.0886		-0.798	0.174	2.86×10^{-4}	0.965
真实值	-1.9	-1.18	-0.24	-0.5	-0.6	-0.8			

例 13.2 辨识对象仍为例 13.1 所示稳定系统，其中 w_k 为均匀分布在区间(-1,1)上的零均值噪声，即 $w_k:U(-1,1)$，试用 Fogel 外界椭球法辨识系统参数。

解 选取 $F(k)=0.34k$，辨识结果如表 13.2 所示。

表 13.2 稳定系统辨识结果[$w_k:U(-1,1)$，$F(k)=0.34k$]

k	θ_{c_1}	θ_{c_2}	θ_{c_3}	$\hat{\lambda}_1$	$\hat{\lambda}_2$	$\hat{\lambda}_3$	$G(k)/\lambda_{\min}$	$\frac{1}{k}\sum_{i=1}^{k} w_i^2$
104	-1.84	-1.058	-0.19	-0.387	-0.6	-0.875	-0.638	0.304
204	-1.786	-0.946	-0.132	-0.219	-0.6	-0.888	-0.15	0.34
304	-1.884	-1.16	-0.245	-0.5045 ±j0.162		-0.875	0.0357	0.338
404	-1.87	-1.15	-0.249	-0.488 ±j0.202		-0.895	-0.06	0.346
504	-1.89	-1.18	-0.25	-0.513 ±j0.166		-0.865	-0.0047	0.3409

续表

k	θ_{c_1}	θ_{c_2}	θ_{c_3}	$\hat{\lambda}_1$	$\hat{\lambda}_2$	$\hat{\lambda}_3$	$G(k)/\lambda_{\min}$	$\frac{1}{k}\sum_{i=1}^{k} w_i^2$
604	−1.87	−1.16	−0.248	−0.5 ±j0.185		−0.869	−0.034	0.3436
704	−1.87	−1.15	−0.246	−0.495 ±j0.181		−0.88	0.018	0.3401
804	−1.896	−1.19	−0.258	−0.514 ±j0.18		−0.867	−0.05	0.3443
904	−1.90	1.2	−0.26	−0.522 ±j0.184		−0.858	−0.0437	0.3436
1000	−1.88	1.16	−0.24	−0.514 ±j0.146		−0.85	−0.03	0.3426
真实值	−1.9	−1.18	−0.24	−0.5	−0.6	−0.8		

例 13.3　辨识对象仍为例 13.1 所示稳定系统,其中 w_k 为均匀分布在区间(0,2)上的非零均值噪声,即 $w_k:U(0,2)$,试用 Fogel 外界椭球法辨识系统参数。

解　选取 $F(k)=1.34k$,辨识结果如表 13.3 所示。

表 13.3　稳定系统辨识结果[$w_k:U(0,2),F(k)=1.34k$]

k	θ_{c_1}	θ_{c_2}	θ_{c_3}	$\hat{\lambda}_1$	$\hat{\lambda}_2$	$\hat{\lambda}_3$	$G(k)/\lambda_{\min}$	$\frac{1}{k}\sum_{i=1}^{k} w_i^2$
104	−1.109	0.37	0.54	−0.888 ±j0.1576		0.665	3.9	1.29
204	−1.12	0.368	0.54	−0.89 ±j0.136		0.6625	3.696	1.33
304	−1.145	0.283	0.497	−0.88 ±j0.1676		0.617	3.147	1.37
404	−1.15	0.257	0.47	−0.8748 ±j0.157		0.598	3.13	1.35
504	−1.167	0.24	0.477	−0.88 ±j0.173		0.593	3.23	1.31
604	−1.152	0.247	0.472	−0.8737 ±j0.172		0.595	3.16	1.3377
704	−1.15	0.26	0.477	−0.875 ±j0.164		0.6014	3.2	1.3367
804	−1.167	0.2343	0.473	−0.8786 ±j0.1734		0.5897	3.125	1.333
904	−1.167	0.23	0.473	−0.878 ±j0.179		0.589	3.08	1.34
1000	−1.161	0.24	0.4766	−0.8776 ±j0.176		0.594	3.2	1.32
真实值	−1.9	−1.18	−0.24	−0.5	−0.6	−0.8		

例 13.4　辨识对象为不稳定系统,其自回归模型为

$$y_k=-2y_{k-1}+4y_{k-2}+8y_{k-3}+w_k$$

其中 w_k 为均匀分布在区间(−1,1)上的零均值噪声,即 $w_k:U(-1,1)$,试用 Fogel 外界椭球法辨识系统参数。

解　选取 $F(k)=0.34k$,由系统方程可求得其特征值为 $\lambda_1=-2,\lambda_2=-2,\lambda_3=2$,辨识结果如表 13.4 所示。

表 13.4　不稳定系统辨识结果[$w_k:U(-1,1),F(k)=0.34k$]

k	θ_{c_1}	θ_{c_2}	θ_{c_3}	$\hat{\lambda}_1$	$\hat{\lambda}_2$	$\hat{\lambda}_3$	$G(k)/\lambda_{\min}$	$\frac{1}{k}\sum_{i=1}^{k} w_i^2$
14	−2.029	3.996	8.134	−2.015 ±j0.078		2	0.029	0.413
24	−1.99995	4.0000	7.9998	−1.99776	−2.0019	2	−0.0003	0.366

续表

k	θ_{c_1}	θ_{c_2}	θ_{c_3}	$\hat{\lambda}_1$	$\hat{\lambda}_2$	$\hat{\lambda}_3$	$G(k)/\lambda_{\min}$	$\frac{1}{k}\sum_{i=1}^{k} w_i^2$
34	-2.0000	4.0000	8.0000	-1.99991	-2.00009	2	0.0167	0.3336
44	-2.0000	4.0000	8.0000	-2.0000	-2.0000	2	-0.067	0.35
真实值	-2	4	8	-2	-2	2		

由仿真结果可以看出，当满足定理13.1的收敛条件时，无论被辨识对象是稳定系统还是不稳定系统，$\boldsymbol{\theta}_c$ 都可以收敛至 $\boldsymbol{\theta}^*$，并且椭球也都收敛至一个点，如表13.1、表13.2、表13.4所示。如果不满足定理13.1的收敛条件，例如系统噪声 $\{w_k\}$ 是非零均值过程，即便被辨识对象是稳定系统，则 $\boldsymbol{\theta}_c$ 和有界椭球的直径都是不会收敛的，如表13.3所示。

13.3 FH最优外界椭球算法

1982年E. Fogel和Y. F. Huang对Fogel外界椭球算法进行了改进，提出了一种基于优化椭球几何最优准则的最优外界椭球（OBE）参数辨识算法，通过优化椭球的容积或半轴长和的平方，即最小容积和最小迹准则，来得到包含真实参数的椭球，称之为FH最优外界椭球算法，简称FHOBE算法。

13.3.1 问题的提出

Fogel和Huang仍然考虑由差分方程所描述的单输入单输出线性系统

$$y_k = \boldsymbol{\varphi}_k^{\mathrm{T}}\boldsymbol{\theta}^* + w_k \tag{13.3.1}$$

其中

$$\boldsymbol{\theta}^* = [\theta_1 \quad \theta_2 \quad \cdots \quad \theta_n]^{\mathrm{T}}$$

是未知的 n 维真实参数向量；

$$\boldsymbol{\varphi}_k^{\mathrm{T}} = [-y_{k-1} \quad -y_{k-2} \quad \cdots \quad -y_{k-n_a} \quad u_k \quad u_{k-1} \quad \cdots \quad u_{k-n_b}]$$

是可测的 n 维输入输出向量，其中 $n = n_a + n_b + 1$；$\{y_k, \boldsymbol{\varphi}_k\}$ 是可观测序列，$\{w_k\}$ 是未知但有界的噪声序列，并且满足关系式

$$r_k w_k^2 \leqslant 1, r_k > 0, k = 1,2,\cdots \tag{13.3.2}$$

其中序列 $\{r_k\}$ 是已知的。

每当获得一组新的系统量测数据 $\{y_i, \boldsymbol{\varphi}_i, r_i, i = 1,2,\cdots,k\}$ 时，就可以在 R^n 中找到满足式(13.3.1)和式(13.3.2)的集合 Θ_k。Θ_k 是未知参数向量 $\boldsymbol{\theta}^*$ 的成员集，在 Θ_k 中的任何值都是 $\boldsymbol{\theta}^*$ 有效估计。

从概念上来讲，寻找 Θ_k 并不困难，例如 Θ_k 可以表示为

$$\Theta_k^{\circ} = \bigcap_{i=1}^{k} \Theta_i \tag{13.3.3}$$

其中

$$\Theta_i = \{\boldsymbol{\theta} : r_i(y_i - \boldsymbol{\varphi}_i^{\mathrm{T}}\boldsymbol{\theta})^2 \leqslant 1, \boldsymbol{\theta} \in R^n\} \tag{13.3.4}$$

在 Θ_k° 中的右上标“o”表示该成员集是最优的，也就是说，任何满足式(13.3.1)和式(13.3.2)的其他集 Θ_k 都满足关系式

$$\Theta_k^{\circ} \subset \Theta_k \tag{13.3.5}$$

然而用式(13.3.3)找出Θ_k°,需要解$2k$个n次代数不等式,而且式(13.3.4)中的信息量随着k的增大呈线性增长,即使对于中等大小的k和n,这也是十分困难的事。于是,将该辨识问题的思路改变为寻找满足式(13.3.5)并且容易计算的集合Θ_k,使得Θ_k尽可能紧地包围Θ_k°。具体来说,就是构造一个类似于$\Theta_{k+1}=f(\Theta_k, y_{k+1}, \boldsymbol{\varphi}_{k+1}, r_{k+1})$的递推计算方案。

满足式(13.3.5)并且最简单的集合Θ_k可由下述椭球给出:

$$\Theta_k = \left\{\boldsymbol{\theta}: \sum_{i=1}^{k} q_i r_i (y_i - \boldsymbol{\varphi}_i^{\mathrm{T}}\boldsymbol{\theta})^2 \leqslant \sum_{i=1}^{k} q_i, q_i \geqslant 0\right\} \tag{13.3.6}$$

于是,寻找集合Θ_k的问题又被简化为在某种最优准则下如何选取序列$\{q_i\}$的问题。

13.3.2　递推辨识算法

序列$\{q_i\}$的选择取决于定义在R^n空间的集合测度,而这种测度应能反映集合的几何尺寸。对于空间R^n内的任一集合Θ,其测度定义如下。

定义13.4(集合测度)　令

$$\Lambda\{\boldsymbol{\theta}: (\boldsymbol{\theta}-\boldsymbol{\theta}_c)^{\mathrm{T}}\boldsymbol{P}^{-1}(\boldsymbol{\theta}-\boldsymbol{\theta}_c) \leqslant 1, \Theta \in R^n\}$$

是空间R^n内的任一使得$\Theta \subset \Lambda$的椭球,则测度可定义为

(1) $\mu_{\mathrm{v}}(\Theta) \triangleq \inf\limits_{\Lambda \subset R^n}\{\det(\boldsymbol{P})\}$

式中$\det(\boldsymbol{P})$表示矩阵$\boldsymbol{P}$的行列式。由初等几何知$\mu_{\mathrm{v}}(\Theta)$与最小包围椭球的容积成正比,所以该测度又称为最小化椭球容积测度;

(2) $\mu_{\mathrm{tr}}(\Theta) \triangleq \inf\limits_{\Lambda \subset R^n}\{\mathrm{tr}(\boldsymbol{P})\}$

式中$\mathrm{tr}(\boldsymbol{P})$表示矩阵$\boldsymbol{P}$的迹。$\mu_{\mathrm{tr}}(\Theta)$与最小包围椭球半轴的和成正比,所以该测度又称为最小化椭球迹测度。

由式(13.3.6)所定义椭球的递推形式可表示为

$$\Theta_k = \{\boldsymbol{\theta}: [\boldsymbol{\theta}-\boldsymbol{\theta}_c(k)]^{\mathrm{T}}\boldsymbol{P}_k^{-1}[\boldsymbol{\theta}-\boldsymbol{\theta}_c(k)] \leqslant 1, \boldsymbol{\theta} \in R^n\} \tag{13.3.7}$$

其中

$$\boldsymbol{P}_k^{-1} = \boldsymbol{Z}_k^{-1}/\boldsymbol{Z}_k \tag{13.3.8}$$

$$\boldsymbol{\theta}_c(k) = \boldsymbol{Z}_k(\boldsymbol{P}_{k-1}^{-1}\boldsymbol{\theta}_c(k-1) + q_k r_k \boldsymbol{\varphi}_k y_k), \boldsymbol{\theta}_c(0) = \boldsymbol{0} \tag{13.3.9}$$

$$\boldsymbol{Z}_k^{-1} = \boldsymbol{P}_{k-1}^{-1} + q_k r_k \boldsymbol{\varphi}_k \boldsymbol{\varphi}_k^{\mathrm{T}}, \boldsymbol{P}_0^{-1} = \delta \boldsymbol{I} \tag{13.3.10}$$

$$z_k = 1 + q_k - \frac{q_k r_k}{1 + q_k r_k \boldsymbol{\varphi}_k^{\mathrm{T}} \boldsymbol{p}_{k-1} \boldsymbol{\varphi}_k}(y_k - \boldsymbol{\theta}_c^{\mathrm{T}}(k-1)\boldsymbol{\varphi}_k)^2 \tag{13.3.11}$$

δ是一个很小的正数,$\boldsymbol{I}$为单位矩阵。初始值$\boldsymbol{P}_0^{-1}=\delta\boldsymbol{I}$和$\boldsymbol{\theta}_c(0)=\boldsymbol{0}$意味着$\Theta_0$是一个半径为$1/\delta$、中心位于原点的球。显然,如果可以得到$\boldsymbol{\theta}^*$的某些初始数据的话,$\Theta_0$也可以有其他不同的选择。

利用矩阵求逆引理及式(13.3.8)~式(13.3.10)中的矩阵逆阵,可得

$$\boldsymbol{Z}_k = \boldsymbol{p}_{k-1} - \frac{q_k r_k \boldsymbol{p}_{k-1}\boldsymbol{\varphi}_k \boldsymbol{\varphi}_k^{\mathrm{T}} \boldsymbol{p}_{k-1}}{1 + q_k r_k \boldsymbol{\varphi}_k^{\mathrm{T}} \boldsymbol{p}_{k-1} \boldsymbol{\varphi}_k} \tag{13.3.12}$$

$$\boldsymbol{\theta}_c(k) = \boldsymbol{\theta}_c(k-1) + q_k r_k \boldsymbol{Z}_k \boldsymbol{\varphi}_k [y_k - \boldsymbol{\theta}_c^{\mathrm{T}}(k-1)\boldsymbol{\varphi}_k] \tag{13.3.13}$$

$$\boldsymbol{p}_k = z_k \boldsymbol{Z}_k \tag{13.3.14}$$

为了书写方便并不失一般性,假设$r_k=1$,并定义预测误差$\boldsymbol{\varepsilon}_k$为

$$\varepsilon_k \triangleq y_k - \boldsymbol{\theta}_c^{\mathrm{T}}(k-1)\boldsymbol{\varphi}_k \tag{13.3.15}$$

则递推辨识算法基于下述的引理。

引理 13.5 令

$$\Theta_{k-1} = \{\boldsymbol{\theta}:[\boldsymbol{\theta}-\boldsymbol{\theta}_c(k-1)]^{\mathrm{T}}\boldsymbol{P}_{k-1}^{-1}[\boldsymbol{\theta}-\boldsymbol{\theta}_c(k-1)] \leqslant 1, \boldsymbol{\theta} \in R^n\}$$

并且 S_k 是与数据点$\{y_k,\boldsymbol{\varphi}_k,r_k\}$ 相对应的集合,则有

$$\Theta_{k-1} \cap S_k \subset \Theta_k(q_k),\ \forall q_k \geqslant 0 \tag{13.3.16}$$

式中的 Θ_k 是根据关系式(13.3.8)~式(13.3.11) 由 Θ_{k-1} 与 S_k 的交集给出。于是,根据所选择的测度可得到下列的一些递推算法。

13.3.3 FH 最小椭球容积算法

为书写方便,采用 $\mu_{\mathrm{v}}(k)$ 来表示测度 $\mu_{\mathrm{v}}(\Theta_k)$,利用选择 q_k 使 $\mu_{\mathrm{v}}(k)$ 最小化,并且用 q_k^{v} 表示 q_k 的最优值。由式(13.3.12) 和式(13.3.14) 可得

$$\boldsymbol{p}_k = z_k\left(\boldsymbol{I} - \frac{q_k\boldsymbol{p}_{k-1}\boldsymbol{\varphi}_k\boldsymbol{\varphi}_k^{\mathrm{T}}}{1+q_k\boldsymbol{\varphi}_k^{\mathrm{T}}\boldsymbol{p}_{k-1}\boldsymbol{\varphi}_k}\right)\boldsymbol{p}_{k-1} \tag{13.3.17}$$

因而有

$$\mu_{\mathrm{v}}(k) \triangleq \det(\boldsymbol{p}_k) = z_k^n\frac{1}{1+q_k\boldsymbol{\varphi}_k^{\mathrm{T}}\boldsymbol{p}_{k-1}\boldsymbol{\varphi}_k}\mu_{\mathrm{v}}(k-1) \tag{13.3.18}$$

在满足约束条件 $q_k \geqslant 0$ 的条件下,利用选择 q_k 使 $\mu_{\mathrm{v}}(k)$ 最小化,可得 FH 最小椭球容积算法的具体步骤:

(1) 计算在递推过程中经常使用的值 $G_k \triangleq \boldsymbol{\varphi}_k^{\mathrm{T}}\boldsymbol{p}_{k-1}\boldsymbol{\varphi}_k$,并根据式(13.3.15) 计算 ε_k;

(2) 计算 α_i 值,$i=1,2,3$

$$\begin{cases}\alpha_1 = (n-1)G_k^2\\ \alpha_2 = G_k(2n-1-G_k+\varepsilon_k^2)\\ \alpha_3 = n(1-\varepsilon_k^2)-G_k\end{cases} \tag{13.3.19}$$

(3) 计算 q_k^{v}

$$q_k^{\mathrm{v}} = \begin{cases}0, & \alpha_2^2-4\alpha_1\alpha_3 < 0 \text{ or } -\alpha_2+\sqrt{\alpha_2^2-4\alpha_1\alpha_3} \leqslant 0\\ \dfrac{-\alpha_2+\sqrt{\alpha_2^2-4\alpha_1\alpha_3}}{2\alpha_1}, & \text{其他}\end{cases} \tag{13.3.20}$$

(4) 若 $q_k^{\mathrm{v}}=0$,则 $\boldsymbol{\theta}_c(k)=\boldsymbol{\theta}_c(k-1)$,$\boldsymbol{p}_k=\boldsymbol{p}_{k-1}$;若 $q_k^{\mathrm{v}}>0$,则利用式(13.3.11)~式(13.3.14) 修正 $\boldsymbol{\theta}_c(k)$ 和 $\boldsymbol{p}_k$;

(5) 选择停止计算标准,如果满足就停止迭代,否则当获得下一组新的数据时继续重复以上步骤。

在上述算法中隐含着对于所选择的任一 q_k,都假定 $z_k \neq 0$;$z_k=0$ 意味着 $\boldsymbol{p}_k \equiv \boldsymbol{0}$,这种情况只有在 $\Theta_{k-1} \cap S_k = \{\boldsymbol{\theta}^*\}$ 才可能发生,而这是一个不可能事件。

13.3.4 FH 最小椭球迹算法

为书写方便,采用 $\mu_{\mathrm{tr}}(k)$ 来表示测度 $\mu_{\mathrm{tr}}(\Theta)$,利用选择 q_k 使 $\mu_{\mathrm{tr}}(k)$ 最小化,并且用 q_k^{tr} 表示 q_k 的最优

值。在使 $\mu_v(k)$ 最小化时涉及解 q_k 的二次方程,而使 $\mu_{tr}(k)$ 最小化则需要解由递推关系

$$\mu_{tr}(k) = \operatorname{tr}(\boldsymbol{p}_k) = z_k\left[\mu_{tr}(k-1) - \frac{q_k\boldsymbol{\varphi}_k^{T}\boldsymbol{P}_{k-1}^{2}\boldsymbol{\varphi}_k}{1 + q_k\boldsymbol{\varphi}_k^{T}\boldsymbol{P}_{k-1}\boldsymbol{\varphi}_k}\right] \tag{13.3.21}$$

导出的 q_k 的三次方程。

利用选择 $q_k \geqslant 0$ 使 $\mu_{tr}(k)$ 最小化,可得 FH 最小椭球迹算法的具体步骤如下。

(1) 计算在递推过程中经常使用的值 $G_k \triangleq \boldsymbol{\varphi}_k^{T}\boldsymbol{p}_{k-1}\boldsymbol{\varphi}_k$ 和 $\gamma_k \triangleq \boldsymbol{\varphi}_k^{T}\boldsymbol{p}_{k-1}^{2}\boldsymbol{\varphi}_k$,并根据式(13.3.15)计算 ε_k。

(2) 计算 β_i 值,$i = 1,2,3$

$$\begin{cases}\beta_1 = 3/G_k \\ \beta_2 = \dfrac{G_k[\mu_{tr}(k-1)(1-\varepsilon_k^2) - \gamma_k] + 2[\mu_{tr}(k-1)G_k - \gamma_k(1-\varepsilon_k^2)]}{G_k^2[\mu_{tr}(k-1)G_k - \gamma_k]} \\ \beta_3 = \dfrac{\mu_{tr}(k-1)(1-\varepsilon_k^2) - \gamma_k}{G_k^2[(\mu_{tr}(k-1)G_k - \gamma_k]}\end{cases} \tag{13.3.22}$$

(3) 计算 q_k^{tr}

$$q_k^{tr} = \begin{cases}0, & \beta_3 > 0 \\ q_o, & 其他\end{cases} \tag{13.3.23}$$

其中 q_o 为

$$f(q_o) = q_o^3 + \beta_1 q_o^2 + \beta_2 q_o + \beta_3 = 0, q_o \geqslant 0 \tag{13.3.24}$$

的根。

该一元三次方程根的求解如下。

① 当 $\beta_3 > 0$ 时,由 $\beta_i(i = 1,2,3)$ 的定义知,对于任一 i 值均有 $\beta_i > 0$,根据笛卡儿符号规则可知式(13.3.24)无解。又由于当 $q_o \to \infty$ 时,$f(q_o) \to \infty$,所以只有在 $q_k^{tr} = 0$ 处,$\mu_{tr}(k)$ 具有局部极小值。

② 当 $\beta_3 < 0$ 时,由于总是有 $\beta_1 > 0$,设

$$\begin{cases}A = (3\beta_2 - \beta_1^2)/9 \\ B = (9\beta_1\beta_3 - 27\beta_3 - 2\beta_1^3)/54 \\ D = A^3 + B^2\end{cases} \tag{13.3.25}$$

则又分为两种情况。

(a) 若 $D \geqslant 0$,则

$$q_o = (B + \sqrt{D})^{\frac{1}{3}} + (B - \sqrt{D})^{-\frac{1}{3}} - \frac{1}{3}\beta_1 \tag{13.3.26}$$

(b) $D < 0$,则

$$q_o = \begin{cases}2\sqrt{-A}\cos\left(\dfrac{1}{3}\phi\right), & B \geqslant 0 \\ 2\sqrt{-A}\cos\left(\dfrac{1}{3}\phi + 60^\circ\right), & B < 0\end{cases} \tag{13.3.27}$$

其中,$\phi = \cos^{-1}(B/\sqrt{-A^3})$。

(4) 如果 $q_k^{tr} = 0$,则 $\boldsymbol{\theta}_c(k) = \boldsymbol{\theta}_c(k-1)$,$\boldsymbol{p}_k = \boldsymbol{p}_{k-1}$;如果 $q_k^{tr} > 0$,则利用式(13.3.11)~式(13.3.14)更新 $\boldsymbol{\theta}_c(k)$ 和 $\boldsymbol{p}_k$。

(5) 选择停止计算标准,如果满足就停止迭代,否则当获得下一组新的数据时继续重复以上步骤。

从以上算法可以明显看出

$$0 \leqslant \mu_{\mathrm{tr}}(k) \leqslant \mu_{\mathrm{tr}}(k-1) \tag{13.3.28}$$

对于FH最小椭球容积算法和FH最小椭球迹算法来说，停止计算的标准既可选择为$\mu_{\mathrm{v}}(k)$或$\mu_{\mathrm{tr}}(k)$小于某一预定值，也可选择为$q_k^{\mathrm{v}}>0$或$q_k^{\mathrm{tr}}>0$发生的频率小于某一预定值。

在传统的参数辨识算法中，每当获得一组新的系统输入输出数据，就会产生一次参数的递推过程，参数就得到了一次更新。然而在集员参数辨识的外界椭球(OBE)算法中，由于引入了噪声有界假设，外界椭球类参数辨识算法有一种特有的数据选择能力，即"新息"判断准则：当前时刻是否更新参数取决于一个代数门限的检测，若满足相应的代数门限，则认为当前时刻所获得的输入输出数据含有在一定最优准则意义下的"新息"，参数需要更新；反之，则认为当前时刻所获得的输入输出数据不包含足够的"新息"，参数无须更新，算法在此时不进行递推。这将在很大程度上提高了参数辨识算法的效率，这也是传统参数辨识算法所无法比拟的。

但是，需要注意的是，外界椭球类参数辨识算法是针对参数时不变系统所提出的方法，而且需要精确知道系统的噪声界。若人为估计的噪声界高于实际中的真实噪声界，这些算法最终得到的参数估计值与参数真值会有较大的误差；而若低估噪声界时，这些参数辨识算法则会发散。

13.3.5 收敛性证明

利用序列最优算法中的$\{q_k\}$与数据之间的关系并不能进行收敛性的解析研究，也就是说，对于上面所讨论的几何类型的算法，利用这些关系不能简单地给出收敛性的解析条件。幸运的是，从几何角度考虑，能够建立算法的几何型收敛条件，并且将这些条件与较为简单的最小二乘法的收敛条件相组合，便可导出本节中算法的收敛条件。

13.3.5.1 几何型收敛条件

设$\{\boldsymbol{\Theta}_k\}$为所得到的椭球序列，容易证明，式(13.3.7)中的$\boldsymbol{P}_k^{-1}$可以表示为

$$\boldsymbol{P}_k^{-1}=\frac{\sum_{i=1}^{k} q_i\boldsymbol{\varphi}_i\boldsymbol{\varphi}_i^{\mathrm{T}}}{-\sum_{i=1}^{k} q_i-\sum_{i=1}^{k} q_i y_i^2+\left(\sum_{i=1}^{k} q_i\boldsymbol{\varphi}_i y_i\right)^{\mathrm{T}}\left(\sum_{i=1}^{k} q_i\boldsymbol{\varphi}_i\boldsymbol{\varphi}_i^{\mathrm{T}}\right)^{-1}\left(\sum_{i=1}^{k} q_i\boldsymbol{\varphi}_i y_i\right)} \tag{13.3.29}$$

将式(13.3.29)右边的标量分母用$m(k)$来表示，则有

$$\begin{aligned} m(k) &= \sum_{i=1}^{k} h_i^2-[h_1y_1 \quad \cdots \quad h_ky_k]\{\boldsymbol{I}-\boldsymbol{X}_k^{\mathrm{T}}[\boldsymbol{X}_k\boldsymbol{X}_k^{\mathrm{T}}]^{-1}\boldsymbol{X}_k\}[h_1y_1 \quad \cdots \quad h_ky_k]^{\mathrm{T}} \\ &= [h_1 \quad h_2 \quad \cdots \quad h_k]\{\boldsymbol{I}-\boldsymbol{Y}_k[\boldsymbol{I}-\boldsymbol{X}_k^{\mathrm{T}}[\boldsymbol{X}_k\boldsymbol{X}_k^{\mathrm{T}}]^{-1}\boldsymbol{X}_k]\boldsymbol{Y}_k\}[h_1 \quad h_2 \quad \cdots \quad h_k]^{\mathrm{T}} \end{aligned} \tag{13.3.30}$$

式中，$h_i^2=q_i$，$\boldsymbol{X}_k=[h_1\boldsymbol{\varphi}_1 \quad h_2\boldsymbol{\varphi}_2 \quad \cdots \quad h_k\boldsymbol{\varphi}_k]$，$\boldsymbol{Y}_k=\mathrm{diag}[y_1 \quad y_2 \quad \cdots \quad y_k]$。

由于$\boldsymbol{I}-\boldsymbol{X}_k^{\mathrm{T}}[\boldsymbol{X}_k\boldsymbol{X}_k^{\mathrm{T}}]^{-1}\boldsymbol{X}_k$是一个幂等矩阵，故可得

$$\sum_{i=1}^{k} q_i(1-y_i^2) \leqslant m(k) \leqslant \sum_{i=1}^{k} h_i^2=\sum_{i=1}^{k} q_i \tag{13.3.31}$$

因而$\{m(k)\}$有一个非负非减的下界序列，而且除非$q_i=0$，对于任意的$y_i^2 \neq 1$，该序列都是单调增的。由于对于任意的$y_i^2 \neq 1$，都不会选择$q_i=0$，因而可知，对于任意的有限的k和几何意义上的测度$\mu(\mathrm{g})$，$\mu(\boldsymbol{\Theta}_k)$都严格为正。

由上述的讨论可得出以下引理。

引理13.6 $\mu(\boldsymbol{\Theta}_k)$收敛到零的必要条件是存在一个无限整数序列$\{v_i, i=1,2,\cdots\}$和一个有界整数

序列$\{N(n), n=1,2,\cdots\}$使得

$$\lim_{n\to\infty}\mu\left[\bigcap_{i=n}^{N(n)}\{\boldsymbol{\theta}:(y_{v_i}-\boldsymbol{\theta}^{\mathrm{T}}\boldsymbol{\varphi}_{v_i})^2\leqslant 1\}\right]=0 \tag{13.3.32}$$

若一个序列$\{y_i,\boldsymbol{\varphi}_i\}$具有满足式(13.3.32)的子序列$\{y_{v_i},\boldsymbol{\varphi}_{v_i}\}$,则该序列称为$\mu$-可辨识的。

利用μ-可辨识序列可得出下面的定理。

定理13.3 序列最优算法收敛(即$\mu(k)\to 0$)的充分必要条件是序列$\{y_i,\boldsymbol{\varphi}_i\}$具有$\mu$-可辨识性。

证明 μ-可辨识性对于收敛的必要性是很明显的,下面证明充分性。

μ-可辨识性意味着在$R^n-\boldsymbol{\theta}^*$中的每一个点都被集合序列$\{S_k\}$中的无限子序列排除在外。设$\boldsymbol{\theta}_c(j-1)$被$S_j$所排除,则可导出关系式

$$\frac{\mu_{\mathrm{v}}(j)}{\mu_{\mathrm{v}}(j-1)}\leqslant\left(\frac{n^2}{n^2-1}\right)^{n-1}\frac{n^2}{(n+1)^2}<1 \tag{13.3.33}$$

式(13.3.33)的推导过程如下:

假设在定义S_k的两个平面中只有一个交集$\boldsymbol{\theta}_{k-1}$,例如平面$\boldsymbol{\theta}^{\mathrm{T}}\boldsymbol{\varphi}_k=y_k+1$,并且$\boldsymbol{\theta}_c(k-1)\notin S_k$,希望能找到最小容积椭球$\Theta_k$使得

$$\Theta_{k-1}\cap\bar{S}_k\subset S_k \tag{13.3.34}$$

式中

$$\bar{S}_k=\{\boldsymbol{\theta}:f_k\leqslant\boldsymbol{\theta}^{\mathrm{T}}\boldsymbol{\varphi}_k\leqslant y_k+1\} \tag{13.3.35}$$

$$f_k=\boldsymbol{\theta}_{k-1}^{\mathrm{T}}\boldsymbol{\varphi}_k-\sqrt{\boldsymbol{\varphi}_k^{\mathrm{T}}\boldsymbol{p}_{k-1}\boldsymbol{\varphi}_k}\geqslant y_k+1 \tag{13.3.36}$$

注意到$\{\boldsymbol{\theta}:\boldsymbol{\theta}^{\mathrm{T}}\boldsymbol{\varphi}_k=f_k\}$是$\Theta_{k-1}$的支撑平面,并且$S_k\subset S_{kg}$,其中$S_{kg}$表示$S_{k-1},S_{k-2},\cdots$。

定义

$$\begin{cases}\bar{y}_k\triangleq\dfrac{y_k+1+f_k}{2}\\[2ex] p_k\triangleq\dfrac{y_k+1-f_k}{2}\end{cases} \tag{13.3.37}$$

则式(13.3.35)可以写为

$$\bar{S}_k=\{\boldsymbol{\theta}:(\boldsymbol{\theta}^{\mathrm{T}}\boldsymbol{\varphi}_k-\bar{y}_k)^2\leqslant p_k^2\} \tag{13.3.38}$$

利用最小椭球容积算法使$\mu_{\mathrm{v}}(k)$最小化可得q_k^{v}闭环形式的解,即

$$q_k^{\mathrm{v}}=\frac{(1-\bar{b}_j)(1+n\bar{b}_j)}{2(n-1)} \tag{13.3.39}$$

式中

$$\bar{b}_j\triangleq\frac{y_k+1-\boldsymbol{\theta}_{k-1}^{\mathrm{T}}\boldsymbol{\varphi}_k}{\sqrt{\boldsymbol{\varphi}_k^{\mathrm{T}}\boldsymbol{p}_{k-1}\boldsymbol{\varphi}_k}} \tag{13.3.40}$$

椭球容积的比值则为

$$\frac{\mu_{\mathrm{v}}(k)}{\mu_{\mathrm{v}}(k-1)}=\left[\frac{(1-\bar{b}_j^2)n^2}{n^2-1}\right]^{-1}\left[\frac{(1-\bar{b}_j)n}{n+1}\right]^2 \tag{13.3.41}$$

注意到$0\leqslant\bar{b}_j<1$,可知式(13.3.41)中的比值大大小于1,由式(13.3.41)即可导出式(13.3.33)。

于是,当$\{S_i\}$是一个满足上述中心排除条件的无限集合序列时,就得到了$\mu_{\mathrm{v}}(j)$递减的几何速率。注意到当$\boldsymbol{\theta}_c(i)=\boldsymbol{\theta}^*$时,则存在$j>i$使得$\boldsymbol{\theta}_c(i)$任意靠近$S_j$的边界,并且式(13.3.33)成立。此外,正如

下面所讨论的最小二乘法的收敛性一样，$\boldsymbol{\theta}_c(i)$ 收敛到 $\boldsymbol{\theta}^*$ 意味着对于所采用的任意集合测度，$\mu(i)$ 都收敛至零。

如果矩阵 $\boldsymbol{P}$ 满足关系式 $\{\boldsymbol{\theta}:(\boldsymbol{\theta}-\boldsymbol{\theta}_c)^{\mathrm{T}}\boldsymbol{P}^{-1}(\boldsymbol{\theta}-\boldsymbol{\theta}_c)\leqslant 1\}$ 并且某些特征值 λ_i 为零，即 $\lambda_i(p)=0$，则对于满足关系式 $\mu(\Theta)=0$ 的任意的集合测度 $\mu(\cdot)$ 都可建立与式(13.3.33)相类似的关系式。

13.3.5.2 最小二乘法的收敛条件

对于最小二乘法来说，利用式(13.3.32)所示的 μ - 可辨识序列建立收敛性的充分必要条件是困难的，但利用 Fogel 所提出的能量约束噪声的概念可得到收敛性的弱充分条件。

引理 13.7 若 $\{w_i\}$ 满足条件

$$\begin{cases}\lim\limits_{k\to\infty}\sum\limits_{i=1}^{k}w_i=0\\ \lim\limits_{k\to\infty}\dfrac{1}{k}\sum\limits_{i=1}^{k}w_i^2=C>0\\ \lim\limits_{k\to\infty}\dfrac{1}{k}\sum\limits_{i=j}^{k}w_iw_{i-j}=0\end{cases}\tag{13.3.42}$$

则由关系式

$$\overline{\Theta}_k=\{\boldsymbol{\theta}:[\boldsymbol{\theta}-\overline{\boldsymbol{\theta}}_c(k)]^{\mathrm{T}}\overline{\boldsymbol{P}}_k^{-1}[\boldsymbol{\theta}-\overline{\boldsymbol{\theta}}_c(k)]\leqslant k(C+\varepsilon_k)\}\tag{13.3.43}$$

所定义的椭球 $\{\overline{\Theta}_k\}$ 的集合收敛至零，其中

$$\begin{cases}\overline{\boldsymbol{P}}_k^{-1}=\sum\limits_{i=1}^{k}\boldsymbol{\varphi}_i\boldsymbol{\varphi}_i^{\mathrm{T}}\\ \overline{\boldsymbol{\theta}}_c(k)=\boldsymbol{p}_k\sum\limits_{i=1}^{k}\boldsymbol{\varphi}_iy_i\end{cases}\tag{13.3.44}$$

并且 $\{\varepsilon_k\}$ 满足 $\lim\limits_{k\to\infty}k\varepsilon_k=0$。

在上面的叙述中，收敛至零意味着当 $k\to\infty$ 时，$\max\{\|\boldsymbol{\theta}-\overline{\boldsymbol{\theta}}_c(k)\|:\boldsymbol{\theta}\in\overline{\Theta}_k\}\to 0$。显然，在这种意义上的收敛意味着对于任何合理选择的集合测度 μ，$\mu(k)$ 都是收敛的。

将 13.3.2 小节中的递推辨识算法与式(13.3.43)和式(13.3.44)相比较可以看到，若对于任意的 i 选择 $q_i=1$ 时，将式(13.3.7)中的 Θ_k 用 Θ_k' 来表示，则 Θ_k' 满足关系式

$$\Theta_k'=\{\boldsymbol{\theta}:[\boldsymbol{\theta}-\overline{\boldsymbol{\theta}}_c(k)]^{\mathrm{T}}\overline{\boldsymbol{P}}_k^{-1}[\boldsymbol{\theta}-\overline{\boldsymbol{\theta}}_c(k)]\leqslant k\}\tag{13.3.45}$$

因此有

$$\lim_{k\to\infty}\Theta_k'=\lim_{k\to\infty}\{\boldsymbol{\theta}:C\cdot\boldsymbol{\theta}\in\overline{\Theta}_k\}\tag{13.3.46}$$

显然，当且仅当 $\mu(\Theta_k')\to 0$ 时，$\mu(\overline{\Theta}_k)\to 0$。

由于 $\mu(\Theta_k')$ 收敛的必要条件是 μ - 可辨识性，可以得出结论：引理 13.7 的条件意味着对于任何合理选择的 $\mu(\cdot)$ 都具有 μ - 可辨识性。

综合上述讨论，可以得出下述定理。

定理 13.4 $\mu(\Theta_k')$ 收敛至零的充分条件是任意合理选择的 $\mu(\mathrm{g})$ 均满足式(13.3.32)。

该定理对于噪声序列 $\{w_i\}$ 的约束要弱于一般系统辨识参考文献所施加的统计约束。

式(13.3.32)所给出的是收敛性的充分条件，容易理解，满足该条件也一定会满足比该条件更为灵活的 $\{y_i,\boldsymbol{\varphi}_i\}\mu$ - 可辨识性条件。总而言之，在这里除了要求 $\{w_i\}$ 是一个有界序列之外，对 $\{w_i\}$ 的分布

没有任何约束。

13.3.6　仿真结果

为了验证本节所提出算法的有效性，在仿真中对二阶稳定自回归系统、二阶不稳定自回归系统和带输入的二阶稳定自回归系统的参数分别用最小二乘法（即 $q_i = 1, \forall i$）、FH 最小椭球容积算法（算法 1）和 FH 最小椭球迹算法（算法 2）进行了辨识。在所有的仿真计算中，均选取 $\boldsymbol{\theta}_c(0) = \boldsymbol{0}, \boldsymbol{p}_0^{-1} = 10^5\boldsymbol{I}$。在进行三种算法的性能比较时，所选取的性能指标为椭球中心精度（即累积误差 $e_k = \sum_{i=1}^{k} \| \hat{\boldsymbol{\theta}}_c(i) - \boldsymbol{\theta}^* \|^2$）和椭球的测度 $\mu_{tr}(\boldsymbol{p})$。

例 13.5　辨识对象为稳定系统，其自回归（AR）模型为

$$y_k = -1.3y_{k-1} - 0.4y_{k-2} + w_k$$

其中 $w_k : U(-1,1)$，试分别用最小二乘法、FH 最小椭球容积算法（算法 1）和 FH 最小椭球迹算法（算法 2）辨识系统参数。

解　由系统方程可求得其特征值为 $\lambda_1 = 0.5, \lambda_2 = 0.8$，系统参数的辨识结果 $\hat{\boldsymbol{\theta}}_c(k)$ 如表 13.5 所示，椭球中心精度 $e_k = \sum_{i=1}^{k} \| \hat{\boldsymbol{\theta}}_c(i) - \boldsymbol{\theta}^* \|^2$ 和椭球的测度 $\mu_{tr}(\boldsymbol{p})$ 的计算结果如表 13.6 所示。

表 13.5　例 13.5 系统参数的辨识结果 $\hat{\boldsymbol{\theta}}_c(k)$

k	最小二乘法		算法 1		算法 2	
	$\hat{\boldsymbol{\theta}}_{c_1}(k)$	$\hat{\boldsymbol{\theta}}_{c_2}(k)$	$\hat{\boldsymbol{\theta}}_{c_1}(k)$	$\hat{\boldsymbol{\theta}}_{c_2}(k)$	$\hat{\boldsymbol{\theta}}_{c_1}(k)$	$\hat{\boldsymbol{\theta}}_{c_2}(k)$
200	-1.402	-0.522	-1.303	-0.431	-1.232	-0.375
400	-1.317	-0.417	-1.274	-0.383	-1.335	-0.420
600	-1.323	-0.418	-1.281	-0.365	-1.249	-0.348
800	-1.308	-0.403	-1.288	-0.394	-1.295	-0.408
1000	-1.310	-0.405	-1.266	-0.369	-1.269	-0.371
真实值	-1.3	-0.4	-1.3	-0.4	-1.3	-0.4

表 13.6　例 13.5 椭球中心精度和椭球测度

k	椭球中心精度			最小二乘法	算法 1		算法 2	
	最小二乘法	算法 1	算法 2	椭球测度	椭球测度	迭代次数	椭球测度	迭代次数
200	14.663	18.113	20.426	2.646	0.609	40	0.610	53
400	16.152	18.769	20.760	3.299	0.514	53	0.474	69
600	16.371	19.043	21.698	3.431	0.507	60	0.454	76
800	16.465	19.171	22.064	3.485	0.446	68	0.374	84
1000	16.541	19.512	22.417	3.330	0.443	79	0.353	92

例 13.6　辨识对象为不稳定系统，其自回归（AR）模型为

$$y_k = 0.5y_{k-1} + 3y_{k-2} + w_k$$

其中 $w_k : U(-1,1)$，试分别用最小二乘法、FH 最小椭球容积算法（算法 1）和 FH 最小椭球迹算法（算法

2）辨识系统参数。

解 由系统方程可求得其特征值为$\lambda_1=-1.5,\lambda_2=-2$,系统参数的辨识结果$\hat{\boldsymbol{\theta}}_c(k)$如表13.7所示,椭球中心精度$e_k=\sum_{i=1}^{k}\|\hat{\boldsymbol{\theta}}_c(i)-\boldsymbol{\theta}^*\|^2$和椭球的测度$\mu_{tr}(\boldsymbol{p})$的计算结果如表13.8所示。

表13.7 例13.6系统参数的辨识结果$\hat{\boldsymbol{\theta}}_c(k)$

k	最小二乘法		算法1		算法2	
	$\hat{\boldsymbol{\theta}}_{c_1}(k)$	$\hat{\boldsymbol{\theta}}_{c_2}(k)$	$\hat{\boldsymbol{\theta}}_{c_1}(k)$	$\hat{\boldsymbol{\theta}}_{c_2}(k)$	$\hat{\boldsymbol{\theta}}_{c_1}(k)$	$\hat{\boldsymbol{\theta}}_{c_2}(k)$
5	1.317	2.603	0.257	3.153	0.689	2.898
10	0.501	3.008	0.498	2.020	0.499	3.014
15	0.499	3.001	0.499	3.002	0.499	3.002
20	0.4997	3.001	0.4996	3.001	4.4997	3.001
真实值	0.5	3	0.5	3	0.5	3

表13.8 例13.6椭球中心精度和椭球测度

k	椭球中心精度			最小二乘法	算法1		算法2	
	最小二乘法	算法1	算法2	椭球测度	椭球测度	迭代次数	椭球测度	迭代次数
5	2.668	0.827	0.834	1.329	0.505	3	9.844	3
10	2.719	0.844	0.849	0.01462	1.249×10^{-2}	8	2.652×10^{-2}	8
15	2.720	0.845	0.850	4.546×10^{-4}	2.400×10^{-4}	13	5.201×10^{-4}	13
20	2.720	0.845	0.850	1.087×10^{-5}	4.225×10^{-6}	18	8.640×10^{-6}	18

例13.7 辨识对象为带输入的二阶稳定系统,其自回归移动平均(ARMA)模型为

$$y_k=-1.3y_{k-1}-0.4y_{k-2}+u_k+0.8u_{k-1}+w_k$$

其中$u_k:U(0,1),w_k:U(-1,1)$,试分别用最小二乘法、FH最小椭球容积算法(算法1)和FH最小椭球迹算法(算法2)辨识系统参数。

解 由系统方程可求得其特征值为$\lambda_1=-0.5,\lambda_2=-0.8$,系统参数的辨识结果$\hat{\boldsymbol{\theta}}_c(k)$如表13.9所示,椭球中心精度$e_k=\sum_{i=1}^{k}\|\hat{\boldsymbol{\theta}}_c(i)-\boldsymbol{\theta}^*\|^2$和椭球的测度$\mu_{tr}(\boldsymbol{p})$的计算结果如表13.10所示。

表13.9 例13.7系统参数的辨识结果$\hat{\boldsymbol{\theta}}_c(k)$

k	最小二乘法				算法1				算法2			
	$\hat{\boldsymbol{\theta}}_{c_1}$	$\hat{\boldsymbol{\theta}}_{c_2}$	$\hat{\boldsymbol{\theta}}_{c_3}$	$\hat{\boldsymbol{\theta}}_{c_4}$	$\hat{\boldsymbol{\theta}}_{c_1}$	$\hat{\boldsymbol{\theta}}_{c_2}$	$\hat{\boldsymbol{\theta}}_{c_3}$	$\hat{\boldsymbol{\theta}}_{c_4}$	$\hat{\boldsymbol{\theta}}_{c_1}$	$\hat{\boldsymbol{\theta}}_{c_2}$	$\hat{\boldsymbol{\theta}}_{c_3}$	$\hat{\boldsymbol{\theta}}_{c_4}$
200	−1.300	−0.404	1.086	0.746	−1.293	−0.410	1.183	0.603	−1.343	−0.464	1.103	0.782
400	−1.268	−0.366	0.999	0.747	−1.275	−0.372	0.941	0.759	−1.288	−0.370	0.918	0.748
600	−1.241	−0.343	1.005	0.756	−1.270	−0.384	0.867	0.864	−1.243	−0.358	0.821	0.874
800	−1.230	−0.328	0.990	0.748	1.317	−0.404	1.022	0.792	−1.317	−0.400	0.990	0.824
1000	−1.232	−0.325	0.960	0.764	−1.354	−0.434	0.953	0.889	−1.344	−0.423	0.928	0.926
真值	−1.3	−0.4	1.0	0.8	−1.3	−0.4	1.0	0.8	−1.3	−0.4	1.0	0.8

表 13.10 例 13.7 椭球中心精度和椭球测度

k	椭球中心精度			最小二乘法	算法 1		算法 2	
	最小二乘法	算法 1	算法 2	椭球测度	椭球测度	迭代次数	椭球测度	迭代次数
200	312.944	232.468	71.983	14.86	5.370	66	5.868	79
400	313.280	234.996	78.414	14.38	3.782	93	4.090	112
600	315.470	238.509	84.285	13.95	3.065	111	3.035	136
800	317.698	240.662	86.674	14.10	2.456	126	2.352	150
1000	319.607	242.171	89.194	14.14	2.297	141	2.100	165

从上面的仿真计算结果来看,在性能上三种算法并没有明显差别。对于稳定系统的参数辨识,最优序列算法(算法 1 和算法 2) 稍好于最小二乘法,而对于不稳定系统的参数辨识,三种算法的性能大致相当。

从信息的利用情况来看,如果考虑数据被实际应用的迭代次数,则最优序列算法明显优于最小二乘法。可以看到,对于稳定系统的参数辨识,在1000次迭代中,最优序列算法实际应用数据的次数还不到10%,而所取得的性能指标达到甚至超过了最小二乘法。

对比算法1和算法2可以看到,算法1计算较简单,而且性能指标类似或好于算法2。尽管$k\to\infty$ 时 $\mu_{\mathrm{v}}(k)\to 0$ 并不能保证 $k\to\infty$ 时 $\mu_{\mathrm{tr}}(k)\to 0$,但后者的成立却意味着前者成立。尽管当 $\lambda_{\max}(\boldsymbol{p}_k)$ 不趋近于零时在理论上 $\mu_{\mathrm{v}}(k)$ 也可能趋近于零,但这种情况极少发生。由于计算 $\mu_{\mathrm{tr}}(k)$ 的步骤比较复杂,使得算法 2 对于计算精度比较敏感,特别是当 $\boldsymbol{p}_k$ 较小时更为明显,因而算法 1 更适合于实际应用。

13.4 优化椭球广义半径的 DH 外界椭球算法

Dasgupta 和 Huang 于 1987 年提出了一种基于稳定性考虑并以最小化椭球的广义半径为准则的最优椭球外界集员辨识算法(简称为DH外界椭球算法或DHOBE算法),并证明了算法的收敛性。不同于基于几何最优准则的 FH 最优椭球外界集员辨识算法,DH 外界椭球算法所优化的指标是椭球的“广义半径”σ_k,而 σ_k 与椭球的几何意义并没有直接的联系,所以这一算法在产生之初受到广泛争议。但是,从直观上可以看出,随着椭球广义半径 σ_k 的减少,椭球的容积也会相应地减少,与 FH 外界椭球算法相比,只不过每次递推所求出的椭球并不是最小的椭球。虽然没有得到最小的椭球,但是从另一方面看,正是保证了椭球具有一定的容积,才使得这一算法具有跟踪时变参数的能力。

由于 DH 外界椭球算法引入了“遗忘因子”,可以处理慢时变系统的参数辨识,而且通过仿真还可以发现,该算法不受噪声界被高估的影响,这一特性是 FH 外界椭球算法所不具备的。

13.4.1 递推算法的推导

Dasgupta 和 Huang 仍然考虑单输入单输出线性系统

$$y_k=\boldsymbol{\varphi}_k^{\mathrm{T}}\boldsymbol{\theta}^*+w_k \tag{13.4.1}$$

其中

$$\boldsymbol{\theta}^*=[a_1\quad a_2\quad\cdots\quad a_n\quad b_0\quad b_1\quad\cdots\quad b_m]^{\mathrm{T}}$$

是待辨识的参数向量；

$$\boldsymbol{\varphi}_k^{\mathrm{T}} = [\, y_{k-1} \quad y_{k-2} \quad \cdots \quad y_{k-n} \quad u_k \quad u_{k-1} \quad \cdots \quad u_{k-m} \,]$$

是观测向量，w_k 是干扰信号。设干扰信号的能量有界，即满足关系式

$$w_k^2 \leqslant \gamma^2,\ \forall k \tag{13.4.2}$$

由式(13.4.1)及式(13.4.2)可得

$$(y_k - \boldsymbol{\varphi}_k^{\mathrm{T}}\boldsymbol{\theta}^*)^2 \leqslant \gamma^2 \tag{13.4.3}$$

设 Θ_k 是 $n+m+1$ 维的子集，并且

$$\Theta_k \triangleq \{\boldsymbol{\theta}: (y_k - \boldsymbol{\varphi}_k^{\mathrm{T}}\boldsymbol{\theta})^2 \leqslant \gamma^2,\ \boldsymbol{\theta} \in R^{n+m+1}\} \tag{13.4.4}$$

从几何的观点来看，Θ_k 是一个凸多面体，对于每一时刻 k 的测量值 $\{y_k, \boldsymbol{\varphi}_k\}$，式(13.4.1)和式(13.4.2)都会在参数空间 R^{n+m+1} 内产生一个凸多面体。每一个凸多面体 Θ_k 可以被认为是一个在参数空间 R^{n+m+1} 内简并的椭球。对于任意时刻 k，考虑椭球系列 $\Theta_1, \Theta_2, \cdots, \Theta_k$ 的交集，该交集一定包含系统的真实参数 $\boldsymbol{\theta}^*$ 并且每一个椭球都是参数 $\boldsymbol{\theta}^*$ 的界。

于是，递推算法便可以从包含 $\boldsymbol{\theta}^*$ 所有可能值的足够大的椭球 Θ_0 开始，在获得测量数据 $\{y_1, \boldsymbol{\varphi}_1\}$ 之后，就可以找到一个椭球 Θ_1° 作为初始椭球 Θ_0 与椭球 Θ_1 交集的界，即

$$\Theta_1^{\circ} = \bigcap_{k=0}^{1} \Theta_k \tag{13.4.5}$$

并且在某种意义上来说 Θ_1° 是最优的。用同样的方法，可以找到最优有界椭球(OBE)序列 $\{\Theta_k^{\circ}\}$。参数向量 $\boldsymbol{\theta}^*$ 在 k 时刻的估计值被定义为 Θ_k° 的中心。

假定在 $k-1$ 时刻 Θ_{k-1}° 为

$$\Theta_{k-1}^{\circ} = \{\boldsymbol{\theta}: (\boldsymbol{\theta} - \boldsymbol{\theta}_{k-1})^{\mathrm{T}}\boldsymbol{P}_{k-1}^{-1}(\boldsymbol{\theta} - \boldsymbol{\theta}_{k-1}) \leqslant \sigma_{k-1}^2\} \tag{13.4.6}$$

其中 $\boldsymbol{P}_{k-1}$ 为正定矩阵，σ_{k-1} 为非零标量。在获得测量数据 $\{y_k, \boldsymbol{\varphi}_k\}$ 之后，作为 $\Theta_{k-1}^{\circ} \cap \Theta_k$ 界限的椭球则为

$$\{\boldsymbol{\theta}: (1-\lambda_k)(\boldsymbol{\theta} - \boldsymbol{\theta}_{k-1})^{\mathrm{T}}\boldsymbol{P}_{k-1}^{-1}(\boldsymbol{\theta} - \boldsymbol{\theta}_{k-1}) + \lambda_k(y_k - \boldsymbol{\varphi}_k^{\mathrm{T}}\boldsymbol{\theta})^2 \leqslant (1-\lambda_k)\sigma_{k-1}^2 + \lambda_k\gamma^2\} \tag{13.4.7}$$

式中 $0 \leqslant \lambda_k < 1$。正如下面的定理所证明的，存在 $\boldsymbol{P}_k$ 和 σ_k 使得式(13.4.7)可以重写为

$$\{\boldsymbol{\theta}: (\boldsymbol{\theta} - \boldsymbol{\theta}_k)^{\mathrm{T}}\boldsymbol{P}_k^{-1}(\boldsymbol{\theta} - \boldsymbol{\theta}_k) \leqslant \sigma_k^2\} \tag{13.4.8}$$

其中 $\boldsymbol{P}_k$ 的非奇异性将是后面要阐述的一个主题。在下面的推导中，假定 y_k 和 $\boldsymbol{\varphi}_k$ 都是有界的。

定理 13.5 考虑不等式

$$(1-\lambda_k)(\boldsymbol{\theta} - \boldsymbol{\theta}_{k-1})^{\mathrm{T}}\boldsymbol{P}_{k-1}^{-1}(\boldsymbol{\theta} - \boldsymbol{\theta}_{k-1}) + \lambda_k(y_k - \boldsymbol{\varphi}_k^{\mathrm{T}}\boldsymbol{\theta})^2 \leqslant (1-\lambda_k)\sigma_{k-1}^2 + \lambda_k\gamma^2 \tag{13.4.9}$$

其中，$\boldsymbol{P}_{k-1}$ 是一个 $N \times N$ 对称正定矩阵，$\boldsymbol{\varphi}_k$，$\boldsymbol{\theta}$ 和 $\boldsymbol{\theta}_{k-1}$ 是 N 维向量，y_k，σ_{k-1}，λ_k 和 γ 是标量，并且 $0 \leqslant \lambda_k < 1$。通过以下递推公式

$$\boldsymbol{P}_k^{-1} = (1-\lambda_k)\boldsymbol{P}_{k-1}^{-1} + \lambda_k\boldsymbol{\varphi}_k\boldsymbol{\varphi}_k^{\mathrm{T}} \tag{13.4.10}$$

$$\boldsymbol{\theta}_k = \boldsymbol{\theta}_{k-1} + \lambda_k\boldsymbol{P}_k\boldsymbol{\varphi}_k(y_k - \boldsymbol{\varphi}_k^{\mathrm{T}}\boldsymbol{\theta}_{k-1}) \tag{13.4.11}$$

$$\sigma_k^2 = (1-\lambda_k)\sigma_{k-1}^2 + \lambda_k\gamma^2 - \lambda_k(1-\lambda_k)(y_k - \boldsymbol{\varphi}_k^{\mathrm{T}}\boldsymbol{\theta}_{k-i})^2/(1-\lambda_k+\lambda_k\boldsymbol{\varphi}_k^{\mathrm{T}}\boldsymbol{P}_{k-1}\boldsymbol{\varphi}_k) \tag{13.4.12}$$

可证明式(13.4.9)等价于

$$(\boldsymbol{\theta} - \boldsymbol{\theta}_k)^{\mathrm{T}}\boldsymbol{P}_k^{-1}(\boldsymbol{\theta} - \boldsymbol{\theta}_k) \leqslant \sigma_k^2 \tag{13.4.13}$$

证明 由于 $0 \leqslant \lambda_k < 1$，$\boldsymbol{P}_k$ 是一个对称正定矩阵，利用矩阵求逆引理由式(13.4.10)可得

$$\boldsymbol{P}_k = \frac{1}{1-\lambda_k}\left(\boldsymbol{P}_{k-1} - \frac{\lambda_k\boldsymbol{P}_{k-1}\boldsymbol{\varphi}_k\boldsymbol{\varphi}_k^{\mathrm{T}}\boldsymbol{P}_{k-1}}{1-\lambda_k+\lambda_k\boldsymbol{\varphi}_k^{\mathrm{T}}\boldsymbol{P}_{k-1}\boldsymbol{\varphi}_k}\right) \tag{13.4.14}$$

因此有

$$\begin{aligned}&\boldsymbol{P}_k[(1-\lambda_k)\boldsymbol{P}_{k-1}^{-1}\boldsymbol{\theta}_{k-1}+\lambda_k\boldsymbol{\varphi}_k y_k]\\&=\frac{1}{1-\lambda_k}\left(\boldsymbol{P}_{k-1}-\frac{\lambda_k\boldsymbol{P}_{k-1}\boldsymbol{\varphi}_k\boldsymbol{\varphi}_k^{\mathrm{T}}\boldsymbol{P}_{k-1}}{1-\lambda_k+\lambda_k\boldsymbol{\varphi}_k^{\mathrm{T}}\boldsymbol{P}_{k-1}\boldsymbol{\varphi}_k}\right)[(1-\lambda_k)\boldsymbol{P}_{k-1}^{-1}\boldsymbol{\theta}_{k-1}+\lambda_k\boldsymbol{\varphi}_k y_k]\\&=\boldsymbol{\theta}_{k-1}+\frac{\lambda_k\boldsymbol{P}_{k-1}\boldsymbol{\varphi}_k(y_k-\boldsymbol{\varphi}_k^{\mathrm{T}}\boldsymbol{\theta}_{k-1})}{1-\lambda_k+\lambda_k\boldsymbol{\varphi}_k^{\mathrm{T}}\boldsymbol{P}_{k-1}\boldsymbol{\varphi}_k}\end{aligned}\tag{13.4.15}$$

由式(13.4.11)和式(13.4.14)可得

$$\begin{aligned}\boldsymbol{\theta}_k&=\boldsymbol{\theta}_{k-1}+\frac{\lambda_k}{1-\lambda_k}\left(\boldsymbol{P}_{k-1}-\frac{\lambda_k\boldsymbol{P}_{k-1}\boldsymbol{\varphi}_k\boldsymbol{\varphi}_k^{\mathrm{T}}\boldsymbol{P}_{k-1}}{1-\lambda_k+\lambda_k\boldsymbol{\varphi}_k^{\mathrm{T}}\boldsymbol{P}_{k-1}\boldsymbol{\varphi}_k}\right)\boldsymbol{\varphi}_k(y_k-\boldsymbol{\varphi}_k^{\mathrm{T}}\boldsymbol{\theta}_{k-1})\\&=\boldsymbol{\theta}_{k-1}+\frac{\lambda_k\boldsymbol{P}_{k-1}\boldsymbol{\varphi}_k(y_k-\boldsymbol{\varphi}_k^{\mathrm{T}}\boldsymbol{\theta}_{k-1})}{1-\lambda_k+\lambda_k\boldsymbol{\varphi}_k^{\mathrm{T}}\boldsymbol{P}_{k-1}\boldsymbol{\varphi}_k}\\&=\boldsymbol{P}_k[(1-\lambda_k)\boldsymbol{P}_{k-1}^{-1}\boldsymbol{\theta}_{k-1}+\lambda_k\boldsymbol{\varphi}_k y_k]\end{aligned}\tag{13.4.16}$$

由式(13.4.9)的左边得

$$\begin{aligned}&(1-\lambda_k)\boldsymbol{\theta}^{\mathrm{T}}\boldsymbol{P}_{k-1}^{-1}\boldsymbol{\theta}+\lambda_k(\boldsymbol{\varphi}_k^{\mathrm{T}}\boldsymbol{\theta})^2-2\boldsymbol{\theta}^{\mathrm{T}}[(1-\lambda_k)\boldsymbol{P}_{k-1}^{-1}\boldsymbol{\theta}_{k-1}+\lambda_k\boldsymbol{\varphi}_k y_k]+(1-\lambda_k)\boldsymbol{\theta}_{k-1}^{\mathrm{T}}\boldsymbol{P}_{k-1}^{-1}\boldsymbol{\theta}_{k-1}+\lambda_k y_k^2\\&=(\boldsymbol{\theta}-\boldsymbol{\theta}_k)^{\mathrm{T}}\boldsymbol{P}_k^{-1}(\boldsymbol{\theta}-\boldsymbol{\theta}_k)-\boldsymbol{\theta}_k^{\mathrm{T}}\boldsymbol{P}_k^{-1}\boldsymbol{\theta}_k+(1-\lambda_k)\boldsymbol{\theta}_{k-1}^{\mathrm{T}}\boldsymbol{P}_{k-1}^{-1}\boldsymbol{\theta}_{k-1}+\lambda_k y_k^2\end{aligned}\tag{13.4.17}$$

因此式(13.4.9)可以写为

$$(\boldsymbol{\theta}-\boldsymbol{\theta}_k)^{\mathrm{T}}\boldsymbol{P}_k^{-1}(\boldsymbol{\theta}-\boldsymbol{\theta}_k)\leqslant(1-\lambda_k)\sigma_{k-1}^2+\lambda_k\gamma^2-[\lambda_k y_k^2-\boldsymbol{\theta}_k^{\mathrm{T}}\boldsymbol{P}_k^{-1}\boldsymbol{\theta}_k+(1-\lambda_k)\boldsymbol{\theta}_{k-1}^{\mathrm{T}}\boldsymbol{P}_{k-1}^{-1}\boldsymbol{\theta}_{k-1}]\tag{13.4.18}$$

利用 $\boldsymbol{\theta}_k,\boldsymbol{P}_k^{-1}$ 和 σ_k^2 的递推关系式，经过复杂的代数运算，由式(13.4.18)即可得出定理13.5的结论。

初值可选取为 $\boldsymbol{P}_0=\boldsymbol{0},\boldsymbol{\theta}_0=\boldsymbol{0},\Theta_0=\left\{\boldsymbol{\theta}:\|\boldsymbol{\theta}\|^2\leqslant\frac{1}{\delta}\right\},\sigma_0^2=\frac{1}{\delta}$，其中 $\|\boldsymbol{\theta}\|^2\triangleq\boldsymbol{\theta}^{\mathrm{T}}\boldsymbol{\theta}$，$\frac{1}{\delta}$ 是一个适当大的正数，即 δ 是一个小的正数。通常，δ 应小得足以使 $\|\boldsymbol{\theta}^*\|^2\leqslant\frac{1}{\delta}$。

DH 外界椭球算法得到的椭球与 λ_k 的取值有关，算法所选择的最优椭球是使得按式(13.4.8)所定义的椭球"广义半径"σ_k^2 最小，这里的广义半径 σ_k^2 也代表了参数估计的误差界，这个误差界也是在后面的收敛性分析中所选择的李雅普诺夫(Lyapunov)函数的界。权重参数 λ_k 的引入将会得到不同于FH外界椭球算法的一个新的信息评价准则，在这个准则下最小化 σ_k^2 将会有较好的收敛性。从式(13.4.7)可以看出，$1-\lambda_k$ 相当于最小二乘法中的遗忘因子。

定义13.5(最优权重参数) 定义最优权重参数 λ_k^* 满足以下条件。

(1) $\lambda_k^*\in[0,\alpha],\alpha<1$

(2) $\sigma_k^2(\lambda_k^*)\leqslant\sigma_k^2(\lambda_k),\lambda_k\in[0,\alpha]$

其中，α 是一个小于1的设计参数。

由式(13.4.12)知 $\sigma_k^2(0)=\sigma_{k-1}^2$，因而有 $\sigma_k^2(\lambda_k^*)\leqslant\sigma_{k-1}^2$。于是，如果对于每一个正数 λ_k 均有 $\mathrm{d}\sigma_k^2/\mathrm{d}\lambda_k\geqslant0$，就认为 k 时刻所得到的信息不能进一步缩小椭球半径 σ_k^2，即此时最优的参数为 $\lambda_k^*=0$，于是此刻参数不进行更新。

引理13.8 若 $\boldsymbol{P}_k$ 是正半定的，并且

$$\sigma_k^2=(1-\lambda_k)\sigma_{k-1}^2+\lambda_k\gamma^2-\frac{\lambda_k(1-\lambda_k)\varepsilon_k^2}{1-\lambda_k+\lambda_k\boldsymbol{\varphi}_k^{\mathrm{T}}\boldsymbol{P}_{k-1}\boldsymbol{\varphi}_k}$$

式中 $\varepsilon_k=y_k-\boldsymbol{\varphi}_k^{\mathrm{T}}\boldsymbol{\theta}_{k-i}$。$\lambda_k^*$ 满足定义13.5的条件，并且定义 $\beta_k\triangleq\frac{\gamma^2-\sigma_{k-1}^2}{\varepsilon_k^2}$，则最优权重参数 λ_k^* 可按以

下方法进行确定：

$$\lambda_k^* = \begin{cases} 0, & \gamma^2 \geqslant \sigma_{k-1}^2 + \varepsilon_k^2 \\ \min(\alpha, v_k), & \text{其他} \end{cases} \tag{13.4.19}$$

其中

$$v_k = \begin{cases} \alpha, & \varepsilon_k^2 = 0 \\ (1-\beta_k)/2, & \boldsymbol{\varphi}_k^{\mathrm{T}} \boldsymbol{P}_{k-1} \boldsymbol{\varphi}_k = 1 \\ \dfrac{1}{1-\boldsymbol{\varphi}_k^{\mathrm{T}} \boldsymbol{P}_{k-1} \boldsymbol{\varphi}_k}\left[1-\sqrt{\dfrac{\boldsymbol{\varphi}_k^{\mathrm{T}} \boldsymbol{P}_{k-1} \boldsymbol{\varphi}_k}{1+\beta_k(\boldsymbol{\varphi}_k^{\mathrm{T}} \boldsymbol{P}_{k-1} \boldsymbol{\varphi}_k - 1)}}\right], & \beta_k(\boldsymbol{\varphi}_k^{\mathrm{T}} \boldsymbol{P}_{k-1} \boldsymbol{\varphi}_k - 1) + 1 > 0 \\ \alpha, & \beta_k(\boldsymbol{\varphi}_k^{\mathrm{T}} \boldsymbol{P}_{k-1} \boldsymbol{\varphi}_k - 1) + 1 \leqslant 0 \end{cases} \tag{13.4.20}$$

可以看到，$\gamma^2 < \sigma_{k-1}^2 + \varepsilon_k^2$ 意味着 $\lambda_k^* > 0$，而且若 $\gamma^2 < \sigma_{k-1}^2$，则

$$\lambda_k^* \geqslant \min\left\{\alpha, \frac{1}{1+\sqrt{\boldsymbol{\varphi}_k^{\mathrm{T}} \boldsymbol{P}_{k-1} \boldsymbol{\varphi}_k}}\right\} \tag{13.4.21}$$

证明 根据 λ_k^* 的定义及式(13.4.12)可得

$$\sigma_k^2(\lambda_k^*) \leqslant \sigma_k^2(0) = \sigma_{k-1}^2 \tag{13.4.22}$$

若对于任意的 $\lambda_k \in [0,\alpha]$ 均有 $\dfrac{\mathrm{d}\sigma_k^2}{\mathrm{d}\lambda_k} \geqslant 0$，则 $\lambda_k^* = 0$。由式(13.4.12)可得

$$\frac{\mathrm{d}\sigma_k^2}{\mathrm{d}\lambda_k} = \gamma^2 - \sigma_{k-1}^2 - \varepsilon_k^2 \frac{(1-\lambda_k)^2 - \lambda_k^2 \boldsymbol{\varphi}_k^{\mathrm{T}} \boldsymbol{P}_{k-1} \boldsymbol{\varphi}_k}{(1-\lambda_k+\lambda_k \boldsymbol{\varphi}_k^{\mathrm{T}} \boldsymbol{P}_{k-1} \boldsymbol{\varphi}_k)^2} \tag{13.4.23}$$

以及

$$\frac{\mathrm{d}^2\sigma_k^2}{\mathrm{d}\lambda_k^2} = \frac{2\varepsilon_k^2 \boldsymbol{\varphi}_k^{\mathrm{T}} \boldsymbol{P}_{k-1} \boldsymbol{\varphi}_k}{(1-\lambda_k+\lambda_k \boldsymbol{\varphi}_k^{\mathrm{T}} \boldsymbol{P}_{k-1} \boldsymbol{\varphi}_k)^3} \tag{13.4.24}$$

若 $\varepsilon_k^2 \boldsymbol{\varphi}_k^{\mathrm{T}} \boldsymbol{P}_{k-1} \boldsymbol{\varphi}_k \neq 0$，则 $\boldsymbol{P}_{k-1}$ 正定意味着对于任意的 $\lambda_k \in [0,1]$ 当 $(1-\lambda_k+\lambda_k \boldsymbol{\varphi}_k^{\mathrm{T}} \boldsymbol{P}_{k-1} \boldsymbol{\varphi}_k)$ 为正时 $\dfrac{\mathrm{d}^2\sigma_k^2}{\mathrm{d}\lambda_k^2}$ 具有相同的符号。下面分四种情况来证明引理 13.8。

情况 1 $\varepsilon_k^2 = 0$

若 $\varepsilon_k^2 = 0$，由式(13.4.25)可知当且仅当 $\gamma^2 < \sigma_{k-1}^2$ 时 $\dfrac{\mathrm{d}\sigma_k^2}{\mathrm{d}\lambda_k} < 0$，于是有

$$\lambda_k^* = \begin{cases} 0, & \gamma^2 \geqslant \sigma_{k-1}^2 \\ \alpha, & \gamma^2 < \sigma_{k-1}^2 \end{cases} \tag{13.4.25}$$

情况 2 $\boldsymbol{\varphi}_k^{\mathrm{T}} \boldsymbol{P}_{k-1} \boldsymbol{\varphi}_k = 1$

当 $\boldsymbol{\varphi}_k^{\mathrm{T}} \boldsymbol{P}_{k-1} \boldsymbol{\varphi}_k = 1$ 时由式(13.4.25)可得

$$\frac{\mathrm{d}\sigma_k^2}{\mathrm{d}\lambda_k} = \varepsilon_k^2[\beta_k - 1 + 2\lambda_k] \tag{13.4.26}$$

其中 $\beta_k \triangleq \dfrac{\gamma^2 - \sigma_{k-1}^2}{\varepsilon_k^2}$，并且对于任意的 $\lambda_k \geqslant 0$ 均有 $\dfrac{\mathrm{d}^2\sigma_k^2}{\mathrm{d}\lambda_k^2} \geqslant 0$。于是，当 $\lambda_k = \dfrac{1-\beta_k}{2}$，$\beta_k < 1$ 时，σ_k^2 最小。

若 $\beta_k \geqslant 1$，则 $\dfrac{1-\beta_k}{2}$ 是非正的，并且 $\lambda_k^* = 0$。注意到 $\beta_k \geqslant 1$ 等价于 $\gamma^2 \geqslant \sigma_{k-1}^2 + \varepsilon_k^2$，若 $\varepsilon_k \neq 0$ 则有式(13.4.19)。于是，式(13.4.20)中的 $\boldsymbol{\varphi}_k^{\mathrm{T}} \boldsymbol{P}_{k-1} \boldsymbol{\varphi}_k = 1$ 部分和式(13.4.21)成立。

情况 3 $\beta_k(\boldsymbol{\varphi}_k^{\mathrm{T}}\boldsymbol{P}_{k-1}\boldsymbol{\varphi}_k-1)+1>0$

当$\beta_k(\boldsymbol{\varphi}_k^{\mathrm{T}}\boldsymbol{P}_{k-1}\boldsymbol{\varphi}_k-1)+1>0$时,由式(13.4.23)知,当且仅当

$$\lambda_k=\frac{1}{1-\boldsymbol{\varphi}_k^{\mathrm{T}}\boldsymbol{P}_{k-1}\boldsymbol{\varphi}_k}\left[1\pm\sqrt{\frac{\boldsymbol{\varphi}_k^{\mathrm{T}}\boldsymbol{P}_{k-1}\boldsymbol{\varphi}_k}{1+\beta_k(\boldsymbol{\varphi}_k^{\mathrm{T}}\boldsymbol{P}_{k-1}\boldsymbol{\varphi}_k-1)}}\right] \tag{13.4.27}$$

时,$\dfrac{\mathrm{d}\sigma_k^2}{\mathrm{d}\lambda_k}=0$。由于$1+\beta_k(\boldsymbol{\varphi}_k^{\mathrm{T}}\boldsymbol{P}_{k-1}\boldsymbol{\varphi}_k-1)>0$,$\lambda_k$为实数。容易证明,只有

$$\lambda_k=\frac{1}{1-\boldsymbol{\varphi}_k^{\mathrm{T}}\boldsymbol{P}_{k-1}\boldsymbol{\varphi}_k}\left[1-\sqrt{\frac{\boldsymbol{\varphi}_k^{\mathrm{T}}\boldsymbol{P}_{k-1}\boldsymbol{\varphi}_k}{1+\beta_k(\boldsymbol{\varphi}_k^{\mathrm{T}}\boldsymbol{P}_{k-1}\boldsymbol{\varphi}_k-1)}}\right] \tag{13.4.28}$$

对应于极小值。此外,在式(13.4.28)中,

$$\lambda_k>0\Leftrightarrow\beta_k<1\Leftrightarrow\gamma^2<\sigma_{k-1}^2+\varepsilon_k^2$$

以及

$$\beta_k\leqslant 0\Rightarrow\lambda_k\geqslant\frac{1-\sqrt{\boldsymbol{\varphi}_k^{\mathrm{T}}\boldsymbol{P}_{k-1}\boldsymbol{\varphi}_k}}{1-\boldsymbol{\varphi}_k^{\mathrm{T}}\boldsymbol{P}_{k-1}\boldsymbol{\varphi}_k}=\frac{1}{1+\sqrt{\boldsymbol{\varphi}_k^{\mathrm{T}}\boldsymbol{P}_{k-1}\boldsymbol{\varphi}_k}}$$

在式(13.4.28)中若$\lambda_k>\alpha$,则容易看出,对于所有的$\lambda_k\in[0,\alpha]$有$\dfrac{\mathrm{d}\sigma_k^2}{\mathrm{d}\lambda_k}<0$。于是,$\lambda_k^*$由式(13.4.19)和式(13.4.20)中的$\beta_k(\boldsymbol{\varphi}_k^{\mathrm{T}}\boldsymbol{P}_{k-1}\boldsymbol{\varphi}_k-1)+1>0$部分给出。另外,对于$\boldsymbol{\varphi}_k^{\mathrm{T}}\boldsymbol{P}_{k-1}\boldsymbol{\varphi}_k>0$,式(13.4.21)显然是满足的。若$\boldsymbol{\varphi}_k^{\mathrm{T}}\boldsymbol{P}_{k-1}\boldsymbol{\varphi}_k=0$,则$\lambda_k=1$,$\beta_k<1$。于是式(13.4.19)和式(13.4.20)中的$\beta_k(\boldsymbol{\varphi}_k^{\mathrm{T}}\boldsymbol{P}_{k-1}\boldsymbol{\varphi}_k-1)+1>0$部分以及式(13.4.21)成立。

情况 4 $\beta_k(\boldsymbol{\varphi}_k^{\mathrm{T}}\boldsymbol{P}_{k-1}\boldsymbol{\varphi}_k-1)+1\leqslant 0$

当$\beta_k(\boldsymbol{\varphi}_k^{\mathrm{T}}\boldsymbol{P}_{k-1}\boldsymbol{\varphi}_k-1)+1\leqslant 0$时,先假定$\beta_k(\boldsymbol{\varphi}_k^{\mathrm{T}}\boldsymbol{P}_{k-1}\boldsymbol{\varphi}_k-1)+1=0$,则有

$$\begin{aligned}\frac{\mathrm{d}\sigma_k^2}{\mathrm{d}\lambda_k}&=\varepsilon_k^2\left[\frac{1}{1-\boldsymbol{\varphi}_k^{\mathrm{T}}\boldsymbol{P}_{k-1}\boldsymbol{\varphi}_k}-\frac{(1-\lambda_k)^2-\lambda_k^2\boldsymbol{\varphi}_k^{\mathrm{T}}\boldsymbol{P}_{k-1}\boldsymbol{\varphi}_k}{(1-\lambda_k+\lambda_k\boldsymbol{\varphi}_k^{\mathrm{T}}\boldsymbol{P}_{k-1}\boldsymbol{\varphi}_k)^2}\right]\\&=\frac{\boldsymbol{\varphi}_k^{\mathrm{T}}\boldsymbol{P}_{k-1}\boldsymbol{\varphi}_k\varepsilon_k^2}{(1-\boldsymbol{\varphi}_k^{\mathrm{T}}\boldsymbol{P}_{k-1}\boldsymbol{\varphi}_k)(1-\lambda_k+\lambda_k\boldsymbol{\varphi}_k^{\mathrm{T}}\boldsymbol{P}_{k-1}\boldsymbol{\varphi}_k)}\end{aligned} \tag{13.4.29}$$

由于$0\leqslant\boldsymbol{\varphi}_k^{\mathrm{T}}\boldsymbol{P}_{k-1}\boldsymbol{\varphi}_k$并且$\beta_k=\dfrac{1}{1-\boldsymbol{\varphi}_k^{\mathrm{T}}\boldsymbol{P}_{k-1}\boldsymbol{\varphi}_k}$,因而当且仅当$\boldsymbol{\varphi}_k^{\mathrm{T}}\boldsymbol{P}_{k-1}\boldsymbol{\varphi}_k<1$时$\beta_k\geqslant 1$,并且当且仅当$\boldsymbol{\varphi}_k^{\mathrm{T}}\boldsymbol{P}_{k-1}\boldsymbol{\varphi}_k>1$时$\beta_k<0$。又由于$\dfrac{\mathrm{d}\sigma_k^2}{\mathrm{d}\lambda_k}$与$(1-\boldsymbol{\varphi}_k^{\mathrm{T}}\boldsymbol{P}_{k-1}\boldsymbol{\varphi}_k)$具有相同的符号,于是当$\beta_k\geqslant 1$时$\lambda_k^*=0$,当$\beta_k<0$时$\lambda_k^*=\alpha$。注意到在这种情况下$\beta_k<1$是不可能的,当$\beta_k(\boldsymbol{\varphi}_k^{\mathrm{T}}\boldsymbol{P}_{k-1}\boldsymbol{\varphi}_k-1)+1<0$时,式(13.4.27)为复数,并且$\dfrac{\mathrm{d}\sigma_k^2}{\mathrm{d}\lambda_k}$对于任意$k$均有相同的符号,$\left.\dfrac{\mathrm{d}\sigma_k^2}{\mathrm{d}\lambda_k}\right|_{\lambda_k=0}=\varepsilon_k^2(\beta_k-1)$,于是$\beta_k\leqslant 1$时$\lambda_k^*=\alpha$,否则$\lambda_k^*=0$。因此,式(13.4.19)和式(13.4.20)中的$\beta_k(\boldsymbol{\varphi}_k^{\mathrm{T}}\boldsymbol{P}_{k-1}\boldsymbol{\varphi}_k-1)+1\leqslant 0$部分以及式(13.4.21)成立。证毕。

在计算$\boldsymbol{\theta}_k$时,采用式(13.4.10)递推计算$\boldsymbol{P}_k$不太方便,所以常采用的递推公式为

$$\boldsymbol{P}_k=\frac{1}{1-\lambda_k^*}\left(\boldsymbol{P}_{k-1}-\frac{\lambda_k^*\boldsymbol{P}_{k-1}\boldsymbol{\varphi}_k\boldsymbol{\varphi}_k^{\mathrm{T}}\boldsymbol{P}_{k-1}}{1-\lambda_k^*+\lambda_k^*\boldsymbol{\varphi}_k^{\mathrm{T}}\boldsymbol{P}_{k-1}\boldsymbol{\varphi}_k}\right) \tag{13.4.30}$$

同样,在其他的递推公式中也应当用引理13.8所求出的λ_k^*代替λ_k。

13.4.2 收敛性证明

本小节将讨论与式(13.4.11)、式(13.4.12)、式(13.4.19)、式(13.4.20)及式(13.4.30)相关的收敛性问题。显然,与式(13.4.30)相关的无限记忆(即测量数据序列无限长)可保证矩阵 $\boldsymbol{P}_k$ 总是正定的,然而一些结果则要求存在 α_1 和 α_2 使得对于所有 k,下面的不等式成立

$$0 < \alpha_1 \boldsymbol{I} \leqslant \boldsymbol{P}_k \leqslant \alpha_2 \boldsymbol{I} < \infty \tag{13.4.31}$$

在下一小节中将证明,若存在 N, α_3 和 α_4 使得对于所有 k 满足不等式

$$0 < \alpha_3 \boldsymbol{I} \leqslant \sum_{i=k}^{k+N} \boldsymbol{\varphi}_i \boldsymbol{\varphi}_i^{\mathrm{T}} \leqslant \alpha_4 \boldsymbol{I} < \infty \tag{13.4.32}$$

则式(13.4.31)成立。若式(13.4.31)成立,可以证明,参数误差将指数收敛于一个区域,在这个区域中则有

$$\| \boldsymbol{\theta}_k - \boldsymbol{\theta}^* \|^2 \leqslant \frac{\gamma^2}{\alpha_5} \tag{13.4.33}$$

其中

$$0 < \alpha_5 \boldsymbol{I} \leqslant \boldsymbol{P}_k^{-1} \leqslant \alpha_6 \boldsymbol{I} < \infty \tag{13.4.34}$$

并且

$$\lim_{k \to \infty} \| \boldsymbol{\theta}_{k+1} - \boldsymbol{\theta}_k \| = 0 \tag{13.4.35}$$

$$\lim_{k \to \infty} \varepsilon_k^2 \in [0, \gamma^2] \tag{13.4.36}$$

利用对 $\boldsymbol{\varphi}_i$ 的进一步限制还可证明

$$\lim_{k \to \infty} \lambda_k^* = 0 \tag{13.4.37}$$

引理 13.9 考虑式(13.4.11)、式(13.4.12)、式(13.4.19)、式(13.4.20)及式(13.4.30),则有

$$\lim_{k \to \infty} \sigma_k^2 \in [0, \gamma^2] \tag{13.4.38}$$

其中收敛速率为指数收敛。

证明 由式(13.4.12)可得

$$(\sigma_k^2 - \gamma^2) - (\sigma_{k-1}^2 - \gamma^2) \leqslant -\lambda_k^* (\sigma_{k-1}^2 - \gamma^2) \tag{13.4.39}$$

并且由引理 13.8 知 $\sigma_{k-1}^2 > \gamma^2$ 意味着 $\lambda_k^* \geqslant \min\left\{\alpha, \dfrac{1}{1 + \sqrt{\boldsymbol{\varphi}_k^{\mathrm{T}} \boldsymbol{P}_{k-1} \boldsymbol{\varphi}_k}}\right\}$,故由式(13.4.39)即可得出式(13.4.38)。

下面利用李雅普诺夫函数来证明式(13.4.33)。

定理 13.6 考虑式(13.4.11)、式(13.4.12)、式(13.4.19)、式(13.4.20)及式(13.4.30),假设 $\boldsymbol{\theta}^* \in \boldsymbol{\Theta}_0$,则对于其后的所有 k 均有 $\boldsymbol{\theta}^* \in \boldsymbol{\Theta}_k$,并且若式(13.4.34)成立,则 $\boldsymbol{\theta}_k$ 指数收敛于式(13.4.33)成立的区域。

证明 选择李雅普诺夫函数为

$$V_k = \Delta \boldsymbol{\theta}_k^{\mathrm{T}} \boldsymbol{P}_k^{-1} \Delta \boldsymbol{\theta}_k \tag{13.4.40}$$

其中 $\Delta \boldsymbol{\theta}_k = \boldsymbol{\theta}^* - \boldsymbol{\theta}_k$。经过分析可得

$$V_k = (1 - \lambda_k^*) V_{k-1} + \lambda_k^* v_k^2 - \frac{\lambda_k^* (1 - \lambda_k^*) \varepsilon_k^2}{1 - \lambda_k^* + \lambda_k^* \boldsymbol{\varphi}_k^{\mathrm{T}} \boldsymbol{P}_{k-1} \boldsymbol{\varphi}_k} \tag{13.4.41}$$

于是有

$$V_k - V_{k-1} \leqslant -\lambda_k^* \left[V_{k-1} - \gamma^2 + \frac{\lambda_k^*(1-\lambda_k^*)\varepsilon_k^2}{1-\lambda_k^* + \lambda_k^* \boldsymbol{\varphi}_k^{\mathrm{T}} \boldsymbol{P}_{k-1} \boldsymbol{\varphi}_k} \right] \tag{13.4.42}$$

以及

$$V_k \leqslant (1-\lambda_k^*) V_{k-1} + [\sigma_k^2 - (1-\lambda_k^*)\sigma_{k-1}^2]$$

即

$$V_k - \sigma_k^2 \leqslant (1-\lambda_k^*)[V_{k-1} - \sigma_{k-1}^2] \tag{13.4.43}$$

注意到当且仅当 $\boldsymbol{\theta}^* \in \Theta_{k-1}$ 时 $V_{k-1} \leqslant \sigma_{k-1}^2$，这就意味着当 $\boldsymbol{\theta}^* \in \Theta_k$ 时 $V_k \leqslant \sigma_k^2$。于是，由式(13.4.43)可以看到，若 $\boldsymbol{\theta}^* \in \Theta_0$，则对于所有 k 有 $\boldsymbol{\theta}^* \in \Theta_k$。此外，式(13.4.42)意味着

$$(V_k - \gamma^2) - (V_{k-1} - \gamma^2) \leqslant -\lambda_k^* [V_{k-1} - \gamma^2] \tag{13.4.44}$$

于是，当 $V_k > \gamma^2$ 时，若 λ_k^* 一致非零则 $(V_k - \gamma^2)$ 指数收敛至一个小于零的值。由于 $V_k > \gamma^2$ 意味着 $\sigma_k^2 > \gamma^2$，因此根据引理 13.9 有

$$\lambda_k^* \geqslant \min\left\{\alpha, \frac{1}{1+\sqrt{\boldsymbol{\varphi}_k^{\mathrm{T}} \boldsymbol{P}_{k-1} \boldsymbol{\varphi}_k}}\right\}$$

由于 $\boldsymbol{\varphi}_k^{\mathrm{T}} \boldsymbol{P}_{k-1} \boldsymbol{\varphi}_k$ 是有界的，由式(13.4.34)便可得出定理中的结论，即 $\boldsymbol{\theta}_k$ 指数收敛于 $\|\boldsymbol{\theta}_k - \boldsymbol{\theta}^*\|^2 \leqslant \frac{\gamma^2}{\alpha_5}$ 成立的区域。

定理 13.7 若 $\boldsymbol{\varphi}_k^{\mathrm{T}} \boldsymbol{P}_{k-1} \boldsymbol{\varphi}_k$ 有界，即式(13.4.34)成立，利用式(13.4.1)、式(13.4.11)、式(13.4.12)、式(13.4.19)、式(13.4.20)和式(13.4.30)以及 $\boldsymbol{\theta}^* \in \Theta_0$，可以得出下述结论

$$\lim_{k\to\infty} \|\boldsymbol{\theta}_{k+1} - \boldsymbol{\theta}_k\| = 0 \tag{13.4.45}$$

$$\lim_{k\to\infty} (\sigma_{k-1}^2 + \varepsilon_k^2) \in [0, \gamma^2] \tag{13.4.46}$$

$$\lim_{k\to\infty} \varepsilon_k^2 \in [0, \gamma^2] \tag{13.4.47}$$

证明 根据定理 13.6 知

$$\boldsymbol{\theta}^* \in \Theta_0 \Rightarrow \boldsymbol{\theta}^* \in \Theta_k \Rightarrow \sigma_k^2 \geqslant 0, \forall k \tag{13.4.48}$$

又根据式(13.4.23)，若 $\lambda_k^* > 0$，则

$$\left.\frac{\mathrm{d}\sigma_k^2}{\mathrm{d}\lambda_k}\right|_{\lambda_k=\lambda_k^*} \leqslant 0 \Leftrightarrow \gamma^2 - \sigma_{k-1}^2 - \frac{(1-\lambda_k^*)\varepsilon_k^2}{1-\lambda_k^* + \lambda_k^* \boldsymbol{\varphi}_k^{\mathrm{T}} \boldsymbol{P}_{k-1} \boldsymbol{\varphi}_k} \leqslant -\frac{\lambda_k^* \varepsilon_k^2 \boldsymbol{\varphi}_k^{\mathrm{T}} \boldsymbol{P}_{k-1} \boldsymbol{\varphi}_k}{(1-\lambda_k^* + \lambda_k^* \boldsymbol{\varphi}_k^{\mathrm{T}} \boldsymbol{P}_{k-1} \boldsymbol{\varphi}_k)^2}$$

于是有

$$\sigma_k^2 \leqslant \sigma_{k-1}^2 - \frac{(\lambda_k^*)^2 \varepsilon_k^2 \boldsymbol{\varphi}_k^{\mathrm{T}} \boldsymbol{P}_{k-1} \boldsymbol{\varphi}_k}{(1-\lambda_k^* + \lambda_k^* \boldsymbol{\varphi}_k^{\mathrm{T}} \boldsymbol{P}_{k-1} \boldsymbol{\varphi}_k)^2} \tag{13.4.49}$$

当然，若在极限意义上 $\lambda_k^* = 0$，则 $\boldsymbol{\theta}_{k+1} = \boldsymbol{\theta}_k$，并且根据引理 13.8，式(13.4.45)和式(13.4.46)成立。式(13.4.48)和式(13.4.49)意味着

$$\lim_{k\to\infty} (\lambda_k^*)^2 \varepsilon_k^2 \boldsymbol{\varphi}_k^{\mathrm{T}} \boldsymbol{P}_{k-1} \boldsymbol{\varphi}_k = 0 \tag{13.4.50}$$

要证明式(13.4.45)，需要证明

$$\lim_{k\to\infty} (\lambda_k^*)^2 \varepsilon_k^2 = 0 \tag{13.4.51}$$

式(13.4.50)意味着对于所有 $\tau > 0$ 存在着 N 使得对于所有 $k > N$ 均有

$$(\lambda_k^*)^2 \varepsilon_k^2 \boldsymbol{\varphi}_k^{\mathrm{T}} \boldsymbol{P}_{k-1} \boldsymbol{\varphi}_k < \tau \tag{13.4.52}$$

假设对于某一 k 有 $(\lambda_k^*)^2 \varepsilon_k^2 > a > 0$，则

$$\boldsymbol{\varphi}_k^{\mathrm{T}} \boldsymbol{P}_{k-1} \boldsymbol{\varphi}_k < \frac{\tau}{a} \tag{13.4.53}$$

因而有

$$\sigma_k^2 - \sigma_{k-1}^2 = \varepsilon_k^2\lambda_k^*\left[\beta_k - \frac{1-\lambda_k^*}{1-\lambda_k^* + \lambda_k^*\boldsymbol{\varphi}_k^{\mathrm{T}}\boldsymbol{P}_{k-1}\boldsymbol{\varphi}_k}\right] = \varepsilon_k^2\lambda_k^*\left[\beta_k - \frac{1}{1+\dfrac{\lambda_k^*}{1-\lambda_k^*}\boldsymbol{\varphi}_k^{\mathrm{T}}\boldsymbol{P}_{k-1}\boldsymbol{\varphi}_k}\right]$$

$$\leqslant \varepsilon_k^2\lambda_k^*[\beta_k - 1 + 0(\tau)] \tag{13.4.54}$$

于是，若式(13.4.51)不成立但式(13.4.48)成立，则有

$$\lim_{k\to\infty}\beta_k \in [1,\infty) \Rightarrow \lim_{k\to\infty}(\sigma_{k-1}^2 + \varepsilon_k^2) \in [0,\gamma^2] \Rightarrow \lim_{k\to\infty}\varepsilon_k^2 \in [0,\gamma^2]$$

故

$$\lim_{k\to\infty}\lambda_k^* = 0$$

与式(13.4.51)相矛盾。另一方面，若式(13.4.51)成立，则式(13.4.45)自然成立。

另外，式(13.4.51)意味着对于任意的$\tau > 0$存在着N使得对于任意的$k > N$有

$$(\lambda_k^*)^2\varepsilon_k^2 \leqslant \tau^2 \tag{13.4.55}$$

假设式(13.4.47)不成立，则$\lim\limits_{k\to\infty}\varepsilon_k^2 \neq 0$。若$\varepsilon_k^2 > \gamma^2$，则

$$(\lambda_k^*)^2 \leqslant \frac{\tau^2}{\gamma^2} \tag{13.4.56}$$

下面将式(13.4.20)中的三种情况应用于该定理来证明

$$\beta_k \geqslant 1 - 0(\tau) \tag{13.4.57}$$

情况1 $\boldsymbol{\varphi}_k^{\mathrm{T}}\boldsymbol{P}_{k-1}\boldsymbol{\varphi}_k = 1$，有

$$\lambda_k^* = \frac{1-\beta_k}{2} \leqslant \frac{\tau}{\gamma} \Rightarrow \beta_k \geqslant 1 - \frac{2\tau}{\gamma} \tag{13.4.58}$$

情况2 $\beta_k(\boldsymbol{\varphi}_k^{\mathrm{T}}\boldsymbol{P}_{k-1}\boldsymbol{\varphi}_k - 1) + 1 \leqslant 0$，若$\dfrac{\tau^2}{\gamma^2} < \alpha$，则$\beta_k \geqslant 1$

情况3 $\beta_k(\boldsymbol{\varphi}_k^{\mathrm{T}}\boldsymbol{P}_{k-1}\boldsymbol{\varphi}_k - 1) + 1 > 0$，对于足够小的$\tau$，则有

$$\lambda_k^* = \frac{1}{1-\boldsymbol{\varphi}_k^{\mathrm{T}}\boldsymbol{P}_{k-1}\boldsymbol{\varphi}_k}\left[1 - \sqrt{\frac{\boldsymbol{\varphi}_k^{\mathrm{T}}\boldsymbol{P}_{k-1}\boldsymbol{\varphi}_k}{\beta_k(\boldsymbol{\varphi}_k^{\mathrm{T}}\boldsymbol{P}_{k-1}\boldsymbol{\varphi}_k - 1) + 1}}\right]$$

$$\Leftrightarrow \frac{\boldsymbol{\varphi}_k^{\mathrm{T}}\boldsymbol{P}_{k-1}\boldsymbol{\varphi}_k}{\beta_k(\boldsymbol{\varphi}_k^{\mathrm{T}}\boldsymbol{P}_{k-1}\boldsymbol{\varphi}_k - 1) + 1} = [\lambda_k^*(\boldsymbol{\varphi}_k^{\mathrm{T}}\boldsymbol{P}_{k-1}\boldsymbol{\varphi}_k - 1) + 1]^2$$

$$\Leftrightarrow \beta_k = \frac{1}{\boldsymbol{\varphi}_k^{\mathrm{T}}\boldsymbol{P}_{k-1}\boldsymbol{\varphi}_k - 1}\left\{\frac{\boldsymbol{\varphi}_k^{\mathrm{T}}\boldsymbol{P}_{k-1}\boldsymbol{\varphi}_k}{[\lambda_k^*(\boldsymbol{\varphi}_k^{\mathrm{T}}\boldsymbol{P}_{k-1}\boldsymbol{\varphi}_k - 1) + 1]^2} - 1\right\}$$

$$= \frac{1}{\boldsymbol{\varphi}_k^{\mathrm{T}}\boldsymbol{P}_{k-1}\boldsymbol{\varphi}_k - 1}\left\{\frac{(\boldsymbol{\varphi}_k^{\mathrm{T}}\boldsymbol{P}_{k-1}\boldsymbol{\varphi}_k - 1) - (\lambda_k^*)^2(\boldsymbol{\varphi}_k^{\mathrm{T}}\boldsymbol{P}_{k-1}\boldsymbol{\varphi}_k - 1)^2 - 2\lambda_k^*(\boldsymbol{\varphi}_k^{\mathrm{T}}\boldsymbol{P}_{k-1}\boldsymbol{\varphi}_k - 1)}{[\lambda_k^*(\boldsymbol{\varphi}_k^{\mathrm{T}}\boldsymbol{P}_{k-1}\boldsymbol{\varphi}_k - 1) + 1]^2}\right\}$$

$$= \frac{1}{[\lambda_k^*(\boldsymbol{\varphi}_k^{\mathrm{T}}\boldsymbol{P}_{k-1}\boldsymbol{\varphi}_k - 1) + 1]^2} - \frac{(\lambda_k^*)^2(\boldsymbol{\varphi}_k^{\mathrm{T}}\boldsymbol{P}_{k-1}\boldsymbol{\varphi}_k - 1)}{[\lambda_k^*(\boldsymbol{\varphi}_k^{\mathrm{T}}\boldsymbol{P}_{k-1}\boldsymbol{\varphi}_k - 1) + 1]^2} - \frac{2\lambda_k^*}{[\lambda_k^*(\boldsymbol{\varphi}_k^{\mathrm{T}}\boldsymbol{P}_{k-1}\boldsymbol{\varphi}_k - 1) + 1]^2}$$

$$\geqslant 1 - 0(\tau) \tag{13.4.59}$$

于是，式(13.4.57)成立，因而有

$$\gamma^2 \geqslant \sigma_{k-1}^2 + \varepsilon_k^2 - 0(\tau) \tag{13.4.60}$$

并且式(13.4.46)和式(13.4.47)成立。证毕。

下面将讨论λ_k^*的收敛性问题，λ_k^*的收敛和定理13.7的结果组合起来意味着外界椭球Θ_k的收敛。

定理 13.8 考虑式(13.4.1)、式(13.4.11)、式(13.4.12)、式(13.4.19)、式(13.4.20)和式(13.4.30)所描述的系统，若存在 α_7, α_8 和 $N_1 > 0$ 使得对于所有 k 有

$$\alpha_7 \boldsymbol{I} \leqslant \sum_{i=k}^{k+N_1} \begin{bmatrix} \boldsymbol{\varphi}_i \\ w_i \end{bmatrix} [\boldsymbol{\varphi}_i^{\mathrm{T}} \quad w_i] \leqslant \alpha_8 \boldsymbol{I} \tag{13.4.61}$$

则

$$\lim_{k\to\infty} \lambda_k^* = 0 \tag{13.4.62}$$

证明 由定理13.7的证明可以看到

$$\lim_{k\to\infty} (\lambda_k^*)^2 \varepsilon_k^2 = 0 \tag{13.4.63}$$

$$\lim_{k\to\infty} \| \boldsymbol{\theta}_k - \boldsymbol{\theta}_{k-1} \| = 0 \tag{13.4.64}$$

由于

$$\varepsilon_k = \Delta \boldsymbol{\theta}_{k-1}^{\mathrm{T}} \boldsymbol{\varphi}_k + w_k \tag{13.4.65}$$

由式(13.4.51)和式(13.4.54)可知，在任一长度为 N_1 的区间上，ε_k 不可能任意小，因而在每一长度为 N_1 的区间上至少存在一个 l_i 使得对于某一 a_2 有 $\varepsilon_{l_i}^2 \geqslant a_2 > 0$。根据定理13.7，对于所有 τ 则存在 N_2 使得对于所有 $i \geqslant N_2$ 和 $k = l_i$ 有

$$\sigma_{k-1}^2 - \gamma^2 + \varepsilon_k^2 \leqslant \tau \tag{13.4.66}$$

及

$$\sigma_{k-1}^2 \leqslant \gamma^2 - a_2 + \tau \tag{13.4.67}$$

故对于足够小的 τ 有

$$\beta_k > 0$$

由于 σ_k^2 是非增的，则对于所有 $k \geqslant l_{N_2}$ 有

$$\beta_k = \frac{\gamma^2 - \sigma_{k-1}^2}{\varepsilon_k^2} \geqslant \frac{a_2}{\varepsilon_k^2} \tag{13.4.68}$$

由式(13.4.53)知对于任意的 $\tau > 0$ 存在着 N_3 使得对于所有 $k \geqslant N_3$ 有

$$(\lambda_k^*)^2 \varepsilon_k^2 \leqslant \tau \tag{13.4.69}$$

于是，不是 $(\lambda_k^*)^2 \leqslant 0(\tau)$ 就是 $\varepsilon_k^2 \leqslant 0(\tau)$。在后一种情况下，根据式(13.4.58)，对于足够小的 τ 有 $\beta_k \geqslant \dfrac{a_2}{0(\tau)} > 1$，因而 $\lambda_k^* = 0$。证毕。

条件式(13.4.61)本质上是要求 u_k 和 w_k 充分互不相关，下一小节将进一步阐明这一问题。

13.4.3 持续激励问题

在13.4.2小节中曾谈到，对于某些收敛结果要求满足式(13.4.31)和式(13.4.51)，这一条件可转化为输入的持续激励条件或 u_k 和 w_k 之间的不相关条件。在这一小节中将首先证明式(13.4.32)意味着式(13.4.31)，然后给出使式(13.4.32)成立的方法。

定理 13.9 若对于式(13.4.30)所定义的 $\boldsymbol{P}_k$ 及 $\boldsymbol{\varphi}_k$ 使得对于某些正数 α_3, α_4 和 N 及所有 k 有

$$0 < \alpha_3 \boldsymbol{I} \leqslant \sum_{i=k}^{k+N} \boldsymbol{\varphi}_i \boldsymbol{\varphi}_i^{\mathrm{T}} \leqslant \alpha_4 \boldsymbol{I} < \infty \tag{13.4.70}$$

只要 $0 \leqslant \lambda_k^* < \alpha < 1$，则存在 $\alpha_1, \alpha_2 > 0$ 使得

$$0 < \alpha_1 \boldsymbol{I} \leqslant \boldsymbol{P}_k \leqslant \alpha_2 \boldsymbol{I} < \infty \tag{13.4.71}$$

式(13.4.70)即是前面的式(13.4.32),式(13.4.71)即是前面的式(13.4.31). 为了看起来方便,在这里重新进行了编号。

证明 首先证明若式(13.4.34)成立,则可导出式(13.4.61),其上界则可由式(13.4.70)的有界条件得出,这就意味着对于任意单位向量 $\boldsymbol{\eta}$ 有

$$\sum_{i=k}^{k+N}(\boldsymbol{\eta}^{\mathrm{T}}\boldsymbol{\varphi}_i)^2 \geqslant \alpha_3 \tag{13.4.72}$$

由式(13.4.10)可得

$$\boldsymbol{P}_k^{-1} = \Big(\prod_{i=1}^{k}(1-\lambda_{k-i})\Big)\boldsymbol{I} + \sum_{j=1}^{k}\Big(\prod_{i=j+1}^{k}(1-\lambda_i)\Big)\lambda_j\boldsymbol{\varphi}_j\boldsymbol{\varphi}_j^{\mathrm{T}} \tag{13.4.73}$$

于是有

$$J = \boldsymbol{\eta}^{\mathrm{T}}\boldsymbol{P}_k^{-1}\boldsymbol{\eta} = \Big(\prod_{i=1}^{k}(1-\lambda_i)\Big)\boldsymbol{I} + \sum_{j=1}^{k}\Big(\prod_{i=j+1}^{k}(1-\lambda_i)\Big)\lambda_j(\boldsymbol{\varphi}_j^{\mathrm{T}}\boldsymbol{\eta})^2 \tag{13.4.74}$$

其中 $0 \leqslant \lambda_i \leqslant \alpha < 1$。考虑 J 对于 λ_i 的驻点方程,即

$$\frac{\partial J}{\partial \lambda_i} = -\prod_{i=1,i\neq l}^{k}(1-\lambda_i) - \sum_{j=1}^{l-1}\prod_{i=j+1,i\neq l}^{k}(1-\lambda_i)\lambda_j(\boldsymbol{\varphi}_j^{\mathrm{T}}\boldsymbol{\eta})^2 + \Big(\prod_{i=l+1}^{k}(1-\lambda_i)\Big)(\boldsymbol{\varphi}_l^{\mathrm{T}}\boldsymbol{\eta})^2 = 0 \tag{13.4.75}$$

对于 $l=1$ 有

$$\frac{\partial J}{\partial \lambda_1} = -\prod_{i=2}^{k}(1-\lambda_i) + \Big(\prod_{i=2}^{k}(1-\lambda_i)\Big)(\boldsymbol{\varphi}_1^{\mathrm{T}}\boldsymbol{\eta})^2 = 0 \tag{13.4.76}$$

这意味着

$$(\boldsymbol{\varphi}_1^{\mathrm{T}}\boldsymbol{\eta})^2 = 1 \tag{13.4.77}$$

或

$$\prod_{i=2}^{k}(1-\lambda_i) = 0 \tag{13.4.78}$$

由于 $0 \leqslant \lambda_i \leqslant \alpha < 1$,式(13.4.78)不可能成立,因此式(13.4.77)成立。

对于 $l=2$ 有

$$\begin{aligned}
\frac{\partial J}{\partial \lambda_2} &= -\prod_{i=1,i\neq 2}^{k}(1-\lambda_i) - \sum_{j=1}^{1}\prod_{i=j+1,i\neq 2}^{k}(1-\lambda_i)\lambda_j(\boldsymbol{\varphi}_j^{\mathrm{T}}\boldsymbol{\eta})^2 + \Big(\prod_{i=3}^{k}(1-\lambda_i)\Big)(\boldsymbol{\varphi}_2^{\mathrm{T}}\boldsymbol{\eta})^2 = 0 \\
&\Leftrightarrow -\prod_{i=1,i\neq 2}^{k}(1-\lambda_i) - \lambda_1\sum_{j=1}^{1}(1-\lambda_i) + \Big(\prod_{i=3}^{k}(1-\lambda_i)\Big)(\boldsymbol{\varphi}_2^{\mathrm{T}}\boldsymbol{\eta})^2 = 0 \\
&\Leftrightarrow -\prod_{i=3}^{k}(1-\lambda_i)\big[1-\lambda_1+\lambda_1-(\boldsymbol{\varphi}_2^{\mathrm{T}}\boldsymbol{\eta})^2\big] = 0 \\
&\Leftrightarrow \boldsymbol{\varphi}_2^{\mathrm{T}}\boldsymbol{\eta} = 1
\end{aligned}$$

令 $l=3,4,\cdots$ 继续推导下去就会发现,要么 $\boldsymbol{\varphi}_i^{\mathrm{T}}\boldsymbol{\eta}=1$,要么最小值在某一端点处。若 $\boldsymbol{\varphi}_i^{\mathrm{T}}\boldsymbol{\eta}=1$,则不管 λ_i 的值是什么,J 显然等于1。若 $\boldsymbol{\varphi}_i^{\mathrm{T}}\boldsymbol{\eta}\neq 1$,则需要既考虑 $\lambda_i=0$ 也考虑 $\lambda_i=\alpha$。前者 $J=1$,后者则

$$J = (1-\alpha)^k + \alpha\sum_{j=1}^{k}(1-\alpha)^{k-j}(\boldsymbol{\eta}^{\mathrm{T}}\boldsymbol{\varphi}_j)^2$$

于是对于 $k \leqslant N$ 有

$$\boldsymbol{\eta}^{\mathrm{T}}\boldsymbol{P}_k^{-1}\boldsymbol{\eta} \geqslant (1-\alpha)^N$$

假设不存在一个 α_5 使得对于所有 k 式(13.4.34)的下界存在,则根据式(13.4.72),对于任意的 $\tau > 0$ 存在着 $k > N$ 和单位向量 $\boldsymbol{\eta}$ 使得

$$(1-\alpha)^k + \alpha\sum_{j=1}^{k}(1-\alpha)^{k-j}(\boldsymbol{\eta}^{\mathrm{T}}\boldsymbol{\varphi}_j)^2 \leqslant \tau$$

于是对于任一有限 N 有

$$\alpha\sum_{j=k-N}^{k}(1-\alpha)^{k-j}(\boldsymbol{\eta}^{\mathrm{T}}\boldsymbol{\varphi}_j)^2\leqslant\tau$$

故

$$\sum_{j=k-N}^{k}(\boldsymbol{\eta}^{\mathrm{T}}\boldsymbol{\varphi}_j)^2\leqslant\frac{\tau}{\alpha(1-\alpha)^N}$$

与式(13.4.72)相矛盾。这表明式(13.4.70)存在下界，并且意味着式(13.4.72)具有下界。证毕。

下面的结果将给出使式(13.4.70)成立的两个条件。

定理 13.10　考虑由式(13.4.1)所描述的系统，假设系统是稳定的，并且 $z^n+\sum_{i=0}^{n-1}a_{n-i}z^i$ 与 $\sum_{j=0}^{m}b_{m-j}z^j$ 是互质的，定义

$$\boldsymbol{w}_0(k)=[u_k\quad u_{k-1}\quad\cdots\quad u_{k-n-m}]^{\mathrm{T}}\tag{13.4.79}$$

$$\boldsymbol{w}_1(k)=[\boldsymbol{w}_0^{\mathrm{T}}(k)\quad w_{k-1}\quad\cdots\quad w_{k-n}]^{\mathrm{T}}\tag{13.4.80}$$

若存在 $\beta_1,\beta_2>0$ 使得对于所有 k 有

$$\beta_1\boldsymbol{I}\leqslant\sum_{i=k+n}^{k+N}\boldsymbol{w}_1(i)\boldsymbol{w}_1^{\mathrm{T}}(i)\leqslant\beta_2\boldsymbol{I}\tag{13.4.81}$$

则式(13.4.70)成立。此外，若存在 $\beta_3,\beta_4>0$ 使得对于所有 k 有

$$\beta_3\boldsymbol{I}+n\gamma^2\boldsymbol{I}\leqslant\sum_{i=k+n}^{k+N}\boldsymbol{w}_0(i)\boldsymbol{w}_0^{\mathrm{T}}(i)\leqslant\beta_4\boldsymbol{I}\tag{13.4.82}$$

则式(13.4.70)同样成立。

证明　定义 q 为单位延迟算子，则式(13.4.1)可以重写为

$$A(q)y_k=B(q)u_k+w_k\tag{13.4.83}$$

其中

$$A(q)=1-\sum_{i=1}^{n}a_iq^i$$

$$B(q)=\sum_{j=0}^{m}b_iq^i$$

假设式(13.4.70)的下界不存在，则对于所有 $\tau>0$ 存在一个 k 和单位向量 $\boldsymbol{\xi}\triangleq[\gamma_1\quad\cdots\quad\gamma_n\quad\eta_0\quad\cdots\quad\eta_m]^{\mathrm{T}}$ 使得对于任意 $i\in[k,k+N]$ 有

$$|\boldsymbol{\xi}^{\mathrm{T}}\boldsymbol{\varphi}_i|<\tau$$

$$\Rightarrow\left|\sum_{j=1}^{n}\gamma_jy_{i-j}+\sum_{j=0}^{m}\eta_ju_{i-j}\right|<\tau,\ \forall i\in[k,k+N]$$

$$\Rightarrow\left|\sum_{i=1}^{n}\gamma_iq^iy_i+\sum_{j=0}^{m}\eta_jq^ju_i\right|<\tau,\ \forall i\in[k,k+N]$$

定义

$$\sum_{i=1}^{n}\gamma_iq^i=\gamma(q)$$

$$\sum_{j=0}^{m}\eta_jq^j=\eta(q)$$

则

$$|\gamma(q)y_i+\eta(q)u_i|<\tau,\forall i\in[k,k+N]$$

$$\Rightarrow|\gamma(q)a_jy_{i-j}+\eta(q)a_ju_{i-j}|<\tau|a_j|,\forall i\in[k-n,k+N]$$

$$\Rightarrow|\gamma(q)A(q)y_i+\eta(q)A(q)u_i|<0(\tau),\forall i\in[k-n,k+N]$$

$$\Rightarrow |\gamma(q)B(q)u_i + \eta(q)A(q)u_i + \gamma(q)w_i| < 0(\tau), \forall i \in [k-n, k+N]$$

$$\Rightarrow |[\gamma(q)B(q) + \eta(q)A(q)]u_i + \gamma(q)w_i| < 0(\tau), \forall i \in [k-n, k+N] \quad (13.4.84)$$

现在 $\gamma(q)B(q) + \eta(q)A(q) \neq 0$,否则

$$\frac{B(q^{-1})}{A(q^{-1})} = \frac{\sum_{j=0}^{m} \eta_{m-j}(q^{-1})^j}{\sum_{j=0}^{n-1} \gamma_{n-j}(q^{-1})^j}$$

就破坏了 $B(q^{-1})$ 和 $A(q^{-1})$ 是互质的假定,因为 $A(q^{-1})$ 的阶数是 n, $\sum_{j=0}^{n-1} \gamma_{n-j}(q^{-1})^j$ 的阶数是 $n-1$。于是,存在一个其界远离零的 $\boldsymbol{\chi}$ 使得

$$|\boldsymbol{\chi}^{\mathrm{T}} \boldsymbol{w}_1(i)| < 0(\tau), \ \forall i \in [k-n, k+N]$$

这与式(13.4.81)相矛盾,故式(13.4.70)的下界不存在的假设不成立,式(13.4.70)一定存在下界。此外,根据式(13.4.84)有

$$|[\gamma(q)B(q) + \eta(q)A(q)]u_i| < 0(\tau) + \sqrt{\sum_{i=1}^{n} w_i^2} \leqslant 0(\tau) + \sqrt{n}\gamma$$

则与式(13.4.82)相矛盾,故式(13.4.70)的下界不存在的假设不成立,式(13.4.70)一定存在下界。由于式(13.4.70)的上界容易从有界假设中导出,故定理证明完毕。

式(13.4.81)表明,输入 u_k 的频率应当是足够丰富的并且必须与噪声不相关。另一方面,式(13.4.82)又说明,输入应当丰富得足以克服噪声的影响。在实践中,噪声序列通常是与输入序列不相关,所以式(13.4.81)很容易得到满足。

上述定理阐明了在13.4.2小节中除 $\lim_{k\to\infty}\lambda_k^* = 0$ 外所有收敛结果应满足的条件。当然,即使 λ_k^* 不收敛至零,$\|\boldsymbol{\theta}_k - \boldsymbol{\theta}_{k-1}\|$ 的极限仍可为零。下面将说明,如何才能保证使 $\lim_{k\to\infty}\lambda_k^* = 0$ 的充分条件式(13.4.51)成立。

定理 13.11　在定理13.10的假设下定义

$$\boldsymbol{w}_2(k) = [\boldsymbol{w}_0^{\mathrm{T}}(k) \quad w_k \quad \cdots \quad u_{k-n}]^{\mathrm{T}}$$

若存在 $\beta_5, \beta_6 > 0$ 使得对于所有 k 有

$$\beta_5 \boldsymbol{I} \leqslant \sum_{i=k+n}^{k+N} \boldsymbol{w}_2(i)\boldsymbol{w}_2^{\mathrm{T}}(i) \leqslant \beta_6 \boldsymbol{I} \quad (13.4.85)$$

则式(13.4.51)成立。

该定理的证明思路与定理13.10相同,故在此略去。

可以看到,式(13.4.85)意味着式(13.4.81)。实际上,式(13.4.85)与式(13.4.81)几乎是相同的,稍微不同之处是式(13.4.81)成立时式(13.4.85)不一定成立。

13.5　一种线性时不变系统的集员辨识区间算法

本节介绍由王小军和邱志平于2005年所提出的一种线性时不变系统的集员辨识方法。该方法在假设系统噪声不确定但有界的情况下,提出了一种针对线性时不变系统参数集员辨识的区间算法,借助区间数学,寻求与观测数据和噪声相容的参数的最小超长方体或区间向量,也就是所期望的参数集。该方法不仅可以给出参数的估计值,而且可以给出参数的不确定性界限。与Fogel椭球算法和最小二乘法相比,具有计算量小和估计精度高的优点。

13.5.1 问题的提出

考虑如下单输入 - 单输出(SISO)系统的辨识问题

$$y_k = -\sum_{i=1}^{n} a_i y_{k-i} + \sum_{j=0}^{m} b_j u_{k-j} + w_k = \boldsymbol{\varphi}_k^{\mathrm{T}} \boldsymbol{\theta} + w_k,\ k = 1,2,\cdots \tag{13.5.1}$$

其中 $\boldsymbol{\varphi}_k^{\mathrm{T}} = [-y_{k-1} \quad -y_{k-2} \quad \cdots \quad -y_{k-n} \quad u_k \quad u_{k-1} \quad \cdots \quad u_{k-m}]$ 为由可测输出和输入构成的观测向量,n 和 m 分别为系统的极点和零点数,$\boldsymbol{\theta} = [a_1 \quad a_2 \quad \cdots \quad a_n \quad b_0 \quad b_1 \quad \cdots \quad b_m]^{\mathrm{T}}$ 是待辨识的参数向量,w_k 为不确定但有界(UBB)噪声序列,利用区间数学可表示为

$$w_k \in w_k^I = [-\overline{w}_k, \overline{w}_k],\ k = 1,2,\cdots \tag{13.5.2}$$

其中 w_k^I 表示一个区间,$\overline{w}_k$ 为已知值。

给定序列 $\{y_k, \boldsymbol{\varphi}_k^{\mathrm{T}}, \overline{w}_k; k = 1,2,\cdots\}$,希望寻找与式(13.5.1)和式(13.5.2)相容的集合 $\boldsymbol{\theta}^{\circ} \subset R^{n+m+1}$,$\boldsymbol{\theta}^{\circ}$ 是未知参数向量 $\boldsymbol{\theta}$ 的成员集,即

$$\boldsymbol{\theta}^{\circ} = \{\boldsymbol{\theta} : y_k - \boldsymbol{\varphi}_k^{\mathrm{T}} \boldsymbol{\theta} = w_k, w_k \in w_k^I, k = 1,2,\cdots\} \tag{13.5.3}$$

$\boldsymbol{\theta}^{\circ}$ 中的任何值都是可行解,通常取 $\boldsymbol{\theta}^{\circ}$ 中某种几何意义的中心 $\hat{\boldsymbol{\theta}}^{*}$ 作为 $\boldsymbol{\theta}$ 的估值 $\hat{\boldsymbol{\theta}}$。

一般来说,$\boldsymbol{\theta}^{\circ}$ 是一个不规则凸集。为便于系统的分析与控制,希望找到一个容易处理并且尽可能"紧"地包围 $\boldsymbol{\theta}^{\circ}$ 的凸集。特别地,借助于区间数学的思想,希望找到一个超长方体(或区间向量)来近似成员集 $\boldsymbol{\theta}^{\circ}$,即寻找待辨识参数向量成员集的上界和下界,即

$$\hat{\boldsymbol{\theta}}^{\circ} = \{\hat{\boldsymbol{\theta}} : \hat{\boldsymbol{\theta}} \in \hat{\boldsymbol{\theta}}^I = [\underline{\boldsymbol{\theta}}, \overline{\boldsymbol{\theta}}] = (\hat{\theta}_i^I)\} \tag{13.5.4}$$

式中 $\hat{\boldsymbol{\theta}}^I$ 和 $\hat{\theta}_i^I$ 均表示相应的区间向量。取此成员集的中心

$$\hat{\boldsymbol{\theta}}^{*} = (\underline{\boldsymbol{\theta}} + \overline{\boldsymbol{\theta}})/2 \tag{13.5.5}$$

作为参数的最优估计。

13.5.2 参数可行集的区间算法

借助于固定长度矩形窗最小二乘法的思想,每次辨识时均采用数据长度为 N 的辨识格式,即

$$\boldsymbol{y}_k = \boldsymbol{\Phi}_k^{\mathrm{T}} \boldsymbol{\theta} + \boldsymbol{w}_k \tag{13.5.6}$$

其中

$$\boldsymbol{y}_k = [y_{k-N+1} \quad y_{k-N+2} \quad \cdots \quad y_k]^{\mathrm{T}}$$

$$\boldsymbol{w}_k = [w_{k-N+1} \quad w_{k-N+2} \quad \cdots \quad w_k]^{\mathrm{T}}$$

$$\boldsymbol{\Phi}_k^{\mathrm{T}} = \begin{bmatrix} -y_{k-N} & \cdots & -y_{k-N+1-n} & u_{k-N+1} & \cdots & u_{k-N+1-m} \\ -y_{k-N+1} & \cdots & -y_{k-N+2-n} & u_{k-N+2} & \cdots & u_{k-N+2-m} \\ \vdots & & \vdots & \vdots & & \vdots \\ -y_{k-1} & \cdots & -y_{k-n} & u_k & \cdots & u_{k-m} \end{bmatrix}$$

$\boldsymbol{\Phi}_k$ 称为回归矩阵。

式(13.5.6)可改写为

$$\boldsymbol{\Phi}_k^{\mathrm{T}} \boldsymbol{\theta} = \boldsymbol{y}_k - \boldsymbol{w}_k \tag{13.5.7}$$

当 $N < n + m + 1$ 时,参数向量 $\boldsymbol{\theta}$ 不能唯一确定,这种情况一般不予考虑;当 $N = n + m + 1$ 时,则只有当

$\boldsymbol{w}_k=\mathbf{0}$ 时 $\boldsymbol{\theta}$ 才有唯一的确定解，这也不是现在所要研究的问题；这里仅研究当 $N>n+m+1$ 时的情况。

利用穆尔－彭罗斯广义逆，由式(13.5.7)可得

$$\hat{\boldsymbol{\theta}}_k=(\boldsymbol{\Phi}_k^{\mathrm{T}})^{+}(\boldsymbol{y}_k-\boldsymbol{w}_k)=(\boldsymbol{\Phi}_k\boldsymbol{\Phi}_k^{\mathrm{T}})^{-1}\boldsymbol{\Phi}_k(\boldsymbol{y}_k-\boldsymbol{w}_k) \tag{13.5.8}$$

式中 $\hat{\boldsymbol{\theta}}_k$ 为参数向量 $\boldsymbol{\theta}$ 的估计值，符号“+”表示穆尔－彭罗斯广义逆（穆尔－彭罗斯广义逆的定义见16.1.4.2小节）。对式(13.5.8)进行自然区间扩张，则有

$$\hat{\boldsymbol{\theta}}_k^I=(\boldsymbol{\Phi}_k\boldsymbol{\Phi}_k^{\mathrm{T}})^{-1}\boldsymbol{\Phi}_k(\boldsymbol{y}_k-\boldsymbol{w}_k^I)=[\underline{\boldsymbol{\theta}_K},\overline{\boldsymbol{\theta}}_K]=((\hat{\boldsymbol{\theta}}_K)_i^I) \tag{13.5.9}$$

通过区间运算可得待辨识参数的下界和上界，写成分量形式为

$$(\hat{\boldsymbol{\theta}}_k)_i^I=[(\underline{\boldsymbol{\theta}_K})_i,(\overline{\boldsymbol{\theta}}_K)_i],\ i=1,2,\cdots,n+m+1 \tag{13.5.10}$$

其中

$$(\underline{\boldsymbol{\theta}_K})_i=((\boldsymbol{\Phi}_k\boldsymbol{\Phi}_k^{\mathrm{T}})^{-1}\boldsymbol{\Phi}_k\boldsymbol{y}_k)_i-\sum_{j=1}^{N}\left|[(\boldsymbol{\Phi}_k\boldsymbol{\Phi}_k^{\mathrm{T}})^{-1}\boldsymbol{\Phi}_k]_{ij}\right|w_{k-N+j}$$

$$(\overline{\boldsymbol{\theta}}_K)_i=((\boldsymbol{\Phi}_k\boldsymbol{\Phi}_k^{\mathrm{T}})^{-1}\boldsymbol{\Phi}_k\boldsymbol{y}_k)_i+\sum_{j=1}^{N}\left|[(\boldsymbol{\Phi}_k\boldsymbol{\Phi}_k^{\mathrm{T}})^{-1}\boldsymbol{\Phi}_k]_{ij}\right|w_{k-N+j}$$

则可得参数可行集

$$\hat{\boldsymbol{\theta}}_k=\{\hat{\boldsymbol{\theta}}:\hat{\boldsymbol{\theta}}\in\hat{\boldsymbol{\theta}}_k^I=((\hat{\boldsymbol{\theta}}_k)_k^I),(\hat{\boldsymbol{\theta}}_k)_k^I=[(\underline{\boldsymbol{\theta}_K})_i,(\overline{\boldsymbol{\theta}}_K)_i],i=1,2,\cdots,n+m+1\} \tag{13.5.11}$$

进而可得到最优参数可行集 $\hat{\boldsymbol{\theta}}_k^{\mathrm{o}}$ 为

$$\boldsymbol{\theta}^{\mathrm{o}}\subset\hat{\boldsymbol{\theta}}_k^{\mathrm{o}}=\bigcap_{i=1}^{k}\hat{\boldsymbol{\theta}}_k \tag{13.5.12}$$

13.5.3 参数可行集递推公式

每当获取一组新的观测数据，利用式(13.5.9)进行辨识时都需要进行一次矩阵求逆运算，计算量大，不适于进行在线辨识，利用矩阵求逆引理可避免矩阵求逆运算。取前后相邻两时刻的回归矩阵分别为

$$\boldsymbol{\Phi}_k=[\boldsymbol{\varphi}_{k-N+1}\quad\boldsymbol{\varphi}_{k-N+2}\quad\cdots\quad\boldsymbol{\varphi}_k]=[\boldsymbol{\varphi}_{k-N+1}\ \vdots\ \boldsymbol{H}] \tag{13.5.13}$$

$$\boldsymbol{\Phi}_{k+1}=[\boldsymbol{\varphi}_{k-N+2}\quad\boldsymbol{\varphi}_{k-N+3}\quad\cdots\quad\boldsymbol{\varphi}_{k+1}]=[\boldsymbol{H}\ \vdots\ \boldsymbol{\varphi}_{k+1}] \tag{13.5.14}$$

其中 $\boldsymbol{H}=[\boldsymbol{\varphi}_{k-N+2}\quad\boldsymbol{\varphi}_{k-N+3}\quad\cdots\quad\boldsymbol{\varphi}_k]$。

记 $\boldsymbol{P}_1=(\boldsymbol{\Phi}_k\boldsymbol{\Phi}_k^{\mathrm{T}})^{-1}$，$\boldsymbol{P}_2=(\boldsymbol{\Phi}_{k+1}\boldsymbol{\Phi}_{k+1}^{\mathrm{T}})^{-1}$，则有递推关系

$$\begin{cases}\boldsymbol{R}=\boldsymbol{P}_1-\boldsymbol{P}_1\boldsymbol{\varphi}_{k+1}\boldsymbol{\varphi}_{k+1}^{\mathrm{T}}\boldsymbol{P}_1/(1+\boldsymbol{\varphi}_{k+1}^{\mathrm{T}}\boldsymbol{P}_1\boldsymbol{\varphi}_{k+1})\\ \boldsymbol{P}_2=\boldsymbol{R}+\boldsymbol{R}\boldsymbol{\varphi}_{k-N+1}\boldsymbol{\varphi}_{k-N+1}^{\mathrm{T}}\boldsymbol{R}/(1-\boldsymbol{\varphi}_{k-N+1}^{\mathrm{T}}\boldsymbol{R}\boldsymbol{\varphi}_{k-N+1})\end{cases} \tag{13.5.15}$$

则可行集递推公式为

$$\begin{cases}\hat{\boldsymbol{\theta}}_k^I=\boldsymbol{P}_1\boldsymbol{\Phi}_k(\boldsymbol{y}_k-\boldsymbol{w}_k^I)\\ \boldsymbol{R}=\boldsymbol{P}_1-\boldsymbol{P}_1\boldsymbol{\varphi}_{k+1}\boldsymbol{\varphi}_{k+1}^{\mathrm{T}}\boldsymbol{P}_1/(1+\boldsymbol{\varphi}_{k+1}^{\mathrm{T}}\boldsymbol{P}_1\boldsymbol{\varphi}_{k+1})\\ \boldsymbol{P}_2=\boldsymbol{R}+\boldsymbol{R}\boldsymbol{\varphi}_{k-N+1}\boldsymbol{\varphi}_{k-N+1}^{\mathrm{T}}\boldsymbol{R}/(1-\boldsymbol{\varphi}_{k-N+1}^{\mathrm{T}}\boldsymbol{R}\boldsymbol{\varphi}_{k-N+1})\\ \hat{\boldsymbol{\theta}}_{K+1}^I=\boldsymbol{P}_2\boldsymbol{\Phi}_{k+1}(\boldsymbol{y}_{k+1}-\boldsymbol{w}_{k+1}^I)\end{cases} \tag{13.5.16}$$

13.5.4 算法收敛性

定理 13.12 对于式(13.5.1)和式(13.5.2)所示系统，集员辨识区间算法集收敛的充要条件是存

在 $n+m+1$ 个线性无关的回归向量 $\boldsymbol{\varphi}_k$。

证明 (1) 充分性

若存在 $n+m+1$ 个线性无关的回归向量 $\boldsymbol{\varphi}_k$，则 $\boldsymbol{\Phi}_k$ 为行满秩矩阵，$\boldsymbol{\Phi}_k\boldsymbol{\Phi}_k^{\mathrm{T}}$ 为满秩方阵。由于 $\boldsymbol{w}_k^I$ 是有界集，则由式(13.5.9)和式(13.5.11)知 $\hat{\boldsymbol{\theta}}_k$ 是一个有界集，由式(13.5.12)知 $\hat{\boldsymbol{\theta}}_k^{\circ}$ 也是有界集，并且是单调下降序列。由相容条件知 $\boldsymbol{\theta}\subset\hat{\boldsymbol{\theta}}_k^{\circ}$，因而 $\{\hat{\boldsymbol{\theta}}_k^{\circ}\}$ 收敛到包含 $\boldsymbol{\theta}$ 的一个有界集，故区间算法集收敛。

(2) 必要性

利用反证法证明。考虑方程组

$$\boldsymbol{\Phi}_k^{\mathrm{T}}(\hat{\boldsymbol{\theta}}-\boldsymbol{\theta})=\mathbf{0} \tag{13.5.17}$$

若不存在 $n+m+1$ 个线性无关的回归向量 $\boldsymbol{\varphi}_k$，则 $\boldsymbol{\Phi}_k$ 为非列满秩矩阵，方程组(13.5.17)有无穷多解，存在解使 $\|\boldsymbol{\theta}^*\|\to\infty$，从而 $\boldsymbol{y}_k=\boldsymbol{\Phi}_k^{\mathrm{T}}\boldsymbol{\theta}+\boldsymbol{w}_k=\boldsymbol{\Phi}_k^{\mathrm{T}}\boldsymbol{\theta}^*+\boldsymbol{w}_k$ 有 $\boldsymbol{\theta}^*\in\hat{\boldsymbol{\theta}}_k^{\circ}$，则 $\hat{\boldsymbol{\theta}}_k^{\circ}$ 为无界集，区间算法一定不是集收敛。证毕。

13.6 MB 盒子外界算法

Milanese 和 Belforte 于 1982 年提出了集员辨识的一种批处理盒子外界算法（简称为 MB 算法），这是一种计算两种不同类型不确定性区间（估计不确定性区间和参数不确定性区间）的简单且在计算上可行的集员辨识算法。

设 $\boldsymbol{y}\in R^N$ 为可测量向量，$F(\boldsymbol{\lambda})$ 为依赖于向量参数 $\boldsymbol{\lambda}\in R^p$ 的一族模型，其中 $\boldsymbol{\lambda}$ 通常用来描述被测参数。在系统无法获得精确描述时通常表示为

$$\boldsymbol{y}=F(\boldsymbol{\lambda})+\boldsymbol{e} \tag{13.6.1}$$

其中 $\boldsymbol{e}\in R^N$ 是用于表示所给数据不确定性的误差向量。当 $\boldsymbol{\lambda}$ 未知而必须根据数据进行计算时就产生了估计问题。

在这里需要强调的是，由于存在不确定性 $\boldsymbol{e}$，估计问题不仅包括求取 $\boldsymbol{\lambda}$ 的估值而且包括（并且是主要的）计算由不确定性 $\boldsymbol{e}$ 所引起的参数 $\boldsymbol{\lambda}$ 的不确定性。显然，这一问题的准确数学描述需要定义某些不确定性类型。

到目前为止，所取得的大多数研究成果都与极大似然估计有关，并且基于假设：(1) $\boldsymbol{e}$ 是一个均值为零协方差为 $\sum\boldsymbol{e}\boldsymbol{e}^{\mathrm{T}}$ 的随机变量；(2) 数据是由含有某些未知参数 $\boldsymbol{\lambda}_0$ 的式(13.6.1)所产生的。

对于这一问题，尽管取得了大量的理论成果，但许多重要的应用问题仍未得到很好的解决，其原因主要有以下几点：

(1) 实践中仅能对 $\boldsymbol{e}$ 的某些特殊的概率密度函数假设（如正态分布，泊松分布等）构造极大似然估计；

(2) 难以确定究竟什么样的 N 才是充分大，使得辨识结果接近克拉默－拉奥下界；

(3) 对于较小的 N，如果具有估值协方差阵的上界是有益的，但计算其紧上界是困难的，而且在此条件下也难以计算克拉默－拉奥下界；

(4) 一般情况下很难评估假设(2)的有效性及对估计问题的影响，在不少情况下，例如所研究的对象是简化模型等，则假设(2)无法得到满足；

(5) 用所假定的不确定性的统计描述很难评估误差的影响。

解决上述问题的一个较好的方法是假定 $\boldsymbol{e}$ 的有用信息可以用其分量的已知界给出,例如

$$\boldsymbol{e}(i) \leqslant \max \boldsymbol{e}(i), i = 1,2,\cdots,N \tag{13.6.2}$$

在该领域人们做了大量工作,采用了许多高深的数学方法,如二元性技术、极小 - 极大值理论等,但所取得的研究成果表明,若追求估计不确定性集合的细致描述,则会得出非常复杂的解和计算繁杂的算法,难以在实际中得到应用。

然而,在许多情况下,对于不确定性的不太详细的描述,例如参数 $\boldsymbol{\lambda}$ 的不确定性区间(UI),可能是最有用的。本节将介绍由 Milanese 和 Belforte 所建立的简单而完整的区间估计理论及所提出一种使用方便的快速辨识算法,即 MB 盒子外界算法。

值得注意的是,很多不同的问题都可以归纳为式(13.6.1),例如:

(1) 数字插值法

若独立变量 t(t 可以表示时间、空间等) 的 N 个值所对应的函数 $f(t)$ 已知,给出一组插值函数 $\{\varphi_i(t), i = 1,2,\cdots,M\}$(例如 $N-1$ 次多项式或 t 是向量的多项式) 使得在不考虑计算误差的情况下有

$$y(t_i) = \sum_{j=1}^{M} a_j\varphi_j(t_i), i = 1,2,\cdots,N \tag{13.6.3}$$

当考虑舍入误差时,问题就可化为式(13.6.1) 的形式,其中

$$\boldsymbol{y} = [y(t_1) \quad y(t_2) \quad \cdots \quad y(t_N)]^{\mathrm{T}}$$

$$\boldsymbol{F}(\boldsymbol{\lambda}) = \begin{bmatrix} \varphi_1(t_1) & \cdots & \varphi_M(t_1) \\ \vdots & & \vdots \\ \varphi_1(t_N) & \cdots & \varphi_M(t_N) \end{bmatrix} \begin{bmatrix} a_1 \\ \vdots \\ a_M \end{bmatrix}$$

$$\boldsymbol{e} = [e(t_1) \quad e(t_2) \quad \cdots \quad e(t_N)]^{\mathrm{T}}$$

$$\boldsymbol{\lambda} = [a_1 \quad a_2 \quad \cdots \quad a_M]^{\mathrm{T}}$$

式中 $\boldsymbol{e}$ 为计算中的舍入误差向量,其分量最好由式(13.6.2) 描述而不采用统计学方法;$\boldsymbol{\lambda}$ 为被估计的未知向量。

(2) 数字变换技术和近似函数

该问题的典型例子是在仅知道 t 的 N 个值的情况下计算函数 $y(t)$ 的傅里叶级数的系数,这一问题的数学描述与上一问题类似,它们之间的差别仅在于这里的 M 并不是大得足以保证数据的精确描述。因此,$\boldsymbol{e}$ 不仅包含舍入误差,而且包含因函数 $\{\varphi_i\}$ 的数量受限所产生的描述误差。这也是导致使用含有未知参数 $\boldsymbol{b} \in R^L$ 的函数的原因。于是有

$$y(t_i) = \sum_{j=1}^{M} a_j\varphi_j(t_i,\boldsymbol{b}) + \sum_{j=M+1}^{\infty} a_j\varphi_j(t_i,\boldsymbol{b}) + \varepsilon(t_i) \tag{13.6.4}$$

其中 $\varepsilon(t_i)$ 为 $y(t_i)$ 的测量误差。在这种情况下,问题仍然可以用式(13.6.1) 进行描述,但式中的 $\boldsymbol{\lambda} \in R^{M+L}$ 为

$$\boldsymbol{\lambda} = [a_1 \quad \cdots \quad a_M \quad b_1 \quad \cdots \quad b_L]^{\mathrm{T}}$$

并且 $\boldsymbol{e}$ 的分量为

$$e(i) = \sum_{j=M+1}^{\infty} a_j\varphi_j(t_i,\boldsymbol{b}) + \varepsilon(t_i) \tag{13.6.5}$$

于是 $e(i)$ 具有一个确定性分量,因而用式(13.6.2) 描述要好于用任一随机假设描述。一般来说,$F(\boldsymbol{\lambda})$ 不是 $\boldsymbol{\lambda}$ 的线性函数,可能与参数向量 $\boldsymbol{b}$ 存在非线性关系。

(3) 状态估计

设动态系统为

$$\begin{cases} \dot{\boldsymbol{x}} = \boldsymbol{A}\boldsymbol{x} + \boldsymbol{b}w \\ y = \boldsymbol{c}\boldsymbol{x} + v \end{cases} \tag{13.6.6}$$

其中 w 和 v 为系统的不可测干扰。经典的估计问题就是利用动态系统的测量值$[y(t_1)\quad y(t_2)\quad\cdots\quad y(t_N)]$估计系统的状态 $\boldsymbol{x}(t_N)$。由式(13.6.6)可得

$$y(t_i)=\boldsymbol{C\Phi}(t_i,t_N)\boldsymbol{x}(t_N)+\boldsymbol{C}\int_{t_N}^{t_i}\boldsymbol{\Phi}(t_i,r)\boldsymbol{B}w(r)\mathrm{d}r+v(t_i),i=1,2,\cdots,N \tag{13.6.7}$$

其中 $\boldsymbol{\Phi}(\cdot,\cdot)$ 为矩阵 $\boldsymbol{A}$ 的转移矩阵。因而有

$$\begin{cases}\boldsymbol{\lambda}=\boldsymbol{x}(t_N)\\ e(i)=\boldsymbol{C}\int_{t_N}^{t_i}\boldsymbol{\Phi}(t_i,r)\boldsymbol{B}w(r)\mathrm{d}r+v(t_i),i=1,2,\cdots,N\end{cases} \tag{13.6.8}$$

并且 $\boldsymbol{F}(\boldsymbol{\lambda})$ 为线性方程

$$\boldsymbol{F}(\boldsymbol{\lambda})=\begin{bmatrix}\boldsymbol{C}\varphi(t_1,t_N)\\ \boldsymbol{C}\varphi(t_2,t_N)\\ \vdots\\ \boldsymbol{C}\varphi(t_N,t_N)\end{bmatrix}\boldsymbol{x}(t_N) \tag{13.6.9}$$

(4) 动态系统的参数估计

到目前为止,经常研究的系统辨识中的一个重要步骤是利用动态系统的输入输出测量值$[u(t_1)\quad\cdots\quad u(t_N)\quad y(t_1)\quad\cdots\quad y(t_N)]$去估计系统的未知参数,而动态系统的数据常描述为

$$\begin{cases}\boldsymbol{x}(t_{k+1})=f(\boldsymbol{x}(t_k),u(t_k),\boldsymbol{\lambda})\\ y(t_{k+1})=g(\boldsymbol{x}(t_k),\boldsymbol{\lambda})+e(t_{k+1})\end{cases},k=0,1,\cdots,N-1 \tag{13.6.10}$$

很显然,该问题也具有式(13.6.1)的形式。

值得注意的是,对估计问题特别有用的 $\boldsymbol{F}(\boldsymbol{\lambda})$ 的线性与动态系统(13.6.10)的线性没有直接关系,大多数动态线性系统可导出非线性的 $\boldsymbol{F}(\boldsymbol{\lambda})$,而非线性动态系统也可导出线性的 $\boldsymbol{F}(\boldsymbol{\lambda})$。在前一种情况下,$e$ 应当看作为与简化模型相关的其上界由式(13.6.2)表示的建模误差。

13.6.1 问题的数学描述

问题 A:估值不确定性区间(EUI)的计算

给出一族模型 $\boldsymbol{F}(\boldsymbol{\lambda})$ 和估计器 $\hat{\boldsymbol{\lambda}}=\boldsymbol{G}(\boldsymbol{y})$,计算估值 $\hat{\boldsymbol{\lambda}}$ 的不确定性区间,使得 $\boldsymbol{y}$ 的变化与所给出的误差相一致。

问题 B:参数不确定性区间(PUI)的计算

给出一族模型 $\boldsymbol{F}(\boldsymbol{\lambda})$,计算参数 $\boldsymbol{\lambda}$ 的不确定性区间,使得模型 $\boldsymbol{F}(\boldsymbol{\lambda})$ 的输出与实际量测值及所给出的误差相一致。

为了给出这些问题的正式定义,现考虑一个由下式所定义的测量不确定集 $\tilde{I}$

$$\tilde{I}=\{\boldsymbol{y}\in R^N:\tilde{\boldsymbol{y}}(i)-\max\boldsymbol{e}(i)\leqslant\boldsymbol{y}(i)\leqslant\tilde{\boldsymbol{y}}(i)+\max\boldsymbol{e}(i),i=1,2,\cdots,N\} \tag{13.6.11}$$

则式(13.6.1)和式(13.6.2)可以写为

$$\boldsymbol{F}(\boldsymbol{\lambda})\in\tilde{I} \tag{13.6.12}$$

在参数空间 R^P 中需要考虑两个集合,即估值不确定集和参数不确定集,分别被定义为

$$\tilde{\Lambda}_G^E=\{\hat{\boldsymbol{\lambda}}\in R^P:\hat{\boldsymbol{\lambda}}=\boldsymbol{G}(\boldsymbol{y}),\boldsymbol{y}\in\tilde{I}\} \tag{13.6.13}$$

$$\tilde{\Lambda}^P=\{\boldsymbol{\lambda}\in R^P:\boldsymbol{F}(\boldsymbol{\lambda})\in\tilde{I}\} \tag{13.6.14}$$

定义 13.6(问题 A):估计值 $\hat{\boldsymbol{\lambda}}$ 的第 i 个分量的不确定性区间 $E\tilde{U}I$ 为

$$E\tilde{U}I = \left[\min_{\lambda \in \tilde{\Lambda}_G^E} \boldsymbol{\lambda}(i),\ \max_{\lambda \in \tilde{\Lambda}_G^E} \boldsymbol{\lambda}(i) \right] \tag{13.6.15}$$

定义 13.7(问题 B):参数 $\boldsymbol{\lambda}$ 的第 i 个分量的不确定性区间 $P\tilde{U}I$ 为

$$P\tilde{U}I = \left[\min_{\lambda \in \tilde{\Lambda}^P} \boldsymbol{\lambda}(i),\ \max_{\lambda \in \tilde{\Lambda}^P} \boldsymbol{\lambda}(i) \right] \tag{13.6.16}$$

令

$$\hat{\boldsymbol{y}} = \boldsymbol{F}(\hat{\boldsymbol{\lambda}}) = \boldsymbol{F}(\boldsymbol{G}(\tilde{\boldsymbol{y}}))$$

则不确定集 $\tilde{I}$ 不是如式(13.6.11)那样以 $\tilde{\boldsymbol{y}}$ 为中心而是以 $\hat{\boldsymbol{y}}$ 为中心,被定义为

$$\hat{I} = \{\boldsymbol{y} \in R^N : \hat{\boldsymbol{y}}(i) - \max \boldsymbol{e}(i) \leqslant \boldsymbol{y}(i) \leqslant \hat{\boldsymbol{y}}(i) + \max \boldsymbol{e}(i), i = 1,2,\cdots,N\} \tag{13.6.17}$$

将式(13.6.12)~式(13.6.16)中的符号“~”换成“︿”可得到类似的定义。在下面的叙述中,当结果对两种符号均适用时,则符号“~”和“︿”将被省略。

13.6.2 最小不确定性区间修正估计器

若 $\boldsymbol{G}$ 属于定义如下的最广泛的一类估计器,则在 Λ_G^E 和 Λ^P 之间可导出一个十分有用的关系式。

定义 13.8(修正估计器) 若

$$\boldsymbol{G}(\boldsymbol{F}(\boldsymbol{\lambda})) = \boldsymbol{\lambda}, \forall \boldsymbol{\lambda} \in R^P \tag{13.6.18}$$

则估计器 $\boldsymbol{G}$ 为修正估计器。

这一类修正估计器包含了通常所研究的大多数估计器,例如,使($\tilde{\boldsymbol{y}} - \boldsymbol{F}(\boldsymbol{\lambda})$)的泛函最小所得到的估计器就是修正估计器。

定理 13.13 若 $\boldsymbol{G}$ 为修正估计器,则

$$\Lambda^P \subseteq \Lambda_G^E \tag{13.6.19}$$

证明 若 $\boldsymbol{\lambda}_o \in R^P$,则由式(13.6.14)知 $\boldsymbol{y}_o = \boldsymbol{F}(\boldsymbol{\lambda}_o) \in I$,并且由式(13.6.13)知 $\boldsymbol{G}(\boldsymbol{y}_o) \in \Lambda_G^E$。因为 $\boldsymbol{G}$ 为修正估计器,故 $\boldsymbol{G}(\boldsymbol{y}_o) = \boldsymbol{G}(\boldsymbol{F}(\boldsymbol{\lambda}_o)) = \boldsymbol{\lambda}_o$,这就意味着式(13.6.19)成立。

定理 13.13 表明,不确定集 Λ^P 表示由任意修正估计器所得到的估值的不确定集 Λ_G^E 的下界。人们感兴趣的是能否利用估计器去得到那样的一个下界。

定义 13.9(最小不确定性区间修正估计器,MUICE) 若对于任意的修正估计器 $\boldsymbol{G}$ 有 $\Lambda_{G^*}^E \subseteq \Lambda_G^E$,则估计器 $\boldsymbol{G}^*$ 称为最小不确定性区间修正估计器(minimum uncertainty interval correct estimator, MUICE)。

在经典估计理论中与此相似的概念是最小方差无偏估计器(minimum variance unbiased estimator, MVUE),由这种相似性导出最小不确定性区间修正估计器通常是困难的,只有在线性情况下才可得到简单的结果。实际上,若 $\boldsymbol{F}(\boldsymbol{\lambda})$ 和 $\boldsymbol{G}$ 局限于线性情况,即

$$\begin{cases} \boldsymbol{F}(\boldsymbol{\lambda}) = \boldsymbol{A}\boldsymbol{\lambda} \\ \boldsymbol{G}(\boldsymbol{y}) = \boldsymbol{H}\boldsymbol{y} \end{cases} \tag{13.6.20}$$

其中 $\boldsymbol{A}$ 和 $\boldsymbol{H}$ 为合适的矩阵,并假定矩阵 $\boldsymbol{A}$ 是满秩的,即假定模型是可辨识的,则可得出以下的结果。

定理 13.14 若 $\boldsymbol{H}^*$ 是最小不确定性区间修正估计器,则 $\boldsymbol{H}^*$ 的每一行至多有 p 个非零元素。

证明 若 $\boldsymbol{H}$ 是修正估计器,则由式(13.6.18)和式(13.6.20)可得

$$\hat{\boldsymbol{\lambda}} = \boldsymbol{H}\boldsymbol{y} = \boldsymbol{H}\boldsymbol{A}\boldsymbol{\lambda} + \boldsymbol{H}\boldsymbol{e} = \boldsymbol{\lambda} + \boldsymbol{H}\boldsymbol{e} \tag{13.6.21}$$

则

$$\text{EUI} = [\min \hat{\boldsymbol{\lambda}}, \max \hat{\boldsymbol{\lambda}}] \tag{13.6.22}$$

其中

$$\min \hat{\boldsymbol{\lambda}} = \min_{e \in \overline{E}} \boldsymbol{H}\boldsymbol{e} - \boldsymbol{\lambda} \tag{13.6.23}$$

$$\max \hat{\boldsymbol{\lambda}} = \max_{e \in \overline{E}} \boldsymbol{H}\boldsymbol{e} + \boldsymbol{\lambda} \tag{13.6.24}$$

$$\overline{E} = \{\boldsymbol{e} \in R^N : |\boldsymbol{e}(i)| < \max \boldsymbol{e}(i), i = 1,2,\cdots,N\} \tag{13.6.25}$$

将式(13.6.23)和式(13.6.24)相综合,求解下列 p 个独立的最大-最小方程

$$\min_{\boldsymbol{h}_i^{\mathrm{T}} \in \boldsymbol{M}_i} \max_{e \in \overline{E}} |\hat{\boldsymbol{\lambda}}(i) - \boldsymbol{\lambda}(i)|, i = 1,2,\cdots,p \tag{13.6.26}$$

即可得到 $\boldsymbol{H}^*$,其中 $\boldsymbol{h}_i^{\mathrm{T}}$ 是 $\boldsymbol{H}$ 的第 i 行,$\boldsymbol{M}_i$ 是由修正线性估计器集合

$$\boldsymbol{M}_i = \{\boldsymbol{h}_i^{\mathrm{T}} \in R^N : \boldsymbol{h}_i^{\mathrm{T}} a_{ij} = \delta_{ij}, j = 1,2,\cdots,p\} \tag{13.6.27}$$

所定义的线性变换,其中 $a_{\cdot j}$ 是 $\boldsymbol{A}$ 的第 j 列,δ_{ij} 是克罗内克脉冲函数。

由式(13.6.24)可得

$$\begin{aligned}\min_{\boldsymbol{h}_i^{\mathrm{T}} \in \boldsymbol{M}_i} \max_{e \in \overline{E}} |\hat{\boldsymbol{\lambda}}(i) - \boldsymbol{\lambda}(i)| &= \min_{\boldsymbol{h}_i^{\mathrm{T}} \in \boldsymbol{M}_i} \max_{e \in \overline{E}} |\boldsymbol{h}_i^{\mathrm{T}} \boldsymbol{e}| \\ &= \min_{\boldsymbol{h}_i^{\mathrm{T}} \in \boldsymbol{M}_i} \sum_j^N h_{ij} \operatorname{sign}(h_{ij} \max \boldsymbol{e}(j)), j = 1,2,\cdots,p\end{aligned} \tag{13.6.28}$$

于是求 $\boldsymbol{H}^*$ 的问题等价于 p 个不可微问题,要直接求解实属不易,这也是导致利用定理 13.14 和下面的定理 13.15 求其间接解的原因。实际上,定理 13.14 容易根据式(13.6.28)利用反证法进行证明。

不失一般性,假定 $\boldsymbol{h}_i^{*\mathrm{T}}$ 具有 $p+1$ 个非零元素,则 $\boldsymbol{h}_i^{*\mathrm{T}}$ 使得

$$\sum_j^{p-1} h_{ij}^* \operatorname{sign}(h_{ij}^* \max \boldsymbol{e}(j)) = \min \sum_j^{p+1} h_{ij} \operatorname{sign}(h_{ij} \max \boldsymbol{e}(j)) \tag{13.6.29}$$

$$\sum_k^{p+1} h_{ik}^{\mathrm{T}} a_{jk} = \delta_{ij}, j = 1,2,\cdots,p \tag{13.6.30}$$

显然,$\sum_j^{p-1} h_{ij} \operatorname{sign}(h_{ij} \max \boldsymbol{e}(j))$ 作为具有 $p+1$ 个非零元素的函数在最小解 $\{h_{ij}^*, j = 1,2,\cdots,p\}$ 的邻域内是可微的,则这个解必须满足受约束极小值的一阶微分必要条件。

引入拉格朗日增广函数

$$L = \sum_j^{p-1} h_{ij} \operatorname{sign}(h_{ij} \max \boldsymbol{e}(j)) - \sum_j^p \mu_j (\delta_{ij} - \sum_k^{p+1} h_{ik} a_{jk}) \tag{13.6.31}$$

其一阶微分条件为

$$\frac{\partial L}{\partial h_{ij}^*} = \operatorname{sign}(h_{ij}^* \max \boldsymbol{e}(j)) - \sum_j^p \mu_j a_{jl}, l = 1,2,\cdots,p+1 \tag{13.6.32}$$

式(13.6.32)所示条件可写为更简洁的形式

$$\boldsymbol{A}_i \boldsymbol{\mu} = \boldsymbol{\varepsilon}^* \tag{13.6.33}$$

其中 $\boldsymbol{\mu} \in R^p$,$\boldsymbol{\varepsilon}^* \in R^{p-1}$,则只有当 $\boldsymbol{\varepsilon}^*$ 属于 $\boldsymbol{A}_i$ 的值域空间 $R(\boldsymbol{A}_i)$ 时式(13.6.33)才能成立。由于 $\dim R(\boldsymbol{A}_i) \leqslant p$,$R(\boldsymbol{A}_i)$ 是 R^{p+1} 的一个真子空间,并且这就意味着最优解 $\boldsymbol{h}^*$ 通常不可能满足式(13.6.32)所示必要条件。这也就从反面证明了定理 13.14 的正确性。

定理 13.15 若 $\boldsymbol{H}^*$ 是最小不确定性区间修正估计器,则

$$\hat{\mathrm{EUI}}_i^* = \hat{\mathrm{PUI}}_i,\ i = 1,2,\cdots,p \tag{13.6.34}$$

证明 由定理13.14可知,若在下列情况下仅考虑某时刻的p个测量值,则可得到每一个行向量$\boldsymbol{h}_i^{*\mathrm{T}}$和相应的UIA*(A*的不确定性区间)。

利用N个测量值之外的p个测量值任意组合则问题A可解,EUI_i^*是与p个测量值组合相关的问题$\hat{\mathrm{A}}$的不确定性区间,该区间具有$\max\hat{\boldsymbol{\lambda}}(i)$的极小值,并且在问题是线性和对称的情况下,具有$\min\hat{\boldsymbol{\lambda}}(i)$的极大值。

另一方面,由下面的引理13.10和引理13.11可知,利用N个测量值之外的p个测量值的适当组合解决问题$\hat{\mathrm{B}}$的方法,问题B也可解。

但是,如果$\boldsymbol{H}$是一个修正估计器并且$N=p$,则问题$\hat{\mathrm{A}}$和$\hat{\mathrm{B}}$是等价的(见下面的引理13.10),$\hat{\mathrm{PUI}}_i$就是与N个测量值之外的p个测量值的组合相关的$\hat{\mathrm{EUI}}_i$。

利用前面所讨论的求取$\hat{\mathrm{EUI}}_i^*$的方法可得

$$\hat{\mathrm{EUI}}_i^* \subseteq \hat{\mathrm{PUI}}_i \tag{13.6.35}$$

定理13.13和式(13.6.35)则意味着

$$\hat{\mathrm{EUI}}_i^* = \hat{\mathrm{PUI}}_i$$

证毕。

若将上述公式中的符号"︿"换成"~"则定理13.15将不成立。实际上,在某些情况下,$\tilde{\Lambda}^P$可能是空集。

定理13.14和定理13.15意味着可以利用问题$\hat{\mathrm{B}}$的解得到最小不确定性区间修正估计器$\boldsymbol{H}^*$。在下一小节将证明,若$\boldsymbol{F}$和$\boldsymbol{G}$是线性的,则问题B等价于求解$2p$个具有p个变量和$2N$个约束的线性规划问题,故可利用线性规划算法得到最小不确定性区间估计值。

13.6.3 不确定性区间计算

在线性$\boldsymbol{F}$和$\boldsymbol{G}$都比较简单的情况下,问题A和B都是可解的,本小节将对此进行讨论。

命题13.1 问题A的解为

$$\mathrm{EUI}_i = [\boldsymbol{h}_i^{\mathrm{T}}\boldsymbol{y}_m, \boldsymbol{h}_i^{\mathrm{T}}\boldsymbol{y}_M] \tag{13.6.36}$$

其中$\boldsymbol{h}_i^{\mathrm{T}}$是$\boldsymbol{H}$的第$i$行,并且

$$\begin{cases}\boldsymbol{y}_m(i) = \boldsymbol{y}(i) - \mathrm{sign}(h_{ij})\max\boldsymbol{e}(j), \\ \boldsymbol{y}_M(i) = \boldsymbol{y}(i) + \mathrm{sign}(h_{ij})\max\boldsymbol{e}(j),\end{cases} \quad j = 1,2,\cdots,N \tag{13.6.37}$$

为了得到问题B的解,现引入一些符号。

若$\boldsymbol{A}$是满秩矩阵,则非奇异$p\times p$子矩阵$\boldsymbol{A}_p$存在。设$\boldsymbol{D}$为$\boldsymbol{A}_p$的逆矩阵,即

$$\boldsymbol{D} = \boldsymbol{A}_p^{-1} \tag{13.6.38}$$

不失一般性,假设$\boldsymbol{A}_p$是由$\boldsymbol{A}$的前p行构成,向量$\boldsymbol{z}\in R^p$被定义为

$$\boldsymbol{z}(i) = \boldsymbol{y}(i),\ i = 1,2,\cdots,p \tag{13.6.39}$$

$\boldsymbol{a}_j^{\mathrm{T}}$和$\boldsymbol{d}_j^{\mathrm{T}}$分别为矩阵$\boldsymbol{A}$和$\boldsymbol{D}$的第$j$行,$\boldsymbol{\lambda}^i\in R^p$为一向量并且可以给出$\max\limits_{\boldsymbol{\lambda}\in\Lambda^p}\boldsymbol{\lambda}(i)$和$\boldsymbol{y}^i = \boldsymbol{A}\boldsymbol{\lambda}^i$,则可给出问题B解的下述特征。

引理13.10 若$N=p$,并且$\boldsymbol{H}$是修正估计器,则有

$$H = A^{-1}$$
$$\Lambda^P = \Lambda_H^E$$

证明 由于 A 是一个满秩矩阵,若 $N = p$,则任何修正估计器 H 可由

$$H = A^{-1} \tag{13.6.40}$$

给出。令 $\lambda \in \Lambda_H^E$,则 $y \in I$ 存在并且使得 $\lambda = Hy$。但 $A\lambda = AHy = y \in I$,所以有 $\lambda \in \Lambda^P$,这就意味着

$$\Lambda_H^E \subseteq \Lambda^P \tag{13.6.41}$$

式(13.6.41)与定理 13.13 一起证明了该引理。

引理 13.11 y^i 至少有 p 个分量具有极值 $y(j) - \max e(j)$ 或 $y(j) + \max e(j)$。

证明 用反证法证明。假设 y^i 只有 $p-1$ 个分量具有极值,不失一般性,设 $y^i(1)$, $y^i(2)$, …, $y^i(p-1)$ 为这些分量,若 $z^{\Delta}(p)$ 为一向量,它的分量等于除

$$z^{\Delta}(p) = y^i(p) + \mathrm{sign}(d_{ip}) \cdot \Delta \tag{13.6.42}$$

之外 y^i 的前 p 个分量,其中 d_{ip} 为式(13.6.38)所示 D 矩阵第 i 行的第 p 个元素。由于 $y^i = A\lambda^i$,因而可得

$$\lambda^i = \lambda^{i\Delta} = Dz^{\Delta},\text{如果 } \Delta = 0 \tag{13.6.43}$$

因为 $y^i \in I$,若 Δ 充分小,则有

$$y^{i\Delta} = A\lambda^{i\Delta} = ADz^{\Delta} \in I$$

这就意味着

$$\lambda^{i\Delta} \in \Lambda^P \tag{13.6.44}$$

若 $\Delta > 0$,由式(13.6.42)和式(13.6.44)可得

$$\lambda^{i\Delta}(i) > \lambda^i(i) \tag{13.6.45}$$

但是,由 λ^i 的定义可得

$$\lambda^i(i) = \max_{\lambda \in \Lambda^P} \lambda(i) \tag{13.6.46}$$

因为 $\lambda^{i\Delta} \in \Lambda^P$,则式(13.6.45)与式(13.6.46)相矛盾,故引理 13.11 得证。

上述结果给出了问题 B 的一种直接解,而这种直接解是利用对于 N 个测量值之外的 p 个测量值的所有组合求解问题 A 的方法获得的。然而,由于这种方法要求对于 p 个测量值 $\binom{p}{N}$ 次地求解问题 A,所以计算十分复杂。因此,引理 13.10 和引理 13.11 的兴趣并不在于求问题 B 的解,而在于用来证明其他结果(例如定理 13.15)。实际上,下面的命题 13.2 将给出一种更为有效的求解问题 B 的方法。命题 13.2 表明,问题 B 等价于 $2p$ 个具有 p 个变量和 $2N$ 个约束的线性规划问题。

命题 13.2 问题 B 的解为

$$\mathrm{PUI}_i = [\min \lambda(i), \max \lambda(i)]$$

式中 $\min \lambda(i)$ 和 $\max \lambda(i)$ 为线性规划问题

$$\min \lambda(i) = \min_{z \in Z} d_i^{\mathrm{T}} z \tag{13.6.47}$$
$$\max \lambda(i) = \max_{z \in Z} d_i^{\mathrm{T}} z \tag{13.6.48}$$

的解,其中 $z \in \mathrm{R}^p$ 满足不等式

$$\begin{cases} y(j) - \max e(j) \leqslant z(j) \leqslant y(j) + \max e(j), & j = 1, 2, \cdots, p \\ y(k) - \max e(k) \leqslant a_k^{\mathrm{T}} Dz \leqslant y(k) + \max e(k), & k = p+1, \cdots, N \end{cases} \tag{13.6.49}$$

引理 13.11 的直接证明可由命题 13.2 导出。实际上,式(13.6.48)所示线性规划问题的解位于式(13.6.49)所给出的由具有 p 个约束的等式所定义的顶点。

若问题B利用命题13.2求解，则线性规划算法可以对于每个参数$\boldsymbol{\lambda}(i)$列出使等式成立的p个约束（主动约束）。令$\boldsymbol{Q}^i$为矩阵$\boldsymbol{A}$的相应行所构成的$p\times p$矩阵的逆阵，则最小不确定性区间修正估计器问题可利用下述结果求解。

定理 13.16 $\boldsymbol{h}_i^{\mathrm{T}}$的$p$个非零元素与主动约束相对应，而且若$h_{ij}^*\neq 0$，则有

$$h_{ij}^*=a'_{ij}$$

证明 不失一般性，假定参数$\boldsymbol{\lambda}(i)$的p个主动约束是前p个约束，要证明定理13.16的充分性则只需证明基于前p个测量值的最小不确定性区间修正估计器$\boldsymbol{H}_p$给出与$\boldsymbol{H}^*$相同的$\mathrm{E\hat{U}I}_i$即可。

由引理13.10可得

$$\boldsymbol{H}_p=\boldsymbol{A}_p^{-1}$$

并且由前p个测量值可推导出不确定性区间EÛI和PÛI，准确地说，PÛI由引理13.11、命题13.2以及基于所有N个测量值的PUI_i导出。根据定理13.15有$\mathrm{P\hat{U}I}_i=\mathrm{E\hat{U}I}_i^*$，故定理13.16得证。

13.6.4 数字仿真算例

例 13.8 考虑三阶自回归模型

$$y(k)=\lambda_1u(k)+\lambda_2u(k-1)+\lambda_3u(k-2)+e(k),\quad k=1,2,\cdots,N \tag{13.6.50}$$

其中u是一个已知序列，并且已知$N=50,\lambda_1=0.5,\lambda_2=2.35,\lambda_3=1.25,\max e(k)=0.02|y(k)|$。为便于比较，假定$e$是均值为零、协方差矩阵为$\sum e$的高斯变量，其协方差矩阵的第$(i,j)$个元素为

$$\sigma_e^2(i,j)=\delta_{ij}\left(\frac{\max e(j)}{r}\right)^2,\quad i,j=1,2,\cdots,N \tag{13.6.51}$$

式中δ_{ij}为克罗内克函数，则$\max e(j)$是置信系数为

$$h=\frac{1}{\sqrt{2\pi}}\int_{-r}^{r}\mathrm{e}^{-\frac{x^2}{2}}\mathrm{d}x$$

的置信区间。试用本节所介绍的辨识方法估计模型参数。

解 设$\boldsymbol{H}^{\mathrm{o}}$为相应的高斯－马尔可夫(Gauss－Markov)估计器，$\sigma_{\lambda_i}^2$为高斯－马尔可夫估计协方差阵的第i个对角元素，$\mathrm{EUI}_i^{\mathrm{o}}$为$\boldsymbol{H}=\boldsymbol{H}^{\mathrm{o}}$时的问题A的不确定性区间，则$\mathrm{EUI}_i^{\mathrm{o}}$应该可以与置信区间$\hat{\lambda}_i=r\sigma_{\lambda_i}$相比较。计算时假定$r=3$，可计算出$h=0.997$。可以看到，上面所定义的置信区间并不依赖于$r$的选择，因而选择不同的$r$值时除了$h$不同外不会改变其他任何结果。

选取$N=50$，计算结果如表13.11所示。

表 13.11 例 13.8 计算结果

i	1	2	3
$\mathrm{E\hat{U}I}_i^{\mathrm{o}}$ 误差(%)	[0.40,0.60] 20%	[2.23,2.47] 5%	[1.14,1.36] 9%
$\mathrm{E\hat{U}I}_i^*=\mathrm{P\hat{U}I}_i$ 误差(%)	[0.44,0.56] 12%	[2.27,2.43] 3%	[1.18,1.32] 6%
$\mathrm{EUI}_i^{\mathrm{o}}$ 误差(%)	[0.40,0.60] 20%	[2.23,2.47] 5%	[1.14,1.37] 9%

续表

i	1	2	3
PUI_i^o 误差(%)	[0.45,0.54] 9%	[2.29,2.42] 3%	[1.20,1.30] 4%
$\hat{\lambda}_i = r\sigma_{\lambda_i}$ 误差(%)	[0.45,0.55] 10%	[2.23,2.47] 3%	[1.19,1.31] 5%

习　题

13.1　简述集员辨识方法的国内外发展状况,并说明各类方法中具有代表性方法的主要优缺点。

13.2　考虑系统

$$y(k)=0.3y(k-1)-0.28y(k-2)+0.46y(k-3)-0.1y(k-4)+u(k)$$

其中$u(k)$是以幅值1为界的零均值均匀分布白噪声序列。试用Fogel外界椭球法辨识系统参数。

13.3　考虑系统

$$y(k)=0.5y(k-1)-0.26y(k-2)+0.56y(k-3)-0.3y(k-4)+u(k)$$

其中$u(k)$是以幅值1为界的零均值均匀分布白噪声序列。试分别用最小二乘法、FH最小椭球容积算法(算法1)和FH最小椭球迹算法(算法2)辨识系统参数。

13.4　考虑系统

$$y(k)=0.3y(k-1)-0.28y(k-2)+0.46y(k-3)-0.1y(k-4)+u(k)$$

其中$u(k)$是以幅值1为界的零均值均匀分布白噪声序列。假设在每200个采样点上4个参数的幅值变化为10%。试用**FH**最优外界椭球算法辨识系统参数。

13.5　考虑带输入的线性时不变二阶稳定系统,其自回归移动平均(ARMA)模型为

$$y_k=-1.3y_{k-1}-0.4y_{k-2}+u_k+0.8u_{k-1}+w_k$$

其中$u_k:U(0,1)$,$w_k:U(-1,1)$,试用集员辨识区间算法辨识系统参数,并与13.3节中的例13.7用最小二乘法、FH最小椭球容积算法(算法1)和FH最小椭球迹算法(算法2)所得到的参数辨识结果相比较。

13.6　能否用MB盒子外界算法辨识慢时变系统的参数?如果用MB盒子外界算法辨识慢时变系统的参数时,需要对系统参数增加哪些约束?

14

第14章

期望极大化辨识方法

14.1 期望极大化辨识方法概述

14.1.1 EM算法的基本概念

期望极大化(expectation-maximization, EM)算法是一种数据不完全或似然函数含有隐藏变量(latent variable)时的极大似然估计算法。这里“不完全数据”和“隐藏变量”的概念是相互联系的:当具有隐藏变量时可以认为数据是不完全的,因为不可能观测到隐藏变量的值;同样,当数据不完全时,也常常会将隐藏变量与缺失的数据相联系。latent variable 又称 hidden variable,常被翻译为隐变量、隐藏变量、潜在变量、潜藏变量等。

EM算法首次由 Dempster 等于 1977 年提出,近几十年得到迅速发展,主要原因是当前的科学研究以及各种实际应用中数据量越来越大,经常存在数据缺失的问题。

所谓数据缺失可以划分为两种情况:一种情况是由于问题本身的原因或受观测条件的限制,导致观测数据存在缺失变量;另一种情况是缺失变量并不存在,但是观测数据似然函数的优化比较复杂,如果添加额外的变量(即缺失变量)后的完全数据的似然估计则比较简单。在这种情况下,所添加的数据并非真的是缺失数据,而是为了简化问题而采取的策略。所添加的数据通常被称为潜在数据(latent data)。

通过引入恰当的潜在数据,EM算法能够将复杂的极大似然问题简单化,从而有效解决许多用其他方法难以解决的复杂问题。根据这种思路,EM算法已经不单单用在处理缺失数据的问题,而是用来处理更加广泛的问题。例如,可以把混合模型、分层线性化模型、对数线性模型、潜变量结构等诸多统计模型纳入EM算法的框架中来,几乎可以将EM算法应用到所有的统计问题或那些统计问题可以运用的领域,如医学造影、艾滋病等流行病学研究、投资组合等,甚至一些不涉及缺失数据的统计问题也可以用其进行参数估计,如方差分量估计、因子估计等。此外,EM算法还经常用在机器学习和计算机视觉的数据聚类领域。在统计计算中,EM算法主要用在概率模型中寻找参数最大似然估计或者最大后验估计,广泛应用于缺损数据、截尾数据、成群数据、带有讨厌参数的数据等所谓的不完全数据的统计推断。

EM 算法是一种迭代优化算法,每一次迭代都能保证似然函数值的增加,并且收敛到一个局部极大值。之所以称为 EM 算法,是因为算法的每一次迭代都包括两步:第一步求期望,称为期望步(expectation step),简称为 E 步;第二步求极大值,称为极大化步(maximization step),简称为 M 步。其基本思想是首先根据已经给出的观测数据(不完全数据)估计出模型的参数值,然后再依据上一步估计出的参数值估计缺失数据的值,再根据估计出的缺失数据加上之前已经给出的观测数据重新对参数值进行估计。算法开始时通常对被估参数随机指定一些值,然后在 E 步和 M 步两个步骤之间反复进行交替迭代,直至最后收敛到参数的最优值。

在 E 步,计算完全数据的期望似然函数(所谓的 Q 函数),其中的数学期望是根据当前估计参数所计算出的隐变量的条件分布和已观测到的(不完全)数据所得到的。在 M 步,利用使 Q 函数极大化重新估计所有的参数。一旦获得新一代的参数值,就可以重复 E 步和 M 步,这个过程将一直继续到似然函数收敛,即达到局部最大值。直观上,EM 算法就是利用所"猜测"的隐藏变量去反复地增加数据并且在假定这些猜测值都是真实值的情况下去重新估计参数。

EM 算法的主要优点如下。

(1) 所涉及的理论比较简单,其实质是将一个复杂的似然函数的最优化问题转化为一系列比较简单的函数优化问题。

(2) 算法简单,可以编制简单的程序反复迭代计算未知分布函数的极大似然估计。当完全数据来源于一个指数分布族时,极大似然计算比较简单,相应的 EM 算法的每一个极大化计算也比较简单。

(3) 算法稳定,在一定意义下能够可靠地收敛到局部极大值,也就是说,在一般条件下每次迭代都增加似然函数值,当似然函数值有界时,迭代序列收敛到一个稳定值的上确界。

(4) 应用范围广泛,可应用于很多研究领域和工程实际问题,解决许多用其他方法难以解决的问题。

EM 算法的缺点主要有:

(1) 在缺失数据的比例较高时,算法的收敛速度非常缓慢,几乎仅为线性的收敛速度;

(2) 对于某些特殊的模型,计算 EM 算法中的 M 步比较困难;

(3) 有时求出 EM 算法中的 E 步积分的显式表示十分困难,甚至不可能;

(4) EM 算法是一种爬山法,所以它只能保证达到局部极大值。当存在多个极大值时,能否真正达到全局极大值显然取决于初始点,如果初始点位于"正确山头",则能够找到全局极大值。当存在多个局部极大值时,则很难识别"正确山头",通常使用两种策略去解决这一问题:一种策略是使用许多不同的初始值进行尝试,选择具有最大收敛似然函数的值作为问题的解;另一种策略是使用多个简单模型(理论上是每个模型仅具有唯一的全局极大值)去确定较复杂模型的初始值,其思路是利用简单模型确定一个全局最优值存在的粗略区域,然后从粗略区域中的某一值出发利用较复杂的模型去搜索较精确的最优值。这就增加了算法的计算量。

14.1.2　EM 算法预备知识

14.1.2.1　极大似然估计

设样本数据 $\boldsymbol{X}=\{X_1,X_2,\cdots,X_n\}$,其中 $X_i(i=1,2,\cdots,n)$ 为标量或向量随机变量,利用参数向量 $\boldsymbol{\theta}$ 可以将数据 $\boldsymbol{X}$ 的似然函数定义为 $p(\boldsymbol{X}\mid\boldsymbol{\theta})$,也可以将 $\boldsymbol{X}$ 的对数似然函数定义为 $L(\boldsymbol{X}\mid\boldsymbol{\theta})=\ln p(\boldsymbol{X}\mid\boldsymbol{\theta})$,其中

$p(\boldsymbol{X}\mid\boldsymbol{\theta})$为条件概率。当 $X_i(i=1,2,\cdots,n)$为独立同分布随机变量时,则有 $L(\boldsymbol{X}\mid\boldsymbol{\theta})=\sum_{i=1}^{n}\ln p(X_i\mid\boldsymbol{\theta})$。

若 Ω 为参数空间,极大似然估计的目的是确定$\boldsymbol{\theta}_{\mathrm{ML}}$使得

$$\boldsymbol{\theta}_{\mathrm{ML}}=\arg\max_{\theta\in\Omega}L(\boldsymbol{X}\mid\boldsymbol{\theta}) \tag{14.1.1}$$

例 14.1 假设将一枚硬币抛 6 次,若第 i 次硬币是正面则 $X_i=1$,是反面则 $X_i=0$,比如说样本为 $\boldsymbol{x}=\{1,0,0,0,1,0\}$,设硬币是正面的概率为 q,是反面的概率为 $1-q$,参数 $\boldsymbol{\theta}=q$,确定$\boldsymbol{\theta}_{\mathrm{ML}}$。

解 根据题意可知样本 $\boldsymbol{x}$ 的对数似然函数为

$$L(\boldsymbol{X}=\boldsymbol{x}\mid\boldsymbol{\theta})=\sum_{i=1}^{n}\ln(p(X_i=x_i\mid q))=2\ln q+4\ln(1-q)$$

为使 L 极大化,将 L 对 q 求导并令其导数为零,即

$$\frac{\mathrm{d}L(\boldsymbol{X}=\boldsymbol{x}\mid\boldsymbol{\theta})}{\mathrm{d}q}=\frac{2}{q}-\frac{4}{1-q}=0$$

解上式可得$\boldsymbol{\theta}_{\mathrm{ML}}=q=\dfrac{1}{3}$,对 q 的直观估计结果也是如此,在样本中可以看到硬币为正面的比例就是$\dfrac{1}{3}$。

另一个常用的极大似然估计例子是当 $\boldsymbol{X}$ 的独立同分布分量来自未知均值为 μ、已知方差为 σ^2 的正态分布时,很容易证明,μ 的极大似然估计为 $\left(\sum_{i=1}^{n}x_i\right)\Big/n$,即样本的平均值。

14.1.2.2 充分统计量

设统计量 $\boldsymbol{T}(\boldsymbol{X})$是数据 $\boldsymbol{X}$ 的任一实数或赋值向量函数,对于样本$\boldsymbol{X}_1$ 和$\boldsymbol{X}_2$ 且$\boldsymbol{X}_1\neq\boldsymbol{X}_2$,若 $\boldsymbol{T}(\boldsymbol{X}_1)=\boldsymbol{T}(\boldsymbol{X}_2)$,则 $\boldsymbol{T}$ 可以利用将不同的样本映射为相同值的方法减少数据。若存在函数 $g(\boldsymbol{T}(\boldsymbol{X}),\boldsymbol{\theta})$和 $h(\boldsymbol{X})$使得

$$p(\boldsymbol{X}\mid\boldsymbol{\theta})=g(\boldsymbol{T}(\boldsymbol{X}),\boldsymbol{\theta})h(\boldsymbol{X}) \tag{14.1.2}$$

则 $\boldsymbol{T}$ 称为充分统计量或者说 $\boldsymbol{T}$ 是充分的。一个典型的例子就是条件概率的定义,即 $g(\boldsymbol{T}(\boldsymbol{X}),\boldsymbol{\theta})=p(\boldsymbol{T}(\boldsymbol{X})\mid\boldsymbol{\theta})$和 $h(\boldsymbol{X})=p(\boldsymbol{X}\mid\boldsymbol{T}(\boldsymbol{X}))$。其关键之处在于当使$p(\boldsymbol{X}\mid\boldsymbol{\theta})$对于$\boldsymbol{\theta}$极大化时,只要使$g(\boldsymbol{T}(\boldsymbol{X}),\boldsymbol{\theta})$极大化即可,所以充分统计量概括了极大似然估计的数据。对于极大似然估计来说,一旦知道 $\boldsymbol{T}$,就不必知道数据的其他任何情况。

例 14.2 对于抛硬币的例子,若样本大小为 n,样本中是正面的数量为 n_h,试确定充分统计量 $\boldsymbol{T}$。

解 设硬币是正面的概率为 q,即参数 $\boldsymbol{\theta}=q$,根据题意可知样本 $\boldsymbol{X}$ 的似然函数为

$$p(\boldsymbol{X}\mid\boldsymbol{\theta})=q^{n_h}(1-q)^{(n-n_h)}$$

由 $\boldsymbol{T}(\boldsymbol{X})$的定义可知 $\boldsymbol{T}=(n_h,n)$是充分的。

14.1.2.3 指数族(指数分布族)

指数族(指数分布族)是一类重要的分布,其似然函数可以写为

$$p(\boldsymbol{X}\mid\boldsymbol{\theta})=\left\{\exp\left[\sum_{i=1}^{n}C_i(\boldsymbol{\theta})T_i(\boldsymbol{X})+d(\boldsymbol{\theta})+S(\boldsymbol{X})\right]\right\}I_A(\boldsymbol{X}) \tag{14.1.3}$$

其中 I_A 是覆盖集合 A 的指示函数,并且 A 不依赖于 $\boldsymbol{\theta}$,而且 $\boldsymbol{T}(\boldsymbol{X})=\{T_1(\boldsymbol{X}),T_2(\boldsymbol{X}),\cdots,T_n(\boldsymbol{X})\}$是充分的。

如果定义参数 $\boldsymbol{\theta}=\{\theta_1,\theta_2,\cdots,\theta_n\}$使得 $C_i(\boldsymbol{\theta})=\theta_i(i=1,2,\cdots,n)$,则 $C(\boldsymbol{\theta})=\{C_1(\boldsymbol{\theta}),C_2(\boldsymbol{\theta}),\cdots,C_n(\boldsymbol{\theta})\}$称之为自然参数或特性参数。自然参数会使问题变得简单,例如在极大化对数似然函数 L 时,需要将 L 对 $\boldsymbol{\theta}$ 求导,对于自然参数来说,则导数是一个包含 $\boldsymbol{T}(\boldsymbol{X})$的简单函数。

例 14.3　试确定正态分布的自然参数。

解　对于均值为 μ、方差为 σ^2 的正态分布来说，其似然函数为

$$p(\boldsymbol{X} \mid \boldsymbol{\theta}) = \frac{1}{\sigma\sqrt{2\pi}}\exp\left[-\frac{(X-\mu)^2}{2\sigma^2}\right] = \exp\left[-\frac{X^2}{2\sigma^2} + \frac{\mu}{\sigma^2}X - \frac{\mu^2}{2\sigma^2} - \ln\sigma\sqrt{2\pi}\right]$$

在这种情况下，可以看出

$$C(\boldsymbol{\theta}) = \left\{-\frac{1}{2\sigma^2}, \frac{\mu}{\sigma^2}\right\}, \boldsymbol{T}(\boldsymbol{X}) = \{X^2, X\},\ d(\boldsymbol{\theta}) = -\frac{\mu^2}{2\sigma^2} - \ln\sigma\sqrt{2\pi}$$

自然参数为$\left\{-\dfrac{1}{2\sigma^2}, \dfrac{\mu}{\sigma^2}\right\}$，是标称参数$\{\mu, \sigma\}$的函数。

下面介绍指数族的其他重要性质。

根据概率的定义有

$$\int p(\boldsymbol{X} \mid \boldsymbol{\theta})\,\mathrm{d}\boldsymbol{X} = 1 \tag{14.1.4}$$

容易证明

$$d(\boldsymbol{\theta}) = -\ln\int\left\{\exp\left[\sum_{i=1}^{n} C_i(\boldsymbol{\theta})T_i(\boldsymbol{X}) + S(\boldsymbol{X})\right]\right\} I_A(\boldsymbol{X})\,\mathrm{d}\boldsymbol{X} \tag{14.1.5}$$

应用关系式$\dfrac{\mathrm{d}[-\ln f(\boldsymbol{\theta})]}{\mathrm{d}\boldsymbol{\theta}} = -\dfrac{f'(\boldsymbol{\theta})}{f(\boldsymbol{\theta})}$，其中 $f'(\boldsymbol{\theta})$ 为 $f(\boldsymbol{\theta})$ 的导数，并且假定在这里应用的是自然参数，根据自然参数的定义有$\dfrac{\mathrm{d}\left[\sum_{i=1}^{n} C_i(\boldsymbol{\theta})T_i(\boldsymbol{X})\right]}{\mathrm{d}\boldsymbol{\theta}} = \boldsymbol{T}(\boldsymbol{X})$，则由式(14.1.5)可得

$$\begin{aligned}
\frac{\mathrm{d}[d(\boldsymbol{\theta})]}{\mathrm{d}\boldsymbol{\theta}} &= -\frac{\dfrac{\mathrm{d}}{\mathrm{d}\boldsymbol{\theta}}\left\{\int\left[\exp\left(\sum_{i=1}^{n} C_i(\boldsymbol{\theta})T_i(\boldsymbol{X}) + S(\boldsymbol{X})\right)\right] I_A(\boldsymbol{X})\,\mathrm{d}\boldsymbol{X}\right\}}{\int\left\{\exp\left[\sum_{i=1}^{n} C_i(\boldsymbol{\theta})T_i(\boldsymbol{X}) + S(\boldsymbol{X})\right]\right\} I_A(\boldsymbol{X})\,\mathrm{d}\boldsymbol{X}} \\
&= -\frac{\dfrac{\mathrm{d}}{\mathrm{d}\boldsymbol{\theta}}\left\{\int\left[\exp\left(\sum_{i=1}^{n} C_i(\boldsymbol{\theta})T_i(\boldsymbol{X}) + S(\boldsymbol{X})\right)\right] I_A(\boldsymbol{X})\,\mathrm{d}\boldsymbol{X}\right\}}{\exp[-d(\boldsymbol{\theta})]} \\
&= -\frac{\int\boldsymbol{T}(\boldsymbol{X})\left[\exp\left(\sum_{i=1}^{n} C_i(\boldsymbol{\theta})T_i(\boldsymbol{X}) + S(\boldsymbol{X})\right)\right] I_A(\boldsymbol{X})\,\mathrm{d}\boldsymbol{X}}{\exp[-d(\boldsymbol{\theta})]} \\
&= -\int\boldsymbol{T}(\boldsymbol{X})\left[\exp\left(\sum_{i=1}^{n} C_i(\boldsymbol{\theta})T_i(\boldsymbol{X}) + S(\boldsymbol{X}) + d(\boldsymbol{\theta})\right)\right] I_A(\boldsymbol{X})\,\mathrm{d}\boldsymbol{X} \\
&= -\int\boldsymbol{T}(\boldsymbol{X})p(\boldsymbol{X} \mid \boldsymbol{\theta})\,\mathrm{d}\boldsymbol{X} \\
&= -E[\boldsymbol{T}(\boldsymbol{X}) \mid \boldsymbol{\theta}]
\end{aligned} \tag{14.1.6}$$

由于对数似然函数为

$$L(\boldsymbol{X} \mid \boldsymbol{\theta}) = \sum_{i=1}^{n} C_i(\boldsymbol{\theta})T_i(\boldsymbol{X}) + d(\boldsymbol{\theta}) + S(\boldsymbol{X})$$

因而在自然参数的情况下，将 $L(\boldsymbol{X} \mid \boldsymbol{\theta})$ 对 $\boldsymbol{\theta}$ 求导，可得极大似然估计

$$\frac{\mathrm{d}L(\boldsymbol{X} \mid \boldsymbol{\theta})}{\mathrm{d}\boldsymbol{\theta}} = \boldsymbol{T}(\boldsymbol{X}) + \frac{\mathrm{d}[d(\boldsymbol{\theta})]}{\mathrm{d}\boldsymbol{\theta}} = \boldsymbol{T}(\boldsymbol{X}) - E[\boldsymbol{T}(\boldsymbol{X}) \mid \boldsymbol{\theta}] \tag{14.1.7}$$

令 $\boldsymbol{T}(\boldsymbol{X}) = E[\boldsymbol{T}(\boldsymbol{X}) \mid \boldsymbol{\theta}]$，可得$\dfrac{\mathrm{d}L(\boldsymbol{X} \mid \boldsymbol{\theta})}{\mathrm{d}\boldsymbol{\theta}} = \boldsymbol{0}$，并可使对数似然函数极大化。例如，对于二项分布，充分统

计量 $T(X)=\sum_{i=1}^{n}X_i$，并且 $E[T(X)\mid\theta]=E\left[\sum_{i=1}^{n}X_i\mid p\right]=np$，其中 n 为样本大小，p 为二项分布参数，所以解 $\sum_{i=1}^{n}X_i=np$ 即可得到参数 p 的极大似然估计。

如果假定 $T(X)$ 是非自然参数，则有

$$\frac{\mathrm{d}L(X\mid\theta)}{\mathrm{d}\theta}=\frac{\mathrm{d}C(\theta)}{\mathrm{d}\theta}\{T(X)-E[T(X)\mid\theta]\}\tag{14.1.8}$$

式(14.1.7)的解 $T(X)=E[T(X)\mid\theta]$ 也是式(14.1.8)的一个解，但这个解不一定总是存在，必须按照具体情况求解式(14.1.8)，在后面的例 14.12 中将会看到，$T(X)=E[T(X)\mid\theta]$ 无解，但 $\frac{\mathrm{d}C(\theta)}{\mathrm{d}\theta}\{T(X)-E[T(X)\mid\theta]\}$ 却有一个解。

14.1.3 EM 算法

设 X 和 Y 是两个样本空间，$\boldsymbol{x}$ 和 y 分别是 X 和 Y 中的观测向量和观测量，且存在一个从 $\boldsymbol{x}$ 到 y 的多对一的映射 $y=f(\boldsymbol{x})$。定义

$$X(y)=\{\boldsymbol{x}:f(\boldsymbol{x})=y\}\tag{14.1.9}$$

其中 $\boldsymbol{x}$ 称为完全数据，y 为观测数据，又称不完全数据。当分布 $f(\boldsymbol{x}\mid\theta)$ 被确定之后，则在给定 θ 时 y 的条件概率为

$$p(y\mid\theta)=\int_{X(y)}f(\boldsymbol{x}\mid\theta)\,\mathrm{d}\boldsymbol{x}\tag{14.1.10}$$

EM 算法要解决的问题就是：给出 Y 中的一个观测量 y，但相应的 $\boldsymbol{x}$ 是不可观测的或者说是隐藏的，求极大似然估计 θ_{ML} 使得 $L(\theta)=\ln p(y\mid\theta)$ 极大化。

一般来说，$\ln f(\boldsymbol{x}\mid\theta)$ 容易确定，并且其极大化具有解析解，但 $L(\theta)$ 的极大化却没有解析解。EM 算法是一种迭代优化算法，它将通过映射 $\theta_t\to\theta_{t+1}$ 确定一个参数序列使得 $L(\theta_{t+1})\geqslant L(\theta_t)$，其等式只有在 $L(\theta)$ 的稳定点才成立。因此，EM 算法是一种爬山算法，在一定条件下，至少将收敛到 $L(\theta)$ 的一个稳定点。

映射 $\theta_t\to\theta_{t+1}$ 由以下两步来确定：

(1) E 步（估计步）

设 $\tilde{p}(\boldsymbol{x})=p(\boldsymbol{x}\mid y,\theta_t)$，在 $X(y)$ 之外，$\tilde{p}(\boldsymbol{x})=0$，计算

$$Q(\theta',\theta_t)=E[\ln f(\boldsymbol{x}\mid\theta')\mid\tilde{p}(\boldsymbol{x})]=\int\tilde{p}(\boldsymbol{x})\ln f(\boldsymbol{x}\mid\theta')\,\mathrm{d}\boldsymbol{x}\tag{14.1.11}$$

其中 θ' 是在 θ_t 及其观测值基础上 θ 的修正值。

(2) M 步（极大化步）

计算

$$\theta_{t+1}=\arg\max_{\theta'}Q(\theta',\theta_t)\tag{14.1.12}$$

对于 EM 算法可以凭直觉理解为：若具有完全数据，可以简单地估计 θ' 使 $\ln f(\boldsymbol{x}\mid\theta')$ 极大，但由于缺失完全数据中的某些数据，只能在给出观测数据和当前 θ 值的情况下求使 $\ln f(\boldsymbol{x}\mid\theta')$ 数学期望极大的 θ' 估值。

例 14.4 假设一个人口袋里有两枚硬币，称为硬币 1 和硬币 2，每次抛掷时从口袋里取硬币 1 的概率是 λ，取硬币 2 的概率是 $1-\lambda$，抛掷时硬币 1 为正面的概率是 p_1，硬币 2 为正面的概率是 p_2，每次实验

抛掷 3 次,因此观测数据是一系列的硬币抛掷三态点,例如,

$$\boldsymbol{y}=\{(HHH),(TTT),\cdots,(HHH),(TTT)\}$$

其中 H 表示硬币正面,T 表示硬币背面。假如完全数据可以观测的话,则完全数据 $\boldsymbol{x}$ 需要表明每一次所选择的硬币是硬币 1 还是硬币 2,例如

$$\boldsymbol{x}=\{(HHH,1),(TTT,2),\cdots,(HHH,1),(TTT,2)\}$$

需要估计的所有参数为 $\boldsymbol{\theta}=\{\lambda,p_1,p_2\}$,试用 EM 算法估计参数 $\boldsymbol{\theta}$。

解　假设 $\boldsymbol{x}$ 是不可观测的,则 EM 算法的步骤如下:

(1) E 步

设在给定观测数据 y_i 和当前估计参数 $\boldsymbol{\theta}$ 的情况下第 i 次抛掷的硬币是硬币 1 的概率为 $\tilde{p}_i=p(x_i=(y_i,1)\mid y_i,\boldsymbol{\theta})$,并且当每一个硬币出现正面的概率是 p 时观测值为 y_i 的概率为 $p_c(y_i\mid p)$,则有

$$f_i(x_i=(y_i,1)\mid y_i,\boldsymbol{\theta})=\lambda p_c(y_i\mid p_1) \tag{14.1.13}$$

$$p_i(y_i\mid\boldsymbol{\theta})=\lambda p_c(y_i\mid p_1)+(1-\lambda)p_c(y_i\mid p_2) \tag{14.1.14}$$

$$\tilde{p}_i=\frac{f_i(x_i=(y_i,1)\mid y_i,\boldsymbol{\theta})}{p_i(y_i\mid\boldsymbol{\theta})}=\frac{\lambda p_c(y_i\mid p_1)}{\lambda p_c(y_i\mid p_1)+(1-\lambda)p_c(y_i\mid p_2)} \tag{14.1.15}$$

其中 $\tilde{p}_i$ 是硬币 1 产生第 i 次观测值的后验概率。若定义 H_i 是观测值 y_i 中硬币出现正面的次数,则有

$$p_c(y_i\mid p)=p^{H_i}(1-p)^{3-H_i} \tag{14.1.16}$$

式中 $p=p_j,j=1,2$。设 $\boldsymbol{\theta}'=\{\lambda',p_1',p_2'\}$ 为在 $\boldsymbol{\theta}=\{\lambda,p_1,p_2\}$ 和样本 $y_i(i=1,2,\cdots,n)$ 基础上的参数修正值,n 为实验的次数。当样本为独立同分布时,则有

$$\begin{aligned}
E[\ln f(\boldsymbol{x}\mid\boldsymbol{\theta}')\mid\tilde{p}(\boldsymbol{x})]&=\sum_{i=1}^{n}E[\ln f_i(\boldsymbol{x}\mid\boldsymbol{\theta}')\mid\tilde{p}_i]\\
&=\sum_{i=1}^{n}\{\tilde{p}_i\ln\lambda' p_c(y_i\mid p_1')+(1-\tilde{p}_i)\ln(1-\lambda')p_c(y_i\mid p_2')\}\\
&=\sum_{i=1}^{n}\{\tilde{p}_i\ln f_i(x_i=(y_i,1)\mid\boldsymbol{\theta}')+(1-\tilde{p}_i)\ln f_i(x_i=(y_i,2)\mid\boldsymbol{\theta}')\}\\
&=\sum_{i=1}^{n}\{\tilde{p}_i\ln\lambda' p_1'^{H_i}(1-p_1')^{3-H_i}+(1-\tilde{p}_i)\ln(1-\lambda')p_2'^{H_i}(1-p_2')^{3-H_i}\}\\
&=\sum_{i=1}^{n}\{\tilde{p}_i\ln\lambda'+(1-\tilde{p}_i)\ln(1-\lambda')+\tilde{p}_i\ln p_1'^{H_i}(1-p_1')^{3-H_i}\}+\\
&\quad\sum_{i=1}^{n}(1-\tilde{p}_i)\ln p_2'^{H_i}(1-p_2')^{3-H_i}
\end{aligned} \tag{14.1.17}$$

(2) M 步

为使函数 $E[\ln f(\boldsymbol{x}\mid\boldsymbol{\theta}')\mid\tilde{p}(\boldsymbol{x})]$ 极大化,将式(14.1.17)分别对 λ',p_1' 和 p_2' 求导并令导数等于零,解之可得参数 λ,p_1 和 p_2 的修正公式为

$$\lambda'=\left(\sum_{i=1}^{n}\tilde{p}_i\right)\Big/ n \tag{14.1.18}$$

$$p_1'=\left(\sum_{i=1}^{n}\frac{H_i}{3}\tilde{p}_i\right)\Big/\left(\sum_{i=1}^{n}\tilde{p}_i\right) \tag{14.1.19}$$

$$p_2'=\left(\sum_{i=1}^{n}\frac{H_i}{3}(1-\tilde{p}_i)\right)\Big/\left(\sum_{i=1}^{n}(1-\tilde{p}_i)\right) \tag{14.1.20}$$

上述公式具有很好的直观解释:λ 是产生第 i 次样本的硬币 1 的平均后验概率;p_1 是通常极大似然估计观测值的加权平均,与 $\tilde{p}_i$ 相对应的权重是 $\frac{H_i}{3}$,$\tilde{p}_i$ 是硬币 1 对于第 i 次观测值 y_i 的后验概率;类似

地,p_2 也是观测值的加权平均,权重相对应的是 $1-\tilde{p}_i$,为硬币 2 对于第 i 次观测值 y_i 的后验概率。EM 算法对于该问题的具体算例结果如表 14.1、表 14.2 和表 14.3 所示。

表 14.1 例 14.4 的第一个算例结果

迭代次数	λ	p_1	p_2	$\tilde{p}_1$	$\tilde{p}_2$	$\tilde{p}_3$	$\tilde{p}_4$
0	0.3000	0.3000	0.6000	0.0508	0.6967	0.0508	0.6967
1	0.3738	0.0680	0.7578	0.0004	0.9714	0.0004	0.9714
2	0.4859	0.0004	0.9722	0.0000	1.0000	0.0000	1.0000
3	0.5000	0.0000	1.0000	0.0000	1.0000	0.0000	1.0000

表 14.1 是对 $\boldsymbol{y}=\{(HHH),(TTT),(HHH),(TTT)\}$ 的计算结果,EM 算法所取得的这些结果从直观上看就是正确的。由于抛掷的是 2 枚硬币,在它们之间以相等的概率选择,故 $\lambda=0.5$。抛掷时一枚硬币总是正面朝上,另一枚总是背面朝上。后验概率 $\tilde{p}_i$ 表明,可以肯定,硬币 1(背面偏置)产生 y_2 和 y_4,而硬币 2 产生 y_1 和 y_3。

表 14.2 例 14.4 的第二个算例结果

迭代次数	λ	p_1	p_2	$\tilde{p}_1$	$\tilde{p}_2$	$\tilde{p}_3$	$\tilde{p}_4$	$\tilde{p}_5$
0	0.3000	0.3000	0.6000	0.0508	0.6967	0.0508	0.6967	0.0508
1	0.3092	0.0987	0.8244	0.0008	0.9837	0.0008	0.9837	0.0008
2	0.3940	0.0012	0.9893	0.0000	1.0000	0.0000	1.0000	0.0000
3	0.4000	0.0000	1.0000	0.0000	1.0000	0.0000	1.0000	0.0000

表 14.2 是对 $\boldsymbol{y}=\{(HHH),(TTT),(HHH),(TTT),(HHH)\}$ 的计算结果。$\lambda=0.4$ 表明,抛掷硬币时选择背面偏置硬币的概率为 0.4。

表 14.3 例 14.4 的第三个算例结果

迭代次数	λ	p_1	p_2	$\tilde{p}_1$	$\tilde{p}_2$	$\tilde{p}_3$	$\tilde{p}_4$
0	0.3000	0.3000	0.6000	0.1579	0.6967	0.0508	0.6967
1	0.4005	0.0974	0.6300	0.0375	0.9065	0.0025	0.9065
2	0.4632	0.0148	0.7635	0.0014	0.9842	0.0000	0.9842
3	0.4924	0.0005	0.8205	0.0000	0.9941	0.0000	0.9941
4	0.4970	0.0000	0.8284	0.0000	0.9949	0.0000	0.9949

表 14.3 是对 $\boldsymbol{y}=\{(HHT),(TTT),(HHH),(TTT)\}$ 的计算结果,EM 算法选择了一个只有背面的硬币 1 和一个严重正面偏置的硬币 2($p_2=0.8284$)。可以肯定,y_1 和 y_3 是硬币 2 产生的,因为它们肯定是正面;y_2 和 y_4 可以由两个硬币中的任何一个产生,但硬币 1 的可能性大。

14.1.4 GEM 算法

GEM 算法(generalized EM algorithm,广义 EM 算法)可以定义为使 $Q(\boldsymbol{\theta}_{t+1},\boldsymbol{\theta}_t)\geqslant Q(\boldsymbol{\theta}_t,\boldsymbol{\theta}_t)$ 的任何一种$\boldsymbol{\theta}_t\to\boldsymbol{\theta}_{t+1}$的迭代方案。此处的关键点在于该算法不必每一步都使 Q 极大化,而在每一步增加 Q 以保证

$L(\boldsymbol{\theta}_{t+1}) \geqslant L(\boldsymbol{\theta}_t)$ 即可成立。因此,在某些情况下,其计算要简单得多。显然,EM 算法是 GEM 的一种特殊情况。

实际上,这一定义也有缺陷。要使 L 收敛到一个驻点,要求增加一个附加判据,即

$$Q(\boldsymbol{\theta}_{t+1},\boldsymbol{\theta}_t) > Q(\boldsymbol{\theta}_t,\boldsymbol{\theta}_t), \quad \forall\ \boldsymbol{\theta}_t \notin \widetilde{L} \tag{14.1.21}$$

其中 $\widetilde{L}$ 是 L 在 Ω 上的驻点集,Ω 是 $\boldsymbol{\theta}$ 的空间。也就是说,若 $\boldsymbol{\theta}$ 的迭代没有到达 L 的驻点,则 Q 必须是严格增的。

可以证明,EM 算法是自然满足式(14.1.21)的,其证明见 14.3 节。

14.1.5　指数族的 EM 算法

这种 EM 算法的完全数据来自指数族成员的分布,即

$$f(\boldsymbol{x} \mid \boldsymbol{\theta}) = \{\exp[\sum C_i(\boldsymbol{\theta}) T_i(\boldsymbol{x}) + d(\boldsymbol{\theta}) + S(\boldsymbol{x})]\} I_A(\boldsymbol{x}) \tag{14.1.22}$$

算法的具体步骤为

(1) E 步

与 14.1.3 节相同,定义 $\tilde{p}(\boldsymbol{x}) = p(\boldsymbol{x} \mid y, \boldsymbol{\theta}_t)$,计算

$$\boldsymbol{T}^p = E[\boldsymbol{T}(\boldsymbol{x}) \mid \tilde{p}(\boldsymbol{x})] \tag{14.1.23}$$

(2) M 步

求 $\boldsymbol{\theta}'$ 使得

$$E[\boldsymbol{T}(\boldsymbol{x}) \mid \boldsymbol{\theta}'] = \boldsymbol{T}^p \tag{14.1.24}$$

可以看到,式(14.1.24)与指数族通常的极大似然解 $\boldsymbol{T}(\boldsymbol{x}) = E[\boldsymbol{T}(\boldsymbol{x}) \mid \boldsymbol{\theta}']$ 十分相似,只不过是在这里将 $E[\boldsymbol{T}(\boldsymbol{x}) \mid \boldsymbol{\theta}']$ 作为给定观测数据和当前 $\boldsymbol{\theta}$ 的充分统计量的期望值,而不是由不可观测的完全数据去计算完全统计量。

可以证明,M 步将会使 Q 极大。其证明如下:

由式(14.1.11)和式(14.1.22)可得

$$\begin{aligned}
Q(\boldsymbol{\theta}',\boldsymbol{\theta}) &= E[\ln f(\boldsymbol{x} \mid \boldsymbol{\theta}') \mid \tilde{p}(\boldsymbol{x})] = \int \tilde{p}(\boldsymbol{x}) \ln f(\boldsymbol{x} \mid \boldsymbol{\theta}') \mathrm{d}\boldsymbol{x} \\
&= \int \tilde{p}(\boldsymbol{x}) [\sum C_i(\boldsymbol{\theta}') T_i(\boldsymbol{x}) + d(\boldsymbol{\theta}') + S(\boldsymbol{x})] \mathrm{d}\boldsymbol{x} \\
&= \int \tilde{p}(\boldsymbol{x}) [\boldsymbol{C}(\boldsymbol{\theta}') \boldsymbol{T}(\boldsymbol{x}) + d(\boldsymbol{\theta}') + S(\boldsymbol{x})] \mathrm{d}\boldsymbol{x}
\end{aligned} \tag{14.1.25}$$

将 $Q(\boldsymbol{\theta}',\boldsymbol{\theta})$ 对 $\boldsymbol{\theta}'$ 求导,可得

$$\begin{aligned}
\frac{\mathrm{d}Q(\boldsymbol{\theta}',\boldsymbol{\theta})}{\mathrm{d}\boldsymbol{\theta}'} &= \int \tilde{p}(\boldsymbol{x}) \left[\frac{\mathrm{d}\boldsymbol{C}(\boldsymbol{\theta}')}{\mathrm{d}\boldsymbol{\theta}'} \boldsymbol{T}(\boldsymbol{x}) + \frac{\mathrm{d}[d(\boldsymbol{\theta}')]}{\mathrm{d}\boldsymbol{\theta}'}\right] \mathrm{d}\boldsymbol{x} \\
&= E\left[\frac{\mathrm{d}\boldsymbol{C}(\boldsymbol{\theta}')}{\mathrm{d}\boldsymbol{\theta}'} \boldsymbol{T}(\boldsymbol{x}) \mid \tilde{p}(\boldsymbol{x})\right] + E\left[\frac{\mathrm{d}(d(\boldsymbol{\theta}'))}{\mathrm{d}\boldsymbol{\theta}'} \mid \tilde{p}(\boldsymbol{x})\right] \\
&= \frac{\mathrm{d}\boldsymbol{C}(\boldsymbol{\theta}')}{\mathrm{d}\boldsymbol{\theta}'} E[\boldsymbol{T}(\boldsymbol{x}) \mid \tilde{p}(\boldsymbol{x})] + \frac{\mathrm{d}[d(\boldsymbol{\theta}')]}{\mathrm{d}\boldsymbol{\theta}'}
\end{aligned} \tag{14.1.26}$$

令式(14.1.26)等于零,则可求出 $\boldsymbol{\theta}'$ 使 $Q(\boldsymbol{\theta}',\boldsymbol{\theta})$ 极大。由于式(14.1.26)的解有可能不存在,所以采用 M 步中更具一般性的公式,即式(14.1.8),因而有

$$\frac{\mathrm{d}Q(\boldsymbol{\theta}',\boldsymbol{\theta})}{\mathrm{d}\boldsymbol{\theta}'}=\frac{\mathrm{d}\boldsymbol{C}(\boldsymbol{\theta}')}{\mathrm{d}\boldsymbol{\theta}'}\{E[\boldsymbol{T}(\boldsymbol{x})\mid\tilde{p}(\boldsymbol{x})]-E[\boldsymbol{T}(\boldsymbol{x})\mid\boldsymbol{\theta}']\}$$

$$=\frac{\mathrm{d}\boldsymbol{C}(\boldsymbol{\theta}')}{\mathrm{d}\boldsymbol{\theta}'}\{\boldsymbol{T}^{p}-E[\boldsymbol{T}(\boldsymbol{x})\mid\boldsymbol{\theta}']\}=\boldsymbol{0} \tag{14.1.27}$$

即 M 步可使 Q 极大,证毕。

例 14.5 设完全数据 $\boldsymbol{x}=\{x_1,x_2,x_3,x_4,x_5\}$ 服从于多项式分布 $\left(\frac{1}{2},\frac{\theta}{4},\frac{1-\theta}{4},\frac{1-\theta}{4},\frac{\theta}{4}\right)$,可观测数据 $\boldsymbol{y}=\{y_1,y_2,y_3,y_4\}=\{125,18,20,34\}$,并且 $y_1=x_1+x_2,y_2=x_3,y_3=x_4,y_4=x_5$,试用 EM 算法求参数 θ。

解 由题意知 x_1 和 x_2 是潜在数据,而 x_1+x_2 是可观测的,完全数据 $\boldsymbol{x}$ 的似然函数为

$$f(\boldsymbol{x}\mid\theta)=\frac{n!}{x_1!\ x_2!\ x_3!\ x_4!\ x_5!}\left(\frac{1}{2}\right)^{x_1}\left(\frac{\theta}{4}\right)^{x_2}\left(\frac{1-\theta}{4}\right)^{x_3}\left(\frac{1-\theta}{4}\right)^{x_4}\left(\frac{\theta}{4}\right)^{x_5} \tag{14.1.28}$$

其中 $n=\sum_{i=1}^{5}x_i=125+18+20+34=197$。其对数似然函数可以写为

$$\ln f(\boldsymbol{x}\mid\theta)=x_1\ln\frac{1}{2}+x_2\ln\frac{\theta}{4}+x_3\ln\frac{1-\theta}{4}+$$

$$x_4\ln\frac{1-\theta}{4}+x_5\ln\frac{\theta}{4}+S(\boldsymbol{x}) \tag{14.1.29}$$

其中 $S(\boldsymbol{x})$ 为多项式系数的对数。这是一个具有充分统计量 $\boldsymbol{T}(\boldsymbol{x})=\{x_1,x_2,x_3,x_4,x_5\}$ 和 $\boldsymbol{C}(\theta)=\left\{\ln\frac{1}{2},\ln\frac{\theta}{4},\ln\frac{1-\theta}{4},\ln\frac{1-\theta}{4},\ln\frac{\theta}{4}\right\}$ 的指数分布。由于 x_3,x_4 和 x_5 式可观测的,所以在 E 步要解决的问题是在给定当前参数和观测数据 $\boldsymbol{y}$ 的情况下求出 x_1 和 x_2 估计值 $\hat{x}_1$ 和 $\hat{x}_2$,于是有

$$\hat{x}_1=E[x_1\mid\boldsymbol{y},\theta]=125\frac{\frac{1}{2}}{\frac{1}{2}+\frac{\theta}{4}}=\frac{250}{2+\theta} \tag{14.1.30}$$

$$\hat{x}_2=E[x_2\mid\boldsymbol{y},\theta]=125\frac{\frac{\theta}{4}}{\frac{1}{2}+\frac{\theta}{4}}=\frac{125\theta}{2+\theta} \tag{14.1.31}$$

并且

$$E[\boldsymbol{T}(\boldsymbol{x})\mid\boldsymbol{y},\theta]=\{\hat{x}_1,\hat{x}_2,x_3,x_4,x_5\}$$

也可以计算

$$E[\boldsymbol{T}(\boldsymbol{x})\mid\theta]=n\left(\frac{1}{2},\frac{\theta}{4},\frac{1-\theta}{4},\frac{1-\theta}{4},\frac{\theta}{4}\right)$$

其中 $n=y_1+y_2+y_3+y_4$。在 M 步则给出

$$E[\boldsymbol{T}(\boldsymbol{x})\mid\theta']=E[\boldsymbol{T}(\boldsymbol{x})\mid\boldsymbol{y},\theta']=n\left(\frac{1}{2},\frac{\theta'}{4},\frac{1-\theta'}{4},\frac{1-\theta'}{4},\frac{\theta'}{4}\right)$$

$$=\{\hat{x}_1,\hat{x}_2,x_3,x_4,x_5\} \tag{14.1.32}$$

其中 θ' 是 θ 的新值。然而,利用式(14.1.32)是无法对 θ' 求解的,这将导致 M 步的失败。例如,式(14.1.32)要求 $x_3=x_4=n\frac{1-\theta'}{4}$,但实际上 $x_3=18,x_4=20$,二者不可能相等。

如果采用如式(14.1.27)所示更具一般性的公式对 θ' 求解,注意到

$$\frac{\mathrm{d}\boldsymbol{C}(\theta)}{\mathrm{d}\theta}=4\left(0,\frac{1}{\theta},\frac{-1}{1-\theta},\frac{-1}{1-\theta},\frac{1}{\theta}\right)$$

则 M 步变为

$$4\left(0,\frac{1}{\theta'},\frac{-1}{1-\theta'},\frac{-1}{1-\theta'},\frac{1}{\theta'}\right)\left[n\left(\frac{1}{2},\frac{\theta'}{4},\frac{1-\theta'}{4},\frac{1-\theta'}{4},\frac{\theta'}{4}\right)-(\hat{x}_1,\hat{x}_2,x_3,x_4,x_5)\right]^{\mathrm{T}}=0$$

经整理化简后可得

$$\frac{\hat{x}_2+x_5}{\theta'}-\frac{x_3+x_4}{1-\theta'}=0 \tag{14.1.33}$$

解之得

$$\theta'=\frac{\hat{x}_2+x_5}{\hat{x}_2+x_3+x_4+x_5} \tag{14.1.34}$$

将式(14.1.31)所给出的 $\hat{x}_2$ 和测量数据 x_3,x_4 和 x_5 代入式(14.1.34)可得

$$\theta'=\frac{\dfrac{125\theta}{2+\theta}+34}{\dfrac{125\theta}{2+\theta}+18+20+34}=\frac{159\theta+68}{197\theta+144} \tag{14.1.35}$$

式(14.1.35)即是参数 θ 的迭代求解公式,又可写为

$$\theta_{n+1}=\frac{159\theta_n+68}{197\theta_n+144},\quad n=0,1,2,\cdots \tag{14.1.36}$$

其中 θ_n 表示参数 θ 的第 n 次递推结果。随机选取 θ_0 后,便可以利用式(14.1.36)进行反复递推,直到递推结果满足预先设定的阈值为止。

14.2　混合模型的 EM 算法

下面将通过一个简单混合模型的估计问题来进一步介绍 EM 算法。

14.2.1　一个简单的一元混合语言模型

在混合模型反馈法中,假定反馈文档 $F=\{d_1,d_2,\cdots,d_k\}$ 由具有多维分量模型的混合模型生成。一个分量模型是背景模型 $p(w\mid C)$,另一个分量模型是被估计的未知主题语言模型 $p(w\mid\theta_F)$,其中 w 为一条指令,C 为背景空间,θ_F 为主题模型。其思路就是利用 $p(w\mid C)$ 在 F 中建立通用(无差别)指令的模型,以使主题模型 θ_F 能够吸引那些差别较分明的具有内容的指令。

该混合模型的反馈文档数据的对数似然函数为

$$L(\theta_F)=\ln p(F\mid\theta_F)=\sum_{i=1}^{k}\sum_{j=1}^{|d_i|}\ln((1-\lambda)p(d_{ij}\mid\theta_F)+\lambda p(d_{ij}\mid C)) \tag{14.2.1}$$

其中 d_{ij}是文档 d_i 的第 j 条指令,$|d_i|$ 是 d_i 的长度,λ 是表示反馈文档中背景噪声量的一个参数,将凭经验确定。于是,假定 λ 已知,需要估计 $p(w\mid\theta_F)$。

14.2.2　极大似然估计

估计 θ_F 的一种常用方法是极大似然估计器,在该估计器中选择使 F 的似然函数最大的 θ_F。也就是

说,被估计的主题模型 $\hat{\theta}_F$ 为

$$\hat{\theta}_F = \underset{\theta_F}{\operatorname{argmax}} L(\theta_F) = \underset{\theta_F}{\operatorname{argmax}} \sum_{i=1}^{k} \sum_{j=1}^{|d_i|} \ln((1-\lambda)p(d_{ij} \mid \theta_F) + \lambda p(d_{ij} \mid C)) \tag{14.2.2}$$

容易看出,式(14.2.2)的右侧是一个以 $p(d_{ij} \mid \theta_F)$ 为变量的函数。原则上,可以用任何一种最优化方法求出 $\hat{\theta}_F$。由于该函数涉及两项和的对数,难以用拉格朗日乘子法求出解析解,所以通常依赖于数值算法。有许多算法可供利用,EM 算法恰好就是解决这一问题的一种算法,并且可以保证收敛到局部极大值,对于本小节中的问题,也是全局极大值,因为可以证明似然函数具有唯一的极大值。

14.2.3 不完全数据与完全数据的对比

EM 算法的主要思路就是利用某些隐藏变量去增加数据,以便"完全"数据具有简单得多的似然函数,从而使求极大值变得简单。于是,原来的数据就被当作"不完全"数据。EM 算法的目的就是通过对所期望的完全数据似然函数的极大化(容易求其极大值)实现非完全数据似然函数的极大化(最初的目标)。由于与原来的非完全数据似然函数不同,完全数据似然函数将含有隐藏变量,所以完全数据似然函数中的数学期望是在隐藏变量所有可能值的基础上获得的。

在本节的例子中,对于每一条指令 w 的生成将引入一个二元隐藏变量 z 来表明指令是由背景模型 $p(w \mid C)$ 产生还是由主题模型 $p(w \mid \theta_F)$ 产生。设 d_{ij} 是文档 d_i 的第 j 条指令,则有定义如下的相应变量 z_{ij}

$$z_{ij} = \begin{cases} 1, & \text{如果 } d_{ij} \text{来自背景模型} \\ 0, & \text{其他} \end{cases}$$

假定完全数据不仅包含 F 中的所有指令,而且包含 z 的相应值,则完全数据对数似然函数为

$$\begin{aligned} L_c(\theta_F) &= \ln p(F, z \mid \theta_F) \\ &= \sum_{i=1}^{k} \sum_{j=1}^{|d_i|} [(1-z_{ij})\ln((1-\lambda)p(d_{ij} \mid \theta_F)) + z_{ij}\ln(\lambda p(d_{ij} \mid C))] \end{aligned}$$

可以看到,$L_c(\theta_F)$ 与 $L(\theta_F)$ 之间的区别就在于 $L_c(\theta_F)$ 是在对数之外求和,并且这是可能的,因为假定已知某一指令 d_{ij} 是用哪一分量模型所产生的。

$L_c(\theta_F)$ 与 $L(\theta_F)$ 之间具有何种关系?一般来说,假若参数为 θ,原始数据为 X,并且用隐藏变量 H 来补充数据,则 $p(X,H \mid \theta) = p(H \mid X,\theta)p(X \mid \theta)$,于是有

$$L_c(\theta) = \ln p(X,H \mid \theta) = \ln p(X \mid \theta) + \ln p(H \mid X,\theta) = L(\theta) + \ln p(H \mid X,\theta)$$

14.2.4 似然函数的下界

就运算规则来说,EM 算法的基本思路是从参数的某一猜测值 $\theta^{(0)}$ 作为初始值开始,然后迭代搜索最优的参数值。假定当前的参数估计值是 $\theta^{(n)}$,算法的目的是寻找另一个可以改善似然函数 $L(\theta)$ 的估计值 $\theta^{(n+1)}$。

现在考虑一个潜在的较好参数值 θ 的似然函数与当前估值 $\theta^{(n)}$ 的似然函数之间的差值,并用一个完全数据似然函数中的相应差值将其表示为

$$L(\theta) - L(\theta^{(n)}) = L_c(\theta) - L_c(\theta^{(n)}) + \ln \frac{p(H \mid X,\theta)}{p(H \mid X,\theta^{(n)})} \tag{14.2.3}$$

算法的目标是使 $L(\theta) - L(\theta^{(n)})$ 极大化,即等价于使 $L(\theta)$ 极大化。根据给出数据 X 的隐藏变量和当前

参数估计 $\theta^{(n)}$ 的条件分布,即 $p(H\mid X,\theta^{(n)})$,求取式(14.2.3)的数学期望,可得

$$L(\theta)-L(\theta^{(n)})=\sum_H L_c(\theta)p(H\mid X,\theta^{(n)})-\sum_H L_c(\theta^{(n)})p(H\mid X,\theta^{(n)})+\sum_H p(H\mid X,\theta^{(n)})\ln\frac{p(H\mid X,\theta)}{p(H\mid X,\theta^{(n)})}$$

注意到式(14.2.3)的左边仍然与不存在隐藏变量 H 时完全相同,而右边的最后一项可以利用 $p(H\mid X,\theta^{(n)})$ 和 $p(H\mid X,\theta)$ 的 KL 距离①重新构造,并且总是非负的,因而有

$$L(\theta)-L(\theta^{(n)})\geqslant\sum_H L_c(\theta)p(H\mid X,\theta^{(n)})-\sum_H L_c(\theta^{(n)})p(H\mid X,\theta^{(n)})$$

$$L(\theta)\geqslant\sum_H L_c(\theta)p(H\mid X,\theta^{(n)})+L(\theta^{(n)})-\sum_H L_c(\theta^{(n)})p(H\mid X,\theta^{(n)}) \tag{14.2.4}$$

于是就得到了原始似然函数的下界,EM 算法的主要思路就是使这个下界极大化以便使原始(非完全)似然函数极大化。注意到该下界中的最后两项不含变量 θ,可以作为常数进行处理,所以该下界基本上只是第一项,它是完全似然函数的数学期望,或者被称为"Q 函数",记为 $Q(\theta;\theta^{(n)})$,

$$Q(\theta;\theta^{(n)})=\mathrm{E}_{p(H\mid X,\theta^{(n)})}[L_c(\theta)]=\sum_H L_c(\theta)p(H\mid X,\theta^{(n)}) \tag{14.2.5}$$

本节示例混合模型的 Q 函数为

$$\begin{aligned}Q(\theta_F;\theta_F^{(n)})&=\sum_z L_c(\theta_F)p(z\mid F,\theta_F^{(n)})\\&=\sum_{i=1}^{k}\sum_{j=1}^{|d_i|}[p(z_{ij}=0\mid F,\theta_F^{(n)})\ln((1-\lambda)p(d_{ij}\mid\theta_F))+p(z_{ij}=1\mid F,\theta_F^{(n)})\ln(\lambda p(d_{ij}\mid C))]\end{aligned} \tag{14.2.6}$$

14.2.5 EM 算法的一般步骤

很显然,若能找到一个 $\theta^{(n+1)}$ 使得 $Q(\theta^{(n+1)};\theta^{(n)})>Q(\theta^{(n)};\theta^{(n)})$,则也会有 $L(\theta^{(n+1)})>L(\theta^{(n)})$,于是 EM 算法的一般步骤如下。

(1) 随机地或受某处可获得最优参数值的先验知识的启发给出 $\theta^{(0)}$;

(2) 交替利用以下两个步骤,迭代改进 θ 的估值:

① E 步(期望步):计算 $Q(\theta;\theta^{(n)})$;

② M 步(极大化步):利用极大化 Q 函数重新估计 θ,

$$\theta^{(n+1)}=\underset{\theta}{\operatorname{argmax}}\,Q(\theta;\theta^{(n)})$$

(3) 当似然函数 $L(\theta)$ 收敛时,停止计算。

如前所述,当假定隐藏变量的值已知时,完全似然函数 $L_c(\theta)$ 的极大化容易得多,这也是为什么作为 $L_c(\theta)$ 数学期望的 Q 函数的极大化常常比原似然函数的极大化容易得多。在不存在固有隐藏变量的情况下,常常会引入一种隐藏变量使得完全似然函数容易被极大化。

在 E 步需要完成的主要计算是计算 $p(H\mid X,\theta^{(n)})$,这种计算有时十分复杂。在本节的例子中则是比较简单地计算

$$p(z_{ij}=1\mid F,\theta_F^{(n)})=\frac{\lambda p(d_{ij}\mid C)}{\lambda p(d_{ij}\mid C)+(1-\lambda)p(d_{ij}\mid\theta_F^{(n)})} \tag{14.2.7}$$

---

① Kullback-Leibler divergence 或 Kullback-Leibler distance,简称 KL divergence,或 KL distance,常译成 KL 距离、KL 差异,又称相对熵,常用来衡量相同空间里的两个概率分布的差异。

当然，$p(z_{ij}=0\mid F,\theta_F^{(n)})=1-p(z_{ij}=1\mid F,\theta_F^{(n)})$。注意到在一般情况下，$z_{ij}$ 可能会与 F 中的所有指令有关，但在该例子中，z_{ij} 仅依赖于相应的指令 d_{ij}。

M 步涉及 Q 函数的极大化，这有时是相当复杂的。但是，在本节的例子中，可以求出解析解。为此，将使用拉格朗日乘子法，对参数变量 $\{p(w\mid\theta_F)\}_{w\in V}$ 设置下列约束

$$\sum_{w\in V}p(w\mid\theta_F)=1$$

其中 V 为指令汇总表。于是，考虑辅助函数

$$g(\theta_F)=Q(\theta_F,\theta_F^{(n)})+\mu\Big(1-\sum_{w\in V}p(w\mid\theta_F)\Big)$$

并且求它对于每一个参数变量 $p(w\mid\theta_F)$ 的导数，可得

$$\frac{\partial g(\theta_F)}{\partial p(w\mid\theta_F)}=\left[\sum_{i=1}^{k}\sum_{j=1,d_{ij}=w}^{|d_i|}\frac{p(z_{ij}=0\mid F,\theta_F^{(n)})}{p(w\mid\theta_F)}\right]-\mu \tag{14.2.8}$$

令导数为零并且解方程求 $p(w\mid\theta_F)$，可得

$$p(w\mid\theta_F)=\frac{\sum_{i=1}^{k}\sum_{j=1,d_{ij}=w}^{|d_i|}p(z_{ij}=0\mid F,\theta_F^{(n)})}{\sum_{i=1}^{k}\sum_{j=1}^{|d_i|}p(z_{ij}=0\mid F,\theta_F^{(n)})}=\frac{\sum_{i=1}^{k}p(z_w=0\mid F,\theta_F^{(n)})c(w,d_i)}{\sum_{i=1}^{k}\sum_{w\in V}p(z_w=0\mid F,\theta_F^{(n)})c(w,d_i)} \tag{14.2.9}$$

注意到式(14.2.9)中符号变化的目的是使得原来对文档 d_i 中每一个已生成的指令求和变成了现在的对指令汇总表中的所有不同的指令求和。这是可能的，因为 $p(z_{ij}\mid F,\theta_F^{(n)})$ 仅依赖于相应的指令 d_{ij}。对变址 z 利用指令 w 而不利用指令的生成 d_{ij}，则有

$$p(z_w=1\mid F,\theta_F^{(n)})=\frac{\lambda p(w\mid C)}{\lambda p(w\mid C)+(1-\lambda)p(w\mid\theta_F^{(n)})} \tag{14.2.10}$$

因而对于这一简单混合模型的 EM 修正公式为

$$p(z_w=1\mid F,\theta_F^{(n)})=\frac{\lambda p(w\mid C)}{\lambda p(w\mid C)+(1-\lambda)p(w\mid\theta_F^{(n)})}\quad(\text{E 步}) \tag{14.2.11}$$

$$p(w\mid\theta_F^{(n+1)})=\frac{\sum_{i=1}^{k}(1-p(z_w=1\mid F,\theta_F^{(n)})c(w,d_i))}{\sum_{i=1}^{k}\sum_{w\in V}(1-p(z_w=1\mid F,\theta_F^{(n)})c(w,d_i))}\quad(\text{M 步}) \tag{14.2.12}$$

可见，计算中不需要明显地计算 Q 函数，而是计算隐藏变量 z 的分布，然后直接得到使 Q 函数极大化的新参数值。

14.3 EM 算法的收敛性定理

14.3.1 EM 算法的简单回顾

设 X 和 Y 是两个样本空间，且从 X 到 Y 存在一个多对多的映射。设 $\boldsymbol{x}$ 和 $\boldsymbol{y}$ 分别是 X 和 Y 中的样本。记 $\boldsymbol{x}$ 到 $\boldsymbol{y}$ 的映射为 $\boldsymbol{y}=\boldsymbol{y}(\boldsymbol{x})$，称 $\boldsymbol{x}$ 为完全数据，$\boldsymbol{y}$ 为不完全数据。在不完全数据情况和潜在结构模型中，往往只能观测到 $\boldsymbol{y}$ 而观测不到 $\boldsymbol{x}$。设 R^q 是 q 维的欧式空间，Ω 是 q 维的参数空间，并且 $\Omega\in R^q$。

又设$f(\boldsymbol{x} \mid \boldsymbol{\theta})$和$g(\boldsymbol{y} \mid \boldsymbol{\theta})$分别为$\boldsymbol{x}$和$\boldsymbol{y}$的概率分布密度,其中$\boldsymbol{\theta} \in \Omega$是分布密度中的参数。再设$\boldsymbol{x}$和$\boldsymbol{y}$的分布密度之间具有关系

$$g(\boldsymbol{y} \mid \boldsymbol{\theta}) = \int_{X(y)} f(\boldsymbol{x} \mid \boldsymbol{\theta}) \mathrm{d}\boldsymbol{x}, \boldsymbol{\theta} \in \Omega \tag{14.3.1}$$

其中$X(\boldsymbol{y}) = \{x : y(x) = y\}$。在一般情况下,式(14.3.1)是自然满足的。由此可知

$$\ln g(\boldsymbol{y} \mid \boldsymbol{\theta}) = E(\ln f(\boldsymbol{x} \mid \boldsymbol{\theta}) \mid \boldsymbol{y}, \boldsymbol{\theta}') - E(\ln h(\boldsymbol{x} \mid \boldsymbol{y}, \boldsymbol{\theta}) \mid \boldsymbol{y}, \boldsymbol{\theta}'), \boldsymbol{\theta}, \boldsymbol{\theta}' \in \Omega \tag{14.3.2}$$

其中$\boldsymbol{\theta}'$是$\boldsymbol{\theta}$的新值,$h(\boldsymbol{x} \mid \boldsymbol{y}, \boldsymbol{\theta})$是$\boldsymbol{x}$在$\boldsymbol{y}, \boldsymbol{\theta}$条件下的概率分布密度。设

$$\begin{cases} L(\boldsymbol{\theta}) = \ln g(\boldsymbol{y} \mid \boldsymbol{\theta}) \\ Q(\boldsymbol{\theta} \mid \boldsymbol{\theta}') = E(\ln f(\boldsymbol{x} \mid \boldsymbol{\theta}) \mid \boldsymbol{y}, \boldsymbol{\theta}') \\ H(\boldsymbol{\theta} \mid \boldsymbol{\theta}') = E(\ln h(\boldsymbol{x} \mid \boldsymbol{y}, \boldsymbol{\theta}) \mid \boldsymbol{y}, \boldsymbol{\theta}') \end{cases} \tag{14.3.3}$$

则式(14.3.2)可以写为

$$L(\boldsymbol{\theta}) = Q(\boldsymbol{\theta} \mid \boldsymbol{\theta}') - H(\boldsymbol{\theta} \mid \boldsymbol{\theta}'), \boldsymbol{\theta}, \boldsymbol{\theta}' \in \Omega \tag{14.3.4}$$

为了求在观测到的不完全数据y情况下的参数最大似然估计,采用下述的 EM 算法。

用 E 步和 M 步两个步骤确定Ω中的映射$M(\cdot)$,其中

E 步:对任意给定的$\boldsymbol{\theta} \in \Omega$,计算$Q(\boldsymbol{\theta}' \mid \boldsymbol{\theta}), \boldsymbol{\theta}' \in \Omega$;

M 步:求$M(\boldsymbol{\theta}) \in \Omega$使得$Q(M(\boldsymbol{\theta}) \mid \boldsymbol{\theta}) = \max\limits_{\theta' \in \Omega} Q(\boldsymbol{\theta}' \mid \boldsymbol{\theta})$。

如果将 M 步改为

M 步:求$M(\boldsymbol{\theta}) \in \Omega$使得

$$Q(M(\boldsymbol{\theta}) \mid \boldsymbol{\theta}) \geqslant Q(\boldsymbol{\theta} \mid \boldsymbol{\theta})$$

则相应的算法为广义 EM 算法,即 GEM 算法。当$M(\cdot)$确定之后,只需给出初始参数$\boldsymbol{\theta}^{(0)}$,就可以按映射$M(\cdot)$构造具体的迭代序列$\boldsymbol{\theta}^{(i+1)} = M(\boldsymbol{\theta}^{(i)}), i=0,1,2,\cdots$。

14.3.2　EM 算法的收敛性定理

定义 14.1(凸函数)　设f是一个定义在区间$I=[a,b]$上实数赋值函数,若对于$\forall x_1, x_2 \in I, \lambda \in [0,1]$有

$$f(\lambda x_1 + (1-\lambda)x_2) \leqslant \lambda f(x_1) + (1-\lambda)f(x_2) \tag{14.3.5}$$

则称f在I上是凸函数;若不等式(14.3.5)是严格不等式,则称f在I上是严格凸函数。

定义 14.2(凹函数)　若$-f$是凸函数(或严格凸函数),则称f是凹函数(或严格凹函数)。

定理 14.1　若函数f在$[a,b]$上是二次可微的,并且在$[a,b]$上其二阶导数$f''(x) \geqslant 0$,则$f(x)$在$[a,b]$上是凸函数;若在$[a,b]$上$f''(x)>0$,则$f(x)$在$[a,b]$上是严格凸函数。

证明　对于$x \leqslant y \in [a,b]$和$\lambda \in [0,1]$,令$z=\lambda y+(1-\lambda)x$,根据定义知,当且仅当

$$f(\lambda y + (1-\lambda)x) \leqslant \lambda f(y) + (1-\lambda)f(x) \tag{14.3.6}$$

时f是凸函数,由于

$$f(z) = \lambda f(z) + (1-\lambda)f(z)$$

故式(14.3.6)可以写为

$$f(z) = \lambda f(z) + (1-\lambda)f(z) \leqslant \lambda f(y) + (1-\lambda)f(x) \tag{14.3.7}$$

将式(14.3.7)中的各项重新排列,可得到凸性的等价定义:若

$$\lambda[f(y) - f(z)] \geqslant (1-\lambda)[f(z) - f(x)] \tag{14.3.8}$$

则f是凸函数。根据中值定理,存在$\xi, x \leqslant \xi \leqslant z$,使得

$$f(z)-f(x)=f'(\xi)(z-x) \tag{14.3.9}$$

类似地,将中值定理应用于$f(y)-f(z)$,则存在$\zeta, z\leqslant\zeta\leqslant y$,使得

$$f(y)-f(z)=f'(\zeta)(y-z) \tag{14.3.10}$$

于是有$x\leqslant\xi\leqslant z\leqslant\zeta\leqslant y$。根据假设,在$[a,b]$上$f''(x)\geqslant 0$,由于$\xi\leqslant\zeta$,所以有

$$f'(\xi)\leqslant f'(\zeta) \tag{14.3.11}$$

注意到$z=\lambda y+(1-\lambda)x$可以重写为

$$(1-\lambda)(z-x)=\lambda(y-z) \tag{14.3.12}$$

最后,综合式(14.3.9)~式(14.3.12)可得

$$\begin{aligned}(1-\lambda)[f(z)-f(x)]&=(1-\lambda)f'(\xi)(z-x)\leqslant f'(\zeta)(1-\lambda)(z-x)\\&=\lambda f'(\zeta)(y-z)=\lambda[f(y)-f(z)]\end{aligned} \tag{14.3.13}$$

根据凸性的等价定义式(14.3.8)知,$f(x)$在$[a,b]$上是凸函数,并且若在$[a,b]$上$f''(x)>0$,则$f(x)$在$[a,b]$上是严格凸函数,定理14.1得证。

定理 14.2 $-\ln(x)$在$(0,\infty)$上是严格凸函数。

证明 设$f(x)=-\ln(x)$,对于$x\in(0,\infty)$则有$f''(x)=\frac{1}{x^2}>0$,根据定理14.1知,在$(0,\infty)$上$-\ln(x)$是严格凸函数,并且根据定义14.2知,$\ln(x)$在$(0,\infty)$上是严格凹函数。

上述函数的凸性可以被推广应用于n个点,其结果称之为琴生不等式(Jensen's inequality)。

定理 14.3 琴生不等式 设f是一个定义在区间I上的凸函数,若$x_1,x_2,\cdots,x_n\in I$,并且$\lambda_1,\lambda_2,\cdots,\lambda_n\geqslant 0$, $\sum_{i=1}^{n}\lambda_i=1$,则有

$$f\left(\sum_{i=1}^{n}\lambda_i x_i\right)\leqslant\sum_{i=1}^{n}\lambda_i f(x_i) \tag{14.3.14}$$

证明 对于$n=1$,不等式(14.3.14)显然成立,但应用价值不大。$n=2$则对应凸性的定义式(14.3.5),不等式(14.3.14)显然成立。要证明不等式(14.3.14)对于所有自然数成立,将采用归纳法。假定不等式(14.3.14)对于某一n成立,则对于$n+1$有

$$\begin{aligned}f\left(\sum_{i=1}^{n+1}\lambda_i x_i\right)&=f\left(\lambda_{n+1}x_{n+1}+\sum_{i=1}^{n}\lambda_i x_i\right)\\&=f\left(\lambda_{n+1}x_{n+1}+(1-\lambda_{n+1})\frac{1}{1-\lambda_{n+1}}\sum_{i=1}^{n}\lambda_i x_i\right)\\&\leqslant\lambda_{n+1}f(x_{n+1})+(1-\lambda_{n+1})f\left(\frac{1}{1-\lambda_{n+1}}\sum_{i=1}^{n}\lambda_i x_i\right)\\&=\lambda_{n+1}f(x_{n+1})+(1-\lambda_{n+1})f\left(\sum_{i=1}^{n}\frac{\lambda_i}{1-\lambda_{n+1}}x_i\right)\\&\leqslant\lambda_{n+1}f(x_{n+1})+(1-\lambda_{n+1})\sum_{i=1}^{n}\frac{\lambda_i}{1-\lambda_{n+1}}f(x_i)\\&=\lambda_{n+1}f(x_{n+1})+\sum_{i=1}^{n}\lambda_i f(x_i)=\sum_{i=1}^{n+1}\lambda_i f(x_i)\end{aligned} \tag{14.3.15}$$

这说明对于所有自然数n,不等式(14.3.14)皆成立,证毕。

引理 14.1 对任何$(\boldsymbol{\theta},\boldsymbol{\theta}')\in\Omega\times\Omega$,有

$$H(\boldsymbol{\theta}'\mid\boldsymbol{\theta})\leqslant H(\boldsymbol{\theta}\mid\boldsymbol{\theta}) \tag{14.3.16}$$

其中当且仅当$h(\boldsymbol{x}\mid\boldsymbol{y},\boldsymbol{\theta})=h(\boldsymbol{x}\mid\boldsymbol{y},\boldsymbol{\theta}')$在$X(\boldsymbol{y})$上几乎处处成立时等式成立。

证明　设 $f(\boldsymbol{x})$ 和 $g(\boldsymbol{x})$ 都是非负的可积函数，并且 $X(\boldsymbol{y})$ 是使 $f(\boldsymbol{x})>0$ 的域，根据 Rao 所给出的定理：若 $\int_{X(y)}(f(\boldsymbol{x})-g(\boldsymbol{x}))\mathrm{d}\boldsymbol{x}\geqslant 0$，则有 $\int_{X(y)} f(\boldsymbol{x})\ln\frac{f(\boldsymbol{x})}{g(\boldsymbol{x})}\mathrm{d}\boldsymbol{x}\geqslant 0$。令 $f(\boldsymbol{x})=h(\boldsymbol{x}\mid\boldsymbol{y},\boldsymbol{\theta})$，$g(\boldsymbol{x})=h(\boldsymbol{x}\mid\boldsymbol{y},\boldsymbol{\theta}')$，当 $\int_{X(y)} f(\boldsymbol{x})\mathrm{d}\boldsymbol{x}=1$ 时，根据概率定律，则 $\int_{X(y)} g(\boldsymbol{x})\mathrm{d}\boldsymbol{x}\leqslant 1$，因而有

$$\int_{X(y)} f(\boldsymbol{x})\ln\frac{f(\boldsymbol{x})}{g(\boldsymbol{x})}\mathrm{d}\boldsymbol{x}=\int_{X(y)} h(\boldsymbol{x}\mid\boldsymbol{y},\boldsymbol{\theta})\ln\frac{h(\boldsymbol{x}\mid\boldsymbol{y},\boldsymbol{\theta})}{h(\boldsymbol{x}\mid\boldsymbol{y},\boldsymbol{\theta}')}\mathrm{d}\boldsymbol{x}\geqslant 0 \tag{14.3.17}$$

根据式(14.3.3)和式(14.3.17)可得

$$\begin{aligned}H(\boldsymbol{\theta}\mid\boldsymbol{\theta})-H(\boldsymbol{\theta}'\mid\boldsymbol{\theta})&=E(\ln h(\boldsymbol{x}\mid\boldsymbol{y},\boldsymbol{\theta})\mid\boldsymbol{y},\boldsymbol{\theta})-E(\ln h(\boldsymbol{x}\mid\boldsymbol{y},\boldsymbol{\theta}')\mid\boldsymbol{y},\boldsymbol{\theta})\\&=\int_{X(y)} h(\boldsymbol{x}\mid\boldsymbol{y},\boldsymbol{\theta})\ln h(\boldsymbol{x}\mid\boldsymbol{y},\boldsymbol{\theta})\mathrm{d}\boldsymbol{x}-\int_{X(y)} h(\boldsymbol{x}\mid\boldsymbol{y},\boldsymbol{\theta})\log h(\boldsymbol{x}\mid\boldsymbol{y},\boldsymbol{\theta}')\mathrm{d}\boldsymbol{x}\\&=\int_{X(y)} h(\boldsymbol{x}\mid\boldsymbol{y},\boldsymbol{\theta})\ln\frac{h(\boldsymbol{x}\mid\boldsymbol{y},\boldsymbol{\theta})}{h(\boldsymbol{x}\mid\boldsymbol{y},\boldsymbol{\theta}')}\mathrm{d}\boldsymbol{x}\geqslant 0\end{aligned} \tag{14.3.18}$$

由(14.3.18)可知，当且仅当 $h(\boldsymbol{x}\mid\boldsymbol{y},\boldsymbol{\theta})=h(\boldsymbol{x}\mid\boldsymbol{y},\boldsymbol{\theta}')$ 在 $X(\boldsymbol{y})$ 上几乎处处成立时等式成立。证毕。

注意到 $H(\boldsymbol{\theta}\mid\boldsymbol{\theta})-H(\boldsymbol{\theta}'\mid\boldsymbol{\theta})$ 就是 $h(\boldsymbol{x}\mid\boldsymbol{y},\boldsymbol{\theta})$ 与 $h(\boldsymbol{x}\mid\boldsymbol{y},\boldsymbol{\theta}')$ 之间的 Kullback-Liebler 距离（简称 KL 距离），KL 距离是非负的，故 $H(\boldsymbol{\theta}\mid\boldsymbol{\theta})-H(\boldsymbol{\theta}'\mid\boldsymbol{\theta})\geqslant 0$，并且只有当分布 $h(\boldsymbol{x}\mid\boldsymbol{y},\boldsymbol{\theta})$ 与 $h(\boldsymbol{x}\mid\boldsymbol{y},\boldsymbol{\theta}')$ 相等时，$H(\boldsymbol{\theta}\mid\boldsymbol{\theta})-H(\boldsymbol{\theta}'\mid\boldsymbol{\theta})=0$。

引理 14.2　对每一 GEM 算法，有

$$L(M(\boldsymbol{\theta}))\geqslant L(\boldsymbol{\theta}),\boldsymbol{\theta}\in\Omega \tag{14.3.19}$$

其中当且仅当 $Q(\boldsymbol{\theta}\mid\boldsymbol{\theta})=Q(M(\boldsymbol{\theta})\mid\boldsymbol{\theta})$ 且 $h(\boldsymbol{x}\mid\boldsymbol{y},\boldsymbol{\theta})=h(\boldsymbol{x}\mid\boldsymbol{y},M(\boldsymbol{\theta}))$ 在 $X(\boldsymbol{y})$ 上几乎处处成立时等式成立。

证明　根据式(14.3.4)有

$$L(M(\boldsymbol{\theta}))-L(\boldsymbol{\theta})=[Q(M(\boldsymbol{\theta})\mid\boldsymbol{\theta})-Q(\boldsymbol{\theta}\mid\boldsymbol{\theta})]+[H(\boldsymbol{\theta}\mid\boldsymbol{\theta})-H(M(\boldsymbol{\theta})\mid\boldsymbol{\theta})] \tag{14.3.20}$$

根据 GEM 算法的定义知，对每一 GEM 算法，式(14.3.20)中的 Q 函数的差大于或等于 0。根据引理 14.1，当且仅当 $h(\boldsymbol{x}\mid\boldsymbol{y},\boldsymbol{\theta})=h(\boldsymbol{x}\mid\boldsymbol{y},\boldsymbol{\theta}')$ 在 $X(\boldsymbol{y})$ 上几乎处处成立时，式(14.3.20)中的 H 函数的差等于 0，其余均大于 0，因此式(14.3.19)成立，引理 14.2 证毕。

由引理 14.2 知，对任一 GEM 算法产生的迭代序列 $\{\boldsymbol{\theta}^{(i)}\}$，有

$$L(M(\boldsymbol{\theta}^{(i)}))=L(\boldsymbol{\theta}^{(i+1)})\geqslant L(\boldsymbol{\theta}^{(i)}),\ i=0,1,2,\cdots \tag{14.3.21}$$

所以当 $\{L(\boldsymbol{\theta}^{(i)})\}$ 有上界时，$\lim\limits_{i\to\infty}L(\boldsymbol{\theta}^{(i)})$ 存在。

定理 14.4　对每一 GEM 算法，如果满足条件

(1) 对任何 $\boldsymbol{\theta}',\boldsymbol{\theta}''\in\Omega$，若 $Q(\boldsymbol{\theta}\mid\boldsymbol{\theta}')=Q(\boldsymbol{\theta}\mid\boldsymbol{\theta}'')\cup\forall\boldsymbol{\theta}\in\Omega$，则有 $M(\boldsymbol{\theta}')=M(\boldsymbol{\theta}'')$；

(2) $L(\boldsymbol{\theta})$ 在 B 上连续；

(3) $\{\boldsymbol{\theta}^{(i)}\}$ 有界；

(4) $M(\cdot)$ 在 B 上连续；

其中 B 为 $\{\boldsymbol{\theta}^{(i)}\}$ 的极限点集，$\boldsymbol{\theta}',\boldsymbol{\theta}''$ 为 $\boldsymbol{\theta}$ 的新值，则有结论：

(1.1) 对 $\{\boldsymbol{\theta}^{(i)}\}$ 的任一收敛子列 $\{\boldsymbol{\theta}^{(k)}\}$，有

$$\lim_{k\to\infty}M(\boldsymbol{\theta}^{(k)})=\lim_{k\to\infty}\boldsymbol{\theta}^{(k)} \tag{14.3.22}$$

(1.2) $\lim\limits_{i\to\infty}\|M(\boldsymbol{\theta}^{(i)})-\boldsymbol{\theta}^{(i)}\|=0$

证明　先证明结论(1.1)。由条件(4)知 $\{M(\boldsymbol{\theta}^{(k)})\}$ 必定收敛，又由条件(2)(3)知极限 $\lim\limits_{k\to\infty}L(\boldsymbol{\theta}^{(k)})$

存在。选择$\{\boldsymbol{\theta}^{(k-1)}\}$的一个收敛子列$\{\boldsymbol{\theta}^{(k_n-1)}\}$,并记

$$\boldsymbol{\theta}_1=\lim_k \boldsymbol{\theta}^{(k)}, \boldsymbol{\theta}_2=\lim_k M(\boldsymbol{\theta}^{(k)}), \boldsymbol{\theta}_0=\lim_n \boldsymbol{\theta}^{(k_n-1)}$$

于是有

$$\boldsymbol{\theta}_1=\lim_n \boldsymbol{\theta}^{(k_n)}=\lim_n M(\boldsymbol{\theta}^{(k_n-1)})=M(\lim_n \boldsymbol{\theta}^{(k_n-1)})=M(\boldsymbol{\theta}_0) \tag{14.3.23}$$

$$\boldsymbol{\theta}_2=\lim_k M(\boldsymbol{\theta}^{(k)})=\lim_n M(\boldsymbol{\theta}^{(k_n)})=M(\lim_n \boldsymbol{\theta}^{(k_n)})=M(\boldsymbol{\theta}_1) \tag{14.3.24}$$

由条件(2)及引理 14.2 可知

$$\begin{aligned} L(M(\boldsymbol{\theta}_0))&=L(\boldsymbol{\theta}_1)=L(\lim_n \boldsymbol{\theta}^{(k_n)})=L(\lim_n M(\boldsymbol{\theta}^{(k_n-1)}))=\lim_n (M(\boldsymbol{\theta}^{(k_n-1)}))\\ &=\lim_n L(\boldsymbol{\theta}^{(k_n)})=\lim_n L(\boldsymbol{\theta}^{(k_n-1)})=L(\boldsymbol{\theta}_0) \end{aligned} \tag{14.3.25}$$

所以由引理 14.2 知 $h(\boldsymbol{x}\mid\boldsymbol{y},\boldsymbol{\theta}_0)=h(\boldsymbol{x}\mid\boldsymbol{y},\boldsymbol{\theta}_1)$ 在 $X(\boldsymbol{y})$ 上几乎处处成立,因此有

$$E(\cdot\mid\boldsymbol{y},\boldsymbol{\theta}_0)=E(\cdot\mid\boldsymbol{y},\boldsymbol{\theta}_1) \tag{14.3.26}$$

由 $Q(\boldsymbol{\theta}\mid\boldsymbol{\theta}')$的定义知 $Q(\boldsymbol{\theta}\mid\boldsymbol{\theta}_0)=Q(\boldsymbol{\theta}\mid\boldsymbol{\theta}_1)$, $\forall\boldsymbol{\theta}\in\Omega$,再由条件(1)知必有 $M(\boldsymbol{\theta}_0)=M(\boldsymbol{\theta}_1)$,所以由式(14.3.23)和式(14.3.24)有

$$\boldsymbol{\theta}_1=M(\boldsymbol{\theta}_0)=M(\boldsymbol{\theta}_1)=\boldsymbol{\theta}_2 \tag{14.3.27}$$

结论(1.1)证毕。

现在用反证法证明结论(1.2)。为此设结论(1.2)不成立,则必存在 $\delta>0$ 和$\{\boldsymbol{\theta}^{(i)}\}$的收敛子序列$\{\boldsymbol{\theta}^{(k)}\}$使得

$$\| M(\boldsymbol{\theta}^{(k)})-\boldsymbol{\theta}^{(k)}\| \geqslant \delta>0, \forall k \tag{14.3.28}$$

但由结论(1.1)知$\lim\limits_{k\to\infty}M(\boldsymbol{\theta}^{(k)})=\lim\limits_{k\to\infty}\boldsymbol{\theta}^{(k)}$,这与式(14.3.28)相矛盾,故结论(1.2)成立,证毕。

引理 14.3 对任意有界序列$\{\boldsymbol{\theta}^{(i)}\}$,若

$$\lim_{i\to\infty}\| \boldsymbol{\theta}^{(i+1)}-\boldsymbol{\theta}^{(i)}\|=0 \tag{14.3.29}$$

则 B 是有界连通闭集,其中 B 是$\{\boldsymbol{\theta}^{(i)}\}$的极限点集。

证明 由于 B 显然是有界闭集,现在只需证明 B 是连通即可。若$\{\boldsymbol{\theta}^{(i)}\}$收敛,则 B 显然连通。现设$\{\boldsymbol{\theta}^{(i)}\}$不收敛,由连通的定义必然存在如下分解:

$$B=B_1\cup B_2, B_1, B_2\in B, B_1\cap B_2=\lambda(\text{空集})$$

其中 B_1,B_2 是非空闭集,因此有距离

$$\rho(B_1,B_2)=\inf_{\substack{\theta\in B_1\\ \theta'\in B_2}}\|\boldsymbol{\theta}-\boldsymbol{\theta}'\|=\delta>0 \tag{14.3.30}$$

令 $A_i=\{\boldsymbol{\theta}:\rho(\boldsymbol{\theta},B_i)<\delta/4,\boldsymbol{\theta}\in R^q\}, i=1,2$,则 A_i 是 R^q 中的开集,可以断言

$$A_1\cap A_2=\lambda$$

否则必然存在$\boldsymbol{\theta}^*=A_1\cap A_2$,因此有

$$\rho(\boldsymbol{\theta}^*,B_i)<\delta/4, i=1,2$$

由 B_1,B_2 是闭集可知存在$\boldsymbol{\theta}_i\in B_i, i=1,2$,使得

$$\rho(\boldsymbol{\theta}^*,\boldsymbol{\theta}_i)=\rho(\boldsymbol{\theta}^*,B_i), i=1,2$$

因而有

$$\rho(\boldsymbol{\theta}_1,\boldsymbol{\theta}_2)\leqslant\rho(\boldsymbol{\theta}_1,\boldsymbol{\theta}^*)+\rho(\boldsymbol{\theta}^*,\boldsymbol{\theta}_2)<\delta/4+\delta/4=\delta/2$$

这与式(14.,3.30)相矛盾,故 $A_1\cap A_2=\lambda$。

其次,断言$(A_1\cup A_2)^{\circ}$中必有$\{\boldsymbol{\theta}^{(i)}\}$中无限个点,否则若不然,则存在 $N_1>0$,使得

$$\{\boldsymbol{\theta}^{(i)}\mid i\geqslant N_1\}\cap(A_1\cup A_2)^{\circ}=\lambda \tag{14.3.31}$$

又根据已知有

$$\lim_{i\to\infty}\|\boldsymbol{\theta}^{(i+1)}-\boldsymbol{\theta}^{(i)}\|=0$$

故对于 $\delta/8>0$,存在 $N_2>0$,使得对于任意 $i>N_2$,有

$$\rho(\boldsymbol{\theta}^{(i+1)},\boldsymbol{\theta}^{(i)})<\delta/8$$

取 $N=\max(N_1,N_2)$,由于 $B_1\subset A_1$,所以存在 $i_0>N$ 使得$\boldsymbol{\theta}^{(i_0)}\in A_1$。由式(14.3.31)知$\boldsymbol{\theta}^{(i_0+1)}\notin(A_1\cup A_2)^{\circ}$所以

$$\boldsymbol{\theta}^{(i_0+1)}\in A_1\cup A_2 \tag{14.3.32}$$

但若$\boldsymbol{\theta}^{(i_0+1)}\in A_2$,必有

$$\rho(\boldsymbol{\theta}^{(i_0+1)},B_2)<\delta/4,\rho(\boldsymbol{\theta}^{(i_0)},\boldsymbol{\theta}^{(i_0+1)})<\delta/8$$

由 B_1 和 B_2 是闭集可得到

$$\rho(B_1,B_2)\leqslant\rho(B_1,\boldsymbol{\theta}^{(i_0)})+\rho(\boldsymbol{\theta}^{(i_0)},\boldsymbol{\theta}^{(i_0+1)})+\rho(\boldsymbol{\theta}^{(i_0+1)},B_2)<\delta/4+\delta/8+\delta/4=\frac{5}{8}\delta<\delta$$

这与$\rho(B_1,B_2)=\delta$相矛盾,所以$\boldsymbol{\theta}^{(i_0+1)}\notin A_2$,由式(14.3.32)知必有$\boldsymbol{\theta}^{(i_0+1)}\in A_1$。同理可得$\boldsymbol{\theta}^{(i_0+2)}\in A_1$,归纳即知$\{\boldsymbol{\theta}^{(i)}:i>i_0\}\subset A_1$,但这与 $B_2\subset B,B_2\neq\lambda,\overline{A}_1\cap B_2=\lambda$ 相矛盾,其中 $\overline{A}_1$ 是 A_1 的闭包。这个矛盾说明$(A_1\cup A_2)^{\circ}$ 中有$\{\boldsymbol{\theta}^{(i)}\}$中无限个点,但这又与$B=B_1\cup B_2$ 相矛盾,所以 B 不连通的假设错误。证毕。

定理 14.5 对每一 GEM 算法,在条件(1)(2)(3)(4)下有

(2.1) B 是无内点的有界连通闭集;

(2.2) 单参数的 GEM 算法必定收敛;

(2.3) $B\subset\{\boldsymbol{\theta}:\boldsymbol{\theta}\in\overline{\Omega},L(\boldsymbol{\theta})=\lambda^*\}$,其中 B 是$\{\boldsymbol{\theta}^{(i)}\}$的极限点集,$\overline{\Omega}$ 是 Ω 的闭包,$\lambda^*=\lim\limits_i L(\boldsymbol{\theta}^{(i)})$。又若$\{L(\boldsymbol{\theta})=\lambda^*\}$是离散点集,则 GEM 算法收敛。特别地,当$\{\boldsymbol{\theta}^{(i)}\}$是 EM 算法产生的序列且参数为无约束或规则约束情形时,若 $L(\boldsymbol{\theta})$的稳定点集至多可列,则$\{\boldsymbol{\theta}^{(i)}\}$收敛。

注:规则约束是指 $\Omega=\{\boldsymbol{\theta}:\boldsymbol{\theta}\in R^q,\vec{G}(\boldsymbol{\theta})\geqslant\vec{0}\}$,其中 $\vec{G}$ 是连续可微向量函数,且当 $\boldsymbol{\theta}\in R^q$ 使某几个 $G_i(\boldsymbol{\theta})=0$ 时,它对应的向量组$\dfrac{\partial G_i(\boldsymbol{\theta})}{\partial\boldsymbol{\theta}}$线性无关;稳定点是指满足极限必要条件的点。

证明 (2.1) 由定理 14.1 及引理 14.3 立即得到 B 是有界连通闭集,因此只需证明无内点。实际上,若 B 有内点$\boldsymbol{\theta}_0$,则存在$\boldsymbol{\theta}_0$ 的邻域 $\delta\,\boldsymbol{\theta}_0\subset B$。又由于$\boldsymbol{\theta}_0\subset B$,所以存在 i_0 使得$\boldsymbol{\theta}^{(i_0)}\in\delta\,\boldsymbol{\theta}_0\subset B$,因而存在$\{\boldsymbol{\theta}^{(i)}\}$的收敛子列$\{\boldsymbol{\theta}^{(k)}\}$使得$\boldsymbol{\theta}^{(i_0)}=\lim\limits_k\boldsymbol{\theta}^{(k)}$。由定理 14.1 的结论(1.1)知

$$M(\boldsymbol{\theta}^{(i_0)})=M(\lim_k\boldsymbol{\theta}^{(k)})=\lim_k M(\boldsymbol{\theta}^{(k)})=\lim_k\boldsymbol{\theta}^{(k)}=\boldsymbol{\theta}^{(i_0)}$$

由此知$\boldsymbol{\theta}^{(i_0+n)}=\boldsymbol{\theta}^{(i_0)}$,$\forall n\geqslant1$,即$\{\boldsymbol{\theta}^{(i)}\}$收敛于$\boldsymbol{\theta}^{(i_0)}$,这与$\boldsymbol{\theta}_0$是 B 的内点相矛盾。这就证明了结论(2.1)。

(2.2) 一维情况下的无内点有界连通闭集必为单点集,所以由结论(2.1)知单参数的 GEM 算法在条件(1)(2)(3)(4)下必定收敛。

(2.3) 由 $L(\boldsymbol{\theta}^{(i)})$随 i 单调上升和条件(2)(3)知 $\lambda^*=\lim\limits_i L(\boldsymbol{\theta}^{(i)})$存在,所以 $B\subset\{L(\boldsymbol{\theta})=\lambda^*\}$。当$\{L(\boldsymbol{\theta})=\lambda^*\}$为离散点集时,由结论(2.1)知 B 只能为单点集,所以这时 GEM 算法收敛。而对于 EM 算法来说,易知 B 中的点都是 $L(\boldsymbol{\theta})$的稳定点,所以当 $L(\boldsymbol{\theta})$的稳定点集至多可列时,由结论(2.1)知 EM 算法必定收敛。证毕。

为了说明条件(1)(2)(3)(4)是普遍成立的,给出下述定理。

定理 14.6 对每一 GEM 算法,如果满足条件

(a) 条件(1)成立;

(b) 存在 Ω 中的紧集 S 使得 $B\subset S\subset\Omega$;

(c) L 在 S 上连续;

(d) M 在 S 上连续。

其中 B 是 $\{\boldsymbol{\theta}^{(i)}\}$ 的极限点集,则有结论

(3.1) 条件(1)(2)(3)(4)成立;

(3.2) 定理 14.1 及定理 14.2 的结论成立。

定理 14.3 的证明式显然的,下面的推论也是显然的。

推论 14.1 对每一 EM 算法,若 $\Omega_{\boldsymbol{\theta}(0)}=\{\boldsymbol{\theta}\in\Omega:L(\boldsymbol{\theta})\geqslant L(\boldsymbol{\theta}^{(0)})\}$ 是紧的且条件(1)成立以及 L 和 M 在 $\Omega_{\theta(0)}$ 上连续,则定理 14.3 的结论成立。

下面举几个应用上述定理的例子。

例 14.6 试证明曲指函数的 EM 算法是收敛的。

证明 设曲指函数完全数据 $\boldsymbol{x}$ 的分布密度为

$$f(\boldsymbol{x}\mid\boldsymbol{\theta})=b(\boldsymbol{x})\exp[\boldsymbol{\theta}^{\mathrm{T}}t(\boldsymbol{x})]/a(\boldsymbol{\theta}),\boldsymbol{\theta}\in\Omega$$

其中 $\Omega=\{\boldsymbol{\theta}:a(\boldsymbol{\theta})=\int b(\boldsymbol{x})\exp[\boldsymbol{\theta}^{\mathrm{T}}t(\boldsymbol{x})]\mathrm{d}\boldsymbol{x}<\infty\}$,且 Ω_0 是 Ω 的子流形。又设 Ω_0 是紧的,由于这时

$$Q(\boldsymbol{\theta}'\mid\boldsymbol{\theta})=E(\ln b(\boldsymbol{x})\mid\boldsymbol{y},\boldsymbol{\theta})+\boldsymbol{\theta}'^{\mathrm{T}}E(t(\boldsymbol{x})\mid\boldsymbol{y},\boldsymbol{\theta})-\ln a(\boldsymbol{\theta}')$$

所以由 EM 算法的定义知 $M(\boldsymbol{\theta})$ 是 $E(t(\boldsymbol{x})\mid\boldsymbol{y},\boldsymbol{\theta})$ 的函数,因而条件(1)成立。又由指数族的性质及 Ω_0 的紧性知条件(2)(3)成立。又条件(4)在一般情况下成立,故当条件(4)成立时,定理 14.2 的各种收敛结果成立。

例 14.7 试证明例 14.5 中 EM 算法的迭代序列 $\{\theta^{(i)}\}$ 是收敛的。

证明 由题意知完全数据 $\boldsymbol{x}=[x_1\quad x_2\quad x_3\quad x_4\quad x_5]$ 服从多项分布

$$f(\boldsymbol{x}\mid\theta)=\frac{\left(\sum_{i=1}^{5}x_i\right)!}{\prod_{i=1}^{5}x_i!}\left(\frac{1}{2}\right)^{x_1}\left(\frac{1}{4}\theta\right)^{x_2}\left(\frac{1}{4}-\frac{1}{4}\theta\right)^{x_3}\left(\frac{1}{4}-\frac{1}{4}\theta\right)^{x_4}\left(\frac{1}{4}\theta\right)^{x_5},0\leqslant\theta\leqslant1$$

由于实际困难仅得到不完全数据

$$\boldsymbol{y}=[y_1\quad y_2\quad y_3\quad y_4]=[x_1+x_2\quad x_3\quad x_4\quad x_5]=[125\quad 18\quad 20\quad 34]$$

因此不完全数据 $\boldsymbol{y}$ 的似然函数为

$$g(\boldsymbol{y}\mid\theta)=\frac{\left(\sum_{i=1}^{5}y_i\right)!}{\prod_{i=1}^{5}y_i!}\left(\frac{1}{2}+\frac{1}{4}\theta\right)^{y_1}\left(\frac{1}{4}-\frac{1}{4}\theta\right)^{y_2}\left(\frac{1}{4}-\frac{1}{4}\theta\right)^{y_3}\left(\frac{1}{4}\theta\right)^{y_4},0\leqslant\theta\leqslant1$$

要求参数 θ 的最大似然估计。为此,使用 EM 算法

$$\begin{cases}x_1^{(i)}=125\cdot\dfrac{\dfrac{1}{2}}{\dfrac{1}{2}+\dfrac{1}{4}\theta^{(i)}}\\[2ex] x_2^{(i)}=125\cdot\dfrac{\dfrac{1}{4}\theta^{(i)}}{\dfrac{1}{2}+\dfrac{1}{4}\theta^{(i)}}\\[2ex] \theta^{(i+1)}=\dfrac{x_2^{(i)}+34}{x_2^{(i)}+34+18+20}\end{cases}$$

因此可得$\{\theta^{(i)}\}$的迭代公式为

$$\theta^{(i+1)}=\frac{159\theta^{(i)}+68}{197\theta^{(i)}+144},\quad i=0,1,2,\cdots$$

显然,条件(1)(4)成立,又由$0\leqslant\theta\leqslant 1$知条件(3)成立。另外,$L(\theta)=\ln g(\boldsymbol{y}\mid\theta)$在$[0,1]$上连续且$L(1)=-\infty$。由于$L(\theta^{(i)})$随$i$单调增,所以条件(2)成立。由定理 14.2 的结论(2.2)知$\{\theta^{(i)}\}$收敛。

例 14.8　试证明多项分布遗失数据情况下的 EM 算法是收敛的。

证明　设多项分布遗失数据情况下的完全数据为$\boldsymbol{X}=[x_{ij}]_{n\times m}=[\boldsymbol{x}_1\quad \boldsymbol{x}_2\quad\cdots\quad \boldsymbol{x}_n]^{\mathrm{T}}$,其中$x_{ij}$为 0 或 1,$\boldsymbol{x}_i(i=1,2,\cdots,n)$是$\boldsymbol{X}$的行向量,则$\boldsymbol{X}$的似然函数为

$$f(\boldsymbol{X}\mid\boldsymbol{\theta})=\prod_{i=1}^{n}f(\boldsymbol{x}_i\mid\boldsymbol{\theta})=\prod_{i=1}^{n}\prod_{j=1}^{m}\theta_j^{x_{ij}}$$

其中参数为$\boldsymbol{\theta}=[\theta_1\quad\theta_2\quad\cdots\quad\theta_m]$,且$\sum\limits_{j=1}^{m}\theta_j=1$。由于实际困难,某些$x_{ij}$未观测到,所以不完全数据为

$$\boldsymbol{y}=\{x_{ij}:\text{被观测到的 }x_{ij}\}$$

求参数$\boldsymbol{\theta}$的最大似然估计的 EM 算法为

$$\begin{cases}x_{ij}^{(k)}=\begin{cases}x_{ij}, & x_{ij}\text{ 未遗失}\\ \dfrac{\theta_j^{(k)}}{\sum\limits_{j=1}^{m}a_{ij}\theta_j^{(k)}}, & x_{ij}\text{ 遗失}\end{cases}\\ \theta_j^{(k+1)}=\sum\limits_{i=1}^{n}x_{ij}^{(k)}\Big/\sum\limits_{j=1}^{m}\sum\limits_{i=1}^{n}x_{ij}^{(k)}\end{cases}$$

其中当x_{ij}遗失时$a_{ij}=1$,当x_{ij}未遗失时$a_{ij}=0,i=1,2,\cdots,n;j=1,2,\cdots,m;k$为第$k$次迭代。显然,$M(\boldsymbol{\theta})$连续且$\{\boldsymbol{\theta}^{(i)}\}$有界,所以条件(3)(4)成立。又$L(\boldsymbol{\theta})$在

$$\left\{\boldsymbol{\theta}:L(\boldsymbol{\theta})\neq-\infty\text{ and }\boldsymbol{\theta}\geqslant 0,\sum_{i=1}^{m}\theta_i=1\right\}$$

上连续,所以条件(2)成立,即条件(1)(2)(3)(4)成立。又因为

$$\mathrm{D}^2L(\boldsymbol{\theta})=-\sum_{i=1}^{n}\frac{\boldsymbol{a}_i^{\mathrm{T}}\boldsymbol{a}_i}{(\boldsymbol{a}_i^{\mathrm{T}}\boldsymbol{\theta})^2}\leqslant 0$$

其中$\mathrm{D}^2L(\boldsymbol{\theta})$表示$L(\boldsymbol{\theta})$对$\boldsymbol{\theta}$的二阶导数,$\boldsymbol{a}_i$是$[a_{ij}]_{n\times m}$的第$i$行,且$\boldsymbol{\theta}$满足$L(\boldsymbol{\theta})\neq-\infty$,所以易知结论(2.3)中的附加条件成立,EM 算法收敛。

例 14.9　试证明正态线性模型遗失数据情况下的 EM 算法是收敛的。

证明　设正态线性模型为$\boldsymbol{z}=\boldsymbol{X\beta}+\boldsymbol{e},\boldsymbol{e}\sim N(\boldsymbol{0},\sigma^2\boldsymbol{I})$,其中$\boldsymbol{z}$和$\boldsymbol{e}$为$q\times 1$维随机向量,$\boldsymbol{X}$为$q\times r$维设计矩阵,$\boldsymbol{\beta}$是$r\times 1(r\geqslant 1)$维未知参数向量,$q>r$且$\sigma^2$已知。完全数据是$z_1,z_2,\cdots,z_n$,其中$z_i=[z_{i1}\quad z_{i2}\quad\cdots\quad z_{iq}]^{\mathrm{T}},i=1,2,\cdots,n$,服从上述线性模型。不完全数据为$y=\{z_{ij}=z_{ij}\quad\text{未遗失}\}$,则求参数$\boldsymbol{\beta}$的极大似然估计的 EM 算法为

$$\begin{cases}\mathrm{E}(z_{ij}\mid y,\boldsymbol{\beta}^{(k)})=\begin{cases}z_{ij}, & z_{ij}\text{未遗失}\\ \boldsymbol{e}_j\boldsymbol{X\beta}^{(k)}, & z_{ij}\text{遗失}\end{cases}\\ \boldsymbol{\beta}^{(k+1)}=(\boldsymbol{X}^{\mathrm{T}}\boldsymbol{X})^{-1}\boldsymbol{X}^{\mathrm{T}}\mathrm{E}(\bar{z}\mid y,\boldsymbol{\beta}^{(k)})\end{cases}$$

其中$\bar{z}=\dfrac{1}{n}\sum\limits_{i=1}^{n}z_i$,$\boldsymbol{e}_j=[0\quad\cdots\quad 0\quad \underset{j}{1}\quad 0\quad\cdots\quad 0]$,$k$表示第$k$次迭代。显然,$M(\boldsymbol{\theta})$连续,即条件(4)成立。当$[z_{ij}]_{q\times n}$中的各行均不全遗失时,有$\lim\limits_{\|\boldsymbol{\beta}\|\to\infty}L(\boldsymbol{\beta})=-\infty$,因而可知$\{\boldsymbol{\beta}^{(k)}\}$有界,即条件(3)成立。又

$L(\boldsymbol{\beta})$在有界域上连续,所以条件(2)成立,因此条件(1)(2)(3)(4)成立。又由于遗失数据的似然函数为边缘分布的乘积,由正态分布的性质知$L(\boldsymbol{\beta})$仍保持凸性,故$\{\boldsymbol{\beta}^{(k)}\}$收敛。

例 14.10 试证明多元正态抽样遗失数据情况下的EM算法的收敛性。

证明 设多元正态抽样遗失数据情况下的完全数据为

$$\boldsymbol{X}=[x_{ij}]_{q\times n}=[\boldsymbol{x}_1 \quad \boldsymbol{x}_2 \quad \cdots \quad \boldsymbol{x}_n],\ \boldsymbol{x}_i\sim N(\underset{q\times 1}{\boldsymbol{\mu}},\underset{q\times q}{\boldsymbol{\beta}}),i=1,2,\cdots,n$$

其中$\boldsymbol{\mu}$和$\boldsymbol{\beta}$为参数。求参数$\boldsymbol{\theta}=[\boldsymbol{\mu} \quad \boldsymbol{\beta}]$极大似然估计的EM算法为

$$\begin{cases}\boldsymbol{\mu}^{(k+1)}=E(\bar{\boldsymbol{x}}\mid y,\boldsymbol{\theta}^{(k)})\\ \boldsymbol{\beta}^{(k+1)}=E(\boldsymbol{S}\mid y,\boldsymbol{\theta}^{(k)})\end{cases}$$

其中$\bar{\boldsymbol{x}}$和$\boldsymbol{S}$分别是相应完全数据的样本均值和样本协方差阵,$\boldsymbol{\theta}^{(k)}=[\boldsymbol{\mu}^{(k)} \quad \boldsymbol{\beta}^{(k)}]$为参数的第$k$次迭代结果,$y=\{x_{ij}:x_{ij}$未遗失$\}$。设$\Omega=\{[\boldsymbol{\mu} \quad \boldsymbol{\beta}]:\boldsymbol{\beta}>\boldsymbol{0}\}$,由于对指数族(参见例14.1)有$E(t(\boldsymbol{x})\mid y,\boldsymbol{\theta})=\mathrm{D}L(\boldsymbol{\theta})-\mathrm{D}\ln\boldsymbol{a}(\boldsymbol{\theta})$,由此易知$M(\boldsymbol{\theta})$在$\Omega$上连续,即条件(4)成立。如果选择初值$\boldsymbol{\theta}^{(0)}$使$\Omega_{\boldsymbol{\theta}^{(0)}}=\{\boldsymbol{\theta}\in\Omega:L(\boldsymbol{\theta})\geqslant L(\boldsymbol{\theta}^{(0)})\}$是$\Omega$中的紧集(对大多数初值此条件都可满足),则条件(2)(3)成立。又由例14.4中的同样理由知$L(\boldsymbol{\theta})$在Ω上仍保持凸性,故此时的$\{\boldsymbol{\theta}^{(k)}\}$收敛。

例 14.11 试证明对于迭代加权最小二乘法,定理14.2的结论成立。

证明 设$\boldsymbol{y}=[y_1 \quad y_2 \quad \cdots \quad y_n]$满足

$$\frac{(y_i-\mu)\sqrt{q_i}}{\delta}\sim N(0,1),\ i=1,2,\cdots,n$$

其中$q_1,q_2,\cdots,q_n$是互相独立同分布的Γ-分布的随机变量,其分布密度为

$$h(q_i)=(\beta^{\alpha}/\Gamma(\alpha))q_i^{\alpha-1}\exp(-\beta q_i),i=1,2,\cdots,n$$

其中α和β为正常数,μ和δ是参数。记$\boldsymbol{q}=[q_1 \quad q_2 \quad \cdots \quad q_n]$。可以将此模型中的$(\boldsymbol{y},\boldsymbol{q})$看作是完全数据,而将$\boldsymbol{y}$看作是观测到的数据(即不完全数据),则可以得到求参数μ和δ极大似然估计的EM算法为

$$q_i^{(k)}=\left(\alpha+\frac{1}{2}\right)\bigg/\left(\beta+\frac{(y_i-\mu^{(k)})^2}{2\delta^{(k)}}\right)$$

$$\mu^{(k+1)}=\sum_{i=1}^{n}q_i^{(k)}y_i\bigg/\sum_{j=1}^{n}q_j^{(k)}$$

$$\delta^{(k+1)}=\frac{1}{n}\sum_{i=1}^{n}q_i^{(k)}\ (y_i-\mu^{(k+1)})^2$$

式中k表示第k次迭代。可见,这就是迭代加权最小二乘法。易知$\{(\mu^{(k)},\delta^{(k)})\}$有界且$M(\mu,\delta)$和$L(\mu,\delta)$在$\delta\neq0$处连续,所以在$\Omega=\{(\mu,\delta):\delta\geqslant\varepsilon\}$($\varepsilon$为正常数)上条件(1)(2)(3)(4)成立。由此知定理14.2的结论成立。

14.4 线性定常系统的期望极大化参数辨识方法

设线性定常系统的状态方程和输出方程分别为

$$\boldsymbol{x}_{k+1}=\boldsymbol{A}\boldsymbol{x}_k+\boldsymbol{B}\boldsymbol{u}_k+\boldsymbol{w}_k \tag{14.4.1}$$

$$\boldsymbol{y}_k=\boldsymbol{C}\boldsymbol{x}_k+\boldsymbol{D}\boldsymbol{u}_k+\boldsymbol{v}_k \tag{14.4.2}$$

式中$\boldsymbol{x}_k$为n维状态变量,$\boldsymbol{u}_k$为m维输入向量,$\boldsymbol{y}_k$为m维输出向量,$\boldsymbol{w}_k$和$\boldsymbol{v}_k$分别为n维和m维均值为零的独立同分布高斯噪声,k表示第k采样时刻,时间$t=kT$,T为采样间隔,$\boldsymbol{A},\boldsymbol{B},\boldsymbol{C},\boldsymbol{D}$为具有相应维数的矩阵,$E\{\boldsymbol{v}_k\boldsymbol{x}_k^{\mathrm{T}}\}=\boldsymbol{0}$,$E\{\boldsymbol{w}_k\boldsymbol{x}_k^{\mathrm{T}}\}=\boldsymbol{0}$,$E\{\boldsymbol{w}_k\boldsymbol{w}_l^{\mathrm{T}}\}=\boldsymbol{Q}\delta_{k,l}$,$E\{\boldsymbol{v}_k\boldsymbol{w}_l^{\mathrm{T}}\}=\boldsymbol{S}\delta_{k,l}$,$E\{\boldsymbol{v}_k\boldsymbol{v}_l^{\mathrm{T}}\}=\boldsymbol{R}\delta_{k,l}$,当$k=l$时$\delta_{k,l}=1$,

当 $k\neq l$ 时 $\delta_{k,l}=0$。随机选取 $\boldsymbol{x}_k$ 的初值 $\boldsymbol{x}_0$，假设 $\boldsymbol{x}_0$ 服从均值为零、方差矩阵为 $\boldsymbol{P}_0$ 的正态分布，即 $\boldsymbol{x}_0\sim N(\boldsymbol{0},\boldsymbol{P}_0)$。不失一般性，不考虑 $\boldsymbol{u}_k$ 的观测误差。

14.4.1 EM 算法的迭代公式推导

设 $\{\boldsymbol{y}_{1/N},\boldsymbol{u}_{1/N}\}$ 为可观测不完全数据，$\{\boldsymbol{x}_{0/N},\boldsymbol{y}_{1/N},\boldsymbol{u}_{1/N}\}$ 为完全数据，其中 $\{\boldsymbol{x}_{0/N}\}$ 为被补充的缺失数据，并且 $\boldsymbol{x}_{0/N}=\{\boldsymbol{x}_0,\boldsymbol{x}_1,\cdots,\boldsymbol{x}_N\}$，$\boldsymbol{y}_{1/N}=\{\boldsymbol{y}_1,\boldsymbol{y}_2,\cdots,\boldsymbol{y}_N\}$，$\boldsymbol{\theta}=\begin{bmatrix}\boldsymbol{A}&\boldsymbol{B}\\\boldsymbol{C}&\boldsymbol{D}\end{bmatrix}$，$\boldsymbol{\alpha}_t=\begin{bmatrix}\boldsymbol{w}_t\\\boldsymbol{v}_t\end{bmatrix}$，$\boldsymbol{u}_{1/N}=\{\boldsymbol{u}_1,\boldsymbol{u}_2,\cdots,\boldsymbol{u}_N\}$，$\boldsymbol{F}_N^{(i-1)}=\{\boldsymbol{y}_{1/N},\boldsymbol{u}_{1/N},\boldsymbol{\theta}_{i-1}\}$，$i$ 表示当前的迭代，$i-1$ 表示前一次的迭代，$\boldsymbol{\theta}$ 是需要辨识的系统参数。

由于假设状态的初始条件 $\boldsymbol{x}_0$ 服从高斯（正态）分布，即

$$p(\boldsymbol{x}_0\mid\boldsymbol{\theta})=(2\pi)^{-\frac{n}{2}}\mid\boldsymbol{P}_0\mid^{-\frac{1}{2}}\exp\left(-\frac{1}{2}(\boldsymbol{x}_0-\boldsymbol{0})^{\mathrm{T}}\boldsymbol{P}_0^{-1}(\boldsymbol{x}_0-\boldsymbol{0})\right)\tag{14.4.3}$$

又由于假设 $\boldsymbol{w}_k$ 和 $\boldsymbol{v}_k$ 为高斯噪声，则有

$$\begin{aligned}p(\boldsymbol{x}_{k+1},\boldsymbol{y}_k\mid\boldsymbol{x}_k,\boldsymbol{u}_k,\boldsymbol{\theta})&=p_{\alpha}\left(\begin{bmatrix}\boldsymbol{x}_{k+1}\\\boldsymbol{y}_k\end{bmatrix}\mid\boldsymbol{x}_k,\boldsymbol{u}_k,\boldsymbol{\theta}\right)=p_{\alpha}\left(\begin{bmatrix}\boldsymbol{x}_{k+1}\\\boldsymbol{y}_k\end{bmatrix}-\begin{bmatrix}\boldsymbol{A}&\boldsymbol{B}\\\boldsymbol{C}&\boldsymbol{D}\end{bmatrix}\begin{bmatrix}\boldsymbol{x}_k\\\boldsymbol{u}_k\end{bmatrix}\right)\\&=(2\pi)^{-\frac{n+m}{2}}\begin{vmatrix}\boldsymbol{Q}&\boldsymbol{S}\\\boldsymbol{S}^{\mathrm{T}}&\boldsymbol{R}\end{vmatrix}^{-\frac{1}{2}}\exp\left(-\frac{1}{2}\left[\begin{pmatrix}\boldsymbol{x}_{k+1}\\\boldsymbol{y}_k\end{pmatrix}-\begin{pmatrix}\boldsymbol{A}&\boldsymbol{B}\\\boldsymbol{C}&\boldsymbol{D}\end{pmatrix}\begin{pmatrix}\boldsymbol{x}_k\\\boldsymbol{u}_k\end{pmatrix}\right]^{\mathrm{T}}\times\right.\\&\left.\begin{bmatrix}\boldsymbol{Q}&\boldsymbol{S}\\\boldsymbol{S}^{\mathrm{T}}&\boldsymbol{R}\end{bmatrix}^{-1}\left(\begin{bmatrix}\boldsymbol{x}_{k+1}\\\boldsymbol{y}_k\end{bmatrix}-\begin{bmatrix}\boldsymbol{A}&\boldsymbol{B}\\\boldsymbol{C}&\boldsymbol{D}\end{bmatrix}\begin{bmatrix}\boldsymbol{x}_k\\\boldsymbol{u}_k\end{bmatrix}\right)\right)\end{aligned}\tag{14.4.4}$$

则完全数据的似然函数也服从高斯分布，可表示为

$$L(\boldsymbol{x}_{0/N},\boldsymbol{y}_{1/N},\boldsymbol{u}_{1/N}\mid\boldsymbol{\theta})=p(\boldsymbol{x}_0\mid\boldsymbol{\theta})\prod_{k=1}^{N}p(\boldsymbol{x}_{k+1},\boldsymbol{y}_k\mid\boldsymbol{x}_k,\boldsymbol{u}_k,\boldsymbol{\theta})\tag{14.4.5}$$

对式（14.4.5）取完全数据对数似然函数，则有

$$\begin{aligned}\ln L(\boldsymbol{x}_{0/N},\boldsymbol{y}_{1/N},\boldsymbol{u}_{1/N}\mid\boldsymbol{\theta})&=\ln p(\boldsymbol{x}_0\mid\boldsymbol{\theta})+\sum_{k=1}^{N}\ln p(\boldsymbol{x}_{k+1},\boldsymbol{y}_k\mid\boldsymbol{x}_k,\boldsymbol{u}_k,\boldsymbol{\theta})\\&=-\frac{1}{2}\ln\mid\boldsymbol{P}_0\mid-\frac{N}{2}\ln\begin{vmatrix}\boldsymbol{Q}&\boldsymbol{S}\\\boldsymbol{S}^{\mathrm{T}}&\boldsymbol{R}\end{vmatrix}^{-1}-\frac{(n+m)N+n}{2}\ln(2\pi)-\frac{1}{2}\boldsymbol{x}_0^{\mathrm{T}}\boldsymbol{p}_0^{-1}\boldsymbol{x}_0-\\&\quad\frac{1}{2}\sum_{k=1}^{N}\left(\begin{bmatrix}\boldsymbol{x}_{k+1}\\\boldsymbol{y}_k\end{bmatrix}-\begin{bmatrix}\boldsymbol{A}&\boldsymbol{B}\\\boldsymbol{C}&\boldsymbol{D}\end{bmatrix}\begin{bmatrix}\boldsymbol{x}_k\\\boldsymbol{u}_k\end{bmatrix}\right)^{\mathrm{T}}\begin{bmatrix}\boldsymbol{Q}&\boldsymbol{S}\\\boldsymbol{S}^{\mathrm{T}}&\boldsymbol{R}\end{bmatrix}^{-1}\left(\begin{bmatrix}\boldsymbol{x}_{k+1}\\\boldsymbol{y}_k\end{bmatrix}-\begin{bmatrix}\boldsymbol{A}&\boldsymbol{B}\\\boldsymbol{C}&\boldsymbol{D}\end{bmatrix}\begin{bmatrix}\boldsymbol{x}_k\\\boldsymbol{u}_k\end{bmatrix}\right)\end{aligned}\tag{14.4.6}$$

根据矩阵迹的性质 $\boldsymbol{x}^{\mathrm{T}}\boldsymbol{A}\boldsymbol{x}=\mathrm{tr}(\boldsymbol{A}\boldsymbol{x}\boldsymbol{x}^{\mathrm{T}})=\mathrm{tr}(\boldsymbol{x}\boldsymbol{x}^{\mathrm{T}}\boldsymbol{A})$，由 EM 辨识算法，可得 Q 函数，即完全数据对数似然函数的数学期望为

$$\begin{aligned}Q(\boldsymbol{\theta}\mid\boldsymbol{\theta}^{(i-1)})&=E[\ln L(\boldsymbol{x}_{0/N},\boldsymbol{y}_{1/N},\boldsymbol{u}_{1/N}\mid\boldsymbol{\theta})]=-\frac{1}{2}\ln\mid\boldsymbol{P}_0\mid-\frac{N}{2}\ln\begin{vmatrix}\boldsymbol{Q}&\boldsymbol{S}\\\boldsymbol{S}^{\mathrm{T}}&\boldsymbol{R}\end{vmatrix}^{-1}-\\&\quad\frac{(n+m)N+n}{2}\ln(2\pi)-\frac{1}{2}\mathrm{tr}\{\boldsymbol{P}_0^{-1}E(\boldsymbol{x}_0\boldsymbol{x}_0^{\mathrm{T}})\}-\\&\quad\frac{1}{2}\mathrm{tr}\left\{\begin{bmatrix}\boldsymbol{Q}&\boldsymbol{S}\\\boldsymbol{S}^{\mathrm{T}}&\boldsymbol{R}\end{bmatrix}^{-1}\sum_{k=1}^{N}E\left(\begin{bmatrix}\boldsymbol{x}_{k+1}\\\boldsymbol{y}_k\end{bmatrix}-\begin{bmatrix}\boldsymbol{A}&\boldsymbol{B}\\\boldsymbol{C}&\boldsymbol{D}\end{bmatrix}\begin{bmatrix}\boldsymbol{x}_k\\\boldsymbol{u}_k\end{bmatrix}\right)\left(\begin{bmatrix}\boldsymbol{x}_{k+1}\\\boldsymbol{y}_k\end{bmatrix}-\begin{bmatrix}\boldsymbol{A}&\boldsymbol{B}\\\boldsymbol{C}&\boldsymbol{D}\end{bmatrix}\begin{bmatrix}\boldsymbol{x}_k\\\boldsymbol{u}_k\end{bmatrix}\right)^{\mathrm{T}}\right\}\end{aligned}\tag{14.4.7}$$

设

$$\boldsymbol{\Phi}=\sum_{k=1}^{N}E\left\{\begin{bmatrix}\boldsymbol{x}_{k+1}\boldsymbol{x}_{k+1}^{\mathrm{T}} & \boldsymbol{x}_{k+1}\boldsymbol{y}_k^{\mathrm{T}}\\ \boldsymbol{y}_k\boldsymbol{x}_{k+1}^{\mathrm{T}} & \boldsymbol{y}_k\boldsymbol{y}_k^{\mathrm{T}}\end{bmatrix}\right\} \tag{14.4.8}$$

$$\boldsymbol{\Psi}=\sum_{k=1}^{N}E\left\{\begin{bmatrix}\boldsymbol{x}_{k+1}\boldsymbol{x}_{k}^{\mathrm{T}} & \boldsymbol{x}_{k+1}\boldsymbol{u}_k^{\mathrm{T}}\\ \boldsymbol{y}_k\boldsymbol{x}_{k}^{\mathrm{T}} & \boldsymbol{y}_k\boldsymbol{u}_k^{\mathrm{T}}\end{bmatrix}\right\} \tag{14.4.9}$$

$$\boldsymbol{\Gamma}=\sum_{k=1}^{N}E\left\{\begin{bmatrix}\boldsymbol{x}_{k}\boldsymbol{x}_{k}^{\mathrm{T}} & \boldsymbol{x}_{k}\boldsymbol{u}_k^{\mathrm{T}}\\ \boldsymbol{u}_k\boldsymbol{x}_{k}^{\mathrm{T}} & \boldsymbol{u}_k\boldsymbol{u}_k^{\mathrm{T}}\end{bmatrix}\right\} \tag{14.4.10}$$

则式(14.4.7)可写为

$$\begin{aligned}Q(\boldsymbol{\theta}\mid\boldsymbol{\theta}^{(i-1)})&=E[\ln L(\boldsymbol{x}_{0/N},\boldsymbol{y}_{1/N},\boldsymbol{u}_{1/N}\mid\boldsymbol{\theta})]=-\frac{1}{2}\ln|\boldsymbol{P}_0|-\frac{N}{2}\ln\begin{vmatrix}\boldsymbol{Q} & \boldsymbol{S}\\ \boldsymbol{S}^{\mathrm{T}} & \boldsymbol{R}\end{vmatrix}^{-1}-\\&\frac{(n+m)N+n}{2}\ln(2\pi)-\frac{1}{2}\mathrm{tr}\{\boldsymbol{P}_0^{-1}E(\boldsymbol{x}_0\boldsymbol{x}_0^{\mathrm{T}})\}-\\&\frac{1}{2}\mathrm{tr}\left\{\begin{bmatrix}\boldsymbol{Q} & \boldsymbol{S}\\ \boldsymbol{S}^{\mathrm{T}} & \boldsymbol{R}\end{bmatrix}^{-1}\left(\boldsymbol{\Phi}-\boldsymbol{\Psi}\begin{bmatrix}\boldsymbol{A} & \boldsymbol{B}\\ \boldsymbol{C} & \boldsymbol{D}\end{bmatrix}^{\mathrm{T}}-\begin{bmatrix}\boldsymbol{A} & \boldsymbol{B}\\ \boldsymbol{C} & \boldsymbol{D}\end{bmatrix}\boldsymbol{\Psi}^{\mathrm{T}}+\begin{bmatrix}\boldsymbol{A} & \boldsymbol{B}\\ \boldsymbol{C} & \boldsymbol{D}\end{bmatrix}\boldsymbol{\Gamma}\begin{bmatrix}\boldsymbol{A} & \boldsymbol{B}\\ \boldsymbol{C} & \boldsymbol{D}\end{bmatrix}^{\mathrm{T}}\right)\right\}\end{aligned} \tag{14.4.11}$$

考虑到 $\boldsymbol{\theta}=\begin{bmatrix}\boldsymbol{A} & \boldsymbol{B}\\ \boldsymbol{C} & \boldsymbol{D}\end{bmatrix}$,将 Q 函数对 $\boldsymbol{\theta}$ 求偏导,并令求导后的数学表达式等于零,可得

$$\frac{\partial}{\partial\boldsymbol{\theta}}Q(\boldsymbol{\theta}\mid\boldsymbol{\theta}^{(i-1)})=-\frac{1}{2}\frac{\partial}{\partial\boldsymbol{\theta}}\mathrm{tr}\left\{\begin{bmatrix}\boldsymbol{Q} & \boldsymbol{S}\\ \boldsymbol{S}^{\mathrm{T}} & \boldsymbol{R}\end{bmatrix}^{-1}(\boldsymbol{\Phi}-\boldsymbol{\Psi}\boldsymbol{\theta}^{\mathrm{T}}-\boldsymbol{\theta}\boldsymbol{\Psi}^{\mathrm{T}}+\boldsymbol{\theta}\boldsymbol{\Gamma}\boldsymbol{\theta}^{\mathrm{T}})\right\}=\boldsymbol{0} \tag{14.4.12}$$

根据矩阵迹的性质 $\mathrm{tr}(\alpha\boldsymbol{A})=\alpha\mathrm{tr}(\boldsymbol{A})$, $\forall\alpha\in\mathbf{R}$, $\mathrm{tr}(\boldsymbol{A}+\boldsymbol{B})=\mathrm{tr}\boldsymbol{A}+\mathrm{tr}\boldsymbol{B}$, $\frac{\partial\mathrm{tr}\boldsymbol{A}\boldsymbol{x}}{\partial\boldsymbol{x}}=\boldsymbol{A}^{\mathrm{T}}$, $\frac{\partial\mathrm{tr}\boldsymbol{A}\boldsymbol{x}^{\mathrm{T}}}{\partial\boldsymbol{x}}=\boldsymbol{A}$, $\frac{\partial\mathrm{tr}\boldsymbol{x}\boldsymbol{A}\boldsymbol{x}^{\mathrm{T}}}{\partial\boldsymbol{x}}=2\boldsymbol{x}\boldsymbol{A}$,由式(14.4.12)可得

$$-2\boldsymbol{\Psi}+2\boldsymbol{\theta}\boldsymbol{\Gamma}=\boldsymbol{0} \tag{14.4.13}$$

因而有

$$\boldsymbol{\theta}=\boldsymbol{\Psi}\boldsymbol{\Gamma}^{-1}=\left(\sum_{k=1}^{N}\begin{bmatrix}E(\boldsymbol{x}_{k+1}\boldsymbol{x}_k^{\mathrm{T}}) & E(\boldsymbol{x}_{k+1}\boldsymbol{u}_k^{\mathrm{T}})\\ E(\boldsymbol{y}_k\boldsymbol{x}_k^{\mathrm{T}}) & E(\boldsymbol{y}_k\boldsymbol{u}_k^{\mathrm{T}})\end{bmatrix}\right)\left(\sum_{k=1}^{N}\begin{bmatrix}E(\boldsymbol{x}_k\boldsymbol{x}_k^{\mathrm{T}}) & E(\boldsymbol{x}_k\boldsymbol{u}_k^{\mathrm{T}})\\ E(\boldsymbol{u}_k\boldsymbol{x}_k^{\mathrm{T}}) & E(\boldsymbol{u}_k\boldsymbol{u}_k^{\mathrm{T}})\end{bmatrix}\right)^{-1} \tag{14.4.14}$$

通过以上推导,得到了 EM 辨识算法中的 E 步和 M 步的迭代公式。

式(14.4.14)计算过程中需要求数学期望,处理这一问题有三种方法。

(1) 直接法

一种直接法就是直接利用数学期望的定义求数学期望,其定义为:设 X 是离散随机变量,其分布律为 $p_x=p(X=x_k)$, $k=1,2,\cdots$, $Y=g(X)$ 是 X 的函数,若 $\sum_{k=1}^{\infty}g(x_k)p_k$ 绝对收敛,则有

$$E(Y)=E[g(X)]=\sum_{k=1}^{\infty}g(x_k)p_k \tag{14.4.15}$$

这种方法虽然在一些情况下是可行的,但对于求取式(14.3.14)中的数学期望是相当困难的,故采用下述的两种近似方法来求取数学期望的近似值。

(2) 近似法

这种方法是在现有的采样间隔中再增加采样次数,然后用平均值近似数学期望。例如,可以在现有采样间隔 T 中再进行 M 次采样,然后取其平均值近似数学期望,则有

$$\hat{\boldsymbol{x}}_k^{(i)}=\boldsymbol{A}_{k-1}\hat{\boldsymbol{x}}_{k-1}^{(i)}+\boldsymbol{B}_{k-1}\boldsymbol{u}_{k-1}^{(i)},i=1,2,\cdots,M \tag{14.4.16}$$

$$\begin{cases}E(\boldsymbol{x}_{k+1}\boldsymbol{x}_k^{\mathrm{T}})=\dfrac{1}{M}\sum\limits_{i=1}^{M}[\hat{\boldsymbol{x}}_{k+1}^{(i)}(\hat{\boldsymbol{x}}_k^{(i)})^{\mathrm{T}}]\\E(\boldsymbol{x}_{k+1}\boldsymbol{u}_k^{\mathrm{T}})=\dfrac{1}{M}\sum\limits_{i=1}^{M}[\hat{\boldsymbol{x}}_{k+1}^{(i)}(\boldsymbol{u}_k^{(i)})^{\mathrm{T}}]\\E(\boldsymbol{y}_k\boldsymbol{x}_k^{\mathrm{T}})=\dfrac{1}{M}\sum\limits_{i=1}^{M}[\hat{\boldsymbol{y}}_k^{(i)}(\hat{\boldsymbol{x}}_k^{(i)})^{\mathrm{T}}]\\E(\boldsymbol{y}_k\boldsymbol{u}_k^{\mathrm{T}})=\dfrac{1}{M}\sum\limits_{i=1}^{M}[\hat{\boldsymbol{y}}_k^{(i)}(\boldsymbol{u}_k^{(i)})^{\mathrm{T}}]\\E(\boldsymbol{x}_k\boldsymbol{x}_k^{\mathrm{T}})=\dfrac{1}{M}\sum\limits_{i=1}^{M}[\hat{\boldsymbol{x}}_k^{(i)}(\hat{\boldsymbol{x}}_k^{(i)})^{\mathrm{T}}]\\E(\boldsymbol{x}_k\boldsymbol{u}_k^{\mathrm{T}})=\dfrac{1}{M}\sum\limits_{i=1}^{M}[\hat{\boldsymbol{x}}_k^{(i)}(\boldsymbol{u}_k^{(i)})^{\mathrm{T}}]\\E(\boldsymbol{u}_k\boldsymbol{x}_k^{\mathrm{T}})=\dfrac{1}{M}\sum\limits_{i=1}^{M}[\boldsymbol{u}_k^{(i)}(\hat{\boldsymbol{x}}_k^{(i)})^{\mathrm{T}}]\\E(\boldsymbol{u}_k\boldsymbol{u}_k^{\mathrm{T}})=\dfrac{1}{M}\sum\limits_{i=1}^{M}[\boldsymbol{u}_k^{(i)}(\boldsymbol{u}_k^{(i)})^{\mathrm{T}}]\end{cases} \tag{14.4.17}$$

这种方法对于均值为零的高斯噪声比较有效。

另一种近似法是采用与递推最小二乘法相似的方法，直接用采样值$\boldsymbol{y}_k$，$\boldsymbol{u}_k$ 及估计值$\hat{\boldsymbol{x}}_k$ 构成相应的矩阵进行参数的递推估计。这样做一开始可能会有较大的参数估计误差，但随着递推次数的增加，估计误差将会逐渐减小，使参数的估计值趋近于真实值。

(3) 卡尔曼滤波法

这种方法是用卡尔曼滤波后的变量表示相应的数学期望，即

$$\begin{cases}E\{\boldsymbol{x}_k\boldsymbol{x}_{k-1}^{\mathrm{T}}\mid F_N^{(i-1)}\}=\hat{\boldsymbol{x}}_k\hat{\boldsymbol{x}}_{k-1}^{\mathrm{T}}\\E\{\boldsymbol{x}_k\boldsymbol{u}_{k-1}^{T}\mid F_N^{(i-1)}\}=\hat{\boldsymbol{x}}_k\boldsymbol{u}_{k-1}^{\mathrm{T}}\\E\{\boldsymbol{y}_{k-1}\boldsymbol{x}_{k-1}^{\mathrm{T}}\mid F_N^{(i-1)}\}=\hat{\boldsymbol{y}}_{k-1}\hat{\boldsymbol{x}}_{k-1}^{\mathrm{T}}\\E\{\boldsymbol{y}_{k-1}\boldsymbol{u}_{k-1}\mid F_N^{(i-1)}\}=\hat{\boldsymbol{y}}_{k-1}\boldsymbol{u}_{k-1}\\E\{\boldsymbol{x}_{k-1}\boldsymbol{x}_{k-1}^{\mathrm{T}}\mid F_N^{(i-1)}\}=\hat{\boldsymbol{x}}_{k-1}\hat{\boldsymbol{x}}_{k-1}^{\mathrm{T}}\\E\{\boldsymbol{x}_{k-1}\boldsymbol{u}_{k-1}^{T}\mid F_N^{(i-1)}\}=\hat{\boldsymbol{x}}_{k-1}\boldsymbol{u}_{k-1}^{T}\\E\{\boldsymbol{u}_{k-1}\boldsymbol{x}_{k-1}^{\mathrm{T}}\mid F_N^{(i-1)}\}=\boldsymbol{u}_{k-1}\hat{\boldsymbol{x}}_{k-1}^{\mathrm{T}}\end{cases} \tag{14.4.18}$$

式中的变量$\hat{\boldsymbol{x}}_k$，$\hat{\boldsymbol{x}}_{k-1}$和$\hat{\boldsymbol{y}}_k$ 为对$\boldsymbol{x}_k$，$\boldsymbol{x}_{k-1}$和$\boldsymbol{y}_k$ 进行卡尔曼滤波后的值。所采用的卡尔曼滤波递推公式为

$$\begin{cases}\hat{\boldsymbol{x}}_k=\hat{\boldsymbol{x}}_{k\mid k-1}+\boldsymbol{K}_k(\boldsymbol{y}_k-\hat{\boldsymbol{C}}_{k-1}\hat{\boldsymbol{x}}_{k\mid k-1})\\\hat{\boldsymbol{x}}_{k\mid k-1}=\hat{\boldsymbol{A}}_{k-1}\hat{\boldsymbol{x}}_{k-1}+\hat{\boldsymbol{B}}_{k-1}\boldsymbol{u}_{k-1},\hat{\boldsymbol{x}}_0=\boldsymbol{x}_0\\\boldsymbol{P}_{k\mid k-1}=\hat{\boldsymbol{A}}_{k-1}\boldsymbol{P}_{k-1}\hat{\boldsymbol{A}}_{k-1}^{\mathrm{T}}+\boldsymbol{Q}\\\boldsymbol{K}_k=\boldsymbol{P}_{k\mid k-1}\hat{\boldsymbol{C}}_{k-1}^{\mathrm{T}}(\hat{\boldsymbol{C}}_{k-1}\boldsymbol{P}_{k\mid k-1}\boldsymbol{C}_{k-1}^{\mathrm{T}}+\boldsymbol{R}_k)^{-1}\\\boldsymbol{P}_k=(\boldsymbol{I}-\boldsymbol{K}_k\hat{\boldsymbol{C}}_{k-1})\boldsymbol{P}_{k\mid k-1}\end{cases} \tag{14.4.19}$$

对于式(14.4.14)中的数学期望，本节采用卡尔曼滤波法求其近似值。

14.4.2　EM 辨识算法步骤

EM 算法辨识 MIMO 系统参数的步骤可归纳如下：

(1) 初始化系统参数矩阵$\boldsymbol{\theta}_0=\begin{bmatrix}\boldsymbol{A}_0 & \boldsymbol{B}_0\\ \boldsymbol{C}_0 & \boldsymbol{D}_0\end{bmatrix}$；

(2) 根据$\boldsymbol{\theta}_{i-1}$，利用卡尔曼滤波法计算式(14.4.14)中的数学期望；

(3) 利用式(14.4.14)计算系统参数 $\boldsymbol{\theta}$ 新的估计值$\boldsymbol{\theta}_i$；

(4) 提前设置好 EM 辨识算法的收敛条件

$$\max\left\{\frac{\|\boldsymbol{A}_i-\boldsymbol{A}_{i-1}\|}{\|\boldsymbol{A}_i\|},\cdots,\frac{\|\boldsymbol{D}_i-\boldsymbol{D}_{i-1}\|}{\|\boldsymbol{D}_i\|}\right\}<\varepsilon<1 \tag{14.4.20}$$

如果 EM 辨识算法满足式(14.4.20)，则停止运算，所得到的参数矩阵$\boldsymbol{\theta}_i$ 即为系统的最优参数估计矩阵$\boldsymbol{\theta}^*$；

若式(14.4.20)不满足，则令 $i=i+1$，转入步骤(2)继续进行迭代计算，直到满足收敛条件为止。

例 14.12　已知机翼颤振的状态空间数学模型如式(14.4.1)和式(14.4.2)所示，其真实参数矩阵为

$$\boldsymbol{A}=\begin{bmatrix}0 & 1 & 0\\ -0.3 & 0.4 & -0.2\\ -0.1 & 0.2 & 0.4\end{bmatrix},\boldsymbol{B}=\begin{bmatrix}0.8\\ 0.17\\ 1.09\end{bmatrix},\boldsymbol{C}=[1\quad 0\quad 0],\boldsymbol{D}=1.7$$

试用 EM 辨识算法辨识系统参数。

解　由计算公式编写程序，得到参数矩阵辨识结果为

$$\boldsymbol{A}=\begin{bmatrix}0.001 & 1.002 & 0.04\\ -0.27 & 0.36 & -0.24\\ -0.15 & 0.17 & 0.37\end{bmatrix},\boldsymbol{B}=\begin{bmatrix}0.78\\ 0.176\\ 1.06\end{bmatrix},\boldsymbol{C}=[0.97\quad 0.021\quad 0.034],$$

$\boldsymbol{D}=1.687$

所得到的系统参数估值与真实模型参数的误差(误差取绝对值)如表 14.4~表 14.7 所示。

表 14.4　矩阵 A 的辨识结果

元素	a_{11}	a_{12}	a_{13}	a_{21}	a_{22}	a_{23}	a_{31}	a_{32}	a_{33}
真值	0	1	0	−0.3	0.4	−0.2	−0.1	0.2	0.4
估计值	0.001	1.002	0.04	−0.27	0.36	−0.24	−0.15	0.17	0.37
误差	0.001	0.002	0.04	0.03	0.04	0.04	0.05	0.03	0.03

表 14.5　矩阵 B 的辨识结果

元素	b_{11}	b_{21}	b_{31}
真值	0.8	0.17	1.09
估计值	0.78	0.176	1.06
误差	0.02	0.006	0.03

表 14.6　矩阵 C 的辨识结果

元素	c_{11}	c_{12}	c_{13}
真值	1	0	0
估计值	0.97	0.021	0.034
误差	0.03	0.021	0.034

表 14.7　矩阵 D 的辨识结果

元素	D
真值	1.7
估计值	1.687
误差	0.013

由表 14.4～表 14.7 知，通过对参数矩阵中真值元素与辨识元素的对比，每一矩阵元素误差的绝对值均小于等于 0.05，在误差范围之内。

设辨识后的机翼颤振状态空间数学模型为

$$\hat{\boldsymbol{x}}_{k+1} = \boldsymbol{A}_k \hat{\boldsymbol{x}}_k + \boldsymbol{B}_k \boldsymbol{u}_k \tag{14.4.21}$$

$$\hat{\boldsymbol{y}}_k = \boldsymbol{C}_k \hat{\boldsymbol{x}}_k + \boldsymbol{D}_k \boldsymbol{u}_k \tag{14.4.22}$$

其中，时间采样序列$\{\boldsymbol{x}_k\}$的初始状态服从零均值的高斯分布；输入序列$\{\boldsymbol{u}_k\}$取为零均值、单位方差的高斯过程；$\{\boldsymbol{w}_k\}$和$\{\boldsymbol{v}_k\}$为高斯噪声。施加输入信号$\{\boldsymbol{u}_k\}$和高斯噪声$\{\boldsymbol{w}_k\}$和$\{\boldsymbol{v}_k\}$后，可以得到一系列的输出曲线。设输出误差为

$$\tilde{\boldsymbol{y}}_k = \boldsymbol{y}_k - \hat{\boldsymbol{y}}_k \tag{14.4.23}$$

可以绘出 N=100 和 N=4096 时的输出误差曲线如图 14.1 和图 14.2 所示。

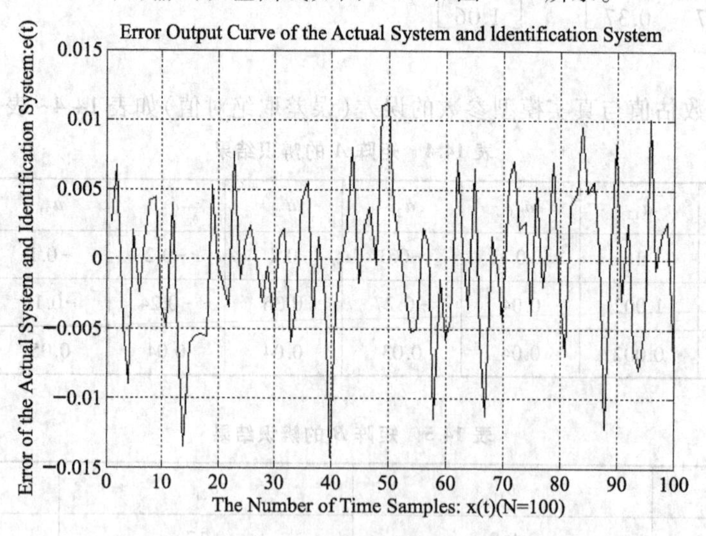

图 14.1　N=100 时的输出误差曲线

由图 14.1 和图 14.2 可以看到，N=100 和 N=4096 时的输出误差均没有超过 0.05，但 N=4096 时的输出误差反倒大于 N=100 时的输出误差，这是由于随着时间采样序列的增多，累加噪声也增多，导致输出误差的增大。这表明，采样序列并不是越多越好，在保证算法收敛的情况下，不必选取过大的采样序列。

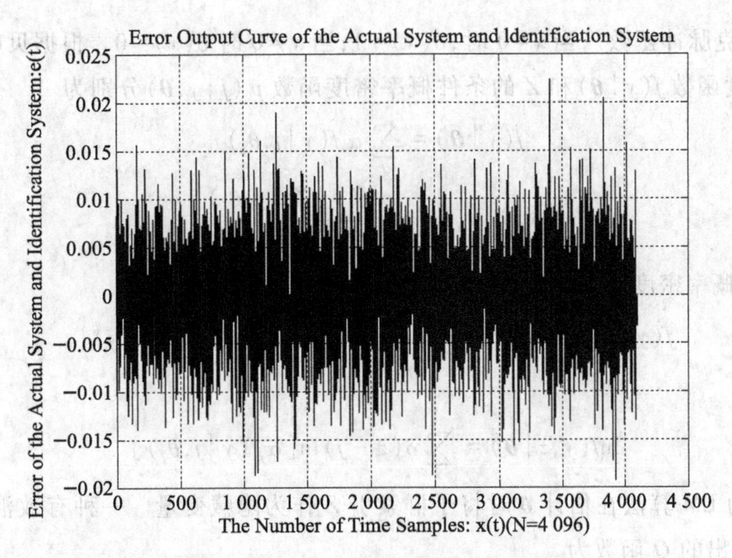

图 14.2 N=4096 时的输出误差曲线

本节算例的目的是介绍期望极大化算法在线性定常系统参数辨识中的应用,但它并非是一种最优的辨识方法。实际上,对于这种线性定常系统的参数辨识,可能最小二乘法更为简单、有效。

14.5 噪声期望极大化算法

本节将介绍一种注入噪声、利用噪声加快收敛速度的期望极大化算法——噪声 EM 算法(noisy expectation maximization algorithm,简称 NEM 算法)。NEM 算法的理论表明,当正性条件成立时,添加的噪声可以将 EM 算法的平均收敛速度加速到似然函数曲面的局部极大值。文中的定理将证明,这种注入噪声的 EM 算法对高斯混合模型(Gaussian mixture model, GMM)、柯西混合模型(Cauchy mixture model, CMM)以及缺失对数凸伽马模型(censored log-convex gamma model)是有效的,而且 NEM 算法的正性条件对于高斯混合模型和柯西混合模型中的二次型不等式可以进行简化。文中的定理还证明,对于混合模型,当附加的噪声为独立同分布噪声时,噪声的作用将随着样本的增大而降低。这就意味着,当数据稀少时,噪声的作用最显著。

14.5.1 EM 算法的不完全数据模型:混合模型和缺失伽马模型

下面将介绍不完全数据模型的两个普通的例子:有限混合模型和缺失伽马模型。Q 函数确定了数据模型的 EM 算法,本节将会在这些数据模型的基础上对 EM 算法和 NEM 算法进行比较。

有限混合模型是一个子群有限集的凸组合,子群的概率密度函数来自同一个参数族。有限混合模型对于诸如聚类、模式识别和接受度检验(显著性检验)等统计应用中的混合群体的建模很有用途。设 Y 是可观测混合随机变量,K 是子群的数目,$Z\in\{1,2,\cdots,K\}$ 是隐藏子群索引随机变量,凸群混合比 $\alpha_1,\alpha_2,\cdots,\alpha_K$ 对于 Z:$P(Z=j)=\alpha_j$ 建立的离散概率密度函数为 $f(y\mid Z=j,\theta_j)$,其中 j 表示第 j 个子群,$\theta_j(j=1,2,\cdots,K)$ 是每个子群的概率密度参数,$\boldsymbol{\theta}=\{\alpha_1,\cdots,\alpha_k,\theta_1,\cdots,\theta_K\}$ 是所有模型的参数向量,则联合概率密度函数为

$$f(y,z\mid\boldsymbol{\theta})=\sum_{j=1}^{K}\alpha_j f(y\mid j,\theta_j)\delta(z-j) \tag{14.5.1}$$

式中 $\delta(x)$ 为克罗内克脉冲函数。当 $x=0$ 时，$\delta(x)=1$；当 $x\neq0$ 时 $\delta(x)=0$。根据贝叶斯定理，若给定 y，则 Y 的边缘概率密度函数 $f(y\mid\boldsymbol{\theta})$ 和 Z 的条件概率密度函数 $p_z(j\mid y,\boldsymbol{\theta})$ 分别为

$$f(y\mid\boldsymbol{\theta})=\sum_j\alpha_j f(y\mid j,\theta_j) \tag{14.5.2}$$

$$p_z(j\mid y,\boldsymbol{\theta})=\frac{\alpha_j f(y\mid Z=j,\theta_j)}{f(y\mid\boldsymbol{\theta})} \tag{14.5.3}$$

为便于分析，将联合概率密度函数重写为指数形式，即

$$f(y,z\mid\boldsymbol{\theta})=\exp\left\{\sum_j[\ln\alpha_j+\ln f(y\mid j,\theta_j)]\delta(z-j)\right\} \tag{14.5.4}$$

于是有

$$\ln f(y,z\mid\boldsymbol{\theta})=\sum_j\delta(z-j)\ln[\alpha_j f(y\mid j,\theta_j)] \tag{14.5.5}$$

有限混合模型的 EM 算法在估计 $\boldsymbol{\theta}$ 时将子群索引 Z 作为隐藏变量。一种有效混合模型的 EM 算法利用式(14.5.5)所导出的 Q 函数为

$$\begin{aligned}Q(\boldsymbol{\theta}\mid\boldsymbol{\theta}_k)&=\boldsymbol{E}_{Z\mid y,\theta_k}[\ln f(y,Z\mid\boldsymbol{\theta})]\\&=\sum_z\left\{\sum_j\delta(z-j)\ln[\alpha_j f(y\mid j,\theta_j)]\right\}p_z(j\mid y,\boldsymbol{\theta}_k)\\&=\sum_j\ln[\alpha_j f(y\mid j,\theta_j)]\,p_z(j\mid y,\boldsymbol{\theta}_k)\end{aligned} \tag{14.5.6}$$

另一种非完全数据模型是缺失伽马模型，可以产生伽马完全随机变量 X 的缺失（或称不完全）样本 y。缺失的原因是由于一些测量值被省略或测量区间受限。缺失伽马模型可以用于时间受限的医学试验和产品可靠性的建模。这种模型的完全数据概率密度函数为伽马概率密度函数 $\gamma(\alpha,\theta)$，即

$$f(x\mid\theta)=\frac{x^{\alpha-1}\exp(-x/\theta)}{\Gamma(\alpha)\theta^{\alpha}} \tag{14.5.7}$$

完全数据 X 无法为隐藏变量 Z 提供易处理的方法，但仍可以在获得可观测量 Y 的情况下利用求完全数据 X 的数学期望的方法写出 Q 函数，这也是在 E 步用于估计 θ 的一种更加普通的 Q 函数公式，即

$$\begin{aligned}Q(\boldsymbol{\theta}\mid\boldsymbol{\theta}_k)&=\boldsymbol{E}_{X\mid y,\theta_k}[\ln f(x\mid\boldsymbol{\theta})]\\&=-\ln\Gamma(\alpha)-\alpha\ln\theta+(-\theta^{-1}+(\alpha-1))E_{X\mid y,\theta_k}(x)\end{aligned} \tag{14.5.8}$$

其中样本 y 是 X 的不完全数据。

14.5.2　噪声在 EM 算法中的益处

对高斯混合模型 NEM 算法的数字仿真结果表明，以算法的平均收敛时间为纵坐标、初始噪声的标准差 δ_N 为横坐标的仿真曲线不是一条单调曲线，而是一条 U 形曲线，两边高，中间低。小的噪声方差能够减少收敛时间，而大的噪声方差则使收敛时间增加，最优的噪声可使收敛速度增加 27.2%。对于多维高斯混合模型的仿真结果表明，最优噪声可使收敛速度增加高达 40%。

EM 算法中噪声的益处与其他几乎所有随机共振噪声的不同之处在于它不涉及信号阈值，并且所附加的噪声可以与信号相关。在 EM 算法中独立噪声与相关噪声相比，可能会减弱噪声的有益作用。对于高斯混合模型所进行的仿真结果表明，在所有大小不同的试验样本上，合适的相关噪声都优于独立噪声，相关噪声模型的收敛速度比独立噪声模型的收敛速度最高可增快 14.5%。在注入噪声的马尔可夫链中也会出现类似的情形。

EM 算法中之所以噪声有益的原因是噪声往往使得信号数据的概率增大，当

$$f(y+n\mid\theta)>f(y\mid\theta) \tag{14.5.9}$$

时就会在局部水平上出现这种情况，其中 $f(y\mid\theta)$ 为参数 θ 条件下随机变量 Y 的概率密度函数，$f(y+n\mid\theta)$ 为在随机变量 Y 上增加随机噪声 N 之后的概率密度函数。当且仅当概率密度函数比的对数为正，即

$$\ln\left(\frac{f(y+n\mid\theta)}{f(y\mid\theta)}\right)>0 \tag{14.5.10}$$

时，式(14.5.9)才成立。若将不等式(14.5.10)更换为仅要求在 EM 算法所涉及的所有概率密度函数比的对数平均值非负，即

$$E_{Y,Z,N\mid\theta_*}\left[\ln\frac{f(Y+N,Z\mid\theta_k)}{f(Y,Z\mid\theta_k)}\right]\geqslant 0 \tag{14.5.11}$$

则其约束条件要宽松得多，其中随机变量 Z 表示 EM 算法中的缺失数据，θ_* 为 EM 估计 θ_k 的极限，即 $\theta_k\to\theta_*$。式(14.5.11)所示正性条件也就是下述定理的充分条件。

14.5.3 噪声 EM 定理

首先将 EM 噪声效益定义为一个修正的代理对数似然函数

$$Q_N(\theta\mid\theta_k)=E_{Z\mid y,\theta_k}[\ln f(y+N,Z\mid\theta)] \tag{14.5.12}$$

以及其极大值

$$\theta_{k+1,N}=\underset{\theta}{\operatorname{argmax}}\{Q_N(\theta\mid\theta_k)\} \tag{14.5.13}$$

当 $N=0$ 时，这种修正的代理对数似然函数 $Q_N(\theta\mid\theta_k)$ 等于普通的代理对数似然函数 $Q(\theta\mid\theta_k)$，即可给出最优 EM 估计 θ_* 的最后的代理对数似然函数，因而 θ_* 使代理对数似然函数 $Q(\theta\mid\theta_*)$ 极大化，于是对于所有 θ 有

$$Q(\theta_*\mid\theta_*)\geqslant Q(\theta\mid\theta_*) \tag{14.5.14}$$

当噪声代理对数似然函数 $Q_N(\theta_k\mid\theta_*)$ 比普通代理对数似然函数 $Q(\theta_k\mid\theta_*)$ 更接近于最优值 $Q(\theta_*\mid\theta_*)$ 时，也就是当

$$Q_N(\theta_k\mid\theta_*)\geqslant Q(\theta_k\mid\theta_*) \tag{14.5.15}$$

或者

$$Q(\theta_*\mid\theta_*)-Q(\theta_k\mid\theta_*)\geqslant Q(\theta_*\mid\theta_*)-Q_N(\theta_k\mid\theta_*) \tag{14.5.16}$$

时，噪声 EM 估计的优点就会显现出来。当对不等式(14.5.16)两边求数学期望则可得到平均噪声效益，即

$$E_N[Q(\theta_*\mid\theta_*)-Q(\theta_k\mid\theta_*)]\geqslant E_N[Q(\theta_*\mid\theta_*)-Q_N(\theta_k\mid\theta_*)] \tag{14.5.17}$$

当最后的 EM 估计概率密度函数 $f(y,z\mid\theta_*)$ 在相对熵(或称 KL 距离)中更接近于噪声概率密度函数 $f(y+N,z\mid\theta_k)$ 而不是无噪声概率密度函数 $f(y,z\mid\theta_k)$ 时，式(14.5.17)所示平均噪声效益就会显现出来。

定义相对熵伪距为

$$c_k(N)=D(f(y,z\mid\theta_*)\parallel f(y+N,z\mid\theta_k)) \tag{14.5.18}$$

$$c_k=c_k(0)=D(f(y,z\mid\theta_*)\parallel f(y,z\mid\theta_k)) \tag{14.5.19}$$

对于相对熵伪距来说，若不等式

$$c_k\geqslant c_k(N) \tag{14.5.20}$$

成立，则噪声有益于 EM 算法。对于在同一定义域上正的概率密度函数 h 和 g，相对熵本身具有形式

$$D(h(u,v)\parallel g(u,v))=\int_{u,v}\ln\left[\frac{h(u,v)}{g(u,v)}\right]h(u,v)\,\mathrm{d}u\mathrm{d}v \tag{14.5.21}$$

在需要时，也可用收敛和来代替式(14.5.21)中的积分。

设噪声随机变量 N 具有概率密度函数 $f(n \mid y)$，所以噪声 N 可能与数据 Y 相关。若噪声 N 与数据 Y 相互独立，则噪声概率密度函数就变成了 $f(n \mid y)=f_N(n)$。设 $\{\theta_k\}$ 为 θ 的 EM 估计序列，$\theta_* = \lim\limits_{k\to\infty}\theta_k$ 是收敛的 θ 的 EM 估计。假设所有随机变量的差熵都是有界的，并且附加的噪声可使数据仍然保持在似然函数的定义域内。下面将给出噪声 EM 定理及其推论。

定理 14.7（NEM 定理或称噪声 EM 定理） 若

$$E_{Y,Z,N \mid \theta_*}\left[\ln \frac{f(Y+N,Z \mid \theta_k)}{f(Y,Z \mid \theta_k)}\right] \geqslant 0 \tag{14.5.22}$$

则在平均意义上噪声有益于 EM 估计迭代

$$Q(\theta_* \mid \theta_*) - Q(\theta_k \mid \theta_*) \geqslant Q(\theta_* \mid \theta_*) - Q_N(\theta_k \mid \theta_*) \tag{14.5.23}$$

证明 首先证明式(14.5.17)中的每一个 Q 函数差的数学期望都是一个距离伪度量。将 Q 重写为积分形式

$$\begin{aligned} Q_N(\theta \mid \theta_k) &= E_{Z \mid y,\theta_k}[\ln f(y+N,Z \mid \theta)] \\ &= \int_Z \ln[f(y,z \mid \theta)] f(z \mid y,\theta_k)\mathrm{d}z \end{aligned} \tag{14.5.24}$$

由于

$$\begin{aligned} c_k &= \iint [\ln f(y,z \mid \theta_*) - \ln f(y,z \mid \theta_k)] f(y,z \mid \theta_*)\mathrm{d}z\mathrm{d}y \\ &= \iint [\ln f(y,z \mid \theta_*) - \ln f(y,z \mid \theta_k)] f(z \mid y,\theta_*) f(y \mid \theta_*)\mathrm{d}z\mathrm{d}y \\ &= E_{Y \mid \theta_k}[Q(\theta_* \mid \theta_*) - Q(\theta_k \mid \theta_*)] \end{aligned} \tag{14.5.25}$$

所以

$$c_k = D(f(y,z \mid \theta_*) \parallel f(y,z \mid \theta_k))$$

是 Y 定义域上的数学期望。同样，由于

$$\begin{aligned} c_k(N) &= \iint [\ln f(y,z \mid \theta_*) - \ln f(y+N,z \mid \theta_k)] f(y,z \mid \theta_*)\mathrm{d}z\mathrm{d}y \\ &= \iint [\ln f(y,z \mid \theta_*) - \ln f(y+N,z \mid \theta_k)] f(z \mid y,\theta_*) f(y \mid \theta_*)\mathrm{d}z\mathrm{d}y \\ &= E_{Y \mid \theta_k}[Q(\theta_* \mid \theta_*) - Q_N(\theta_k \mid \theta_*)] \end{aligned} \tag{14.5.26}$$

故 $c_k(N)$ 也是 Y 定义域上的数学期望。取 c_k 和 $c_k(N)$ 的噪声数学期望为

$$E_N[c_k] = c_k$$

$$E_N[c_k(N)] = E_N[c_k(N)]$$

则距离不等式

$$c_k \geqslant E_N[c_k(N)] \tag{14.5.27}$$

可以保证在平均意义上噪声是有益的，即

$$E_{N,Y \mid \theta_k}[Q(\theta_* \mid \theta_*) - Q(\theta_k \mid \theta_*)] \geqslant E_{N,Y \mid \theta_k}[Q(\theta_* \mid \theta_*) - Q_N(\theta_k \mid \theta_*)] \tag{14.5.28}$$

下面将利用不等式(14.5.28)去推导更加有用的噪声效益充分条件。将相对熵项的差 $c_k - c_k(N)$ 扩展为

$$\begin{aligned} c_k - c_k(N) &= \iint_{Y,Z} \left(\ln\left[\frac{f(y,z \mid \theta_*)}{f(y,z \mid \theta_k)}\right] - \ln\left[\frac{f(y,z \mid \theta_*)}{f(y+N,z \mid \theta_k)}\right]\right) f(y,z \mid \theta_*)\mathrm{d}y\mathrm{d}z \\ &= \iint_{Y,Z} \left(\ln\left[\frac{f(y,z \mid \theta_*)}{f(y,z \mid \theta_k)}\right] + \ln\left[\frac{f(y+N,z \mid \theta_k)}{f(y,z \mid \theta_*)}\right]\right) f(y,z \mid \theta_*)\mathrm{d}y\mathrm{d}z \end{aligned}$$

$$= \iint_{Y,Z} \ln\left[\frac{f(y,z \mid \theta_*) f(y+N,z \mid \theta_k)}{f(y,z \mid \theta_k) f(y,z \mid \theta_*)}\right] f(y,z \mid \theta_*) \mathrm{d}y\mathrm{d}z$$

$$= \iint_{Y,Z} \ln\left[\frac{f(y+N,z \mid \theta_k)}{f(y,z \mid \theta_k)}\right] f(y,z \mid \theta_*) \mathrm{d}y\mathrm{d}z \tag{14.5.29}$$

对于式(14.5.29)求噪声项的数学期望,可得

$$\begin{aligned} E_N[c_k - c_k(N)] &= c_k - E_N[c_k(N)] \\ &= \int_N \iint_{Y,Z} \ln\left[\frac{f(y+n,z \mid \theta_k)}{f(y,z \mid \theta_k)}\right] f(y,z \mid \theta_*) f(n \mid y) \mathrm{d}y\mathrm{d}z\mathrm{d}n \\ &= \iint_{Y,Z} \int_N \ln\left[\frac{f(y+n,z \mid \theta_k)}{f(y,z \mid \theta_k)}\right] f(n \mid y) f(y,z \mid \theta_*) \mathrm{d}n\mathrm{d}y\mathrm{d}z \\ &= E_{Y,Z,N \mid \theta_*}\left[\ln\frac{f(Y+N,Z \mid \theta_k)}{f(Y,Z \mid \theta_k)}\right] \end{aligned} \tag{14.5.30}$$

对于 Y 和 Z 差熵有界的假设保证了 $\ln f(y,z \mid \theta) f(y,z \mid \theta_*)$ 是可积的,于是式(14.5.30)中的被积函数是可积的,所以当且仅当

$$E_{Y,Z,N \mid \theta_*}\left[\ln\frac{f(Y+N,Z \mid \theta_k)}{f(Y,Z \mid \theta_k)}\right] \geqslant 0 \tag{14.5.31}$$

时,

$$c_k \geqslant E_N[c_k(N)] \tag{14.5.32}$$

因此若不等式(14.5.22)成立,EM 算法噪声有益,证毕。

推论 14.2 若对于几乎所有 y,z 和 n,不等式

$$f(y+n,z \mid \theta) \geqslant f(y,z \mid \theta) \tag{14.5.33}$$

均成立,则有

$$E_{Y,Z,N \mid \theta_*}\left[\ln\frac{f(Y+N,Z \mid \theta)}{f(Y,Z \mid \theta)}\right] \geqslant 0$$

证明 当且仅当对于几乎所有 y,z 和 n 不等式

$$\ln f(y+n,z \mid \theta) \geqslant \ln f(y,z \mid \theta) \tag{14.5.34}$$

成立时,不等式(14.5.33)成立。式(14.5.34)又可写为

$$\ln f(y+n,z \mid \theta) - \ln f(y,z \mid \theta) \geqslant 0 \tag{14.5.35}$$

以及

$$\ln\left[\frac{f(y+n,z \mid \theta)}{f(y,z \mid \theta)}\right] \geqslant 0 \tag{14.5.36}$$

于是若对于几乎所有 y,z 和 n 不等式(14.5.33)成立时,则有

$$E_{Y,Z,N \mid \theta_*}\left[\ln\frac{f(Y+N,Z \mid \theta)}{f(Y,Z \mid \theta)}\right] \geqslant 0$$

证毕。

推论 14.3 假设 $Y\mid_{Z=j} \sim N(\mu_j, \sigma_j^2)$,则 $f(y \mid j,\theta)$ 是正态概率密度函数,若

$$n^2 \leqslant 2n(\mu_j - y) \tag{14.5.37}$$

则有

$$\Delta f_j(y,n) \geqslant 0 \tag{14.5.38}$$

其中

$$\Delta f_j(y,n)=f_j(y+n\mid\theta)-f_j(y\mid\theta)=f(y+n,j\mid\theta)-f(y,j\mid\theta)$$

证明　由于正态概率密度函数为

$$f(y\mid\theta)=\frac{1}{\sigma_j\sqrt{2\pi}}\exp\left[-\frac{(y-\mu_j)^2}{2\sigma_j^2}\right] \tag{14.5.39}$$

所以当且仅当

$$\exp\left[-\frac{(y+n-\mu_j)^2}{2\sigma_j^2}\right]\geqslant\exp\left[-\frac{(y-\mu_j)^2}{2\sigma_j^2}\right] \tag{14.5.40}$$

也就是

$$-\left(\frac{y+n-\mu_j}{\sigma_j}\right)^2\geqslant-\left(\frac{y-\mu_j}{\sigma_j}\right)^2 \tag{14.5.41}$$

时，有

$$f(y+n\mid\theta)\geqslant f(y\mid\theta) \tag{14.5.42}$$

由于 σ_j 是严格正的，故式(14.5.41)等价于

$$-(y+n-\mu_j)^2\geqslant-(y-\mu_j)^2 \tag{14.5.43}$$

该式又可写为

$$(y+n-\mu_j)^2\leqslant(y-\mu_j)^2 \tag{14.5.44}$$

将式(14.5.44)左边展开可得

$$(y-\mu_j)^2+n^2+2n(y-\mu_j)\leqslant(y-\mu_j)^2 \tag{14.5.45}$$

当且仅当

$$n^2+2n(y-\mu_j)\leqslant 0 \tag{14.5.46}$$

时，式(14.5.45)成立。式(14.5.46)又可写为

$$n^2\leqslant-2n(y-\mu_j) \tag{14.5.47}$$

或

$$n^2\leqslant 2n(\mu_j-y) \tag{14.5.48}$$

故推论 14.3 得证。

推论 14.4　假设 $Y|_{Z=j}\sim C(m_j,d_j)$，其中 $C(m_j,d_j)$ 表示柯西分布，则 $f(y\mid j,\theta)$ 是柯西概率密度函数，若

$$n^2\leqslant 2n(m_j-y) \tag{14.5.49}$$

则有

$$\Delta f_j(y,n)\geqslant 0 \tag{14.5.50}$$

其中

$$\Delta f_j(y,n)=f(y+n,j\mid\theta)-f(y,j\mid\theta)$$

证明　由于柯西概率密度函数为

$$f(y\mid\theta)=\frac{1}{\pi d_j\left[1+\left(\frac{y-m_j}{d_j}\right)^2\right]} \tag{14.5.51}$$

所以当且仅当

$$\frac{\frac{1}{\pi d_j}}{1+\left(\frac{y+n-m_j}{d_j}\right)^2}\geqslant\frac{\frac{1}{\pi d_j}}{1+\left(\frac{y-m_j}{d_j}\right)^2} \tag{14.5.52}$$

也就是

$$1+\left(\frac{y-m_j}{d_j}\right)^2 \geqslant 1+\left(\frac{y+n-m_j}{d_j}\right)^2 \tag{14.5.53}$$

时,有

$$f(y+n\mid\theta) \geqslant f(y\mid\theta) \tag{14.5.54}$$

由于式(14.5.53)又可写为

$$\left(\frac{y-m_j}{d_j}\right)^2 \geqslant \left(\frac{y+n-m_j}{d_j}\right)^2 \tag{14.5.55}$$

并且当且仅当

$$(y-m_j)^2 \geqslant (y+n-m_j)^2 \tag{14.5.56}$$

时,式(14.5.55)成立。式(14.5.56)又可写为

$$(y-m_j)^2 \geqslant (y-m_j)^2+n^2-2n(y-m_j) \tag{14.5.57}$$

也就是

$$n^2+2n(y-m_j) \leqslant 0 \tag{14.5.58}$$

或

$$n^2 \leqslant 2n(m_j-y) \tag{14.5.59}$$

故推论 14.4 得证。

推论 14.5 假设 $f(y,z\mid\theta)$ 是 y 的对数凸函数,并且 N 与 Y 是相互独立的,$E_N[N]=0$,则有

$$E_{Y,Z,N\mid\theta}\left[\ln\frac{f(Y+N,Z\mid\theta_k)}{f(Y,Z\mid\theta_k)}\right] \geqslant 0 \tag{14.5.60}$$

证明 由于 $f(y,z\mid\theta)$ 是 y 的对数凸函数,并且 $E_N[y+N]=y$,所以有

$$E_N[\ln f(y+N,z\mid\theta_k)] \geqslant \ln f(E_N[y+N],z\mid\theta_k) \tag{14.5.61}$$

由于 $E_N[N]=0$,则上式右边可以写为

$$\ln f(E_N[y+N],z\mid\theta_k)=\ln f(y+E_N[N],z\mid\theta_k)=\ln f(y,z\mid\theta_k) \tag{14.5.62}$$

所以当且仅当

$$E_N[\ln f(y+N,z\mid\theta_k)]-\ln f(y,z\mid\theta_k) \geqslant 0 \tag{14.5.63}$$

时,有

$$E_N[\ln f(y+N,z\mid\theta_k)] \geqslant \ln f(y,z\mid\theta_k) \tag{14.5.64}$$

式(14.5.63)又可写为

$$E_N[\ln f(y+N,z\mid\theta_k)-\ln f(y,z\mid\theta_k)] \geqslant 0 \tag{14.5.65}$$

或

$$E_{Y,Z\mid\theta_*}[E_N(\ln f(Y+N,Z\mid\theta_k)-\ln f(Y,Z\mid\theta_k))] \geqslant 0 \tag{14.5.66}$$

或

$$E_{Y,Z,N\mid\theta_*}\left[\ln\frac{f(Y+N,Z\mid\theta_k)}{\ln f(Y,Z\mid\theta_k)}\right] \geqslant 0 \tag{14.5.67}$$

则推论 14.5 得证。

定理 14.8 对于所有数据样本 y_k,若 A_M 是满足高斯(或柯西)NEM 条件的独立同分布噪声值的集合,则当 $M\to\infty$ 时,A_M 以概率 1 减小到集合 $\{0\}$,即

$$p(\lim_{M\to\infty}A_M=\{0\})=1 \tag{14.5.68}$$

证明 将单一样本 y_k 的 NEM 条件事件 A_k 定义为

$$A_k = \{N^2 \leqslant 2N(\mu_j - y_k) \mid \forall j\} \tag{14.5.69}$$

若 N 满足 NEM 条件($N \in A_k$),则对于所有 j 有

$$N^2 \leqslant 2N(\mu_j - y_k)$$

因而对于所有 j 有

$$N^2 - 2N(\mu_j - y_k) \leqslant 0 \tag{14.5.70}$$

以及

$$N[N - 2(\mu_j - y_k)] \leqslant 0 \tag{14.5.71}$$

对于 j,二次不等式(14.5.70)或(14.5.71)的解集(a_j, b_j)为

$$I_j = [a_j, b_j] = \begin{cases} [0, 2(\mu_j - y_k)] & \text{如果} \quad y_k < \mu_j \\ [2(\mu_j - y_k), 0] & \text{如果} \quad y_k > \mu_j \\ \{0\} & \text{如果} \quad y_k \in [\min \mu_j, \max \mu_j] \end{cases} \tag{14.5.72}$$

定义 b_k^+ 和 b_k^- 分别为 $b_k^+ = 2\min\limits_j(\mu_j - y_k)$ 和 $b_k^- = 2\max\limits_j(\mu_j - y_k)$,则对于所有 j 来说,其最大解集 $A_k = [a, b]$ 为

$$A_k = \bigcap_j^J I_j = \begin{cases} [0, b_k^+], & \text{如果} \quad y_k < \mu_j \quad \forall j \\ [b_k^-, 0], & \text{如果} \quad y_k > \mu_j \quad \forall j \\ \{0\}, & \text{如果} \quad y_k \in [\min \mu_j, \max \mu_j] \end{cases} \tag{14.5.73}$$

其中 J 是混合密度中的子群数量。这一分类方法使得每一个子情况的 I_j 都被嵌套进式(14.5.73),由于 A_k 是嵌套有界闭区间的交集,根据嵌套区间定理或康托尔(Cantor)交集定理,这就意味着 A_k 是非空的。

当 NEM 条件对某一 y_k 值失效时,则 $A_k = \{0\}$ 成立。当某些 I_j 集合为正而其余 I_j 集合为负时,就会出现这种情况。这些正负 I_j 集合仅只在零点相交,不存在能够产生正的平均噪声效益的非零值 N,所附加的噪声 N 必定是零。

将 A_M 表示为子事件 A_k 的交集,即

$$\begin{aligned} A_M &= \{N^2 \leqslant 2N(\mu_j - y_k) \mid \forall j, k\} = \bigcap_k^M A_k \\ &= \begin{cases} [0, \min\limits_k b_k^+], & \text{如果} \quad y_k < \mu_j \quad \forall j, k \\ [\max\limits_k b_k^-, 0], & \text{如果} \quad y_k > \mu_j \quad \forall j, k \\ \{0\}, & \text{如果} \quad \exists k: y_k \in [\min \mu_j, \max \mu_j] \end{cases} \end{aligned} \tag{14.5.74}$$

则嵌套区间性质的第二个用途是意味着 A_M 是非空的。

现在来描述集合 A_M 的渐近特性。A_M 与样本 y_k 相对于子群均值 μ_j 的位置相关。若存在某一 k_0 使得 $\min\mu_j \leqslant y_{k_0} \leqslant \max\mu_j$,则 $A_M = \{0\}$。定义集合 $S = [\min\mu_j, \max\mu_j]$,根据下面的引理 14.4 知 $\lim\limits_{M\to\infty} \#_M(Y_k \in S) > 0$ 以概率 1 成立,所以以概率 1 存在一个 $k_0 \in \{1, 2, \cdots, M\}$,使得当 $M \to \infty$ 时,$y_{k_0} \in S$,则根据式(14.5.74)有 $A_{k_0} = \{0\}$,并且以概率 1 有

$$\lim_{M\to\infty} A_M = A_{k_0} \bigcap \lim_{M\to\infty} \bigcap_{k \neq k_0}^M A_k = \{0\} \bigcap \lim_{M\to\infty} \bigcap_{k \neq k_0}^M A_k \tag{14.5.75}$$

由于根据嵌套区间性质知 A_M 是非空的并且对所有 k 有 $0 \in A_k$,所以有

$$\lim_{M\to\infty} A_M = \{0\} \quad \text{w.p.1} \tag{14.5.76}$$

式中 w.p.1 为 with probability one(以概率 1)的缩写,证毕。

引理 14.4　假设 $S \in R$ 是博雷尔可测的(Borel measurable)并且 R 是随机变量 Y 的概率密度函数的支撑集,M 是 Y 的随机样本数,则当 $M \to \infty$ 时,有

$$\frac{\#_M(Y_k \in S)}{M} \to p(Y \in S) \quad \text{w.p.1} \tag{14.5.77}$$

其中$\#_M(Y_k \in S)$是 Y 的随机样本 $y_1, y_2, \cdots, y_M$ 落入 S 中的数量。

证明 定义指示函数随机变量 $I_S(Y)$ 为

$$I_S(Y) = \begin{cases} 1 & Y \in S \\ 0 & Y \notin S \end{cases} \tag{14.5.78}$$

根据强大数定律知,样本均值 $\bar{I}_S$

$$\bar{I}_S = \frac{\sum_k^M I_S(Y_k)}{M} = \frac{\#_M(Y_k \in S)}{M} \tag{14.5.79}$$

以概率 1 收敛至$E(I_S)$,其中$\#_M(Y_k \in S)$是随机样本 $Y_1, Y_2, \cdots, Y_M$ 落入 S 中的数量,但$E(I_S) = p(Y \in S)$,所以有

$$\frac{\#_M(Y_k \in S)}{M} \to p(Y \in S) \quad \text{w.p.1}$$

并且 $p(Y \in S) > 0$ 意味着

$$\lim_{M \to \infty} \frac{\#_M(Y_k \in S)}{M} > 0 \quad \text{w.p.1} \tag{14.5.80}$$

由于 $M>0$,所以有

$$\lim_{M \to \infty} \#_M(Y_k \in S) > 0 \quad \text{w.p.1} \tag{14.5.81}$$

习 题

14.1 试阐述 EM 辨识算法的主要优点和缺点。

14.2 假设一个人口袋里有 3 枚硬币,称为硬币 1、硬币 2 和硬币 3,每次抛掷时从口袋里取硬币 1 的概率是 λ_1,取硬币 2 的概率是 λ_2,取硬币 3 的概率是 $1-\lambda_1-\lambda_2$,抛掷时硬币 1 为正面的概率是 p_1,硬币 2 为正面的概率是 p_2,硬币 3 为正面的概率是 p_3,假如完全数据可以观测。需要估计的所有参数为 $\boldsymbol{\theta} = \{\lambda_1, \lambda_2, p_1, p_2, p_3\}$,试用 EM 算法估计参数 $\boldsymbol{\theta}$。

14.3 有 8 名受试者用庆大霉素 80mg 后的血药浓度(mg/L)动态变化观测结果如表 14.8 所示,其中有 2 处数据存在缺失:第 4 例 120min 和第 8 例 50min 时观察缺失。

表 14.8 8 名受试者注射药物后的血药浓度(mg/L)

受试者	10min	30min	50min	90min	120min	150min	180min
1	1.5158	3.6541	3.4466	2.9308	2.7925	1.9308	0.8962
2	2.6006	4.4290	4.6864	3.0858	3.2574	2.0858	1.1287
3	2.8778	4.6270	5.0032	3.1254	3.3762	2.1254	1.1881
4	0.8844	3.2031	2.7250	2.8406	NAN	1.8406	0.7609
5	0.9913	3.2795	2.8472	2.8559	2.5677	1.8559	0.7839
6	2.3998	4.2856	4.4569	3.0571	3.1713	2.0571	1.0857
7	1.7201	3.8001	3.6801	2.9600	2.8800	1.9600	0.9400
8	2.4830	4.3450	NAN	3.0690	3.2070	2.0690	1.1035

设 $Y_1, Y_2, \cdots, Y_n$ 为 p 维正态分布总体 $N_p(\boldsymbol{\mu}, \boldsymbol{\sigma})$ 的随机样本，试用 EM 算法估计缺失数据及参数 $\boldsymbol{\mu}$ 和 $\boldsymbol{\sigma}$。

14.4　考虑线性高斯状态空间模型

$$x_{k+1} = Fx_k + w_k$$
$$y_k = Hx_k + v_k$$

其中状态初值 x_0、噪声干扰 w_k 和 v_k 均为高斯分布，即 $x_0 \sim N(0, P_0)$，$w_k \sim N(0, Q_w)$，$v_k \sim N(0, R_v)$，实际参数取值为 $F=0.9$，$H=0.2$，$Q_w=0.7$，$R_v=0.2$，状态初值设为 $x_0 \sim N(0,10)$，试用 EM 辨识算法对模型参数 $\boldsymbol{\theta}=[F \quad H \quad Q_w \quad R_v]$ 进行估计。

14.5　设线性定常系统的状态方程和输出方程分别为

$$\boldsymbol{x}_{k+1} = \boldsymbol{A}\boldsymbol{x}_k + \boldsymbol{B}\boldsymbol{u}_k + \boldsymbol{w}_k$$
$$\boldsymbol{y}_k = \boldsymbol{C}\boldsymbol{x}_k + \boldsymbol{D}\boldsymbol{u}_k + \boldsymbol{v}_k$$

式中其真实参数矩阵为

$$\boldsymbol{A} = \begin{bmatrix} 0 & 1 & 0 \\ -0.5 & 0.6 & -0.2 \\ -0.1 & 0.3 & 0.5 \end{bmatrix}, \boldsymbol{B} = \begin{bmatrix} 0.9 \\ 0.2 \\ 1.1 \end{bmatrix}, \boldsymbol{C} = [1 \quad 0 \quad 0], \boldsymbol{D} = 2.0$$

$\boldsymbol{w}_k$ 和 $\boldsymbol{v}_k$ 分别为具有相应维数均值为零的独立同分布高斯噪声，试用 EM 辨识算法辨识系统参数。

15

第 15 章

神经网络辨识方法

15.1 神经网络简介

15.1.1 神经网络的发展概况

1943 年心理学家麦卡洛克(W.McCulloch)和数理逻辑学家皮茨(W.Pitts)首先提出了一个简单的神经网络模型,其神经元的输入输出关系为

$$y_j = \mathrm{sgn}\left(\sum_i w_{ji}x_i - \theta_j\right)$$

其中,输入输出均为二值量,w_{ji}为固定的权值。利用该简单网络可以实现一些逻辑关系。虽然该模型过于简单,但它为进一步的研究打下了基础。

1949 年 D.O.Hebb 首先提出了一种调整神经网络连接权值的规则,通常称为赫布(Hebb)学习规则,其基本思想是,当两个神经元同时兴奋或同时抑制时,它们之间的连接强度便增加。这可表示为

$$w_{ij} = \begin{cases} \sum_{k=1}^{n} x_i^{(k)} x_j^{(k)}, & i \neq j \\ 0, & i = j \end{cases}$$

这种学习规则的意义在于,连接权值的调整正比于两个神经元活动状态的乘积,连接权值是对称的,神经元到自身的连接权值为 0。目前仍有不少神经网络采用这种学习规则。

15.1.2 神经网络的结构及类型

神经网络由许多并行运算的功能简单的单元组成,这些单元类似于生物神经系统的单元。神经网络是一个非线性动力学系统,其特色在于信息的分布式存储和并行协同处理。虽然单个神经元的结构极其简单,功能有限,但大量神经元构成的网络系统所能实现的行为却是极其丰富的。和数字计算机相比,神经网络系统具有集体运算能力和自适应的学习能力。此外,它还具有很强的容错性和鲁棒性,善

于联想、综合和推广。

一般而言，神经网络是一个并行和分布式的信息处理网络结构，它一般由许多个神经元组成，每个神经元有一个输出，它可以连接到很多其他的神经元，每个神经元输入有多个连接通路，每个连接通路对应于一个连接权系数。

严格地说，神经网络具有下列性质：

(1) 每个节点有一个状态变量 x_j；

(2) 节点 i 到节点 j 有一个连接权系数 w_{ji}；

(3) 每个节点有一个阈值 θ_j；

(4) 每个节点定义一个变换函数 $f_j(x_i, w_{ji}, \theta_j(i \neq j))$，最常见的情形为

$$f(\sum_i w_{ji}x_i - \theta_j)$$

神经网络模型各种各样，它们是从不同的角度对生物神经系统不同层次的描述和模拟，代表性的网络模型有感知器、多层映射 BP 网络、REF 网络、双向联想记忆(BAM)、Hopfield 模型等。利用这些网络模型可实现函数逼近、数据聚类、模式分类、优化计算等功能。因此，神经网络广泛应用于人工智能、自动控制、机器人、统计学及系统辨识等领域的信息处理中。

15.2　基于神经网络的线性系统辨识

15.2.1　基于单层神经网络的线性系统辨识

1. 单层神经网络建模原理

单层神经网络采用基于梯度的最速下降法。用单层神经网络进行二阶系统的辨识试验，原理框图如图 15.1 所示。

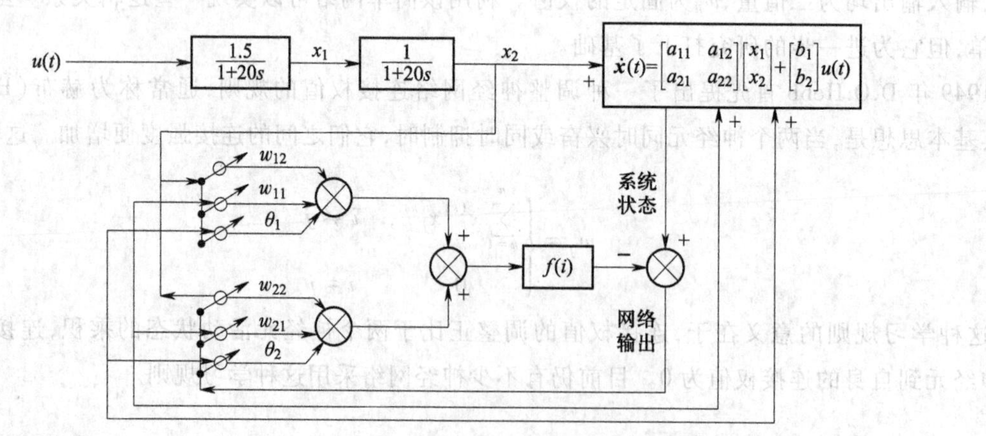

图 15.1　单层神经网络进行二阶系统辨识的原理框图

2. 单层神经网络辨识实例

给定一个二阶系统 $G(s)=\dfrac{1.5}{(1+20s)^2}$进行辨识试验，则该系统所对应的状态方程为

$$\dot{x}(t)=\begin{bmatrix}-0.05 & 0\\ 0.05 & -0.05\end{bmatrix}x(t)+\begin{bmatrix}0.075\\ 0\end{bmatrix}u(t)$$

无论加入阶跃扰动、M 序列或随机扰动,无论进行开环或闭环辨识,单层神经网络辨识都能得出准确的数学模型。

下面,给出加入随机扰动情况下进行开环与闭环辨识的结果(随机扰动幅值范围为[0,1])。

选择随机函数作为激励函数,取采样时间为 100s,采样步长为 0.1s,学习率 $\lambda=0.1$,开环辨识和闭环辨识结果如表 15.1 所示。

表 15.1 开环辨识和闭环辨识结果

辨识方法		开环辨识	闭环辨识
运算精度		0.000001	0.000001
学习次数		1815	42459
辨识结果	系统矩阵 A	$\begin{bmatrix}-0.050004 & 0.000005\\ 0.049994 & -0.049994\end{bmatrix}$	$\begin{bmatrix}-0.050002 & 0.000012\\ 0.049997 & -0.049982\end{bmatrix}$
	系统矩阵 B	$[0.07001 \quad 0.000001]$	$[0.075000 \quad 0.000000]$

实验表明:单层神经网络只能用于线性系统辨识,对信号要求不高,加入随机扰动也可得到对象精确的数学模型,网络结构简单,收敛速度快,精度高。网络连接权值代表单入单出系统状态方程 $\dot{x}=Ax+Bu$ 的系数矩阵 A,B,物理意义明显。其缺点是抗干扰能力差,需要已知系统阶次以及每个采样时刻状态变量的值。然而,现场却存在各种无法预测的干扰信号,许多系统中间状态的值是无法测量的,系统的阶次一般无法预先得知或无法准确辨识,这就限制了该网络在实际中的应用。

15.2.2 基于单层 Adaline 网络的线性系统辨识方法

1. 单层 Adaline 网络建模原理

自适应线性神经元(Adaline)可以组成自适应滤波器并用于系统建模。用单层 Adaline 网络建模时的原理框图如图 15.2 所示。

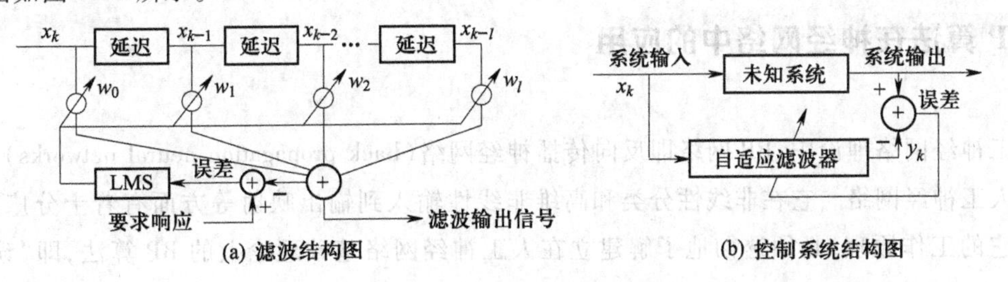

图 15.2 Adaline 网络建模时的原理框图

2. 单层 Adaline 网络辨识实例

设一个二阶系统的传递函数为 $G(s)=\dfrac{1.0}{(1+s)^2}$,取仿真时间为 50s,采样步长为 0.1s,应用连续与离散传递函数之间的双线性变换,计算出该系统对应的差分方程为

$$W(z)=\frac{0.002268+0.004535z^{-1}+0.002268z^{-2}}{1-1.809524z^{-1}+0.818594z^{-2}}$$

单层 Adaline 网络要求输入的信号是频谱较宽的白噪声或 δ 脉冲,当选择 M 序列和随机扰动作为激励信号进行开环辨识试验时,单层 Adaline 网络均能得出准确的数学模型,这里只给出了加入随机扰动时进行开环辨识的结果,如图 15.3 所示(随机扰动幅值范围为[-1,1])。幅值持续的采样点数限为 10,辨识出系统的离散传递函数为

$$W(z)=\frac{0.906}{1.00000-1.80964z^{-1}+0.81870z^{-2}}$$

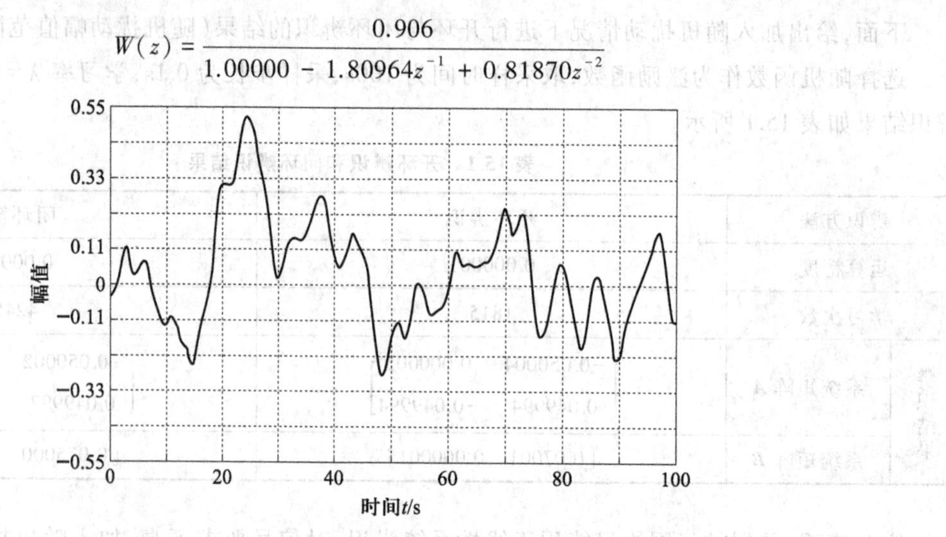

图 15.3　随机扰动激励 Adaline 神经网络辨识结果

实验表明:单层 Adaline 网络只能用于线性系统辨识,网络结构简单,收敛速度快,精度高,对信号要求不高,在随机扰动激励下进行辨识也可得到对象的数学模型;网络的连接权存在实际意义,代表单输入单输出系统差分方程

$$W(z)=(a_0+a_1z^{-1}+\cdots+a_mz^{-m})/(1+b_1z^{-1}+\cdots+b_nz^{-n})$$

的分子分母的系数 $a_0,a_1,\cdots,a_m,b_0,b_1,\cdots,b_n$,且不需要已知每个采样时刻状态变量的值。其缺点有两个:一是设定的延迟器数目必须与系统阶次相等,即系统阶次必须已知或者辨识得非常准确,才能获得满意的辨识结果;二是网络较脆弱,抗干扰能力差,这也限制了该网络在实际中的应用。

15.3　BP 算法在神经网络中的应用

在人工神经网络理论中,BP 网络即反向传播神经网络(back propagation neural networks),是一个非常重要的人工神经网络。它在非线性分类和高维非线性输入到输出映射等方面有着十分广泛的应用。为了掌握它的工作原理,必须透彻地了解建立在人工神经网络基础理论上的 BP 算法,即"误差反向传播算法"。由于人工神经网络是建立在模仿和模拟人类实际神经反应行为的生物学基础上的学问,其间存在着一些晦涩难懂的名词术语,增添了人工神经网络理论的神秘色彩。本节用经典控制理论中的系统辨识理论来阐明 BP 算法的数学原理。

15.3.1　BP 网络简介

图 15.4 为一基本的 BP 网络,网络结构分 3 层:最下面一层为输入层,共有 n 个输入变量;中间一层为隐层,共有 p 个单元节点;最上面一层为输出层,共有 q 个输出。输入层与隐层间的连接权值用 v_{hi} 表

示，隐层与输出层间的连接权值用 w_{ij} 表示。输入信号通过权值 v_{hi} 与中间层的每一个节点相联系，中间层的每一个节点又通过权值 w_{ij} 将传递信号与输出层的每一个节点相联系，信号从输入层向输出层正向传播。图中 a_h, b_i, c_j 分别为各个节点的输出信号，而 a_h^k 为第 k 次样本的第 h 个输入值，c_j^k 为第 k 次样本的第 j 个输出值。现在假定有 m 个样本对，即 (a_h^k, c_j^k)。其中，$k=1,2,\cdots,m$；$h=1,2,\cdots,n$；$j=1,2,\cdots,q$。网络采用这 m 个样本对进行训练（即决定各个连接权值 v_{hi}, w_{ij}）。

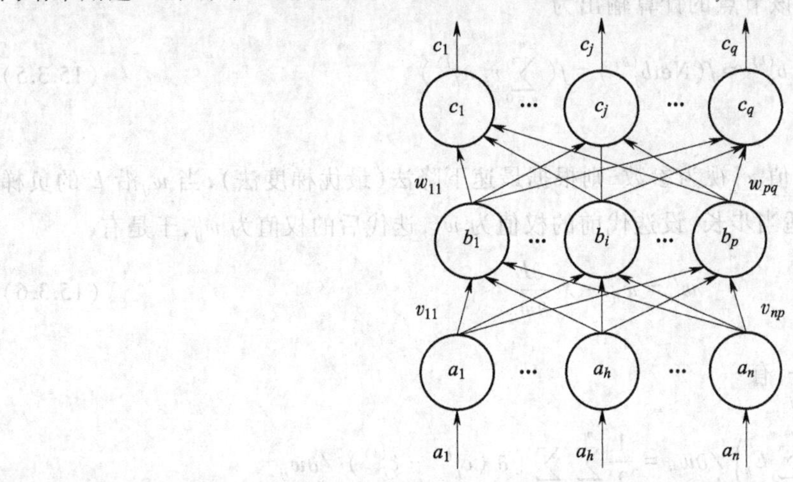

图 15.4　最基本的 BP 网络拓扑结构

15.3.2　BP 网络数学原理

为了不将 a_h^k 误认为是 a_h 的 k 次方，特将样本对改记为 $(\hat{a}_h^{(k)}, \hat{c}_j^{(k)})$，其决定权值的标准是考虑实际的输出 $\hat{c}_j^{(k)}$ 与计算的输出 $c_j^{(k)}$ 的差值的平方和为最小，即整个 $(c_j^{(k)}-\hat{c}_j^{(k)})^2$ 为最小。BP 网络的数学原理，即是如何寻找最佳连接权值 v_{hi} 和 w_{ij} 的过程。因此，它实际上是已知输入输出，如何决定系统内各有关参数。此即系统的辨识问题，完全可以按照系统辨识的理论来解决。

设输出层上第 j 个节点的第 k 次样本的输出误差为

$$\delta_j^{(k)} = (c_j^{(k)} - \hat{c}_j^{(k)})^2$$

则整个输出层所有节点上的第 k 次样本的输出误差为

$$E_k = \sum_{j=1}^{q} \delta_j^{(k)} = \sum_{j=1}^{q} (c_j^{(k)} - \hat{c}_j^{(k)})^2$$

对于全部样本值来说，其总误差为 $E_z = \sum_{k=1}^{m} E_k$，不失一般性，将 E_z 换成 $E=\frac{1}{2}E_z$，则有

$$E = \frac{1}{2}\sum_{k=1}^{m}\sum_{j=1}^{q} (c_j^{(k)} - \hat{c}_j^{(k)})^2 \tag{15.3.1}$$

E 即为全局代价函数（目标函数）。对全部样本来说，E 为最小时，所对应的权值 v_{hi}, w_{ij} 即为所求得的参数（用人工神经网络的术语表达，即是已经训练过或学习后的数值）。

令输出层上节点 j 的加权输入为 $\mathrm{Net}C_j$，则输出层上节点 j 的第 k 次样本的加权输入（将阈值归入权系数中）为

$$\mathrm{Net}C_j = \sum_{i=0}^{p} w_{ij} b_i^{(k)} \tag{15.3.2}$$

式中，$j=1,2,\cdots,q$；$w_{0j}=1$；$b_0=-\theta_j$。节点的计算输出为

$$c_j^{(k)} = f(\text{Net}C_j^{(k)}) = f(\sum_{i=0}^{p} w_{ij} b_i^{(k)}) \tag{15.3.3}$$

同理,隐层节点的第 k 次样本的加权输入为

$$\text{Net}b_i^{(k)} = \sum_{h=0}^{n} v_{hi} \hat{a}_h^{(k)} \tag{15.3.4}$$

式中,$i=1,2,\cdots,p$;$v_{0i}=1$;$\hat{a}_0=-\theta_j$。该节点的计算输出为

$$b_j^{(k)} = f(\text{Net}b_j^{(k)}) = f(\sum_{h=0}^{n} v_{hi} \hat{a}_h^{(k)}) \tag{15.3.5}$$

1. w_{ij}的辨识

将系统隐层和输出层之间的权值 w_{ij} 视为参数,则根据最速下降法(最优梯度法),当 w_{ij} 沿 E 的负梯度方向变化时,E 将下降最快。取适当步长,设迭代前的权值为 w_{ij},迭代后的权值为 w'_{ij},于是有

$$w'_{ij} = w_{ij} - \lambda \frac{\partial E}{\partial w_{ij}} \tag{15.3.6}$$

式中 $\lambda>0$,一般取 $0<\lambda<1$。考察$\frac{\partial E}{\partial w_{ij}}$,有

$$\begin{aligned}\frac{\partial E}{\partial w_{ij}} &= \partial\left(\frac{1}{2}\sum_{k=1}^{m} E_k\right)/\partial w_{ij} = \frac{1}{2}\sum_{k=1}^{m}\sum_{j=1}^{q}\left[\partial\,(c_j^{(k)} - \hat{c}_j^{(k)})^2/\partial w_{ij}\right] \\ &= \sum_{k=1}^{m}\left[(c_j^{(k)} - \hat{c}_j^{(k)})\frac{\partial c_j^{(k)}}{\partial w_{ij}}\right]\end{aligned} \tag{15.3.7}$$

再考察$\frac{\partial c_j^{(k)}}{\partial w_{ij}}$,有

$$\begin{aligned}\frac{\partial c_j^{(k)}}{\partial w_{ij}} &= \frac{\partial c_j^{(k)}}{\partial \text{Net}C_j^{(k)}}\frac{\partial \text{Net}C_j^{(k)}}{\partial w_{ij}} = [\partial f(\text{Net}C_j^{(k)})/\partial \text{Net}C_j^{(k)}][\partial(\sum_{i=0}^{p} w_{ij}b_i^{(k)})/\partial w_{ij}] \\ &= f'(\text{Net}C_j^{(k)})\,b_i^{(k)}\end{aligned} \tag{15.3.8}$$

则式(15.3.7)可写为

$$\frac{\partial E}{\partial w_{ij}} = \sum\sum[(c_j^{(k)} - \hat{c}_j^{(k)})f'(\text{Net}C_j^{(k)})\,b_i^{(k)}] = F(\hat{a}_h^{(k)}, v_{hi}, w_{ij}) \tag{15.3.9}$$

将式(15.3.9)代入式(15.3.6)有迭代式

$$w'_{ij} = w_{ij} - \lambda F(\hat{a}_h^{(k)}, v_{hi}, w_{ij}) \tag{15.3.10}$$

2. v_{hi}的辨识

将系统输入层和隐层之间的权 v_{hi} 视为参数,同样有

$$v'_{hi} = v_{hi} - \beta\frac{\partial E}{\partial v_{hi}} \tag{15.3.11}$$

式中 $\beta>0$,一般取 $0<\beta<1$。考察$\frac{\partial E}{\partial v_{hi}}$,有

$$\begin{aligned}\frac{\partial E}{\partial v_{hi}} &= \partial\left(\frac{1}{2}\sum_{k=1}^{m} E_k\right)/\partial v_{hi} = \frac{1}{2}\sum_{k=1}^{m}\sum_{j=1}^{q}\left[\partial\,(c_j^{(k)} - \hat{c}_j^{(k)})^2/\partial v_{hi}\right] \\ &= \sum_{k=1}^{m}\sum_{j=1}^{q}\left[(c_j^{(k)} - \hat{c}_j^{(k)})\frac{\partial c_j^{(k)}}{\partial v_{hi}}\right]\end{aligned} \tag{15.3.12}$$

再考察$\frac{\partial c_j^{(k)}}{\partial v_{hi}}$,有

$$\frac{\partial c_j^{(k)}}{\partial v_{hi}}=\frac{\partial c_j^{(k)}}{\partial \mathrm{Net}C_j^{(k)}}\frac{\partial \mathrm{Net}C_j^{(k)}}{\partial b_i^{(k)}}\frac{\partial b_i^{(k)}}{\partial \mathrm{Net}b_i^{(k)}}\frac{\partial \mathrm{Net}b_i^{(k)}}{\partial v_{hi}}$$
$$=f'(\mathrm{Net}C_j^{(k)})f'(\mathrm{Net}b_i^{(k)})w_{ij}\hat{a}_h^{(k)}=G(\hat{a}_h^{(k)},v_{hi},w_{ij}) \tag{15.3.13}$$

由式(15.3.11)、式(15.3.12)和式(15.3.13)可得

$$v'_{hi}=v_{hi}-\beta G(\hat{a}_h^{(k)},v_{hi},w_{ij}) \tag{15.3.14}$$

3. min$E$

有了w'_{ij}和v'_{hi}后,再利用样本($\hat{a}_1^{(k)},\cdots,\hat{a}_n^{(k)},\hat{c}_1^{(k)},\cdots,\hat{c}_q^{(k)}$)求出新的$E'$,将$\forall\varepsilon>0$有$|E'-E|<\varepsilon$作为循环结束条件,当条件满足,停止循环,否则继续循环。

4. 确定系统参数值

当循环结束时的w'_{ij},v'_{hi}就是确定的权值,这样系统就可以做高度非线性输入到输出的映射了。

15.4　线性时变系统的神经网络辨识

动态系统的建模与辨识是控制理论中具有重要应用价值的研究领域之一。由于人工神经网络在处理对象模型未知方面具有特殊的功能,使其在解决动态系统的建模与辨识问题时蕴含着巨大的应用潜力。近40多年来,国内外许多学者在这方面做了大量的研究工作,取得了许多研究结果,本节所介绍的神经网络在线性时变系统辨识中的应用即是其中的一项重要研究成果。

设线性时变系统的状态方程为

$$\dot{\boldsymbol{x}}=\boldsymbol{A}(t)\boldsymbol{x}+\boldsymbol{B}(t)\boldsymbol{u},\quad t\in[0,t_1],\quad \boldsymbol{x}(0)=\boldsymbol{x}_0 \tag{15.4.1}$$

式中,$\boldsymbol{A}(\cdot)\in C([0,t_1]);R^{n\times n})$,$\boldsymbol{B}(\cdot)\in C([0,t_1];R^{n\times m})$,$\boldsymbol{u}(\cdot)\in\Omega$,$x_0\in R^n$,$\Omega$是$L^2([0,t_1];R^m)$的有界子集。设$\boldsymbol{\Phi}(t,s)$是由式(15.4.1)所描述的系统的状态转移矩阵,则式(15.4.1)的卡拉泰奥多里(Carathèodory)意义下的解为

$$\boldsymbol{x}(t)=\boldsymbol{\Phi}(t,0)\left[\boldsymbol{x}_0+\int_0^t\boldsymbol{\Phi}^{-1}(\tau,0)\boldsymbol{B}(\tau)\boldsymbol{u}(\tau)\mathrm{d}\tau\right] \tag{15.4.2}$$

为了研究式(15.4.1)的辨识问题,只需研究式(15.4.2)的辨识问题。

15.4.1　网络结构与逼近能力分析

由式(15.4.2)所描述的系统的辨识问题也就是对函数$\boldsymbol{\Phi}(t,0)$和$\boldsymbol{\Phi}^{-1}(t,0)\boldsymbol{B}(t)$的辨识问题。它们都是连续函数矩阵,可以用3层网络来逼近。据此给出用于控制式(15.4.2)辨识的线性时变系统辨识网络的示意图,如图15.5所示,其中$N_i(i=1,2)$是图15.6所示的3层网络。N_i的隐层由排列成r_i行m_i列的$r_i\times m_i$个神经元组成,输出层由排列成n行m_i列的$n\times m_i$个节点组成,r_i是根据逼近精度要求而选取的正整数,$m_1=m$,$m_2=n$。网络N_i的输入层只有一个节点,它与隐层的每个神经元都相连。图15.7给出了输入节点与隐层第k列神经元、输出层第k列节点的连接示意图。

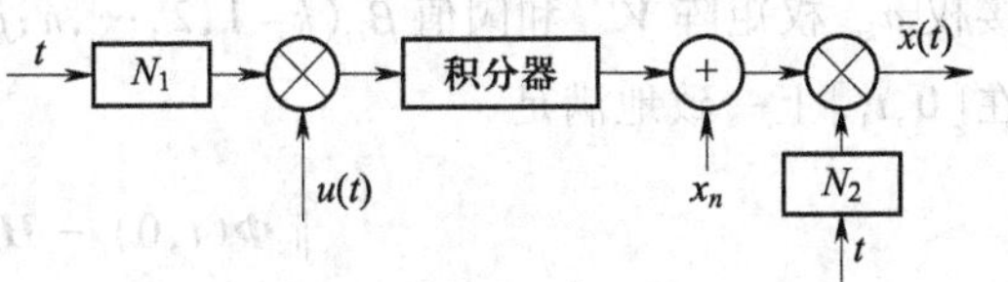

图15.5　线性时变系统辨识网络的示意图

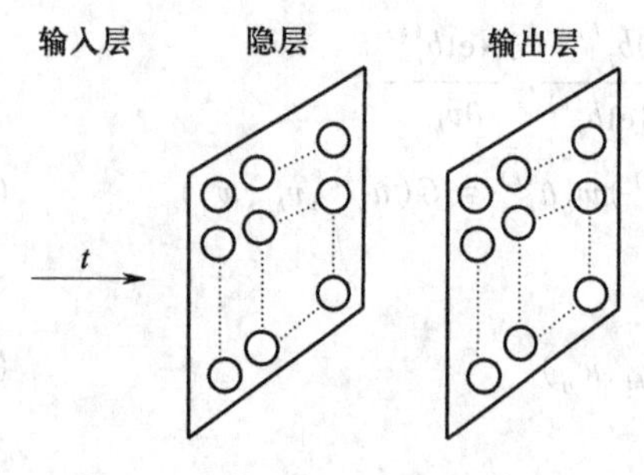

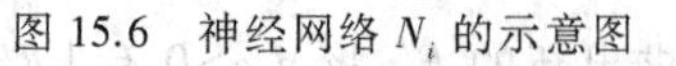

图 15.6 神经网络 N_i 的示意图

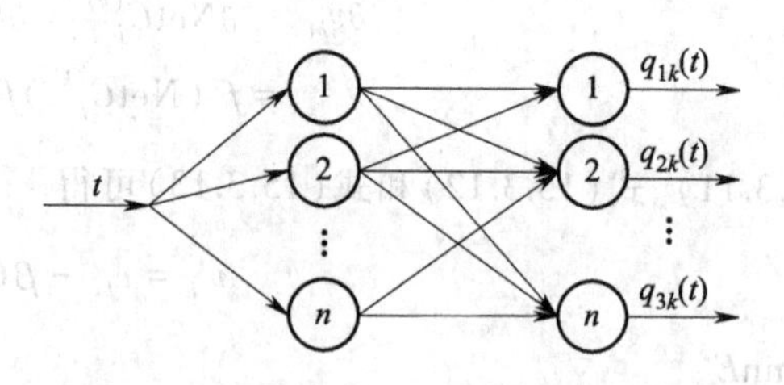

图 15.7 神经网络 N_i 的第 k 列的示意图

在网络 N_1 中,用 a_{kj} 表示输入节点与隐层第 k 列第 j 行的神经元之间的连接权,$w_{ij}^{(k)}$ 表示隐层第 k 列第 j 行的神经元与输出层第 k 列第 i 行的节点之间的连接权,b_{kj} 表示该隐层神经元的阈值。该神经元的输出为 $\sigma(a_{kj}t+b_{kj})$,其中 $\sigma(t)$ 是某个 sigmoid 函数。于是,隐层第 k 列的输出为

$$\boldsymbol{F}^{(k)}(t)=[\sigma(a_{k1}t+b_{k1})\quad \sigma(a_{k2}t+b_{k2})\quad \cdots \quad \sigma(a_{kr_1}t+b_{kr_1})]^{\mathrm{T}}$$

而输出层的输出矩阵为

$$\boldsymbol{Q}(t)=[\boldsymbol{W}^{(1)}\boldsymbol{F}^{(1)}(t)\quad \boldsymbol{W}^{(2)}\boldsymbol{F}^{(2)}(t)\quad \cdots \quad \boldsymbol{W}^{(m)}\boldsymbol{F}^{(m)}(t)]$$

式中 $\boldsymbol{W}^{(k)}=[w_{ij}^{(k)}]$ 是隐层第 k 列与输出层第 k 列之间连接权构成的 $n\times r_1$ 阶权矩阵。

类似的,网络 N_2 中输出层的输出矩阵为

$$\boldsymbol{H}(t)=[\boldsymbol{V}^{(1)}\boldsymbol{G}^{(1)}(t)\quad \boldsymbol{V}^{(2)}\boldsymbol{G}^{(2)}(t)\quad \cdots \quad \boldsymbol{V}^{(n)}\boldsymbol{G}^{(n)}(t)]$$

式中 $\boldsymbol{V}^{(k)}=[v_{ij}^{(k)}]$ 是隐层第 k 列与输出层第 k 列之间的连接权所构成的 $n\times r_2$ 阶权矩阵,且

$$\boldsymbol{G}^{(k)}(t)=[\sigma(a_{k1}t+\beta_{k1})\quad \sigma(a_{k2}t+\beta_{k2})\quad \cdots \quad \sigma(a_{kr_2}t+\beta_{kr_2})]^{\mathrm{T}}$$

其中 a_{kj} 表示输入节点与隐层第 k 列第 j 行神经元间的连接权,β_{kj} 表示隐层该神经元的阈值。

图 15.5 所示的神经网络的输出为

$$\bar{\boldsymbol{x}}(t)=\boldsymbol{H}(t)\left[\boldsymbol{x}_0+\int_0^t \boldsymbol{Q}(\tau)\boldsymbol{u}(\tau)\mathrm{d}\tau\right] \tag{15.4.3}$$

定理 15.1 对任意 $\varepsilon>0$ 存在正整数 r_1 和 r_2 以及相应的权值和阈值,使得由图 15.5 所确定的神经网络的输出 $\bar{\boldsymbol{x}}(t)$ 与式(15.4.2)的状态 $\boldsymbol{x}(t)$ 对一切 $\boldsymbol{u}(\cdot)\in\Omega$ 和 $t\in[0,t_1]$ 一致地满足

$$\|\boldsymbol{x}(t)-\bar{\boldsymbol{x}}(t)\|<\varepsilon$$

式中 $\|\cdot\|$ 表示欧几里得范数。

证明 由于 $\boldsymbol{\Phi}^{-1}(t,0)$ 和 $\boldsymbol{B}(t)$ 都是 $[0,t_1]$ 上的连续函数矩阵,Ω 是 $L^2([0,t_1];R^m)$ 的有界子集,所以存在常数 $M_1>0$,使得对于任何 $\boldsymbol{u}(\cdot)\in\Omega$ 都有

$$\int_0^{t_1}\|\boldsymbol{\Phi}^{-1}(t,0)\boldsymbol{B}(t)\boldsymbol{u}(t)\|\,\mathrm{d}t\leqslant M_1$$

由 $\boldsymbol{\Phi}(\cdot,0)\in C([0,t_1];\mathbf{R}^{n\times n})$,根据含有 1 个隐层的 3 层神经网络的逼近理论,存在正整数 r_2、连接权 a_{kj}、权矩阵 $\boldsymbol{V}^{(k)}$ 和阈值 $\beta_{kj}(k=1,2,\cdots,n;j=1,2,\cdots,r_2)$,使得由图 15.6 所示的网络 N_2 的输出 $\boldsymbol{H}(t)$ 在 $[0,t_1]$ 上一致地满足

$$\|\boldsymbol{\Phi}(t,0)-\boldsymbol{H}(t)\|<\frac{\varepsilon}{2(\|\boldsymbol{x}_0\|+M_1)}$$

因为 $\boldsymbol{H}(\cdot)\in C([0,t_1];R^{n\times n})$,所以存在常数 $M_2>0$,使得对于一切 $t\in[0,t_1]$ 都有 $\|\boldsymbol{H}(t)\|<M_2$。又由于 Ω 是 $L^2([0,t_1];R^m)$ 的有界子集,存在常数 $M_3>0$ 使得对任何 $\boldsymbol{u}(\cdot)\in\Omega$ 都有 $\int_0^{t_1}\|\boldsymbol{u}(t)\|\,dt\leqslant M_3$。因为 $\boldsymbol{\Phi}^{-1}(\cdot,0)\boldsymbol{B}(\cdot)\in C([0,t_1];R^{n\times m})$,所以存在正整数 r_1、连接权 a_{kj}、权矩阵 $\boldsymbol{W}(k)$ 和阈值 $b_{kj}(k=1,$

$2,\cdots,m;j=1,2,\cdots,r_1$),使得由图 15.6 所示的网络 N_1 的输出 $\boldsymbol{Q}(t)$ 在$[0,t_1]$上一致地满足

$$\|\boldsymbol{\Phi}^{-1}(t,0)\boldsymbol{B}(t)-\boldsymbol{Q}(t)\|<\frac{\varepsilon}{2M_2M_3}$$

于是,图 15.7 所示网络的输出 $\bar{\boldsymbol{x}}(t)$ 满足

$$\begin{aligned}\|\boldsymbol{x}(t)-\bar{\boldsymbol{x}}(t)\| &= \|\boldsymbol{\Phi}(t,0)[\boldsymbol{x}_0+\int_0^t\boldsymbol{\Phi}^{-1}(\tau,0)\boldsymbol{B}(\tau)\boldsymbol{u}(\tau)\mathrm{d}\tau-\boldsymbol{H}(t)[\boldsymbol{x}_0+\int_0^t\boldsymbol{Q}(\tau)\boldsymbol{u}(\tau)\mathrm{d}\tau]\|\leqslant\\ &\|\boldsymbol{\Phi}(t,0)-\boldsymbol{H}(t)\|\|\boldsymbol{x}_0\|+\|\int_0^t[\boldsymbol{\Phi}(t,0)\boldsymbol{\Phi}^{-1}(\tau,0)\boldsymbol{B}(\tau)-\boldsymbol{H}(t)\boldsymbol{Q}(\tau)]\boldsymbol{u}(\tau)\mathrm{d}\tau\|\leqslant\\ &\|\boldsymbol{\Phi}(t,0)-\boldsymbol{H}(t)\|[\|\boldsymbol{x}_0\|+\int_0^t\|\boldsymbol{\Phi}^{-1}(\tau,0)\boldsymbol{B}(\tau)\boldsymbol{u}(\tau)\|\mathrm{d}\tau]+\\ &\|\boldsymbol{H}(t)\|\int_0^{t_1}\|\boldsymbol{\Phi}^{-1}(\tau,0)\boldsymbol{B}(\tau)-\boldsymbol{Q}(\tau)\|\|\boldsymbol{u}(\tau)\|\mathrm{d}\tau<\varepsilon\end{aligned}$$

15.4.2 学习算法

对于 $\boldsymbol{x}(\cdot)\in L^2([0,t_1];R^n)$ 和 $\boldsymbol{u}(\cdot)\in L^2([0,t_1];R^m)$,用 $\|\boldsymbol{x}(\cdot)\|$ 和 $\|\boldsymbol{u}(\cdot)\|$ 分别表示它们的范数,即

$$\|\boldsymbol{x}(\cdot)\|=\left[\int_0^{t_1}\|\boldsymbol{x}(t)\|^2\mathrm{d}t\right]^{1/2}$$

$$\|\boldsymbol{u}(\cdot)\|=\left[\int_0^{t_1}\|\boldsymbol{u}(t)\|^2\mathrm{d}t\right]^{1/2}$$

设已知对应于输入 $\boldsymbol{u}_1(t),\cdots,\boldsymbol{u}_N(t)$,系统式(15.4.2)的输出状态分别为 $\boldsymbol{x}_1(t),\cdots,\boldsymbol{x}_N(t)$,而网络的输出分别为 $\bar{\boldsymbol{x}}_1(t),\cdots,\bar{\boldsymbol{x}}_N(t)$。记

$$E=\sum_{i=1}^N\|\boldsymbol{x}_i(\cdot)-\bar{\boldsymbol{x}}_i(\cdot)\|$$

显然 E 是网络权值和阈值的函数。利用最优化方法求出使 E 取最小值的权值和阈值,便实现了对网络的训练。在对网络进行训练时,输入函数的选取将直接影响到训练的成效。下面研究利用 $L^2([0,t_1];R^m)$ 中的标准正交系进行网络训练的效果。

设$\{\boldsymbol{e}_1,\boldsymbol{e}_2,\cdots,\boldsymbol{e}_r\}$是 $L^2([0,t_1];R^m)$ 的一个标准正交系,$\Omega\subset\mathrm{span}\{\boldsymbol{e}_1,\boldsymbol{e}_2,\cdots,\boldsymbol{e}_r\}$。对任意的 $\boldsymbol{u}(\cdot)\in L^2([0,t_1];R^m)$,记

$$\boldsymbol{x}(t,\boldsymbol{u})=\boldsymbol{\Phi}(t,0)[\boldsymbol{x}_0+\int_0^t\boldsymbol{\Phi}^{-1}(\tau,0)\boldsymbol{B}(\tau)\boldsymbol{u}(\tau)\mathrm{d}\tau]$$

$$\bar{\boldsymbol{x}}(t,\boldsymbol{u})=\boldsymbol{H}(t)[\boldsymbol{x}_0+\int_0^t\boldsymbol{\Phi}^{-1}(\tau,0)\boldsymbol{u}(\tau)\mathrm{d}\tau]$$

即 $\boldsymbol{x}(t,\boldsymbol{u})$ 是式(15.4.2)对应于控制函数 $\boldsymbol{u}(t)$ 的状态,而 $\bar{\boldsymbol{x}}(t,u)$ 是网络对应于 $\boldsymbol{u}(t)$ 的输出。

定理 15.2 对于任意的 $\varepsilon>0$,存在 $\delta>0$,使得当 $\sum_{i=0}^r\|\boldsymbol{x}(\cdot,\boldsymbol{e}_i)-\bar{\boldsymbol{x}}(\cdot,\boldsymbol{e}_i)\|<\delta$ 时,对任意 $\boldsymbol{u}(\cdot)\in\Omega$ 都有 $\|\boldsymbol{x}(\cdot,\boldsymbol{u})-\bar{\boldsymbol{x}}(\cdot,\boldsymbol{u})\|<\varepsilon$,其中 $\boldsymbol{e}_0=\boldsymbol{0}$。

证明 对于任意 $\boldsymbol{u}(\cdot)\in\Omega$,因为 $\boldsymbol{u}(\cdot)\in\mathrm{span}\{\boldsymbol{e}_1,\boldsymbol{e}_2,\cdots,\boldsymbol{e}_r\}$,所以 $\boldsymbol{u}(t)=\sum_{i=0}^r<\boldsymbol{u},\boldsymbol{e}_i>\boldsymbol{e}_i$,其中 $<\boldsymbol{u},\boldsymbol{e}_i>$ 表示 $\boldsymbol{u}(\cdot)$ 与 $\boldsymbol{e}_i(\cdot)$ 的内积。于是有

$$\boldsymbol{x}(t,\boldsymbol{u})-\bar{\boldsymbol{x}}(t,\boldsymbol{u})=[\boldsymbol{\Phi}(t,0)-\boldsymbol{H}(t)]\boldsymbol{x}_0+\int_0^t[\boldsymbol{\Phi}(t,0)\boldsymbol{\Phi}^{-1}(\tau,0)\boldsymbol{B}(\tau)-\boldsymbol{H}(t)\boldsymbol{Q}(\tau)]\boldsymbol{u}(\tau)\mathrm{d}\tau$$

$$= [\boldsymbol{\Phi}(t,0) - \boldsymbol{H}(t)]\boldsymbol{x}_0 + \sum_{i=1}^{r} < \boldsymbol{u},\boldsymbol{e}_i > \int_0^t [\boldsymbol{\Phi}(t,0)\boldsymbol{\Phi}^{-1}(\tau,0)\boldsymbol{B}(\tau) - \boldsymbol{H}(t)\boldsymbol{Q}(\tau)]\boldsymbol{e}_i(\tau)\mathrm{d}\tau$$

$$= [\boldsymbol{\Phi}(t,0) - \boldsymbol{H}(t)]\boldsymbol{x}_0 + \sum_{i=1}^{r} < \boldsymbol{u},\boldsymbol{e}_i > \{\boldsymbol{x}(t,\boldsymbol{e}_i) - \bar{\boldsymbol{x}}(t,\boldsymbol{e}_i) - [\boldsymbol{\Phi}(t,0) - \boldsymbol{H}(t)]\boldsymbol{x}_0\}$$

因此

$$\| \boldsymbol{x}(\cdot,\boldsymbol{u}) - \bar{\boldsymbol{x}}(\cdot,\boldsymbol{u}) \| \leqslant \| [\boldsymbol{\Phi}(\cdot,0) - \boldsymbol{H}(\cdot)]\boldsymbol{x}_0 \| + \| \sum_{i=1}^{r} < \boldsymbol{u},\boldsymbol{e}_i > [\boldsymbol{x}(\cdot,\boldsymbol{e}_i) - \bar{\boldsymbol{x}}(\cdot,\boldsymbol{e}_i)] \| + \| \sum_{i=1}^{r} < \boldsymbol{u},\boldsymbol{e}_i > [\boldsymbol{\Phi}(\cdot,0) - \boldsymbol{H}(\cdot)]\boldsymbol{x}_0 \| \tag{15.4.4}$$

利用赫尔德(Holder)不等式,有

$$\| \sum_{i=1}^{r} < \boldsymbol{u},\boldsymbol{e}_i > [\boldsymbol{x}(\cdot,\boldsymbol{e}_i) - \bar{\boldsymbol{x}}(\cdot,\boldsymbol{e}_i)] \| = \left\{\int_0^{t_1} \left\{\sum_{i=1}^{r} < \boldsymbol{u},\boldsymbol{e}_i > [\boldsymbol{x}(t,\boldsymbol{e}_i) - \bar{\boldsymbol{x}}(t,\boldsymbol{e}_i)]\right\}^2 \mathrm{d}t\right\}^{1/2}$$

$$\leqslant \left[\int_0^{t_1} \left(\sum | < \boldsymbol{u},\boldsymbol{e}_i > |^2\right)\left(\sum_{i=1}^{r} \| \boldsymbol{x}(t,\boldsymbol{e}_i) - \bar{\boldsymbol{x}}(t,\boldsymbol{e}_i) \|^2\right)\mathrm{d}t\right]^{1/2}$$

$$\leqslant r^{1/2}\left(\sum_{i=1}^{r} | < \boldsymbol{u},\boldsymbol{e}_i > |^2\right)^{1/2}\left[\sum_{i=1}^{r} \| \boldsymbol{x}(\cdot,\boldsymbol{e}_i) - \boldsymbol{x}(\cdot,\boldsymbol{e}_i) \|^2\right]^{1/2}$$

$$\leqslant r^{1/2}\left(\sum_{i=1}^{r} | < \boldsymbol{u},\boldsymbol{e}_i > |^2\right)^{1/2}\sum_{i=1}^{r} \| \boldsymbol{x}(\cdot,\boldsymbol{e}_i) - \bar{\boldsymbol{x}}(\cdot,\boldsymbol{e}_i) \| \tag{15.4.5}$$

因为 $\boldsymbol{e}_0=\boldsymbol{0}$,所以 $\boldsymbol{x}(t,\boldsymbol{e}_0)=\boldsymbol{\Phi}(t,0)\boldsymbol{x}_0$,$\bar{\boldsymbol{x}}(t,\boldsymbol{e}_0)=\boldsymbol{H}(t)\boldsymbol{x}_0$,于是有

$$\| [\boldsymbol{\Phi}(\cdot,0) - \boldsymbol{H}(\cdot)]\boldsymbol{x}_0 \| = \| \boldsymbol{x}(\cdot,\boldsymbol{e}_0) - \bar{\boldsymbol{x}}(\cdot,\boldsymbol{e}_0) \| \tag{15.4.6}$$

因此有

$$\| \sum_{i=1}^{r} < \boldsymbol{u},\boldsymbol{e}_i > [\boldsymbol{\Phi}(\cdot,0) - \boldsymbol{H}(\cdot)]\boldsymbol{x}_0 \| = \left\{\int_0^{t_1} \left\{\sum_{i=1}^{r} < \boldsymbol{u},\boldsymbol{e}_i > [\boldsymbol{x}(t,\boldsymbol{e}_0) - \bar{\boldsymbol{x}}(t,\boldsymbol{e}_0)]\right\}^2 \mathrm{d}t\right\}^{1/2}$$

$$\leqslant \left[\int_0^{t_1} \sum_{i=1}^{r} | < \boldsymbol{u},\boldsymbol{e}_i > |^2 \sum_{i=1}^{r} \| \boldsymbol{x}(t,\boldsymbol{e}_0) - \bar{\boldsymbol{x}}(t,\boldsymbol{e}_0) \|^2 \mathrm{d}t\right]^{1/2}$$

$$\leqslant r^{1/2}\left(\sum_{i=1}^{r} | < \boldsymbol{u},\boldsymbol{e}_i > |^2\right)^{1/2} \| \boldsymbol{x}(\cdot,\boldsymbol{e}_0) - \bar{\boldsymbol{x}}(\cdot,\boldsymbol{e}_0) \| \tag{15.4.7}$$

由 Ω 的有界性及贝塞尔(Bessel)不等式可知,存在 $M>0$ 使得对于任意 $\boldsymbol{u}(\cdot)\in\Omega$ 都有

$$\sum | < \boldsymbol{u},\boldsymbol{e}_i > |^2 \leqslant \| \boldsymbol{u} \|^2 \leqslant M^2 \tag{15.4.8}$$

将式(15.4.5)~式(15.4.7)代入式(15.4.4),得到

$$\| \boldsymbol{x}(\cdot,\boldsymbol{u}) - \bar{\boldsymbol{x}}(\cdot,\boldsymbol{u}) \| \leqslant \| \boldsymbol{x}(\cdot,\boldsymbol{e}_0) - \bar{\boldsymbol{x}}(\cdot,\boldsymbol{e}_0) \| + M\sum_{i=1}^{r} \| \boldsymbol{x}(\cdot,\boldsymbol{e}_i) - \bar{\boldsymbol{x}}(\cdot,\boldsymbol{e}_i) \| + r^{1/2}M \| \boldsymbol{x}(\cdot,\boldsymbol{e}_0) - \bar{\boldsymbol{x}}(\cdot,\boldsymbol{e}_0) \| < M_0 \sum_{i=0}^{r} \| \boldsymbol{x}(\cdot,\boldsymbol{e}_i) - \bar{\boldsymbol{x}}(\cdot,\boldsymbol{e}_i) \| \tag{15.4.9}$$

式中 $M_0=1+\sqrt{r}M$。

于是,当 $\sum_{i=0}^{r} \| \boldsymbol{x}(\cdot,\boldsymbol{e}_i) - \bar{\boldsymbol{x}}(\cdot,\boldsymbol{e}_i) \| < \delta = \dfrac{\varepsilon}{M_0}$ 时,对任意 $\boldsymbol{u}(\cdot)\in\Omega$ 都有 $\| \boldsymbol{x}(\cdot,\boldsymbol{u})-\bar{\boldsymbol{x}}(\cdot,\boldsymbol{u}) \| <\varepsilon$。

15.4.3 仿真结果

考虑一维系统

$$x = x\sin t + u\cos t,\quad t\in[0,1],\quad x(0)=0 \tag{15.4.10}$$

此时 $m=n=1$。相应地,在图 15.6 的 3 层网络中隐层只有 1 列,输出层只有 1 个节点,而式(15.4.3)中

$$Q(t)=\sum\omega_i\sigma(a_it+b_i),\quad H(t)=\sum_{i=1}^{r_2}v_i\sigma(\alpha_it+\beta_i)$$

式中：ω_i 和 v_i 分别为网络 N_1 和 N_2 中隐层第 i 个神经元与输出层节点的连接权；a_i 和 α_i 分别是网络 N_1 和 N_2 中输入节点与隐层第 i 个神经元的连接权，b_i 和 β_i 分别为网络 N_1 和 N_2 中隐层第 i 个神经元的阈值。取 $r_1=r_2=10$，sigmoid 函数为 $\sigma(t)=\dfrac{1}{1+e^{-t}}$。$L^2([0,1];\mathbf{R})$ 的一个标准正交系取为勒让德（Legendre）多项式，即

$$e_1(t)=1$$

$$e_2(t)=\sqrt{3}(2t-1)$$

$$e_3(t)=\sqrt{5}(6t^2-6t+1)$$

$$e_4(t)=\sqrt{7}(20t^3-30t^2+12t-1)$$

$$e_5(t)=\sqrt{9}(70t^4-140t^3+90t^2-20t+1)$$

经训练后得到网络 N_1 和 N_2 的权值与阈值如表 15.2 所示。用 $u(t)=t^4-1$ 检验辨识结果如图 15.8 所示。其中 $x(t)$ 为式（15.4.10）所描述系统的状态，$\bar{x}(t)$ 是网络的输出。它们的误差 $|x(\cdot)-\bar{x}(\cdot)|=0.0436$。辨识效果比较理想。为了获得更理想的逼近效果，只需增加网络 N_1 和 N_2 中神经元的个数 r_1 和 r_2。

表 15.2　网络 N_1 与 N_2 的权值和阈值

	v_i	α_i	β_i	ω_i	a_i	b_i
1	0.1183	0.1153	0.0973	−0.2818	−0.0430	−0.0076
2	−0.3857	−0.3884	0.0976	−0.4288	0.0867	0.0304
3	−0.1229	−0.1221	0.0972	−0.4434	0.0891	0.1204
4	0.0002	0.0325	−0.1003	−0.3410	0.0790	0.0161
5	−0.0874	−0.1683	−0.0173	−0.3309	0.1631	−0.0969
6	−0.3789	−0.3805	0.0105	−0.2080	0.0403	−0.1116
7	0.1257	0.1227	−0.0125	−0.1731	−0.0748	−0.1122
8	−0.1305	−0.1257	−0.0120	−0.4002	−0.0072	0.0302
9	−0.2840	−0.2516	0.0104	−0.3045	−0.0362	0.0067
10	−0.2257	−0.2718	0.0942	−0.4272	0.0864	0.0204

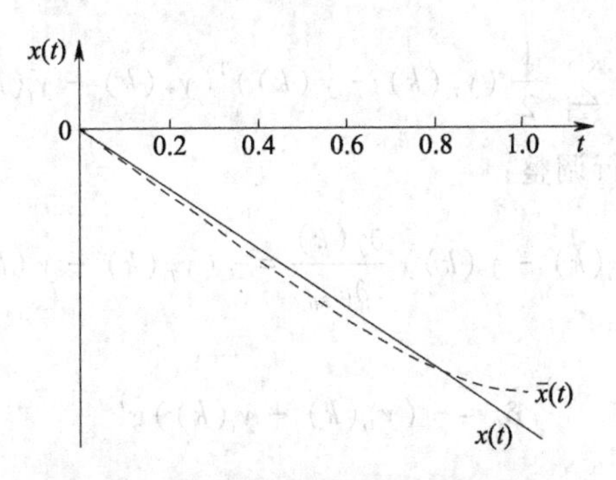

图 15.8　系统的状态与网络的输出曲线

15.5 非线性系统的神经网络辨识

近些年来,非线性系统的自适应控制是一个非常活跃的研究领域,但要控制一个未知的非线性控制对象是比较困难的,解决这一问题的常用手段是采用辨识方法。由于神经网络具有强大的并行性、快速的自适应和学习能力,目前已被广泛应用于未知非线性系统的辨识和控制。本节将介绍刘波等人于2008年所提出的一种适用于具有时间延迟非线性过程系统的神经网络辨识方法。

15.5.1 联想记忆神经网络

联想记忆神经网络是一种具有动态辨识能力的反馈神经网络,它适用于大延迟控制对象的在线辨识。多层前馈神经网络的输出值经过延迟反馈至网络的输入端,通过反馈通道引入联想记忆衰减因子 $\lambda\in(0,1)$,用来模拟大脑对某些事情随着时间推移的衰减特性,于是就得到了联想记忆神经网络。联想记忆神经网络结构如图15.9所示。

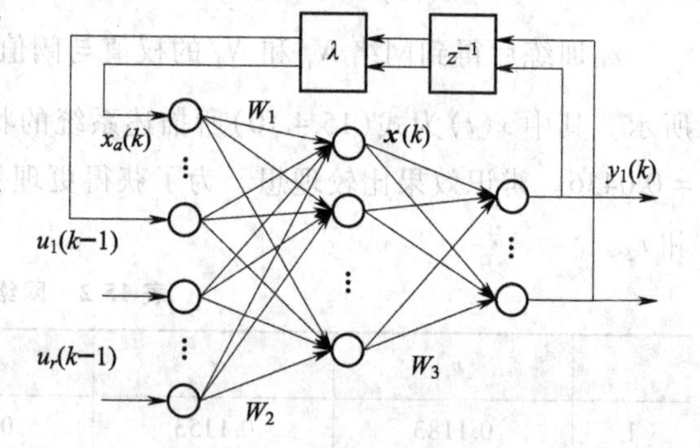

图15.9 联想记忆神经网络结构图

设神经网络的外输入为 $u(k-1)\in R^1$,输出为 $y(k)\in R^1$,联想记忆信号输入为 $x_a(k)\in R^1$,隐层(latent layer)输出为 $\boldsymbol{x}(k)\in R^n$,则非线性表达式为

$$\begin{cases}\boldsymbol{x}(k)=\boldsymbol{f}(\boldsymbol{W}_1x_a(k)+\boldsymbol{W}_2u(k-1))\\ x_a(k)=\lambda y(k-1)\\ y(k)=\boldsymbol{g}(\boldsymbol{W}_3\boldsymbol{x}(k))\end{cases}\tag{15.5.1}$$

其中$\boldsymbol{W}_1$,$\boldsymbol{W}_2$ 和$\boldsymbol{W}_3$ 分别为联想记忆层到隐层、输入层到隐层和隐层到输出层的加权矩阵,$\boldsymbol{f}(\cdot)$为隐层单元的主动向量函数,$\boldsymbol{g}(\cdot)$为输出单元的主动向量函数。

给出 N 组训练数据 y_{Ti}和能量函数 E,其中 E 通常被定义为平方输出误差的和,即

$$E=\sum_{p=1}^{N}E_p\tag{15.5.2}$$

其中

$$E_p=\sum_{i=1}^{r}\frac{1}{2}(y_{Ti}(k)-y_i(k))^{\mathrm{T}}(y_{Ti}(k)-y_i(k))\tag{15.5.3}$$

加权矩阵$\boldsymbol{W}_3$ 将根据下式进行调整:

$$\frac{\partial E_p}{\partial w_{3ij}}=-(y_{Ti}(k)-y_i(k))\frac{\partial y(k)}{\partial w_{3ij}}=-(y_{Ti}(k)-y_i(k))g'x_j(k)\tag{15.5.4}$$

定义

$$\delta_0=-(y_{Ti}(k)-y_i(k))g'$$

则

$$\frac{\partial E_p}{\partial w_{3ij}}=\delta_0x_j(k),\ i=1,2,\cdots,r;j=1,2,\cdots,n\tag{15.5.5}$$

加权矩阵$\boldsymbol{W}_1$ 将根据式(15.5.1)进行修正,所以有

$$
\begin{aligned}
x_a(k) &= \lambda y(k-1) = \lambda g(\boldsymbol{W}_3 \boldsymbol{x}(k-1)) \\
&= \lambda g(\boldsymbol{W}_3 \boldsymbol{f}(\boldsymbol{W}_1(k-1) x_a(k-1) + \boldsymbol{W}_2 u(k-2)))
\end{aligned} \tag{15.5.6}
$$

方程 $x_a(k-1)=\lambda y(k-2)$ 可以连续被展开，所以 $x_a(k)$ 取决于 $x_a(k-1)$，$y(k-1)$ 与 $\boldsymbol{W}_1(k-1)$ 相关，而且 $x_a(k-1)$ 取决于 $x_a(k-2)$，$y(k-2)$ 与 $\boldsymbol{W}_1(k-2)$ 相关，因而 $x_a(k)$ 是一个动态过程。由于

$$
\begin{cases}
\dfrac{\partial E_p}{\partial w_{1jm}} = -\displaystyle\sum_{i=1}^{r} (y_{Ti}(k) - y_i(k)) \dfrac{\partial y_i(k)}{\partial w_{1jm}} \\
\dfrac{\partial y_i(k)}{\partial w_{1jm}} = \lambda g'(\cdot) w_{3ij} f'_j(\cdot) y_j(k-1) + w_{1jm} \dfrac{\partial y_j(k-1)}{\partial w_{1jm}}
\end{cases} \tag{15.5.7}
$$

其中 $m=1,2,\cdots,r$，所以梯度 $\dfrac{\partial y_i(k)}{\partial w_{1jm}}$ 是一个动态递推关系式。

当 $y(k-1)$ 与 $\boldsymbol{W}_1$ 的相关性可以被忽略时，则上面所讨论的算法便退化为标准 BP 算法，即

$$
\begin{cases}
\Delta w_{3ij} = \eta \delta_0 x_j(k) \\
\Delta w_{2jl} = \eta \delta_{hj} u_l(k-1) \\
\Delta w_{1jm} = \eta \displaystyle\sum_{i=1}^{r} \delta_0 w_{3ij} f'_j(\cdot) x_{am}(k)
\end{cases} \tag{15.5.8}
$$

衰减因子 λ 对于联想记忆网络是一个十分重要的参数，其计算公式为

$$
\lambda = \alpha + (1-\alpha) e^{-\theta k} \tag{15.5.9}
$$

式中 λ 是联想记忆衰减因子，α 是最小记忆电容系数。参数 λ，α 和 θ 均局限于 $(0,1)$，其中 α 表示外输入 $u(k)$ 的相对强度，θ 用于调节记忆衰减速度。就一个系统来说，在不考虑外部干扰的情况下，其输出决定于其输入，所以应加强外输入信号的决策作用，即 α 应比较小。λ 的初始值为 1，终端值为 α，θ 用来调节 λ 由 1 衰减到 α 的快慢程度。进行网络训练时，α 和 θ 都会影响网络训练的快速性和稳定性。

15.5.2 学习算法及收敛性分析

考虑具体的函数逼近问题，其训练数据由 N 组 $\{\boldsymbol{x}_p, \boldsymbol{y}_{dp}\}$ 组成，其中 $p=1,2,\cdots,N$。对于具体的数组 p，其输入向量为 $\boldsymbol{x}_p$，则网络输出可表示为 $\boldsymbol{y}_p = f(\boldsymbol{W}, \boldsymbol{x}_p)$。常用的二次型指标函数为

$$
E = \frac{1}{2} \sum_{p=1}^{N} (\boldsymbol{y}_{dp} - \boldsymbol{y}_p)^2 \tag{15.5.10}
$$

通过训练加权矩阵 $\boldsymbol{W}$ 使 E 极小化。

定理 15.3 若任意的初始加权矩阵为 $\boldsymbol{W}(0)$，并且加权矩阵 $\boldsymbol{W}(t+1)$ 的调节规律为

$$
\begin{cases}
\boldsymbol{W}(t+1) = \boldsymbol{W}(t) + \dfrac{\|\tilde{\boldsymbol{y}}^2\|}{\|\boldsymbol{J}^{\mathrm{T}} \tilde{\boldsymbol{y}}\|^2} \boldsymbol{J}^{\mathrm{T}} \tilde{\boldsymbol{y}} \\
\boldsymbol{W}(t) = \boldsymbol{W}(0) + \displaystyle\int_0^t \dot{\boldsymbol{W}}(s) \mathrm{d}s
\end{cases} \tag{15.5.11}
$$

其中

$$
\tilde{\boldsymbol{y}} = [y_{d1} - y_1 \quad y_{d2} - y_2 \quad \cdots \quad y_{dN} - y_N]^{\mathrm{T}}
$$

$$
\dot{\boldsymbol{W}} = \frac{\|\tilde{\boldsymbol{y}}^2\|}{\|\boldsymbol{J}^{\mathrm{T}} \tilde{\boldsymbol{y}}\|^2} \boldsymbol{J}^{\mathrm{T}} \tilde{\boldsymbol{y}}
$$

$$
\boldsymbol{J} = \frac{\partial \boldsymbol{y}}{\partial \boldsymbol{W}}
$$

则在 $\dot{\boldsymbol{W}}$ 沿收敛轨迹存在的条件下，$\tilde{\boldsymbol{y}}$ 将收敛至零。

证明　设

$$V=\frac{1}{2}\tilde{\boldsymbol{y}}^{\mathrm{T}}\tilde{\boldsymbol{y}}$$

则

$$\dot{V}=-\frac{1}{2}\tilde{\boldsymbol{y}}^{\mathrm{T}}\frac{\partial \boldsymbol{y}}{\partial \boldsymbol{W}}\dot{\boldsymbol{W}}=-\tilde{\boldsymbol{y}}^{\mathrm{T}}\boldsymbol{J}\dot{\boldsymbol{W}}=-\parallel\tilde{\boldsymbol{y}}\parallel^{2}\leqslant 0$$

即对于所有 $\tilde{\boldsymbol{y}}\neq\boldsymbol{0}$，皆有 $\dot{V}<0$。如果 $\dot{V}$ 一致连续且有界，则当 $t\to\infty$ 时，$V\to 0$，也就是 $\tilde{\boldsymbol{y}}\to 0$。证毕。

加权矩阵 $\boldsymbol{W}$ 的调节规律如式(15.5.11)所示。在基于 GD 原理(general differential principle)的瞬时 BP 算法中则有

$$\begin{cases}\Delta\boldsymbol{W}=-\eta\left(\dfrac{\partial E}{\partial\boldsymbol{W}}\right)^{\mathrm{T}}=\eta\boldsymbol{J}_{p}^{\mathrm{T}}\tilde{\boldsymbol{y}}\\ \boldsymbol{W}(t+1)=\boldsymbol{W}(t)+\eta\boldsymbol{J}_{p}^{\mathrm{T}}\tilde{\boldsymbol{y}}\end{cases}\tag{15.5.12}$$

可以看到，二者的相似之处就在于 BP 算法中的固定学习速率在这里被自适应算法所代替。

定理 15.4　若加权矩阵 $\boldsymbol{W}$ 按照由非线性微分方程

$$\boldsymbol{W}(t+1)=\boldsymbol{W}(t)+\left(\mu\frac{\parallel\tilde{\boldsymbol{y}}\parallel}{\parallel\boldsymbol{J}_{p}^{\mathrm{T}}\tilde{\boldsymbol{y}}\parallel^{2}+\varepsilon}\right)(\boldsymbol{J}_{p}-\boldsymbol{D})^{\mathrm{T}}\tilde{\boldsymbol{y}}\tag{15.5.13}$$

所给出的动态特性进行调节，则当 $t\to\infty$ 时，$\tilde{\boldsymbol{y}}$ 将收敛至零，其中

$$\boldsymbol{D}=\lambda\frac{1}{\parallel\tilde{\boldsymbol{y}}\parallel^{2}}\tilde{\boldsymbol{y}}\ddot{\boldsymbol{W}}^{\mathrm{T}}$$

$$\ddot{\boldsymbol{W}}=\frac{1}{(\Delta t)^{2}}[\boldsymbol{W}(t)-2\boldsymbol{W}(t-1)+\boldsymbol{W}(t-2)]$$

$$\dot{\boldsymbol{W}}=\alpha\boldsymbol{W}\boldsymbol{J}^{\mathrm{T}}\tilde{\boldsymbol{y}}-\alpha\boldsymbol{W}\ddot{\boldsymbol{W}}$$

$$\alpha\boldsymbol{W}=\frac{\parallel\tilde{\boldsymbol{y}}\parallel^{2}}{\parallel\boldsymbol{J}_{p}^{\mathrm{T}}\tilde{\boldsymbol{y}}\parallel^{2}+\varepsilon}(\boldsymbol{J}-\boldsymbol{D})^{\mathrm{T}}\tilde{\boldsymbol{y}}$$

式中 Δt 是仿真时所取的一个时间单元。

证明　选取李雅普诺夫函数为

$$V=\frac{1}{2}(\tilde{\boldsymbol{y}}^{\mathrm{T}}\tilde{\boldsymbol{y}}+\lambda\dot{\boldsymbol{W}}^{\mathrm{T}}\dot{\boldsymbol{W}})$$

对 V 求导可得

$$\dot{V}=-\tilde{\boldsymbol{y}}^{\mathrm{T}}\frac{\partial\boldsymbol{y}}{\partial\boldsymbol{W}}\dot{\boldsymbol{W}}+\lambda\dot{\boldsymbol{W}}^{\mathrm{T}}\dot{\boldsymbol{W}}=-\tilde{\boldsymbol{y}}^{\mathrm{T}}(\boldsymbol{J}-\boldsymbol{D})\dot{\boldsymbol{W}}$$

其中

$$\boldsymbol{J}=\frac{\partial\boldsymbol{y}}{\partial\boldsymbol{W}}$$

$$\boldsymbol{D}=\lambda\frac{1}{\parallel\tilde{\boldsymbol{y}}\parallel^{2}}\tilde{\boldsymbol{y}}\ddot{\boldsymbol{W}}^{\mathrm{T}}$$

所以有

$$\dot{V} = -\frac{\|\tilde{\boldsymbol{y}}\|^2}{\|\boldsymbol{J}_p^{\mathrm{T}}\tilde{\boldsymbol{y}}\|^2 + \varepsilon}\|(\boldsymbol{J}-\boldsymbol{D})^{\mathrm{T}}\tilde{\boldsymbol{y}}\| \leqslant 0$$

由于$(\boldsymbol{J}-\boldsymbol{D})^{\mathrm{T}}\tilde{\boldsymbol{y}}$非零,所以对于所有$\tilde{\boldsymbol{y}} \neq \boldsymbol{0}$则$\dot{V}<0$,并且当且仅当$\tilde{\boldsymbol{y}}=\boldsymbol{0}$时$\dot{V}=0$,因此当$t\to\infty$时,$\tilde{\boldsymbol{y}}$将收敛至零。证毕。

加权矩阵$\boldsymbol{W}$的调节方程也可以表示为下列的微分方程形式

$$\begin{aligned}\boldsymbol{W}(t+1) &= \boldsymbol{W}(t) + \left(\mu\frac{\|\tilde{\boldsymbol{y}}\|}{\|\boldsymbol{J}_p^{\mathrm{T}}\tilde{\boldsymbol{y}}\|^2+\varepsilon}\right)(\boldsymbol{J}_p-\boldsymbol{D})^{\mathrm{T}}\tilde{\boldsymbol{y}} \\ &= \boldsymbol{W}(t) + \mu\frac{\|\tilde{\boldsymbol{y}}\|}{\|\boldsymbol{J}_p^{\mathrm{T}}\tilde{\boldsymbol{y}}\|^2+\varepsilon}\boldsymbol{J}_p\tilde{\boldsymbol{y}} - \mu_1\frac{\ddot{\boldsymbol{W}}(t)}{\|\boldsymbol{J}_p^{\mathrm{T}}\tilde{\boldsymbol{y}}\|^2+\varepsilon}\end{aligned}$$

其中$\mu_1=\lambda\mu$,并且加速度$\ddot{\boldsymbol{W}}$的计算公式为

$$\ddot{\boldsymbol{W}} = \frac{1}{(\Delta t)^2}[\boldsymbol{W}(t) - 2\boldsymbol{W}(t-1) + \boldsymbol{W}(t-2)]$$

式中Δt是仿真时所取的一个时间单元。

15.6 利用延迟神经网络的非线性系统辨识

本节将介绍张建华等人于2008年所提出的一种时变延迟非线性系统的辨识方法,该方法利用一种时延动态神经网络进行在线辨识。这种神经网络具有动态串并联结构,时延神经网络的权矩阵利用辨识误差进行调节,并且用李雅普诺夫-克拉索夫斯基(Lyapunov-Krosofovsky)方法推导了在线辨识的稳定性条件。

15.6.1 预备知识

考虑由下述非线性微分方程所描述的连续时间时延非线性系统

$$\begin{cases}\dot{\boldsymbol{x}}(t) = f(\boldsymbol{x}(t), \boldsymbol{x}(t-\tau(t)), \boldsymbol{u}(t)) \\ \boldsymbol{y}(t) = h(\boldsymbol{x}(t), \boldsymbol{u}(t))\end{cases} \tag{15.6.1}$$

其中$\boldsymbol{x}(t)=[x_1(t) \quad x_2(t) \quad \cdots \quad x_n(t)]^{\mathrm{T}}$为系统状态,$\boldsymbol{x}(t-\tau(t))$为时延状态,$\tau(t)$为有界时变延迟,$\boldsymbol{u}(t)$是有界输入,$\boldsymbol{y}(t)$是输出向量,$f$是通常的非线性光滑函数,$h$为连续函数,$f$和$h$未知。下面将讨论辨识误差的钝性(passivity)和稳定性,首先给出非线性系统的钝性的定义。

定义 15.1 若存在一个被称之为存储函数的非负函数$S(\boldsymbol{x}(t)) \in C^r$使得对于所有$\boldsymbol{u}(t)$、所有初始条件$\boldsymbol{x}(0)$以及所有$t \geqslant 0$,不等式

$$\dot{S}(\boldsymbol{x}(t)) \leqslant \boldsymbol{u}^{\mathrm{T}}(t)\boldsymbol{y}(t) - \varepsilon\boldsymbol{u}^{\mathrm{T}}(t)\boldsymbol{u}(t) - \delta\boldsymbol{y}^{\mathrm{T}}(t)\boldsymbol{y}(t) - \rho\boldsymbol{\psi}(\boldsymbol{x}(t)) \tag{15.6.2}$$

均成立,则称系统是钝性的,其中ε,δ和ρ为非负常数,$\boldsymbol{\psi}(\boldsymbol{x}(t))$是$\boldsymbol{x}(t)$的半正定函数矩阵,$\boldsymbol{\psi}(\boldsymbol{0})=\boldsymbol{0}$,$\rho\boldsymbol{\psi}(\boldsymbol{x}(t))$称之为状态耗散速率。

若存在一个正定函数$V(\boldsymbol{x}(t))$使得

$$\dot{S}(\boldsymbol{x}(t)) \leqslant \boldsymbol{u}^{\mathrm{T}}(t)\boldsymbol{y}(t) - \dot{V}(\boldsymbol{x}(t)) \tag{15.6.3}$$

则该系统是严格钝性的。

若存储函数 $\boldsymbol{S}(\boldsymbol{x}(t))$ 可微并且动态系统是钝性的，则存储函数 $\boldsymbol{S}(\boldsymbol{x}(t))$ 满足不等式

$$\dot{\boldsymbol{S}}(\boldsymbol{x}(t)) \leqslant \boldsymbol{u}^{\mathrm{T}}(t)\boldsymbol{y}(t) \tag{15.6.4}$$

15.6.2　非线性系统的神经网络辨识

根据斯通-魏尔斯特拉斯定理（Stone-Weierstrass theorem）式（15.6.1）所描述的非线性系统可以写为神经网络形式

$$\dot{\boldsymbol{x}}(t) = \boldsymbol{A}\boldsymbol{x}(t) + \boldsymbol{B}\boldsymbol{x}(t-\tau(t)) + \boldsymbol{V}f(\boldsymbol{x}(t)) + \boldsymbol{W}g(\boldsymbol{x}(t))u(t) - \bar{\boldsymbol{f}} \tag{15.6.5}$$

其中 $\forall t \in (0,\infty)$，$\boldsymbol{x}(t)$ 是神经网络的状态向量，$\boldsymbol{x}(t-\tau(t))$ 是神经网络的时延状态向量，是所给出的控制向量域，并且 $|u(t)| \leqslant \bar{u}$，$\tau(t)$ 是网络时延，$\boldsymbol{A},\boldsymbol{B},\boldsymbol{V}$ 和 $\boldsymbol{W}$ 为有界矩阵，$\bar{\boldsymbol{f}}$ 为建模误差。由于状态变量和输出变量实际上是有界的，所以建模误差 $\bar{\boldsymbol{f}}$ 也可假定是有界的。对于已知时延 $\tau(t)$、函数 $f(\cdot)$ 和 $g(\cdot)$ 可以做出以下假设：

（1）$0 \leqslant \tau(t) \leqslant \tau_0, \dot{\tau}(t) \leqslant C<1$；

（2）$f(\cdot)$ 和 $g(\cdot)$ 是有界的，其界为 $|f(\xi)| \leqslant k_1$，$|g(\xi)| \leqslant k_2$；

（3）存在实数 $l_1, l_2>0$ 使得对于所有 $\boldsymbol{x},\boldsymbol{y} \in \mathbf{R}$ 并且 $\boldsymbol{x} \leqslant \boldsymbol{y}$ 有

$$\boldsymbol{0} \leqslant g(\boldsymbol{x}) - g(\boldsymbol{y}) \leqslant l_1(\boldsymbol{x}-\boldsymbol{y}),\ \boldsymbol{0} \leqslant f(\boldsymbol{x}) - f(\boldsymbol{y}) \leqslant l_2(\boldsymbol{x}-\boldsymbol{y})$$

（4）$f(\boldsymbol{0}) = \boldsymbol{0}, g(\boldsymbol{0}) = \boldsymbol{0}$。

该非线性系统辨识所采用的神经网络是连续时间串并联时延神经网络，其数学表达式为

$$\begin{aligned}\dot{\boldsymbol{y}}(t) = {} & \boldsymbol{A}(t)\boldsymbol{x}(t) + \boldsymbol{B}(t)\boldsymbol{x}(t-\tau(t)) + \boldsymbol{V}(t)f(\boldsymbol{x}(t)) + \\ & \boldsymbol{W}(t)g(\boldsymbol{x}(t))u(t) + \boldsymbol{\varepsilon}\boldsymbol{e}(t)\end{aligned} \tag{15.6.6}$$

其中 $\boldsymbol{A}(t),\boldsymbol{B}(t),\boldsymbol{V}(t)$ 和 $\boldsymbol{W}(t)$ 为时延神经网络的互联加权矩阵，辨识误差 $\boldsymbol{e}(t)=\boldsymbol{y}(t)-\boldsymbol{x}(t)$，$\boldsymbol{\varepsilon}=\mathrm{diag}(\varepsilon_1,\varepsilon_2,\cdots,\varepsilon_n)$。辨识误差 $\boldsymbol{e}(t)$ 的动态可由下面的式（15.6.7）和式（15.6.8）得到

$$\begin{aligned}\dot{\boldsymbol{e}}(t) = {} & \tilde{\boldsymbol{A}}\boldsymbol{y}(t) - \boldsymbol{A}\boldsymbol{e}(t) + \tilde{\boldsymbol{B}}\boldsymbol{y}(t-\tau(t)) - \boldsymbol{B}\boldsymbol{e}(t-\tau(t)) + \tilde{\boldsymbol{V}}f(\boldsymbol{y}(t)) - \\ & \boldsymbol{V}\tilde{f}(\boldsymbol{e}(t)) + \tilde{\boldsymbol{W}}g(\boldsymbol{y}(t))u(t) - \tilde{\boldsymbol{W}}\tilde{g}(\boldsymbol{e}(t))u(t) + \boldsymbol{\varepsilon}\boldsymbol{e}(t) + \bar{\boldsymbol{f}}\end{aligned} \tag{15.6.7}$$

其中，对于 $t \in [-\tau_0, 0]$，$\boldsymbol{e}(t)=\boldsymbol{0}$；$\tilde{\boldsymbol{A}}=\boldsymbol{A}(t)-\boldsymbol{A}$，$\tilde{\boldsymbol{B}}=\boldsymbol{B}(t)-\boldsymbol{B}$，$\tilde{\boldsymbol{V}}=\boldsymbol{V}(t)-\boldsymbol{V}$，$\tilde{\boldsymbol{W}}=\boldsymbol{W}(t)-\boldsymbol{W}$；$\tilde{f}(\boldsymbol{e}(t))=f(\boldsymbol{y}(t))-f(\boldsymbol{x}(t))$，$\tilde{g}(\boldsymbol{e}(t))=g(\boldsymbol{y}(t))-g(\boldsymbol{x}(t))$。

定理 15.5　在假设（1）~（4）的条件下，辨识误差动态式（15.6.7）从建模误差到辨识误差是严格钝性的，其中时延神经网络加权矩阵的修正律为

$$\begin{cases}\dot{\tilde{a}}_{ij}(t) = -e_i(t)y_j(t) \\ \dot{\tilde{b}}_{ij}(t) = -e_i(t)y_j(t-\tau(t)) \\ \dot{\tilde{v}}_{ij}(t) = -e_i(t)f(y_j(t)) \\ \dot{\tilde{w}}_{ij}(t) = -e_i(t)f(y_j(t))u(t) \\ \dot{\varepsilon}_i(t) = -e_i^2(t)\end{cases} \tag{15.6.8}$$

式中 $\tilde{a}_{ij},\tilde{b}_{ij},\tilde{v}_{ij},\tilde{w}_{ij}$ 和 ε_i 分别为 $\tilde{\boldsymbol{A}},\tilde{\boldsymbol{B}},\tilde{\boldsymbol{V}},\tilde{\boldsymbol{W}}$ 和 $\boldsymbol{\varepsilon}$ 的相应元素，$i,j=1,2,\cdots,n$。

证明 选择李雅普诺夫-克拉索夫斯基函数为

$$V=\frac{1}{2}\boldsymbol{e}^{\mathrm{T}}(t)\boldsymbol{e}(t)+\frac{1}{2}\sum_{i=1}^{n}\sum_{j=1}^{n}(\tilde{a}_{ij}^{2}+\tilde{b}_{ij}^{2}+\tilde{v}_{ij}^{2}+\tilde{w}_{ij}^{2})+\frac{1}{2}\sum_{i=1}^{n}(\varepsilon_i+l)^2+\int_{t-\tau}^{t}\frac{1}{2(1-\mu)}\boldsymbol{e}^{\mathrm{T}}(\theta)\boldsymbol{e}(\theta)\mathrm{d}\theta \tag{15.6.9}$$

其中 $l>0$ 是一个选定的常数。由于

$$\begin{cases}\boldsymbol{e}^{\mathrm{T}}(t)\tilde{\boldsymbol{A}}\boldsymbol{y}(t)=\sum_{i=1}^{n}\sum_{j=1}^{n}\tilde{a}_{ij}e_i(t)y_j(t)\\ \boldsymbol{e}^{\mathrm{T}}(t)\tilde{\boldsymbol{B}}\boldsymbol{y}(t)=\sum_{i=1}^{n}\sum_{j=1}^{n}\tilde{b}_{ij}e_i(t)y_j(t-\tau(t))\\ \boldsymbol{e}^{\mathrm{T}}(t)\tilde{\boldsymbol{V}}f(\boldsymbol{y}(t))=\sum_{i=1}^{n}\sum_{j=1}^{n}\tilde{v}_{ij}e_i(t)f(y_j(t))\\ \boldsymbol{e}^{\mathrm{T}}(t)\tilde{\boldsymbol{W}}g(\boldsymbol{y}(t))u(t)=\sum_{i=1}^{n}\sum_{j=1}^{n}\tilde{w}_{ij}e_i(t)g(y_j(t))u(t)\\ \boldsymbol{e}^{\mathrm{T}}(t)\boldsymbol{\varepsilon}\boldsymbol{e}(t)=\sum_{i=1}^{n}\varepsilon_i e_i^2(t)\end{cases} \tag{15.6.10}$$

沿轨迹计算 V 的导数，可得

$$\begin{aligned}\dot{V}&=-\boldsymbol{e}^{\mathrm{T}}(t)\boldsymbol{A}\boldsymbol{e}(t)-\boldsymbol{e}^{\mathrm{T}}(t)\boldsymbol{B}\boldsymbol{e}(t-\tau(t))-\boldsymbol{e}^{\mathrm{T}}(t)\boldsymbol{V}\tilde{f}(\boldsymbol{e}(t))-\\&\quad\boldsymbol{e}^{\mathrm{T}}(t)\boldsymbol{W}\tilde{f}(\boldsymbol{e}(t))u(t)-l\,\boldsymbol{e}^{\mathrm{T}}(t)\boldsymbol{e}(t)+\boldsymbol{e}^{\mathrm{T}}(t)\bar{\boldsymbol{f}}+\\&\quad\frac{1}{2(1-\mu)}\boldsymbol{e}^{\mathrm{T}}(t)\boldsymbol{e}(t)-\boldsymbol{e}^{\mathrm{T}}(t-\tau(t))\boldsymbol{e}(t-\tau(t))\\&\leqslant\boldsymbol{e}^{\mathrm{T}}(t)\boldsymbol{Q}\boldsymbol{e}(t)+\boldsymbol{e}^{\mathrm{T}}(t)\bar{\boldsymbol{f}}\end{aligned} \tag{15.6.11}$$

其中

$$\boldsymbol{Q}=-\boldsymbol{A}+\boldsymbol{B}\boldsymbol{B}^{\mathrm{T}}+\boldsymbol{V}\boldsymbol{V}^{\mathrm{T}}+k_1^2\boldsymbol{I}+u^2\boldsymbol{W}\boldsymbol{W}^{\mathrm{T}}+k_2^2\boldsymbol{I}+\frac{1}{2(1-\mu)}\boldsymbol{I}-l\boldsymbol{I} \tag{15.6.12}$$

选取足够大的 l 使其满足不等式

$$l>\lambda_{\max}(-\boldsymbol{A}+\boldsymbol{B}\boldsymbol{B}^{\mathrm{T}}+\boldsymbol{V}\boldsymbol{V}^{\mathrm{T}}+u^2\boldsymbol{W}\boldsymbol{W}^{\mathrm{T}})+k_1^2+k_2^2+\frac{1}{2(1-\mu)} \tag{15.6.13}$$

则有 $\boldsymbol{Q}<\boldsymbol{0}$，并且

$$\dot{V}\leqslant\boldsymbol{e}^{\mathrm{T}}(t)\boldsymbol{Q}\boldsymbol{e}(t)+\boldsymbol{e}^{\mathrm{T}}(t)\bar{\boldsymbol{f}}\leqslant\boldsymbol{e}^{\mathrm{T}}(t)\bar{\boldsymbol{f}} \tag{15.6.14}$$

由定义 15.1 可知，如果将 $\bar{\boldsymbol{f}}$ 看作系统输入、$\boldsymbol{e}^{\mathrm{T}}(t)$ 看作系统输出，则该系统是严格钝性的。证毕。

由以上的讨论可知，若选择合适的存储函数并且利用自适应梯度法去调节加权矩阵，则神经网络可以辨识非线性系统。

定理 15.6 在假设(1)~(4)的条件下，辨识误差动态式(15.6.7)从建模误差到辨识误差是严格钝性的，其中时延神经网络加权矩阵的修正律为

$$\begin{cases}\dot{\tilde{a}}_{ij}(t)=-\operatorname{sgn}(e_i(t))y_j(t)\\ \dot{\tilde{b}}_{ij}(t)=-\operatorname{sgn}(e_i(t))y_j(t-\tau(t))\\ \dot{\tilde{v}}_{ij}(t)=-\operatorname{sgn}(e_i(t))f(y_j(t))\\ \dot{\tilde{w}}_{ij}(t)=-\operatorname{sgn}(e_i(t))f(y_j(t))u(t)\\ \dot{\varepsilon}_i(t)=-\operatorname{sgn}(e_i(t))e_i(t)\end{cases} \tag{15.6.15}$$

证明 选择李雅普诺夫-克拉索夫斯基函数为

$$V=\sum_{i=1}^{n}\operatorname{sgn}(e_i(t))e_i(t)+\frac{1}{2}\sum_{i=1}^{n}(\varepsilon_i+l)+$$
$$\left(\sum_{i=1}^{n}\sum_{j=1}^{n}|b_{ij}|\right)\int_{t-\tau(t)}^{t}\operatorname{sgn}(e_i(t))e_i(s)\exp(\mu(s+\tau_0))\mathrm{d}s+$$
$$\frac{1}{2}\sum_{i=1}^{n}\sum_{j=1}^{n}(\tilde{a}_{ij}^2+\tilde{b}_{ij}^2+\tilde{v}_{ij}^2+\tilde{w}_{ij}^2) \tag{15.6.16}$$

其中 $l>0$ 是一个选定的常数。李雅普诺夫-克拉索夫斯基函数的导数为

$$\dot{V}\leqslant\sum_{i=1}^{n}\operatorname{sgn}(e_i(t))\dot{e}_i(t)+\sum_{i=1}^{n}\operatorname{sgn}(e_i(t))e_i(t)-$$
$$\sum_{i=1}^{n}\sum_{j=1}^{n}\operatorname{sgn}(e_i(t))[\tilde{a}_{ij}y_i(t)+\tilde{b}_{ij}y_j(t-\tau(t))+\tilde{v}_{ij}f(y_j(t))+\tilde{w}_{ij}g(y_j(t))u(t)]-$$
$$\sum_{i=1}^{n}\operatorname{sgn}(e_i(t-\tau(t)))e_i(t-\tau(t))-\sum_{i=1}^{n}(\varepsilon_i+l)\operatorname{sgn}(e_i(t))e_i(t)$$
$$\leqslant\sum_{i=1}^{n}\sum_{j=1}^{n}(|a_{ij}|+|b_{ij}|+l_1|v_{ij}|+l_2|w_{ij}|u(t))|e_i(t)|+\sum_{i=1}^{n}\operatorname{sgn}(e_i(t))\bar{f}_i-l\sum_{i=1}^{n}|e_i(t)|$$
$$\leqslant\sum_{i=1}^{n}\Theta_i|e_i(t)|+\operatorname{sgn}(\boldsymbol{e}^{\mathrm{T}}(t))\bar{\boldsymbol{f}} \tag{15.6.17}$$

其中

$$\Theta_i=\sum_{j=1}^{n}(|a_{ij}|+|b_{ij}|+l_1|v_{ij}|+l_2|w_{ij}|u(t))-l \tag{15.6.18}$$

选择足够大的 l 使其满足不等式

$$l>\sum_{j=1}^{n}(|a_{ij}|+|b_{ij}|+l_1|v_{ij}|+l_2|w_{ij}|u(t)) \tag{15.6.19}$$

则 $\Theta_i<0$,并且

$$\dot{V}\leqslant\sum_{i=1}^{n}\Theta_i|e_i(t)|+\operatorname{sgn}(\boldsymbol{e}^{\mathrm{T}}(t))\bar{\boldsymbol{f}}$$

由定义 15.1 知,若将 $\bar{\boldsymbol{f}}$ 看作系统输入、$\boldsymbol{e}^{\mathrm{T}}(t)$ 看作系统输出,则该系统是严格钝性的。证毕。

推论 15.1 若仅在 $\bar{\boldsymbol{f}}=\boldsymbol{0}$ 时呈现参数不确定性,则采用自适应律式(15.6.15)可使辨识误差渐近稳定,即 $\lim\limits_{t\to\infty}\boldsymbol{e}(t)=\boldsymbol{0}$。

选择类似于定理 15.5 和定理 15.6 中的李雅普诺夫-克拉索夫斯基函数,并且采用类似的证明方法,很容易证明该推论。

15.7 基于神经网络的非线性系统协同自适应辨识

本节将介绍陈伟生等人于 2012 年所提出的用神经网络辨识非线性系统的协同自适应辨识方法,这种方法的神经网络权矩阵的自适应律是分布式的,并且为了在线共享数据,在辨识模型之间建立了互联网络拓扑结构。文中证明,如果互联网拓扑结构无方向性并且互联,则对于相同系统函数来说神经网络加权矩阵的所有自适应律都可以收敛到一个围绕最优值的小邻域内,并且最优值处于由系统轨迹组成的集合的并集范围内。因此,训练过的系统模型具有较好的泛化能力。

15.7.1 预备知识

15.7.1.1 代数图论

N 个系统的互联拓扑结构可以建模为一个图形。一个 n 阶的无向图 G 是一对 $\{V,E\}$，其中 $V=\{v_1, v_2,\cdots,v_n\}$ 是一个有限的非空节点集，$E\subseteq V\times V$ 是无序节点对的一个边集，即 $G\triangleq\{V,E\}$。一个无向图的邻接矩阵 $\boldsymbol{A}\triangleq[a_{ij}]_{n\times n}$ 则被定义为当若 $(i,j)\in E$ 时，$\boldsymbol{A}$ 的元素 a_{ij} 为正，否则 $a_{ij}=0$。假设每一个节点都没有自身的边缘，即对于所有 i，如果没有特别说明，均为 $a_{ii}=0$。拉普拉斯矩阵 $\boldsymbol{L}\triangleq[l_{ij}]\in R^{n\times n}$ 被定义为当 $i\neq j$ 时 $l_{ij}=-a_{ij}$，并且 $l_{ii}=\sum\limits_{j=1}^{n}a_{ij}$。

引理 15.1 设 $\boldsymbol{L}$ 为与 p 阶无向图 G 相对应的对称拉普拉斯矩阵，则对于无向图 G 来说，$\boldsymbol{L}$ 至少有一个零特征值，并且其所有非零特征值均为正。此外，$\boldsymbol{L}$ 具有一个单一的其单位特征向量为 $\frac{1}{\sqrt{N}}\boldsymbol{I}_n$ 的零特征值，并且当且仅当 G 被连接时，$\boldsymbol{L}$ 的其余所有特征值都是正值。

15.7.1.2 指数稳定和持续激励条件

考虑系统

$$\dot{\boldsymbol{x}}=f(\boldsymbol{x},t),\boldsymbol{x}(t_0)=\boldsymbol{x}_0 \tag{15.7.1}$$

其中 $f:R^n\times[0,+\infty)\rightarrow R^n$ 是 t 的分段连续函数并且对于在 $R^n\times[0,+\infty)$ 上的 $\boldsymbol{x}$ 是局部利普希茨(Lipschitz)的。当初始条件为 $(t_0,\boldsymbol{x}_0)$ 时，系统式(15.7.1)的解可表示为 $\boldsymbol{x}(t;t_0,\boldsymbol{x}_0)$。

定义 15.2 若存在常数 $a,b>0$ 和 $r>0$ 使得对于所有 $(t_0,\boldsymbol{x}_0)\in[0,+\infty)\times B_r$，$B_r=\{\boldsymbol{x}\in R^n \mid \|\boldsymbol{x}\|\leqslant r\}$，以及所有 $t\geqslant t_0$ 均有 $\|\boldsymbol{x}(t;t_0,\boldsymbol{x}_0)\|\leqslant a e^{-b(t-t_0)}\|\boldsymbol{x}_0\|$，则平衡点 $\boldsymbol{x}=\boldsymbol{0}$ 是一致指数稳定的。若存在常数 $a,b>0$ 使得对于所有 $(t_0,\boldsymbol{x}_0)\in[0,+\infty)\times R^n$ 以及所有 $t\geqslant t_0$ 均有 $\|\boldsymbol{x}(t;t_0,\boldsymbol{x}_0)\|\leqslant a e^{-b(t-t_0)}\|\boldsymbol{x}_0\|$，则平衡点 $\boldsymbol{x}=\boldsymbol{0}$ 是大范围一致指数稳定的。

定义 15.3 持续激励(persistent excitation, PE)，对于一个分段连续、一致有界的矩阵值函数 $\boldsymbol{S}:[0,+\infty)\rightarrow R^{m\times n}$ 来说，如果存在正的常数 α_1,α_2 和 T_0 使得不等式

$$\alpha_1\boldsymbol{I}\leqslant\int_{t_0}^{t_0+T_0}\boldsymbol{S}(\tau)\,\boldsymbol{S}^{\mathrm{T}}(\tau)\,\mathrm{d}\tau\leqslant\alpha_2\boldsymbol{I},\forall t_0\geqslant 0 \tag{15.7.2}$$

成立，则称函数 $\boldsymbol{S}$ 满足持续激励条件，其中 $\boldsymbol{I}\in R^{m\times m}$ 为单位矩阵。

引理 15.2 考虑线性时变系统(linear time-varying system, LTV system)

$$\begin{bmatrix}\dot{\boldsymbol{x}}_1\\ \dot{\boldsymbol{x}}_2\end{bmatrix}=\begin{bmatrix}\boldsymbol{A} & \boldsymbol{S}^{\mathrm{T}}(t)\\ -\boldsymbol{\Gamma}\boldsymbol{S}(t) & \boldsymbol{0}\end{bmatrix}\begin{bmatrix}\boldsymbol{x}_1\\ \boldsymbol{x}_2\end{bmatrix} \tag{15.7.3}$$

其中，$\boldsymbol{x}_1\in R^n$，$\boldsymbol{x}_2\in R^m$，$\boldsymbol{x}=\begin{bmatrix}\boldsymbol{x}_1\\ \boldsymbol{x}_2\end{bmatrix}\in R^{n+m}$ 表示系统状态，$\boldsymbol{A}=[a_{ij}]_{n\times n}$，$\boldsymbol{\Gamma}^{\mathrm{T}}=\boldsymbol{\Gamma}$。若满足条件：(1)三元组 $(\boldsymbol{A},\boldsymbol{S},\boldsymbol{\Gamma})$ 是严格正实的，即存在对称正定矩阵 $\boldsymbol{P}$ 使得 $\boldsymbol{\Gamma}\boldsymbol{A}+\boldsymbol{A}^{\mathrm{T}}\boldsymbol{\Gamma}=-\boldsymbol{P}$ 成立；(2) $\boldsymbol{S}(t)$ 连续有界，$\dot{\boldsymbol{S}}(t)$ 有界，并且 $\boldsymbol{S}(t)$ 满足持续激励条件，则在系统(15.7.3)中 $\boldsymbol{x}=\boldsymbol{0}$ 是一致大范围指数稳定。

引理 15.3 考虑系统

$$\dot{x} = f(x,t) + g(x,t) \tag{15.7.4}$$

式中,f:D×[0,∞)→R^n 和 g:D×[0,∞)→R^n 在[0,∞)×D 上对于 t 是分段连续的,对于 $\boldsymbol{x}$ 是局部利普希茨的,其中 D∈R^n。令 $\boldsymbol{x}=\boldsymbol{0}$ 是规范系统式(15.7.4)的一个指数稳定平衡点,假设 $g(\boldsymbol{x}(t),t)$ 一致有界并且 $\lim\limits_{t\to\infty}\|g(\boldsymbol{x}(t),t)\|\leqslant\delta$,则对于所有 $t\geqslant T$ 有 $\|\boldsymbol{x}(t)\|\leqslant b$,其中 T 为有限值,b 与 δ 成正比。

15.7.1.3 径向基函数神经网络(radical basis function neural networks, RBF NNs)

一个未知的连续非线性函数 $f(Z)$:$R^n\to\mathbf{R}$ 在一个紧集 $\Omega_Z\in R^m$ 上可以用下述的径向基函数神经网络近似

$$f(Z) = \boldsymbol{S}^{\mathrm{T}}(Z)\boldsymbol{W} + \varepsilon(Z) \tag{15.7.5}$$

其中,$\varepsilon(Z)$ 表示固有近似误差,$\boldsymbol{S}(Z)=[s_1(Z)\quad s_2(Z)\quad\cdots\quad s_l(Z)]^{\mathrm{T}}$:$\Omega_Z\to R^l$ 是一个已知的神经节点数 $l>1$ 的光滑向量函数,$\boldsymbol{W}=[w_1\quad w_2\quad\cdots\quad w_l]^{\mathrm{T}}$ 为加权向量。

径向基函数 $s_i(Z)(1\leqslant i\leqslant l)$ 的选择与最常用的高斯函数类似,具有形式 $s_i(Z)=\exp(-\|Z-\boldsymbol{\mu}_i\|^2/\eta^2)$,其中 $\boldsymbol{\mu}_i\in\Omega_Z$ 和 $\eta>0$ 分别为基函数 $s_i(Z)$ 的中心和带宽。最优加权向量 $\boldsymbol{W}=[w_1\quad w_2\quad\cdots\quad w_l]^{\mathrm{T}}$ 被定义为

$$\boldsymbol{W} = \arg\min_{\hat{\boldsymbol{W}}\in R^l}\{\sup_{Z\in\Omega_Z}|f(Z) - \hat{\boldsymbol{W}}^{\mathrm{T}}\boldsymbol{S}(Z)|\}$$

其中 $\hat{\boldsymbol{W}}$ 表示 $\boldsymbol{W}$ 的估计。

对于局部径向基函数神经网络来说,网络输出可以利用每一个基函数仅进行局部紧致化。因此,局部径向基函数神经网络具有空间局部化的描述、存储和自适应学习能力。局部描述意味着对于紧集 Ω_Z 上的任意有界轨迹 $Z(t)(\forall t>0)$ 都可以利用位于沿该轨迹 $\bar{\varepsilon}$ 邻域内的神经元去近似函数 $f(Z(t))$,其形式为

$$f(\boldsymbol{Z}(t)) = \boldsymbol{S}_\zeta^{\mathrm{T}}(\boldsymbol{Z}(t))\,\boldsymbol{W}_\zeta + \varepsilon_\zeta(\boldsymbol{Z}(t)) \tag{15.7.6}$$

其中,$\boldsymbol{S}_\zeta(\boldsymbol{Z}(t))$ 和 $\boldsymbol{W}_\zeta$ 分别表示位于沿轨迹 $\boldsymbol{Z}(t)$ 的 $\bar{\varepsilon}$ 邻域内的径向基函数向量和神经网络加权向量,$\bar{\varepsilon}_\zeta=o(\bar{\varepsilon})$ 表示 $\|\bar{\varepsilon}_\zeta|-|\bar{\varepsilon}\|$ 具有较小的近似误差。

引理 15.4 考虑一个常见轨迹 $\boldsymbol{Z}(t)$(即周期的、准周期的、近似周期的或混沌轨迹),假设 $\boldsymbol{Z}(t)$ 是一个连续映射:[0,∞)→$\Omega\subset R^m$,其中 Ω 为紧集,并且在 Ω 中 $\boldsymbol{Z}(t)$ 的导数是有界的,则对于中心位于正则空间点阵(足以覆盖紧集 Ω_Z)的局部径向基函数神经网络 $\boldsymbol{S}^{\mathrm{T}}(\boldsymbol{Z})\boldsymbol{W}$,式(15.7.6)中所定义的回归子向量 $\boldsymbol{S}_\zeta(\boldsymbol{Z}(t))$ 几乎总是持续激励的。

15.7.2 分布式协同自适应辨识

考虑未知的非线性动态系统

$$\dot{\boldsymbol{x}} = \boldsymbol{F}(\boldsymbol{x},\boldsymbol{r}(t)) \tag{15.7.7}$$

式中 $\boldsymbol{x}\in R^n$ 和 $\boldsymbol{r}\in R^m$ 分别为系统的状态向量和输入信号向量,并且

$$\boldsymbol{F}(\boldsymbol{x},\boldsymbol{r}(t)) = [f_1(\boldsymbol{x},\boldsymbol{r}(t))\quad f_2(\boldsymbol{x},\boldsymbol{r}(t))\quad\cdots\quad f_n(\boldsymbol{x},\boldsymbol{r}(t))]^{\mathrm{T}}$$

其中 $f_i(\boldsymbol{x},\boldsymbol{r}(t))$:$R^{n+m}\to\mathbf{R}$ 是未知的非线性函数,表示系统的固有结构。研究的目标是:在给出 N 列输入信号 $\boldsymbol{r}_1(t),\boldsymbol{r}_2(t),\cdots,\boldsymbol{r}_N(t)$ 的情况下,为系统式(15.7.7)设计辨识算法。

为达到上述研究目标,可以将具有第 i 列输入信号 $\boldsymbol{r}_i(t)$ 的系统式(15.7.7)的动态表达式重写为

$$\dot{\boldsymbol{x}}_i = \boldsymbol{F}(\boldsymbol{x}_i,\boldsymbol{r}_i(t)),i=1,2,\cdots,N \tag{15.7.8}$$

其中$\boldsymbol{x}_i=[x_{i1}\quad x_{i2}\quad \cdots \quad x_{in}]^{\mathrm{T}}$为状态向量,系统满足以下假设:

假设状态$\boldsymbol{x}_i(t)$和输入信号$\boldsymbol{r}_i(t)$持续一致有界,也就是说,对于$\forall t>0$,均有$[\boldsymbol{x}_i^{\mathrm{T}}(t),\boldsymbol{r}_i^{\mathrm{T}}(t)]^{\mathrm{T}}\in\Omega_{x_i,r_i}\in R^{n+m}$,其中$\Omega_{x_i,r_i}$为紧集。此外,系统式(15.7.8)由$\boldsymbol{x}_{i0}$出发的轨迹对$(\boldsymbol{x}_i,\boldsymbol{r}_i)$(记为$\varphi_{\zeta i}(\boldsymbol{x}_{i0})$或简记为$\varphi_{\zeta i}$)既可以是一个周期运动也可以是一个类周期(循环)运动。

假设对于系统式(15.7.8)所采用的基于径向基函数神经网络动态模型为

$$\dot{\hat{\boldsymbol{x}}}_i = \boldsymbol{B}_i(\hat{\boldsymbol{x}}_i-\boldsymbol{x}_i)+\boldsymbol{S}_i^{\mathrm{T}}(\boldsymbol{x}_i,\boldsymbol{r}_i)\hat{\boldsymbol{W}} \tag{15.7.9}$$

其中$\hat{\boldsymbol{x}}_i=[\hat{x}_{i1}\quad \hat{x}_{i2}\quad \cdots \quad \hat{x}_{in}]^{\mathrm{T}}\in R^n$为动态模型式(15.7.8)状态向量的估计,$\boldsymbol{B}_i=\mathrm{diag}(b_{i1},b_{i2},\cdots,b_{in})$为对角矩阵,并且$b_{ij}>0(i=1,2,\cdots,N;j=1,2,\cdots,n)$为设计参数;局部径向基函数神经网络

$$\boldsymbol{S}_i^{\mathrm{T}}(\boldsymbol{x}_i,\boldsymbol{r}_i)\hat{\boldsymbol{W}}_i=[\boldsymbol{s}_1^{\mathrm{T}}(\boldsymbol{x}_i,\boldsymbol{r}_i)\hat{\boldsymbol{w}}_{i1}\quad \boldsymbol{s}_2^{\mathrm{T}}(\boldsymbol{x}_i,\boldsymbol{r}_i)\hat{\boldsymbol{w}}_{i2}\quad \cdots \quad \boldsymbol{s}_n^{\mathrm{T}}(\boldsymbol{x}_i,\boldsymbol{r}_i)\hat{\boldsymbol{w}}_{in}]^{\mathrm{T}}$$

通常用于辨识系统式(15.7.8)中的未知函数$F(\boldsymbol{x}_i,\boldsymbol{r}_i)$,也就是说,

$$\boldsymbol{S}(\boldsymbol{x}_i,\boldsymbol{r}_i)=\mathrm{diag}(\boldsymbol{s}_1^{\mathrm{T}}(\boldsymbol{x}_i,\boldsymbol{r}_i),\boldsymbol{s}_2^{\mathrm{T}}(\boldsymbol{x}_i,\boldsymbol{r}_i),\cdots,\boldsymbol{s}_n^{\mathrm{T}}(\boldsymbol{x}_i,\boldsymbol{r}_i))$$

其中

$$\boldsymbol{s}_j(\boldsymbol{x}_i,\boldsymbol{r}_i)=[s_{j1}(\boldsymbol{x}_i,\boldsymbol{r}_i)\quad s_{j2}(\boldsymbol{x}_i,\boldsymbol{r}_i)\quad \cdots \quad s_{jl}(\boldsymbol{x}_i,\boldsymbol{r}_i)]^{\mathrm{T}}$$

$j=1,2,\cdots,n$;l为神经网络的节点数。$\hat{\boldsymbol{W}}_i=[\hat{\boldsymbol{w}}_{i1}^{\mathrm{T}}\quad \hat{\boldsymbol{w}}_{i2}^{\mathrm{T}}\quad \cdots \quad \hat{\boldsymbol{w}}_{in}^{\mathrm{T}}]^{\mathrm{T}}$,其中

$$\hat{\boldsymbol{w}}_{ij}=[w_{ij1}\quad w_{ij2}\quad \cdots \quad w_{ijl}]^{\mathrm{T}}$$

所提出的分布式协同自适应辨识律为

$$\dot{\hat{\boldsymbol{W}}}_i=-\boldsymbol{\Gamma}_i[\boldsymbol{S}(\boldsymbol{x}_i,\boldsymbol{r}_i)(\hat{\boldsymbol{x}}_i-\boldsymbol{x}_i)+\sigma_i\hat{\boldsymbol{W}}_i+\gamma\sum_{j=1}^{N}c_{ij}(\hat{\boldsymbol{W}}_i-\hat{\boldsymbol{W}}_j)] \tag{15.7.10}$$

其中$\gamma>0$为设计参数,c_{ij}为图G邻接矩阵$\boldsymbol{C}$(adjacency matrix $\boldsymbol{C}$)的元素,该邻接矩阵则表示系统式(15.7.8)的辨识律之间的相互联络(简称互联)。

定义$\tilde{\boldsymbol{x}}_i=\hat{\boldsymbol{x}}_i-\boldsymbol{x}_i$,$\tilde{\boldsymbol{W}}_i=\hat{\boldsymbol{W}}_i-\boldsymbol{W}$,其中

$$\boldsymbol{W}=\arg\min_{\hat{W}_i\in R^l}\{\sup_{[x_i^{\mathrm{T}}\ r_i^{\mathrm{T}}]^{\mathrm{T}}\in\Omega_{x,r}}|\boldsymbol{F}(\boldsymbol{x}_i,\boldsymbol{r}_i)-\boldsymbol{S}^{\mathrm{T}}(\boldsymbol{x}_i,\boldsymbol{r}_i)\hat{\boldsymbol{W}}_i|\}$$

式中$\Omega_{x,r}=\Omega_{x_1,r_1}\cup\cdots\cup\Omega_{x_N,r_N}$。因此,由式(15.7.9)和式(15.7.10)可得闭环误差系统的表达式

$$\dot{\tilde{\boldsymbol{x}}}_i=\boldsymbol{B}_i\tilde{\boldsymbol{x}}_i+\boldsymbol{S}^{\mathrm{T}}(\boldsymbol{x}_i,\boldsymbol{r}_i)\tilde{\boldsymbol{W}}_i-\boldsymbol{\varepsilon}_i \tag{15.7.11}$$

$$\dot{\tilde{\boldsymbol{W}}}_i=-\boldsymbol{\Gamma}[\boldsymbol{S}^{\mathrm{T}}(\boldsymbol{x}_i,\boldsymbol{r}_i)\tilde{\boldsymbol{x}}_i+\sigma_i\hat{\boldsymbol{W}}_i+\gamma\sum_{j=1}^{N}c_{ij}(\tilde{\boldsymbol{W}}_i-\tilde{\boldsymbol{W}}_j)] \tag{15.7.12}$$

为了较方便地证明下面的定理15.7,现将一些符号定义如下:

(1) $\boldsymbol{S}_{\zeta i}(\boldsymbol{x}_i,\boldsymbol{r}_i)$和$\boldsymbol{S}_{\bar{\zeta} i}(\boldsymbol{x}_i,\boldsymbol{r}_i)$分别表示靠近和离开轨迹$\boldsymbol{\varphi}_{\zeta i}$的$\boldsymbol{S}(\boldsymbol{x}_i,\boldsymbol{r}_i)$部分区域;

(2) $(\cdot)_{j,\zeta i}$和$(\cdot)_{j,\bar{\zeta} i}$分别表示靠近和离开轨迹$\boldsymbol{\varphi}_{\zeta i}$的$(\cdot)_j$部分区域;

(3) $(\cdot)_{j,\zeta}$和$(\cdot)_{j,\bar{\zeta}}$分别表示靠近和离开所有轨迹$\boldsymbol{\varphi}_{\zeta}=\boldsymbol{\varphi}_{\zeta 1}\cup\boldsymbol{\varphi}_{\zeta 2}\cup\cdots\cup\boldsymbol{\varphi}_{\zeta N}$的$(\cdot)_i$部分区域;

(4) $(\cdot)_{\zeta}$和$(\cdot)_{\bar{\zeta}}$分别表示靠近和离开轨迹$\boldsymbol{\varphi}_{\zeta}$的$(\cdot)$部分区域;

(5) 对于暂态过程后的时间区间$[t_1,t_2]$,$t_2>t_1>T$,则$\overline{\boldsymbol{W}}=\dfrac{1}{N}\sum_{i=1}^{N}\mathrm{mean}_{t\in[t_1,t_2]}\hat{\boldsymbol{W}}_i$。

分布式协同自适应辨识方案的性能可归结为下述的定理。

定理15.7 考虑由非线性系统式(15.7.8)、辨识模型式(15.7.9)和神经网络权值调节律式

(15.7.10)组成的自适应系统,若互连拓扑结构对于从初始条件$\boldsymbol{x}_{i0}=\boldsymbol{x}_i(0)\in\Omega_{x,r}$出发并且初值$\hat{\boldsymbol{W}}_i(0)=\boldsymbol{0}$的几乎所有周期性轨迹$\boldsymbol{\varphi}_{\zeta i}$都是无向连接,则有:

(1) 自适应系统式(15.7.8)中所有信号保持有界;

(2) 状态估计误差$\tilde{\boldsymbol{x}}_i=\hat{\boldsymbol{x}}_i-\boldsymbol{x}_i$将指数收敛至环绕零点的一个小邻域内,神经网络加权估计$\hat{\boldsymbol{W}}_{i,\zeta}$将收敛至$\Omega_{x,r}$上沿轨迹$\boldsymbol{\varphi}_\zeta$的共同最优值$\boldsymbol{W}_\zeta$的一个小邻域内;

(3) 对于辨识模型$\boldsymbol{F}(\boldsymbol{x},\boldsymbol{r})$,可以沿$\Omega_{x,r}$上的轨迹$\boldsymbol{\varphi}_\zeta$得到理想误差水平$\boldsymbol{\varepsilon}$的一个局部精确的近似值$\boldsymbol{S}^{\mathrm{T}}(\boldsymbol{x}_i,\boldsymbol{r}_i)\overline{\boldsymbol{W}}$。

证明 该证明可以分为三部分。

(1) 对于由式(15.7.11)和式(15.7.12)所构成的闭环误差系统,选择李雅普诺夫函数为

$$V=\sum_{i=1}^{N}\frac{1}{2}\tilde{\boldsymbol{x}}_i^{\mathrm{T}}\tilde{\boldsymbol{x}}_i+\frac{1}{2}\sum_{i=1}^{N}\tilde{\boldsymbol{W}}_i^{\mathrm{T}}\boldsymbol{\Gamma}_i^{-1}\tilde{\boldsymbol{W}}_i \tag{15.7.13}$$

设$\tilde{\boldsymbol{W}}=[\tilde{\boldsymbol{W}}_1^{\mathrm{T}}\quad\tilde{\boldsymbol{W}}_2^{\mathrm{T}}\quad\cdots\quad\tilde{\boldsymbol{W}}_N^{\mathrm{T}}]^{\mathrm{T}}$,则对$V$求导可得

$$\dot{V}=\sum_{i=1}^{N}(\tilde{\boldsymbol{x}}_i^{\mathrm{T}}\boldsymbol{B}_i\tilde{\boldsymbol{x}}_i-\tilde{\boldsymbol{x}}_i^{\mathrm{T}}\boldsymbol{\varepsilon}_i-\sigma_i\tilde{\boldsymbol{W}}_i^{\mathrm{T}}\hat{\boldsymbol{W}}_i)-\gamma\tilde{\boldsymbol{W}}^{\mathrm{T}}(\boldsymbol{L}\otimes\boldsymbol{I}_{nl})\tilde{\boldsymbol{W}} \tag{15.7.14}$$

由于互连拓扑结构是基于引理 15.1 的无向连接,可知$\boldsymbol{L}$仅有一个单位特征向量为$\frac{1}{\sqrt{N}}\boldsymbol{I}_n$的零特征值和$N-1$个正的特征值,可表示为

$$0<\lambda_2<\lambda_3<\cdots<\lambda_N$$

故$\boldsymbol{L}\otimes\boldsymbol{I}_{nl}$具有$nl$个零特征值,其正交单位特征向量表达式为

$$v_1=\frac{1}{\sqrt{N}}\boldsymbol{I}_n\otimes e_1,v_2=\frac{1}{\sqrt{N}}\boldsymbol{I}_n\otimes e_2,\cdots,v_{nl}=\frac{1}{\sqrt{N}}\boldsymbol{I}_n\otimes e_{nl}$$

而其余的正交单位特征向量则表示为$v_{nl+1},v_{nl+2},\cdots,v_{Nnl}$。令$\boldsymbol{V}=[v_1\quad v_2\quad\cdots\quad v_{Nnl}]$,$\boldsymbol{\Lambda}=\mathrm{diag}\{\lambda_2\boldsymbol{I}_{nl},\lambda_3\boldsymbol{I}_{nl},\cdots,\lambda_N\boldsymbol{I}_{nl}\}$,$D=\boldsymbol{V}^{\mathrm{T}}\boldsymbol{\Lambda}^{-1}\boldsymbol{V}$,则容易得到

$$\tilde{\boldsymbol{W}}^{\mathrm{T}}(\boldsymbol{L}\otimes\boldsymbol{I}_{nl})\tilde{\boldsymbol{W}}=\boldsymbol{e}^{\mathrm{T}}\boldsymbol{D}\boldsymbol{e} \tag{15.7.15}$$

其中$\boldsymbol{e}=(\boldsymbol{L}\otimes\boldsymbol{I}_{nl})\tilde{\boldsymbol{W}}$。此外,基于不等式

$$\tilde{\boldsymbol{x}}_i^{\mathrm{T}}\boldsymbol{B}_i\tilde{\boldsymbol{x}}_i\leqslant -b\,\tilde{\boldsymbol{x}}_i^{\mathrm{T}}\tilde{\boldsymbol{x}}_i \tag{15.7.16}$$

$$-\tilde{\boldsymbol{x}}_i^{\mathrm{T}}\boldsymbol{\varepsilon}_i\leqslant\frac{b}{2}\tilde{\boldsymbol{x}}_i^{\mathrm{T}}\tilde{\boldsymbol{x}}_i+\frac{1}{2}\bar{\varepsilon}^2 \tag{15.7.17}$$

$$\sum_{i=1}^{N}-\sigma_i\tilde{\boldsymbol{W}}_i^{\mathrm{T}}\hat{\boldsymbol{W}}_i\leqslant-\frac{\bar{\sigma}}{2}\tilde{\boldsymbol{W}}^{\mathrm{T}}\hat{\boldsymbol{W}}+\sum_{i=1}^{N}\frac{\sigma_i}{2}\|\boldsymbol{W}\|^2 \tag{15.7.18}$$

$$-\boldsymbol{e}^{\mathrm{T}}\boldsymbol{D}\boldsymbol{e}\leqslant-\frac{1}{\lambda_N}\|\boldsymbol{e}\|^2=-\frac{1}{\lambda_N}\tilde{\boldsymbol{W}}^{\mathrm{T}}(\boldsymbol{L}\otimes\boldsymbol{I}_{nl})^2\tilde{\boldsymbol{W}} \tag{15.7.19}$$

其中$b=\min(b_{11},b_{12},\cdots,b_{Nn})$。由于$\boldsymbol{\Gamma}_i=\boldsymbol{\Gamma}_i^{\mathrm{T}}$是对称正定矩阵,所以存在正定矩阵$\boldsymbol{G}$使得$\boldsymbol{G}\boldsymbol{G}^{\mathrm{T}}=\boldsymbol{\Gamma}^{-1}$,其中$\boldsymbol{\Gamma}^{-1}=\mathrm{diag}\{\boldsymbol{\Gamma}_1^{-1},\boldsymbol{\Gamma}_2^{-1},\cdots,\boldsymbol{\Gamma}_N^{-1}\}$。将式(15.7.16)~式(15.7.19)代入式(15.7.14)可得

$$\begin{aligned}\dot{V}&\leqslant-\frac{b}{2}\tilde{\boldsymbol{x}}_i^{\mathrm{T}}\tilde{\boldsymbol{x}}_i-\lambda_{\min}(\bar{\boldsymbol{G}})\sum_{i=1}^{N}\tilde{\boldsymbol{W}}_i^{\mathrm{T}}\boldsymbol{\Gamma}\hat{\boldsymbol{W}}_i+\frac{1}{2b}N\bar{\varepsilon}^2+\sum_{i=1}^{N}\frac{\sigma_i}{2}\|\boldsymbol{W}\|^2\\&\leqslant-\rho V+\delta\end{aligned} \tag{15.7.20}$$

其中

$$\bar{G} = \frac{\bar{\sigma}}{2} G^{-1} I_{Nnl} + \frac{1}{\lambda_N} (L \otimes I_{nl})^2 G^{-T}$$

$$\rho = \min\{b, \lambda_{\min}(\bar{G})/2\}$$

$$\delta = \frac{1}{2b} N \bar{\varepsilon}^2 + \sum_{i=1}^{N} \frac{\sigma_i}{2} \| W \|^2$$

所以式(15.7.20)满足不等式

$$0 \leqslant V(t) \leqslant \frac{\delta}{\rho} + \left(V(0) - \frac{\delta}{\rho} \right) \exp(-\rho t)$$
$$< \frac{\delta}{\rho} + V(0) \exp(-\rho t) \tag{15.7.21}$$

这就意味着 $V(t)$ 有界,从而 $\tilde{x}_i$ 和 $\tilde{W}_i$ 最终一致有界。因此,$\hat{x}_i$ 和 $\hat{W}_i$ 也是最终一致有界。于是,闭环系统中的所有信号保持有界。另外,由式(15.7.20)可得

$$\lim_{t \to +\infty} | \tilde{x}_i | \leqslant \lim_{t \to +\infty} \sqrt{2V(t)} \leqslant \sqrt{\frac{\delta}{\rho}} \tag{15.7.22}$$

因此,可以通过加大 $b_{ij}(i=1,2,\cdots,N;j=1,2,\cdots,n)$ 和 $\boldsymbol{\Gamma}_i$ 并减小 $\bar{\varepsilon}$ 来使 $\sqrt{\delta/\rho}$ 的值任意小。用同样的方法,也可使 $\| \tilde{W}_i \|$ 任意小,这就意味着 $e = (L \otimes I_{nl}) \tilde{W}$ 可以任意小。

(2) 由于 V 是 R^{Nnl} 的正交基的一个集合,则 $\tilde{W}$ 可以表示为

$$\tilde{W} = c_1 v_1 + c_2 v_2 + \cdots + c_{Nnl} v_{Nnl}$$

其中 $c_1, c_2, \cdots, c_{Nnl}$ 分别为相应的系数。定义空间 S 由 $\{v_1, v_2, \cdots, v_{nl}\}$ 张成,则对于所有 $\tilde{W} \in S$ 容易得到 $\tilde{W}_1 = \tilde{W}_2 = \cdots = \tilde{W}_N$。若 $\tilde{W} \notin S$,则 $\tilde{W}$ 与空间 S 之间的距离 $\min_{v \in S} \| \tilde{W} - v \|$ 可以表示为

$$\min_{v \in S} \| \tilde{W} - v \|^2 = \sum_{i=nl+1}^{Nnl} c_i^2 \leqslant \frac{1}{\lambda_2^2} \| e \|^2 \tag{15.7.23}$$

由于可以使得 e 任意小,因而可知存在 $T>0$ 使得对于 $\forall t>T$,$\min_{v \in S} \| \tilde{W} - v \|$ 也可以任意小。这就意味着对于一个小的正数 ϑ 和 $i \neq j$ 有

$$\| \hat{W}_i - \hat{W}_j \| \leqslant \vartheta$$

这就表明 $\hat{W}_i (i=1,2,\cdots,N)$ 是几乎相等的。

利用式(15.7.6)所给出的径向基函数神经网络的局部性质,可以用沿轨迹 $\varphi_{\zeta i}$ 的数学表达式将辨识模型式(15.7.8)描述为

$$\dot{\tilde{x}}_i = B_i \tilde{x}_i + S_{\zeta i}^{\mathrm{T}}(x_i, r_i) \hat{W}_{i,\zeta i} + S_{\bar{\zeta} i}^{\mathrm{T}}(x_i, r_i) \hat{W}_{i,\bar{\zeta} i} - F(x_i, r_i)$$
$$= B_i \tilde{x}_i + S_{\zeta i}^{\mathrm{T}}(x_i, r_i) \tilde{W}_{i,\zeta i} - \varepsilon'_{i,\zeta i} \tag{15.7.24}$$

其中 $\varepsilon'_{i,\zeta i} = \varepsilon_{i,\zeta i} + S_{\bar{\zeta} i}^{\mathrm{T}}(x_i, r_i) \hat{W}_{i,\bar{\zeta} i} = o(\varepsilon_{i,\zeta i})$ 为沿轨迹 $\varphi_{\zeta i}$ 的近似误差。则闭环误差系统可以描述为

$$\begin{bmatrix} \dot{\tilde{x}}_i \\ \dot{\tilde{W}}_{i,\zeta i} \end{bmatrix} = \begin{bmatrix} B_i & S_{\zeta i}^{\mathrm{T}}(x_i, r_i) \\ -\Gamma_{i,\zeta i} S_{\zeta i}(x_i, r_i) & 0 \end{bmatrix} \begin{bmatrix} \tilde{x}_i \\ \tilde{W}_{i,\zeta i} \end{bmatrix} -$$

$$\begin{bmatrix} \boldsymbol{\varepsilon}'_{i,\zeta i} \\ \sigma_i \boldsymbol{\Gamma}_{i,\zeta i} \hat{\boldsymbol{W}}_{i,\zeta i} + \gamma \boldsymbol{\Gamma}_{i,\zeta i} \sum_{j=1}^{N} a_{ij}(\tilde{\boldsymbol{W}}_{i,\zeta i} - \tilde{\boldsymbol{W}}_{j,\zeta i}) \end{bmatrix} \tag{15.7.25}$$

$$\dot{\hat{\boldsymbol{W}}}_{i,\vec{\zeta} i} = -\boldsymbol{\Gamma}_{i,\vec{\zeta} i} \boldsymbol{S}_{\vec{\zeta} i}(\boldsymbol{x}_i, \boldsymbol{r}_i)\ \tilde{\boldsymbol{x}}_i - \sigma_i \boldsymbol{\Gamma}_{i,\vec{\zeta} i} \hat{\boldsymbol{W}}_{i,\vec{\zeta} i} - \gamma \boldsymbol{\Gamma}_{i,\vec{\zeta} i} \sum_{j=1}^{N} a_{ij}(\hat{\boldsymbol{W}}_{i,\vec{\zeta} i} - \hat{\boldsymbol{W}}_{j,\vec{\zeta} i}) \tag{15.7.26}$$

可以通过选择足够小的 $\sigma=\min(\sigma_1,\sigma_2,\cdots,\sigma_N)$ 使得 $\boldsymbol{\varepsilon}'_{i,\zeta i}=o(\boldsymbol{\varepsilon}_{i,\zeta i})=o(\boldsymbol{\varepsilon}_i)$，并且使得 $\sigma_i \boldsymbol{\Gamma}_{i,\zeta i} \hat{\boldsymbol{W}}_{i,\zeta i}$ 任意足够小。由于 $\|\tilde{\boldsymbol{W}}_i-\tilde{\boldsymbol{W}}_j\| = \|\hat{\boldsymbol{W}}_i-\hat{\boldsymbol{W}}_j\|$ 的终值可以任意小，所以 $\gamma \boldsymbol{\Gamma}_{i,\zeta i} \sum_{j=1}^{N} a_{ij}(\tilde{\boldsymbol{W}}_{i,\zeta i} - \tilde{\boldsymbol{W}}_{j,\zeta i})$ 的终值也可以任意小。此外，根据引理 15.3，递推子向量 $\boldsymbol{S}_{\zeta i}(\boldsymbol{x}_i,\boldsymbol{r}_i)$ 几乎沿任何一个周期或循环的轨迹 $\varphi_{\zeta i}$ 均满足持续激励条件。基于引理 15.2，系统式(15.7.25)标称值的原点$(\tilde{\boldsymbol{x}}_i,\tilde{\boldsymbol{W}}_{i,\zeta i})=\boldsymbol{0}$ 是指数稳定的，因而可知状态误差 $\tilde{\boldsymbol{x}}_i$ 和参数误差 $\tilde{\boldsymbol{W}}_{i,\zeta i}$ 都将收敛至零值的某些小的邻域，其邻域的大小将分别由 $\boldsymbol{\varepsilon}_i$ 和 $\sigma_i\|\boldsymbol{\Gamma}_{i,\zeta i}\hat{\boldsymbol{W}}_{i,\zeta i}\|$ 以及 $\gamma \boldsymbol{\Gamma}_{i,\zeta i} \sum_{j=1}^{N} a_{ij}(\tilde{\boldsymbol{W}}_{i,\zeta i} - \tilde{\boldsymbol{W}}_{j,\zeta i})$ 的终值确定。基于上述分析可知，对于 $\forall j\neq k$，$\hat{\boldsymbol{W}}_{j,\zeta i}$ 和 $\hat{\boldsymbol{W}}_{k,\zeta i}$ 的终值几乎是相等的。因此，所有的加权向量 $\hat{\boldsymbol{W}}_{i,\zeta}$ 将指数收敛至它们沿轨迹 φ_ζ 的共同最优值的某些小的邻域。

(3) 该部分的证明略。

15.8 非线性动态系统的维纳神经网络辨识法

本节将介绍吴德会于 2009 年所提出的一种非线性动态系统的维纳(Wiener)神经网络辨识方法。该方法首先利用维纳模型将非线性动态系统分解成线性动态子环节串联非线性静态增益的形式，然后设计一种神经网络结构，使网络权值对应于相应的维纳模型参数，最后通过网络迭代训练同时获得线性动态子环节和非线性静态增益的模型参数。该方法可得到维纳模型的数学解析表达式，并且其辨识结果具有唯一性。

15.8.1 非线性问题描述

维纳模型可以看成是一个线性动态环节和一个非线性静态增益的串联组合，单输入单输出离散时间维纳模型的差分方程为

$$\begin{cases} A(q^{-1})x(t)=q^{-d}B(q^{-1})u(t) \\ y(t)=f(x(t))+e(t) \end{cases} \tag{15.8.1}$$

其中，$A(q^{-1})=1+a_1q^{-1}+\cdots+a_nq^{-n}$ 和 $B(q^{-1})=b_0+b_1q^{-1}+\cdots+b_mq^{-m}$ 分别为 n 阶和 m 阶后移算子多项式，$q^{-i}u(t)=u(t-i)$，d 为系统时延，$u(t)$ 和 $y(t)$ 分别是系统的输入和输出，$f(x(t))$ 为非线性静态增益函数，$e(t)$ 为系统干扰，$x(t)$ 是中间信号，既是线性动态环节的输出，又是非线性静态增益的输入，在实际过程中是不可测的。

非线性静态增益函数 $f(\cdot)$ 通常可用 p 次多项式来近似表示，则维纳模型式(15.8.1)的输出可表示为

$$y(t)=c_1x(t)+c_2x^2(t)+\cdots+c_px^p(t)+e(t) \tag{15.8.2}$$

维纳模型是参数模型，所以可定义新的参数向量

$$\boldsymbol{\theta} = [a_1 \quad \cdots \quad a_n \quad b_0 \quad b_1 \quad \cdots \quad b_m \quad c_1 \quad \cdots \quad c_p]^{\mathrm{T}}$$

需要强调的是，维纳模型的参数解 $\boldsymbol{\theta}$ 不是唯一的，这是因为对于任意的非零 k，$k(q^{-d}B(q^{-1})/A(q^{-1}))$ 和 $f(x(t)/k)$ 所描述的维纳模型都具有相同的输入输出特性。因此，理想的维纳模型参数向量 $\boldsymbol{\theta}$ 存在无穷多解。考虑到观测时的噪声干扰，实际系统的维纳模型的辨识结果会存在无穷多近似解。有的研究成果提出假设动态环节终态增益为1，即通过增加约束条件 $\sum_{i=1}^{m} b_i - \sum_{i=1}^{n} a_i = 1$ 使模型参数辨识结果唯一，但该方法不能保证所得到的特解一定优于其他近似解。

将 t 时刻在输入 $u(t)$ 激励作用下的维纳模型输出记为 $y'(t)$，偏差 $\varepsilon(t) = y'(t) - y(t)$ 表示模型在 t 时刻的输出误差，则存在误差序列 $\{\varepsilon(t)\}_{t=1}^{N}$ 且该序列的分布情况直接体现了维纳模型的建模精度。因此，模型的"准确性"和"稳定性"可分别通过误差序列的均值 M 和均方差 σ 来描述，即

$$M = \frac{1}{N}\sum_{i=1}^{N} |\varepsilon(i)| \tag{15.8.3}$$

$$\sigma = \sqrt{\frac{1}{N}\sum_{i=1}^{N} [\varepsilon(i) - M]^2} \tag{15.8.4}$$

M 和 σ 可以综合反映建模误差的分布情况，其值越小，说明所建模型对实际系统的逼近程度越好。但由于优化指标中含有 M 和 σ 两个目标，属于多目标优化问题，计算量较大。为了解决这一问题，现引入均方差(mean square error，MSE)，即

$$\mathrm{MSE} = \frac{1}{N}\sum_{i=1}^{N} \varepsilon^2(t) = M^2 + \sigma^2 \tag{15.8.5}$$

由式(15.8.5)可以看出，若以 MSE 作为评价指标可将多目标优化问题转化为单目标优化问题。为计算方便，可在 MSE 前面乘上系数 1/2，构成模型辨识的目标函数。

定义 15.4 对于非线性系统的输入输出观测序列 $\{u(t), y(t)\}_{t=1}^{N}$，其中 N 为观测窗口长度，则维纳模型辨识的目标评价函数为 $J = \frac{1}{2N}\sum_{t=1}^{N} [y(t) - y'(t)]^2$，其中 $y'(t)$ 为维纳模型输出。

由定义 15.4 知，最优维纳模型参数 $\boldsymbol{\theta}$ 应满足下式

$$\min_{\boldsymbol{\theta}} J = \min_{\boldsymbol{\theta}} \frac{1}{2N}\sum_{t=1}^{N} [y(t) - y'(t)]^2 \tag{15.8.6}$$

15.8.2 维纳神经网络及其训练算法

15.8.2.1 一种特殊的神经网络结构

本小节将利用函数连接型神经网络思想，对系统输入 $u(t)$ 和中间信号 $x(t)$ 分别进行时延和幂级数展开，构造一种特殊的人工神经网络结构。在这种网络结构中，每一个神经网络权值与实际的维纳模型参数相对应，于是非线性维纳模型的辨识问题就可以通过对神经网络的训练来实现。

式(15.8.1)所描述的单输入单输出系统维纳模型中的线性动态环节又可写为

$$\begin{aligned} x(t) = &(-a_1 q^{-1} - a_2 q^{-2} - \cdots - a_n q^{-n})x(t) + \\ &(b_0 q^{-d} + b_1 q^{-1} + \cdots + b_m q^{-m})u(t) \end{aligned} \tag{15.8.7}$$

再结合式(15.8.2)所给出的非线性增益的 p 次多项式近似表达式，就构成了图 15.10 所示维纳神经网络结构图。

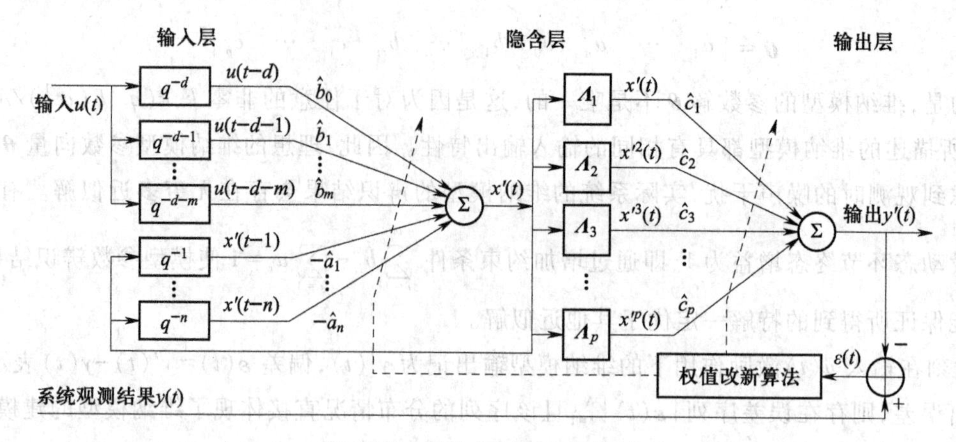

图 15.10　维纳神经网络结构图

由图 15.10 可以看出,在神经网络的输入层,利用延迟算子 q^{-1}将系统的输入信号扩展成具有时延特性的系列节点 $u(t-d), u(t-d-1), \cdots, u(t-d-m)$,再结合隐含层的反馈信息 $x'(t)$来表达维纳模型中的线性动态环节;在输出层,通过幂级数函数扩展表达对隐含层信号 $x'(t)$的非线性映射关系,与维纳模型中的非线性静态增益环节相对应,则维纳神经网络输出层的结果可表示为

$$y'(t) = f_{\text{out}}(c_1, c_2, \cdots, c_p, x'(t)) = \sum_{i=1}^{p} c_i x'^i(t) \tag{15.8.8}$$

隐含层节点 $x'(t)$的表达式为

$$x'(t) = -\sum_{i=1}^{n} a_i x'(t-i) + \sum_{i=0}^{m} b_i u(t-i) \tag{15.8.9}$$

其中,网络权值 $a_1, a_2, \cdots, a_n, b_0, b_1, \cdots, b_m$ 即是维纳模型线性动态环节参数的估计值,$c_1, c_2, \cdots, c_p$ 为非线性增益参数的估计值。因此,利用这种特殊的神经网络结构可将网络权值与待辨识的维纳模型参数等价起来,$\boldsymbol{\theta}$ 既是网络的权向量又是模型的参数向量,于是就可以通过神经网络的训练,达到维纳模型参数辨识的目的。

15.8.2.2　优化目标的梯度计算

以式(15.8.6)所确定的函数 J 为模型参数辨识的优化目标,采用负梯度下降算法对维纳神经网络参数 $\boldsymbol{\theta}$ 进行迭代更新。由目标函数 J 的定义可知其梯度为

$$\boldsymbol{G} = \frac{\partial J}{\partial \boldsymbol{\theta}} = \sum_{t=1}^{N} \left(\varepsilon(t) \frac{\partial \varepsilon(t)}{\partial \boldsymbol{\theta}} \right) \tag{15.8.10}$$

将偏差 $\varepsilon(t) = y'(t) - y(t)$代入上式,可得

$$\boldsymbol{G} = \sum_{t=1}^{N} \left(\varepsilon(t) \frac{\partial y'(t)}{\partial \boldsymbol{\theta}} \right) \tag{15.8.11}$$

由维纳神经网络输出层表达式(15.8.8)求 $y'(t)$对隐含层权值参数 $c_1, c_2, \cdots, c_p$ 的偏导数,可得

$$\frac{\partial y'(t)}{\partial c_i} = x'^i(t), i = 1, 2, \cdots, p \tag{15.8.12}$$

$y'(t)$对隐含层节点 $x'(t)$的偏导数为

$$\frac{\partial y'(t)}{\partial x'(t)} = i \sum_{i=1}^{p} c_i x'^{i-1}(t), i = 1, 2, \cdots, p \tag{15.8.13}$$

利用隐含层节点 $x'(t)$的递推关系式(15.8.9)可知 $x'(t)$对 a_i 和 b_i 的偏导数为

$$\frac{\partial x'(t)}{\partial a_i}=-x'(t-i)-\sum_{j=1}^{n}a_j\frac{\partial x'(t-j)}{\partial a_i}\tag{15.8.14}$$

$$\frac{\partial x'(t)}{\partial b_i}=-u(t-i)-\sum_{j=1}^{n}a_j\frac{\partial x'(t-j)}{\partial b_i}\tag{15.8.15}$$

由复合函数求导原理,可知网络输出 $y'(t)$ 对输入层权值参数 a_i 和 b_i 的偏导数为

$$\frac{\partial y'(t)}{\partial a_i}=\frac{\partial y'(t)}{\partial x'(t)}\frac{\partial x'(t)}{\partial a_i},i=1,2,\cdots,n\tag{15.8.16}$$

$$\frac{\partial y'(t)}{\partial b_i}=\frac{\partial y'(t)}{\partial x'(t)}\frac{\partial x'(t)}{\partial b_i},i=1,2,\cdots,m\tag{15.8.17}$$

15.8.2.3 维纳神经网络训练算法

对于某一确定的单输入-单输出非线性系统的输入输出观测序列 $\{u(t),y(t)\}_{t=1}^{N}$,可利用负梯度下降法进行训练,权向量 $\boldsymbol{\theta}$ 的迭代公式为

$$\boldsymbol{\theta}(k+1)=\boldsymbol{\theta}(k)+\Delta\boldsymbol{\theta}(k)\tag{15.8.18}$$

其中 $\boldsymbol{\theta}(k+1)$ 为第 k 轮训练中权向量 $\boldsymbol{\theta}$ 的取值,$\Delta\boldsymbol{\theta}(k)$ 为更新量。若将每一轮训练过程中的更新量 $\Delta\boldsymbol{\theta}(k)$ 分解到每步迭代中去,根据式(15.8.11),则可得迭代过程中每步权值参数的更新量 $\Delta\boldsymbol{\theta}$ 为

$$\Delta\boldsymbol{\theta}=-\eta\varepsilon(t)\frac{\partial y'(t)}{\partial\boldsymbol{\theta}}\tag{15.8.19}$$

由式(15.8.13)、式(15.8.14)~式(15.8.17)、式(15.8.19),可得输入层权值参数调整的表达式为

$$\Delta a_i=-\eta\varepsilon(t)i\sum_{i=1}^{p}c_i x'^{i-1}(t)\left[-x'(t-i)-\sum_{j=1}^{n}a_j\frac{\partial x'(t-j)}{\partial a_i}\right],i=1,2,\cdots,n\tag{15.8.20}$$

$$\Delta b_i=-\eta\varepsilon(t)i\sum_{i=1}^{p}c_i x'^{i-1}(t)\left[-u(t-i)-\sum_{j=1}^{n}a_j\frac{\partial x'(t-j)}{\partial b_i}\right],i=1,2,\cdots,m\tag{15.8.21}$$

由式(15.8.12)和式(15.8.19),可得隐含层权值参数调整的表达式为

$$\Delta c_i=-\eta\varepsilon(t)x'^{i}(t),i=1,2,\cdots,p\tag{15.8.22}$$

其中 $\Delta a_i,\Delta b_i,\Delta c_i$ 分别为 维纳神经网络权值参数在当前时刻的调整量。

在每一轮训练开始时,式(15.8.20)和式(15.8.21)中相关参数的初值可置为零,在迭代过程中,可设置固定次数或目标函数指标的减小量阈值作为网络训练停止的条件,最终的网络权值向量 $\boldsymbol{\theta}$ 即是所获得的维纳模型参数的辨识结果。

15.8.3 数值仿真与分析

仿真时所采用的非线性动态系统的线性动态环节和非线性静态增益为

$$\begin{cases}x(t)=0.3x(t-1)+0.6x(t-2)+u(t)+\varepsilon(t)\\ y(t)=x^3(t)+0.3x^2(t)-0.4x(t)+e(t)\end{cases}\tag{15.8.23}$$

其中噪声 $\varepsilon(t)$ 和 $e(t)$ 选用方差为系统输出强度 0.01 的零均值高斯白噪声,激励信号 $u(t)$ 为

$$u(t)=\frac{1}{20}\left[\sin\left(\frac{2\pi}{250}t\right)+\sin\left(\frac{2\pi}{25}t\right)\right]$$

选取取样长度为 500,将系统激励信号 $u(t)$ 和观测值 $y(t)$ 输入图 15.10 所示的维纳神经网络进行训练。由于系统动态环节的阶次 n,m 和幂级数的次数 p 均事先未知,在实际训练时可凭经验设置。在此,网络的后移算子 n 和 m 均取为 2,隐含层节点数 p 取为 3,系统时延 $d=0$,网络学习因子 $\eta=1$。在网络训

练初期,维纳神经网络收敛非常迅速,迭代到 20 步之后,网络就已基本收敛,输出 MSE 小于 0.0001。维纳神经网络迭代 100 次之后的模型辨识结果为

$$x(t)=0.3444x(t-1)+0.5506x(t-2)-0.8127u(t)-0.3752u(t-1)+0.0006u(t-2)$$

$$y(t)=-0.6748x^3(t)+0.2203x^2(t)+0.3520x(t)$$

辨识模型输出 $y'(t)$ 与原系统观测值 $y(t)$ 之间的 MSE 为 9.7×10^{-6}。虽然辨识结果与原模型在表达形式上存在明显差别,但模型输出与原系统观测值之间吻合较好。若继续进行训练,则可在诸多近似解中逐渐逼近满足条件式(15.8.6)的最优解,但其过程较缓慢。对于本算例,迭代 10000 次之后,网络的 MSE 才不再减小,最终的辨识结果为

$$x(t)=0.2943x(t-1)+0.6925x(t-2)+1.0044u(t)-0.0083u(t-1)+0.0423u(t-2)$$

$$y(t)=1.2720x^3(t)+0.3516x^2(t)-0.4336x(t)$$

网络的 MSE 为 $\mathrm{MSE}_{\mathrm{optimal}}=2.1562\times10^{-6}$。就解析表达式来看,辨识模型与原模型并不完全相同。原模型输出与系统观测值 $y(t)$ 之间的 $\mathrm{MSE}_{\mathrm{original}}=2.8354\times10^{-6}$。可见,对于在噪声干扰下的确定性参数非线性系统来说,等效模型参数将发生偏差。在本算例中,原模型理想输出的误差反而更大,即 $\mathrm{MSE}_{\mathrm{original}}>\mathrm{MSE}_{\mathrm{optimal}}$,表明文中方法对维纳模型的辨识结果优于原系统模型。

当输入信号幅度小于 1 时,维纳神经网络具有较好的收敛性,但当激励信号幅度远大于 1 时,多项式中的高阶项会增加拟合误差,导致网络训练过程的不稳定。因此,对于这种情况,需要采用量纲调整或归一化进行预处理,以提高网络的可靠性。

15.8.4 结论

(1) 本节所介绍的非线性动态系统维纳模型辨识存在无穷多近似解,虽然在表达式形式上存在明显不同,但都具有相似的输入输出特性;

(2) 维纳神经网络以 MSE 为优化目标,可实现线性动态环节和非线性增益环节的同时辨识,并可得到数学解析表达式;

(3) 维纳神经网络在不增加约束的条件下能产生唯一的辨识结果,在一定程度上克服了维纳模型辨识中的无穷多解的问题;

(4) 维纳神经网络虽然可以方便地得到一个近似数据描述模型,但仍不可避免会引入传统神经网络方法中的局部极小问题,可利用变学习率法、冲量法及 Vogl 快速算法等进行改进,以进一步提高网络性能。

15.9 基于差分进化小波神经网络的多维非线性系统辨识方法

由于小波分析具有良好的时域局部特性和多尺度分辨能力,可以改善传统神经网络学习收敛速度慢、易陷入局部极小和过拟合等问题,所以不少学者将小波分析与神经网络相结合,用小波基函数代替传统的 Sigmoid 函数(又称 S 型函数),构成小波神经网络。由于小波神经网络兼有小波变换和神经网络的优点,所以得到了广泛应用。但小波神经网络的结构比较复杂,运算量较大,特别是在高维小波神经网络的映射学习时,这一缺点显得比较突出。针对这一问题,有学者又提出了基于遗传算法的小波神经网络,利用遗传算法的全局收敛性优化小波神经网络,提高网络的全局搜索寻优能力。通常的做法是将网络参数进行优化,而网络的拓扑结构用试凑法确定,这显然限制了小波神经网络的功能,而且还需

要进一步提高网络的学习精度和收敛。在此基础上,人们又提出了差分进化算法,它不仅具有良好的全局收敛性,而且被证明是收敛速度最快的进化算法。

基于上述思考,李目等于 2010 年提出了一种利用差分进化算法优化小波神经网络的方法,该方法利用差分进化算法同时优化小波神经网络的结构和参数,在获得最佳网络结构的同时,使小波神经网络具有更高的学习精度和更快的收敛速度。将这种差分进化小波神经网络用于多维非线性系统的辨识,取得了良好的辨识效果。本节将介绍这种基于差分进化小波神经网络的多维非线性系统辨识方法。

15.9.1 小波神经网络

小波神经网络是基于小波分析而构成的一种前馈神经网络。R. Hecht-Nielsen 已经证明,含有 1 个隐层的非线性连接变换函数的 3 层网络,可以任意精度逼近非线性映射,因此本节采用 3 层网络,网络的隐层神经元和输出层神经元分别采用小波函数组和 Sigmoid 函数作为激励函数,小波神经网络的结构如图 15.11 所示。

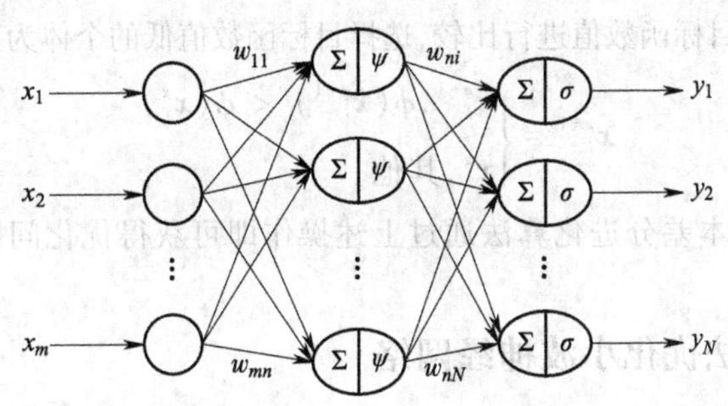

图 15.11 小波神经网络结构图

设 x_k 为输入层的第 k 个输入样本,y_j 为输出层的第 j 个输出值,w_{ij}为连接隐层节点 i 和输出层节点 j 的权重,w_{ki}为连接输入层节点 k 和隐层节点 i 的权重,约定 w_{0i}和 w_{0j}分别为隐层节点 i 和输出层节点 j 的阈值,a_i 和 b_j 分别为隐层节点 i 的伸缩和平移系数,m 为输入层节点数,n 为隐层节点数,N 为输出层节点数,p 为输入样本的模式个数,则上述网络模型的输出可表示为

$$y_j = \sigma\left(\sum_{i=0}^{n} w_{iN}\psi_{ab}\left(\sum_{k=0}^{m} w_{ki}x_k\right)\right), j = 1,2,\cdots,N \tag{15.9.1}$$

式中,$\sigma(x)$为 Sigmoid 函数

$$\sigma(x) = 1/[1 + \exp(-x)] \tag{15.9.2}$$

$\psi_{ab}(x)$采用常见的 Marlet 小波母函数

$$\psi(x) = \cos(1.75x)\exp(-x^2/2) \tag{15.9.3}$$

15.9.2 差分进化算法

差分进化算法(differential evolution algorithm, DE 算法)是由 Storn 和 Price 于 1995 年提出的一种基于新群体的随机搜索算法。这种算法是在遗传算法的基础上发展起来的,利用了遗传个体的差分操作实现遗传算法中交叉和变异,可用于处理不可微、非线性和多模态的目标函数的寻优问题,具有速度快、鲁棒性好、在实数域上搜索能力强等优点,缺点是算法的搜索能力会受到个体变异操作的影响。如果变异率太大,将会导致最优解遭到破坏,很难找到最优解,而变异率太小又不能保证种群的多样性,并且易

陷入局部最优解。因此,应该设计出能够根据算法搜索情况自适应调整的变异率,既可保持种群的多样性又能够避免“早熟”。

差分进化算法首先在问题的可行解空间随机初始化种群$\boldsymbol{x}^0=[\boldsymbol{x}_1^0 \quad \boldsymbol{x}_2^0 \quad \cdots \quad \boldsymbol{x}_N^0]$,其中$N$为种群规模,个体$\boldsymbol{x}_i^0=[x_{i1}^0 \quad x_{i2}^0 \quad \cdots \quad x_{iD}^0]$表征问题的解,$D$为优化问题的维数。算法的具体操作步骤为

(1) 利用公式

$$\boldsymbol{v}_i^{g+1}=\boldsymbol{x}_{r_3}^g+F(\boldsymbol{x}_{r_1}^g-\boldsymbol{x}_{r_2}^g) \tag{15.9.4}$$

对g代个体$\boldsymbol{x}_i^g$进行变异操作,得到变异个体$\boldsymbol{v}_i^{g+1}$,其中$r_1,r_2,r_3\in\{1,2,\cdots,N\}$互不相同且与$i$不相等,$\boldsymbol{x}_{r_3}^g$为父代基向量,$(\boldsymbol{x}_{r_1}^g-\boldsymbol{x}_{r_2}^g)$为父代差分向量,$F$为收缩因子(又称变异率);

(2) 利用公式

$$\hat{\boldsymbol{x}}_i^{g+1}=\begin{cases}\boldsymbol{v}_{ik}^{g+1}, 如果\ \mathrm{rand}(k)\leqslant CR\ 或\ k=\mathrm{mbr}(i)\\ \boldsymbol{x}_{ik}^g, 其他\end{cases} \tag{15.9.5}$$

式中,$\mathrm{rand}(k)$为区间$[0,1]$上均匀分布随机数,$CR\in[0,1]$为交叉概率,$\mathrm{mbr}(i)$为区间$[0,D]$上的随机整数。通过式(15.9.5)对$\hat{\boldsymbol{x}}_i^{g+1}$和$\boldsymbol{x}_i^g$的目标函数值进行比较,选择目标函数值低的个体为新种群个体$\boldsymbol{x}_i^{g+1}$,即

$$\boldsymbol{x}_i^{g+1}=\begin{cases}\hat{\boldsymbol{x}}_i^{g+1}, \phi(\hat{\boldsymbol{x}}_i^{g+1})<\phi(\boldsymbol{x}_i^g)\\ \boldsymbol{x}_i^g, 其他\end{cases} \tag{15.9.6}$$

式中$\phi(\cdot)$为目标函数。基本差分进化算法通过上述操作即可获得优化问题的全局最优解。

15.9.3 差分进化算法优化小波神经网络

差分进化算法在优化小波神经网络的学习过程中将网络拓扑结构、权重因子、尺度因子和平移因子描述为染色体,并选择适当的适应度函数,然后按照差分进化算法的步骤使网络收敛到最优值。

差分进化算法通过种群内个体间的合作与竞争实现对优化问题的求解,其本质是一种基于实数编码的具有保优思想的贪婪遗传算法。本节中的染色体采用实数编码,其编码方案为$[c^{(i)} \quad u^{(i)} \quad w^{(i)} \quad a^{(i)} \quad b^{(i)}]$,其中$c^{(i)}$为网络结构参数,用$c^{(i)}\in[0,1]$中的实数表示,当$c^{(i)}\geqslant 1/2$时认为对应的小波神经元存在,否则此连接不存在;$u^{(i)}$为隐层的输入连接权值,$w^{(i)}$为隐层的输出连接权值,$a^{(i)}$和$b^{(i)}$分别代表小波尺度因子和平移因子。假设可行解空间随机种群为p,种群规模为N,则第g代种群可表示为

$$\boldsymbol{X}^g=[\boldsymbol{x}_1^g \quad \boldsymbol{x}_2^g \quad \cdots \quad \boldsymbol{x}_N^g]$$

种群中的第i个体为

$$\boldsymbol{x}_i^g=[c_i^g \quad u_i^g \quad w_i^g \quad a_i^g \quad b_i^g]$$

差分进化算法优化小波神经网络的具体操作步骤如下。

(1) 初始化种群

确定种群规模N、交叉概率CR、变异率F,随机初始化每个个体,设置最大进化代数T,并令迭代计数器初始值$g=0$。

(2) 生成新个体

对g代种群的个体执行(3)~(5)的操作,生成第$g+1$代种群的个体。

(3) 变异操作

根据式(15.9.4)，即

$$\boldsymbol{v}_i^{g+1}=\boldsymbol{x}_{r_3}^g+F(\boldsymbol{x}_{r_1}^g-\boldsymbol{x}_{r_2}^g)$$

对个体实施变异操作，生成变异个体$\boldsymbol{v}_i^{g+1}$，其中$r_1,r_2,r_3\in\{1,2,\cdots,N\}$是随机选取的整数，且$r_1\neq r_2\neq r_3\neq i$，$\boldsymbol{x}_{r_k}^g(k=1,2,3)$为父代个体，$\boldsymbol{v}_i^{g+1}$为变异个体，$F$为差分量收缩因子，本节采用自适应变异算子，利用该算子自适应确定变异率，其表达式为

$$F=2^{\delta}F',\delta=e^{[1-T/(T+1-g)]} \tag{15.9.7}$$

式中，T为最大进化代数，F'为变异参数，g为当前进化代数。

(4) 交叉操作

将式(15.9.4)所生成的变异个体$\boldsymbol{v}_i^{g+1}$与$\boldsymbol{x}_i^g$按下式进行操作，生成新个体$\hat{\boldsymbol{x}}_i^{g+1}$：

$$\hat{\boldsymbol{x}}_i^{g+1}=\begin{cases}\boldsymbol{v}_{ik}^{g+1},\text{如果 rand}(k)\leqslant CR\text{ 或 }k=\text{mbr}(i)\\ \boldsymbol{x}_{ik}^{g},\text{如果 rand}(k)>CR\text{ 或 }k\neq\text{mbr}(i)\end{cases},k=1,2,\cdots,D \tag{15.9.8}$$

式中，rand(k)为区间$[0,1]$上均匀分布随机数，$CR\in[0,1]$为交叉概率，mbr(i)为在区间$[1,D]$上随机选取的整数。

(5) 选择操作

将$\hat{\boldsymbol{x}}_i^{g+1}$和$\boldsymbol{x}_i^g$代入目标函数中，按式(15.9.8)的规则进行选择，将目标函数值小的个体作为新种群的个体$\boldsymbol{x}_i^{g+1}$。为了加快算法收敛，现引入保优策略，即将每一代新种群的最高适应度值与上一代群体的最高适应度值进行比较，适应度值高的保存下来，适应度值低的被淘汰，有效地保证了优良个体参与进化。所采用的具体保优策略为

$$\boldsymbol{x}_i^{g+1}=\begin{cases}\hat{\boldsymbol{x}}_i^{g+1},\text{如果 }\phi(\hat{\boldsymbol{x}}_i^{g+1})<\phi(\boldsymbol{x}_i^g)\\ \boldsymbol{x}_i^{g},\text{如果 }\phi(\hat{\boldsymbol{x}}_i^{g+1})\geqslant\phi(\boldsymbol{x}_i^g)\end{cases} \tag{15.9.9}$$

式中$\phi(\cdot)$为目标函数

$$\phi(\cdot)=1/(1+E),E=1/2\sum_{k=1}^{p}\sum_{i=1}^{N}[y_i^k-\hat{y}_i^k]^2 \tag{15.9.10}$$

(6) 增加进化代数，令$g=g+1$。

(7) 若不满足迭代终止条件，重复步骤(2)~(7)，否则终止迭代操作。

15.9.4 仿真实验结果分析

为了验证基于差分进化算法小波神经网络的性能，本节将通过二维非线性系统辨识问题进行仿真实验。设二维非线性系统函数为

$$y=\sin(0.1\pi m+0.04\pi n)\cos(0.04\pi n) \tag{15.9.11}$$

式中，$m\in(0,20)$，$n\in(0,20)$。由式(15.9.11)可计算出样本值，然后利用基于差分进化算法的小波神经网络辨识该非线性系统。算法中的种群规模取为20，交叉概率为0.5，选取变异参数$F'=0.6$，进化代数为30，表15.3列出了径向基函数神经网络(RBF)、遗传算法神经网络(GA-WNN)、差分进化小波神经网络(DE-WNN)三种神经网络辨识结果。

表 15.3　三种神经网络辨识结果比较

神经网络类型	RBF	GA-WNN	DE-WNN
隐层节点数	16	9	6
迭代次数	500	38	30
训练时间(s)	1.04	0.875	0.580
均方误差	3.52×10^{-2}	2.35×10^{-2}	1.02×10^{-4}

在仿真计算中可以看到,DE-WNN 算法的系统辨识误差远小于 0.01,GA-WNN 算法的系统辨识误差大于 DE-WNN 算法,RBF 算法的辨识误差最大。由表 15.3 可以看到,三种辨识算法中,DE-WNN 算法的隐层节点数最少,网络结构最简单,均方误差最小,辨识精度最高。由于 DE-WNN 算法收敛速度快,因而迭代次数和训练时间最少,特别是在高维的非线性系统辨识中,这种优点则更加突出。

习　　题

15.1　设原系统具有二阶传递函数

$$G(s)=\frac{0.35}{(s+0.5)(s+0.7)}$$

设输入信号分别为阶跃扰动、M 序列和随机扰动,试用单层神经网络辨识系统传递函数,并比较三种不同输入信号时的辨识结果。

15.2　已知线性系统的脉冲传递函数为

$$G(z^{-1})=\frac{7.157309z^{-1}-6.487547z^{-2}}{1-2.232576z^{-1}+1.764088z^{-2}-0.496585z^{-3}}$$

设系统的输入信号分别为白噪声、M 序列和随机扰动,试用神经网络辨识系统脉冲传递函数,并比较三种不同输入信号时的辨识结果。

15.3　已知时变系统差分方程为

$$y(k+1)=a(k+1)y(k)+b(k+1)u(k)+\xi(k+1)$$

式中 $a(k)=\sin\frac{\pi}{90}k$,$b(k)=-1+0.015k$,$\xi(k)$ 是均值为零、方差为 0.3 的白噪声随机序列,试用神经网络方法辨识系统参数。

15.4　设单输入-单输出时变系统的差分方程为

$$y(k)=-a_1y(k-1)-a_2y(k-2)+b_1u(k-1)+b_2u(k-2)+\xi(k)$$

$$\xi(k)=\varepsilon(k)+a_1\xi(k-1)+a_2\xi(k-2)$$

取真实值 $\boldsymbol{\theta}^{\mathrm{T}}=[a_1\quad a_2\quad b_1\quad b_2]=[1.642\quad 0.715\quad 0.39\quad 0.35]$,输入数据如表 15.4 所示。用 $\boldsymbol{\theta}$ 的真实值利用差分方程求出 $y(k)$ 作为测量值,$\varepsilon(k)$ 为均值为零、方差为 0.1 和 0.5 的不相关随机序列。试用神经网络方法辨识系统参数。

表 15.4 输入数据表

k	$u(k)$	k	$u(k)$	k	$u(k)$
1	1.147	11	-0.958	21	0.485
2	0.201	12	0.810	22	1.633
3	-0.787	13	-0.044	23	0.043
4	-1.589	14	0.947	24	1.326
5	-1.052	15	-1.474	25	1.706
6	0.866	16	-0.719	26	-0.340
7	1.152	17	-0.086	27	0.890
8	1.573	18	-1.099	28	1.144
9	0.626	19	1.450	29	1.177
10	0.433	20	1.151	30	0.390

15.5 考虑时延神经网络系统

$$\dot{\boldsymbol{x}}(t)=\boldsymbol{A}\boldsymbol{x}(t)+\boldsymbol{B}\boldsymbol{x}(t-\tau(t))+\boldsymbol{V}f(\boldsymbol{x}(t))+\boldsymbol{W}g(\boldsymbol{x}(t))u(t)$$

其中

$$\boldsymbol{A}=\begin{bmatrix}-10 & 1\\ 1 & -12\end{bmatrix},\boldsymbol{B}=\begin{bmatrix}1 & 1\\ 1 & -1\end{bmatrix},\boldsymbol{V}=\begin{bmatrix}2 & 1\\ 1 & 1\end{bmatrix},\boldsymbol{W}=\begin{bmatrix}1 & 1\\ 1 & 1\end{bmatrix}$$

$$u(t)=\sin x,\tau(t)=0.5,f(\boldsymbol{x}(t))=g(\boldsymbol{x}(t))=\tanh\boldsymbol{x}(t)$$

初始值选为 $y_1(0)=y_2(0)=1,\tilde{a}_{ij}(0)=\tilde{b}_{ij}(0)=\tilde{v}_{ij}(0)=\tilde{w}_{ij}(0)=1$,其中 $\tilde{a}_{ij}(0),\tilde{b}_{ij}(0),\tilde{v}_{ij}(0)$ 和 $\tilde{w}_{ij}(0)$ 表示估计值与真实值之间的差值。试用神经网络方法辨识系统参数,并做出 $e_1(t)=y_1(t)-x_1(t)$ 和 $e_2(t)=y_2(t)-x_2(t)$ 的随时间变化曲线。

15.6 考虑非线性系统

$$\begin{cases}\dot{x}_{i1}=x_{i1}x_{i2}\exp(-x_{i1}^2-x_{i2}^2)-(x_{i1}-r_i(t))\\ \dot{x}_{i2}=\dfrac{x_{i1}+x_{i2}}{x_{i1}^2+x_{i2}^2+1}-(x_{i2}-r_i(t))\end{cases}$$

其中 $x_i=[x_{i1}\quad x_{i2}]^{\mathrm{T}}$ 为状态向量,$i=1,2,3$,并且假定

$$F(x_i,r_i)=[f_1(x_i,r_i)\quad f_2(x_i,r_i)]^{\mathrm{T}}=\begin{bmatrix}x_{i1}x_{i2}\exp(-x_{i1}^2-x_{i2}^2)-(x_{i1}-r_i(t))\\ \dfrac{x_{i1}+x_{i2}}{x_{i1}^2+x_{i2}^2+1}-(x_{i2}-r_i(t))\end{bmatrix}$$

是未知的,$r_i(t)(i=1,2,3)$ 为输入信号,分别由三个下列的时延混沌系统所产生:

$$\dot{r}_1=\frac{10(r_1(t-8)+0.9)}{1+((r_1(t-8)+0.9)/0.8)^{10}}-2(r_1+0.9)$$

$$\dot{r}_2 = \frac{10(r_2(t-8.2)+0.4)}{1+((r_2(t-8.2)+0.4)/0.7)^{10}} - 2(r_2+0.4)$$

$$\dot{r}_3 = \frac{10(r_3(t-10)-2)}{1+((r_3(t-10)-2)/0.6)^{10}} - 2(r_3-2)$$

选取初始值 $r_1(0)=-0.1, r_2(0)=-1.4, r_3(0)=1.4$，试用动态径向基函数神经网络(DRBFNN)辨识未知系统函数 $F(x_i, r_i)$。

16

第 16 章 子空间辨识法

子空间辨识法（subspace identification method，SIM）是 20 世纪 90 年代初期出现的一类新的辨识方法，这类方法的基本思想可以追溯到 20 世纪 60 年代提出的状态空间实现理论。Ho 和 Kalman 于 1966 年提出系统的状态空间表达式可由系统的脉冲响应系数构成的汉克尔矩阵得到，但这类方法需要事先估计系统的脉冲响应，故 Kung 于 1978 年引入了奇异值分解（singular value decomposition，SVD）来降低对脉冲响应测量误差的敏感性。由于获取可靠的系统脉冲响应比较困难，人们开始研究直接由系统的输入输出数据辨识系统空间模型的方法。1985 年 Juang 和 Pappa 将这一概念应用于结构模型参数的辨识中。1989 年 Moonen 等人和 1990 年 Arun 等人分别对纯确定性系统和纯随机性系统的直接辨识方法进行了研究，他们由输入输出数据构建汉克尔矩阵直接计算出状态空间模型，这些工作标志着子空间辨识研究的真正开始。由于这些算法的基本思路就是由输入输出数据的汉克尔矩阵投影的行“子空间”和列“子空间”来获取模型参数，故称之为“子空间辨识”。

子空间辨识综合了系统理论、统计学以及线性代数等三方面的思想，可以直接由系统的输入输出数据辨识线性时不变（linear time invariant，LTI）系统的状态空间模型，从而为复杂的多变量动态过程提供数值可靠的状态空间模型。与传统的系统辨识方法相比，子空间辨识具有以下几个主要优势。

（1）子空间辨识是一种建立在状态空间模型基础之上的系统辨识方法，直接通过输入输出数据来辨识线性时不变系统的状态空间模型。在系统的不同数学描述形式中，状态空间模型在现代控制系统理论中最为常用，这是由于状态空间模型与传递函数等其他模型相比，不仅能够揭示系统的内部特性，而且可以对系统内部状态变量与外部输入变量以及输出变量之间存在的联系进行描述，并且可以将多个变量时间序列的处理转变为对向量时间序列进行处理，因此更适合解决多输入-多输出系统的建模问题。除此之外，状态空间模型的复杂性并不会因为状态变量、输入变量以及输出变量个数的增加而增大，进而能够方便有效地对多输入-多输出系统进行系统分析和设计。目前，越来越多的多输入-多输出系统的产生，使得针对传递函数的辨识方法渐渐无法满足系统辨识所提出的更高要求，这无疑是子空间辨识方法在过去的 30 多年里得以迅速发展的一个主要原因。

（2）系统辨识法需要一些用户定义的特定参数，对于多输入-多输出系统来说，传统的系统辨识方法一般需要用大量的工作来确定所谓的规范型模型，即具有最小参数数目的模型结构，给系统辨识带来诸多不便，随之也带来了许多问题。在子空间辨识法中由于使用状态空间模型，其参数化简单，唯一需要的“参数”是系统阶次，因此也避免了有可能遇到诸如数值病态、参数重叠以及系统的最小实现等问题。

（3）在子空间辨识过程中，低阶的状态空间模型可以直接从输入输出数据中获得，而不必计算高阶模型。

（4）与传统系统辨识法相比，子空间辨识法不需要进行计算量相当大的非线性优化问题的迭代求解，所以运算速度快，若不考虑在线的递推辨识算法，不涉及算法的收敛性和数值不稳定问题。此外，由于子空间辨识法使用了 QR 分解（正交三角分解）和 SVD 分解（奇异值分解）等线性代数工具，因而其计算具有较好的数值鲁棒性。

（5）人们在进行系统分析时，总是希望所获取的模型具有尽可能低的阶次。在子空间辨识法中，低阶的状态空间模型可直接从输入输出数据中获得，而不必计算高阶次的模型实现。

子空间辨识法从提出至今，得到了迅速发展，在理论和应用上都取得了很多成果。许多国际著名的学术期刊不断出版专刊讨论子空间辨识法，在一些国际国内的辨识和控制会议上，子空间辨识法也成为一个受到广泛关注的研究课题。目前，子空间辨识法在化工、钢铁、造纸、航空、航天、机械工程等行业的过程建模、机械结构的模态和振动分析、数据融合、动态纹理分析与识别等领域，都得到了广泛的应用。

本章将主要介绍一些典型的理论研究成果，包括离散时间系统的子空间辨识、递推子空间辨识、连续系统的子空间辨识、闭环子空间模型辨识、分数阶系统时域子空间辨识、非线性系统的子空间辨识等。

16.1 离散时间系统的子空间辨识

16.1.1 离散时间系统的数学描述

设离散时间系统的数学表达式为

$$\boldsymbol{y}(n)=\sum_{k=0}^{M}\boldsymbol{h}(k)v(n-k)+\boldsymbol{w}(n)=\boldsymbol{h}(z)v(n)+\boldsymbol{w}(n) \tag{16.1.1}$$

其中，需要辨识的未知脉冲传递函数 $\boldsymbol{h}(z)=\sum_{k=0}^{M}\boldsymbol{h}(k)z^{-k}$ 是单位后移变量 z^{-1} 的函数，$\{\boldsymbol{y}(n)\}$，$n\in\mathbf{C}$（$\mathbf{C}$ 表示复数域）是一个 q 维离散时间稳态序列，$v(n)$ 是标量稳态过程，$\boldsymbol{w}(n)$ 是附加的 q 维白噪声。假定 $E[\boldsymbol{w}(n)\boldsymbol{w}^{\mathrm{T}}(n)]=\sigma^2\boldsymbol{I}_q$，$\sigma^2$ 未知，$\boldsymbol{I}_q$ 为 $q\times q$ 单位矩阵。

在本节中将采用下述的通用符号和定义。

多项式矩阵 $\boldsymbol{F}(z)$ 是后移变量 z^{-1} 的函数，即

$$\boldsymbol{F}(z)=\sum_{k=0}^{M}\boldsymbol{F}(k)z^{-k} \tag{16.1.2}$$

其中 $\boldsymbol{F}(k)(k=0,1,\cdots,M)$ 是多项式矩阵函数 $\boldsymbol{F}(z)$ 的系数矩阵。设 $\boldsymbol{F}(z)$ 是一个 $q\times p$ 的多项式矩阵,该矩阵的秩是一个常数,比如说等于 s,只有在有限的点处($\boldsymbol{F}(z)$ 的零点)矩阵的秩才小于 s。变量 s 被称之为 $\boldsymbol{F}(z)$ 的规范秩。当 $\boldsymbol{F}(z)$ 的规范秩等于 $\min(p,q)$ 时,则 $\boldsymbol{F}(z)$ 是满秩的。

一个 $q\times1$ 多项式向量函数 $\boldsymbol{f}(z)=[f_1(z)\quad f_2(z)\quad\cdots\quad f_q(z)]^{\mathrm{T}}$ 的阶次被定义为它的分量的最大阶次,即

$$\deg(\boldsymbol{f}(z))=\max_{1\leqslant i\leqslant q}\deg(f_i(z)) \tag{16.1.3}$$

设 $q\times1$ 多项式向量 $\boldsymbol{f}(z)$ 是一个 $\deg(\boldsymbol{f}(z))=M$ 的后移变量 z^{-1} 的函数,则 $\boldsymbol{f}(z)$ 可以写为

$$\boldsymbol{f}(z)=\sum_{k=0}^{M}\boldsymbol{f}(k)z^{-k} \tag{16.1.4}$$

其中 $\boldsymbol{f}(k)(k=0,1,\cdots,M)$ 是多项式向量函数 $\boldsymbol{f}(z)$ 的系数矩阵。

下面先考虑 $p=1$ 时情况。

16.1.2 $p=1$ 时的离散子空间辨识

设一个确定性零均值稳态标量序列 $\{\boldsymbol{v}(n)\}_{n\in\mathbf{C}}$ 在一个线性时不变通道中传输,并假设对于每一个 N,$\boldsymbol{v}_N(n)=[\boldsymbol{v}(n)\quad\boldsymbol{v}(n-1)\quad\cdots\quad\boldsymbol{v}(n-N)]^{\mathrm{T}}$ 的协方差矩阵都是正定的,$\boldsymbol{v}$ 被 q 维传感器阵列所接收,经过一些标准的处理(如解调,滤波,按一定速率采样)之后,则 q 维可变的观测信号 $\{\boldsymbol{y}(n)\}_{n\in\mathbf{C}}$ 可表示为

$$\boldsymbol{y}(n)=\sum_{k=0}^{M}\boldsymbol{h}(k)\boldsymbol{v}(n-k)+\boldsymbol{w}(n)=\boldsymbol{h}(z)\boldsymbol{v}(n)+\boldsymbol{w}(n) \tag{16.1.5}$$

其中 $\boldsymbol{h}(z)=\sum\limits_{k=0}^{M}\boldsymbol{h}(k)z^{-k}$ 是通道模型的 $q\times1$ 维多项式传统函数,$\{\boldsymbol{w}(n)\}$ 为测量噪声。假设 $\{\boldsymbol{w}(n)\}$ 在时间和空间上都是白噪声,$E(\boldsymbol{w}(n)\boldsymbol{w}^{\mathrm{T}}(n))=\sigma^2\boldsymbol{I}$,$\sigma^2$ 未知,并且 $\{\boldsymbol{w}(n)\}$ 与信号序列相互独立。盲均衡问题就是从观测量 $\boldsymbol{y}(0),\boldsymbol{y}(1),\cdots,\boldsymbol{y}(T)$ 中获得符号序列 $\{\boldsymbol{v}(n)\}$。对此,传统的方法是先从观测数据中辨识出滤波器 $\boldsymbol{h}(z)$ 和噪声方差 σ^2,然后利用最小均方差或维纳等线性均衡器(或称补偿器)或者利用维特比算法(Viterbi procedure)去估计序列 $\{\boldsymbol{v}(n)\}$。

将 $\boldsymbol{y}(n)$ 的自协方差函数记为 $\{\boldsymbol{r}(\tau)\}_{\tau\in\mathbf{C}}$,在假设对于每一个 z 均是 $\boldsymbol{h}(z)$ 满秩的情况下,即

$$\boldsymbol{h}(z)\neq\boldsymbol{0},\ \forall z,\deg(\boldsymbol{h}(z))=M \tag{16.1.6}$$

则可以证明,$\boldsymbol{h}(z)$ 和 σ^2 可由有限数量的自协方差系数进行辨识。一个基于子空间的辨识方案是依赖于与多项式向量 $\boldsymbol{h}(z)$ 相关(或者等价地,与 $\boldsymbol{h}(z)$ 的相应向量 $\boldsymbol{h}(k)$ 相关)的所谓的西尔维斯特 $q(N+1)\times(M+N+1)$ 分块特普利茨矩阵(block-Toeplitz matrix)的几何性质,其分块特普利茨矩阵被定义为

$$\boldsymbol{T}_N(\boldsymbol{h})=\begin{bmatrix}\boldsymbol{h}(0) & \cdots & \boldsymbol{h}(M) & & \boldsymbol{0}\\ & \ddots & & \ddots & \\ \boldsymbol{0} & & \boldsymbol{h}(0) & \cdots & \boldsymbol{h}(M)\end{bmatrix} \tag{16.1.7}$$

将 $\boldsymbol{Y}_N(n)$ 的协方差矩阵记为 $\boldsymbol{R}_N$,并且利用信号模型式(16.1.5),则协方差矩阵 $\boldsymbol{R}_N$ 可表示为

$$\boldsymbol{R}_N=\boldsymbol{T}_N(\boldsymbol{h})\boldsymbol{V}_{M+N}\boldsymbol{T}_N^{\mathrm{T}}(\boldsymbol{h})+\sigma^2\boldsymbol{I}_{q(N+1)} \tag{16.1.8}$$

其中 $\boldsymbol{V}_{M+N}$ 表示向量

$$\boldsymbol{v}_{M+N}(n)=[v(n)\quad v(n-1)\quad\cdots\quad v(n-M-N)]^{\mathrm{T}} \tag{16.1.9}$$

的协方差阵。由于 $q>1$，只要 $q(N+1)>(N+M+1)$（假定这一条件处处成立），则式(16.1.8)右边第一项就是奇异的。在这种情况下，噪声方差 σ^2 是 $\boldsymbol{R}_N$ 的最小特征值。与 σ^2 相关的特征值空间称之为噪声子空间。因为假定 $\boldsymbol{V}_{M+N}$ 是正定的，所以噪声子空间是信号子空间 $\mathrm{Range}(\boldsymbol{T}_N(\boldsymbol{h}))$ 的正交补，记作 $(\mathrm{Range}(\boldsymbol{T}_N(\boldsymbol{h})))^{\perp}$。

$\boldsymbol{R}_N$ 的特征分解使得能够去辨识噪声子空间 $(\mathrm{Range}(\boldsymbol{T}_N(\boldsymbol{h})))^{\perp}$。将在 $(\mathrm{Range}(\boldsymbol{T}_N(\boldsymbol{h})))^{\perp}$ 上的正交投影矩阵记作 $\boldsymbol{\Pi}_N$，子空间辨识方法将与下面的引理紧密相关。

引理 16.1　假设式(16.1.6)成立并且 $N\geqslant M$，则矩阵 $\boldsymbol{T}_N(\boldsymbol{h})$ 是满秩的，并且矩阵方程

$$\boldsymbol{\Pi}_N\boldsymbol{T}_N(\boldsymbol{f})=\boldsymbol{0} \tag{16.1.10}$$

在约束 $\deg(\boldsymbol{f}(z))\leqslant M$ 下的解由 $\boldsymbol{f}(z)=r\boldsymbol{h}(z)$ 给出，其中 $r\in\mathbf{C}$ 为任意值。

作为一个直接的结果，用 $\boldsymbol{Q}_N$ 来表示由方程

$$\boldsymbol{f}\rightarrow\mathrm{tr}(\boldsymbol{T}_N^{\mathrm{T}}(\boldsymbol{f})\boldsymbol{\Pi}_N\boldsymbol{T}_N(\boldsymbol{f}))=\boldsymbol{f}^{\mathrm{T}}\boldsymbol{Q}_N\boldsymbol{f} \tag{16.1.11}$$

所定义的 $q(M+1)\times q(M+1)$ 的对称矩阵，$\boldsymbol{Q}_N$ 的零空间则缩减为由与 $\boldsymbol{h}(z)$ 相关的向量 $\boldsymbol{h}(k)$ 所张成的一维子空间。引理 16.1 可演绎出下面的简单辨识步骤：

（1）估计观测信号的协方差矩阵 $\hat{\boldsymbol{R}}_N$ 和噪声投影 $\hat{\boldsymbol{\Pi}}_N$；

（2）利用使 $\boldsymbol{f}$ 的二次型判据

$$\mathrm{tr}(\boldsymbol{T}_N^{\mathrm{T}}(\boldsymbol{f})\hat{\boldsymbol{\Pi}}_N\boldsymbol{T}_N(\boldsymbol{f}))=\boldsymbol{f}^{\mathrm{T}}\hat{\boldsymbol{Q}}_N\boldsymbol{f} \tag{16.1.12}$$

在适当的约束（如线性约束 $f_1(0)=1$ 或二次型约束 $\sum\limits_{k=0}^{M}\boldsymbol{f}^{\mathrm{T}}(k)\boldsymbol{f}(k)=1$）下最小来估计比例因子 $\boldsymbol{h}(z)$。

在 $\boldsymbol{h}(z)$ 的阶次 M 已知或可被准确估计的情况下，引理 16.1 可保证上述估计的一致性。在下一小节将研究在过高估计 M 情况下子空间辨识算法的特点。

16.1.3　过高估计 M 情况下的子空间辨识法

子空间辨识法可以在更为一般性的框架下利用有理子空间的最小多项式基的概念被彻底改造。正如下面将看到的，这种改造将使得人们能够去分析在 $\boldsymbol{h}(z)$ 的阶次 M 被过高估计情况下的子空间辨识法的特点，从而产生了 $p>1$ 情况下的子空间辨识法。

一个 $1\times q(N+1)$ 的行向量 $\boldsymbol{g}=[\boldsymbol{g}(0)\quad\boldsymbol{g}(1)\quad\cdots\quad\boldsymbol{g}(N)]$ 当且仅当 $\boldsymbol{g}\boldsymbol{T}_N(\boldsymbol{h})=\boldsymbol{0}$ 时才属于 $\boldsymbol{R}_N$ 的噪声子空间，其中每个向量 $\boldsymbol{g}(k)(k=0,1,\cdots,N)$ 都是 $1\times q$ 的行向量。为了方便，将正交条件改写为

$$\boldsymbol{g}\boldsymbol{T}_N(\boldsymbol{h})=\boldsymbol{0}\Leftrightarrow\boldsymbol{g}(z)\boldsymbol{h}(z)=\boldsymbol{0},\ \forall z \tag{16.1.13}$$

其中

$$\boldsymbol{g}(z)=\sum_{k=0}^{M}\boldsymbol{g}(k)z^{-k},\quad \boldsymbol{h}(z)=\sum_{k=0}^{M}\boldsymbol{h}(k)z^{-k} \tag{16.1.14}$$

所有 $1\times q$ 有理传递函数的集合 F 是一个在所有标量函数域上的 q 维向量空间，这样的向量空间被称为有理空间。

设 B 为满足关系式

$$\boldsymbol{f}(z)\boldsymbol{h}(z)=0,\ \forall z \tag{16.1.15}$$

的所有 $1\times q$ 有理传递函数 $\boldsymbol{f}(z)$ 的集合，则 B 是 F 的 $(q-1)$ 维子空间，并且根据式(16.1.13)可知，在张成 $\boldsymbol{R}_N$ 的噪声子空间的行向量与 $1\times q$ 多项式向量 $\boldsymbol{g}(z)\in B$ 之间存在着一对一的映射使得 $\deg(\boldsymbol{g}(z))\leqslant N$。于是有下面的定理。

定理 16.1　若 $N\geqslant M$，则存在子空间 B 的一个基，并且 B 的元素是阶次至多为 N 的多项式。

该定理的证明较复杂，在此略去。

由定理 16.1 可知，当 $N \geqslant M$ 时，由 $\boldsymbol{R}_N$ 的噪声子空间可以确定子空间 B。另外，令 S 表示 B 在有理空间 F 中的正交补，即满足关系式 $\boldsymbol{g}(z)\boldsymbol{f}(z)=0, \forall \boldsymbol{g}(z) \in B$ 的所有 $q \times 1$ 有理传递函数 $\boldsymbol{f}(z)$ 的集合，则 S 是与 $\boldsymbol{h}(z)$ 共线的 $q \times 1$ 有理向量的一维子空间，即

$$S=\{\boldsymbol{r}(z)\boldsymbol{h}(z)/\boldsymbol{r}(z)\} \tag{16.1.16}$$

子空间 S 为标量有理传递函数，可以由子空间 B 进行恢复，因而 $\boldsymbol{R}_N$ 的噪声子空间唯一决定了由 $\boldsymbol{h}(z)$ 所生成的一维子空间。最后一步是由 S 的知识去估计 $\boldsymbol{h}(z)$。有理子空间的最小多项式基的概念将在这项工作中起着关键作用。当专门研究一维子空间 S 时，这一思路就会归结为下面的定义。

定义 16.1 子空间 S 只接纳唯一的由条件 $\boldsymbol{f}(z) \neq \boldsymbol{0}, \forall z$ 所定义的最小阶次多项式向量 $\boldsymbol{f}(z)$（相当于比例因子）。这个多项式向量被称之为 S 的最小多项式基，S 中的所有多项式可以归纳为标量传递函数形式 $\{\boldsymbol{r}(z)\boldsymbol{h}(z)/\boldsymbol{r}(z)\}$。

式(16.1.6)意味着 $\boldsymbol{h}(z)$ 是 S 的一个定义明确的元素，即 $\boldsymbol{h}(z)$ 是 S 的最小多项式基。因此，$\boldsymbol{h}(z)$（相当于比例因子）是可以从子空间 S 进行辨识的，或等价地建立协方差矩阵 $\boldsymbol{R}_N$ 的噪声子空间。

上述结果使得人们能够分析在 $\boldsymbol{h}(z)$ 的阶次 M 被过高估计情况下的子空间辨识法的特点。为此，必须去描述所有阶次为 $M'(M' \geqslant M)$ 且满足方程 $\boldsymbol{\Pi}_N \boldsymbol{T}_N(\boldsymbol{f})=\boldsymbol{0}$ 的多项式 $\boldsymbol{f}(z)$ 的特性。由下面的结果便可得出引理 16.1。

引理 16.2 假设式(16.1.6)成立并且 $N \geqslant M$，用 $\boldsymbol{\Pi}_N$ 表示在 $\boldsymbol{R}_N$ 的噪声子空间上的正交投影矩阵，当 $\deg(\boldsymbol{f}(z)) \leqslant M$ 时，矩阵方程

$$\boldsymbol{\Pi}_N \boldsymbol{T}_N(\boldsymbol{f})=\boldsymbol{0} \tag{16.1.17}$$

无解；当 $M'=\deg(\boldsymbol{f}(z))$ 大于 M 时，式(16.1.17)解的形式为 $\boldsymbol{f}(z)=\boldsymbol{r}(z)\boldsymbol{h}(z)$，其中 $\boldsymbol{r}(z)$ 是一个阶次为 $M'-M$ 的标量多项式。

证明 假设式(16.1.17)成立，对于 $\boldsymbol{R}_N$ 的噪声子空间的每一个行向量 $\boldsymbol{g}$ 则有

$$\boldsymbol{g}\boldsymbol{T}_N(\boldsymbol{f})=\boldsymbol{0}$$

因此对于每一阶次（至多为 N）的多项式 $\boldsymbol{g}(z) \in B$ 便立即可得 $\boldsymbol{g}(z)\boldsymbol{f}(z)=0$，根据定理 16.1 可知，这就意味着 $\boldsymbol{f}(z)$ 属于 S，并且对于某些阶次为 $M'-M$ 的标量多项式 $\boldsymbol{r}(z)$ 有 $\boldsymbol{f}(z)=\boldsymbol{r}(z)\boldsymbol{h}(z)$。

相反，若 $\boldsymbol{f}(z)=\boldsymbol{r}(z)\boldsymbol{h}(z)$，则 $\boldsymbol{f}(z)$ 属于 S，并且对于每一阶次（至多为 N）的多项式 $\boldsymbol{g}(z) \in B$ 有 $\boldsymbol{g}(z)\boldsymbol{f}(z)=0$，因此对于 $\boldsymbol{R}_N$ 的噪声子空间的每一个行向量 $\boldsymbol{g}$ 有 $\boldsymbol{g}\boldsymbol{T}_N(\boldsymbol{f})=\boldsymbol{0}$，这就意味着式(16.1.17)成立。证毕。

引理 16.2 表明，若 $\boldsymbol{h}(z)$ 的阶次 M 被过高估计，则子空间方法失效。要说明这一点，可假定在式(16.1.12)最小化时多项式 $\boldsymbol{f}(z)$ 的阶次为 $M'>M$。首先假设自协方差系数 $\{\boldsymbol{r}(\tau)\}$ 准确已知，根据上面的引理，式(16.1.11)的最小化问题就允许有形如 $\boldsymbol{f}(z)=\boldsymbol{r}(z)\boldsymbol{h}(z)$ 的无限多个解，其中 $\boldsymbol{r}(z)$ 是任意的阶次为 $M'-M$ 的标量多项式，而理想的解仍可以利用对 $\boldsymbol{f}(z)$ 分量的最大公因子进行因式分解得到。当自协方差系数未知但需要估计时，情况就会更复杂。这时，式(16.1.11)中的 $\hat{\boldsymbol{h}}(z)$ 就是 S 中阶次为 M' 的多项式的估计，根据引理 16.2，对于一个确定性标量多项式 $\boldsymbol{r}(z)$ 可以记为 $\boldsymbol{r}(z)\hat{\boldsymbol{h}}(z)$。

最后来考虑一下 $\sigma^2=0$ 时的情况，这时 $\boldsymbol{R}_N$ 的噪声子空间可以从有限样本值 $[\boldsymbol{y}(1) \quad \boldsymbol{y}(2) \quad \cdots \quad \boldsymbol{y}(T)]$ 中无误差地估计出来（尽管矩阵 $\boldsymbol{R}_N$ 本身明显不属于这种情况）。实际上，对于 $N \geqslant M$ 有 $\boldsymbol{Y}_N(n)=\boldsymbol{T}_N(h)\boldsymbol{V}_{M+N}(n)$，将该式插入 $\boldsymbol{R}_N$ 的样本估计

$$\hat{\boldsymbol{R}}_N=\frac{1}{T-N}\sum_{n=N+1}^{T}\boldsymbol{Y}_N(n)\boldsymbol{Y}_N^T(n) \tag{16.1.18}$$

中,可得

$$\hat{\boldsymbol{R}}_N = \boldsymbol{T}_N(h)\left[\frac{\sum_{n=N+1}^{T} \boldsymbol{V}_{M+N}(n)\boldsymbol{V}_{M+N}^{\mathrm{T}}(n)}{T-N}\right]\boldsymbol{T}_N^{\mathrm{T}}(h) \tag{16.1.19}$$

另一方面,对 $v(n)$ 进行某些弱的额外假设,则式(16.1.19)右手边所定义的实证矩阵在$(T-N)>(M+N)$时几乎可以肯定是正定的。因此,投影矩阵 $\boldsymbol{\Pi}_N$ 以及多项式向量 $\boldsymbol{h}(z)$ 都可以由观测量$\{\boldsymbol{y}(n)\}_{n=1,2,\cdots,T}$无误差地恢复。

16.1.4　渐近性分析

本小节将介绍子空间辨识法的渐近性分析。假设:(1)源信号$\{v(n)\}_{n\in\mathbf{C}}$为具有零均值、单位方差和有限 4 阶矩(即 $E(v^4(n))<\infty$)的独立同分布随机变量;(2)$\{w(n)\}_{n\in\mathbf{C}}$为白色高斯噪声。在这种情况下,$\boldsymbol{y}(n)$是 M 相依随机变量,特别地,当$|n|>M$ 时,$\boldsymbol{y}(n)$的自协方差系数$\boldsymbol{r}(n)$

$$\boldsymbol{r}(n)=[r_{ab}(n)]_{1\leqslant a,b\leqslant q}=E[\boldsymbol{y}(n)\boldsymbol{y}^{\mathrm{T}}(0)]$$

为零。此外,由于$v(n)$为单位方差白噪声,则滤波器$\boldsymbol{h}(z$相当于一个符号从$\boldsymbol{r}(n)$辨识出来。特别地,假设:(3)$h_1(0)>0$,则子空间辨识法可以将$\boldsymbol{h}(z)$看作一个标量因子 α 进行辨识,这是一个必须估计的参数。

在下文中,基于协方差矩阵$\boldsymbol{R}_N$利用子空间法所导出的与$\boldsymbol{h}(z)$相关的向量$\boldsymbol{h}$的估计值将用$\hat{\boldsymbol{h}}_N$来表示,这里特别强调 N 指的是堆放在向量$\boldsymbol{Y}_N(n)$中的样本数而不是采样数 T(为记写方便,估计值与 T 的相关性不做明示)。

下面分析滤波器系数的渐近正态性。

滤波器系数通过用$\tilde{h}_N(\cdot)$所表示的函数依赖于观测信号$\boldsymbol{y}(n)$的前$(M+1)$个自协方差系数$\hat{\boldsymbol{R}}=[\hat{\boldsymbol{r}}(0)\quad\hat{\boldsymbol{r}}(1)\quad\cdots\quad\hat{\boldsymbol{r}}(M)]$,其证明分为三步:首先证明$\hat{\boldsymbol{R}}$的估计序列是渐近正态的(定理 16.2);然后确定$\tilde{h}_N(\cdot)$在统计数据真值处的可微性(定理 16.3);最后利用渐近正态矩阵函数有关定理确定估计值和渐近协方差矩阵精确表达式的渐近正态性(定理 16.4)。

16.1.4.1　样本统计量的渐近正态性

假定观测到过程$\boldsymbol{y}$的$T>M$个样本,则利用关系式

$$\hat{\boldsymbol{r}}(n)=\frac{1}{T-n}\sum_{t=1}^{T-n}\boldsymbol{y}(t+n)\boldsymbol{y}^{\mathrm{T}}(t),0<n<M \tag{16.1.20}$$

可用传统方法估计出前$(M+1)$个自协方差系数,然后根据这些系数,利用下述结构

$$\hat{\boldsymbol{R}}_N=\begin{bmatrix}\hat{\boldsymbol{r}}(0) & \cdots & \hat{\boldsymbol{r}}(M) & \cdots & \boldsymbol{0}\\ \vdots & \ddots & \vdots & \ddots & \vdots\\ \hat{\boldsymbol{r}}^{\mathrm{T}}(M) & \cdots & \hat{\boldsymbol{r}}(0) & \cdots & \hat{\boldsymbol{r}}(M)\\ \vdots & \ddots & \vdots & \ddots & \vdots\\ \boldsymbol{0} & \cdots & \hat{\boldsymbol{r}}^{\mathrm{T}}(M) & \cdots & \hat{\boldsymbol{r}}(0)\end{bmatrix} \tag{16.1.21}$$

可以得到观测向量$\boldsymbol{Y}_N(n)$的$q(N+1)\times q(N+1)$协方差矩阵的样本估计值$\hat{\boldsymbol{R}}_N$。注意到这一估计值与

式(16.1.18)所给出估计值的不同处为 $\boldsymbol{R}_N$ 的准确结构是强迫性的,也就是说,$\hat{\boldsymbol{R}}_N$ 一是特普利茨分块矩阵,二是只有对角线元素和 M 个非对角线分块元素是非零的(注意到,与式(16.1.18)的估计值相反,该矩阵不必是正定的)。由于 $\boldsymbol{y}(n)$ 是一个 M 相依过程,因而有下述定理。

定理 16.2 在假设(1)(2)满足的情况下,随机变量

$$\{\sqrt{T}(\hat{r}_{ab}(m)-r_{ab}(m));0\leqslant m\leqslant M;1\leqslant a,b\leqslant q\}$$

具有联合渐近正态性,并且均值为零、协方差为

$$\begin{aligned}\sum\nolimits_{abcd}(m,n)&\triangleq\lim_{T\to\infty}TE(\hat{r}_{ab}(m)-r_{ab}(m))(\hat{r}_{cd}(n)-r_{cd}(n))\\&=\sum_{\tau\in\mathrm{Z}}r_{ad}(m+\tau)r_{cb}(n-\tau)+r_{ac}(m+\tau)r_{bd}(n+\tau)+\bar{k}_{abcd}(m,n)\end{aligned}\tag{16.1.22}$$

其中

$$\bar{k}_{abcd}(m,n)\triangleq\sum_{\tau\in\mathrm{Z}}\mathrm{cum}(\boldsymbol{y}_a(m),\boldsymbol{y}_b(0),\boldsymbol{y}_c(n+\tau),\boldsymbol{y}_d(\tau))\tag{16.1.23}$$

$\mathrm{cum}(x_1,x_2,\cdots,x_k)$ 表示随机变量 $(x_1,x_2,\cdots,x_k)$ 的累积量。

四阶累积量阵列 $\bar{k}(m,n)$ 的表达式可以利用累积量的标准性质和信号模型式(16.1.5)的特殊结构进行因式分解。在所添加的噪声信号是独立随机变量并具有高斯性的条件下,则累积量的可加性意味着

$$\mathrm{cum}(\boldsymbol{y}_a(m),\boldsymbol{y}_b(0),\boldsymbol{y}_c(n+\tau),\boldsymbol{y}_d(\tau))=\bar{k}\sum_t\boldsymbol{h}_a(t+m)\,\boldsymbol{h}_b(t)\,\boldsymbol{h}_c(t+n+\tau)\,\boldsymbol{h}_d(t+\tau)\tag{16.1.24}$$

其中

$$\bar{k}\triangleq\mathrm{cum}(v(n),v(n),v(n),v(n))$$

是随机变量 $v(n)$ 的峰度。将式(15.1.24)代入式(16.1.23)可得

$$\begin{aligned}\bar{k}_{abcd}(m,n)&=\bar{k}\sum_{\tau\in\mathrm{C}}\sum_t\boldsymbol{h}_a(t+m)\,\boldsymbol{h}_b(t)\,\boldsymbol{h}_c(t+n+\tau)\,\boldsymbol{h}_d(t+\tau)\\&=\bar{k}\Big(\sum_t\boldsymbol{h}_a(t+m)\,\boldsymbol{h}_b(t)\Big)\Big(\sum_{t'}\boldsymbol{h}_c(t'+n)\,\boldsymbol{h}_d(t')\Big)\\&=\bar{k}(r_{ab}(m)-\delta(m)\sigma^2I_{ab})(r_{cd}(n)-\delta(n)\sigma^2I_{cd})\end{aligned}\tag{16.1.25}$$

其中 δ 为克罗内克符号,σ^2 为观测噪声方差。

16.1.4.2 穆尔-彭罗斯逆

在下面的推导与证明中,将会多次使用穆尔-彭罗斯逆,在此对穆尔-彭罗斯逆进行简单回顾。

穆尔-彭罗斯逆又称穆尔-彭罗斯广义逆或穆尔-彭罗斯广义逆矩阵,在矩阵的 15 类广义逆矩阵中,是一类比较特殊和广泛应用的广义逆矩阵。这种广义逆矩阵具有通常逆矩阵的部分性质,并且在方阵可逆时,它与通常的逆矩阵相一致,并在许多学科中得到广泛应用。

定义 16.2(穆尔-彭罗斯逆) 对于任意矩阵 $\boldsymbol{A}\in C^{m\times n}$,满足四个彭罗斯方程:(1) $\boldsymbol{AXA}=\boldsymbol{A}$;(2) $\boldsymbol{XAX}=\boldsymbol{X}$;(3) $(\boldsymbol{AX})^*=\boldsymbol{AX}$;(4) $(\boldsymbol{XA})^*=\boldsymbol{XA}$ 的解 $\boldsymbol{X}$ 称之为矩阵 $\boldsymbol{A}$ 的穆尔-彭罗斯广义逆矩阵或简称为穆尔-彭罗斯逆,记为$\boldsymbol{A}^+$,其中 $C^{m\times n}$ 表示复数域 $m\times n$ 矩阵集合,符号“ * ”表示矩阵的共轭转置。

当 $\boldsymbol{A}\in C^{n\times n}$ 且可逆时,$\boldsymbol{A}^+=\boldsymbol{A}^{-1}$。

穆尔-彭罗斯逆的一些重要性质如下。

(1) 设矩阵 $\boldsymbol{A}\in C^{m\times n}$，则 $\boldsymbol{A}$ 的穆尔-彭罗斯逆存在且唯一。

(2) 若矩阵 $\boldsymbol{A}$ 与 $\boldsymbol{B}$ 酉相似，则$\boldsymbol{A}^{+}$与$\boldsymbol{B}^{+}$酉相似。

(3) 若 $\boldsymbol{A}$ 为正定实数阵，则$\boldsymbol{A}^{+}$也为正定实数阵，且存在可逆阵 $\boldsymbol{P}$，使得$\boldsymbol{A}^{+}=\boldsymbol{P}\boldsymbol{P}^{\mathrm{T}}$。

(4) 若 $\boldsymbol{A}$ 为正定矩阵，λ_1 为 $\boldsymbol{A}$ 的特征根，则$\boldsymbol{A}^{+}$也为正定矩阵，且$\dfrac{1}{\lambda_1}$为$\boldsymbol{A}^{+}$的特征根。

(5) 若 $\boldsymbol{A}$ 为实对称阵，则存在正交阵 $\boldsymbol{U}$，使得$\boldsymbol{A}^{+}=\boldsymbol{U}\boldsymbol{D}^{+}\boldsymbol{U}^{\mathrm{T}}$，其中 $\boldsymbol{D}=\mathrm{diag}(\lambda_1,\lambda_2,\cdots,\lambda_n)$，$\lambda_i(i=1,2,\cdots,n)$为 $\boldsymbol{A}$ 的特征根。

(6) 若 n 阶矩阵 $\boldsymbol{A}$ 有极分解 $\boldsymbol{A}=\boldsymbol{S}\boldsymbol{U}$，其中 $\boldsymbol{S}$ 为半正定矩阵，$\boldsymbol{U}$ 为正交矩阵，则$\boldsymbol{A}^{+}=\boldsymbol{U}^{\mathrm{T}}\boldsymbol{S}^{+}$。

(7) 设 n 阶矩阵 $\boldsymbol{A}$ 为

$$\boldsymbol{A}=\begin{bmatrix}0&\cdots&0&a_1&0&\cdots&0\\0&\cdots&0&a_2&0&\cdots&0\\\vdots&&\vdots&\vdots&\vdots&&\vdots\\0&\cdots&0&a_{n-1}&0&\cdots&0\\0&\cdots&0&a_n&0&\cdots&0\end{bmatrix}$$

则$\boldsymbol{A}^{+}=\dfrac{1}{\|\boldsymbol{a}\|_2}\boldsymbol{A}^{\mathrm{T}}$，其中 $\boldsymbol{a}=[a_1\quad a_2\quad\cdots\quad a_{n-1}\quad a_n]^{\mathrm{T}}$。

16.1.4.3　映射的可微性

证明滤波器系数渐近正态性的第二步包括两个内容：一是证明滤波器系数估值通过可微映射与样本统计量 $\hat{\boldsymbol{R}}=[\hat{\boldsymbol{r}}(0)\quad\hat{\boldsymbol{r}}(1)\quad\cdots\quad\hat{\boldsymbol{r}}(M)]$ 建立关系；二是证明该映射在统计量真值 $\boldsymbol{R}=[\boldsymbol{r}(0)\quad\boldsymbol{r}(1)\quad\cdots\quad\boldsymbol{r}(M)]$处具有一阶可微性。为简单起见，在此仅研究式(16.1.12)所给出的二次型

$$\boldsymbol{f}\rightarrow\mathrm{tr}(\boldsymbol{T}_N^{\mathrm{T}}(\boldsymbol{f})\hat{\boldsymbol{\Pi}}_N\boldsymbol{T}_N(\boldsymbol{f}))=\boldsymbol{f}^{\mathrm{T}}\hat{\boldsymbol{Q}}_N\boldsymbol{f}$$

在单位范数约束下的最小化问题，而其他约束下的最小化问题可用同样的方法进行处理。

在单位范数约束下，令 $\boldsymbol{f}=\hat{\boldsymbol{u}}_N$ 可以取得 $\boldsymbol{f}^{\mathrm{T}}\hat{\boldsymbol{Q}}_N\boldsymbol{f}$ 的最小化，其中$\hat{\boldsymbol{u}}_N$ 是与矩阵$\hat{\boldsymbol{Q}}_N$ 的最小特征值相对应的单位范数特征向量。为具有唯一性，可假定$\hat{\boldsymbol{u}}_N$ 的第一个分量是正的。利用估计值$\hat{\boldsymbol{u}}_N$，可得到估值

$$\hat{\boldsymbol{h}}_N=\hat{\alpha}_N\hat{\boldsymbol{u}}_N \tag{16.1.26}$$

其中 $\hat{\alpha}_N$ 为标量遗忘因子，表示 $\boldsymbol{h}$ 的范数。当

$$\boldsymbol{R}_N=\|\boldsymbol{h}\|^2\boldsymbol{T}_N\left(\frac{\boldsymbol{h}}{\|\boldsymbol{h}\|}\right)\boldsymbol{T}_N\left(\frac{\boldsymbol{h}}{\|\boldsymbol{h}\|}\right)^{\mathrm{T}}+\sigma^2\boldsymbol{I} \tag{16.1.27}$$

$$\mathrm{tr}(\boldsymbol{T}_N(\boldsymbol{h})\boldsymbol{T}_N^{\mathrm{T}}(\boldsymbol{h}))=N+1$$

时，$\|\boldsymbol{h}\|$ 的一个可能估计可以构造为

$$\begin{cases}\hat{\alpha}_N=\left|\mathrm{tr}\left(\dfrac{1}{N+1}(\hat{\boldsymbol{R}}_N-\hat{\sigma}_N^2\boldsymbol{I})\right)\right|^{1/2}\\\hat{\sigma}_N^2=\dfrac{\mathrm{tr}(\hat{\boldsymbol{\Pi}}_N\hat{\boldsymbol{R}}_N)}{S}\\S=q(N+1)-(N+M+1)\end{cases} \tag{16.1.28}$$

其中 $\hat{\sigma}_N^2$ 为噪声方差的估值。方程(16.1.26)和(16.1.28)定义了参数估计 $\hat{\boldsymbol{h}}_N$ 和样本方差

$\hat{\boldsymbol{R}}=[\hat{\boldsymbol{r}}(0)\quad \hat{\boldsymbol{r}}(1)\quad \cdots \quad \hat{\boldsymbol{r}}(M)]$之间的一个映射,这个映射用$\tilde{\boldsymbol{h}}_N$表示,即

$$\hat{\boldsymbol{h}}_N=\tilde{\boldsymbol{h}}_N(\hat{\boldsymbol{r}}(0)\quad \hat{\boldsymbol{r}}(1)\quad \cdots \quad \hat{\boldsymbol{r}}(M))$$

根据式(16.1.26),$\tilde{\boldsymbol{h}}_N$ 可以分解为映射

$$\tilde{\alpha}_N:(\hat{\boldsymbol{r}}(0)\quad \hat{\boldsymbol{r}}(1)\quad \cdots \quad \hat{\boldsymbol{r}}(M))\to \hat{\alpha}_N=\tilde{\alpha}_N(\hat{\boldsymbol{r}}(0)\quad \hat{\boldsymbol{r}}(1)\quad \cdots \quad \hat{\boldsymbol{r}}(M))$$

与映射

$$\hat{\boldsymbol{u}}_N:(\hat{\boldsymbol{r}}(0)\quad \hat{\boldsymbol{r}}(1)\quad \cdots \quad \hat{\boldsymbol{r}}(M))\to \hat{\boldsymbol{u}}_N=\tilde{\boldsymbol{u}}_N(\hat{\boldsymbol{r}}(0)\quad \hat{\boldsymbol{r}}(1)\quad \cdots \quad \hat{\boldsymbol{r}}(M))$$

的乘积。利用组合映射的标准结果,确定$\tilde{\boldsymbol{h}}_N$ 在 $\boldsymbol{R}$ 数域上的可微性,就可证明这些映射的可微性。α_N 和 $\tilde{\boldsymbol{u}}_N$ 可微的显式表达式将在下述定理中给出。

定理 16.3 存在一个 $\boldsymbol{R}=[\boldsymbol{r}(0)\quad \boldsymbol{r}(1)\quad \cdots \quad \boldsymbol{r}(M)]$的开邻域 Ξ 使得映射 $\tilde{\alpha}_N$ 和$\tilde{\boldsymbol{u}}_N$ 在 Ξ 上是可微的,并且 $\tilde{\alpha}_N$ 和$\tilde{\boldsymbol{u}}_N$ 在 $\boldsymbol{R}$ 上的一阶泰勒展开式分别为

$$\tilde{\alpha}_N(\boldsymbol{R}+\delta\boldsymbol{R})=\tilde{\alpha}_N(\boldsymbol{R})+\sum_{k=0}^{M}\mathrm{tr}(\Delta\tilde{\boldsymbol{\alpha}}^{\mathrm{T}}(k)\delta\boldsymbol{r}(k))+o(\delta\boldsymbol{r}(k))$$

$$\tilde{u}_i(\boldsymbol{R}+\delta\boldsymbol{R})=\tilde{u}_i(\boldsymbol{R})+\sum_{k=0}^{M}\mathrm{tr}(\Delta\tilde{\boldsymbol{u}}_i^{\mathrm{T}}(k)\delta\boldsymbol{r}(k))+o(\delta\boldsymbol{r}(k))$$

其中 $\Delta\tilde{\boldsymbol{\alpha}}(k)$,$0\leqslant k\leqslant M$ 和 $\Delta\tilde{\boldsymbol{u}}_i(k)$,$0\leqslant k\leqslant M,1\leqslant i\leqslant q(M+1)$为由下述公式所定义的 $q\times q$ 矩阵

$$\begin{cases}\Delta\tilde{\boldsymbol{\alpha}}(0)=\dfrac{1}{2\|\boldsymbol{h}\|}\left(\boldsymbol{I}_q-\dfrac{q}{S}\sum\limits_{l=1}^{N+1}[\underline{\boldsymbol{\Pi}_N}]_{l,l}\right)\\ \Delta\tilde{\boldsymbol{\alpha}}(k)=-\dfrac{1}{S\|\boldsymbol{h}\|}\sum\limits_{l=1}^{N+1-k}[\underline{\boldsymbol{\Pi}_N}]_{l,l+k},k>0\\ \Delta\tilde{\boldsymbol{u}}_i(0)=\sum\limits_{l=1}^{N+1}(\underline{\boldsymbol{\Phi}_i})_{l,l}\\ \Delta\tilde{\boldsymbol{u}}_i(k)=2\sum\limits_{l=1}^{N+1-k}(\underline{\boldsymbol{\Phi}_i})_{l,l+k},k>0\\ \boldsymbol{\Phi}_i=\dfrac{1}{2\|\boldsymbol{h}\|}((\boldsymbol{T}_N(\boldsymbol{h}))^{+}\boldsymbol{T}_N^{\mathrm{T}}(\boldsymbol{Q}_N^{+}\boldsymbol{c}_i)\boldsymbol{\Pi}_N+\boldsymbol{\Pi}_N\boldsymbol{T}_N(\boldsymbol{Q}_N^{+}\boldsymbol{c}_i)(\boldsymbol{T}_N(\boldsymbol{h}))^{+})\end{cases}\tag{16.1.29}$$

式中$[\underline{\boldsymbol{\Pi}_N}]_{l,k}$和$(\underline{\boldsymbol{\Phi}_i})_{l,k}$分别表示 $q(N+1)\times q(N+1)$矩阵 $\boldsymbol{\Pi}_N$ 和$\boldsymbol{\Phi}_i$ 的第(l,k)个 $q\times q$ 矩阵块,$\boldsymbol{c}_i$ 是第 i 位置为 1 其余位置为 0 的 $q(M+1)\times 1$ 向量,$(\boldsymbol{T}_N(\boldsymbol{h}))^{+}$和 $\boldsymbol{Q}_N^{+}$ 分别表示 $\boldsymbol{T}_N(\boldsymbol{h})$和 $\boldsymbol{Q}_N$ 的穆尔-彭罗斯逆矩阵;矩阵 $\Delta\tilde{\boldsymbol{\alpha}}(k)$和 $\Delta\tilde{\boldsymbol{u}}_i(k)$是映射 $\tilde{\alpha}_N$ 和$(\tilde{\boldsymbol{u}}_N)_i$ 关于 $\boldsymbol{r}(k)$的偏导数。

定理 16.2 和定理 16.3 的证明较为复杂,在此略去。

16.1.4.4 滤波器系数估计值的渐近协方差

定理 16.4 估计序列$\hat{\boldsymbol{h}}_N$ 具有均值为 $\boldsymbol{h}$、协方差为$\boldsymbol{C}_N(\boldsymbol{h},\sigma^2\boldsymbol{I})$的渐近正态性,即

$$\begin{cases}\sqrt{T}(\hat{\boldsymbol{h}}_N-\boldsymbol{h})\underset{\ell}{\to}N(\boldsymbol{0},\boldsymbol{C}_N(\boldsymbol{h},\sigma^2\boldsymbol{I}))\\ [\boldsymbol{C}_N(\boldsymbol{h},\sigma^2\boldsymbol{I})]_{i,j}=2\sum\limits_{\tau\in\mathbf{C}}\mathbf{tr}(\boldsymbol{\psi}_i\boldsymbol{R}_N(\tau)\boldsymbol{\psi}_j\boldsymbol{R}_N(-\tau))+k\dfrac{h_ih_j}{4}\end{cases}\tag{16.1.30}$$

其中$\underset{\ell}{\to}$表示线性变换,

$$\boldsymbol{\psi}_i = \|\boldsymbol{h}\| \boldsymbol{\Phi}_i + \frac{\boldsymbol{h}_i}{2\|\boldsymbol{h}\|^2(N+1)}\left(\boldsymbol{I} - \frac{q(N+1)}{S}\boldsymbol{\Pi}_N\right)$$

$$\boldsymbol{R}_N(\tau) = \mathrm{E}(\boldsymbol{Y}_N(n+\tau)\boldsymbol{Y}_N^{\mathrm{T}}(n))$$

该定理的证明在此处略去。

为了观察估计器的实际性能，在此利用相关矩阵 $\boldsymbol{R}_N(\tau)$ 的显式表达式进行渐近协方差表达式(16.1.30)的能力测试。

在假设(1)(2)满足的条件下，$\boldsymbol{R}_N(\tau)$ 可以表示为

$$\boldsymbol{R}_N(\tau) = \boldsymbol{T}_N(\boldsymbol{h})\boldsymbol{J}(\tau)\boldsymbol{T}_N^{\mathrm{T}}(\boldsymbol{h}) + \sigma^2\boldsymbol{K}(\tau) \tag{16.1.31}$$

其中 $\boldsymbol{J}(\tau)$ 和 $\boldsymbol{K}(\tau)$ 为转移矩阵，并且

$$\boldsymbol{J}(\tau) = [J_{ab}(\tau)]_{1\leqslant a,b\leqslant M+N+1}, J_{ab}(\tau) = \delta(a-b-\tau), \quad \text{对于 } \tau \geqslant M+N+1, \boldsymbol{J}(\tau) = \boldsymbol{0}$$

$$\boldsymbol{K}(\tau) = [K_{a,b}(\tau)]_{1\leqslant a,b\leqslant q(N+1)}, K_{ab}(\tau) = \delta(a-b-q\tau), \quad \text{对于 } \tau \geqslant N+1, \boldsymbol{K}(\tau) = \boldsymbol{0}$$

将式(16.1.31)代入式(16.1.30)，并注意到

$$\boldsymbol{\Pi}_N\boldsymbol{R}_N(k) = \sigma^2\boldsymbol{\Pi}_N\boldsymbol{K}(k), \boldsymbol{T}_N^{\mathrm{T}}(\boldsymbol{h})\ (\boldsymbol{T}_N^{\mathrm{T}}(\boldsymbol{h}))^+ = \boldsymbol{I}_{M+N+1}$$

则估计值的渐近协方差可以利用噪声方差的级数展开为

$$[\boldsymbol{C}_N(\boldsymbol{h},\sigma^2\boldsymbol{I})]_{i,j} = [\boldsymbol{A}(\boldsymbol{h})]_{i,j} + \sigma^2[\boldsymbol{B}(\boldsymbol{h})]_{i,j} + \sigma^4[\boldsymbol{D}(\boldsymbol{h})]_{i,j} \tag{16.1.32}$$

其中

$$[\boldsymbol{A}(\boldsymbol{h})]_{i,j} \triangleq \left(\frac{\bar{k}}{4} + \frac{2}{(N+1)\ \|\boldsymbol{h}\|^4}\sum_{|\tau|\leqslant N+M+1}\mathrm{tr}(\boldsymbol{T}_N(\boldsymbol{h})\boldsymbol{J}(\tau)\boldsymbol{T}_N^{\mathrm{T}}(\boldsymbol{h})\boldsymbol{T}_N(\boldsymbol{h})\boldsymbol{J}(-\tau)\boldsymbol{T}_N^{\mathrm{T}}(\boldsymbol{h}))\right)\boldsymbol{h}_i\boldsymbol{h}_j$$

$$\begin{aligned}
[\boldsymbol{B}(\boldsymbol{h})]_{i,j} \triangleq & \frac{4\boldsymbol{h}_i\boldsymbol{h}_j}{(N+1)^2\ \|\boldsymbol{h}\|^4}\sum_{|\tau|\leqslant N+1}\mathrm{tr}(\boldsymbol{T}_N(\boldsymbol{h})\boldsymbol{J}(\tau)\boldsymbol{T}_N^{\mathrm{T}}(\boldsymbol{h})\boldsymbol{K}(-\tau)) + \\
& 4\sum_{|\tau|\leqslant N+1}\mathrm{tr}(\boldsymbol{\Pi}_N\boldsymbol{T}_N(\boldsymbol{Q}_N^+\boldsymbol{c}_i)\boldsymbol{J}(\tau)\boldsymbol{T}_N^{\mathrm{T}}(\boldsymbol{Q}_N^+\boldsymbol{c}_i)\boldsymbol{\Pi}_N\boldsymbol{K}(-\tau)) + \\
& \frac{4}{(N+1)\ \|\boldsymbol{h}\|^2}\sum_{|\tau|\leqslant N+1}\mathrm{tr}(\boldsymbol{T}_N(\boldsymbol{h})\boldsymbol{J}(\tau)(\boldsymbol{h}_i\boldsymbol{T}_N^{\mathrm{T}}(\boldsymbol{Q}_N^{\dagger}\boldsymbol{c}_i)) + \boldsymbol{h}_i\boldsymbol{T}_N^{\mathrm{T}}(\boldsymbol{Q}_N^{\dagger}\boldsymbol{c}_i)\boldsymbol{\Pi}_N\boldsymbol{K}(-\tau))
\end{aligned}$$

$$\begin{aligned}
[\boldsymbol{D}(\boldsymbol{h})]_{i,j} \triangleq & \sum_{|\tau|\leqslant N+1} 2\left\{\left(1 - \frac{2q(N+1)}{S}\right)\frac{\mathrm{tr}(\boldsymbol{K}(\tau)\boldsymbol{K}(-\tau))}{(N+1)^2\ \|\boldsymbol{h}\|^4} + \right. \\
& \left.\left(\frac{q}{S\ \|\boldsymbol{h}\|^2}\right)^2\mathrm{tr}(\boldsymbol{\Pi}_N\boldsymbol{K}(\tau)\boldsymbol{\Pi}_N\boldsymbol{K}(-\tau))\right\}\boldsymbol{h}_i\boldsymbol{h}_j - \\
& \frac{4q}{S\ \|\boldsymbol{h}\|^2}\{\boldsymbol{h}_i\mathrm{tr}(\boldsymbol{\Pi}_N\boldsymbol{K}(\tau)\ (\boldsymbol{T}_N^{\mathrm{T}}(\boldsymbol{h}))^+\ \boldsymbol{T}_N^{\mathrm{T}}(\boldsymbol{Q}_N^+\boldsymbol{c}_i)\boldsymbol{\Pi}_N\boldsymbol{K}(-\tau)) + \\
& \boldsymbol{h}_j\mathrm{tr}(\boldsymbol{\Pi}_N\boldsymbol{K}(\tau)\ (\boldsymbol{T}_N^{\mathrm{T}}(\boldsymbol{h}))^+\ \boldsymbol{T}_N^{\mathrm{T}}(\boldsymbol{Q}_N^+\boldsymbol{c}_i)\boldsymbol{\Pi}_N\boldsymbol{K}(-\tau))\} + \\
& \mathrm{tr}\{((\boldsymbol{T}_N^{\mathrm{T}}(\boldsymbol{h}))^+\ \boldsymbol{T}_N^{\mathrm{T}}(\boldsymbol{Q}_N^+\boldsymbol{c}_i)\boldsymbol{\Pi}_N + \boldsymbol{\Pi}_N\boldsymbol{T}_N(\boldsymbol{Q}_N^+\boldsymbol{c}_i)\ (\boldsymbol{T}_N(\boldsymbol{h}))^+) \times \\
& \boldsymbol{K}(\tau)\ (\boldsymbol{T}_N^{\mathrm{T}}(\boldsymbol{h}))^+\ \boldsymbol{T}_N^{\mathrm{T}}(\boldsymbol{Q}_N^+\boldsymbol{c}_i)\boldsymbol{\Pi}_N\boldsymbol{K}(-\tau)\}
\end{aligned}$$

16.2　基于主成分分析的递推子空间辨识法

姜月萍和方海涛于 2007 年提出了一种基于随机逼近-主成分分析的递推子空间辨识法(stochastic approximation-principle component analysis, SA-PCA 法)，针对只有输出量测噪声的多输入-多输出线性时不变系统，将随机逼近与主成分分析相结合，直接递推估计扩张可观测矩阵，同时利用递推最小二乘在线估

计系统矩阵,并通过仿真算例表明了算法的收敛速度和估计效果。本节将较详细地介绍这种算法。

16.2.1 问题描述及所采用的一些符号

考虑具有输出量测噪声的多输入多输出线性时不变系统

$$\begin{cases}\boldsymbol{x}(k+1)=\boldsymbol{A}\boldsymbol{x}(k)+\boldsymbol{B}\boldsymbol{u}(k)\\ \boldsymbol{y}(k)=\boldsymbol{C}\boldsymbol{x}(k)+\boldsymbol{D}\boldsymbol{u}(k)+\boldsymbol{e}(k)\end{cases} \tag{16.2.1}$$

其中,$\boldsymbol{x}(k)\in R^n$,$\boldsymbol{u}(k)\in R^m$,$\boldsymbol{y}(k)\in R^l$,$\boldsymbol{e}(k)\in R^l$ 分别表示系统的状态、输入、量测输出和量测噪声,$\boldsymbol{A}$,$\boldsymbol{B}$,$\boldsymbol{C}$,$\boldsymbol{D}$ 为具有相应维数的系统矩阵。假设系统的阶数 n 已知,并且系统满足以下两个条件:

(1) 系统是最小实现,即($\boldsymbol{A}$,$\boldsymbol{B}$)可控,($\boldsymbol{A}$,$\boldsymbol{C}$)可观测;

(2) 系统渐近稳定,即 $|\lambda_{\max}(\boldsymbol{A})|<1$。

为了导出式(16.2.1)所示系统的状态空间模型,引入符号

$$\boldsymbol{y}_f(k)=[\boldsymbol{y}^{\mathrm{T}}(k-f+1)\quad \boldsymbol{y}^{\mathrm{T}}(k-f+2)\quad \cdots\quad \boldsymbol{y}^{\mathrm{T}}(k)]^{\mathrm{T}}\in R^{lf} \tag{16.2.2}$$

$$\boldsymbol{Y}(k)=[\boldsymbol{y}_f(1)\quad \boldsymbol{y}_f(2)\quad \cdots\quad \boldsymbol{y}_f(k)]\in R^{lf\times k} \tag{16.2.3}$$

即用 $\boldsymbol{y}_f(k)$ 表示 k 时刻之前(含 k 时刻)连续 f 个输出值组成的向量,$\boldsymbol{Y}(k)$ 表示 k 时刻之前的所有输出数据所组成的汉克尔矩阵,其中 $f>n$ 是预先选定的一个整数。类似地,可以定义连续 f 个输入值、噪声所组成的向量 $\boldsymbol{u}_f(k)$,$\boldsymbol{e}_f(k)$ 以及输入数据所组成的汉克尔矩阵 $\boldsymbol{U}(k)$。

采用上述符号,利用系统方程(16.2.1)便可导出扩张的状态空间模型

$$\boldsymbol{y}_f(k)=\boldsymbol{O}_f\boldsymbol{x}(k-f+1)+\boldsymbol{\Phi}_f\boldsymbol{u}_f(k)+\boldsymbol{e}_f(k) \tag{16.2.4}$$

其中

$$\boldsymbol{O}_f=\begin{bmatrix}\boldsymbol{C}\\ \boldsymbol{C}\boldsymbol{A}\\ \vdots\\ \boldsymbol{C}\boldsymbol{A}^{f-1}\end{bmatrix}\in R^{lf\times n} \tag{16.2.5}$$

是其秩为 n 的扩张可观测矩阵,

$$\boldsymbol{\Phi}_f=\begin{bmatrix}\boldsymbol{D} & \boldsymbol{0} & \cdots & \boldsymbol{0}\\ \boldsymbol{C}\boldsymbol{B} & \boldsymbol{D} & \cdots & \boldsymbol{0}\\ \vdots & \ddots & \ddots & \vdots\\ \boldsymbol{C}\boldsymbol{A}^{f-2}\boldsymbol{B} & \cdots & \boldsymbol{C}\boldsymbol{B} & \boldsymbol{D}\end{bmatrix}\in R^{lf\times mf} \tag{16.2.6}$$

是分块下三角特普利茨矩阵。

16.2.2 基于随机逼近-主成分分析的递推子空间辨识法

一种典型的子空间辨识法可以分解为两个步骤:

(1) 辨识扩张可观测矩阵 $\boldsymbol{O}_f$;

(2) 利用已获得的扩张可观测矩阵辨识系统矩阵 $\boldsymbol{A}$,$\boldsymbol{B}$,$\boldsymbol{C}$,$\boldsymbol{D}$。

因此,一种递推子空间辨识法的关键步骤就是利用最新得到的输入输出数据逐步更新扩张可观测矩阵 $\boldsymbol{O}_f$ 的估计值。下面介绍 $\boldsymbol{O}_f$ 的递推估计算法。

假设:

（3）$\{\boldsymbol{u}(k)\}$由不可观测的白噪声过程$\{\boldsymbol{\eta}(k)\}$经过一个稳定系统驱动，其中$\{\boldsymbol{\eta}(k)\}$满足条件$E[\boldsymbol{\eta}(k)]=\boldsymbol{0}, E[\boldsymbol{\eta}(k)\boldsymbol{\eta}^{\mathrm{T}}(k)]=\boldsymbol{\Omega}>0, E[\boldsymbol{\eta}_{\alpha}^{4}(k)]\leqslant \boldsymbol{C}_{\eta}<\infty$，$\boldsymbol{\eta}_{\alpha}(k)$表示向量$\boldsymbol{\eta}(k)$的第$\alpha$个分量；

（4）$\{\boldsymbol{u}(k)\}$为$(f+n)$阶持续激励，即$E[\boldsymbol{u}_{f+n}(k)\boldsymbol{u}_{f+n}^{\mathrm{T}}(k)]>\boldsymbol{0}$；

（5）$\{\boldsymbol{u}(k)\}$有界，即存在常数c_u，使得$\|\boldsymbol{u}(k)\|\leqslant c_u<\infty$；

（6）$\{\boldsymbol{e}(k)\}$为独立于$\{\boldsymbol{u}(k)\}$的有界白噪声序列，满足条件$E[\boldsymbol{e}(k)]=\boldsymbol{0}, E[\boldsymbol{e}(k)\boldsymbol{e}^{\mathrm{T}}(k)]=\sigma_e^2\boldsymbol{I}$，其中$\boldsymbol{I}$为单位阵。

假设(6)表明$\{\boldsymbol{e}(k)\}$与$\{\boldsymbol{u}(k)\}$相互独立，也就是说这里只考虑开环系统的辨识。假设(2)(3)(6)保证了$\{[\boldsymbol{y}^{\mathrm{T}}(k),\boldsymbol{u}^{\mathrm{T}}(k)]^{\mathrm{T}}\}$为平稳遍历过程，因此$\{[\boldsymbol{y}_f^{\mathrm{T}}(k),\boldsymbol{u}_f^{\mathrm{T}}(k)]^{\mathrm{T}}\}$也具有平稳遍历性，即具有性质

$$\frac{1}{k}\boldsymbol{Y}_k\boldsymbol{U}_k^{\mathrm{T}}\xrightarrow[k\to\infty]{\text{a.s.}}\boldsymbol{R}_{yu}\triangleq E[\boldsymbol{y}_f(k)\boldsymbol{u}_f^{\mathrm{T}}(k)] \tag{16.2.7}$$

$$\frac{1}{k}\boldsymbol{U}_k\boldsymbol{U}_k^{\mathrm{T}}\xrightarrow[k\to\infty]{\text{a.s.}}\boldsymbol{R}_{uu}\triangleq E[\boldsymbol{u}_f(k)\boldsymbol{u}_f^{\mathrm{T}}(k)] \tag{16.2.8}$$

式中符号“a.s.”为英文“almost sure”的简写。意思是“几乎可以肯定”。假设(4)保证了$\boldsymbol{R}_{uu}>\boldsymbol{0}$，故当$k$充分大时，$\frac{1}{k}\boldsymbol{U}_k\boldsymbol{U}_k^{\mathrm{T}}$可逆，且

$$\left(\frac{1}{k}\boldsymbol{U}_k\boldsymbol{U}_k^{\mathrm{T}}\right)^{-1}\xrightarrow[k\to\infty]{\text{a.s.}}\boldsymbol{R}_{uu}^{-1}$$

设

$$\boldsymbol{z}_f(k+1)=\boldsymbol{y}_f(k+1)-\boldsymbol{R}_{yu}\boldsymbol{R}_{uu}^{-1}\boldsymbol{u}_f(k)$$

则有

$$\boldsymbol{R}=E[\boldsymbol{z}_f(k+1)\boldsymbol{z}_f^{\mathrm{T}}(k+1)]=\boldsymbol{R}_{yy}-\boldsymbol{R}_{yu}\boldsymbol{R}_{uu}^{-1}\boldsymbol{R}_{uy} \tag{16.2.9}$$

记

$$\boldsymbol{r}_{xx}=E[\boldsymbol{x}(k)\boldsymbol{x}^{\mathrm{T}}(k)],\boldsymbol{r}_{xu}=E[\boldsymbol{x}(k-f+1)\boldsymbol{u}_f^{\mathrm{T}}(k)]$$

则由式(16.2.9)、式(16.2.4)以及假设(6)，经过简单计算可得

$$\boldsymbol{R}=\boldsymbol{O}_f(\boldsymbol{r}_{xx}-\boldsymbol{r}_{xu}\boldsymbol{R}_{uu}^{-1}\boldsymbol{r}_{ux})\boldsymbol{O}_f^{\mathrm{T}}+\sigma_e^2\boldsymbol{I} \tag{16.2.10}$$

由于扩张可观测矩阵$\boldsymbol{O}_f$是列满秩的，$\mathrm{rank}\boldsymbol{O}_f=n$，由式(16.2.10)可知，如果

$$\boldsymbol{r}_{xx}-\boldsymbol{r}_{xu}\boldsymbol{R}_{uu}^{-1}\boldsymbol{r}_{ux}>\boldsymbol{0} \tag{16.2.11}$$

则$\boldsymbol{R}$有n个特征根严格大于σ_e^2，其余$lf-n$个特征根恰好为σ_e^2，也就是说，在式(16.2.11)成立的条件下，$\boldsymbol{R}$可进行以下的特征分解

$$\boldsymbol{R}=[\boldsymbol{R}_s\quad \boldsymbol{R}_n]\begin{bmatrix}\boldsymbol{\Lambda}_s & \boldsymbol{0}\\ \boldsymbol{0} & \boldsymbol{\Lambda}_n\end{bmatrix}\begin{bmatrix}\boldsymbol{R}_s^{\mathrm{T}}\\ \boldsymbol{R}_n^{\mathrm{T}}\end{bmatrix} \tag{16.2.12}$$

其中$\boldsymbol{\Lambda}_n=\sigma_e^2\boldsymbol{I}$，$\boldsymbol{R}_s$包含前$n$个主特征根所对应的主特征向量，$\boldsymbol{R}_n$包含$lf-n$重特征根$\sigma_e^2$所对应的$lf-n$个特征向量，并且$[\boldsymbol{R}_s\quad \boldsymbol{R}_n]$为正交阵。

比较式(16.2.10)和式(16.2.12)可知，$\boldsymbol{O}_f$的列向量所张成的空间与$\boldsymbol{R}_s$的列向量所张成的空间是一致的，即

$$\mathrm{span}(\boldsymbol{O}_f)=\mathrm{span}(\boldsymbol{R}_s)$$

因此，问题的关键就成了式(16.2.11)是否成立以及什么时候成立，引理16.3回答了这两个问题。

引理16.3 若假设(1)~(4)成立，则有

$$\boldsymbol{r}_{xx}-\boldsymbol{r}_{xu}\boldsymbol{R}_{uu}^{-1}\boldsymbol{r}_{ux}>\boldsymbol{0}$$

假设(3)保证了$\{\boldsymbol{u}(k)\}$是平稳过程，因此必定是拟平稳过程，从而保证了该引理结果的成立。

引理 16.3 保证了 $\text{span}(\boldsymbol{O}_f)=\text{span}(\boldsymbol{R}_s)$，为了估计 $\boldsymbol{O}_f$，只需估计 $\boldsymbol{R}$ 的前 n 个主特征向量即可，这可通过应用下面所介绍的 SA-PCA 算法来实现。

SA-PCA 算法是一种利用某未知矩阵的观测值序列来估计该未知矩阵的特征根和特征向量的递推算法，将 $\boldsymbol{R}$ 的对应于特征根 $\lambda_i(i=1,2,\cdots,lf)$ 的单位特征向量（重根按重数计算）记为 $\boldsymbol{\varphi}_i$，则 SA-PCA 算法就是利用 $z_f(k)z_f^{\mathrm{T}}(k)$ 来估计 $\{\boldsymbol{\varphi}_i,i=1,2,\cdots,lf\}$ 和 $\{\lambda_i,i=1,2,\cdots,lf\}$。在这里，可以将 $z_f(k)z_f^{\mathrm{T}}(k)$ 看作是矩阵 $\boldsymbol{R}$ 的一个量测，其中由于 $\boldsymbol{R}_{yu}$ 和 $\boldsymbol{R}_{uu}$ 是极限值，也需要利用到 k 时刻为止的输入输出数据进行估计。若记

$$\boldsymbol{R}_{yu}(k)=\boldsymbol{Y}_k\boldsymbol{U}_k^{\mathrm{T}},\boldsymbol{R}_{uu}(k)=\boldsymbol{U}_k\boldsymbol{U}_k^{\mathrm{T}}$$

则有递推公式

$$\boldsymbol{R}_{yu}(k)=\boldsymbol{R}_{yu}(k-1)+\boldsymbol{y}_f(k)\boldsymbol{u}_f^{\mathrm{T}}(k) \tag{16.2.13}$$

$$\boldsymbol{R}_{uu}(k)=\boldsymbol{R}_{uu}(k-1)+\boldsymbol{u}_f(k)\boldsymbol{u}_f^{\mathrm{T}}(k) \tag{16.2.14}$$

为了避免矩阵求逆，令 $\boldsymbol{P}(k)=\boldsymbol{R}_{uu}^{-1}(k)$，对式(16.2.14)利用矩阵求逆公式，可得

$$\boldsymbol{P}(k)=\boldsymbol{P}(k-1)-\frac{\boldsymbol{P}(k-1)\boldsymbol{u}_f(k)\boldsymbol{u}_f^{\mathrm{T}}(k)\boldsymbol{P}(k-1)}{1+\boldsymbol{u}_f^{\mathrm{T}}(k)\boldsymbol{P}(k-1)\boldsymbol{u}_f(k)} \tag{16.2.15}$$

从而 $z_f(k)$ 的近似估计可由式(16.2.13)和式(16.2.15)递推得到。

基于 SA-PCA 的递推子空间辨识方法中辨识扩张可观测矩阵 $\boldsymbol{O}_f$ 的具体步骤如下。

第一步　给定初值

选取一个收敛到 0 的正实数序列 $a_k=a/k$；

选取一个单增的发散到无穷的正实数序列 $M(k)>M(k-1)>0$；

令 $\boldsymbol{R}_{yu}(0)=\boldsymbol{0},\boldsymbol{P}(0)$ 为任意的正定矩阵，$\{\boldsymbol{v}_j(0),j=1,2,\cdots,lf\}$ 为任意单位正交组，$\lambda_j(0)=0,j=1,2,\cdots,lf,\sigma_0=0,k=0$。

第二步　数据投影

$$\begin{cases}\boldsymbol{R}_{yu}(k+1)=\boldsymbol{R}_{yu}(k)+\boldsymbol{y}_f(k+1)\boldsymbol{u}_f^{\mathrm{T}}(k+1)\\ \boldsymbol{P}(k+1)=\boldsymbol{P}(k)-\dfrac{\boldsymbol{P}(k)\boldsymbol{u}_f(k+1)\boldsymbol{u}_f^{\mathrm{T}}(k+1)\boldsymbol{P}(k)}{1+\boldsymbol{u}_f^{\mathrm{T}}(k+1)\boldsymbol{P}(k)\boldsymbol{u}_f(k+1)}\\ \tilde{z}_f(k+1)=\boldsymbol{y}_f(k+1)-\boldsymbol{R}_{yu}(k+1)\boldsymbol{P}(k+1)\boldsymbol{u}_f(k+1)\end{cases} \tag{16.2.16}$$

第三步　随机逼近-主成分分析(SA-PCA)

(1) 计算

$$\tilde{\boldsymbol{v}}_1(k+1)=\boldsymbol{v}_1(k)+a_k\tilde{z}_f(k+1)\tilde{z}_f^{\mathrm{T}}(k+1)\boldsymbol{v}_1(k) \tag{16.2.17}$$

若 $\|\tilde{\boldsymbol{v}}_1(k+1)\|\neq 0$，则

$$\boldsymbol{v}_1(k+1)=\frac{\tilde{\boldsymbol{v}}_1(k+1)}{\|\tilde{\boldsymbol{v}}_1(k+1)\|} \tag{16.2.18}$$

若 $\|\tilde{\boldsymbol{v}}_1(k+1)\|=0$，则重置 $\boldsymbol{v}_1(k)$ 为某一单位向量即可。这里的 $\boldsymbol{v}_1(k)$ 可以看作是矩阵 $\boldsymbol{R}$ 中的一个单位特征向量的第 k 次估计。

(2) 假设 $\boldsymbol{v}_i(k)(i=1,2,\cdots,j)$ 已有定义，记

$$\boldsymbol{V}_j(k)\triangleq[\boldsymbol{v}_1(k)\quad \boldsymbol{P}_1(k)\boldsymbol{v}_2(k)\quad \cdots\quad \boldsymbol{P}_{j-1}(k)\boldsymbol{v}_j(k)]$$

为 $lf\times j$ 阶矩阵，其中

$$P_i(k) \triangleq I - V_i(k)V_i^{+}(k), i=1,2,\cdots,j-1 \tag{16.2.19}$$

$V_i^{+}(k)$表示$V_i(k)$的伪逆。当k充分大时,$V_j(k)$为$lf \times j(lf > j)$阶满秩矩阵,并且

$$V_i^{+}(k) = [V_i^{\mathrm{T}}(k)V_i(k)]^{-1}V_i^{\mathrm{T}}(k) \tag{16.2.20}$$

进而可进行第j个单位特征向量估计的递推更新

$$\tilde{v}_{j+1}(k+1) = P_j(k)v_{j+1}(k) + a_k P_j(k)\tilde{z}_f(k+1)\tilde{z}_f^{\mathrm{T}}(k+1)P_j(k)v_{j+1}(k) \tag{16.2.21}$$

若$\|\tilde{v}_{j+1}(k+1)\| > \varepsilon$,则

$$v_{j+1}(k+1) = \frac{\tilde{v}_{j+1}(k+1)}{\|\tilde{v}_{j+1}(k+1)\|} \tag{16.2.22}$$

其中$0<\varepsilon<\frac{1}{4}, j=1,2,\cdots,lf-1$;若$\|\tilde{v}_{j+1}(k+1)\| < \varepsilon$,则重置$v_{j+1}(k)$使得

$$\|v_{j+1}(k)\| = 1$$

并且

$$\|P_j(k)v_{j+1}(k)\| = 1$$

(3) 计算

$$\lambda_j(k+1) = [\lambda_j(k) - a_k(\lambda_j(k) - \|\tilde{z}_f^{\mathrm{T}}(k+1)v_j(k)\|^2)]I_{[|\lambda_j(k)-a_k(\lambda_j(k)-\|\tilde{z}_f^{\mathrm{T}}(k+1)v_j(k)\|^2)|>M_{\sigma_k}]} \tag{16.2.23}$$

其中,$j=1,2,\cdots,lf$,

$$a_{k+1} = a_k + I_{[|\lambda_j(k)-a_k(\lambda_j(k)-\|\tilde{z}_f^{\mathrm{T}}(k+1)v_j(k)\|^2)|>M_{\sigma_k}]}$$

第四步 不失一般性,假设$\lambda_1(k) \geqslant \lambda_2(k) \geqslant \cdots \geqslant \lambda_{lf}(k)$,令

$$\hat{O}_f(k) = [v_1(k) \quad v_2(k) \quad \cdots \quad v_n(k)] \tag{16.2.24}$$

其中,向量组序列$\{v_j(k), j=1,2,\cdots,lf\}$是$\{\varphi_j(k), j=1,2,\cdots,lf\}$的估计序列;$\lambda_j(k)$是对特征根$\lambda_j$的第$k$次估计,其对应的单位特征向量的第$k$次估计值为$v_j(k)$;$\hat{O}_f(k)$是$O_f$的第$k$次估计值。

第五步 令$k=k+1$,返回第二步。

由于$\lambda_j(j>n)$为常数,且$\lambda_n > \lambda_{n+1}$,因此还可以通过估计值$\lambda_j(k)$来在线估计状态方程的维数$n$。

下面来证明估计$\hat{O}_f(k)$的收敛性。

引理16.4 若满足条件$\sup_k \|\tilde{z}_f(k)\tilde{z}_f^{\mathrm{T}}(k)\| = \zeta < \infty$,且对于$\forall T_k \in [0,T]$均有

$$\lim_{T\to 0}\limsup_{k\to\infty}\frac{1}{T}\left\|\sum_{i=k}^{m(k,T_k)} a_i[\tilde{z}_f(k+1)\tilde{z}_f^{\mathrm{T}}(k+1) - R]\right\| = 0 \tag{16.2.25}$$

其中$m(k,T) \triangleq \max\left\{m: \sum_{i=k}^{m} a_i \leqslant T\right\}$,则由式(16.2.18)~式(16.2.23)所给出的估计序列$\{v_j(k), j=1,2,\cdots,lf\}$收敛到$\{\varphi_j(k), j=1,2,\cdots,lf\}$,并且$\lambda_j(k)\xrightarrow[k\to\infty]{\text{a.s.}}\lambda_j$。

受篇幅限制,略去证明。

定理16.5 若假设(1)~(6)成立,则由式(16.2.24)给出的估计$\hat{O}_f(k)$在等价变换条件下几乎处处收敛到O_f,也就是说,存在$n\times n$非奇异矩阵T,使得

$$\hat{O}_f(k)\xrightarrow[k\to\infty]{\text{a.s.}}O_f T \tag{16.2.26}$$

证明 根据引理 16.3 可知,$\boldsymbol{O}_f$ 的列向量所张成的空间与 $\boldsymbol{R}_s$($\boldsymbol{R}$ 的前 n 个主单位特征向量)所张成的空间是一致的。因此,为证明定理 16.5,只需证明

$$\hat{\boldsymbol{O}}_f(k)\xrightarrow[k\to\infty]{\text{a.s.}}\boldsymbol{R}_s$$

再由引理 16.4 可知,只需证明条件$\sup\limits_k\|\tilde{\boldsymbol{z}}_f(k)\tilde{\boldsymbol{z}}_f^{\mathrm{T}}(k)\|=\zeta<\infty$ 几乎处处成立即可。

由系统的稳定性、输入的有界性以及量测噪声的有界性可知输出 $\boldsymbol{y}(k)$ 是有界的。因此,只要注意到

$$\boldsymbol{Y}_k\boldsymbol{U}_k^{\mathrm{T}}\left(\boldsymbol{U}_k\boldsymbol{U}_k^{\mathrm{T}}\right)^{-1}\xrightarrow[k\to\infty]{\text{a.s.}}\boldsymbol{R}_{yu}\boldsymbol{R}_{uu}^{-1}$$

显然有

$$\sup_k\|\tilde{\boldsymbol{z}}_f(k)\tilde{\boldsymbol{z}}_f^{\mathrm{T}}(k)\|<\infty$$

故只需证明对于序列$\{\tilde{\boldsymbol{z}}_f(k)\tilde{\boldsymbol{z}}_f^{\mathrm{T}}(k)\}$,式(16.2.25)几乎处处成立即可。

记

$$\boldsymbol{\Delta}(k)=\boldsymbol{R}_{yu}\boldsymbol{R}_{uu}^{-1}-\boldsymbol{Y}_k\boldsymbol{U}_k^{\mathrm{T}}\left(\boldsymbol{U}_k\boldsymbol{U}_k^{\mathrm{T}}\right)^{-1}$$

则 $\boldsymbol{\Delta}(k)\xrightarrow[k\to\infty]{\text{a.s.}}\boldsymbol{0}$,

$$\begin{aligned}
&\tilde{\boldsymbol{z}}_f(k)\tilde{\boldsymbol{z}}_f^{\mathrm{T}}(k)-\boldsymbol{R}\\
&=\left[\boldsymbol{y}_f(k)-\boldsymbol{Y}_k\boldsymbol{U}_k^{\mathrm{T}}\left(\boldsymbol{U}_k\boldsymbol{U}_k^{\mathrm{T}}\right)^{-1}\boldsymbol{u}_f(k)\right]\left[\boldsymbol{y}_f(k)-\boldsymbol{Y}_k\boldsymbol{U}_k^{\mathrm{T}}\left(\boldsymbol{U}_k\boldsymbol{U}_k^{\mathrm{T}}\right)^{-1}\boldsymbol{u}_f(k)\right]^{\mathrm{T}}-\boldsymbol{R}\\
&=\left[\boldsymbol{y}_f(k)-\boldsymbol{R}_{yu}\boldsymbol{R}_{uu}^{-1}\boldsymbol{u}_f(k)+\boldsymbol{\Delta}(k)\boldsymbol{u}_f(k)\right]\left[\boldsymbol{y}_f(k)-\boldsymbol{R}_{yu}\boldsymbol{R}_{uu}^{-1}\boldsymbol{u}_f(k)+\boldsymbol{\Delta}(k)\boldsymbol{u}_f(k)\right]^{\mathrm{T}}-\boldsymbol{R}\\
&=\left[\boldsymbol{z}_f(k)+\boldsymbol{\Delta}(k)\boldsymbol{u}_f(k)\right]\left[\boldsymbol{z}_f(k)+\boldsymbol{\Delta}(k)\boldsymbol{u}_f(k)\right]^{\mathrm{T}}-\boldsymbol{R}\\
&=\tilde{\boldsymbol{R}}(k)-\boldsymbol{R}+\boldsymbol{I}(k)
\end{aligned}$$

其中

$$\tilde{\boldsymbol{R}}(k)=\boldsymbol{z}_f(k)\boldsymbol{z}_f^{\mathrm{T}}(k)$$

$$\boldsymbol{I}(k)=\boldsymbol{z}_f(k)\boldsymbol{u}_f^{\mathrm{T}}(k)\boldsymbol{\Delta}^{\mathrm{T}}(k)+\boldsymbol{\Delta}(k)\boldsymbol{u}_f(k)\boldsymbol{z}_f^{\mathrm{T}}(k)+\boldsymbol{\Delta}(k)\boldsymbol{u}_f(k)\boldsymbol{u}_f^{\mathrm{T}}(k)\boldsymbol{\Delta}^{\mathrm{T}}(k)$$

由于 $\boldsymbol{y}_f(k)$ 和 $\boldsymbol{u}_f(k)$ 有界且 $\boldsymbol{\Delta}(k)\xrightarrow[k\to\infty]{\text{a.s.}}\boldsymbol{0}$,因而对于 $\forall\, T_k\in[0,T]$ 有

$$\lim_{T\to0}\limsup_{k\to\infty}\frac{1}{T}\left\|\sum_{i=k}^{m(k,T_k)}\frac{a}{i}\boldsymbol{I}(i+1)\right\|=0,\ \text{a.s.}$$

从而现在只需证明对于 $\forall\, T_k\in[0,T]$ 有

$$\lim_{T\to0}\limsup_{k\to\infty}\frac{1}{T}\left\|\sum_{i=k}^{m(k,T_k)}\frac{a}{i}\left(\tilde{\boldsymbol{R}}(i+1)-\boldsymbol{R}\right)\right\|=0,\quad\text{a.s.}\tag{16.2.27}$$

由于$\{\boldsymbol{y}_f(k),\boldsymbol{u}_f(k)\}$具有平稳遍历性,从而$\{\tilde{\boldsymbol{R}}(k)\}$具有平稳(均值)遍历性,且 $E[\tilde{\boldsymbol{R}}(k)]=\boldsymbol{R}$。令

$$\boldsymbol{\xi}(k)=\sum_{i=1}^{k}\left[\tilde{\boldsymbol{R}}(i)-\boldsymbol{R}\right]$$

则由遍历性知

$$\frac{1}{k}\boldsymbol{\xi}(k)\xrightarrow[k\to0]{\text{a.s.}}\boldsymbol{0}$$

从而有

$$\sum_{i=k}^{m(k,T)}a_i\left[\tilde{\boldsymbol{R}}(i+1)-\boldsymbol{R}\right]=\sum_{i=k}^{m(k,T)}a_i\left[\boldsymbol{\xi}(i+1)-\boldsymbol{\xi}(i)\right]$$

$$= a_{m(k,T)}\boldsymbol{\xi}(m(k,T)+1) - a_k\boldsymbol{\xi}(k) + \sum_{i=k+1}^{m(k,T)}\boldsymbol{\xi}(i)(a_{i+1}-a_i)$$

$$= \frac{a}{m(k,T)}\boldsymbol{\xi}(m(k,T)+1) - \frac{a}{k}\boldsymbol{\xi}(k) + \sum_{i=k+1}^{m(k,T)}\frac{a}{i(i-1)}\boldsymbol{\xi}(i)$$

$$\xrightarrow[k\to\infty]{\text{a.s.}} \mathbf{0}$$

这就意味着式(16.2.27)成立,证毕。

16.2.3 系统矩阵 $\boldsymbol{A},\boldsymbol{B},\boldsymbol{C},\boldsymbol{D}$ 的估计

当 $\boldsymbol{O}_f$ 已知时,系统矩阵 $\boldsymbol{C}$ 可以直接从 $\boldsymbol{O}_f$ 中获取。因此,对于 $\boldsymbol{C}$ 的估计,在线辨识和离线辨识算法没有区别,而对于 $\boldsymbol{A},\boldsymbol{B},\boldsymbol{D}$ 的估计,离线辨识算法大多是通过利用最小二乘法求解超定方程来实现。对于在线辨识来说,如果每一步都求解一个超定方程,计算量太大,而且也没有必要。在此,介绍一种利用递推最小二乘法(RLS)来估计系统矩阵的方法。

用 $\hat{\boldsymbol{A}}(k),\hat{\boldsymbol{B}}(k),\hat{\boldsymbol{C}}(k),\hat{\boldsymbol{D}}(k)$ 来表示系统矩阵 $\boldsymbol{A},\boldsymbol{B},\boldsymbol{C},\boldsymbol{D}$ 在 k 时刻的估计值,则 $\hat{\boldsymbol{C}}(k)$ 可以直接从 $\hat{\boldsymbol{O}}_f(k)$ 中获取,用 Matlab 语言表述就是

$$\hat{\boldsymbol{C}}(k) = \hat{\boldsymbol{O}}_f(k)(1:l,:) \tag{16.2.28}$$

与离线辨识类似,矩阵 $\boldsymbol{A}$ 的估计仍利用扩张可观测矩阵 $\boldsymbol{O}_f$ 的平移不变性,即

$$\boldsymbol{O}_f(l+1:lf,:) = \boldsymbol{O}_f(1:lf-1,:)\boldsymbol{A} \tag{16.2.29}$$

但与离线辨识不同的是,在此利用递推最小二乘法来实现。记

$$\underline{\boldsymbol{O}}(k) = \hat{\boldsymbol{O}}_f(k)((l+1):lf,:)$$

$$\boldsymbol{\varphi}^{\mathrm{T}}(k) = \overline{\boldsymbol{O}}(k) = \hat{\boldsymbol{O}}_f(k)(1:(f-1)l,:)$$

则 $\hat{\boldsymbol{A}}(k)$ 的递推算法为

$$\begin{cases}\boldsymbol{\varepsilon}_j(k) = \underline{\boldsymbol{O}}_j(k) - \boldsymbol{\varphi}^{\mathrm{T}}(k)\hat{\boldsymbol{A}}_j(k-1)\\ \boldsymbol{G}(k) = \boldsymbol{G}(k-1) + \gamma(k)[\boldsymbol{\varphi}(k)\boldsymbol{\varphi}^{\mathrm{T}}(k) - \boldsymbol{G}(k-1)]\\ \hat{\boldsymbol{A}}_j(k) = \hat{\boldsymbol{A}}_j(k-1) + \gamma(k)\boldsymbol{G}^{-1}(k)\boldsymbol{\varphi}(k)\boldsymbol{\varepsilon}_j(k)\end{cases} \tag{16.2.30}$$

其中 $\boldsymbol{x}_j$ 表示 $\boldsymbol{x}$ 的第 j 列,$j=1,2,\cdots,n$。

实际上,$\hat{\boldsymbol{A}}(k)$ 是如下问题的优化解

$$\hat{\boldsymbol{A}}(k) = \arg\min_{\boldsymbol{A}\in R^{n\times n}}\sum_{i=1}^{k}\beta(k,i)\|\underline{\boldsymbol{O}}(i) - \boldsymbol{\varphi}^{\mathrm{T}}(i)\boldsymbol{A}\|^2 \tag{16.2.31}$$

其中加权系数 $\beta(k,i)$ 应满足的条件为

$$\beta(k,i) = \alpha(k)\beta(k-1,i),\ 0\leqslant i\leqslant k-1,$$

$$\beta(k,k) = 1$$

$\beta(k,i)$ 与 $\gamma(k)$ 的关系为

$$\gamma(k) = \left[\sum_{i=1}^{k}\beta(k,i)\right]^{-1}$$

显然,式(16.2.31)等价于

$$\hat{\boldsymbol{A}}_j(k) = \arg\min_{\boldsymbol{A}_j}\sum_{i=1}^{k}\beta(k,i)\|\underline{\boldsymbol{O}}_j(i) - \boldsymbol{\varphi}^{\mathrm{T}}(i)\boldsymbol{A}_j\|^2,\ j=1,2,\cdots,n \tag{16.2.32}$$

而该问题的递推最小二乘解恰为式(16.2.30)。

定理 16.6 若假设(1)~(6)成立,则由式(16.2.28)给出的估计 $\hat{\boldsymbol{C}}(k)$ 在等价变换意义下几乎处处收敛到真值 $\boldsymbol{C}$。进一步,若在式(16.2.31)中取 $\beta(k,i)=1$,则由式(16.2.30)所给出的估计 $\hat{\boldsymbol{A}}(k)$ 也在等价变换意义下几乎处处收敛到真值 $\boldsymbol{A}$,即存在非奇异阵 $\boldsymbol{T}$,使得

$$\hat{\boldsymbol{C}}(k)\xrightarrow[k\to\infty]{\text{a.s.}}\boldsymbol{CT},\ \hat{\boldsymbol{A}}(k)\xrightarrow[k\to\infty]{\text{a.s.}}AT$$

证明 由定理 16.5 知,$\hat{\boldsymbol{C}}(k)$ 的收敛性是必然的,下面证明 $\hat{\boldsymbol{A}}(k)$ 的收敛性。注意到算法(16.2.30)中初值的选取不会影响其收敛性,故结合式(16.2.31)有

$$\hat{\boldsymbol{A}}(k)\sim\left[\sum_{i=1}^{k}\bar{\boldsymbol{O}}^{\mathrm{T}}(i)\bar{\boldsymbol{O}}(i)\right]^{-1}\sum_{i=1}^{k}\bar{\boldsymbol{O}}^{\mathrm{T}}(i)\underline{\boldsymbol{O}}(i),\text{a.s.}$$

其中 $\sum\limits_{i=1}^{k}\bar{\boldsymbol{O}}^{\mathrm{T}}(i)\bar{\boldsymbol{O}}(i)$ 的非奇异性可由下述的证明中得出。

不失一般性,假设定理 16.5 中的非奇异阵 $\boldsymbol{T}$ 为单位阵,记

$$\Delta\bar{\boldsymbol{O}}(i)=\bar{\boldsymbol{O}}(i)-\bar{\boldsymbol{O}}_f,\Delta\underline{\boldsymbol{O}}(i)=\underline{\boldsymbol{O}}(i)-\underline{\boldsymbol{O}}_f$$

其中 $\bar{\boldsymbol{O}}_f=\boldsymbol{O}_f(1:lf-l,:)$,$\underline{\boldsymbol{O}}_f=\boldsymbol{O}_f(l+1:lf,:)$,则有

$$\begin{aligned}\frac{1}{k}\sum_{i=1}^{k}\bar{\boldsymbol{O}}^{\mathrm{T}}(i)\bar{\boldsymbol{O}}(i)&=\frac{1}{k}\sum_{i=1}^{k}[\bar{\boldsymbol{O}}_f+\Delta\bar{\boldsymbol{O}}(i)]^{\mathrm{T}}[\bar{\boldsymbol{O}}_f+\Delta\bar{\boldsymbol{O}}(i)]\\&=\frac{1}{k}\sum_{i=1}^{k}\bar{\boldsymbol{O}}_f^{\mathrm{T}}\bar{\boldsymbol{O}}_f+\frac{1}{k}\sum_{i=1}^{k}\bar{\boldsymbol{O}}_f^{\mathrm{T}}\Delta\bar{\boldsymbol{O}}(i)+\frac{1}{k}\sum_{i=1}^{k}(\Delta\bar{\boldsymbol{O}}(i))^{\mathrm{T}}\bar{\boldsymbol{O}}_f+\\&\quad\frac{1}{k}\sum_{i=1}^{k}(\Delta\bar{\boldsymbol{O}}(i))^{\mathrm{T}}\Delta\bar{\boldsymbol{O}}(i)\end{aligned}\tag{16.2.33}$$

由定理 16.5 知,$\Delta\bar{\boldsymbol{O}}(k)\xrightarrow[k\to\infty]{\text{a.s.}}\boldsymbol{0}$,故当 $k\to\infty$ 时,式(16.2.33)中的后三项均几乎处处趋于 $\boldsymbol{0}$,因而有

$$\frac{1}{k}\sum_{i=1}^{k}\bar{\boldsymbol{O}}^{\mathrm{T}}(i)\bar{\boldsymbol{O}}(i)\sim\frac{1}{k}\sum_{i=1}^{k}\bar{\boldsymbol{O}}_f^{\mathrm{T}}\bar{\boldsymbol{O}}_f=\bar{\boldsymbol{O}}_f^{\mathrm{T}}\bar{\boldsymbol{O}}_f,\text{a.s.}$$

同理可证,

$$\frac{1}{k}\sum_{i=1}^{k}\bar{\boldsymbol{O}}^{\mathrm{T}}(i)\underline{\boldsymbol{O}}(i)\sim\frac{1}{k}\sum_{i=1}^{k}\bar{\boldsymbol{O}}_f^{\mathrm{T}}\underline{\boldsymbol{O}}_f=\bar{\boldsymbol{O}}_f^{\mathrm{T}}\underline{\boldsymbol{O}}_f,\text{a.s}$$

因此,只要注意到 $f>n$ 保证了 $\bar{\boldsymbol{O}}_f^{\mathrm{T}}\bar{\boldsymbol{O}}_f$ 的非奇异性,从而 $\sum\limits_{i=1}^{k}\bar{\boldsymbol{O}}^{\mathrm{T}}(i)\bar{\boldsymbol{O}}(i)$ 亦非奇异,故有

$$\hat{\boldsymbol{A}}(k)\sim\left[\sum_{i=1}^{k}\bar{\boldsymbol{O}}^{\mathrm{T}}(i)\bar{\boldsymbol{O}}(i)\right]^{-1}\sum_{i=1}^{k}\bar{\boldsymbol{O}}^{\mathrm{T}}(i)\underline{\boldsymbol{O}}(i)\sim[\bar{\boldsymbol{O}}_f^{\mathrm{T}}\bar{\boldsymbol{O}}_f]^{-1}\bar{\boldsymbol{O}}_f^{\mathrm{T}}\underline{\boldsymbol{O}}_f=\boldsymbol{A},\text{a.s.}$$

证毕。

系统矩阵 $\boldsymbol{B},\boldsymbol{D}$ 的估计同样采用递推最小二乘法。记 $\boldsymbol{O}_f^{\perp}\in R^{lf\times(lf-n)}$ 为 $\boldsymbol{O}_f$ 的任意正交补,即$\boldsymbol{O}_f^{\mathrm{T}}\boldsymbol{O}_f^{\perp}=\boldsymbol{0}$ 且$\boldsymbol{O}_f^{\perp}$ 列满秩,则在状态空间模型式(16.2.4)两边左乘$(\boldsymbol{O}_f^{\perp})^{\mathrm{T}}$,可得

$$(\boldsymbol{O}_f^{\perp})^{\mathrm{T}}\boldsymbol{y}_f(k)=(\boldsymbol{O}_f^{\perp})^{\mathrm{T}}\boldsymbol{\Phi}_f\boldsymbol{u}_f(k)+(\boldsymbol{O}_f^{\perp})^{\mathrm{T}}\boldsymbol{e}_f(k)\tag{16.2.34}$$

由于 $\boldsymbol{\Phi}_f$ 关于 $\boldsymbol{B}$ 和 $\boldsymbol{D}$ 是线性的,$\boldsymbol{u}_f(k)$ 和 $\boldsymbol{e}_f(k)$ 不相关,因而 $\boldsymbol{B}$ 和 $\boldsymbol{D}$ 是式(16.2.34)的最小二乘解,所以在每一步只要将$\boldsymbol{O}_f^{\perp}$ 用当前时刻的最新估计值代替,就可以用递推最小二乘法估计 $\boldsymbol{B}$ 和 $\boldsymbol{D}$。

在给出具体算法之前,先引入一些符号。设$\bar{z}_f=[z_1^{\mathrm{T}}\quad z_2^{\mathrm{T}}\quad\cdots\quad z_f^{\mathrm{T}}]$为形同 $\boldsymbol{u}_f(k)$ 的任一列向量,即 $z_j\in R^m,j=1,2,\cdots,f$。记

$$\boldsymbol{\theta}=\begin{bmatrix}\boldsymbol{B}\\ \boldsymbol{D}\end{bmatrix}$$

$$\boldsymbol{M}(\boldsymbol{C},\boldsymbol{A},\bar{z}_f)=\begin{bmatrix}\boldsymbol{0} & z_1^{\mathrm{T}}\otimes \boldsymbol{I}_l\\ z_1^{\mathrm{T}}\otimes \boldsymbol{C} & z_2^{\mathrm{T}}\otimes \boldsymbol{I}_l\\ z_1^{\mathrm{T}}\otimes \boldsymbol{CA}+z_2^{\mathrm{T}}\otimes \boldsymbol{C} & z_3^{\mathrm{T}}\otimes \boldsymbol{I}_l\\ \vdots & \vdots\\ \sum_{i=1}^{f-1} z_i^{\mathrm{T}}\otimes \boldsymbol{CA}^{f-1-i} & z_f^{\mathrm{T}}\otimes \boldsymbol{I}_l\end{bmatrix}\in R^{fl\times(nm+lm)}$$

式中符号“$\otimes$”表示克罗内克积，则对于任一向量 $\boldsymbol{u}_f(k)$ 有

$$\boldsymbol{\Phi}_f\boldsymbol{u}_f(k)=\boldsymbol{M}(\boldsymbol{C},\boldsymbol{A},\boldsymbol{u}_f(k))\boldsymbol{\theta}$$

又记

$$\tilde{\boldsymbol{O}}_f(k)=\begin{bmatrix}\hat{\boldsymbol{C}}(k)\\ \hat{\boldsymbol{C}}(k)\hat{\boldsymbol{A}}(k)\\ \vdots\\ \hat{\boldsymbol{C}}(k)\hat{\boldsymbol{A}}^{f-1}(k)\end{bmatrix}$$

$$\hat{\boldsymbol{O}}_f^{\perp}(k)=(\tilde{\boldsymbol{O}}_f(k))^{\perp}$$

$$\boldsymbol{M}(k)=\boldsymbol{M}(\hat{\boldsymbol{C}}(k),\hat{\boldsymbol{A}}(k),\boldsymbol{u}_f(k))$$

$$\boldsymbol{\Psi}(k)=[(\hat{\boldsymbol{O}}_f^{\perp}(k))^{\mathrm{T}}\boldsymbol{M}(k)]^{\mathrm{T}}=\boldsymbol{M}^{\mathrm{T}}(k)\hat{\boldsymbol{O}}_f^{\perp}(k)$$

即 $\hat{\boldsymbol{O}}_f^{\perp}(k)$ 为利用第 k 步估计值 $\hat{\boldsymbol{C}}(k)$，$\hat{\boldsymbol{A}}(k)$ 生成的扩张可观测矩阵 $\tilde{\boldsymbol{O}}_f(k)$ 的正交补矩阵，$\boldsymbol{M}(k)$ 代表利用第 k 步估计值 $\hat{\boldsymbol{C}}(k)$，$\hat{\boldsymbol{A}}(k)$ 代替真值 $\boldsymbol{C},\boldsymbol{A}$ 代入回归矩阵 $\boldsymbol{M}(\boldsymbol{C},\boldsymbol{A},\boldsymbol{u}_f(k))$ 所得到的回归矩阵，则 $\boldsymbol{\theta}$（即 $\boldsymbol{B},\boldsymbol{D}$）的递推估计算法为

$$\begin{cases}\boldsymbol{\varepsilon}(k)=(\hat{\boldsymbol{O}}_f^{\perp}(k))^{\mathrm{T}}\boldsymbol{y}_f(k)-\boldsymbol{\Psi}^{\mathrm{T}}(k)\hat{\boldsymbol{\theta}}(k-1)\\ \boldsymbol{G}(k)=\boldsymbol{G}(k-1)-\gamma(k)[\boldsymbol{\Psi}(k)\boldsymbol{\Psi}^{\mathrm{T}}(k)-\boldsymbol{G}(k-1)]\\ \hat{\boldsymbol{\theta}}(k)=\hat{\boldsymbol{\theta}}(k-1)+\gamma(k)\boldsymbol{G}^{-1}(k)\boldsymbol{\Psi}(k)\boldsymbol{\varepsilon}(k)\end{cases}\tag{16.2.35}$$

实际上，矩阵 $\hat{\boldsymbol{B}}(k)$，$\hat{\boldsymbol{D}}(k)$ 是如下优化问题的递推最小二乘法的解：

$$(\hat{\boldsymbol{B}}(k),\hat{\boldsymbol{D}}(k))=\arg\min_{(\hat{\boldsymbol{B}},\hat{\boldsymbol{D}})}\sum_{i=1}^{k}\beta(k,i)\|(\hat{\boldsymbol{O}}_f^{\perp}(i))^{\mathrm{T}}\boldsymbol{y}_f(i)-(\hat{\boldsymbol{O}}_f^{\perp}(i))^{\mathrm{T}}\boldsymbol{\Phi}_f(\hat{\boldsymbol{C}}(i),\hat{\boldsymbol{A}}(i),\hat{\boldsymbol{B}},\hat{\boldsymbol{D}})\boldsymbol{u}_f(i)\|^2\tag{16.2.36}$$

其中 $\beta(k,i)$ 与 $\gamma(k)$ 的关系如前面所示，$\boldsymbol{\Phi}_f(\hat{\boldsymbol{C}}(i),\hat{\boldsymbol{A}}(i),\hat{\boldsymbol{B}},\hat{\boldsymbol{D}})$ 是用 $\hat{\boldsymbol{C}}(i)$，$\hat{\boldsymbol{A}}(i)$，$\hat{\boldsymbol{B}}$，$\hat{\boldsymbol{D}}$ 分别代替式(16.2.6)中的真实矩阵 $\boldsymbol{C},\boldsymbol{A},\boldsymbol{B},\boldsymbol{D}$ 所得到的分块下三角特普利茨矩阵。

定理 16.7 若假设(1)～(6)成立且 $\beta(k,i)\equiv 1$，则由式(16.2.35)给出的估计 $\hat{\boldsymbol{\theta}}(k)$ 在等价变换意义下几乎处处收敛到真值。

证明 不失一般性，仍假设定理 16.5 中的等价变换阵 $\boldsymbol{T}$ 为单位阵，当 $\beta(k,i)\equiv 1$ 时，易知

$$(\hat{\boldsymbol{B}}(k),\hat{\boldsymbol{D}}(k))\sim\left[\sum_{i=1}^{k}\boldsymbol{M}^{\mathrm{T}}(i)\hat{\boldsymbol{O}}_f^{\perp}(i)(\hat{\boldsymbol{O}}_f^{\perp}(i))^{\mathrm{T}}\boldsymbol{M}(i)\right]^{+}\sum_{i=1}^{k}\boldsymbol{M}^{\mathrm{T}}(i)\hat{\boldsymbol{O}}_f^{\perp}(i)(\hat{\boldsymbol{O}}_f^{\perp}(i))^{\mathrm{T}}\boldsymbol{y}_f(i),\ \text{a.s.}$$

其中符号“+”表示穆尔-彭罗斯逆。利用输入输出的有界性，仿照定理 16.6 的证明可得

$$(\hat{\boldsymbol{B}}(k),\hat{\boldsymbol{D}}(k)) \sim \left[\sum_{i=1}^{k}\boldsymbol{M}^{\mathrm{T}}(\boldsymbol{C},\boldsymbol{A},\boldsymbol{u}_f(i))\hat{\boldsymbol{O}}_f^{\perp}(i)(\hat{\boldsymbol{O}}_f^{\perp}(i))^{\mathrm{T}}\boldsymbol{M}(\boldsymbol{C},\boldsymbol{A},\boldsymbol{u}_f(i))\right]^{+}\times$$

$$\sum_{i=1}^{k}\boldsymbol{M}^{\mathrm{T}}(\boldsymbol{C},\boldsymbol{A},\boldsymbol{u}_f(i))\hat{\boldsymbol{O}}_f^{\perp}(i)(\hat{\boldsymbol{O}}_f^{\perp}(i))^{\mathrm{T}}\boldsymbol{y}_f(i)$$

$$=\arg\min_{(\hat{\boldsymbol{B}},\hat{\boldsymbol{D}})}\sum_{i=1}^{k}\|(\hat{\boldsymbol{O}}_f^{\perp}(i))^{\mathrm{T}}\boldsymbol{y}_f(i)-(\hat{\boldsymbol{O}}_f^{\perp}(i))^{\mathrm{T}}\boldsymbol{\Phi}_f(\boldsymbol{C},\boldsymbol{A},\hat{\boldsymbol{B}},\hat{\boldsymbol{D}})\boldsymbol{u}_f(i)\|^2,\text{a.s.}$$

由输入 $\boldsymbol{u}_f(k)$ 与噪声 $\boldsymbol{e}_f(k)$ 的不相关性，结合式(16.2.34)可知，式(16.2.36)的优化问题等价于

$$\min_{(\hat{\boldsymbol{B}},\hat{\boldsymbol{D}})}\sum_{i=1}^{k}\|(\hat{\boldsymbol{O}}_f^{\perp}(i))^{\mathrm{T}}\boldsymbol{\Phi}_f\boldsymbol{u}_f(i)-(\hat{\boldsymbol{O}}_f^{\perp}(i))^{\mathrm{T}}\boldsymbol{\Phi}_f(\boldsymbol{C},\boldsymbol{A},\hat{\boldsymbol{B}},\hat{\boldsymbol{D}})\boldsymbol{u}_f(i)\|^2$$

而由输入 $\{\boldsymbol{u}(k)\}$ 的持续激励性可知，上述优化问题的解恰为如下方程关于 $\hat{\boldsymbol{B}},\hat{\boldsymbol{D}}$ 的解

$$(\hat{\boldsymbol{O}}_f^{\perp}(i))^{\mathrm{T}}\boldsymbol{\Phi}_f-(\hat{\boldsymbol{O}}_f^{\perp}(i))^{\mathrm{T}}\boldsymbol{\Phi}_f(\boldsymbol{C},\boldsymbol{A},\hat{\boldsymbol{B}},\hat{\boldsymbol{D}})=\boldsymbol{0} \tag{16.2.37}$$

当 f 足够大时，方程(16.2.37)关于 $\hat{\boldsymbol{B}},\hat{\boldsymbol{D}}$ 显然为超定方程，且具有唯一解 $\hat{\boldsymbol{B}}=\boldsymbol{B},\hat{\boldsymbol{D}}=\boldsymbol{D}$。

综上所述，有 $\hat{\boldsymbol{B}}\sim\boldsymbol{B},\hat{\boldsymbol{D}}\sim\boldsymbol{D}$，a.s.。证毕。

16.3 闭环线性时不变系统的直接子空间模型辨识

本节将介绍 Hiroshi Oku 和 Takao Fujii 于 2004 年所提出的一种估计闭环线性系统输入输出关系的子空间辨识方法，该方法能够在闭环情况下直接由观测信号的采样序列估计线性系统的输入输出关系。

16.3.1 问题的提出

考虑图 16.1 所示闭环系统，假设 $\boldsymbol{C}$ 是一个已知的稳定线性系统，$\boldsymbol{G}$ 是一个被估计的稳定系统，信号 $\boldsymbol{u},\boldsymbol{r}_1\in R^m$ 和 $\boldsymbol{y},\boldsymbol{r}_2\in R^l$ 是可以观测的。定义 $\boldsymbol{r}=\boldsymbol{r}_1+\boldsymbol{C}\boldsymbol{r}_2$，假设闭环系统是内部稳定的，干扰信号 $\boldsymbol{v}\in R^l$ 是与 $\boldsymbol{u}$ 不相关的零均值白噪声，$\boldsymbol{H}$ 是稳定的且稳定可逆的。

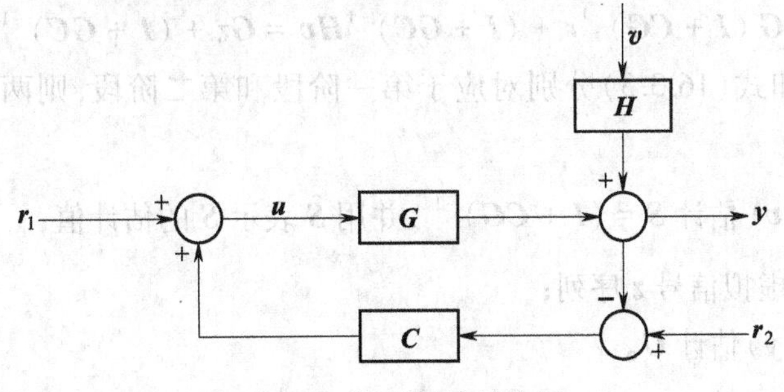

图 16.1 闭环系统结构图

需要解决的问题是根据所得到的 $\boldsymbol{r},\boldsymbol{u}$ 和 $\boldsymbol{y}$ 的采样序列去估计图 16.1 所示闭环中的系统 $\boldsymbol{G}$。

16.3.2 预备知识

16.3.2.1 符号和假设

当获得采样序列 $\{\boldsymbol{w}_t\}$ 之后，具有 s 块行、N 块列的汉克尔矩阵 $\boldsymbol{W}_{i,N}$ 可以表示为

$$W_{i,N}=\begin{bmatrix} w_i & w_{i+1} & \cdots & w_{i+N-1} \\ w_{i+1} & w_{i+2} & \cdots & w_{i+N} \\ \vdots & \vdots & & \vdots \\ w_{i+s-1} & w_{i+s} & \cdots & w_{i+N+s-1} \end{bmatrix} \tag{16.3.1}$$

其中下标 i,N 分别表示 $W_{i,N}$ 的第一列中第一个单元的下标和总的列数，s 是用户所定义的指数，所选择的 s 应当大于 G 和 $S=(I+CG)^{-1}$ 的阶数。对于 $W_{i,N}$，两个投影矩阵 $\Pi_{w_{i,N}}$ 和 $\Pi_{w_{i,N}}^{\perp}$ 分别定义为

$$\Pi_{w_{i,N}}=\frac{1}{N}W_{i,N}^{\mathrm{T}}\left(\frac{1}{N}W_{i,N}W_{i,N}^{\mathrm{T}}\right)^{-1}W_{i,N}$$

$$\Pi_{w_{i,N}}^{\perp}=I-\Pi_{w_{i,N}}$$

例如，$U_{i,N}$ 表示由 $\{u_t\}$ 构成的汉克尔矩阵，其定义形如式(16.3.1)所示，而 $\Pi_{R_{i,N}}=\frac{1}{N}R_{i,N}^{\mathrm{T}}\left(\frac{1}{N}R_{i,N}R_{i,N}^{\mathrm{T}}\right)^{-1}R_{i,N}$。

假设

$$\frac{1}{N}\begin{bmatrix} R_{1,N} \\ R_{s+1,N} \end{bmatrix}\begin{bmatrix} R_{1,N}^{\mathrm{T}} & R_{s+1,N}^{\mathrm{T}} \end{bmatrix}$$

是可逆的，信号 r,u 和 y 是准稳态并且是持续激励的。

16.3.2.2　两阶段法的简要回顾

两阶段法是由 van den Hof 和 Schrama 于 1993 年提出的一种用闭环数据估计传递函数的间接方法，该方法将一个闭环辨识问题化简为两个接连的估计被有色噪声污染的输出误差模型的开环辨识问题。在两阶段法中，闭环系统传递函数，即敏感函数的辨识称之为第一阶段，利用所估计出的敏感函数构造虚拟信号的数据序列，接着对闭环运行的系统进行辨识，称之为第二阶段。这种方法的缺点是第二阶段辨识的性能将会受到第一阶段辨识精度及可靠性的影响。

两阶段法可归类于间接闭环系统辨识，因为闭环系统在第一阶段辨识之后接着就是第二阶段 G 的辨识。图 16.1 中的(r,v)与(u,y)的关系可表示为

$$u=(I+CG)^{-1}r-(I+CG)^{-1}CHv=Sr-(I+CG)^{-1}CHv \tag{16.3.2}$$

$$y=G(I+CG)^{-1}r+(I+GC)^{-1}Hv=Gz+(I+GC)^{-1}Hv \tag{16.3.3}$$

其中 $z=Sr$。式(16.3.2)和式(16.3.3)分别对应于第一阶段和第二阶段，则两阶段法可以归纳为下述步骤。

(1) 第一阶段：由(r,v)估计 $S=(I+CG)^{-1}$，并用 $\hat{S}$ 表示 S 的估计值；

(2) 根据 $z=\hat{S}r$ 产生虚拟信号 z 序列；

(3) 第二阶段：由(z,y)估计 G。

16.3.3　两阶段法与 PI-MOESP 法的综合

PI-MOESP(past input multivariable output-error state space)法，即过去输入多变量输出误差状态空间法是由 Verhaegen 于 1993 年所提出的一种子空间辨识法，该方法可用于被有色噪声污染的输出误差模型所描述系统的辨识。由于在两阶段法的两个阶段中都需要对被有色噪声污染的输出误差模型进行开环辨识，因而 PI-MOESP 法可用于两阶段法的每一个阶段。Hiroshi Oku 和 Takao Fujii 将两阶段法与 PI-MOESP 法相综合，提出了一种直接的闭环子空间辨识方法。这里所

谓的“直接”意味着被辨识的闭环运行系统的输入输出关系可以直接由观测信号的采样值进行估计，而不必预先估计闭环系统的动态特性。为了叙述方便，下文中将此方法简称为综合法。因此，综合法可以防止第二阶段辨识的性能受到第一阶段辨识的精度及可靠性的影响，而这也正是两阶段法的不足之处。

注意到式(16.3.2)和式(16.3.3)右边第二项，即分别为$-(\boldsymbol{I}+\boldsymbol{CG})^{-1}\boldsymbol{CHv}$和$(\boldsymbol{I}+\boldsymbol{GC})^{-1}\boldsymbol{Hv}$，可以被认为是分别与$\boldsymbol{r}$和$\boldsymbol{z}$不相关的有色噪声，也正是这一点导致 PI-MOESP 法可用于两阶段法的每一个阶段。

16.3.3.1 第一阶段

由式(16.3.2)知，第一阶段可以被认为是估计$\boldsymbol{r}$和$\boldsymbol{u}$之间关系的开环辨识问题。假设输出误差模型为

$$\boldsymbol{u}=\boldsymbol{Sr}+\boldsymbol{e}_1 \tag{16.3.4}$$

其中有色噪声$\boldsymbol{e}_1=-(\boldsymbol{I}+\boldsymbol{CG})^{-1}\boldsymbol{CHv}$与$\boldsymbol{r}$不相关。假定输出误差模型式(16.3.4)的可观测状态空间表达式为

$$\begin{cases}\boldsymbol{x}_s(t+1)=\boldsymbol{A}_s\boldsymbol{x}_s(t)+\boldsymbol{B}_s\boldsymbol{r}(t)\\ \boldsymbol{u}(t)=\boldsymbol{C}_s\boldsymbol{x}_s(t+1)+\boldsymbol{D}_s\boldsymbol{r}(t)+\boldsymbol{e}_1(t)\end{cases} \tag{16.3.5}$$

在第一阶段与 PI-MOESP 法相应的矩阵递推形式为

$$\boldsymbol{U}_{s+1,N}=\boldsymbol{O}_s\boldsymbol{L}_s\boldsymbol{R}_{1,N}+\boldsymbol{H}_s\boldsymbol{R}_{s+1,N}+\xi \tag{16.3.6}$$

其中ξ为残余项，$\boldsymbol{O}_s$和$\boldsymbol{L}_s$分别为扩展可观测矩阵和可逆可控性矩阵，其定义分别为

$$\boldsymbol{O}_s=\begin{bmatrix}\boldsymbol{C}_s\\ \boldsymbol{C}_s\boldsymbol{A}_s\\ \vdots\\ \boldsymbol{C}_s\boldsymbol{A}_s^{s-1}\end{bmatrix} \tag{16.3.7}$$

$$\boldsymbol{L}_s=[\boldsymbol{A}_s^{s-1}\boldsymbol{B}_s\quad \boldsymbol{A}_s^{s-2}\boldsymbol{B}_s\quad \cdots\quad \boldsymbol{B}_s] \tag{16.3.8}$$

注意到 PI-MOESP 辨识基本上可以被认为是求解加权最小二乘法

$$\frac{1}{N}\left\|\boldsymbol{U}_{s+1,N}-[\boldsymbol{O}_s\boldsymbol{L}_s\quad \boldsymbol{H}_s]\begin{bmatrix}\boldsymbol{R}_{1,N}\\ \boldsymbol{R}_{s+1,N}\end{bmatrix}\right\|^2 \tag{16.3.9}$$

对于$(\boldsymbol{O}_s\boldsymbol{L}_s,\boldsymbol{H}_s)$的最小化问题。在 PI-MOESP 算法中，不是去求解式(16.3.9)的最小化，而是进行$[\boldsymbol{R}_{s+1,N}^{\mathrm{T}}\quad \boldsymbol{R}_{1,N}^{\mathrm{T}}\quad \boldsymbol{U}_{s+1,N}^{\mathrm{T}}]^{\mathrm{T}}$的 QR 分解，然后利用$\boldsymbol{R}$矩阵(3,2)分块单元的奇异值分解去得到扩展可观测矩阵$\boldsymbol{O}_s$的估计$\hat{\boldsymbol{O}}_s$。利用扩展可观测矩阵的列向量所张成的子空间的平移不变性，估计$(\hat{\boldsymbol{A}}_s,\hat{\boldsymbol{C}}_s)$可以由$\hat{\boldsymbol{O}}_s$直接导出，而剩余的系数矩阵$(\hat{\boldsymbol{B}}_s,\hat{\boldsymbol{D}}_s)$也可被确定。

作为一种选择，扩展可观测矩阵估计$\hat{\boldsymbol{O}}_s$也可以利用使式(16.3.9)最小化解的奇异值分解导出。换句话说，当求解式(16.3.9)的最小化时，则有

$$\hat{\boldsymbol{O}}_s\hat{\boldsymbol{L}}_s=\frac{1}{N}\boldsymbol{U}_{s+1,N}\boldsymbol{\Pi}_{\boldsymbol{R}_{s+1,N}}^{\perp}\boldsymbol{R}_{1,N}^{\mathrm{T}}\left(\frac{1}{N}\boldsymbol{R}_{1,N}\boldsymbol{\Pi}_{\boldsymbol{R}_{s+1,N}}^{\perp}\boldsymbol{R}_{1,N}^{\mathrm{T}}\right)^{-1} \tag{16.3.10}$$

$$\boldsymbol{H}_s=\boldsymbol{U}_{s+1,N}\left[\boldsymbol{I}-\boldsymbol{\Pi}_{\boldsymbol{R}_{s+1,N}}^{\perp}\frac{1}{\sqrt{N}}\boldsymbol{R}_{1,N}^{\mathrm{T}}\left(\frac{1}{N}\boldsymbol{R}_{1,N}\boldsymbol{\Pi}_{\boldsymbol{R}_{s+1,N}}^{\perp}\boldsymbol{R}_{1,N}^{\mathrm{T}}\right)^{-1}\frac{1}{\sqrt{N}}\boldsymbol{R}_{1,N}\right]\times\frac{1}{N}\boldsymbol{R}_{s+1,N}^{\mathrm{T}}\left(\frac{1}{N}\boldsymbol{R}_{s+1,N}\boldsymbol{R}_{s+1,N}^{\mathrm{T}}\right)^{-1} \tag{16.3.11}$$

由式(16.3.10)的主左奇异向量所张成的子空间近似于由 $\boldsymbol{O}_s$ 的行向量所张成的子空间。

16.3.3.2　虚拟信号 z

应用系数矩阵估计的四元素 $(\hat{\boldsymbol{A}}_s,\hat{\boldsymbol{B}}_s,\hat{\boldsymbol{C}}_s,\hat{\boldsymbol{D}}_s)$，被估计的闭环动态系统 $\hat{S}$ 可以描述为

$$\begin{cases}\hat{\boldsymbol{x}}_s(t+1)=\hat{\boldsymbol{A}}_s\hat{\boldsymbol{x}}_s(t)+\hat{\boldsymbol{B}}_s\boldsymbol{r}(t)\\ \boldsymbol{z}(t)=\hat{\boldsymbol{C}}_s\hat{\boldsymbol{x}}_s(t)+\hat{\boldsymbol{D}}_s\boldsymbol{r}(t)\end{cases}\tag{16.3.12}$$

作为第二阶段的准备工作，虚拟信号 z 的序列 $\{\boldsymbol{z}(t)\}$ 将按照 $\boldsymbol{z}=\hat{\boldsymbol{S}}\boldsymbol{r}$ 产生。

16.3.3.3　第二阶段

由式(16.3.3)知，第二阶段可以被认为是估计虚拟信号 z 与 $\boldsymbol{y}$ 之间关系的另一个开环辨识问题。假定输出误差模型为

$$\boldsymbol{y}=\boldsymbol{G}\boldsymbol{z}+\boldsymbol{e}_2\tag{16.3.13}$$

其中 $\boldsymbol{e}_2=(\boldsymbol{I}+\boldsymbol{G}\boldsymbol{C})^{-1}\boldsymbol{U}\boldsymbol{v}$ 为有色噪声。由于 $\boldsymbol{r}$ 和 $\boldsymbol{v}$ 是不相关的，所以 $\boldsymbol{e}_2$ 与 $\boldsymbol{z}=\hat{\boldsymbol{S}}\boldsymbol{r}$ 是不相关的。

若式(16.3.13)所示模型的可观测状态空间表达式可以表示为

$$\begin{cases}\boldsymbol{x}(t+1)=\boldsymbol{A}\boldsymbol{x}(t)+\boldsymbol{B}\boldsymbol{z}(t)\\ \boldsymbol{y}(t)=\boldsymbol{C}\boldsymbol{x}(t)+\boldsymbol{D}\boldsymbol{z}(t)+\boldsymbol{e}_2(t)\end{cases}\tag{16.3.14}$$

则与式(16.3.6)类似，在第二阶段中与 PI-MOESP 法相应的矩阵表达形式可以写为

$$\boldsymbol{Y}_{2s+1,N-s}=\boldsymbol{O}\boldsymbol{L}\boldsymbol{Z}_{s+1,N-s}+\boldsymbol{H}\boldsymbol{Z}_{2s+1,N-s}+\boldsymbol{\zeta}\tag{16.3.15}$$

其中 $\boldsymbol{\zeta}$ 为残差项，

$$\boldsymbol{O}=\begin{bmatrix}\boldsymbol{C}\\ \boldsymbol{C}\boldsymbol{A}\\ \vdots\\ \boldsymbol{C}\boldsymbol{A}^{s-1}\end{bmatrix}\tag{16.3.16}$$

$$\boldsymbol{L}=[\boldsymbol{A}^{s-1}\boldsymbol{B}\quad \boldsymbol{A}^{s-2}\boldsymbol{B}\quad \cdots\quad \boldsymbol{B}]\tag{16.3.17}$$

可以看到，矩阵 $\boldsymbol{Z}_{s+1,N-s}$ 等于 $\boldsymbol{Z}_{s+1,N}$ 去掉后 s 列，而矩阵 $\boldsymbol{Z}_{2s+1,N-s}$ 等于 $\boldsymbol{Z}_{s+1,N}$ 去掉前 s 列。

要实现 PI-MOESP 辨识，需要利用序列 $\{\boldsymbol{z}(t)\}$ 构造与式(16.3.1)相类似的汉克尔矩阵 $\boldsymbol{Z}_{s+1,N}$。另外，考虑到式(16.3.12)中的系数矩阵可以按照式(16.3.10)和式(16.3.11)导出，则汉克尔矩阵 $\boldsymbol{Z}_{s+1,N}$ 可以用与式(16.3.6)相类似的矩阵表达形式描述为

$$\boldsymbol{Z}_{s+1,N}=\hat{\boldsymbol{O}}_s\hat{\boldsymbol{L}}_s\boldsymbol{R}_{1,N}+\hat{\boldsymbol{H}}_s\boldsymbol{R}_{s+1,N}+\hat{\boldsymbol{O}}_s(\hat{\boldsymbol{A}}_s)^s\hat{\boldsymbol{X}}_{1,N}\tag{16.3.18}$$

其中 $\hat{\boldsymbol{X}}_{1,N}=[\boldsymbol{x}_s(1)\quad \boldsymbol{x}_s(2)\quad \cdots\quad \boldsymbol{x}_s(N)]$。由于闭环动态系统是稳定的，对于足够大的 s，式(16.3.18)右边最后一项可以忽略不计。利用式(16.3.10)和式(16.3.11)，式(16.3.18)中的 $\boldsymbol{Z}_{s+1,N}$ 可以近似为

$$\begin{aligned}\boldsymbol{Z}_{s+1,N}\approx\hat{\boldsymbol{Z}}_{s+1,N}&=\hat{\boldsymbol{O}}_s\hat{\boldsymbol{L}}_s\boldsymbol{R}_{1,N}+\hat{\boldsymbol{H}}_s\boldsymbol{R}_{s+1,N}\\ &=\boldsymbol{U}_{s+1,N}\Bigg[\boldsymbol{\Pi}_{\boldsymbol{R}_{s+1,N}}+\boldsymbol{\Pi}^{\perp}_{\boldsymbol{R}_{s+1,N}}\frac{1}{\sqrt{N}}\boldsymbol{R}^{\mathrm{T}}_{1,N}\times\\ &\quad\left(\frac{1}{N}\boldsymbol{R}_{1,N}\boldsymbol{\Pi}^{\perp}_{\boldsymbol{R}_{s+1,N}}\boldsymbol{R}^{\mathrm{T}}_{1,N}\right)^{-1}\frac{1}{\sqrt{N}}\boldsymbol{R}_{1,N}\boldsymbol{\Pi}^{\perp}_{\boldsymbol{R}_{s+1,N}}\Bigg]\end{aligned}\tag{16.3.19}$$

注意到式(16.3.19)中的 $\hat{\boldsymbol{Z}}_{s+1,N}$（不是 $\boldsymbol{Z}_{s+1,N}$）是直接由汉克尔矩阵 $\boldsymbol{U}_{s+1,N}$，$\boldsymbol{R}_{s+1,N}$ 和 $\boldsymbol{R}_{1,N}$ 构成，而这些汉

克尔矩阵又是由观测信号 $\boldsymbol{u}$ 和 $\boldsymbol{r}$ 组成。

上述讨论的关键之处在于当决定在第二阶段使用 $\hat{\boldsymbol{Z}}_{s+1,N}$ 而不是 $\boldsymbol{Z}_{s+1,N}$ 时，用于产生序列 $\{z(t)\}$ 的第一阶段辨识不再是必不可少。这就意味着利用一次性 PI-MOESP 辨识可以直接由数据 $\{\boldsymbol{r},\boldsymbol{u},\boldsymbol{y}\}$ 估计闭环运行状态下的输入输出关系 $\boldsymbol{G}$。

设具有 N 列、s 分块行的矩阵 $\hat{\boldsymbol{Z}}_{s+1,N}$ 可以表示为

$$\hat{\boldsymbol{Z}}_{s+1,N}=\begin{bmatrix}\hat{z}_{1,1} & \cdots & \hat{z}_{1,s+1} & \cdots & \hat{z}_{1,N-s} & \cdots & \hat{z}_{1,N}\\ \hat{z}_{2,1} & \cdots & \hat{z}_{2,s+1} & \cdots & \hat{z}_{2,N-s} & \cdots & \hat{z}_{2,N}\\ \vdots & & \vdots & & \vdots & & \vdots\\ \hat{z}_{s,1} & \cdots & \hat{z}_{s,s+1} & \cdots & \hat{z}_{s,N-s} & \cdots & \hat{z}_{s,N}\end{bmatrix}$$

定义两矩阵分别为

$$\hat{\boldsymbol{Z}}_{1,N-s}=\begin{bmatrix}\hat{z}_{1,1} & \hat{z}_{1,2} & \cdots & \hat{z}_{1,N-s}\\ \hat{z}_{2,1} & \hat{z}_{2,2} & \cdots & \hat{z}_{2,N-s}\\ \vdots & \vdots & & \vdots\\ \hat{z}_{s,1} & \hat{z}_{s,2} & \cdots & \hat{z}_{s,N-s}\end{bmatrix}$$

$$\hat{\boldsymbol{Z}}_{s+1,N-s}=\begin{bmatrix}\hat{z}_{1,s+1} & \hat{z}_{1,s+2} & \cdots & \hat{z}_{1,N}\\ \hat{z}_{2,s+1} & \hat{z}_{2,s+2} & \cdots & \hat{z}_{2,N}\\ \vdots & \vdots & & \vdots\\ \hat{z}_{s,s+1} & \hat{z}_{s,s+2} & \cdots & \hat{z}_{s,N}\end{bmatrix}$$

当 PI-MOESP 法在第二阶段实施时，矩阵 $\hat{\boldsymbol{Z}}_{1,N-s}$ 和 $\hat{\boldsymbol{Z}}_{s+1,N-s}$ 将分别代替矩阵 $\boldsymbol{Z}_{s+1,N-s}$ 和 $\boldsymbol{Z}_{2s+1,N-s}$，也就是说，辨识将由矩阵

$$\begin{bmatrix}\hat{\boldsymbol{Z}}_{s+1,N-s}\\ \hat{\boldsymbol{Z}}_{1,N-s}\\ \boldsymbol{Y}_{2s+1,N-s}\end{bmatrix} \tag{16.3.20}$$

的 QR 分解开始。为使 PI-MOESP 辨识法可行，将假设式(16.3.20)满足有关的持续激励条件。在下一小节中将对所提出的直接子空间辨识法进行总结。

16.3.4 闭环系统直接子空间辨识法

闭环运行的线性时不变系统直接子空间辨识法的具体步骤如下。

(1) 由采样序列 $\{\boldsymbol{r}(t)\}$，$\{\boldsymbol{u}(t)\}$ 和 $\{\boldsymbol{y}(t)\}$ 构造相关的汉克尔矩阵；

(2) 根据公式

$$\hat{\boldsymbol{Z}}_{s+1,N}=\boldsymbol{U}_{s+1,N}\left[\boldsymbol{\Pi}_{\boldsymbol{R}_{s+1,N}}+\boldsymbol{\Pi}_{\boldsymbol{R}_{s+1,N}}^{\perp}\frac{1}{\sqrt{N}}\boldsymbol{R}_{1,N}^{\mathrm{T}}\left(\frac{1}{N}\boldsymbol{R}_{1,N}\boldsymbol{\Pi}_{\boldsymbol{R}_{s+1,N}}^{\perp}\boldsymbol{R}_{1,N}^{\mathrm{T}}\right)^{-1}\frac{1}{\sqrt{N}}\boldsymbol{R}_{1,N}\boldsymbol{\Pi}_{\boldsymbol{R}_{s+1,N}}^{\perp}\right]$$

计算 $\hat{\boldsymbol{Z}}_{s+1,N}$；

(3) 按照 PI-MOESP 辨识法步骤,进行矩阵

$$\begin{bmatrix}\hat{\boldsymbol{Z}}_{s+1,N-s}\\ \hat{\boldsymbol{Z}}_{1,N-s}\\ \boldsymbol{Y}_{2s+1,N-s}\end{bmatrix}=\begin{bmatrix}\boldsymbol{L}_{11} & & \\ \boldsymbol{L}_{21} & \boldsymbol{L}_{22} & \\ \boldsymbol{L}_{31} & \boldsymbol{L}_{32} & \boldsymbol{L}_{33}\end{bmatrix}\begin{bmatrix}\boldsymbol{Q}_1^{\mathrm{T}}\\ \boldsymbol{Q}_2^{\mathrm{T}}\\ \boldsymbol{Q}_3^{\mathrm{T}}\end{bmatrix}$$

的 QR 分解,然后进行$\boldsymbol{L}_{32}$的奇异值分解(SVD),产生式(16.3.14)所示系统的扩展可观测矩阵 $\boldsymbol{O}$ 的估计值,则可确定四元素$(\boldsymbol{A},\boldsymbol{B},\boldsymbol{C},\boldsymbol{D})$的估计值;

(4) 另一种方法是进行矩阵

$$\hat{\boldsymbol{O}}\hat{\boldsymbol{L}}=\frac{1}{N-s}\boldsymbol{Y}_{2s+1,N-s}\boldsymbol{\Pi}_{\hat{\boldsymbol{Z}}_{s+1,N-s}}^{\perp}\hat{\boldsymbol{Z}}_{1,N-s}^{\mathrm{T}}\left(\frac{1}{N-s}\hat{\boldsymbol{Z}}_{1,N-s}\boldsymbol{\Pi}_{\hat{\boldsymbol{Z}}_{s+1,N-s}}^{\perp}\hat{\boldsymbol{Z}}_{1,N-s}^{\mathrm{T}}\right)^{-1}\tag{16.3.21}$$

或者

$$\hat{\boldsymbol{\Xi}}_N=\frac{1}{N-s}\boldsymbol{Y}_{2s+1,N-s}\boldsymbol{\Pi}_{\hat{\boldsymbol{Z}}_{s+1,N-s}}^{\perp}\hat{\boldsymbol{Z}}_{1,N-s}^{\mathrm{T}}\left(\frac{1}{N-s}\hat{\boldsymbol{Z}}_{1,N-s}\boldsymbol{\Pi}_{\hat{\boldsymbol{Z}}_{s+1,N-s}}^{\perp}\hat{\boldsymbol{Z}}_{1,N-s}^{\mathrm{T}}\right)^{-1}\frac{1}{N-s}\hat{\boldsymbol{Z}}_{1,N-s}\boldsymbol{\Pi}_{\hat{\boldsymbol{Z}}_{s+1,N-s}}^{\perp}\boldsymbol{Y}_{2s+1,N-s}^{\mathrm{T}}\tag{16.3.22}$$

的奇异值分解,产生开环系统 $\boldsymbol{G}$ 的扩展可观测矩阵 $\boldsymbol{O}$ 的估计值,则可确定四元素$(\boldsymbol{A},\boldsymbol{B},\boldsymbol{C},\boldsymbol{D})$的估计值。

16.4 子空间辨识最小二乘法

本节将介绍 L. Bako 等人于 2008 年所提出的一种子空间辨识最小二乘法,这是一种简单、有效、不依赖奇异值分解(SVD-free)的线性动态状态空间模型辨识方法。

16.4.1 问题的提出及相关预备知识

考虑由离散时间模型描述的线性时不变系统

$$\begin{cases}\boldsymbol{x}(t+1)=\boldsymbol{A}\boldsymbol{x}(t)+\boldsymbol{B}\boldsymbol{u}(t)+\boldsymbol{w}(t)\\ \boldsymbol{y}(t)=\boldsymbol{C}\boldsymbol{x}(t)+\boldsymbol{D}\boldsymbol{u}(t)+\boldsymbol{v}(t)\end{cases}\tag{16.4.1}$$

其中$\boldsymbol{x}(t)\in R^n$,$\boldsymbol{u}(t)\in R^r$,$\boldsymbol{y}(t)\in R^m$ 分别为系统的状态向量、输入向量和输出向量,$\boldsymbol{w}(t)\in R^n$ 和 $\boldsymbol{v}(t)\in R^m$分别表示系统的过程噪声和测量噪声,并且假定这些噪声是零均值白噪声过程,$\boldsymbol{A},\boldsymbol{B},\boldsymbol{C},\boldsymbol{D}$ 是与确定性状态空间基相对应的系统矩阵。

辨识问题可以描述为:给定由式(16.4.1)所描述系统产生的输入输出数据序列$\{\boldsymbol{u}(t),\boldsymbol{y}(t)\}$,利用系统辨识方法估计系统矩阵$(\boldsymbol{A},\boldsymbol{B},\boldsymbol{C},\boldsymbol{D})$。

定义

$$\boldsymbol{u}_f(t)=[\boldsymbol{u}^{\mathrm{T}}(t)\quad \boldsymbol{u}^{\mathrm{T}}(t+1)\quad\cdots\quad\boldsymbol{u}^{\mathrm{T}}(t+f-1)]^{\mathrm{T}}\in R^{rf}\tag{16.4.2}$$

其中$f>n$。用与$\boldsymbol{u}_f(t)$相类似的方式,定义$\boldsymbol{y}_f(t)\in R^{mf}$,$\boldsymbol{w}_f(t)\in R^{nf}$和 $\boldsymbol{v}_f(t)\in R^{mf}$。最后,与这些信号向量相对应,定义

$$\boldsymbol{O}_f=[\boldsymbol{C}^{\mathrm{T}}\quad(\boldsymbol{C}\boldsymbol{A})^{\mathrm{T}}\quad\cdots\quad(\boldsymbol{C}\boldsymbol{A}^{f-1})^{\mathrm{T}}]^{\mathrm{T}}\in R^{mf\times n}$$

$$H_f=\begin{bmatrix} D & \cdots & 0 & 0 \\ CB & \cdots & D & 0 \\ \vdots & \ddots & \vdots & \vdots \\ CA^{f-2}B & \cdots & CB & D \end{bmatrix}\in R^{mf\times rf}$$

$$G_f=\begin{bmatrix} 0 & \cdots & 0 & 0 \\ C & \cdots & 0 & 0 \\ \vdots & \ddots & \vdots & \vdots \\ CA^{f-2} & \cdots & C & 0 \end{bmatrix}\in R^{mf\times nf}$$

由递推方程(16.4.1)利用在时间域$[t,t+f-1]$上的逐次代换法容易得到方程

$$y_f(t)=O_f x(t)+H_f u_f(t)+e_f(t),t\geqslant 1 \tag{16.4.3}$$

其中$e_f(t)=G_f w_f(t)+v_f(t)$。令N为满足不等式$n<f\leqslant N$的整数，并且定义

$$X_N(t)=[x(t)\quad x(t+1)\quad\cdots\quad x(t+N-1)]\in R^{n\times N}$$

$$U_{f,N}(t)=[u_f(t)\quad u_f(t+1)\quad\cdots\quad u_f(t+N-1)]\in R^{rf\times N}$$

与$U_{f,N}(t)$相类似，定义$Y_{f,N}(t)\in R^{mf\times N}$，$E_{f,N}(t)\in R^{mf\times N}$，则基于式(16.4.3)可以写出$t=f+1$时的分块数据方程

$$Y_{f,N}(f+1)=O_f X_N(f+1)+H_f U_{f,N}(f+1)+E_{f,N}(f+1) \tag{16.4.4}$$

为书写方便，在本节的叙述中，将$Y_{f,N}(f+1)$，$X_N(f+1)$，$U_{f,N}(f+1)$和$E_{f,N}(f+1)$分别简写为Y,X,U和E，即$Y=Y_{f,N}(f+1),X=X_N(f+1),U=U_{f,N}(f+1)$，$E=E_{f,N}(f+1)$，则式(16.4.4)可以简写为

$$Y=O_f X+H_f U+E \tag{16.4.5}$$

基于嵌入式数据方程(16.4.5)，解决系统式(16.4.1)辨识问题的子空间方法的第一步既可以从提取状态序列X也可以从提取扩展可观测矩阵O_f入手，所使用的方法有几何映射技术和诸如奇异值分解(SVD)的秩分解算法，第二步是计算任意坐标基下的系统矩阵。

然而，这些方法在应用于递推辨识时可能会遇到两个重要的问题：(1) SVD分解除了计算烦琐之外，其修正也较困难；(2)所获得矩阵的状态空间基在辨识过程中会发生变化或者在处理多模态系统时会从一种模态变为另一种模态。

现有文献中的方法主要致力于克服上述困难。但是，在更广泛的框架内来说，所提出的方法被证明是众所周知的子空间跟踪问题的一个有趣的最小二乘法的解。

式(16.4.5)又可写为

$$Y=[O_f\quad H_f]\begin{bmatrix} X \\ U \end{bmatrix}+E \tag{16.4.6}$$

式(16.4.6)中参数矩阵的一致性估计要求测量数据具有丰富度的一些性质。为此，下面给出外输入信号$\{u(t)\}$充分激励的定义。

定义 16.3 （充分激励输入序列）若存在一个整数N_0和一个时刻t_0使得对于所有$t\leqslant t_0$均有$\mathrm{rank}(U_{l,N_0}(t))=rl$，则过程$\{u(t)\}$被称为至少是$l$阶充分激励的，也可以说$\{u(t)\}$是SE($l$)，其中SE是英文“sufficiently exciting”（充分激励）的简写。

注意到定义16.3与传统的持续激励的定义不同之处就在于传统的持续激励对应于信号的无限序列，而定义16.3考虑的是信号的有限序列，因为在实践中辨识时可采用的数据量通常是有限的。

定理 16.8 假设系统式(16.4.1)是可达的，令式(16.4.1)中的噪声项$w(t)$和$v(t)$恒等于零，则有

下述结果：若$\{\boldsymbol{u}(t)\}$在定义 16.3 的意义上是 SE$(n+l)$，并且$N \geqslant N_0+n, f+1 \leqslant t_0$，则有

$$\operatorname{rank}\begin{bmatrix} \boldsymbol{X}_N(f+1) \\ \boldsymbol{U}_{f,N}(f+1) \end{bmatrix} = n + rf$$

证明　假设存在$\boldsymbol{\alpha} \in R^n$和$\boldsymbol{\beta} \in R^r$满足关系式

$$\boldsymbol{\alpha}^{\mathrm{T}}\boldsymbol{X}_N(f+1) + \boldsymbol{\beta}^{\mathrm{T}}\boldsymbol{U}_{f,N}(f+1) = 0 \tag{16.4.7}$$

则需要证明$\boldsymbol{\alpha}$和$\boldsymbol{\beta}$二者都必须等于零。由于$N \geqslant N_0+n$，对于任意的t，若满足关系式$f+1 \leqslant t \leqslant f+1+N-N_0$，则有

$$\boldsymbol{\alpha}^{\mathrm{T}}\boldsymbol{X}_{N_0}(t) + \boldsymbol{\beta}^{\mathrm{T}}\boldsymbol{U}_{f,N_0}(t) = \boldsymbol{0} \tag{16.4.8}$$

另外，由式(16.4.1)中的系统方程可以写出

$$\boldsymbol{x}(t) = \boldsymbol{A}^n\boldsymbol{x}(t-n) + \boldsymbol{\Delta}_n\boldsymbol{u}_n(t-n), t > n \tag{16.4.9}$$

其中

$$\Delta_n = [\boldsymbol{A}^{n-1}\boldsymbol{B} \quad \boldsymbol{A}^{n-2}\boldsymbol{B} \quad \cdots \quad \boldsymbol{B}] \in R^{n\times nr}$$

$$\boldsymbol{u}_n(t-n) = [\boldsymbol{u}^{\mathrm{T}}(t-n) \quad \boldsymbol{u}^{\mathrm{T}}(t-n+1) \quad \cdots \quad \boldsymbol{u}^{\mathrm{T}}(t-1)]^{\mathrm{T}} \in R^{nr}$$

利用凯莱-哈密顿定理(Cayley-Hamilton theorem)，经过一些计算之后可得

$$\boldsymbol{x}(t) = -(\boldsymbol{a}^{\mathrm{T}} \otimes \boldsymbol{I}_n)\boldsymbol{x}_n(t-n) + \Delta_n(\boldsymbol{K} \otimes \boldsymbol{I}_r)\boldsymbol{u}_n(t-n) \tag{16.4.10}$$

其中⊗表示克罗内克积，

$$\boldsymbol{x}_n(t-n) = [\boldsymbol{x}^{\mathrm{T}}(t-n) \quad \boldsymbol{x}^{\mathrm{T}}(t-n+1) \quad \cdots \quad \boldsymbol{x}^{\mathrm{T}}(t-1)]^{\mathrm{T}} \in R^{nn}$$

$\boldsymbol{a} = [a_1 \quad a_2 \quad \cdots \quad a_n]^{\mathrm{T}}$是由矩阵$\boldsymbol{A}$的特征多项式

$$\det(z\boldsymbol{I} - \boldsymbol{A}) = a_1 + a_2 z + \cdots + a_n z^{n-1} + z^n$$

的系数$a_j(j=1,2,\cdots,n)$所构成的向量。矩阵$\boldsymbol{K}$被定义为

$$\boldsymbol{K} = \begin{bmatrix} a_2 & a_3 & \cdots & a_{n-1} & a_n & 1 \\ a_3 & a_4 & \cdots & a_n & 1 & 0 \\ \vdots & \vdots & & \vdots & \vdots & \vdots \\ a_{n-1} & a_n & \cdots & 0 & 0 & 0 \\ a_n & 1 & \cdots & 0 & 0 & 0 \\ 1 & 0 & \cdots & 0 & 0 & 0 \end{bmatrix} \in R^{n\times n}$$

对于所有$t>n$，式(16.4.10)又可写为

$$\boldsymbol{x}(t) + a_n\boldsymbol{x}(t-1) + \cdots + a_1\boldsymbol{x}(t-n) - \Delta_n(\boldsymbol{K} \otimes \boldsymbol{I}_r)\boldsymbol{u}_n(t-n) = \boldsymbol{0} \tag{16.4.11}$$

定义$\tau=f+n+1>n$，则式(16.4.11)意味着

$$\boldsymbol{X}_{N_0}(\tau) + a_n\boldsymbol{X}_{N_0}(\tau-1) + \cdots + a_1\boldsymbol{X}_{N_0}(\tau-n) - \Delta_n(\boldsymbol{K} \otimes \boldsymbol{I}_r)\boldsymbol{U}_{n,N_0}(\tau-n) = \boldsymbol{0} \tag{16.4.12}$$

将式(16.4.12)左乘$\boldsymbol{\alpha}^{\mathrm{T}}$，可得

$$\boldsymbol{\alpha}^{\mathrm{T}}\boldsymbol{X}_{N_0}(\tau) + a_n\boldsymbol{\alpha}^{\mathrm{T}}\boldsymbol{X}_{N_0}(\tau-1) + \cdots + a_1\boldsymbol{\alpha}^{\mathrm{T}}\boldsymbol{X}_{N_0}(\tau-n) - \bar{\boldsymbol{\alpha}}^{\mathrm{T}}\boldsymbol{U}_{n,N_0}(\tau-n) = \boldsymbol{0} \tag{16.4.13}$$

其中$\bar{\boldsymbol{\alpha}}^{\mathrm{T}} = \boldsymbol{\alpha}^{\mathrm{T}}\Delta_n(\boldsymbol{K} \otimes \boldsymbol{I}_r)$。将式(16.4.13)与式(16.4.8)相组合，可得

$$-\boldsymbol{\beta}^{\mathrm{T}}\boldsymbol{U}_{f,N_0}(\tau) - a_n\boldsymbol{\beta}^{\mathrm{T}}\boldsymbol{U}_{f,N_0}(\tau-1) - \cdots - a_1\boldsymbol{\beta}^{\mathrm{T}}\boldsymbol{U}_{f,N_0}(\tau-n) - \bar{\boldsymbol{\alpha}}^{\mathrm{T}}\boldsymbol{U}_{n,N_0}(\tau-n) = \boldsymbol{0} \tag{16.4.14}$$

注意到形如$\boldsymbol{U}_{f,N_0}(k)(\tau-n \leqslant k \leqslant \tau)$的所有矩阵都可以被表示成$\boldsymbol{U}_{f+n,N_0}(\tau-n)$的行向量的组合。用这种方法，对于$\tau-n \leqslant k \leqslant \tau$，则有

$$\boldsymbol{U}_{f,N_0}(k) = \boldsymbol{P}_k\boldsymbol{U}_{f+n,N_0}(\tau-n)$$

$$\boldsymbol{U}_{n,N_0}(k) = \boldsymbol{Q}_k\boldsymbol{U}_{f+n,N_0}(\tau-n)$$

其中

$$P_{\tau-j}=[\mathbf{0}_{rf\times(n-j)r}\quad I_{rf}\quad \mathbf{0}_{rf\times jr}]\in R^{rf\times(f+n)r},j=0,1,\cdots,n$$

$$Q_{\tau-n}=[I_{nr}\quad \mathbf{0}_{nr\times rf}]\in R^{nr\times(f+n)r}$$

于是可得

$$(\boldsymbol{\beta}^{\mathrm{T}}P_{\tau}+a_n\boldsymbol{\beta}^{\mathrm{T}}P_{\tau-1}+\cdots+a_1\boldsymbol{\beta}^{\mathrm{T}}P_{\tau-n}+\bar{\boldsymbol{\alpha}}^{\mathrm{T}}Q_{\tau-n})U_{f+n,N_0}(\tau-n)=\mathbf{0}\tag{16.4.15}$$

由于 $\{\boldsymbol{u}(t)\}$ 至少是 $(f+n)$ 阶充分激励的，所以矩阵 $U_{f+n,N_0}(\tau-n)=U_{f+n,N_0}(f+1)$ 是行满秩。因此，式(16.4.15)在括号中的项等于零。设 $\boldsymbol{\beta}^{\mathrm{T}}$ 和 $\bar{\boldsymbol{\alpha}}^{\mathrm{T}}$ 可以分别被表示为

$$\boldsymbol{\beta}^{\mathrm{T}}=[\boldsymbol{\beta}_1^{\mathrm{T}}\quad \boldsymbol{\beta}_2^{\mathrm{T}}\quad\cdots\quad \boldsymbol{\beta}_f^{\mathrm{T}}],\boldsymbol{\beta}_j^{\mathrm{T}}\in R^{1\times r}$$

$$\bar{\boldsymbol{\alpha}}^{\mathrm{T}}=[\bar{\boldsymbol{\alpha}}_1^{\mathrm{T}}\quad \bar{\boldsymbol{\alpha}}_2^{\mathrm{T}}\quad\cdots\quad \bar{\boldsymbol{\alpha}}_n^{\mathrm{T}}],\bar{\boldsymbol{\alpha}}_j^{\mathrm{T}}\in R^{1\times r}$$

则进行简单计算可得

$$\begin{bmatrix}1 & a_n & a_{n-1} & \cdots & a_1 & 0 & \cdots & 0\\ 0 & 1 & a_n & a_{n-1} & \cdots & a_1 & \cdots & 0\\ \vdots & \ddots & \ddots & \ddots & \ddots & \ddots & \ddots & \vdots\\ 0 & \cdots & 0 & 1 & a_n & a_{n-1} & \cdots & a_1\end{bmatrix}\begin{bmatrix}\boldsymbol{\beta}_1^{\mathrm{T}}\\ \boldsymbol{\beta}_2^{\mathrm{T}}\\ \vdots\\ \boldsymbol{\beta}_f^{\mathrm{T}}\end{bmatrix}=\mathbf{0}$$

$$\begin{bmatrix}a_1 & 0 & \cdots & 0\\ a_2 & a_1 & \cdots & 0\\ \vdots & \vdots & & \vdots\\ a_n & a_{n-1} & \cdots & a_1\end{bmatrix}\begin{bmatrix}\boldsymbol{\beta}_1^{\mathrm{T}}\\ \boldsymbol{\beta}_2^{\mathrm{T}}\\ \vdots\\ \boldsymbol{\beta}_n^{\mathrm{T}}\end{bmatrix}+\begin{bmatrix}\bar{\boldsymbol{\alpha}}_1^{\mathrm{T}}\\ \bar{\boldsymbol{\alpha}}_2^{\mathrm{T}}\\ \vdots\\ \bar{\boldsymbol{\alpha}}_n^{\mathrm{T}}\end{bmatrix}=\mathbf{0}$$

由此可得 $\boldsymbol{\beta}=\mathbf{0}$，$\bar{\boldsymbol{\alpha}}^{\mathrm{T}}=\boldsymbol{\alpha}^{\mathrm{T}}\Delta_n(K\otimes I_r)=\mathbf{0}$。由于式(16.4.1)所示系统是可达的，故有 $\mathrm{rank}(\Delta_n)=n$，因此由 K 的定义可知，$\Delta_n(K\otimes I_r)$ 显然是行满秩，其秩为 n，因而有 $\boldsymbol{\alpha}=\mathbf{0}$，并且 $[X_N^T(f+1)\quad U_{f,N}^{\mathrm{T}}(f+1)]^{\mathrm{T}}$ 的行向量是线性独立的。证毕。

定理 16.9 假设式(16.4.1)所示系统是可达可观测的，并且式(16.4.1)中的噪声 $\boldsymbol{w}(t)$ 和 $\boldsymbol{v}(t)$ 恒等于零，则下列叙述是等价的。

(1) $\mathrm{rank}\begin{bmatrix}X\\ U\end{bmatrix}=n+rf$；

(2) $\mathrm{rank}(X\Pi_U^{\perp})=n$，其中

$$\Pi_U^{\perp}=I_N-U^{\mathrm{T}}(UU^{\mathrm{T}})^{-1}U\tag{16.4.16}$$

I_N 为 N 阶单位阵；

(3) $\mathrm{rank}\begin{bmatrix}Y\\ U\end{bmatrix}=n+rf$；

(4) $\mathrm{rank}(Y\Pi_U^{\perp})=n$。

证明 ① (1)⇔(2)

由于

$$\begin{bmatrix}X\\ U\end{bmatrix}\begin{bmatrix}X\\ U\end{bmatrix}^{\mathrm{T}}=\begin{bmatrix}XX^{\mathrm{T}} & XU^{\mathrm{T}}\\ UX^{\mathrm{T}} & UU^{\mathrm{T}}\end{bmatrix}$$

则应用恒等式

$$\begin{bmatrix} I_n & -XU^{\mathrm{T}}(UU^{\mathrm{T}})^{-1} \\ 0 & I_{rf} \end{bmatrix} \begin{bmatrix} XX^{\mathrm{T}} & XU^{\mathrm{T}} \\ UX^{\mathrm{T}} & UU^{\mathrm{T}} \end{bmatrix} \begin{bmatrix} I_n & 0 \\ -(UU^{\mathrm{T}})^{-1}UX^{\mathrm{T}} & I_{rf} \end{bmatrix} = \begin{bmatrix} X\Pi_U^{\perp}X^{\mathrm{T}} & 0 \\ 0 & UU^{\mathrm{T}} \end{bmatrix}$$

可得

$$\operatorname{rank}\begin{bmatrix} X \\ U \end{bmatrix} = \operatorname{rank}\begin{bmatrix} X\Pi_U^{\perp}X^{\mathrm{T}} & 0 \\ 0 & UU^{\mathrm{T}} \end{bmatrix} = rf + \operatorname{rank}(X\Pi_U^{\perp}X^{\mathrm{T}}) = rf + \operatorname{rank}(X\Pi_U^{\perp})$$

据此可以得出结论

$$\operatorname{rank}\begin{bmatrix} X \\ U \end{bmatrix} = n + rf \Leftrightarrow \operatorname{rank}(X\Pi_U^{\perp}) = n$$

② (1)⇔(3)

由于当系统可观测，即 $\operatorname{rank}O_f = n$ 时，关系式

$$\begin{bmatrix} Y \\ U \end{bmatrix} = \begin{bmatrix} O_f & H_f \\ 0 & I_{rf} \end{bmatrix} \begin{bmatrix} X \\ U \end{bmatrix} \tag{16.4.17}$$

中的分块矩阵$\begin{bmatrix} O_f & H_f \\ 0 & I_{rf} \end{bmatrix}$是列满秩的，因此由式(16.4.17)可直接得出(1)⇔(3)结果。

③ (3)⇔(4)

应用与(1)⇔(2)相类似的推导过程可得

$$\operatorname{rank}\begin{bmatrix} Y \\ U \end{bmatrix} = \operatorname{rank}\begin{bmatrix} Y\Pi_U^{\perp}Y^{\mathrm{T}} & 0 \\ 0 & UU^{\mathrm{T}} \end{bmatrix} = rf + \operatorname{rank}(Y\Pi_U^{\perp}Y^{\mathrm{T}}) = rf + \operatorname{rank}(Y\Pi_U^{\perp})$$

据此可以得出结论

$$\operatorname{rank}\begin{bmatrix} Y \\ U \end{bmatrix} = n + rf \Leftrightarrow \operatorname{rank}(Y\Pi_U^{\perp}) = n$$

即(3)⇔(4)。证毕。

16.4.2　一种不依赖奇异值分解的子空间辨识法

本小节将介绍一种新的线性状态空间模型辨识方法，它与现有大多数子空间辨识方法的不同之处就在于不需要任何奇异值分解。

首先，假定式(16.4.1)所示系统的阶数 n 是已知的，并存在一个已知矩阵 $\Lambda_f \in R^{n\times rf}$满足关系式

$$\operatorname{rank}(\Lambda_f O_f) = n \tag{16.4.18}$$

用 Λ_f 左乘式(16.4.5)可得

$$\Lambda_f Y = (\Lambda_f O_f)X + \Lambda_f H_f U + \Lambda_f E \tag{16.4.19}$$

由于 $T = \Lambda_f O_f \in R^{n\times n}$ 是非奇异的，令 $\bar{X} = TX$ 即可实现由 X 到 $\bar{X}$ 的状态坐标基变换。于是，可得到在新的坐标基下的状态序列

$$\bar{X} = \Lambda_f Y - \Lambda_f H_f U - \Lambda_f E \tag{16.4.20}$$

因此，系统矩阵(A,B,C,D)将变为$(\bar{A},\bar{B},\bar{C},\bar{D}) = (TAT^{-1}, TB, CT^{-1}, D)$，$O_f$ 将变为 $\bar{O}_f = O_f T^{-1}$。但是，H_f 仍然不变，因为它不依赖于状态基。

为便于叙述，先考虑无噪声情况，即式(16.4.5)中的 E 恒等于零，然后再阐述如何将这种方法应用于存在噪声时的情况。

16.4.2.1　确定性情况

在测量数据无噪声的情况下，式（16.4.20）可以简化为

$$\bar{X} = \boldsymbol{\Lambda}_f \boldsymbol{Y} - \boldsymbol{\Lambda}_f \boldsymbol{H}_f \boldsymbol{U} \tag{16.4.21}$$

由式（16.4.21）可以明显看出，$\boldsymbol{\Lambda}_f$ 的选择完全确定了状态基，因为状态基直接定义了输入输出数据，而输入输出数据又决定了状态。要得到 $\bar{\boldsymbol{O}}_f$，可以将式（16.4.21）代入式（16.4.5），可得

$$\begin{aligned} \boldsymbol{Y} &= \bar{\boldsymbol{O}}_f \bar{\boldsymbol{X}} + \boldsymbol{H}_f \boldsymbol{U} = \bar{\boldsymbol{O}}_f \boldsymbol{\Lambda}_f \boldsymbol{Y} + (\boldsymbol{I}_{mf} - \bar{\boldsymbol{O}}_f \boldsymbol{\Lambda}_f) \boldsymbol{H}_f \boldsymbol{U} \\ &= \begin{bmatrix} \bar{\boldsymbol{O}}_f & \boldsymbol{\Omega}_f \end{bmatrix} \begin{bmatrix} \boldsymbol{\Lambda}_f \boldsymbol{Y} \\ \boldsymbol{U} \end{bmatrix} \end{aligned} \tag{16.4.22}$$

其中 $\boldsymbol{\Omega}_f = (\boldsymbol{I}_{mf} - \bar{\boldsymbol{O}}_f \boldsymbol{\Lambda}_f) \boldsymbol{H}_f$。这就表明，利用删除未知状态的方法可以将子空间辨识问题转换为普通的最小二乘问题。正如定理 16.8 和定理 16.9 所示，当输入过程是至少 $n+f$ 阶充分激励并且模型是最小阶时，则有

$$\operatorname{rank} \begin{bmatrix} \boldsymbol{Y} \\ \boldsymbol{U} \end{bmatrix} = n + rf$$

遵循与定理 16.9 相类似的证明步骤很容易确定

$$\operatorname{rank} \begin{bmatrix} \boldsymbol{\Lambda}_f \boldsymbol{Y} \\ \boldsymbol{U} \end{bmatrix} = n + rf$$

$$\operatorname{rank}(\boldsymbol{\Lambda}_f \boldsymbol{Y} \boldsymbol{\Pi}_U^{\perp}) = n$$

于是，就可以由式（16.4.22）直接估计矩阵 $\bar{\boldsymbol{O}}_f$ 和 $\boldsymbol{\Omega}_f$，然后推导出系统矩阵。

备注 1　若 $\boldsymbol{\Lambda}_f \in R^{n \times mf}$ 服从于秩的性质式（16.4.18），用记号 im（·）和 ker（·）分别表示矩阵的映像和核算子，则有

（1）$\operatorname{im}(\boldsymbol{O}_f) = \operatorname{im}(\bar{\boldsymbol{O}}_f) = \ker(\boldsymbol{I}_{mf} - \bar{\boldsymbol{O}}_f \boldsymbol{\Lambda}_f)$；

（2）$\operatorname{rank}(\boldsymbol{I}_{mf} - \bar{\boldsymbol{O}}_f \boldsymbol{\Lambda}_f) = mf - n$；

（3）矩阵 $\boldsymbol{I}_{mf} - \bar{\boldsymbol{O}}_f \boldsymbol{\Lambda}_f$ 是一个映射矩阵，它将环向量空间 R^{mf} 沿 $\operatorname{im}(\boldsymbol{O}_f)$ 映射到 $\operatorname{im}(\boldsymbol{I}_{mf} - \bar{\boldsymbol{O}}_f \boldsymbol{\Lambda}_f) = \ker(\boldsymbol{\Lambda}_f)$ 上。因此，式（16.4.22）可以被看作是将 $\boldsymbol{I}_{mf} - \bar{\boldsymbol{O}}_f \boldsymbol{\Lambda}_f$ 作用于其上的一个映射。

根据这一备注可知，$\boldsymbol{I}_{mf} - \bar{\boldsymbol{O}}_f \boldsymbol{\Lambda}_f$ 不是列满秩的，所以 $\boldsymbol{H}_f$ 不可能由式（16.4.22）中的 $\boldsymbol{\Omega}_f$ 的估计 $\hat{\boldsymbol{\Omega}}_f$ 直接导出。然而，适当利用 $\boldsymbol{H}_f$ 的结构，仍有可能从 $\hat{\boldsymbol{\Omega}}_f$ 和 $\hat{\boldsymbol{O}}_f$ 得到矩阵 $\boldsymbol{B}$ 和 $\boldsymbol{D}$。

另一种方法是在计算 $\bar{\boldsymbol{O}}_f$ 之前利用右乘 $\boldsymbol{\Pi}_U^{\perp}$ 从式（16.4.22）中移除 $\boldsymbol{\Omega}_f$ 项，则有

$$\bar{\boldsymbol{O}}_f = \boldsymbol{Y} \boldsymbol{\Pi}_U^{\perp} (\boldsymbol{\Lambda}_f \boldsymbol{Y} \boldsymbol{\Pi}_U^{\perp})^{+} = \boldsymbol{\Sigma}_{yu} \Lambda_f^{\mathrm{T}} (\boldsymbol{\Lambda}_f \boldsymbol{\Sigma}_{yu} \Lambda_f^{\mathrm{T}})^{-1} \tag{16.4.23}$$

其中 $\boldsymbol{\Sigma}_{yu} = \frac{1}{N} \boldsymbol{Y} \boldsymbol{\Pi}_U^{\perp} \boldsymbol{Y}^{\mathrm{T}}$，$\boldsymbol{\Sigma}_{yu}$ 是一个相关矩阵，而式（16.4.16）所定义的 $\boldsymbol{\Pi}_U^{\perp}$ 是一个映射到 $\boldsymbol{U}$ 的行向量子空间正交补上的映射矩阵，符号“+”表示穆尔–彭罗斯逆。实践中，正交映射 $\boldsymbol{\Pi}_U^{\perp}$ 可以利用诸如 QR 分解的数字鲁棒方法来实现。一旦得到 $\bar{\boldsymbol{O}}_f$，便可利用矩阵 $\bar{\boldsymbol{O}}_f$ 的 $\boldsymbol{A}$ 不变性来提取矩阵 $\bar{\boldsymbol{A}}$ 和 $\bar{\boldsymbol{C}}$。获得矩阵 $\bar{\boldsymbol{A}}$ 和 $\bar{\boldsymbol{C}}$ 之后，便可利用解线性回归问题的方法确定矩阵 $\bar{\boldsymbol{B}}$ 和 $\bar{\boldsymbol{D}}$。

16.4.2.2　随机情况

现在考虑测量数据受噪声影响时的情况，这也是在实际问题中最为常见的一种情况。将式(16.4.5)与式(16.4.20)相组合可得

$$Y=\bar{O}_f\Lambda_f Y+[I_{mf}-\bar{O}_f\Lambda_f]H_f U+[I_{mf}-\bar{O}_f\Lambda_f]E$$

显然，上式右乘 $\Pi_U^{\perp}$ 可消去 $\Omega_f=[I_{mf}-\bar{O}_f\Lambda_f]H_f$，因而可得

$$Y\Pi_U^{\perp}=\bar{O}_f\Lambda_f Y\Pi_U^{\perp}+[I_{mf}-\bar{O}_f\Lambda_f]E\Pi_U^{\perp} \tag{16.4.24}$$

为了处理噪声数据，将采用众所周知的辅助变量法。该方法的基本思路是选择一个辅助矩阵 $Z\in R^{n_z\times N}$ $(n_z\geqslant n)$（例如用过去的输入输出数据构成）以便在保存由这些数据所传递的信息时去除噪声的影响。将式(16.4.24)右乘 Z^{T} 并除以样本数 N，可得

$$\frac{1}{N}Y\Pi_U^{\perp}Z^{\mathrm{T}}=\bar{O}_f\frac{1}{N}\Lambda_f Y\Pi_U^{\perp}Z^{\mathrm{T}}+[I_{mf}-\bar{O}_f\Lambda_f]\frac{1}{N}EZ^{\mathrm{T}}-$$
$$[I_{mf}-\bar{O}_f\Lambda_f]\frac{1}{N}EU^{\mathrm{T}}\left(\frac{1}{N}UU^{\mathrm{T}}\right)^{-1}\frac{1}{N}UZ \tag{16.4.25}$$

假设序列 $\{u(t)\}$ 是遍历的，并且 $\{w(t)\}$ 和 $\{v(t)\}$ 是独立噪声，则当 $N\to\infty$ 时式(16.4.25)的最后一项将趋于零。于是，式(16.4.25)将化简为

$$\lim_{N\to\infty}\left(\frac{1}{N}Y\Pi_U^{\perp}Z^{\mathrm{T}}\right)=\bar{O}_f\lim_{N\to\infty}\left(\frac{1}{N}\Lambda_f Y\Pi_U^{\perp}Z^{\mathrm{T}}\right)+[I_{mf}-\bar{O}_f\Lambda_f]\lim_{N\to\infty}\left(\frac{1}{N}EZ^{\mathrm{T}}\right) \tag{16.4.26}$$

考虑到上述方程，要求辅助矩阵 Z 满足以下两个条件

$$\begin{cases}\lim\limits_{N\to\infty}\left(\dfrac{1}{N}EZ^{\mathrm{T}}\right)=\mathbf{0}\\ \operatorname{rank}\left(\lim\limits_{N\to\infty}\dfrac{1}{N}\Lambda_f Y\Pi_U^{\perp}Z^{\mathrm{T}}\right)=n\end{cases} \tag{16.4.27}$$

当 Z 满足式(16.4.27)的要求时，便有渐近关系式

$$\lim_{N\to\infty}\left(\frac{1}{N}Y\Pi_U^{\perp}Z^{\mathrm{T}}\right)=\bar{O}_f\lim_{N\to\infty}\left(\frac{1}{N}\Lambda_f Y\Pi_U^{\perp}Z^{\mathrm{T}}\right) \tag{16.4.28}$$

由式(16.4.28)便可估计 $\bar{O}_f$，然后如前所述计算 $\bar{A}$ 和 $\bar{C}$，随后如确定性情况那样利用线性回归得到 $\bar{B}$ 和 $\bar{D}$。现在再返回到如何选择辅助矩阵 Z 的问题。在许多情况下，利用过去的输入和输出数据构成辅助矩阵 Z 往往是有效的，即

$$Z=[U_{1,f,N}^{\mathrm{T}}\quad Y_{1,f,N}^{\mathrm{T}}]^{\mathrm{T}} \tag{16.4.29}$$

16.4.2.3　确定矩阵 Λ_f

上面所描述的状态空间模型辨识法依赖于寻找满足于式(16.4.18)的矩阵 $\Lambda_f\in R^{n\times mf}$ 的可能性，这很自然就产生了一个矩阵 Λ_f 是否总是存在的问题，更重要的是，当矩阵 Λ_f 未知时，如何来确定 Λ_f。在假定系统可观测时，矩阵 Λ_f 是否总是存在的问题已经得到回答，因为在系统可观测时，例如令 $\Lambda_f=O_f^{\mathrm{T}}$ 就可满足式(16.4.18)。但是，当不知道 O_f 时，就无法令 Λ_f 等于 O_f^{T}。然而，正如定理16.8和定理16.9所述，若 $\{u(t)\}$ 是 SE$(n+f)$，则当且仅当 $\operatorname{rank}(\Lambda_f Y\Pi_U^{\perp})=n$ 时，$\operatorname{rank}(\Lambda_f O_f)=n$。因此，在选择 Λ_f 时只需使 $\operatorname{rank}(\Lambda_f Y\Pi_U^{\perp})=n$ 即可，因为与 O_f 不同，$Y\Pi_U^{\perp}$ 是已知的。但是，这个解可能会需要进行奇异值(SVD)

分解。

下面的定理将会提供一种随机产生矩阵 $\boldsymbol{\Lambda}_f$ 的不同方法。

定理 16.10 假设系统式(16.4.1)是可观测的,若矩阵 $\boldsymbol{\Lambda}_f$ 由均匀分布随机构成,则 $\mathrm{rank}(\boldsymbol{\Lambda}_f\boldsymbol{O}_f)=n$ 以概率 1 成立。

证明 令 $\boldsymbol{\lambda}=\mathrm{vec}(\boldsymbol{\Lambda}_f)\in R^{nmf}$,其中 $\mathrm{vec}(\cdot)$ 为向量化算子。记 $\boldsymbol{\Lambda}_f=\boldsymbol{\Lambda}_f(\boldsymbol{\lambda})$,也就是说,$\boldsymbol{\Lambda}_f$ 被看作 $\boldsymbol{\lambda}$ 的一个函数,并且认为所有 $\boldsymbol{\lambda}$ 的集合

$$S=\{\boldsymbol{\lambda}\in R^{nmf}/P(\boldsymbol{\lambda})=\det(\boldsymbol{\Lambda}_f(\boldsymbol{\lambda})\boldsymbol{O}_f)=0\}$$

都满足关系式 $\mathrm{rank}(\boldsymbol{\Lambda}_f(\boldsymbol{\lambda})\boldsymbol{O}_f)=n$。考虑与均匀分布相对应并且定义于覆盖 R^{nmf} 的一个 σ 代数 R(包含 S)上的概率测度 p_r。很显然,对于所给定的 $\boldsymbol{O}_f$,多项式 $\boldsymbol{P}(\cdot)$ 不能恒等于零,例如 $P(\mathrm{vec}(\boldsymbol{O}_f^{\mathrm{T}}))\neq 0$,则超曲面 S 是维数严格小于 nmf 概率空间(R^{nmf},R,P_r)的一个子集。由测度理论可知,诸如 S 之类的子集是一个空集,因此性质 $\mathrm{rank}(\boldsymbol{\Lambda}_f(\lambda)\boldsymbol{O}_f)=n$ 几乎处处成立。证毕。

定理 16.10 表明,如果从均匀分布中随机抽出矩阵 $\boldsymbol{\Lambda}_f$,则式(16.4.18)所给出的秩的性质以概率 1 成立,因此系统矩阵可用上述方法以概率 1 进行正确估计。

备注 2(阶的估计) 在式(16.4.1)所示系统的阶数 n 未知的情况下,不必利用奇异值分解(SVD)也可估计阶数 n。为此,在 $R^{mf\times mf}$ 中选择矩阵 $\boldsymbol{\Lambda}_f$ 使得对于任何 $r\leqslant n$,$\mathrm{rank}(\boldsymbol{\Lambda}_f^{1:r}\boldsymbol{O}_f)=r$ 成立,其中 $\boldsymbol{\Lambda}_f^{1:r}=\boldsymbol{\Lambda}_f(1:r,:)$,则由嵌入式数据方程 $\boldsymbol{Y}=\boldsymbol{O}_f\boldsymbol{X}+\boldsymbol{H}_f\boldsymbol{U}$ 可以写出

$$\begin{bmatrix}\boldsymbol{\Lambda}_f^1\\ \boldsymbol{\Lambda}_f^2\end{bmatrix}\boldsymbol{Y}\boldsymbol{\Pi}_U^{\perp}=\begin{bmatrix}\boldsymbol{\Lambda}_f^1\\ \boldsymbol{\Lambda}_f^2\end{bmatrix}\boldsymbol{O}_f\boldsymbol{X}\boldsymbol{\Pi}_U^{\perp}$$

其中 $\boldsymbol{\Lambda}_f^1=\boldsymbol{\Lambda}_f(1:n,:)$,$\boldsymbol{\Lambda}_f^2=\boldsymbol{\Lambda}_f(n+1:mf,:)$。对上述方程中的第一项取平方,可得

$$\boldsymbol{\Sigma}=\begin{bmatrix}\boldsymbol{\Lambda}_f^1\boldsymbol{\Sigma}_{yu}(\boldsymbol{\Lambda}_f^1)^{\mathrm{T}} & \boldsymbol{\Lambda}_f^1\boldsymbol{\Sigma}_{yu}(\boldsymbol{\Lambda}_f^2)^{\mathrm{T}}\\ \boldsymbol{\Lambda}_f^2\boldsymbol{\Sigma}_{yu}(\boldsymbol{\Lambda}_f^1)^{\mathrm{T}} & \boldsymbol{\Lambda}_f^2\boldsymbol{\Sigma}_{yu}(\boldsymbol{\Lambda}_f^2)^{\mathrm{T}}\end{bmatrix}$$

其中 $\boldsymbol{\Sigma}_{yu}=\boldsymbol{Y}\boldsymbol{\Pi}_U^{\perp}\boldsymbol{Y}^{\mathrm{T}}$,则系统的阶 $n=\max\{r:\mathrm{rank}(\boldsymbol{\Sigma}(1:r,1:r))=r\}$。

16.4.3 小结

本节介绍了一种多输入多输出状态空间模型辨识的新方法,与现有的大多数子空间辨识方法不同,这种方法不必进行奇异值分解,因而可直接扩展至多变量系统的递推辨识。

16.5 基于高阶累积量的闭环子空间辨识法

高阶累积量(包括高阶矩、累积量和多谱)已被广泛用于信号处理、自适应滤波等领域。将高阶累积量引入系统辨识的优点是高阶累积量在理论上可以完全抑制高斯噪声(无论是白色的还是有色的)。为了解决过程噪声和测量噪声为高斯有色噪声且反馈控制器未知情况下的闭环系统辨识问题,黎康和张洪华于 2005 年提出了一种基于高阶累积量的闭环子空间辨识法,该方法针对有色噪声系统,即闭环系统的过程噪声和测量噪声是高斯任意有色的,在反馈控制器信息未知的情况下,通过引入高阶累积量,将标准子空间辨识法推广到闭环有色噪声系统,即利用被任意有色噪声污染的输入输出测量数据,得到系统的状态空间模型。下面将较详细地介绍这种算法。

16.5.1　模型及问题的描述

考虑未知的离散线性时不变状态空间模型

$$x_{k+1}=Ax_k+B\bar{u}_k+f_k \tag{16.5.1}$$

$$\bar{y}_k=Cx_k+D\bar{u}_k \tag{15.5.2}$$

且输入输出的测量值满足关系式

$$u_k=\bar{u}_k+w_k \tag{16.5.3}$$

$$y_k=\bar{y}_k+v_k \tag{16.5.4}$$

其中，x_k 为 n 维状态向量（n 事先未知）。为简单起见，先考虑 SISO 系统，即 $A\in R^{n\times n}$，$B\in R^{n\times 1}$，$C\in R^{1\times n}$，$D\in R^1$，相应的过程噪声 f_k 和测量噪声 w_k、v_k 为适当维数。此外，认为下述假设成立：

（1）参考输入 r_k 为零均值、稳态、非高斯过程，并且其三阶累积量不为零；

（2）过程噪声 f_k 和测量噪声 w_k、v_k 是相互独立的零均值、稳态、高斯有色噪声，并且与参考输入 r_k 相互独立；

（3）式(16.5.1)和式(16.5.2)所描述的系统能被未知反馈控制器 F 镇定；

（4）$E(x_0)=\mathbf{0}$，其中 E 表示数学期望，x_0 为初始状态。

需要解决的问题是：在参考输入 r_k 为充分激励时，如何利用被有色噪声污染的输入输出序列 $\{u_k, y_k\}$ 确定系统的阶次 n 和系统矩阵四元素组 $\{A,B,C,D\}$。

16.5.2　子空间辨识法的简要回顾及符号表示

标准的子空间辨识法，例如 MATLAB 系统辨识工具箱中的 n4sid 函数，是将获得的测量输入输出数据分成“过去”和“将来”两组。当过程噪声和测量噪声为白噪声时，利用“过去”的输入输出数据构建辅助变量，可以消除白噪声的影响，这是因为“过去”的输入输出序列与“将来”的白噪声序列是不相关的。但是，如果过程噪声和测量噪声都是任意有色噪声，标准的子空间辨识法将失效，其原因是存在反馈回路，即使是“将来”的噪声序列也可能与“过去”的输入输出序列相关。

本节所介绍的算法将测量得到的输入输出数据分为“过去”“现在”和“将来”三组，以方便引入三阶累积量。以输出数据为例，则组成如下的汉克尔矩阵

$$Y_{\mathrm{p}}=\begin{bmatrix} y_0 & y_1 & \cdots & y_{j-1}\\ y_1 & y_2 & \cdots & y_j\\ \vdots & \vdots & & \vdots\\ y_{N-1} & y_N & \cdots & y_{N+j-2}\end{bmatrix} \tag{16.5.5}$$

$$Y_{\mathrm{c}}=\begin{bmatrix} y_N & y_{N+1} & \cdots & y_{N+j-1}\\ y_{N+1} & y_{N+2} & \cdots & y_{N+j}\\ \vdots & \vdots & & \vdots\\ y_{2N-1} & y_{2N} & \cdots & y_{2N+j-2}\end{bmatrix} \tag{16.5.6}$$

$$Y_{\mathrm{f}}=\begin{bmatrix} y_{2N} & y_{2N+1} & \cdots & y_{2N+j-1}\\ y_{2N+1} & y_{2N+2} & \cdots & y_{2N+j}\\ \vdots & \vdots & & \vdots\\ y_{3N-1} & y_{3N} & \cdots & y_{3N+j-2}\end{bmatrix} \tag{16.5.7}$$

其中下标 p，c，f 分别表示“过去”（past）、“现在”（current）和“将来”（future），下标 $N(N>n)$ 和 j 表示汉克

尔矩阵的行数和列数。以类似的方式,也可将输入 u_k 和噪声 f_k,w_k,v_k 组成 $\boldsymbol{U}_i,\boldsymbol{F}_i,\boldsymbol{W}_i,\boldsymbol{V}_i$(下标 i 代表 p,c 或 f)。由式(16.5.1)~式(16.5.4)可知,“将来”的输入输出数据满足关系式

$$\boldsymbol{Y}_{\mathrm{f}}=\boldsymbol{\Gamma}_N\boldsymbol{X}_{\mathrm{f}}+\boldsymbol{H}_N\boldsymbol{U}_{\mathrm{f}}+\boldsymbol{G}_N\boldsymbol{F}_{\mathrm{f}}-\boldsymbol{H}_N\boldsymbol{W}_{\mathrm{f}}+\boldsymbol{V}_{\mathrm{f}} \tag{16.5.8}$$

其中 $\boldsymbol{X}_{\mathrm{f}}$ 为“将来”的状态向量,$\boldsymbol{\Gamma}_N$ 为扩展可观测阵,$\boldsymbol{H}_N$ 和 $\boldsymbol{G}_N$ 为特普利茨矩阵,其定义分别为

$$\boldsymbol{X}_{\mathrm{f}}=\begin{bmatrix}x_N & x_{N-1} & \cdots & x_{N+j-1}\end{bmatrix} \tag{16.5.9}$$

$$\begin{cases}\boldsymbol{\Gamma}_N=\begin{bmatrix}\boldsymbol{C}\\ \boldsymbol{CA}\\ \vdots\\ \boldsymbol{CA}^{N-1}\end{bmatrix}\\ \boldsymbol{H}_N=\begin{bmatrix}\boldsymbol{D} & \boldsymbol{0} & \cdots & \boldsymbol{0}\\ \boldsymbol{CB} & \boldsymbol{D} & \cdots & \boldsymbol{0}\\ \vdots & \vdots & & \vdots\\ \boldsymbol{CA}^{N-2}\boldsymbol{B} & \boldsymbol{CA}^{N-3}\boldsymbol{B} & \cdots & \boldsymbol{D}\end{bmatrix}\\ \boldsymbol{G}_N=\begin{bmatrix}\boldsymbol{0} & \boldsymbol{0} & \cdots & \boldsymbol{0}\\ \boldsymbol{C} & \boldsymbol{0} & \cdots & \boldsymbol{0}\\ \vdots & \vdots & & \vdots\\ \boldsymbol{CA}^{N-2} & \boldsymbol{CA}^{N-3} & \cdots & \boldsymbol{0}\end{bmatrix}\end{cases} \tag{16.5.10}$$

16.5.3　基于累积量的闭环子空间辨识法

本小节的目的是利用累积量的特性将标准子空间辨识法延伸到闭环有色噪声系统。下面先给出三阶累积量的若干重要性质,然后利用三阶累积量对扩展可观测阵 $\boldsymbol{\Gamma}_N$ 进行辨识,最后确定系统矩阵四元素组$\{\boldsymbol{A},\boldsymbol{B},\boldsymbol{C},\boldsymbol{D}\}$。

16.5.3.1　三阶累积量的重要性质

与二阶累积量相比,三阶累积量的一个重要性质是对称分布的随机过程(无论是有色还是白色)的三阶累积量为零。

(1) 零均值、稳态随机过程 $\boldsymbol{x}(k)$ 的三阶累积量可以简化为

$$c_{3x}(\tau_1,\tau_2)=E[x(k)x(k+\tau_1)x(k+\tau_2)] \tag{16.5.11}$$

(2) 如果 $x(k)$ 是零均值高斯随机过程,则 $x(k)$ 的三阶累积量为零,即

$$c_{3x}(\tau_1,\tau_2)=0 \tag{16.5.12}$$

(3) 如果 $z(k)=x(k)+y(k)$ 且 $x(k)$ 和 $y(k)$ 是相互独立的随机过程,则有

$$c_{3z}(\tau_1,\tau_2)=c_{3x}(\tau_1,\tau_2)+c_{3y}(\tau_1,\tau_2) \tag{16.5.13}$$

将三阶累积量引入子空间辨识法的主要出发点就是:如果 $z(k)=x(k)+w(k)$,其中 $w(k)$ 是与 $x(k)$ 相互独立的高斯噪声(不必是白色的),则 $c_{3z}=c_{3x}$。这就意味着三阶累积量可以完全恢复被高斯有色噪声污染的非高斯信号。

16.5.3.2　辨识扩展可观测阵 $\boldsymbol{\Gamma}_N$

辨识算法的关键在于选择适当的辅助变量,构造出三阶累积量以消除高斯噪声。本小节所选择的

辅助变量为

$$\boldsymbol{Y}_{\mathrm{pc}}^{\mathrm{T}}=\begin{bmatrix} y_0y_N & y_1y_{N+1} & \cdots & y_{j-1}y_{N+j-1} \\ y_1y_{N+1} & y_2y_{N+2} & & y_jy_{N+j} \\ \vdots & \vdots & & \vdots \\ y_{N-1}y_{2N-1} & y_Ny_{2N} & \cdots & y_{N+j-2}y_{2N+j-2} \end{bmatrix}^{\mathrm{T}} \tag{16.5.14}$$

可见该辅助变量由“过去”和“现在”的输出序列构成。将式(16.5.14)右乘式(16.5.8)可得

$$\frac{1}{j}\boldsymbol{Y}_{\mathrm{f}}\boldsymbol{Y}_{\mathrm{pc}}^{\mathrm{T}}=\boldsymbol{\Gamma}_N\frac{1}{j}\boldsymbol{X}_{\mathrm{f}}\boldsymbol{Y}_{\mathrm{pc}}^{\mathrm{T}}+\boldsymbol{H}_N\frac{1}{j}\boldsymbol{U}_{\mathrm{f}}\boldsymbol{Y}_{\mathrm{pc}}^{\mathrm{T}}+\boldsymbol{G}_N\frac{1}{j}\boldsymbol{F}_{\mathrm{f}}\boldsymbol{Y}_{\mathrm{pc}}^{\mathrm{T}}-\boldsymbol{H}_N\frac{1}{j}\boldsymbol{W}_{\mathrm{f}}\boldsymbol{Y}_{\mathrm{pc}}^{\mathrm{T}}+\frac{1}{j}\boldsymbol{V}_{\mathrm{f}}\boldsymbol{Y}_{\mathrm{pc}}^{\mathrm{T}} \tag{16.5.15}$$

定理 16.11　若式(16.5.1)和式(16.5.2)所描述的系统满足假设(1)~(4),则有

$$\lim_{j\to\infty}\frac{1}{j}\boldsymbol{F}_{\mathrm{f}}\boldsymbol{Y}_{\mathrm{pc}}^{\mathrm{T}}=0 \tag{16.5.16}$$

$$\lim_{j\to\infty}\frac{1}{j}\boldsymbol{W}_{\mathrm{f}}\boldsymbol{Y}_{\mathrm{pc}}^{\mathrm{T}}=0 \tag{16.5.17}$$

$$\lim_{j\to\infty}\frac{1}{j}\boldsymbol{V}_{\mathrm{f}}\boldsymbol{Y}_{\mathrm{pc}}^{\mathrm{T}}=0 \tag{16.5.18}$$

证明　现以式(16.5.16)为例,给出定理的证明。将式(16.5.16)左边展开为

$$\frac{1}{j}\boldsymbol{F}_{\mathrm{f}}\boldsymbol{Y}_{\mathrm{pc}}^{\mathrm{T}}=\frac{1}{j}\begin{bmatrix} \sum_{i=0}^{j-1}f_{2N+i}y_iy_{N+i} & \sum_{i=0}^{j-1}f_{2N+i}y_{i+1}y_{N+1+i} & \cdots & \sum_{i=0}^{j-1}f_{2N+i}y_{N-1+i}y_{2N-1+i} \\ \sum_{i=0}^{j-1}f_{2N+1+i}y_iy_{N+i} & \sum_{i=0}^{j-1}f_{2N+1+i}y_{i+1}y_{N+1+i} & \cdots & \sum_{i=0}^{j-1}f_{2N+1+i}y_{N-1+i}y_{2N-1+i} \\ \vdots & \vdots & & \vdots \\ \sum_{i=0}^{j-1}f_{3N-1+i}y_iy_{N+i} & \sum_{i=0}^{j-1}f_{3N-1+i}y_{i+1}y_{N+1+i} & \cdots & \sum_{i=0}^{j-1}f_{3N-1+i}y_{N-1+i}y_{2N-1+i} \end{bmatrix} \tag{16.5.19}$$

由于过程噪声$\{f_k\}$和输出序列$\{y_k\}$都是零均值序列,故式(16.5.19)可以写为

$$\frac{1}{j}\boldsymbol{F}_{\mathrm{f}}\boldsymbol{Y}_{\mathrm{pc}}^{\mathrm{T}}=\begin{bmatrix} c_{yyf}(N,2N) & c_{yyf}(N,2N-1) & \cdots & c_{yyf}(N,N+1) \\ c_{yyf}(N,2N+1) & c_{yyf}(N,2N) & \cdots & c_{yyf}(N,N+2) \\ \vdots & \vdots & & \vdots \\ c_{yyf}(N,3N-1) & c_{yyf}(N,3N-2) & \cdots & c_{yyf}(N,2N) \end{bmatrix} \tag{16.5.20}$$

式中c_{yyf}为互三阶累积量。由闭环结构可知,$y_i=y_{ir}+y_{if}+y_{iv}$,其中第一个下标i=p,c 或 f,第二个下标r,f和v分别表示由参考输入r、过程噪声f和输出测量噪声v所激励的输出。于是有

$$c_{yyf}=\mathrm{cum}(y_{\mathrm{pr}}+y_{\mathrm{pf}}+y_{\mathrm{pv}},y_{\mathrm{cr}}+y_{\mathrm{cf}}+y_{\mathrm{cv}},f) \tag{16.5.21}$$

式中 cum 为英文 cumulant(累积量)的简写。

由假设(2)可知,y_{ir},y_{if}和y_{iv}是相互独立的零均值序列,根据三阶累积量的重要性质(2),式(16.5.21)变为

$$c_{yyf}=\mathrm{cum}(y_{\mathrm{pf}},y_{\mathrm{cf}},f) \tag{16.5.22}$$

而y_{pf},y_{cf}和f都是高斯过程,尽管并不相互独立,但根据三阶累积量的重要性质(2),可得式(16.5.22)为零,故式(16.5.16)成立。至于式(16.5.17)和式(16.5.18),其证明过程与此相似。证毕。

尽管上述算法是在 SISO 系统下推导的,但也适用于 MIMO 系统,不同的是所选的辅助变量式(16.5.14)将变为

$$\boldsymbol{Y}_{\mathrm{pc}}^{\mathrm{T}}=\begin{bmatrix} \boldsymbol{y}_0 \cdot{}^* \boldsymbol{y}_N & \boldsymbol{y}_1 \cdot{}^* \boldsymbol{y}_{N+1} & \cdots & \boldsymbol{y}_{j-1} \cdot{}^* \boldsymbol{y}_{N+j-1} \\ \boldsymbol{y}_1 \cdot{}^* \boldsymbol{y}_{N+1} & \boldsymbol{y}_2 \cdot{}^* \boldsymbol{y}_{N+2} & \cdots & \boldsymbol{y}_j \cdot{}^* \boldsymbol{y}_{N+j} \\ \vdots & \vdots & & \vdots \\ \boldsymbol{y}_{N-1} \cdot{}^* \boldsymbol{y}_{2N-1} & \boldsymbol{y}_N \cdot{}^* \boldsymbol{y}_{2N} & \cdots & \boldsymbol{y}_{N+j-2} \cdot{}^* \boldsymbol{y}_{2N+j-2} \end{bmatrix} \tag{16.5.23}$$

其中符号“$\cdot{}^*$”表示矩阵的点运算，即相同维数的矩阵的对应元素相乘。这样，上述定理 16.11 仍然成立。

根据定理 16.11，当 j 充分大时，式(16.5.15)变为

$$\frac{1}{j}\boldsymbol{Y}_{\mathrm{f}}\boldsymbol{Y}_{\mathrm{pc}}^{\mathrm{T}}=\boldsymbol{\Gamma}_N\frac{1}{j}\boldsymbol{X}_{\mathrm{f}}\boldsymbol{Y}_{\mathrm{pc}}^{\mathrm{T}}+\boldsymbol{H}_N\frac{1}{j}\boldsymbol{U}_{\mathrm{f}}\boldsymbol{Y}_{\mathrm{pc}}^{\mathrm{T}} \tag{16.5.24}$$

或者

$$\frac{1}{j}\boldsymbol{Y}=\boldsymbol{\Gamma}_N\frac{1}{j}\boldsymbol{X}+\boldsymbol{H}_N\frac{1}{j}\boldsymbol{U} \tag{16.5.25}$$

其中 $\boldsymbol{Y}=\boldsymbol{Y}_{\mathrm{f}}\boldsymbol{Y}_{\mathrm{pc}}^{\mathrm{T}}, \boldsymbol{X}=\boldsymbol{X}_{\mathrm{f}}\boldsymbol{Y}_{\mathrm{pc}}^{\mathrm{T}}, \boldsymbol{U}=\boldsymbol{U}_{\mathrm{f}}\boldsymbol{Y}_{\mathrm{pc}}^{\mathrm{T}}$。

将正交投影算子

$$\boldsymbol{\Pi}_{U^{\mathrm{T}}}^{\perp}=\boldsymbol{I}-\boldsymbol{U}^{\mathrm{T}}(\boldsymbol{U}\boldsymbol{U}^{\mathrm{T}})^{-1}\boldsymbol{U} \tag{16.5.26}$$

右乘式(16.5.25)，可得

$$\frac{1}{j}\boldsymbol{Y}\boldsymbol{\Pi}_{U^{\mathrm{T}}}^{\perp}=\boldsymbol{\Gamma}_N\frac{1}{j}\boldsymbol{X}\boldsymbol{\Pi}_{U^{\mathrm{T}}}^{\perp} \tag{16.5.27}$$

对式(16.5.27)左边进行奇异值分解，可得

$$\frac{1}{j}\boldsymbol{Y}\boldsymbol{\Pi}_{U^{\mathrm{T}}}^{\perp}=[\boldsymbol{U}_1 \quad \boldsymbol{U}_2]\begin{bmatrix}\boldsymbol{S}_1 & \boldsymbol{0}\\ \boldsymbol{0} & \boldsymbol{S}_2\end{bmatrix}\begin{bmatrix}\boldsymbol{V}_1\\ \boldsymbol{V}_2\end{bmatrix} \tag{16.5.28}$$

则系统的阶次将由主要的奇异值 $\boldsymbol{S}_1$ 决定，相应的扩展可观测矩阵可以取为

$$\boldsymbol{\Gamma}_N=\boldsymbol{U}_1\boldsymbol{S}_1^{1/2} \tag{16.5.29}$$

16.5.3.3　辨识系统四元组

当获得扩展可观测矩阵 $\boldsymbol{\Gamma}_N$ 之后，确定系统四元组的算法与标准子空间算法类似。为了保持叙述的完整性，这里对算法进行较完整的介绍。

系统矩阵 $\boldsymbol{A}$ 和 $\boldsymbol{C}$ 可以利用扩展可观测矩阵 $\boldsymbol{\Gamma}_N$ 的性质获得，即

$$\boldsymbol{A}=\underline{\boldsymbol{\Gamma}_N}^{+}\cdot\overline{\boldsymbol{\Gamma}_N} \tag{16.5.30}$$

其中$\overline{\boldsymbol{\Gamma}_N}$表示 $\boldsymbol{\Gamma}_N$ 去掉前 l 行（对于 SISO 系统，$l=1$；对于 MIMO 系统，l 为输出向量的维数）；相应的$\underline{\boldsymbol{\Gamma}_N}$表示 $\boldsymbol{\Gamma}_N$ 去掉后 l 行；$(\cdot)^{+}$表示广义逆。而 $\boldsymbol{C}$ 可取为 $\boldsymbol{\Gamma}_N$ 的前 l 行，即

$$\boldsymbol{C}=\boldsymbol{\Gamma}_N(1:l,:) \tag{16.5.31}$$

当得到系统矩阵 $\boldsymbol{A}$ 和 $\boldsymbol{C}$ 之后，矩阵 $\boldsymbol{B}$ 和 $\boldsymbol{D}$ 可由以下的最小二乘问题得到，即

$$\arg\min_{\boldsymbol{B},\boldsymbol{D}}\frac{1}{j}\sum_{k=1}^{j}\|\boldsymbol{y}_k-\boldsymbol{C}(q\boldsymbol{I}-\boldsymbol{A})^{-1}\boldsymbol{B}\boldsymbol{u}_k-\boldsymbol{D}\boldsymbol{u}_k\|^2 \tag{16.5.32}$$

16.5.4　基于累积量的闭环子空间辨识法的具体步骤

基于累积量的闭环子空间辨识法的具体步骤可以归纳如下：

（1）对采样获得的输入输出数据进行去均值预处理；

（2）将采样获得的数据组成“过去”“现在”和“将来”三个汉克尔矩阵，如式（16.5.5）~式（16.5.7）所示；

（3）用“过去”和“现在”的数据构造辅助变量 $\boldsymbol{Y}_{\mathrm{pc}}^{\mathrm{T}}$，如式（16.5.14）或式（16.5.23）所示；

（4）对 $\frac{1}{j}\boldsymbol{Y}\boldsymbol{\Pi}_{U^{\mathrm{T}}}^{\perp}$ 进行奇异值分解，如式（16.5.28）所示；

（5）确定系统阶次和扩展可观测矩阵 $\boldsymbol{\Gamma}_N$，如式（16.5.29）所示；

（6）解算系统矩阵四元素组 $\{\boldsymbol{A},\boldsymbol{B},\boldsymbol{C},\boldsymbol{D}\}$，如式（16.5.30）~式（16.5.32）所示。

16.5.5 数字仿真结果

给定控制对象开环系统的状态空间模型为

$$\boldsymbol{A}=\begin{bmatrix}1.5 & -0.7\\ 1 & 0\end{bmatrix},\ \boldsymbol{B}=\begin{bmatrix}1\\ 0\end{bmatrix},\ \boldsymbol{C}=\begin{bmatrix}1 & 0.5\end{bmatrix},\ \boldsymbol{D}=0 \tag{16.5.33}$$

相应的传递函数为

$$G(z^{-1})=\frac{z^{-1}+0.5z^{-2}}{1-1.5z^{-1}+0.7z^{-2}} \tag{16.5.34}$$

系统的特征值为 $0.75\pm j0.3708$。设反馈控制器 F 的传递函数为 $F(z^{-1})=0.1$，则闭环系统 $G(z^{-1})[1+G(z^{-1})F(z^{-1})]$ 是稳定的。过程噪声 $f(k)$ 和测量噪声 $w(k)$、$v(k)$ 由关系式

$$f(k)=\frac{1-1.795z^{-1}+1.4328z^{-2}-0.59608z^{-3}+0.08738z^{-4}}{1-1.7z^{-1}+0.33z^{-2}+1.063z^{-3}-0.6408z^{-4}}\xi(k) \tag{16.5.35}$$

$$w(k)=\frac{1}{1+0.9z^{-1}}\zeta(k) \tag{16.5.36}$$

$$v(k)=\frac{1}{1+0.5z^{-1}+1.5z^{-2}}\eta(k) \tag{16.5.37}$$

产生，其中 $\xi(k)$、$\zeta(k)$ 和 $\eta(k)$ 为相互独立的零均值白噪声。参考输入 r 为零均值、单边指数分布随机过程。

仿真时采用信噪比分别为 20dB 和 10dB 的噪声水平各进行 100 次的蒙特卡洛实验，将所辨识的离散状态空间模型转换为传递函数形式，并将传递函数的参数与所给定控制对象传递函数的参数真实值相比较，其结果如表 16.1 所示。

表 16.1 辨识结果（采样数 5000，采样周期 0.1s）

真实值		辨识结果（信噪比 20dB）		辨识结果（信噪比 10dB）	
		均值	标准差	均值	标准差
a_1	−1.500	−1.504	0.002	−1.520	0.012
a_2	0.700	0.705	0.004	0.718	0.010
b_1	1.000	0.943	0.017	0.902	0.027
b_2	0.500	0.531	0.016	0.595	0.022

16.6 分数阶系统时域子空间辨识

分数阶微积分是传统整数阶微积分的推广,采用分数阶微积分可以更好地对实际控制对象进行数学描述。近年来,分数阶微积分在控制领域的应用研究逐渐成为热点,其中系统参数辨识便是分数阶系统研究的一个重要问题。廖增等人将子空间辨识方法应用于用分数阶微积分描述的状态空间模型,于2011年提出了一种分数阶系统的时域子空间辨识法。该方法直接从分数阶微分定义出发,通过对输入输出信号进行分数阶微分,构造出新的输入输出方程对系统进行子空间辨识,取得了较好的辨识效果。本节将较详细地介绍这种方法。

16.6.1 问题描述

定义 16.4(分数阶微积分定义 1) 函数 $f(t)$ 在定义域上 n_α 阶可导并且 $n_\alpha-1\leqslant\alpha<n_\alpha$,则有

$$ {}_aD_t^\alpha f(t)=\frac{1}{\Gamma(n_\alpha-\alpha)}\int_a^t\frac{f^{(n_\alpha)}(\tau)}{(t-\tau)^{\alpha+1-n_\alpha}}\mathrm{d}\tau \tag{16.6.1}$$

其中 α 为分数阶微积分的阶次,${}_aD_t^\alpha$ 表示分数阶微积分算子,当 $\alpha>0$ 时表示分数阶微分,当 $\alpha<0$ 时表示分数阶积分;a 为初始时刻,考虑到实际问题中一般初始时刻为 0,则可以简记为 $D^\alpha f(t)$。

定义 16.5(分数阶微积分定义 2) 分数阶微积分又可定义为

$$ {}_aD_t^\alpha f(t)=\lim_{h\to0}\left(\frac{1}{h}\right)^\alpha\sum_{p=0}^{\left[\frac{t-a}{h}\right]}\omega_p^{(\alpha)}f(t-ph) \tag{16.6.2}$$

其中 $\omega_p^{(\alpha)}=\left[1-\frac{1+\alpha}{p}\right]\omega_{p-1}^{(\alpha)},\omega_0^{(\alpha)}=1$,$[x]$ 表示不大于 x 的最大整数。

由定义 16.5 可以得到分数阶微积分的数值实现方法,即

$$D^\alpha f(t)=\left(\frac{1}{h}\right)^\alpha\sum_{p=0}^{\left[\frac{t}{h}\right]}\omega_p^{(\alpha)}f(t-ph) \tag{16.6.3}$$

其中 h 为计算步长。在实际系统中,h 通常可以取为采样周期 T_s,令 $t_k=kT_s$,若简记 $f(kT_s)=f(k)$,则有

$$D^\alpha f(k)=\left(\frac{1}{T_s}\right)^\alpha\sum_{p=0}^{k}\omega_p^{(\alpha)}f(k-p) \tag{16.6.4}$$

分数阶微积分的重要性质:

(1) 对任意函数 $g(t)$,$f(t)$ 和常数 a,b 有

$$D^\alpha\{ag(t)+bf(t)\}=aD^\alpha g(t)+bD^\alpha f(t)$$

(2) 任意函数 $f(t)$ 在零初始条件下有

$$D^\alpha D^\beta f(t)=D^{\alpha+\beta}f(t)$$

(3) 零初始条件下分数阶微积分的拉普拉斯变换为

$$L\{D^\alpha f(t)\}=s^\alpha F(s)$$

本节研究的对象是同元次分数阶系统,其状态空间方程为

$$\begin{cases}D^\alpha \boldsymbol{x}(t)=\boldsymbol{A}\boldsymbol{x}(t)+\boldsymbol{B}\boldsymbol{u}(t)+\boldsymbol{w}(t)\\ \boldsymbol{y}(t)=\boldsymbol{C}\boldsymbol{x}(t)+\boldsymbol{D}\boldsymbol{u}(t)+\boldsymbol{v}(t)\end{cases} \tag{16.6.5}$$

其中 $A \in R^{n\times n}, B \in R^{n\times m}, C \in R^{l\times n}, D \in R^{l\times m}$；分数阶微分阶次的取值范围为 $0<\alpha<2$；$w(t)$ 和 $v(t)$ 为零均值高斯白噪声。

所研究的问题是：在存在随机噪声的情况下，利用时域输入输出数据对分数阶系统进行参数辨识，最终得到分数阶系统的状态空间模型。

16.6.2 分数阶系统辨识

16.6.2.1 时域子空间方法

分数阶系统不同于传统的整数阶系统，无法直接采用子空间方法对系统进行辨识。本节通过对时域输入输出信号进行分数阶微分，构造新的输入输出方程，使得子空间方法可以应用于分数阶系统。

不考虑噪声的影响，由零初始条件下的式(16.6.5)可得

$$\boldsymbol{y}(t) = \boldsymbol{C}\boldsymbol{x}(t) + \boldsymbol{D}\boldsymbol{u}(t)$$

$$\frac{1}{w_n}D^{\alpha}\boldsymbol{y}(t) = \frac{1}{w_n}\boldsymbol{C}D^{\alpha}\boldsymbol{x}(t) + \boldsymbol{D}\left(\frac{1}{w_n}D^{\alpha}\boldsymbol{u}(t)\right) = \boldsymbol{C}\frac{\boldsymbol{A}}{w_n}\boldsymbol{x}(t) + \boldsymbol{C}\frac{\boldsymbol{B}}{w_n}\boldsymbol{u}(t) + \boldsymbol{D}\left(\frac{1}{w_n}D^{\alpha}\boldsymbol{u}(t)\right)$$

$$\frac{1}{w_n^2}D^{2\alpha}\boldsymbol{y}(t) = \boldsymbol{C}\frac{\boldsymbol{A}^2}{w_n^2}\boldsymbol{x}(t) + \boldsymbol{C}\frac{\boldsymbol{A}}{w_n}\frac{\boldsymbol{B}}{w_n}\boldsymbol{u}(t) + \boldsymbol{C}\frac{\boldsymbol{B}}{w_n}\left(\frac{1}{w_n}D^{\alpha}\boldsymbol{u}(t)\right) + \boldsymbol{D}\left(\frac{1}{w_n}D^{\alpha}\boldsymbol{u}(t)\right)$$

$$\cdots\cdots\cdots$$

$$\frac{1}{w_n^{i-1}}D^{(i-1)\alpha}\boldsymbol{y}(t) = \boldsymbol{C}\frac{\boldsymbol{A}^{i-1}}{w_n^{i-1}}\boldsymbol{x}(t) + \sum_{k=0}^{i-2}\boldsymbol{C}\frac{\boldsymbol{A}^{i-2-k}}{w_n^{i-2-k}}\frac{\boldsymbol{B}}{w_n}\left(\frac{1}{w_n^k}D^{k\alpha}\boldsymbol{u}(t)\right) + \boldsymbol{D}\left(\frac{1}{w_n^{i-1}}D^{(i-1)\alpha}\boldsymbol{u}(t)\right)$$

其中 w_n 为权值，其选取方法将在后面给出。令

$$\boldsymbol{A}_1 = \frac{1}{w_n}\boldsymbol{A},\quad \boldsymbol{B}_1 = \frac{1}{w_n}\boldsymbol{B},\quad \boldsymbol{O}_i = \begin{bmatrix} \boldsymbol{C} \\ \boldsymbol{C}\boldsymbol{A}_1 \\ \vdots \\ \boldsymbol{C}\boldsymbol{A}_1^{i-1} \end{bmatrix}$$

$$\boldsymbol{Y}_i(t) = \begin{bmatrix} \boldsymbol{y}(t) \\ \frac{1}{w_n}D^{\alpha}\boldsymbol{y}(t) \\ \vdots \\ \frac{1}{w_n^{i-1}}D^{(i-1)\alpha}\boldsymbol{y}(t) \end{bmatrix}$$

$$\boldsymbol{U}_i(t) = \begin{bmatrix} \boldsymbol{u}(t) \\ \frac{1}{w_n}D^{\alpha}\boldsymbol{u}(t) \\ \vdots \\ \frac{1}{w_n^{i-1}}D^{(i-1)\alpha}\boldsymbol{u}(t) \end{bmatrix}$$

$$
\boldsymbol{H}_i=\begin{bmatrix} \boldsymbol{D} & \boldsymbol{0} & \cdots & \boldsymbol{0} & \boldsymbol{0} \\ \boldsymbol{C}\boldsymbol{B}_1 & \boldsymbol{D} & \cdots & \boldsymbol{0} & \boldsymbol{0} \\ \vdots & \vdots & & \vdots & \vdots \\ \boldsymbol{C}\boldsymbol{A}_1^{i-3}\boldsymbol{B}_1 & \boldsymbol{C}\boldsymbol{A}_1^{i-4}\boldsymbol{B}_1 & \cdots & \boldsymbol{D} & \boldsymbol{0} \\ \boldsymbol{C}\boldsymbol{A}_1^{i-2}\boldsymbol{B}_1 & \boldsymbol{C}\boldsymbol{A}_1^{i-3}\boldsymbol{B}_1 & \cdots & \boldsymbol{C}\boldsymbol{B}_1 & \boldsymbol{D} \end{bmatrix}
$$

则有

$$
\boldsymbol{Y}_i(t)=\boldsymbol{O}_i\boldsymbol{x}(t)+\boldsymbol{H}_i\boldsymbol{U}_i(t)
$$

令 $t_k=kT_s(k=0,1,\cdots,j-1)$，定义 $D^{r\alpha}\boldsymbol{y}(k)\triangleq D^{r\alpha}\boldsymbol{y}(t_k)$，$D^{r\alpha}\boldsymbol{u}(k)\triangleq D^{r\alpha}\boldsymbol{u}(t_k)$，其中$(r=0,1,\cdots,i-1)$，则有

$$
\boldsymbol{Y}_{i,j}\triangleq\begin{bmatrix} \boldsymbol{y}(0) & \boldsymbol{y}(1) & \cdots & \boldsymbol{y}(j-1) \\ \frac{1}{w_n}D^{\alpha}\boldsymbol{y}(0) & \frac{1}{w_n}D^{\alpha}\boldsymbol{y}(1) & \cdots & \frac{1}{w_n}D^{\alpha}\boldsymbol{y}(j-1) \\ \vdots & \vdots & & \vdots \\ \frac{1}{w_n^{i-1}}D^{(i-1)\alpha}\boldsymbol{y}(0) & \frac{1}{w_n^{i-1}}D^{(i-1)\alpha}\boldsymbol{y}(1) & \cdots & \frac{1}{w_n^{i-1}}D^{(i-1)\alpha}\boldsymbol{y}(j-1) \end{bmatrix}
$$

$$
=[\boldsymbol{Y}_i(0)\quad \boldsymbol{Y}_i(1)\quad \cdots\quad \boldsymbol{Y}_i(j-1)]\in R^{il\times j}
$$

$$
\boldsymbol{U}_{i,j}\triangleq[\boldsymbol{U}_i(0)\quad \boldsymbol{U}_i(1)\quad \cdots\quad \boldsymbol{U}_i(j-1)]\in R^{im\times j}
$$

$$
\boldsymbol{X}_j\triangleq[\boldsymbol{x}(0)\quad \boldsymbol{x}(1)\quad \cdots\quad \boldsymbol{x}(j-1)]\in R^{n\times j}
$$

所以有

$$
\boldsymbol{Y}_{i,j}=\boldsymbol{O}_i\boldsymbol{X}_j+\boldsymbol{H}_i\boldsymbol{U}_{i,j} \tag{16.6.6}
$$

若考虑随机噪声，同理可得

$$
\boldsymbol{Y}_{i,j}=\boldsymbol{O}_i\boldsymbol{X}_j+\boldsymbol{H}_i\boldsymbol{U}_{i,j}+\boldsymbol{G}_i\boldsymbol{W}_{i,j}+\boldsymbol{V}_{i,j} \tag{16.6.7}
$$

其中矩阵 $\boldsymbol{W}_{i,j}$，$\boldsymbol{V}_{i,j}$的形式与矩阵 $\boldsymbol{Y}_{i,j}$，$\boldsymbol{U}_{i,j}$类似，矩阵 $\boldsymbol{G}_i$ 的形式与矩阵$\boldsymbol{H}_i$ 类似。

16.6.2.2 数据滤波

由定义 16.4 可知，在对输入输出信号 $\boldsymbol{y}(t)$，$\boldsymbol{u}(t)$ 求分数阶微分时，$\boldsymbol{y}(t)$和 $\boldsymbol{u}(t)$需要满足$(i-1)n_\alpha$ 阶可导条件，否则无法采用上一小节的方法构造新的输入输出方程。在本算法中将采用泊松滤波器来有效解决这一问题。所采用的泊松滤波器的形式为

$$
G_f(s)=\left(\frac{\beta}{s+\lambda}\right)^{(i-1)n_\alpha+1} \tag{16.6.8}
$$

$$
g_f(t)=L^{-1}\{G_f(s)\}=\beta^{(i-1)n_\alpha+1}\frac{t^{(i-1)n_\alpha+1}}{((i-1)n_\alpha)!}\mathrm{e}^{-\lambda t} \tag{16.6.9}
$$

其中 L^{-1}表示拉普拉斯反变换。

设任意函数$f(t)$和 $g_f(t)$的卷积用 $M\{\cdot\}$算子来表示，即 $M\{f(t)\}=g_f(t)*f(t)$。由于

$$
M\{D^{r\alpha}f(t)\}=g_f(t)*D^{r\alpha}f(t)=L^{-1}\{s^{\alpha}G_f(s)F(s)\}=D^{r\alpha}g_f(t)*f(t)
$$

所以将输入输出信号的分数阶微分计算转化为求 $g_f(t)$的分数阶微分。又由于 $g_f(t)$是$(i-1)n_\alpha$ 阶可导，所以其 $r\alpha(r=0,1,\cdots,i-1)$阶分数阶存在。经过数据滤波之后的新输出矩阵为

$$
M\{\boldsymbol{Y}_{i,j}\}\triangleq[M\{\boldsymbol{Y}_i(0)\}\quad M\{\boldsymbol{Y}_i(1)\}\quad\cdots\quad M\{\boldsymbol{Y}_i(j-1)\}]
$$

其中矩阵 $M\{\boldsymbol{Y}_{i,j}\}$ 中的元素 $M\{\boldsymbol{Y}_i(k)\}(k=0,1,\cdots,j-1)$ 为

$$M\{\boldsymbol{Y}_i(k)\} \triangleq \begin{bmatrix} M\{\boldsymbol{y}(k)\} \\ M\left\{\frac{1}{w_n}D^{\alpha}\boldsymbol{y}(k)\right\} \\ \vdots \\ M\left\{\frac{1}{w_n^{i-1}}D^{(i-1)\alpha}\boldsymbol{y}(k)\right\} \end{bmatrix} = \begin{bmatrix} g_f(k)*f(k) \\ \frac{1}{w_n}g_f(k)*D^{\alpha}f(k) \\ \vdots \\ \frac{1}{w_n^{i-1}}g_f(k)*D^{(i-1)\alpha}f(k) \end{bmatrix} = \begin{bmatrix} g_f(k)*f(k) \\ \frac{1}{w_n}D^{\alpha}g_f(k)*f(k) \\ \vdots \\ \frac{1}{w_n^{i-1}}D^{(i-1)\alpha}g_f(k)*f(k) \end{bmatrix}$$

矩阵$M\{\boldsymbol{X}_j\}$,$M\{\boldsymbol{U}_{i,j}\}$,$M\{\boldsymbol{W}_{i,j}\}$,$M\{\boldsymbol{V}_{i,j}\}$与$M\{\boldsymbol{Y}_{i,j}\}$类似,因此有

$$M\{\boldsymbol{Y}_{i,j}\} = \boldsymbol{O}_iM\{\boldsymbol{X}_j\} + \boldsymbol{H}_iM\{\boldsymbol{U}_{i,j}\} + \boldsymbol{G}_iM\{\boldsymbol{W}_{i,j}\} + M\{\boldsymbol{V}_{i,j}\} \tag{16.6.10}$$

式(16.6.10)即为采用泊松滤波器滤波后新的输入输出方程。

16.6.2.3 权值选择

在构造新的输入输出矩阵的过程中需要计算时域输入输出序列的分数阶微分。考察函数$f(t)$在k时刻的分数阶微分$D^{r\alpha}f(k)$,由式(16.6.4)可得

$$D^{r\alpha}f(k) = \frac{1}{T_s^{r\alpha}}\sum_{p=0}^{k}\omega_p^{(r\alpha)}f(k-p) \tag{16.6.11}$$

由式(16.6.11)可以看到,$D^{r\alpha}f(k)$值不仅与过去时刻的输出有关,而且与$(1/T_s^{r\alpha})\omega_p^{(r\alpha)}$有关。$(1/T_s^{r\alpha})\omega_p^{(r\alpha)}$的存在会使$D^{r\alpha}f(k)$的值变得很大,这个影响分别是由采样周期$T_s$和分数阶微分定义中的$\omega_p^{(r\alpha)}$带来的。

考察$\omega_p^{(r\alpha)}$,表16.2为当$\alpha=0.9$时,$|\omega_p^{(r\alpha)}|$随r,p的变化情况。随着r的增加,$|\omega_p^{(r\alpha)}|$显著增大。

表16.2 $|\omega_p^{(r\alpha)}|$随r,p的变化情况

r	p							
	0	1	2	3	4	5	6	7
1	1.0000	0.0500	0.0183	0.0096	0.0060	0.0041	0.0030	0.0023
2	1.0000	0.4000	0.0267	0.0080	0.0035	0.0019	0.0011	0.0007
3	1.0000	0.8500	0.1983	0.0149	0.0039	0.0015	0.0007	0.0004
4	1.0000	1.3000	0.6933	0.1040	0.0083	0.0019	0.0007	0.0003
5	1.0000	1.7500	1.4583	0.5469	0.0547	0.0046	0.0010	0.0003
6	1.0000	2.2000	2.4933	1.4960	0.4189	0.0279	0.0024	0.0005
7	1.0000	2.6500	3.7983	3.1336	1.4415	0.3123	0.0134	0.0012
8	1.0000	3.1000	5.3733	5.6420	3.6109	1.3240	0.2270	0.0057

考察T_s,表16.3为当$T_s=0.1$,$\alpha=0.9$时,$|(1/T_s^{r\alpha})\omega_p^{(r\alpha)}|$值随$r,p$的变化情况,可以看到,当采样周期$T_s$很小时,随着$r$的增加,$|(1/T_s^{r\alpha})\omega_p^{(r\alpha)}|$变得很大。在实际辨识过程中,分数阶微分会放大随机噪声和计算误差,对后续子空间辨识产生严重影响,需要引入权值w_n加以修正。

表16.3 $T_s=0.1$时$|(1/T_s^{r\alpha})\omega_p^{(r\alpha)}|$值随$r,p$的变化情况

r	p							
	0	1	2	3	4	5	6	7
1	7.9433	7.1490	0.3574	0.1311	0.0688	0.0427	0.0292	0.0212
2	63.0957	113.5723	45.4289	3.0286	0.9086	0.3998	0.2132	0.1279
3	$0.5012e^3$	$1.3532e^3$	$1.1502e^3$	$0.2684e^3$	$0.0201e^3$	$0.0052e^3$	$0.0020e^3$	$0.0009e^3$
4	$0.3981e^4$	$1.4332e^4$	$1.8631e^4$	$0.9937e^4$	$0.1491e^4$	$0.0119e^4$	$0.0028e^4$	$0.0010e^4$
5	$0.3162e^5$	$1.4230e^5$	$2.4903e^5$	$2.0752e^5$	$0.7782e^5$	$0.0778e^5$	$0.0065e^5$	$0.0014e^5$

通过以上分析可以看到,T_s 和 $\omega_p^{(r\alpha)}$ 对 $D^{r\alpha}f(k)$ 的影响都很大,权值 w_n 的选取必须综合考虑这两个因素。为消除采样周期 T_s 的影响,令 $w_{n1}=1/T_s^{\alpha}$;为消除 $\omega_p^{(r\alpha)}$ 的影响,令

$$w_{n2}=\left[\frac{1}{2}\left(\max_{\substack{0\leqslant p\leqslant j-i\\1\leqslant r\leqslant i}}\left|\omega_p^{(r\alpha)}\right|+\min_{\substack{0\leqslant p\leqslant j-i\\1\leqslant r\leqslant i}}\left|\omega_p^{(r\alpha)}\right|\right)\right]^{\frac{1}{i}}$$

则权值 w_n 即为

$$w_n=w_{n1}w_{n2}=\frac{1}{T_s^{\alpha}}\left[\frac{1}{2}\left(\max_{\substack{0\leqslant p\leqslant j-i\\1\leqslant r\leqslant i}}\left|\omega_p^{(r\alpha)}\right|+\min_{\substack{0\leqslant p\leqslant j-i\\1\leqslant r\leqslant i}}\left|\omega_p^{(r\alpha)}\right|\right)\right]^{\frac{1}{i}} \tag{16.6.12}$$

16.6.2.4 阶次估计

与传统的整数阶控制系统相比,分数阶系统的参数辨识增加了分数阶微分阶次的辨识。对于确定的阶次 α,可以采用上述的时域子空间算法确定辨识模型,从而计算出模型输出 $\hat{\boldsymbol{y}}(\alpha)$,因此当分数阶系统阶次 α 未知时,α 的估计值可通过下述代价函数求得:

$$\hat{\alpha}=\arg\min_{0<\alpha<2}J(\alpha)=\arg\min_{0<\alpha<2}\|\boldsymbol{y}-\hat{\boldsymbol{y}}(\alpha)\|_F^2/\|\boldsymbol{y}\|_F^2 \tag{16.6.13}$$

其中 $\boldsymbol{y}$ 是系统的实际输出,$\hat{\boldsymbol{y}}(\alpha)$ 是辨识模型的理论输出,$\|\cdot\|_F$ 表示弗罗贝尼乌斯范数(Frobenius norm),阶次 α 的取值范围为 $0<\alpha<2$。利用式(16.6.13),分数阶系统的阶次辨识问题即可转化为普通的参数寻优问题,通过计算不同阶次 α 下的代价函数 $J(\alpha)$,寻找使 $J(\alpha)$ 达到最小值时的 α 作为阶次的估计值 $\hat{\alpha}$,目前有很多参数寻优方法可供利用,在此不再累述。

16.6.2.5 算法具体步骤

若分数阶系统的阶次已经确定,时域子空间算法的具体步骤如下。

(1) 选取适当的采样周期 T_s,按照子空间算法的要求选择合适的 i 和 j,其中 $i>n$,j 应取得足够大,构造如式(16.6.8)和式(16.6.9)所示泊松滤波器 $G_f(s)$;

(2) 按照式(16.6.12)确定权值 w_n,对原始输入输出数据进行滤波,构造新的输入输出矩阵 $\boldsymbol{Y}_{i,j}$,$\boldsymbol{U}_{i,j}$;

(3) 利用 QR 分解(QR decomposition,又称为正交三角分解)计算投影,即

$$\begin{bmatrix}\boldsymbol{U}_{i,j}\\\boldsymbol{Y}_{i,j}\end{bmatrix}=\begin{bmatrix}\boldsymbol{L}_1&\boldsymbol{0}\\\boldsymbol{L}_2&\boldsymbol{L}_3\end{bmatrix}\begin{bmatrix}\boldsymbol{Q}_1^{\mathrm{T}}\\\boldsymbol{Q}_2^{\mathrm{T}}\end{bmatrix} \tag{16.6.14}$$

(4) 采用奇异值分解(singular value decomposition,SVD)法对式(16.6.14)中的矩阵$\boldsymbol{L}_2$ 进行分解,即

$$\boldsymbol{L}_2=[\boldsymbol{U}_1\quad\boldsymbol{U}_2]\begin{bmatrix}\boldsymbol{S}_1&\boldsymbol{0}\\\boldsymbol{0}&\boldsymbol{0}\end{bmatrix}\begin{bmatrix}\boldsymbol{V}_1^{\mathrm{T}}\\\boldsymbol{V}_2^{\mathrm{T}}\end{bmatrix} \tag{16.6.15}$$

然后根据 $\boldsymbol{S}_1$ 非零奇异值的个数确定系数矩阵 $\boldsymbol{A}$ 的维数 n;

(5) 计算广义可观测矩阵 $\boldsymbol{O}_i$ 的估计$\hat{\boldsymbol{O}}_i$

$$\hat{\boldsymbol{O}}_i=\boldsymbol{U}_1\boldsymbol{S}_1^{1/2} \tag{16.6.16}$$

(6) 根据$\hat{\boldsymbol{O}}_i$ 计算 $\boldsymbol{A}_1$ 和 $\boldsymbol{C}$ 的估计 $\hat{\boldsymbol{A}}_1$ 和 $\hat{\boldsymbol{C}}$,其中

$$\hat{\boldsymbol{C}}=\hat{\boldsymbol{O}}_i(1:l,1:n) \tag{16.6.17}$$

再由关系式 $\hat{\boldsymbol{O}}_i(1:il-l,1:n)\hat{\boldsymbol{A}}_1=\hat{\boldsymbol{O}}_i(l+1:il,1:n)$ 求出 $\hat{\boldsymbol{A}}_1$,则 $\hat{\boldsymbol{A}}=w_n\hat{\boldsymbol{A}}_1$。

(7) 计算 $\boldsymbol{B}_1$ 和 $\boldsymbol{D}$ 的估计 $\hat{\boldsymbol{B}}_1$ 和 $\hat{\boldsymbol{D}}$。由空间投影可得

$$\boldsymbol{U}_2^{\mathrm{T}}\boldsymbol{H}_i=\boldsymbol{U}_2^{\mathrm{T}}\boldsymbol{L}_2\boldsymbol{L}_1^{-1} \tag{16.6.18}$$

设 $\boldsymbol{U}_2^{\mathrm{T}}=[l_1\quad l_2\quad\cdots\quad l_i]$，$\boldsymbol{U}_2^{\mathrm{T}}\boldsymbol{L}_2\boldsymbol{L}_1^{-1}=[\boldsymbol{m}_1\quad\boldsymbol{m}_2\quad\cdots\quad\boldsymbol{m}_i]$，其中 $l_k\in R^{(li-n)\times l}$，$\boldsymbol{m}_k\in R^{(li-n)\times m}$，将 $\boldsymbol{H}_i$ 代入式(16.6.18)，则有

$$\begin{cases} l_1\boldsymbol{D}+l_2\hat{\boldsymbol{C}}\boldsymbol{D}+\cdots+l_i\hat{\boldsymbol{C}}\hat{\boldsymbol{A}}_1^{i-2}\boldsymbol{B}_1=\boldsymbol{m}_1\\ l_2\boldsymbol{D}+l_3\hat{\boldsymbol{C}}\boldsymbol{D}+\cdots+l_i\hat{\boldsymbol{C}}\hat{\boldsymbol{A}}_1^{i-3}\boldsymbol{B}_1=\boldsymbol{m}_2\\ \qquad\vdots\\ l_{i-1}\boldsymbol{D}+l_i\hat{\boldsymbol{C}}\boldsymbol{D}=\boldsymbol{m}_{i-1}\\ l_i\boldsymbol{D}=\boldsymbol{m}_i \end{cases} \tag{16.6.19}$$

由式(16.6.19)可求得 $\boldsymbol{B}_1$ 和 $\boldsymbol{D}$ 的最小二乘解 $\hat{\boldsymbol{B}}_1$ 和 $\hat{\boldsymbol{D}}$，则 $\boldsymbol{B}$ 的估计为 $\hat{\boldsymbol{B}}=w_n\hat{\boldsymbol{B}}_1$。

当阶次未知时，选择合适的寻优方法对 $J(\alpha)$ 进行寻优，对每个确定的 α 采用上述时域子空间方法辨识系统矩阵，求出使得代价函数 $J(\alpha)$ 最小的 α，作为阶次的估计值 $\hat{\alpha}$，然后再进一步确定系统矩阵的估计 $\hat{\boldsymbol{A}}$，$\hat{\boldsymbol{B}}$，$\hat{\boldsymbol{C}}$ 和 $\hat{\boldsymbol{D}}$。

16.6.3　数值计算算例

数值计算时所选取的分数阶控制对象的系统矩阵分别为

$$\boldsymbol{A}=\begin{bmatrix}0&-0.1\\1&-0.2\end{bmatrix},\ \boldsymbol{B}=\begin{bmatrix}1\\0\end{bmatrix},\ \boldsymbol{C}=\begin{bmatrix}0&0.1\\0.5&-0.1\end{bmatrix},\ \boldsymbol{D}=\begin{bmatrix}0\\0\end{bmatrix}$$

分数阶微分阶次 $\alpha=0.9$，选取采样周期 $T_s=0.1\mathrm{s}$，输入信号 $u(t)$ 为伪随机二位式序列(pseudo-random binary sequence，PRBS)，序列长度 $N=2047$，随机噪声 $w(t)$ 和 $v(t)$ 为零均值高斯白噪声，信噪比 $SNR=20\mathrm{dB}$。算法中的参数设置为 $i=8$，$j=N$。通过计算求得权值 $w_n=9.21$，采用的滤波器为 $G_f(s)=1/(s+1)^8$，并且采用遍历的方式进行系统的阶次辨识，计算步长 $s=0.001$。所求得的 $\min J(\alpha)=0.1510$，此时 $\alpha=0.891$。

采用本节所介绍的时域子空间辨识法进行系统参数辨识，最终的辨识结果为

$$\hat{\boldsymbol{A}}=\begin{bmatrix}0.0342&0.4277\\-0.2502&-0.2274\end{bmatrix},\ \hat{\boldsymbol{B}}=\begin{bmatrix}0.1636\\-0.1575\end{bmatrix},\ \hat{\boldsymbol{C}}=\begin{bmatrix}-1.5187&-1.5593\\1.6821&-1.4102\end{bmatrix},\ \hat{\boldsymbol{D}}=\begin{bmatrix}0.0002340\\0.0005977\end{bmatrix}$$

$$\hat{\alpha}=0.891$$

由于子空间辨识法所得到的系统矩阵 $\boldsymbol{A}$，$\boldsymbol{B}$，$\boldsymbol{C}$ 不是唯一的，可以通过比较辨识模型和真实系统的特征值和输出曲线来验证辨识算法的可行性。表 16.4 为辨识模型与真实系统的特征值比较，输出曲线的比较此处被略去。

表 16.4　辨识模型与真实系统的特征值比较

真实系统特特征值	辨识模型特征值
$-0.1000+0.3000i$	$-0.0966+0.2999i$
$-0.1000-0.3000i$	$-0.0966-0.2999i$

从辨识结果可以看到，采用本节所介绍的子空间辨识法可以有效得到分数阶系统的状态空间方程。

习 题

16.1 考虑2维离散时间稳态系统

$$\boldsymbol{y}(n)=\sum_{k=0}^{2}\boldsymbol{h}(k)v(n-k)+\boldsymbol{w}(n)=\boldsymbol{h}(z)v(n)+\boldsymbol{w}(n)$$

其中,$\{\boldsymbol{y}(n)\}$是一个2维离散时间稳态序列,需要辨识的未知脉冲传递函数$\boldsymbol{h}(z)=\sum_{k=0}^{2}\boldsymbol{h}(k)z^{-k}$是单位后移变量$z^{-1}$的函数,$v(n)$是标量稳态过程,$\boldsymbol{w}(n)$是附加的2维白噪声。假定$E[\boldsymbol{w}(n)\boldsymbol{w}^{\mathrm{T}}(n)]=\sigma^2\boldsymbol{I}_2$,$\sigma^2$未知。设$\boldsymbol{h}(z)=[h_1(z)\quad h_2(z)]^{\mathrm{T}}$,并且

$$h_1(z)=1.165+0.0751z^{-1}-0.6965z^{-2}$$

$$h_2(z)=0.6268+0.3516z^{-1}+1.6961z^{-2}$$

输入信号$v(n)$选用两种信号:(1)均值为0、方差为1的独立同分布高斯序列;(2)等概率在$\{-1,1\}$取值的独立同分布二进制序列。先用已知条件模拟出所需的测量值$\{\boldsymbol{y}(n)\}$序列,再用子空间辨识方法辨识系统的未知脉冲传递函数,从而验证子空间辨识方法的有效性。

16.2 考虑二阶线性系统

$$\boldsymbol{x}(k+1)=\begin{bmatrix}0 & 1\\ -0.64 & -1.6\end{bmatrix}\boldsymbol{x}(k)+\begin{bmatrix}0\\1\end{bmatrix}\boldsymbol{u}(k)$$

$$y(k)=[1\quad 1]\boldsymbol{x}(k)+0.5u(k)+e(k)$$

其中$u(k)$是方差为1的高斯白噪声序列经过截尾所得到的有界序列,$e(k)$是独立于$u(k)$的方差为1的白噪声序列。在假定系统参数未知的情况下,用基于主成分分析的递推子空间辨识方法辨识系统参数,分析验证算法的有效性。

16.3 考虑如图16.1所示闭环系统,其中

$$G(z)=\frac{1}{1-1.69z^{-1}+0.89z^{-2}}$$

$$C(z)=z^{-1}-0.8z^{-2}$$

$$H(z)=\frac{1-1.56z^{-1}+1.045z^{-2}-0.3338z^{-3}}{1-2.35z^{-1}+2.09z^{-2}-0.6675z^{-3}}$$

外输入信号r^1,r^2和v是相互独立的均值为0、方差为1的高斯随机信号。利用闭环系统产生输出序列$y(k)$,再根据所获得的输入输出数据序列利用直接子空间辨识法辨识输出输入关系$G(z)$,并分析辨识精度。

16.4 考虑离散时间线性时不变系统

$$\begin{cases}\boldsymbol{x}(k+1)=\boldsymbol{A}\boldsymbol{x}(k)+\boldsymbol{B}\boldsymbol{u}(k)+\boldsymbol{w}(k)\\ \boldsymbol{y}(k)=\boldsymbol{C}\boldsymbol{x}(k)+\boldsymbol{D}\boldsymbol{u}(k)+\boldsymbol{v}(k)\end{cases}$$

其中

$$A=\begin{bmatrix}-0.0398 & -0.4909 & -0.6115\\ 0.4784 & 0.4808 & -0.4169\\ -0.6214 & 0.4020 & -0.4288\end{bmatrix},B=\begin{bmatrix}0.7433 & 0\\ 0 & -1.3193\\ -0.8510 & -0.0181\end{bmatrix}$$

$$C=\begin{bmatrix}-0.0028 & 2.3968 & 0\\ -0.0857 & 0.0264 & -0.6553\end{bmatrix},D=\begin{bmatrix}-1.7384 & 0.0425\\ 0.7127 & 0\end{bmatrix}$$

$\boldsymbol{x}(k)$,$\boldsymbol{u}(k)$和$\boldsymbol{y}(k)$分别为系统的状态向量、输入向量和输出向量,$\boldsymbol{w}(k)$和$\boldsymbol{v}(k)$分别为系统的过程噪声和测量噪声,并且假定这些噪声是零均值白噪声过程。选取激励输入$\boldsymbol{u}(k)$为零均值单位方差高斯白噪声序列,先用数字模拟方法产生输出数据,然后用子空间辨识最小二乘法辨识系统矩阵$\boldsymbol{A}$,$\boldsymbol{B}$,$\boldsymbol{C}$,$\boldsymbol{D}$,并分析其辨识精度。

16.5　考虑离散线性时不变系统

$$\boldsymbol{x}(k+1)=\boldsymbol{A}\boldsymbol{x}(k)+\boldsymbol{B}\bar{u}(k)+f(k)$$
$$y(k)=\boldsymbol{C}\boldsymbol{x}(k)+\boldsymbol{D}\bar{u}(k)$$

选取$\boldsymbol{A}=\begin{bmatrix}0 & 1\\ -0.64 & -1.6\end{bmatrix}$,$\boldsymbol{B}=\begin{bmatrix}0\\ 1\end{bmatrix}$,$\boldsymbol{C}=[1\quad 1]$,$\boldsymbol{D}=0.5$,并且输入输出的测量值满足关系式

$$u(k)=\bar{u}(k)+w(k)$$
$$y(k)=\bar{y}(k)+v(k)$$

其中$\bar{u}(k)$和$\bar{y}(k)$分别为$u(k)$和$y(k)$的理想值,并且

$$f(k)=\frac{1-1.795z^{-1}+1.4328z^{-2}-0.5961z^{-3}}{1-1.725z^{-1}+0.332z^{-2}+1.063z^{-3}}\xi(k)$$

$$w(k)=\frac{1}{1+0.927z^{-1}}w(k)$$

$$v(k)=\frac{1}{1+0.523z^{-1}+1.525z^{-2}}\eta(k)$$

$\xi(k)$,$\zeta(k)$和$\eta(k)$为相互独立的零均值白噪声,信噪比分别为$SNR=20\text{dB}$和$SNR=10\text{dB}$,试用基于高阶累积量的闭环子空间辨识法辨识系统矩阵$\boldsymbol{A}$,$\boldsymbol{B}$,$\boldsymbol{C}$,$\boldsymbol{D}$,并分析其辨识精度。

16.6　考虑同元次分数阶系统

$$\begin{cases}D^{\alpha}\boldsymbol{x}(t)=\boldsymbol{A}\boldsymbol{x}(t)+\boldsymbol{B}u(t)+\boldsymbol{w}(t)\\ \boldsymbol{y}(t)=\boldsymbol{C}\boldsymbol{x}(t)+\boldsymbol{D}u(t)+\boldsymbol{v}(t)\end{cases}$$

其中$\alpha=0.8$,$\boldsymbol{A}=\begin{bmatrix}0 & 1\\ -0.5 & -0.7\end{bmatrix}$,$\boldsymbol{B}=\begin{bmatrix}1\\ 0\end{bmatrix}$,$\boldsymbol{C}=\begin{bmatrix}0 & 0.1\\ 0.3 & -0.1\end{bmatrix}$,$\boldsymbol{D}=\begin{bmatrix}0\\ 1\end{bmatrix}$;$\boldsymbol{w}(t)$和$\boldsymbol{v}(t)$为零均值高斯白噪声,信噪比$SNR=20\text{dB}$;输入信号$u(t)$为伪随机二位式序列。试用分数阶系统时域子空间辨识方法辨识系统参数。

17

第17章 模糊逻辑辨识法

工程应用中的很多系统都是具有不确定性的复杂非线性系统，对于这类系统，传统的系统建模方法难以得到令人满意的结果。为此，许多研究人员开始采用诸如人工神经网络、模糊系统和支持向量机等智能学习方法实现复杂的非线性系统的建模。在这些智能学习方法中，模糊系统具有可以把数学函数逼近器与过程信息相结合、采用规则库有助于人们了解系统、规则库中的语言变量可以被看作是信息的量化等一系列的特点，引起了人们的广泛重视。通常用于模糊建模的信息主要包括先验知识和观测数据，一般称基于先验知识得到的模型为模糊专家系统；称基于观测数据、利用模糊逻辑、逼近推理、神经网络及数据分析算法得到模糊模型的过程为模糊系统辨识。随着辨识技术的发展，人们不再这样严格划分，而是有效地把两种信息结合起来共同实现系统建模。目前，模糊系统辨识主要包括结构辨识和参数辨识两大部分，其中模糊系统的结构辨识主要是输入输出空间的模糊划分及输入输出模糊划分区间的映射关系，特别是解决模糊规则数的确定问题。优化的模糊系统结构可以在模型的精度和推广性之间得到良好的折中，使随后的参数辨识得到简化，避免了参数学习时间过长和陷入局部极值点，有利于提高模糊系统建模精度。所以，模糊系统结构辨识是模糊系统辨识中的核心问题。在17.1节中，将对模糊系统的结构辨识进行较详细的介绍。

17.1 模糊逻辑系统辨识法概述

模糊逻辑辨识法采用模糊集合理论，从系统的输入输出量测值来辨识系统的模糊模型，这是系统辨识中的一种新的有效方法，在非线性系统辨识领域获得了十分广泛的应用。

模糊逻辑辨识法主要优点有：

(1) 能够有效地辨识复杂和病态系统；

(2) 能够有效地辨识具有大时延、时变、多输入单输出的非线性复杂系统；

(3) 可以辨识性能优越的人类控制器；

（4）可以得到被控对象的定性与定量相结合的模型。

模糊逻辑建模方法的主要内容可分为两个层次：一个是模型结构辨识，另一个是模型参数估计。

典型的模糊结构方法有：模糊网络法、自适应模糊格法、模糊聚类法以及模糊搜索树法等，其中模糊聚类法是目前最常用的模糊系统结构辨识方法。模糊聚类法的中心问题是设定合理的聚类指标，根据所设指标确定的聚类中心可以将模糊输入空间划分得最优。另外，还有一些把模糊理论与神经网络、遗传算法等相结合所形成的辨识方法。

17.1.1　模糊逻辑系统的基本概念

定义 17.1（论域）　被讨论对象的所有元素的全体称为论域，通常用大写字母 U、V 或 X、Y 等来表示，其一般元素通常用小写字母 u、v 或 x、y 等来表示。

定义 17.2（模糊子集）　设在论域 U 上给定了映射 $u:U\to[0,1]$，则说 u 刻画了 U 的一个模糊子集，记为 A。u 称为 A 的隶属函数，记为 μ_A。$\mu_A(u)$ 称为 u 关于 A 的隶属度。一般将模糊子集简称为模糊集，为了方便，约定 $\mu_A(u)=A(u)$。

定义 17.3（模糊幂集）　论域 U 上模糊子集的全体记为 $F(u)$，即

$$F(u)=\{A\mid A:U\to[0,1]\}$$

称为 U 的模糊幂集。

17.1.2　模糊逻辑系统的描述

模糊逻辑系统实质上是由模糊规则库和模糊推理机组成的系统，其特点之一是输入输出均是模糊集合。模糊规则库由若干"if-then"规则构成，模糊推理机则是在模糊逻辑原则的基础上，利用模糊规则决定如何将输入论域上的模糊集与输出论域上的模糊集对应起来。模糊推理规则的形式为

$$R^l:\text{if } x_1 \text{ is } F_1^l,\text{and}\cdots,\text{and } x_n \text{ is } F_n^l,\text{then y is } G^l$$

式中 F_i^l 和 G^l 分别为 $U_i\in\mathbf{R}$ 和 $V\in\mathbf{R}$ 上的模糊集合，且

$$\boldsymbol{X}=[x_1\quad x_2\quad\cdots\quad x_n]^{\mathrm{T}}\in U_1\times U_2\times\cdots\times U_n$$

和 $y\in V$ 分别为输入和输出变量，$l=1,2,\cdots,M$ 为模糊规则数。

采用中心平均模糊消除器、乘积推理规则、高斯隶属函数以及单点模糊化的模糊逻辑系统属性可描述为

$$f(\boldsymbol{X})=\frac{\sum\limits_{i=1}^{M}\bar{y}^l\prod\limits_{k=1}^{n}u_{F_k^l}(x_k)}{\sum\limits_{i=1}^{M}\prod\limits_{k=1}^{n}u_{F_k^l}(x_k)}=\sum_{i=1}^{M}\bar{y}^l\varphi_l(\boldsymbol{X})$$

$$\varphi_l(\boldsymbol{X})=\frac{\prod\limits_{k=1}^{n}u_{F_k^l}(x_k)}{\sum\limits_{i=1}^{M}\prod\limits_{k=1}^{n}u_{F_k^l}(x_k)}=\frac{\prod\limits_{k=1}^{n}\exp[-(x_k-m_{F_k^l})^2/2\sigma_{F_k^l}^2]}{\sum\limits_{i=1}^{M}\prod\limits_{k=1}^{n}\exp[-(x_k-m_{F_k^l})^2/2\sigma_{F_k^l}^2]}$$

其中 $\bar{y}^l$ 为 $U_{G^l}=1$ 时所对应的点，$u_{F_k^l}(x_k)$ 为前提模糊集合的隶属函数，$\varphi_l(\boldsymbol{X})$ 为规则 l 的模糊基函数。

设给定的输入输出数据对为$(\boldsymbol{X}^{(i)},y^{(i)})$，其中 $i=1,2,\cdots,N$，可将 N 个 $f(\boldsymbol{X})$ 方程写成矩阵形式

$$\boldsymbol{Y}=\boldsymbol{\Phi}\boldsymbol{\theta}$$

其中 $\boldsymbol{Y}=[y^{(1)}\quad y^{(2)}\quad\cdots\quad y^{(N)}]^{\mathrm{T}}\in R^{N}$，$\boldsymbol{\Phi}=[\boldsymbol{\varphi}_1\quad\boldsymbol{\varphi}_2\quad\cdots\quad\boldsymbol{\varphi}_M]^{\mathrm{T}}\in R^{N\times M}$，并且 $\boldsymbol{\varphi}_i=[\varphi_i^{(1)}\quad\varphi_i^{(2)}\quad\cdots\quad\varphi_i^{(N)}]\in R^{N}$ 为模糊矩阵，$\boldsymbol{\theta}=[\bar{y}^{1}\quad\bar{y}^{2}\quad\cdots\quad\bar{y}^{M}]^{\mathrm{T}}\in R^{M}$。

17.1.3 常见的两种模糊系统模型

17.1.3.1 分层模糊系统模型

模糊系统模型和模糊控制器在处理多变量系统时存在难以解决的“规则数爆炸”问题。分层模糊系统具有规则数随变量个数线性增长的良好特性，为解决“规则数爆炸”问题提供了有效途径。图 17.1 所示为包含 $n-1$ 个 2 输入模糊系统的 n 输入分层模糊系统。如果对每个变量定义 m 个模糊集合，系统规则总数为 $(n-1)m^2$，是输入变量个数的线性函数。

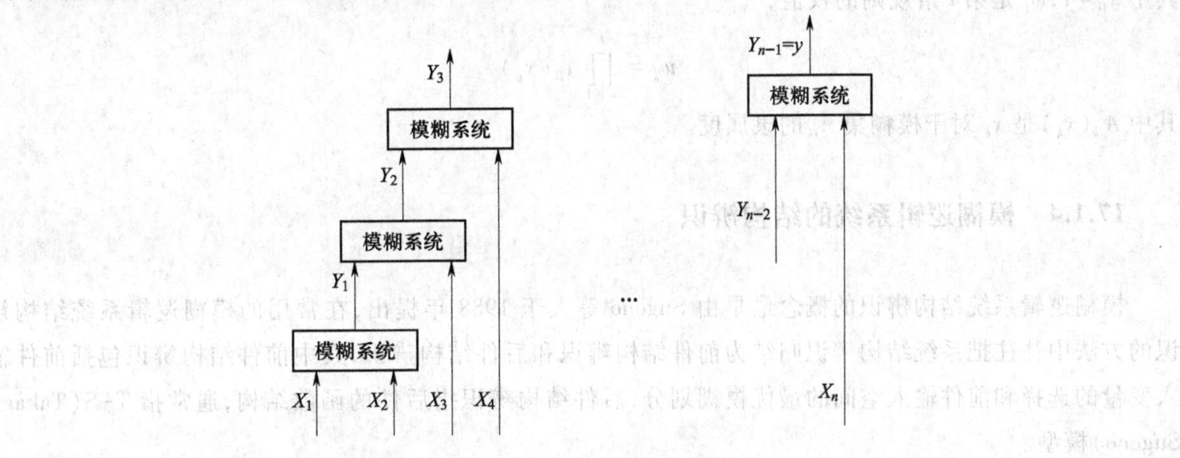

图 17.1 n 输入分层模糊系统

有学者提出了利用分层模糊系统设计非线性系统的直接自适应模糊控制器和间接自适应模糊控制器，并证明了其设计方法不仅能保证闭环系统的一致有界性，而且能使跟踪误差收敛到原点的小邻域内，又在此基础上提出了分层模糊控制算法。

针对分层模糊系统中间层不具有物理意义而难以设计的问题，有学者把前一层的输出和后一层的输入定义为中间层映射变量，第一层模糊逻辑单元的输出和其他层模糊逻辑单元的输入由中间层映射变量决定，这样就简化了中间层模糊规则的设计。还有学者提出的模型考虑了数据中的噪声和边界点，顶层模型通过较少的规则数描述了全部的数据，底层模型通过较少的规则数描述了相关性较小的数据。这样，模型既能保持较少的规则数目，也能让顶层模型具有可解释性。另外，聚类算法和遗传算法也都能用来确定分层模糊系统的结构。

虽然分层模糊系统模型可以有效减少规则库的数目，但由于中间层模型没有明确的物理意义，因而很难设计。尽管学者们目前已提出了很多设计方法，但是分层模糊系统模型很难找到适用于普遍情况的算法。

17.1.3.2 T-S 模糊系统模型

T-S(Takag-Sugeno)模糊系统模型是一种经典的模糊系统模型，它以局部线性为基础，通过模糊推理方法实现全局的非线性。该模型具有结构简单、逼近能力强等优点，已成为模糊逻辑系统辨识中的常用模型。

T-S 模糊系统模型采用 if-then 结构表示,其中结论部分采用线性方程式描述,第 i 条规则的形式为

$$R^i: \text{if } x_1 \text{ is } A_{i1}, x_2 \text{ is } A_{i2}, \cdots, x_n \text{ is } A_{in}, \text{then } y_i = c_{i0} + c_{i1}x_1 + \cdots + c_{in}x_n$$

其中 $i=1,2,\cdots,l$,l 表示规则总数,$c_{ik}(k=0,1,\cdots,n)$ 表示结论参数,y_i 表示第 i 条规则的输出,A_{ik} 表示模糊集。

假如给定一个输入向量 $\boldsymbol{x}=[x_1 \quad x_2 \quad \cdots \quad x_n]^{\mathrm{T}}$,则由各规则输出 $y_i(i=1,2,\cdots,l)$ 的加权平均可求得输出 y,即

$$y = \frac{\sum_{i=1}^{l} w_i y_i}{\sum_{i=1}^{l} w_i} = \frac{\sum_{i=1}^{l} w_i(c_{i0} + c_{i1}x_1 + \cdots + c_{in}x_n)}{\sum_{i=1}^{l} w_i} = \left[\sum_{k=0}^{n}\sum_{i=1}^{l} w_i c_{ik} x_k\right] \Big/ \left[\sum_{i=1}^{l} w_i\right]$$

其中 $x_0=1$,w_i 是第 i 条规则的权值,

$$w_i = \prod_{k=1}^{n} A_{ik}(x_k)$$

其中 $A_{ik}(x_k)$ 是 x_k 对于模糊集 A_{ik} 的隶属度。

17.1.4　模糊逻辑系统的结构辨识

模糊逻辑系统结构辨识的概念最早由 Sugeno 等人于 1988 年提出,在常用的模糊逻辑系统结构辨识的方法中往往把系统结构辨识归结为前件结构辨识和后件结构辨识,其中前件结构辨识包括前件输入变量的选择和前件输入空间的最优模糊划分,后件结构辨识指后件的函数结构,通常指 T-S(Takag-Sugeno)模型。

模糊逻辑系统的结构辨识方法很多,归纳起来可划分为基于模糊聚类的结构辨识、基于自组织模糊神经网络的结构辨识、基于支持向量机和核函数的结构辨识、分层模糊系统模型辨识方法、基于遗传算法的辨识方法和其他辨识方法。

17.1.4.1　基于模糊聚类的结构辨识方法

模糊聚类是一种分类技术,是形成前件最优模糊划分的有效工具。所谓模糊聚类就是把输入空间和输出空间或输入-输出空间分解成一系列的模糊区域,每个区域对应一条模糊规则。采用聚类进行模糊建模最常用的方法就是基于目标函数的模糊聚类,利用非线性优化方法搜索目标函数的局部极值点。

传统模糊聚类中最常用的目标函数是一种组内方差和的形式

$$\min_{(U,V)}\left\{J_m(\boldsymbol{U},\boldsymbol{V};\boldsymbol{X}) = \sum_{k=1}^{n}\sum_{i=1}^{c}(u_{ik})^m D_{ikA}^2\right\} \tag{17.1.1}$$

其中,c 为类的个数;n 为聚类空间模式的个数;$\boldsymbol{V}$ 为类的中心,代表类的原型;$\boldsymbol{U}$ 为 $c\times n$ 维的模糊划分矩阵,u_{ik} 为 $\boldsymbol{U}$ 的 ik 元素;距离 $D_{ikA}^2 = \|\boldsymbol{x}_k - \boldsymbol{v}_i\|_A^2 = (\boldsymbol{x}_k - \boldsymbol{v}_i)^{\mathrm{T}}\boldsymbol{A}(\boldsymbol{x}_k - \boldsymbol{v}_i)$,$\boldsymbol{A}$ 为正定矩阵,代表类的形状;$\boldsymbol{X}$ 为输入模式向量。引入集合

$$\boldsymbol{M}_{pcn} = \left\{\boldsymbol{U} \in R^{c\times n} \,\middle|\, u_{ik} \in [0,1], \forall ik, \forall k, \exists i, u_k > 0, 0 < \sum_{k=1}^{n} u_{ik} < n, \forall i\right\} \tag{17.1.2}$$

$$\boldsymbol{M}_{fcn} = \left\{\boldsymbol{U} \in \boldsymbol{M}_{pcn} \,\middle|\, \sum_{i=1}^{c} u_{ik} = 1, \forall k\right\} \tag{17.1.3}$$

$$M_{hcn}=\{U\in M_{fcn}\mid u_{ik}=0\text{or}1,\forall i,k\}\tag{17.1.4}$$

则M_{pcn},M_{fcn}和M_{hcn}分别对应于可能c划分、概率c划分和硬c划分。

有学者采用模糊c均值(fuzzy c-mean, FCM)聚类方法在输出空间聚类,通过扩展和投影得到输入空间的类。与传统的在输入空间进行固定网格划分相比,FCM聚类可以通过已有的验证准则对类的数目进行验证,从而选择最优的模糊规则数。利用RC准则(regular criteria)并采用搜索树的方法还可以进行输入变量的选择。但该方法的主要问题是输出空间的类与输入空间的类非一一对应,在输入空间可能存在两个或两个以上的类与输出空间的一个类对应。

通常人们认为输入输出数据对能够很好地代表系统的性质,所以选择在输入-输出空间进行聚类。这种选择通常隐含的条件是要求类代表为局部连续甚至为光滑的输入-输出关系。有的文献提出用减法聚类法(subtractive clustering method,SCM)进行模糊模型辨识,首先假设每个聚类空间的模式为类的中心且定义势能测度为

$$p_i=\sum_{j=1}^{n}\exp(-\alpha\parallel \boldsymbol{x}_i-\boldsymbol{x}_j\parallel^2)\tag{17.1.5}$$

其中$\alpha=4/r_a^2$,r_a表示模式的邻域半径,在该邻域半径之外的模式对势能测度贡献很小。然后找出具有最大势能测度的模式

$$p_k^*=\max\{p_i\}\tag{17.1.6}$$

最后修正各模式的势能测度

$$p_i-p_k^*\exp(-\beta\parallel \boldsymbol{x}_i-\boldsymbol{x}_k^*\parallel^2)\Rightarrow p_i\tag{17.1.7}$$

其中$\beta=4/r_b^2$,通常$r_b=1.25r_a$作为最大势能测度的邻域半径去修正各模式的势能测度。通过式(17.1.7),各模式的势能测度得到修正,势能测度将明显减小,当势能测度达到某种终止条件时,就完成了类的划分。SCM与FCM相比,类的数目即模糊规则数随着聚类算法的终止而自动生成,并且不存在类初始中心值的选择问题。针对SCM在进行模糊建模时最优规则数目的确定依赖于类的邻域半径的选择这一不足之处,有人提出了一种新的类数目的验证准则,同时提出用偏差准则(deviation criterion, DC)选择和对于T-S模型的统计验证以及AIC(akakes information criterion)的方法进行后件结构的选择。还有学者通过调整SCM类的邻域半径优选模糊规则数,以便取得具有良好泛化性能的模型,该方法已经成功应用于初馏塔石脑油干点的软测量建模。

在输入-输出空间聚类进行模糊建模的常用方法还有在目标函数中采用自适应距离测度的GK(Gustafson-Kessel)方法和GG(Gath-Geva)方法,即

$$D_{ikA}^2=(\boldsymbol{z}_k-\boldsymbol{v}_i)^{\mathrm{T}}[\rho_i\det(\boldsymbol{F}_i)^{1/n}\boldsymbol{F}_i^{-1}](\boldsymbol{z}_k-\boldsymbol{v}_i),1\leqslant i\leqslant c,1\leqslant k\leqslant N\tag{17.1.8}$$

$$D_{ikA}^2=\frac{[\det(\boldsymbol{F}_i)]^{1/2}}{p_i}\exp\left[\frac{1}{2}(\boldsymbol{z}_k-\boldsymbol{v}_i)^{\mathrm{T}}\boldsymbol{F}_i^{-1}(\boldsymbol{z}_k-\boldsymbol{v}_i)\right],1\leqslant i\leqslant c,1\leqslant k\leqslant N\tag{17.1.9}$$

其中,式(17.1.8)为GK方法,式(17.1.9)为GG方法;$\boldsymbol{z}_k=(\boldsymbol{x}_k,\boldsymbol{y}_k)$为输入-输出空间的模式;$\boldsymbol{v}_i$为类的中心;$\boldsymbol{F}_i$为模糊协方差矩阵;$\rho_i$代表类的容量;$p_i$为类的先验概率。采用GK方法在输入-输出空间聚类,对于最优的模糊规划,利用一些已有的类数目验证测度,进行最优规则数目的选择,同时利用兼容集群聚合(compatible cluster merging,CCM)形成最优类的数目,通过投影得到输入变量的逐点隶属度函数,然后再通过合适的函数拟合,得到的模糊模型具有较好的可理解性。有学者指出GG算法的本质是统计估计的模糊化,并且提出了一种改进的GG算法,消除了一些文献中采用投影形成隶属度函数所带来的分解误差。

模糊聚类划分又可分为概率类划分和可能类划分。在聚类过程中,大多采用交替优化方法。这样,为使目标函数最小,由概率类划分所定义的隶属度函数是非凸的模糊集合

$$u_{ik} = 1 \Big/ \sum_{j=1}^{c} \left[\frac{\| z_k - v_i \|_A}{\| z_k - v_j \|_A} \right]^{\frac{2}{m-1}}, i = 1,2,\cdots,c, k = 1,2,\cdots,n \tag{17.1.10}$$

然而,人们在设计规则库的时候采用的模糊集合通常是单峰的,同时由可能类划分定义的隶属度函数虽然是凸的模糊集合,但隶属度函数本质是柯西函数

$$u_{ik} = 1 \Bigg/ \left[1 + \left(\frac{\| z_k - v_i \|_A}{\sqrt{\eta_i}} \right)^{\frac{2}{m-1}} \right], i = 1,2,\cdots,c, k = 1,2,\cdots,n \tag{17.1.11}$$

其中 η_i 为距离参数。这样,对隶属度函数形状的选择就会受到很大的限制。有学者又提出一种称之为交替聚类估计(alternation cluster estimation, ACE)的聚类规则,在隶属度函数的选择和类的原型选择方面具有很大的自由度,用户可以选择不同的方案。

上述模糊聚类的建模方法是批量数据学习算法,需要提供足够多的辨识数据,而且要求数据不能线性相关,高维的回归问题会增加聚类规则的计算负担。所以,提高算法的鲁棒性及选择更有效的输入变量是需要解决的问题。聚类算法在分类问题中应用很成功,但在函数逼近方面则不太理想,这是因为聚类的个数不是根据逼近误差而是根据输入数据的分布确定的。

17.1.4.2　基于减法聚类法的结构辨识方法

模糊系统初始结构的确定涉及模糊规则的提取、输入输出空间的模糊划分、初始参数的选取等许多问题,目前的聚类算法如最近邻聚类法、K 均值聚类法、模糊 C 均值法等,通常需要预先确定聚类数,并且提取规则没有考虑输入输出数据的相关性,具有较大的随意性。这里介绍一种基于山峰函数的减法聚类法,用它不仅可以确定模糊系统的初始结构,而且可以自适应确定聚类数和相关参数。

考虑 N 个数据点,每个数据点都是聚类中心的候选者。首先构造表征数据 $\boldsymbol{X}^{(i)}$ 密度指标的山峰函数

$$M_i^l(\boldsymbol{X}^{(i)}) = \sum_{i=1}^{N} \exp[-\| \boldsymbol{X}^{(i)} - \boldsymbol{X}^{(j)} \|^2/(a/2)^2] \tag{17.1.12}$$

其中 a 为邻域半径。若一个数据点有多个邻近的相关数据点,则该数据点具有较高的山峰值,半径以外的数据对该点的密度指标贡献甚微。

选择具有最高密度指标的数据点作为第一个聚类中心 $\boldsymbol{X}_c^1$, M_c^1 为其相应的密度指标,下一个聚类中心的获取需要消除已有聚类中心的影响,因此需要将上述的密度指标山峰函数修改为

$$M_i^k(\boldsymbol{X}^{(i)}) = M_i^{k-1}(\boldsymbol{X}^{(i)}) - M_c^{k-1} \sum_{i=1}^{N} \exp[-(\| \boldsymbol{X}^{(i)} - \boldsymbol{X}_c^{k-1} \|)^2/(\beta/2)^2] \tag{17.1.13}$$

其中 $\beta = 1.5a$。通过顺序地削去山峰函数来选择新的聚类中心,当新的聚类中心 $\boldsymbol{X}_c^k$ 相应的密度指标 M_c^k 与 M_c^l 相比小于某个值 δ,即

$$\frac{M_c^k}{M_c^l} < \delta \tag{17.1.14}$$

时,终止聚类中心的搜索。

将上述算法应用于模糊模型初始结构的辨识中,自适应地提取聚类中心 $(\boldsymbol{X}_c^l, y_c^l)$,从而构成第 l 条模糊规则

$$R^l: \text{if } \boldsymbol{X} \text{ 接近于 } \boldsymbol{X}_c^l, \text{then } y \text{ 接近于 } y_c^l$$

17.1.4.3　基于自组织模糊神经网络的结构辨识方法

神经网络被广泛应用于非线性动态系统的辨识与控制,模糊逻辑与神经网络有机结合,可以构成模

糊神经网络,利用模糊逻辑表述专家知识,同时又具有神经网络学习能力强的特点,可以学习语言规则,通过辨识合适的神经网络结构抽取规则完成模糊结构辨识。

自组织神经网络是神经网络的一个重要分支,这类神经网络大都采用竞争型的学习规则,利用矢量量化特征对输入的模式分类,每一类对应一条模糊规则,设计合适的自组织神经网络,可以完成空间的模糊划分。自组织竞争神经网络的矢量化特征可以理解为使下述的目标函数最小化

$$L(\boldsymbol{v}_i)=\iint_{\mathrm{R}^D}\cdots\int\sum_{i=1}^{c}u_i\ \|\boldsymbol{x}-\boldsymbol{y}_i\|^2 f(\boldsymbol{x})\mathrm{d}\boldsymbol{x},i=1,2,\cdots,c,\boldsymbol{x}\in R^D \tag{17.1.15}$$

其中 u_i 为神经网络的权值,可以理解为模糊隶属度函数。几乎所有自组织神经网络都可以看作最小化的目标函数 $L(\boldsymbol{v}_i)$ 及其变形,或通过适当参数的选择,采用迭代收敛的方式逼近 $\boldsymbol{v}_i$。

利用 Kohonen 竞争学习方法对输入模式分类,使下述目标函数最小化

$$L(\boldsymbol{v}_i)=\frac{1}{n}\sum_{k=1}^{n}\min_{1\leqslant i\leqslant c}\{\|\boldsymbol{x}_k-\boldsymbol{v}_i\|^2\} \tag{17.1.16}$$

类的原型对应竞争层神经元的权值,同时利用 FCM 在输出空间聚类,得到类的原型作为竞争层神经元权值的初始值,用 FCM 类数目的验证准则确定竞争层神经元的个数。有学者针对多输入多输出系统改进了自组织学习规则,而且类的数目可以根据训练数据自动调整。也有学者通过 Kohonen 网络的自组织学习能力建立模糊神经网络,并利用这种网络分析了被测两相流介质分布对电容测量灵敏的分布的影响,实现了两相流流形的有效判别和分类。还有学者提出了不同于 Kohonen 竞争学习规则的启发式自组织神经网络,这种自组织神经网络引入死节点的策略对输入-输出空间进行分类可得到类的中心,用欧几里得距离定义隶属度函数,进而可得到概率的前件隶属度函数。

自组织特征映射(self-organizing map,SOM)采用 Kohonen 竞争学习规则,不但更新胜利者的权值,而且还更新相邻邻域内神经元的权值,即

$$\boldsymbol{v}_i(t+1)=\boldsymbol{v}_i(t)+\alpha_i(t)[\boldsymbol{x}_k(t)-\boldsymbol{v}_i(t)],t=1,2,\cdots,k=1,2,\cdots,n \tag{17.1.17}$$

$$\alpha_i(t)=\varepsilon(t)\exp\left(-\frac{\|\boldsymbol{r}_i(t)-\boldsymbol{r}_{w(t)}(t)\|^2}{\sigma^2(t)}\right) \tag{17.1.18}$$

式中,$\varepsilon(t)$ 为退火参数,$\sigma(t)$ 代表更新邻域的大小,且都是单调递减的函数;$\boldsymbol{r}_i(t)$ 和 $\boldsymbol{r}_{w(t)}(t)$ 分别表示第 i 个神经元与获胜神经元的空间坐标。有学者利用 SCM 的矢量量化特征对输入空间分类,输入层与规则层的权值对应类的中心,同时也作为径向基函数的中心,然后在模拟阶段估计规则层与输出层的权值,最后利用梯度下降法优化模糊神经网络的参数,并将其成功应用于手写数字和音符的识别。

模糊自适应共振理论(fuzzy adaptive resonance theory, FART)模型也是用于模式分类具有自组织结构的神经网络,通常分为预处理、选择、匹配和调整四个阶段。选择函数与匹配函数都可以理解为绝对的模糊隶属度函数,而且通过警戒测试可以在线地调整聚类的数目。激励函数为

$$u_{ik}(t)=F_{\mathrm{af}}(\boldsymbol{v}_i(t),\boldsymbol{x}_k(t))=\sum_{d=1}^{D}\min\{v_{id}(t),x_{kd}(t)\}\Big/\left(\alpha+\sum_{d=1}^{D}v_{id}\right)$$
$$i=1,2,\cdots,c,\forall k\in[1,n] \tag{17.1.19}$$

式中,D 为输入空间的维数;v_{id} 和 x_{kd} 分别表示向量 $\boldsymbol{v}_i$ 和 $\boldsymbol{x}_k$ 的第 d 个元素;α 为用户定义的参数。找出获胜的神经元 $\boldsymbol{v}_{w(t)}(t)=\max\{\boldsymbol{v}_i(t),i=1,2,\cdots,c\}$ 进行警戒测试

$$F_{\mathrm{mf}}(\boldsymbol{v}_{w(t)}(t),\boldsymbol{x}_k(t))=\frac{\sum_{d=1}^{D}\min\{v_{w(t)d}(t),x_{kd}(t)\}}{\sum_{d=1}^{D}x_{kd}(t)}\geqslant\rho \tag{17.1.20}$$

式中 ρ 为警戒线。如果满足式(17.1.20),则获胜的权值将被更新,即

$$\boldsymbol{v}_{w(t)}(t+1)=(1-\beta)\boldsymbol{v}_{w(t)}(t)+\beta[\boldsymbol{x}_k(t)-\boldsymbol{v}_{w(t)}(t)] \tag{17.1.21}$$

其中 β 为独立于时间的学习率。值得注意的是,FART 没有采用软竞争的学习策略。有学者利用 FART 在线的学习机制对模糊神经网络的结构进行在线的调整,包括权值的更新和类的增殖,最后利用 δ 规则对前件参数和后件参数进行辨识。

上述自组织神经网络模糊建模的方法是在线学习的方法,参数的调整是由数据驱动的,对噪声十分敏感,所以选择合适的学习率以保证收敛,是自组织神经网络需要解决的问题。

17.1.4.4　基于支持向量机和核函数的方法

由于支持向量机(support vector machine, SVM)回归估计能够以任意精度逼近任意非线性函数,同时具有全局最优、良好的泛化能力等优点,所以将 SVM 应用于模糊系统的结构辨识得到了人们的重视。

有学者研究了模糊分类器和核函数的关系,并且提出了正定模糊分类器(positive definite fuzzy classifier, PDFC)。PDFC 可以通过支持向量机方法建立,其中规则前件由支持向量机给出,由于学习过程是预测风险最小化,因此具有良好的泛化能力,而且由于支持向量机的稀疏性,PDFC 的规则数与论域空间的维数无关,避免了"规则数爆炸"问题。

支持向量聚类(support vector clustering)则从另外的角度利用支持向量,通过相邻支持向量构成类的边界。有学者提出了多球体支持向量聚类(multisphere support vector clustering),通过在特征空间形成多个超球体而不是一个超球体来分类。

直接使用核函数将样本数据映射到高维特征空间也可以达到提高泛化能力的目的,有学者提出基于核的模糊分类器,通过计算基于核的马哈拉诺比斯(P. C. Mahalanobis)距离确定特征空间中样本点与聚类中心的距离,并且使用奇异值分解的方法来提高小样本情况下算法的泛化能力。

核函数与模糊技术结合的确可以有效地处理样本的非线性,提高算法的泛化能力,但不同的数据使用相同的核函数会产生不同的结果。因此,如何根据数据选择和构造核函数是该类算法有待解决的问题。

17.1.4.5　基于遗传算法的方法

遗传算法是基于自然界基因机理的搜索算法,在一些复杂的问题中具有鲁棒搜索能力。从最简单的模型参数优化到最复杂的规则集合学习,遗传算法可以以不同的方式在模糊系统中获得应用。

最常见的基于遗传算法的模糊系统(genetic fuzzy system, GFS)是基于规则库的遗产算法模糊系统(genetic fuzzy rule-based system, GFRBS),其代表性方法是匹兹堡方法、密歇根方法和迭代规则学习方法,其中匹兹堡方法是将整个规则集作为一个遗传编码,通过对一定数量的候选个体集合进行遗传、变异,生成新一代的规则集;密歇根方法则把每一条规则作为一个遗传编码,整个规则库则形成一个候选个体集合;迭代规则学习方法则是在每一轮的迭代过程中修改和添加新的规则。在基于规则库的遗传算法模糊系统中,遗传算法的粒度和搜索效率是一对矛盾。当算法在整个论域空间内进行非常细致的搜索时,即粒度比较小时,则很有可能得到较优的结果,但是算法本身可能因为运算量巨大而变得无法实现。因此,如何在粒度和搜索效率之间折中是研究的一个重点。

GFS 的研究还有一些重要的延伸,例如通过遗传规划设计模糊系统、对规则库进行遗传选择等。经过多年的发展,GFS 变得越来越成熟,但有一点仍然很重要,就是要将模糊系统模型表达非线性系统的能力和遗传算法发现新个体的能力结合在一起,需要非常复杂的算法,远不是将所有东西放在一起那么简单。

17.1.4.6 其他方法

二叉回归树法也是一种常用于模糊系统结构辨识的方法，回归树是一系列横断剪切的结果。这里的横断剪切指的是完全跨越要划分空间的剪切，这样得到的每个区间都服从于独立的横断剪切。在第 i 步迭代的开始，把特征空间划分为 i 个区间，如果对某一个子区间实施横断剪切，则将整个输入空间划分为 $i+1$ 个区间。由于树型划分方法具有尝试性方法的特点，所以区间划分效率不是很高。有学者根据每一输入变量的T-S模糊系统输出曲线的变化范围大小确定输入变量对输出的影响，并根据模糊曲线的波峰和波谷个数确定规则数。这种方法对解决模糊规则数的问题很有效，但缺乏对模糊隶属度函数的构造性方法，需要采用诸如反向传播(back propagation，BP)算法等非线性优化算法进行模糊隶属度函数的参数优化。还有学者基于小波多分辨率分析方法，从时-频域角度构造出基于多分辨率分析的T-S模糊系统拓扑结构，然后采用具有多分辨率特点的B-样条尺度函数构造模糊隶属函数，根据投影算法和模糊隶属函数相异测度给出模糊系统的结构辨识算法，并证明了该类模糊系统的万能逼近性。该模糊系统能根据函数变化的快慢自适应进行模糊空间划分，具有较强的捕捉函数局部变化的能力。目前，这一方法已被应用于永磁同步电机的位置控制。

17.1.4.7 模糊系统结构辨识展望

自20世纪80年代以来，许多学者在模糊系统结构辨识方面进行了广泛而深入的研究，模糊系统已从单纯的语言规则扩展到从输入输出数据中提取规则，从无学习发展到自适应学习，在模糊系统结构辨识研究方面已经是硕果累累。整体来看，目前存在的结构辨识方法主要是启发式或数值方法，缺少较系统的方法及严格的理论指导，并且结构是非动态(在线)自适应的。另一个问题是随着逼近精度的进一步提高，模糊隶属函数具有的语义逐渐丧失，使得模糊规则更加无法解释，有可能失去模糊系统本身最重要的特点。众所周知，模糊系统与其他智能系统相比具有的最大特点是能够利用人类的语言信息，所以语言信息与数值信息的相互转换是需要深入研究的一个重要课题。

可以预见，随着待辨识对象复杂性的增加和模糊控制对系统辨识要求的提高，对模糊系统结构辨识的研究将会进一步深入，其中包括：

(1) 提出新的拓扑结构、采用新的理论和技术来充分提取训练数据中的模糊信息；

(2) 核思想、核函数和正则化技术在模糊系统辨识中的应用；

(3) 在线模糊系统结构辨识方法研究；

(4) 如何适当选取模糊系统结构以避免“规则数爆炸”；

(5) 如何在模型的精确性和简单性之间较好地折中等。

17.2 基于T-S模型的自组织模糊辨识法

由输入输出数据求取对象动态模型的模糊辨识方法一般是由前提结构辨识和参数辨识两部分组成，其中参数辨识又分为前提参数辨识和结论参数辨识，前提参数是指前提部分模糊集 A_{ik} 的参数。模糊系统模型辨识的流程图如图17.2所示。

由一般模糊辨识过程可以看到，在决定最优的模糊划分之前，必须考虑很多模糊划分结构，而且对于每次新的模糊划分结构，都必须考虑前提参数辨识和结论参数辨识，这是一般模糊辨识的一个缺点。自组织模糊辨识法(self-organizing fuzzy identification algorithm，SOFIA)则克服了上述缺点，简化了寻找

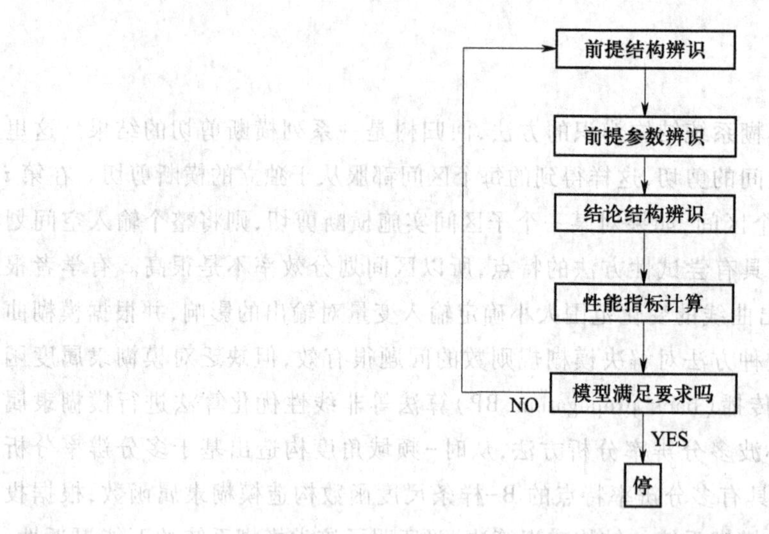

图 17.2　模糊系统模型辨识的流程图

最优模糊划分结构的过程,并且前提参数辨识和结论参数辨识同时完成。本节将介绍由张建华等人于 2002 年所提出的一种自组织模糊辨识法。

17.2.1　参数辨识

在自组织模糊辨识法中,模糊集 A_{ik} 采用的隶属函数为

$$A_{ik}(x_k) = \exp\left[-\frac{(x_k - a_{ik})^2}{b_{ik}}\right] \tag{17.2.1}$$

其中 $k=1,2,\cdots,n;i=1,2,\cdots,l$。解模糊过程进行的修正为

$$y = \sum_{i=1}^{l} w_i y_i \tag{17.2.2}$$

其中

$$w_i = \prod_{k=1}^{n} A_{ik}(x_k) = \prod_{k=1}^{n} \exp\left[-\frac{(x_k - a_{ik})^2}{b_{ik}}\right] \tag{17.2.3}$$

$$y_i = c_{i0} + c_{i1}x_1 + \cdots + c_{in}x_n \tag{17.2.4}$$

因此有

$$y = \sum_{k=0}^{n} \sum_{i=1}^{l} w_i c_{ik} x_k \tag{17.2.5}$$

其中 $x_0=1$。定义性能指标函数

$$E = \frac{1}{2}\sum_{i} (y^* - y)^2 \tag{17.2.6}$$

其中 y^* 为估计对象动态模型的输出,通过极小化性能指标,采用最小二乘法可同时辨识参数 a_{ik},b_{ik} 和 c_{ik}。

17.2.2　结构辨识准则

首先将未知系统的输入输出数据划分为 A 组和 B 组两部分。传统的模糊辨识方法采用无偏准则

(unbiasedness criterion, UC)作为模糊模型结构辨识的评价标准,但必须辨识两个模型,导致很大的计算量。为了减少计算量,现利用简化无偏准则(simple unbiasedness criterion, SUC)作为结构辨识的评价标准,即

$$SUC=\frac{1}{n_{\mathrm{B}}}\sum_{i=1}^{n_{\mathrm{B}}}y_i^{\mathrm{BA}}-100y_i^{\mathrm{B}} \tag{17.2.7}$$

其中 n_{B} 表示数组 B 的数据量,y_i^{B} 表示数组 B 的数据,y_i^{BA} 表示由模型 A 在数组 B 作为输入时的推理值。

17.2.3 具体辨识步骤

自组织模糊辨识法通过线性模型辨识、决定最优模糊划分(前提结构辨识)、决定最优结论结构(结论结构辨识)以及参数辨识 4 个步骤实现模糊模型的结构辨识和参数辨识,下面较详细地介绍这 4 个步骤。

步骤 1:线性模型辨识

运用基于简化无偏准则(SUC)的变量前向选择算法(forward selection variable, FSV)寻找线性系统的最优结构,在以后的步骤中被 FSV 淘汰的变量将不在结构部分出现。

然后,$SUC_1^*\leftarrow SUC$ 的最小值,其中←表示把后面的值赋予前面的变量。

$$SUC_{\mathrm{OLD}}\leftarrow SUC_1^*$$

例如,对于非线性系统模型

$$y(k+1)=\frac{y(k)y(k-1)y(k-2)u(k-1)[y(k-2)-1]+u(k)}{1+y^2(k-1)+y^2(k-2)}$$

可以采用高斯伪随机信号作为输入信号,通过数字仿真获得 200 组输入输出数据,将其分为 A 组和 B 组,利用式(17.2.7)确定最优变量 SUC^*。

对于非线性动态系统

$$y(k+1)=\frac{5y(k)y(k-1)}{1+y^2(k)+y^2(k-1)+y^2(k-2)}+u(k)+0.3u(k-1)$$

可以采用高斯随机信号作为数组 A 的输入信号,数据 B 的系统输入采用 $u(k)=\frac{\sin(0.1k\pi)}{25}$,$k=1,2,\cdots,100$,通过数字仿真得到 200 组输入输出数据,再用式(17.2.7)确定最优变量 SUC^*。

步骤 2:决定最优模糊划分

$$p(x_k)\leftarrow 1,k=1,2,\cdots,n$$

$$CHECK(x_k)\leftarrow 1,k=1,2,\cdots,n$$

其中,n 表示输入变量的个数;$p(x_k)$ 表示第 k 个前提变量的划分数。因此,$p(x_k)$ 与模糊规则数 l 之间的关系为

$$l=\prod_{k=1}^{n}p(x_k)$$

$CHECK(x_k)$ 用来决定 $p(x_k)$ 是否增加,当且仅当 $CHECK(x_k)=1$ 时,$p(x_k)$ 增加。然后,$k_0\leftarrow 1$。

这一步的目的是对每个前提变量 x_k 决定最优的 $p(x_k)$ 值,包括以下 4 个子步骤。

(1) 子步骤 1

若 $CHECK(x_k)=0$,$SUC_{k_0}\leftarrow\alpha$($\alpha$ 作为一个比较大的值),转子步骤 2。

若 $CHECK(x_k)=1$,$p(x_{k_0})\leftarrow p(x_{k_0})+1$,即增加第 k_0 个前提变量 x_{k_0} 的划分数,具有这种前提结构的

模型称之为“model (k_0)”。利用17.2.1小节的参数辨识方法可以辨识model (k_0)的前提参数和结论参数,计算model (k_0)的SUC值,

$$SUC_{k_0} \leftarrow \text{model } (k_0) \text{ 的 } SUC \text{ 值}$$

$$p(x_{k_0}) \leftarrow p(x_{k_0}) - 1$$

(2) 子步骤2

$k_0 \leftarrow k_0+1$。若$k_0 \leqslant n$,转式(17.2.1),否则,$SUC_{\text{NEW}} \leftarrow \min\limits_k SUC^k$,$k_0 \leftarrow 1$。

若$SUC_{\text{NEW}} \geqslant SUC_{\text{OLD}}$,则“步骤2:决定最优模糊划分”结束,选择值为$SUC_{\text{OLD}}$的模型进入“步骤3:决定最优结论结构”。

若$SUC_{\text{NEW}} < SUC_{\text{OLD}}$,进入子步骤3。

(3) 子步骤3

针对$\min\limits_k SUC^k$时的前提变量x_k增加划分数,即$p(x_{k_0}) \leftarrow p(x_{k_0})+1$。

(4) 子步骤4

如果存在k满足$SUC^k \geqslant SUC_{\text{OLD}}$,则$CHECK(x_k) \leftarrow 0$,表示从现在起第$k$个前提变量$x_k$的划分数将不再增加,$SUC_{\text{OLD}} \leftarrow SUC_{\text{NEW}}$,返回子步骤1。

步骤3:决定最优结论结构

对具有最优模糊划分的模糊模型,运用基于简化无偏准则的变量前向选择算法(FSV)选择一个具有最小SUC值的模型,并转步骤4:参数辨识。

步骤4:参数辨识

对步骤3选择的最终模糊模型(即最优结论结构)利用17.2.1小节的参数辨识方法进行参数辨识。

利用上述的自组织模糊辨识方法对步骤1中给出的两个非线性系统模型进行辨识,可以得到较满意的辨识结果。

17.3 一类非线性离散时间系统的模糊辨识

本节将介绍师五喜和王磊于2009年提出的一种适用于非线性离散时间系统的模糊辨识方法,这种方法用与未知参数向量呈线性关系的模糊逻辑系统作为辨识模型,并通过自适应学习律对模糊逻辑系统中的未知参数进行自适应调节,使辨识误差最终收敛到原点的一个邻域内。

17.3.1 问题描述

考虑非线性离散时间系统

$$y(k+1)=f(y(k),\cdots,y(k-n),u(k),\cdots,u(k-m)) \tag{17.3.1}$$

其中$f(\cdot)$是需要辨识的未知函数,$u(k)$和$y(k)$分别是系统的输入和输出。

本节的目的是把模糊逻辑系统作为未知函数$f(\cdot)$的辨识器,并且为模糊逻辑系统中的未知参数设计学习算法。

所采用的模糊逻辑系统规则库的形式为

$$R^l:\ \text{if } \tilde{x}_1 \text{ is } F_1^l,\cdots,\tilde{x}_n \text{ is } F_n^l, \text{then } \tilde{y} \text{ is } G^l$$

其中$l=1,2,\cdots,M$,M为模糊规则数,向量$\tilde{\boldsymbol{x}}=\begin{bmatrix}\tilde{x}_1 & \tilde{x}_2 & \cdots & \tilde{x}_n\end{bmatrix}^{\text{T}}$是将非模糊向量$\boldsymbol{x}=$

$[x_1 \quad x_2 \quad \cdots \quad x_n]^{\mathrm{T}}$ 模糊化后所得到的模糊向量，$\tilde{y}$ 为输出语言变量，$F_i^l(i=1,2,\cdots,n)$ 和 G^l 均为模糊集合，其对应的隶属函数 $\mu_{F_i^l}(x_i)$ 和 $\mu_{G^l}(y)$ 均取为高斯型。采用单值模糊产生器、中心平均模糊消除器和乘积推理规则，则模糊逻辑系统输出可表示为

$$f(\boldsymbol{x}|\boldsymbol{\theta}) = \boldsymbol{\theta}^{\mathrm{T}}\boldsymbol{\xi}(\boldsymbol{x}) \tag{17.3.2}$$

其中 $\boldsymbol{\theta}=[\theta_1 \quad \theta_2 \quad \cdots \quad \theta_M]^{\mathrm{T}}$，$\boldsymbol{\xi}(\boldsymbol{x})=[\xi_1(\boldsymbol{x}) \quad \xi_2(\boldsymbol{x}) \quad \cdots \quad \xi_M(\boldsymbol{x})]^{\mathrm{T}}$，$\theta_i=\bar{y}_i$，其中 $\bar{y}_i$ 为 μ_{G^l}取最大值时所对应的点，$i=1,2,\cdots,M$，$\xi_i(\boldsymbol{x})=\dfrac{\prod\limits_{i=1}^{n}\mu_{F_i^l}(x_i)}{\sum\limits_{l=1}^{M}\prod\limits_{i=1}^{n}\mu_{F_i^l}(x_i)}$ 为模糊基函数。

17.3.2 模糊辨识器设计

通常有并行模型和串并行模型两种辨识模型可以对式(17.3.1)所示系统进行辨识。这里采用串并行模型

$$\hat{y}(k+1)=\hat{f}(\boldsymbol{x}(k))$$

对系统进行辨识，其中 $\boldsymbol{x}(k)=[y(k) \quad \cdots \quad y(k-n) \quad u(k-1) \quad \cdots \quad u(k-m)]^{\mathrm{T}}$。由于模糊逻辑系统具有很好的逼近性能，所以这里采用形如式(17.3.2)的模糊逻辑系统作为系统式(17.3.1)的辨识器，即

$$\hat{y}(k+1)=\boldsymbol{\theta}^{\mathrm{T}}\xi(\boldsymbol{x}(k)) \tag{17.3.3}$$

设辨识误差 $e(k)=\hat{y}(k)-y(k)$，所采用的调节参数向量 $\boldsymbol{\theta}(k)$ 的学习算法为

$$\boldsymbol{\theta}(k+1)=\begin{cases}\boldsymbol{\varphi}(k), & \|\boldsymbol{\varphi}(k)\| \leqslant M_\theta \\ M_\theta\dfrac{\boldsymbol{\varphi}(k)}{\|\boldsymbol{\varphi}(k)\|}, & \|\boldsymbol{\varphi}(k)\| > M_\theta\end{cases} \tag{17.3.4}$$

其中 $\boldsymbol{\varphi}(k)=\boldsymbol{\theta}(k)-\alpha\boldsymbol{\xi}(\boldsymbol{x}(k))e(k+1)$，$\alpha$ 是学习率，$\|\boldsymbol{\theta}(0)\| \leqslant M_\theta$，$M_\theta$由设计者选定。

上述模糊辨识器的性能，可由下述的定理描述。

定理 17.1 对于由式(17.3.1)所描述的非线性离散时间系统，若采用式(17.3.3)所示模糊辨识器和式(17.3.4)所示未知参数向量 $\boldsymbol{\theta}(k)$ 的学习率，则当 $0<\alpha<\dfrac{1}{\|\boldsymbol{\xi}(\boldsymbol{x}(k))\|^2}$时，辨识误差 $e(k)$ 收敛到原点的一个邻域内。

证明 定义

$$\boldsymbol{\theta}^* = \arg\min_{\theta\in\Omega}\{\sup_{x(k)\in U_y}|\hat{f}(\boldsymbol{x}(k)|\boldsymbol{\theta})-f(\boldsymbol{x}(k))|\}$$

其中 $\boldsymbol{\Omega}=\{\boldsymbol{\theta}(t) \mid \|\boldsymbol{\theta}(t)\| \leqslant M_\theta\}$。记 $\boldsymbol{\Phi}=\boldsymbol{\theta}-\boldsymbol{\theta}^*$，最佳逼近误差 $\omega(k)=\hat{f}(\boldsymbol{x}(k)|\boldsymbol{\theta}^*)-f(\boldsymbol{x}(k))$，则有

$$e(k+1)=\boldsymbol{\Phi}^{\mathrm{T}}\boldsymbol{\xi}(\boldsymbol{x}(k))+\omega(k) \tag{17.3.5}$$

选取 $V(k)=\dfrac{1}{\alpha}\boldsymbol{\Phi}^{\mathrm{T}}(k)\boldsymbol{\Phi}(k)$，记 $\Delta V(k)=V(k+1)-V(k)$，则按式(17.3.4)中的两种情况进行讨论。

(1) 如果式(17.3.4)第一行成立，则

$$\boldsymbol{\Phi}(k+1)=\boldsymbol{\Phi}(k)-\alpha\boldsymbol{\xi}(\boldsymbol{x}(k))e(k+1)$$

因而可得

$$\Delta V(k)=-2\boldsymbol{\Phi}^{\mathrm{T}}(k)\boldsymbol{\xi}(\boldsymbol{x}(k))e(k+1)+\alpha\|\boldsymbol{\xi}(\boldsymbol{x}(k))\|^2e^2(k+1) \tag{17.3.6}$$

又由式(17.3.5)知

$$\boldsymbol{\Phi}^{\mathrm{T}}(k)\boldsymbol{\xi}(\boldsymbol{x}(k)) = e(k+1) - \omega(k) \tag{17.3.7}$$

将式(17.3.7)代入式(17.3.6)可得

$$\Delta V(k) = (-1 + \alpha \|\boldsymbol{\xi}(\boldsymbol{x}(k))\|^2)\left[e(k+1) + \frac{\omega(k)}{-1 + \alpha \|\boldsymbol{\xi}(\boldsymbol{x}(k))\|^2}\right]^2 + \frac{\omega^2(k)}{1 - \alpha \|\boldsymbol{\xi}(\boldsymbol{x}(k))\|^2} - e^2(k+1) \tag{17.3.8}$$

由于 $\|\boldsymbol{\xi}(\boldsymbol{x}(k))\|<1, 0<\alpha<\dfrac{1}{\|\boldsymbol{\xi}(\boldsymbol{x}(k))\|^2}$,所以$-1+\alpha\|\boldsymbol{\xi}(\boldsymbol{x}(k))\|^2<0$,故

$$\Delta V(k) < -e^2(k+1) + \frac{\omega^2(k)}{1 - \alpha \|\boldsymbol{\xi}(\boldsymbol{x}(k))\|^2} \tag{17.3.9}$$

(2) 如果式(17.3.4)第二行成立,由于 $\|\boldsymbol{\theta}^*\| \leqslant M_\theta$,则

$$\|\boldsymbol{\theta}(k+1) - \boldsymbol{\theta}^*\| < \|\boldsymbol{\theta}(k) - \alpha\boldsymbol{\xi}(\boldsymbol{x}(k))e(k+1) - \boldsymbol{\theta}^*\| \tag{17.3.10}$$

所以有

$$\boldsymbol{\Phi}^{\mathrm{T}}(k+1)\boldsymbol{\Phi}(k+1) < \boldsymbol{\Phi}^{\mathrm{T}}(k)\boldsymbol{\Phi}(k) - 2\alpha\boldsymbol{\Phi}^{\mathrm{T}}(k)\boldsymbol{\xi}(\boldsymbol{x}(k))e(k+1) + \alpha^2\|\boldsymbol{\xi}(\boldsymbol{x}(k))\|^2 e^2(k+1) \tag{17.3.11}$$

故

$$\Delta V(k) < -2\alpha\boldsymbol{\Phi}^{\mathrm{T}}(k)\boldsymbol{\xi}(\boldsymbol{x}(k))e(k+1) + \alpha^2\|\boldsymbol{\xi}(\boldsymbol{x}(k))\|^2 e^2(k+1) \tag{17.3.12}$$

按照第一种情况的讨论可知,在第二种情况下式(17.3.9)仍然成立。

综合上述讨论可知,在学习算法式(17.3.4)的两种情况下,式(17.3.9)均成立。由于最小逼近误差总是有界的,令 $\sup|\omega(k)|=\varepsilon$,由于 $0<\|\boldsymbol{\xi}(\boldsymbol{x}(k))\|<1$,所以可知 $W \triangleq \sup\dfrac{1}{1-\alpha\|\boldsymbol{\xi}(\boldsymbol{x}(k))\|^2}$是有界量。由式(17.3.9)可得

$$\Delta V(k) < -e^2(k+1) + \varepsilon^2 W \tag{17.3.13}$$

式(17.3.13)又可写为

$$V(k+1) < V(k) - [e^2(k+1) - \varepsilon^2 W] \tag{17.3.14}$$

由式(17.3.4)知,对于任意的 $k>0$ 均有 $\|\boldsymbol{\theta}(k)\| \leqslant M_\theta$,所以 $V(k)$有界,将式(17.3.14)从 $k=1$ 到 $k=l$ 相加可得

$$\lim_{l\to\infty}\sum_{k=1}^{l}[e^2(k+1) - \varepsilon^2 W] < \infty \tag{17.3.15}$$

根据级数性质,由式(17.3.15)可知

$$\lim_{k\to\infty}[e^2(k+1) - \varepsilon^2 W] = 0 \tag{17.3.16}$$

因此当 $k\to\infty$时,$|e(k+1)|\to\varepsilon\sqrt{W}$,所以对于所有 k,辨识误差 $e(k)$均收敛到原点的邻域内。证毕。

17.4　一类非线性系统的变结构模糊逻辑辨识

本节将介绍由 Elashafei 和 Karry 于 2005 年所提出的一种非线性系统的变结构模糊逻辑辨识器(variable-structure-based fuzzy-logic identifier, VSFI),这种方法采用串并联结构,并且与大多数辨识器不同,它不要求系统的所有状态可测,而是在输出可测的情况下,利用高增益观测器去估计系统的状态。文中证明,若被辨识系统是稳定的,则变结构模糊逻辑辨识器是稳定的。此外,还可以证明,估计器的状

态误差将指数收敛于一个任意小的球域内。

17.4.1 问题描述

考虑一类由下式描述的非线性系统

$$x^{(n)} = f(\boldsymbol{x}) + g(\boldsymbol{x})u \tag{17.4.1}$$

其中$\boldsymbol{x} \in R^n$为状态空间n维向量,$\boldsymbol{x} = [x_1 \quad x_2 \quad \cdots \quad x_n]^{\mathrm{T}} = [x \quad \dot{x} \quad \cdots \quad x^{(n-1)}]^{\mathrm{T}}$,$f(\cdot)$和$g(\cdot)$均为未知函数,$f: U^n \to V, g: U^n \to V, U^n \subset R^n, V \subset R$,$U$和$V$都是紧集。

式(17.4.1)所示系统可以利用状态空间模型表示为

$$\dot{\boldsymbol{x}} = \boldsymbol{A}\boldsymbol{x} + \boldsymbol{b}(f(\boldsymbol{x}) + g(\boldsymbol{x})u) \tag{17.4.2}$$

其中

$$\boldsymbol{A} = \begin{bmatrix} \boldsymbol{0}_{(n-1)\times 1} & \boldsymbol{I}_{(n-1)\times(n-1)} \\ 0 & \boldsymbol{0}_{1\times(n-1)} \end{bmatrix}, \quad \boldsymbol{b} = \begin{bmatrix} \boldsymbol{0}_{(n-1)\times 1} \\ 1 \end{bmatrix}$$

$\boldsymbol{I}$为单位矩阵,$\boldsymbol{0}$为零向量。假定状态向量$\boldsymbol{x}$和标量输入u都是有界的,并且只有$\boldsymbol{x}$和u是可测的。研究的目的是推导出一个辨识器使得函数f和g可以利用模糊映射$\hat{f}(\boldsymbol{x}|\boldsymbol{\theta}_f)$和$\hat{g}(\boldsymbol{x}|\boldsymbol{\theta}_g)$来表示,其中$\boldsymbol{\theta}_f$和$\boldsymbol{\theta}_g$分别为$f$和$g$中需要辨识的参数向量,辨识的目的是使辨识得到的模型近似于实际系统。向量$\boldsymbol{\theta}_f$和$\boldsymbol{\theta}_g$分别对应于模糊系统中模型f和g最终结果的质心。$\hat{f}(\boldsymbol{x}|\boldsymbol{\theta}_f)$表示$f$的估计值,它是利用$\boldsymbol{\theta}_f$进行参数化的$\boldsymbol{x}$的函数。假定$f(\boldsymbol{x})$和$g(\boldsymbol{x})$利用具有有限误差的模糊系统$f(\boldsymbol{x}|\boldsymbol{\theta}_f^*)$和$g(\boldsymbol{x}|\boldsymbol{\theta}_g^*)$进行建模,其中$\boldsymbol{\theta}_f^*$和$\boldsymbol{\theta}_g^*$未知但属于具有给定约束$M_f$和$M_g$的紧集$\Omega_f$和$\Omega_g$,

$$\Omega_f = \{\boldsymbol{\theta}_f^* : \boldsymbol{\theta}_f^{*\mathrm{T}} \boldsymbol{\theta}_f^* \leqslant M_f\}, \Omega_g = \{\boldsymbol{\theta}_g^* : \boldsymbol{\theta}_g^{*\mathrm{T}} \boldsymbol{\theta}_g^* \leqslant M_g\}$$

作为式(17.4.2)所示系统辨识器的串并联模型为

$$\dot{\hat{\boldsymbol{x}}} = -\alpha \hat{\boldsymbol{x}} + \alpha \boldsymbol{x} + \boldsymbol{A}\boldsymbol{x} + \boldsymbol{b}(\hat{f}(\boldsymbol{x}) + \hat{g}(\boldsymbol{x})u) \tag{17.4.3}$$

其中α是确定辨识器误差模型动态性能的正设计参数,$\hat{\boldsymbol{x}}$是状态向量$\boldsymbol{x}$的估计。辨识方案的目标是确定一个计算$\boldsymbol{\theta}_f$和$\boldsymbol{\theta}_g$的自适应算法使得辨识模型中的所有信号一致有界并且误差$\boldsymbol{x}-\hat{\boldsymbol{x}}$尽可能小。

17.4.2 自适应模糊辨识回顾

一个模糊逻辑辨识器可以被认为是一个从$U^n = U_1 \times U_2 \times \cdots \times U_n$到$V$的映射,其中$U_i \in \mathbf{R}, i = 1,2,\cdots,n, V \in \mathbf{R}$。

在U^n中定义m_i个模糊集$F_i^{ji}, i = 1,2,\cdots,n, ji = 1,2,\cdots,m_i$,使得对于任意$x_i \in U_i$至少存在一个成员值$\mu_{F_i^{ji}}(x_i) \neq 0$。

构造两个模糊规则库来表示$\hat{f}(\boldsymbol{x}|\boldsymbol{\theta}_f)$和$\hat{g}(\boldsymbol{x}|\boldsymbol{\theta}_g)$,每个规则库由$M$条规则组成,其中$M = \prod_{i=1}^{n} m_i$。$\hat{f}(\boldsymbol{x}|\boldsymbol{\theta}_f)$规则库中的第$k$条规则$R^k$为

$$R^k: \text{if } x_1 \text{ is } F_1^{j1} \text{ and } \cdots \text{ and } x_n \text{ is } F_n^{jn} \text{ then } \hat{f} \text{ is } G^k$$

其中,$k = 1,2,\cdots,M$,G^k是V中的模糊集,对于参数$\theta_f^k \in V$,$\boldsymbol{\theta}_f = [\theta_f^1 \quad \theta_f^2 \quad \cdots \quad \theta_f^M]$,则$\mu_{G^k}(\theta_f^k) = 1$。若相

应的语言规则根据经验预先知道的话,则初始参数选择为 $\theta_f^k(0)=\theta_{f0}^k$,否则 $\theta_f^k(0)$ 可以选择 V 中的任意集。$\hat{g}(\boldsymbol{x}\mid\boldsymbol{\theta}_g)$ 的规则库和初始参数也可以用与 $\hat{f}(\boldsymbol{x}\mid\boldsymbol{\theta}_f)$ 类似的方法进行确定。

将 $\hat{f}(\boldsymbol{x}\mid\boldsymbol{\theta}_f)$ 和 $\hat{g}(\boldsymbol{x}\mid\boldsymbol{\theta}_g)$ 选择为由单值模糊化、中心值平均解模糊化和乘积推理所表征的模糊系统,因此就可以将 $\hat{f}(\boldsymbol{x}\mid\boldsymbol{\theta}_f)$ 和 $\hat{g}(\boldsymbol{x}\mid\boldsymbol{\theta}_g)$ 表示为

$$\hat{f}(\boldsymbol{x}\mid\boldsymbol{\theta}_f)=\boldsymbol{\theta}_f^{\mathrm{T}}\boldsymbol{p}(\boldsymbol{x}) \tag{17.4.4}$$

$$\hat{g}(\boldsymbol{x}\mid\boldsymbol{\theta}_g)=\boldsymbol{\theta}_g^{\mathrm{T}}\boldsymbol{p}(\boldsymbol{x}) \tag{17.4.5}$$

其中

$$\boldsymbol{p}(\boldsymbol{x})=\begin{bmatrix}p_1(\boldsymbol{x}) & \cdots & p_k(\boldsymbol{x}) & \cdots & p_M(\boldsymbol{x})\end{bmatrix}^{\mathrm{T}}$$

$$\boldsymbol{\theta}_f=\begin{bmatrix}\theta_{f1} & \cdots & \theta_{fk} & \cdots & \theta_{fM}\end{bmatrix}^{\mathrm{T}}$$

$$\boldsymbol{\theta}_g=\begin{bmatrix}\theta_{g1} & \cdots & \theta_{gk} & \cdots & \theta_{gM}\end{bmatrix}^{\mathrm{T}}$$

$$p_k(\boldsymbol{x})=\frac{\prod_{i=1}^{n}\mu_{F_i^{ji}}(x_i)}{\sum_{j_1=1}^{m_1}\cdots\sum_{j_n=1}^{m_n}\prod_{i=1}^{n}\mu_{F_i^{ji}}(x_i)}$$

令 $\boldsymbol{e}=\hat{\boldsymbol{x}}-\boldsymbol{x}$,则未知参数的调节规律为

$$\dot{\boldsymbol{\theta}}_f=-\boldsymbol{\Gamma}_f\,\boldsymbol{e}^{\mathrm{T}}\boldsymbol{b}\boldsymbol{p}(\boldsymbol{x}) \tag{17.4.6}$$

$$\dot{\boldsymbol{\theta}}_g=-\boldsymbol{\Gamma}_g\,\boldsymbol{e}^{\mathrm{T}}\boldsymbol{b}\boldsymbol{p}(\boldsymbol{x})u \tag{17.4.7}$$

其中 $\boldsymbol{\Gamma}_f$ 和 $\boldsymbol{\Gamma}_g$ 为正定矩阵,通常选择为对角矩阵,其第 i 个对角元素分别为 γ_{fi} 和 γ_{gi}。方程式(17.4.6)和式(17.4.7)通常利用能够保证具有满意数值特性的投影算法来实现。

为了实现式(17.4.6)和式(17.4.7)所示调节规律,一般需要假定所有状态都是可测的。下一小节将介绍一种可以放松这一假定要求的方法,这种方法将利用高增益观测器基于系统输出变量的基础测量去估计整个状态向量 $\boldsymbol{x}$。

17.4.3 变结构模糊逻辑辨识器(VSFI)

对于式(17.4.6)来说,$\boldsymbol{\theta}_f$ 的第 i 个元素的 σ 校正估计为

$$\mu\dot{\theta}_{fi}=-\gamma_{fi}\,\boldsymbol{e}^{\mathrm{T}}\boldsymbol{b}p_i(\boldsymbol{x})-\sigma[\theta_{fi}-\theta_{fi}(0)] \tag{17.4.8}$$

选择 $\sigma=1,\gamma_{fi}=\bar{\theta}_{fi}/\|\boldsymbol{e}^{\mathrm{T}}\boldsymbol{b}\|p_i(\boldsymbol{x})$,则式(17.4.8)可表示为

$$\mu\dot{\theta}_{fi}=-\bar{\theta}_{fi}\operatorname{sgn}(\boldsymbol{e}^{\mathrm{T}}\boldsymbol{b})-\theta_{fi}+\theta_{fi}(0) \tag{17.4.9}$$

当 $\mu\to0$ 时,参数估计式(17.4.9)的变结构形式为

$$\theta_{fi}=-\bar{\theta}_{fi}\operatorname{sgn}(\boldsymbol{e}^{\mathrm{T}}\boldsymbol{b})+\theta_{fi}(0) \tag{17.4.10}$$

类似地,则有

$$\theta_{gi}=-\bar{\theta}_{gi}\operatorname{sgn}(\boldsymbol{e}^{\mathrm{T}}\boldsymbol{b}u)+\theta_{gi}(0) \tag{17.4.11}$$

其中 θ_{fi} 和 θ_{gi} 为由式(17.4.6)和式(17.4.7)所得到的 $\boldsymbol{\theta}_f$ 和 $\boldsymbol{\theta}_g$ 的第 i 个元素。注意到在这里 $\bar{\theta}_{fi}$ 和 $\bar{\theta}_{gi}$ 分别定义了相应估计值围绕标称值 $\theta_{fi}(0)$ 和 $\theta_{gi}(0)$ 的变化范围。很显然,式(17.4.10)和式(17.4.11)都不存在鲁棒性问题,因为两式都没有使用积分器。此外,基于变结构的估计器不需要严格的持续激励条件。但

是,变结构系统存在抖振现象。利用饱和函数 sat(·)替代变结构公式中的开关函数 sgn(·)可以使这种抖振现象减弱。

很显然,上述结果可以直接推广到由下式所表示的一类非线性系统

$$\dot{\boldsymbol{x}} = \boldsymbol{f}(\boldsymbol{x}) + \boldsymbol{g}(\boldsymbol{x})u \tag{17.4.12}$$

其中 $\boldsymbol{f}: U^n \to V^n, \boldsymbol{g}: U^n \to V^n$。在这种情况下,$\boldsymbol{f}$ 和 $\boldsymbol{g}$ 的每一个分量都用上述的模糊模型来表示,变结构模糊逻辑辨识器可被用来有效计算每一个模糊模型的参数。

17.4.4 基于输入输出可测的变结构模糊辨识器

上述的自适应模糊辨识器和变结构模糊辨识器都假定全部状态向量 $\boldsymbol{x}$ 都是可以测量的。实际上,只有向量 $\boldsymbol{x}$ 的第一个分量 x 是可测的,而其余的变量 $\dot{x}, \cdots, x^{(n-1)}$ 只能进行估计。令 $x_1 = x, x_2 = \dot{x}, \cdots, x_n = x^{(n-1)}$,为了恢复在全部状态可测情况下所达到的性能,令 $\hat{\boldsymbol{x}}$ 为 $\boldsymbol{x}$ 的估计,在此所使用的高增益(HG)观测器为

$$\dot{\hat{x}}_i = \hat{x}_{i+1} + \frac{\alpha_i}{\varepsilon^i}(x_1 - \hat{x}_1), 1 \leq i \leq n-1 \tag{17.4.13}$$

$$\dot{\hat{x}}_n = \frac{\alpha_n}{\varepsilon^n}(x_1 - \hat{x}_1) \tag{17.4.14}$$

其中 ε 是一个小的被指定的正参数,α_i 是正的常数,选择 α_i 使得多项式

$$s^n + \alpha_1 s^{n-1} + \cdots + \alpha_{n-1}s + \alpha_n = 0 \tag{17.4.15}$$

是赫尔维茨(Hurwitz)的。主要结果可归结为下述定理。

定理 17.2 对于由式(17.4.1)所示非线性系统,假定:

(1) u 是使式(17.4.1)所示系统指数稳定的稳定控制信号;

(2) 未知函数 $f(\boldsymbol{x})$ 和 $g(\boldsymbol{x})$ 属于已知的紧集。

计算 $f(\boldsymbol{x})$ 和 $g(\boldsymbol{x})$ 的估计 $\hat{f}(\boldsymbol{x})$ 和 $\hat{g}(\boldsymbol{x})$ 所采用的变结构模糊逻辑辨识器为

$$\hat{f}(\boldsymbol{x}) = \boldsymbol{\theta}_f^{\mathrm{T}}\boldsymbol{p}(\hat{\boldsymbol{x}})$$

$$\hat{g}(\boldsymbol{x}) = \boldsymbol{\theta}_g^{\mathrm{T}}\boldsymbol{p}(\hat{\boldsymbol{x}})$$

其中 $\hat{\boldsymbol{x}} = [x \quad \hat{x}_2 \quad \cdots \quad \hat{x}_n]$,$\boldsymbol{\theta}_f^{\mathrm{T}}$ 和 $\boldsymbol{\theta}_g^{\mathrm{T}}$ 的第 i 个元素分别由下式给出:

$$\theta_{fi} = -\bar{\theta}_{fi}\mathrm{sat}[(\tilde{\boldsymbol{x}} - \hat{\boldsymbol{x}})^{\mathrm{T}}\boldsymbol{b}] + \theta_{fi}(0)$$

$$\theta_{gi} = -\bar{\theta}_{gi}\mathrm{sat}[(\tilde{\boldsymbol{x}} - \hat{\boldsymbol{x}})^{\mathrm{T}}\boldsymbol{b}u] + \theta_{gi}(0)$$

其中 $\hat{\boldsymbol{x}}$ 利用高增益观测器式(17.4.13)和式(17.4.14)进行计算,$\tilde{\boldsymbol{x}}$ 利用串并联观测器

$$\dot{\tilde{\boldsymbol{x}}} = -\alpha\tilde{\boldsymbol{x}} + \alpha\hat{\boldsymbol{x}} + \boldsymbol{A}\hat{\boldsymbol{x}} + \boldsymbol{b}(\hat{f} + \hat{g}u)$$

进行计算,则由式(17.4.1)和上述变结构模糊逻辑辨识器所构成的整个系统是指数稳定的。

证明 定义

$$\zeta_i = \frac{x_i - \hat{x}_i}{\varepsilon^{n-i}}, 1 \leq i \leq n \tag{17.4.16}$$

则整个系统可用标准奇异扰动形式表示为

$$\dot{\boldsymbol{x}} = \boldsymbol{A}\boldsymbol{x} + \boldsymbol{b}[f(\boldsymbol{x}) + g(\boldsymbol{x})u] \tag{17.4.17}$$

$$\dot{\boldsymbol{e}} = -\alpha\boldsymbol{e} - \boldsymbol{b}[f(\boldsymbol{x}) + g(\boldsymbol{x})u - \boldsymbol{\theta}_f^{\mathrm{T}}\boldsymbol{p}(\boldsymbol{x} - \boldsymbol{D}(\varepsilon)\boldsymbol{\zeta}) - \boldsymbol{\theta}_g^{\mathrm{T}}\boldsymbol{p}(\boldsymbol{x} - \boldsymbol{D}(\varepsilon)\boldsymbol{\zeta})u] \tag{17.4.18}$$

$$\varepsilon\dot{\boldsymbol{\zeta}} = (\boldsymbol{A} - \boldsymbol{H}\boldsymbol{C})\boldsymbol{\zeta} + \varepsilon\boldsymbol{b}[f(\boldsymbol{x}) + g(\boldsymbol{x})u] \tag{17.4.19}$$

其中 $\boldsymbol{A}$ 已在式(17.4.2)中给出，$\boldsymbol{D}$ 是一个对角线矩阵，其第 i 个元素为 ε^{n-i}，$\boldsymbol{H}$ 和 $\boldsymbol{C}$ 分别为

$$\boldsymbol{H} = [\alpha_1 \quad \alpha_2 \quad \cdots \quad \alpha_n]^{\mathrm{T}}$$

$$\boldsymbol{C} = [1 \quad 0 \quad \cdots \quad 0]$$

其降价系统为

$$\dot{\boldsymbol{x}} = \boldsymbol{A}\boldsymbol{x} + \boldsymbol{b}[f(\boldsymbol{x}) + g(\boldsymbol{x})u] \tag{17.4.20}$$

$$\dot{\boldsymbol{e}} = -\alpha\boldsymbol{e} - \boldsymbol{b}[f(\boldsymbol{x}) + g(\boldsymbol{x})u - \boldsymbol{\theta}_f^{\mathrm{T}}\boldsymbol{p}(\boldsymbol{x}) - \boldsymbol{\theta}_g^{\mathrm{T}}\boldsymbol{p}(\boldsymbol{x})u] \tag{17.4.21}$$

根据 u 的设计，式(17.4.20)是指数稳定的。式(17.4.21)表示所有状态可测情况下的辨识器，由于输入 $[f(\cdot)+g(\cdot)u-\boldsymbol{\theta}_f^{\mathrm{T}}\boldsymbol{p}(\cdot)-\boldsymbol{\theta}_g^{\mathrm{T}}\boldsymbol{p}(\cdot)u]$ 有界并且 $\alpha>0$，所以式(17.4.21)也是指数稳定的。

方程 $(\boldsymbol{A}-\boldsymbol{H}\boldsymbol{C})\boldsymbol{\zeta}=\boldsymbol{0}$ 在 $\boldsymbol{\zeta}=\boldsymbol{0}$ 处有一个单根。令 $\mathrm{d}t=\varepsilon\mathrm{d}\tau$，边界层系统 $\dfrac{\mathrm{d}\boldsymbol{\zeta}}{\mathrm{d}\tau}=(\boldsymbol{A}-\boldsymbol{H}\boldsymbol{C})\boldsymbol{\zeta}$ 的原点是指数稳定的，这是因为 $(\boldsymbol{A}-\boldsymbol{H}\boldsymbol{C})$ 的特征方程为式(17.4.15)。根据后面所给出的定理 17.3 可知，如果降价系统和边界层系统是指数稳定的，则在一些正则性条件下，全阶系统对于足够小的 ε 也是指数稳定的。因此，可以做出结论：式(17.4.17)~式(17.4.19)所示奇异扰动系统是指数稳定的。证毕。

可以证明，若边界层系统指数稳定并且降阶系统渐近稳定，则扰动系统是指数稳定的，并且这一结论可以推广到一类渐近稳定的控制器。此外，考虑函数

$$V_2 = \|\boldsymbol{e}(t)\| \tag{17.4.22}$$

令 $\|\boldsymbol{e}(t)\|\neq 0$，则 V_2 的时间导数为

$$\dot{V}_2 = \|\boldsymbol{e}\|^{-1}\boldsymbol{e}^{\mathrm{T}}\dot{\boldsymbol{e}} \leqslant -\alpha\|\boldsymbol{e}\| + \eta \tag{17.4.23}$$

其中

$$\eta > \|\boldsymbol{b}[f(\boldsymbol{x}) + g(\boldsymbol{x})u - \boldsymbol{\theta}_f^{\mathrm{T}}\boldsymbol{p}(\boldsymbol{x} - \boldsymbol{D}(\varepsilon)\boldsymbol{\zeta}) - \boldsymbol{\theta}_g^{\mathrm{T}}\boldsymbol{p}(\boldsymbol{x} - \boldsymbol{D}(\varepsilon)\boldsymbol{\zeta})u]\| \tag{17.4.24}$$

由式(17.4.23)可以导出 $\|\boldsymbol{e}(t)\|$ 的上界为

$$\|\boldsymbol{e}(t)\| \leqslant \left[\|\boldsymbol{e}(t_0)\| - \frac{\eta}{\alpha}\right]\exp[-\alpha(t-t_0)] + \frac{\eta}{\alpha} \tag{17.4.25}$$

因此，$\|\boldsymbol{e}(t)\|$ 以速率 α 收敛到一个半径小于 $\dfrac{\eta}{\alpha}$ 的球内，调整参数 α 可被用来加速收敛和减小估计误差。注意到 $\|\boldsymbol{b}\|=1$，则式(17.4.24)可以重写为

$$\eta > \|\tilde{f} + \tilde{g}u\| \tag{17.4.26}$$

其中建模误差 $\tilde{f}$ 和 $\tilde{g}$ 分别为

$$\tilde{f} = f(\boldsymbol{x}) - \boldsymbol{\theta}_f^{\mathrm{T}}\boldsymbol{p}(\boldsymbol{x} - \boldsymbol{D}(\varepsilon)\boldsymbol{\zeta}) \tag{17.4.27}$$

$$\tilde{g} = g(\boldsymbol{x}) - \boldsymbol{\theta}_g^{\mathrm{T}}\boldsymbol{p}(\boldsymbol{x} - \boldsymbol{D}(\varepsilon)\boldsymbol{\zeta}) \tag{17.4.28}$$

式(17.4.25)表明了建模误差对变结构模糊逻辑辨识器的作用，并且表明建模误差 $\tilde{f}$ 和 $\tilde{g}$ 对于估计误差 $\boldsymbol{e}$ 的影响可以利用调整参数 α 进行控制。增大参数 α 会加速估计器的收敛并减少最终误差，但其代价是将增加对非结构不确定性和测量噪声的灵敏度。因为未知函数 $f(\boldsymbol{x})$ 和 $g(\boldsymbol{x})$ 属于已知的紧集，所

以它们都是有界的。由于变结构模糊逻辑系统的特殊结构，使得估计 $\hat{f}$ 和 $\hat{g}$ 也是有界的。因此，可以得出结论：该方法保证了建模误差有界。

定理 17.3　考虑奇异扰动系统

$$\dot{\boldsymbol{X}} = \boldsymbol{F}(t,\boldsymbol{X},\boldsymbol{Z},\varepsilon)$$

$$\varepsilon\dot{\boldsymbol{Z}} = \boldsymbol{G}(t,\boldsymbol{X},\boldsymbol{Z},\varepsilon)$$

假定对于所有 $(t,\boldsymbol{X},\varepsilon)\in[0,\infty)\times B_r\times[0,\varepsilon_0]$，满足下列假设：

(1) $\boldsymbol{F}(t,\boldsymbol{0},\boldsymbol{0},\varepsilon)=\boldsymbol{0}$，并且 $\boldsymbol{G}(t,\boldsymbol{0},\boldsymbol{0},\varepsilon)=\boldsymbol{0}$；

(2) 对于 $\boldsymbol{Y}=\boldsymbol{Z}-\boldsymbol{H}(t,\boldsymbol{X})\in B_p$，函数 $\boldsymbol{F}$，$\boldsymbol{G}$ 和 $\boldsymbol{H}$ 及其偏导数（最高至二阶）有界；

(3) 降价系统 $\dot{\boldsymbol{X}}=\boldsymbol{F}(t,\boldsymbol{X},\boldsymbol{H}(t,\boldsymbol{X}),0)$ 的原点是指数稳定的；

(4) 边界层系统 $\dfrac{\mathrm{d}\boldsymbol{Y}}{\mathrm{d}\tau}=\boldsymbol{G}(t,\boldsymbol{X},\boldsymbol{Y}+\boldsymbol{H}(t,\boldsymbol{X}),0)$ 的原点是指数的。

则存在 $\varepsilon^*>0$ 使得对于所有 $\varepsilon<\varepsilon^*$，奇异扰动系统的原点是指数稳定的。

受篇幅限制，此处略去该定理的证明。

17.4.5　仿真算例

考虑由一个与编码器相连接的刚性飞杆和一个编码滑环组成的直升机模型，角度 θ 和 ψ 分别为用弧度表示的俯仰角和偏航角，系统对于重心的惯性矩为 I_x，I_y 和 I_z，质量 m 为系统的总质量，输入 T_p 和 T_y 分别为俯仰控制和偏航控制，正的常数 A 表示重心距离杆枢轴点的距离，系统的建模方程为

$$\ddot{\theta} = \frac{I_y - I_z}{I_x}\dot{\psi}\sin\theta\cos\theta - \frac{mg}{I_x}A\cos\theta + \frac{2}{I_x}T_p(I_z - I_y)\frac{\dot{\theta}\dot{\psi}\sin\theta\cos\theta}{I_y\sin^2\theta + I_z\cos^2\theta}$$

$$\dot{\psi} = \frac{1}{I_y\sin^2\theta + I_z\cos^2\theta}T_y$$

令

$$f_1(\theta,\dot{\psi}) = \frac{I_y - I_z}{I_x}\dot{\psi}\sin\theta\cos\theta - \frac{mg}{I_x}A\cos\theta$$

$$f_2(\theta,\dot{\theta},\dot{\psi}) = 2(I_z - I_y)\frac{\dot{\theta}\dot{\psi}\sin\theta\cos\theta}{I_y\sin^2\theta + I_z\cos^2\theta}$$

$$g_2(\theta) = \frac{1}{I_y\sin^2\theta + I_z\cos^2\theta}$$

模型参数的标称值如表 17.1 所示。

表 17.1　直升机模型的参数标称值

m/kg	A/m	I_x/(kg · m²)	I_y/(kg · m²)	I_z/(kg · m²)	g/(m/s²)
0.8719	0.0801	0.0762	3.816×10^{-4}	0.0766	9.81

控制信号利用 r-α 跟踪器生成，非线性函数 $f_1(\theta,\dot{\psi})$，$f_2(\theta,\dot{\theta},\dot{\psi})$ 和 $g_2(\theta)$ 假设是未知的，我们的目的就是利用含有本节所提出的估计器的模糊系统去建立未知函数的模型。仿真中假设角度 θ 和 ψ 是

可测的，角速率 $\dot{\theta}$ 和 $\dot{\psi}$ 将利用高增益观测器进行估计。

变结构模糊逻辑辨识器包括三个基本部分：串并联估计器、高增益观测器和模糊系统。

(1) 高增益观测器

已经假定角度 θ 和 ψ 可测，而角速率 $\dot{\theta}$ 和 $\dot{\psi}$ 将利用式(17.4.22)和式(17.4.23)所示高增益观测器进行估计。ε 的选择会影响观测器的带宽，其带宽与 $1/\varepsilon$ 成正比。实践中，可以从较小的 ε 值开始逐步加大，直至取得较满意的性能为止。选择参数 α_i 使得多项式(17.4.15)是赫尔维茨的，式(17.4.15)的根便是高增益观测器误差模型的极点。这种参数选择方法保证了高增益观测器误差模型的快速性优于控制系统跟踪误差。当 ε 近似为零时，与 ε 相关的调节式(17.4.16)在 ζ 中会引起类似于脉冲的变化。但是，由于 ζ 通过有界函数 $p(\cdot)$ 进入了慢方程，所以慢变量 $\boldsymbol{e}$ 并没有显示出类脉冲变化。为了消除观测器实现中的尖峰，假设 $\dot{\theta}$ 和 $\dot{\psi}$ 的估计分别用 $\hat{\dot{\theta}}$ 和 $\hat{\dot{\psi}}$ 来表示，第一个观测器计算 $\hat{\dot{\theta}}$ 的公式为

$$0.002\dot{q}_1 = 4(\theta - q_1) + q_2$$

$$0.002\dot{q}_2 = 4(\theta - q_1)$$

$$\hat{\dot{\theta}} = \frac{q_2}{0.002}$$

第二个高增益观测器计算 $\hat{\dot{\psi}}$ 的计算公式为

$$0.005\dot{q}_3 = 4(\psi - q_3) + q_4$$

$$0.005\dot{q}_4 = 4(\psi - q_3)$$

$$\hat{\dot{\psi}} = \frac{q_4}{0.005}$$

(2) 串并联估计器

在这里采用两个串并联估计器，一个估计器对应俯仰运动，另一个估计器则对应偏航运动。每个估计器均采用式(17.4.3)所给出的形式，两个估计器的方程为

$$\dot{\hat{x}}_1 = -(\hat{x}_1 - \theta) + \hat{\dot{\theta}}$$

$$\dot{\hat{x}}_2 = -(\hat{x}_2 - \hat{\dot{\theta}}) + \hat{f}_1 + \frac{1}{I_x}T_p$$

$$\dot{\hat{x}}_3 = -1000(\hat{x}_3 - \psi) + \hat{\dot{\psi}}$$

$$\dot{\hat{x}}_4 = -1000(\hat{x}_4 - \hat{\dot{\psi}}) + \hat{f}_2 + \hat{g}_2 T_y$$

(3) $\hat{f}_1$ 的估计

计算 $\hat{f}_1$ 所采用的变结构模糊逻辑系统的表达式为

$$\hat{f}_1 = \hat{\boldsymbol{\theta}}_{f_1}^{\mathrm{T}} \boldsymbol{\zeta}(\theta, \dot{\psi})$$

$$\dot{\hat{\theta}}_{f_1 i} = -\theta_{f_1 i} \mathrm{sat}(\hat{x}_2 - \hat{\dot{\theta}}) + \theta_{f_1 i}(0), i = 1, 2, \cdots, 8$$

上述的估计器将采用下面的规则库进行初始化

if θ is around -1 and $\dot{\psi}$ is around -1.5, then f_1 is around -7,

if θ is around -1 and $\dot{\psi}$ is around 0, then f_1 is around -5, if θ is around -1 and $\dot{\psi}$ is around 1.5, then f_1 is around -5,

if θ is around 0 and $\dot{\psi}$ is around -1.5, then f_1 is around -5

if θ is around 0 and $\dot{\psi}$ is around 0, then f_1 is around -9,

if θ is around 0 and $\dot{\psi}$ is around 1.5, then f_1 is around -8,

if θ is around 1 and $\dot{\psi}$ is around 0, then f_1 is around -5,

if θ is around 1 and $\dot{\psi}$ is around 1.5, then f_1 is around -7。

相应地，选择$\boldsymbol{\theta}_{f_1}(0)=[-7\quad -5\quad -5\quad -5\quad -9\quad -8\quad -5\quad -7]^{\mathrm{T}}$。上述的规则库是基于$f_1$的先验知识建立的，同时假定模型可控，使得$\theta\in[-1,1]$，$\dot{\psi}\in[-1.5,1.5]$。以$-1$，0和1为中心，每个变量$\theta$和$\dot{\psi}$都配置3个高斯隶属度函数。$\theta$和$\dot{\psi}$的比例因子分别为1和1.5，$\bar{\theta}_{f_1 i}(i=1,2,\cdots,8)$值的选择会反映对于$\boldsymbol{\theta}_{f_1}(0)$的依赖程度，仿真时选择$\bar{\theta}_{f_1 i}=20$以减小对于$\boldsymbol{\theta}_{f_1}(0)$的依赖度。如果没有可供采用的初始规则库，则可令$\boldsymbol{\theta}_{f_1}(0)=\mathbf{0}$。另外，如果关闭自适应，则等价于令$\bar{\theta}_{f_1 i}=0,i=1,2,\cdots,8$。

(4) $\hat{f}_2$的估计

计算$\hat{f}_2$所采用的变结构模糊逻辑系统的表达式为

$$\hat{f}_2=\hat{\boldsymbol{\theta}}_{f_2}^{\mathrm{T}}\boldsymbol{\zeta}(\theta,\dot{\theta},\dot{\psi})$$

$$\hat{\theta}_{f_2 i}=-\bar{\theta}_{f_2 i}\operatorname{sat}(\hat{x}_4-\hat{\dot{\psi}})+\theta_{f_2 i}(0),i=1,2,\cdots,9$$

利用$\boldsymbol{\theta}_{f_2}(0)=[-0.42\quad -3\quad -1.3\quad 0.28\quad -0.28\quad -0.013\quad -0.37\quad -0.012\quad 3]^{\mathrm{T}}$对估计器进行初始化，以初始规则库相应前件所给出的值为中心，每个变量θ，$\dot{\theta}$和$\dot{\psi}$都配置9个高斯隶属度函数，均方差选择为每两个相邻中心之间距离的三分之一。这里选择$\bar{\theta}_{f_2 i}=1,i=1,2,\cdots,9$。

(5) $\hat{g}_2$的估计

计算$\hat{g}_2$所采用的变结构模糊逻辑系统的表达式为

$$\hat{g}_2=\hat{\boldsymbol{\theta}}_{g_2}^{\mathrm{T}}\boldsymbol{\zeta}(\theta,\dot{\theta})$$

$$\hat{\theta}_{g_2 i}=-\bar{\theta}_{g_2 i}\operatorname{sat}(\hat{x}_4-\hat{\dot{\psi}})\,u+\theta_{g_2 i}(0),i=1,2,\cdots,9$$

利用$\boldsymbol{\theta}_{g_2}(0)=[0.015\quad -0.38\quad -0.3\quad 3\quad -0.41\quad -0.29\quad -2.6\quad -0.013\quad 1.45]^{\mathrm{T}}$对上述估计器进行初始化，以初始规则库相应前件所给出的值为中心，每个变量θ和$\dot{\theta}$都配置9个高斯隶属度函数，均方差选择为每两个相邻中心之间距离的三分之一。这里选择$\theta_{g_2 i}=1,i=1,2,\cdots,9$。

(6) 仿真计算结果

按照上述的方法建立了变结构模糊逻辑辨识器，初始条件为$\theta(0)=0$，$\dot{\theta}(0)=0.1$，$\psi(0)=0$，$\dot{\psi}(0)=0.1$。假设$\dot{\theta}(0)$和$\dot{\psi}(0)$对于变结构模糊逻辑辨识器是未知的。图17.3示出了f_1，f_2和g_2的真实值（实线所示）和估计值（虚线所示）。

由于与$\theta_{f_2 i}$和$\theta_{g_2 i}$相比，自适应增益$\theta_{f_1 i}$比较大，所以估计值$\hat{f}_1$对$\dot{\theta}(0)$的未知比较敏感，当初始误差较大时，$\hat{f}_1$就明显显示出了这一点。但是，$\hat{f}_1$的误差在图17.3中较快减少到了f_1和$\hat{f}_1$无法区别的程

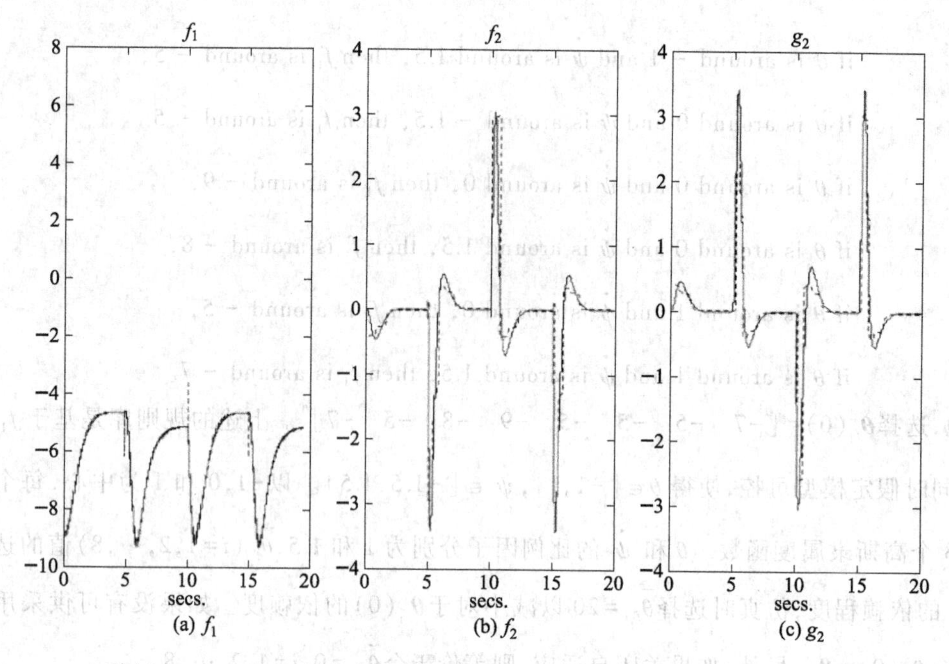

(a) f_1　(b) f_2　(c) g_2

图 17.3　f_1、f_2 和 g_2 的真实值(实线所示)和估计值(虚线所示)之间的比较

度。高增益观测器和串并联估计器的误差如图 17.4 所示,该误差显然很小。

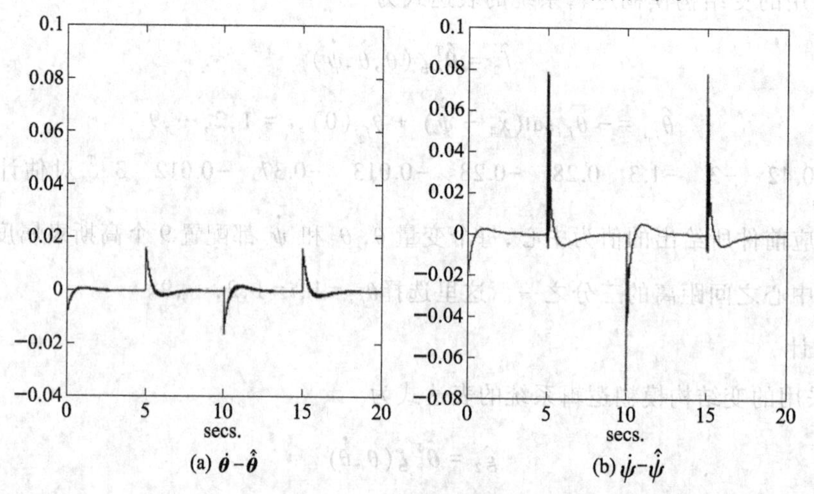

(a) $\dot{\theta}-\hat{\dot{\theta}}$　(b) $\dot{\psi}-\hat{\dot{\psi}}$

图 17.4　高增益观测器误差

17.5　递推动态模糊逻辑系统及非线性系统辨识

本节将介绍由 J.X.Lee 和 G.Vukovich 于 1999 年所提出的一种递推动态模糊逻辑系统(recurrent dynamic fuzzy logic system, RDFLS)及其适用于非线性系统的基于递推动态模糊逻辑系统的自适应辨识算法,在理论上研究了这种算法的稳定性质,并用仿真算例验证了算法的有效性。

17.5.1 递推动态模糊逻辑系统及万能近似特性

考虑一类非线性动态系统

$$\dot{x}=f(\boldsymbol{x},\boldsymbol{u}) \tag{17.5.1}$$

其中 $\boldsymbol{x}=[x_1\quad x_2\quad \cdots\quad x_N]^{\mathrm{T}}\in X\in R^N$ 和 $\boldsymbol{u}=[u_1\quad u_2\quad \cdots\quad u_M]^{\mathrm{T}}\in U\in R^M$ 分别为物理过程的状态向量和外输入向量,X 和 U 为确定性紧集,N 和 M 分别为状态变量和外输入的总数,x 为系统状态向量 $\boldsymbol{x}$ 的任一标量元素,即 $x\in\{x_k,k=1,2,\cdots,N\}$,$f:R^{N+M}\to R$ 是定义在紧集 $W\triangleq\{X,U\}\subset R^{N+M}$ 上的连续状态非线性映射。

递推动态模糊逻辑系统与非递推动态模糊逻辑系统的区别就在于递推动态模糊逻辑系统将非递推动态模糊逻辑系统的输出用来代替对象的一个状态而作为一个输入,如图 17.5 所示,其中 y 是状态变量 $x_k(k=1,2,\cdots,N)$ 的估计值。

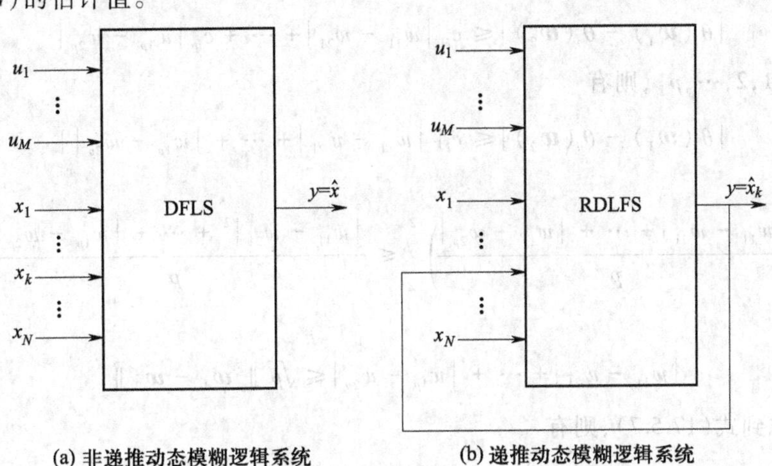

图 17.5　递推动态模糊逻辑系统与非递推动态模糊逻辑系统的示意图

递推动态模糊逻辑系统的数学表达式为

$$\dot{y}=-\alpha y+\boldsymbol{\Theta}^{\mathrm{T}}(\boldsymbol{w})\overline{\boldsymbol{Y}} \tag{17.5.2}$$

其中 $\boldsymbol{w}=[w_1\quad w_2\quad \cdots\quad w_p]^{\mathrm{T}}=[x_1\quad \cdots\quad x_{k-1}\quad y\quad x_{k+1}\quad \cdots\quad x_N\quad u_1\quad \cdots\quad u_M]^{\mathrm{T}}$ 为系统的输入向量,$w_k\triangleq y=\hat{x}_k,1\leqslant k\leqslant N,p=N+M$,即系统输入向量中的对象状态 x_k 用它的估计值 y 来代替;$\boldsymbol{\Theta}(\boldsymbol{w})=[\theta_1(\boldsymbol{w})\quad \theta_2(\boldsymbol{w})\quad \cdots\quad \theta_l(\boldsymbol{w})]^{\mathrm{T}}$,$\overline{\boldsymbol{Y}}=[\overline{y}_1\quad \overline{y}_2\quad \cdots\quad \overline{y}_l]^{\mathrm{T}}$,$l$ 是规则库中规则总数,$\theta_i(i=1,2,\cdots,l)$ 为模糊基函数,其定义为

$$\theta_i(\boldsymbol{w})\triangleq\frac{\prod_{k=1}^{P}\exp\left[-\frac{1}{2}\left(\frac{w_k-\overline{w}_k^i}{\sigma_k^i}\right)^2\right]}{\sum_{i=1}^{l}\prod_{k=1}^{P}\exp\left[-\frac{1}{2}\left(\frac{w_k-\overline{w}_k^i}{\sigma_k^i}\right)^2\right]} \tag{17.5.3}$$

其中 $\overline{w}_k^i\in\{\overline{w}_{kj_k},j_k=1,2,\cdots,J_P\}$,$\sigma_k^i\in\{\sigma_{kj_k},j_k=1,2,\cdots,J_P\}$,$J_P$ 是输入语言变量 w_k 论域中的主要模糊集数,$\overline{w}_{kj_k}$ 和 σ_{kj_k} 是表征高斯隶属度函数位置和形状的参数,$\overline{y}_i(i=1,2,\cdots,l)$ 是递推动态模糊逻辑系统输出论域中的模糊集中心。

引理 17.1　设 W 为紧集,对于给定的 $\boldsymbol{\Theta}(\boldsymbol{w})=[\theta_1(\boldsymbol{w})\quad \theta_2(\boldsymbol{w})\quad \cdots\quad \theta_l(\boldsymbol{w})]^{\mathrm{T}}$ 和 $\boldsymbol{w}=$

$[w_1 \quad w_2 \quad \cdots \quad w_p]^{\mathrm{T}} \in W \subset R^p$，则存在正的常数 $c_i(i=1,2,\cdots,l)$ 使得

$$|\boldsymbol{\Theta}(\boldsymbol{w}_1) - \boldsymbol{\Theta}(\boldsymbol{w}_2)| \leqslant \boldsymbol{c} \| \boldsymbol{w}_1 - \boldsymbol{w}_2 \| \tag{17.5.4}$$

其中$\boldsymbol{w}_1 \triangleq [w_{11} \quad w_{12} \quad \cdots \quad w_{1p}]^{\mathrm{T}} \in W, \boldsymbol{w}_2 \triangleq [w_{21} \quad w_{22} \quad \cdots \quad w_{2p}]^{\mathrm{T}} \in W, \boldsymbol{c} \triangleq [c_1 \quad c_2 \quad \cdots \quad c_l]^{\mathrm{T}}$

证明　由式(17.5.3)可知，$\theta_i(\boldsymbol{w})(i=1,2,\cdots,l)$对于 $\boldsymbol{w}$ 的所有元素都是可微的，并且其导数是有界的。根据多变量中值定理，对于 $i=1,2,\cdots,l$ 则有

$$\begin{aligned}\theta_i(\boldsymbol{w}_1) - \theta_i(\boldsymbol{w}_2) &= \frac{\partial\theta_i(\xi_1,\xi_2,\cdots,\xi_p)}{\partial w_1}(w_{11} - w_{21}) + \cdots + \frac{\partial\theta_i(\xi_1,\xi_2,\cdots,\xi_p)}{\partial w_p}(w_{1p} - w_{2p}) \\ &\leqslant \left|\frac{\partial\theta_i(\xi_1,\xi_2,\cdots,\xi_p)}{\partial w_1}\right| |w_{11} - w_{21}| + \cdots + \left|\frac{\partial\theta_i(\xi_1,\xi_2,\cdots,\xi_p)}{\partial w_p}\right| |w_{1p} - w_{2p}|\end{aligned} \tag{17.5.5}$$

其中$\boldsymbol{w}_1, \boldsymbol{w}_2 \in W, \xi_k \triangleq w_{1k} + \lambda(w_{1k} - w_{2k}), k=1,2,\cdots,p, 0 \leqslant \lambda \leqslant 1$。对于 $k=1,2,\cdots,p$，令 $c_{ik} \triangleq \sup\limits_{\boldsymbol{w}\in W}\left\{\left|\dfrac{\partial\theta_i}{\partial w_k}\right|\right\}$，则有

$$|\theta_i(\boldsymbol{w}_1) - \theta_i(\boldsymbol{w}_2)| \leqslant c_{i1}|w_{11} - w_{21}| + \cdots + c_{ip}|w_{1p} - w_{2p}| \tag{17.5.6}$$

令 $\bar{c}_i \triangleq \max\limits_k\{c_{ik}, k=1,2,\cdots,p\}$，则有

$$|\theta_i(\boldsymbol{w}_1) - \theta_i(\boldsymbol{w}_2)| \leqslant \bar{c}_i[\,|w_{11} - w_{21}| + \cdots + |w_{1p} - w_{2p}|\,] \tag{17.5.7}$$

由于

$$\left(\frac{|w_{11} - w_{21}| + \cdots + |w_{1p} - w_{2p}|}{p}\right)^2 \leqslant \frac{|w_{11} - w_{21}|^2 + \cdots + |w_{1p} - w_{2p}|^2}{p} \tag{17.5.8}$$

因而可得

$$|w_{11} - w_{21}| + \cdots + |w_{1p} - w_{2p}| \leqslant \sqrt{p}\, \| \boldsymbol{w}_1 - \boldsymbol{w}_2 \|$$

令 $c_i \triangleq \bar{c}_i\sqrt{p}$，并考虑到式(17.5.7)，则有

$$|\theta_i(\boldsymbol{w}_1) - \theta_i(\boldsymbol{w}_2)| \leqslant c_i \| \boldsymbol{w}_1 - \boldsymbol{w}_2 \| \tag{17.5.9}$$

由于式(17.5.9)对于 $i=1,2,\cdots,l$ 皆成立，所以对于 $\boldsymbol{c}=[c_1 \quad c_2 \quad \cdots \quad c_l]^{\mathrm{T}}$ 有

$$|\boldsymbol{\Theta}(\boldsymbol{w}_1) - \boldsymbol{\Theta}(\boldsymbol{w}_2)| \leqslant \boldsymbol{c} \| \boldsymbol{w}_1 - \boldsymbol{w}_2 \|$$

证毕。

定理 17.4(万能近似定理)　对于由式(17.5.1)所给出的动态系统和任意的 $\varepsilon>0$，存在一个定义在紧集 W 上的输入向量 $\boldsymbol{w}$ 及由式(17.5.2)所描述的递推动态模糊逻辑系统(RDFLS)，使得

$$\sup_{\{x,u\},\, \boldsymbol{w}\in W} |y - x| < \varepsilon \tag{17.5.10}$$

证明　令 $z \triangleq [\boldsymbol{x}^{\mathrm{T}}, \boldsymbol{u}^{\mathrm{T}}]^{\mathrm{T}}$，并且将式(17.5.1)重写为

$$\dot{x} = -\alpha x + \alpha x + f(z) \tag{17.5.11}$$

利用式(17.5.1)和式(17.5.11)可得

$$\dot{e} = -\alpha e + \bar{\boldsymbol{Y}}^{\mathrm{T}}\boldsymbol{\Theta}(\boldsymbol{w}) - g(z) \tag{17.5.12}$$

其中 e 为辨识误差，$e \triangleq y - x$，并且 $g(z) \triangleq \alpha x + f(z)$。根据静态模糊逻辑系统的万有近似定理知，对于 $\forall\, \delta > 0$，存在 $\exists\, \bar{\boldsymbol{Y}}^{*\mathrm{T}}\boldsymbol{\Theta}(z)$，使得

$$\sup_{z\in \boldsymbol{w}} |\bar{\boldsymbol{Y}}^{*\mathrm{T}}\boldsymbol{\Theta}(z) - g(z)| < \delta \tag{17.5.13}$$

在式(17.5.12)中，令 $\bar{\boldsymbol{Y}} \triangleq \bar{\boldsymbol{Y}}^*$，则

$$\dot{e} = -\alpha e + \bar{\boldsymbol{Y}}^{*\mathrm{T}}\boldsymbol{\Theta}(\boldsymbol{w}) - \bar{\boldsymbol{Y}}^{*\mathrm{T}}\boldsymbol{\Theta}(z) + \bar{\boldsymbol{Y}}^{*\mathrm{T}}\boldsymbol{\Theta}(z) - g(z) \tag{17.5.14}$$

式(17.5.14)的解为

$$e(t)=\exp(-\alpha t)e(0)+\int_0^t \exp[-\alpha(t-\tau)][\overline{\boldsymbol{Y}}^{*\mathrm{T}}\boldsymbol{\Theta}(\boldsymbol{w})-\overline{\boldsymbol{Y}}^{*\mathrm{T}}\boldsymbol{\Theta}(z)]\mathrm{d}\tau+$$
$$\int_0^t \exp[-\alpha(t-\tau)][\overline{\boldsymbol{Y}}^{*\mathrm{T}}\boldsymbol{\Theta}(z)-g(z)]\mathrm{d}\tau \tag{17.5.15}$$

或者

$$e(t)=\exp(-\alpha t)e(0)+\int_0^t \exp[-\alpha(t-\tau)]\,|\overline{\boldsymbol{Y}}^{*\mathrm{T}}[\boldsymbol{\Theta}(\boldsymbol{w})-\boldsymbol{\Theta}(z)]|\,\mathrm{d}\tau+$$
$$\int_0^t \exp[-\alpha(t-\tau)]\,|\overline{\boldsymbol{Y}}^{*\mathrm{T}}\boldsymbol{\Theta}(z)-g(z)|\,\mathrm{d}\tau \tag{17.5.16}$$

可以直接证明,对于 $e(0)\neq 0$, $\forall\,\delta_0>0$ 及 $t_0(\delta_0)\in\left\{t:t>\max\left(0,\dfrac{1}{\alpha}\ln\left[\dfrac{|e(0)|}{\delta_0}\right]\right)\right\}$,有

$$|e(0)|\exp(-\alpha t_0)<\delta_0 \tag{17.5.17}$$

根据引理 17.1,则有

$$|\overline{\boldsymbol{Y}}^{*\mathrm{T}}[\boldsymbol{\Theta}(\boldsymbol{w})-\boldsymbol{\Theta}(z)]|\leqslant|\overline{\boldsymbol{Y}}^{*\mathrm{T}}|\,|\boldsymbol{c}|\,\|\boldsymbol{w}-z\|$$

由于 $\|\boldsymbol{w}-z\|=|e|$,令 $B=|\overline{\boldsymbol{Y}}^{*\mathrm{T}}|\,|\boldsymbol{c}|$,并且考虑到式(17.5.13)和式(17.5.17),则有

$$|e(t)|<\delta_0+\frac{\delta}{\alpha}+\int_0^t |e|B\exp[-\alpha(t-\tau)]\mathrm{d}\tau \tag{17.5.18}$$

根据格朗沃尔-贝尔曼引理(Gronwall-Bellman lemma),有

$$|e(t)|<\left(\delta_0+\frac{\delta}{\alpha}\right)\exp\left\{\int_0^t B\exp[-\alpha(t-\tau)]\mathrm{d}\tau\right\} \tag{17.5.19}$$

由于

$$\int_0^t B\exp[-\alpha(t-\tau)]\mathrm{d}\tau\leqslant\frac{B}{\alpha} \tag{17.5.20}$$

应用式(17.5.19)和式(17.5.20)可得

$$|e(t)|<\left(\delta_0+\frac{\delta}{\alpha}\right)\exp\left(\frac{B}{\alpha}\right) \tag{17.5.21}$$

令 $\varepsilon\triangleq\left(\delta_0+\dfrac{\delta}{\alpha}\right)\exp\left(\dfrac{B}{\alpha}\right)$,则

$$|e(t)|<\varepsilon \tag{17.5.22}$$

证毕。

虽然定理 17.4 揭示了 RDFLS 的万能近似性质,但该定理仅表明,一个 RDFLS 可以作为一个万能近似器,而对于如何构造一个 RDFLS 去近似一个给定物理系统则没有给出任何指导性意见。在下一小节将基于 RDFLS 导出一种稳定的辨识算法,从而回答"如何构造一个 RDFLS 去近似一个给定物理系统"的问题。

17.5.2 非线性系统的 RDFLS 辨识

式(17.5.2)所示 RDFLS 利用自由设计参数 $\overline{w}_{kj_k}$, σ_{kj_k}, $\overline{y}_i$ 和 α 表征其特性。假设输入论域中隶属度函数的参数以及参数 α 是离线设计的,仅留下输出论域中的参数 $\overline{\boldsymbol{Y}}=[\overline{y}_1\quad\overline{y}_2\quad\cdots\quad\overline{y}_l]^{\mathrm{T}}$ 作为在线可调参数。此小节的目的是为 RDFLS 辨识器导出一种稳定的自适应律,使得该辨识器能够辨识形如式

(17.5.1)的未知非线性动态系统,并且辨识误差有界而且尽可能地小,理想状态下可以收敛到零,同时所有参数也都是有界的。

令状态变量 x 的辨识误差为

$$e \triangleq y - x \tag{17.5.23}$$

利用众所周知的李雅普诺夫综合法可得到 $\overline{\boldsymbol{Y}}$ 的自适应律为

$$\dot{\overline{\boldsymbol{Y}}} = -\boldsymbol{H\Theta}(\boldsymbol{w})e - s\beta\boldsymbol{H}\overline{\boldsymbol{Y}} \tag{17.5.24}$$

其中 $\boldsymbol{H}$ 是常值正定对称矩阵,s 是开关函数,定义为

$$s = \begin{cases} 0, 如果\ \|\overline{\boldsymbol{Y}}\| < M_{\overline{Y}}, 或\ \|\overline{\boldsymbol{Y}}\| = M_{\overline{Y}} 和\ \boldsymbol{\Theta}^{\mathrm{T}}(\boldsymbol{w})\boldsymbol{H}\overline{\boldsymbol{Y}}e \geqslant 0, \\ \quad 或\ \|\overline{\boldsymbol{Y}}\| > M_{\overline{Y}} 和\ \boldsymbol{\Theta}^{\mathrm{T}}(\boldsymbol{w})\boldsymbol{H}\overline{\boldsymbol{Y}}e > 0 \\ 1, 其他 \end{cases} \tag{17.5.25}$$

$M_{\overline{Y}}$ 和 β 是正的设计参数,并且 β 必须满足不等式

$$\begin{cases} \beta \geqslant -\dfrac{\boldsymbol{\Theta}^{\mathrm{T}}(\boldsymbol{w})\boldsymbol{H}\overline{\boldsymbol{Y}}}{\overline{\boldsymbol{Y}}^{\mathrm{T}}\boldsymbol{H}\overline{\boldsymbol{Y}}}e, 如果\ \|\overline{\boldsymbol{Y}}\| = M_{\overline{Y}} 和\ \boldsymbol{\Theta}^{\mathrm{T}}(\boldsymbol{w})\boldsymbol{H}\overline{\boldsymbol{Y}}e < 0 \\ \beta > -\dfrac{\boldsymbol{\Theta}^{\mathrm{T}}(\boldsymbol{w})\boldsymbol{H}\overline{\boldsymbol{Y}}}{\overline{\boldsymbol{Y}}^{\mathrm{T}}\boldsymbol{H}\overline{\boldsymbol{Y}}}e, 如果\ \|\overline{\boldsymbol{Y}}\| > M_{\overline{Y}} 和\ \boldsymbol{\Theta}^{\mathrm{T}}(\boldsymbol{w})\boldsymbol{H}\overline{\boldsymbol{Y}}e \leqslant 0 \end{cases} \tag{17.5.26}$$

这种辨识器的稳定性质可以归结为下述定理。

定理 17.5　考虑形如式(17.5.1)的未知非线性动态系统,若采用式(17.5.2)所示 RDFLS 进行系统辨识,并利用式(17.5.24)所给出的自适应律调节 RDFLS 的参数向量 $\overline{\boldsymbol{Y}}$,则 RDFLS 辨识器具有下述性质:

(1) $\|\overline{\boldsymbol{Y}}\| < M_{\overline{Y}}$;

(2) $|e| \leqslant M_e$,其中 M_e 是一个正常数;

(3) $\int_0^t e^2(\tau)\mathrm{d}\tau \leqslant a + b\int_0^t r^2(\tau)\mathrm{d}\tau$,其中 a,b 为常数,$r \triangleq \boldsymbol{\Theta}^{\mathrm{T}}(\boldsymbol{x},\boldsymbol{u})\overline{\boldsymbol{Y}} - \alpha x - f(\boldsymbol{x},\boldsymbol{u})$,并且若 $r(t) \in L_2[0,\infty)$,即$\left(\int_0^\infty \|r(\tau)\|^2\mathrm{d}\tau\right)^{\frac{1}{2}} < \infty$,则$\lim\limits_{t\to\infty}|e(t)| = 0$。

证明(a)性质(1)证明

选择李雅普诺夫函数为

$$V = \frac{1}{2}\overline{\boldsymbol{Y}}^{\mathrm{T}}\overline{\boldsymbol{Y}} \tag{17.5.27}$$

则

$$\dot{V} = \frac{1}{2}\dot{\overline{\boldsymbol{Y}}}^{\mathrm{T}}\overline{\boldsymbol{Y}} \tag{17.5.28}$$

若 $\|\overline{\boldsymbol{Y}}\| < M_{\overline{Y}}$,则 $\dot{V}$ 不论为正为负结论总是成立;

若 $\|\overline{\boldsymbol{Y}}\| = M_{\overline{Y}}$ 并且 $\boldsymbol{\Theta}^{\mathrm{T}}(\boldsymbol{w})\boldsymbol{H}\overline{\boldsymbol{Y}}e \geqslant 0$,将式(17.5.24)和式(17.5.25)代入式(17.5.28)可得

$$\dot{V} = -\boldsymbol{\Theta}^{\mathrm{T}}(\boldsymbol{w})\boldsymbol{H}\overline{\boldsymbol{Y}}e \leqslant 0 \tag{17.5.29}$$

则 $\|\overline{\boldsymbol{Y}}\|$ 是一致有界的。

若 $\|\overline{Y}\|=M_{\overline{Y}}$ 并且 $\boldsymbol{\Theta}^{\mathrm{T}}(\boldsymbol{w})\boldsymbol{H}\overline{Y}e<0$,将式(17.5.24)、式(17.5.25)和式(17.5.26)代入式(17.5.28)可得

$$\dot{V}=-\boldsymbol{\Theta}^{\mathrm{T}}(\boldsymbol{w})\boldsymbol{H}\overline{Y}e-\beta\overline{Y}^{\mathrm{T}}\boldsymbol{H}\overline{Y}\leqslant 0 \tag{17.5.30}$$

则 $\|\overline{Y}\|$ 同样是一致有界的。

若 $\|\overline{Y}\|>M_{\overline{Y}}$,即 $\|\overline{Y}\|$ 超过了它的标称界 $M_{\overline{Y}}$,将式(17.5.24)、式(17.5.25)和式(17.5.26)代入式(17.5.28)可得

$$\dot{V}=\begin{cases}-\boldsymbol{\Theta}^{\mathrm{T}}(\boldsymbol{w})\boldsymbol{H}\overline{Y}e<0, & \boldsymbol{\Theta}^{\mathrm{T}}(\boldsymbol{w})\boldsymbol{H}\overline{Y}e>0\\ -\boldsymbol{\Theta}^{\mathrm{T}}(\boldsymbol{w})\boldsymbol{H}\overline{Y}e-\beta\overline{Y}^{\mathrm{T}}\boldsymbol{H}\overline{Y}<0, & \boldsymbol{\Theta}^{\mathrm{T}}(\boldsymbol{w})\boldsymbol{H}\overline{Y}e\leqslant 0\end{cases} \tag{17.5.31}$$

式(17.5.31)表明,只要 $\|\overline{Y}\|$ 超过了它的标称界 $M_{\overline{Y}}$,就会立即返回到标称界 $M_{\overline{Y}}$ 内,因此这种越界是小而暂时的。因此,则 $\|\overline{Y}\|$ 是一致有界的。

综上所述,性质(1)得证。

(b)性质(2)证明

令

$$r(\boldsymbol{x},\boldsymbol{u},\boldsymbol{\Theta},\overline{Y})\triangleq\boldsymbol{\Theta}^{\mathrm{T}}(\boldsymbol{x},\boldsymbol{u})\overline{Y}-\alpha x-f(\boldsymbol{x},\boldsymbol{u}) \tag{17.5.32}$$

将式(17.5.1)重写为

$$\dot{x}=-\alpha x+\alpha x+f(\boldsymbol{x},\boldsymbol{u}) \tag{17.5.33}$$

并且将式(17.5.2)重写为

$$\dot{y}=-\alpha y+\boldsymbol{\Theta}^{\mathrm{T}}(\boldsymbol{w})\overline{Y}-\boldsymbol{\Theta}^{\mathrm{T}}(\boldsymbol{w})\overline{Y}^{*}+\boldsymbol{\Theta}^{\mathrm{T}}(\boldsymbol{w})\overline{Y}^{*}-\boldsymbol{\Theta}^{\mathrm{T}}(\boldsymbol{x},\boldsymbol{u})\overline{Y}^{*}+\boldsymbol{\Theta}^{\mathrm{T}}(\boldsymbol{x},\boldsymbol{u})\overline{Y}^{*} \tag{17.5.34}$$

其中 $\overline{Y}^{*}\triangleq[\overline{y}_1^{*}\quad\overline{y}_2^{*}\quad\cdots\quad\overline{y}_l^{*}]^{\mathrm{T}}$ 是使静态建模误差 $r(\boldsymbol{x},\boldsymbol{u},\boldsymbol{\Theta},\overline{Y}^{*})$ 最小的最优参数向量,并且有

$$\begin{cases}\|\overline{Y}^{*}\|\leqslant M_{\overline{Y}}\\ \sup\limits_{(\boldsymbol{x},\boldsymbol{u})\in\mathrm{C}}|r(\boldsymbol{x},\boldsymbol{u},\boldsymbol{\Theta},\overline{Y}^{*})|\leqslant M_r\end{cases} \tag{17.5.35}$$

其中 M_r 是正常数。考虑到式(17.5.33)和式(17.5.34)可得

$$\dot{e}=-\alpha e+\boldsymbol{\Theta}^{T}(\boldsymbol{w})\Delta_{\overline{Y}}+\overline{Y}^{*\mathrm{T}}\Delta_{\boldsymbol{\Theta}}+r(\boldsymbol{x},\boldsymbol{u},\boldsymbol{\Theta},\overline{Y}^{*}) \tag{17.5.36}$$

其中 $\Delta_{\overline{Y}}\triangleq\overline{Y}-\overline{Y}^{*}$,$\Delta_{\boldsymbol{\Theta}}\triangleq\boldsymbol{\Theta}(\boldsymbol{w})-\boldsymbol{\Theta}(z)$,$z=[\boldsymbol{x}^{\mathrm{T}}\quad\boldsymbol{u}^{\mathrm{T}}]^{\mathrm{T}}$。

选取李雅普诺夫函数为

$$V=\frac{1}{2}e^2+\frac{1}{2}\Delta_{\overline{Y}}^{\mathrm{T}}\boldsymbol{H}^{-1}\Delta_{\overline{Y}} \tag{17.5.37}$$

对式(17.5.37)求导可得

$$\dot{V}=\dot{e}e+\dot{\Delta}_{\overline{Y}}^{\mathrm{T}}\boldsymbol{H}^{-1}\Delta_{\overline{Y}} \tag{17.5.38}$$

考虑到 $\dot{\Delta}_{\overline{Y}}=\dot{\overline{Y}}$,利用式(17.5.36)和式(17.5.38)可得

$$\dot{V}=-\alpha e^2+\boldsymbol{\Theta}^{T}(\boldsymbol{w})\Delta_{\overline{Y}}e+\overline{Y}^{*\mathrm{T}}\Delta_{\boldsymbol{\Theta}}e+r(\boldsymbol{x},\boldsymbol{u},\boldsymbol{\Theta},\overline{Y}^{*})e+\dot{\Delta}_{\overline{Y}}^{\mathrm{T}}\boldsymbol{H}^{-1}\Delta_{\overline{Y}} \tag{17.5.39}$$

将式(17.5.24)所示自适应律代入式(17.5.39)可得

$$\dot{V}=-\alpha e^2+\boldsymbol{\Theta}^{T}(\boldsymbol{w})\Delta_{\overline{Y}}e+r(\boldsymbol{x},\boldsymbol{u},\boldsymbol{\Theta},\overline{Y}^{*})e+\overline{Y}^{*\mathrm{T}}\Delta_{\boldsymbol{\Theta}}e-s\beta\overline{Y}^{\mathrm{T}}\Delta_{\overline{Y}} \tag{17.5.40}$$

因为

$$\bar{\boldsymbol{Y}}^{\mathrm{T}}\Delta_{\bar{Y}}=\frac{1}{2}\parallel\Delta_{\bar{Y}}\parallel^{2}+\frac{1}{2}\parallel\bar{\boldsymbol{Y}}\parallel^{2}-\frac{1}{2}\parallel\bar{\boldsymbol{Y}}^{*}\parallel^{2} \tag{17.5.41}$$

并且对于 $s=1$，$\parallel\bar{\boldsymbol{Y}}\parallel\geqslant M_{\bar{Y}}$，因而有

$$s\beta\bar{\boldsymbol{Y}}^{\mathrm{T}}\Delta_{\bar{Y}}\geqslant\frac{1}{2}s\beta\parallel\Delta_{\bar{Y}}\parallel^{2}\geqslant 0 \tag{17.5.42}$$

将式(17.5.42)代入式(17.5.40)得

$$\begin{aligned}\dot{V}&\leqslant-\alpha e^{2}-\frac{1}{2}s\beta\parallel\Delta_{\bar{Y}}\parallel^{2}+r(\boldsymbol{x},\boldsymbol{u},\boldsymbol{\Theta},\bar{\boldsymbol{Y}}^{*})e+\bar{\boldsymbol{Y}}^{*\mathrm{T}}\Delta_{\boldsymbol{\Theta}}e\\&=-\frac{1}{2}\alpha e^{2}-\frac{1}{2}s\beta\parallel\Delta_{\bar{Y}}\parallel^{2}+\frac{1}{2}(1-s)\beta\parallel\Delta_{\bar{Y}}\parallel^{2}-\frac{1}{4}\alpha e^{2}+\\&\quad r(\boldsymbol{x},\boldsymbol{u},\boldsymbol{\Theta},\bar{\boldsymbol{Y}}^{*})e-\frac{1}{4}\alpha e^{2}+\bar{\boldsymbol{Y}}^{*\mathrm{T}}\Delta_{\boldsymbol{\Theta}}e\end{aligned} \tag{17.5.43}$$

重新整理式(17.5.43)的各项，可得

$$\frac{1}{2}(1-s)\beta\parallel\Delta_{\bar{Y}}\parallel^{2}\leqslant\frac{1}{2}\beta\parallel\Delta_{\bar{Y}}\parallel^{2}\leqslant 2\beta M_{\bar{Y}}^{2} \tag{17.5.44}$$

$$-\frac{1}{4}\alpha e^{2}+r(\boldsymbol{x},\boldsymbol{u},\boldsymbol{\Theta},\bar{\boldsymbol{Y}}^{*})e\leqslant\frac{1}{\alpha}r^{2}(\boldsymbol{x},\boldsymbol{u},\boldsymbol{\Theta},\bar{\boldsymbol{Y}}^{*})\leqslant\frac{1}{\alpha}M_{r}^{2} \tag{17.5.45}$$

$$-\frac{1}{4}\alpha e^{2}+\bar{\boldsymbol{Y}}^{*\mathrm{T}}\Delta_{\boldsymbol{\Theta}}e\leqslant\frac{1}{\alpha}(\bar{\boldsymbol{Y}}^{*\mathrm{T}}\Delta_{\boldsymbol{\Theta}})^{2}\leqslant\frac{1}{\alpha}(|\bar{\boldsymbol{Y}}^{*\mathrm{T}}||\Delta_{\boldsymbol{\Theta}}|)^{2} \tag{17.5.46}$$

由于对于 $i=1,2,\cdots,l$，$0\leqslant\theta_i(\boldsymbol{w})\leqslant 1$，$0\leqslant\theta_i(z)\leqslant 1$，所以有 $|\theta_i(\boldsymbol{w})-\theta_i(z)|\leqslant 1$，因而可得

$$|\bar{\boldsymbol{Y}}^{*\mathrm{T}}||\Delta_{\boldsymbol{\Theta}}|=|\bar{\boldsymbol{Y}}^{*\mathrm{T}}||\boldsymbol{\Theta}(\boldsymbol{w})-\boldsymbol{\Theta}(z)|\leqslant\sum_{i=1}^{l}|\bar{y}_i^{*}|$$

因为 $\left(\frac{1}{l}\sum_{i=1}^{l}|\bar{y}_i^{*}|\right)^{2}\leqslant\frac{1}{l}\sum_{i=1}^{l}|\bar{y}_i^{*}|^{2}$，或者 $\sum_{i=1}^{l}|\bar{y}_i^{*}|\leqslant\sqrt{l}\parallel\bar{\boldsymbol{Y}}^{*}\parallel\leqslant\sqrt{l}M_{\bar{Y}}$，所以有

$$-\frac{1}{4}\alpha e^{2}+\bar{\boldsymbol{Y}}^{*\mathrm{T}}\Delta_{\boldsymbol{\Theta}}e\leqslant\frac{l}{\alpha}M_{\bar{Y}}^{2} \tag{17.5.47}$$

此外，

$$\frac{1}{2}\beta\parallel\Delta_{\bar{Y}}\parallel^{2}\leqslant-\frac{1}{2}\beta\frac{\Delta_{\bar{Y}}^{\mathrm{T}}\boldsymbol{H}^{-1}\Delta_{\bar{Y}}}{\lambda_{\max}(\boldsymbol{H}^{-1})} \tag{17.6.48}$$

其中 $\lambda_{\max}(\boldsymbol{H}^{-1})$ 为矩阵 $\boldsymbol{H}^{-1}$ 的最大特征值。将式(17.5.44)、式(17.5.45)、式(17.5.47)和式(17.5.48)代入式(17.5.43)得

$$\dot{V}\leqslant-\frac{1}{2}\alpha e^{2}-\frac{1}{2}\frac{\beta}{\lambda_{\max}(\boldsymbol{H}^{-1})}\Delta_{\bar{Y}}^{\mathrm{T}}\boldsymbol{H}^{-1}\Delta_{\bar{Y}}+2\beta M_{\bar{Y}}^{2}+\frac{l}{\alpha}M_{\bar{Y}}^{2}+\frac{l}{\alpha}M_{r}^{2} \tag{17.5.49}$$

令 $\chi\triangleq\min\left(\alpha,\frac{\beta}{\lambda_{\max}(\boldsymbol{H}^{-1})}\right)$，$C\triangleq 2\beta M_{\bar{Y}}^{2}+\frac{l}{\alpha}M_{\bar{Y}}^{2}+\frac{l}{\alpha}M_{r}^{2}$，则 $\dot{V}\leqslant-\chi V+C$，因而当 $V\geqslant\frac{C}{\chi}$ 时，有 $\dot{V}\leqslant 0$。于是，若 $V<\frac{C}{\chi}$，则 V 有界，意味着 e 和 $\Delta_{\bar{Y}}$ 有界；若 $V\geqslant\frac{C}{\chi}$，则 $\dot{V}\leqslant 0$ 表明 V 有界，同样意味着 e 和 $\Delta_{\bar{Y}}$ 有界。因此，存在着一个正常数 M_e 使得 $|e|\leqslant M_e$，性质(2)证毕。

(c)性质(3)证明

考虑式(17.5.43)，可得

$$\dot{V}\leqslant-\alpha e^{2}-\frac{1}{2}s\beta\parallel\Delta_{\bar{Y}}\parallel^{2}+r(\boldsymbol{x},\boldsymbol{u},\boldsymbol{\Theta},\bar{\boldsymbol{Y}}^{*})e+\bar{\boldsymbol{Y}}^{*\mathrm{T}}\Delta_{\boldsymbol{\Theta}}e$$

$$\leqslant -\alpha e^2 + r(\boldsymbol{x},\boldsymbol{u},\boldsymbol{\Theta},\overline{\boldsymbol{Y}}^*)e + \overline{\boldsymbol{Y}}^{*\mathrm{T}}\Delta_{\boldsymbol{\Theta}}e \tag{17.5.50}$$

将式(17.5.45)和式(17.5.46)代入式(17.5.50),可得

$$\dot{V} \leqslant -\frac{1}{2}\alpha e^2 + \frac{1}{\alpha}r^2(\boldsymbol{x},\boldsymbol{u},\boldsymbol{\Theta},\overline{\boldsymbol{Y}}^*) + \frac{1}{\alpha}(|\overline{\boldsymbol{Y}}^{*\mathrm{T}}||\Delta_{\boldsymbol{\Theta}}|)^2 \tag{17.5.51}$$

根据引理 17.1,可知

$$|\Delta_{\boldsymbol{\Theta}}| = |\boldsymbol{\Theta}(\boldsymbol{w}) - \boldsymbol{\Theta}(z)| \leqslant c\,\|\boldsymbol{w} - z\| \tag{17.5.52}$$

或

$$|\Delta_{\boldsymbol{\Theta}}| \leqslant \boldsymbol{c}|e| \tag{17.5.53}$$

其中$\boldsymbol{c} \triangleq [c_1 \quad c_2 \quad \cdots \quad c_l]^{\mathrm{T}}$,其元素 $c_1, c_2, \cdots, c_l$ 都是正常数。将式(17.5.53)代入式(17.5.51)并且令 $B \triangleq |\overline{\boldsymbol{Y}}^{*\mathrm{T}}|e$,可得

$$\dot{V} \leqslant -\left(\frac{1}{2}\alpha - \frac{B^2}{\alpha}\right)e^2 + \frac{1}{\alpha}r^2(\boldsymbol{x},\boldsymbol{u},\boldsymbol{\Theta},\overline{\boldsymbol{Y}}^*) \tag{17.5.54}$$

将式(17.5.54)两边积分可得

$$V(t) - V(0) \leqslant -\left(\frac{1}{2}\alpha - \frac{B^2}{\alpha}\right)\int_0^t e^2(\tau)\,\mathrm{d}\tau + \frac{1}{\alpha}\int_0^t r^2(\tau)\,\mathrm{d}\tau \tag{17.5.55}$$

由于 α 是设计参数,可以选择 $\alpha^2 > 2B^2$,令

$$a \triangleq \frac{2\alpha}{\alpha^2 - 2B^2}\sup_{t>0}\{V(0) - V(t)\} \tag{17.5.56}$$

$$b \triangleq \frac{2}{\alpha^2 - 2B^2} \tag{17.5.57}$$

则有

$$\int_0^t e^2(\tau)\,\mathrm{d}\tau \leqslant a + b\int_0^t r^2(\tau)\,\mathrm{d}\tau \tag{17.5.58}$$

其中 a 和 b 为常数。若 $r(t) \in \mathrm{L}_2$,则根据式(17.5.58)知,$e(t) \in \mathrm{L}_2$,由定理 17.5 的性质(2)知,$e(t)$有界,即 $e(t) \in \mathrm{L}_\infty$,因而 $e(t) \in (\mathrm{L}_2 \cap \mathrm{L}_\infty)$。由于式(17.5.36)右边所有项都有界,由式(17.5.36)可知 $\dot{e}(t)$ 有界,即 $\dot{e}(t) \in \mathrm{L}_\infty$,所以可以得出结论:

$$\lim_{t\to\infty}|e(t)| = 0 \tag{17.5.59}$$

性质(3)证毕。

17.5.3 结束语

经证明,递推动态模糊逻辑系统(RDFLS)与稳态的模糊逻辑系统(FLS)和动态模糊逻辑系统(DFLS)一样,具有理想的万能近似能力。本节所提出的 RDFLS 辨识法可以被用于辨识一大类非线性动态系统,定理 17.5 则较详细地阐明了这种辨识器的稳定性能,有不少仿真算例证明了这种辨识法的适用性。

一般情况下,要等到自适应过程结束后才能估计对象的信号,对利用对象信号进行辨识带来很大不便,而训练良好的 RDFLS 辨识器的特点之一是在不使用对象信号的情况下,仍能很好地连续工作,可以比较方便地用于非线性系统辨识。因此,RDFLS 辨识器在对象信号难以估计或获得这些信号代价高昂

的情况下十分有用，目前这仍然是需要进一步深入研究的一个课题。

17.6　非线性系统的在线模糊聚类神经网络辨识方法

神经网络和模糊逻辑都是常用的估计器，当有充足的隐神经元或模糊规则可被利用时，它们可依据任何所规定的精度去近似任何非线性函数。一些研究成果表明，神经网络和模糊逻辑的混合运用对于非线性系统的辨识十分有效。近些年来，模糊神经网络在非线性系统辨识中的应用是一个十分活跃的领域。模糊建模涉及结构和参数辨识，其中参数辨识通常采用一些梯度下降法的变体，例如最小二乘法、反向传播法等。结构辨识需要选择模糊规则，常常依赖于大量的探索性观察去表达合适的策略知识，所以常采用诸如无偏性准则等离线和反复试验的方法解决这一问题。

离线辨识时，参数和结构的调整只有在提供完整的训练数据集之后，也就是只有在每个时期（即所有训练样本的一个正向传递和一个反向传递）之后才能进行。结构初始化最常用的方法之一是将每一个输入变量均匀分解至所有模糊集，产生一个模糊网格。

本节将介绍 Jose de Jesus Rubio 等人于 2009 年所提出的一种在线模糊聚类神经网络辨识非线性系统的方法，该方法中的模糊神经网络利用在线聚类训练网络结构、梯度训练网络隐层参数、卡尔曼滤波算法训练网络输出层的参数。该方法不再区分结构学习和参数学习，而是同时进行结构学习和参数学习。在每次迭代时，每条规则的中心都要进行修正，以便使得到的中心更接近输入数据。在这种方法中，每次迭代都不会产生新的规则，也就是说，这种方法既不会产生许多规则，也不会剪除任何规则，具有很好的稳定性。

17.6.1　用于非线性辨识的模糊神经网络

考虑未知的离散非线性系统

$$y(k-1)=f[\boldsymbol{x}(k-1)] \tag{17.6.1}$$

其中 $\boldsymbol{x}(k-1)$ 为输入向量，$y(k-1)$ 为对象的输出，f 为普通的非线性光滑函数，$f\in C^{\infty}$，

$$\begin{aligned}\boldsymbol{x}(k-1)&=[x_1(k-1)\quad x_2(k-1)\quad \cdots\quad x_N(k-1)]\\&=[y(k-2)\quad\cdots\quad y(k-n-1)\quad u(k-2)\quad\cdots\quad u(k-m-1)]\in R^N\end{aligned} \tag{17.6.2}$$

$$N=n+m,\ |u(k-1)|^2\leqslant\bar{u}$$

一种常见的模糊模型则表示为下述形式的模糊规则集合

$$R_j:\ \text{if } x_1 \text{ is } A_{1j} \text{ and } x_2 \text{ is } A_{2j} \text{ and}\cdots\text{and } x_N \text{ is } A_{Nj} \text{ then } v \text{ is } B_j$$

我们利用 $M(j=1,2,\cdots,M)$ 个 if-then 规则并且每个规则有 N 个模糊集去完成由输入语言向量 $\boldsymbol{x}(k-1)=[x_1(k-1)\quad x_2(k-1)\quad\cdots\quad x_N(k-1)]\in R^N(N=n+m)$ 到输出语言标量 $v\in\mathbf{R}$ 的映射。$A_{1j},A_{2j},\cdots,A_{Nj}$ 和 B_j 为标准模糊集合。每一个输入变量 x_i 有 N 个模糊集。利用乘积推理、中心平均解模糊器和中心模糊器等具有加权平均的 Sugeno 模糊推理系统（fuzzy inference system，FIS），模糊逻辑系统的输出可以表示为

$$\begin{cases}\hat{y}(k-1)=a(k-1)/b(k-1)\\ a(k-1)=\sum_{j=1}^{M}v_j(k-1)z_j(k-1)\\ b(k-1)=\sum_{j=1}^{M}z_j(k-1)\\ z_j(k-1)=\prod_{i=1}^{N}\exp\left[-\left(\dfrac{x_i(k-1)-c_{ij}(k-1)}{\sigma_{ij}(k-1)}\right)^2\right]\end{cases}\tag{17.6.3}$$

其中 $x_i(k-1)(i=1,2,\cdots,N)$ 是系统式(17.6.1)的输入,$c_{ij}(k-1)$ 和 $\sigma_{ij}(k-1)(i=1,2,\cdots,N;j=1,2,\cdots,M)$ 分别为 if 的隶属函数的中心和宽度,$v_j(k-1)(j=1,2,\cdots,M)$ 是 then 的隶属函数的中心。定义

$$\varphi_j(k-1)\triangleq z_j(k-1)/b(k-1)\tag{17.6.4}$$

则式(17.6.3)可以写为

$$\hat{y}(k-1)=\sum_{j=1}^{M}\varphi_j(k-1)v_j(k-1)=\boldsymbol{\Phi}^{\mathrm{T}}(k-1)\boldsymbol{V}(k-1)\tag{17.6.5}$$

其中

$$\boldsymbol{\Phi}(k-1)=[\varphi_1(k-1)\quad\varphi_2(k-1)\quad\cdots\quad\varphi_M(k-1)]^{\mathrm{T}}\in R^M$$

$$\boldsymbol{V}(k-1)=[v_1(k-1)\quad v_2(k-1)\quad\cdots\quad v_M(k-1)]^{\mathrm{T}}\in R^M$$

17.6.2 结构辨识

本节中我们利用在线聚类去训练算法的结构。选择合适的隐层神经元数量对于模糊神经网络系统的在线聚类设计是十分重要的,因为太多的隐层神经元会导致为解决问题而产生不必要的复杂进化系统,并且可能会产生过拟合;而隐层神经元太少又会产生一个不够强大的神经网络系统而无法达到目的。因此,我们将隐层神经元的数量作为一个设计参数考虑,并且根据输入输出对和每个隐层神经元所包含元素的数量进行确定。其基本思路就是将输入输出对划分为聚类(或称集群),并且每一个聚类使用一个隐层神经元,即隐层神经元的数量等于聚类的数量。

最简单的一种聚类算法是最近邻聚类算法。在这种算法中,首先放置第一批数据作为第一个聚类的中心,如果这些新数据和它最近邻聚类之间的距离小于一个预先指定的值(半径 r),则这些数据的最近邻聚类就要修正,否则这些数据就被认为是一个新的聚类中心,其详细步骤将在下面给出。

设 $x_i(k-1)$ 是一个新收入的模式,则得到

$$p(k-1)=\max_{1\leqslant j\leqslant M}z_j(k-1)\tag{17.6.6}$$

若 $p(k-1)<r$,则产生一个新规则(每条规则对应一个中心),并且 $M=M+1$,其中 r 是所选择的半径,$r\in(0,1)$。一旦产生一个新规则,下一步就是指定初始中心和对应隶属函数的宽度,即

$$\begin{cases}c_{i,M+1}(k)=x_i(k)\\ \sigma_{i,M+1}(k)=\mathrm{rand}\in(0,1)\\ v_{M+1}(k)=y(k)\end{cases}\tag{17.6.7}$$

若 $p(k-1)\geqslant r$,则不产生新规则,并且在 $z_j(k-1)=p(k-1)$ 的情况下具有优胜者规则 j^*,该优胜者规则中心的修正律为

$$c_{ij^*}(k)=c_{ij^*}(k-1)+\frac{x_i(k-1)-c_{ij^*}(k-1)}{1+x_i^2(k-1)+c_{ij^*}^2(k-1)}\tag{17.6.8}$$

17.6.3　参数辨识

由于参数辨识算法需要在线运行,所以需要辨识参数的稳定性。我们首先分析 if 的中心和隶属函数的稳定性,然后分析 then 的隶属函数中心的稳定性。

假设模糊是非线性函数的一个常用近似,则式(17.6.1)可以写为

$$\begin{cases} y(k-1)=\dfrac{a^*(k-1)}{b^*(k-1)}-\mu(k-1) \\ a^*(k-1)=\sum\limits_{j=1}^{M} v_j^*(k-1)z_j^*(k-1) \\ b^*(k-1)=\sum\limits_{j=1}^{M} z_j^*(k-1) \\ z_j^*(k-1)=\prod\limits_{i=1}^{N}\exp\left[-\left(\dfrac{x_i(k-1)-c_{ij}^*(k-1)}{\sigma_{ij}^*(k-1)}\right)^2\right] \end{cases} \tag{17.6.9}$$

其中 $v_j^*(k-1)$,$c_{ij}^*(k-1)$ 和 $\sigma_{ij}^*(k-1)$ 是可以使建模误差 $\mu(k-1)$ 极小化的未知参数。具有 2 个独立变量的光滑函数 $f(x_1,x_2)$ 的泰勒公式为

$$f(x_1,x_2)=f(x_{10},x_{20})+\frac{\partial f(x_1,x_2)}{\partial x_1}(x_1-x_{10})+\frac{\partial f(x_1,x_2)}{\partial x_2}(x_2-x_{20})+\zeta(k-1) \tag{17.6.10}$$

其中 $\zeta(k-1)$ 是泰勒公式的残差。如果我们令 x_1 和 x_2 对应 $c_{ij}(k-1)$ 和 $\sigma_{ij}(k-1)$、x_{10} 和 x_{20} 对应 $c_{ij}^*(k-1)$ 和 $\sigma_{ij}^*(k-1)$,并且定义 $\tilde{c}_{ij}(k-1)=c_{ij}(k-1)-c_{ij}^*(k-1)$,$\tilde{\sigma}_{ij}(k-1)=\sigma_{ij}(k-1)-\sigma_{ij}^*(k-1)$,则对式(17.6.3)和式(17.6.9)应用泰勒公式,可得

$$\hat{y}(k-1)=y(k-1)+\frac{\partial\hat{y}(k-1)}{\partial c_{ij}(k-1)}\tilde{c}_{ij}(k-1)+\frac{\partial\hat{y}(k-1)}{\partial\sigma_{ij}(k-1)}\tilde{\sigma}_{ij}(k-1)+\zeta(k-1) \tag{17.6.11}$$

应用链式法则可得

$$\frac{\partial\hat{y}(k-1)}{\partial c_{ij}(k-1)}=\frac{\partial\hat{y}(k-1)\partial a(k-1)\partial z_j(k-1)}{\partial a(k-1)\partial z_j(k-1)\partial c_{ij}(k-1)}=\frac{2v_j(k-1)z_j(k-1)[x_i(k-1)-c_{ij}(k-1)]}{b(k-1)\sigma_{ij}^2(k-1)}$$

$$\frac{\partial\hat{y}(k-1)}{\partial\sigma_{ij}(k-1)}=\frac{\partial\hat{y}(k-1)\partial a(k-1)\partial z_j(k-1)}{\partial a(k-1)\partial z_j(k-1)\partial\sigma_{ij}(k-1)}=\frac{2v_j(k-1)z_j(k-1)[x_i(k-1)-c_{ij}(k-1)]^2}{b(k-1)\sigma_{ij}^3(k-1)}$$

将辨识误差定义为

$$e(k-1)\triangleq\hat{y}(k-1)-y(k-1) \tag{17.6.12}$$

所以

$$\hat{y}(k-1)=y(k-1)+\frac{2v_j(k-1)z_j(k-1)[x_i(k-1)-c_{ij}(k-1)]}{b(k-1)\sigma_{ij}^2(k-1)}\tilde{c}_{ij}(k-1)+\frac{2v_j(k-1)z_j(k-1)[x_i(k-1)-c_{ij}(k-1)]^2}{b(k-1)\sigma_{ij}^3(k-1)}\tilde{\sigma}_{ij}(k-1)+\zeta(k-1) \tag{17.6.13}$$

如果定义

$$\begin{cases} D_1(k-1)=\dfrac{2v_j(k-1)z_j(k-1)[x_i(k-1)-c_{ij}(k-1)]}{b(k-1)\sigma_{ij}^2(k-1)} \\ D_2(k-1)=\dfrac{2v_j(k-1)z_j(k-1)[x_i(k-1)-c_{ij}(k-1)]^2}{b(k-1)\sigma_{ij}^3(k-1)} \end{cases} \tag{17.6.14}$$

则式(17.6.13)可以写为

$$\hat{y}(k-1)=y(k-1)+D_1(k-1)\tilde{c}_{ij}(k-1)+D_2(k-1)\tilde{\sigma}_{ij}(k-1)+\zeta(k-1) \tag{17.6.15}$$

为了保证辨识的稳定性，我们应用下面的学习规律去修正神经网络辨识器的权值

$$\begin{cases} c_{ij}(k)=c_{ij}(k-1)-\eta(k-1)D_1(k-1)e(k-1) \\ \sigma_{ij}(k)=\sigma_{ij}(k-1)-\eta(k-1)D_2(k-1)e(k-1) \end{cases} \tag{17.6.16}$$

其中 $i=1,2,\cdots,N;j=1,2,\cdots,M$。$\eta(k-1)$采用死区函数，其形式为

$$\eta(k-1)=\begin{cases} \dfrac{\mu}{1+q(k-1)}, & e^2(k-1)\geqslant\dfrac{\bar{\zeta}^2}{1-\mu} \\ 0, & e^2(k-1)<\dfrac{\bar{\zeta}^2}{1-\mu} \end{cases} \tag{17.6.17}$$

其中 $q(k-1)=D_1^2(k-1)+D_2^2(k-1)$，$0<\mu\leqslant1$，$\bar{\zeta}$ 为 $\zeta(k-1)$的上界。

下述的定理给出了神经网络辨识在 if 中心和宽度情况下的稳定性。

定理 17.6　若利用式(17.6.3)所示模糊神经网络模型去辨识式(17.6.1)所示非线性系统，则具有式(17.6.17)所示死区的学习规律式(17.6.16)能够使辨识稳定，即

(1) 辨识误差 $e(k-1)$有界；

(2) 辨识误差 $e(k-1)$满足关系式

$$\lim_{k\to\infty}e^2(k-1)=\frac{\bar{\zeta}^2}{1-\mu} \tag{17.6.18}$$

证明　选择李雅普诺夫函数 $L_1(k-1)$为

$$L_1(k-1)=\tilde{c}_{ij}^2(k-1)+\tilde{\sigma}_{ij}^2(k-1) \tag{17.6.19}$$

根据式(17.6.16)所示修正规律，有

$$\tilde{c}_{ij}(k)=\tilde{c}_{ij}(k-1)-\eta(k-1)D_1(k-1)e(k-1)$$

$$\tilde{\sigma}_{ij}(k)=\tilde{\sigma}_{ij}(k-1)-\eta(k-1)D_2(k-1)e(k-1)$$

因而可以计算 $\Delta L_1(k-1)\triangleq L_1(k)-L_1(k-1)$

$$\begin{aligned}\Delta L_1(k-1)=&[\tilde{c}_{ij}(k-1)-\eta(k-1)D_1(k-1)e(k-1)]^2-\tilde{c}_{ij}^2(k-1)+\\&[\tilde{\sigma}_{ij}(k-1)-\eta(k-1)D_2(k-1)e(k-1)]^2-\tilde{\sigma}_{ij}^2(k-1)\\=&\eta^2(k-1)[D_1^2(k-1)+D_2^2(k-1)]e^2(k-1)-\\&2\eta(k-1)[D_1(k-1)\tilde{c}_{ij}(k-1)+D_2(k-1)\tilde{\sigma}_{ij}(k-1)]e(k-1)\end{aligned} \tag{17.6.20}$$

将式(17.6.15)代入式(17.6.20)的最后一项并应用式(17.6.17)可得

$$\Delta L_1(k-1)=\eta^2(k-1)[D_1^2(k-1)+D_2^2(k-1)]e^2(k-1)-2\eta(k-1)[e(k-1)-\zeta(k-1)]e(k-1)$$

$$\Delta L_1(k-1)\leqslant\eta^2(k-1)[1+D_1^2(k-1)+D_2^2(k-1)]e^2(k-1)-\eta(k-1)e^2(k-1)+\eta(k-1)\zeta^2(k-1)$$

$$\Delta L_1(k-1)\leqslant\eta^2(k-1)[1+q(k-1)]e^2(k-1)-\eta(k-1)e^2(k-1)+\eta(k-1)\zeta^2(k-1)$$

$$\Delta L_1(k-1)\leqslant-\eta(k-1)\{1-\eta(k-1)[1+q(k-1)]\}e^2(k-1)+\eta(k-1)\zeta^2(k-1)$$

应用式(17.6.17)所示死区中的情况 $e^2(k-1)\geqslant\dfrac{\bar{\zeta}^2}{1-\mu}$，则 $\eta(k-1)=\dfrac{\mu}{1+q(k-1)}>0$，并且

$$\Delta L_1(k-1) \leqslant -\eta(k-1)\left\{1-\frac{\mu}{1+q(k-1)}[1+q(k-1)]\right\}e^2(k-1)+\eta(k-1)\zeta^2(k-1)$$

$$\Delta L_1(k-1) \leqslant -\eta(k-1)(1-\mu)e^2(k-1)+\eta(k-1)\zeta^2(k-1)$$

由于 $\zeta^2(k-1) \leqslant \bar{\zeta}^2$，所以有

$$\Delta L_1(k-1) \leqslant -\eta(k-1)[(1-\mu)e^2(k-1)-\bar{\zeta}^2] \tag{17.6.21}$$

由死区 $e^2(k-1) \geqslant \frac{\bar{\zeta}^2}{1-\mu}$ 和 $\eta(k-1)>0$ 可知 $\Delta L_1(k-1) \leqslant 0$，所以 $L_1(k-1)$ 有界。若 $e^2(k-1) < \frac{\bar{\zeta}^2}{1-\mu}$，由式(17.6.17)知 $\eta(k-1)=0$，所有的权值都不再变化，都是有界的，所以 $L_1(k)$ 有界。

当 $e^2(k-1) \geqslant \frac{\bar{\zeta}^2}{1-\mu}$ 时，将式(17.6.21)从 2 到 T 求和，可得

$$\sum_{k=2}^{T}\eta(k-1)[(1-\mu)e^2(k-1)-\bar{\zeta}^2] \leqslant L_1(1)-L_1(T) \tag{17.6.22}$$

由于 $L_1(T)$ 有界，应用 $\eta(k-1)=\frac{\mu}{1+q(k-1)}>0$，则有

$$\lim_{T\to\infty}\sum_{k=2}^{T}\left(\frac{\mu}{1+q(k-1)}\right)[(1-\mu)e^2(k-1)-\bar{\zeta}^2] < \infty \tag{17.6.23}$$

因为 $e^2(k-1) \geqslant \frac{\bar{\zeta}^2}{1-\mu}$，$\left(\frac{\mu}{1+q(k-1)}\right)[(1-\mu)e^2(k-1)-\bar{\zeta}^2] \geqslant 0$，所以有

$$\lim_{k\to\infty}\left(\frac{\mu}{1+q(k-1)}\right)[(1-\mu)e^2(k-1)-\bar{\zeta}^2] = 0 \tag{17.6.24}$$

由于 $L_1(k-1)$ 有界，所以 $q(k-1)<\infty$，并且当 $\frac{\mu}{1+q(k-1)}>0$ 时，有

$$\lim_{k\to\infty}(1-\mu)e^2(k-1)=\bar{\zeta}^2 \tag{17.6.25}$$

这就是式(17.6.18)。当 $e^2(k-1) < \frac{\bar{\zeta}^2}{1-\mu}$ 时，则该不等式条件本身就满足式(17.6.18)。证毕。

在一般参考文献中都采用固定的学习速率，而本节中采用了时变的规范化学习速率 $\eta(k-1)$。这种时变的学习速率能够保证辨识的稳定，并且这种学习速率容易得到，不要求任何先验知识，例如，可以选择 $\mu=0.9$。

下面证明 then 中心的稳定性。

根据式(17.6.4)和式(17.6.5)，式(17.6.9)可以写为

$$\tilde{y}(k-1)=\boldsymbol{\Phi}^{\mathrm{T}}(k-1)\boldsymbol{V}^*(k-1)+\mu(k-1) \tag{17.6.26}$$

其中 $\boldsymbol{V}^*(k-1)$ 是使建模误差 $\mu(k-1)$ 极小化的最优权值。

由式(17.6.5)、式(17.6.12)和式(17.6.26)可得

$$e(k-1)=\boldsymbol{\Phi}^{\mathrm{T}}(k-1)\tilde{\boldsymbol{V}}(k-1)+\mu(k-1) \tag{17.6.27}$$

其中 $\tilde{\boldsymbol{V}}(k-1)=\boldsymbol{V}^*(k-1)-\boldsymbol{V}(k-1)$。我们将扩展卡尔曼滤波器修改为死区卡尔曼滤波器，即

$$\begin{cases} \boldsymbol{V}(k)=\boldsymbol{V}(k-1)-\alpha_{k-1}\boldsymbol{P}_{k-1}\boldsymbol{\Phi}(k-1)e(k-1) \\ \boldsymbol{P}_k=\boldsymbol{R}_1+\boldsymbol{P}_{k-1}-\alpha_{k-1}\boldsymbol{P}_{k-1}\boldsymbol{\Phi}(k-1)\boldsymbol{\Phi}^{\mathrm{T}}(k-1)\boldsymbol{P}_{k-1} \\ \hat{y}(k-1)=\boldsymbol{\Phi}^{\mathrm{T}}(k-1)V(k-1) \\ \alpha_{k-1}=\begin{cases} \dfrac{1}{R_{k-1}}, e^2(k-1)\geqslant 3\bar{\mu}^2 \\ 0, e^2(k-1)<3\bar{\mu}^2 \end{cases} \end{cases} \tag{17.6.28}$$

其中$\bar{\mu}$是不确定性变量$\mu(k-1)$的上界，即$|\mu(k-1)|<\bar{\mu}$，$\boldsymbol{P}_{k-1}\in R^{M\times M}$为协方差矩阵，$\boldsymbol{R}_1=\varepsilon\boldsymbol{I}\in R^{M\times M}$为对角线矩阵，$\varepsilon>0$是较小的常数，$R_{k-1}=R_2+2\boldsymbol{\Phi}^{\mathrm{T}}(k-1)\boldsymbol{P}_{k-1}\boldsymbol{\Phi}(k-1)$，$R_2>0\in\mathbf{R}$。

定理 17.7 式(17.6.28)所示死区卡尔曼滤波算法可以保证辨识误差$e(k-1)$和神经网络权值是有界的。对于任意的$T\in(0,\infty)$，输出误差$e(k-1)$将收敛到残差集

$$\lim_{k\to\infty}\sup e^2(k-1)\leqslant 3\bar{\mu}^2 \tag{17.6.29}$$

证明 选择李雅普诺夫函数

$$L_2(k)=\tilde{\boldsymbol{V}}^{\mathrm{T}}(k-1)\boldsymbol{P}_{k-1}^{-1}\tilde{\boldsymbol{V}}(k-1) \tag{17.6.30}$$

定义

$$\bar{\boldsymbol{P}}_k=[\boldsymbol{I}-\boldsymbol{P}_{k-1}\boldsymbol{\Phi}(k-1)R_{k-1}\boldsymbol{\Phi}^{\mathrm{T}}(k-1)]\boldsymbol{P}_{k-1}$$

由于$\boldsymbol{P}_k=\bar{\boldsymbol{P}}_k+\boldsymbol{R}_1$，$\boldsymbol{R}_1>\boldsymbol{0}$，所以$\boldsymbol{x}^{\mathrm{T}}\boldsymbol{P}_k\boldsymbol{x}>\boldsymbol{x}^{\mathrm{T}}\bar{\boldsymbol{P}}_k\boldsymbol{x}>0$，$\boldsymbol{x}^{\mathrm{T}}\bar{\boldsymbol{P}}_k^{-1}\boldsymbol{x}\geqslant\boldsymbol{x}^{\mathrm{T}}\boldsymbol{P}_k^{-1}\boldsymbol{x}>0$，将此关系式应用于式(17.6.30)可得

$$\begin{aligned}\Delta L_2(k)&=\tilde{\boldsymbol{V}}^{\mathrm{T}}(k)\boldsymbol{P}_k^{-1}\tilde{\boldsymbol{V}}(k)-\tilde{\boldsymbol{V}}^{\mathrm{T}}(k-1)\boldsymbol{P}_{k-1}^{-1}\tilde{\boldsymbol{V}}(k-1)\\&\leqslant\tilde{\boldsymbol{V}}^{\mathrm{T}}(k)\bar{\boldsymbol{P}}_k^{-1}\tilde{\boldsymbol{V}}(k)-\tilde{\boldsymbol{V}}^{\mathrm{T}}(k-1)\boldsymbol{P}_{k-1}^{-1}\tilde{\boldsymbol{V}}(k-1)\end{aligned} \tag{17.6.31}$$

首先考虑$e^2(k-1)\geqslant 3\bar{\mu}^2$，此时$\alpha_{k-1}=\dfrac{1}{R_{k-1}}$，将式(17.6.27)代入式(17.6.28)可得

$$\begin{aligned}\tilde{\boldsymbol{V}}(k)=&\tilde{\boldsymbol{V}}(k-1)-\frac{1}{R_{k-1}}\boldsymbol{P}_{k-1}\boldsymbol{\Phi}(k-1)\boldsymbol{\Phi}^{\mathrm{T}}(k-1)\tilde{\boldsymbol{V}}(k-1)-\\&\frac{1}{R_{k-1}}\boldsymbol{P}_{k-1}\boldsymbol{\Phi}(k-1)\mu(k-1)\end{aligned} \tag{17.6.32}$$

由式(17.6.27)、式(17.6.28)和式(17.6.32)可得

$$\begin{aligned}\tilde{\boldsymbol{V}}(k)=&\left[\boldsymbol{I}-\frac{1}{R_{k-1}}\boldsymbol{P}_{k-1}\boldsymbol{\Phi}(k-1)\boldsymbol{\Phi}^{\mathrm{T}}(k-1)\right]\tilde{\boldsymbol{V}}(k-1)-\\&\frac{1}{R_{k-1}}\boldsymbol{P}_{k-1}\boldsymbol{\Phi}(k-1)\mu(k-1)\end{aligned} \tag{17.6.33}$$

由式(17.6.28)知，$\boldsymbol{P}_k=\bar{\boldsymbol{P}}_k+\boldsymbol{R}_1$，$\bar{\boldsymbol{P}}_k=\boldsymbol{P}_{k-1}-\dfrac{1}{R_{k-1}}\boldsymbol{P}_{k-1}\boldsymbol{\Phi}(k-1)\boldsymbol{\Phi}^{\mathrm{T}}(k-1)\boldsymbol{P}_{k-1}$，$\bar{\boldsymbol{P}}_k\boldsymbol{P}_{k-1}^{-1}=\boldsymbol{I}-\dfrac{1}{R_{k-1}}\boldsymbol{P}_{k-1}\boldsymbol{\Phi}(k-1)\boldsymbol{\Phi}^{\mathrm{T}}(k-1)$，式(17.6.33)变为

$$\bar{\boldsymbol{P}}_k^{-1}\tilde{\boldsymbol{V}}(k)=\boldsymbol{P}_{k-1}^{-1}\tilde{\boldsymbol{V}}(k-1)-\frac{1}{R_{k-1}}\bar{\boldsymbol{P}}_k^{-1}\boldsymbol{P}_{k-1}\boldsymbol{\Phi}(k-1)\mu(k-1) \tag{17.6.34}$$

将式(17.6.34)代入式(17.6.31)得

$$\begin{aligned}\Delta L_2(k)\leqslant&[\tilde{\boldsymbol{V}}(k)-\tilde{\boldsymbol{V}}(k-1)]^{\mathrm{T}}\boldsymbol{P}_{k-1}^{-1}\tilde{\boldsymbol{V}}(k-1)-\\&\frac{1}{R_{k-1}}\tilde{\boldsymbol{V}}^{\mathrm{T}}(k)\bar{\boldsymbol{P}}_k^{-1}\boldsymbol{P}_{k-1}\boldsymbol{\Phi}(k-1)\mu(k-1)\end{aligned} \tag{17.6.35}$$

将式(17.6.35)中的$[\tilde{\boldsymbol{V}}(k)-\tilde{\boldsymbol{V}}(k-1)]^{\mathrm{T}}$用式(17.6.32)代替，则式(17.6.35)变为

$$\Delta L_2(k) \leqslant -\frac{1}{R_{k-1}}\tilde{\boldsymbol{V}}^{\mathrm{T}}(k-1)\boldsymbol{\Phi}(k-1)\boldsymbol{\Phi}^{\mathrm{T}}(k-1)\tilde{\boldsymbol{V}}(k-1)- \frac{1}{R_{k-1}}\mu(k-1)\boldsymbol{\Phi}^{\mathrm{T}}(k-1)\tilde{\boldsymbol{V}}(k-1)- \frac{1}{R_{k-1}}\tilde{\boldsymbol{V}}^{\mathrm{T}}(k)\overline{\boldsymbol{P}}_k^{-1}\boldsymbol{P}_{k-1}\boldsymbol{\Phi}(k-1)\mu(k-1) \tag{17.6.36}$$

式(17.6.36)的最后一项为

$$\begin{aligned}\frac{\mu(k-1)}{R_{k-1}}\tilde{\boldsymbol{V}}^{\mathrm{T}}(k)\overline{\boldsymbol{P}}_k^{-1}\boldsymbol{P}_{k-1}\boldsymbol{\Phi}(k-1) &= \frac{\mu(k-1)}{R_{k-1}}\boldsymbol{\Phi}^{\mathrm{T}}(k-1)\boldsymbol{P}_{k-1}\overline{\boldsymbol{P}}_k^{-1}\tilde{\boldsymbol{V}}(k)\\ &= \frac{\mu(k-1)}{R_{k-1}}\boldsymbol{\Phi}^{\mathrm{T}}(k-1)\boldsymbol{P}_{k-1}\left[\boldsymbol{P}_{k-1}^{-1}\tilde{\boldsymbol{V}}(k-1)-\frac{1}{R_{k-1}}\overline{\boldsymbol{P}}_k^{-1}\boldsymbol{P}_{k-1}\boldsymbol{\Phi}(k-1)\mu(k-1)\right]\\ &= \frac{\mu(k-1)}{R_{k-1}}\boldsymbol{\Phi}^{\mathrm{T}}(k-1)\tilde{\boldsymbol{V}}(k-1)-\frac{\mu^2(k-1)}{R_{k-1}^2}\boldsymbol{\Phi}^{\mathrm{T}}(k-1)\boldsymbol{P}_{k-1}\overline{\boldsymbol{P}}_k^{-1}\boldsymbol{P}_{k-1}\boldsymbol{\Phi}(k-1)\end{aligned}$$

现对$\overline{\boldsymbol{P}}_k=\boldsymbol{P}_{k-1}-\frac{1}{R_{k-1}}\boldsymbol{P}_{k-1}\boldsymbol{\Phi}(k-1)\boldsymbol{\Phi}^{\mathrm{T}}(k-1)\boldsymbol{P}_{k-1}$应用矩阵求逆引理

$$(\boldsymbol{A}+\boldsymbol{BC})^{-1}=\boldsymbol{A}^{-1}+\boldsymbol{A}^{-1}\boldsymbol{B}(\boldsymbol{I}+\boldsymbol{C}\boldsymbol{A}^{-1}\boldsymbol{B})^{-1}\boldsymbol{C}\boldsymbol{A}^{-1} \tag{17.6.37}$$

令$\boldsymbol{A}=\boldsymbol{P}_{k-1}$，$\boldsymbol{B}=-\frac{1}{R_{k-1}}\boldsymbol{P}_{k-1}\boldsymbol{\Phi}(k-1)$，$\boldsymbol{C}=\boldsymbol{\Phi}^{\mathrm{T}}(k-1)\boldsymbol{P}_{k-1}$则有

$$\begin{aligned}\overline{\boldsymbol{P}}_k^{-1} &= \left(\boldsymbol{P}_{k-1}-\frac{1}{R_{k-1}}\boldsymbol{P}_{k-1}\boldsymbol{\Phi}(k-1)\boldsymbol{\Phi}^{\mathrm{T}}(k-1)\boldsymbol{P}_{k-1}\right)^{-1}=\boldsymbol{P}_{k-1}^{-1}-\boldsymbol{P}_{k-1}^{-1}\frac{1}{R_{k-1}}\boldsymbol{P}_{k-1}\boldsymbol{\Phi}(k-1)\times\\ &\quad\left(1-\boldsymbol{\Phi}^{\mathrm{T}}(k-1)\boldsymbol{P}_{k-1}\boldsymbol{P}_{k-1}^{-1}\frac{1}{R_{k-1}}\boldsymbol{P}_{k-1}\boldsymbol{\Phi}(k-1)\right)^{-1}\boldsymbol{\Phi}^{\mathrm{T}}(k-1)\boldsymbol{P}_{k-1}\boldsymbol{P}_{k-1}^{-1}\\ &= \boldsymbol{P}_{k-1}^{-1}-\boldsymbol{\Phi}(k-1)(R_{k-1}-\boldsymbol{\Phi}^{\mathrm{T}}(k-1)\boldsymbol{P}_{k-1}\boldsymbol{\Phi}(k-1))^{-1}\boldsymbol{\Phi}^{\mathrm{T}}(k-1)\end{aligned}$$

若选取$R_{k-1}=Q_{k-1}+\boldsymbol{\Phi}^{\mathrm{T}}(k-1)\boldsymbol{P}_{k-1}\boldsymbol{\Phi}(k-1)$，其中$Q_{k-1}>0$，则

$$\overline{\boldsymbol{P}}_k^{-1}=\boldsymbol{P}_{k-1}^{-1}+\frac{1}{Q_{k-1}}\boldsymbol{\Phi}(k-1)\boldsymbol{\Phi}^{\mathrm{T}}(k-1)$$

式(17.6.36)变为

$$\begin{aligned}\Delta L_2(k) &\leqslant -\frac{1}{R_{k-1}}\tilde{\boldsymbol{V}}^{\mathrm{T}}(k-1)\boldsymbol{\Phi}(k-1)\boldsymbol{\Phi}^{\mathrm{T}}(k-1)\tilde{\boldsymbol{V}}(k-1)-\frac{\mu(k-1)}{R_{k-1}}\boldsymbol{\Phi}^{\mathrm{T}}(k-1)\tilde{\boldsymbol{V}}(k-1)-\\ &\quad\frac{\mu(k-1)}{R_{k-1}}\boldsymbol{\Phi}^{\mathrm{T}}(k-1)\tilde{\boldsymbol{V}}(k-1)+\frac{\mu^2(k-1)}{R_{k-1}^2}\boldsymbol{\Phi}^{\mathrm{T}}(k-1)\boldsymbol{P}_{k-1}\overline{\boldsymbol{P}}_k^{-1}\boldsymbol{P}_{k-1}\boldsymbol{\Phi}(k-1)\\ &= -\frac{1}{R_{k-1}}[\tilde{\boldsymbol{V}}^{\mathrm{T}}(k-1)\boldsymbol{\Phi}(k-1)\boldsymbol{\Phi}^{\mathrm{T}}(k-1)\tilde{\boldsymbol{V}}(k-1)+2\mu(k-1)\boldsymbol{\Phi}^{\mathrm{T}}(k-1)\tilde{\boldsymbol{V}}(k-1)+\mu^2(k-1)]+\\ &\quad\left[\frac{1}{R_{k-1}}+\frac{1}{R_{k-1}^2}\boldsymbol{\Phi}^{\mathrm{T}}(k-1)\boldsymbol{P}_{k-1}\left(\boldsymbol{P}_{k-1}^{-1}+\frac{1}{Q_{k-1}}\boldsymbol{\Phi}(k-1)\boldsymbol{\Phi}^{\mathrm{T}}(k-1)\right)\boldsymbol{P}_{k-1}\boldsymbol{\Phi}(k-1)\right]\mu^2(k-1)\\ &= -\frac{1}{R_{k-1}}[\boldsymbol{\Phi}^{\mathrm{T}}(k-1)\tilde{\boldsymbol{V}}(k-1)+\mu(k-1)]^2+\frac{1}{R_{k-1}}\left[1+\frac{1}{R_{k-1}}\boldsymbol{\Phi}^{\mathrm{T}}(k-1)\boldsymbol{P}_{k-1}\boldsymbol{\Phi}(k-1)+\right.\\ &\quad\left.\frac{1}{R_{k-1}Q_{k-1}}(\boldsymbol{\Phi}^{\mathrm{T}}(k-1)\boldsymbol{P}_{k-1}\boldsymbol{\Phi}(k-1))^2\right]\mu^2(k-1)\end{aligned} \tag{17.6.38}$$

选取$Q_{k-1}=R_2+\boldsymbol{\Phi}^{\mathrm{T}}(k-1)\boldsymbol{P}_{k-1}\boldsymbol{\Phi}(k-1)$，则

$$R_{k-1}=Q_{k-1}+\boldsymbol{\Phi}^{\mathrm{T}}(k-1)\boldsymbol{P}_{k-1}\boldsymbol{\Phi}(k-1)=R_2+2\boldsymbol{\Phi}^{\mathrm{T}}(k-1)\boldsymbol{P}_{k-1}\boldsymbol{\Phi}(k-1)$$

其中 $R_2>0\in\mathbf{R}$。利用式(17.6.27),式(17.6.38)可写为

$$\Delta L_2(k)\leqslant-\frac{1}{R_{k-1}}e^2(k-1)+\frac{1}{R_{k-1}}\left[1+\frac{\boldsymbol{\Phi}^{\mathrm{T}}(k-1)\boldsymbol{P}_{k-1}\boldsymbol{\Phi}(k-1)}{R_2+2\boldsymbol{\Phi}^{\mathrm{T}}(k-1)\boldsymbol{P}_{k-1}\boldsymbol{\Phi}(k-1)}+\right.$$
$$\left.\frac{(\boldsymbol{\Phi}^{\mathrm{T}}(k-1)\boldsymbol{P}_{k-1}\boldsymbol{\Phi}(k-1))^2}{(R_2+\boldsymbol{\Phi}^{\mathrm{T}}(k-1)\boldsymbol{P}_{k-1}\boldsymbol{\Phi}(k-1))(R_2+2\boldsymbol{\Phi}^{\mathrm{T}}(k-1)\boldsymbol{P}_{k-1}\boldsymbol{\Phi}(k-1))}\right]\mu^2(k-1)$$

因而有

$$\Delta L_2(k)\leqslant-\frac{1}{R_{k-1}}e^2(k-1)+\frac{1}{R_{k-1}}(1+1+1)\mu^2(k-1)$$

由于 $|\mu(k-1)|<\bar{\mu}$,所以有

$$\Delta L_2(k)\leqslant-\frac{1}{R_{k-1}}[e^2(k-1)-3\bar{\mu}^2]\tag{17.6.39}$$

由死区 $e^2(k-1)\geqslant 3\bar{\mu}^2$ 及 $\alpha_{k-1}=\frac{1}{R_{k-1}}>0$ 知 $\Delta L_2(k)\leqslant 0$,$L_2(k)$是有界的。

若 $e^2(k-1)<3\bar{\mu}^2$,由式(17.6.28)知 $\alpha(k-1)=0$,所有的权值都不再变化,是有界的,所以 $L_2(k)$有界。

当 $e^2(k-1)\geqslant 3\bar{\mu}^2$ 时,将式(17.6.39)从 2 到 T 求和,可得

$$\sum_{k=2}^{T}\frac{1}{R_{k-1}}[e^2(k-1)-3\bar{\mu}^2]=L_2(1)-L_2(T)\tag{17.6.40}$$

由于 $L_2(T)$有界,并且$\frac{1}{R_{k-1}}>0$,所以

$$\limsup_{T\to\infty}\sum_{k=2}^{T}\frac{1}{R_{k-1}}[e^2(k-1)-3\bar{\mu}^2]<\infty\tag{17.6.41}$$

因为 $e^2(k-1)\geqslant 3\bar{\mu}^2$,$\frac{1}{R_{k-1}}[e^2(k-1)-3\bar{\mu}^2]>0$,所以

$$\limsup_{k\to\infty}\frac{1}{R_{k-1}}[e^2(k-1)-3\bar{\mu}^2]=0\tag{17.6.42}$$

由于 $L_2(k-1)$有界,所以 $R_{k-1}<\infty$,并且$\frac{1}{R_{k-1}}>0$,因而有

$$\limsup_{k\to\infty}e^2(k-1)\leqslant 3\bar{\mu}^2\tag{17.6.43}$$

这便是式(17.6.29)。

当 $e^2(k-1)<3\bar{\mu}^2$ 时,条件本身就已经满足式(17.6.29)。证毕。

由于模糊神经系统的隐层参数被包含在非线性函数中,所以本节采用梯度下降法训练隐层参数;又因为输出层参数被包含在线性函数中,所以用卡尔曼滤波算法训练输出层的参数。

17.6.4 辨识算法具体步骤

算法的具体步骤如下:

(1) 选择参数:$R_2=\beta>0\in\mathbf{R}$,$0<r<1\in\mathbf{R}$,$0<\eta<1\in\mathbf{R}$,$\bar{\zeta}^2\in\mathbf{R}$,$\bar{\mu}^2\in\mathbf{R}$;

(2) 第一批数据 $k=1$,$M=1$,$v(1)=y(1)$,$c_{i1}(1)=x_i(1)$,$\sigma_{i1}(1)=\mathrm{rand}\in(0,1)$,$i=1,2,\cdots,N$,$\boldsymbol{P}_1=100\in R^{1\times1}$,$\boldsymbol{R}_1=\alpha\in R^{1\times1}$;

(3) 对于 $k\geqslant 2$ 时的其他数据,则利用式(17.6.3)计算 $z_j(k-1)$ 和 $b(k-1)$,利用式(17.6.4)和式(17.6.5)计算 $\hat{y}(k-1)$,利用式(17.6.6)计算 $p(k-1)$,利用式(17.6.14)、式(17.6.16)和式(17.6.17)修正 $c_{ij}(k)$ 和 $\sigma_{ij}(k)$;注意到式(17.6.16)中的 $D_i(k-1)\ (i=1,2)$ 即是式(17.6.14),是为了简化表示所引入的辅助项;$\boldsymbol{V}(k)$ 则利用式(17.6.28)进行修正;

(4) 若 $p(k-1)<r, r\in(0,1)$,则产生一条新规则($M=M+1$),根据式(17.6.7)取得初始值 $c_{i,M+1}(k)$,$\sigma_{i,M+1}(k)$ 和 $v_{M+1}(k)$,$p_{M+1,M+1,k}=100\in\boldsymbol{P}_k\in R^{M+1,M+1}$,$\boldsymbol{R}_{M+1,M+1,1}=\alpha\in\boldsymbol{R}_1\in R^{M+1,M+1}$,然后转到步骤(2);

(5) 若 $p(k-1)\geqslant r$,则不产生新规则,在这种情况下,$z_j(k-1)=p(k-1)$,该规则为优胜者规则 j^*,用式(17.6.8)进行修正,再转到步骤(2)。

17.6.5 仿真算例

在本小节的仿真计算中,所提出的在线自组织算法将被用于非线性系统辨识。对于两个算例,将采用均方误差(mean square error,MSE)比较计算结果。均方误差的定义为

$$\mathrm{MSE}=\frac{1}{N}\sum_{k=1}^{N}e^2(k-1) \tag{17.6.44}$$

算例1 考虑非线性系统

$$y(k)=0.52+0.1x_1+0.28x_2-0.06x_1x_2 \tag{17.6.45}$$

其中 $x_1(k)=\sin^2(10/k)$,$x_2(k)=\cos^2(10/k)$。算法中的参数选取为 $\alpha=\beta=0.01$,$r=0.1$。

我们将本文算法和参考文献中的模糊聚类算法及模糊算法的辨识结果进行了比较,其中模糊聚类算法在所有情况下都采用梯度法去训练参数而没有采用式(17.6.8)给出的修正律;模糊算法没有进行聚类,而是采用了定常学习速率的梯度法。其辨识结果的比较如表17.2所示。

表17.2 三种算法的辨识结果比较

算法	规则数	MSE
模糊聚类算法($\eta=1, r=0.1$)	5	1.5832×10^{-4}
模糊算法($\eta=0.4$)	2	0.0026
卡尔曼模糊聚类算法(本节算法)($\eta=\mu=1, \alpha=\beta=0.01, r=0.1$)	2	1.1921×10^{-5}

由表17.2可以看到,模糊算法的均方误差是0.0026,模糊聚类算法均方误差是 1.5832×10^{-4},卡尔曼模糊聚类算法的均方误差是 1.1921×10^{-5}。模糊聚类算法产生了5条规则,模糊算法产生了2条规则。由于卡尔曼模糊聚类算法采用了式(17.6.8),产生了2条规则。

算例2 考虑非线性系统

$$y(k)=\frac{y^2(k-3)+y^2(k-2)+y^2(k-1)+\tanh(u(k))+1}{y^2(k-3)+y^2(k-2)+y^2(k-1)+1} \tag{17.6.46}$$

其中

$u(k)=0.6\sin(3\pi kT_s)+0.2\sin(4\pi kT_s)+1.2\sin(\pi kT_s)$,$T_s=0.01$,$x_1(k)=y(k-1)$,$x_2(k)=y(k-2)$,$x_3(k)=y(k-3)$,$x_4(k)=u(k)$。算法中的参数选取为 $\alpha=\beta=0.01$,$r=1\times10^{-6}$。

我们将本文算法和参考文献中的模糊聚类算法及模糊算法的辨识结果进行了比较,其中模糊聚类算法在所有情况下都采用梯度法训练参数而没有采用式(17.6.8)给出的修正律;模糊算法没有进行聚类,而是采用了定常学习速率的梯度法。其辨识结果的比较如表17.3所示。

表 17.3　三种算法的辨识结果比较

算法	规则数	MSE
模糊聚类算法（$\eta=1, r=1\times10^{-6}$）	6	0.0019
模糊算法（$\eta=0.4$）	2	0.0013
卡尔曼模糊聚类算法（本节算法）（$\eta=\mu=1, \alpha=\beta=0.01, r=1\times10^{-6}$）	2	2.2×10^{-5}

由表 17.3 可以看到，模糊算法的均方误差是 0.0013，模糊聚类算法均方误差是 0.0019，卡尔曼模糊聚类算法的均方误差是 2.2×10^{-5}。模糊聚类算法产生了 6 条规则，模糊算法产生了 2 条规则。由于卡尔曼模糊聚类算法采用了式（17.6.8），产生了 2 条规则。

由上述两个算例可以看出，在三种算法中卡尔曼模糊聚类算法所产生的规则较少、均方误差最小，具有较明显的优势。

习　题

17.1　试阐述模糊逻辑系统辨识法的分类。

17.2　考虑非线性系统

$$y(k+1)=\frac{y(k)y(k-1)y(k-2)u(k-1)[y(k-2)-1]+u(k)}{1+y^2(k-1)+y^2(k-2)}$$

输入信号 $u(k)$ 为二位式伪随机序列，试用自组织模糊辨识方法对系统进行辨识。

17.3　已知非线性动态系统

$$y(k+1)=\frac{5y(k)y(k-1)}{1+y^2(k)+y^2(k-1)+y^2(k-2)}+u(k)+0.3u(k-1)$$

采用高斯随机信号作为数组 A 的输入信号，数据 B 的系统输入采用 $u(k)=\dfrac{\sin(0.1k\pi)}{25}$，$k$ 取为 1，2，…，100，试用自组织模糊辨识方法对系统进行辨识。

17.4　考虑非线性系统

$$y(k+1)=0.3y(k)+0.6y(k-1)+g(u(k))$$

式中未知函数

$$g(u(k))=0.6\sin(\pi u(k))+0.3\sin(3\pi u(k))+0.1\sin(5\pi u(k))$$

输入信号 $u(k)=\sin(2\pi k/250)$，试用模糊辨识方法进行系统辨识。

17.5　已知糖分解振荡器非线性动态模型的状态空间表达式为

$$\begin{bmatrix}\dot{x}_1\\ \dot{x}_2\end{bmatrix}=\begin{bmatrix}-x_1x_2^2+0.99\\ x_1x_2^2-x_2\end{bmatrix}+\begin{bmatrix}0.42\\ 0\end{bmatrix}\cos(1.75t)$$

每个集合的隶属函数选为

$$\mu(x_i)=\exp\left(\frac{-(x_i-\bar{x}^j)^2}{2(0.25)^2}\right)$$

其中 $\bar{x}^j=0.5j, j=1,2,\cdots,7$，试用基于变结构的非线性系统模糊逻辑辨识法辨识该非线性系统。

17.6 已知杜芬(Duffing)强迫振荡系统的状态方程为

$$\begin{cases} \dot{x}_1=x_2 \\ \dot{x}_2=-x_1^3-0.1x_2+12\cos(t)+u(t) \end{cases}$$

试用非线性系统的递推动态模糊逻辑辨识算法辨识系统状态变量 x_1 和 x_2。

17.7 考虑非线性系统

$$y(k)=0.52x_1^2+0.28x_2^3-0.06x_1x_2^2$$

其中，$x_1=0.8\cos^2(10/k)$，$x_2=0.6\cos^2(10/k)$，试用在线模糊聚类神经网络辨识算法辨识该非线性系统，并计算均方误差。

17.8 考虑非线性系统

$$y(k)=\frac{y^2(k-1)+y(k-1)y(k-2)+y^2(k-3)+u(k)+1}{y^2(k-1)+y^2(k-2)+y^2(k-3)+1}$$

其中 $u(k)=0.6\sin(3\pi k/150)$，试用在线模糊聚类神经网络辨识算法辨识该非线性系统，并计算均方误差。

18

第 18 章

系统辨识在航天工程中的应用

18.1　系统辨识在飞行器参数辨识中的应用

18.1.1　引言

飞行器是个极其复杂的系统,飞行器研制是包括设计、试制、试验、定型、生产的庞大系统。飞行器设计包括外形设计、结构设计、控制系统设计、制导系统设计、动力系统设计、供电系统设计,等等。设计应确保飞行器有足够的刚度、强度、热防护性能、飞行稳定性、飞行品质和作战性能,并应考虑经济性和可维护性。在飞行器的方案设计阶段、初步设计阶段和型号设计阶段,都必须为各个分系统建立具有不同的近似程度、反映系统不同侧面的数学模型,进行系统的分析和仿真,以确保整个系统的性能达到战术技术指标,满足设计技术要求。为了确保建立正确的系统数学模型,在不同设计、试制、试验阶段,要进行多次分系统和全系统的试验,包括地面缩比尺度的模型试验、地面全尺寸的模拟试验、空中缩比模型试验和全尺寸飞行器的飞行试验,利用这些试验的实测数据,通过系统辨识,建立飞行器各分系统的数学模型是飞行器研制过程中的有力工具。

18.1.2　气动力参数辨识

在飞行器系统仿真中,气动力数学模型是仿真软件的关键,模型正确与否决定着仿真系统的置信度。大气层内飞行器的飞行轨迹、飞行稳定性、机动性和可控性都取决于飞行器所承受的气动力。

气动力数学模型是建立作用于飞行器的空气动力(升力、阻力、侧向力;俯仰、偏航和滚转气动力矩)与飞行器运动状态参数(速度、角速度、攻角、侧滑角、飞行高度等)和控制输入(升降舵、副翼、方向舵及各控制舵面的偏转角等)之间的解析关系式。数学模型的参变量采用满足相似律的无量纲参数表示。

气动力参数辨识通过假设飞行器是刚体动力学系统,其状态方程满足牛顿第二定律,因此试验时观测量是反映质心运动和绕质心转动的物理量。对于在风洞中和导弹靶的缩比模型自由飞,观测量是模型质心的位置和模型相对于地球坐标系的姿态角;对于飞行试验,观测量常常是过载和角速度,也可测量质心位置和姿态角,有时还测量攻角、侧滑角等。

气动力参数辨识是飞行器系统辨识中发展最为成熟的一个领域,已成功地应用于飞机、战术导弹、战略导弹,并拓展应用到其他运动体,例如水雷的水动力参数识别。目前,国内外各主要飞行器设计部门都开发了自己的气动参数辨识软件包,其中应用最广泛的有最大似然法、增广的广义卡尔曼滤波法,还有分割辨识法和建模估计法。已发展了适用于不同的观测噪声和过程噪声特性的辨识算法,正在发展非线性系统、带有迟滞效应的非定常气动力数学模型。

18.1.3 气动热参数辨识

超高声速飞行器再入大气层时,表面形成高达几千摄氏度的等离子气体层,热防护设计成了再入体设计中的关键课题。特别是再入飞船的最大热流量发生在非平衡气流区域,非平衡气流的计算和直接测量在理论上和地面模拟都不是很成熟。因此,利用飞行试验数据辨识气动热参数更显出其重要性。

气动热流辨识是在已知导热系数的条件下通过测量飞行器内部温度历程数据,辨识飞行器表面气动加热的热流参数和热流历程;也可以通过测量表面热流和内部温度历程,辨识飞行器材料的导热系数。在某些条件下,也可以通过测量温度的分布和温度历程,辨识热流和导热系数。它可以是参数估计,也可以是函数估计问题。热传导问题是个分布参数系统问题,热传导方程是含有时间和空间自变量的偏微分方程组。气动热流辨识是一个在偏微分方程组约束下的泛函极值问题,而且是数学病态问题。除了极简单的一元线性热传导问题在特定情况下有解析解外,通常要求采用有限差分法、有限元法或有限体积法求解偏微分方程并进行极值的迭代求解,其计算比气动参数辨识复杂得多。

飞行器气动热流辨识的试验主要是在地面上的电弧加热器上进行缩比模型试验,通常测量热流或温度。飞行试验时,由于飞行器外壁处于高温状态无法测量热流,仅测量飞行器内各层温度历程。再入体防热材料的导热系数很小,内壁温升很小,为获得较多热流信息,需要在飞行器壁上嵌装特殊设计的温度传感器。

当系统的物性参数与温度无关时,系统是线性系统,已发展出较为成熟的热流辨识算法,不仅可作参数估计,而且可进行函数估计,特定条件下还有解析解。当系统物性参数与温度有关时,热流辨识成了非线性辨识问题,虽已发展出特定函数法和正则化法等算法,但还有待改进。

18.1.4 结构动力学参数辨识

飞行器的弹性振动频率、振型和形变直接影响飞行器的结构稳定性、运动稳定性和控制系统的设计,建立正确的飞行器结构动力学数学模型是飞行器研制中的一个重要课题。

弹性飞行器的结构动力学状态方程是偏微分方程组,故结构动力学参数辨识也是分布参数系统辨识,分布参数难于直接进行辨识。通常采用系统的固有频率和固有振型建立相应的常微分方程组,将结构动力学参数辨识化为辨识振型、频率、阻尼、质量矩阵、刚度矩阵和结构动态载荷等参数。振型、频率和阻尼等模态参数可以直接采用相应动力学方程组从试验测量的传递函数辨识求得。但刚度矩阵、质量矩阵等结构物理参数若直接采用结构力学方程组进行辨识,误差很大。目前的做法是,应用有限元法求解结构力学方程组得到刚度矩阵和质量矩阵的理论结果,然后采用系统辨识技术,通过结构振动试验,以质量阵正交性条件、刚度阵对称性条件和系统特征方程作为约束条件,辨识有限元理论模型的刚度矩阵和质量矩阵的修正量。

飞行器结构动力学试验先在地面上进行结构参数相似的缩比模型试验、全尺寸的部件试验、全机(弹)结构振动试验,最后经过飞行试验验证。试验时测量参数包括振动位移、速度、加速度、角速度及应变。结构动力学参数辨识包括结构模态参数辨识(辨识振型、频率和阻尼)、动态载荷辨识(辨识结构的动载荷)和结构物理参数辨识(辨识系统的质量矩阵、刚度矩阵和阻尼矩阵)三部分,其中结构模态参数辨识发展得比较成熟,已在大型运载火箭和飞机的地面试验获取到有用数据,并成功地利用大型飞机的飞行试验数据辨识各阶振动频率和振型。动态载荷辨识已形成较完备的理论体系并在飞行器设计中得到应用。结构物理参数辨识仍处于理论研究阶段,有待进一步开发应用。

18.1.5 液体晃动模态参数辨识

大型液体火箭储箱内液体晃动形成的附加力矩曾导致飞行运动不稳定而坠毁;空间站姿态角微调发动机的燃料晃动与控制系统耦合也会导致姿态角振动而消耗燃料,减少使用寿命。建立不同储箱下液体晃动的正确数学模型是飞行器研制中必须解决的问题。对于复杂形状、有隔板和挡板的储箱的正确数学模型主要是通过试验来辨识确定。

理论分析和实验表明,储箱内的液体晃动等价于几个相互独立的“弹簧-质量-阻尼器”和“单摆-阻尼器”的等效力学系统的振动。液体晃动模态辨识就是通过试验来辨识等效力学模型的质量、频率和阻尼。晃动试验可用满足相似律准则的缩尺模型和全尺寸储箱进行,试验时采用应变式测力计和压电式力传感器测量晃动引起的力和力矩。等效力学系统的液体晃动模态参数辨识方法已发展成熟并已用于型号研制中。晃动阻尼是飞行器储箱设计中最关心的参数,它与挡板、隔板有关,随晃动振幅呈非线性关系,非线性阻尼辨识算法还在进一步发展中。

大型液体火箭储箱、传输管道、喷管的弹性振动和液体传输的耦合振动可能导致火箭纵向结构振动,形成跷振现象。建立跷振的数学模型、辨识其中的关键参数也是飞行器系统辨识的一个应用,这一领域的工作还处于开发阶段。

18.1.6 惯性仪表误差系数辨识

洲际导弹的落点精度主要取决于导弹主动段火箭停火点状态参数的误差。导致停火点参数误差的主要因素是惯性制导系统惯性仪表的测量误差。建立惯性仪表误差系数的正确数学模型,可以实时校正关机点参数,提高导弹命中精度,故惯性仪表误差系数辨识是系统辨识在飞行器研制中的一个重要应用。

惯性仪表误差系数数学模型是建立误差系数和飞行器状态参数及导数的关系式。其辨识建模的基本思想是利用弹上遥测系统和外测(雷测、光测)系统两种测量手段同时测量飞行状态参数之差进行误差系数辨识。遥测系统采用惯性仪表进行测量,其测量值含有惯性仪表与飞行状态参数有关的系统误差和测量随机误差;外测的测量误差与飞行状态参数关系很小,主要是测量随机误差,故遥测值与外测值之差可以作为辨识惯性仪表误差系数的信息源。目前还没有找到误差系数与状态参数之间的物理定律,无法建立状态方程,误差系数辨识是作为黑箱问题处理的,目前其候选数学模型取为多项式模型集,通过 F 检验和主成分分析法等先确定数学模型构式,再进行参数估计。由于各误差系数之间的相关性较强,为提高辨识精度可采用特别设计的飞行弹道。此问题并没有很好解决,可望通过建立惯性仪表的数学模型而开发出更有效的方法。

18.2 战术导弹的气动参数辨识

战术导弹泛指中近程导弹,包括地地导弹、地空导弹、海防导弹和反坦克导弹等。由于战术任务不同、飞行器气动外形不同、飞行轨道不同和控制方式不同,飞行试验时的测试系统也有差异,因此气动力参数辨识的状态方程、观测方程和灵敏度方程也各不相同。

系统辨识在20世纪70年代用于解决飞行器研制问题时,首先是在气动参数辨识上的应用。50多年来,气动参数辨识依然是飞行器辨识发展得最快、应用最成功的领域。

气动参数辨识包括气动力参数辨识和气动热参数辨识两大部分,这是完全不同的两类参数辨识。作用于飞行器上的气动力决定着飞行器的运动状态,飞行状态满足由牛顿第二定律导出的六自由度运动方程组,是常微分方程组,时间t是自变量,所以气动力参数辨识属于集中参数系统的参数辨识。作用于飞行器的气动热决定着飞行器上的温度分布历程,它既是时间的函数,又是空间位置的函数。系统状态方程组是从热导定律和能量守恒定律导出的偏微分方程组,故气动热参数辨识属于分布参数的参数辨识和函数辨识。

气动力参数辨识的目的是建立空气动力系数的数学模型,即建立气动力系数与飞行器参数的关系式。关系式可以是代数方程式、微分方程式或积分方程式。最早建立的气动力数学模型是线性代数方程式,它仅适用于小攻角飞行器状态。线性模型在飞行器研制中得到广泛应用。至今仍是飞行器运动稳定性、飞行品质和飞行性能分析的基础。线性气动参数辨识已发展得很成熟,各国主要飞行器研制单位都备有自己的线性气动参数辨识软件包,最为实用、有效的是极大似然法辨识软件包。当飞行器处于大攻角飞行状态时,例如飞机的失速/尾旋区,战术导弹的大机动状态,线性气动力模型就不适用了。现已研究了多项式、样条函数、阶跃响应函数、微分方程式等各种形式的非线性气动力数学模型。目前气动力参数辨识的研究工作重点是非定常气动力迟滞效应、非线性气动参数、非线性闭环系统的参数辨识方法和应用。

气动热参数辨识包括两个主题。一个主题是热流率时间历程辨识,主要是辨识外界传入再入飞行器的热流速率。热流率随再入过程是变化的,其影响因素很多,目前还不可能通过系统辨识建立热流率与飞行状态参数、防热材料物理参数之间的数学模型。问题的提法是根据已知防热材料的热传导系数、比热、密度等物理参数和再入体壁内的温度历程测量数据,辨识传入再入体的热流率时间历程,这是一个函数辨识的问题。另一主题是建立热传导系数的数学模型。在几千摄氏度的高温条件下,防热材料的热传导系数不是常数,是温度的非线性函数,建立热传导系数的数学模型就是建立热传导系数与温度的解析关系式。在地面的加热器进行防热材料试验时,可以测量传入防热材料的热流率和防热材料内部的温度变化历程。气动热参数辨识虽然已有50多年的研究历史,由于它是个病态问题,辨识结果对测量误差比较敏感,难以得到准确的辨识结果,目前在工程上还没有得到广泛应用。

本节将以飞航导弹为例,根据各类导弹惯用的参考坐标系,建立其气动力参数辨识的数学模型,给出具体辨识算法和具体公式。文中提供部分仿真计算结果和飞行试验实测数据的辨识结果。

18.2.1 飞航导弹气动力参数辨识

飞航导弹是指攻击地面和海面目标的有翼导弹。这种导弹的特点是:始终在稠密的大气层内飞行;一般具有较大的气动力面,如弹翼,用于产生升力来平衡自身的重力及做必要的机动飞行;具有轴对称或飞机型气动外形;它的弹道一般由过渡段、平飞段、俯冲段3种典型弹道组成。过渡段根据装载设备的不同,又可分为助推段、爬高段或下滑段。弹道主要部分是以巡航速度做水平直线飞行,又称定高飞行。根据控制方式的不同,可将弹道分为自控段和自导段。在自控段,导弹按照预定的弹道作方案飞行;在自导段,在制导系统的作用下,导弹按一定的导引规律飞向目标。

导弹的参数辨识都必须有控制输入,以激发弹体振荡,提供参数辨识所必要的信息,根据控制输入施加的方法不同,可以分为开环系统和闭环系统。对于闭环系统的参数辨识,有两种处理方法,一种是把它当作开环系统来处理,即将飞行器的反馈系统人为地断开,用等效开环系统来代替;另一种处理方法是,建立包括控制系统在内的动力学系统数学模型,将气动参数与控制参数一同进行辨识。由于控制参数常常具有饱和非线性特性,其数学模型比较复杂,难以建立统一的数学模型,因而增加了这种处理方法的复杂性,有时甚至是不可辨识的。飞航导弹的气动参数辨识,往往是在闭环系统的情况下采用等效开环系统进行的。

18.2.2 飞航导弹动力学数学模型

将导弹视为刚体时,导弹在空间的运动可以由3个线位移 V_x, V_y, V_z 和3个角位移 $\omega_x, \omega_y, \omega_z$,即6个自由度来描述,只要输入信号能激发刚体运动的所有模态,就可以辨识出刚体飞行器的全部气动参数。本节选用弹体坐标系建立动力学数学模型。导弹的外作用力有气动力、发动机推力、重力以及由它们形成的力矩。

飞航导弹助推器工作时间比总飞行时间要短得多,一般只有1~6s,但助推器的推力很大,通常助推器推力产生的过载 N 可达15~20g。在助推器推力存在的情况下,空气动力几乎可以忽略不计,且助推段很难获得满足参数辨识要求的响应参数,因此本方程组中不考虑助推器的推力。

在上述条件下,飞航导弹六自由度动力学数学模型为

$$\dot{V}_x = \omega_x V_y - \omega_y V_x + g(N_x - \sin\vartheta) \tag{18.2.1}$$

$$\dot{V}_y = \omega_x V_z - \omega_z V_x + g(N_y - \cos\vartheta\sin\gamma) \tag{18.2.2}$$

$$\dot{V}_z = \omega_y V_z - \omega_x V_y + g(N_z - \cos\vartheta\sin\gamma) \tag{18.2.3}$$

$$\dot{\omega}_x = \frac{M_x}{J_x} + \frac{J_y - J_z}{J_x}\omega_y\omega_z \tag{18.2.4}$$

$$\dot{\omega}_y = \frac{M_y}{J_y} + \frac{J_z - J_x}{J_y}\omega_z\omega_x \tag{18.2.5}$$

$$\dot{\omega}_z = \frac{M_z}{J_z} + \frac{J_x - J_y}{J_z}\omega_z\omega_x + \frac{M_R}{J_z} \tag{18.2.6}$$

$$\dot{\vartheta} = \omega_y\sin\gamma + \omega_z\cos\gamma \tag{18.2.7}$$

$$\dot{\varphi} = \frac{1}{\cos\vartheta}(\omega_y\cos\gamma - \omega_z\cos\gamma) \tag{18.2.8}$$

$$\dot{\gamma} = \omega_x - \dot{\varphi}\sin\vartheta \tag{18.2.9}$$

$$\dot{h} = V_x\sin\vartheta + V_y\cos\gamma\cos\vartheta - V_z\cos\vartheta\sin\gamma \tag{18.2.10}$$

式中

$$N_x = \frac{1}{mg}(R - X_t) \tag{18.2.11}$$

$$N_y = \frac{1}{mg}Y_t \tag{18.2.12}$$

$$N_z = \frac{1}{mg}Z_t \tag{18.2.13}$$

其中

$$X_t = C_x qS \tag{18.2.14}$$

$$Y_t = (C_y + C_y^{\delta_z}\delta_z)qS \tag{18.2.15}$$

$$Z_t = (C_z + C_z^{\delta_y}\delta_y)qS \tag{18.2.16}$$

$$q = \frac{1}{2}\rho V^2 \tag{18.2.17}$$

$$\rho = \rho_0\left(1 - \frac{h}{44308}\right)^{4.2553} \tag{18.2.18}$$

$$g = 9.80665 - 0.000003086h \tag{18.2.19}$$

$$V = \sqrt{(V_x - W_x)^2 + (V_y - W_y)^2 + (V_z - W_z)^2} \tag{18.2.20}$$

$$W_{xd} = W\cos\varphi_W \tag{18.2.21}$$

$$W_{zd} = -W\sin\varphi_W \tag{18.2.22}$$

在以上各式中，M_R 为推力偏心矩；R 为发动机推力；W 为风速；φ_W 为风向角；W_{xd}，W_{zd} 为风速在地面坐标系的分量；W_x，W_y，W_z 为风速在弹体坐标系的分量。

风速在地面坐标系和弹体坐标系之间的转换关系式为

$$W_x = W_{xd}\cos\vartheta - W_{zd}\sin\varphi\cos\vartheta \tag{18.2.23}$$

$$W_y = W_{xd}(-\cos\varphi\cos\gamma\sin\vartheta + \sin\varphi\sin\gamma) + W_{zd}(\cos\varphi\sin\gamma + \sin\varphi\sin\vartheta\cos\gamma) \tag{18.2.24}$$

$$W_z = W_{xd}(\cos\varphi\sin\gamma\sin\vartheta + \sin\varphi\cos\gamma) + W_{zd}(\cos\varphi\cos\gamma - \sin\varphi\sin\vartheta\sin\gamma) \tag{18.2.25}$$

气动系数的模型应根据导弹气动外形的特点来确定，一般情况下可以表示为

$$C_x = C_{x0} + C_{xB}\alpha^2 \tag{18.2.26}$$

$$C_y = C_{y0} + C_y^{\alpha}\alpha \tag{18.2.27}$$

$$C_z = C_{z0} + C_y^{\beta}\beta \tag{18.2.28}$$

$$M_x = qSl\left(m_{x0} + m_x^{\beta}\beta + m_x^{\delta_x}\delta_x + m_x^{\delta_y}\delta_y + m_x^{\omega_x}\frac{\omega_x l}{2V} + m_x^{\omega_y}\omega_y\right) \tag{18.2.29}$$

$$M_y = qSl\left(m_{y0} + m_y^{\beta}\beta + m_y^{\delta_y}\delta_y + m_y^{\delta_y}\delta_y + m_y^{\omega_y}\frac{\omega_y l}{2V} - m_z^{\beta}\frac{\beta l}{2V} + m_y^{\omega_x}\frac{\omega_x l}{2V}\right) \tag{18.2.30}$$

$$M_z = qSb_A\left(m_{z0} + m_z^{\alpha}\alpha + m_z^{\delta_x}\delta_x + m_x^{\omega_z}\frac{\omega_z b_A}{V} + m_z^{\dot{\alpha}}\frac{\dot{\alpha} b_A}{V}\right) \tag{18.2.31}$$

式中

$$\alpha = \mathrm{arctg}\left(\frac{-V_y + W_y}{V_x - W_x}\right) \tag{18.2.32}$$

$$\beta = \arcsin\left(\frac{V_z - W_z}{V}\right) \tag{18.2.33}$$

以上方程再加上控制方程就成为一个完整的方程组，以自控段为例，飞航导弹的调节规律方程通常

可以简化表示为

$$\delta_x = k_\gamma \gamma + k_{\dot\gamma} \dot\gamma + k_{j1} \int_{t_1}^{t} \gamma \mathrm{d}t \tag{18.2.34}$$

$$\delta_y = k_\varphi \varphi + k_{\dot\varphi} \dot\varphi + k_{j2} \int_{t_1}^{t} \varphi \mathrm{d}t \tag{18.2.35}$$

$$\delta_z = k_\vartheta \vartheta + k_{\dot\vartheta} \dot\vartheta + k_H \Delta H + k_{\dot H} \Delta \dot H + k_{j3} \int_{t_3}^{t} \vartheta \mathrm{d}t + k_{j4} \int_{t_4}^{t} \Delta H \mathrm{d}t \tag{18.2.36}$$

式中，ΔH 为高度差信号；$\Delta \dot H$ 为高度差微分信号；t_i 为积分信号接入时间，$t=1,2,3,4$；$k_r, k_{\dot\gamma}, k_\varphi, k_{\dot\varphi}, k_\vartheta, k_{\dot\vartheta}, k_H, k_{\dot H}, k_{j1}, k_{j2}, k_{j3}, k_{j4}$为具有非线性特性的控制系统模型参数。

从以上方程可以看出，飞航导弹在实际飞行中是一个闭环系统，它的输入与响应变量密切相关，在进行参数辨识时，应将气动参数和控制参数一起进行参数估计，这就要求参数不仅要提供足够的信息量，而且要具有更高的精度和较为准确的噪声模型。达到这些要求是比较困难的，因此在飞航导弹的参数辨识中，并不进行控制参数的估计，而是采用等效开环的方法，将控制输入的测量值作为已知数据代入状态方程中。

从调节规律的简化方程还可以看出，飞航导弹 3 个通道的控制是相互独立的，正常飞行情况下，飞行过程中的扰动较小，因此可以将六自由度动力学数学模型简化为纵向和侧向 2 个三自由度的动力学模型。

18.2.3 参数辨识基本方程

参数辨识是根据飞行试验数据确定第 18.2.2 小节动力学数学模型中的气动参数，即参数估计。本节将给出采用极大似然法准则和改进的牛顿-拉弗森算法辨识飞航导弹气动力参数的具体算式。

18.2.3.1 状态方程

飞航导弹动力学数学模型的六自由度状态方程为

$$\dot V_x = \omega_x V_y - \omega_y V_x + g(N_x - \sin\vartheta) \tag{18.2.37}$$

$$\dot V_y = \omega_x V_z - \omega_z V_x + g(N_y - \cos\vartheta \sin\gamma) \tag{18.2.38}$$

$$\dot V_z = \omega_y V_z - \omega_x V_y + g(N_z - \cos\vartheta \sin\gamma) \tag{18.2.39}$$

$$\dot\omega_x = \frac{J_y - J_z}{J_x}\omega_y\omega_z + \frac{qSl}{J_x}\left(\dot m_{x0} + m_x^\beta \beta + m_x^{\delta_x}\delta_x + m_x^{\delta_y}\delta_y + m_x^{\omega_x}\frac{l\omega_x}{2V} + m_x^{\omega_y}\frac{l\omega_y}{2V}\right) \tag{18.2.40}$$

$$\dot\omega_y = \frac{J_z - J_x}{J_y}\omega_x\omega_z + \frac{qSl}{J_y}\left(\dot m_{y0} + m_y^\beta \beta + m_y^{\delta_y}\delta_y + m_y^{\omega_y}\frac{l\omega_y}{2V} + m_y^{\omega_x}\frac{l\omega_x}{2V}\right) \tag{18.2.41}$$

$$\dot\omega_z = \frac{J_x - J_y}{J_z}\omega_x\omega_y + \frac{M_R}{J_z} + \frac{qSb_A}{J_x}\left(m_{z0} + m_z^\alpha \alpha + m_z^{\delta_z}\delta_z + m_z^{\omega_z}\frac{b_A\omega_z}{V} + m_z^{\alpha}\frac{b_A\alpha}{V}\right) \tag{18.2.42}$$

$$\dot\vartheta = \omega_y \sin\gamma + \omega_z \cos\gamma \tag{18.2.43}$$

$$\dot\psi = \frac{1}{\cos\vartheta}(\omega_y \cos\gamma - \omega_z \sin\gamma) \tag{18.2.44}$$

$$\dot\gamma = \omega_x - \dot\psi \sin\vartheta \tag{18.2.45}$$

18.2.3.2　观测方程

根据飞航导弹飞行试验的实际测量条件确定观测量的数目，一般观测量可选为

$$\begin{aligned} y &= [y_1 \quad y_2 \quad \cdots \quad y_{11}]^{\mathrm{T}} \\ &= [\omega_x \quad \omega_y \quad \omega_z \quad N_x \quad N_y \quad N_z \quad \psi \quad \vartheta \quad \gamma \quad \alpha \quad \beta]^{\mathrm{T}} \end{aligned} \tag{18.2.46}$$

观测方程为

$$\omega_x = \omega'_x + v_1 \tag{18.2.47}$$

$$\omega_y = \omega'_y + v_2 \tag{18.2.48}$$

$$\omega_z = \omega'_z + v_3 \tag{18.2.49}$$

$$N_x = \frac{1}{mg}[R - qS(C_{x0} + C_{xB}\alpha^2)] + v_4 \tag{18.2.50}$$

$$N_y = \frac{1}{mg}qS(C_{y0} + C_y^{\alpha}\alpha + C_y^{\delta_z}\delta_z) + v_5 \tag{18.2.51}$$

$$N_z = \frac{1}{mg}qS(C_{z0} + C_z^{\beta}\beta + C_z^{\delta_z}\delta_y) + v_6 \tag{18.2.52}$$

$$\vartheta = \vartheta' + v_7 \tag{18.2.53}$$

$$\psi = \psi' + v_8 \tag{18.4.54}$$

$$\gamma = \gamma' + v_9 \tag{18.2.55}$$

$$\alpha = \operatorname{arctg}\left(\frac{-V_y + W_y}{V_x - W_x}\right) + v_{10} \tag{18.2.56}$$

$$\beta = \arcsin\left(\frac{V_z - W_z}{V}\right) + v_{11} \tag{18.2.57}$$

式中，v_i 为观测噪声，R 为发动机推力；$\omega'_x, \omega'_y, \omega'_z, \vartheta', \psi'$ 及 γ' 为弹体输出角。

18.2.3.3　待测参数

待测参数为

$$\begin{aligned} \theta &= [\theta_1 \quad \theta_2 \quad \theta_3 \quad \cdots \quad \theta_{33}]^{\mathrm{T}} \\ &= [m_{x0} \quad m_x^{\beta} \quad m_x^{\delta_x} \quad m_x^{\delta_y} \quad m_x^{\omega_x} \quad m_x^{\omega_y} \quad m_{y0} \quad m_y^{\beta} \quad m_y^{\delta_y} \quad m_y^{\omega_y} \quad m_y^{\omega_x} \\ &\quad m_{z0} \quad m_z^{\alpha} \quad m_z^{\delta_z} \quad m_z^{\omega_z} \quad m_z^{\dot{\alpha}} \quad C_{x0} \quad C_{x1} \quad C_{y0} \quad C_y^{\alpha} \quad C_y^{\delta_z} \quad C_{z0} \quad C_z^{\beta} \\ &\quad C_z^{\delta_y} \quad V_{x0} \quad V_{y0} \quad V_{z0} \quad \omega_{x0} \quad \omega_{y0} \quad \omega_{z0} \quad \vartheta_0 \quad \psi_0 \quad \gamma_0]^{\mathrm{T}} \end{aligned} \tag{18.2.58}$$

18.2.3.4　灵敏度方程

将状态方程和观测方程对 $\boldsymbol{\theta}$ 求导，可得到灵敏度方程，即

$$\frac{\partial \dot{V}_x}{\partial \theta_l} = V_y \frac{\partial \omega_z}{\partial \theta_l} + \omega_z \frac{\partial V_y}{\partial \theta_l} - V_z \frac{\partial \omega_y}{\partial \theta_l} - \omega_y \frac{\partial V_z}{\partial \theta_l} + g\left(\frac{\partial N_x}{\partial \theta_l} - \cos\vartheta \frac{\partial \vartheta}{\partial \theta_l}\right) \tag{18.2.59}$$

$$\frac{\partial \dot{V}_y}{\partial \theta_l} = V_z \frac{\partial \omega_x}{\partial \theta_l} + \omega_x \frac{\partial V_z}{\partial \theta_l} - V_x \frac{\partial \omega_z}{\partial \theta_l} - \omega_z \frac{\partial V_z}{\partial \theta_l}\left(g \frac{\partial N_y}{\partial \theta_l} + \sin\vartheta\cos\gamma \frac{\partial \vartheta}{\partial \theta_l} + \cos\vartheta\sin\gamma \frac{\partial \gamma}{\partial \theta_l}\right) \tag{18.2.60}$$

$$\frac{\partial \dot{V}_z}{\partial \theta_l}=V_x\frac{\partial V_y}{\partial \theta_l}+\omega_y\frac{\partial V_x}{\partial \theta_l}-V_y\frac{\partial \omega_z}{\partial \theta_l}-\omega_y\frac{\partial \omega_x}{\partial \theta_l}\left(g\frac{\partial N_z}{\partial \theta_l}-\sin\vartheta\sin\gamma\frac{\partial \vartheta}{\partial \theta_l}+\cos\vartheta\cos\gamma\frac{\partial \gamma}{\partial \theta_l}\right) \tag{18.2.61}$$

$$\frac{\partial \dot{\omega}_x}{\partial \theta_l}=\frac{J_y-J_z}{J_x}\left(\omega_y\frac{\omega_z}{\partial \theta_l}+\omega_z\frac{\partial \omega_y}{\partial \theta_l}\right)+\frac{qSl}{J_x}\left(m_x^{\beta}\frac{\partial \beta}{\partial \theta_l}+m_{xx}^{\omega}\frac{l}{2V}\frac{\partial \omega_x}{\partial \theta_l}+m_{xx}^{\omega}\frac{l}{2V}\frac{\partial \omega_y}{\partial \theta_l}\right)+V_{1,l} \tag{18.2.62}$$

$$\frac{\partial \dot{\omega}_y}{\partial \theta_l}=\frac{J_z-J_x}{J_y}\left(\omega_x\frac{\partial \omega_z}{\partial \theta_l}+\omega_z\frac{\partial \omega_x}{\partial \theta_l}\right)+\frac{qSl}{J_y}\left(m_y^{\delta}\frac{\partial \beta}{\partial \theta_l}+m_{xx}^{\omega}\frac{l}{2V}\frac{\partial \omega_x}{\partial \theta_l}+m_{yy}^{\omega}\frac{l}{2V}\frac{\partial \omega_x}{\partial \theta_l}\right)+V_{2,l} \tag{18.2.63}$$

$$\frac{\partial \dot{\omega}_z}{\partial \theta_l}=\frac{J_x-J_y}{J_z}\left(\omega_x\frac{\partial \omega_y}{\partial \theta_l}+\omega_y\frac{\partial \omega_x}{\partial \theta_l}\right)+\frac{qSb_A}{\partial \theta_l}\left(m_z^{\alpha}\frac{\partial \alpha}{\partial \theta_l}+m_z^{\omega_z}\frac{b_A}{V}\frac{\partial \omega_z}{\partial \theta_l}+m_z^{\alpha}\frac{b_A}{V}\frac{\partial \alpha}{\partial \theta_l}\right)+V_{3,l} \tag{18.2.64}$$

$$\frac{\partial \dot{\vartheta}}{\partial \theta_l}=\frac{\partial \omega_y}{\partial \theta_l}\sin\gamma+\omega_y\cos\gamma\frac{\partial \gamma}{\partial \theta_l}+\frac{\partial \omega_z}{\partial \theta_l}\cos\gamma-\omega_z\sin\gamma\frac{\partial \gamma}{\partial \theta_l} \tag{18.2.65}$$

$$\frac{\partial \dot{\psi}}{\partial \theta_l}=\frac{\sin\vartheta}{\cos^2\vartheta}(\omega_y\cos\gamma-\omega_z\sin\gamma)\frac{\partial \vartheta}{\partial \theta_l}+\frac{1}{\cos\vartheta}\left(\frac{\partial \omega_y}{\partial \theta_l}\cos\gamma-\omega_y\sin\gamma-\frac{\partial \omega_z}{\partial \theta_l}\sin r-\omega_z\cos\gamma\frac{\partial \gamma}{\partial \theta_l}\right) \tag{18.2.66}$$

$$\frac{\partial \dot{\gamma}}{\partial \theta_l}=\frac{\partial \omega_x}{\partial \theta_l}-\tan^2\vartheta(\omega_y\cos\gamma-\omega_z\sin\gamma)\frac{\partial \vartheta}{\partial \theta_l}-\tan\vartheta\left(\frac{\partial \omega_y}{\partial \theta_l}\cos\gamma-\omega_y\sin\gamma-\frac{\partial \omega_z}{\partial \theta_l}\sin\gamma-\omega_z\cos\gamma\frac{\partial \gamma}{\partial \theta_l}\right)-(\omega_y\cos\gamma-\omega_z\sin\gamma)\frac{\partial \vartheta}{\partial \theta_l} \tag{18.2.67}$$

$$\frac{\partial N_x}{\partial \theta_l}=\frac{2qS}{mg}C_{xB}\alpha\frac{\partial \alpha}{\partial \theta_l}+V_{4,l} \tag{18.2.68}$$

$$\frac{\partial N_y}{\partial \theta_l}=\frac{qS}{mg}C_y^{\alpha}\frac{\partial \alpha}{\partial \theta_l}+V_{5,l} \tag{18.2.69}$$

$$\frac{\partial N_z}{\partial \theta_l}=\frac{qS}{mg}C_z^{\beta}\frac{\partial \beta}{\partial \theta_l}+V_{6,l} \tag{18.2.70}$$

$$\frac{\partial \alpha}{\partial \theta_l}=\frac{(V_y-W_y)\frac{\partial V_x}{\partial \theta_l}-(V_x-W_x)\frac{\partial V_y}{\partial \theta_l}}{(V_x-W_x)^2+(V_y-W_y)^2} \tag{18.2.71}$$

$$\frac{\partial \beta}{\partial \theta_l}=\frac{1}{V\cos\beta}\frac{\partial V_z}{\partial \theta_l} \tag{18.2.72}$$

式中，$l=1,2,\cdots,33$，

$$V_{1,1}=\frac{qSl}{J_x},\quad V_{1,2}=V_{1,1}\beta,\quad V_{1,3}=V_{1,1}\delta_x$$

$$V_{1,4}=V_{1,1}\delta_y,\quad V_{1,5}=\frac{1}{2V}V_{1,1}\omega_x,\quad V_{1,6}=\frac{1}{2V}V_{1,1}\omega_y$$

$$V_{2,7}=\frac{qSl}{J_y},\quad V_{2,8}=V_{2,7}\beta,\quad V_{2,9}=V_{2,7}\delta_y$$

$$V_{2,10}=V_{2,7}\frac{1}{2V}\omega_y,\quad V_{2,11}=\frac{1}{2V}V_{2,7}\omega_x,\quad V_{3,12}=\frac{qSb_A}{J_z}$$

$$V_{3,13}=V_{3,12}\alpha,\quad V_{3,14}=V_{3,12}\delta_z,\quad V_{3,15}=\frac{b_A}{V}V_{3,12}\omega_z$$

$$V_{3,16}=\frac{b_A}{V}V_{3,12}\alpha,\quad V_{4,17}=-\frac{qS}{mg},\quad V_{4,18}=V_{4,17}\alpha^2$$

$$V_{5,19}=\frac{qS}{mg},\quad V_{5,20}=V_{5,19}\alpha,\quad V_{5,21}=V_{5,19}\delta_z$$

$$V_{6,22}=\frac{qS}{mg},\quad V_{6,23}=V_{6,22}\beta,\quad V_{6,24}=V_{6,22}\delta_y$$

其余 $V_{i,l}=0$,其中 $i=1,2,\cdots,6;l=1,2,\cdots,33$。

初值为

$$\frac{\partial V_x}{\partial\theta_{25}}=\frac{\partial V_y}{\partial\theta_{26}}=\frac{\partial V_z}{\partial\theta_{27}}=\frac{\partial\omega_z}{\partial\theta_{28}}=\frac{\partial\omega_y}{\partial\theta_{29}}=\frac{\partial\omega_{zx}}{\partial\theta_{30}}=1$$

$$\frac{\partial\vartheta}{\partial\theta_{31}}=\frac{\partial\varphi}{\partial\theta_{32}}=\frac{\partial\gamma}{\partial\theta_{33}}=0$$

18.2.3.5　输入数据

导弹的结构参数包括导弹质量 m,转动惯量 J_x,J_y,J_z,导弹质心 X_T,Y_T,参考面积 S,参考长度 b_A,l,过载传感器的安装位置及攻角侧角传感器的安装位置等。

外弹道测量参数包括导弹速度 V,V_x,V_y,V_z,飞行高度 h 等。

气象测量参数包括密度 ρ(若密度无实测值可根据飞行高度计算)、风速 W、风向角 φ_W 等。

导弹测量参数包括舵偏角 $\delta_x,\delta_y,\delta_z$,导弹姿态角 φ,ϑ,γ,导弹旋转角速度 $\omega_x,\omega_y,\omega_z$,导弹过载 N_x,N_y,N_z,发动机推力 R 及攻角侧滑角等。

18.2.3.6　迭代算法

采用牛顿-拉弗森迭代公式

$$\theta_{k+1}=\theta_k+\Delta\theta_k \tag{18.2.73}$$

式中修正量 $\Delta\theta_k$ 可由下列线性代数方程组计算,即

$$\sum_{l=1}^{33}\sum_{i=1}^{N}\left(\sum_{j=1}^{11}\sum_{k=1}^{11}\frac{\partial v_j(i)}{\partial\theta_l}B_{jk}^{-1}\frac{\partial v_k(i)}{\partial\theta_m}\right)\Delta\theta_l$$

$$=\sum_{i=1}^{11}\left(\sum_{j=1}^{11}\sum_{k=1}^{11}v_j(i)B_{ik}^{-1}\frac{\partial\hat{y}_k(i)}{\partial\theta_m}\right),m=1,2,\cdots,33 \tag{18.2.74}$$

$$B_{jk}=\frac{1}{N}\sum_{i-1}^{N}\left[(y_i(i)-\hat{y}_j)(y_k(i)-\hat{y}_k(i))\right] \tag{18.2.75}$$

$$v_j(i)=y_j(i)-\hat{y}_j(i) \tag{18.2.76}$$

式中,y_i 为测量值;$\hat{y}$ 为预测值。

具体迭代过程为:根据飞行器风洞试验和理论计算结果,给出气动参数估值的初值 θ_0。由状态方程、观测方程和灵敏度方程积分求出飞行器的状态值 X、观测值灵敏度阵$\dfrac{\partial \boldsymbol{y}}{\partial\boldsymbol{\theta}}$,然后解线性代数方程组求出 $\Delta\theta_0$,再以 $\theta_1=\theta_0+\Delta\theta_0$ 代替原来的 θ_0,重复以上计算过程,每迭代一次都需计算似然准则函数 J_k 和 J_k/J_{k-1},当

$$\left|1-\frac{J_k}{J_{k-1}}\right| \leqslant \varepsilon \tag{18.2.77}$$

时，则认为迭代收敛，此时的待估计参数 θ_k，即为所求的气动参数。一般情况下 ε 取 0.01。

18.2.4 辨识精度分析

18.2.4.1 影响气动参数辨识精度的因素

影响气动参数辨识精度的因素很多，归纳起来有以下几个方面。

（1）观测量的测量误差

观测量的测量误差是影响辨识精度的重要因素。利用飞行试验数据进行参数辨识时，观测量一般取弹体旋转角速度 $\omega_x,\omega_y,\omega_z$；姿态角 φ,ϑ,γ；过载 N_x,N_y,N_z；导弹攻角 α、侧滑角 β。它们分别由角传感器及侧滑角传感器进行测量，而通过遥测获得这些传感器的零位漂移、死区、安装误差是很困难的。选择高精度的传感器可以使误差减小，为满足气动参数辨识的需要，遥测传感器应满足如下要求。

① 对测量噪声的限制：噪声的强度系数不高于 2%。

② 对传感器死区的限制：闭环飞行试验中，角速率、角位移、过载传感器的死区分别在 0.05% 的范围内。

③ 对传感器标定误差的限制：传感器的标定误差应小于 0.5%。

④ 对传感器的零位漂移的限制：角位移传感器的零位漂移速度应小于0.3°/min，角速率传感器的零位漂移应小于峰值的 0.5%，过载传感器零位漂移应小于峰值的 1%。

⑤ 对传感器安装误差的限制：角速率传感器安装角的不准度要小于0.15°，过载传感器安装角的不准度要小于0.3°，过载传感器安装位置及质心位置的误差要小于 5mm。

（2）物理、几何参数的误差

物理参数包括质量 m，惯性矩 J_x,J_y,J_z，动压 q；几何参数包括特征长度和面积。这些量中的任何一个存在误差，气动系数的估值也会有相同的误差。因此这些量的测量精度对俯仰导数、法向力以及阻力系数的估值影响较大。

几何参数一般是比较准的，导弹的起飞质量在飞行前也可以较准确地测定，燃料消耗量也可以直接或间接地测得，因而 q 是主要的误差源，$q=\dfrac{1}{2}\rho V^2$，必须提高大气密度 ρ 和空速 V 的测量精度，尤其是空速 V，它与动压成平方关系，影响更大。空速 V 虽有空速管可以直接测量，但空速管的安装位置影响较大，一般空速管测得的空速为表速，需要加上空速修正量才能得到真正的空速。由于导弹是一次性使用的，空速修正量很难测准，因此空速只能用光测的地速和气象测量的风速求向量和得到。气象测量只能测量发射点的风速、风向，当导弹的射程较长的时候，它与实际飞行中的风速、风向存在一定的差异，因而也形成了参数辨识的误差。

此外，简化动力学模型、气动力数学模型结构形式以及输入设计的优劣都会影响辨识准度。因此还需进行辨识结果正确性的检验。

18.2.4.2 辨识结果正确性的检验

当迭代收敛以后，所求出的气动系数是否正确，在工程应用中可以用以下方法检验。

（1）可比性检验

目前获取导弹气动特性的 3 种方法是理论计算、风洞试验和飞行试验。可比性检验就是用参数辨识所得结果与风洞试验结果或理论计算结果相比较(一般用根据风洞试验修正的理论计算结果),以便互相校核、综合分析,最后确定导弹的气动特性。

导弹在飞行试验以前,应进行过一系列的风洞试验和理论计算,并在风洞试验与理论计算基本一致的基础上,进行导弹的初样设计,因此辨识结果与计算机结果或风洞试验结果相比较是有一定基础的。为了便于比较,参数辨识所用的气动力模型与理论计算或风洞试验模型,最好具有同样的结构形式。

(2) 重构弹道校验

虽然导弹在飞行试验以前,已进行过一系列的风洞试验与理论计算,由于这些计算与试验是在一定的条件下进行的,因此得出的气动系数也存在一定误差。根据目前飞航导弹气动系数预测的结果,相对误差在 10%以内就属高准确度,相对误差大于 25%,则认为准确度较差。一般由风洞试验或理论计算所得力系数的相对误差可在 10%以内,而滚动力矩系数、动导数和铰链力矩系数的相对误差会超过 30%,因而对于滚动力矩系数、动导数等真值是未知的,单纯用辨识结果与风洞试验结果或理论计算结果相比较来判断参数辨识结果的正确性是不够全面的,当参数辨识所用气动系数模型的结构形式与理论计算或风洞试验时的模型不一致时,便无法进行比较,因此还应用重构的弹道参数进行比较。

弹道重构时采用实测的控制参数,即 $\delta_x(t),\delta_y(t),\delta_z(t)$ 用实测数据,分别采用参数辨识所得的气动参数、气动模型与理论计算的气动参数、气动模型,将这两组弹道参数与实测弹道参数进行比较,以确定参数辨识结果的正确性是十分必要的。值得指出的是:参数辨识所得的结果,在所给时间区间内是常数,因此只能在该时间区间内进行比较。要想反映气动系数随马赫数及质心的变化,就需要提供不同飞行状态下弹体的响应数据,参数辨识结果才能反映出它们的变化。

(3) 残差序列校验

辨识收敛后的残差序列 $v(i)$ 应接近零均值随机噪声,结果才可信,否则说明辨识结果含有系统误差。

18.2.5　闭环的辨识仿真算例

本小节给出采用最大似然法对闭环控制的某飞航式导弹仿真数据进行参数辨识的算例。

18.2.5.1　可辨识性分析

我们用 $\dot{\omega}_x,\dot{\omega}_y,\dot{\omega}_z$ 与动力学方程中各个力矩项相比较,来判别参数的可辨识性(采用力矩系数的理论值来估算各个力矩项),以 $\dot{\omega}_z$ 为例,有

$$\dot{\omega}_z+\frac{J_y-J_x}{J_z}\omega_x\omega_y\approx\frac{qSb_A}{J_z}\left(m_{z0}+m_z^{\alpha}\alpha+m_z^{\delta_z}\delta_z+m_z^{\omega_z}\frac{b_A}{V}\omega_z+m_z^{\dot{\alpha}}\dot{\alpha}\right)\tag{18.2.78}$$

若右端某一项远小于左端,则该项是不可辨识的,若左端接近于零,也是不可辨识的,只能辨识气动导数的比值。其余类同。

仿真数据取自某飞航式导弹自导段的六自由度弹道数据,从 145.55s~146.55s,仿真数据包括:遥测采样数据 $\omega_x,\omega_y,\omega_z,N_x,N_y,N_z,\delta_x,\delta_y,\delta_z,\alpha,\beta$;光测数据 t,V,h,θ,φ_c;气象数据 ρ,W,φ_w;弹体结构参数 l,b_A,S,m,J_x,J_y,J_z 等。

为了分析这段参数的可辨识性,将动力学方程的各项分别逐项计算,结果列于表 18.1 至表 18.3。可以看出,$\dot{\omega}_x,\dot{\omega}_y,\dot{\omega}_z$ 与各项的数量级相当,这表明仿真数据纵、侧向气动系数均可进行辨识,可以采

用六自由度参数辨识的基本方程组进行辨识。

表 18.1 仿 真 数 据

t	$\dot{\omega}_x$	ω_{yz}	M_{x0}	$M_x^{\delta_x}$	M_x^{β}	M_{xy}^{δ}	$M_x^{\omega_x}$	$M_x^{\omega_y}$
145.5	5.0431	−0.0000214	6.4780	−1.4337	0.95096	0.37056	−1.1505	−0.17228
146.15	−2.2381	−0.0001576	6.4721	−9.2097	0.19789	1.6492	−1.1480	−0.19946
146.55	1.3045	−0.00000175	6.4535	−7.7731	2.7643	2.8159	−2.9499	−0.006202

表 18.2 仿 真 数 据

t	$\dot{\omega}_y$	ω_{zx}	M_{y0}	M_y^{β}	$M_y^{\delta_y}$	$M_y^{\omega_y}$
145.55	−0.10444	−0.000086	0.34040	−0.59528	0.152859	−0.0023347
146.15	−0.169286	−0.002549	0.34159	−1.2330	0.751387	−0.026786
146.55	0.036853	0.005042	0.342392	−1.43677	1.15355	−0.027362

表 18.3 仿 真 数 据

t	$\dot{\omega}_z$	ω_{xy}	M_{z0}	M_z^{α}	$M_z^{\delta_z}$	$M_z^{\omega_z}$
145.55	−0.03865	−0.000032	0.87238	−2.18229	1.2677	0.003593
146.15	−0.25036	0.0024579	0.87569	−2.6891	1.56755	−0.00697
146.55	0.294385	−0.008996	0.87759	−2.21015	1.6506	−0.01466

18.2.5.2 辨识结果

对仿真数据采用极大似然法,按六自由度参数辨识的基本方程对这段数据进行辨识。

状态向量为

$$x=[V_x \quad V_y \quad V_z \quad \omega_x \quad \omega_y \quad \omega_z \quad \varphi \quad \vartheta \quad \gamma]^{\mathrm{T}} \tag{18.2.79}$$

观测向量为

$$y=[\omega_x \quad \omega_y \quad \omega_z \quad N_x \quad N_y \quad N_z \quad \varphi \quad \vartheta \quad \gamma \quad \alpha \quad \beta]^{\mathrm{T}} \tag{18.2.80}$$

待估计参数向量为

$$\begin{aligned}\theta=[&m_{x0} \quad m_x^{\alpha} \quad m_x^{\beta} \quad m_x^{\delta_x} \quad m_x^{\delta_y} \quad m_x^{\omega_x} \quad m_x^{\omega_y} \quad m_{y0} \quad m_y^{\beta} \quad m_y^{\delta_y} \quad m_y^{\omega_y} \quad m_y^{\omega_x}\\ &m_{z0} \quad m_z^{\alpha} \quad m_z^{\delta_z} \quad m_z^{\omega_z} \quad m_z^{\dot{\alpha}} \quad C_{x0} \quad C_{x1} \quad C_y^{\alpha} \quad C_y^{\delta_z} \quad C_{z0} \quad C_z^{\delta_y} \quad C_z^{\beta}\\ &V_{x0} \quad V_{y0} \quad V_{z0} \quad \omega_{x0} \quad \omega_{y0} \quad \omega_{z0} \quad \varphi_0 \quad \vartheta_0 \quad \gamma_0]^{\mathrm{T}}\end{aligned} \tag{18.2.81}$$

共辨识出 21 个气动参数,辨识结果如表 18.4 所示。

表 18.4 气动参数辨识结果

参数	理论值	辨识结果		
		数据点 1~45	数据点 46~60	数据点 61~70
m_{x0}	0.000065	0.00006268	0.0011769	0.0013293
m_x^{β}		−0.0097178	−0.025861	−0.02905

续表

参数	理论值	辨识结果		
		数据点 1~45	数据点 46~60	数据点 61~70
m_x^{β}	-0.026	-0.044627	-0.049801	-0.049538
$m_x^{\delta_x}$	-0.08296	-0.083997	-0.088312	-0.091133
$m_x^{\delta_y}$	-0.0229	-0.01914	-0.01996	-0.01819
$m_x^{\omega_x}$	-0.09	-0.03942	-0.08641	-0.08367
$m_x^{\omega_y}$	-0.033	-0.06057	-0.23310	-0.32550
m_{y0}	0.002	-0.000104	-0.0000453	0.000453
m_y^{β}	-0.228	-0.2154	-0.2146	-0.1940
$m_y^{\delta_y}$	-0.224	-0.2127	-0.2127	-0.1797
$m_y^{\omega_y}$	-1.4	-1.3672	-1.2687	-1.8108
m_{z0}	0.006	0.006057	0.006505	0.005920
m_z^{α}	-0.357	-0.3488	-0.3561	-0.3529
$m_z^{\delta_z}$	-0.39	-0.3758	-0.3765	-0.3914
$m_z^{\omega_z}$	-1.6	-1.9786	-2.0055	-1.8406
C_{x0}	0.01	0.01922	0.01945	0.02005
C_{x1}		-0.21241	-0.29674	-0.48566
C_y^{α}	2.18	2.0446	1.8562	2.0121
$C_y^{\delta_z}$	0.261	0.451	0.2798	0.3416
$C_z^{\delta_y}$	-0.166	-0.1275	-0.1033	-0.1835
C_z^{β}	-0.6	-0.5922	-0.5138	-0.4909

18.3　空空导弹导引头噪声模型的极大似然法辨识

为了适应现代战场环境，新一代空空导弹必须在复杂的气象条件、光电对抗环境和不同发射条件下，都具有很高的制导精度。在进行这种先进的导引头研究、试验和评估的过程中，要求提供相应的环境条件，但在当前技术水平下，半实物仿真实验室还不能对此进行逼真地模拟。主要原因是对目标、背景及人为干扰特性所依赖的模型很难从理论上导出。

导弹导引头系统系留试验，是将导引头系统挂装在飞机上，在空中进行实际目标跟踪试验。通过对试验结果分析，可以进一步了解导引头在空中的性能。因为该方法使用的是真实导引头，并且在空中处于真实环境条件下，所以得到的结果比较可靠。可以说，这是除打靶以外最接近实际情况的方法。

导引头系统系留试验着重从制导的角度评估空空导弹的性能。在精确制导的情况下，导引头的噪声特性极大地影响导弹的制导精度。获取导引头噪声特性的方法主要有两种，第一种方法是获取导引头输出信号的真值，这是解决问题的关键，而利用地面设施对飞行器轨迹进行测量可以得到导引头输出信号的真实估计；第二种方法是把导引头输出信号看成非平稳时间序列，利用时间序列分析的手段，通过对该信号的零均值化处理和参数辨识，最终得到噪声的统计特性，该方法只需要获取导引头的输出值。

18.3.1　空空导弹导引头噪声模型的描述

对空空导弹导引头而言,通常要考虑 3 类噪声。

第 1 类噪声是与导弹和目标之间距离成反比的噪声。这种噪声的影响随着距离的接近而加剧,目标的角闪烁就属于这一类噪声。它可用白噪声通过频带为 ω_1 的成型滤波器再乘以 $1/r(t)$ 来模拟。作为一次近似,在导引头角跟踪系统输入端的角起伏均方值为 $\sigma_1=kL$,其中 L 为目标翼展长,k 为比例系数,其变化范围在 0.15~0.33 之间。

第 2 类噪声是与导弹和目标之间的距离成正比的噪声。这种噪声的有效电平随着导弹接近目标而降低,导引头接收机的内部热噪声属于这一类噪声。它可用白噪声通过频带为 ω_2 的成型滤波器再乘以 $r(t)$ 来模拟。导引头角跟踪系统输入端角起伏的均方根值取决于接收机本身的质量和体制。

第 3 类噪声是与导弹和目标之间的距离无关的噪声。这种噪声的影响与信噪比无关,通常目标幅度闪烁噪声和导引头伺服系统噪声是这种噪声的典型例子。它可用白噪声通过频带为 ω_3 的成型滤波器来模拟。在导引头角跟踪系统输入端的角起伏均方根,取决于导引头的体制和性能。

空空导弹导引头的噪声模型如图 18.1 所示。

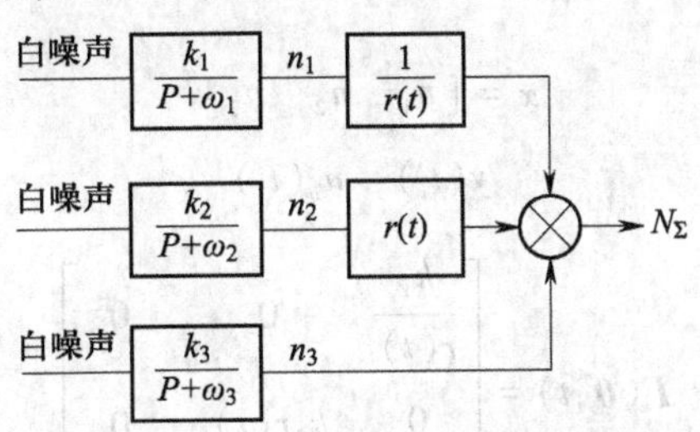

图 18.1　空空导弹导引头的噪声模型图

图 18.1 中 $k_1/(P+\omega_1)$,$k_2/(P+\omega_2)$ 及 $k_3/(P+\omega_3)$ 是成型滤波器,参数 $k_1,\omega_1,k_2,\omega_2,k_3,\omega_3$ 应根据频谱密度确定,n_1,n_2,n_3 分别为角噪声、接收机内部噪声及与距离无关的噪声,$r(t)$ 是导弹与目标之间的距离。由导引头噪声模型方块图可得导引头噪声模型的数学表达式为

$$\begin{cases} n_q = n_0 + n_1 + n_2 + n_3 \\ n_0 = n_b \\ n_1 = \dfrac{1}{r(t)} x_{n1} \\ n_2 = r(t) x_{n2} \\ n_3 = x_{n3} \end{cases} \tag{18.3.1}$$

$$\begin{cases} \dot{x}_{n1} = -\omega_1 x_{n1} + k_1 w_1 \\ \dot{x}_{n2} = -\omega_2 x_{n2} + k_2 w_2 \\ \dot{x}_{n3} = -\omega_3 x_{n3} + k_3 w_3 \end{cases} \tag{18.3.2}$$

$$\dot{n}_V = -\omega_4 n_V + k_4 w_4 \tag{18.3.3}$$

式中,n_q 为导引头目标视线角速度测量噪声;n_0 为导引头零位偏置;n_1 为导引头距离反比噪声;n_2 为导

引头距离正比噪声；n_3 为导引头距离无关噪声；n_V 为导引头接近噪声，$w_i(i=1,2,3,4)$ 为服从于 $N(0,1)$ 分布的白噪声；$k_i,\omega_i(i=1,2,3,4)$ 为需要辨识的导引头噪声模型参数。上述方程经整理可得到导引头目标视线角速度噪声模型

$$\begin{bmatrix}\dot{n}_1\\ \dot{n}_2\\ \dot{n}_3\end{bmatrix}=\begin{bmatrix}-\omega_1-\dfrac{\dot{r}(t)}{r(t)} & 0 & 0\\ 0 & -\omega_2+\dfrac{\dot{r}(t)}{r(t)} & 0\\ 0 & 0 & -\omega_3\end{bmatrix}\begin{bmatrix}n_1\\ n_2\\ n_3\end{bmatrix}+\begin{bmatrix}\dfrac{k_1}{r(t)} & 0 & 0\\ 0 & k_2r(t) & 0\\ 0 & 0 & -k_3\end{bmatrix}\begin{bmatrix}w_1\\ w_2\\ w_3\end{bmatrix}\tag{18.3.4}$$

$$n_q=n_v+\begin{bmatrix}1 & 1 & 1\end{bmatrix}\begin{bmatrix}n_1\\ n_2\\ n_3\end{bmatrix}\tag{18.3.5}$$

将其写成线性系统状态方程形式为

$$\begin{cases}\dot{\boldsymbol{x}}=\boldsymbol{F}(\boldsymbol{\theta},t)\boldsymbol{x}+\boldsymbol{\Gamma}(\boldsymbol{\theta},t)\boldsymbol{w}\\ y(t_i)=\boldsymbol{h}(\boldsymbol{\theta},t_i)\boldsymbol{x}+d(\boldsymbol{\theta},t_i)u,\quad i=1,\cdots,N\end{cases}\tag{18.3.6}$$

式中

$$x=\begin{bmatrix}n_1 & n_2 & n_3\end{bmatrix}^{\mathrm{T}}$$

$$y(t_i)=n_q(t_i)$$

$$\boldsymbol{\Gamma}(\boldsymbol{\theta},t)=\begin{bmatrix}\dfrac{k_1}{r(t)} & 0 & 0\\ 0 & k_2r(t) & 0\\ 0 & 0 & -k_3\end{bmatrix}$$

$$\boldsymbol{F}(\boldsymbol{\theta},t)=\begin{bmatrix}-\omega_1-\dfrac{\dot{r}(t)}{r(t)} & 0 & 0\\ 0 & -\omega_2+\dfrac{\dot{r}(t)}{r(t)} & 0\\ 0 & 0 & -\omega_3\end{bmatrix}$$

$$\boldsymbol{h}(\boldsymbol{\theta},t)=\begin{bmatrix}1 & 1 & 1\end{bmatrix}$$

$$d(\boldsymbol{\theta},t_i)=n_b$$

$$u=1$$

$$\boldsymbol{\theta}=\begin{bmatrix}\omega_1 & \omega_2 & \omega_3 & k_1 & k_2 & k_3 & n_b\end{bmatrix}^{\mathrm{T}}$$

$$\boldsymbol{w}=\begin{bmatrix}w_1 & w_2 & w_3\end{bmatrix}^{\mathrm{T}}$$

同理导引头接近速度噪声模型写成状态方程为

$$\begin{cases}\dot{x}_{\mathrm{V}}=f_{\mathrm{V}}(\boldsymbol{\theta}_{\mathrm{V}},t)x_{\mathrm{V}}+\Gamma_{\mathrm{V}}(\boldsymbol{\theta}_{\mathrm{V}},t)w\\ y_{\mathrm{V}}=h_{\mathrm{V}}(\boldsymbol{\theta}_{\mathrm{V}},t)x_{\mathrm{V}}+d_{\mathrm{V}}(\boldsymbol{\theta}_{\mathrm{V}},t)u_{\mathrm{V}}\end{cases}$$

式中

$$x_{\mathrm{V}}=n_{\mathrm{V}}$$

$$y_V = n_V$$
$$f_V(\boldsymbol{\theta}_V, t) = -\omega_4$$
$$\Gamma_V(\boldsymbol{\theta}_V, t) = k_4$$
$$h_V(\boldsymbol{\theta}_V, t) = 1$$
$$d_V(\boldsymbol{\theta}_V, t) = 0$$
$$\boldsymbol{\theta}_V = [\omega_4 \quad k_4]^T$$

18.3.2 极大似然法辨识空空导弹噪声模型参数

由于标准的极大似然法采用非线性迭代计算,故有可能造成迭代结果的不收敛。通过大量计算和分析发现,对于导引头噪声的辨识,采用标准的极大似然法进行非线性迭代运算无法使迭代结果收敛,因此这里介绍一种极大似然法的简化形式——方程误差法。

18.3.2.1 极大似然法的简化形式——方程误差法

当系统有过程噪声,而测量噪声较小可以忽略时,最好直接测量状态方程的左端项 $\dot{x}$,此时状态方程成了观测方程,这时对数似然函数 J 成为

$$J = \sum_{i=1}^{N} [\dot{\boldsymbol{x}}_m - f(\boldsymbol{x}, u, \boldsymbol{\theta}, t)]^T \boldsymbol{R}^{-1} [\dot{\boldsymbol{x}}_m - f(\boldsymbol{x}, u, \boldsymbol{\theta}, t)] \tag{18.3.7}$$

式中 $\dot{\boldsymbol{x}}_m$ 为 $\dot{\boldsymbol{x}}$ 的观测值,误差协方差矩阵 $\boldsymbol{R}$ 为

$$\boldsymbol{R} = \frac{1}{N}\left\{\sum_{i=1}^{N} [\dot{\boldsymbol{x}}_m - f(\boldsymbol{x}, u, \boldsymbol{\theta}, t)][\dot{\boldsymbol{x}}_m - f(\boldsymbol{x}, u, \boldsymbol{\theta}, t)]^T\right\} \tag{18.3.8}$$

式(18.3.8)相当于以 $\boldsymbol{R}^{-1}$ 为权系数的方程误差法。当动力学系统是线性系统时,方程误差法可以不必进行迭代计算,直接求解线性代数方程组获得待识别的参数即可。

设动力学系统的状态方程可表示为

$$\dot{\boldsymbol{x}} = \boldsymbol{F}(\boldsymbol{\theta})\boldsymbol{x} + \boldsymbol{G}(\boldsymbol{\theta})\boldsymbol{u} \tag{18.3.9}$$

式中 $\boldsymbol{x}$ 为 n 维向量,$\boldsymbol{u}$ 为 l 维向量,$\boldsymbol{F}$ 为 $n\times n$ 维矩阵,$\boldsymbol{G}$ 是 $n\times l$ 维矩阵。若 $\boldsymbol{F}$,$\boldsymbol{G}$ 矩阵的元素是待辨识的参数,待辨识参数矩阵 $\boldsymbol{\Theta}$ 和增广状态向量 $\boldsymbol{x}_a$ 则定义为

$$\boldsymbol{\Theta} = \begin{bmatrix} \boldsymbol{F}^T \\ \boldsymbol{G}^T \end{bmatrix}, \quad \boldsymbol{x}_a = \begin{bmatrix} \boldsymbol{x} \\ \boldsymbol{u} \end{bmatrix}$$

式中 $\boldsymbol{\Theta}$ 是 $(n+l)\times n$ 维矩阵,$\boldsymbol{x}_a$ 为 $(n+l)$ 维向量,式(18.3.9)可写为

$$\dot{\boldsymbol{x}} = \boldsymbol{\Theta}^T \boldsymbol{x}_a \tag{18.3.10}$$

则最大似然准则函数 J 的表达式成为

$$J = \sum_{i=1}^{N} [\dot{\boldsymbol{x}}_m - \boldsymbol{\Theta}^T \boldsymbol{x}_a]^T \boldsymbol{R}^{-1} [\dot{\boldsymbol{x}}_m - \boldsymbol{\Theta}^T \boldsymbol{x}_a] \tag{18.3.11}$$

$\boldsymbol{\Theta}$ 的最优估计 $\hat{\boldsymbol{\Theta}}$ 必须满足 $\frac{\partial J}{\partial \boldsymbol{\Theta}} = \boldsymbol{0}$,对式(18.3.11)求导,可得

$$\frac{\partial J}{\partial \boldsymbol{\Theta}} = -\sum_{i=1}^{N} \boldsymbol{x}_a (\dot{\boldsymbol{x}}_m - \hat{\boldsymbol{\Theta}}^T \boldsymbol{x}_a)^T \boldsymbol{R}^{-1} = \boldsymbol{0} \tag{18.3.12}$$

式中 $\frac{\partial J}{\partial \boldsymbol{\Theta}}$ 是 $(n+l)\times n$ 维矩阵,故式(18.3.12)是关于待辨识的参数矩阵 $\boldsymbol{F}$,$\boldsymbol{G}$ 的 $(n+l)\times n$ 个线性代数方程。

由式(18.3.12)有

$$\sum_{i=1}^{N} \boldsymbol{x}_a \boldsymbol{x}_a^{\mathrm{T}} \hat{\boldsymbol{\Theta}} \boldsymbol{R}^{-1} = \sum_{i=1}^{N} \boldsymbol{x}_a \dot{\boldsymbol{x}}_{\mathrm{m}}^{\mathrm{T}} \boldsymbol{R}^{-1} \tag{18.3.13}$$

利用线性代数方程的标准程序,由式(18.2.13)可以解出待辨识的参数矩阵 $\boldsymbol{F}$ 和 $\boldsymbol{G}$ 的$(n+l)\times n$ 个元素。

18.3.2.2　方程误差法在噪声模型参数辨识中的应用

方程误差法要求直接测量状态方程左端项 $\dot{x}$,即导引头噪声模型中的$\begin{bmatrix} \dot{n}_1 & \dot{n}_2 & \dot{n}_3 \end{bmatrix}^{\mathrm{T}}$ 和 $\dot{n}_{\mathrm{V}}$ 项。n_{V} 作为导引头接近速度噪声可直接测量到,再进行求导可得到 $\dot{n}_{\mathrm{V}}$,直接利用方程误差法即可求得 w_4 与 k_4;而由导引头目标视线角速度测量噪声 n_q 却无法推算出$[n_1 \quad n_2 \quad n_3]^{\mathrm{T}}$ 及$[\dot{n}_1 \quad \dot{n}_2 \quad \dot{n}_3]^{\mathrm{T}}$。因此在采用方程误差法进行导引头噪声模型参数辨识时,需另对导引头目标视线角速度噪声模型进行适当的处理。

由噪声模型可知,n_1, n_2, n_3 分别是由白噪声 w_1, w_2, w_3 激励起来并通过成型滤波器得到的有色噪声,因此对输出方程两端求均方值得到 n_b,再由 $n_q - n_b$ 可求得 n_1, n_2, n_3 的和序列$(n_1+n_2+n_3)_i$,$i=1, 2, \cdots, N$。

令 $x=n_1+n_2+n_3$,将状态方程写为

$$\dot{x} = f_1 x$$

式中 $\dot{x}, f_1, x$ 均为标量。按照方程误差法原理,只要令 $\boldsymbol{\Theta}=f_1$,$x_a=x$,即可由式(18.3.13)求得 $\boldsymbol{\Theta}$ 从而算出 f_1 的值。

但实际上由噪声模型可得

$$\dot{n}_1 + \dot{n}_2 + \dot{n}_3 = -\left(\omega_1 + \frac{\dot{r}(t)}{r(t)}\right) n_1 - \left(\omega_2 + \frac{\dot{r}(t)}{r(t)}\right) n_2 - \omega_3 n_3 \tag{18.3.14}$$

该式并不符合式(18.3.10)的结构,也就是说求得的 f_1 并不是源模型中的任何一个 ω_i,但是从导引头噪声形成机理可以看出,导引头的噪声是由距离正比噪声、距离反比噪声、距离无关噪声这 3 种噪声组成的,当相对距离 r 足够大时,距离正比噪声的影响占绝对主导地位,距离反比噪声和距离无关噪声可以忽略,这样 n_1, n_2, n_3 可全部看作是由白噪声 w_2 激励起来并通过频带为 ω_2 的成型滤波器生成的,即

$$\dot{n}_1 + \dot{n}_2 + \dot{n}_3 = -\left(\omega_2 + \frac{\dot{r}(t)}{r(t)}\right)(n_1 + n_2 + n_3) \tag{18.3.15}$$

或

$$\dot{x} = -\left(\omega_2 - \frac{\dot{r}(t)}{r(t)}\right) x \tag{18.3.16}$$

在式(18.3.16)中,$\dot{r}(t)/r(t)$是时变的,但由于与 t 的各个时刻相对应的 $\dot{r}(t), r(t), \dot{x}(t)$ 和 $x(t)$ 都已经知道,因此只要将式(18.3.16)移项变为

$$\dot{x} - \frac{\dot{r}(t)}{r(t)} x = -\omega_2 x \tag{18.3.17}$$

用最小二乘法即可求得 ω_2 的值。

在求得 ω_2 后,可由 $\dot{x}+[\omega_2-\dot{r}(t)/r(t)]x$ 得到$(k_1/r(t))w_1+k_2 r(t) w_2+k_3 w_3$,因为 w_1, w_2, w_3 是互不相关的白噪声序列,所以根据它们的统计特性

$$\begin{cases} E[w_1]=E[w_2]=E[w_3]=0 \\ \mathrm{cov}(w_1)=\mathrm{cov}(w_2)=\mathrm{cov}(w_3)=1 \end{cases} \tag{18.3.18}$$

可知

$$\mathrm{cov}[(k_1/r(t))w_1+k_2r(t)w_2+k_3w_3]=k_1^2/r^2(t)+k_2^2r^2(t)+k_3^2 \tag{18.3.19}$$

是时间 t 的函数,通过在不同的时刻开数据窗,用该时刻及后续几个时刻的协方差近似代替,即

$$\underset{m}{\mathrm{cov}}\begin{bmatrix} \dfrac{k_1}{r(t_i)}w_1+k_2r(t_i)w_2+k_3w_3 \\ \dfrac{k_1}{r(t_{i+1})}w_1+k_2r(t_{i+1})w_2+k_3w_3 \\ \vdots \\ \dfrac{k_1}{r(t_{i+m})}w_1+k_2r(t_{i+m})w_2+k_3w_3 \end{bmatrix}=\frac{k_1^2}{r^2(t_i)}+k_2^2r^2(t_i)+k_3^2 \tag{18.3.20}$$

式中,符号$\underset{m}{\mathrm{cov}}$表示数据窗大小为 m 的协方差。由此,可得到一系列包含 k_1,k_2,k_3 的方程。同理,分别利用相对距离很小和中等时的导引头目标视线角速度噪声数据还可求出 ω_1,ω_3 和另外一组与 k_1,k_2,k_3 有关的方程,将所有这些方程联立并利用最小二乘法就可以求解得到 k_1,k_2,k_3 的值。至此,导引头目标视线角速度噪声模型的 7 个参数就已被完全辨识出来了。

18.3.3 导引头目标视线角速度噪声模型参数辨识

利用方程误差法辨识导引头目标视线角速度噪声模型参数的流程如图 18.2 所示。

计算模型为

$$n_b=\frac{1}{N}\sum n_q$$

$$x=n_q-n_b$$

$$\dot{x}=\frac{\mathrm{d}x}{\mathrm{d}t}$$

$$\begin{cases} fx=\dot{x}-\dfrac{\dot{x}}{r(t)}x, & \text{相对距离很大时} \\ fx=\dot{x}, & \text{相对距离中等时} \\ fx=\dot{x}+\dfrac{\dot{x}}{r(t)}\dot{x}, & \text{相对距离很小时} \end{cases}$$

$$\sum_{j=1}^{N}\omega_i x=\sum_{j=1}^{N}fx$$

$$\frac{k_1}{r(t)}w_1+k_2r(t)w_2+k_3w_3=\dot{x}-fx$$

$$k_0(t)=\mathrm{cov}\left(\frac{k_1}{r(t)}w_1+k_2r(t)w_2+k_3w_3\right)$$

最后用最小二乘法求 k_1,k_2,k_3,即

$$\frac{k_1^2}{r(t)^2}+k_2^2r(t)^2+k_3^2=k_0(t)$$

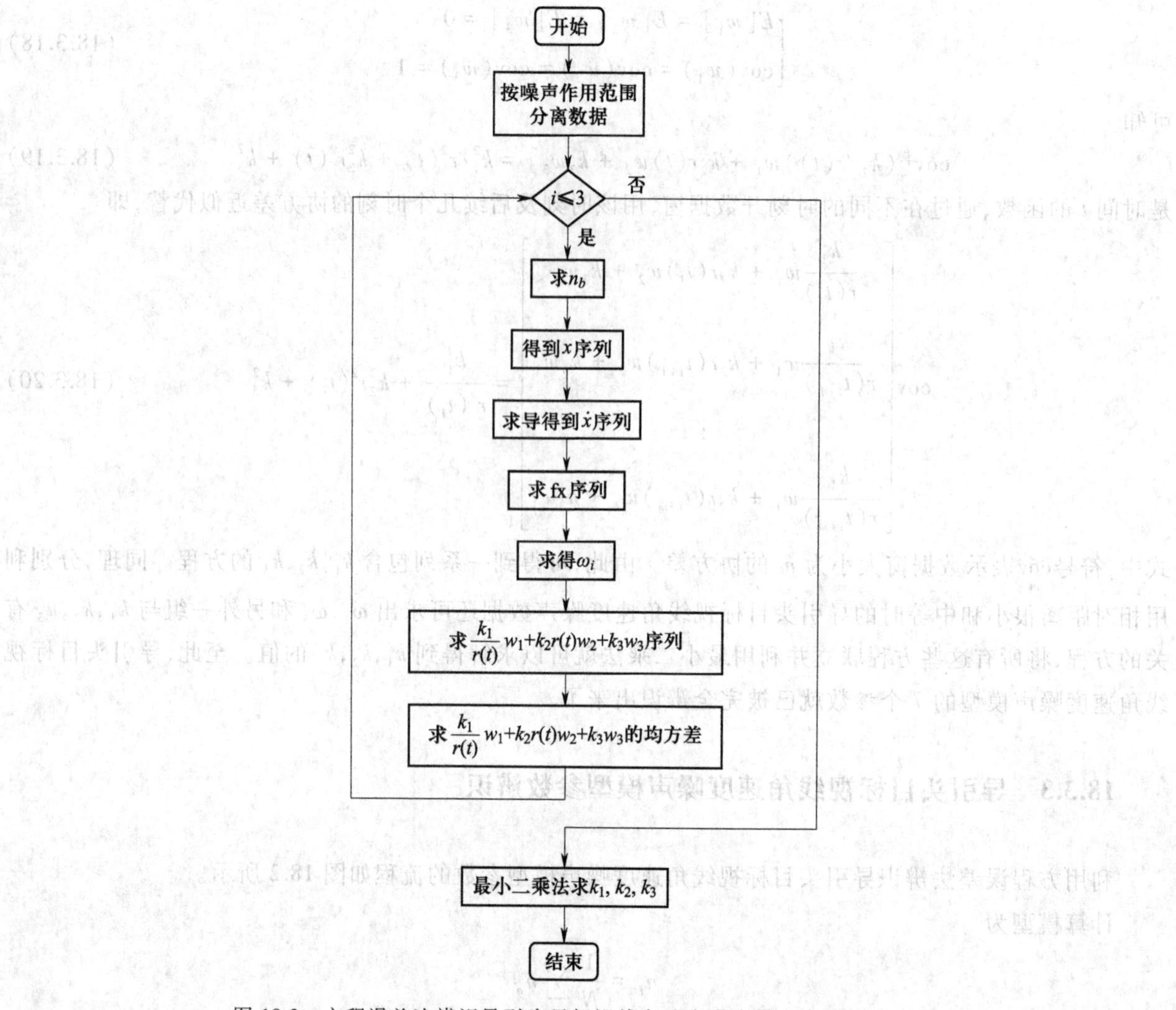

图 18.2　方程误差法辨识导引头目标视线角速度噪声模型参数的流程图

18.3.4　目标接近速度噪声模型辨识

由于 n_V 可以直接测量,因此导引头目标接近速度噪声模型的参数辨识过程可以简化很多,其流程如图 18.3 所示。

计算模型如下:

$$\dot{n}_V = \frac{dn_V}{dt}$$

$$\sum_{i=1}^{N} n_V n_V^T \omega_4 \boldsymbol{R}^{-1} = \sum_{j=1}^{N} n_V \dot{n}_V \boldsymbol{R}^{-1}$$

$$k_4 w_4 = \dot{n}_V + \omega_4 n_V$$

$$k_4^2 = \mathrm{cov}(k_4 w_4)$$

$$k_4 = \sqrt{k_4 w_4}$$

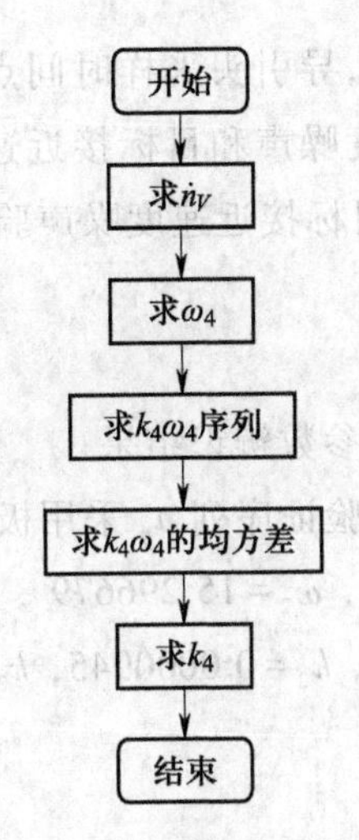

图 18.3 方程误差法辨识导引头目标接近速度噪声模型的参数流程图

18.3.5 噪声模型校验

通过制导系统系留飞行试验,已建立了导引头噪声的数学模型,由于识别过程中含有不少主观因素,因此需要对识别所得的数学模型和相应参数的正确性进行验证。验证导引头噪声模型有效性的最基本方法就是考察在相同的输入条件下仿真模型输出与系留飞行试验输出是否一致以及一致性程度如何。在模型校验和验证过程中要比较两种不同的数据库,即由模型产生的数据库应当与来自系留飞行试验的数据库进行比较。

模型验证的方法有许多种,根据 GJB1.24-90,对制导系统模型验证,Theil 不等式系数法(Theil inequality coefficient, TIC 法)是一种按性能指标验证模型的有效方法。Theil 不等式系数法计算公式为

$$\mathrm{TIC}=\frac{\sqrt{\frac{1}{n}\sum_{i=1}^{n}(x_i-y_i)^2}}{\sqrt{\frac{1}{n}\sum_{i=1}^{n}x_i^2}+\sqrt{\frac{1}{n}\sum_{i=1}^{n}y_i^2}} \tag{18.3.21}$$

式中,n 为一个动态参数的时间序列的采样点数,x_i 为动态参数的时间序列第 i 个采样点的预测值,y_i 为动态参数的时间序列第 i 个采样点的实测值。

对于 TIC 的不同取值,表示不同的意义:当 TIC=0 时,表示预测值和实测完全一致;当 TIC=1 时,表示预测值和实测值完全不一致。在模型验证时,不同的系统或同一系统在不同的研制阶段,或用于不同的研究目的,可取不同的 TIC 值作为标准。对制导系统模型验证时,TIC≤0.3 就认为模型通过了验证。

18.3.6 极大似然法辨识算例

18.3.6.1 极大似然法输入数据的产生

极大似然法辨识导引头目标视线角速度噪声模型参数时,输入的是导引头采样时间点、相对距离、接近速度真值估计、目标视线角速度噪声;辨识导引头目标接近噪声模型参数时,输入的是导引头采样点、目标接近速度噪声。

产生极大似然辨识算例的输入数据时,导引头采样时间点、相对距离、接近速度真值估计可以通过测量数据的预处理得到,而目标视线角速度噪声和目标接近速度噪声可以直接利用已生成的导引头目标视线角速度噪声验证序列 n_q 和导引头目标接近速度噪声验证序列 n_V。

18.3.6.2　极大似然法辨识结果

(1) 导引头目标视线角速度噪声模型参数辨识结果

对输入的导引头目标视线角速度噪声验证序列 n_q 采用极大似然法的辨识结果为

$$\omega_1 = 20.924608\ ,\ \omega_2 = 15.296679\ ,\ \omega_3 = 15.185047$$

$$k_1 = 136.53847\ ,\ k_2 = 0.0000945,\ k_3 = 0.1906797$$

$$n_0 = 0.0108177$$

相对误差为

$$\Delta\omega_1 = 4.62\%\ ,\ \Delta\omega_2 = 1.98\%\ ,\ \Delta\omega_3 = 10.68\%$$

$$\Delta k_1 = 8.98\%\ ,\ \Delta k_2 = 5.50\%,\ \Delta k_3 = 4.66\%$$

$$\Delta n_0 = 8.18\%$$

经过模型校验分系统的计算,得到识别出的导引头目标视线角速度噪声模型 TIC 为

$$\mathrm{TIC} = 0.0245989 \ll 0.3$$

模型通过验证。

(2) 导引头目标接近速度噪声模型参数辨识结果

对输入的导引头目标接近速度噪声验证序列 n_V 采用极大似然法的辨识结果为

$$\omega_4 = 13.913565\ ,\ k_4 = 0.0279547$$

相对误差为

$$\Delta\omega_4 = 7.24\%\ ,\ \Delta k_4 = 6.82\%$$

经过模型校验系统分析计算,得到辨识出的导引头目标接近速度噪声模型 TIC 为

$$\mathrm{TIC} = 0.0245989 \ll 0.3$$

模型通过验证。

由辨识结果可以看出,不论是导引头目标视线角速度噪声还是目标接近速度噪声,辨识出的噪声模型 TIC 都远小于 0.3,这说明采用极大似然法辨识导引头噪声模型是可行的,其辨识结果可以达到相当高的精确度,因此是可信的。

18.4　时间序列法的导引头系统输出噪声建模

18.4.1　方案设计

当导弹系留试验不能在靶场进行时,由于缺乏外弹道的测量手段,只能利用机载设备来解决问题,即完全通过导引头输出信号的随机序列分析,而不依靠任何外部信息。

时间序列方法就是一种不需要借助外界信息源来获取导引头噪声模型的方法。导引头系统输出的是一个非平稳随机信号,因此获取该非平稳随机信号的统计特性即可以实现对导引头噪声的建模。

通过对非平稳随机信号进行采样,就得到了非平稳时间序列。利用非平稳时间序列的一般模型,即

可实现对噪声模型的建模。

时间序列方法建模没有使用外界信息源的信息,在安排系留试验时较为方便,也不会将外界信息源中的噪声混入建立的噪声模型中,但是当导引头自身具有确定性偏置误差时,很难得到该项的估值。

18.4.2 噪声模型的建立

18.4.2.1 系统输出信号建模

导引头系统的输出信号为非平稳随机过程,将其定时采样后,得到非平稳序列,用二阶线性模型描述为

$$y_i = (A_0 + A_1A_i + A_2A_i^2) + \eta_t \tag{18.4.1}$$

式中,$(A_0+A_1A_i+A_2A_i^2)$为导引头系统视线角速度真值逼近,η_t为导引头系统的噪声输出系列。其中参数A_0,A_1及A_2的辨识采用线性最小二乘估计。

18.4.2.2 非平稳随机序列的零均值化

首先假定随机序列均值的变化与噪声相比是慢变化的,噪声相关性可以忽略。给定一种线性回归结构,利用最小二乘法,求得该线性回归结构中参数值的初始估计值。因为噪声实际上是相关的,所以这种估计是有偏的。

根据计算出的残差,将其用于噪声模型参数的辨识,得到噪声模型参数的估计值。利用噪声模型参数构造差分算子,将观测量差分运算后给出的时间序列,其残差将是不相关的。若噪声模型为AR(1)模型,有

$$y(k) = f[x(k)] + \frac{a}{1-\phi_1 Z^{-1}}\omega(k) \tag{18.4.2}$$

$$(1-\phi_1 Z^{-1})y(k) = (1-\phi_1 Z^{-1})f[x(k)] + \alpha\omega(k) \tag{18.4.3}$$

令

$$\bar{y}(k) = (1-\phi_1 Z^{-1})y(k)$$

$$\bar{f}[x(k)] = (1-\phi_1 Z^{-1})f[x(k)]$$

首先求得$\bar{f}[x(k)]$,然后得到$f[x(k)]$,这样的过程反复迭代,最终求得的是非平稳随机序列零均值化的线性函数模型。

18.4.2.3 导引系统的噪声模型描述

通过对非平稳随机序列的零均值化处理,得到了零均值随机噪声序列,利用最小二乘法可以实现对该噪声序列的建模。

首先给出导引头随机模型的离散模型描述(利用欧拉法离散化),即

$$n = n_0 + n_1 + n_2 + n_3 \tag{18.4.4}$$

$$n_0 = n_b \tag{18.4.5}$$

$$x_{n1}(k) = (1-T\omega_1)x_{n1}(k-1) - Tk_1\omega(k) \tag{18.4.6}$$

$$x_{n2}(k) = (1-T\omega_2)x_{n2}(k-1) - Tk_2\omega(k) \tag{18.4.7}$$

$$x_{n3}(k) = (1-T\omega_3)x_{n3}(k-1) - Tk_3\omega(k) \tag{18.4.8}$$

$$n_1(k)=\frac{1}{r(k)}x_{n1}(k) \tag{18.4.9}$$

$$n_2(k)=r(k)x_{n2}(k) \tag{18.4.10}$$

$$n_3(k)=x_{n3}(k) \tag{18.4.11}$$

$$n_r(k)=(1-T\omega_4)n_r(k-1)+Tk_4\omega(k) \tag{18.4.12}$$

式中,T 为采样周期。将 $n_1(k)$,$n_2(k)$,$n_3(k)$ 代入差分方程有

$$n_1(k)=(1-T\omega_1)n_1(k-1)-\frac{Tk_1}{r(k)}\omega(k) \tag{18.4.13}$$

$$n_2(k)=(1-T\omega_2)n_2(k-1)-Tk_2r(k)\omega(k) \tag{18.4.14}$$

$$n_3(k)=(1-T\omega_3)n_3(k-1)-Tk_3\omega(k) \tag{18.4.15}$$

取 $\omega_0=\omega_1=\omega_2=\omega_3$ 有

$$n(k)=(1-T\omega_0)n(k-1)+\left[\frac{Tk_1}{r(k)}+Tk_2r(k)+Tk_3\right]\omega(k) \tag{18.4.16}$$

从方程中可以看出,它是带有特征参数 $r(k)$ 的自回归移动平均(ARMA)模型。

为了处理这个问题,需要对系留试验提出试验要求。在数据处理窗口对应的飞行时间内,由于目标机与载机相对距离的变化小于 10%,因而可以认定相对距离基本不变。

令

$$k_0=\frac{k_1}{r(k)}+k_2r(k)+k_3 \tag{18.4.17}$$

可得

$$n(k)=(1-T\omega_0)n(k-1)+Tk_0\omega(k) \tag{18.4.18}$$

取 $1-T\omega_0=\phi_1$,$Tk_0\omega(k)=\alpha_t$,有

$$n(k)=\phi_1n(k-1)+\alpha_t \tag{18.4.19}$$

这是一个典型的 AR(1)模型,用最小二乘估计方法,求得

$$\hat{\phi}_1=\frac{\sum_{k=2}^{N}n(k)n(k-1)}{\sum_{k=2}^{N}n^2(k-1)} \tag{18.4.20}$$

$$\sigma_\alpha^2=\frac{1}{N-1}\sum_{k=2}^{N}\left[n(k)-\hat{\phi}_1n(k-1)\right]^2 \tag{18.4.21}$$

由此得出

$$\begin{cases}\omega_0=\dfrac{1-\phi_1}{T}\\[2ex] k_0=\dfrac{\sigma_\alpha}{T}\end{cases} \tag{18.4.22}$$

在不同的飞行距离上求取 k_0,利用式(18.3.17)和最小二乘法,最终求得 k_1,k_2,k_3。

对于接近速度可用类似的方法处理。

在导引头输出信号的二阶线性模型中,η_t 描述了导引系统视线角速度的噪声序列。我们已经知道导引系统的噪声有四部分构成:零位偏置 η_0,距离反比噪声 η_1,距离正比噪声 η_2 及距离无关噪声 η_3。由于导引头系统的输出信号采用式(18.4.1)描述,故而零位偏置噪声全合并到了式(18.4.1)的 A_0 中,故所求得的导引系统噪声 η_t 不含 η_0 项,所以导引系统噪声建模的时间序列方法不能辨识出零位偏置项

η_0,这是该方法的一个不足之处。

18.4.3 噪声模型的参数辨识

重写导引系统输出信号模型,即式(18.4.1)

$$y_i = (A_0 + A_1 A_i + A_2 A_i^2) + \eta_t$$

可以看出这是一个典型的线性最小二乘法辨识问题。但是应注意到实际的导引系统输出并不是单独的一条二次曲线,而只是在一段区间内可以用二次曲线来近似表达,因此在利用最小二乘辨识前必须对导引系统输出信号进行分段,再对每一段采用二次曲线拟合,从而得到各段的参数估计值(A_0,A_1,A_2)以及输出噪声序列 η_t。下面简述利用最小二乘法辨识的具体方法和公式。

取$\{1,t,t^2\}$为基函数,列写正则方程组为

$$\begin{bmatrix} N & \sum_{i=1}^{N} t_i & \sum_{i=1}^{N} t_i^2 \\ \sum_{i=1}^{N} t_i & \sum_{i=1}^{N} t_i^2 & \sum_{i=1}^{N} t_i^3 \\ \sum_{i=1}^{N} t_i^2 & \sum_{i=1}^{N} t_i^3 & \sum_{i=1}^{N} t_i^4 \end{bmatrix} \begin{bmatrix} A_0 \\ A_1 \\ A_2 \end{bmatrix} = \begin{bmatrix} \sum_{i=1}^{N} y_i \\ \sum_{i=1}^{N} t_i y_i \\ \sum_{i=1}^{N} t_i^2 y_i \end{bmatrix} \tag{18.4.23}$$

只要逐个计算出式(18.4.23)中的系数矩阵与右端项的各个元素,就可以求出正则方程组式(18.4.23)的解(A_0,A_1,A_2),从而得到拟合的二次曲线 $y_i=A_0+A_1t_i+A_2t_i^2$,并进而得到噪声序列 η_t。

由于噪声序列由式(18.4.19)描述,即

$$\eta_t(k) = \phi_1 \eta_t(k-1) + \alpha_t$$

式中 $\phi_1=1-T\omega_{01}$,$\alpha_t=Tk_0\omega(k)$。

式(18.4.19)是一个 AR(1)模型,其辨识结果为

$$\hat{\phi}_1 = \frac{\sum_{k=2}^{N} \eta_t(k)\eta_t(k-1)}{\sum_{k=2}^{N} \eta_t^2(k-1)} \tag{18.4.24}$$

$$\sigma_\alpha^2 = \frac{1}{N-1}\sum_{k=2}^{N} \left[\eta_t(k) - \hat{\phi}_1\eta_t(k-1)\right]^2 \tag{18.4.25}$$

式中 σ_α 为 η_t 的均方差,则 k_0,ω_0 为

$$k_0 = \sigma_\alpha / T \tag{18.4.26}$$

$$\omega_0 = (1-\hat{\phi}_1)/T \tag{18.4.27}$$

由于不同区间内的 $r(k)$ 各不相同,所以由

$$k_0 = \frac{k_1}{r(k)} + k_2 r(k) + k_3 \tag{18.4.28}$$

采用最小二乘法可以求得 k_1,k_2,k_3。

辨识导引头噪声模型流程如图 18.4 所示。

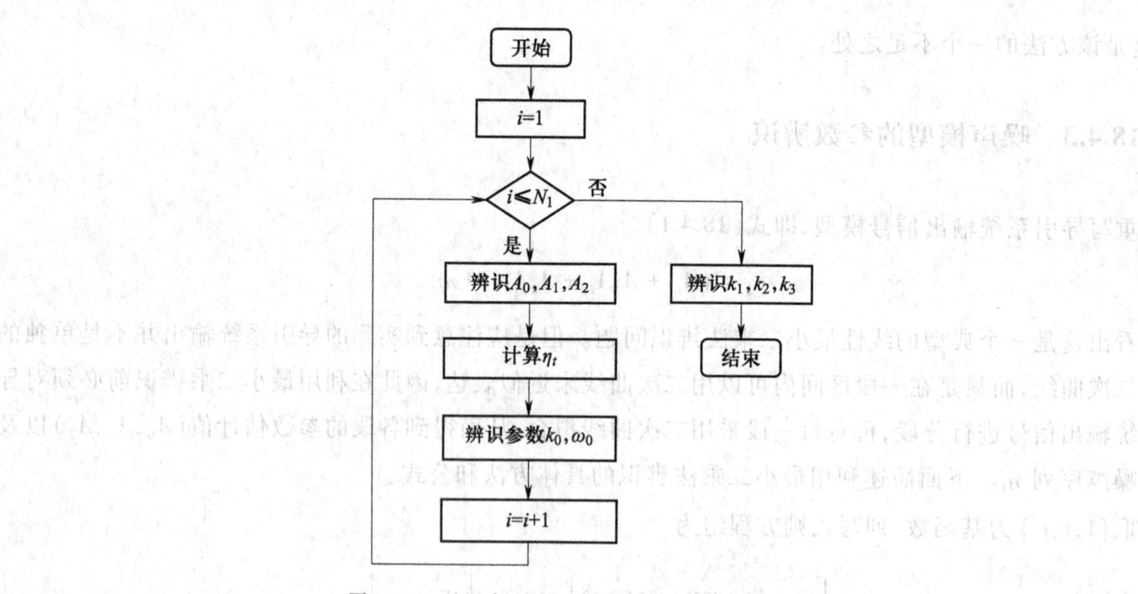

图 18.4 时间序列方法辨识导引头噪声模型流程

18.4.4 时间序列法辨识算例

18.4.4.1 时间序列法输入数据的产生

采用时间序列法辨识导引头目标视线角速度噪声模型参数时,输入的是导引头采样时间点、相对距离、目标视线角速度,辨识导引头目标接近速度噪声模型参数时,输入的是导引头采样时间点、目标接近速度。

产生时间序列法辨识算例的输入数据时,导引头采样时间点、相对距离可以通过测量数据预处理得到,但目标视线角速度和目标接近速度必须采用其他方式生成。

已知导引头目标视线角速度输出信号可用二阶线性模型描述为

$$y_i = (A_0 + A_1 t_i + A_2 t_i^2) + n_t$$

式中,$A_0+A_1 t_i+A_2 t_i^2$ 为导引头目标视线角速度的真实逼近,n_t 为导引头的噪声输出。只要分段给出 A_0, A_1, A_2 的值,产生若干段二次曲线,并将其同已得到的导引头目标视线角速度噪声验证序列 n_q 相叠加,即可生成包含了噪声的导引头目标视线角速度验证信号 $\dot{q}$。同理可得到包含了噪声的导引头目标接近速度验证信号 V_{dm}。

18.4.4.2 时间序列法辨识结果

(1) 导引头目标视线角速度噪声模型参数辨识结果

对输入的导引头目标视线角速度验证信号 $\dot{q}$ 采用时间序列法的辨识结果为

$$\omega_1 = 12.9212,\ \omega_2 = 12.9212,\ \omega_3 = 12.9212$$
$$k_1 = 127.0047,\ k_2 = 0.0001,\ k_3 = 0.0899$$

相对误差为

$$\Delta\omega_1 = 35.39\%,\ \Delta\omega_2 = 13.86\%,\ \Delta\omega_3 = 23.99\%$$
$$\Delta k_1 = 15.33\%,\ \Delta k_2 = 0,\ \Delta k_3 = 55.05\%$$

经过模型校验分析系统的计算，得到辨识出的导引头目标视线角速度噪声模型的 TIC 为

$$\mathrm{TIC} = 0.2713892 < 0.3$$

模型通过检验。

(2) 导引头目标接近速度噪声模型参数辨识结果

对输入的导引头目标接近速度噪声验证序列 n_V 采用极大似然法的辨识结果为

$$\omega_4 = 13.2185, k_4 = 0.0474$$

相对误差为

$$\Delta\omega_4 = 11.88\%, \Delta k_4 = 58.00\%$$

经过模型校验分系统的计算，得到辨识出的导引头目标接近速度噪声模型 TIC 为

$$\mathrm{TIC} = 0.2549902 < 0.3$$

模型通过验证。

由辨识结果可以看出，采用时间序列法辨识导引头噪声模型是可行的，但是辨识结果的精确度与极大似然法相比有很大的差距，因此建议在辨识导引头噪声模型参数时应尽量采用极大似然法。

参考文献